SOLIDWORKS

2016 기본+α

엄정섭 · 문범용 · 조대희 · 엄홍재 공저

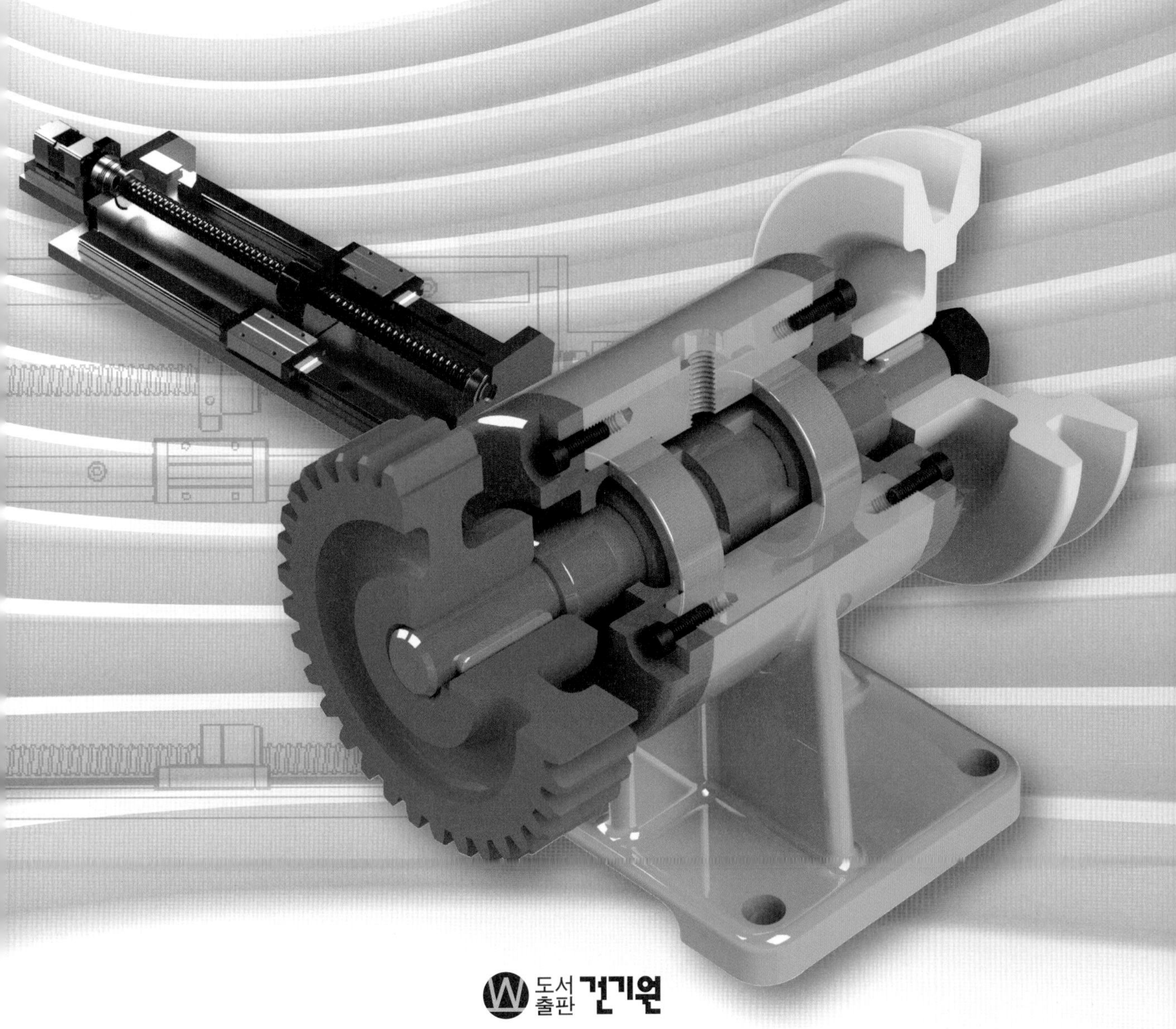

도서출판 건기원

SolidWorks 2016 기본+α

정가 | 27,000원

공 저 | 엄 정 섭
문 범 용
조 대 희
엄 홍 재
펴낸이 | 차 승 녀
펴낸곳 | 도서출판 건기원

2017년 1월 5일 제1판 제1인쇄
2017년 1월 10일 제1판 제1발행

주소 | 경기도 파주시 산남로 141번길 59(산남동)
전화 | (02)2662-1874~5
팩스 | (02)2665-8281
등록 | 제11-162호, 1998. 11. 24

ISBN 979-11-5767-206-6 13560

• 머리말 •

컴퓨터의 발달은 디지털화된 현대 사회를 크게 변화시켰으며, 이는 산업 분야와 관련된 기업과 교육기관에도 해당됩니다. 설계, 생산, 검사 등의 여러 관련 공정들을 컴퓨터로 진행하고 있으며, 특히 설계 분야에서는 2D 도면, 3D 도면을 작성할 때 설계 전용 소프트웨어를 필요로 하게 되었습니다. 이에 가장 많이 사용되는 3D 설계 프로그램이 SolidWorks라고 생각합니다.

SoidWorks는 쉽게 배워서 실무에 바로 사용할 수 있습니다. 3D 모델링과 조립, 2D 도면 작성 등과 같이 설계에서 기본적으로 필요한 기능들을 모두 갖추고 있습니다. 또 설계가 완성된 3D 모델링 데이터를 이용하여 구조 해석, 유동 해석, 모션 등의 기능을 활용해 제품에 대한 간접적인 평가도 할 수 있습니다. 이러한 기능들을 잘 활용하면 설계를 손쉽게 할 수 있을 뿐만 아니라 설계가 완성된 제품의 기능과 성능 등을 확인하고 오류와 불량을 줄일 수 있습니다.

최근에는 각종 기능사, 산업기사, 기사 등 국가기술자격검정 실기 시험에 CAD를 운용하여 시행하면서 SolidWorks는 실기시험 대비에 가장 강력한 소프트웨어로 인정을 받고 있습니다. 또한 기능경기 대회, 장애인 기능경기 대회 및 국제 기능 올림픽 대회에서도 SolidWorks가 필수 소프트웨어로 자리 잡고 있습니다. 이제 SolidWorks는 3D CAD의 대명사가 되었습니다.

본 교재는 SolidWorks 2016을 이용하여 기본적인 개념과 용어들을 설명하면서 3D 모델링을 작성하고 이를 활용하여 여러 작업들을 진행하는 방법을 배우고자 하는 학습자들을 위하여 집필되었습니다. 파트 모델링, 어셈블리, 도면 작성 방법들에 대한 기본 사용법과 적용법을 수록하였고, 마지막 장에는 학습한 내용으로 연습할 수 있는 실습 도면을 제공하여 이해를 돕도록 하였습니다.

아무튼 본 교재가 SolidWorks 2016을 이용하여 3D 설계를 익히고자 하는 모든 분들에게 도움이 되었으면 하는 간절한 마음입니다. 끝으로 본 교재가 나오기까지 많은 노력을 해주신 노드데이타 김신일 사장님과 직원분들, 건기원 노형두 사장님과 관계자 여러분들께 깊은 감사의 인사를 드립니다.

2016년 11월 겨울을 바라보며

저자 일동

Contents

CHAPTER 1

SolidWorks 2016 소개

각종 설계와 개발 분야에서 사용되는 SolidWorks를 소개하고 좋은 점과 제품군들을 알아본다. 또 SolidWorks의 기본 사용법에 대하여 학습한다.

01 SolidWorks 소개

3D설계/개발 소프트웨어인 SolidWorks와 이와 관련된 제품군들에 관하여 알아본다.

1 SolidWorks란?

SolidWorks는 설계/개발의 정확도를 향상 시키고 작업시간을 단축시키면서 제품을 보다 빠르게 시장에 출시할 수 있도록 도와주는 3D-CAD 소프트웨어이다. 또한 3D설계 모델링(Part)은 물론 어셈블리(Assembly), 2D도면작성(Drawing), 시뮬레이션(Simulation) 등의 기능이 제공되어 설계/개발자들의 작업능률을 향상 시킨다.

2 피처(Feature)란?

모델의 형상을 구현하는 최소단위로 스케치 후에 작성되거나 단독으로 작성된다. 따라서 하나의 파트(Part) 모델은 여러 개의 피처로 구성되어 있다고 할 수 있다.

구분	스케치 피처		논 스케치 피처	
설명	스케치를 기본으로 3D 형상을 생성한다.		생성된 피처를 편집하여 형상 피처를 추가한다.	
구성	스케치 + 생성 피처 명령		편집 피처 명령	
명령	보스/베이스, 컷, 보강대 등		필렛, 모따기, 구배주기 등	
예시	50 50	돌출 보스/베이스		필렛
	1) 스케치	2) 피처 명령	1) 기준 피처	2) 피처 명령
	3) 피처 결과		3) 피처 결과	

3 SolidWorks의 제품군

SolidWorks에는 다음과 같은 강력한 설계 작업환경의 제품군들이 있다. 각 제품군마다 서로 다른 분야에서 사용할 수 있고 3D 모델링을 이용하여 연동할 수 있으며 각 기능을 사용하기 위해서는 SolidWorks에서 3D 모델링을 기본으로 사용하여야 한다.

(1) SolidWorks(3D설계)

3D 모델링, 어셈블리, 도면작성 등의 작업환경을 기반으로 직접적인 설계를 위한 기능을 제공하고 있는 종합 3D설계 솔루션이다.

(2) SolidWorks Simulation(구조해석)

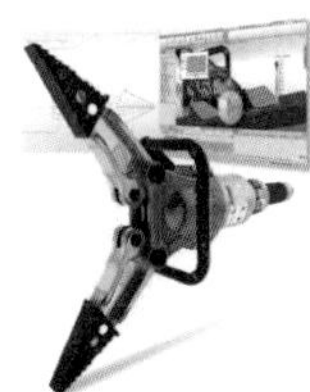

완성된 3D설계 제품의 파트 혹은 어셈블리를 기준으로 설계의 최적화를 위해 제품의 응력, 변형 등의 물리적인 변화를 정적해석을 통해 설계초기에 복잡한 문제에 대한 평가를 하여 설계를 변경하거나 확인하는 구조해석 솔루션이다.

(3) SolidWorks Plastics(사출성형 해석)

사출금형 각각의 파트들을 해석한 후 최적화 하여 정확하고 간편하게 금형의 재작업을 감소시키는 효과를 지닌 사출성형 해석 솔루션이다.

(4) SolidWorks Flow Simulation(유동해석)

3D설계가 완성된 제품을 파라미터 해석을 통하여 속도, 압력, 온도 등의 주어진 조건에 의해 변화하는 유동을 평가하고 설계에 관한 문제발견 및 최적화를 진행하는 유동해석 솔루션이다.

02 SolidWorks 2016 시작하기

SolidWorks를 사용하기 위한 기본적인 인터페이스와 조작법을 알아본다.

1 SolidWorks 2016 기본 인터페이스

SolidWorks 2016을 잘 사용하려면 기본 실행방법과 상황에 따른 작업환경을 이해하고 활용해야 한다. 각각의 기본 작업환경에는 파트(Part), 어셈블리(Assembly), 도면(Drawing)이 있다.

(1) SolidWorks의 설치 사양

구분		SolidWorks 2014	SolidWorks 2015	SolidWorks 2016
운영체제	Win 10 64bit	X	O (2015 SP5.0)	O
	Win 8.1 64bit	O (2014 SP1.0)	O	O
	Win 8.0 64bit	O	O	X
	Win 7 64bit	O	O	O
	Win 7 32bit	O	X	X
MS Office	Excel / Word	2007, 2010, 2013	2010, 2013	2010, 2013

(2) SolidWorks 2016 시작하기

SolidWorks 2016을 실행하기 위해서는 다음과 같이 진행한다.

① 바탕화면에서 SolidWorks 2016 아이콘( )을 더블클릭 하거나 윈도우의 시작 → SolidWorks 2016 → SolidWorks 2016 x64 Edition을 클릭한다.

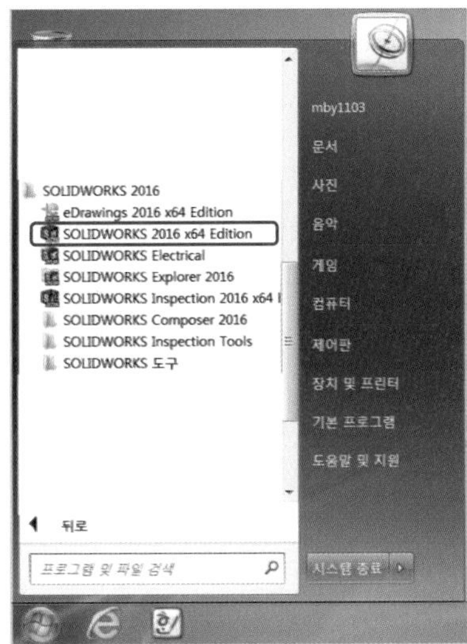

(3) 작업실행 및 작업환경 소개

SolidWorks의 작업을 시작하기 위해서 다음과 같이 새 파일(New)에서 사용자가 원하는 작업환경을 선택하여 실행한다.

① SolidWorks 왼쪽 상단에 새 문서(New)를 클릭하거나 파일(File) → 새 파일(New)을 클릭한다.

방법 2

1) SolidWorks의 오른쪽 화살표(▸)를 클릭한다.

2) 파일(File) → 새 파일(New)을 클릭한다.

② 다음과 같이 SolidWorks 새 문서(New SolidWorks Document) 창이 실행된다.

● 작업환경 소개

파트(Part)

SolidWorks의 가장 기본이 되는 3D설계 작업환경이다.

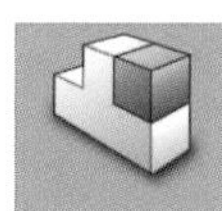

어셈블리(Assembly)

파트(Part)에서 작업을 진행한 모델들을 조립할 수 있는 작업환경이다.

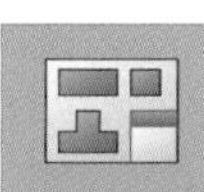

도면(Drawing)

파트(Part), 어셈블리(Assembly)에서 작업한 내용들을 2D, 3D도면으로 표현할 수 있는 작업환경이다.

고급

고급(Advanced)

사용자가 설정한 템플릿(Template)으로 각각의 작업환경을 실행시킬 수 있다.

각각 작업환경에 따른 작업순서

각각의 작업환경에 따라 다음과 같은 순서로 작업을 진행한다.

<table>
<tr><td>파트(Part)</td><td colspan="2">스케치 평면 선택 → 스케치 → 피처</td></tr>
<tr><td>어셈블리(Assembly)</td><td colspan="2">2개 이상의 파트 모델링 → 메이트 → 어셈블리</td></tr>
<tr><td rowspan="2">도면(Drawing)</td><td>파트</td><td>파트 모델링 → 도면</td></tr>
<tr><td>어셈블리</td><td>파트 모델링 → 어셈블리 → 도면</td></tr>
</table>

(4) 작업환경의 화면구성

SolidWorks는 작업환경에서의 화면구성이 다음과 같이 구분 되어 있으며 파트(Part), 어셈블리(Assembly), 도면(Drawing)의 화면구성은 구조적으로 동일하다.

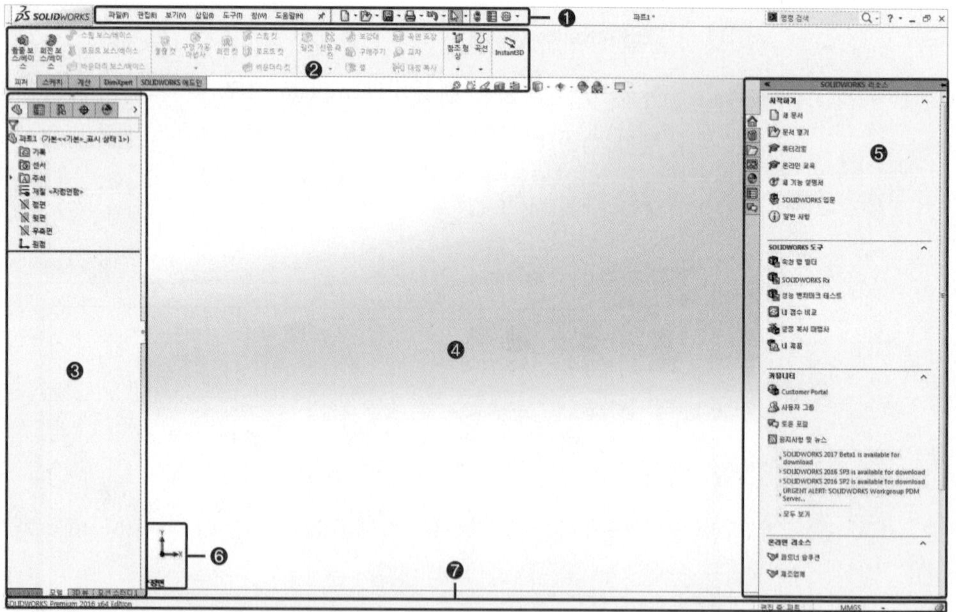

① 메인 메뉴 바(Main Manu Bar)

3D설계에 관한 명령어와 SolidWorks에서 기본적으로 운용하는 기능들이 들어있는 메뉴이다. 옵션 설정부터 해당 작업환경에 대한 작업을 할 수 있다.

② 커맨드 매니저(Command Manager)

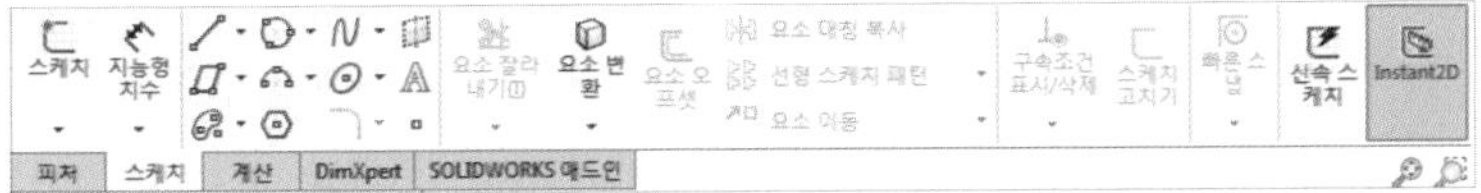

3D설계에서 가장 중요한 구성요소로 명령 아이콘들을 그룹별로 모아둔 작업도구이다. 사용자의 편의에 따라 재배치하여 사용할 수 있다.

③ 피처 매니저 디자인 트리(Features Manager Design Tree)

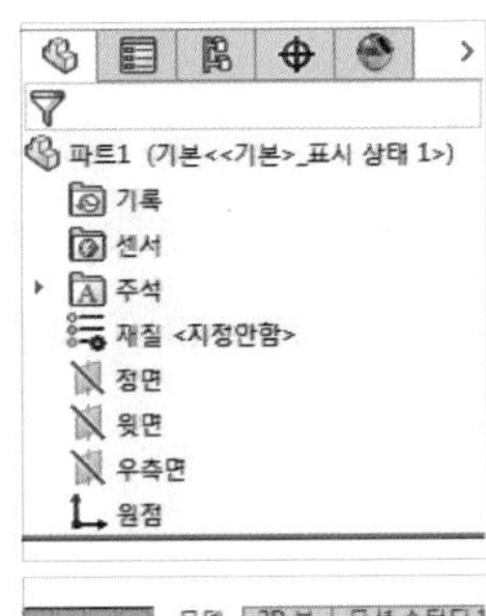

SolidWorks에서의 작업내용이 기록된다. 이 메뉴에서 편집과 작업 추가가 가능하다. 작업내용이 기록되기 때문에 작업자가 어떤 방식으로 작업을 진행했는지 파악할 수 있다.

④ 그래픽 영역(Graphic Area)

3D설계의 형상이 나타나는 공간으로 스케치(Sketch)부터 피처(Features)의 작업까지 파트(Part) 모델링에 관한 작업이 3D그래픽으로 나타난다.

⑤ SolidWorks 리소스(SolidWorks Resource)

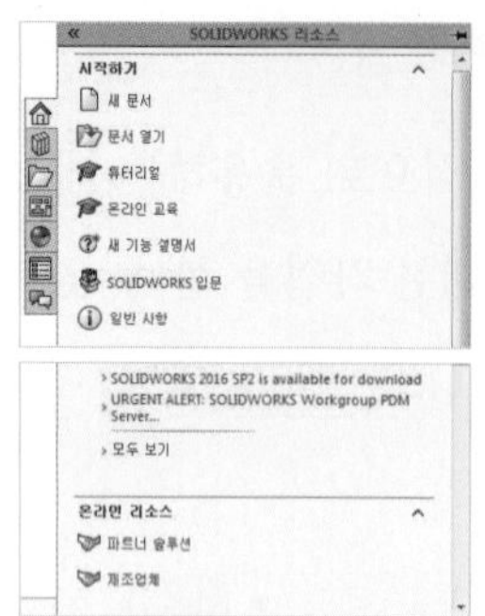

SolidWorks에서의 데이터베이스나 사용자가 지정한 위치의 자료정보를 사용하기 위한 메뉴로 SolidWorks의 데이터베이스를 기반으로 규격품이나 렌더링 표현을 활용할 수 있다.

⑥ 좌표계(Coordinates System)

그래픽 영역(Graphic Area)에서 보기 방향을 좌표계로 표시한다.

⑦ 스테이터스 바(Status Bar)

3D설계 작업 상태를 나타낸다. 작업의 진행 상태나 단위계가 표시된다.

Tip 메인 메뉴 바(Main Manu Bar)를 고정하는 방법

다음과 같이 자주 사용하는 메인 메뉴 바(Main Manu Bar)를 고정시키면 작업을 진행하는데 매우 편리하다.

① SolidWorks의 오른쪽 화살표(▸)를 클릭한다.

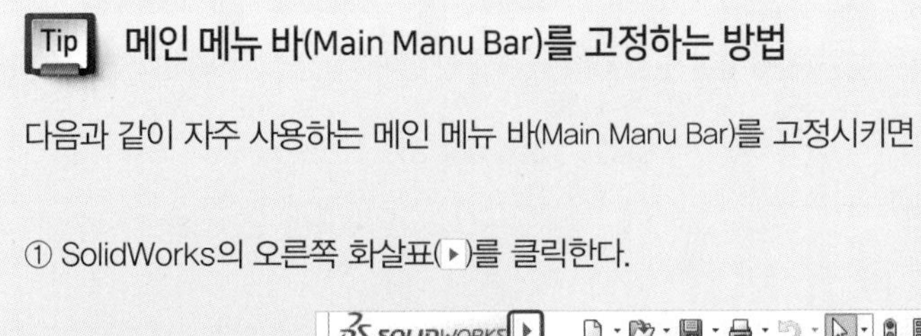

② 다음과 같이 압핀 아이콘을 클릭하여 고정시킨다.

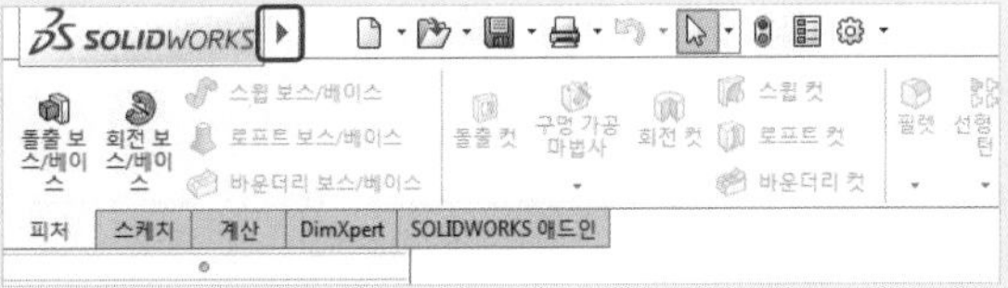

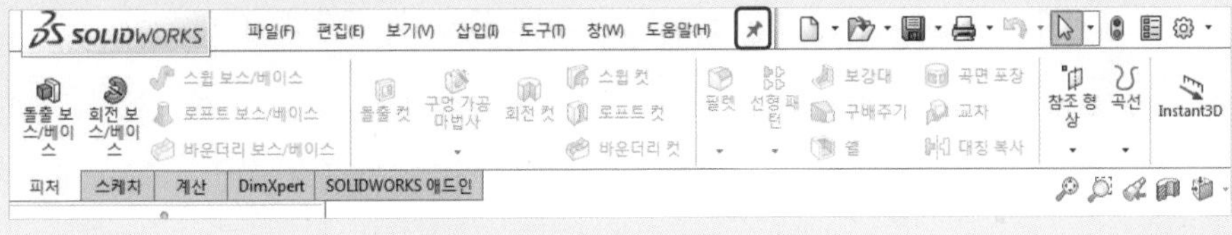

(5) 커맨드 매니저(Command Manager)

커맨드 매니저(Command Manager)의 사용은 다음과 같이 On/Off 한다(본 교재에서는 Command Manager를 On한 상태에서 설명이 이루어진다).

① 커맨드 매니저(Command Manager)의 빈 공간에서 마우스 오른쪽 버튼을 클릭하여 Command Manager의 체크 유무를 확인한다.

② 다음은 커맨드 매니저(Command Manager)의 On/Off 상태의 비교이다.

– Command Manager가 체크(On) 된 상태이다.

– Command Manager가 체크 해제(Off) 된 상태이다.

(6) 빠른 보기 도구모음(Head–up View Toolbar)

다음과 같이 표시된 영역이 빠른 보기 도구모음이다(보기(View) → 도구모음(Toolbars) → 보기(빠른 보기)(View(Heads-up))에 체크가 되어 있어야 한다).

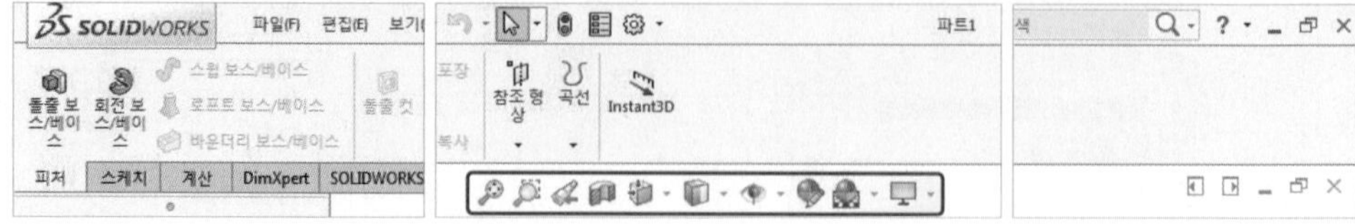

전체 보기(Zoom to Fit)

그래픽 영역(Graphic Area)을 전체 보기한다.

영역 확대(Zoom to Area)

그래픽 영역(Graphic Area)을 마우스로 지정한 부분만큼 확대한다.

이전 뷰(Previous View)

현재 보기 뷰에서 이전 보기 뷰로 돌아간다.

단면도(Section View)

모델링의 형상을 잘라 단면형상으로 표현한다.

- 단면도 적용

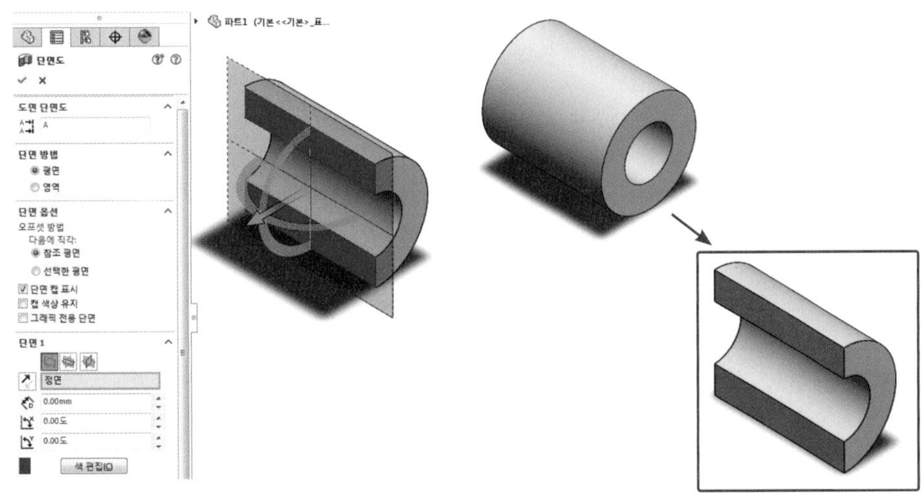

뷰 방향(View Orientation)

모델링을 등각보기와 투상에 의한 6방향을 선택하여 볼 수 있다.

● 뷰 방향 종류

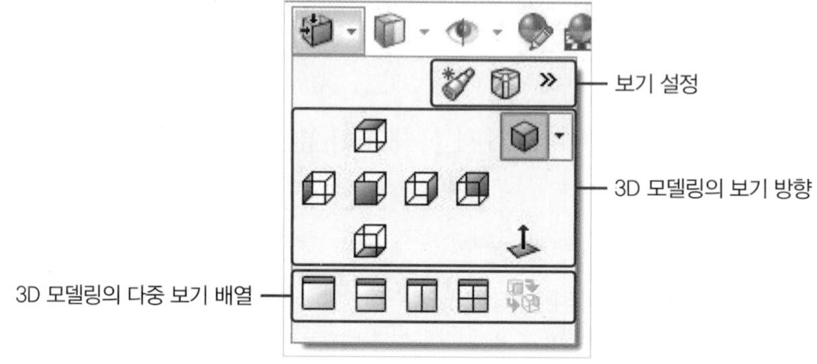

표시 유형(Display Style)

모델링의 표시 유형을 바꿀 수 있다.

● 표시 유형 종류

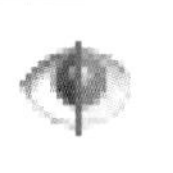

항목 숨기기/보이기(Hide/Show Items)

임시로 중심축이나 기준 평면, 원점 등을 보이거나 숨길 수 있다.

표현 편집(Edit Appearance)

모델링의 표면을 렌더링이나 색상을 적용할 수 있다.

화면 적용(Apply Scene)

그래픽 영역(Graphic Area)의 화면색상을 바꿀 수 있다.

뷰 설정(View Settings)

모델링의 보기 형상을 바꿀 수 있다.

2 작업환경(Template) 설정과 활용

SolidWorks에서는 쉽고 빠르게 작업을 할 수 있도록 작업자의 편의에 따라 작업환경(Template)을 설정한 후 저장하고 불러올 수 있는 기능이 있다. 각각 파트(Part), 어셈블리(Assembly), 도면(Drawing)에서 작업환경을 설정한 후 사용할 수 있다.

(1) 파트의 작업환경(Part Templates)

① SolidWorks 새 문서(New SolidWorks Document) 창에서 파트(Part)를 선택한 후 확인을 클릭한다.

Tip 작업환경의 실행

SolidWorks 새 문서 창에서 진행할 작업의 아이콘을 더블 클릭하여 작업환경을 실행할 수 있다.

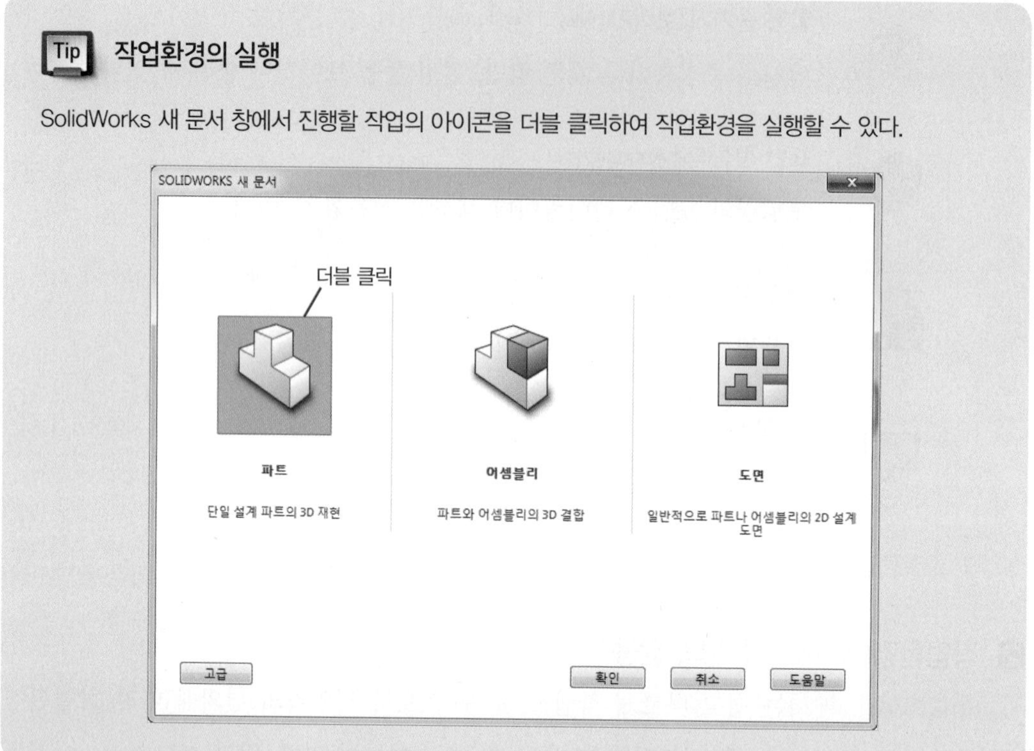

② 다음과 같이 파트(Part)의 작업환경이 활성화된다.

파트 작업환경(Part Template) 변경사항

화면 색상	흰 단색
적용 단위	MMGS
치수 소수점 표시	소수점 2자리

※ 본 교재에서의 예시이므로 사용자가 직접 선택하여도 된다.

③ 빠른 보기 도구모음(Heads-up View Toolbar) → 화면 적용(Apply Scene)에서 흰 단색(Plane White)을 선택한다.

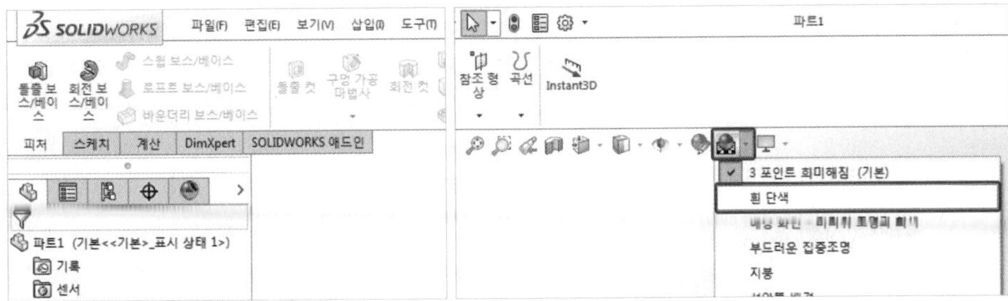

④ 메인 메뉴 바(Main Manu Bar)에서 옵션(Options)을 클릭한다.

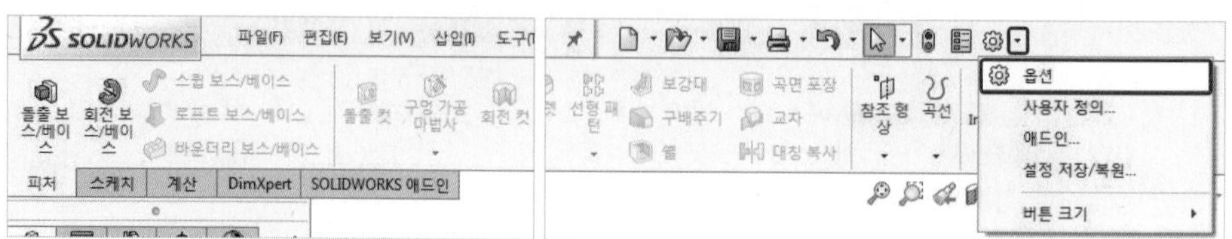

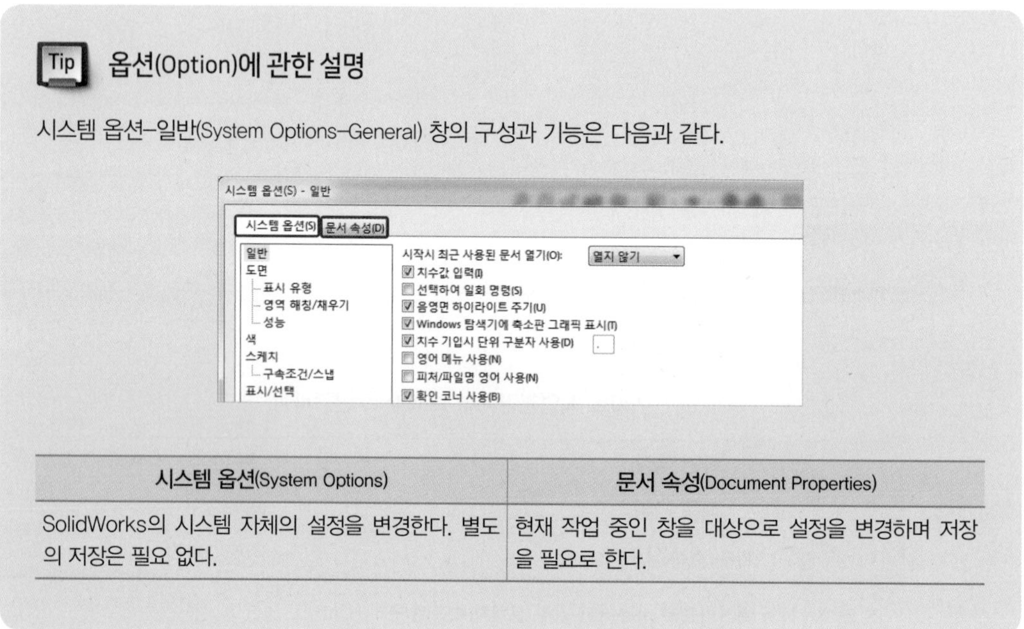

Tip 옵션(Option)에 관한 설명

시스템 옵션–일반(System Options–General) 창의 구성과 기능은 다음과 같다.

시스템 옵션(System Options)	문서 속성(Document Properties)
SolidWorks의 시스템 자체의 설정을 변경한다. 별도의 저장은 필요 없다.	현재 작업 중인 창을 대상으로 설정을 변경하며 저장을 필요로 한다.

⑤ 문서 속성(Document Properties) 탭에서 다음과 같이 설정하고 확인을 클릭한다.

- 소수점 자리 설정

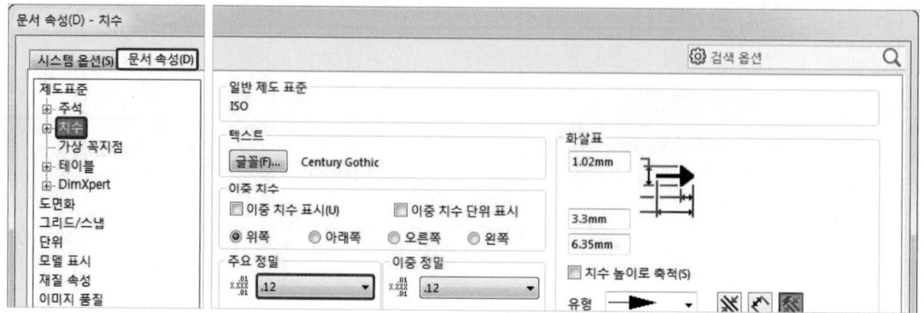

● 적용 단위 설정

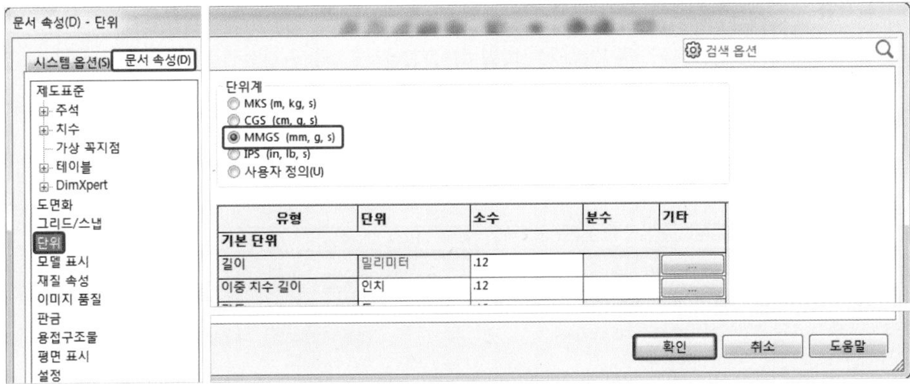

⑥ 파일(File) → 저장(Save)을 클릭하고 파일 이름(File Name)과 파일 형식(Files of Type)을 지정한 후 저장(Save)을 클릭한다(파일 이름은 연습용_파트, 파일 형식은 Part Templates (*.prtdot)로 지정한다).

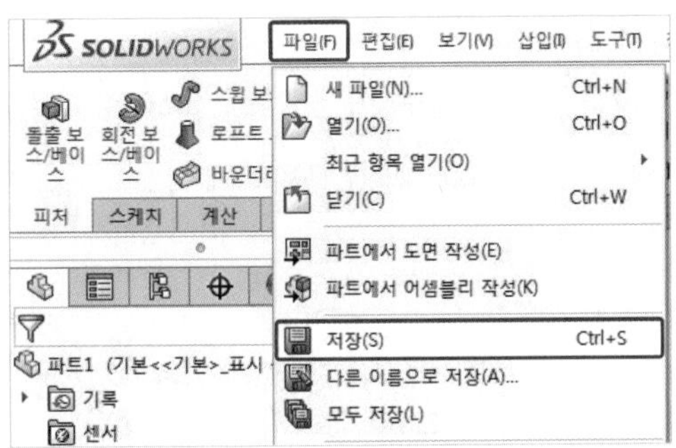

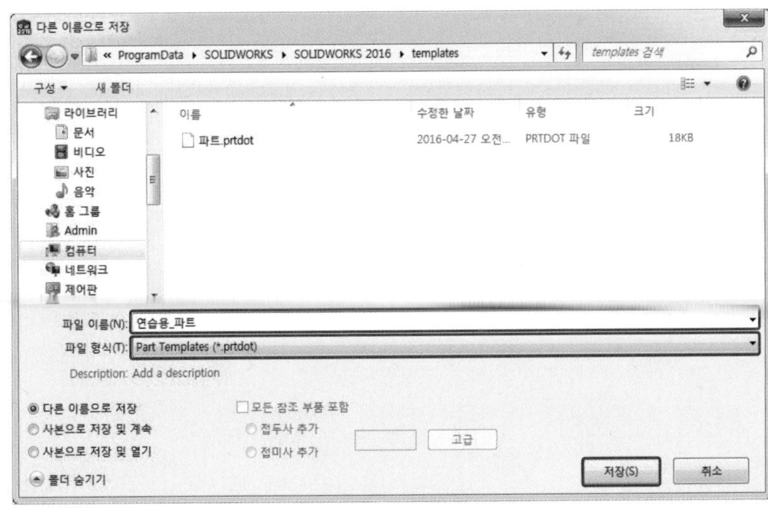

Tip 작업환경(Template)의 저장위치

작업환경(Template)의 설정을 완료하고 파일 형식(Files of Type)을 ○○○ Templates로 바꿔 저장을 할 경우 저장 위치가 자동으로 컴퓨터 → C: → ProgramData → SOLIDWORKS → SOLIDWORKS 2016 → templates로 변경된다.

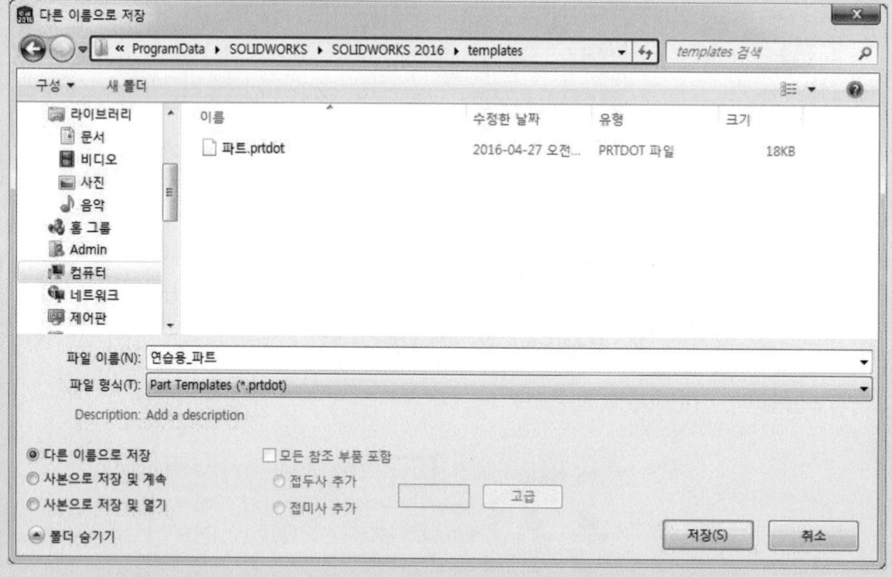

(2) 어셈블리의 작업환경(Assembly Templates)

파트(Part) 모델링을 이용한 어셈블리(Assembly) 작업에서의 단위, 투상법 등의 환경들을 세부적으로 사용자가 원하는 상태로 설정한다.

① SolidWorks 새 문서(New SolidWorks Document) 창에서 어셈블리(Assembly)를 선택한 후 확인을 클릭한다.

② 다음과 같이 어셈블리(Assembly)의 작업환경이 활성화된다.

어셈블리 작업환경(Assembly Template) 변경사항

화면 색상	흰 단색
적용 단위	MMGS

※ 본 교재에서의 예시이므로 사용자가 직접 선택하여도 된다.

③ 어셈블리 시작(Begin Assembly) 창에서 취소를 클릭한다.

④ 빠른 보기 도구모음(Heads-up View Toolbar) → 화면 적용(Apply Scene)에서 흰 단색(Plane White)을 선택한다.

⑤ 메인 메뉴 바(Main Manu Bar)에서 옵션(Options)을 클릭한다.

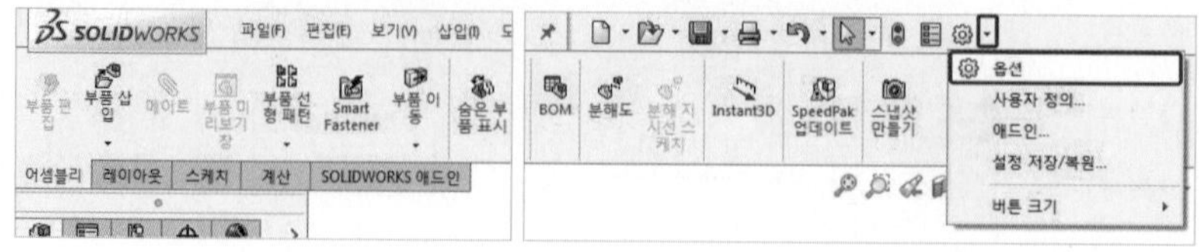

⑥ 문서 속성(Document Properties) 탭에서 다음과 같이 설정하고 확인을 클릭한다.

● 적용 단위 설정

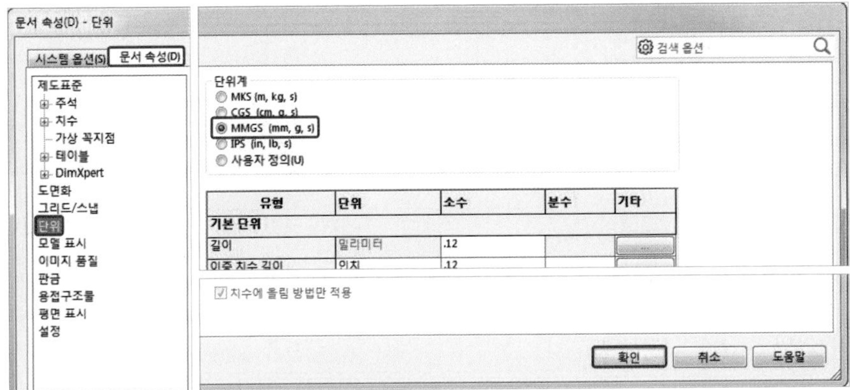

⑦ 파일(File) → 저장(Save)을 클릭하고 파일 이름(File Name)과 파일 형식(Files of Type)을 지정한 후 저장(Save)을 클릭한다(파일 이름은 연습용_어셈블리, 파일 형식은 Assembly Templates (*.asmdot)로 지정한다).

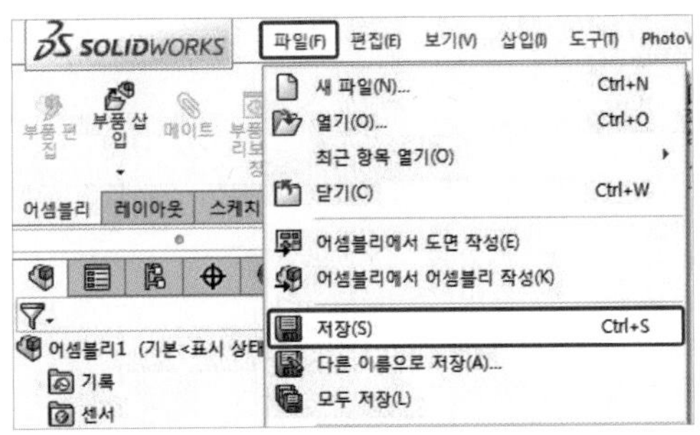

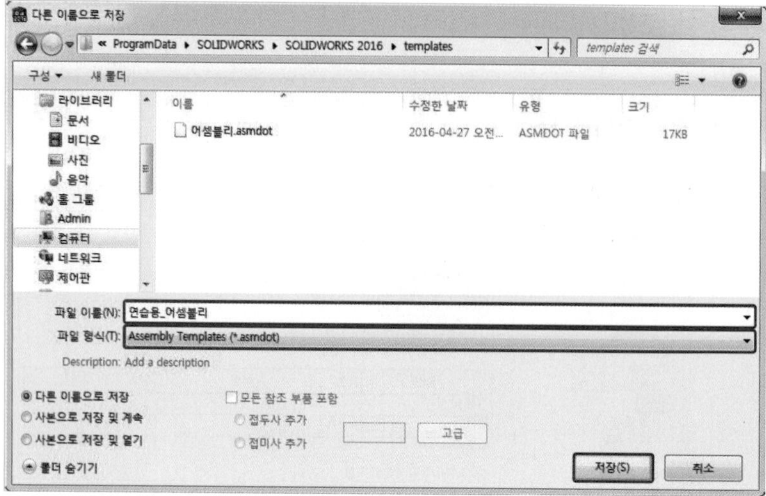

(3) 도면(Drawing)의 작업환경(Template)

2D도면을 작성하는 도면(Drawing) 작업에서의 단위, 투상법 등의 환경들을 세부적으로 사용자가 원하는 상태로 설정한다.

① SolidWorks 새 문서(New SolidWorks Document) 창에서 도면(Drawing)을 선택한 후 확인을 클릭한다.

② 다음과 같이 시트 형식/크기(Sheet Format/Size) 창이 생성되면 도면용지 크기를 설정하고 확인을 클릭한다(본 교재에서는 사용자 정의시트 크기에서 A3 크기로 지정하였다).

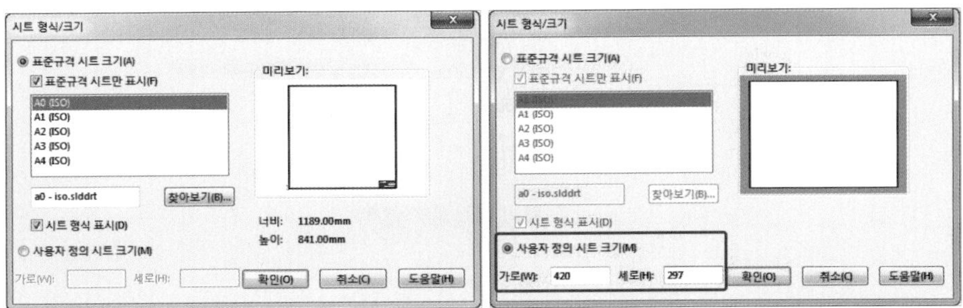

③ 다음과 같이 도면(Drawing)의 작업환경이 활성화된다.

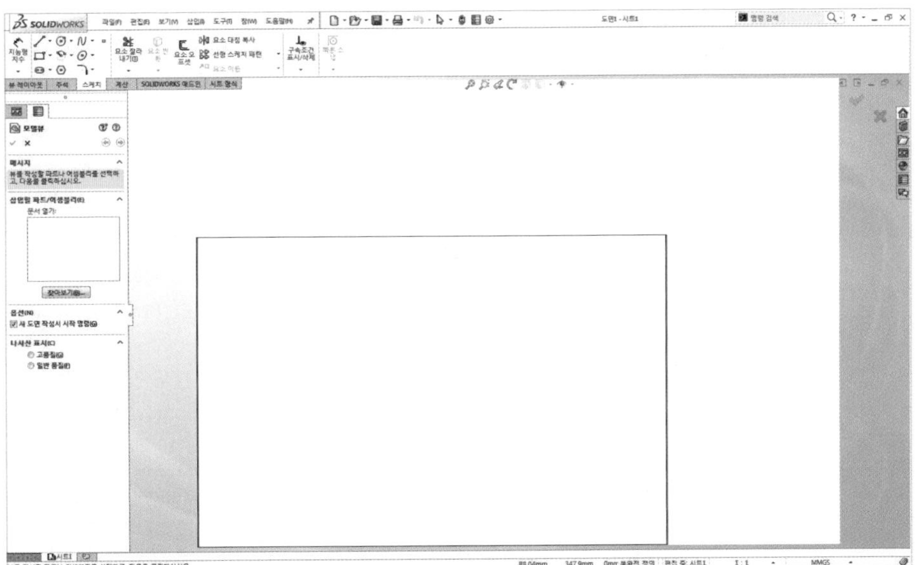

도면 작업환경(Drawing Template) 변경사항

도면영역 크기	A3
도면영역 색상	흰 단색
적용 단위	MMGS
문자 글꼴	ISOCP
문자 높이	4mm
표시/선택	접선 숨기기

※ 본 교재에서의 예시이므로 사용자가 직접 선택하여도 된다.

④ 모델 뷰(Model View) 창에서 취소를 클릭하여 닫는다.

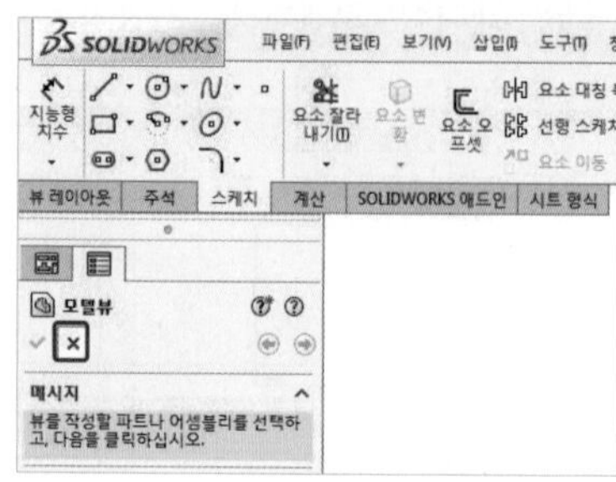

⑤ 시트1에서 마우스 오른쪽 버튼을 클릭하고 속성을 클릭한 후 다음과 같이 설정한다.

- 도면영역 크기 설정

⑥ 메인 메뉴 바(Main Manu Bar)에서 옵션(Options)을 클릭한다.

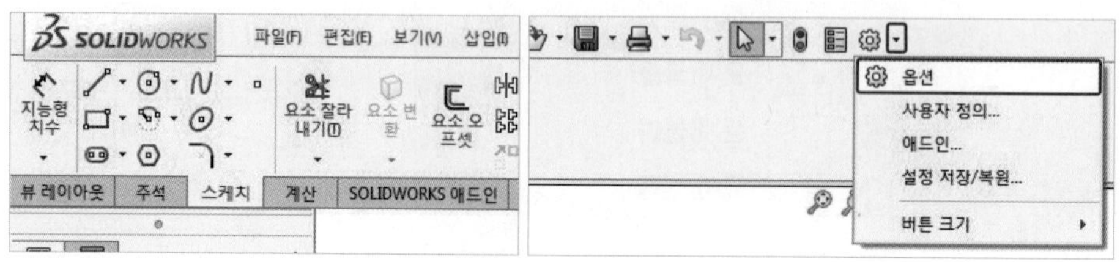

⑦ 시스템 속성(System Options) 탭에서 다음과 같이 설정한다.

- 도면, 용지 색상 설정

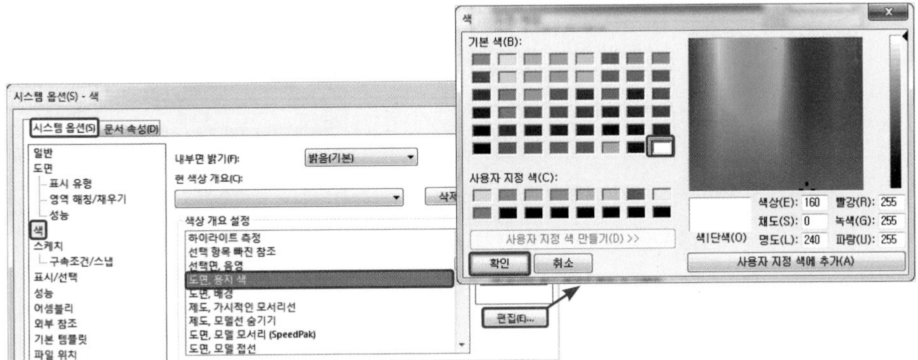

- 표시/선택 설정

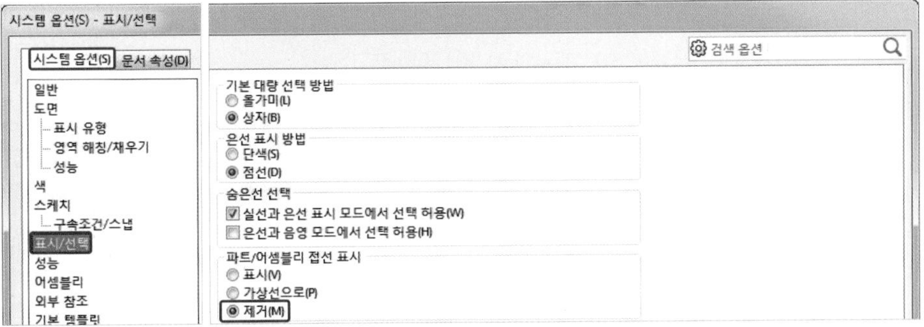

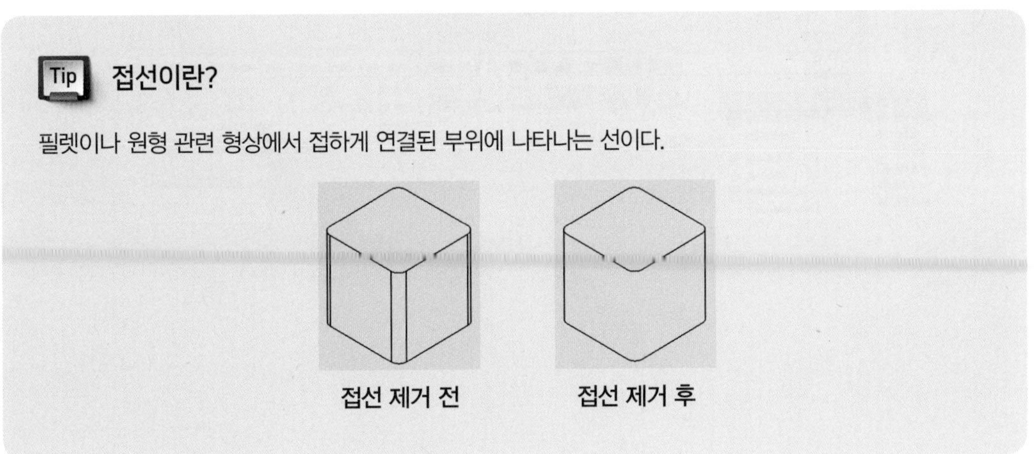

Tip 접선이란?

필렛이나 원형 관련 형상에서 접하게 연결된 부위에 나타나는 선이다.

접선 제거 전　　접선 제거 후

⑧ 문서 속성(Document Properties) 탭에서 다음과 같이 설정하고 확인을 클릭한다.

- 문자 글꼴과 문자 크기 설정

1) 주석 글꼴(주석 메뉴에 있는 명령들의 글꼴)

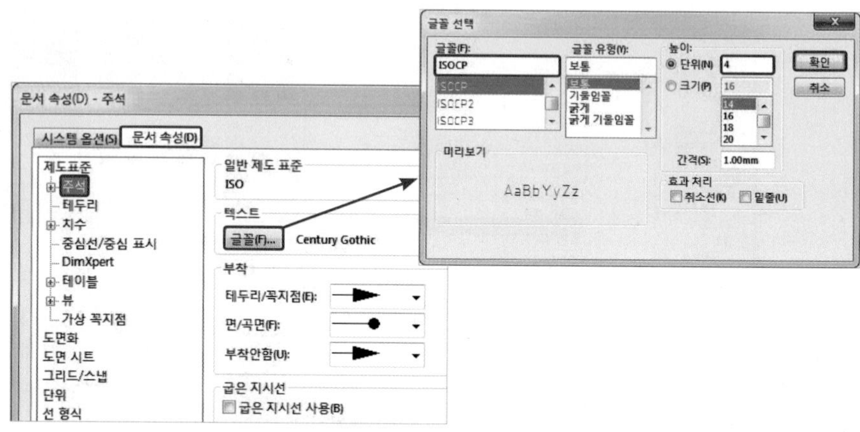

2) 치수 글꼴(스케치 메뉴의 치수에 관한 글꼴)

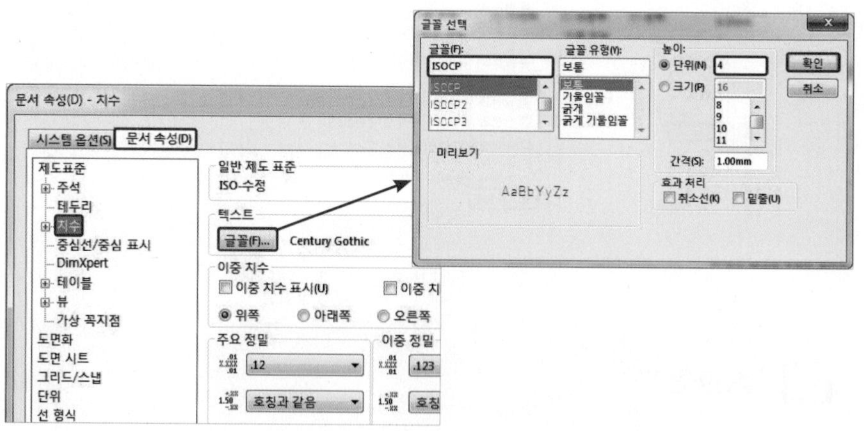

● 적용 단위 설정

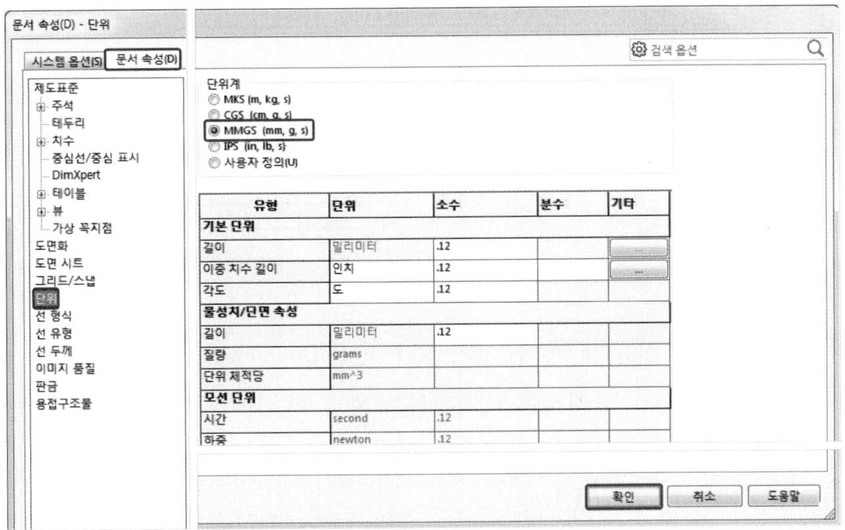

⑨ 파일(File) → 저장(Save)을 클릭하고 파일 이름(File Name)과 파일 형식(Files of Type)을 지정한 후 저장(Save)을 클릭한다(파일 이름은 도면_연습용, 파일 형식은 도면 템플릿 (*.drwdot)으로 지정한다).

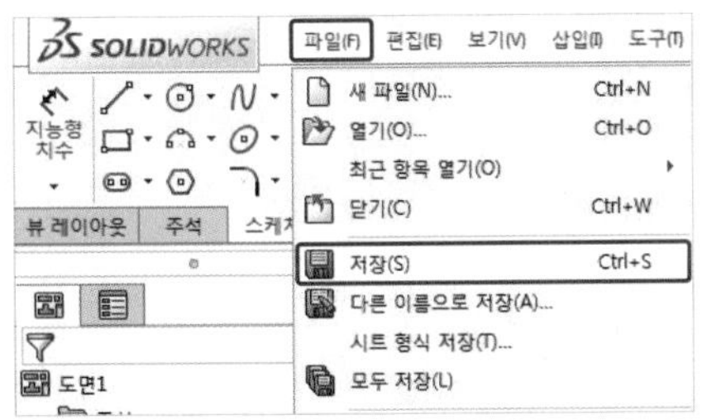

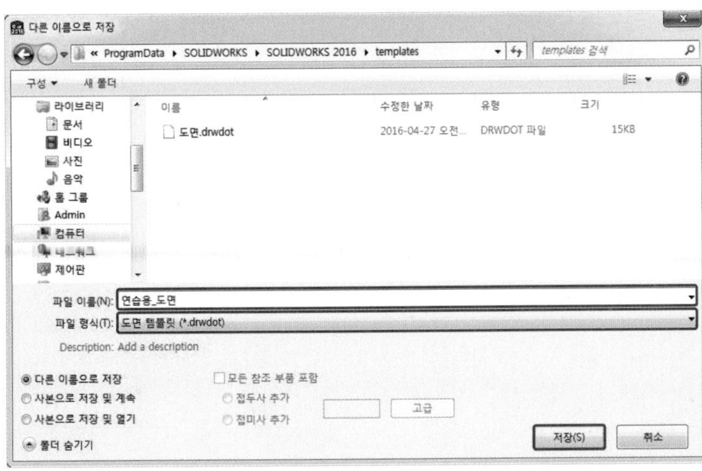

(4) 작업환경(Template) 활용

사용자가 저장시킨 작업환경(Template)을 선택하여 적용한다.

① SolidWorks의 왼쪽 상단에서 파일(File) → 새 파일(New)을 클릭한다.

② SolidWorks 새 문서(New SolidWorks Document) → 고급(Advanced) → 템플릿(Templates) → 작성하여 저장한 템플릿 파일을 선택하고 확인을 클릭한다.

③ 작성한 작업환경(Template)이 적용된 상태이다.

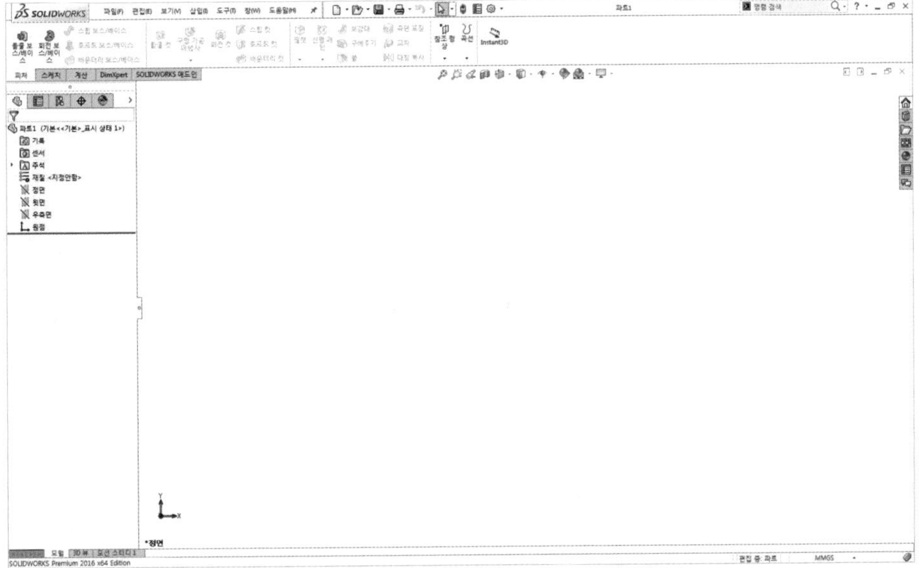

Tip 초보(Novice)에서의 작업환경(Template) 적용

옵션(Options) → 시스템 옵션(System Options) → 기본 템플릿(Default Template)에서 기본 작업환경으로 사용할 템플릿 파일을 지정하면 고급(Advanced)으로 이동하지 않아도 초보(Novice)에서 바로 작업환경(Template)이 적용이 된다.

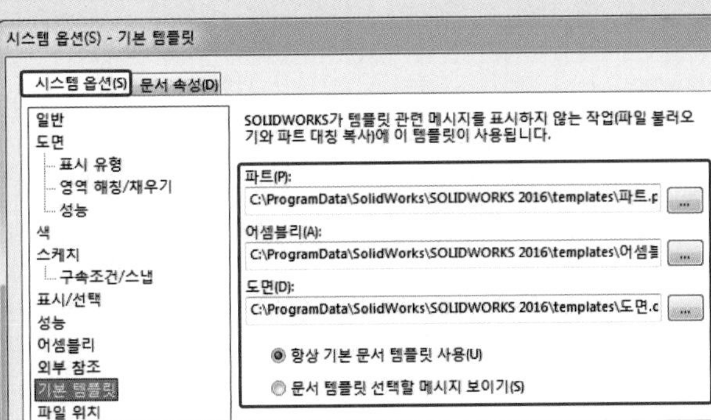

(5) 작업환경(Template) 탭 만들기

작성한 작업환경(Template) 파일을 따로 관리할 수 있도록 저장위치를 만든다.

- 작업환경 메뉴 만들기

1) 컴퓨터 → C: → Program Data → SOLIDWORKS → SOLIDWORKS 2016 → templates에 폴더를 생성한다(폴더명 : 연습용).

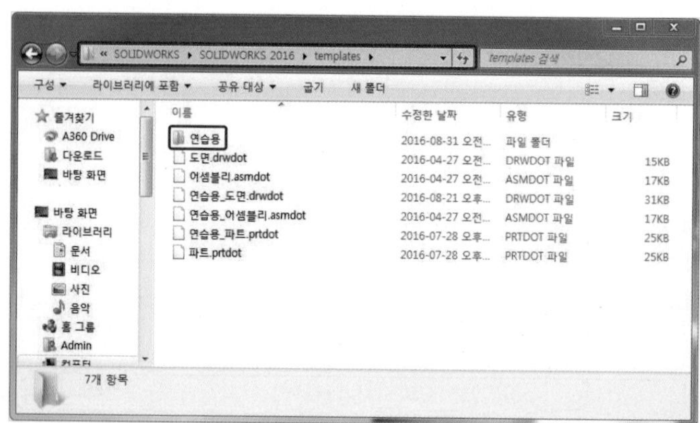

2) 작업환경을 설정하고 저장 위치를 위에서 생성한 폴더로 지정한다(저장 경로 : 컴퓨터 → C: → Program Data → SOLIDWORKS → SOLIDWORKS 2016 → templates → 연습용).

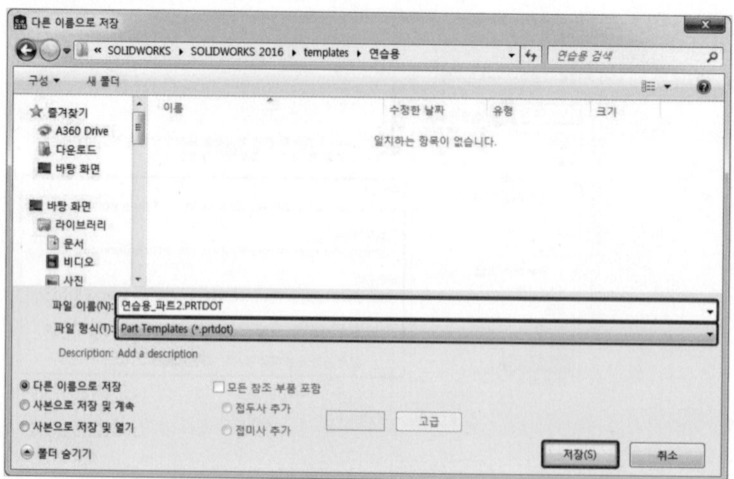

● 작업환경 불러오기

1) SolidWorks의 왼쪽 상단에서 파일(File) → 새 파일(New)을 클릭한다.

2) 고급(Advanced) → 연습용(생성한 메뉴 이름) → 저장한 템플릿을 선택하여 실행한다.

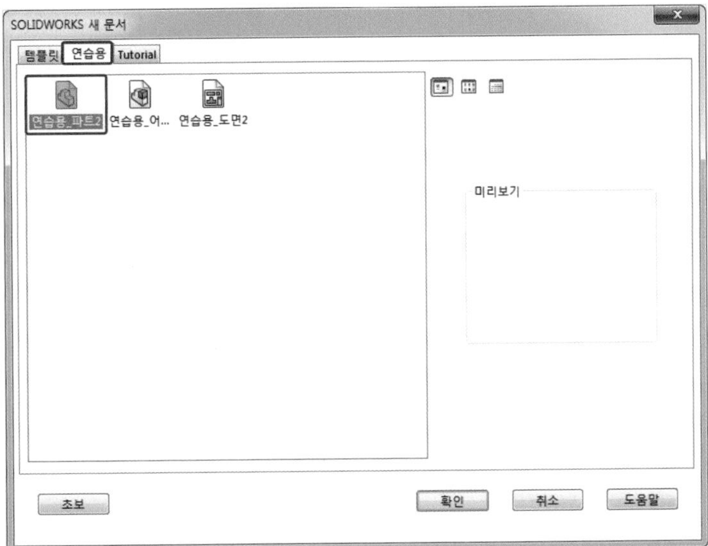

3 SolidWorks 2016 기본 조작법

마우스의 조작법과 간단한 단축키, 사용자 정의 도구모음 정렬 등을 이용하면 편리하게 3D설계를 할 수 있다.

(1) 마우스 조작법

마우스 조작법은 다음과 같다.

● 각 버튼의 기능

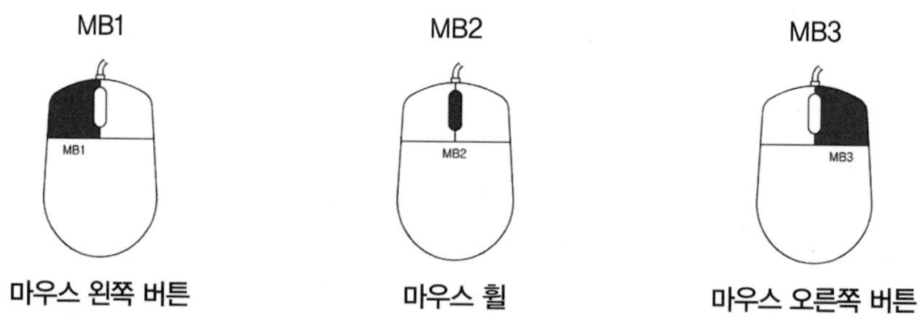

MB1 명령실행 또는 객체선택에 관한 내용에 사용한다.

MB2 보기 뷰에 관한 내용에 사용한다(화면 확대, 축소 이동이 가능하다).

MB3 명령 또는 세부 객체선택에 관한 내용에 사용한다(팝업 메뉴를 표시한다).

● 마우스 사용법

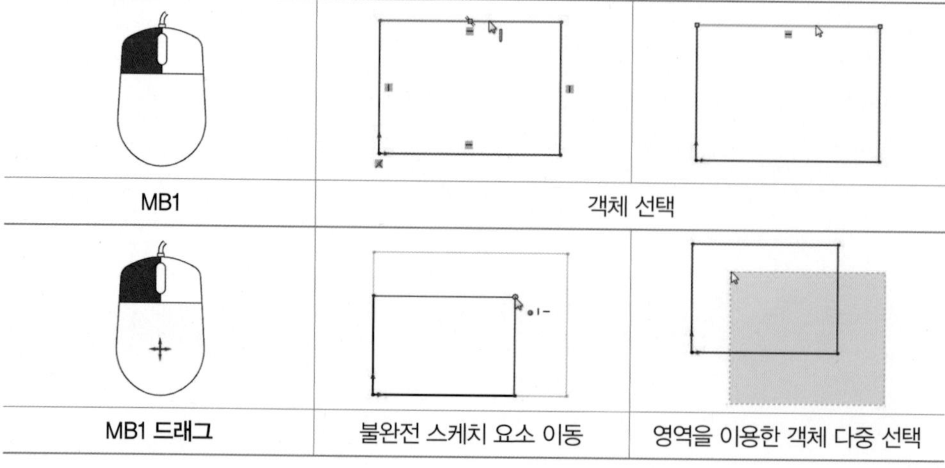

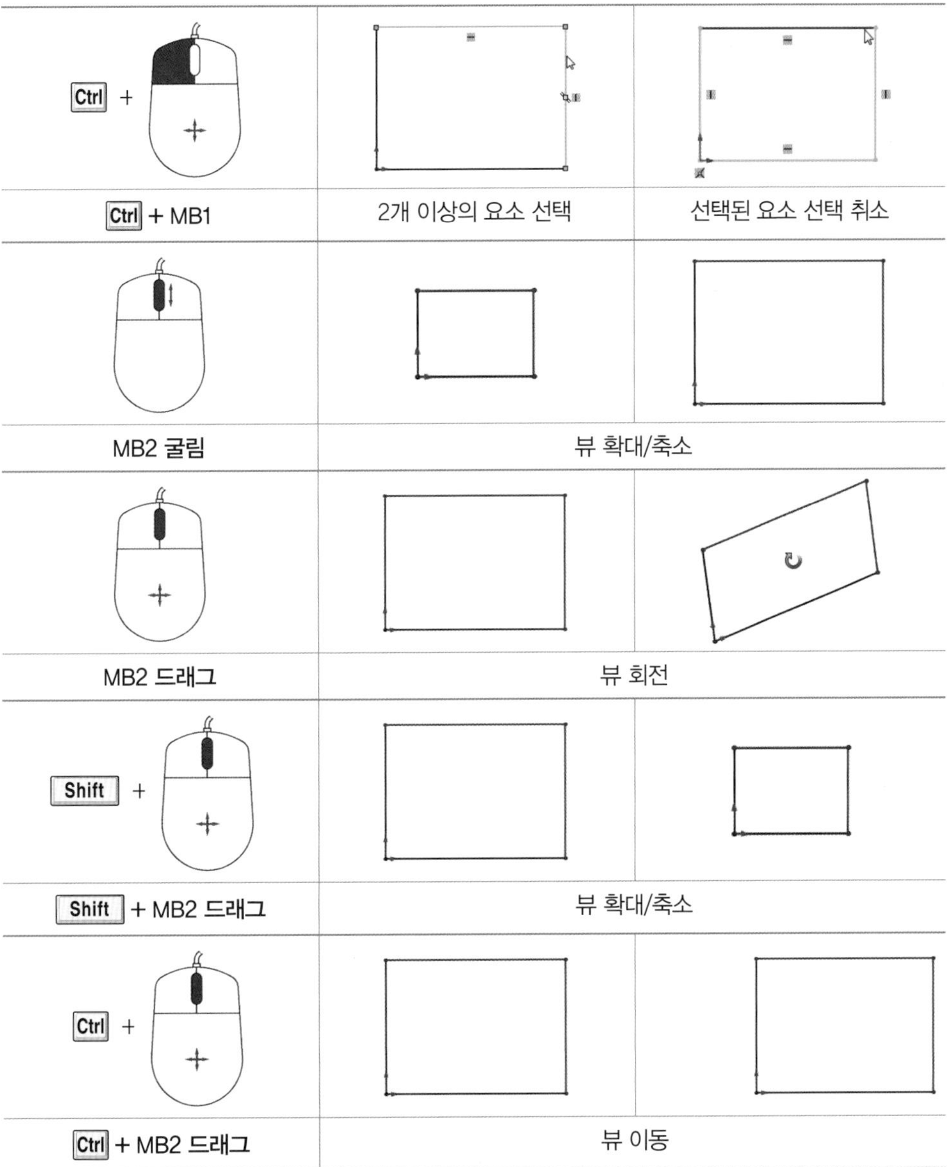

조작	기능	
Ctrl + MB1	2개 이상의 요소 선택	선택된 요소 선택 취소
MB2 굴림	뷰 확대/축소	
MB2 드래그	뷰 회전	
Shift + MB2 드래그	뷰 확대/축소	
Ctrl + MB2 드래그	뷰 이동	

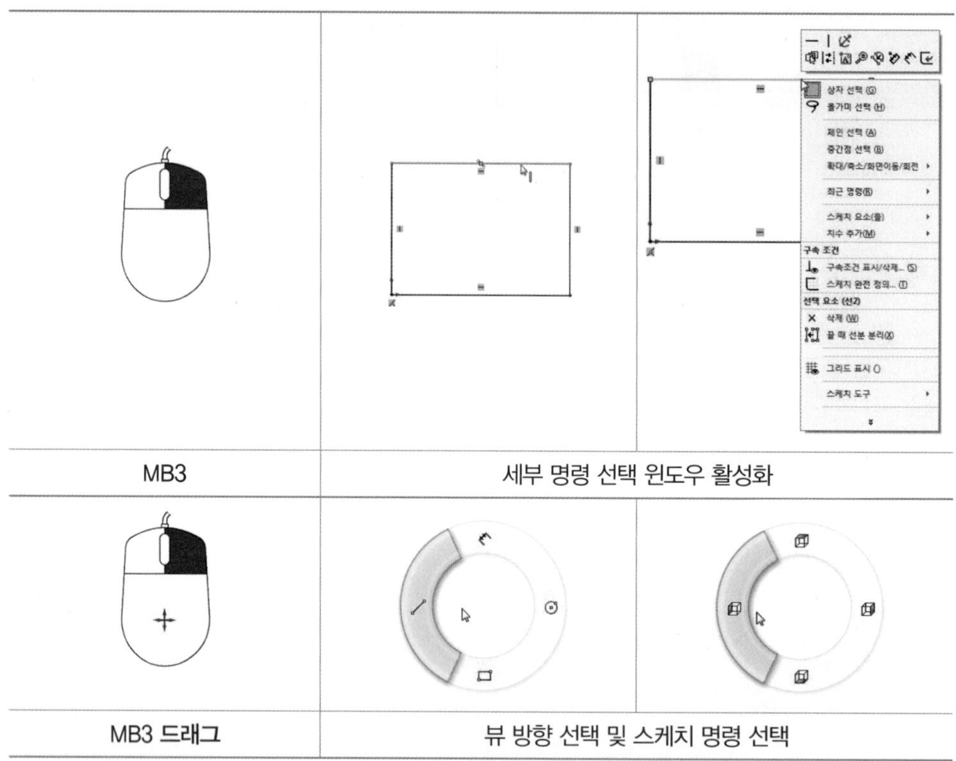

(2) 간단한 단축키

다음은 간단한 단축키의 모음이다.

편집

Ctrl + N	새 파일	Ctrl + Q	재생성 강제 실행
Ctrl + S	저장	Ctrl + C	복사
Ctrl + O	열기	Ctrl + X	잘라내기
Ctrl + W	닫기	Ctrl + V	붙여넣기
Ctrl + P	인쇄	Ctrl + Z	실행취소
Ctrl + R	다시 그리기	Ctrl + Y	재실행
Ctrl + A	모두 선택	Enter	최근 명령 재실행
Ctrl + B	재생성	Delete	삭제

보기

Ctrl + 1	정면	Ctrl + 8	면에 수직으로 보기
Ctrl + 2	뒷면	F	전체보기
Ctrl + 3	좌측면	Z	축소
Ctrl + 4	우측면	Shift + Z	확대
Ctrl + 5	윗면	G	돋보기
Ctrl + 6	아랫면	Ctrl + Shift + Z	이전 뷰
Ctrl + 7	등각보기	Spacebar	보기방향 선택

선택 필터

F5	선택필터 도구모음 On/Off	V	꼭지점 필터
		E	모서리선 필터
F6	선택필터 전환	X	면 필터
F3	빠른 스냅		

SolidWorks 작업창 연관

F8	표시 창 숨기기/보이기	F11	전체화면 전환
		F	바로가기 바
F9	Features Manager 디자인 트리 On/Off	I	파일 및 모델 검색
		W	명령검색
F10	Commend Manager On/Off	Ctrl + F1	SolidWorks 리소스 On/Off
C	트리 확장 축소	R	최근 문서 찾기

(3) 사용자 정의 도구모음 정렬하기(Customize)

사용자가 원하는 작업을 하기 위한 명령 및 자주 사용하는 명령의 아이콘을 SolidWorks의 상단 아이콘 메뉴 창에 등록하여 배치할 수 있다.

① 메인 메뉴 바(Main Manu Bar) → 도구(Tools) → 사용자 정의(Customize)를 클릭한다(본 교재는 파트(Part) 기준으로 설명 했으나 어셈블리(Assembly), 도면(Drawing)에서도 이용 할 수 있다).

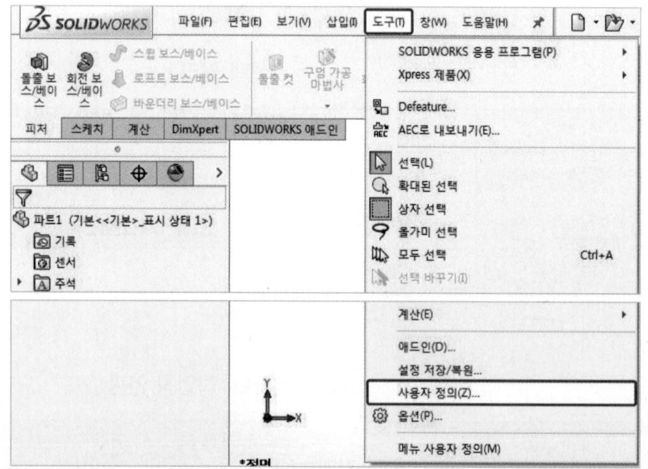

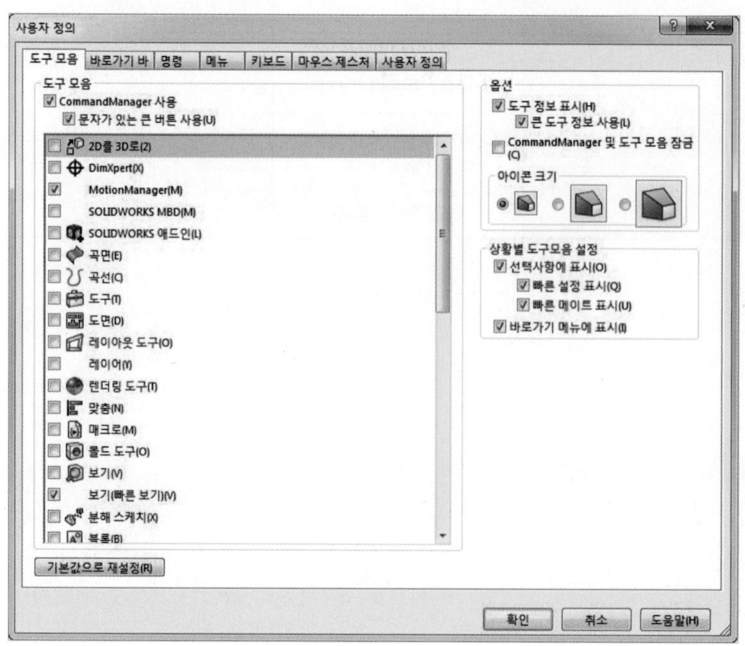

Tip 아이콘의 크기 조절

메인 메뉴 바(Main Manu Bar) → 도구(Tools) → 사용자 정의(Customize) → 도구 모음(Toolbars) → 아이콘 크기(Icon Size)에서 명령 아이콘의 크기를 조정할 수 있다.

② 바로가기 바(Shortcut Bar) 메뉴에서 사용자가 원하는 대로 선택 드래그하여 아이콘을 배치할 수 있다(예시 - 선 형식(Line Formats) 명령을 피처(Features)에 배치).

1) 사용자 정의 창에서 선 형식(Line Formats) 아이콘을 찾아 커맨드 매니저(Command Manager)에 드래그한다.

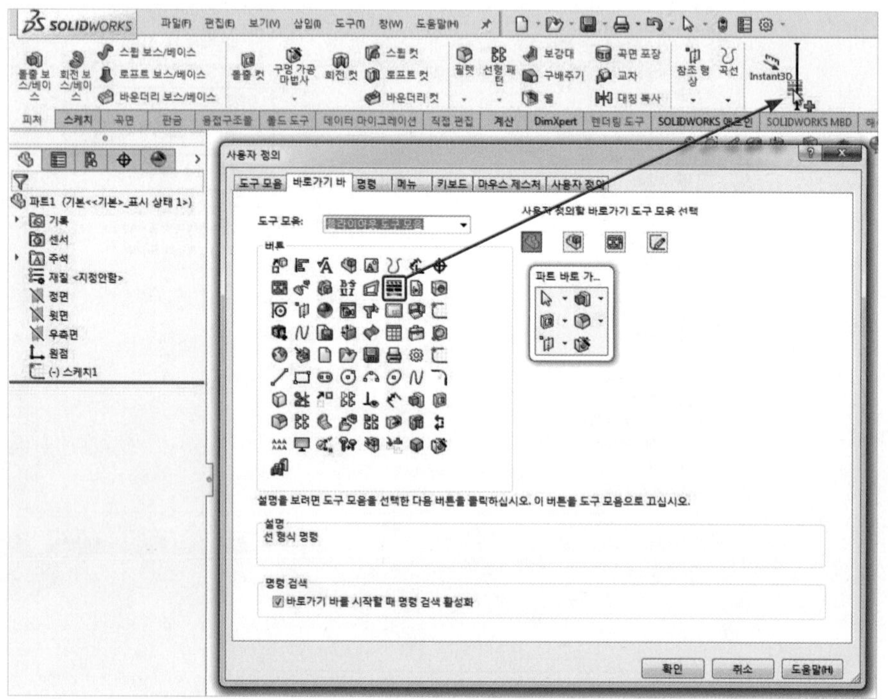

2) 선 형식(Line Formats)의 배치 결과

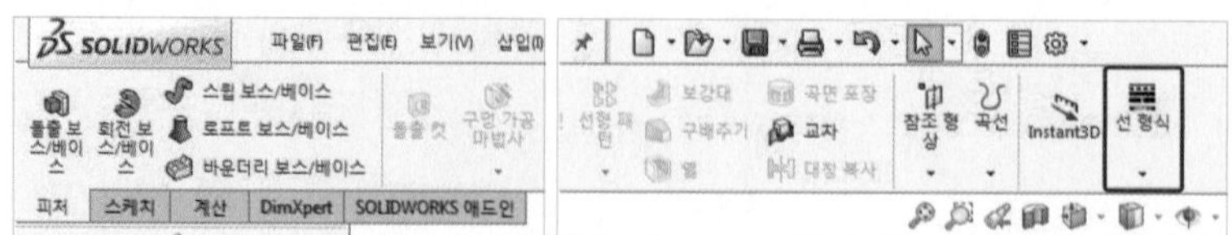

(4) 바로가기 바(Shortcut Bar) 활용

사용자가 사용할 명령들만 모아 바로가기 도구모음에 저장할 수 있다.

① 바로가기 바(Shortcut Bar) 메뉴에서 왼쪽 아이콘들을 선택 후 바로가기 창에 드래그한다.

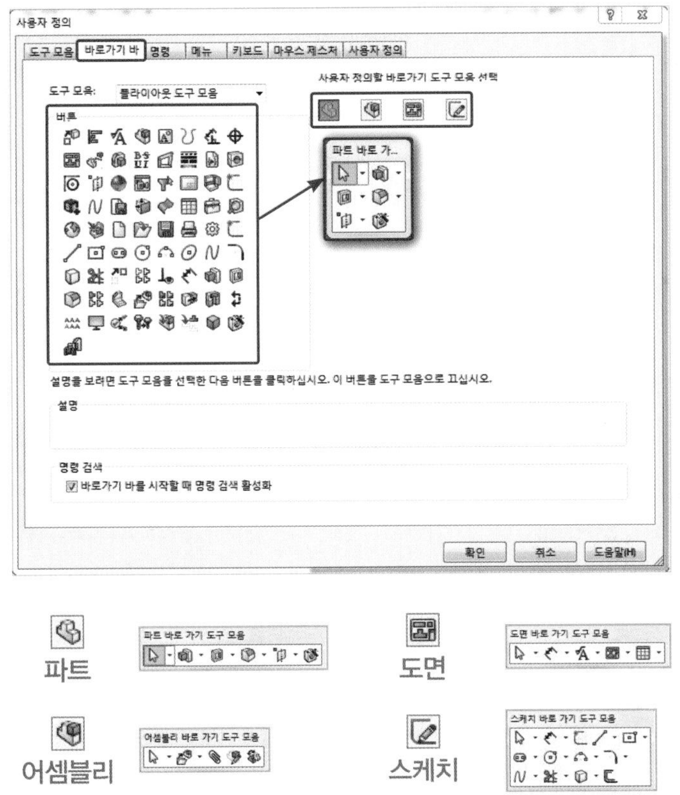

② 작업 중 키보드 S를 누르면 바로가기 창이 활성화 된다.

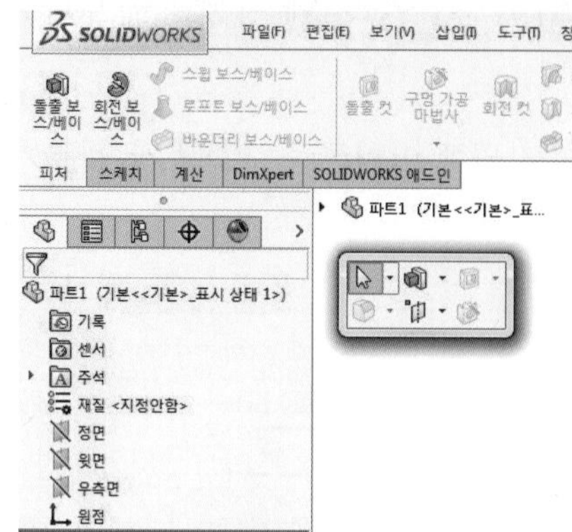

파트 바로가기

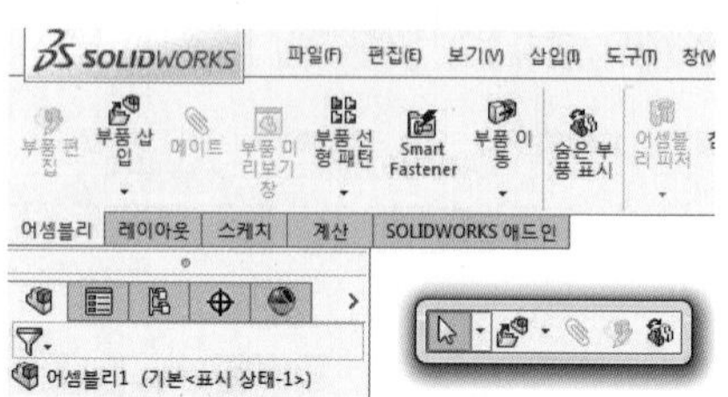

어셈블리 바로가기

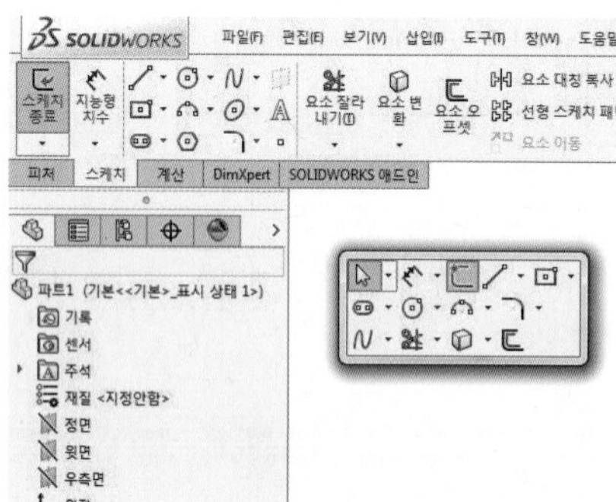

스케치 바로가기

도면 바로가기

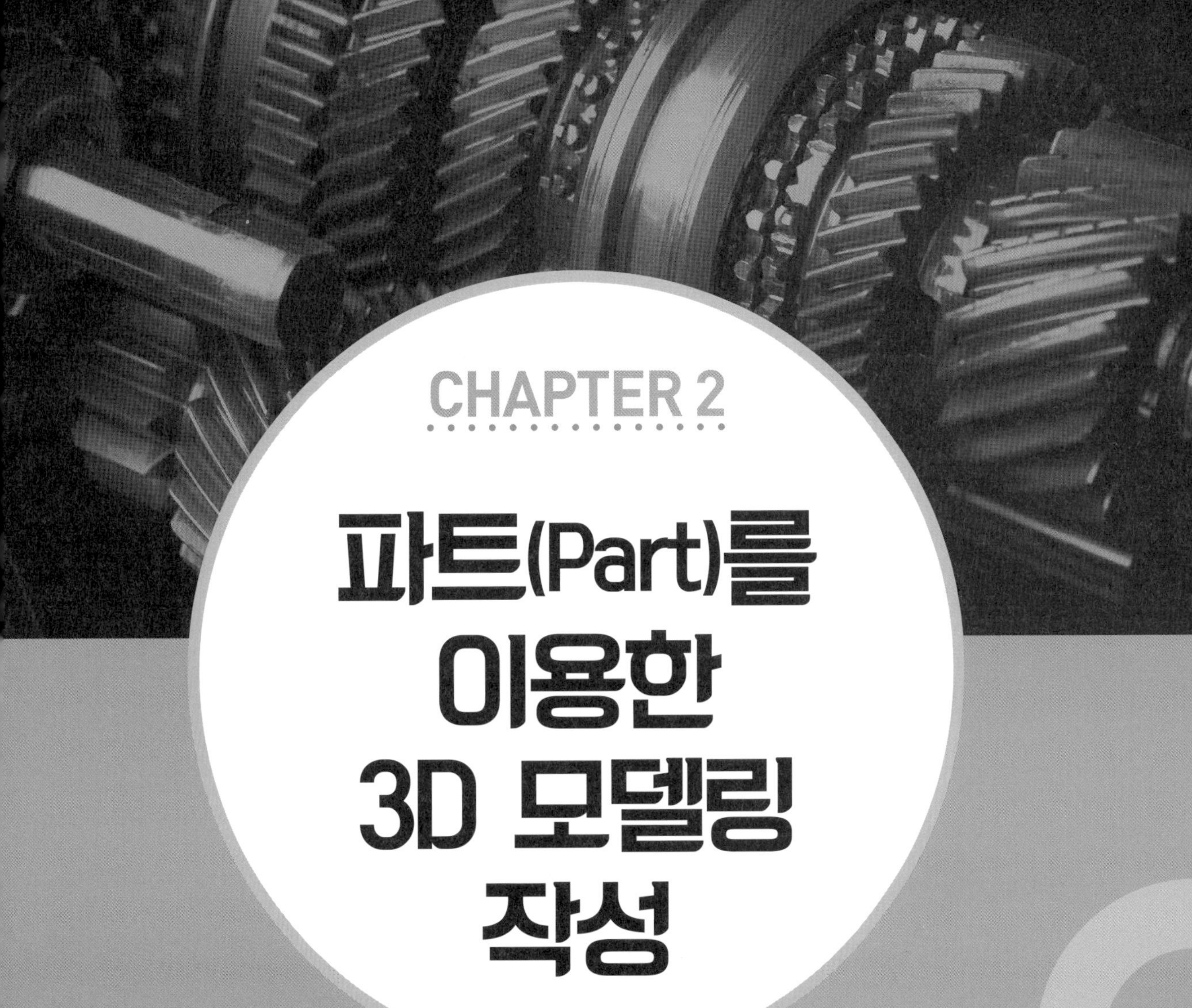

CHAPTER 2

파트(Part)를 이용한 3D 모델링 작성

SolidWorks 3D설계의 기본인 파트(Part) 모델에 관한 작업을 이해하고 모델링의 작성, 수정 및 활용 등을 학습한다.

01 파트(Part)란?

SolidWorks의 가장 기본이 되는 작업으로 3D 모델링을 작성하는 작업환경이다. 기본적으로 평면을 지정하고 스케치(Sketch)를 작성한 후 피처(Features) 명령을 이용하여 3D 모델링을 작성한다. 작성순서는 다음과 같다.

● 파트(Part) 모델링 작업순서

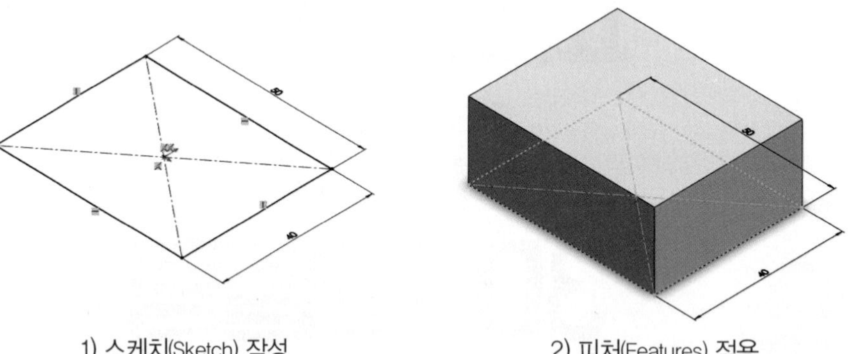

1) 스케치(Sketch) 작성　　　　2) 피처(Features) 적용

● 파트(Part) 모델링을 이용한 추가 작업

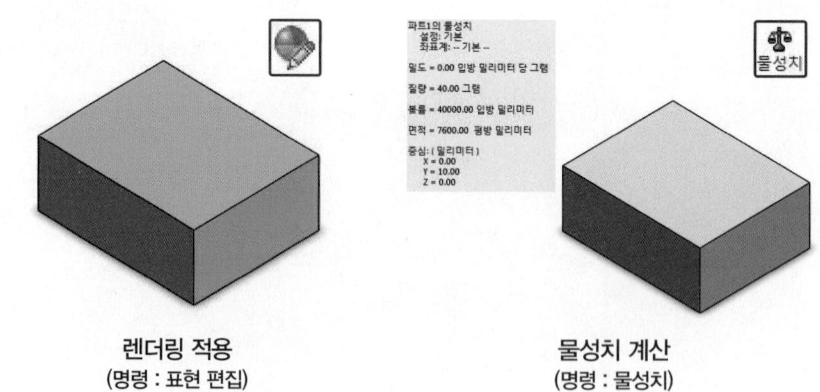

렌더링 적용
(명령 : 표현 편집)

물성치 계산
(명령 : 물성치)

02 파트(Part) 모델링 작성

파트(Part) 작업환경을 이용하여 모델링 작업을 진행한다.

1 파트(Part) 모델링 시작

파트(Part)의 작업환경을 실행한다.

(1) 파트(Part)의 시작

① 파일(File) → 새 파일(New)을 클릭한다.

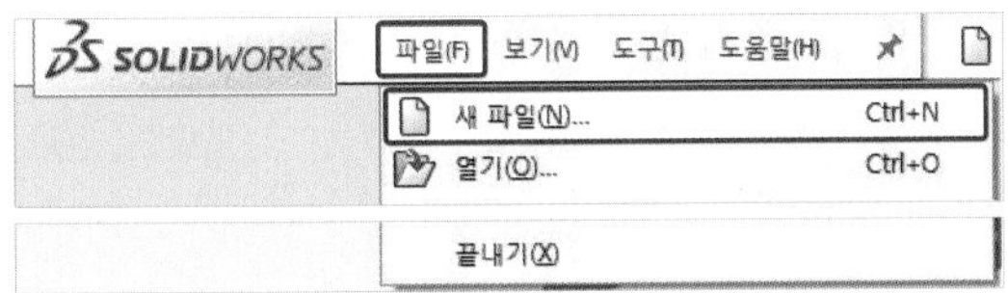

② SolidWorks 새 문서(New SolidWorks Document) 창에서 파트(Part)를 선택하고 확인을 클릭한다.

(2) 스케치(Sketch) 작성

모델링을 작성하기 위해서는 스케치(Sketch)는 빠져서는 안 될 요소 중 하나이다. 스케치의 방식은 다음과 같다.

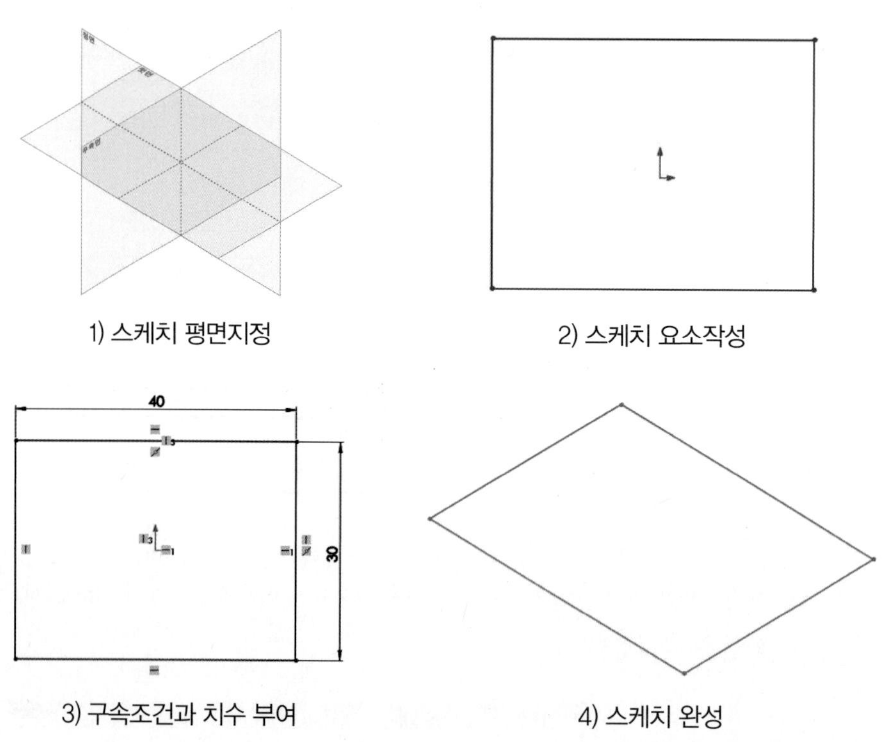

1) 스케치 평면지정

2) 스케치 요소작성

3) 구속조건과 치수 부여

4) 스케치 완성

Tip 스케치(Sketch)의 방법

SolidWorks의 스케치(Sketch)는 스케치 생성 명령으로 대략적인 형상을 작성하고 치수(Dimension)와 구속조건(Add Relations)을 부여하여 정확한 데이터로 세부 조정한다.

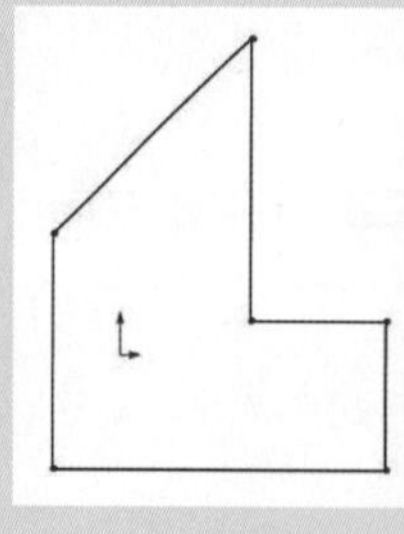

1) 형상 스케치

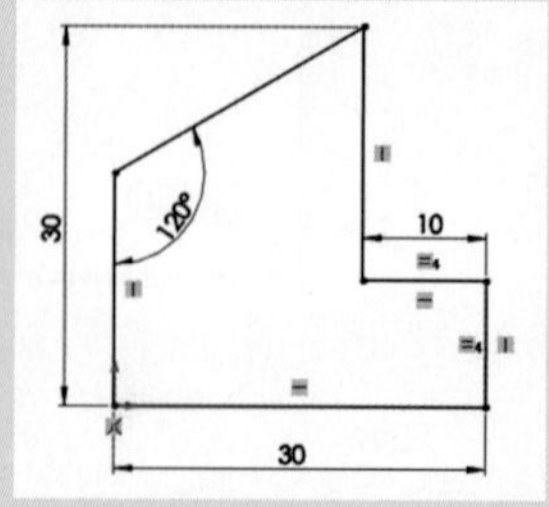

2) 구속조건과 차수 부여

(3) 스케치 평면(Plane) 선택

스케치(Sketch)를 진행하기 위해 스케치를 작성할 평면(Plane)을 선택한다.

① 스케치(Sketch) 메뉴에서 스케치(Sketch)를 클릭하고 스케치 평면(Plane)을 선택한다.

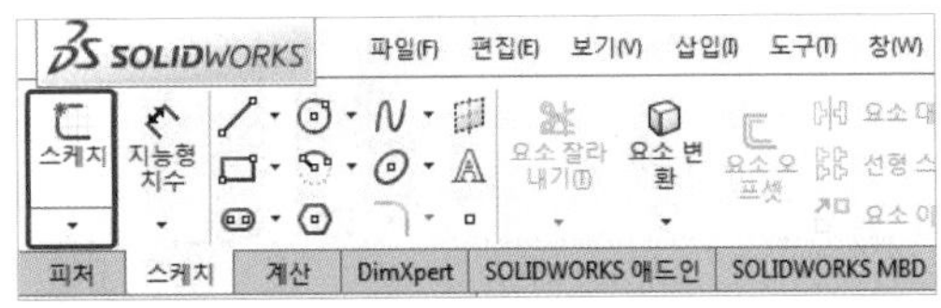

(4) 스케치 평면의 선택방법

SolidWorks에서의 스케치 평면(Plane)을 선택하는 방법은 다음과 같이 3가지가 있다.

1) 기본 세 평면

SolidWorks의 작업환경에서 주어지는 기본 평면(Plane)으로 정면(Front), 윗면(Top), 우측면(Right) 중 하나를 선택하여 스케치를 작성할 수 있다. 이 세 평면이 교차하는 한 점을 원점(Origins)이라 한다(최초 스케치 작성 시 반드시 선택하여야 하며 이 후 모델링 작성 중 선택이 가능하다).

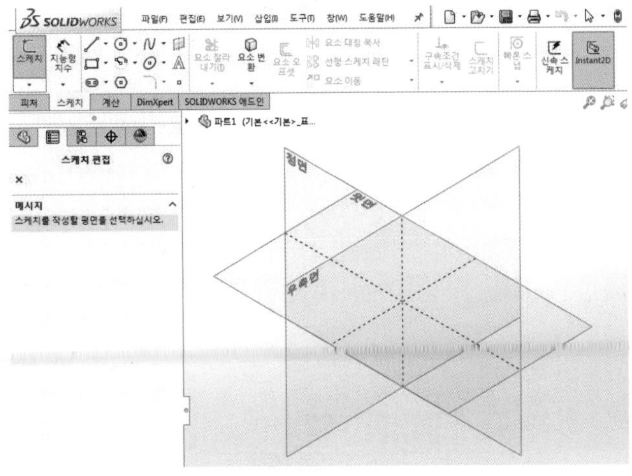

Tip 최초 스케치 평면(Plane)

파트(Part) 모델링의 최초 스케치 작성 시 기본 평면의 선택은 매우 중요하다. 이 기본 평면에 의하여 작성된 모델링이 도면(Drawing) 작업과 어셈블리(Assembly) 작업에 영향을 주기 때문이다.

2) 3D 모델링 상의 평면

기본적인 세 평면을 바탕으로 모델링을 생성하고 이 후 생성된 모델링의 평면을 스케치 평면으로 선택할 수 있다. 반드시 평면이어야 선택이 가능하며 불규칙 적인 곡면이나 원통 면은 선택할 수 없다.

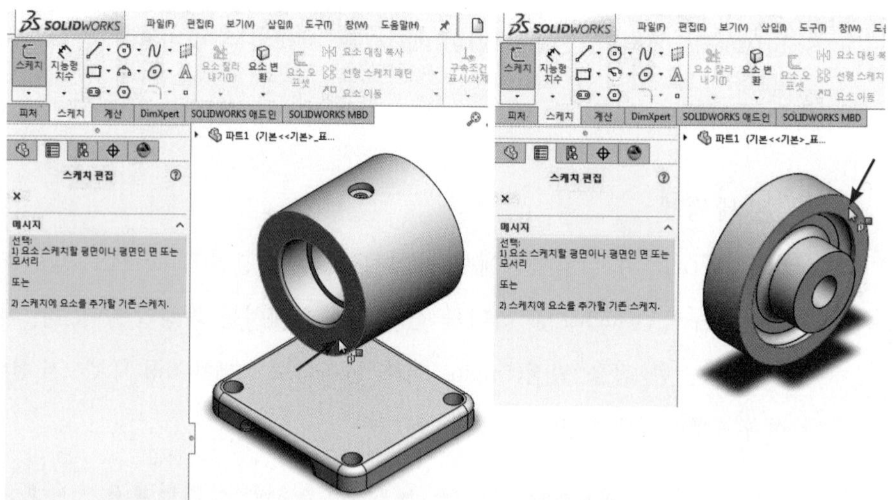

3) 참조 형상(Reference Geometry)의 기준면(Plane)으로 생성한 평면

직접 사용자가 여러 조건을 부여하여 이에 만족하는 평면을 생성할 수 있다. 최대 세 가지 조건을 참조 시킬 수 있다(피처(Features) → 참조 형상(Reference Geometry) → 기준면(Plane)).

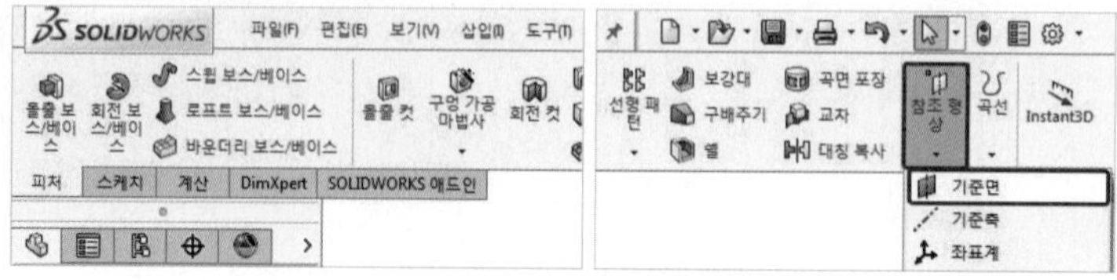

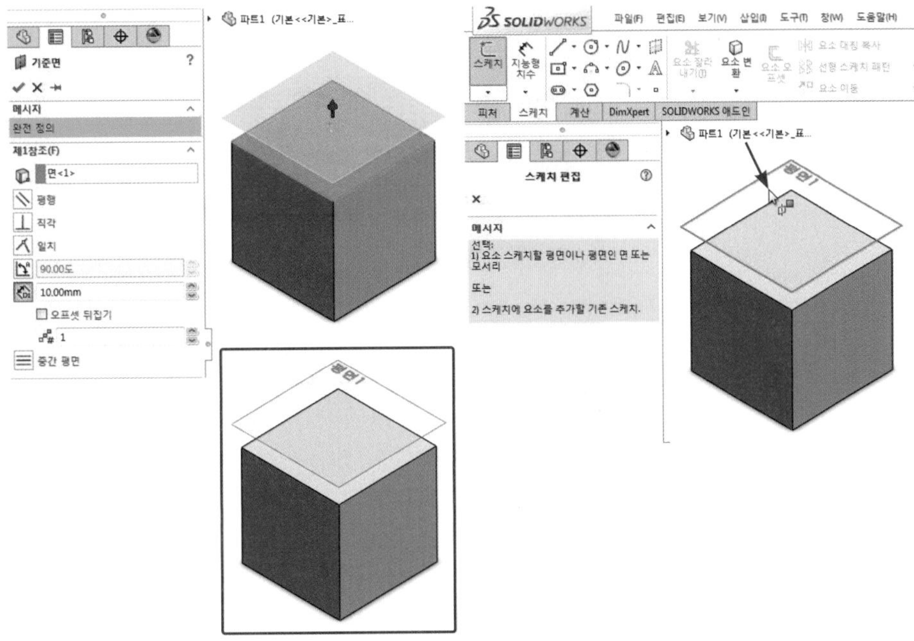

(5) 스케치 평면의 선택 과정

스케치 평면 선택 시 다음과 같이 세 가지 방법이 있다.

1) 스케치 명령 실행 후 평면 선택

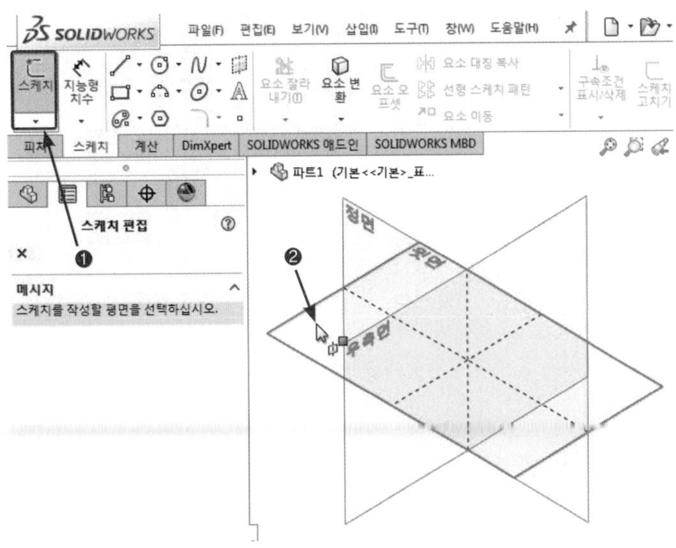

2) 평면 선택 후 스케치 명령 실행

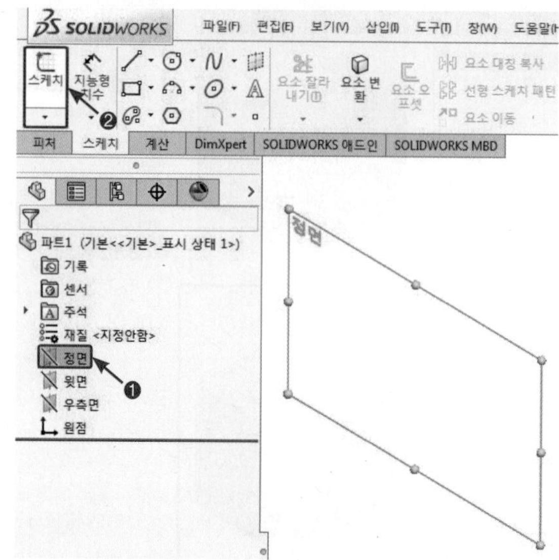

3) 평면에 마우스 MB3 버튼을 클릭 하여 스케치 명령 실행

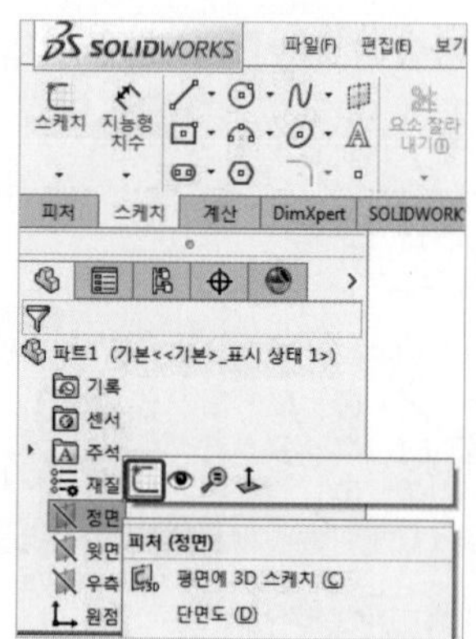

(6) 스케치(Sketch) 명령

스케치(Sketch) 명령은 직접적으로 요소를 그려내는 그리기 명령과 그려진 스케치를 세부 편집하는 편집 명령으로 나뉜다.

- **스케치(Sketch) 명령 배치**

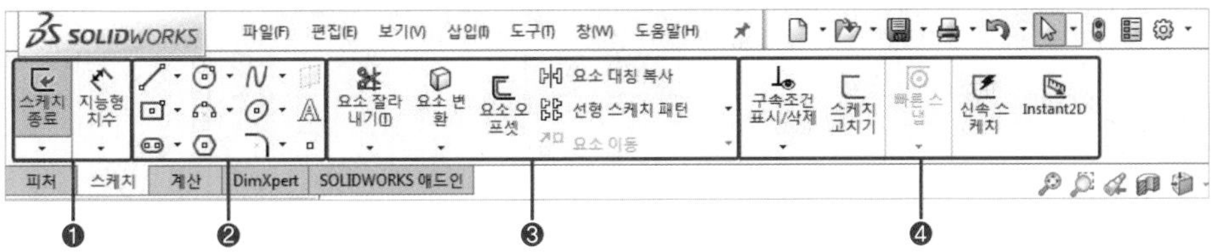

❶ 스케치의 종료와 치수를 기입할 수 있다.
❷ 기본적인 형상에 관한 스케치 작성할 수 있다.
❸ 작성된 형상에 다른 형상을 편집하여 추가할 수 있다.
❹ 구속조건이나 치수에 관한 편집을 할 수 있다.

- **스케치(Sketch) 생성 명령**

선(Line)

두 끝점을 지정하여 직선을 작성한다.

1) 한 끝점을 클릭한다.

2) 다른 끝점을 클릭한다.

Tip 선(Line) 스케치하는 방법

선(Line) 스케치하는 방법에는 다음과 같이 두 가지 방법이 있다.

명령 방법	단일 선	복합 연결선
스케치 방법	드래그하여 스케치한다.	클릭하여 스케치한다.
예시보기		

중심선(Center Line)

두 끝점을 지정하여 중심선을 작성한다.

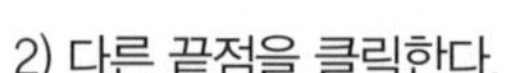

1) 한 끝점을 클릭한다.　　2) 다른 끝점을 클릭한다.

중간점선(Midpoint Line)

중간점과 한 끝점을 지정하여 직선을 작성한다.

1) 선의 중간점을 클릭한다.

2) 선의 끝점을 클릭한다.

코너 사각형(Corner Rectangle)

두 모서리를 지정하여 사각형을 작성한다.

1) 사각형의 한 모서리 점을 클릭한다.

2) 사각형의 다른 모서리 점을 클릭한다.

중심 사각형(Center Rectangle)

중심점과 한 모서리를 지정하여 사각형을 작성한다.

1) 사각형의 중심점을 클릭한다.

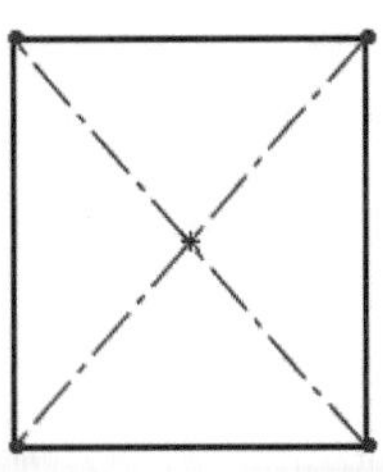

2) 사각형의 한 모서리 점을 클릭한다.

Tip 중심 사각형 유형 변경

중간점에서(From Midpoints)에 체크를 하고 중심 사각형을 작성하면 다음과 같이 중심선의 유형이 바뀐다.

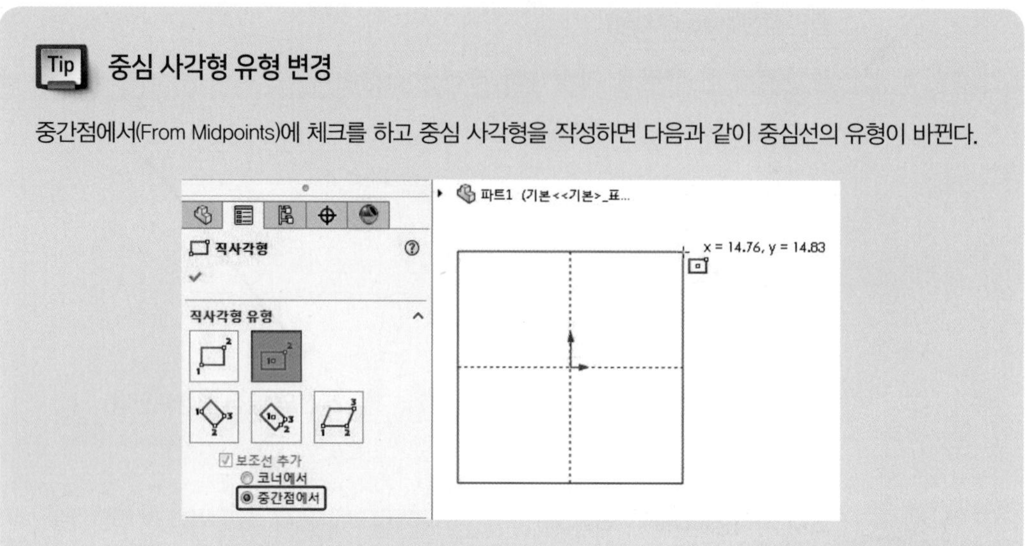

세 점 코너 사각형(3Point Corner Rectangle)

세 모서리를 지정하여 사각형을 작성한다.

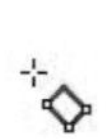

1) 사각형의 한 모서리 점을 클릭한다.

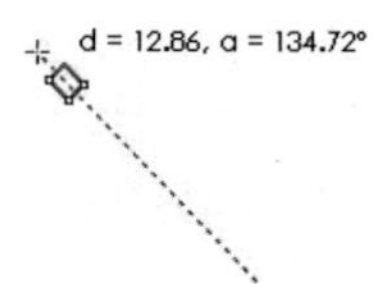

2) 사각형의 두 번째 모서리 점을 클릭한다.

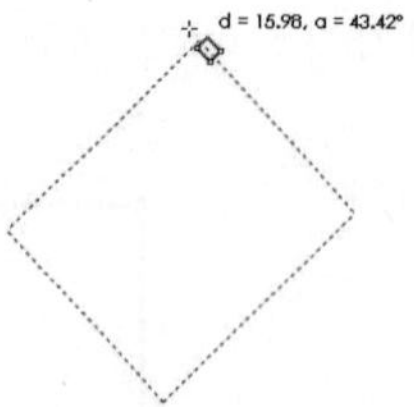

3) 사각형의 세 번째 모서리 점을 클릭한다.

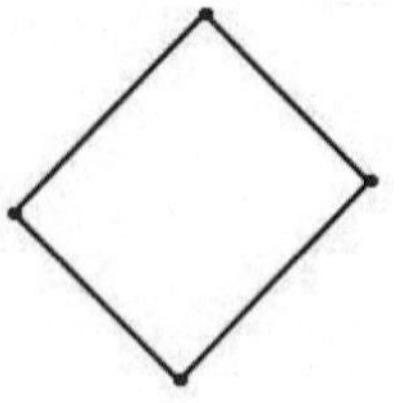

4) 세 점 코너 사각형 결과

세 점 중심 사각형(3Point Center Rectangle)

중심점과 한 변의 중간점, 모서리를 지정하여 사각형을 작성한다.

1) 사각형의 중심점을 클릭한다.

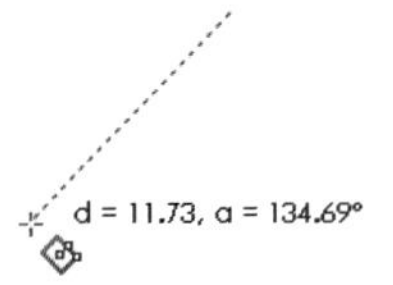

2) 사각형의 한 변의 중간점을 클릭한다.

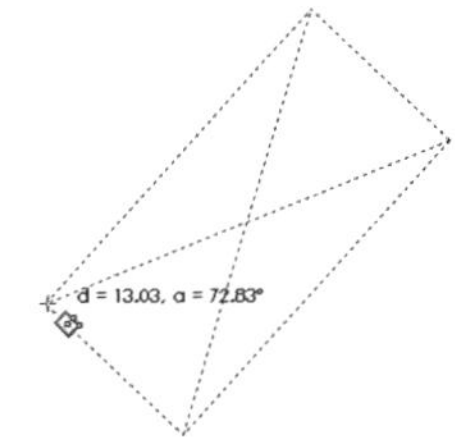

3) 사각형의 한 모서리 점을 클릭한다.

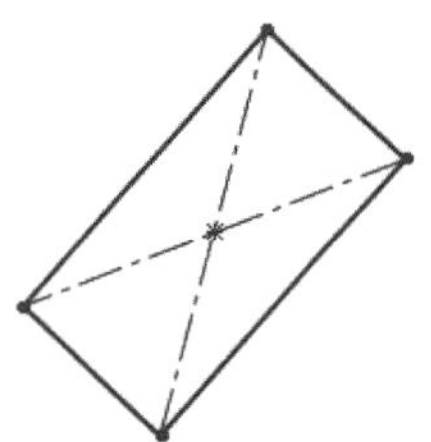

4) 세 점 중심 사각형 결과

평행사변형(Parallelogram)

세 모서리를 지정하여 평행사변형을 작성한다.

1) 평행사변형의 한 모서리 점을 클릭한다.

d = 17.92, a = 180°

2) 평행사변형의 한 변의 끝점을 클릭한다.

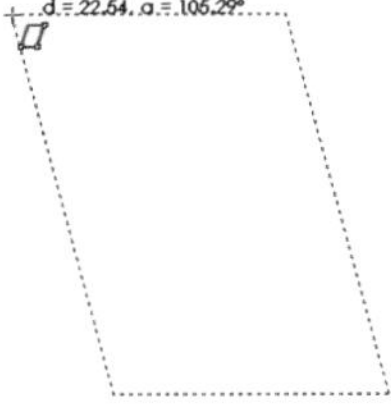

3) 평행사변형의 다른 모서리 점을 클릭한다.

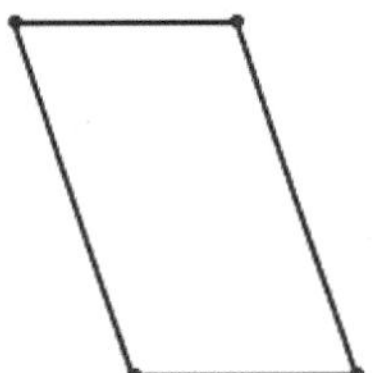

4) 평행사변형 결과

직선 홈(Straight Slot)

두 끝점을 지정한 직선 경로에 직선 홈을 작성한다.

1) 한 끝점을 클릭한다.

2) 두 번째 끝점을 클릭한다.

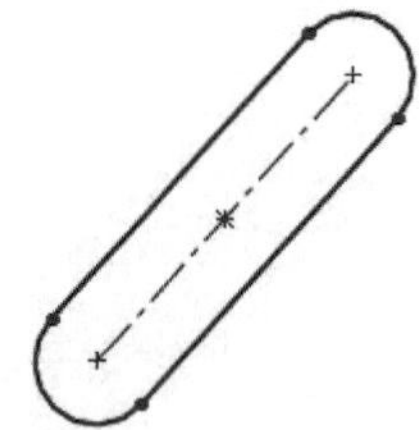

3) 반경 방향의 한 점을 클릭한다.

중심 직선 홈(Center Point Straight Slot)

중간점과 한 끝점을 지정한 직선 경로에 직선 홈을 작성한다.

1) 중간점을 클릭한다.

2) 끝점을 클릭한다.

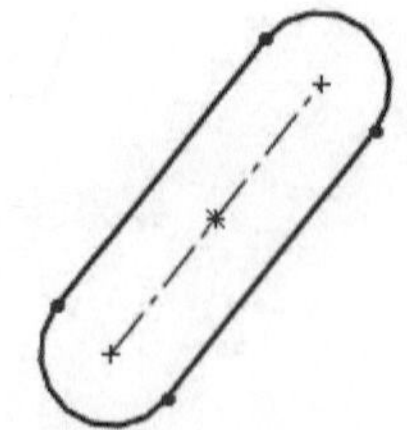

3) 반경 방향의 한 점을 클릭한다.

3점호 홈(3Point Arc Slot)

세 점으로 지정한 원호 경로에 원형 홈을 작성한다.

1) 원호 경로의 시작점을 클릭한다.

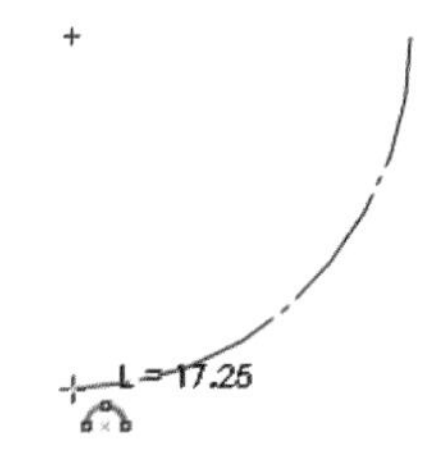

2) 원호 경로의 끝점을 클릭한다.

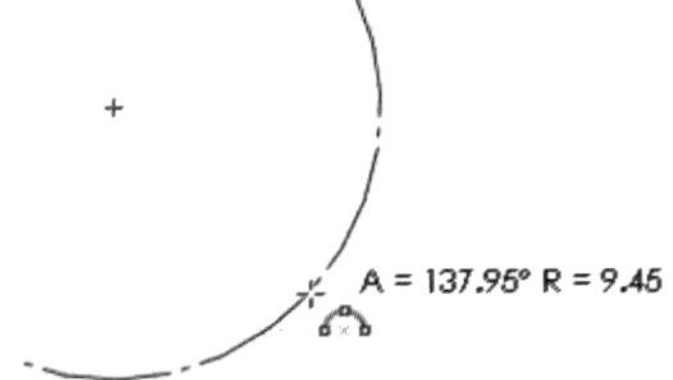

3) 원호 경로의 반경 방향의 한 점을 클릭한다.

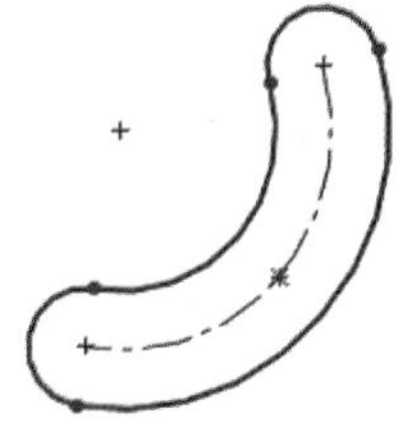

4) 반경 방향의 한 점을 클릭한다.

중심점 호 홈(Center Point Arc Slot)

중심점과 양 끝점으로 지정한 원호 경로에 원형 홈을 작성한다.

1) 원호 경로의 중심점을 클릭한다.

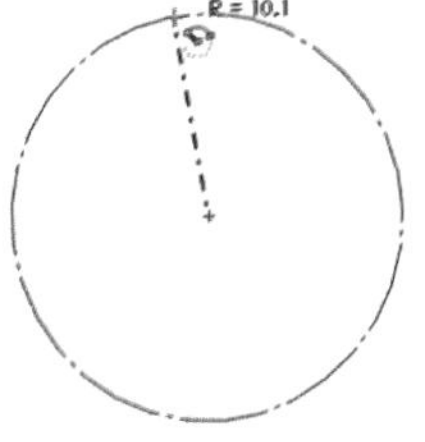

2) 원호 경로의 시작점을 클릭한다.

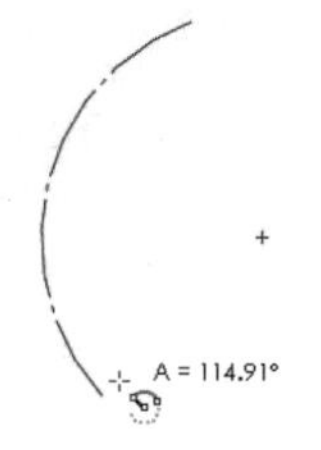

3) 원호 경로의 끝점을 클릭한다.

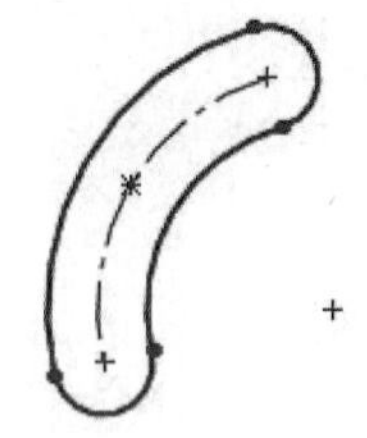

4) 반경 방향의 한 점을 클릭한다.

원(Circle)

중심점과 반경거리 점을 지정하여 원을 작성한다.

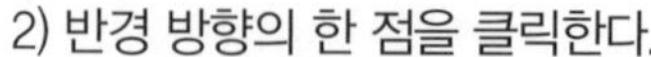

1) 중심점을 클릭한다.

2) 반경 방향의 한 점을 클릭한다.

원주 원(Perimeter Circle)

원주 상의 세 점을 지정하여 원을 작성한다.

1) 원주 상의 한 점을 클릭한다.

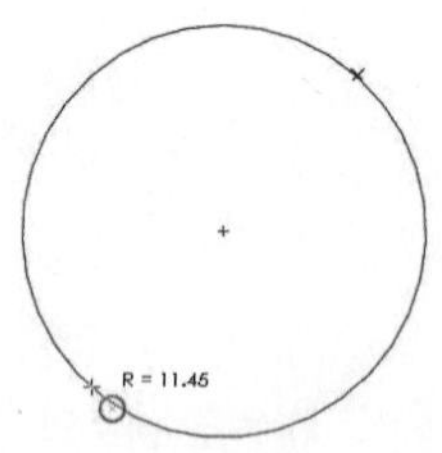

2) 원주 상의 두 번째 점을 클릭한다.

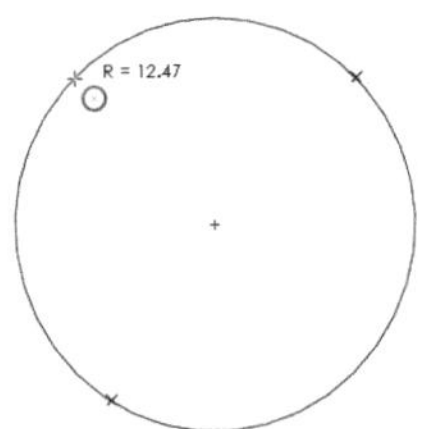

3) 원주 상의 세 번째 점을 클릭한다.

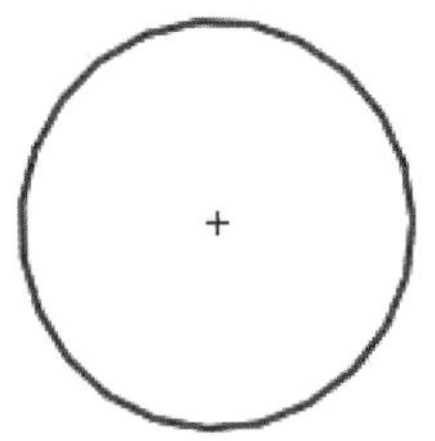
4) 원주 원 결과

중심점 호(Center Point Arc)

중심점과 두 끝점을 지정하여 원호를 작성한다.

1) 원호의 중심점을 클릭한다.

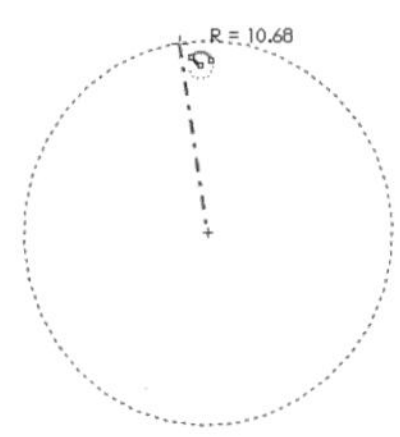

2) 원호의 시작점을 클릭한다.

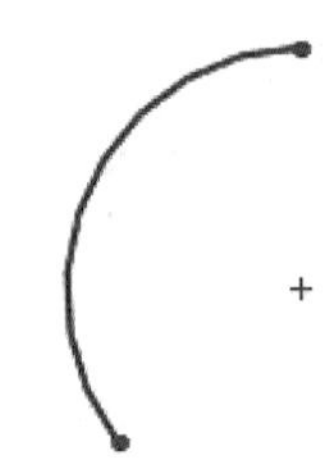
3) 원호의 끝점을 클릭한다.

접원 호(Tangent Arc)

기존의 스케치에 접하는 원호를 작성한다.

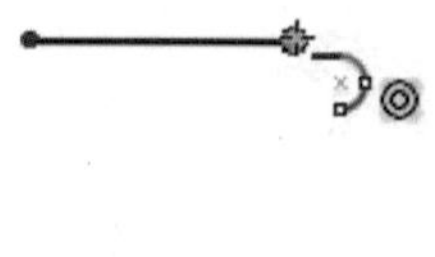

1) 스케치의 끝점을 클릭한다.

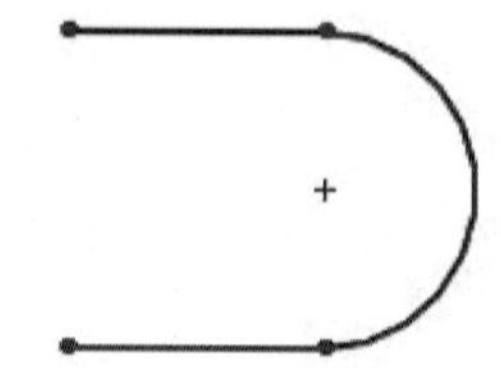

2) 다른 스케치의 끝점을 클릭한다.

3점호(3Point Arc)

세 점을 지정하여 원호를 작성한다.

1) 원호의 시작점을 클릭한다.

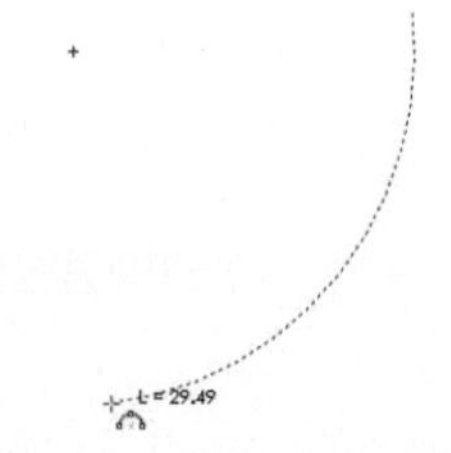

2) 원호의 끝점을 클릭한다.

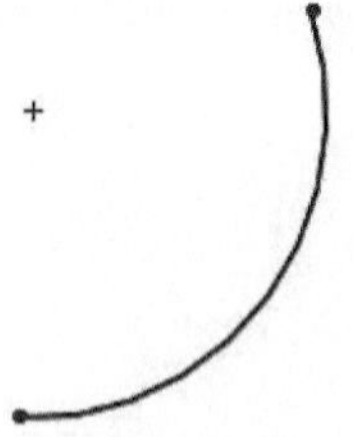

3) 원호의 반경 방향의 한 점을 클릭한다.

다각형(Polygon)

다각형을 작성한다.

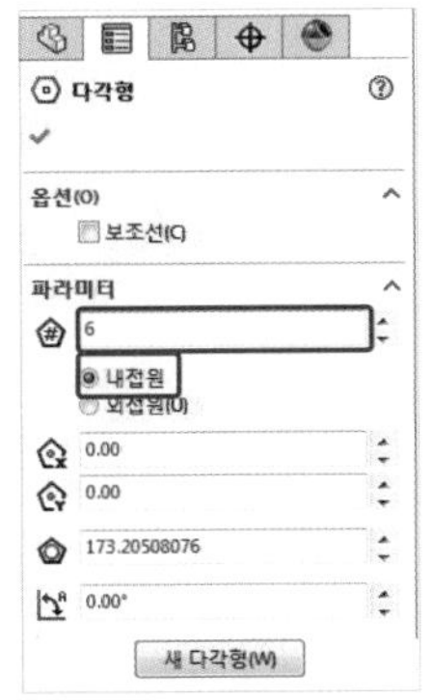

1) 다각형의 설정 값을 입력한다.

2) 다각형의 중심점을 클릭한다.

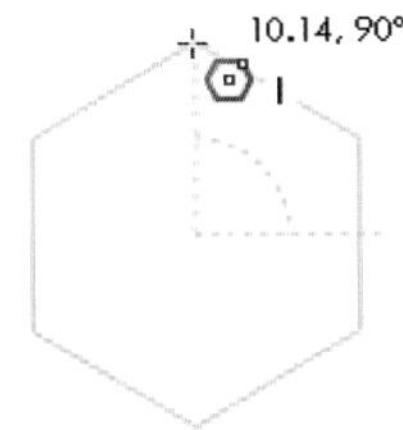

3) 다각형의 끝점을 클릭한다.

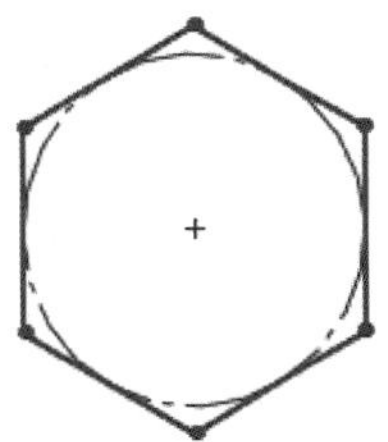

4) 다각형 결과

자유곡선(Spline)

지정하는 점을 경유하는 자유곡선을 작성한다.

1) 자유곡선의 시작점을 클릭한다.

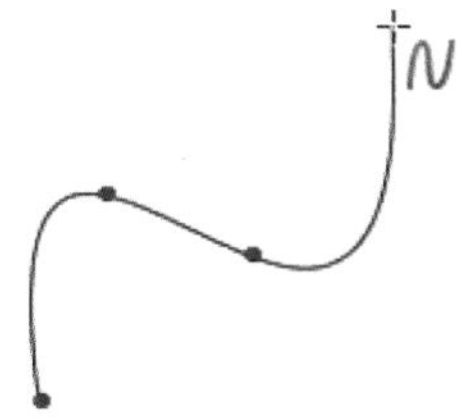

2) 자유곡선이 지날 경유점을 여러 번 클릭한다.

3) 키보드에서 Esc를 눌러 명령을 종료한다.

스타일 자유곡선(Style Spline)

베지어 곡선과 각각의 3°, 5°, 7°의 B-스플라인을 작성한다.

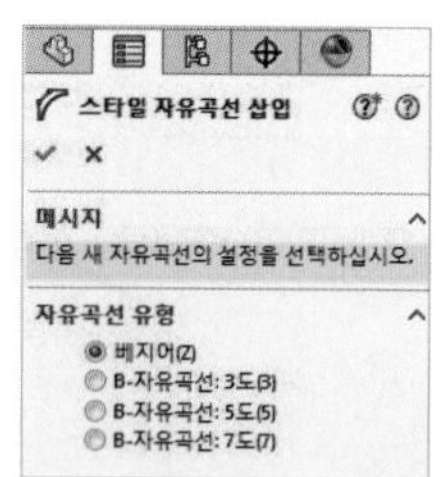

1) 곡선의 스타일을 선택한다.

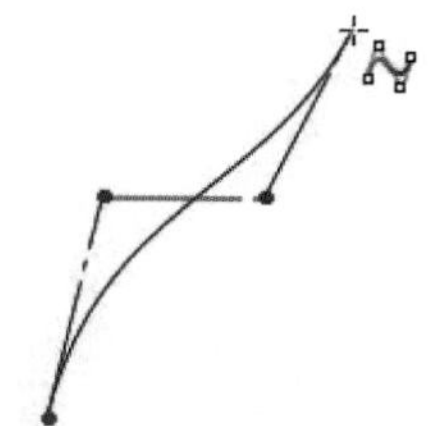

2) 자유곡선의 연관점들을 클릭한다.

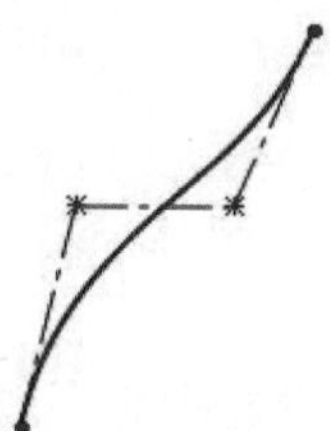

3) 키보드에서 Esc를 눌러 명령을 종료한다.

수식 유도 곡선(Equation Driven Curve)

수식을 입력하여 입력 수식을 만족하는 곡선을 작성한다.

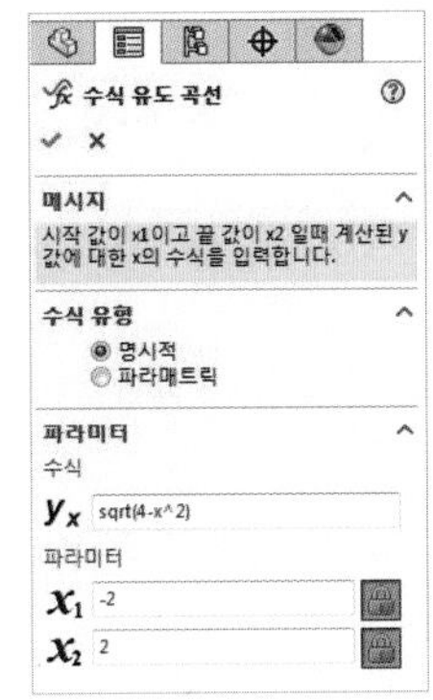

1) 수식을 입력한다.

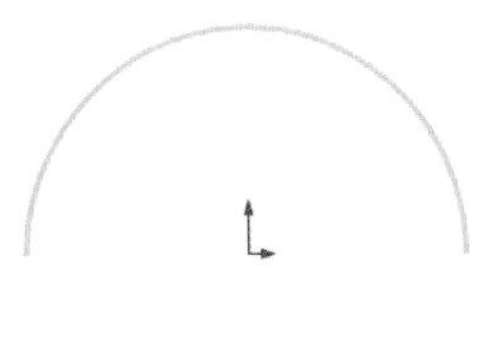

2) 수식 유도 곡선 미리보기

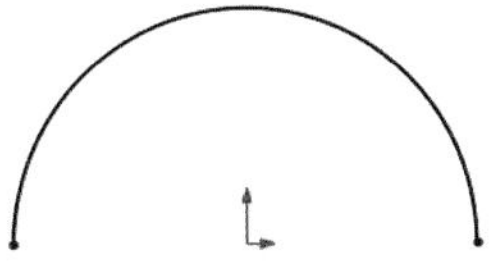

3) 수식 유도 곡선 결과

타원(Ellipse)

중심점과 두 점을 이용하여 타원을 작성한다.

1) 타원의 중심점을 클릭한다.

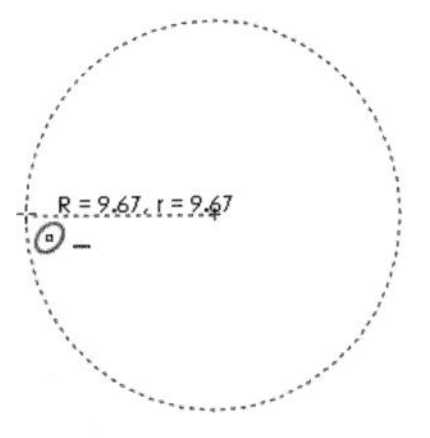

2) 타원의 한 사분점을 클릭한다.

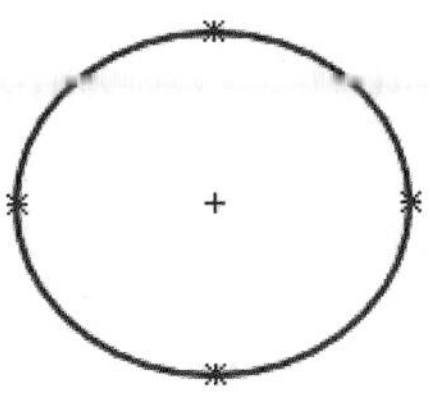

3) 타원의 수직위치의 다음 사분점을 클릭한다.

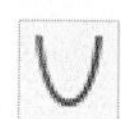

부분 타원(Partial Ellipse)

중심점과 두 점을 이용하여 부분 타원을 작성한다.

1) 타원의 중심점을 클릭한다.

2) 타원의 한 사분점을 클릭한다.

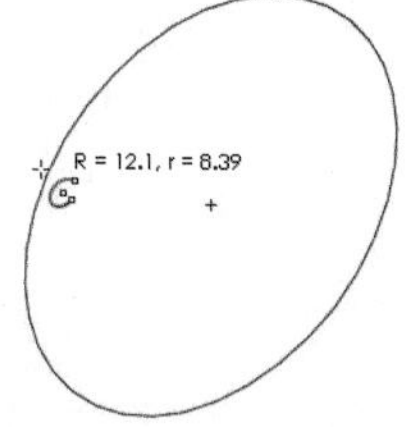

3) 부분 타원의 시작점을 클릭한다.

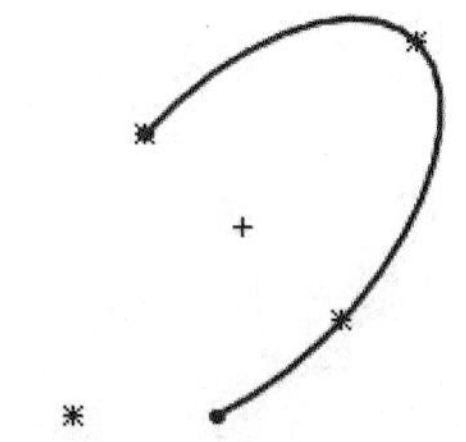

4) 부분 타원의 끝점을 클릭한다.

포물선(Parabola)

세 점을 이용하여 포물선을 작성한다.

1) 한 점을 클릭한다.

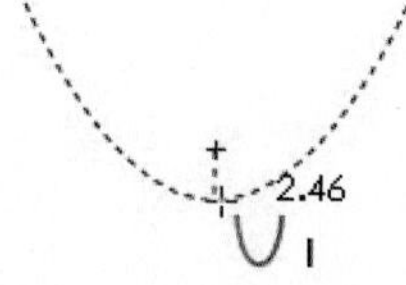

2) 포물선의 최고 높이점을 클릭한다.

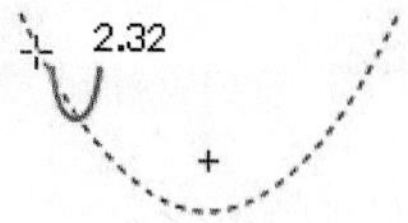

3) 포물선의 시작점을 클릭한다.

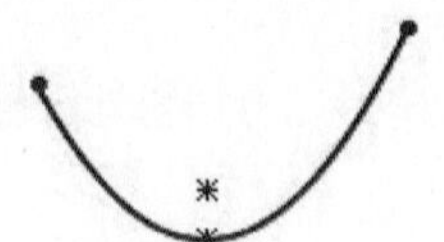

4) 포물선의 끝점을 클릭한다.

원추형

세 점을 이용하여 원추형의 곡선을 작성한다.

1) 원추형의 시작점을 클릭한다.

2) 원추형의 끝점을 클릭한다.

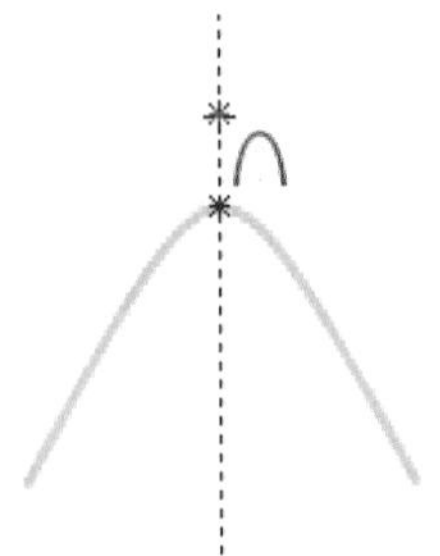

3) 시작점과 끝점의 가상 교차점을 클릭한다.

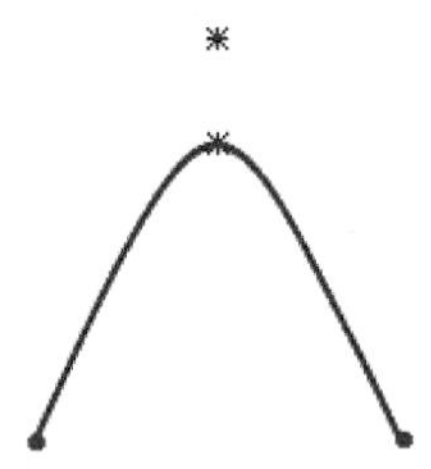

4) 원추형의 최고 높이점을 클릭한다.

문자(Text)

문자를 작성한다.

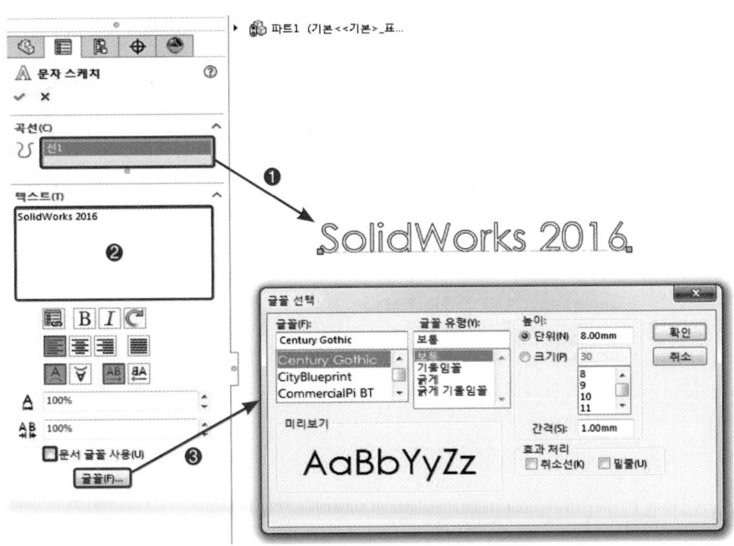

❶ 문자를 작성할 선을 선택한다.

❷ 문자 내용을 작성한다.

❸ 문자 글꼴과 크기를 설정한다.

점(Point)

점을 작성한다(클릭 수에 따라 여러 번 작성할 수 있다).

1) 한 점을 클릭한다.

● 스케치(Sketch) 편집 명령

스케치 필렛(Sketch Fillet)

선택한 스케치 요소에 모깎기를 적용한다.

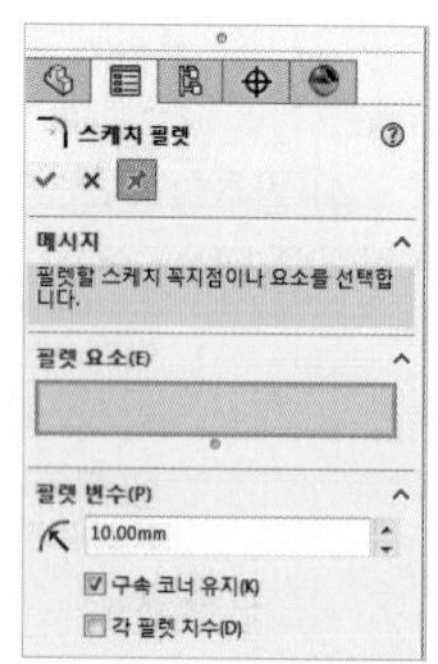

1) 필렛의 설정 값을 입력한다.

2) 필렛을 적용시킬 요소들을 선택한다.

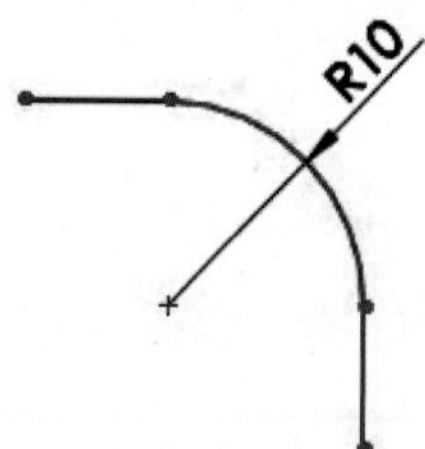

3) 스케치 필렛 결과

스케치 모따기(Sketch Chamfer)

선택한 스케치 요소에 모따기를 적용한다.

1) 모따기의 설정 값을 입력한다.

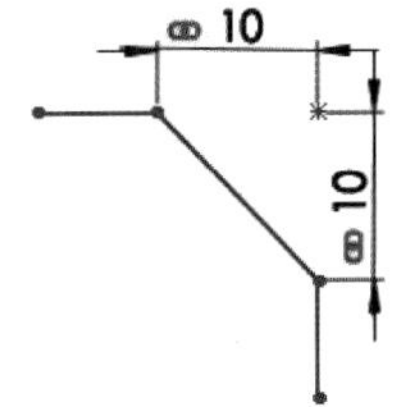

2) 모따기를 적용시킬 요소들을 선택한다.

요소 잘라내기(Trim Entities)

스케치 요소의 교차점을 기준으로 일부를 삭제한다.

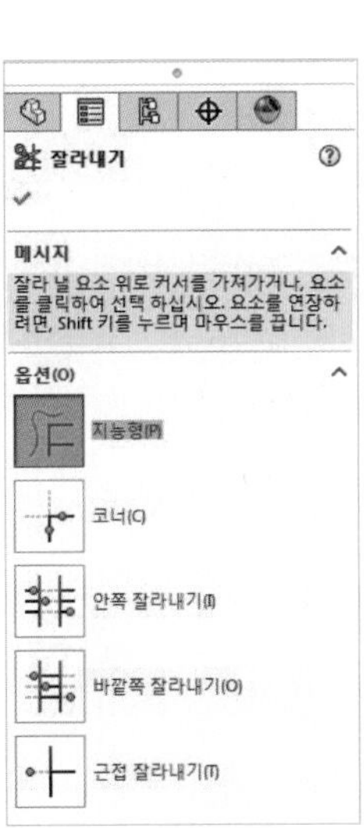

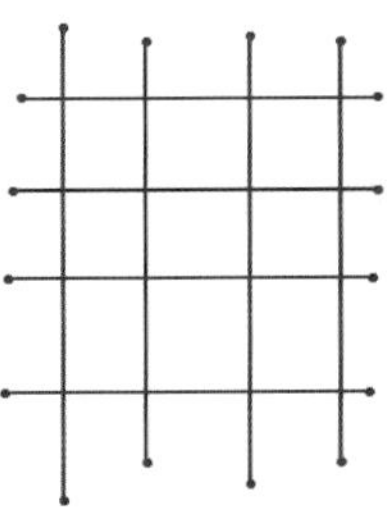

예시 스케치 원본

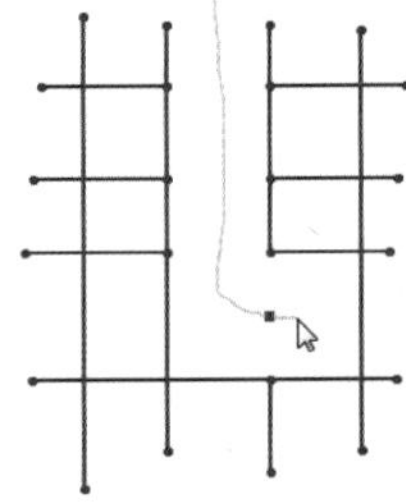

지능형(P)
마우스 드래그를 이용하여 삭제

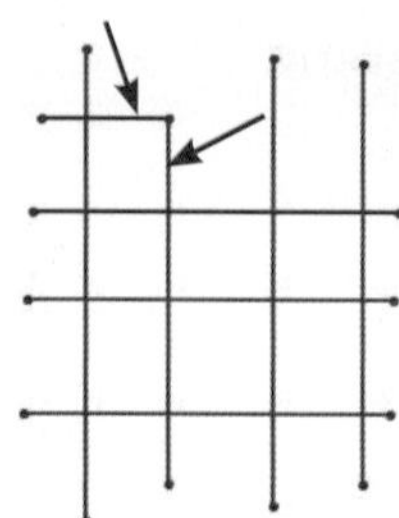

코너(C)
교차되어 있는 객체를 코너로 변경한다.

(파랑 – 선택 경계, 빨강 – 자른 객체)

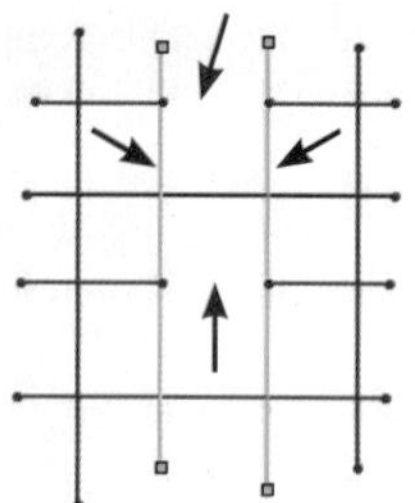

안쪽 잘라내기(I)
선택한 두 객체 안쪽에 있는 부분 삭제

(파랑 – 선택 경계, 빨강 – 자른 객체)

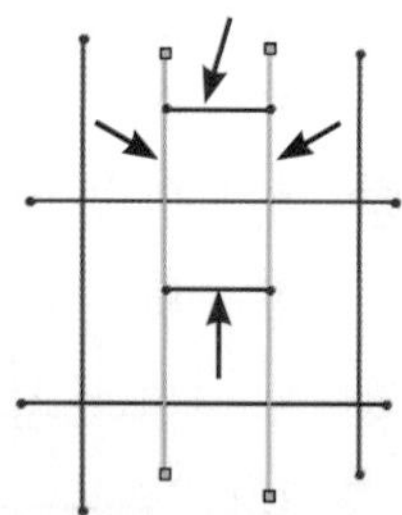

바깥쪽 잘라내기(O)
선택한 두 객체 바깥쪽에 있는 부분 삭제

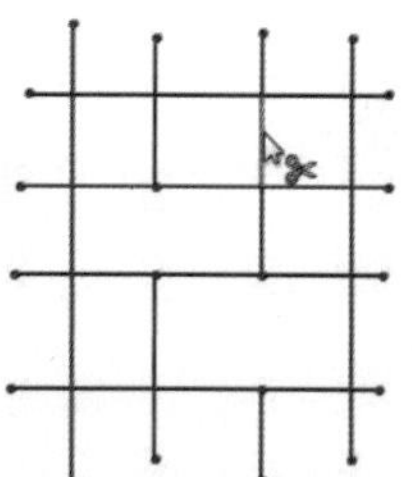

근접 잘라내기(T)
교차되는 근접부분 선택 삭제

요소 늘리기(Extend Entities)

스케치 요소를 다음 교차점까지 연장한다(다음 교차선이 있을 경우 연속 적용이 가능하다).

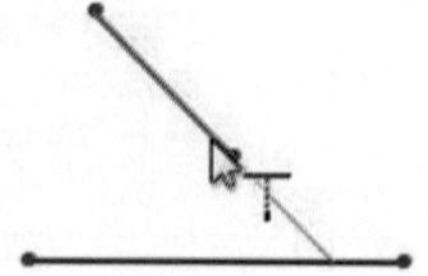

1) 연장시킬 객체를 선택한다.

● 응용 스케치(Sketch) 명령

요소 변환(Convert Entities)

기존에 작성된 모델링의 실루엣을 해당 스케치 평면에 스케치 요소로 투영한다(모서리, 면 등을 선택할 수 있다).

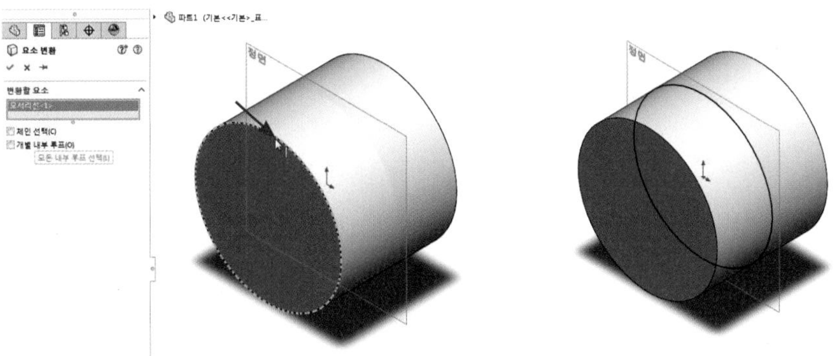

1) 작성된 모델링의 면이나 모서리를 선택한다(스케치 평면 : 정면).

교선(Intersection Curve)

스케치 평면과 모델링의 면이 교차하는 선을 스케치 요소로 변환한다.

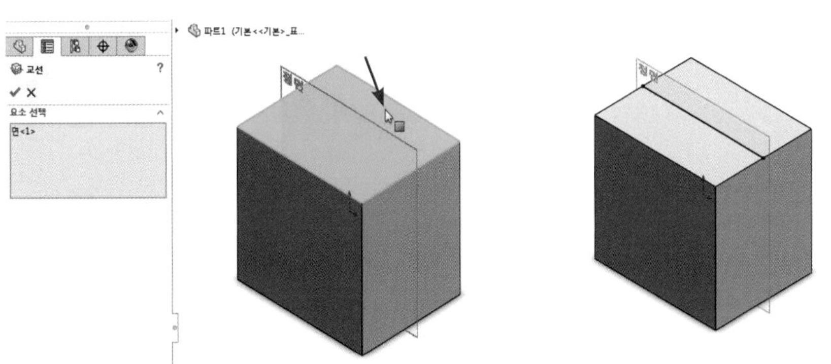

1) 모델링의 면을 선택한다(스케치 평면 : 정면).

교선의 요소 선택은 다음과 같다.

1. 평면과 곡면 또는 모델의 면

2. 두 개의 곡면

3. 곡면과 모델의 면

4. 평면과 전체 파트

5. 곡면과 전체 파트

요소 오프셋(Offset Entities)

선택된 요소를 지정 간격만큼 평행 복사한다.

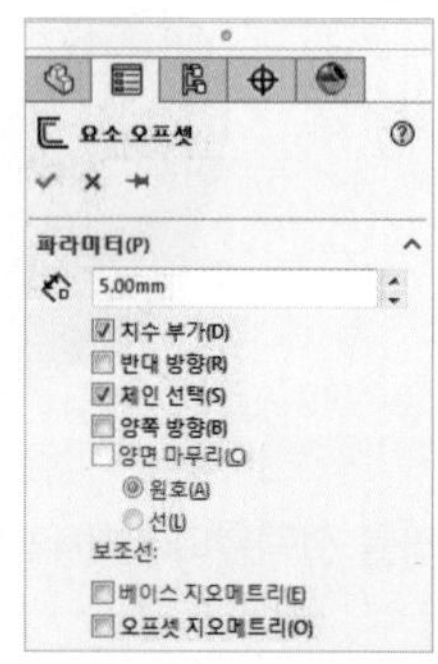

1) 오프셋 거리 값을 설정한다.

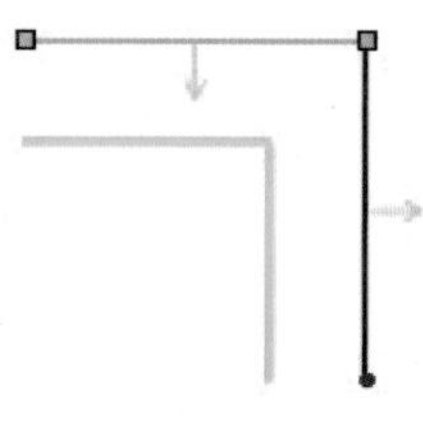

2) 객체를 선택한다.
(오프셋 방향을 확인한다)

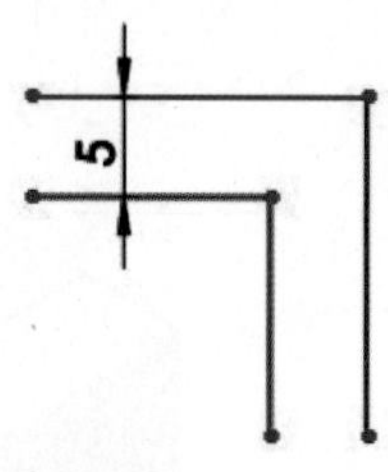

3) 오프셋 결과

요소 대칭 복사(Mirror Entities)

기존에 작성한 스케치 요소를 대칭 복사한다.

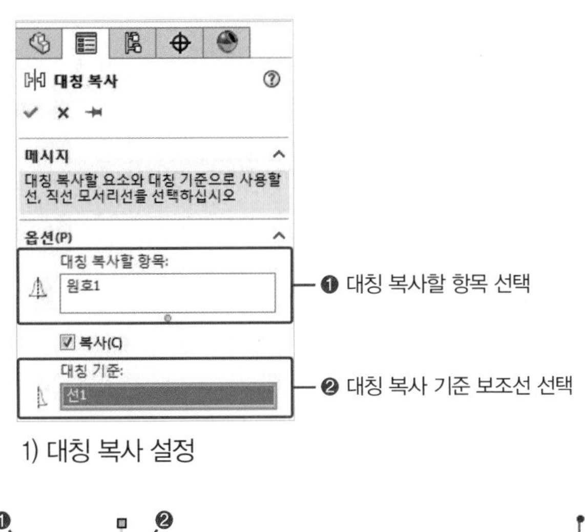

1) 대칭 복사 설정

2) 대칭 복사 적용

3) 대칭 복사 결과

선형 스케치 패턴(Linear Sketch Pattern)

기존의 스케치 요소를 직선 배열한다.

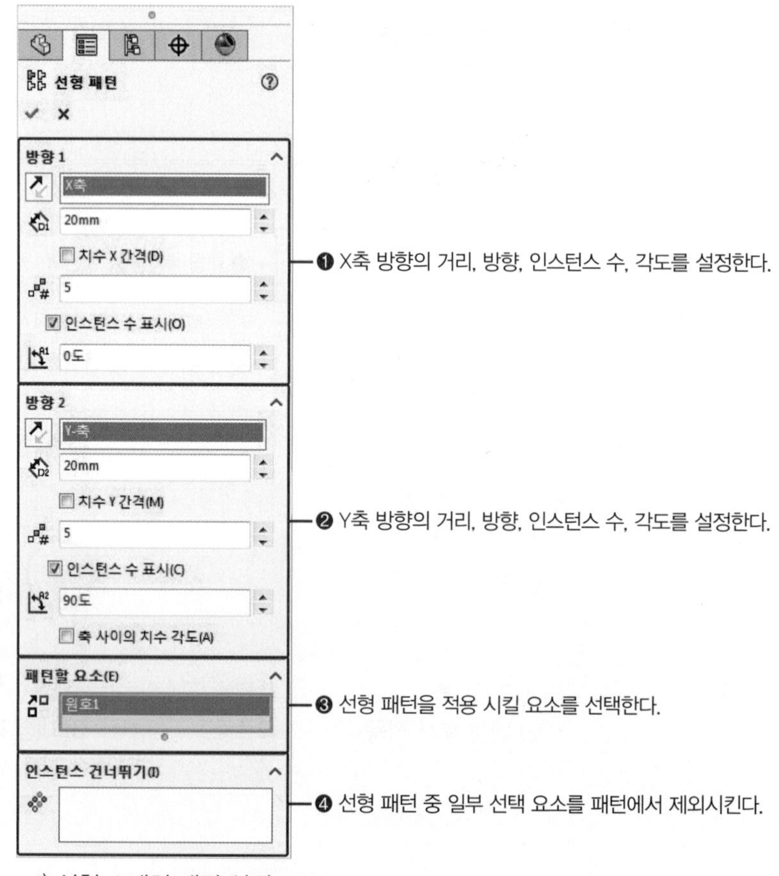

1) 선형 스케치 패턴 설정

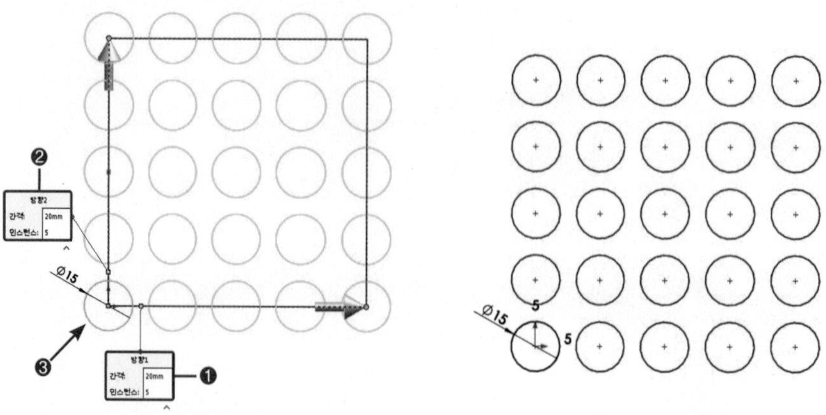

2) 선형 패턴 진행

3) 선형 패턴 결과

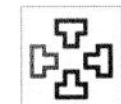

원형 스케치 패턴(Circular Sketch Pattern)

기존의 스케치 요소를 원형 배열한다.

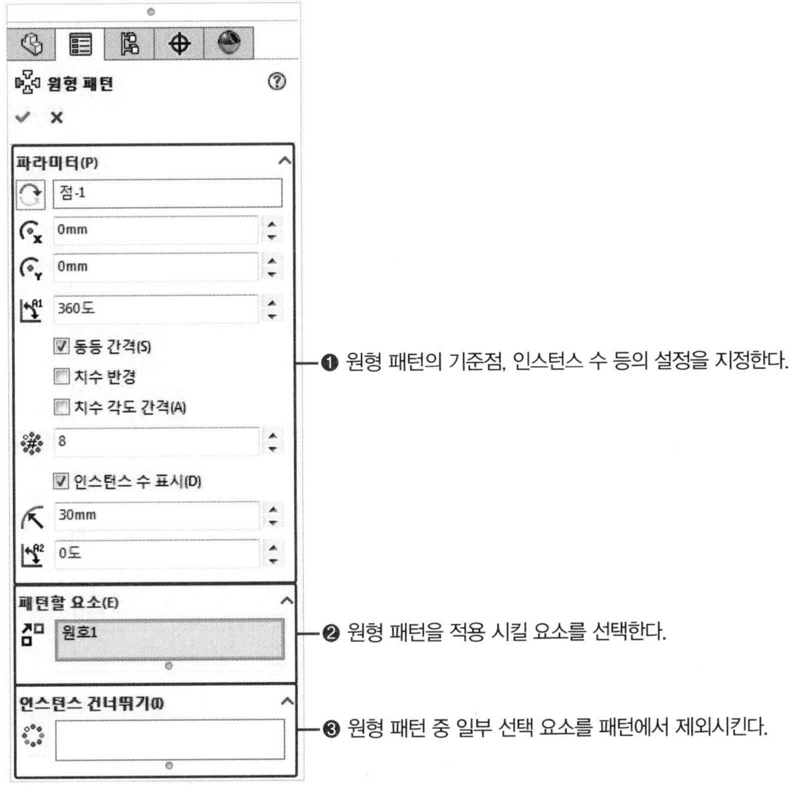

1) 원형 스케치 패턴 설정

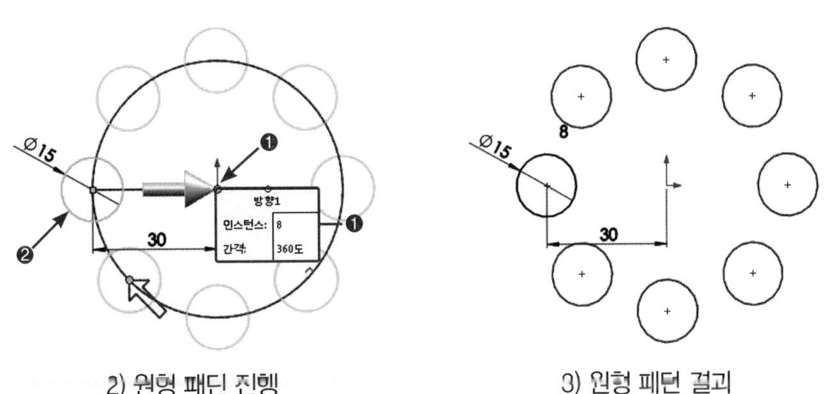

2) 원형 패턴 진행

3) 원형 패턴 결과

(7) 구속조건(Add Relations)과 치수기입(Dimension)

안정적인 모델링을 작성하기 위해서는 스케치가 완전구속(Fully Defined)이 되어야 한다. 완전구속이란 스케치의 위치, 형상, 크기 등의 데이터를 정확한 값으로 부여하여 고정하는 것으로 스케치를 완전구속하기 위해서는 구속조건과 치수를 부여해야 한다. 이 구속조건과 치수는 반드시 스케치 평면상의 원점과 연관이 되어 있어야 한다.

불완전구속(Under Defined)	
	스케치를 작성한 상태에서 구속조건과 치수기입이 완벽하게 기입되지 않은 상태이며 스케치에 관한 데이터가 정확하지 않다. 임의의 데이터 값을 가지고 있기 때문에 모델링 수정과 정확한 모델링의 작성이 힘들다. 구속되지 않은 스케치 요소의 색상은 파란색이다.
완전구속(Fully Defined)	
40 30	불완전구속 상태에서 적절한 치수기입과 구속조건이 전부 적용된 상태로 완전구속 조건을 달성하면 모델링의 정확도가 높아지고 수정도 편리해 진다. 완전구속이 적용된 스케치 요소의 색상은 검은색이다.

Tip 파트(Part) 스케치 요소의 색상에 따른 구분

예시	색	의미
	파란색	**불완전 구속** 스케치 요소가 작성된 상태에서 치수와 구속조건이 완전히 부여 되지 않은 상태
R15	검은색	**완전 구속** 스케치 요소가 작성된 상태에서 치수와 구속조건이 완전히 부여된 상태
	하늘색	**선택** 스케치 요소를 마우스 MB1 버튼으로 선택한 상태
	빨간색	**초과 구속** 치수나 구속조건이 초과로 부여된 상태이며 이 상태에서는 바로 해결을 하고 작업을 진행하야 한다.

● 치수기입(Dimension) 명령

지능형 치수(Smart Dimension)

스케치 요소를 선택하면 자동으로 치수가 부여된다.

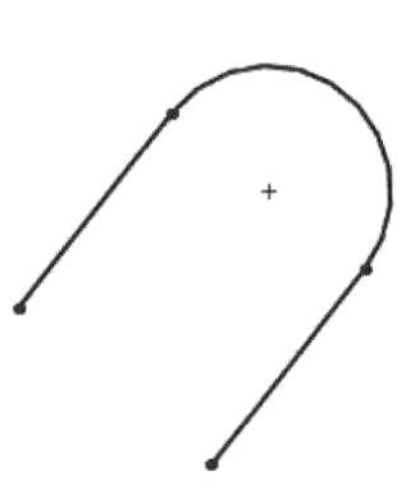

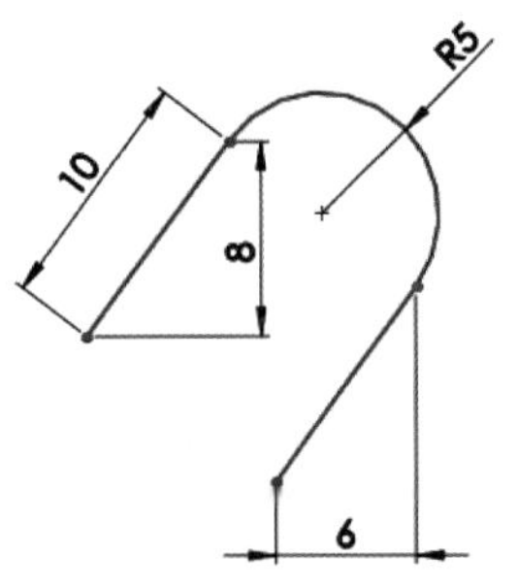

수평 치수(Horizontal Dimension)

스케치 요소를 선택하면 수평 길이 치수를 부여한다.

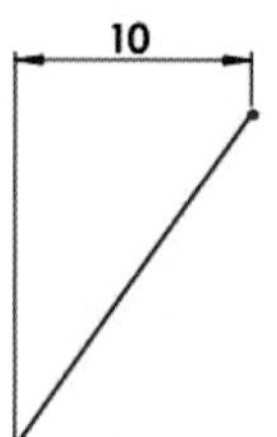

수직 치수(Vertical Dimension)

스케치 요소를 선택하면 수직 길이 치수를 부여한다.

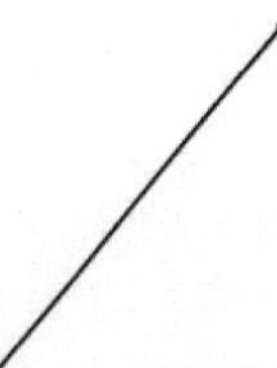

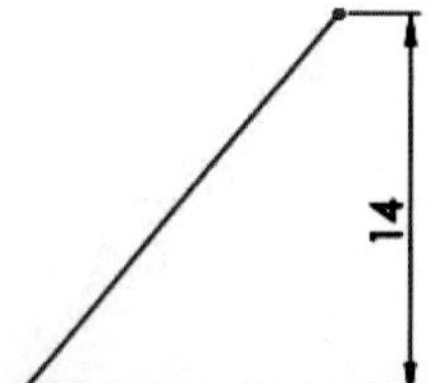

좌표 치수(Ordinate Dimension)

기준에서부터 한 방향의 상대적 좌표 거리 치수를 부여한다.

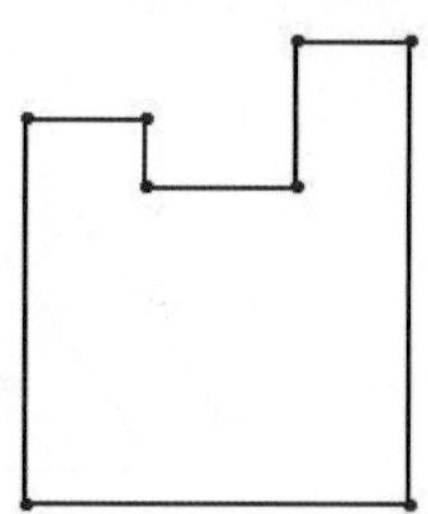

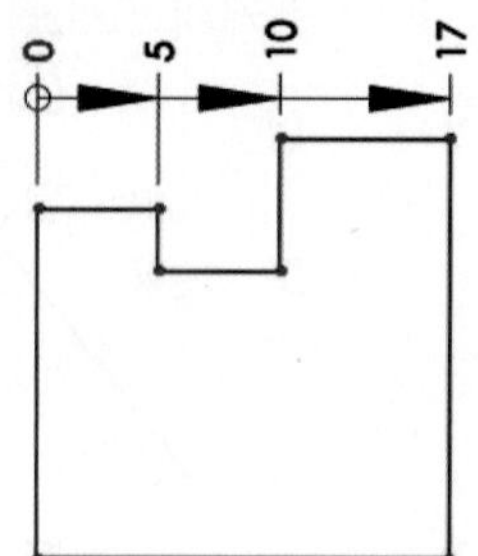

수평 좌표 치수(Horizontal Ordinate Dimension)

기준에서부터의 상대적 수평 좌표 거리 치수를 부여한다.

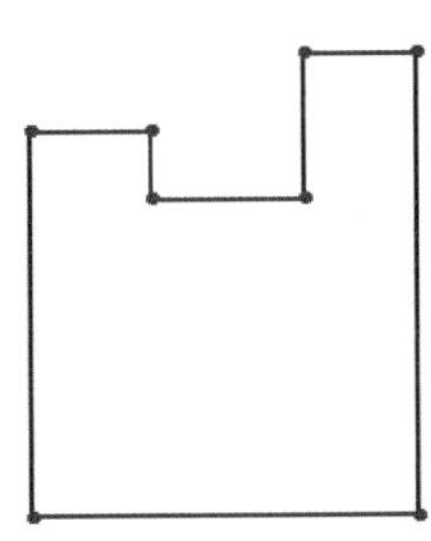

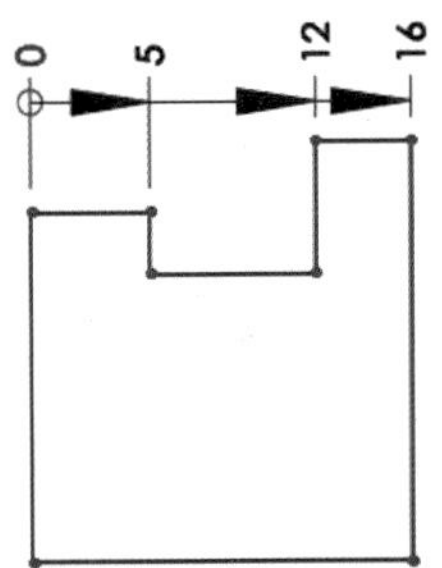

수직 죄표 치수(Vertical Ordinate Dimension)

기준에서부터의 상대적 수직 좌표 거리 치수를 부여한다.

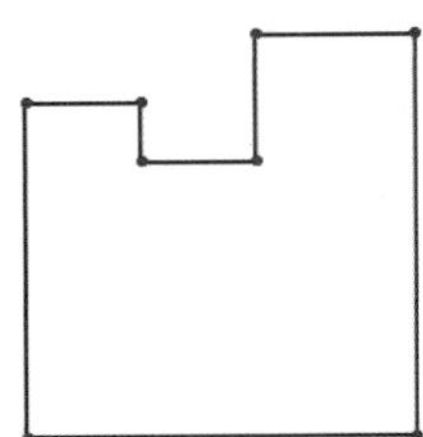

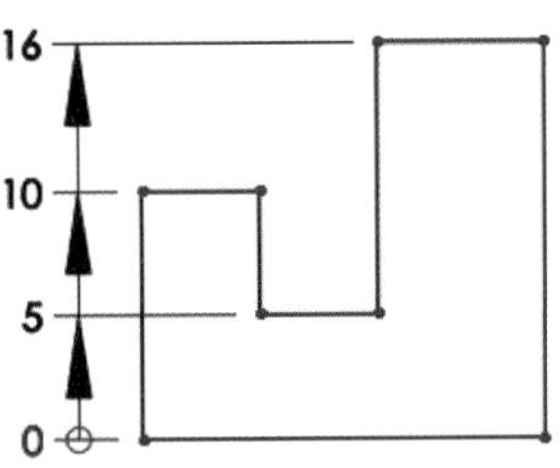

경로 길이 치수(Path Length Dimension)

두 개 이상의 연결된 객체의 전체 경로 길이 치수를 부여한다.

Tip 스케치에서의 치수기입

보통 지능형 치수(Smart Dimension)로 모든 치수를 기입할 수 있다.

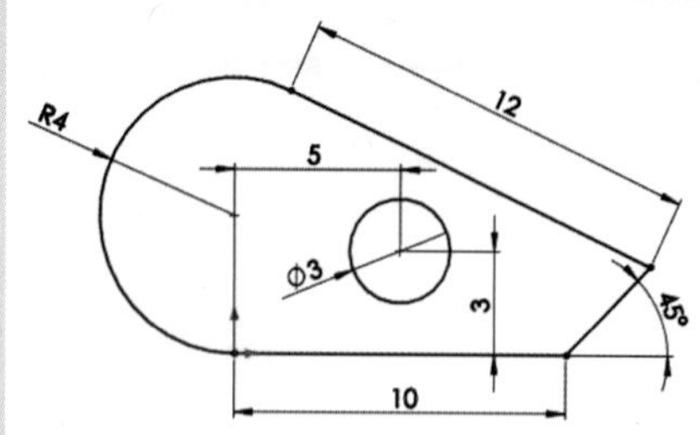

경로 길이 치수(Path Length Dimension)를 제외한 나머지 수직, 수평, 지름 등의 모든 치수의 기입이 가능하다.

- 구속조건 부여 방법

요소를 선택하고 피처 매니저 디자인 트리(Features Manager Design Tree)의 구속조건 부가에서 구속조건 아이콘을 선택한다(두 개 이상의 요소 선택 시 Ctrl + MB1 버튼으로 클릭한다).

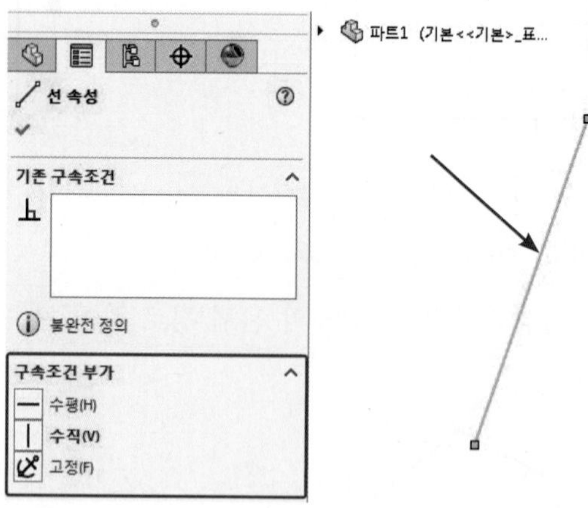

● 구속조건(Add Relations)

수평(Horizontal)

선의 방향과 점.의 배열을 수평으로 만든다.

선택 조건 : 하나 이상의 선을 선택한다.

선택 조건 : 두 개 이상의 점을 선택한다.

수직(Vertical)

선의 방향과 점의 배열을 수직으로 만든다.

선택 조건 : 하나 이상의 선을 선택한다.

선택 조건 : 두 개 이상의 점을 선택한다.

고정(Fix)

완전 구속되지 않은 스케치 요소를 강제로 고정시켜 완전구속으로 만든다.

선택 조건 : 완전구속 되지 않은 객체를 선택한다.

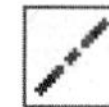

동일선상(Collinear)

선의 위치를 동일선상에 위치하게 만든다.

선택 조건 : 두 개 이상의 선을 선택한다.

직각(Perpendicular)

선택된 두 선을 직각으로 만든다.

선택 조건 : 두 개의 선을 선택한다.

평행(Parallel)

선택된 두 선을 평행으로 만든다.

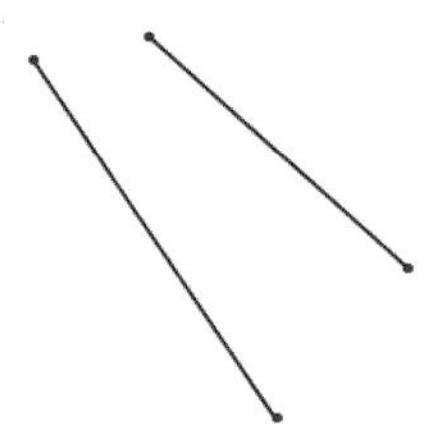

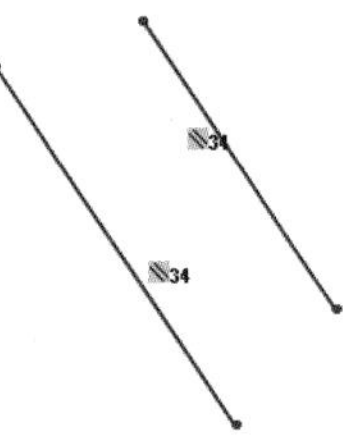

선택 조건 : 두 개 이상의 선을 선택한다.

동등(Equal)

선택된 동일한 명령의 객체의 크기를 같게 만든다.

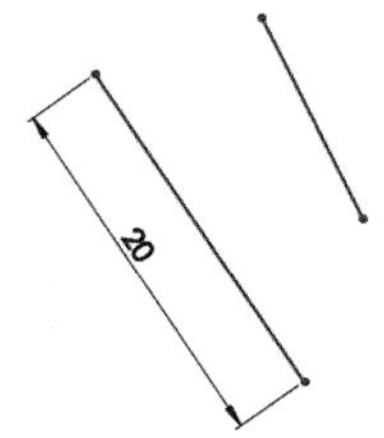

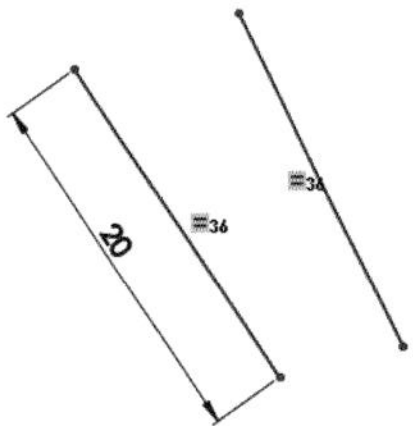

선택 조건 : 동일한 명령의 객체를 두 개 이상 선택한다.

중간점(Midpoint)

선택한 선의 중간점에 점을 일치되게 만든다.

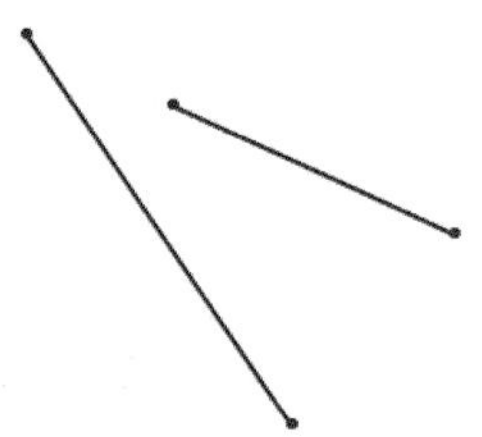

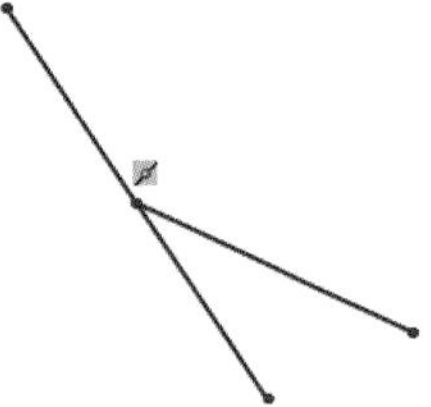

선택 조건 : 한 선과 한 점을 선택한다.

일치(Coincident)

선택한 선의 선상에 점을 일치되게 만든다.

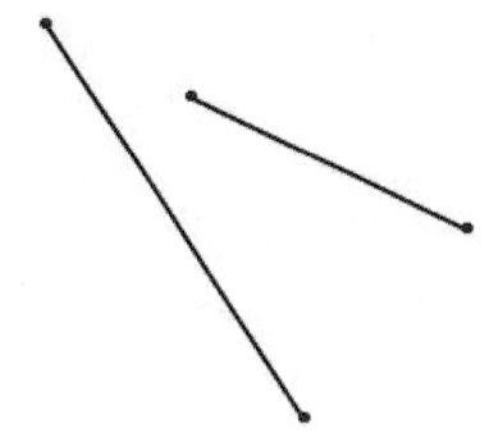

선택 조건 : 한 선과 한 점을 선택한다.

병합(Merge)

두 점을 한 점으로 모아 일치되게 만든다.

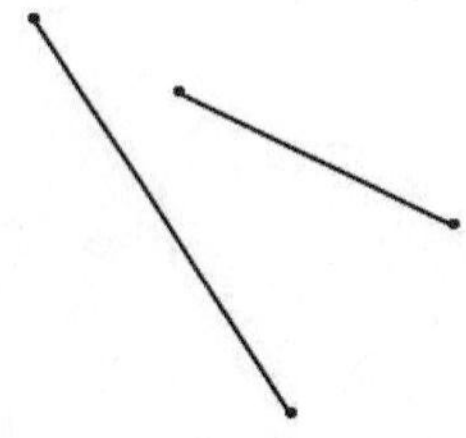

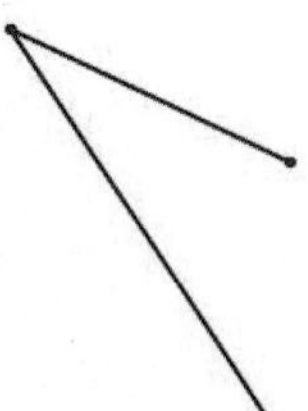

선택 조건 : 두 점을 선택한다.

탄젠트(Tangent)

선과 원 또는 원과 원을 접하게 만든다.

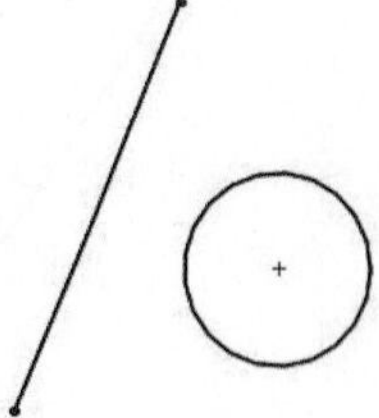

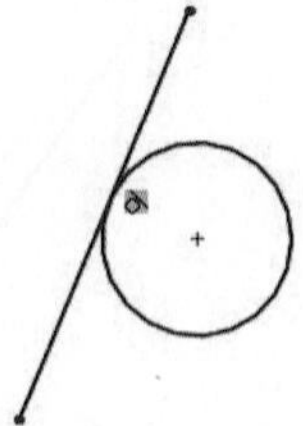

선택 조건 : 선과 원 또는 원과 원을 선택한다.

같은 곡선 길이(Equal Curve Length)

선택된 요소의 길이를 동일하게 만든다.

선택 조건 : 두 개의 길이 개념이 있는 요소를 선택한다.

동일원(Coradial)

원과 원 또는 원과 원호 등의 중심점과 지름을 동일하게 만든다.

선택 조건 : 원과 원 또는 원과 원호, 원호와 원호를 선택한다.

동심(Concentric)

원과 원 또는 원과 원호 등의 중심점을 동일하게 만든다.

선택 조건 : 원과 원 또는 원과 원호, 원호와 원호, 원과 점 등을 선택한다.

대칭(Symmetric)

가운데의 중심선을 기준으로 양옆의 요소를 대칭으로 만든다.

선택 조건 : 중심선을 포함한 중심선 양옆의 요소 두 개를 선택한다.

교차(Intersection)

한 점을 기준으로 두 개의 요소가 교차하게 만든다.

선택 조건 : 점을 포함한 점에 교차할 두 개의 요소를 선택한다.

관통(Pierce)

요소의 점을 스케치 평면과 교차하는 다른 스케치의 점에 일치하게 만든다.

(예시 – 윗면 : 원 스케치, 정면 : 선 스케치 원의 중심과 선의 끝점에 관통 조건부여)

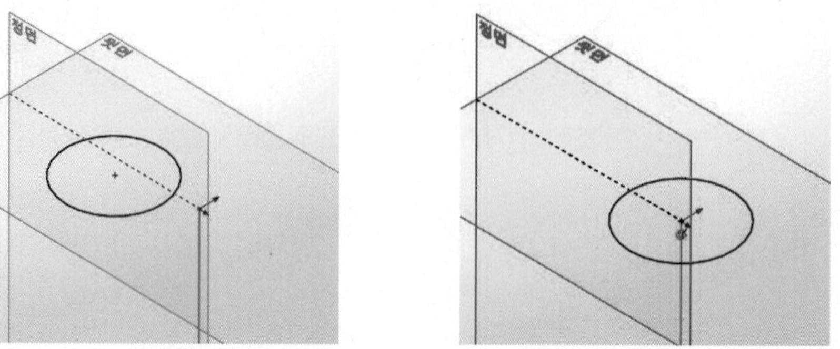

선택 조건 : 작성 스케치의 한 점과 기존에 작성된 스케치 평면에 교차하는 스케치의 선상을 선택한다.

Tip 자동구속과 구속조건 부가

구속조건 부가의 방법은 그리기 명령으로 스케치(Sketch)를 진행할 때 인식되는 자동구속과 사용자가 직접 부여하는 구속조건 부가(Add Relations) 두 가지 방식이 있다(스케치 작성 시 자동구속은 일부 구속조건만 가능하다).

(예시 – 선의 수평 구속조건)

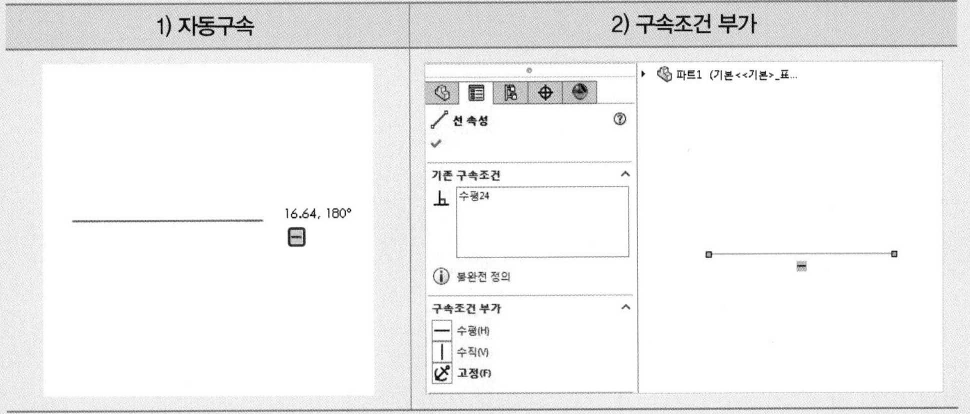

Tip 스케치 중 구속조건 보기

활성화 하면 스케치 작성 중 적용시킨 구속조건이 아이콘으로 표시된다(구속 아이콘을 클릭하고 키보드의 Delete를 이용하여 구속을 삭제할 수도 있다).

방법 1 보기(View) → 숨기기 / 보이기(Hide / Show) → 스케치 구속조건(Sketch Relations)을 클릭한다.

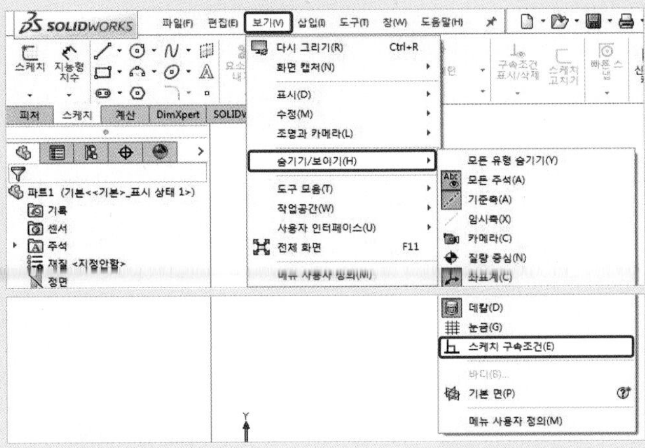

방법 2 빠른 보기 도구모음(Head-up View Toolbar) → 항목 숨기기 / 보이기(Hide / Show Items) → 스케치 구속조건 보기(View Sketch Relations)를 클릭한다.

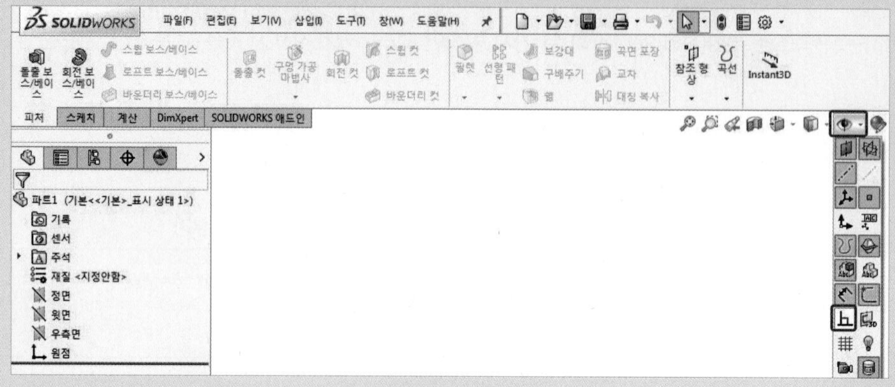

● 적용 비교

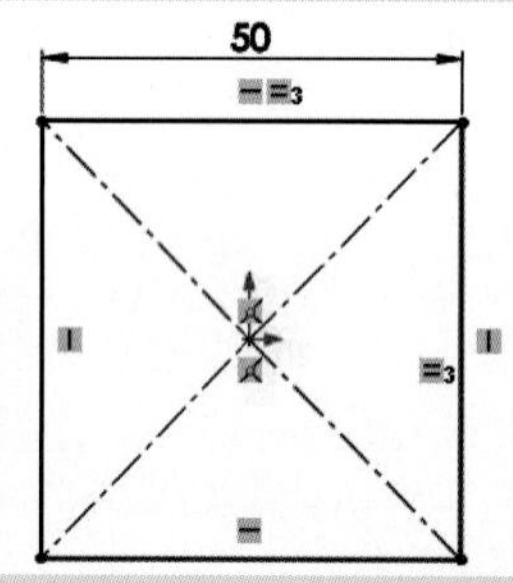

스케치 구속조건 보기 활성화

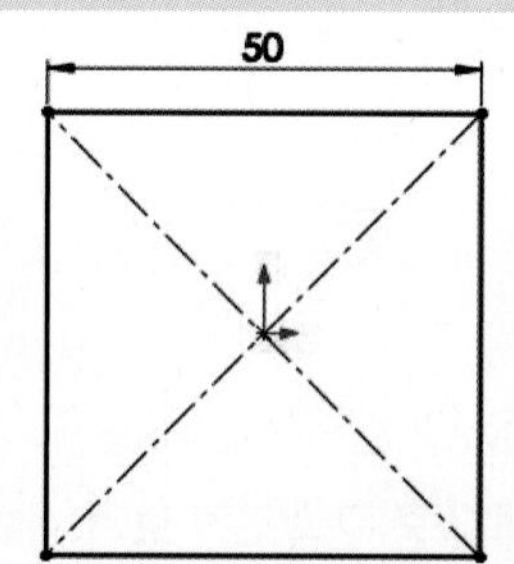

스케치 구속조건 보기 비활성화

- 초과 정의와 항목 충돌

스케치(Sketch) 작성 도중 중복으로 치수(Dimension)가 기입되거나 또는 구속조건(Add Relations)이 겹치는 등의 여러 가지 경우에서 동일한 데이터 조건이 중복되면 오류가 발생한다. 이럴 경우의 이 오류를 해결하고 다음 작업을 진행해야 한다.

1) 중복치수에 의한 오류

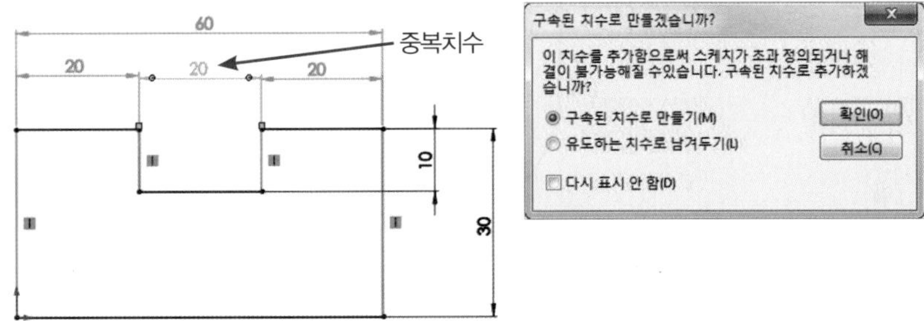

발생 이유 : 완전구속 이후의 치수기입과 중복 치수기입

2) 항목충돌에 의한 오류

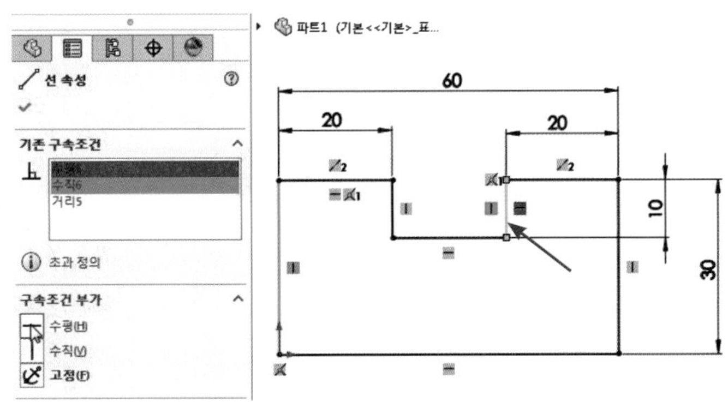

(예시 – 이미 수직조건이 부여된 직선에 수평조건을 부여함)

발생 이유 : 구속조건을 부여하고 동일 요소에 연관 없는 구속조건을 부가

(8) 스케치(Sketch) 연습

스케치(Sketch) 명령을 이용하여 다음 도면을 작성하고 완전구속한다.

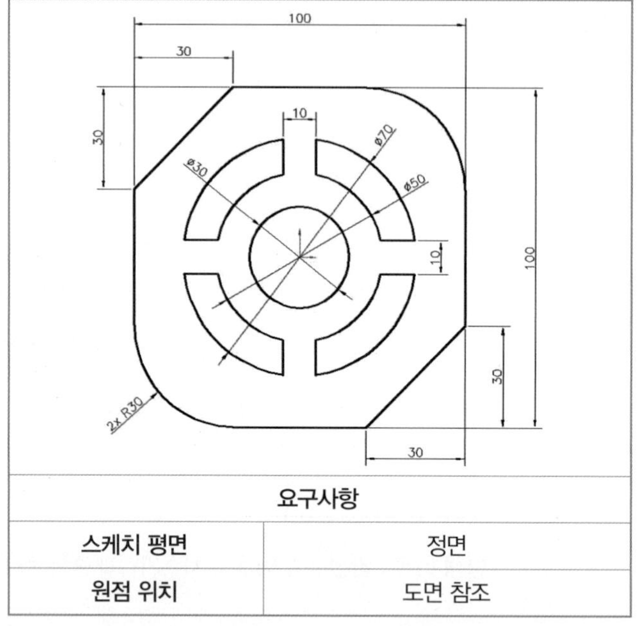

요구사항	
스케치 평면	정면
원점 위치	도면 참조

① 스케치(Sketch) 메뉴에서 스케치(Sketch)를 클릭한다.

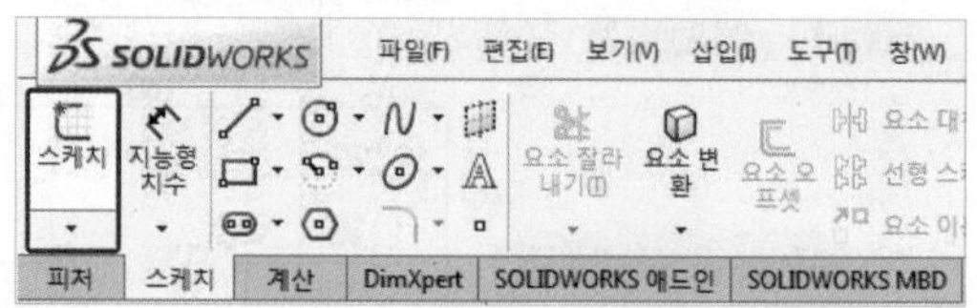

② 정면(Front)을 스케치 평면(Plane)으로 선택한다.

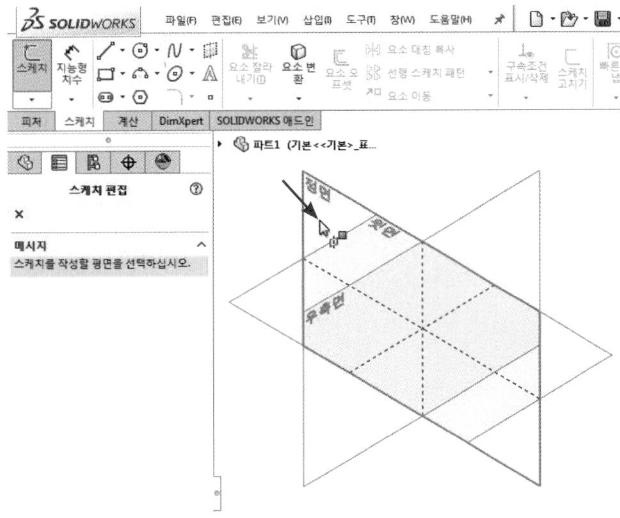

③ 원(Circle)을 이용하여 다음과 같이 3개의 원을 작성한다(원점을 원의 중심점으로 클릭 시 일치 자동구속이 부여된다).

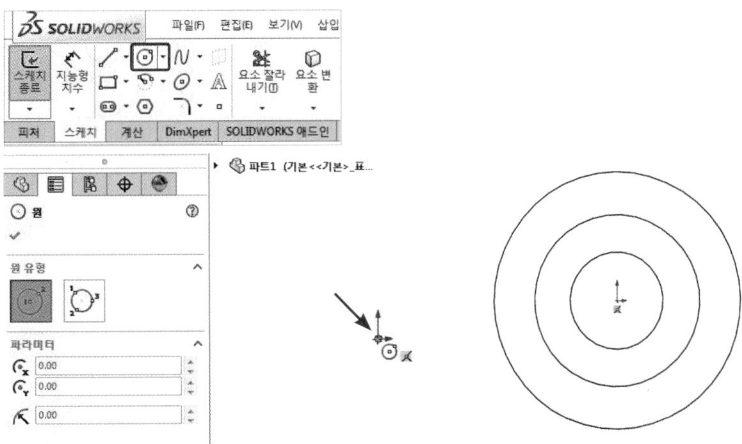

④ 선(Line)을 이용하여 다음과 같이 4개의 선을 작성한다(자동구속을 이용하여 수직과 수평을 부여한다).

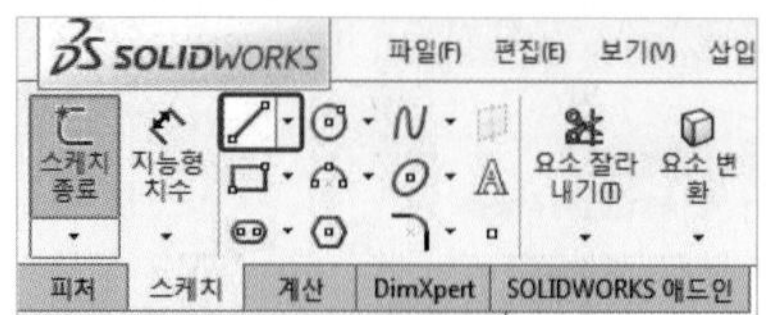

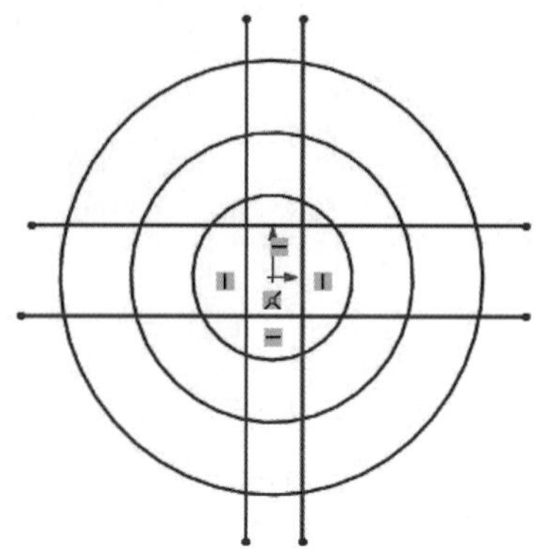

⑤ 요소 잘라내기(Trim Entities)를 이용하여 다음과 같이 요소들을 잘라내기 한다.

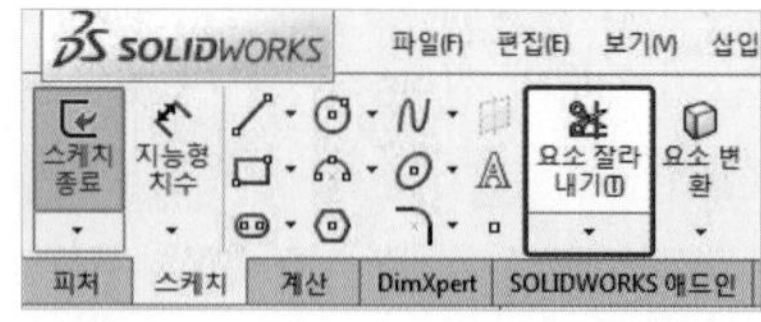

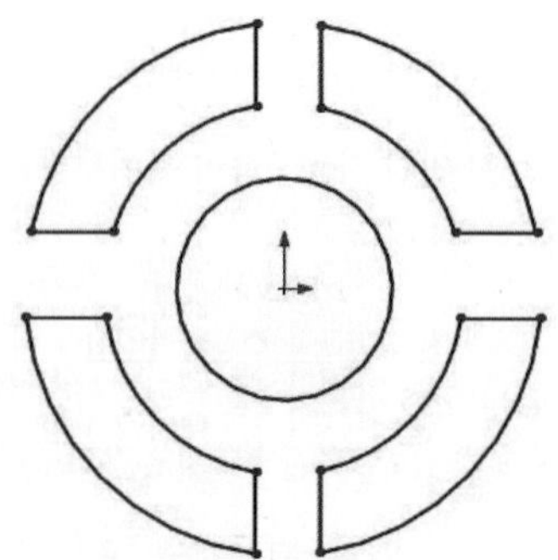

⑥ 코너 사각형(Corner Rectangle)을 이용하여 다음과 같이 사각형을 작성한다.

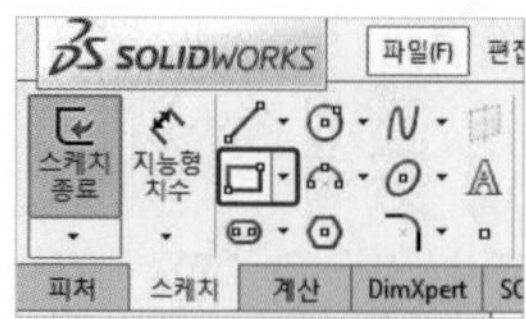

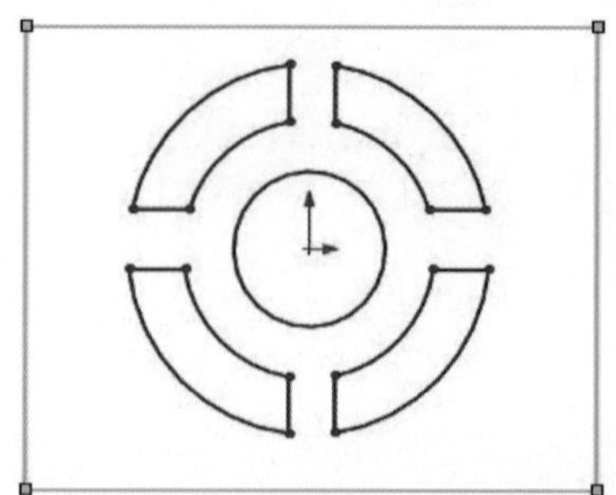

⑦ 구속조건과 치수를 부여하여 스케치를 완전구속 시킨다(치수기입 시 스케치 형상, 위치의 변화는 드래그로 이동하면서 맞춰 준다).

● 구속조건(Add Relations)

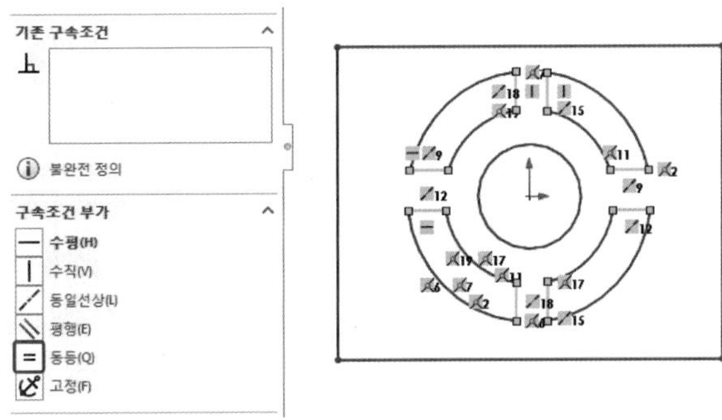

8개의 선을 선택 후 동등(Ctrl + MB1 버튼 클릭)

● 치수기입(Smart Dimension)

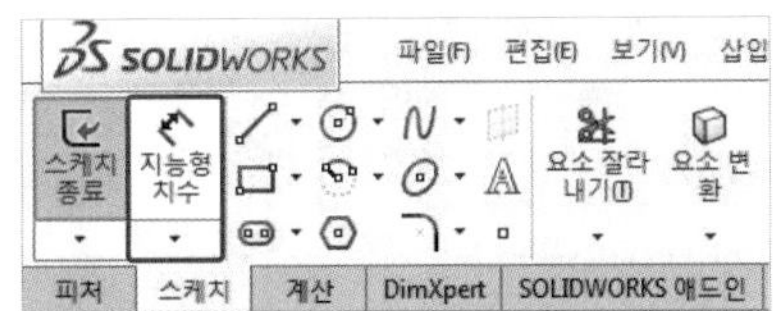

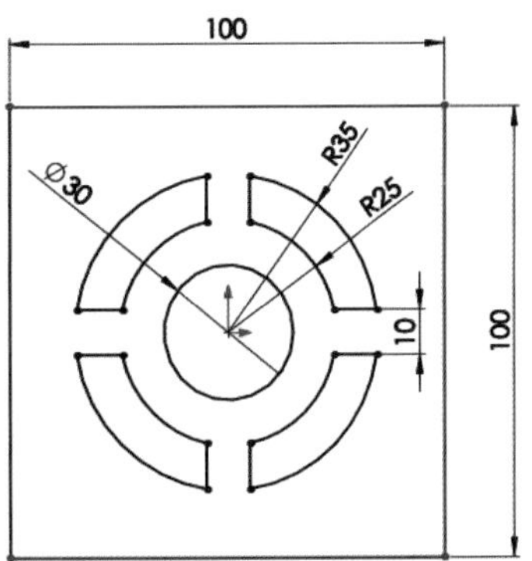

⑧ 스케치 모따기(Sketch Chamfer)를 이용하여 다음과 같이 모따기를 작성한다.

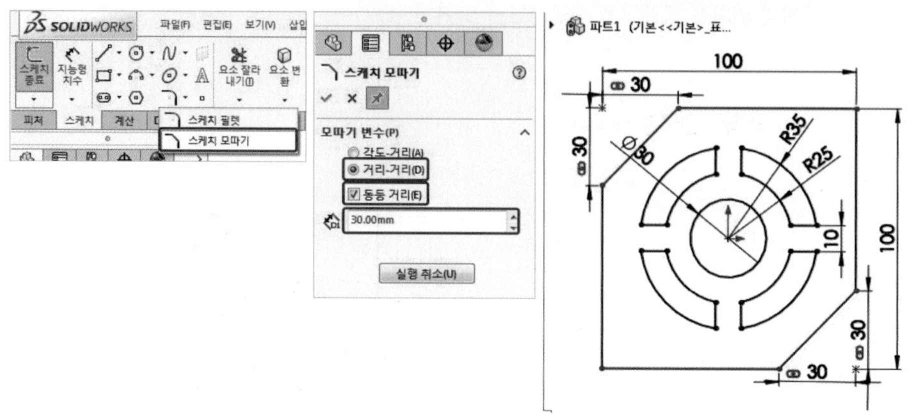

⑨ 스케치 필렛(Sketch Fillet)을 이용하여 모깎기를 작성한다.

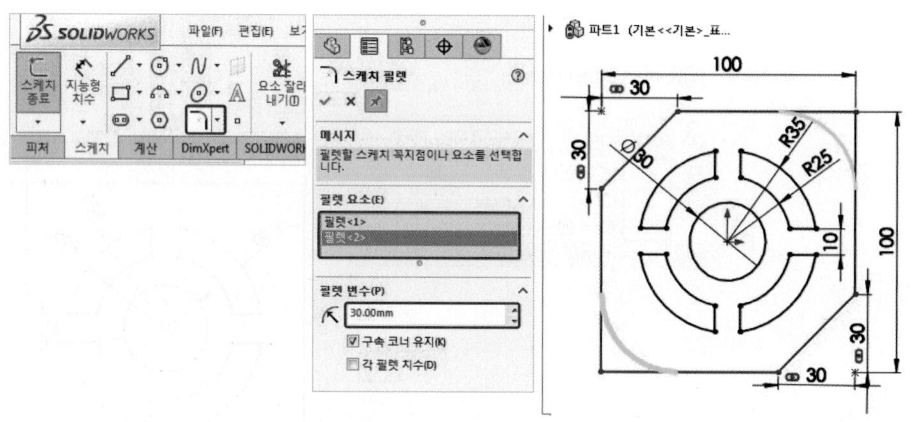

⑩ 다음과 같이 구속조건을 부여한다.

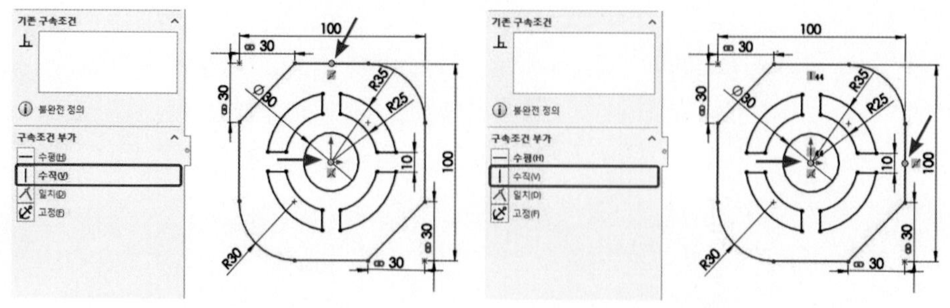

수평선의 중간점과 원점에 수직

수직선의 중간점과 원점에 수평

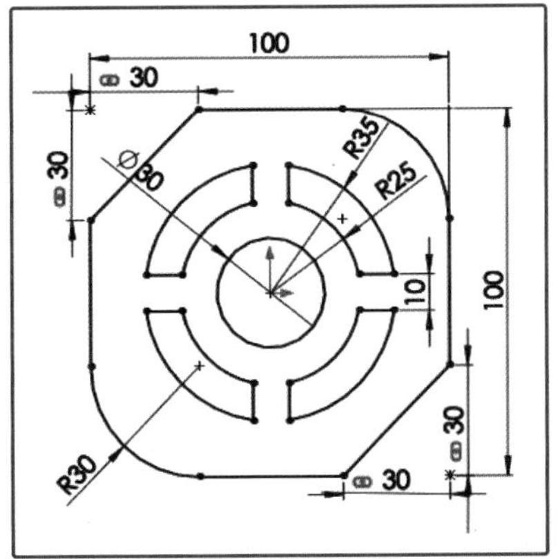

Tip 중간점 선택 방법

마우스 MB1 버튼 클릭으로 요소들의 중간점을 선택 할 수 있지만 스케치가 복잡해지면 선택이 어렵다. 다음과 같이 요소 위에서 마우스 MB3 버튼을 클릭하고 중간점 선택(Select Midpoint)을 클릭하면 편리하게 중간점을 선택할 수 있다.

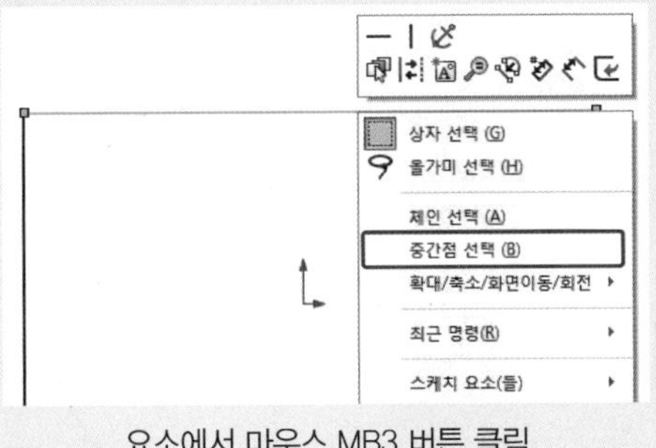

요소에서 마우스 MB3 버튼 클릭

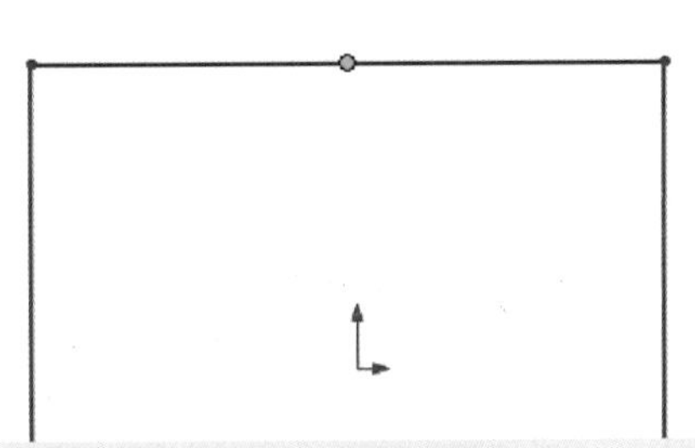
중간점 선택 결과

⑪ 스케치 종료(Exit Sketch)를 클릭한다.

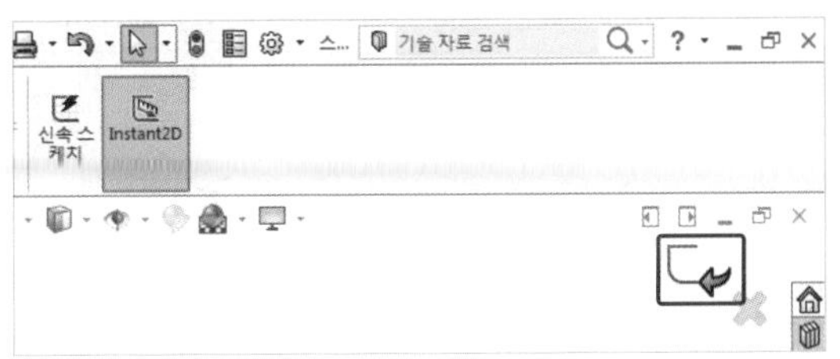

(9) 스케치 연습예제

다음의 요구사항에 맞춰 스케치를 작성하고 완전구속 시킨다.

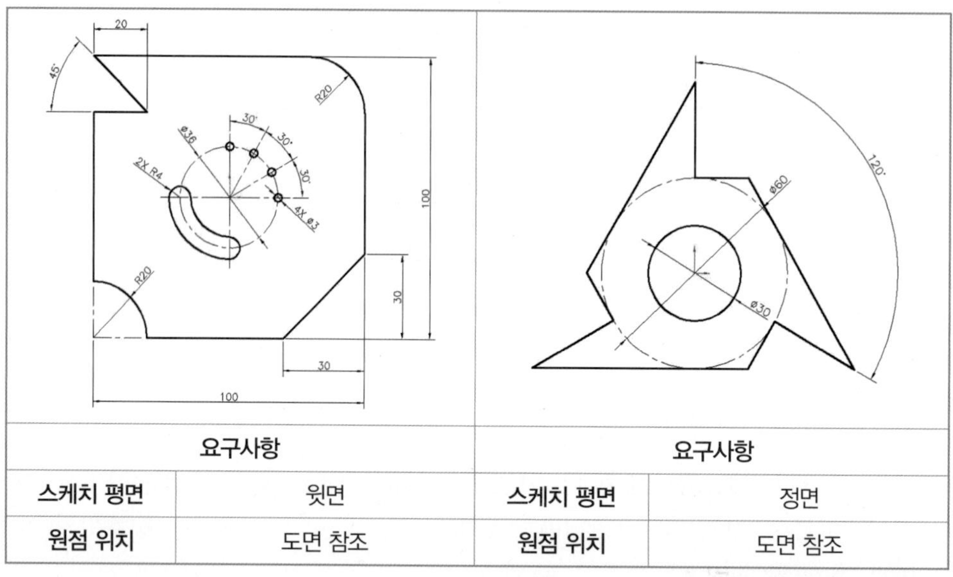

요구사항	
스케치 평면	윗면
원점 위치	도면 참조

요구사항	
스케치 평면	정면
원점 위치	도면 참조

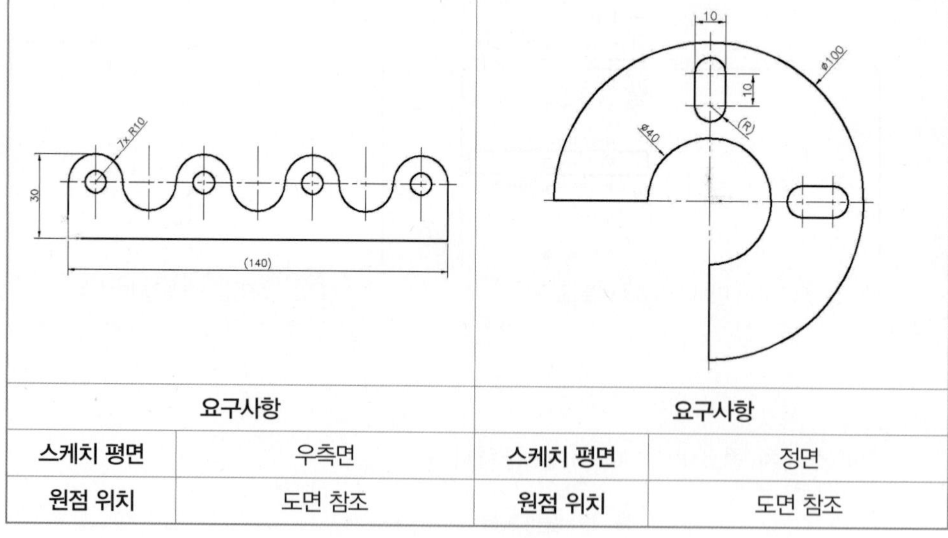

요구사항	
스케치 평면	우측면
원점 위치	도면 참조

요구사항	
스케치 평면	정면
원점 위치	도면 참조

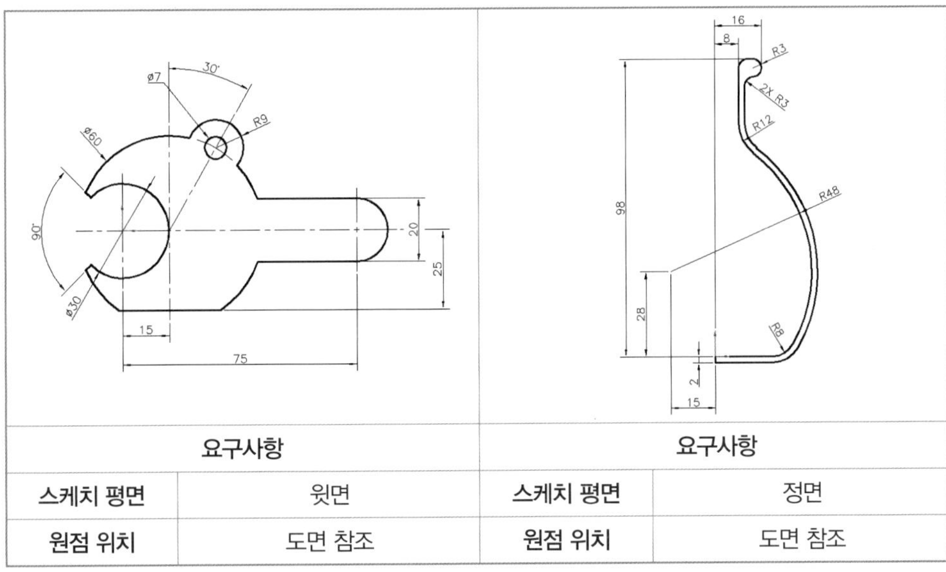

요구사항		요구사항	
스케치 평면	윗면	스케치 평면	정면
원점 위치	도면 참조	원점 위치	도면 참조

2 파트(Part) 모델링 작성

스케치(Sketch)가 완성된 후의 작업으로 2D스케치를 3D 모델링으로 구현하는 작업이다. 일반적으로 솔리드 피처(Features) 작업을 진행하기 위해서는 스케치가 폐곡선을 이루고 있어야 한다.

폐곡선(Closed Curve)	
	사각형, 원 등과 같이 개방되어 있지 않고 폐쇄되어 있는 곡선, 일반적으로 면적이 표현되는 곡선이다. 주로 솔리드(Solid) 모델링에 사용한다.
개곡선(Open Curve)	
	선, 곡선, 원호 등과 같이 개방되어 있는 곡선, 일반적으로 길이, 각도 등으로 표현되며 주로 곡면(Surface) 모델링에 사용된다.

Tip 평면(Plane)의 중요성

하나의 모델을 생성하는 방법은 여러 가지가 있지만 평면을 잘 선택하면 간단하게 끝날 수도 있다.

작성 예시 모델

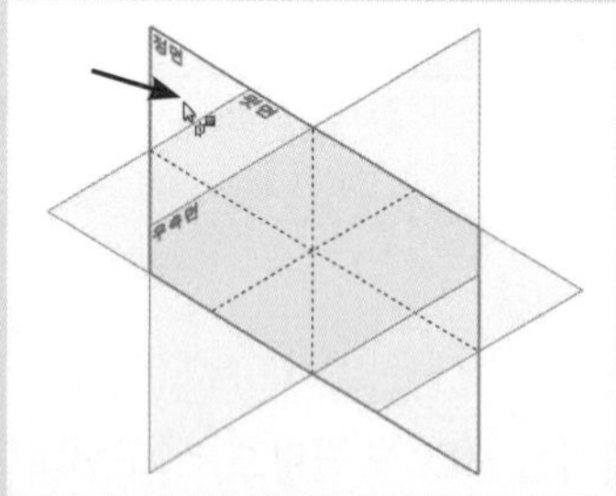

1) 정면을 스케치 평면으로 선택

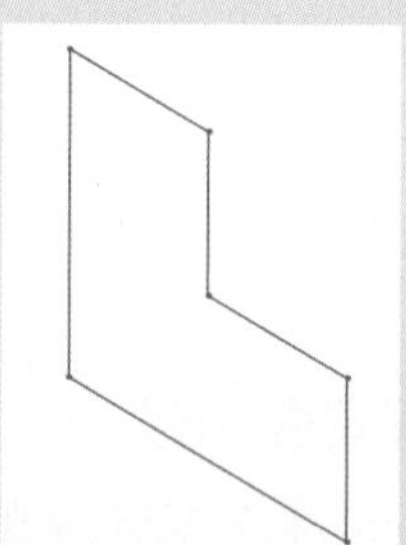

2) 스케치 작성

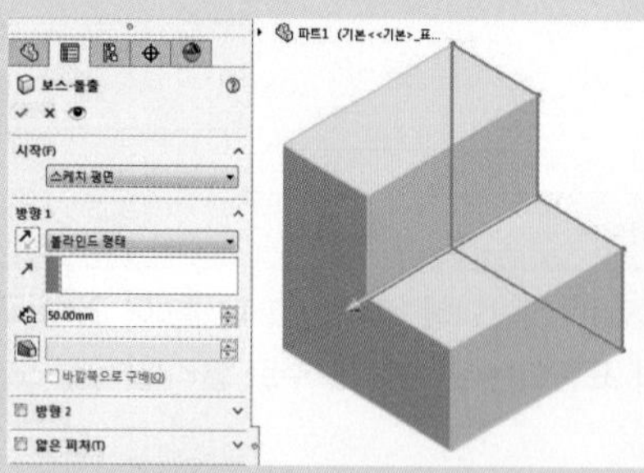

3) 돌출 보스 / 베이스 적용

4) 결과

위와 같은 형상에서 정면이 아닌 윗면이나 우측면을 스케치 평면으로 선택 후 시작했으면 여러 가지 명령이 추가됐을 것이다.

(1) 생성 피처(Features) 명령

생성 피처(Features) 명령은 다음과 같이 생성의 보스 / 베이스(Boss / Base)와 제거의 컷(Cut)으로 나뉜다.

● 보스 / 베이스(Boss / Base)

돌출 보스 베이스(Extruded Boss / Base)

스케치를 평면의 수직방향으로 돌출하여 피처를 생성한다.

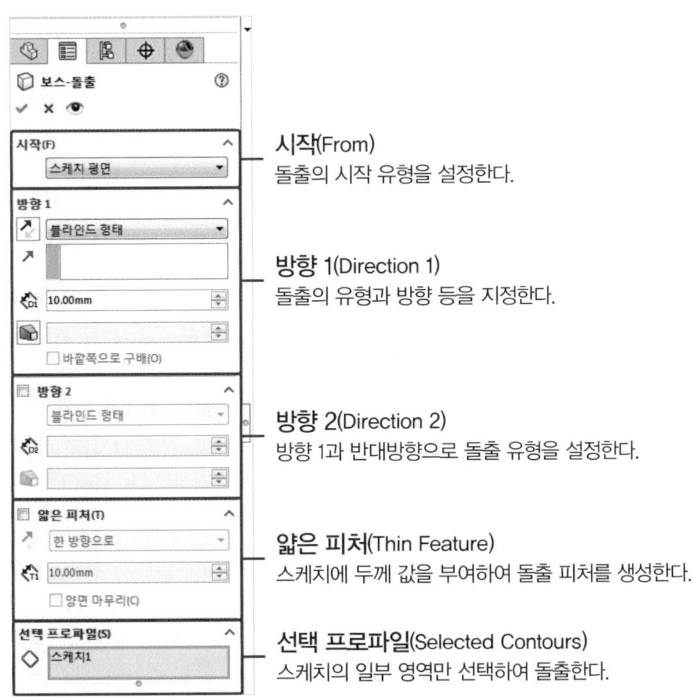

● 돌출 보스 베이스(Extruded Boss / Base)의 끝 설정유형

블라인드 형태(Blind)	지정한 거리 값만큼 돌출한다.
꼭지점까지(Up To Vertex)	선택한 꼭지점이 위치하는 평면까지 돌출한다.
곡면까지(Up To Surface)	선택한 곡면까지 돌출한다.
곡면으로부터 오프셋 (Offset From Surface)	선택한 곡면에서부터 지정한 거리 값으로 오프셋 된 면까지 돌출한다.
바디까지(Up To Body)	선택한 바디까지 돌출한다.
중간평면(Mid Plane)	스케치 평면을 기준으로 지정 거리 값만큼 양방향으로 동일하게 돌출한다.

● Sample 예제

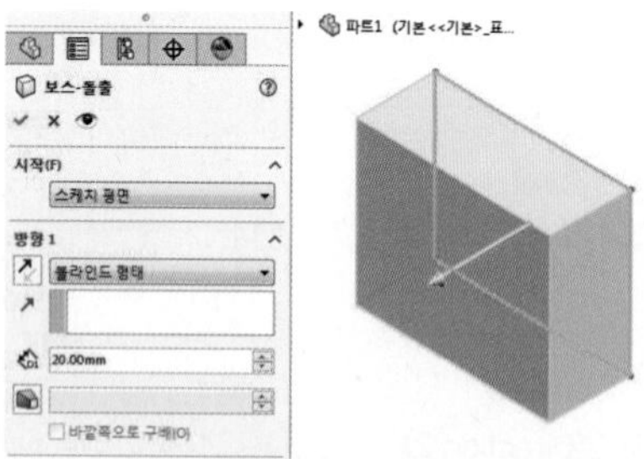

블라인드 형태

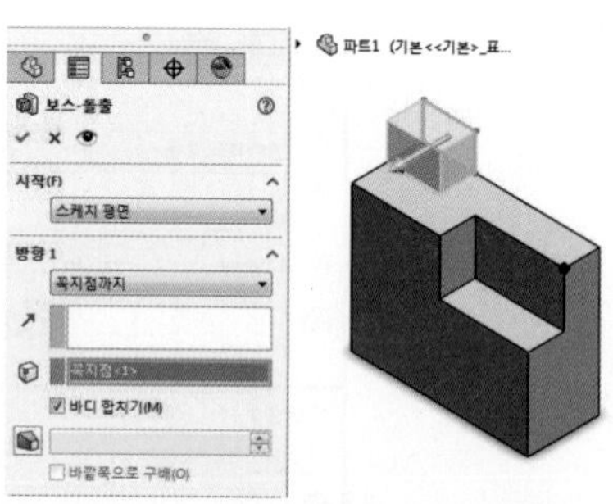

꼭지점까지

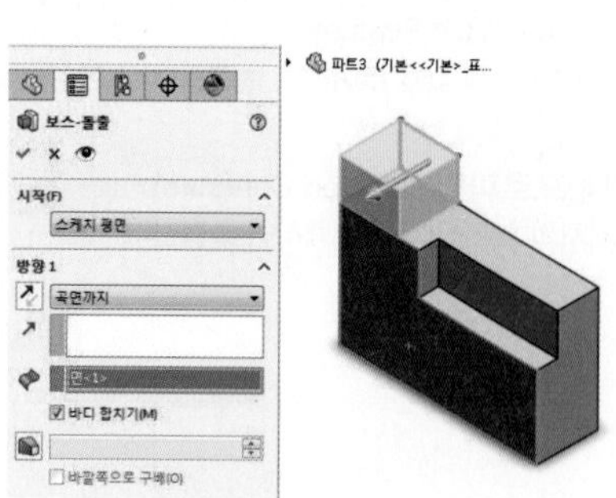

곡면까지

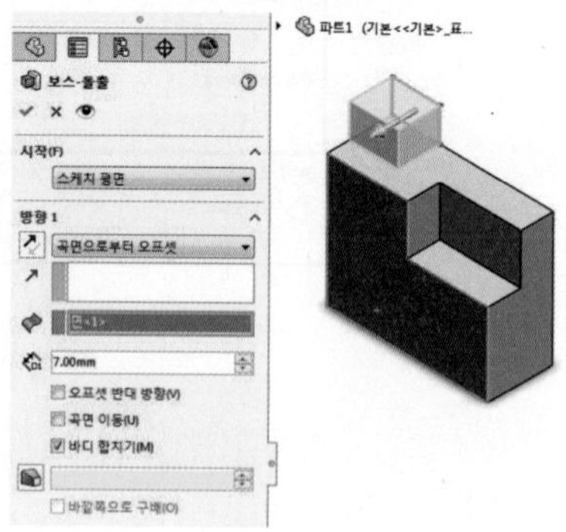

곡면으로부터 오프셋

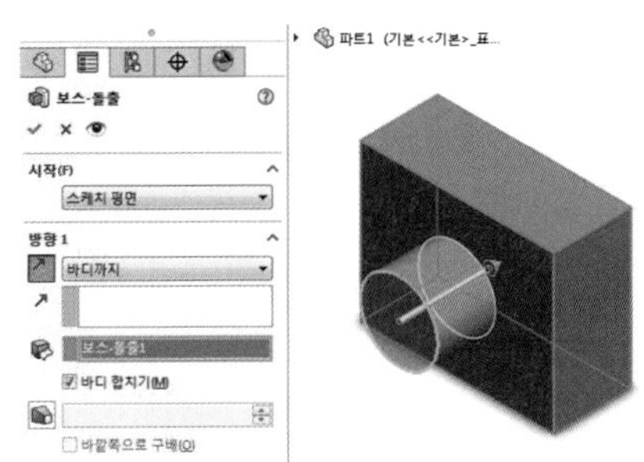

바디까지

중간평면

● 돌출 보스 베이스(Extruded Boss / Base)의 적용

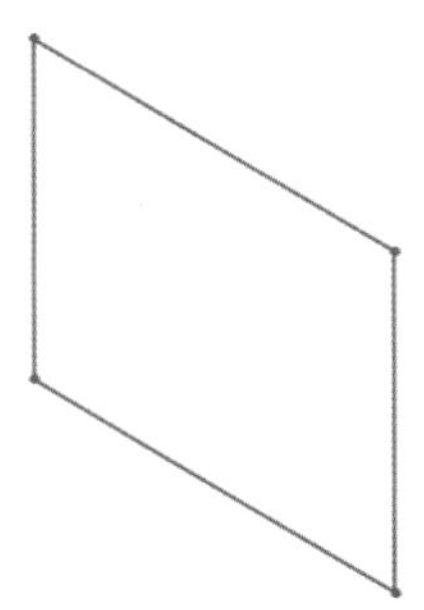

1) 돌출 스케치

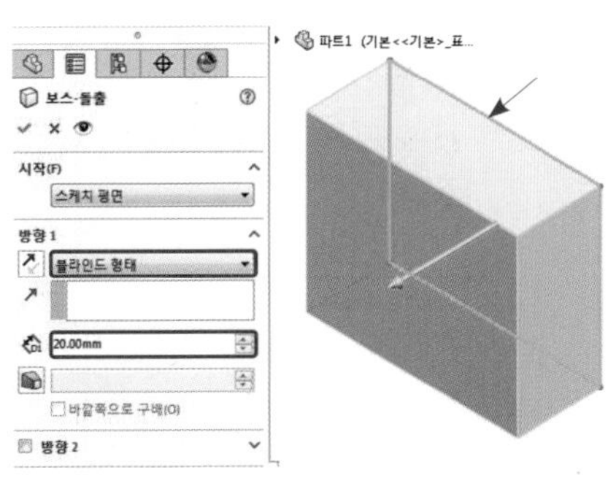

2) 돌출 적용
(끝 유형 – 블라인드 형태)

3) 돌출 보스 / 베이스 결과

Tip 얇은 피처(Thin Feature)

개곡선으로 스케치를 진행하고 피처 명령에서 얇은 피처의 두께 값을 부여하면 다음과 같이 모델링 형상을 작성할 수 있다.

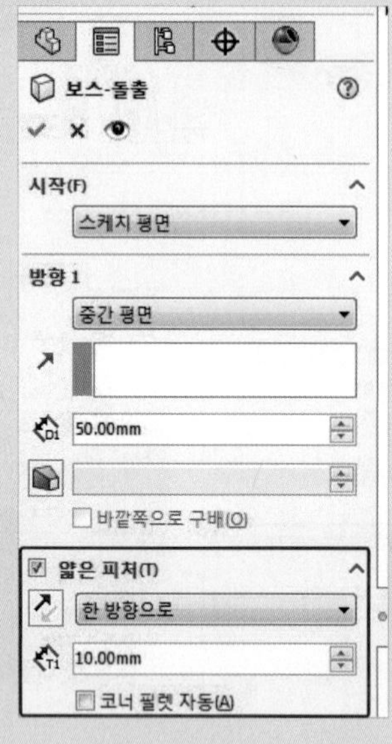

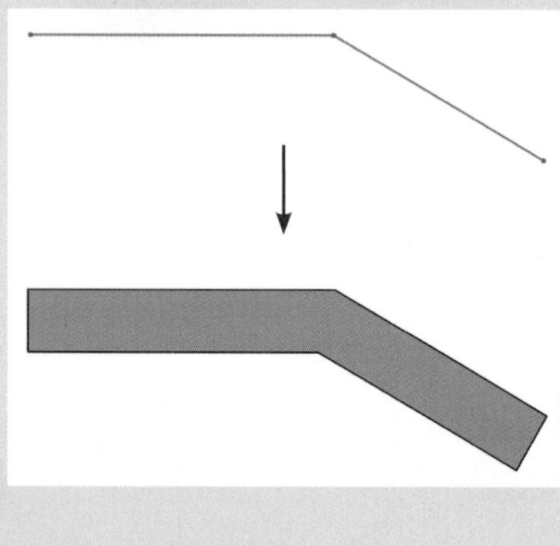

회전 보스 / 베이스(Revolved Boss / Base)

한 축을 기준으로 회전형상의 피처를 생성한다.

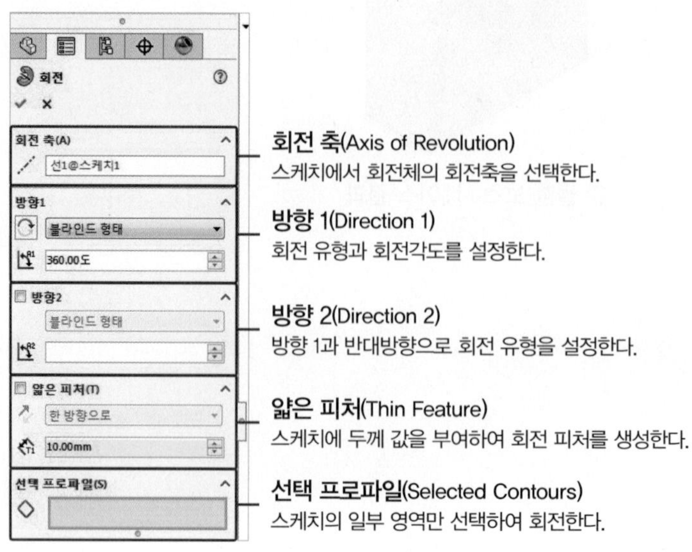

- 회전 보스 / 베이스(Revolved Boss / Base)의 방향 1 설정유형

블라인드 형태(Blind)	지정한 각도 값만큼 회전한다.
꼭지점까지(Up To Vertex)	선택한 꼭지점이 위치하는 평면까지 회전한다.
곡면까지(Up To Surface)	선택한 곡면까지 회전한다.
곡면으로부터 오프셋 Offset From Surface)	선택한 곡면에서부터 지정한 거리 값으로 오프셋 된 면까지 회전한다.
중간평면(Mid Plane)	스케치 평면을 기준으로 지정 거리 값만큼 양방향으로 동일하게 회전한다.

- Sample 예제

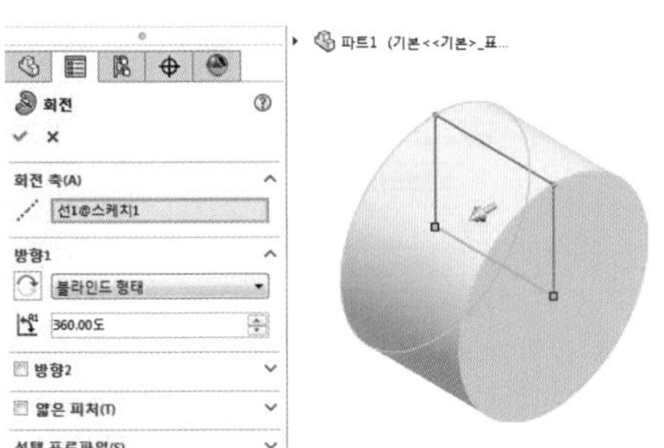

블라인드 형태

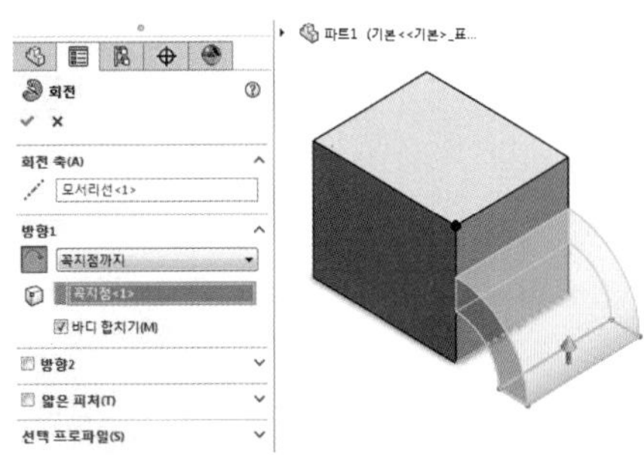

꼭지점까지

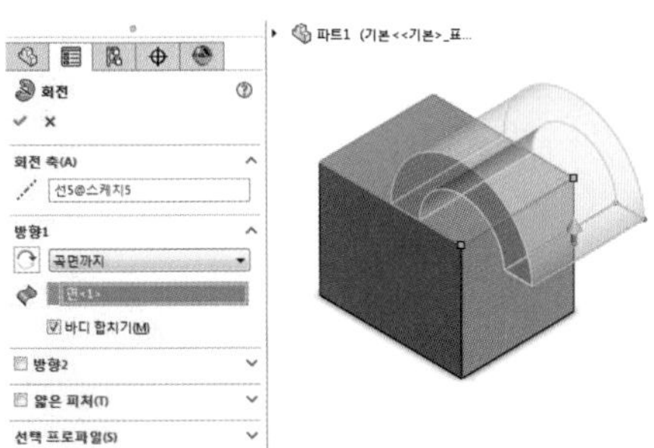

곡면까지

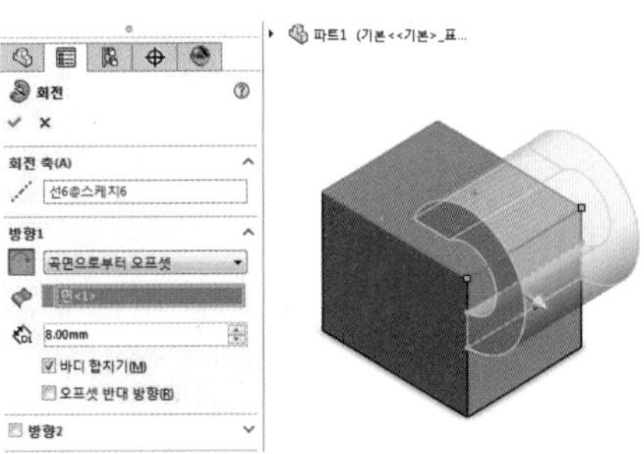

곡면으로부터 오프셋

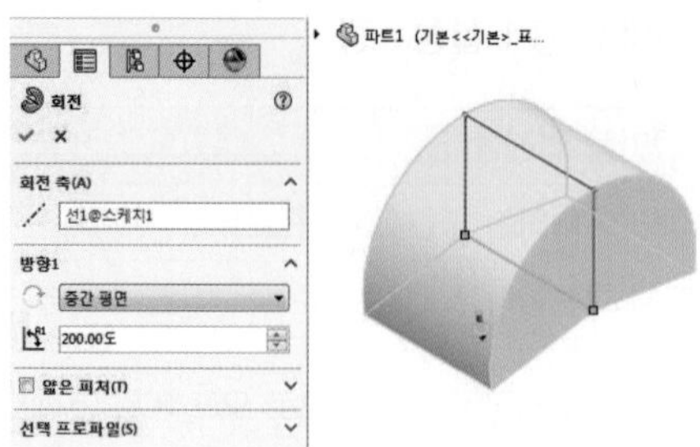

중간평면

● 회전 보스 베이스(Revolved Boss / Base)의 적용

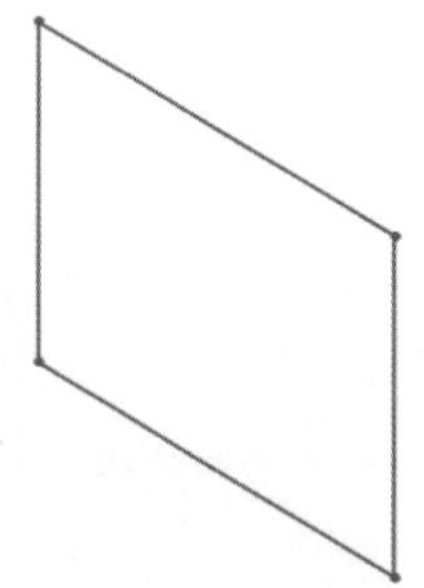

1) 회전 스케치

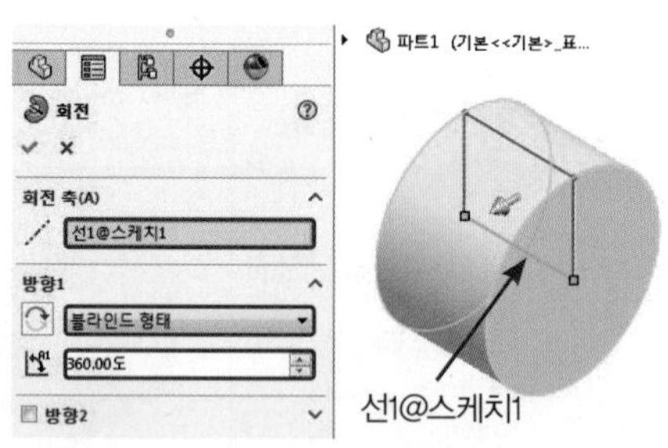

2) 회전 적용
(끝 유형 – 블라인드 형태)

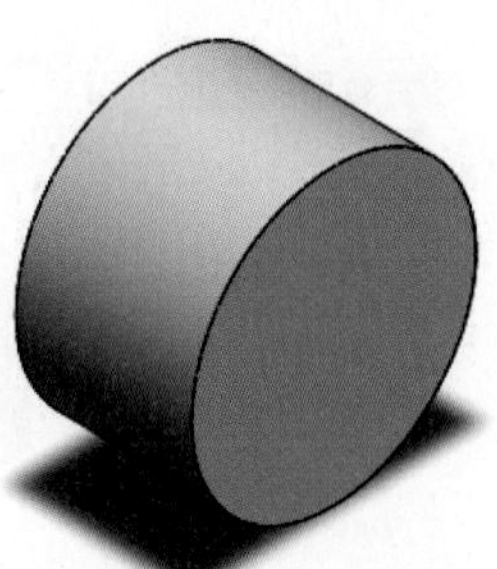

3) 회전 보스 / 베이스 결과

Tip 회전축 설정

스케치(Sketch) 작성 시 회전축으로 사용할 선에 중심선을 작성하면 회전(Revolved) 명령 시 자동으로 회전축을 인식한다(단 스케치에서 중심선이 없거나 두 개 이상의 중심선이 작성 될 경우 회전 명령 시 회전축이 될 선을 선택하여야 한다).

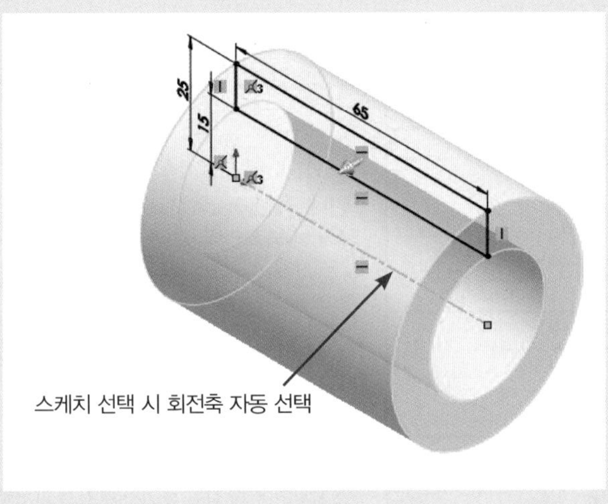

스윕 보스 / 베이스(Swept Boss / Base)

경로를 따라 프로파일을 안내하여 피처를 생성한다.

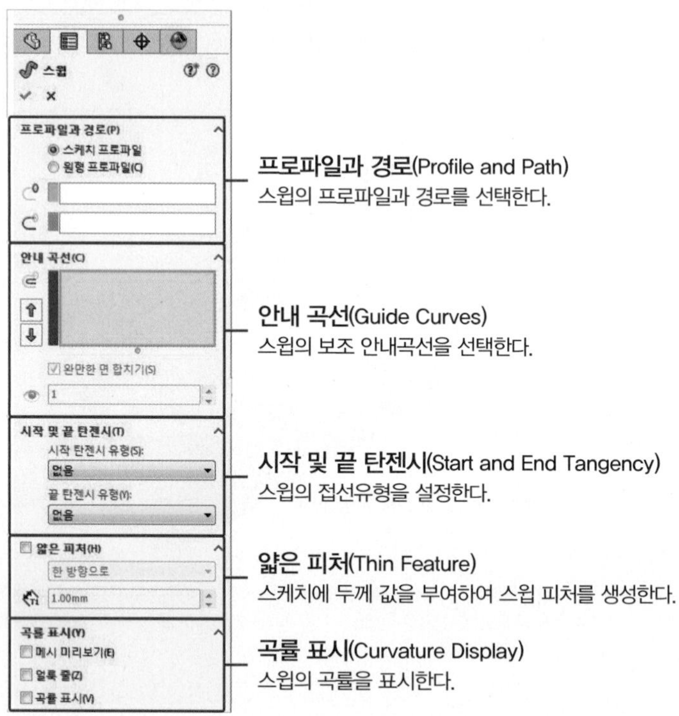

- 스윕 보스 베이스(Swept Boss / Base)의 적용

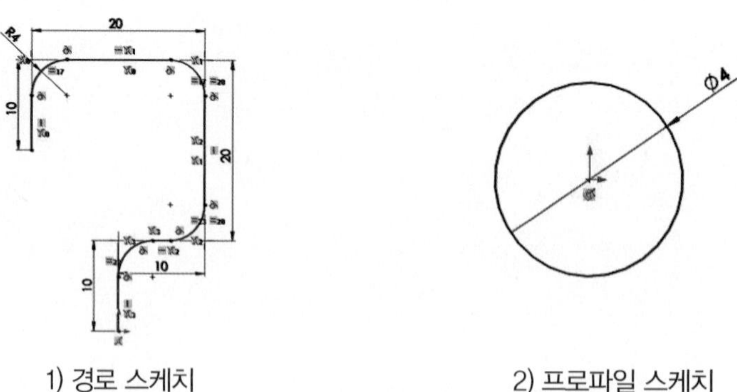

1) 경로 스케치 2) 프로파일 스케치

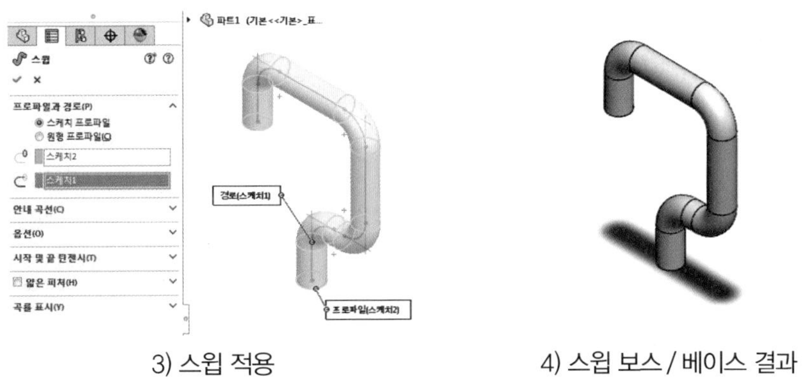

3) 스윕 적용　　　4) 스윕 보스 / 베이스 결과

- 안내곡선(Guide Curve) 선택

안내곡선을 선택하면 다음과 같이 스윕의 형상이 변한다.

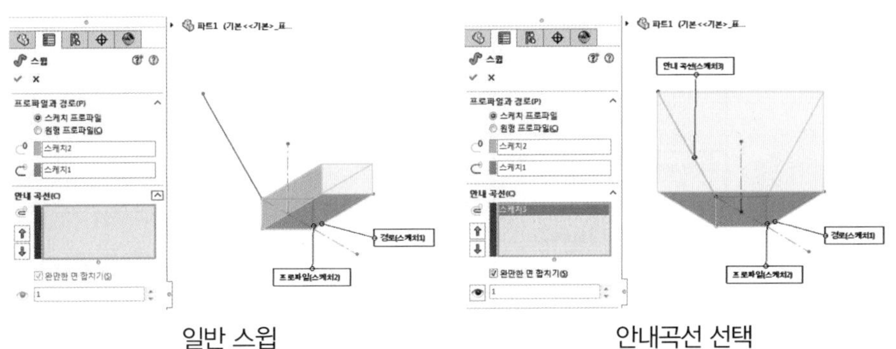

일반 스윕　　　안내곡선 선택

※ 안내곡선(Guide Curve)을 이용하려면 경로, 프로파일 스케치를 제외한 안내곡선만의 스케치가 따로 필요하다(경로 스케치 작성 할 때 같이 작성하지 말 것).

로프트 보스 / 베이스(Lofted Boss / Base)

두 개 이상의 스케치들을 부드럽게 연결하여 피처를 생성한다.

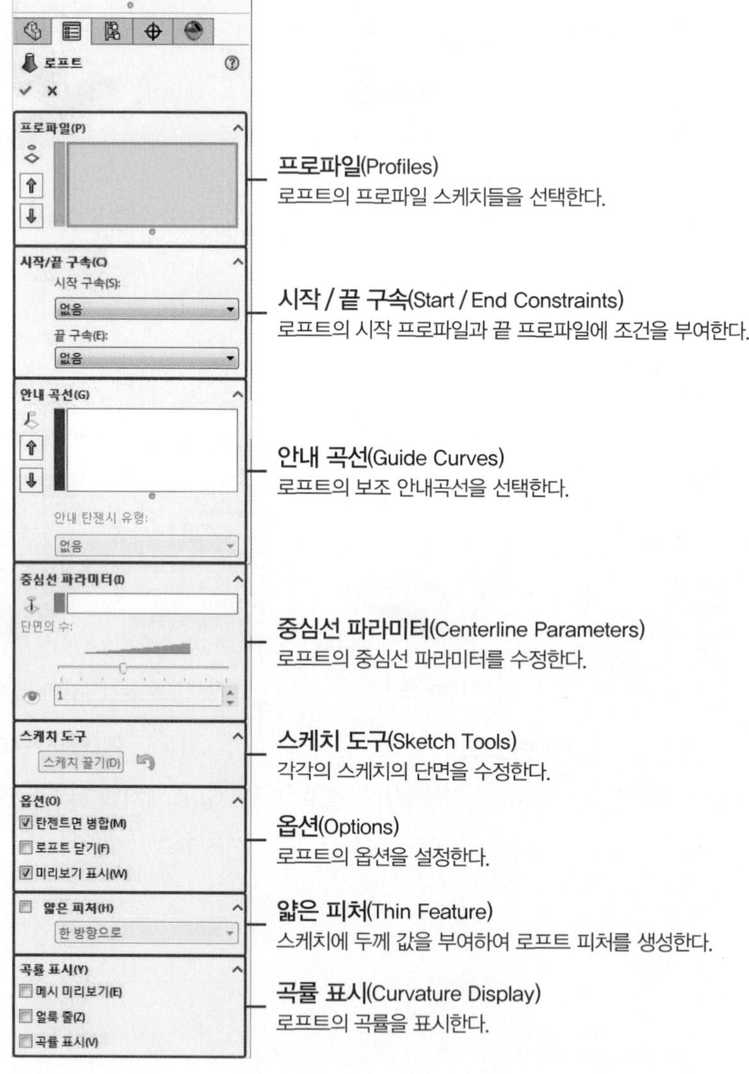

● 로프트 보스 베이스(Lofted Boss / Base)의 적용

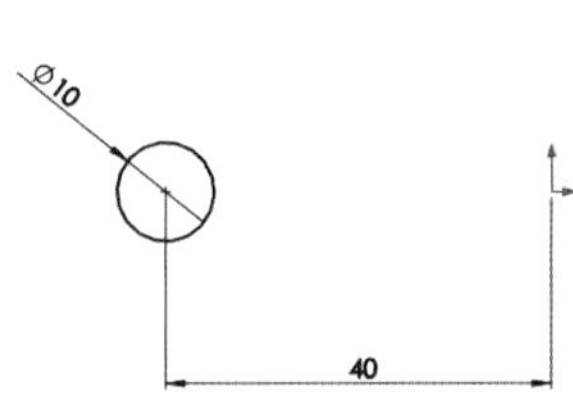

1) 프로파일 스케치 1

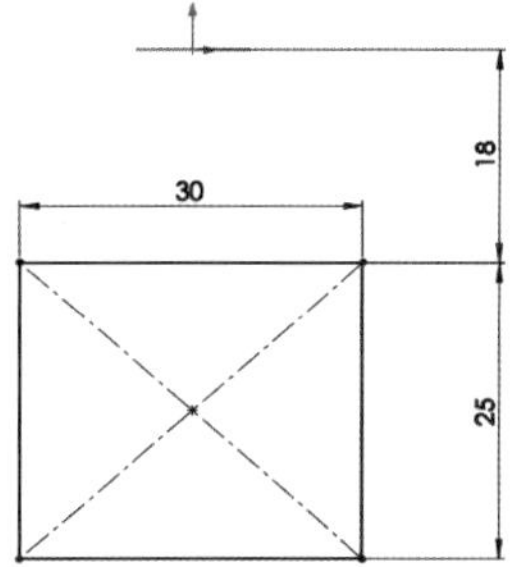

2) 프로파일 스케치 2
(다른 평면에 작성)

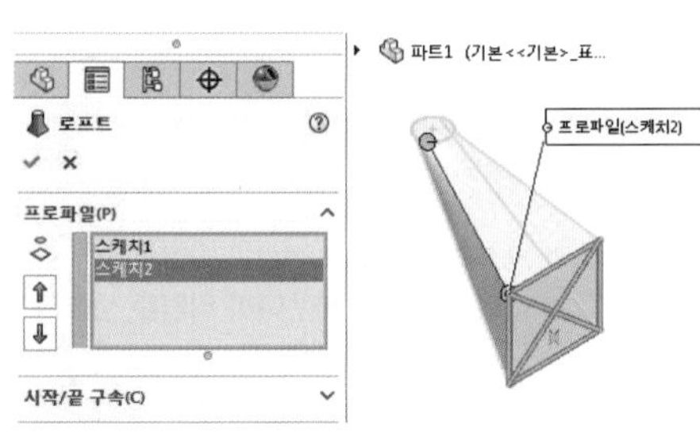

3) 로프트 적용

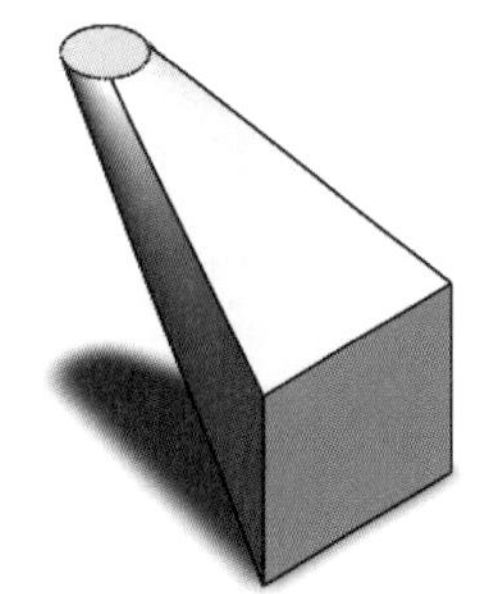

4) 로프트 보스 / 베이스 결과

● 안내곡선(Guide Curve) 선택

안내곡선을 선택하면 다음과 같이 로프트의 형상이 변한다.

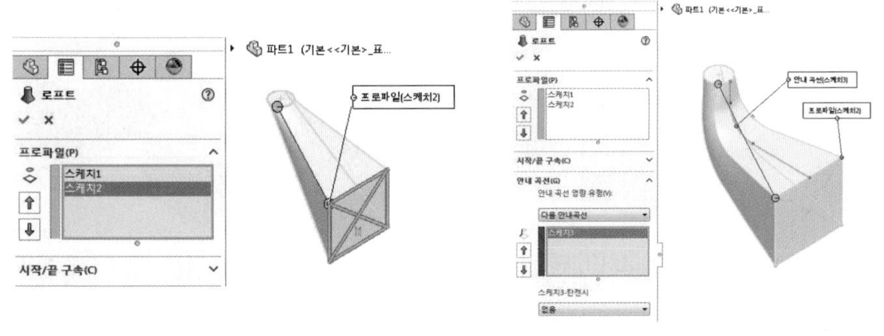

일반 로프트　　　　　　　　안내곡선 선택

※ 안내곡선(Guide Curve)을 이용하려면 프로파일 스케치들을 제외한 안내곡선만의 스케치가 따로 필요하다.

바운더리 보스 / 베이스(Boundary Boss / Base)

선택한 스케치, 면, 모서리 등을 부드럽게 연결하여 피처를 생성한다.

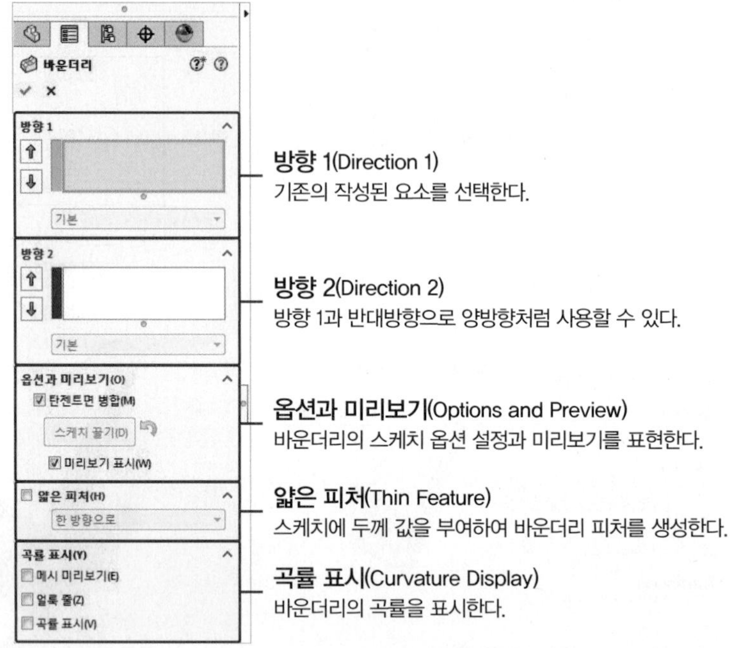

- 바운더리 보스 베이스(Boundary Boss / Base)의 적용

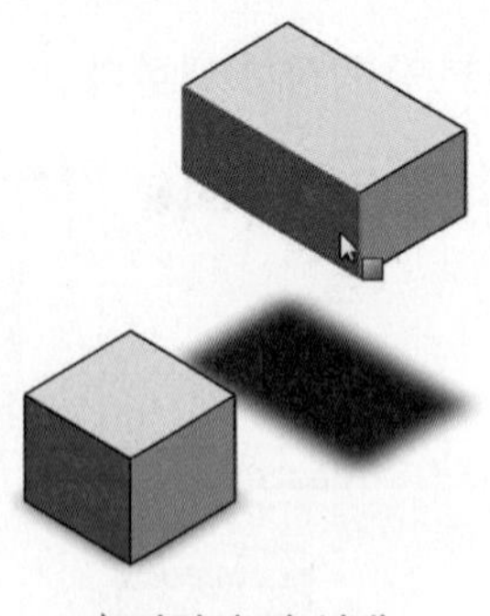

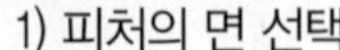
1) 피처의 면 선택

2) 다른 피처의 면 선택

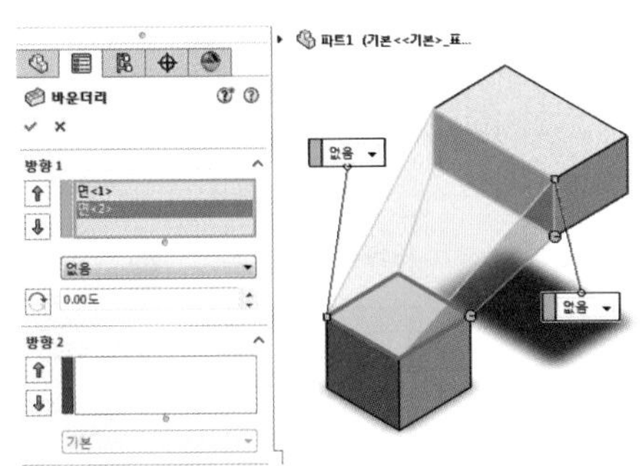

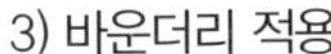
3) 바운더리 적용

4) 바운더리 보스 / 베이스 결과

- 컷(Cut)

돌출 컷(Extruded Cut)

스케치를 평면의 수직방향으로 돌출하여 피처 형상을 제거한다.

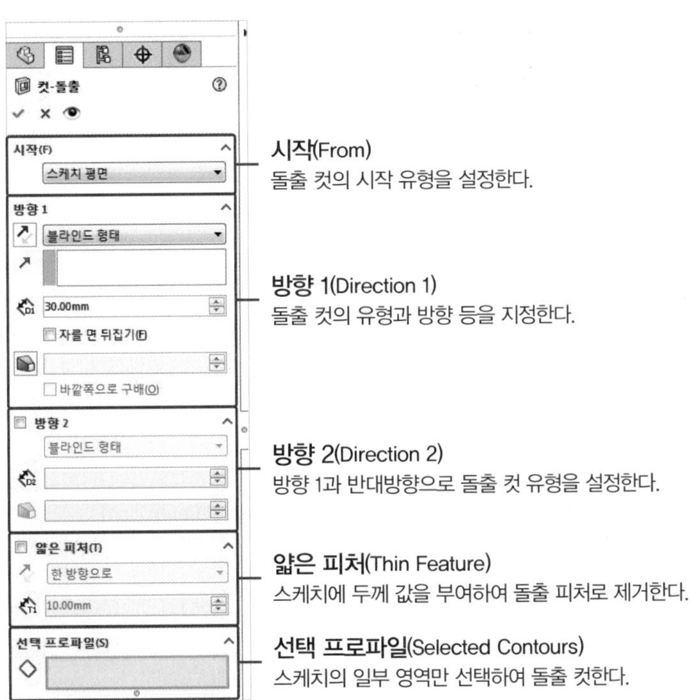

● 돌출 컷(Extruded Cut)의 적용

1) 돌출 컷 스케치

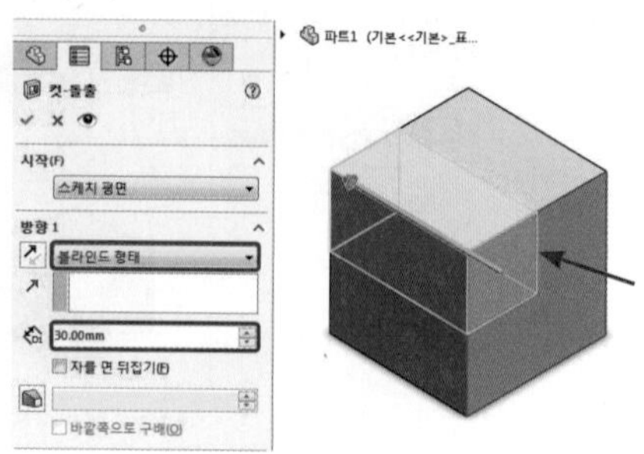
2) 돌출 컷 적용
(끝 유형 – 블라인드 형태)

3) 돌출 컷 결과

회전 컷(Revolved Cut)

한 축을 기준으로 회전형상의 피처 형상을 제거한다.

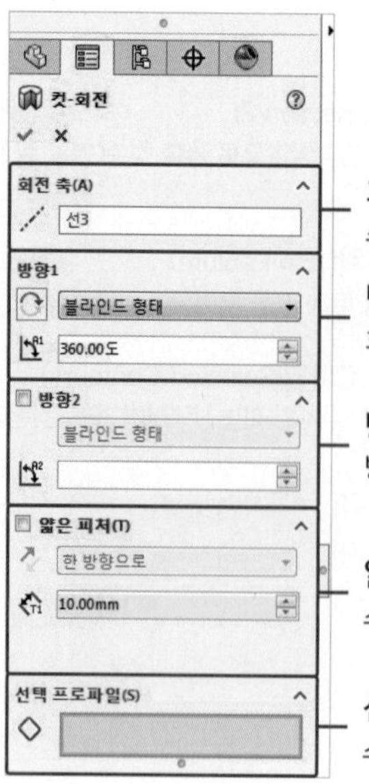

회전 축(Axis of Revolution)
스케치에서 회전 컷의 회전축을 선택한다.

방향 1(Direction 1)
회전 컷의 유형과 회전 각도를 설정한다.

방향 2(Direction 2)
방향 1과 반대방향으로 회전 컷 유형을 설정한다.

얇은 피처(Thin Feature)
스케치에 두께 값을 부여하여 회전 피처로 제거한다.

선택 프로파일(Selected Contours)
스케치의 일부 영역만 선택하여 회전 컷한다.

● 회전 컷(Revolved Cut)의 적용

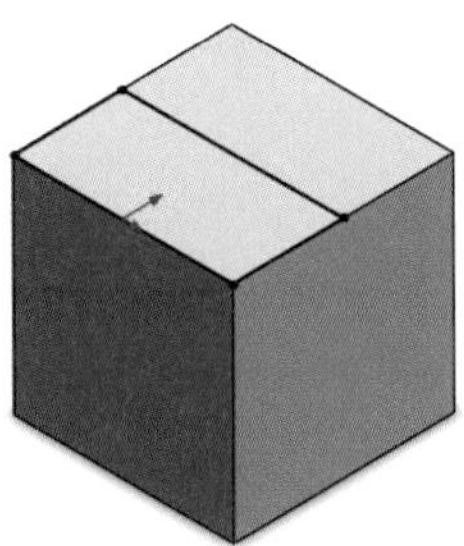

1) 회전 컷 스케치

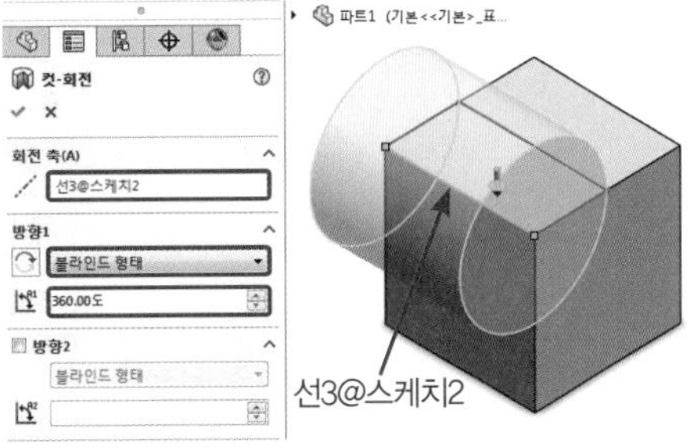

2) 회전 컷 적용
(끝 유형 – 블라인드 형태)

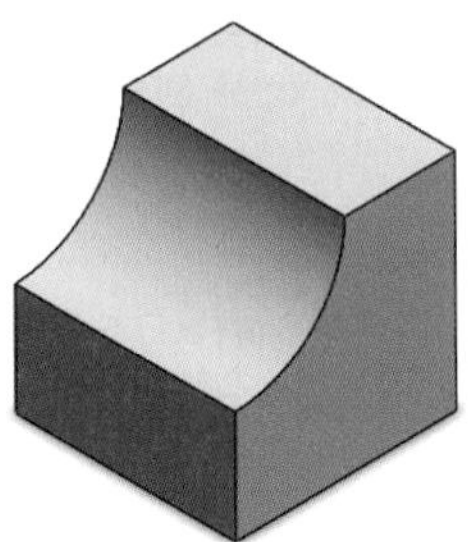

3) 회전 컷 결과

스윕 컷(Swept Cut)

경로를 따라 프로파일을 안내하여 피처 형상을 제거한다.

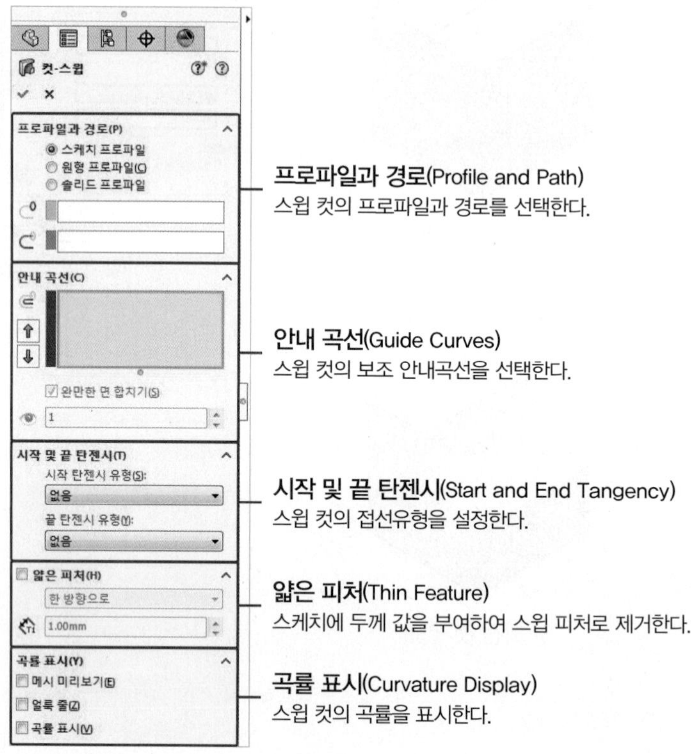

- 스윕 컷(Swept Cut)의 적용

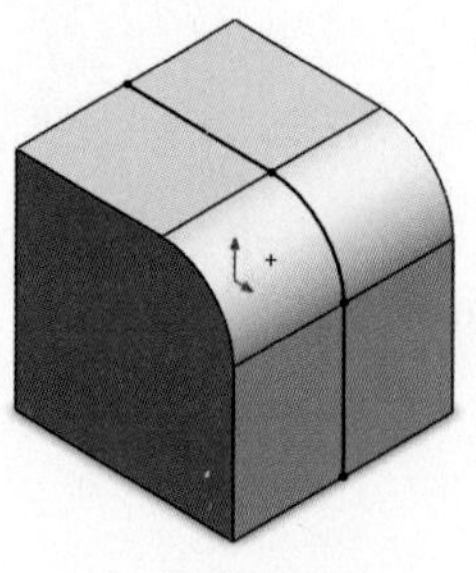

1) 경로 스케치

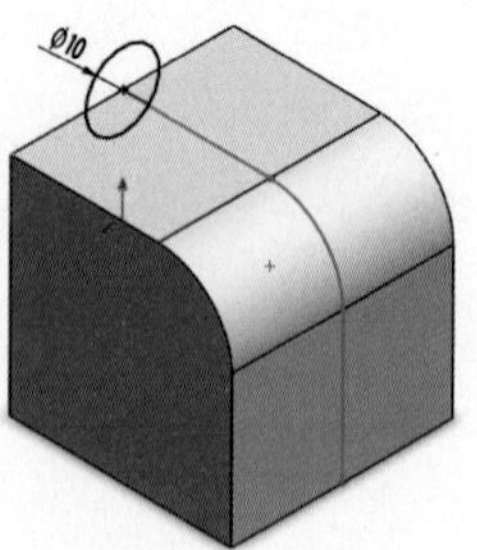

2) 프로파일 스케치

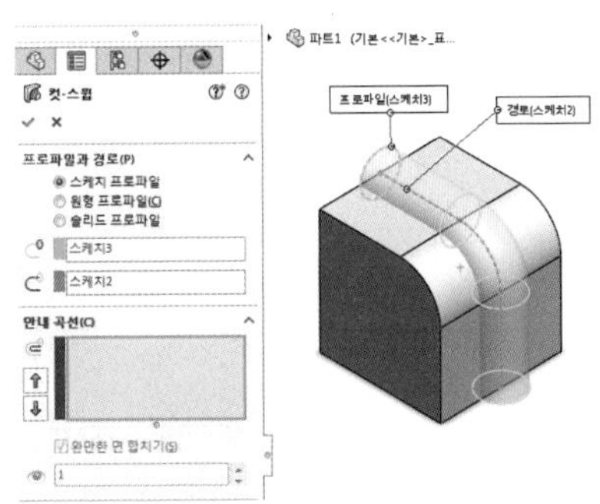
3) 스윕 컷 적용

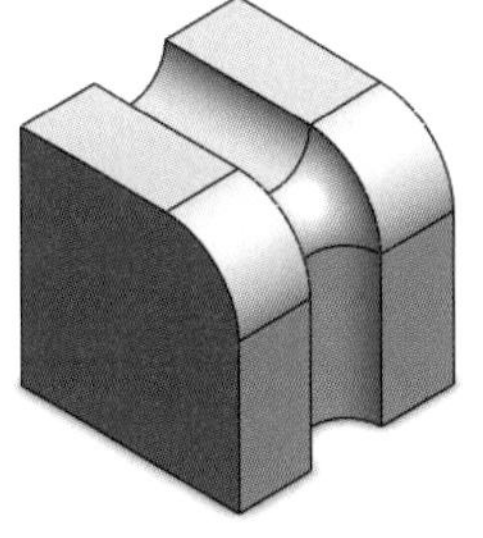
4) 스윕 컷 결과

로프트 컷(Lofted Cut)

두 개 이상의 스케치들을 부드럽게 연결하여 피처 형상을 제거한다.

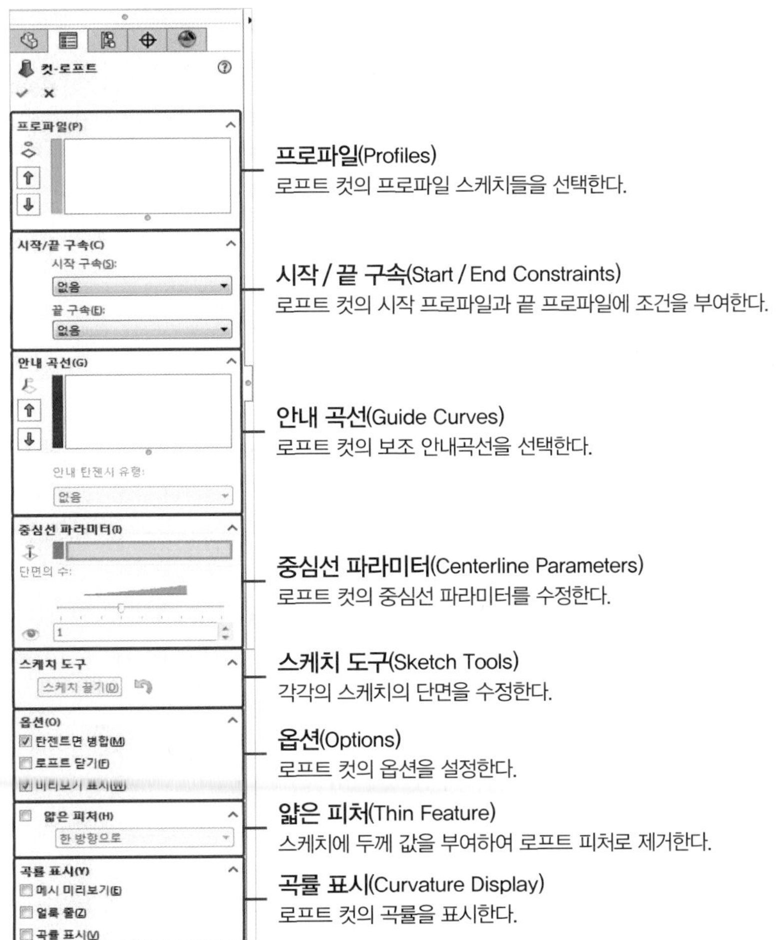

● 로프트 컷(Lofted Cut)의 적용

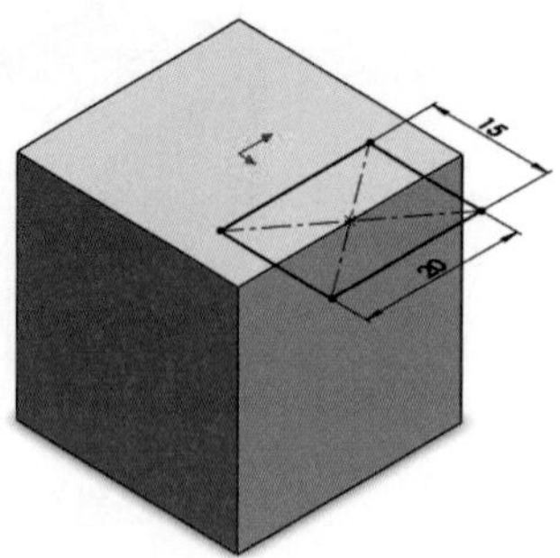

1) 프로파일 스케치 1

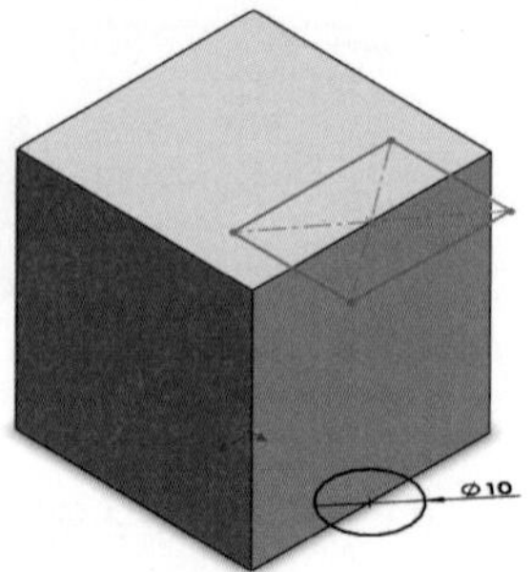

2) 프로파일 스케치 2

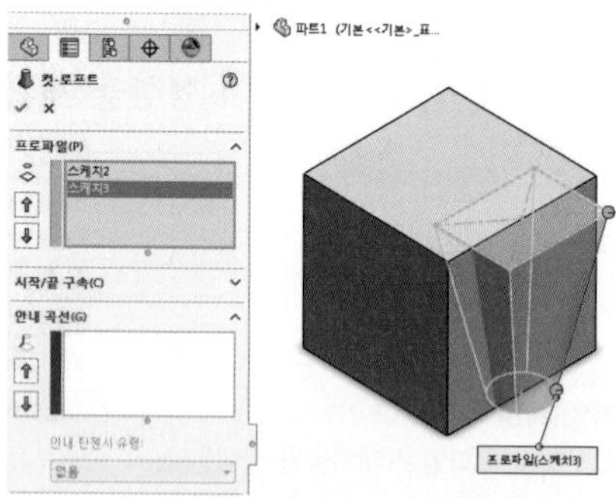

3) 로프트 컷 적용

4) 로프트 컷 결과

바운더리 컷(Boundary Cut)

선택한 스케치, 면, 모서리 등을 부드럽게 연결하여 피처 형상을 제거한다.

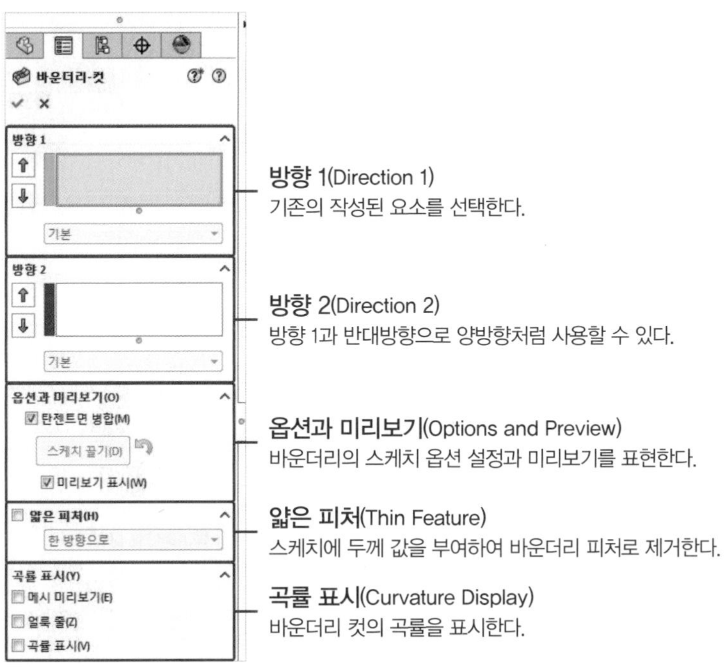

● 바운더리 컷(Boundary Cut)의 적용

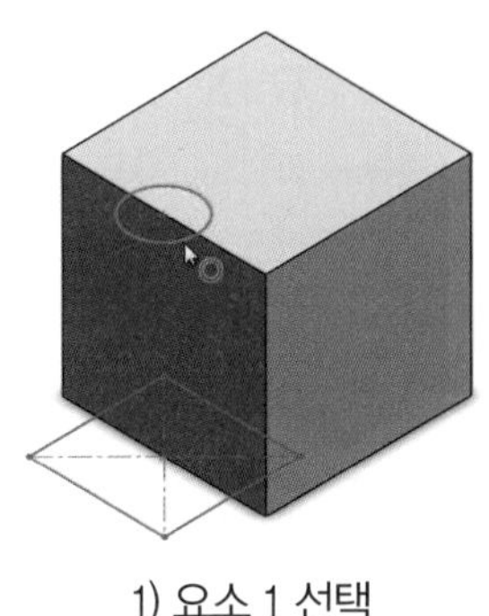

1) 요소 1 선택

2) 요소 2 선택

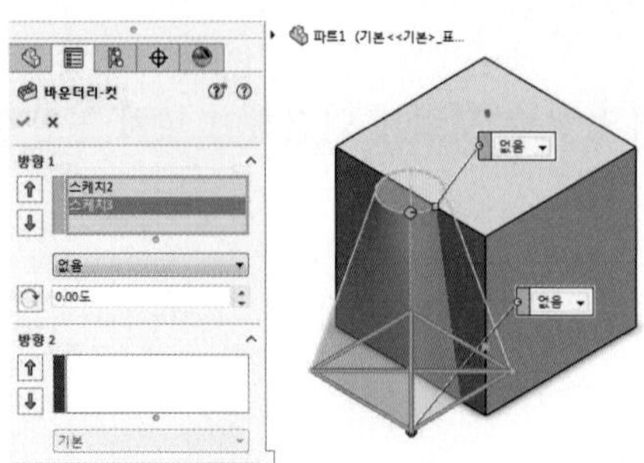

3) 바운더리 컷 적용

4) 바운더리 컷 결과

구멍 가공 마법사(Hole Wizard)

구멍에 관련된 피처를 생성한다.

카운터 보어 (Counter Bore)

카운터 싱크 (Counter Sink)

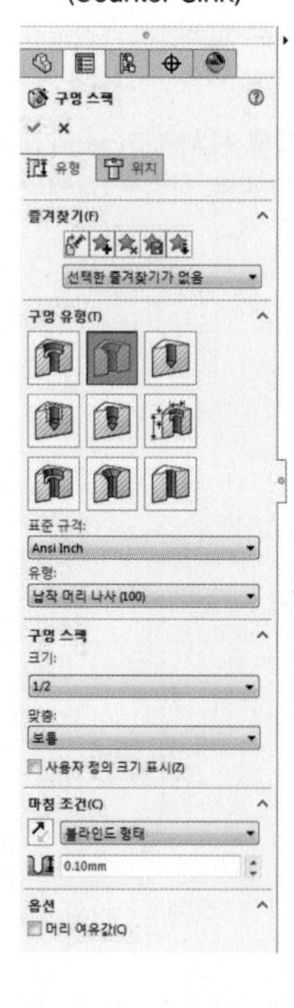

구멍 (Hole)

직선 탭 (Straight Tap)

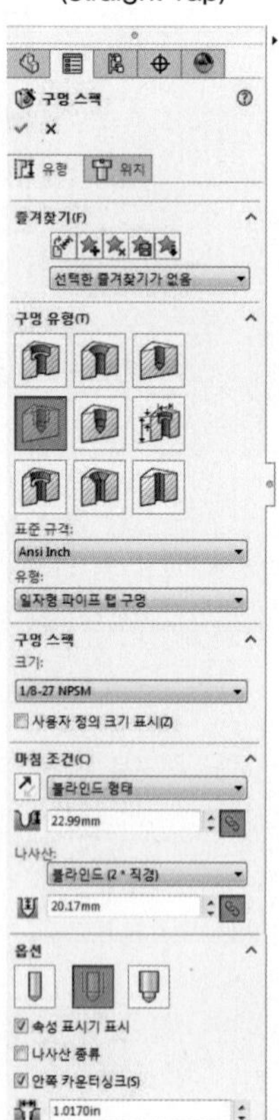

- 구멍 유형(Type)

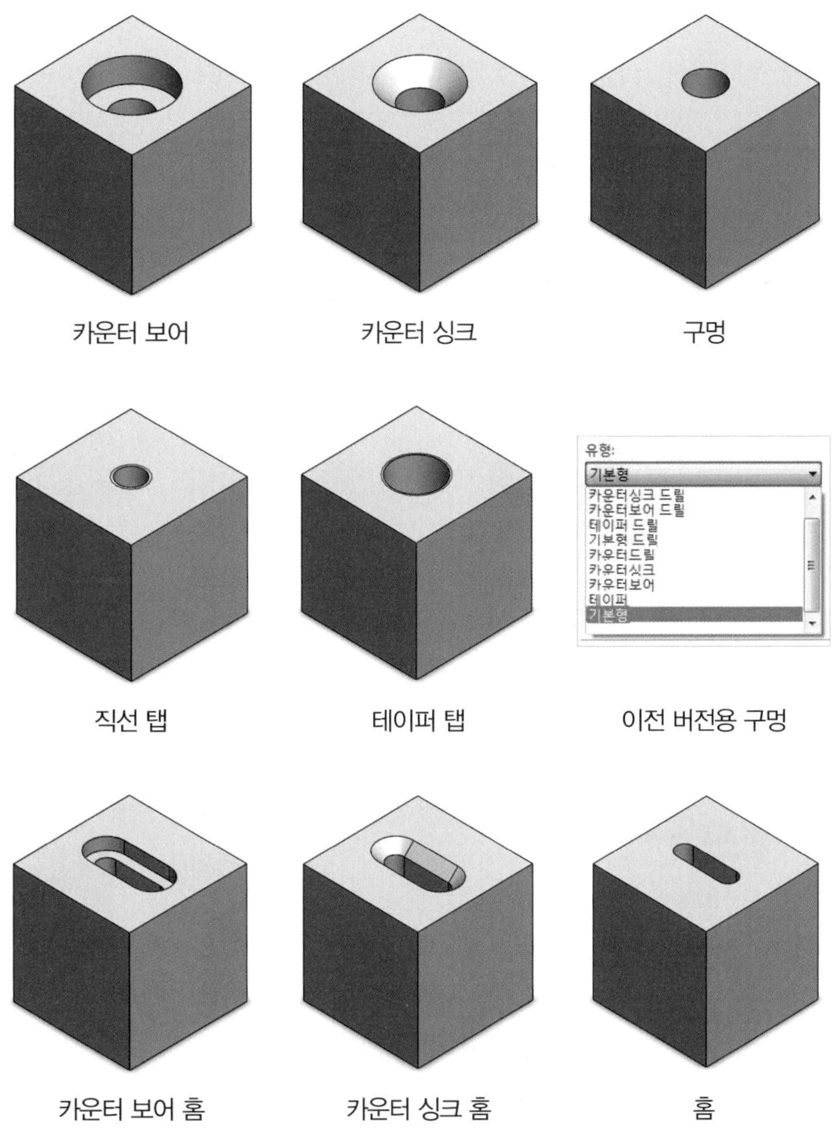
카운터 보어
카운터 싱크
구멍
직선 탭
테이퍼 탭
유형:
기본형
카운터싱크 드릴
카운터보어 드릴
테이퍼 드릴
기본형 드릴
카운터드릴
카운터싱크
카운터보어
테이퍼
기본형
이전 버전용 구멍
카운터 보어 홈
카운터 싱크 홈
홈

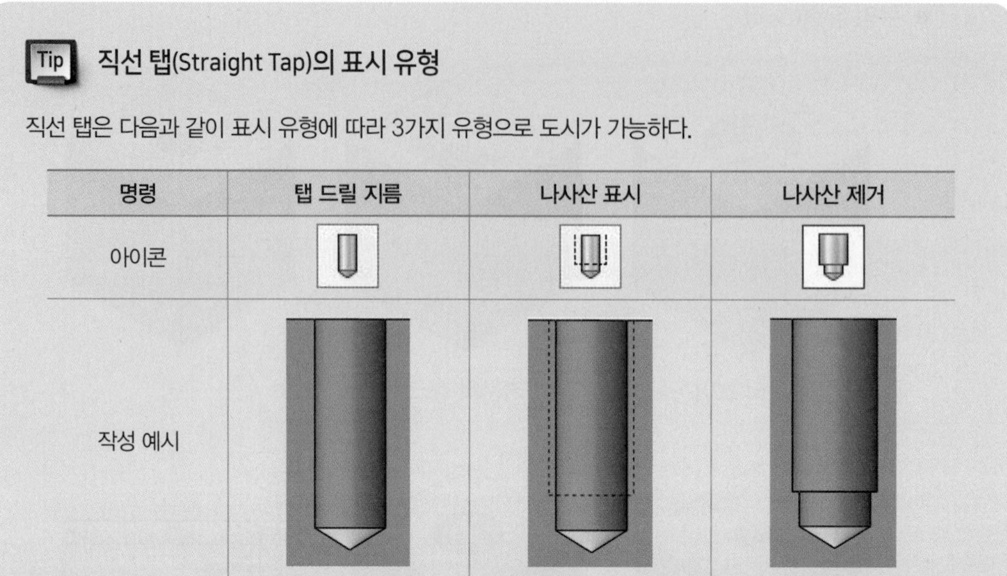

Tip 직선 탭(Straight Tap)의 표시 유형

직선 탭은 다음과 같이 표시 유형에 따라 3가지 유형으로 도시가 가능하다.

명령	탭 드릴 지름	나사산 표시	나사산 제거
아이콘			
작성 예시			

● 구멍 가공 마법사(Hole Wizard)의 적용

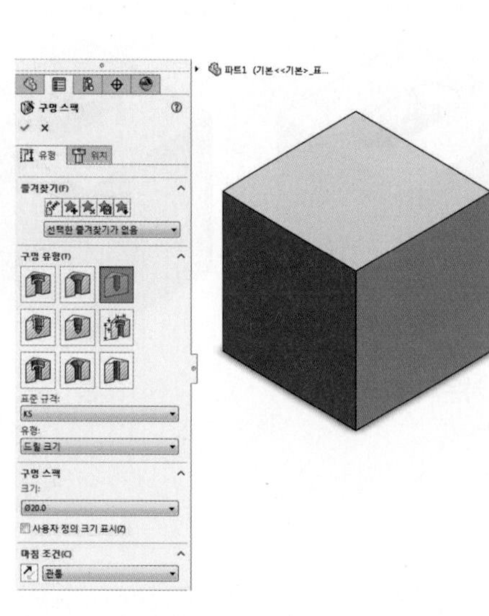

1) 구멍 유형 설정
(유형 – 구멍)

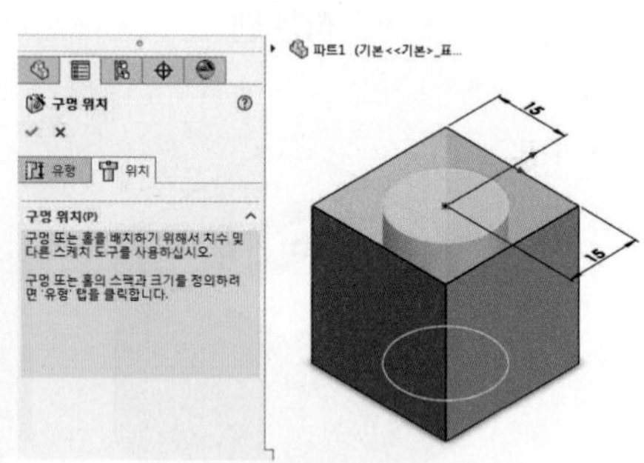

2) 구멍 위치 설정

3) 구멍 가공 마법사 결과

Tip 구멍 가공 마법사(Hole Wizard) 위치설정 방법

다음과 같은 방법으로 구멍을 배치시킬 수 있다.

- 직접 치수와 구속조건을 부여하는 방법

1) 위치(Positions) 메뉴를 클릭하고 면을 클릭한다(최초 선택 면은 구멍이 시작 될 면이다).

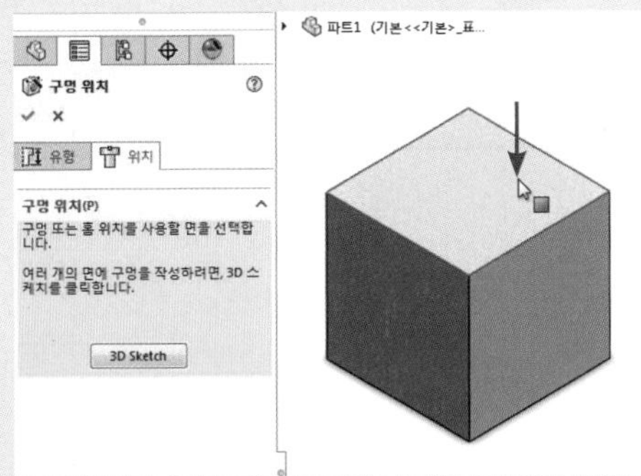

2) 두 번째 선택부터 구멍의 중심 위치를 선택한다(스케치 탭에서 치수기입과 구속조건 부여가 가능하다).

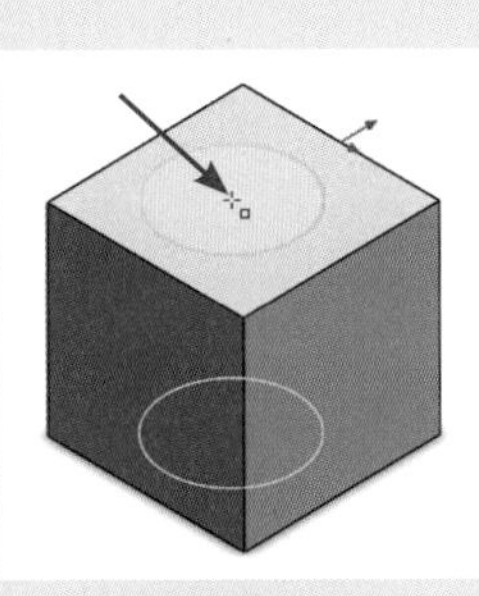

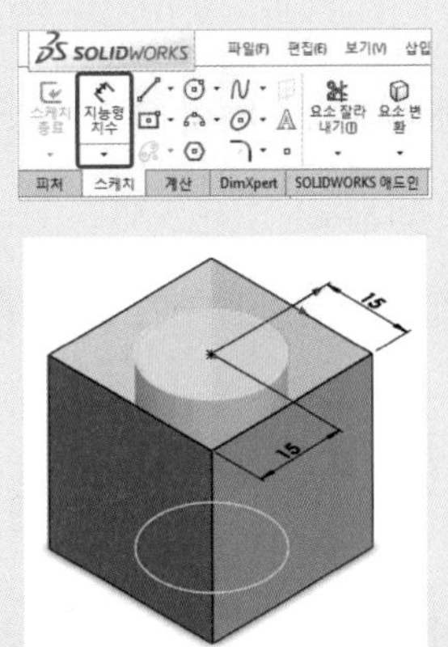

- 스케치를 이용하여 위치를 생성하는 방법

1) 구멍을 작성할 면을 스케치 면으로 선택한 후 다음과 같이 점이 있는 스케치 요소들을 작성한다(구멍 가공 마법사 작업전 미리 작성하는 스케치다).

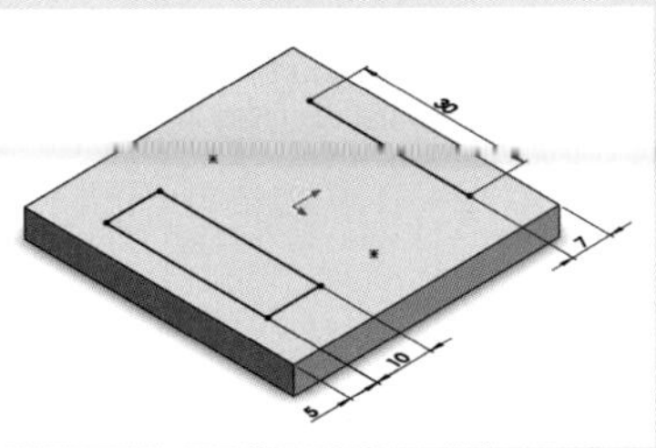

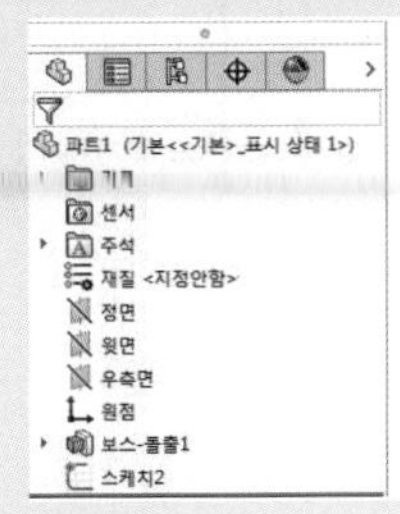

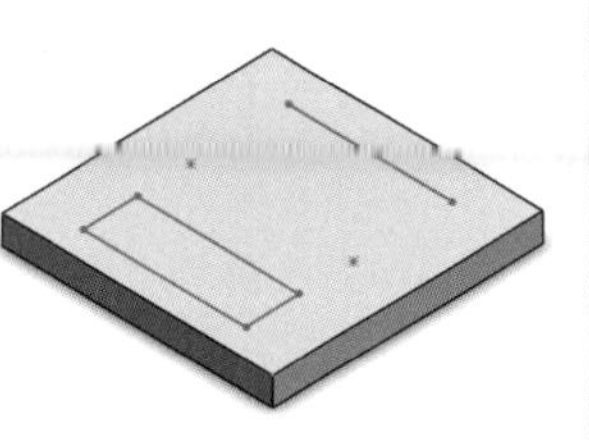

2) 구멍의 위치(Positions)에서 최초 구멍의 시작평면을 선택하고 다음과 같이 스케치의 점에 구멍의 중심점을 클릭한다.

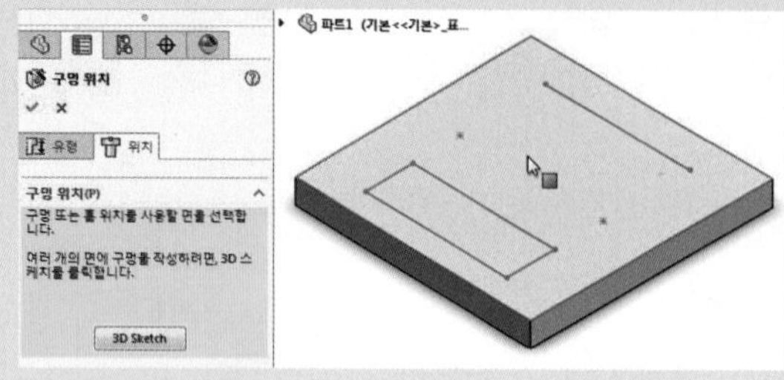

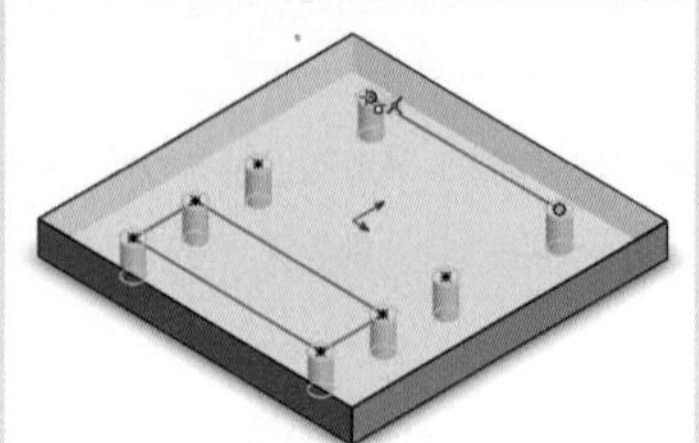

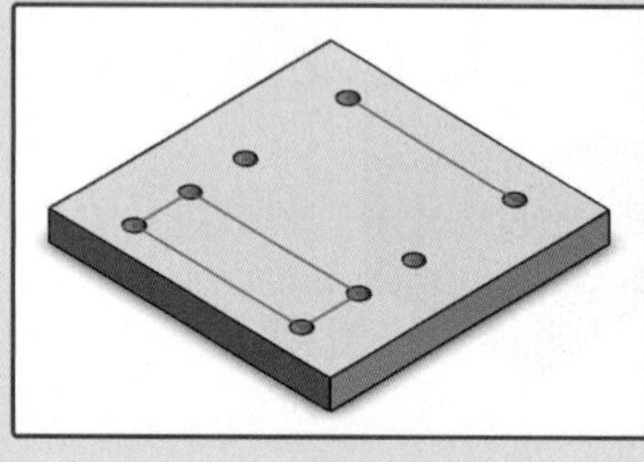

● 이외의 생성 피처(Features) 명령

보강대(Rib)

스케치를 이용하여 보강대를 작성한다.

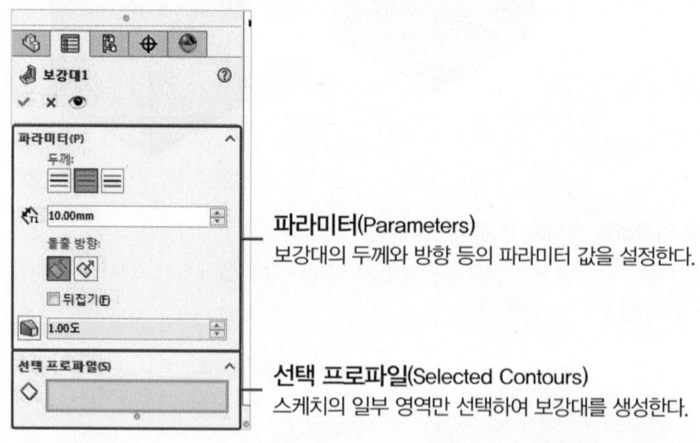

- 보강대(Rib)의 적용

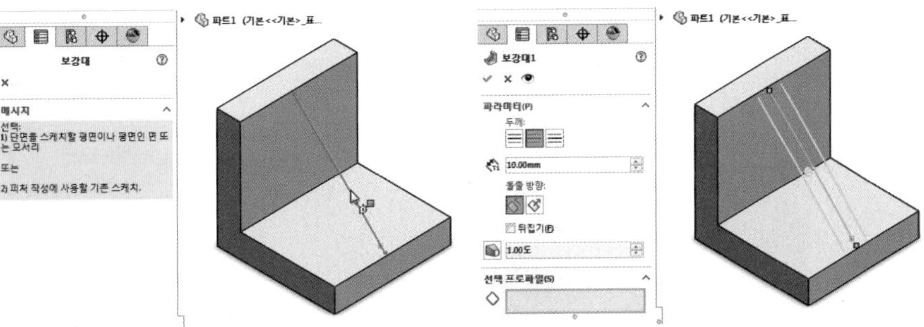

1) 스케치를 선택한다.

2) 보강대 설정과 적용

3) 보강대 결과

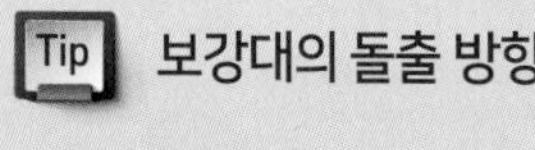

보강대의 돌출 방향

보강대는 돌출 방향에 의해 전혀 다른 피처가 생성된다.

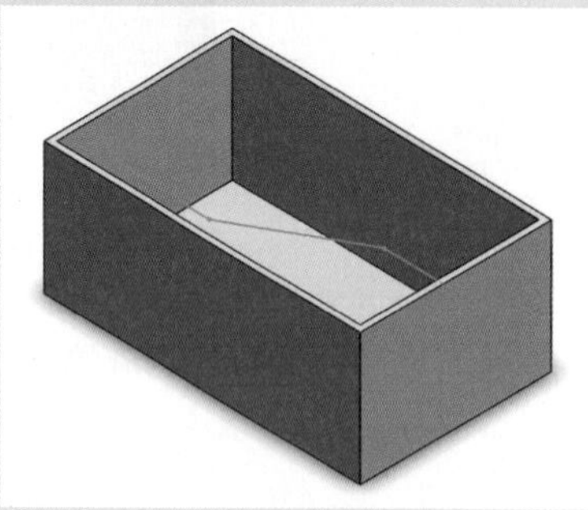

보강대 스케치

스케치에 평행 결과

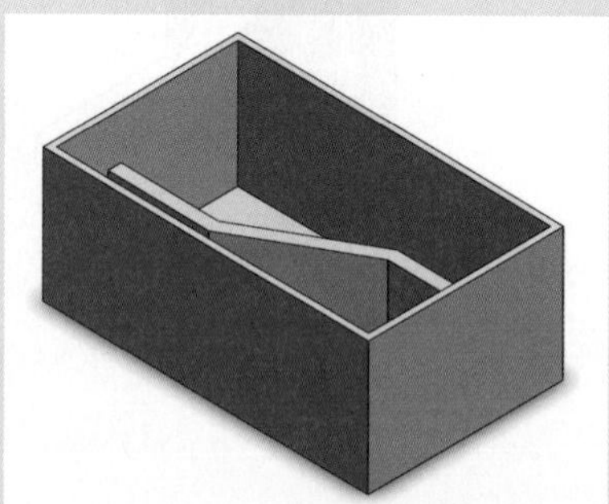

스케치에 수직 결과

곡면 포장(Wrap)

작성된 스케치를 곡면 상에 투영하여 피처를 생성한다.

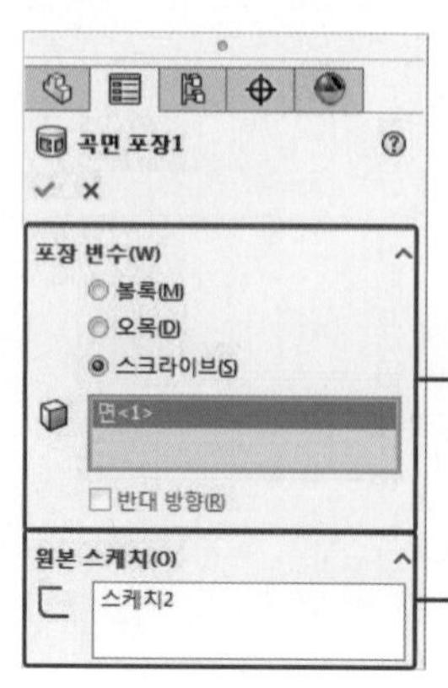

포장 변수(Wrap Parameters)
곡면 포장의 유형과 투영면을 선택한다.

원본 스케치(Source Sketch)
곡면 포장을 적용시킬 원본 스케치를 선택한다.

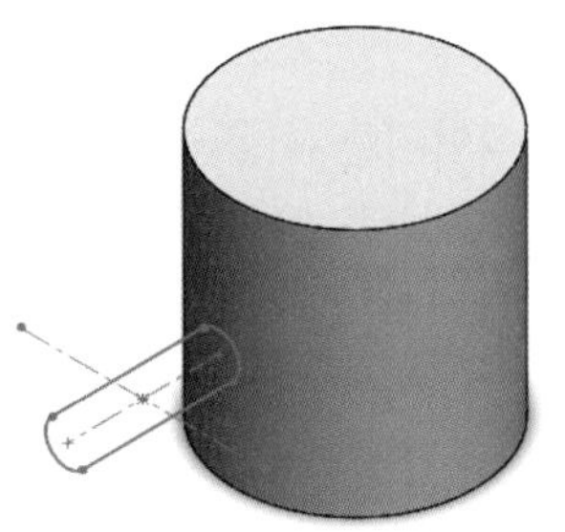
원본 스케치

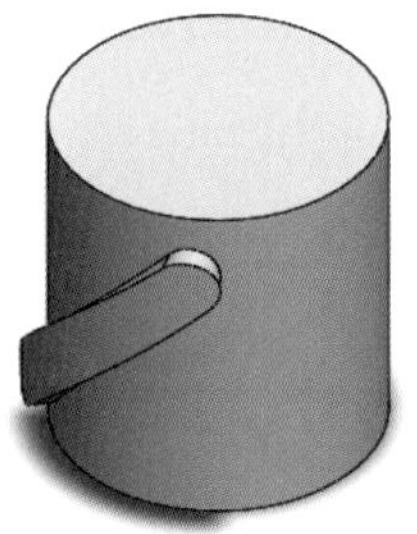
볼록(Emboss)

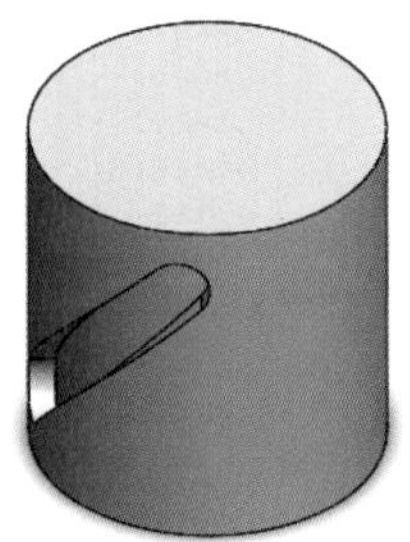
오목(Deboss)

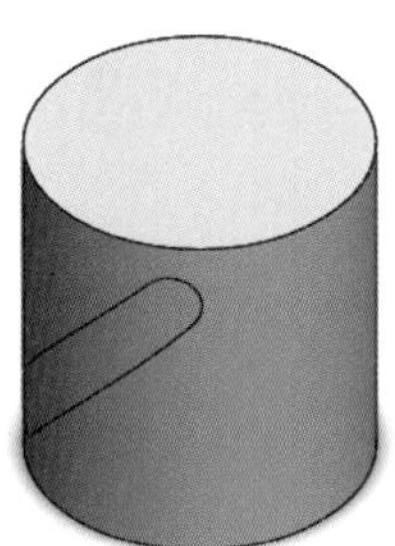
스크라이브(Scribe)

● 곡면 포장(Wrap)의 적용

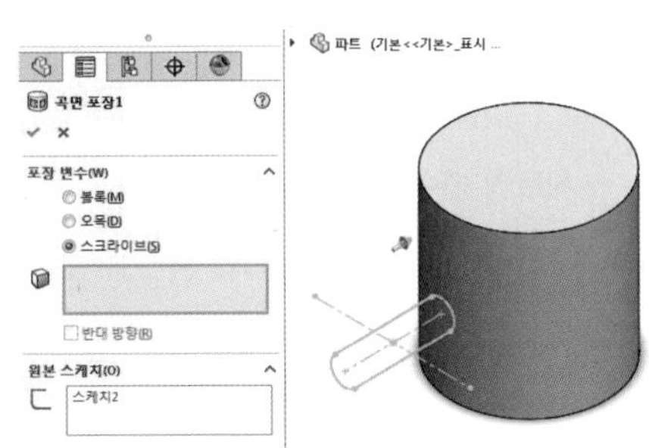

1) 스케치를 선택한다.

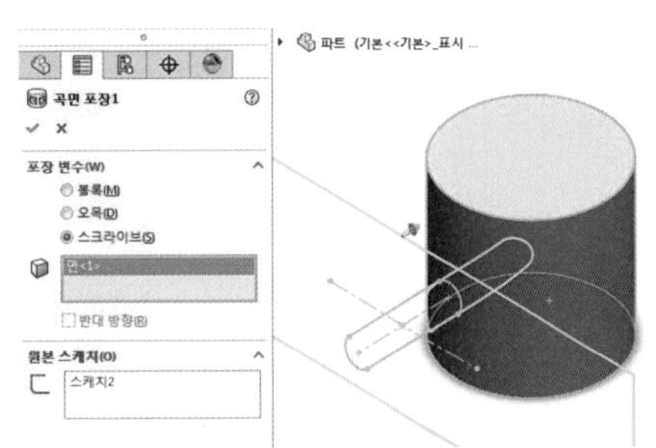

2) 면을 선택한다.

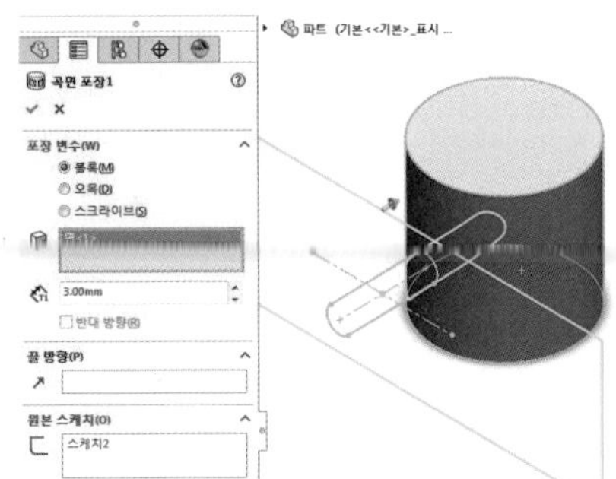

3) 곡면 포장을 설정한다.

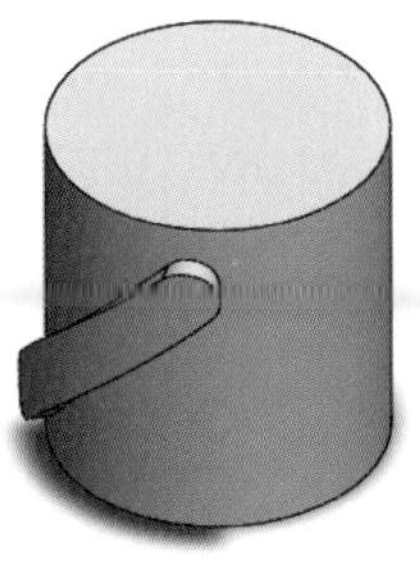
4) 곡면 포장 결과
(포장 변수 – 볼록)

(2) 편집 피처(Features) 명령

생성 피처(Features) 명령이 진행된 후 그 데이터를 이용하여 수정하거나 생성하는 명령이다.

필렛(Fillet)

피처의 모서리를 선택하여 지정한 반경 값의 모깎기로 편집한다.

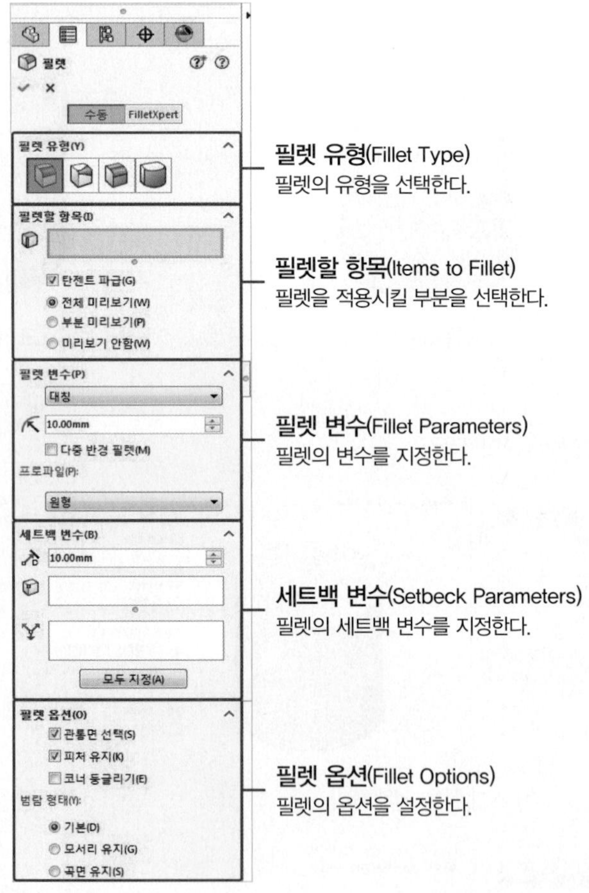

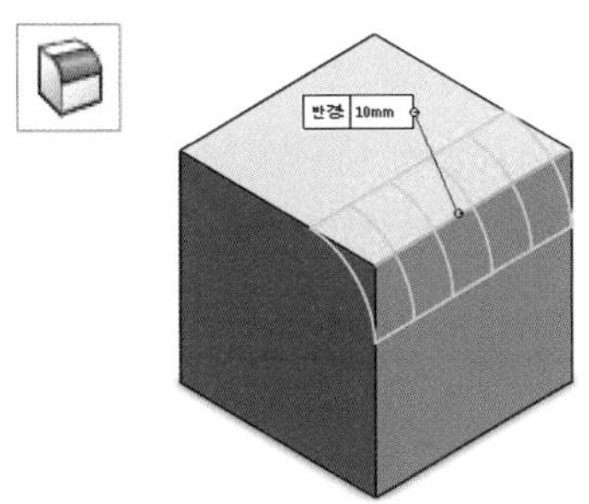

부동 크기 필렛(Constant Size Fillet)
모서리에 하나의 반경으로 필렛

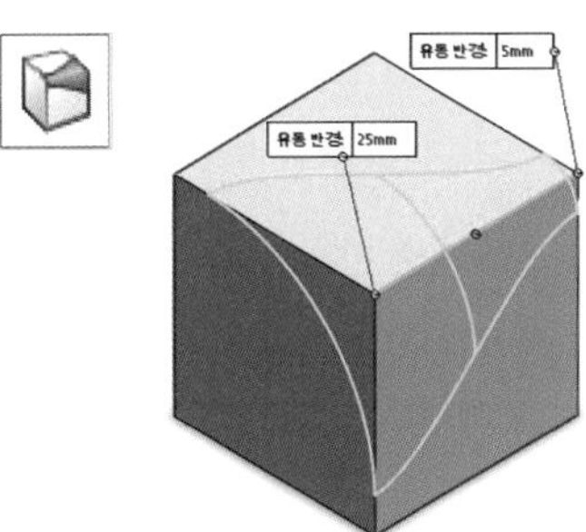

유동 크기 필렛(Variable Size Fillet)
모서리에 여러 반경으로 필렛

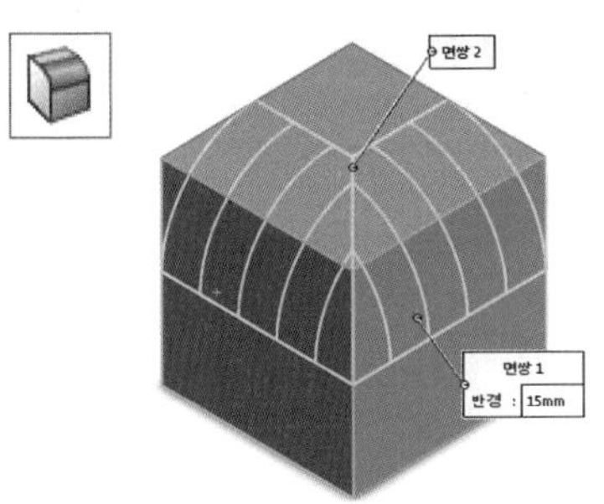

면 필렛(Face Fillet)
두 개 이상의 면을 선택하는 필렛

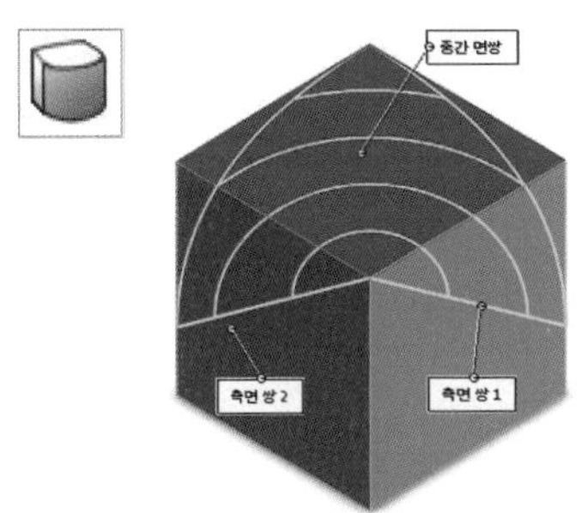

둥근 필렛(Full Round Fillet)
두 개의 측면쌍과 하나의 중간면쌍을 선택하는 필렛

● 필렛(Fillet)의 적용

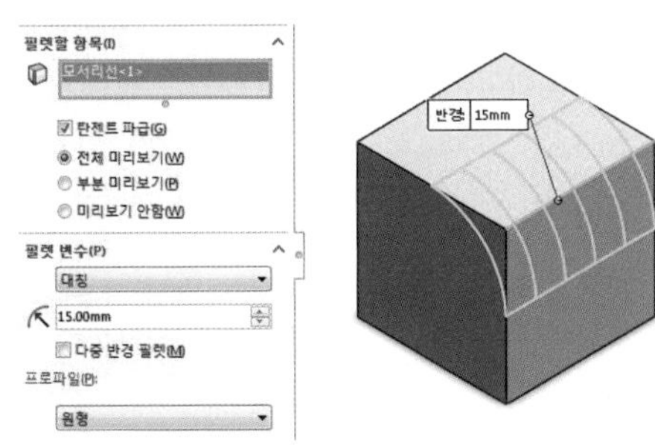

1) 필렛 모서리 선택과 설정

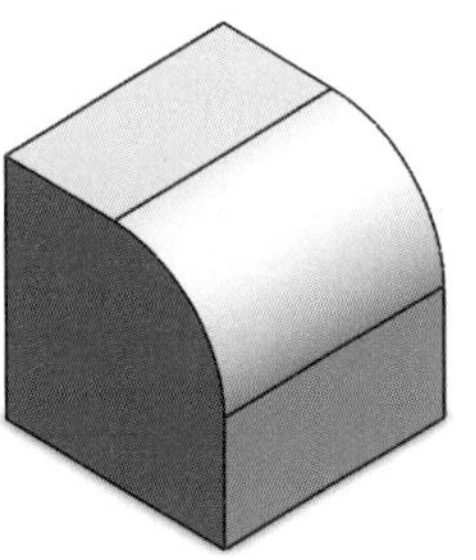

2) 필렛 결과
(유형 – 부동 크기 필렛)

Tip 다중 반경 필렛(Multiple Radius Fillet)

다음과 같이 다중 반경 필렛(Multiple Radius Fillet)에 체크를 하면 하나의 필렛 피처로 여러 부분의 필렛을 작성할 때 반경 값을 따로 부여할 수 있다.

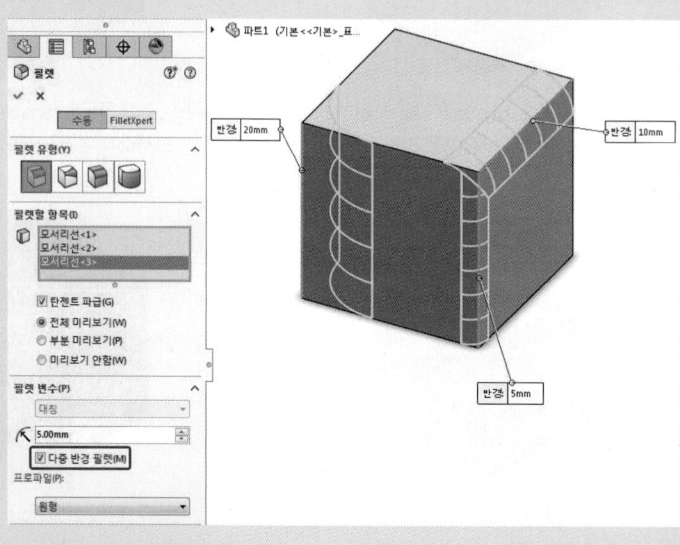

모따기(Chamfer)

피처의 모서리를 선택하여 지정한 거리 값의 모따기로 편집한다.

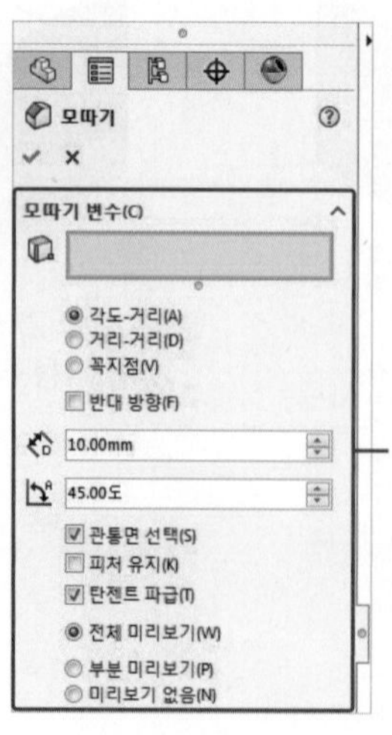

모따기 변수(Chamfer Parameters)
모따기의 유형과 설정 값을 부여한다.

- 모따기(Chamfer)의 적용

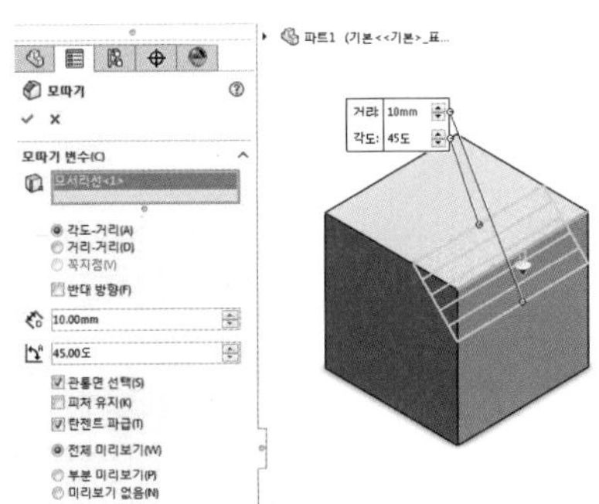

1) 모서리 선택과 설정

2) 모따기 결과
(유형 – 각도_거리)

구배주기(Draft)

피처의 면과 면 사이를 지정한 각도 값의 구배로 편집한다.

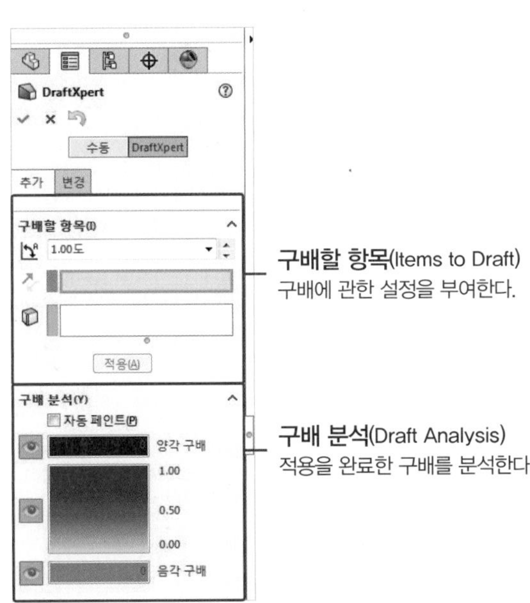

구배할 항목(Items to Draft)
구배에 관한 설정을 부여한다.

구배 분석(Draft Analysis)
적용을 완료한 구배를 분석한다.

- 구배주기(Draft)의 적용

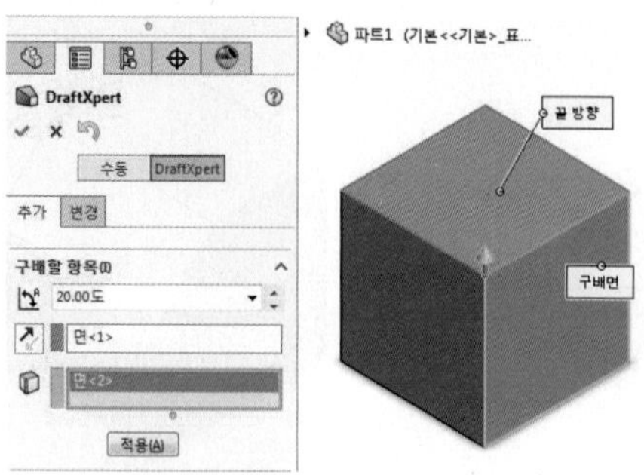

1) 구배주기 설정과 적용

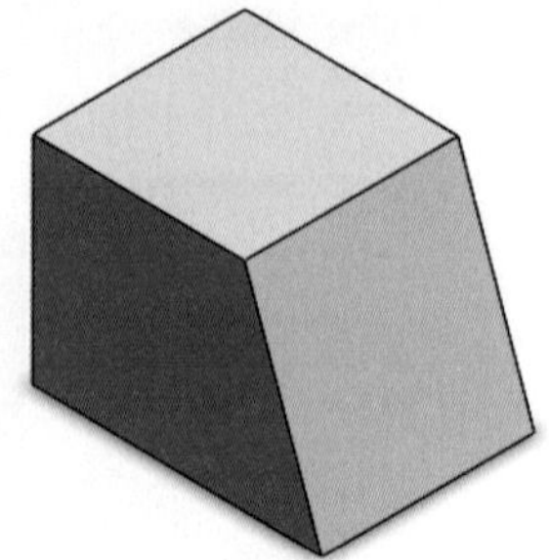

2) 구배주기 결과

쉘(Shell)

피처를 지정한 두께 값의 얇은 피처로 편집한다.

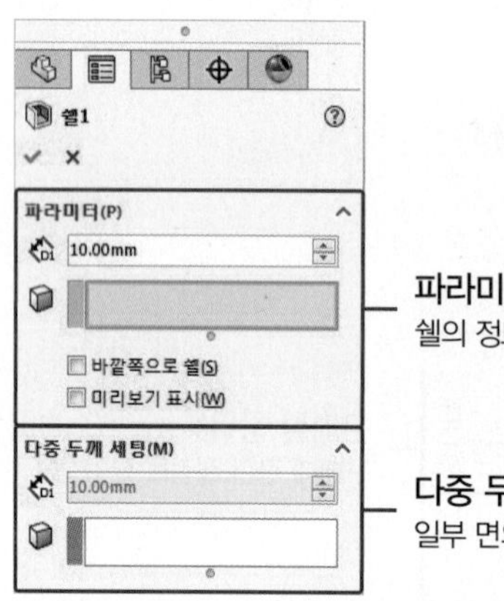

파라미터(Parameters)
쉘의 정보 값을 설정한다.

다중 두께 세팅(Multi – Thickness Settings)
일부 면의 두께를 다르게 적용한다.

- 쉘(Shell)의 적용

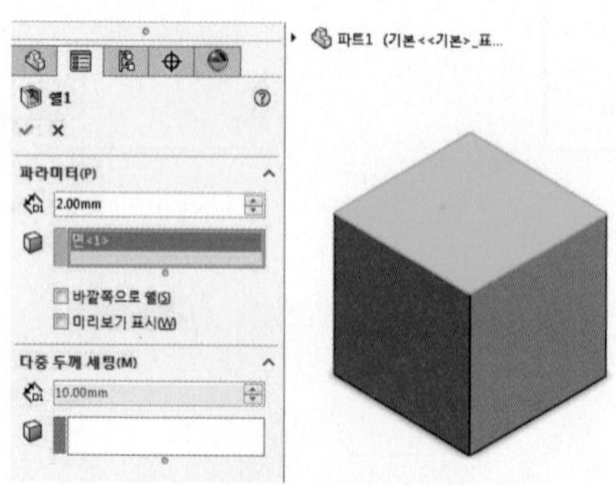

1) 쉘 설정과 적용

2) 쉘 결과

교차(Intersect)

두 개 이상인 피처(멀티 바디)의 교차부분에 관한 형상을 편집한다.

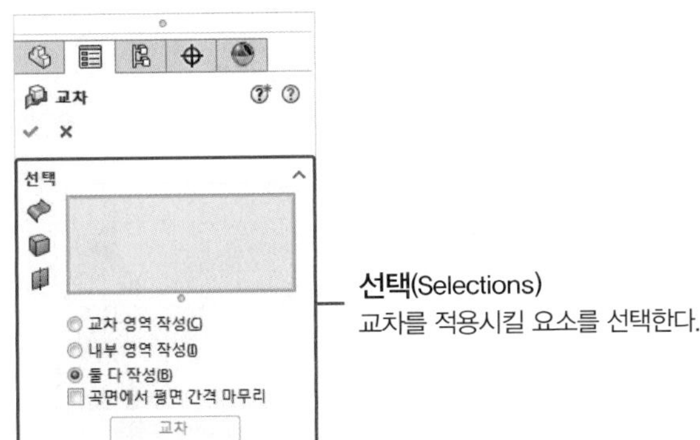

● 교차(Intersect)의 적용

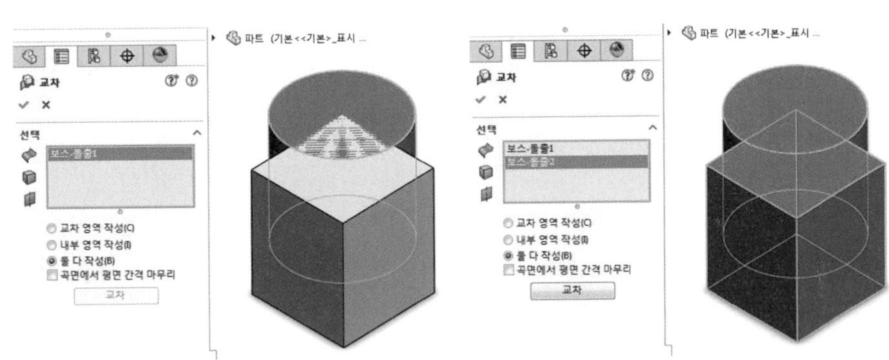

1) 바디를 선택한다.

2) 다른 바디를 선택한다.

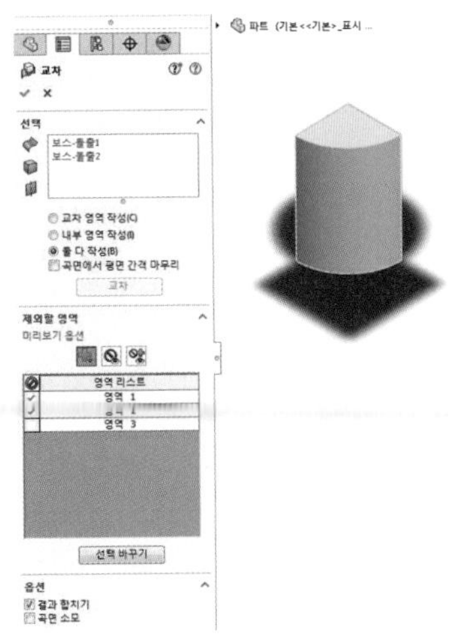

3) 교차 설정과 적용

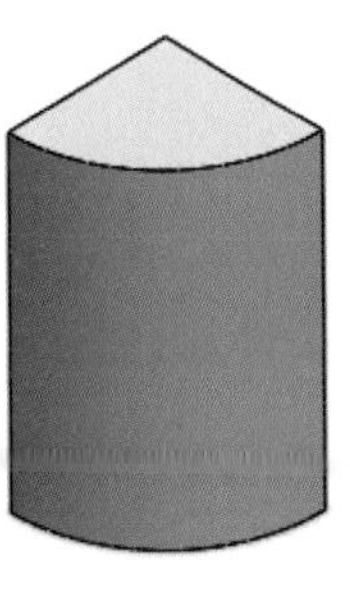

4) 교차 결과

Tip 멀티 바디의 개념

다음과 같이 한 모델링 파일에서 하나의 바디 피처가 아닌 두 개 이상의 바디 피처가 있는 것을 멀티 바디라고 한다.

원 바디

두 개 이상의 피처를 생성할 때 겹쳐있는 경우 바디 합치기(Merge Result)를 진행한 상태의 바디

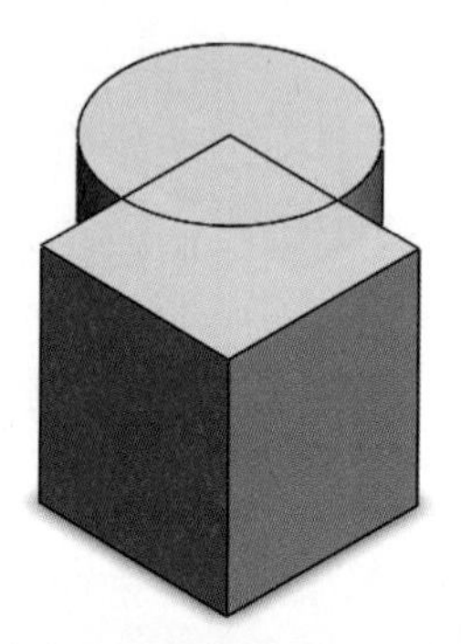

멀티 바디

두 개 이상의 피처를 생성할 때 겹쳐있는 경우 바디 합치기(Merge Result)를 진행하지 않거나 피처가 떨어져 생성된 바디

(3) 응용 피처(Features) 명령

기존에 작성한 모델링을 응용하여 원본 기준으로 원하는 조건에 맞추어 복사하여 배치하는 명령이다.

● 패턴(Pattern) 관련 명령

선형 패턴(Linear Pattern)

피처를 행과 열 방향으로 배열한다.

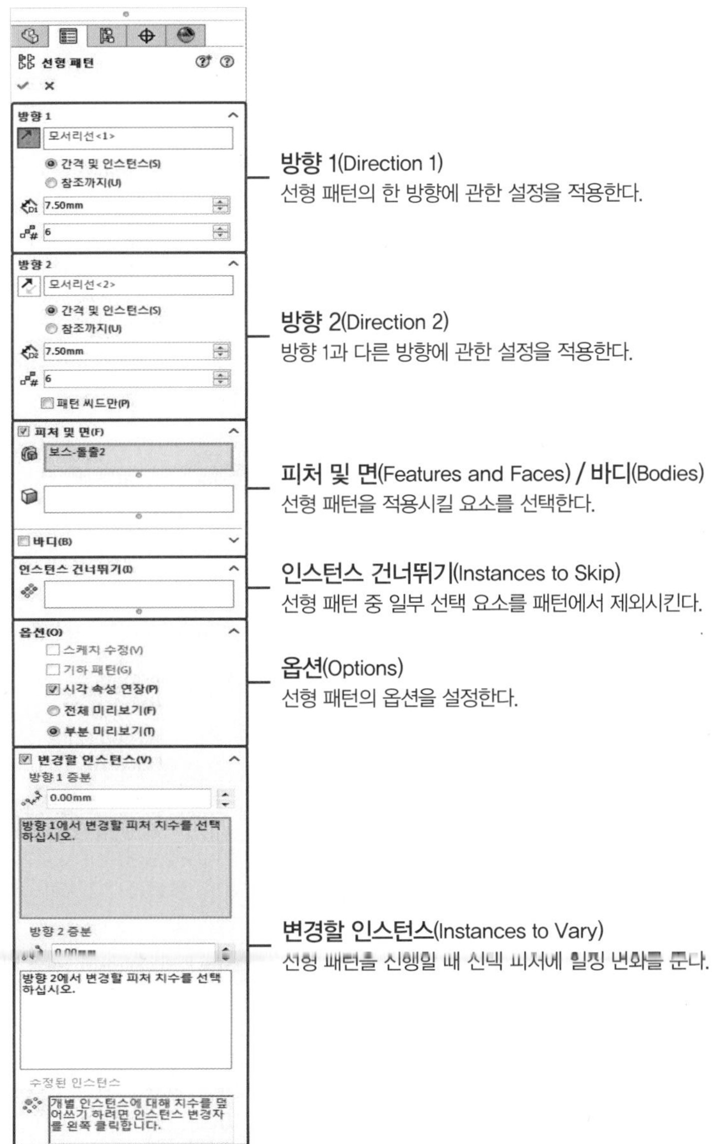

● 선형 패턴(Linear Pattern)의 적용

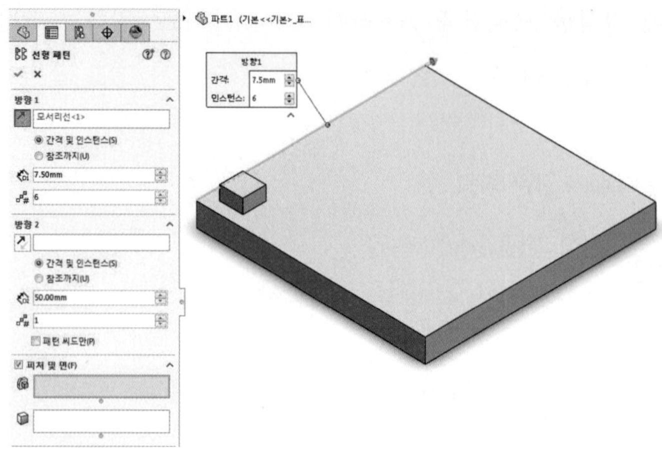

1) 방향 1을 설정한다.

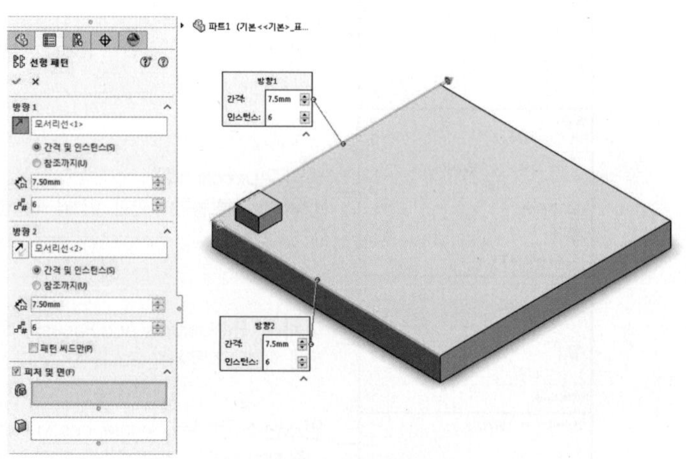

2) 방향 2를 설정한다.

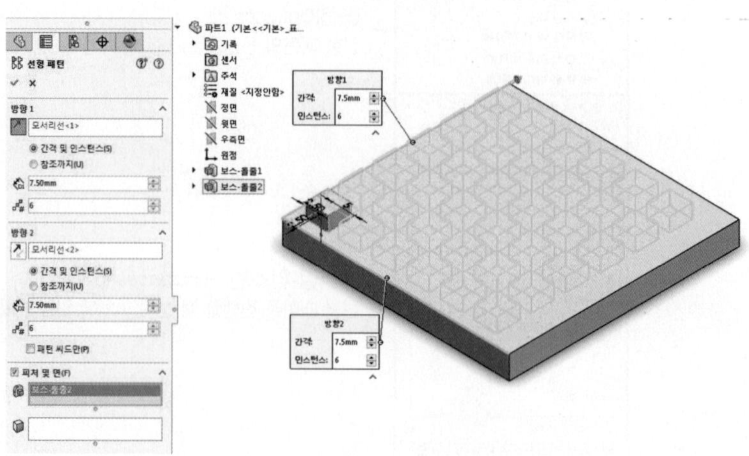

3) 패턴 피처를 선택한다.

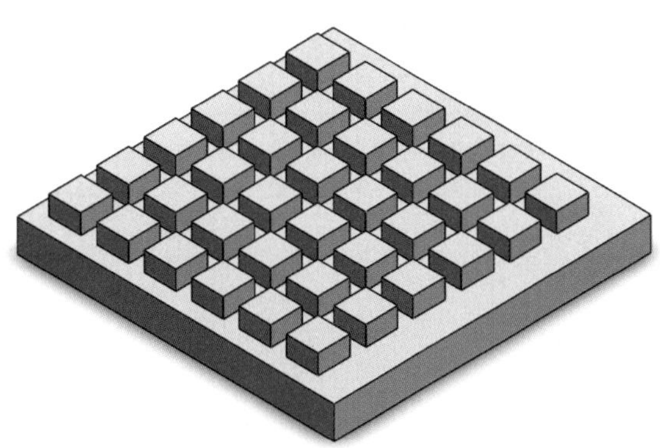

4) 선형 패턴 결과

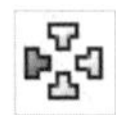

원형 패턴(Circular Pattern)

피처를 한 축을 기준으로 원형 배열한다.

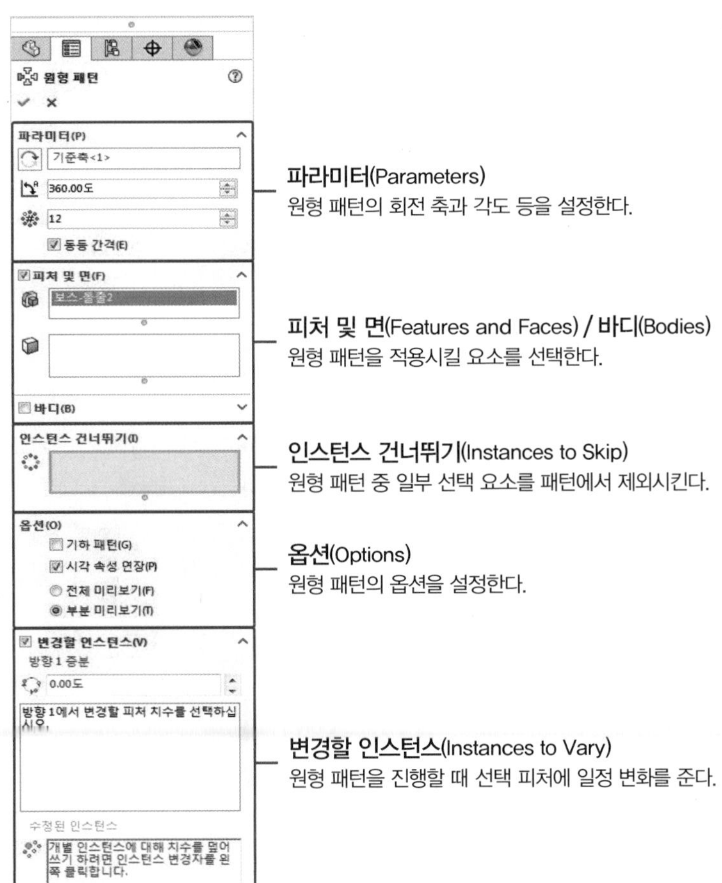

● 원형 패턴(Circular Pattern)의 적용

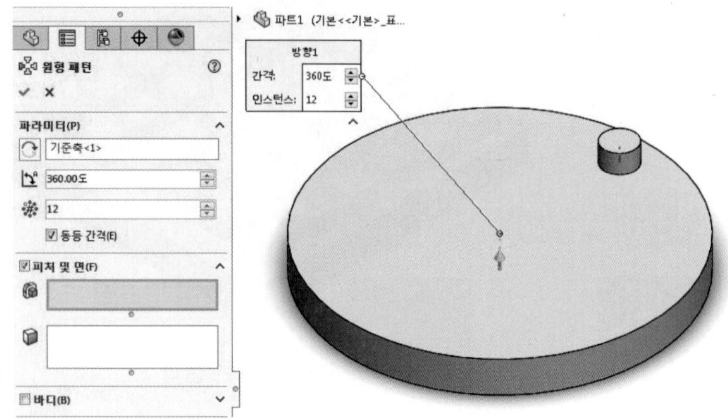

1) 회전 축을 선택하고 설정한다.
(숨기기 / 보이기의 임시축을 활성화)

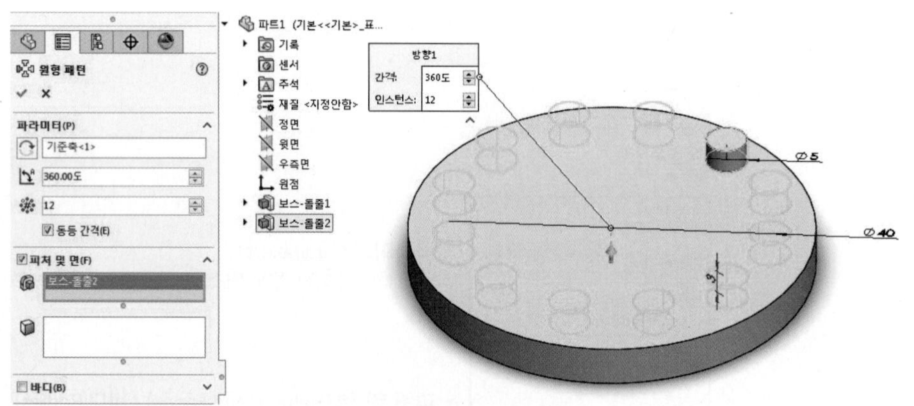

2) 패턴 피처를 선택한다.

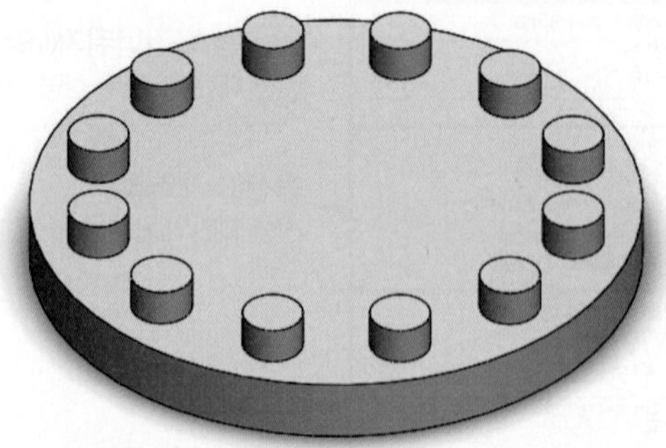

3) 원형 패턴 결과

대칭 복사(Mirror)

한 면을 기준으로 피처를 대칭 복사한다.

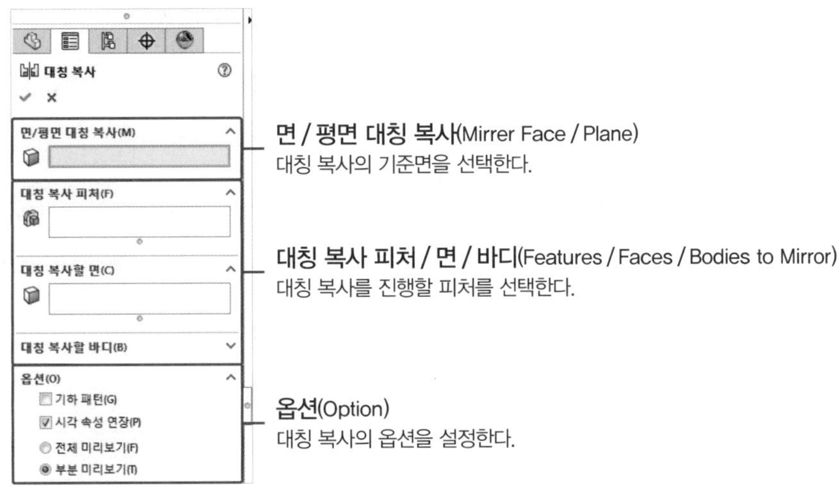

- 대칭 복사(Mirror)의 적용

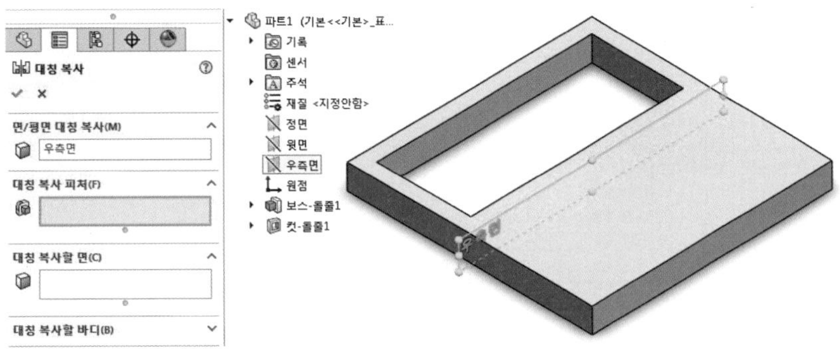

1) 대칭 복사의 기준면을 선택한다.

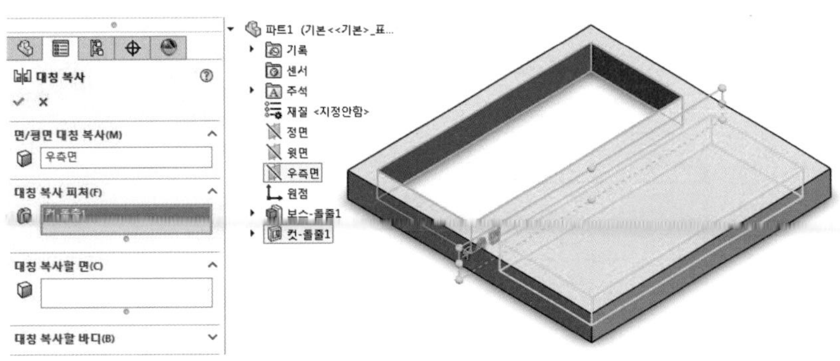

2) 대칭 복사 피처를 선택한다.

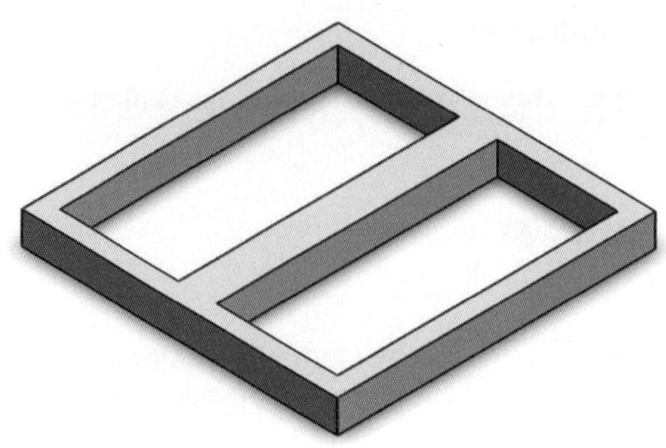

3) 대칭 복사 결과

곡선 이용 패턴(Curve Driven Pattern)

선택한 곡선 방향으로 피처를 배열한다.

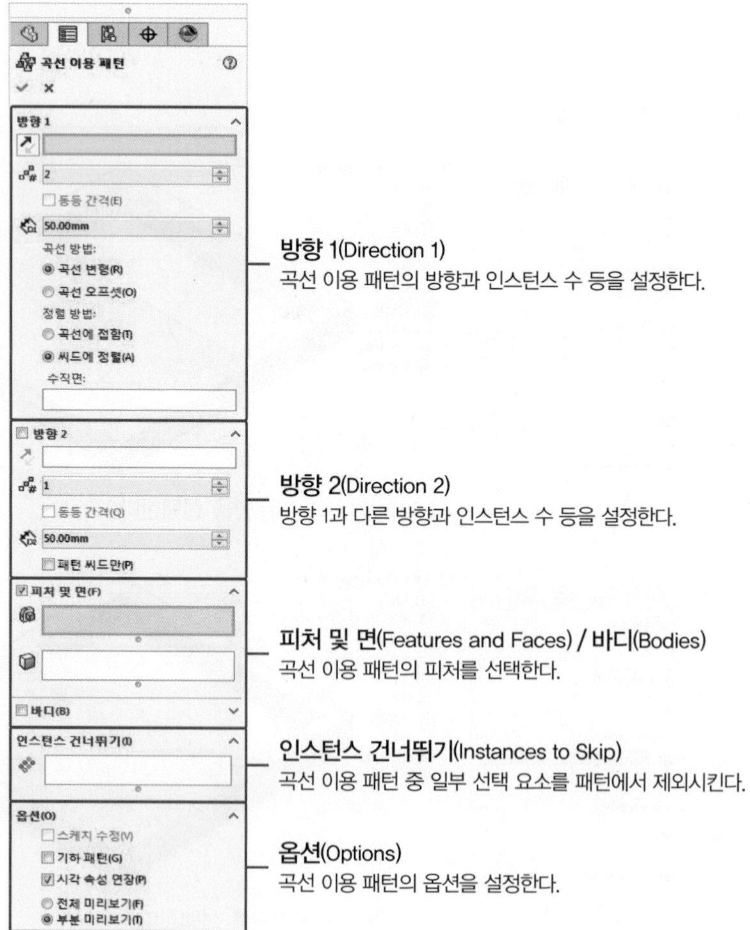

● 곡선 이용 패턴(Curve Driven Pattern)의 적용

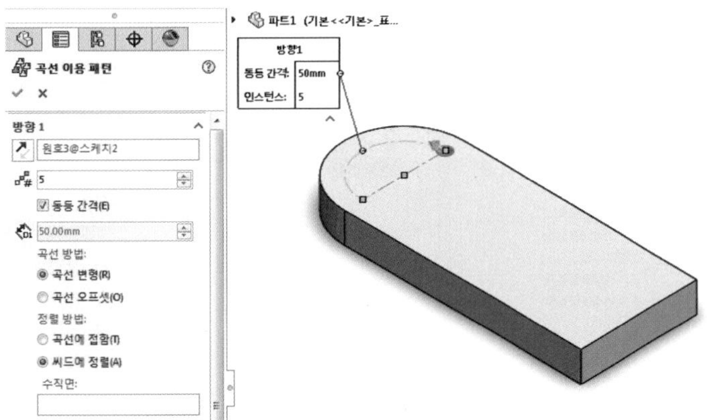

1) 곡선 이용 패턴의 방향을 선택한 후 설정한다.

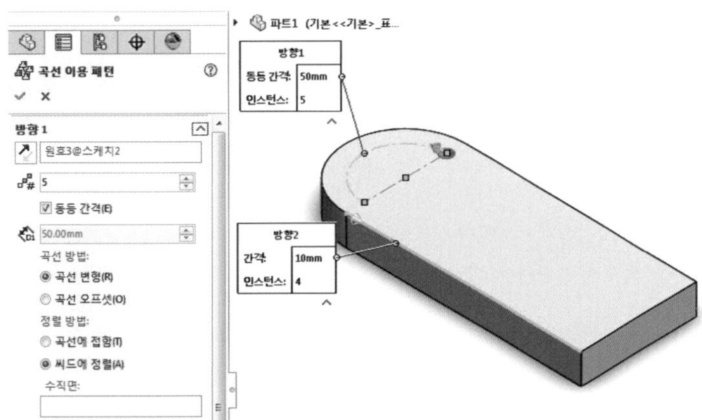

2) 곡선 이용 패턴의 다른 방향을 선택한 후 설정한다.

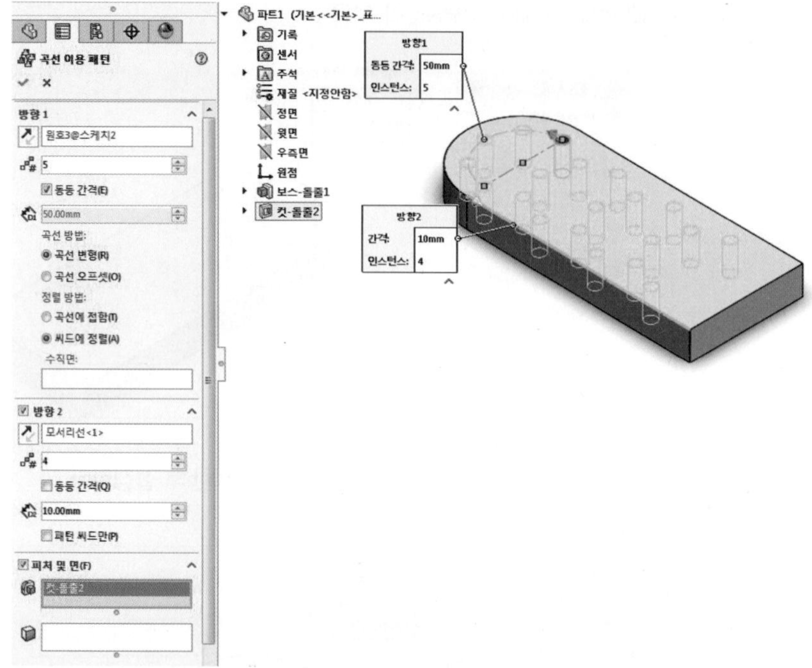

3) 곡선 이용 패턴 피처를 선택한다.

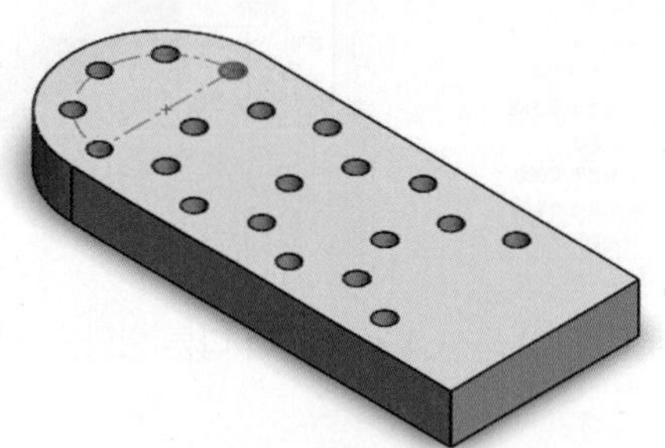

4) 곡선 이용 패턴 결과

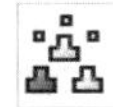

스케치 이용 패턴(Sketch Driven Pattern)

점 스케치를 이용하여 피처를 배열한다(스케치 상의 점을 위치로 인식한다).

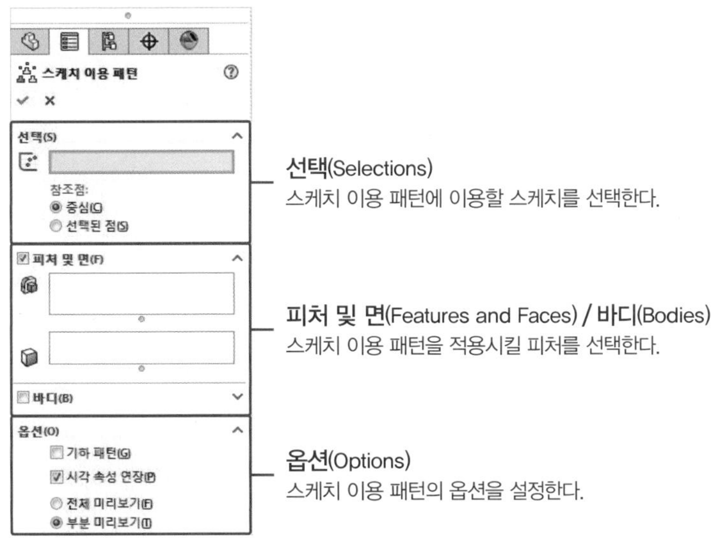

- 스케치 이용 패턴(Sketch Driven Pattern)의 적용

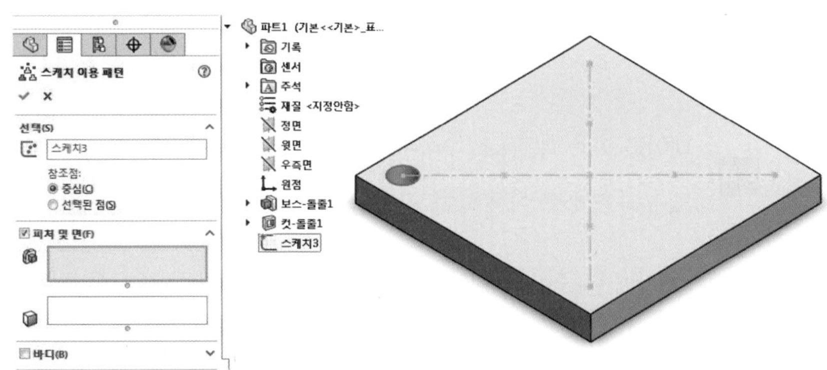

1) 스케치 이용 패턴에 사용할 스케치를 선택한다.

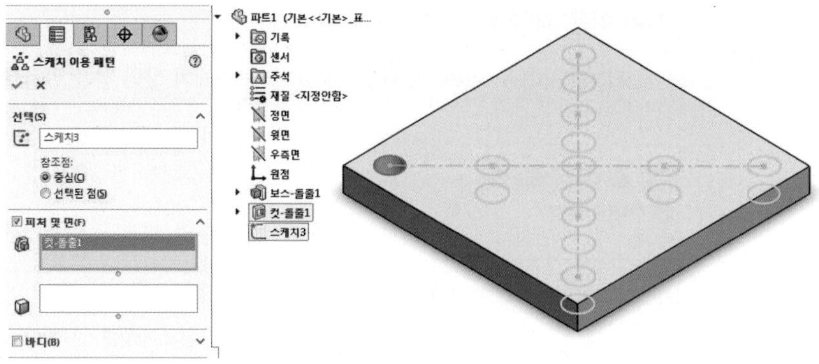

2) 스케치 이용 패턴을 적용할 피처를 선택한다.

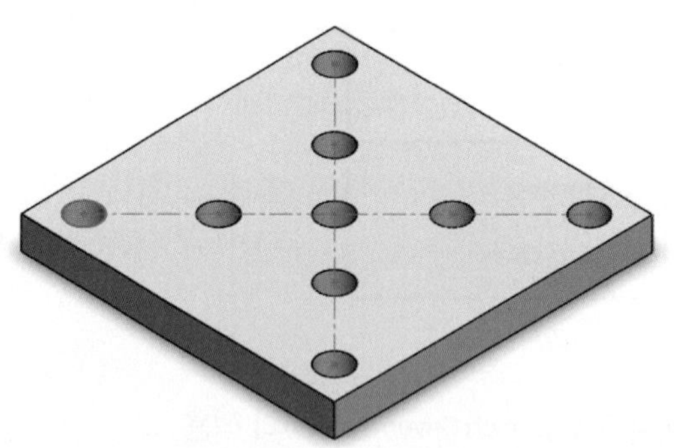

3) 스케치 이용 패턴 결과

테이블 이용 패턴(Table Driven Pattern)

X, Y좌표계를 이용하여 피처를 배열한다.

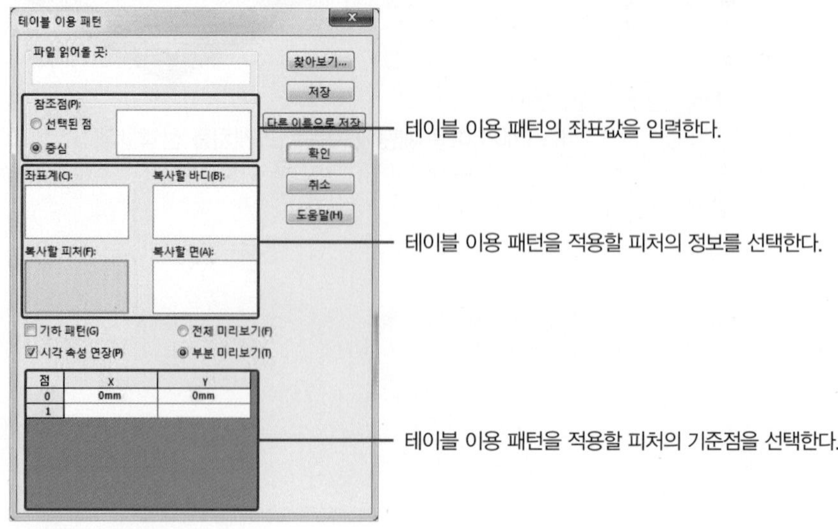

● 테이블 이용 패턴(Table Driven Pattern)의 적용

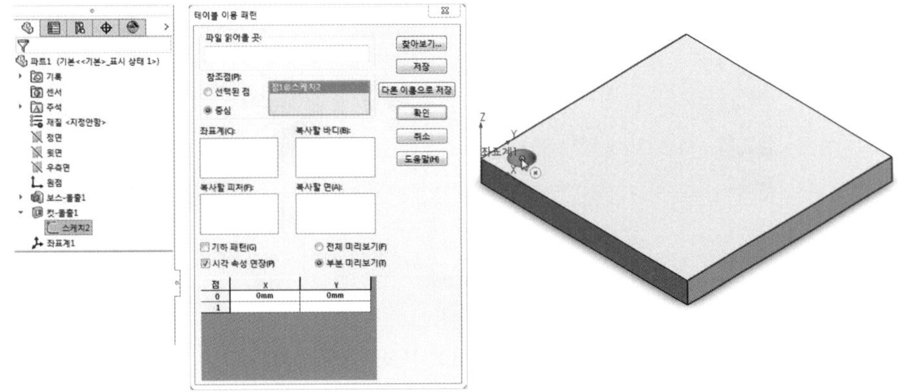

1) 참조점을 선택한다.

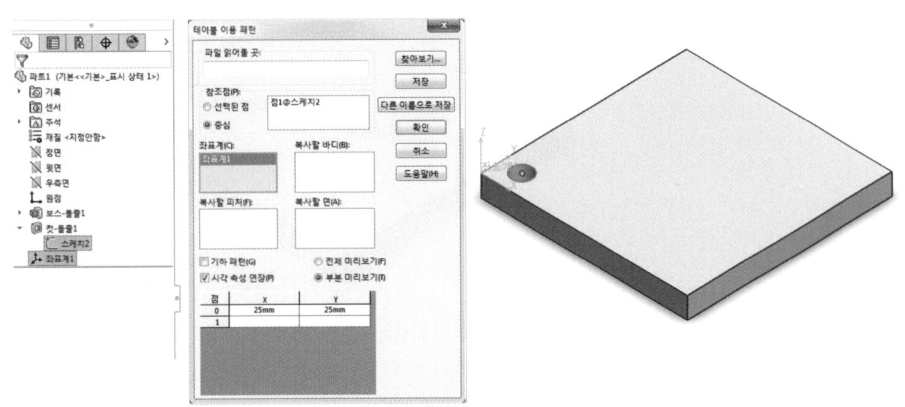

2) 죄표계를 선택한다.

※ 좌표계 생성 명령은 (4) 참조 형상(Reference Geometry) 관련 명령 참조

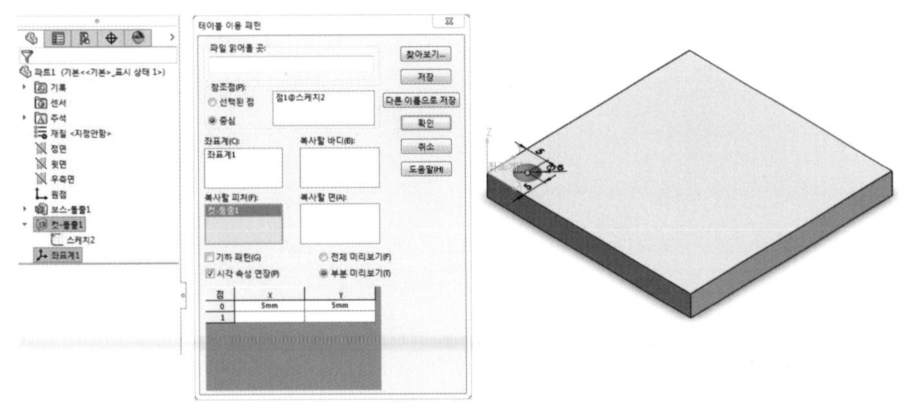

3) 복사할 피처를 선택한다.

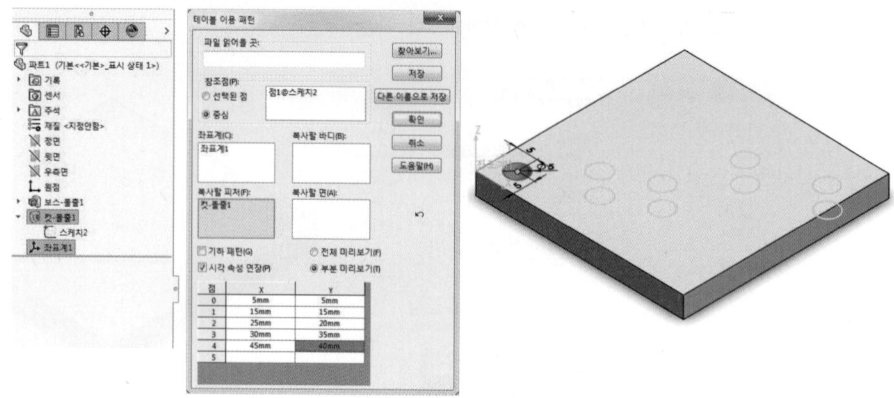

4) X, Y좌표값을 설정한다.

5) 테이블 이용 패턴 결과

채우기 패턴(Fill Pattern)

선택한 면에 레이아웃을 적용하여 피처를 배열한다.

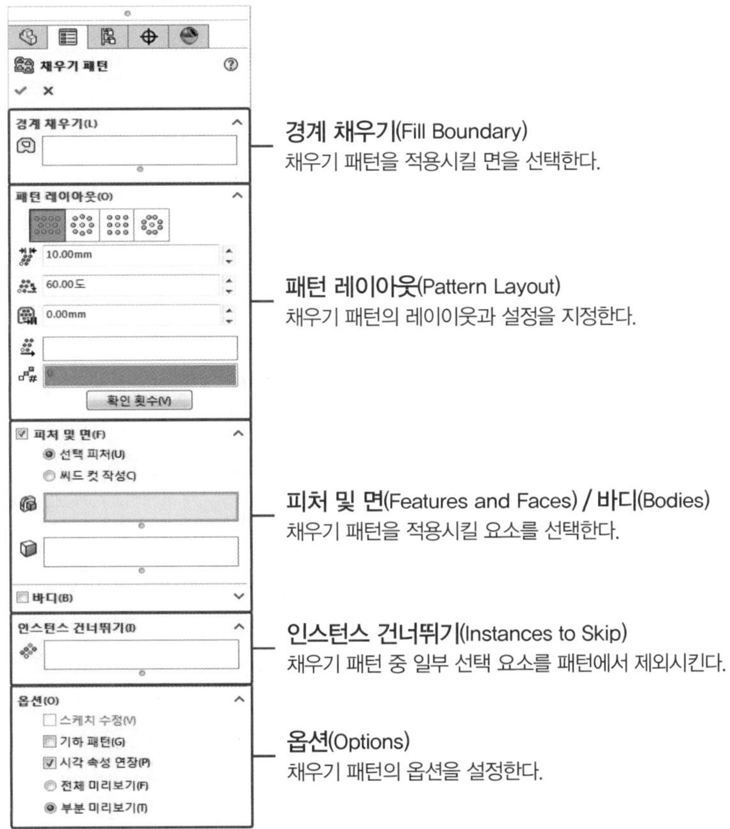

- 채우기 패턴(Fill Pattern)의 적용

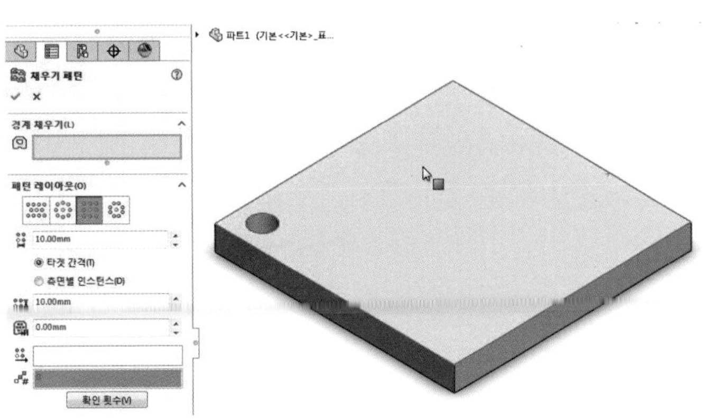

1) 경계 면을 선택한다.

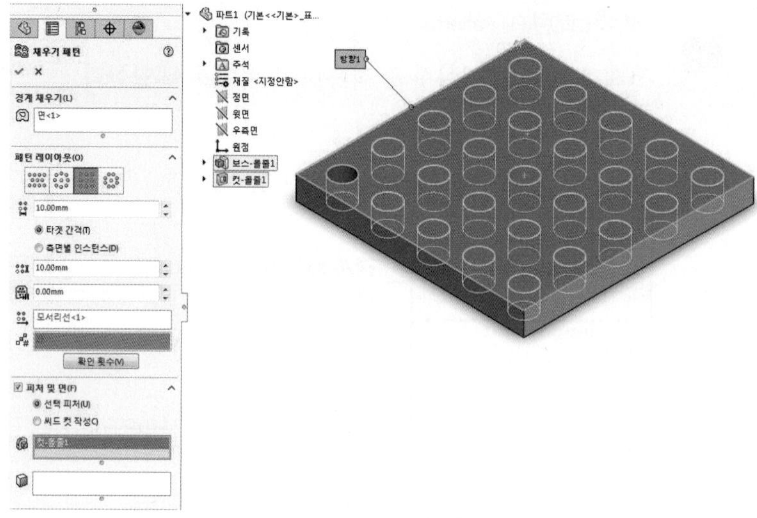

2) 피처를 선택하고 설정을 진행한다.
(패턴 레이아웃 – 사각형)

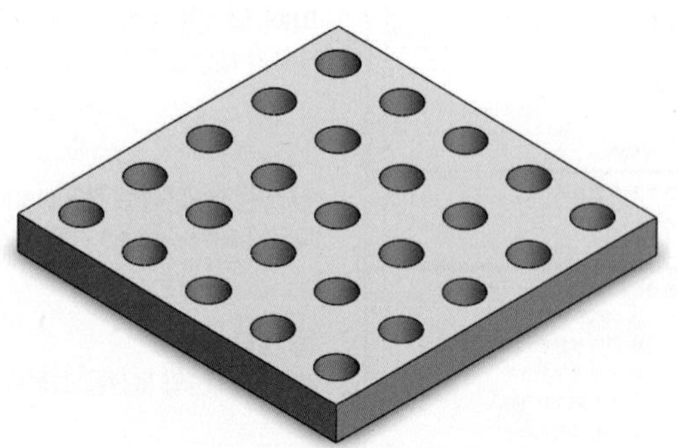

3) 채우기 패턴 결과

가변 패턴(Vareable Pattern)

패턴 적용 시 선택 피처에 대한 정보를 변경하여 배열한다.

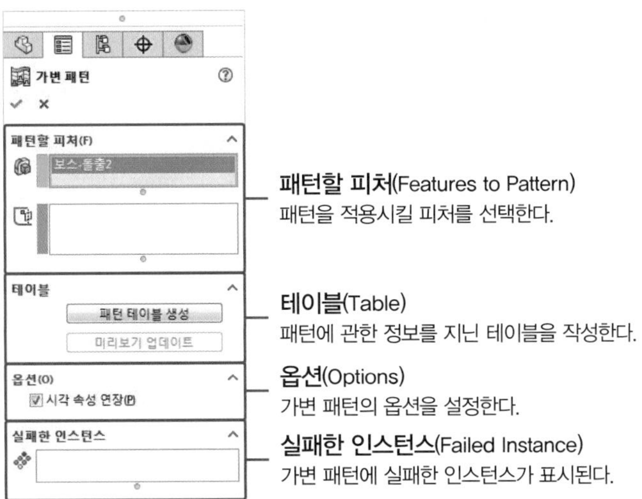

● 가변 패턴(Vareable Pattern)의 적용

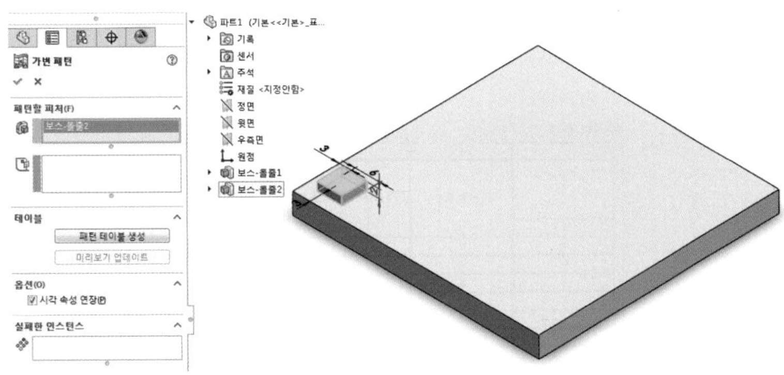

1) 피처를 선택한다.

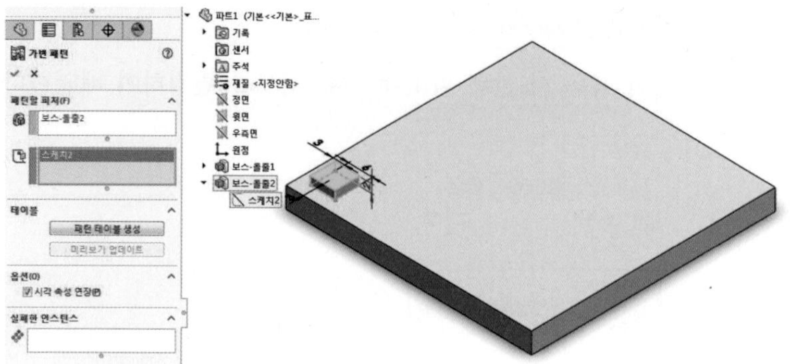

2) 피처에 관한 스케치를 선택한다.

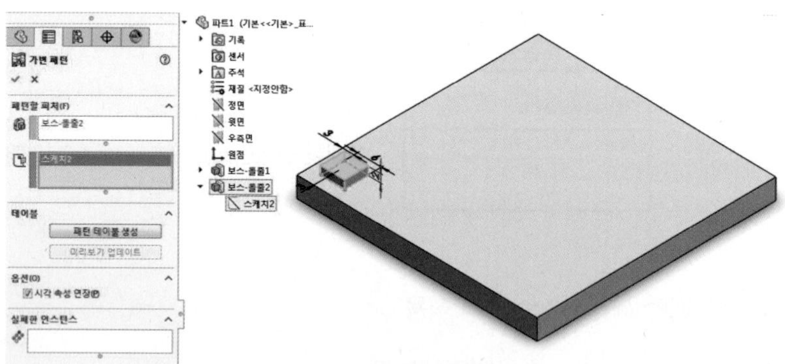

3) 패턴 테이블 생성을 클릭한다.

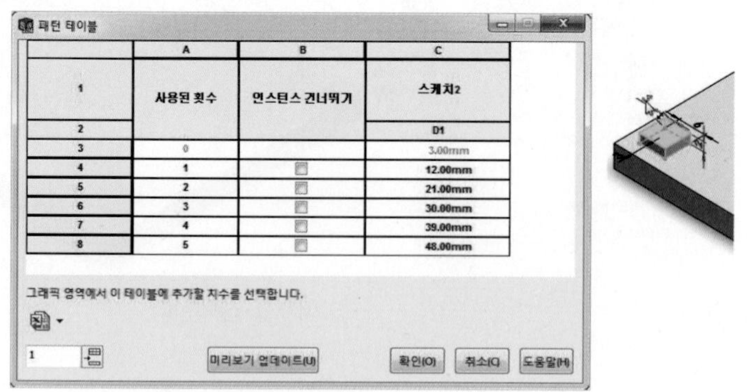

	A	B	C
1	사용된 횟수	인스턴스 건너뛰기	스케치2
2			D1
3	0		3.00mm
4	1	☐	12.00mm
5	2	☐	21.00mm
6	3	☐	30.00mm
7	4	☐	39.00mm
8	5	☐	48.00mm

4) 변화시킬 치수를 클릭하고 테이블을 작성한다.

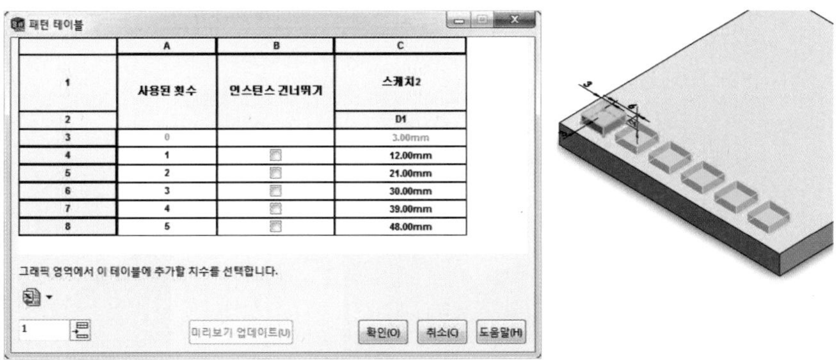

	A	B	C
1	사용된 횟수	인스턴스 건너뛰기	스케치2
2			D1
3	0		3.00mm
4	1	☐	12.00mm
5	2	☐	21.00mm
6	3	☐	30.00mm
7	4	☐	39.00mm
8	5	☐	48.00mm

5) 미리보기 업데이트를 클릭하고 확인을 클릭한다.

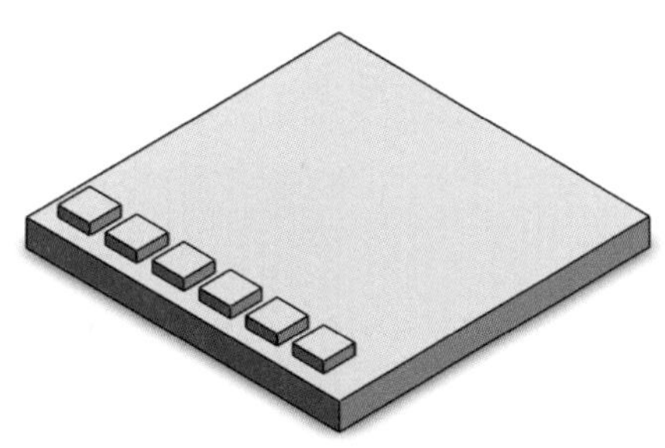

6) 가변 패턴 결과

(4) 참조 형상(Reference Geometry) 관련 명령

기준면(Plane)

지정한 조건에 만족하는 평면을 생성한다.

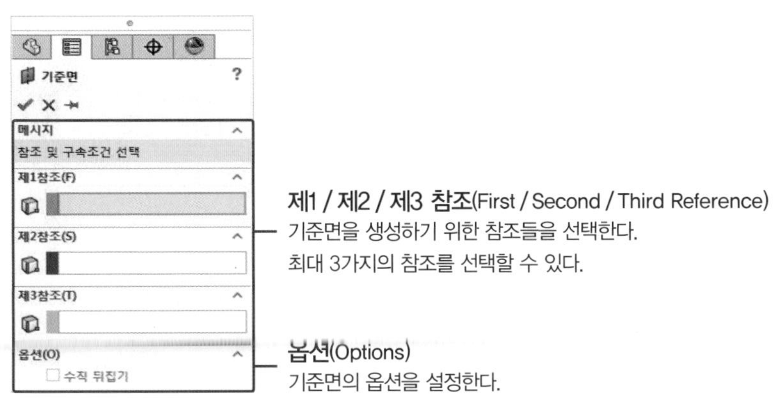

- 기준면(Plane)의 적용예시

– 오프셋 평면

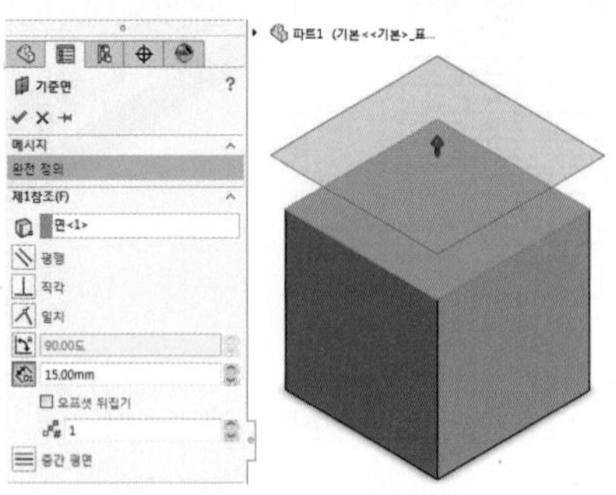

1) 기준면 설정과 적용 2) 기준면 결과

선택 조건 : 제 1참조 면 + 거리 값

– 중간 평면

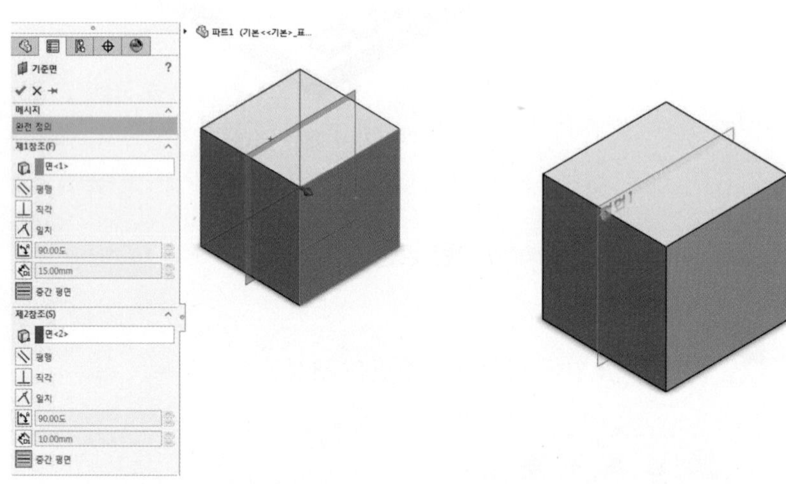

1) 기준면 설정과 적용 2) 기준면 결과

선택 조건 : 제 1참조 면 + 제 2참조 면(두 참조 면은 평행해야 한다)

– 직각 평면

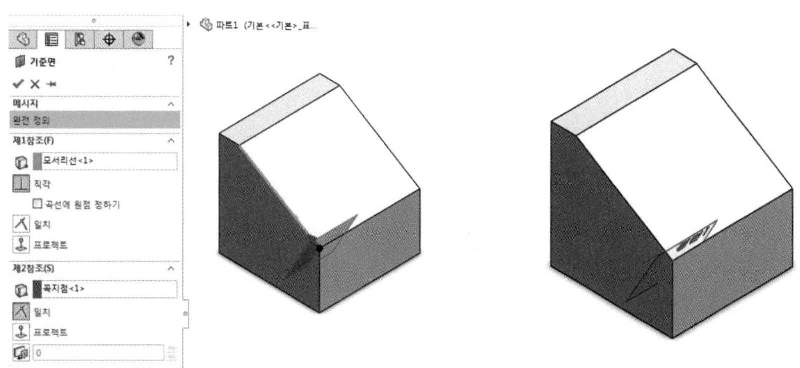

1) 기준면 설정과 적용 2) 기준면 결과

선택 조건 : 제 1참조 모서리 + 제 2참조 점(선에 점이 일치해야 한다)

– 각도 평면

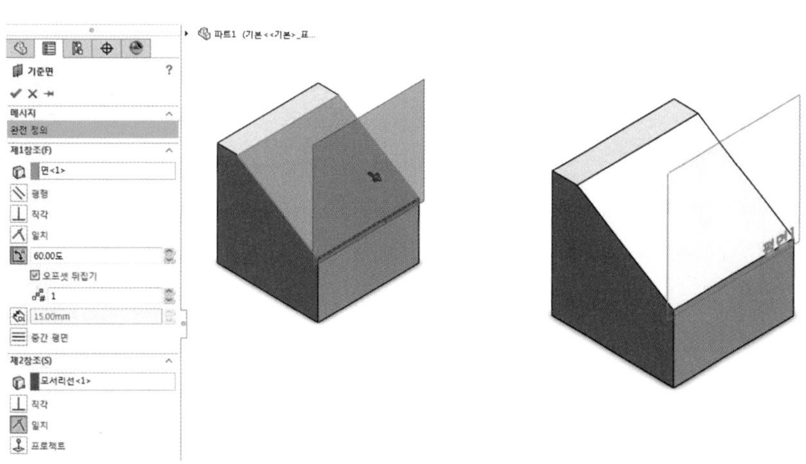

1) 기준면 설정과 적용 2) 기준면 결과

선택 조건 : 제 1참조 면 + 제 2참조 모서리(면에 모서리가 일치해야 한다)

– 탄젠트 평면

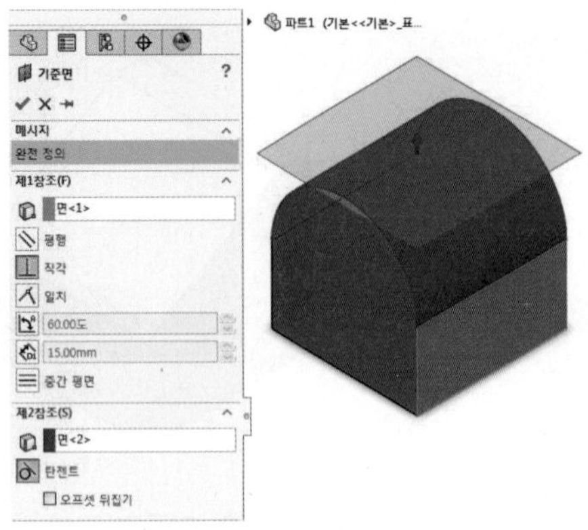

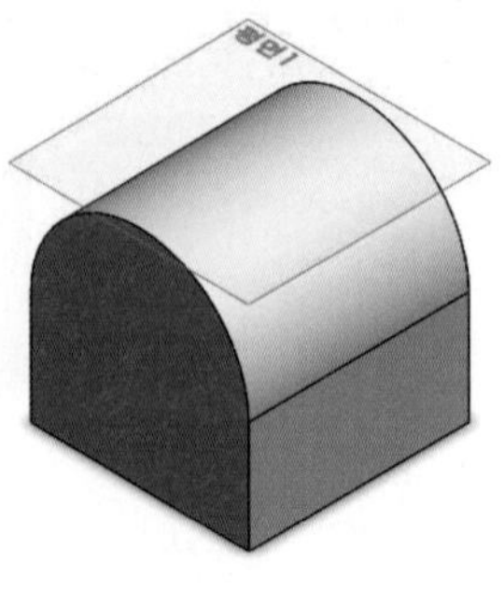

1) 기준면 설정과 적용 2) 기준면 결과

선택 조건 : 제 1참조 면 + 제 2참조 곡면

– 세 점을 지나는 평면

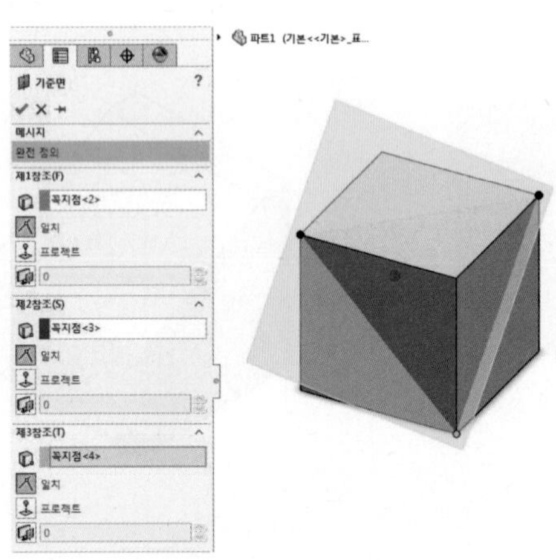

1) 기준면 설정과 적용 2) 기준면 결과

선택조건 : 제 1참조 점 + 제 2참조 점 + 제 3참조 점

기준축(Axis)

지정한 조건에 만족하는 기준축을 생성한다.

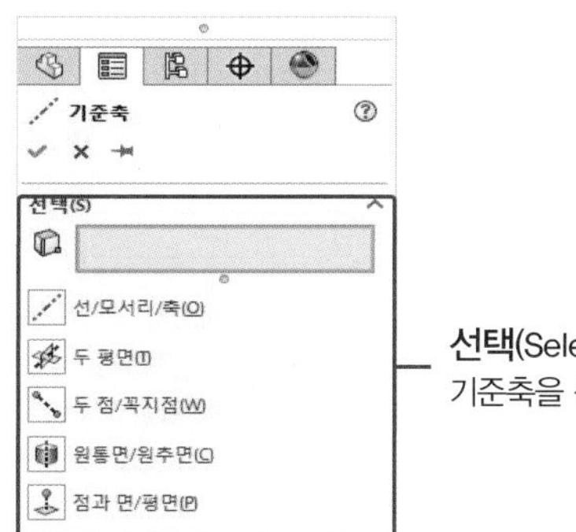

선택(Selections)
기준축을 생성하기 위한 참조를 선택한다.

- 기준축(Axis)의 적용

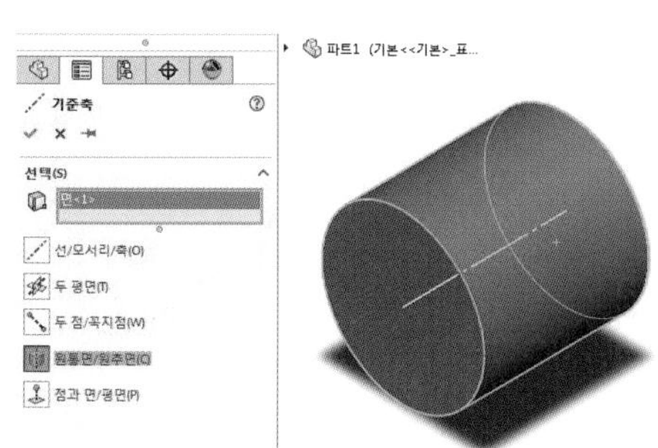

1) 기준축 설정과 적용

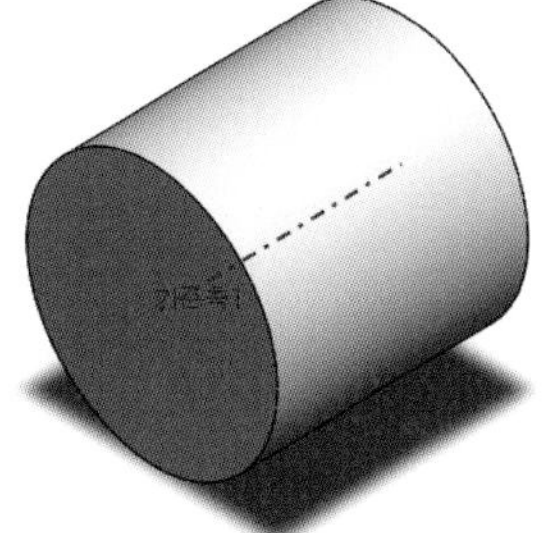

2) 기준축 결과

좌표계(Coordinate System)

좌표계를 생성한다.

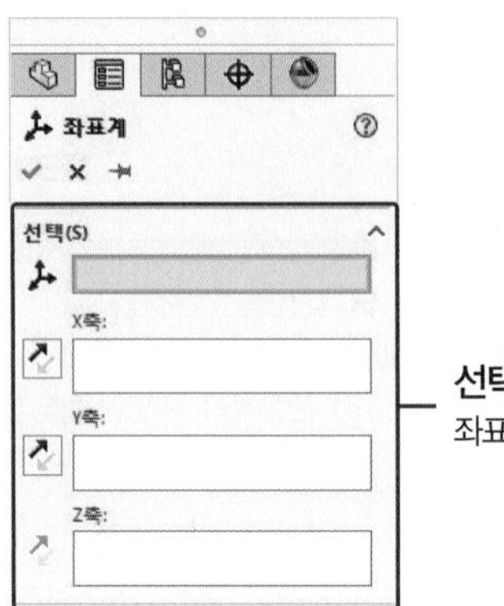

선택(Selections)
좌표계를 생성할 때 필요한 정보를 지정한다.

● 좌표계(Coordinate System)의 적용

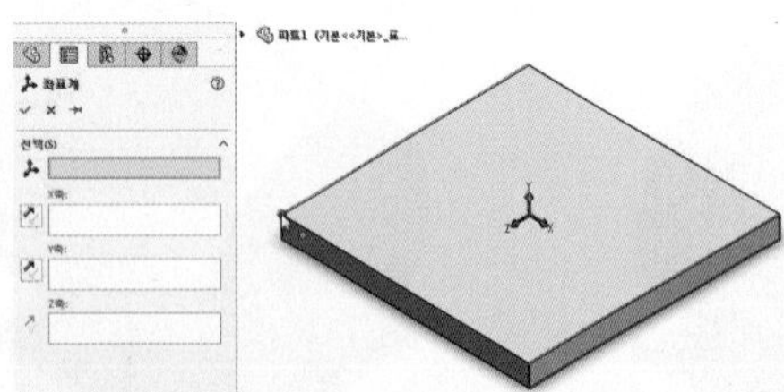

1) 한 점을 선택한다.

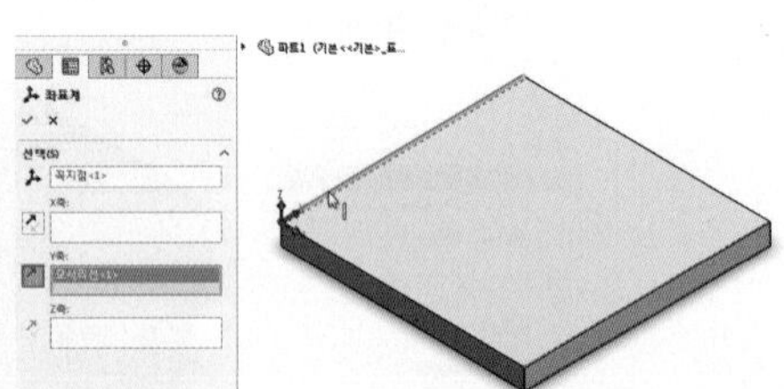

2) X, Y, Z의 방향을 설정한다.

3) 좌표계 결과

점(Point)

점을 생성한다.

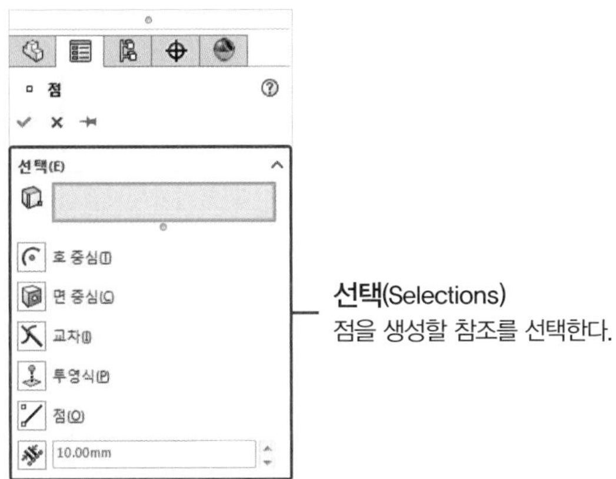

● 점(Point)의 적용

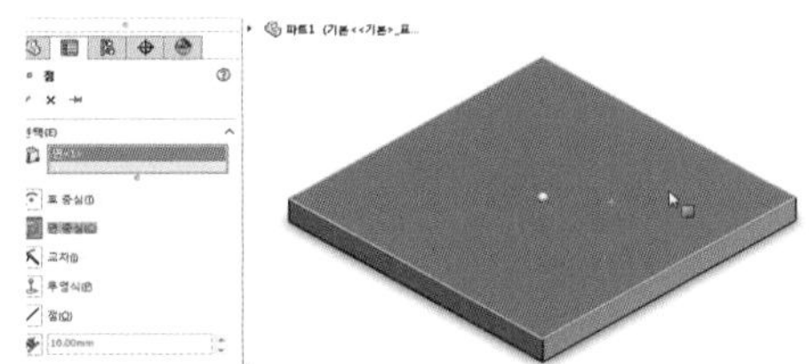

1) 점 설정과 적용

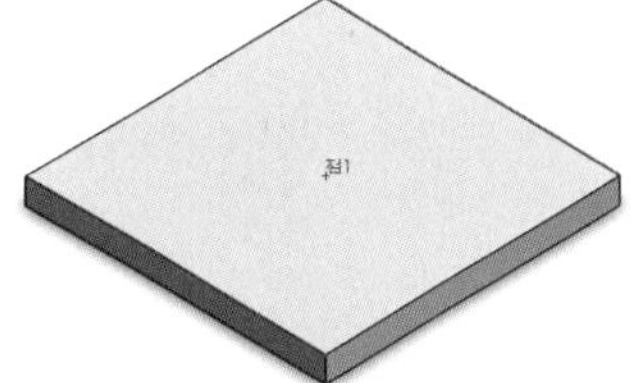

2) 점 결과

● 곡선(Curves) 관련 명령

분할선(Split Line)

교차하는 두 개의 요소를 선택하여 분할선을 생성한다.

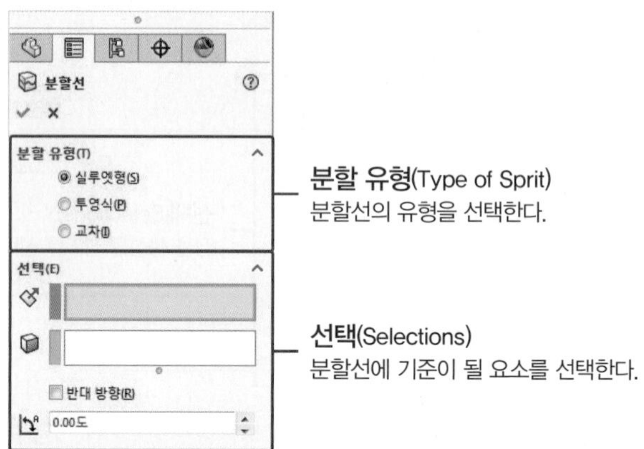

● 분할선(Split Line)의 적용

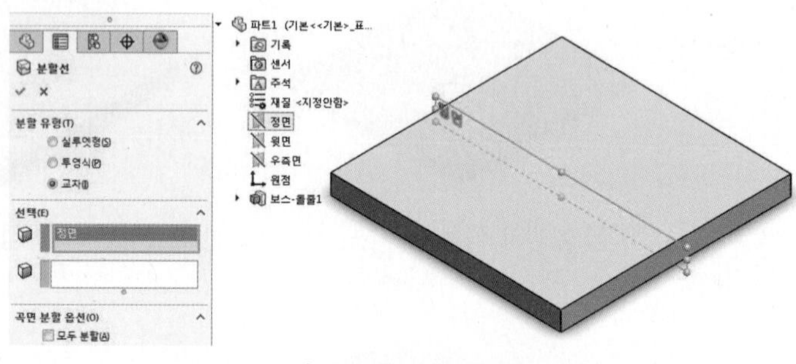

1) 정면을 선택한다.

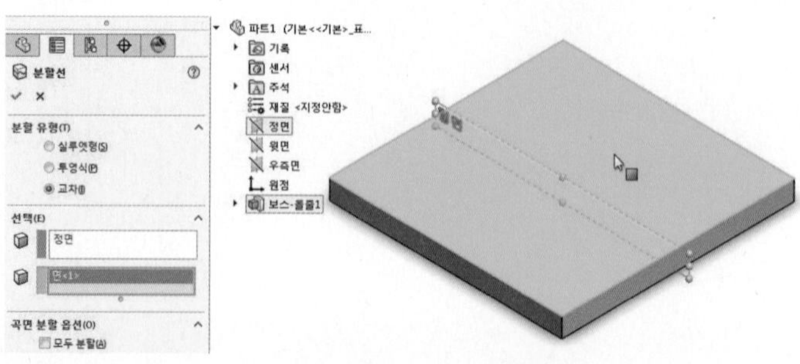

2) 교차하는 요소를 선택한다.

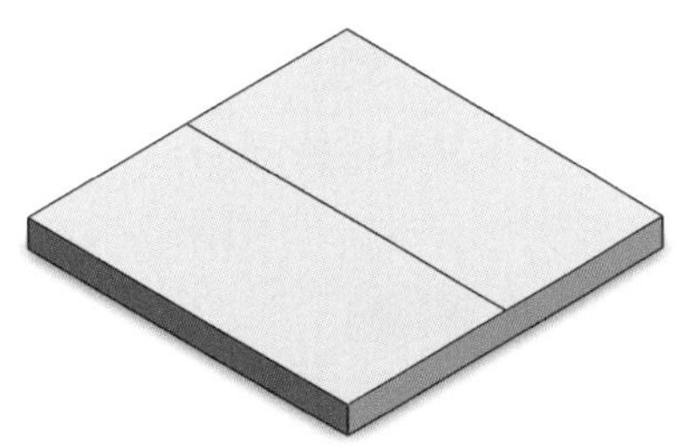

3) 분할선 결과
(분할 유형 – 교차)

투영 곡선(Project Curve)

곡선을 면이나 스케치에 투영한다.

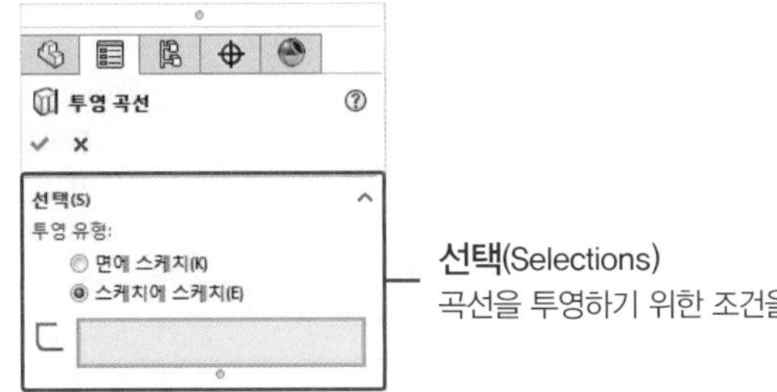

선택(Selections)
곡선을 투영하기 위한 조건을 설정한다.

● 투영 곡선(Project Curve)의 적용

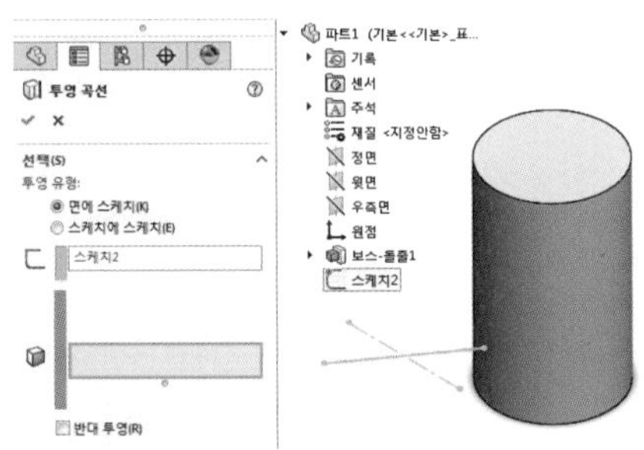

1) 스케치를 선택한다.

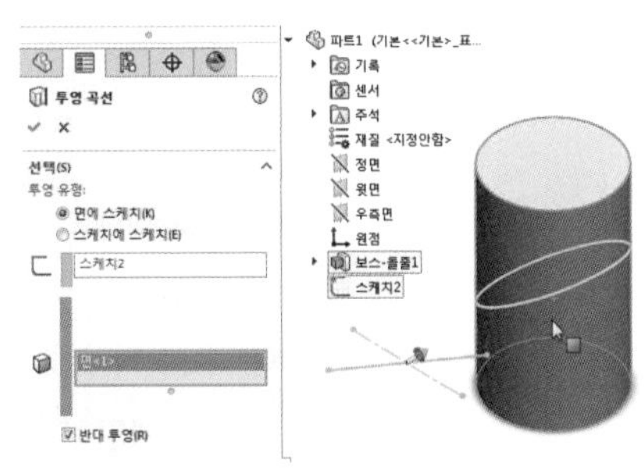

2) 투영할 면을 선택한다.

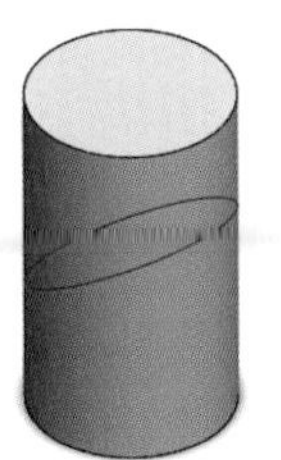

3) 투영 곡선 결과
(투영 유형 – 면에 스케치)

복합 곡선(Composite Curve)

선택한 곡선이나 모서리를 하나의 객체로 묶어 곡선으로 생성한다.

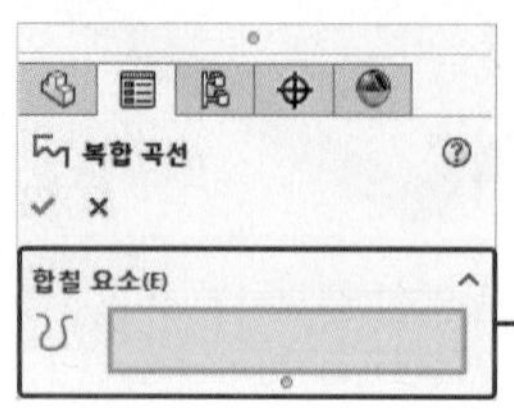

합칠 요소(Entities to Join)
복합 곡선을 생성할 요소들을 선택한다.

● 복합 곡선(Composite Curve)의 적용

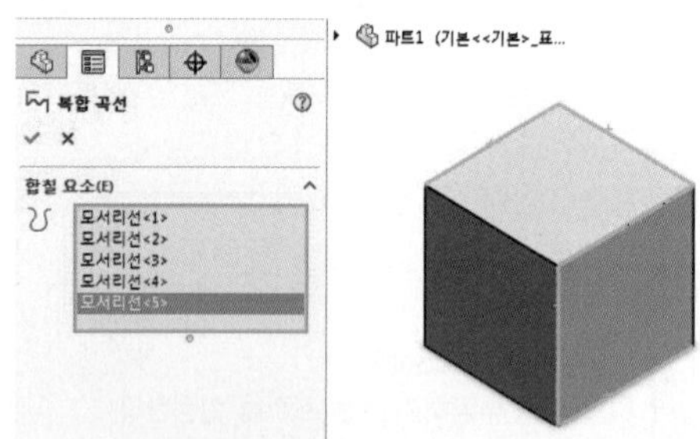

1) 곡선 요소들을 선택한다.

2) 복합 곡선 결과 1

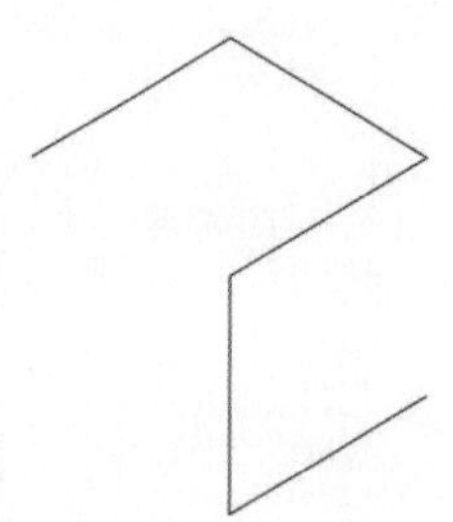

3) 복합 곡선 적용 결과 2
(피처 숨기기 상태)

XYZ 좌표 지정 곡선(Curve Through XYZ Points)

테이블에 X, Y, Z의 절대 좌표값을 입력하여 곡선을 생성한다.

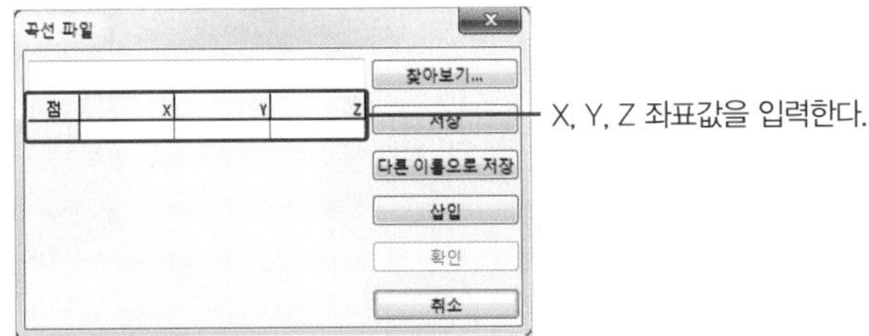

● XYZ 좌표 지정 곡선(Curve Through XYZ Points)의 적용

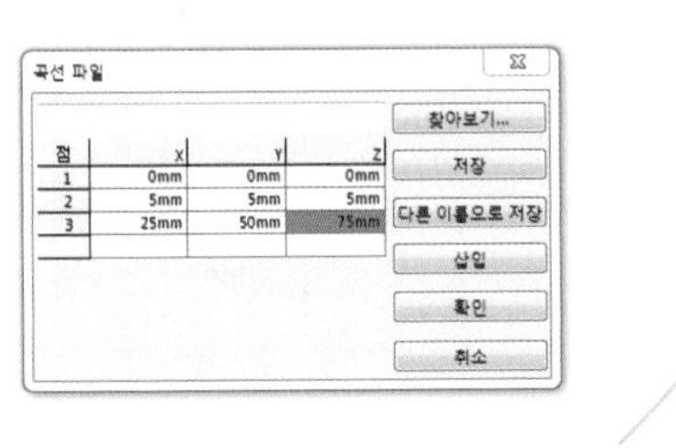

점	X	Y	Z
1	0mm	0mm	0mm
2	5mm	5mm	5mm
3	25mm	50mm	75mm

1) X, Y, Z 좌표값을 입력한다.

2) XYZ 좌표 지정 곡선 결과

참조점을 지나는 곡선(Curve Through Reference Points)

지정한 점을 경유하는 곡선을 생성한다.

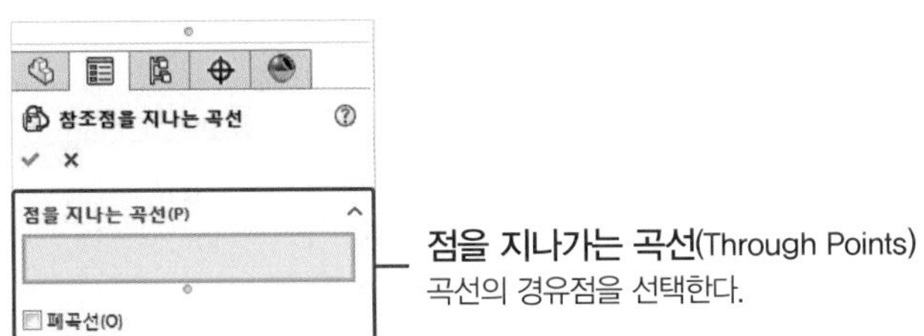

● 참조점을 지나는 곡선(Curve Through Reference Points)의 적용

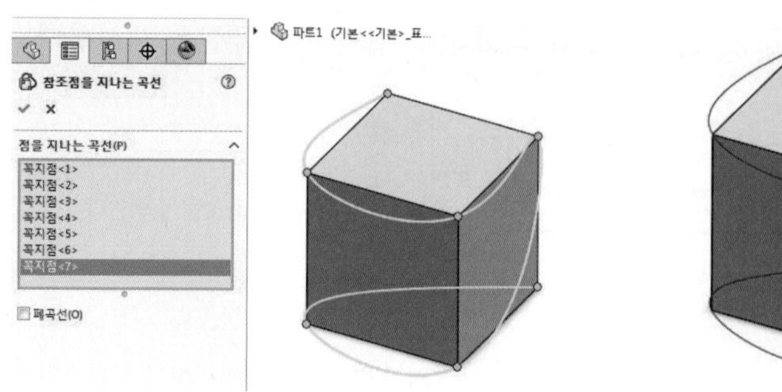

1) 곡선의 경유점을 지정한다.

2) 참조점을 지나는 곡선 결과

나선형 곡선(Helix and Spiral)

나선형 곡선을 생성한다.

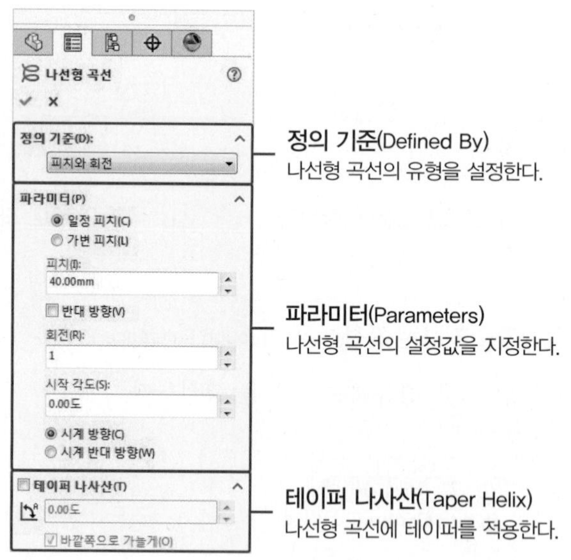

● 나선형 곡선(Helix and Spiral)의 적용

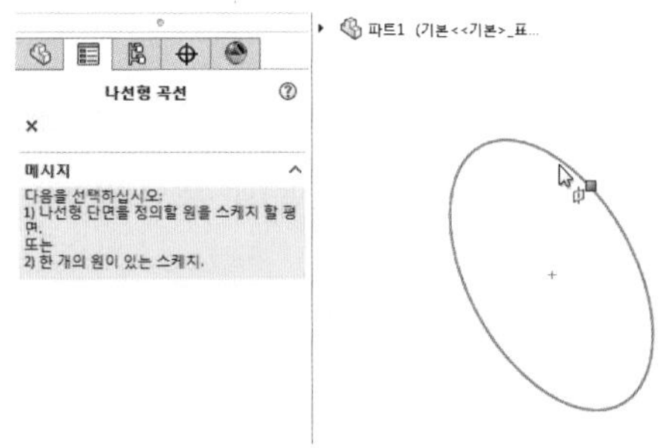

1) 원 스케치를 선택한다.

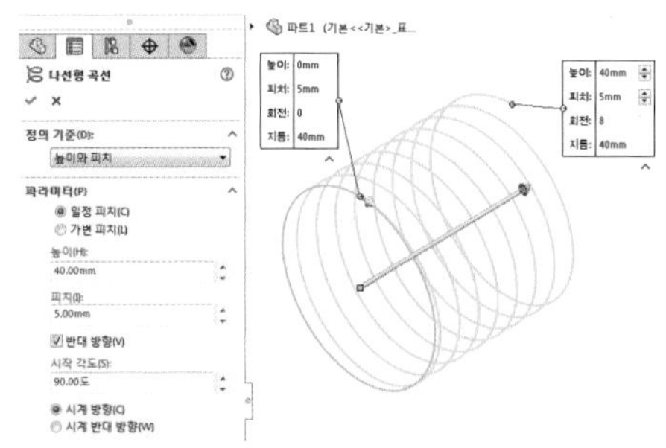

2) 파라미터를 설정한다.

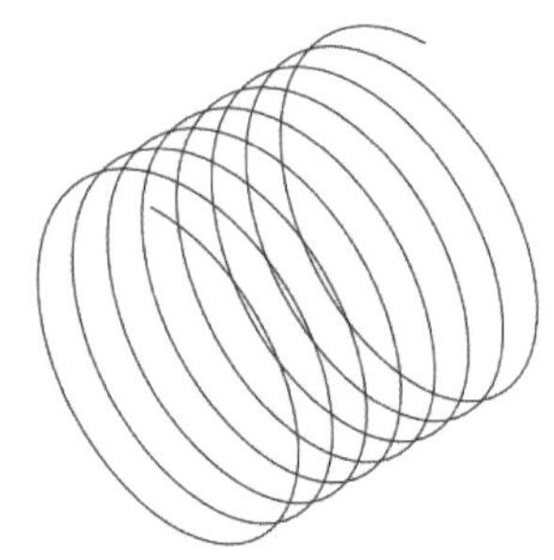

3) 나선형 곡선 결과
(정의 기준 – 높이와 피치)

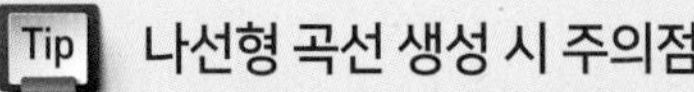

나선형 곡선 생성 시 주의점

나선형 곡선 생성 시의 선택 스케치는 반드시 하나의 원만 있어야 한다.

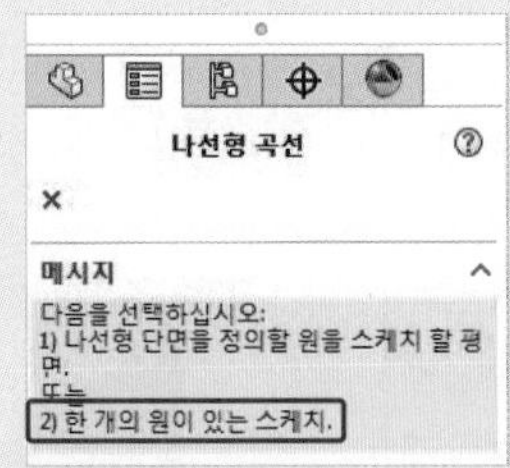

(5) 파트(Part) 모델링 생성 시 오류

다음과 같이 두 개 이상의 피처(Features)가 접촉하여 생성 될 때 피처(Features)의 접촉 방식이 모서리나 점으로 접촉할 경우 바디 합치기(Merge Result)를 진행 할 수 없다. 바디 합치기를 하지 않으면 멀티 바디로 생성되기 때문에 이후 다른 명령을 진행 시 문제가 될 수 있다.

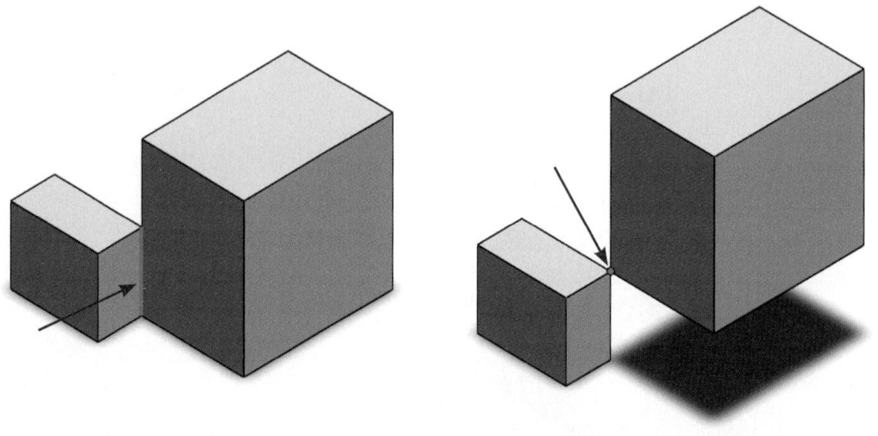

생성 피처끼리 선 접촉할 때 　　　　 생성 피처끼리 점 접촉할 때

Tip 바디 합치기(Merge Result)

최초 생성 피처(Features)를 작성한 이후 피처 명령을 진행하면 다음과 같이 바디 합치기(Merge Result)가 나타난다. 이는 기존에 있던 피처와 생성되는 피처를 하나로 합치는 기능으로 다른 기능을 이용한 작업을 하지 않는 이상 하나의 파트(Part) 모델링에서는 바디가 하나인 것이 좋다.

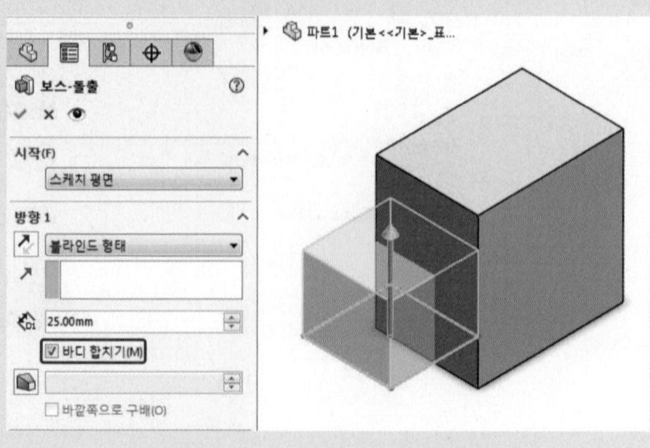

3 파트(Part) 모델링 수정

파트(Part) 모델링을 수정하는 이유는 여러 가지가 있지만 보통의 경우 설계변경이 가장 큰 이유를 차지한다. 모델링을 수정할 때는 상황에 따라 스케치(Sketch)를 편집하거나 피처(Features)를 편집한다.

(1) 스케치의 편집(Edit Sketch)

파트(Part) 모델링의 단면 형상이나 치수가 수정될 때 스케치(Sketch)를 편집한다.

● 스케치 편집(Edit Sketch) 방법

방법 1 피처 매니저 디자인 트리(Features Manager Design Tree)에서 수정할 피처에 마우스 MB3 버튼을 클릭하고 스케치 편집(Edit Sketch)을 클릭한다.

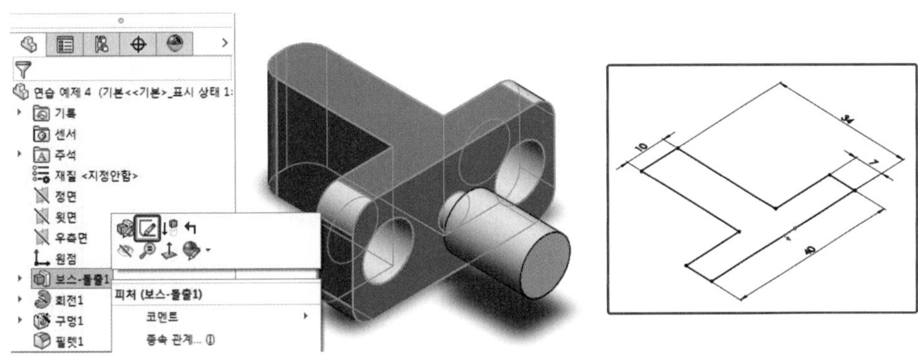

방법 2 피처의 삼각형을 클릭하고 하위 메뉴를 활성화 한 후 나오는 스케치에 마우스 MB3 버튼을 클릭하여 스케치 편집(Edit Sketch)을 클릭한다.

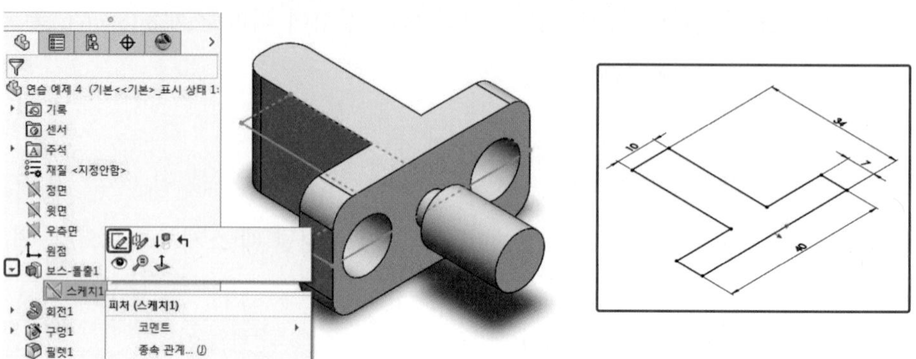

● 스케치 편집 전후 비교 예시

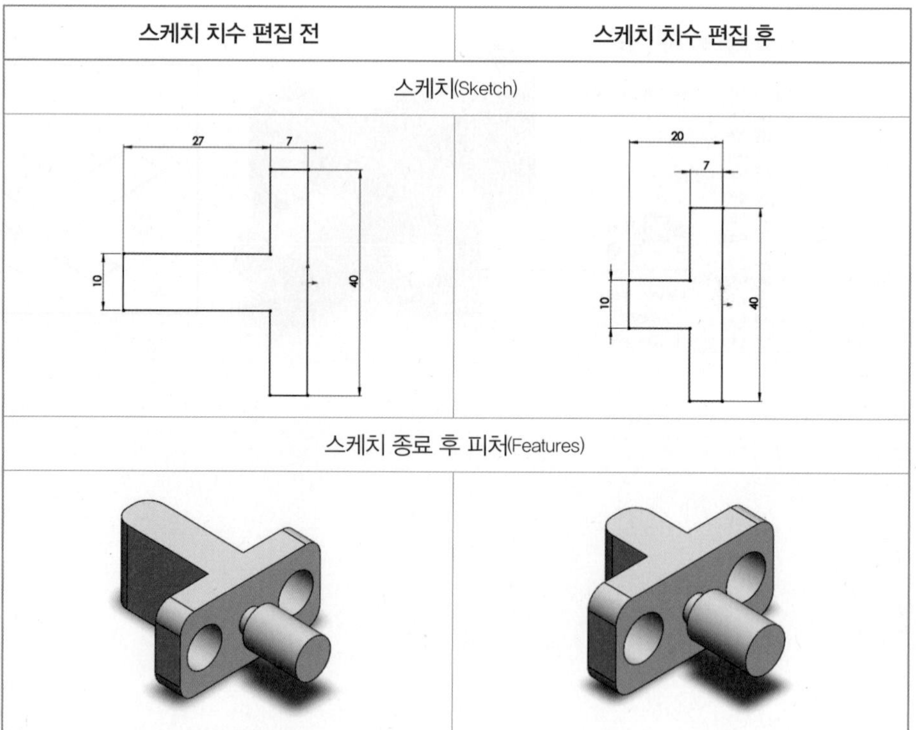

스케치 치수 편집 전	스케치 치수 편집 후
스케치(Sketch)	
27, 7, 10, 40	20, 7, 10, 40
스케치 종료 후 피처(Features)	

방법 3 Instant 2D를 이용한 편집

다음과 같이 Instant 2D 명령을 이용하여 치수의 끝을 드래그하여 스케치를 수정할 수 있다.

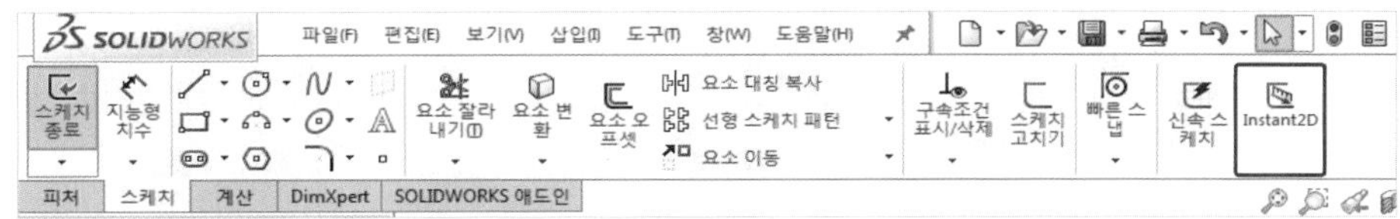

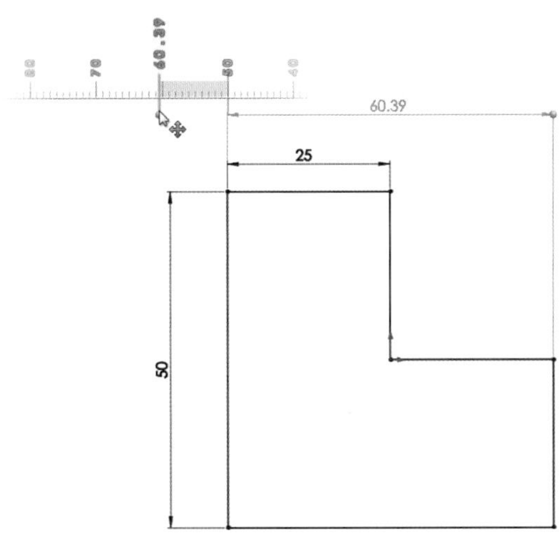

(2) 피처의 편집(Edit Feature)

피처(Features)에 의해 생성 된 파트(Part) 모델링에서 피처 명령에 관한 데이터 값이 수정될 때 피처를 수정한다.

- 피처 편집(Edit Feature) 방법

방법 1 생성된 피처에서 마우스 MB3 버튼을 클릭하고 피처 편집(Edit Feature)을 클릭한다.

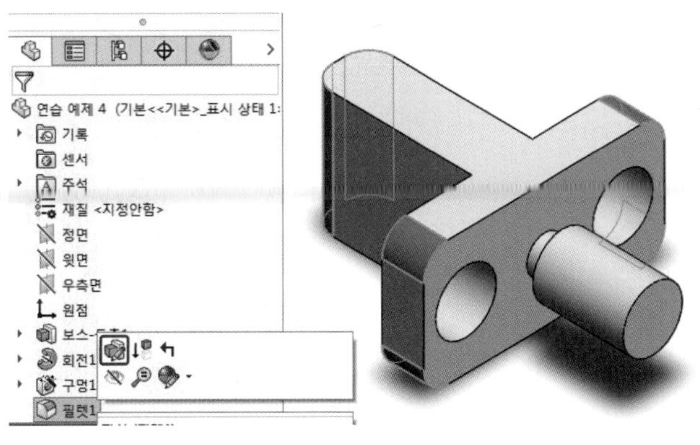

● 피처 편집 전후 비교 예시

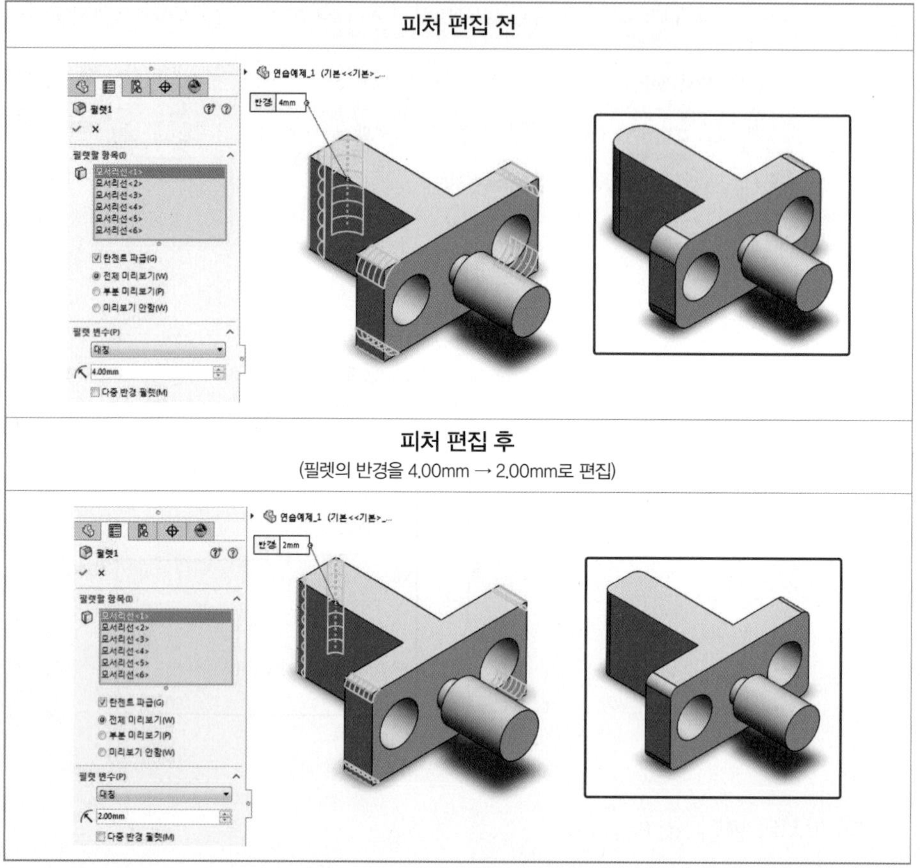

방법 2 Instant 3D를 이용하여 간편하게 피처를 편집한다.

1) 피처 메뉴에서 Instant 3D를 클릭하여 활성화한다.

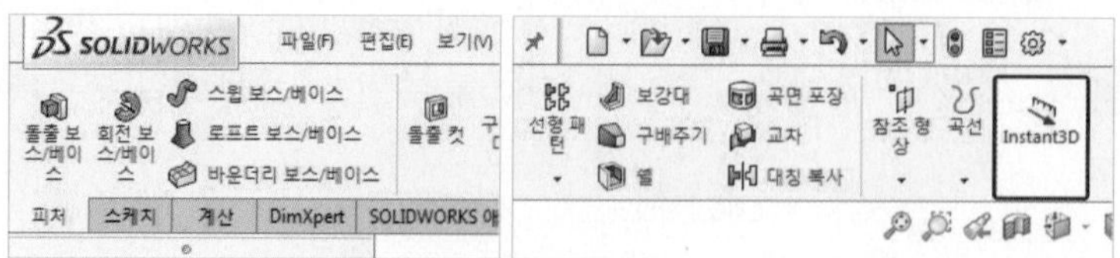

2) 편집할 피처의 면을 선택한다.

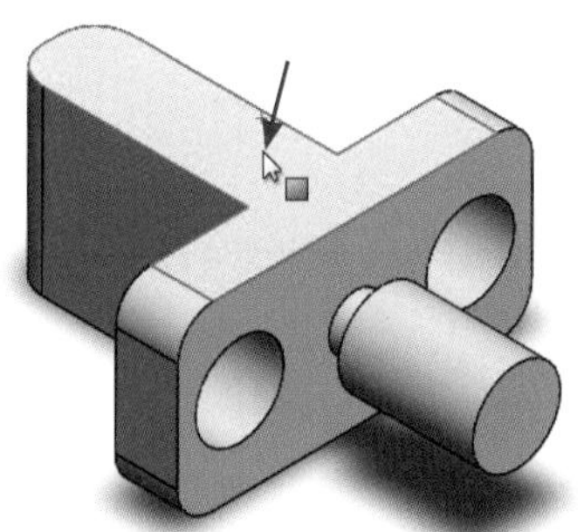

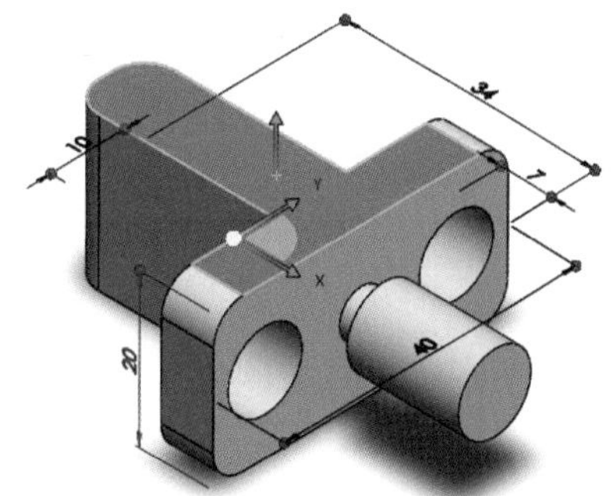

3) 모델링 상의 표시된 치수를 수정하거나 X, Y, Z의 화살표를 마우스로 드래그하여 수정한다(치수는 수정 후에 재생성(Rebuild)을 클릭하고 확인을 클릭한다).

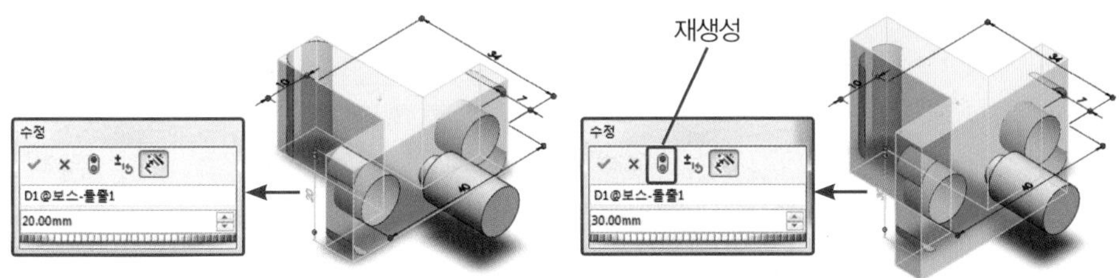

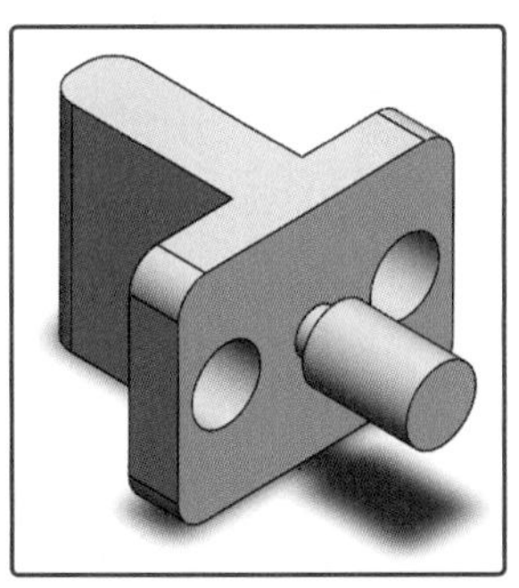

Tip 편집에 따른 참조 설정들의 변화

피처나 스케치를 편집하면 이에 참조된 명령들도 같이 변화된다.

1) 피처(Features) 생성 시 이미 작성된 피처에 대해 유형을 다음까지, 곡면까지 등으로 생성했을 경우

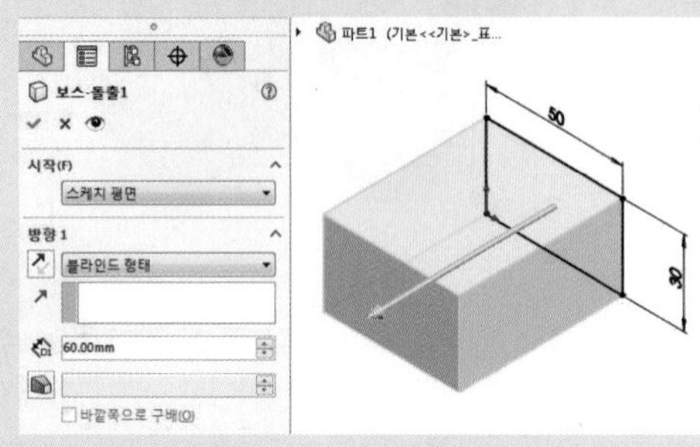

1) 보스–돌출1 생성

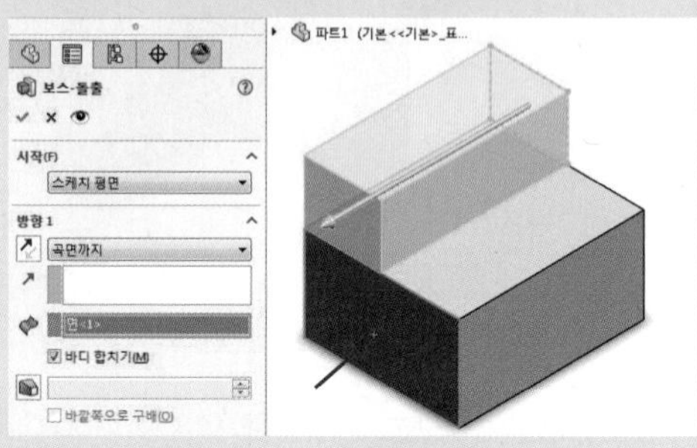

2) 보스–돌출2 생성
(유형 – 곡면까지)

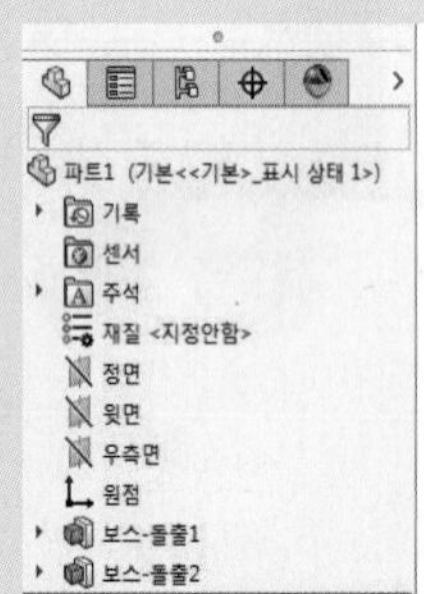

3) 피처 생성 완료

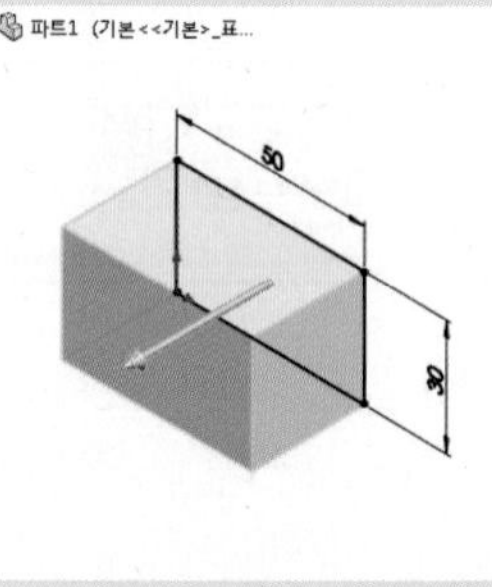

4) 보스–돌출1 거리 값 편집

5) 편집 결과

2) 스케치 작성 중 스케치 요소의 치수, 구속조건의 참조기준을 기존에 작성 된 피처나 스케치에 적용했을 경우

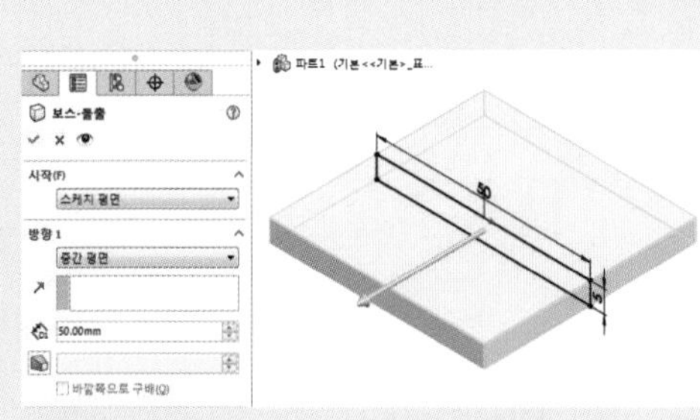

1) 보스-돌출1 생성

2) 필렛1 생성

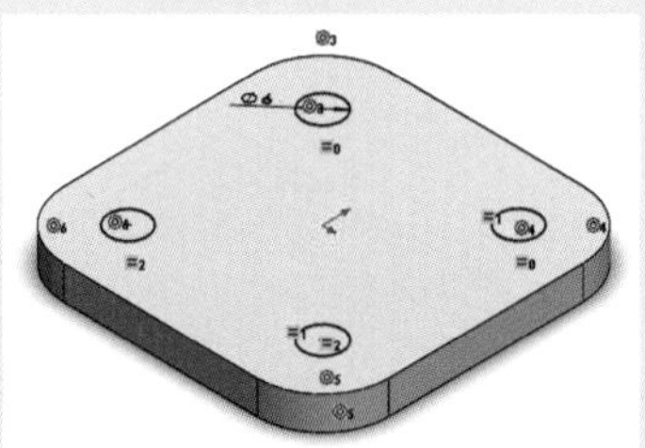

3) 스케치 작성
(필렛1과 동심조건 부여)

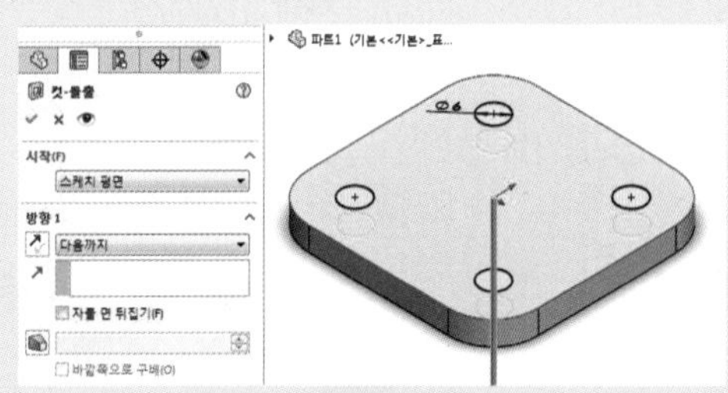

4) 피처 생성
(피처 명령 – 돌출 컷)

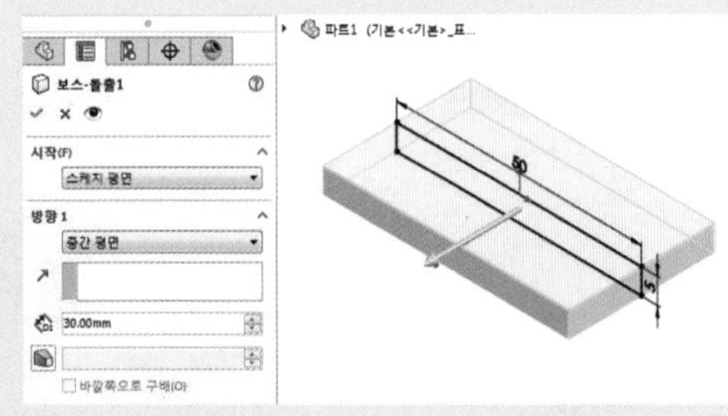

5) 보스-돌출1 거리 값 편집

6) 편집 결과

(3) 작업내용 추가와 수정

피처 매니저 디자인 트리(Features Manager Design Tree)에서는 한 파트(Part) 모델링에 관한 작업내용이 모두 기록되어있다. 이미 작성된 작업 내용에 관한 순서를 바꾸거나 작업내용 사이로 새로운 작업을 진행할 수 있다.

● 피처 명령 순서 바꾸기 예시

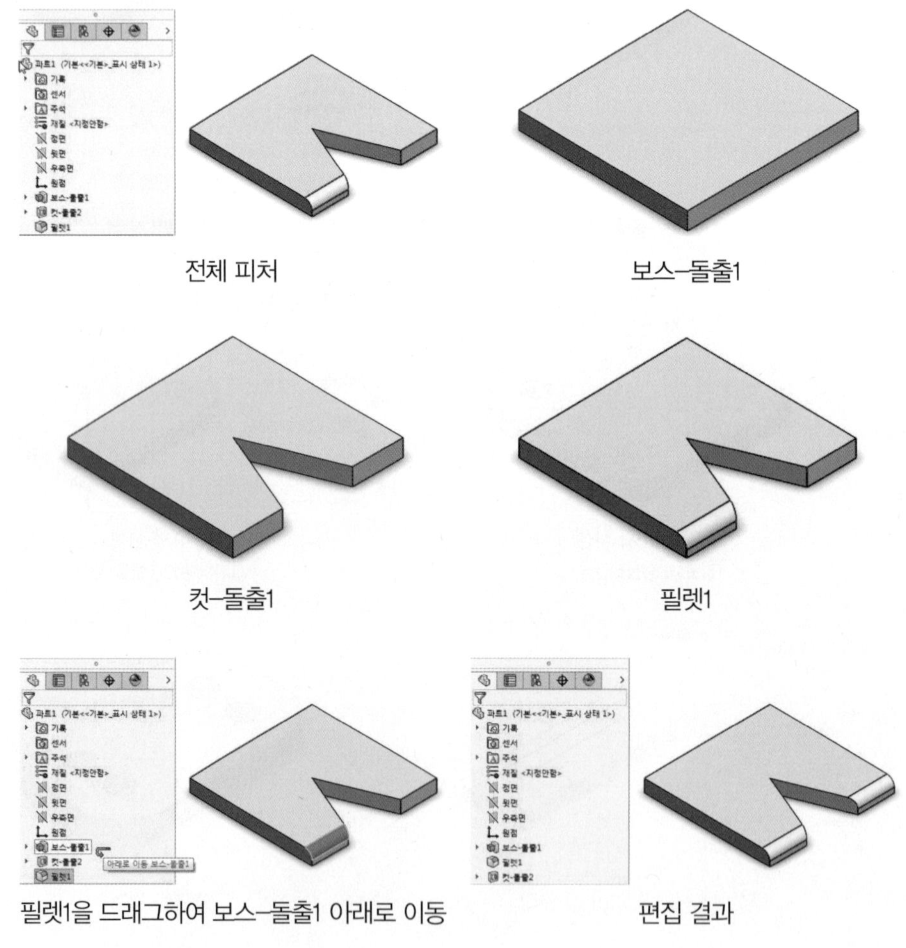

전체 피처

보스–돌출1

컷–돌출1

필렛1

필렛1을 드래그하여 보스–돌출1 아래로 이동

편집 결과

피처 매니저 디자인 트리(Features Manager Design Tree)에서의 작업 표시는 아래로 내려갈수록 후에 작성된 명령들이 나열된다. 따라서 강제로 순서를 바꾸면 위의 예시처럼 결과도 변경할 수 있다. 하지만 서로 연관되어 있는 피처들은 바꾸면 오류가 발생한다(위 예시 같은 경우 필렛1과 컷-돌출1은 직접적인 연관이 없기 때문에 순서변경이 가능하다).

(4) 작업내용의 기능 억제(Suppress)

피처 매니저 디자인 트리(Features Manager Design Tree)에서 작성한 피처들의 기능을 억제 시킬 수 있다. 피처에 억제가 적용되면 해당 파트 모델링에서는 피처가 제외된 상태가 된다.

연관 된 피처가 있다면 함께 억제가 적용되니 주의해야한다(적용하면 원 바디가 전부 숨겨지는 숨기기(Hide)와 달리 기능 억제(Suppress)는 사용자가 원하는 피처면을 선택하여 숨길 수 있다).

- 마우스 MB3 버튼 클릭을 이용한 기능 억제(Suppress)

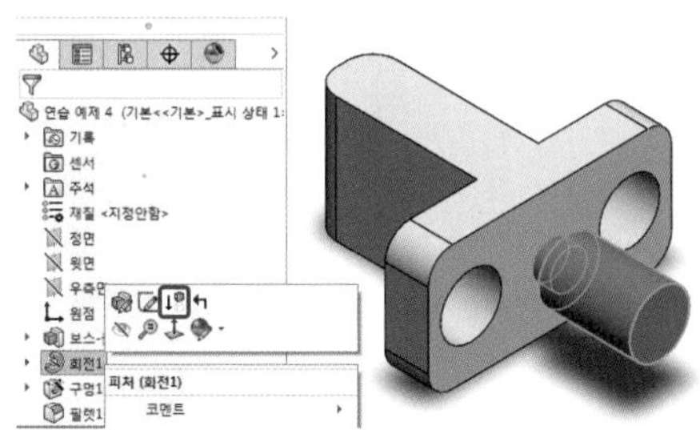

1) 기능 억제를 클릭한다.

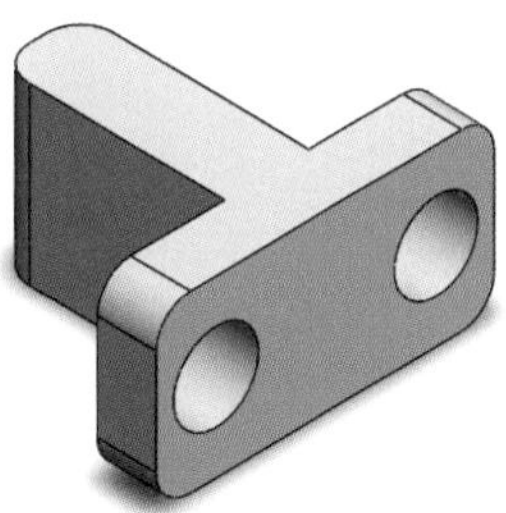

2) 기능 억제 결과

※ 기능 억제를 해제하려면 억제된 요소에서 마우스 MB3 버튼을 클릭하고 기능 억제 해제(Unsuppress)를 클릭한다.

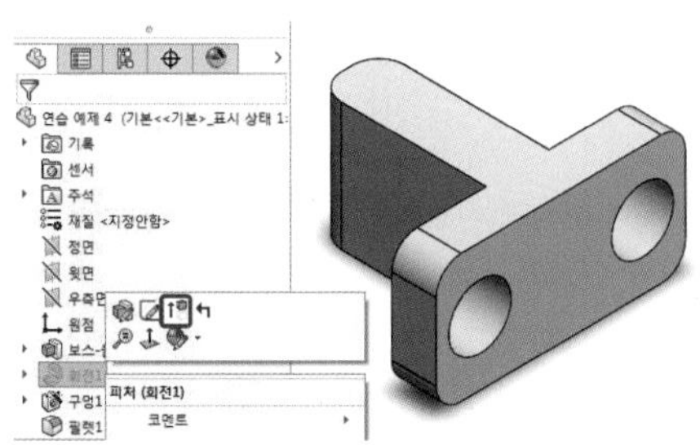

1) 기능 억제 해제를 클릭한다.

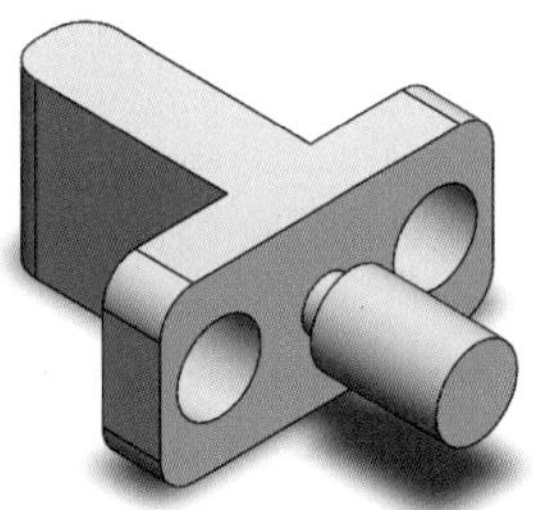

2) 기능 억제 해제 결과

● 연관 피처 기능 억제

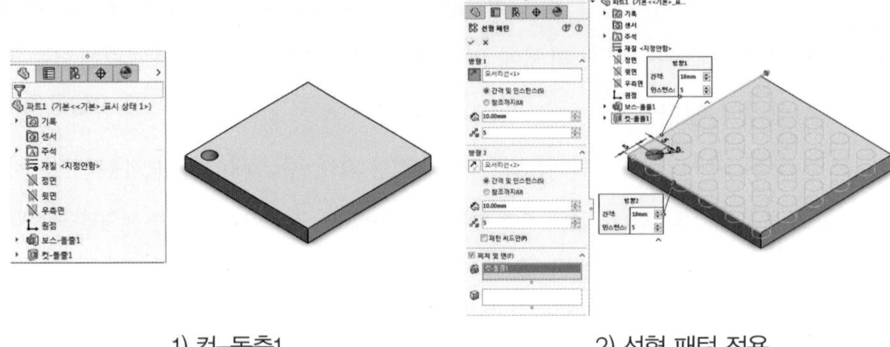

1) 컷-돌출1

2) 선형 패턴 적용
(패턴 피처 - 컷-돌출1)

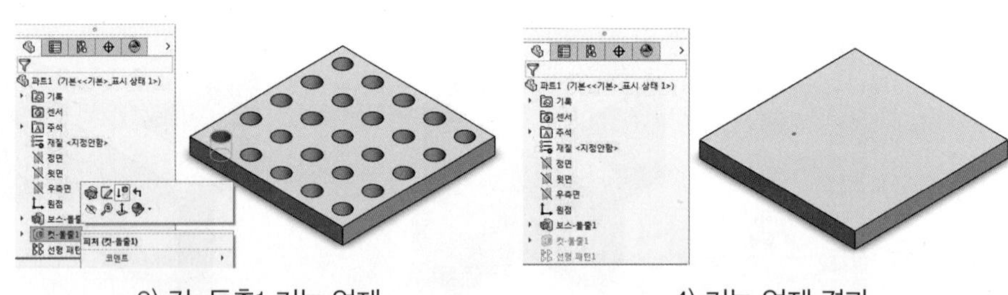

3) 컷-돌출1 기능 억제

4) 기능 억제 결과
(억제 피처-컷-돌출1)

위와 같이 기준이 되거나 참조로 사용된 피처(Features)들에 기능 억제를 적용하면 이에 따른 연관된 피처들도 함께 기능 억제가 된다. 하지만 기능 억제를 해제할 때는 전부 선택을 하고 기능 억제 해제를 해주어야 한다.

● 피처 매니지저 디자인 트리(Features Manager Design Tree)의 영역 바를 이용한 기능 억제

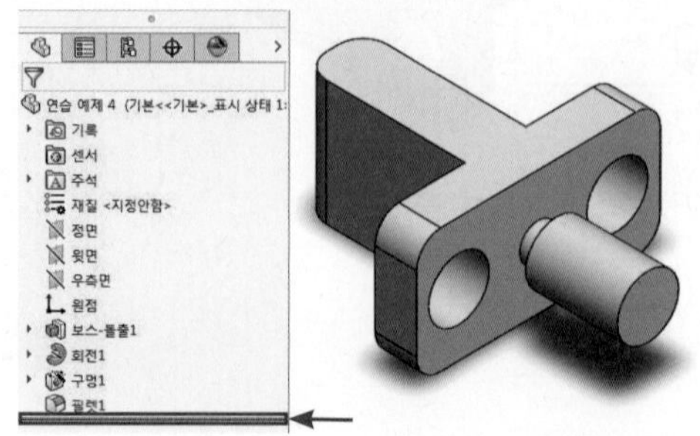

피처 매니지저 디자인 트리의 영역 바

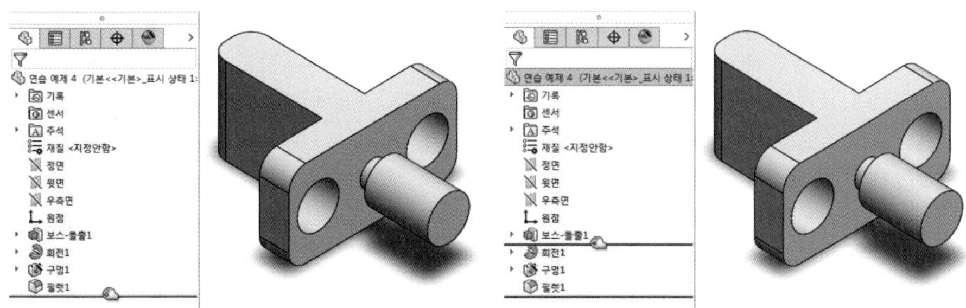

마우스로 드래그한다.

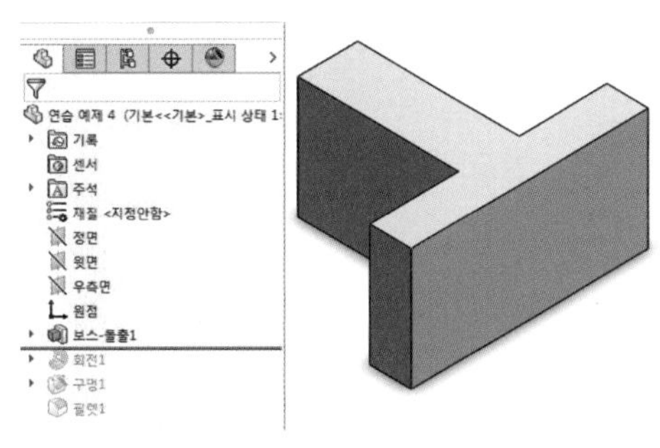

기능 억제 결과

※ 피처 매니저 디자인 트리(Features Manager Design Tree)의 영역 바 밑으로 내려가는 명령들은 전부 기능 억제가 된다.

(5) 파트(Part) 모델링 수정 시 주의사항

피처 매니저 디자인 트리(Features Manager Design Tree)에 기록된 작업내용들의 순서를 바꾸거나 추가하거나 혹은 각 작업내용의 데이터를 수정하는 대에 관한 내용 중 작업내용의 연관성에 관한 것은 매우 중요하다. 다음과 같은 상황에서 오류가 발생한다.

● 수정사항에 관하여 데이터 값이 적절하지 않은 경우

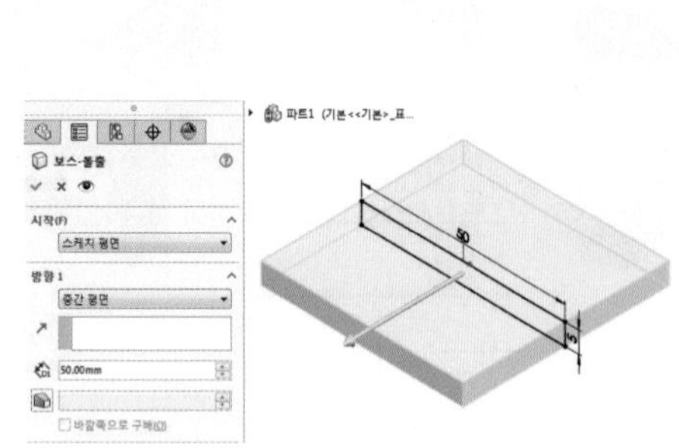

1) 보스-돌출1 생성

2) 필렛1 생성

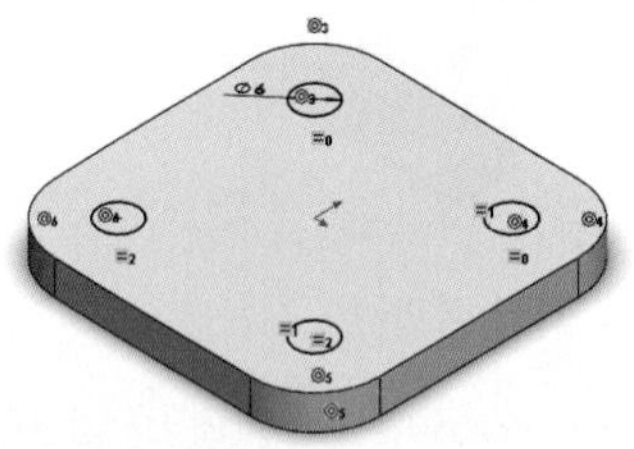

3) 스케치 작성
(필렛1과 동심조건 부여)

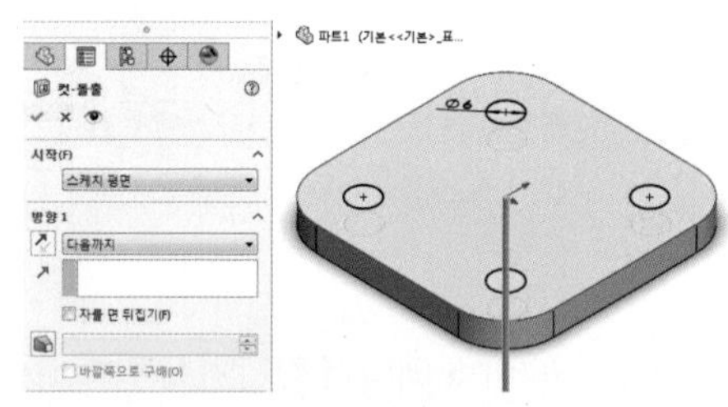

4) 피처 생성
(피처 명령 – 돌출 컷)

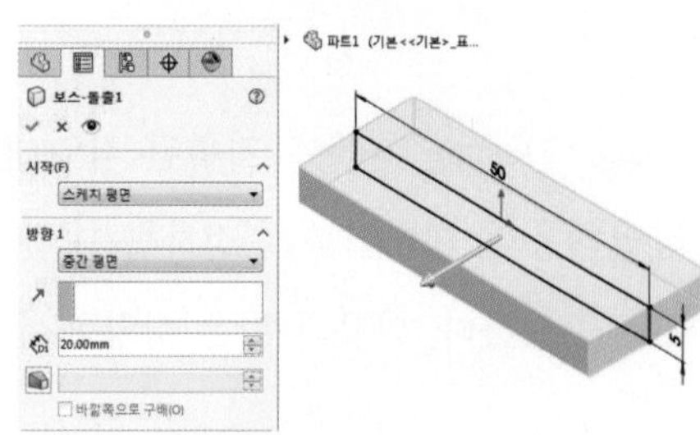

5) 보스-돌출1 거리 값 편집

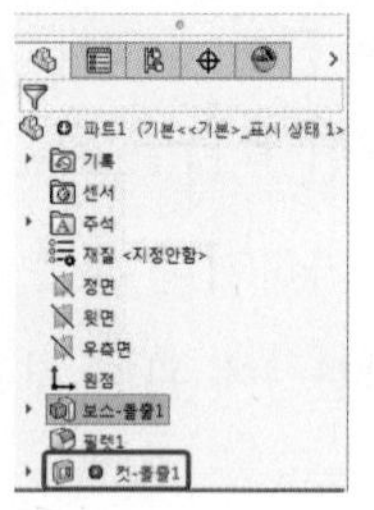

6) 편집 결과

03 파트(Part) 모델링 활용

파트(Part) 모델링을 작성하고 이를 이용하여 특성을 부여하여 질량을 계산하거나 표면에 색상을 표현하는 등 여러 가지 활용을 할 수 있다.

1 재질 부여

완성된 파트(Part) 모델링에 재질을 부여하여 물성치를 계산하거나 실제 재질이 적용된 이미지를 볼 수 있다.

(1) 물성치 계산

작성한 파트 모델링에 물리량을 적용하여 질량 등의 물성치를 계산한다.

- 물리량을 적용하여 질량을 구하는 방법

① 계산(Evaluate) 메뉴에서 물성치(Mass Properties)를 클릭한다.

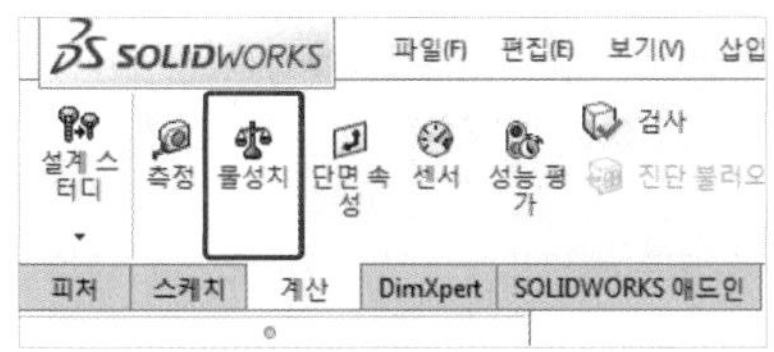

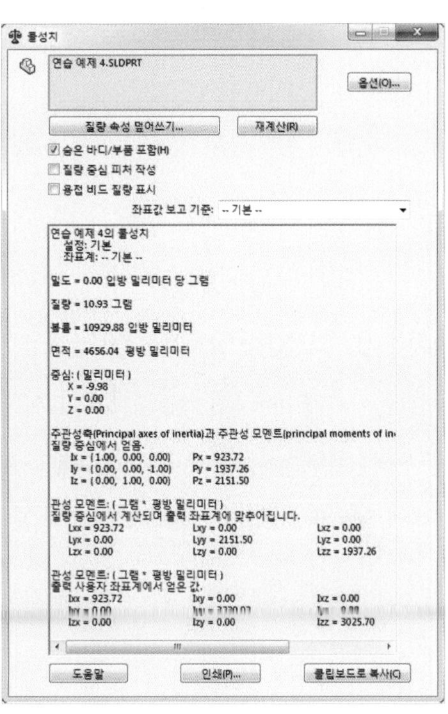

② 물성치(Mass Properties) 창에서 옵션(Options)을 클릭한다.

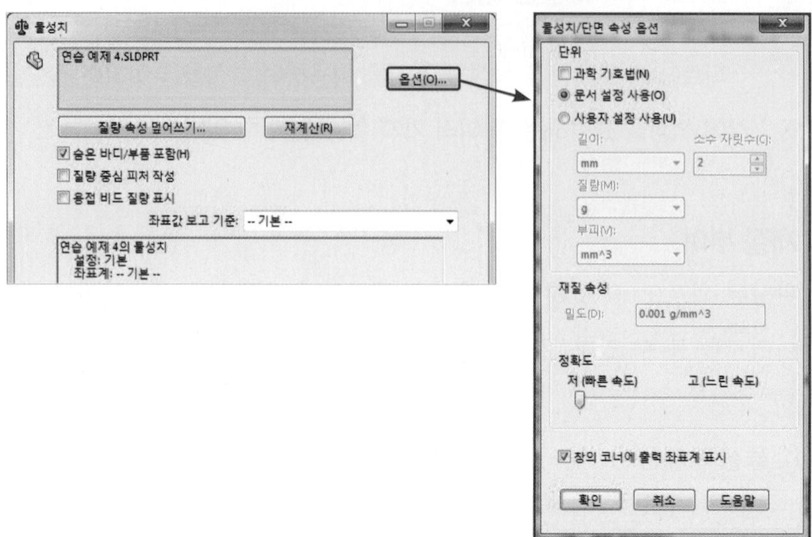

③ 물성치 / 단면 속성 옵션(Mass / Section Property Options) 창에서 다음과 같이 설정하고 확인을 클릭한다.

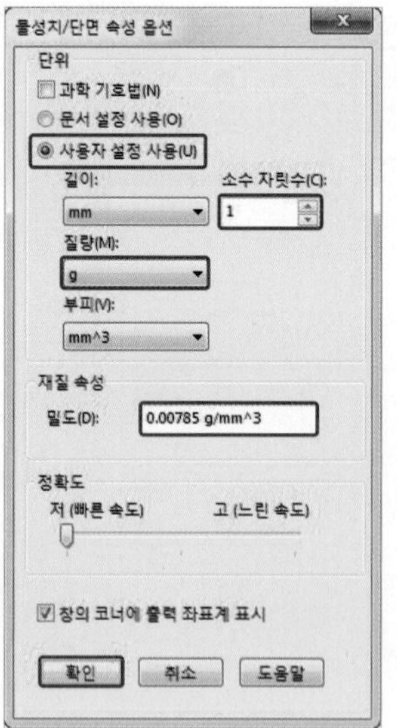

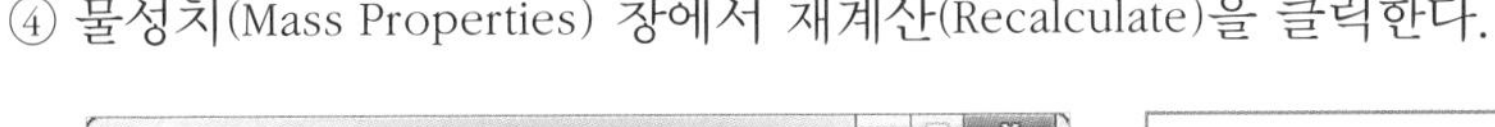

④ 물성치(Mass Properties) 창에서 재계산(Recalculate)을 클릭한다.

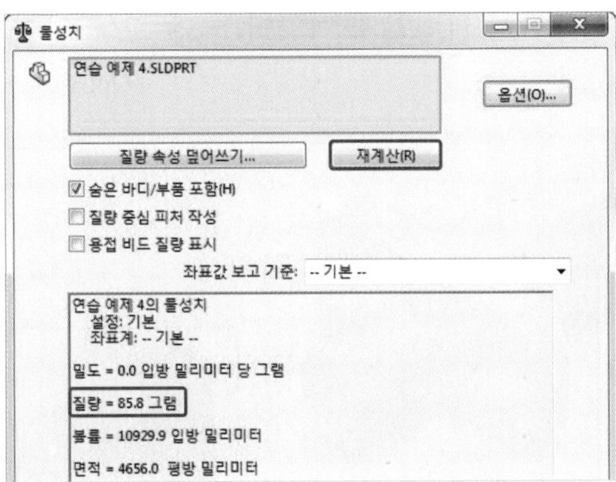

모델링 명	연습 예제4
비중	7.85
밀도	0.00785g / mm^3
질량	85.8g

(2) 랜더링(Render)

그래픽 영역(Graphic Area) 상의 파트(Part) 모델링에 색상을 적용하거나 재질의 표현을 적용하여 나타낸다.

● 색상의 표현

① 표준 도구막대에서 표현 편집(Edit Appearance)을 클릭한다.

② 피처 매니저 디자인 트리(Features Manager Design Tree)에서 피처를 선택하고 다음과 같이 색상을 적용하고 확인을 클릭한다.

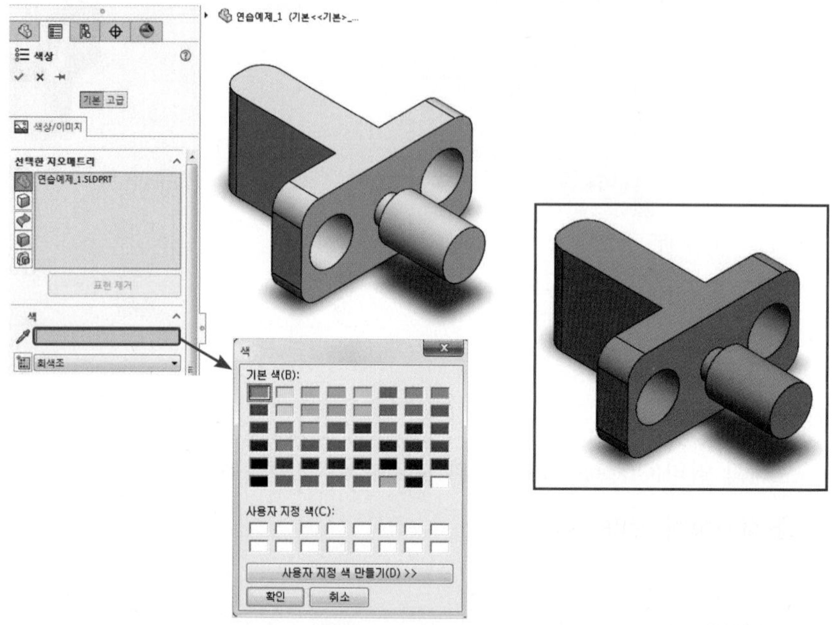

● 재질 표현 적용

① 표준 도구막대에서 표현 편집(Edit Appearance)을 클릭한다.

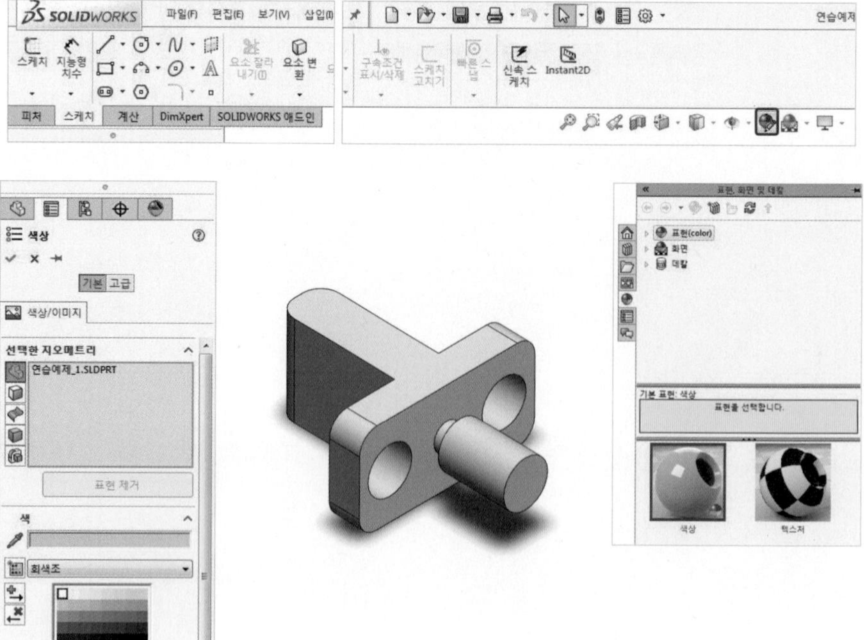

② SolidWorks 리소스(SolidWorks Resource)의 표현에서 재질을 선택하고 재질명을 피처에 드래그하여 적용시킨다.

(예시 – 흰 고광택 플라스틱 적용)

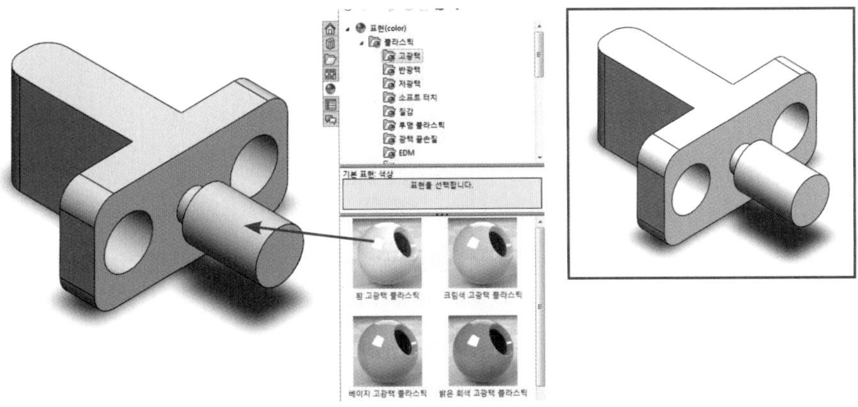

※ SolidWorks 리소스(SolidWorks Resource)에서 재질을 적용시키고 피처 매니저 디자인 트리(Features Manager Design Tree)에서 색상을 지정할 수 있다.

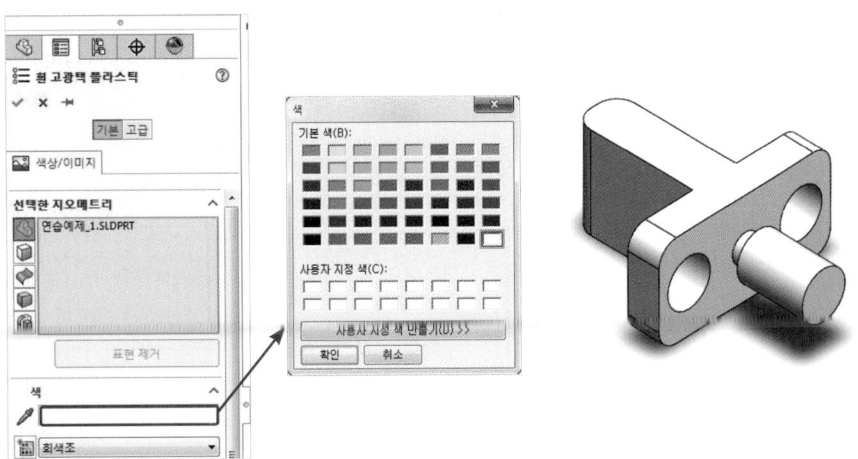

● 최종 렌더링(Final Render)

① 메인 메뉴 바(Main Menu Bar)에서 옵션(Options) 옆의 삼각형을 클릭하고 애드인(Add Ins)을 클릭한다.

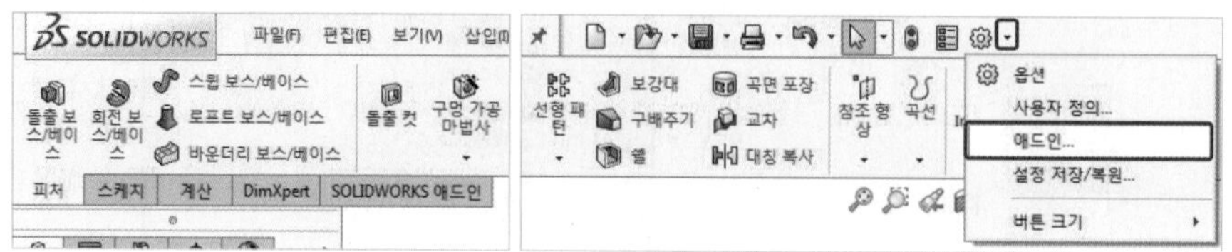

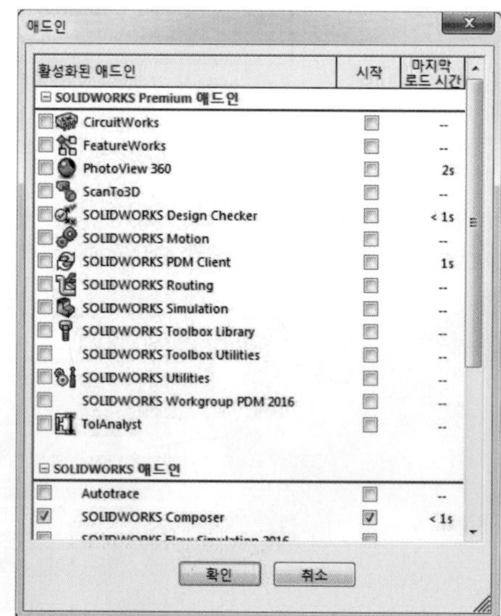

Tip 애드인(Add Ins)의 기능

애드인(Add Ins)은 SolidWorks에서 사용할 수 있는 외부 기능들을 불러올 수 있는 설정 명령이다(파랑색 부분만 체크 시 일회성으로 SolidWorks를 종료한 후 재실행하면 활성화한 기능들이 사라지지만 빨간색 부분을 체크 시 SolidWorks를 재실행 시켜도 사라지지 않는다).

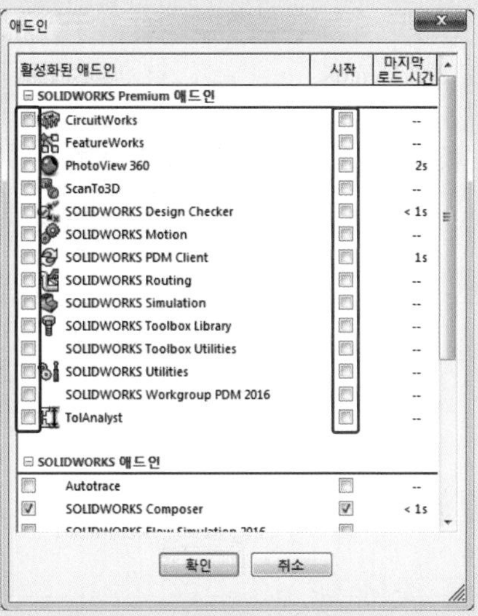

② 애드인(Add Ins) 창에서 다음과 같이 PhotoView 360을 체크한다(메인 메뉴 바(Main Menu Bar)에 PhotoView 360이 추가된다).

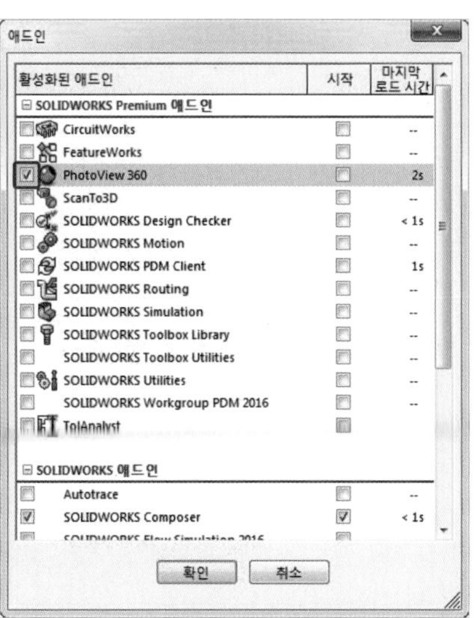

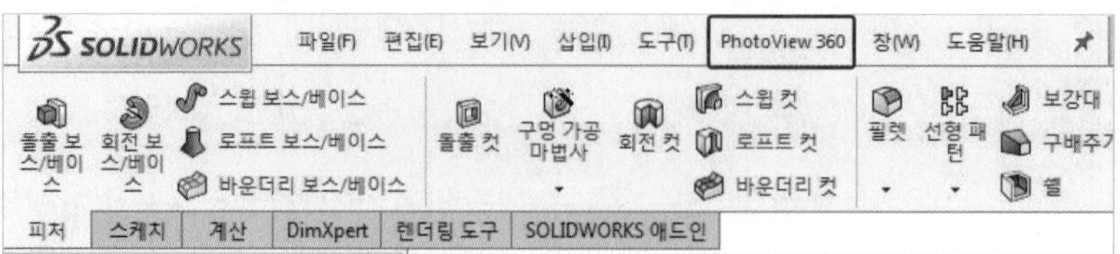

③ PhotoView 360 → 최종 렌더링(Final Render)을 클릭한다.

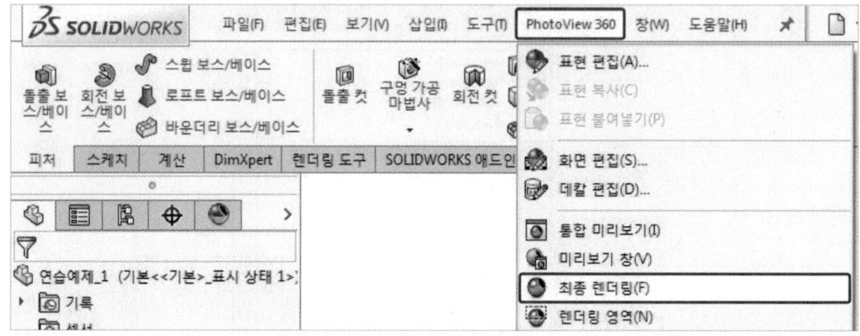

④ 렌더링에서 원근도 사용 창에서 원하는 사양으로 선택한다.

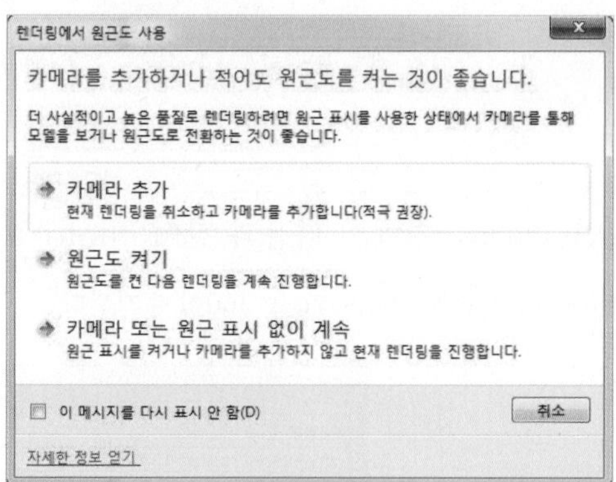

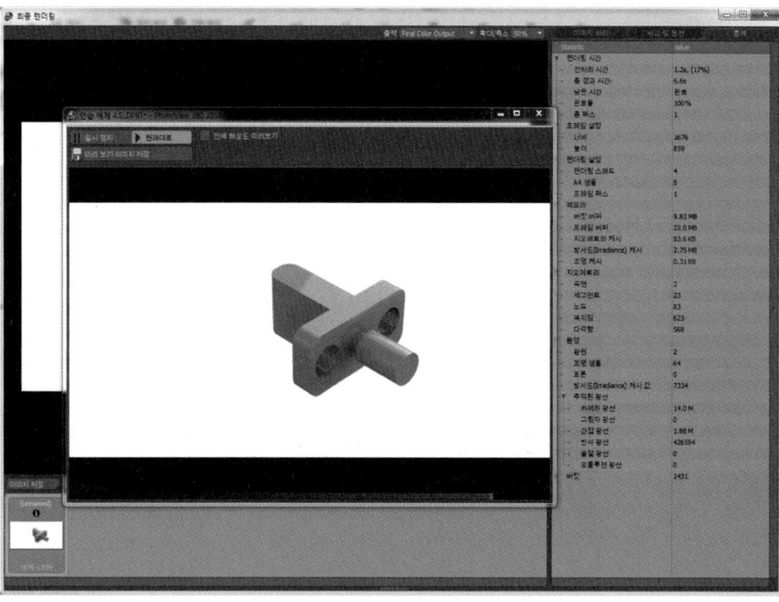

Tip 최종 렌더링(Final Render) 품질 설정방법

PhotoView 360 → 옵션(Options)에서 최종 렌더링의 품질을 설정할 수 있다.

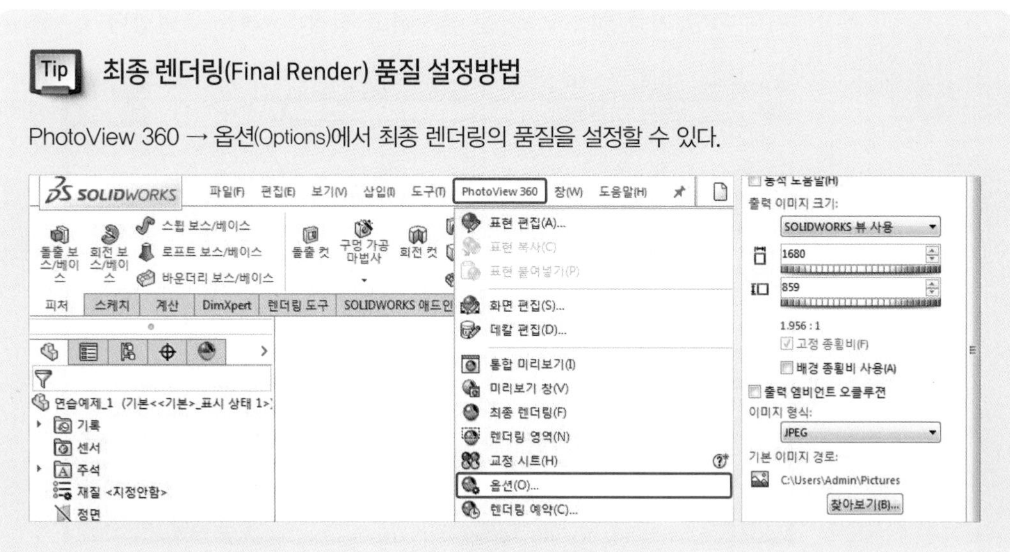

⑤ 최종 렌더링 창에서 이미지 저장을 클릭한다.

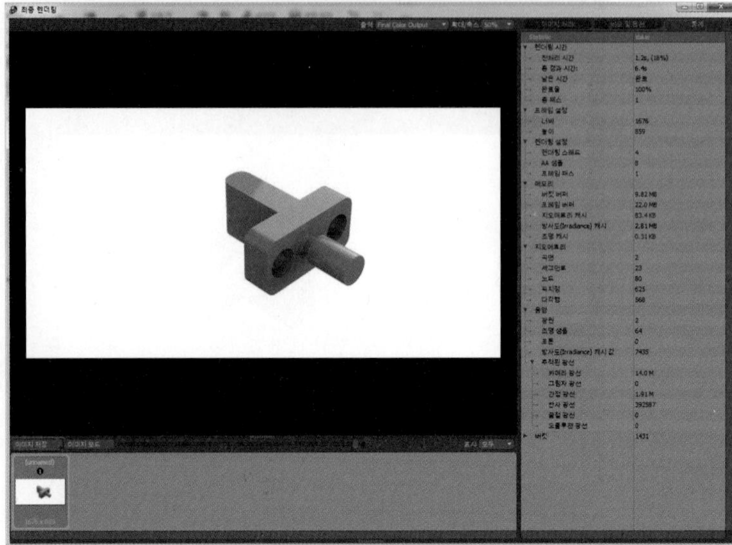

⑥ 저장위치와 파일 이름(File Name)을 지정하고 저장(Save)을 클릭한다.

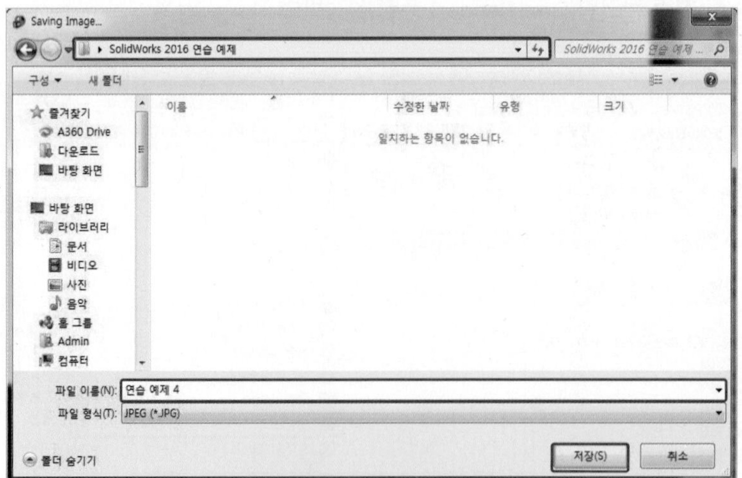

04 종합 모델링 연습

Chapter 2.에서 학습한 내용들을 종합적으로 활용하여 상황에 따른 모델링을 작성한다.

1 종합 연습 예제

스케치를 진행하고 피처 명령들을 활용하여 모델링을 작성한다.

(1) 연습 예제1

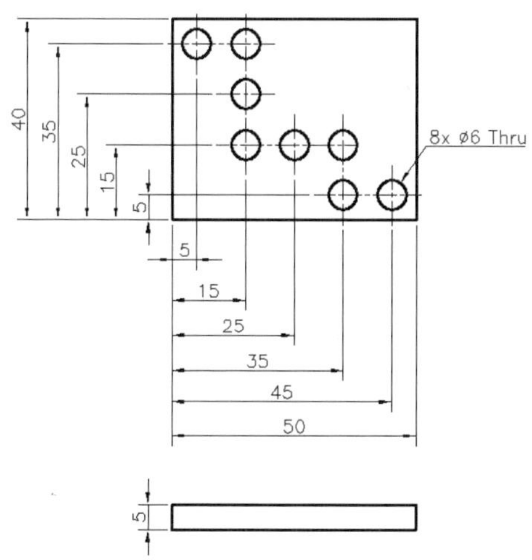

① 스케치(Sketch)를 클릭하고 윗면(Top)을 스케치 평면으로 선택하여 다음과 같이 스케치를 작성하고 구속조건과 치수를 부여한 후 스케치를 종료한다.

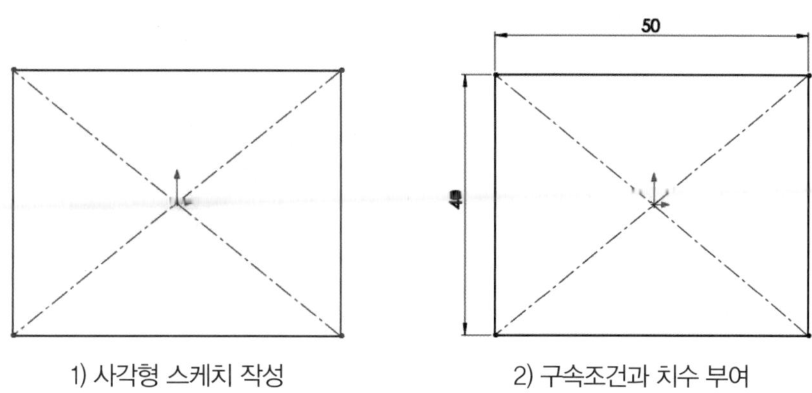

1) 사각형 스케치 작성

2) 구속조건과 치수 부여

② 키보드 Ctrl + 7(등각보기)을 누른다.

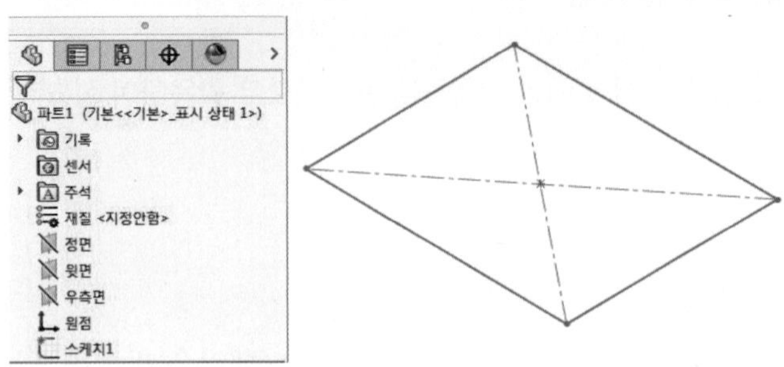

③ 피처(Features) 메뉴에서 돌출 보스 / 베이스(Extruded Boss / Base)를 클릭하여 스케치를 선택하고 다음과 같이 설정한 후 확인을 클릭한다.

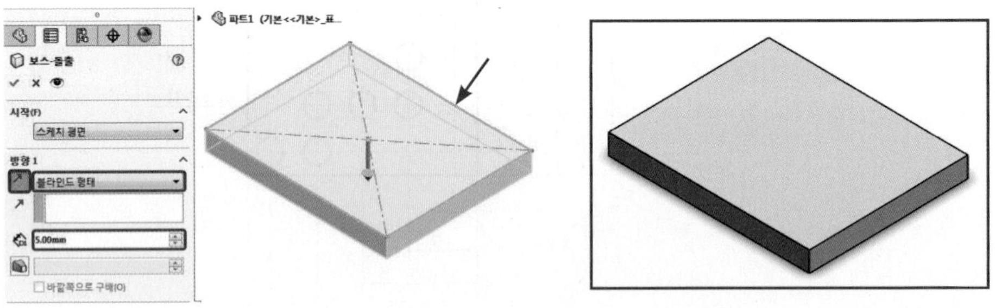

④ 스케치(Sketch)를 클릭하고 피처의 윗면을 스케치 평면으로 선택한 후 키보드 Ctrl + 8(면에 수직으로 보기)을 누른다.

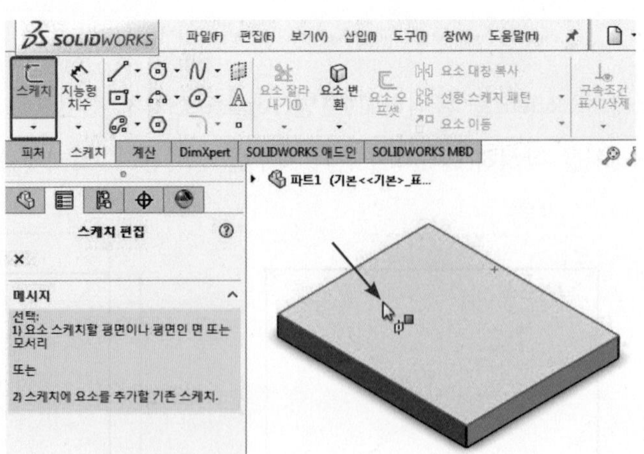

⑤ 점(Point)을 이용하여 다음과 같이 스케치를 작성하고 치수를 부여한 후 스케치를 종료한다.

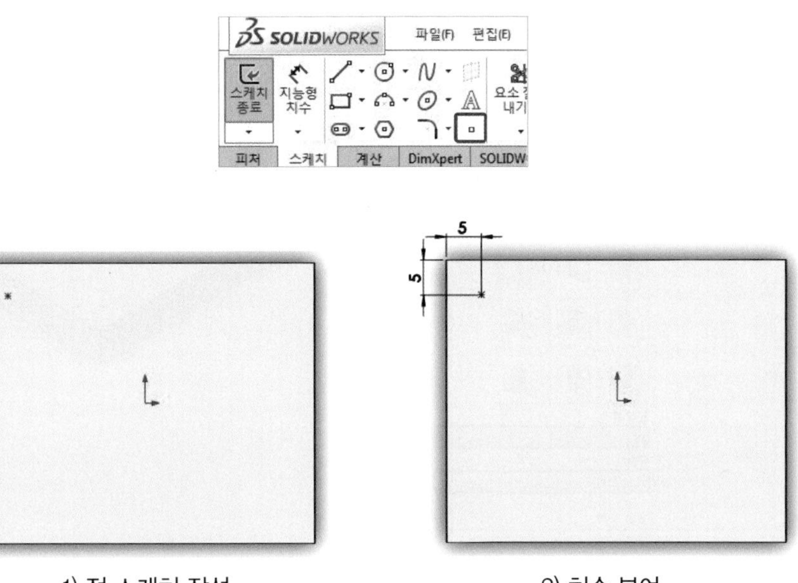

1) 점 스케치 작성

2) 치수 부여

⑥ 키보드 Ctrl + 7(등각보기)을 누른다.

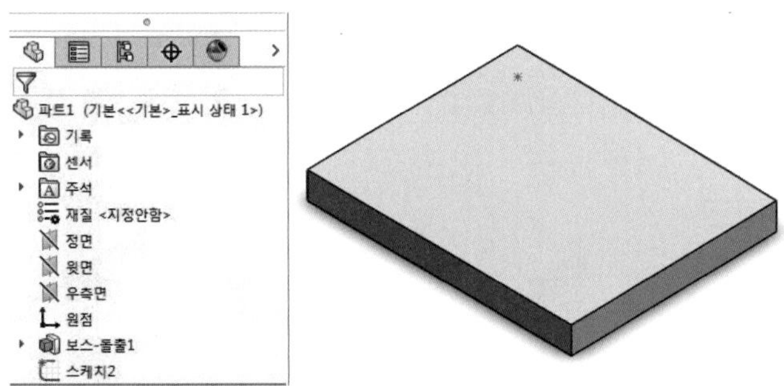

⑦ 피처(Features) 메뉴에서 구멍 가공 마법사(Hole Wizard)를 클릭한다.

⑧ 다음과 같이 구멍의 유형(Type)을 설정한다.

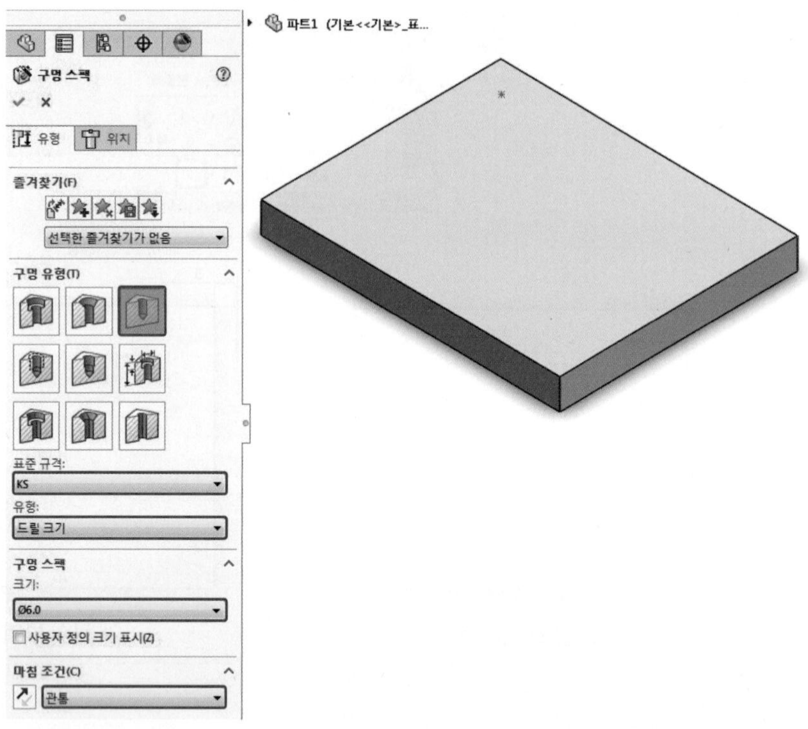

⑨ 구멍의 위치(Positions)를 선택하고 확인을 클릭한다.

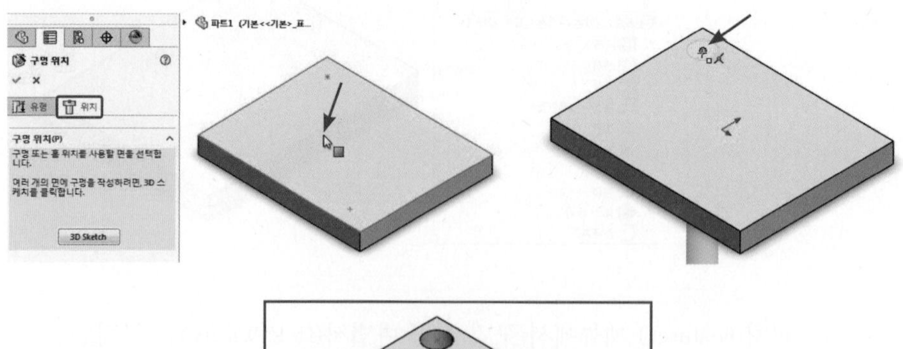

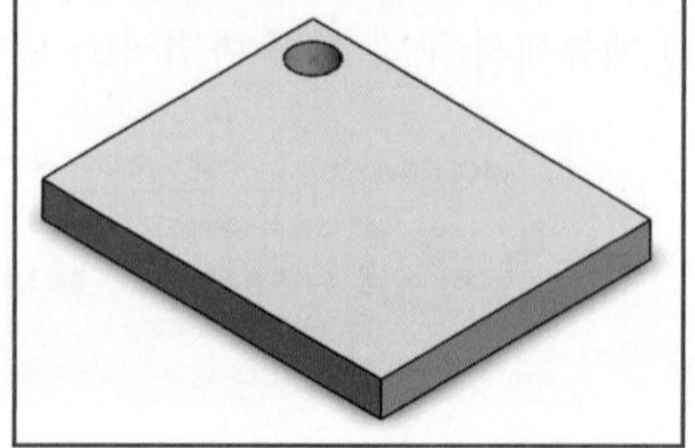

⑩ 구멍의 위치 역할을 하는 스케치에서 마우스 MB3 버튼을 클릭하고 숨기기(Hide)를 클릭한다.

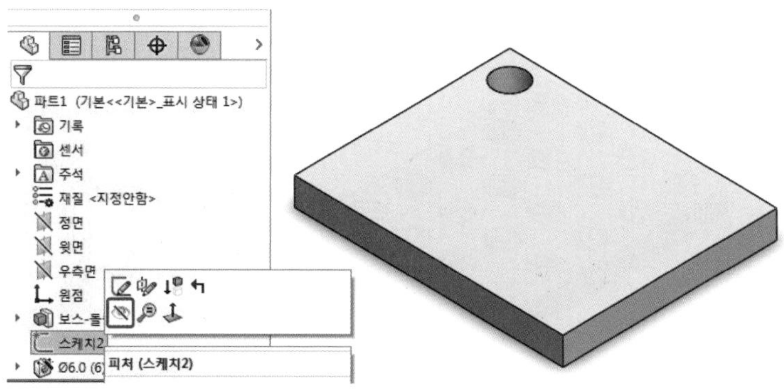

⑪ 피처(Features) 메뉴에서 선형 패턴(Linear Pattern)을 클릭한다.

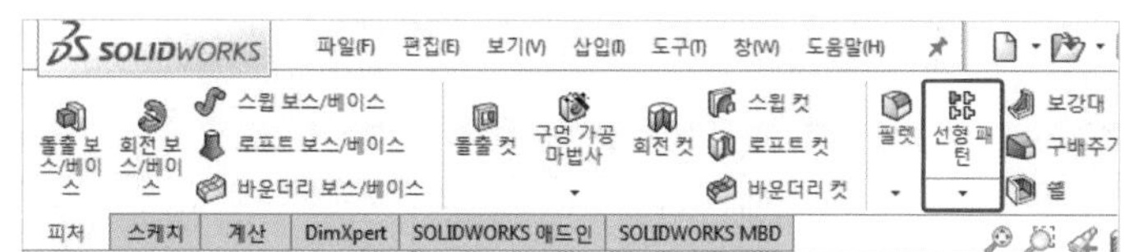

⑫ 패턴할 피처를 선택하고 다음과 같이 설정한 후 확인을 클릭한다.

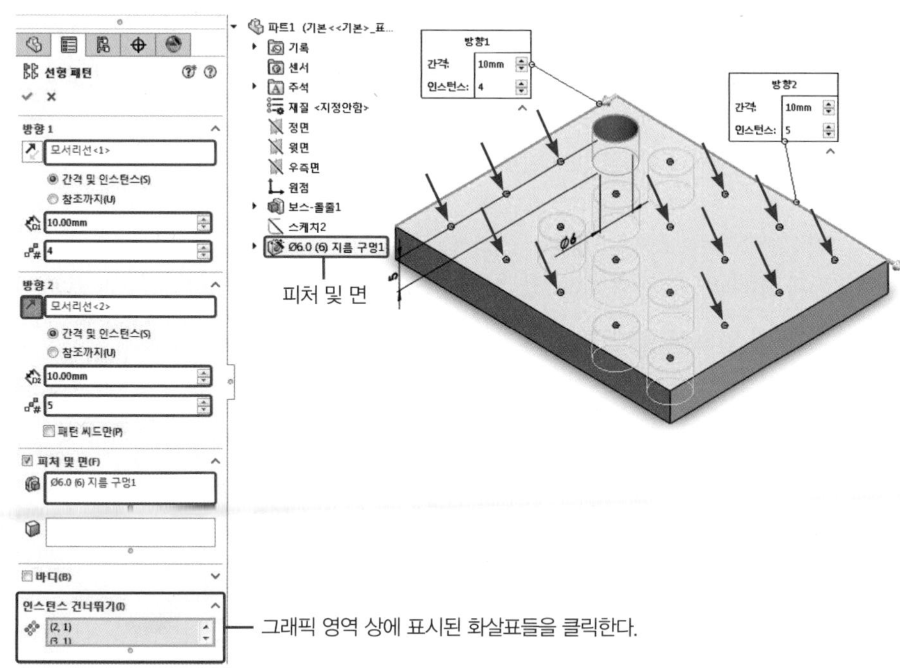

- 인스턴스 건너뛰기(Instances to Skip)

인스턴스 건너뛰기를 이용하여 미리보기에 보이는 패턴 피처들을 선택하면 생략된다.

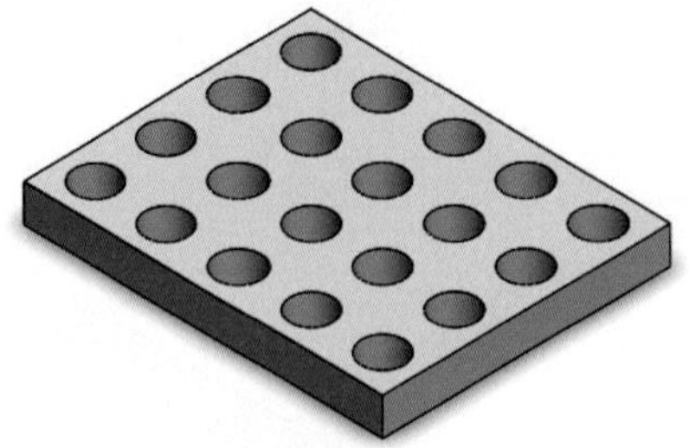
일반 선형 패턴

인스턴스 건너뛰기 적용 선형패턴

Tip 피처(Features) 선택법

다음과 같이 피처 매니저 디자인 트리(Features Manager Design Tree)의 옆에 파트(Part) 모델링의 이름에 삼각형을 클릭하여 작업 진행 내용을 활성화 하고 피처(Features)를 선택할 수 있다.

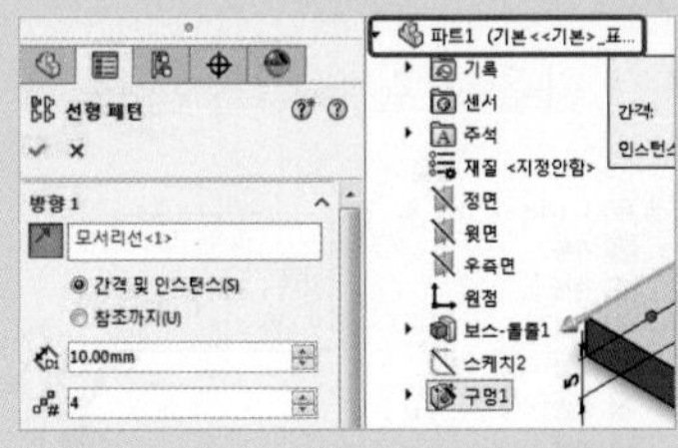

⑬ 파일(File) → 저장(Save)을 클릭하고 저장 위치와 파일 이름(File Name)을 지정한 후 저장(Save)을 클릭한다(파일 이름은 연습 예제1로 지정한다).

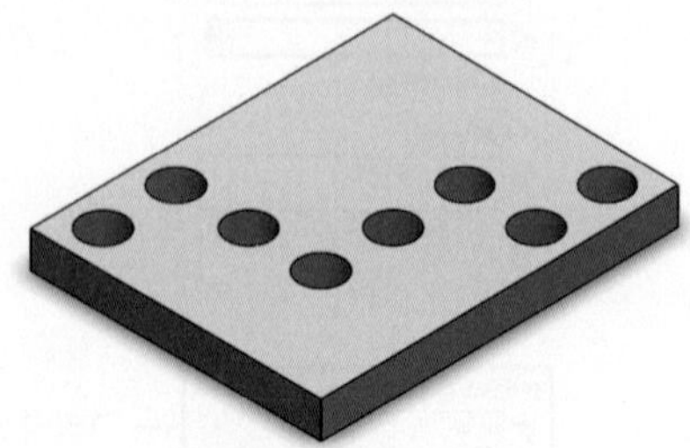

(2) 연습 예제2

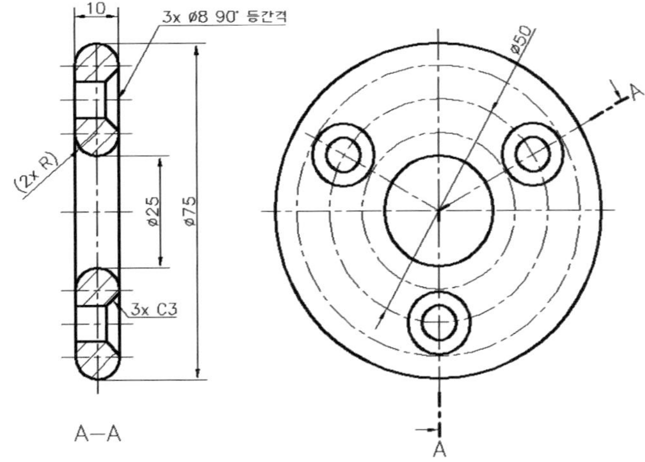

① 정면(Front)을 스케치 평면으로 선택하고 중심선(Center Line)을 이용하여 원점과 일치하는 수평 중심선을 작성한다.

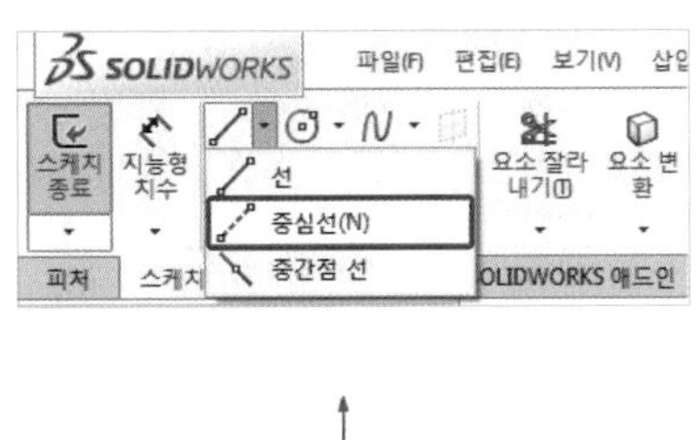

② 직선 홈(Straight Slot)을 이용하여 다음과 같이 스케치를 작성하고 구속조건과 치수를 부여한 후 스케치를 종료한다.

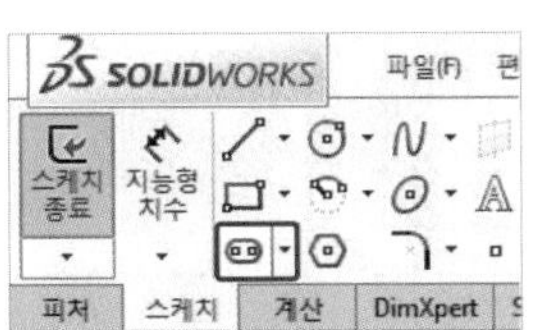

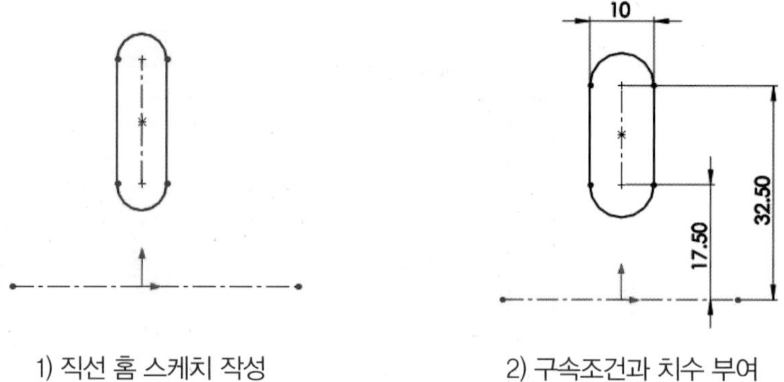

1) 직선 홈 스케치 작성　　2) 구속조건과 치수 부여

③ 키보드 Ctrl + 7(등각보기)을 누른다.

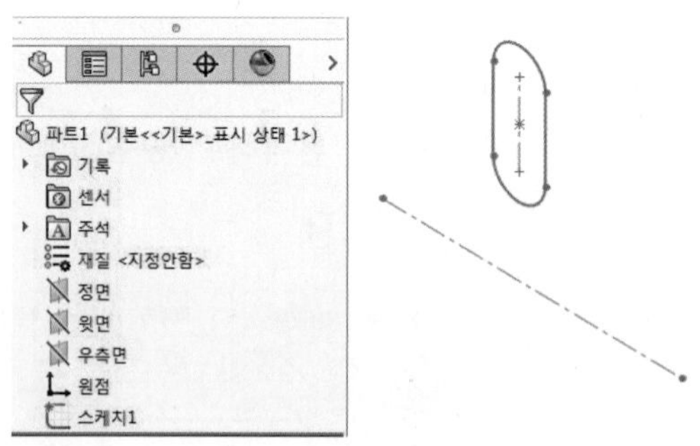

④ 피처(Features) 메뉴에서 회전 보스 / 베이스(Revolved Boss / Base)를 클릭하여 스케치를 선택하고 다음과 같이 설정한 후 확인을 클릭한다.

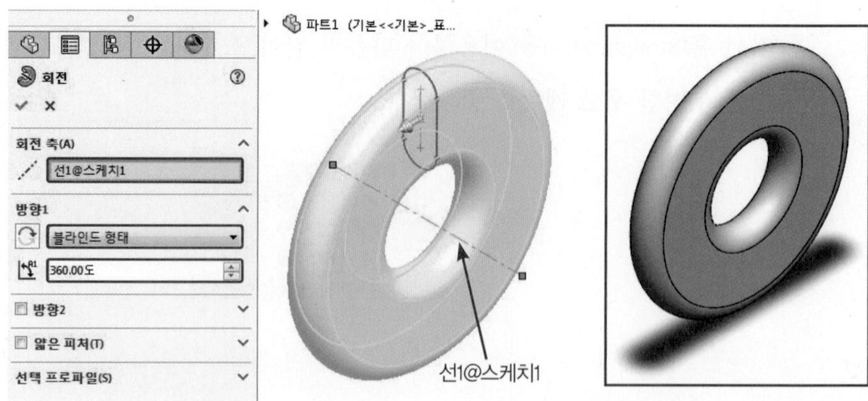

⑤ 스케치(Sketch)를 클릭하고 피처의 옆면을 스케치 평면으로 선택하고 키보드 Ctrl + 8(면에 수직으로 보기)을 누른다.

⑥ 중심선(Center Line)을 이용하여 다음과 같이 스케치를 작성하고 치수를 부여한 후 스케치를 종료한다.

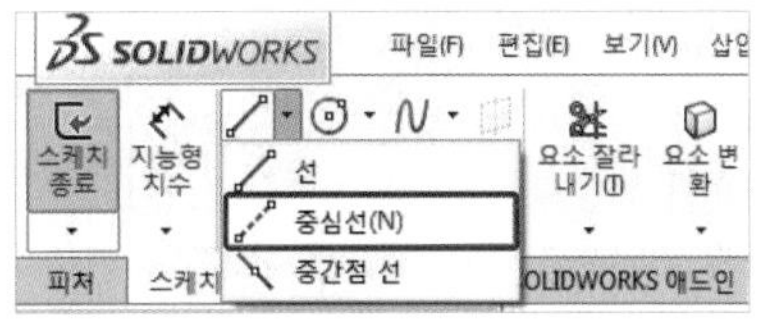

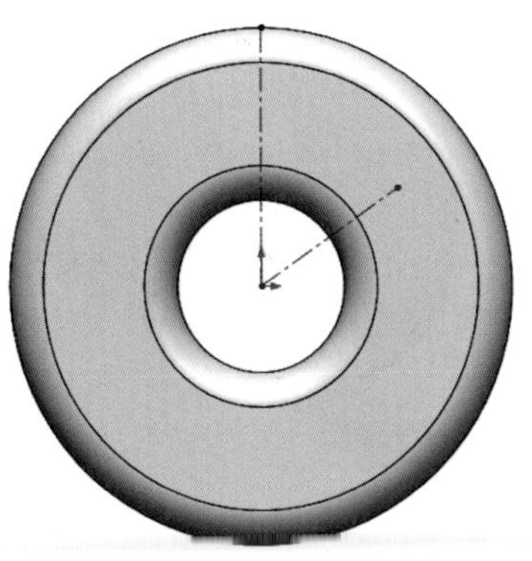

1) 중심선 작성

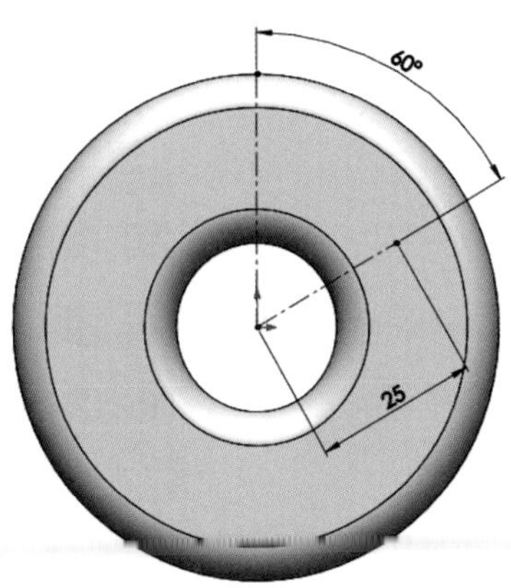

2) 치수 부여

⑦ 키보드 Ctrl + 7(등각보기)을 누른다.

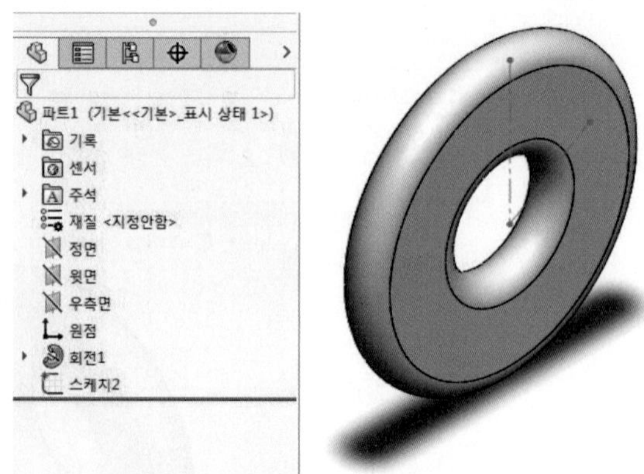

⑧ 피처(Features) 메뉴에서 구멍 가공 마법사(Hole Wizard)를 클릭한다.

⑨ 다음과 같이 구멍의 유형(Type)을 설정한다.

⑩ 구멍의 위치(Positions)를 선택하고 확인을 클릭한다.

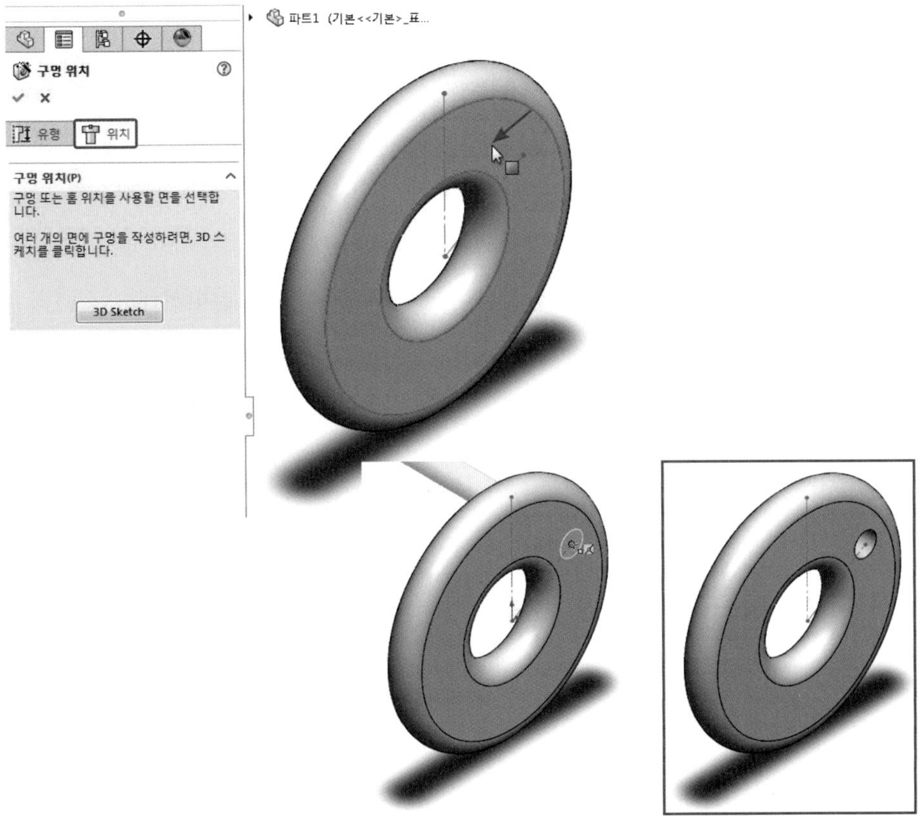

⑪ 구멍의 위치 역할을 하는 스케치에서 마우스 MB3 버튼을 클릭하고 숨기기(Hide)를 클릭한다.

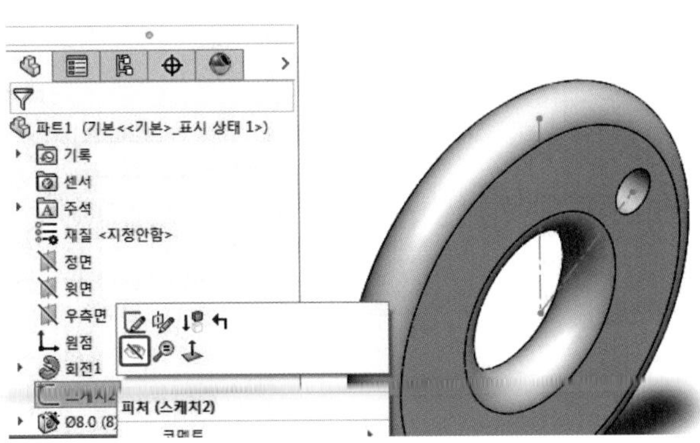

⑫ 피처(Features) 메뉴에서 모따기(Chamfer)를 클릭한다.

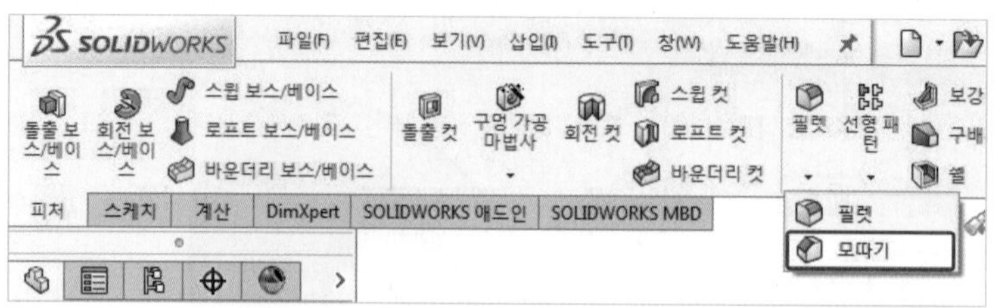

⑬ 모서리를 선택하고 다음과 같이 설정한 후 확인을 클릭한다.

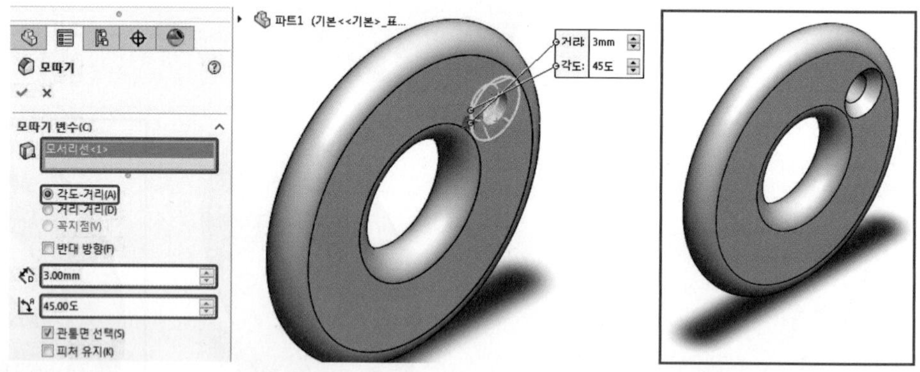

⑭ 보기(View) → 숨기기 / 보이기(Hide / Show) → 임시축(Temporary Axes)을 클릭하여 활성화 한다.

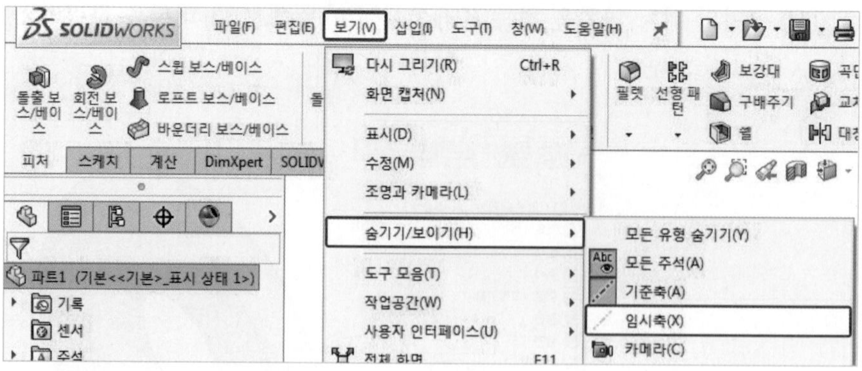

⑮ 피처(Features) 메뉴에서 원형 패턴(Circular Pattern)을 클릭한다.

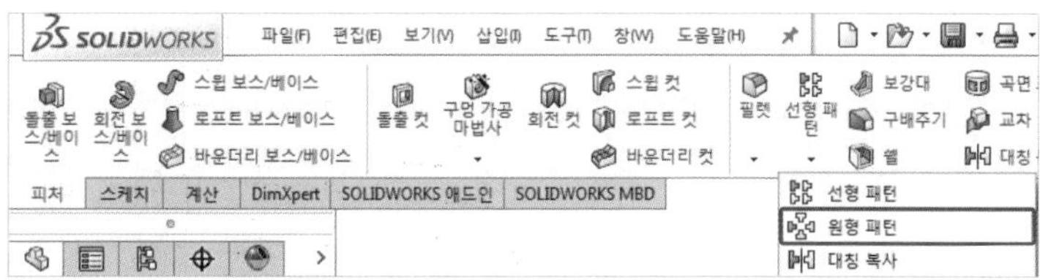

⑯ 패턴할 피처를 선택하고 다음과 같이 설정한 후 확인을 클릭한다.

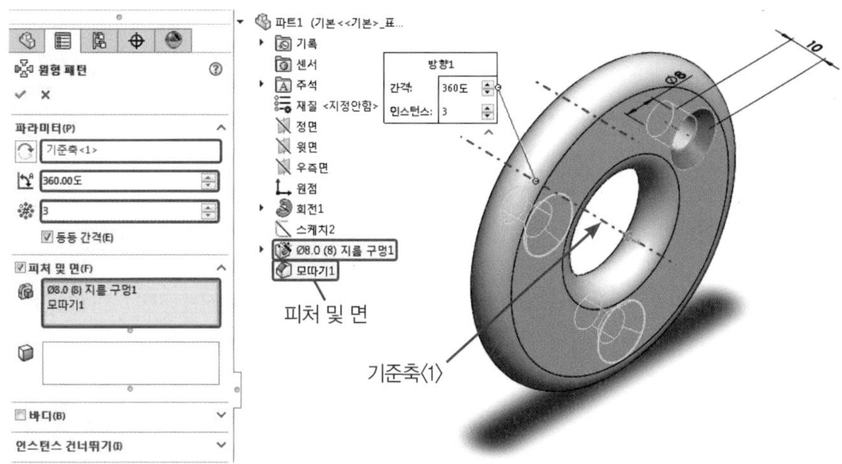

⑰ 파일(File) → 저장(Save)을 클릭하고 저장 위치와 파일 이름(File Name)을 지정한 후 저장(Save)을 클릭한다(파일 이름은 연습 예제2로 지정한다).

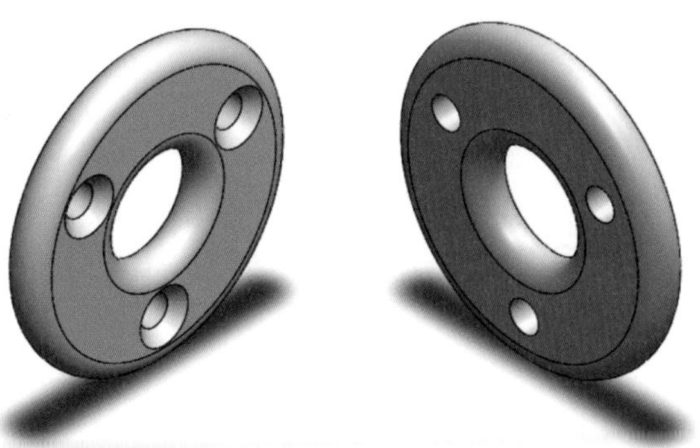

(3) 연습 예제3

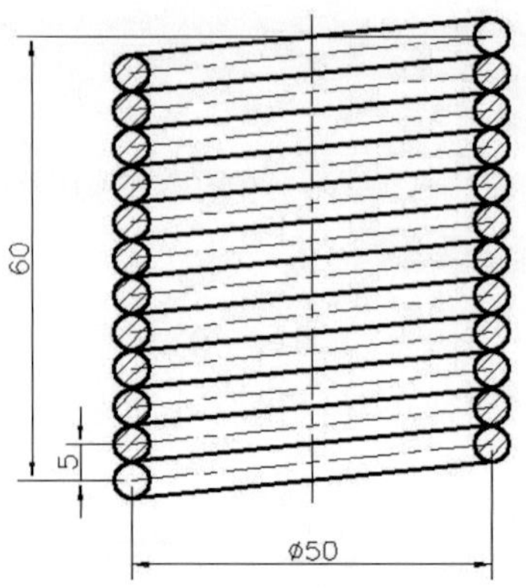

① 윗면(Top)을 스케치 평면으로 선택하여 다음과 같이 스케치를 작성하고 구속조건과 치수를 부여한 후 스케치를 종료한다.

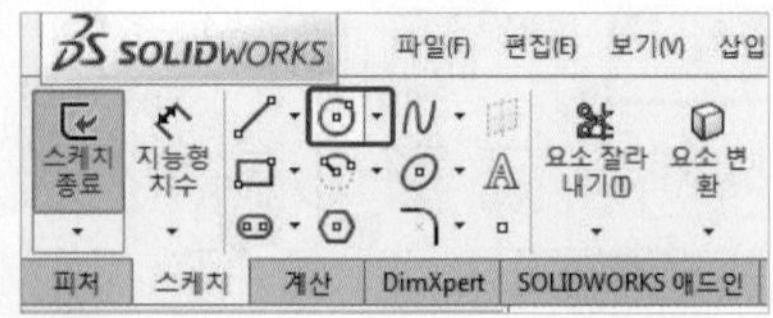

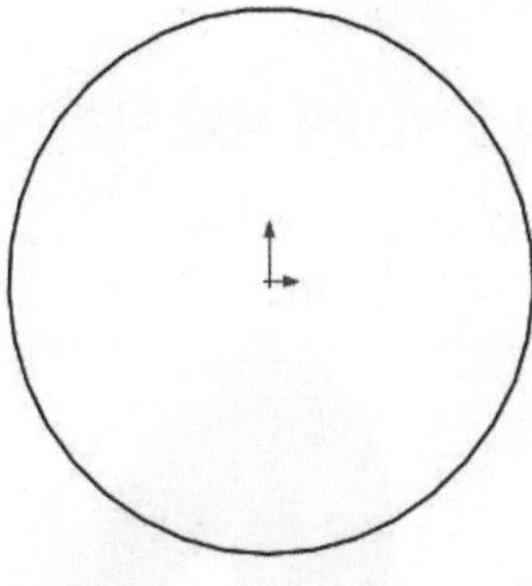
1) 원 스케치 작성

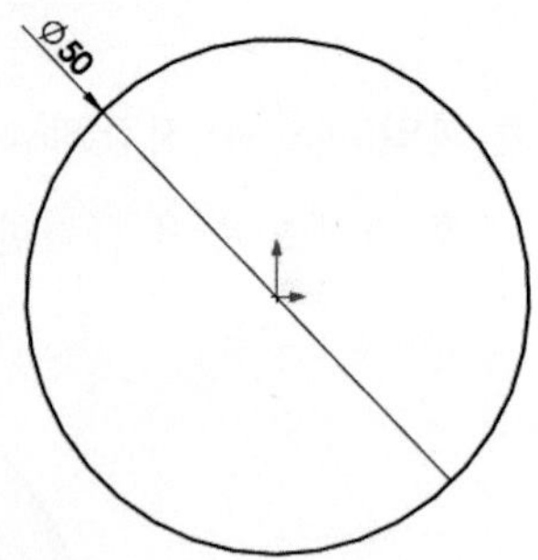

2) 구속조건과 치수 부여

② 키보드 Ctrl + 7(등각보기)을 누른다.

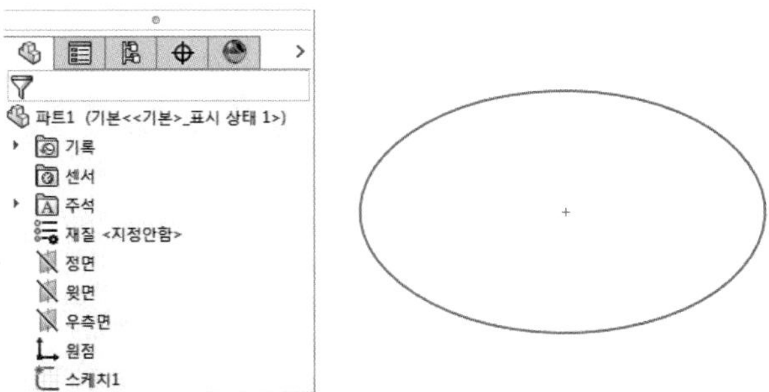

③ 피처(Features) 메뉴에서 곡선(Curve) → 나선형 곡선(Helix and Spiral)을 클릭한다.

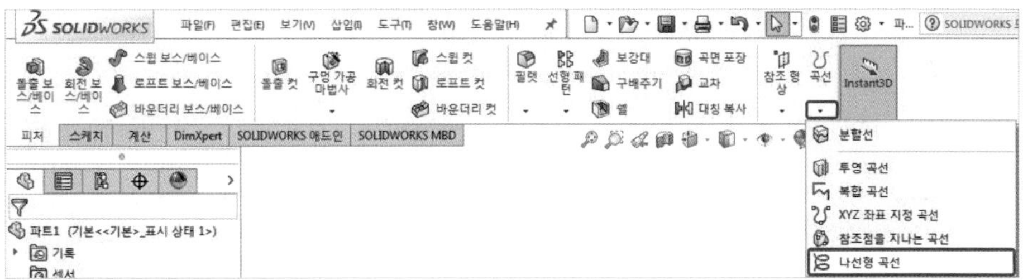

④ 스케치를 선택하고 다음과 같이 설정을 한 후 확인을 클릭한다.

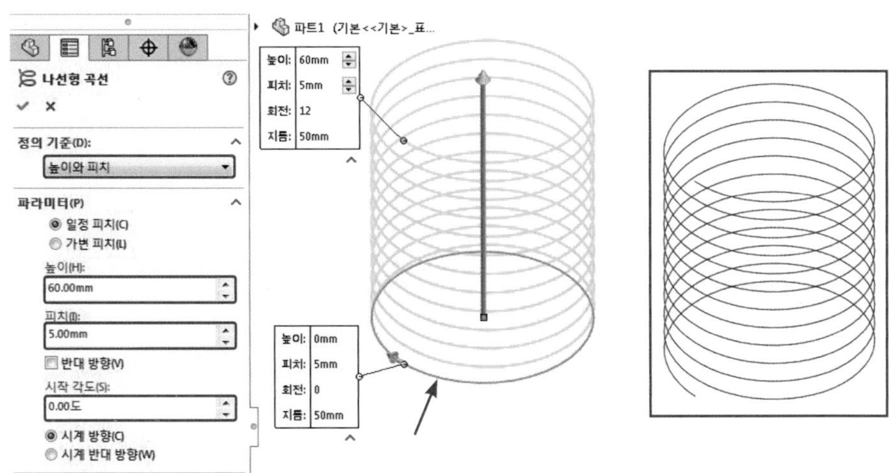

⑤ 스케치(Sketch)를 클릭하고 우측면(Right)을 스케치 평면으로 선택한 후 키보드 Ctrl + 8(면에 수직으로 보기)을 누른다.

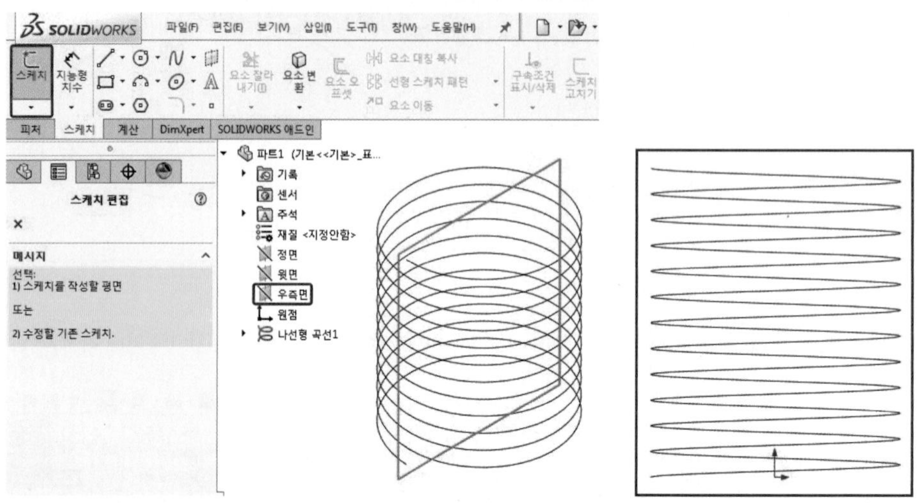

⑥ 원(Circle)을 이용하여 다음과 같이 스케치를 작성하고 구속조건과 치수를 부여한 후 스케치를 종료한다.

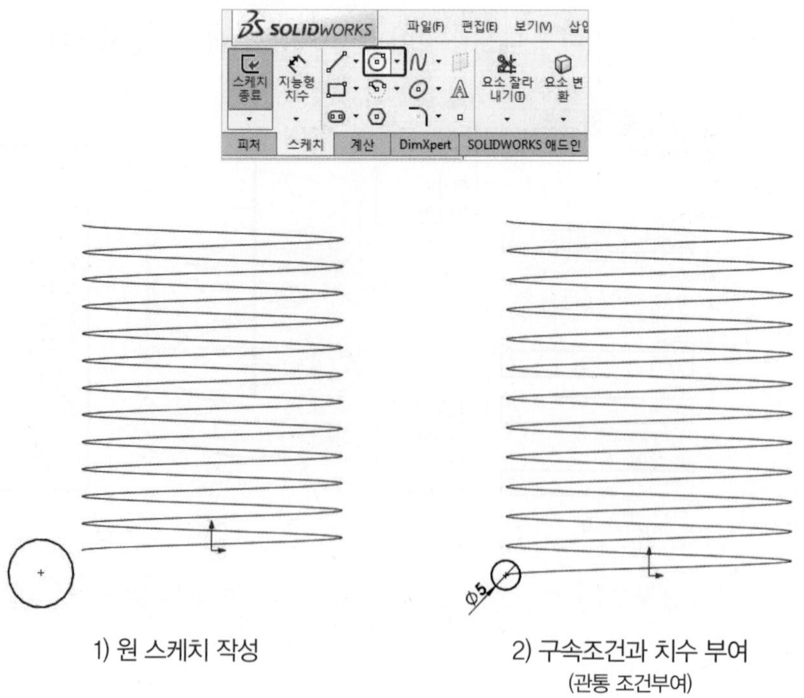

1) 원 스케치 작성

2) 구속조건과 치수 부여
(관통 조건부여)

⑦ 키보드 Ctrl + 7(등각보기)를 누른다.

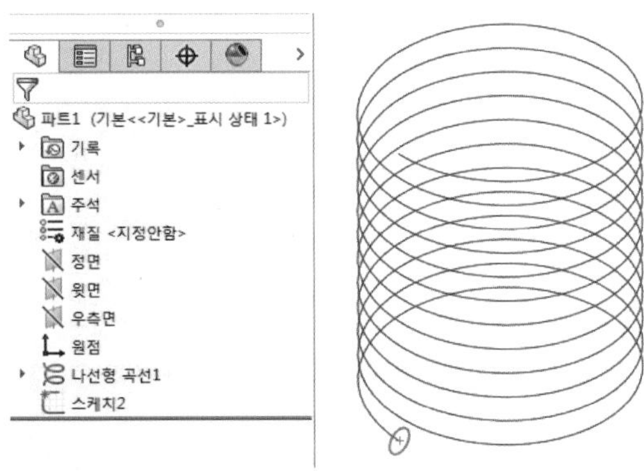

⑧ 피처(Features) 메뉴에서 스윕 보스 / 베이스(Swept Boss / Base)를 클릭한다.

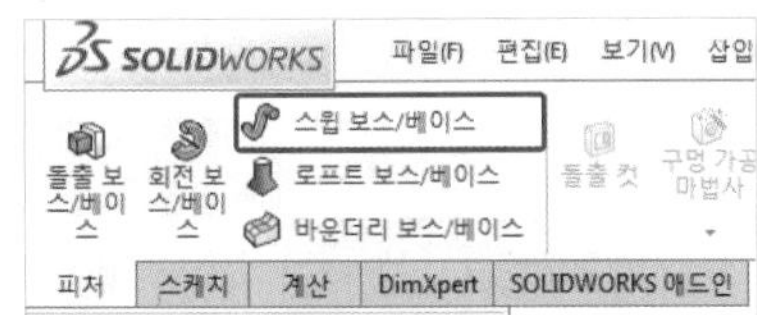

⑨ 다음과 같이 프로파일과 경로를 선택하고 확인을 클릭한다.

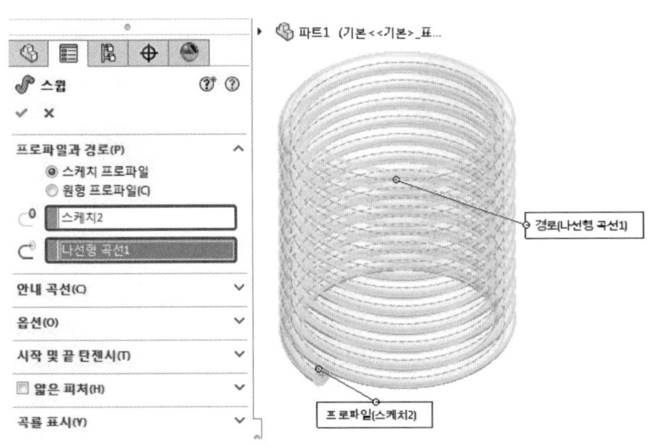
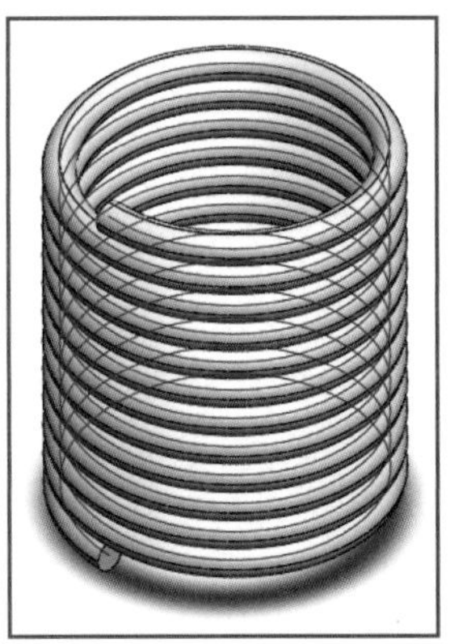

⑩ 나선형 곡선에서 마우스 MB3 버튼을 클릭하고 숨기기(Hide)를 클릭한다.

⑪ 파일(File) → 저장(Save)을 클릭하고 저장 위치와 파일 이름(File Name)을 지정한 후 저장(Save)을 클릭한다(파일 이름은 연습 예제3으로 지정한다).

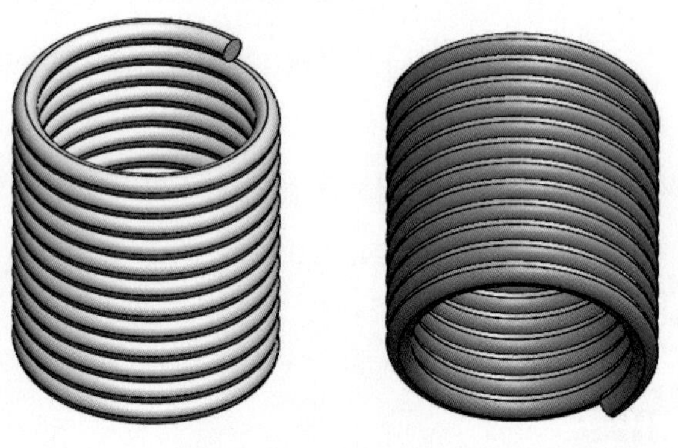

(4) 연습 예제4

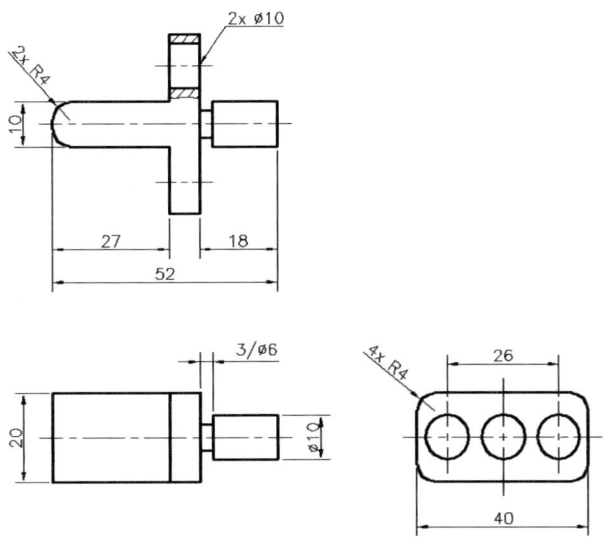

① 윗면(Top)을 스케치 평면으로 선택하여 다음과 같이 스케치를 작성하고 구속조건과 치수를 부여한 후 스케치를 종료한다.

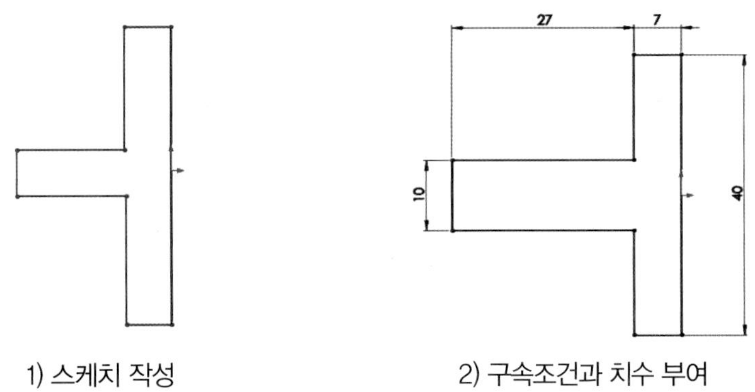

1) 스케치 작성　　　　2) 구속조건과 치수 부여

② 키보드 Ctrl + 7(등각보기)을 누른다.

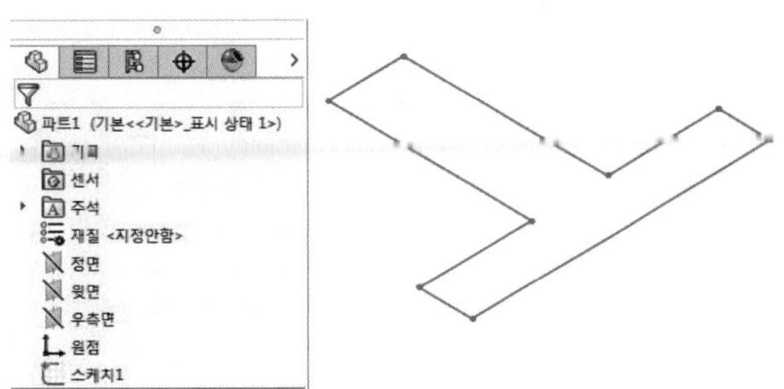

③ 피처(Features) 메뉴에서 돌출 보스/베이스(Extruded Boss/Base)를 클릭하여 스케치를 선택하고 다음과 같이 설정한 후 확인을 클릭한다.

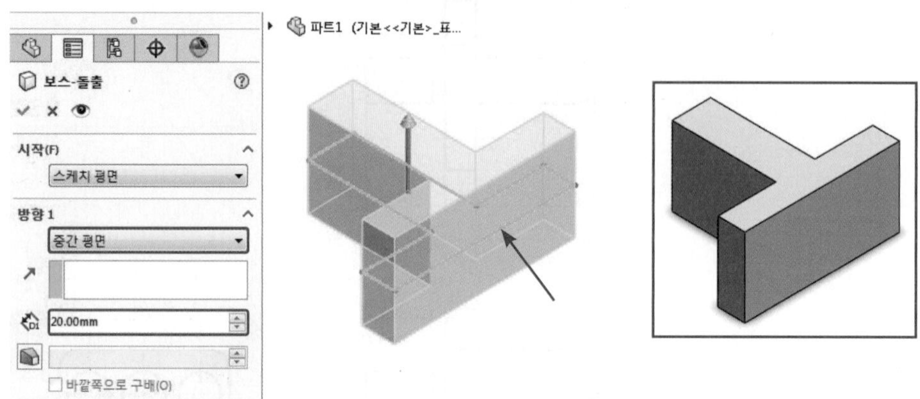

④ 스케치(Sketch)를 클릭하고 정면(Front)을 스케치 평면으로 선택한 후 키보드 Ctrl + 8(면에 수직으로 보기)을 누른다.

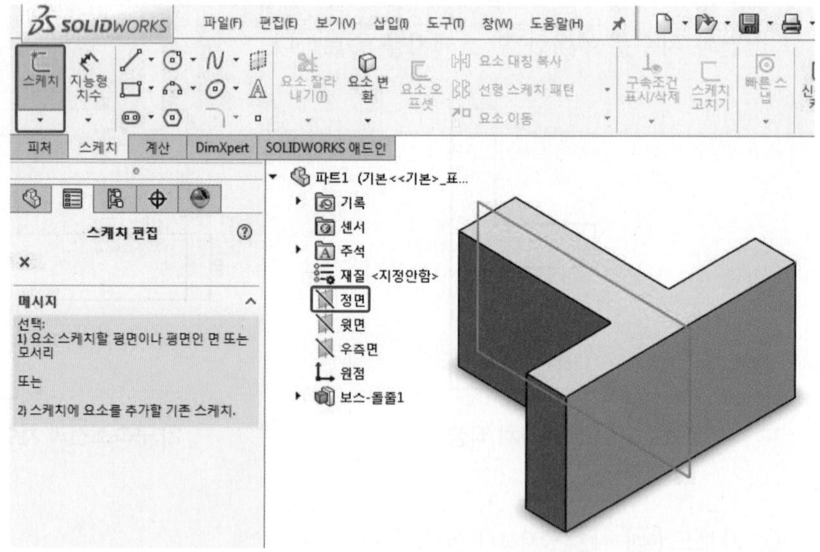

Tip 피처 매니저 디자인 트리를 이용한 스케치 평면 선택 방법

최초 스케치를 제외하고는 스케치를 진행할 때 기본 세 평면(정면, 윗면, 우측면)은 자동으로 활성화 되지 않는다. 이때 피처 매니저 디자인 트리(Features Manager Design Tree)의 옆, 파트(Part) 모델링의 이름에 삼각형을 클릭하여 작업 진행 내용을 활성화 하고 평면을 선택한다.

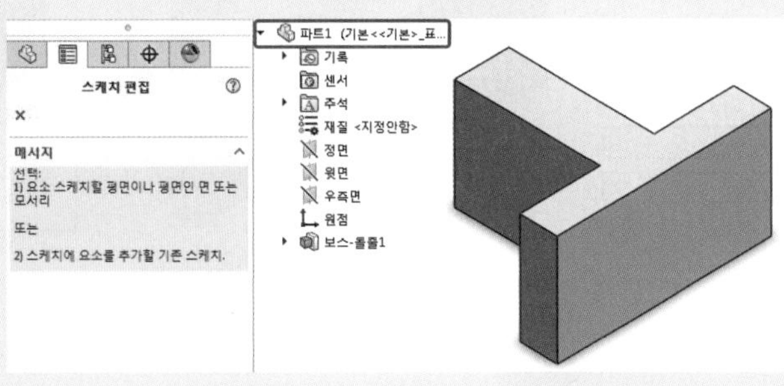

⑤ 다음과 같이 스케치를 작성하고 구속조건과 치수를 부여한 후 스케치를 종료한다.

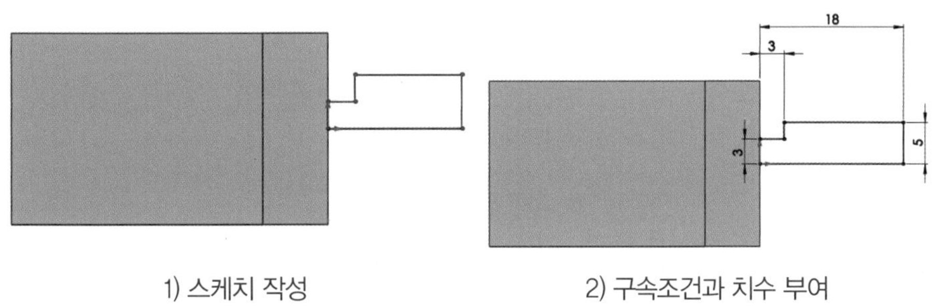

1) 스케치 작성　　　2) 구속조건과 치수 부여

⑥ 키보드 Ctrl + 7(등각보기)을 누른다.

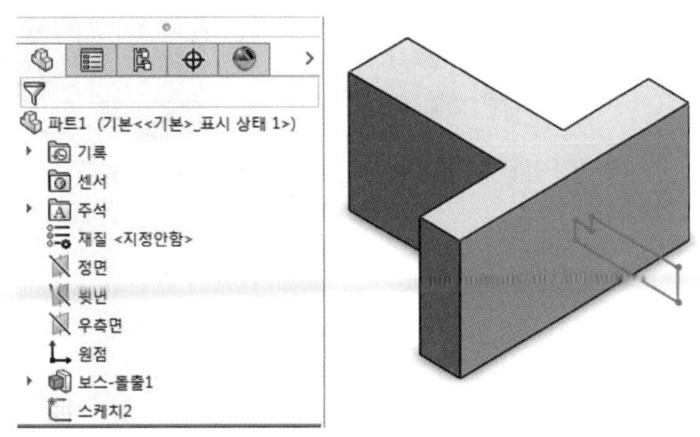

⑦ 피처(Features) 메뉴에서 회전 보스/베이스(Revolved Boss/Base)를 클릭하여 스케치를 선택하고 다음과 같이 설정한 후 확인을 클릭한다.

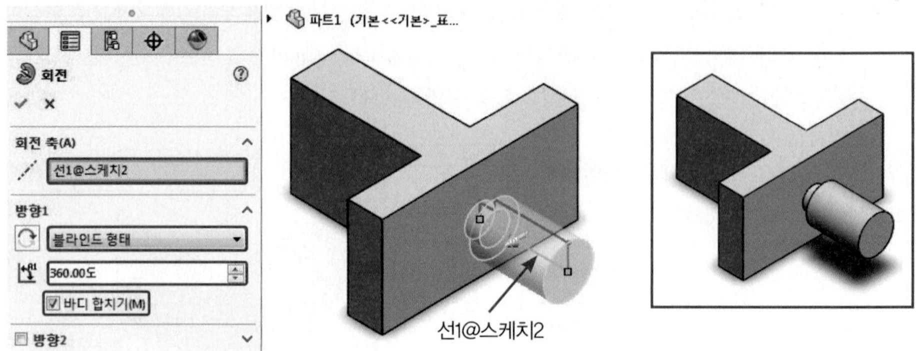

⑧ 피처(Features) 메뉴에서 구멍 가공 마법사(Hole Wizard)를 클릭한다.

⑨ 다음과 같이 구멍 유형(Type)을 설정한다.

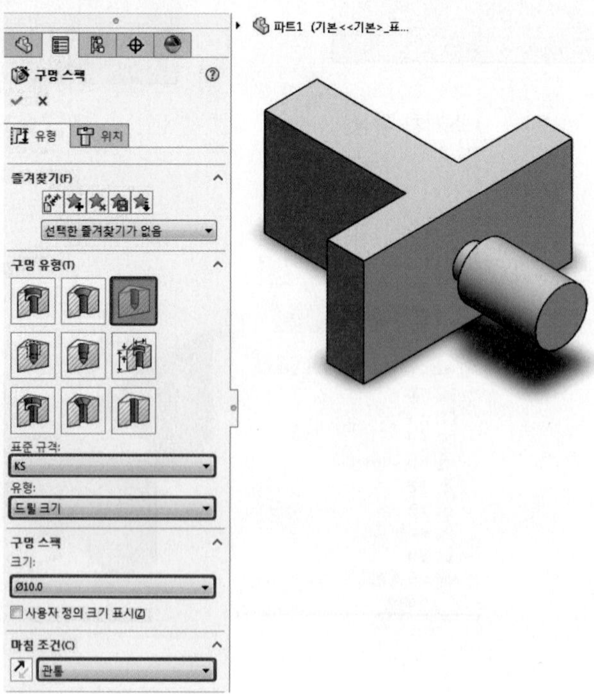

⑩ 구멍 위치(Positions) 메뉴에서 위치를 설정하고 확인을 클릭한다.

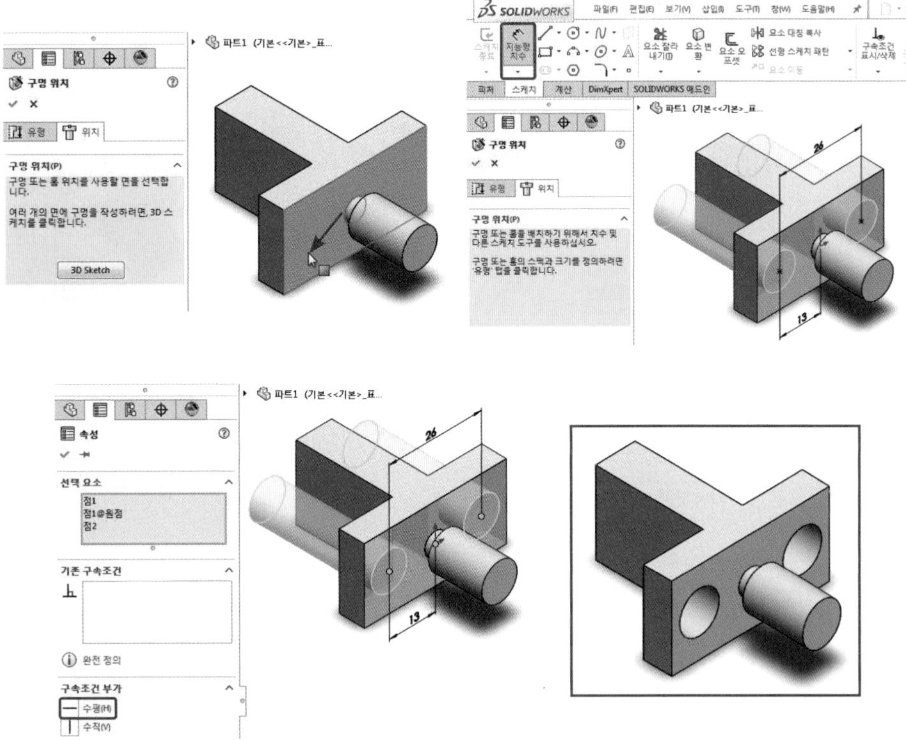

⑪ 피처(Features) 메뉴에서 필렛(Fillet)을 클릭한다.

⑫ 모서리를 선택하고 다음과 같이 설정을 한 후 확인을 클릭한다.

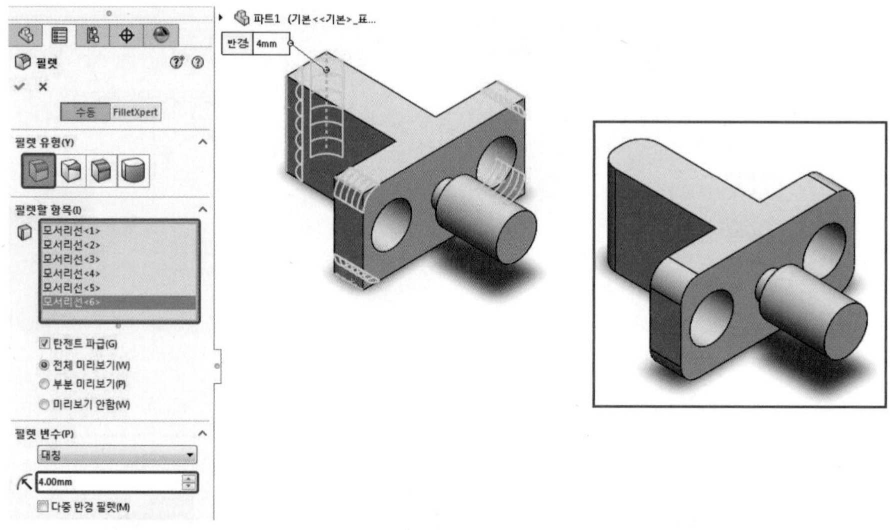

⑬ 파일(File) → 저장(Save)을 클릭하고 저장 위치와 파일 이름(File Name)을 지정한 후 저장(Save)을 클릭한다(파일 이름은 연습 예제4로 지정한다).

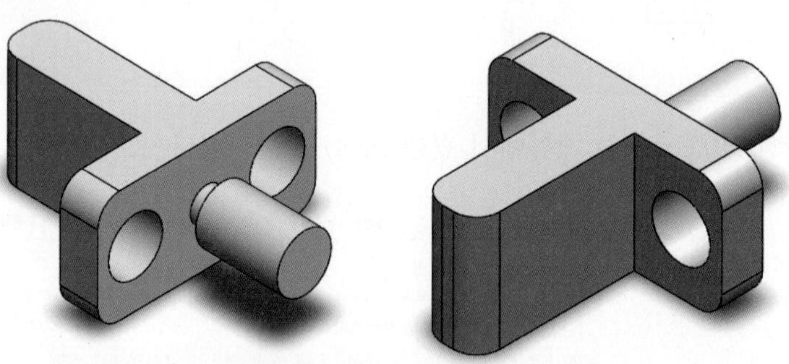

(5) 연습 예제5

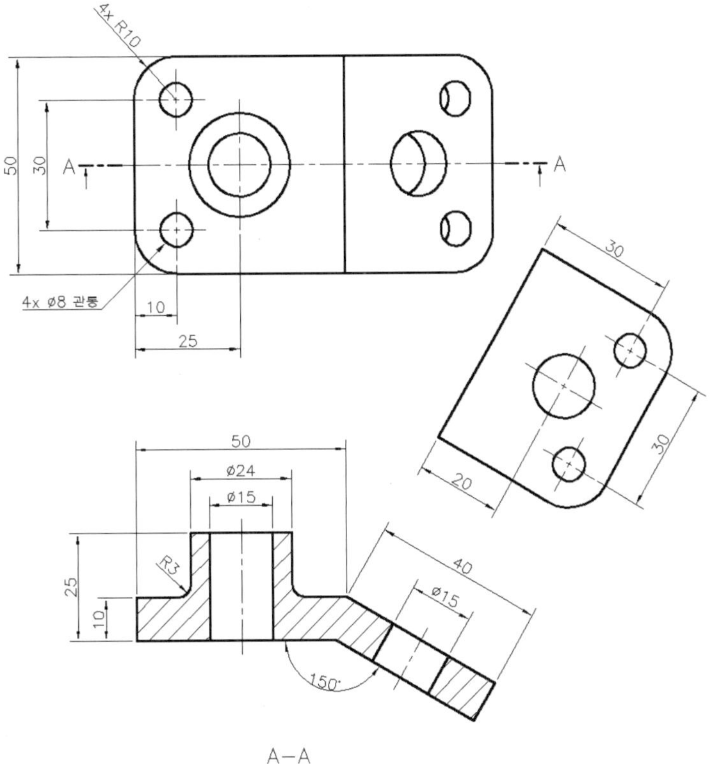

① 정면(Front)을 스케치 평면으로 선택하여 이용하여 다음과 같이 스케치를 작성하고 구속조건과 치수를 부여한 후 스케치를 종료한다.

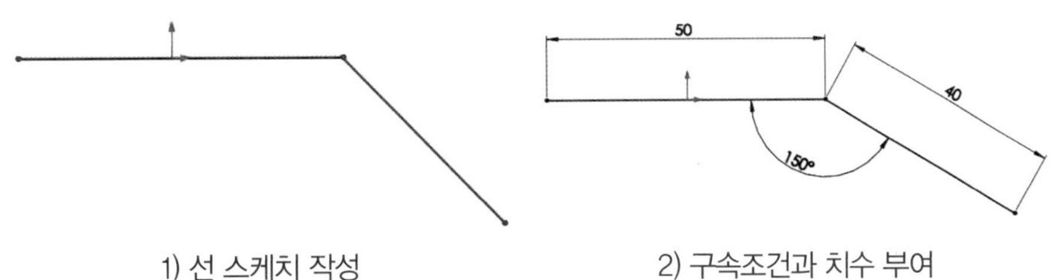

1) 선 스케치 작성　　　2) 구속조건과 치수 부여

② 키보드 Ctrl + 7(등각보기)을 누른다.

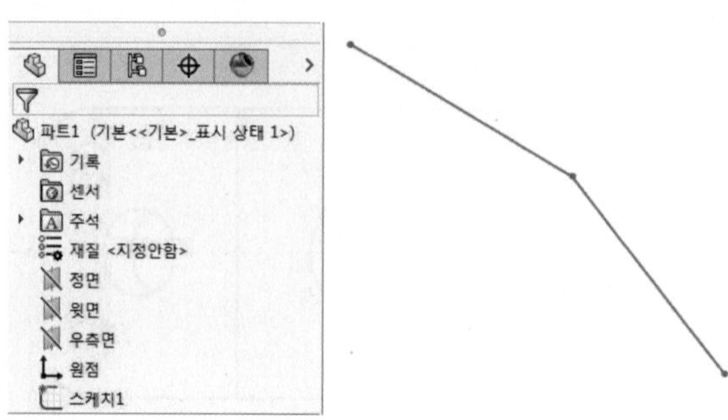

③ 피처(Features) 메뉴에서 돌출 보스/베이스(Extruded Boss/Base)를 클릭하여 스케치를 선택하고 다음과 같이 설정한 후 확인을 클릭한다.

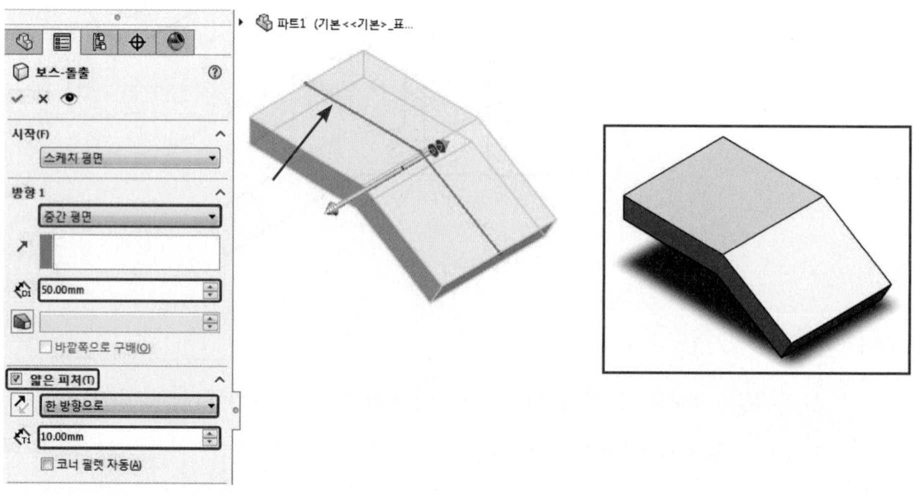

④ 스케치(Sketch)를 클릭하고 정면(Front)을 스케치 평면으로 선택한 후 키보드 Ctrl + 8(면에 수직으로 보기)을 누른다.

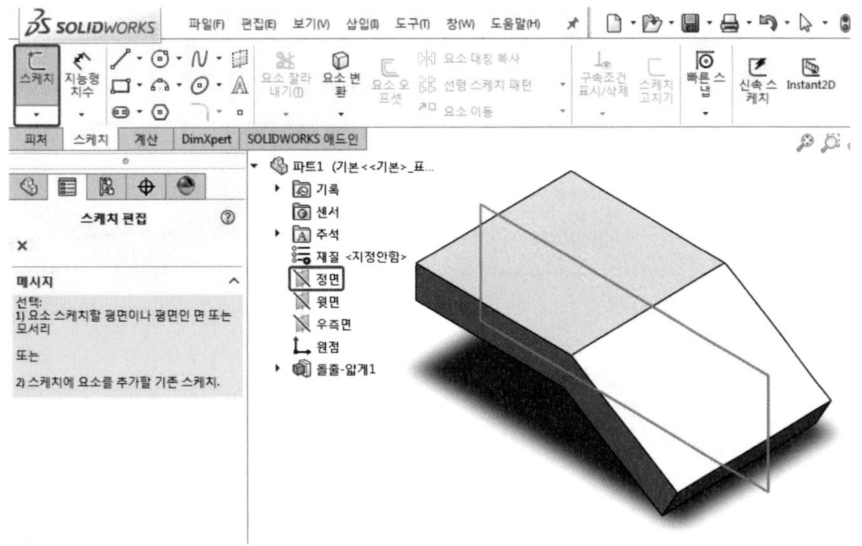

⑤ 다음과 같이 스케치를 작성하고 구속조건과 치수를 부여한 후 스케치를 종료한다.

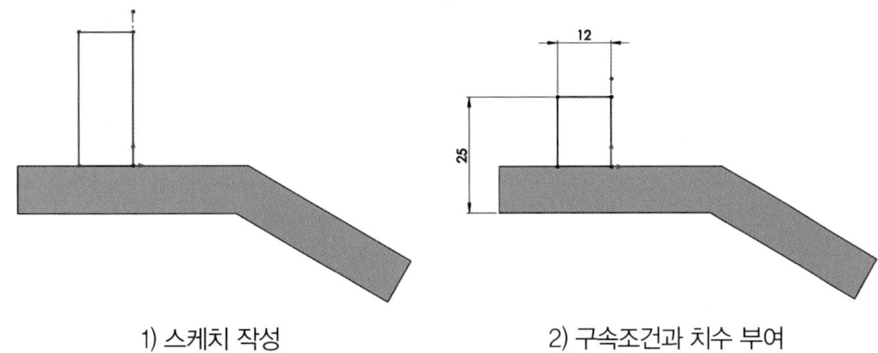

1) 스케치 작성　　2) 구속조건과 치수 부여

⑥ 키보드 Ctrl + 7(등각보기)을 누른다.

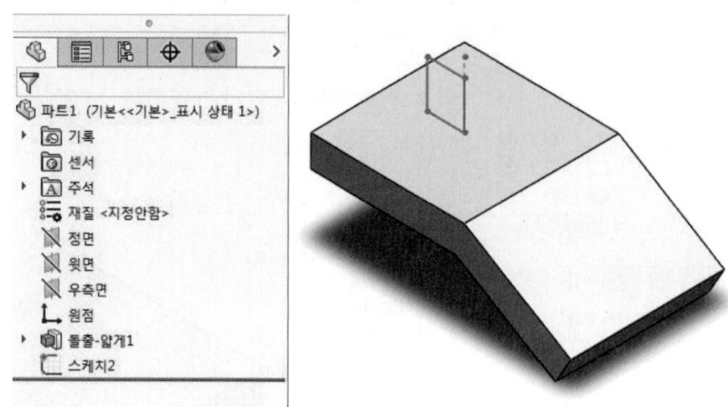

⑦ 피처(Features) 메뉴에서 회전 보스/베이스(Revolved Boss/Base)를 클릭하여 스케치를 선택하고 다음과 같이 설정한 후 확인을 클릭한다.

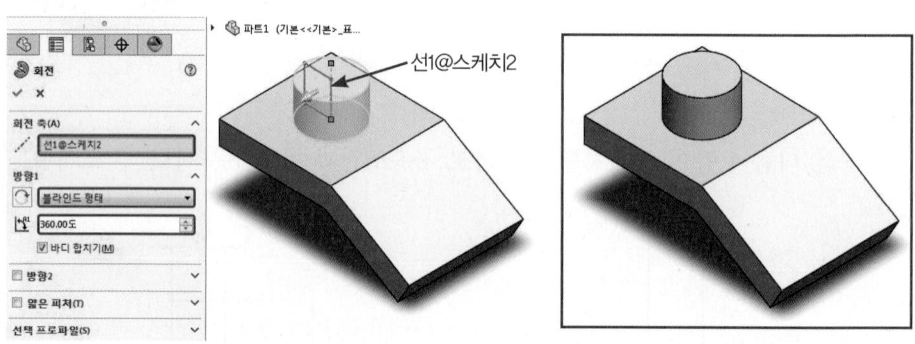

⑧ 스케치(Sketch)를 클릭하고 원통의 윗면을 스케치 평면으로 선택한 후 키보드 Ctrl + 8(면에 수직으로 보기)을 누른다.

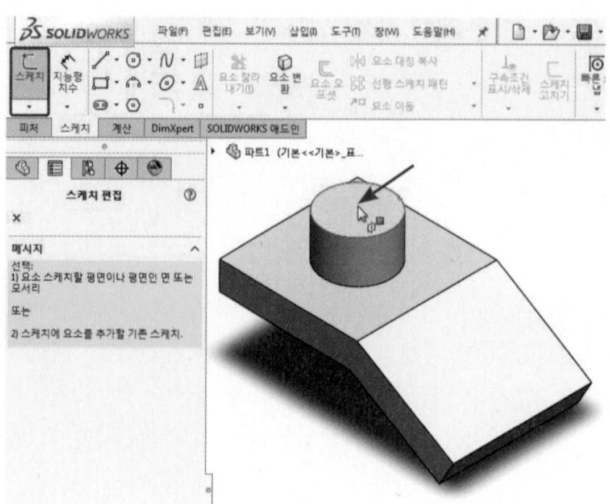

⑨ 원(Circle)을 이용하여 다음과 같이 스케치를 작성하고 구속조건과 치수를 부여한 후 스케치를 종료한다.

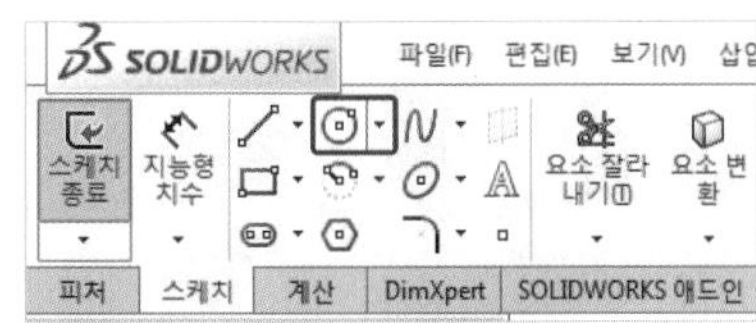

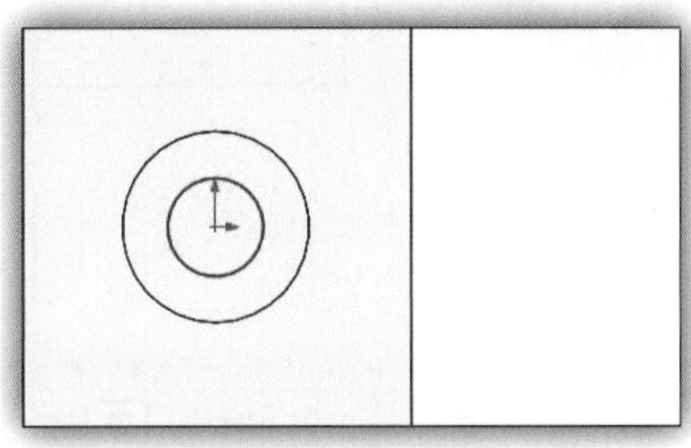

1) 원 스케치 작성

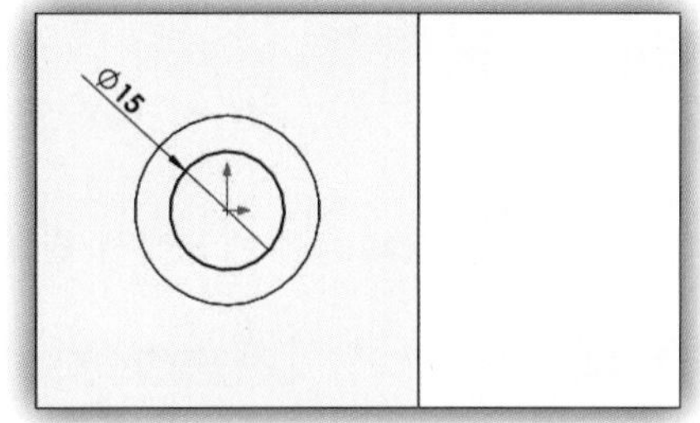

2) 구속조건과 치수 부여

⑩ 키보드 Ctrl + 7(등각보기)을 누른다.

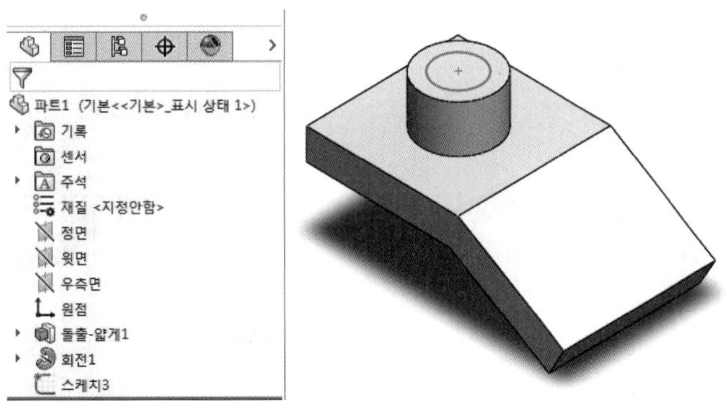

⑪ 피처(Features) 메뉴에서 돌출 컷(Extruded Cut)을 클릭한다.

⑫ 스케치를 선택하고 다음과 같이 설정한 후 확인을 클릭한다.

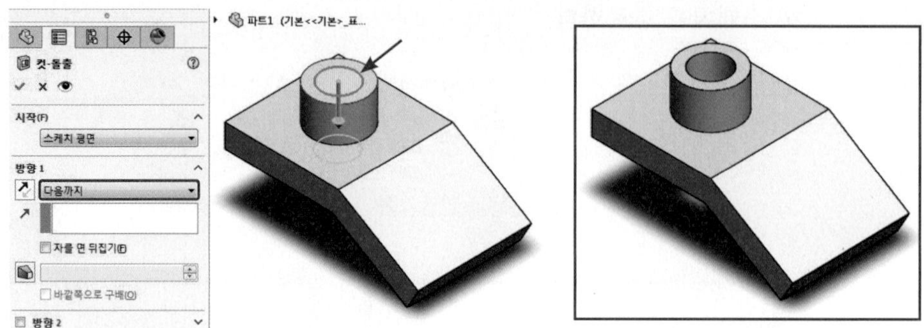

⑬ 피처(Features) 메뉴에서 필렛(Fillet)을 클릭한다.

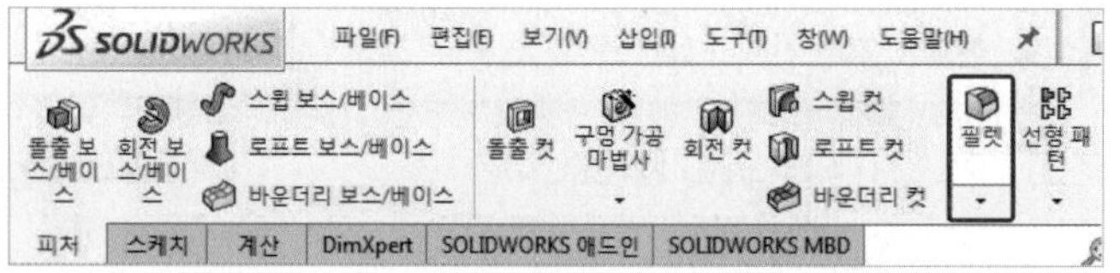

⑭ 모서리를 선택하고 다음과 같이 설정한 후 확인을 클릭한다.

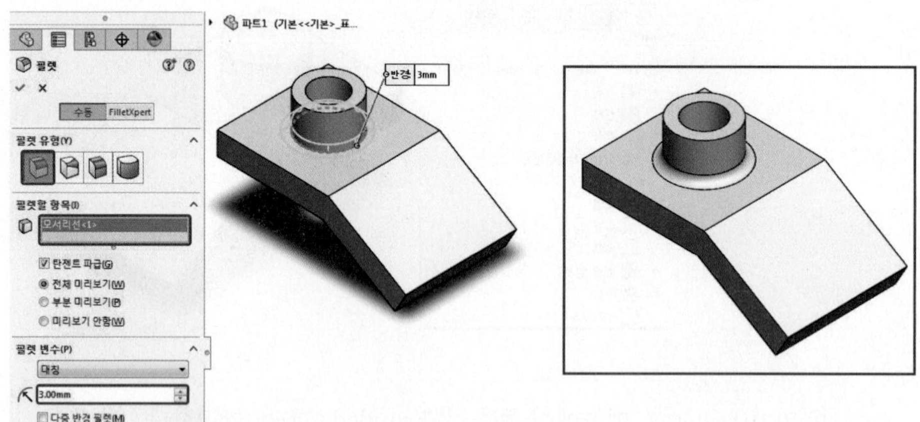

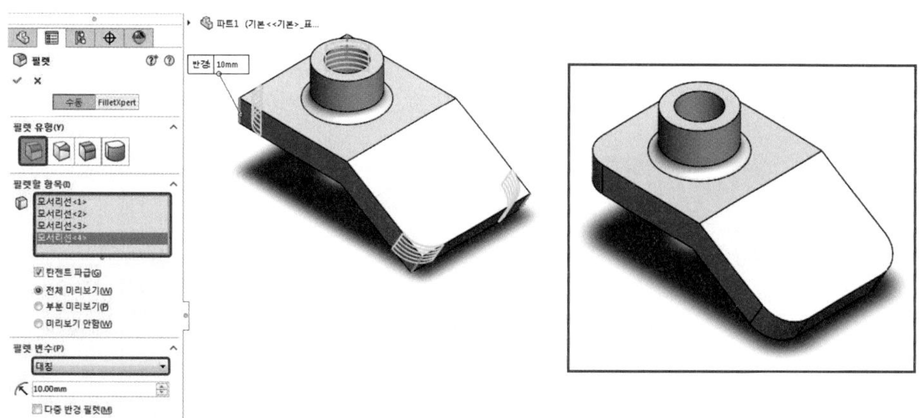

⑮ 스케치(Sketch)를 클릭하고 피처의 경사면을 스케치 평면으로 선택한 후 키보드 Ctrl + 8(면에 수직으로 보기)을 누른다.

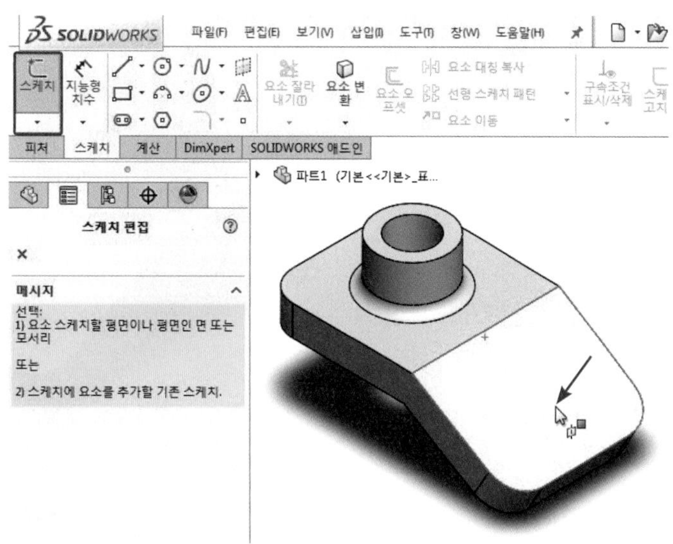

⑯ 원(Circle)을 이용하여 다음과 같이 스케치를 작성하고 구속조건과 치수를 부여한 후 스케치를 종료한다.

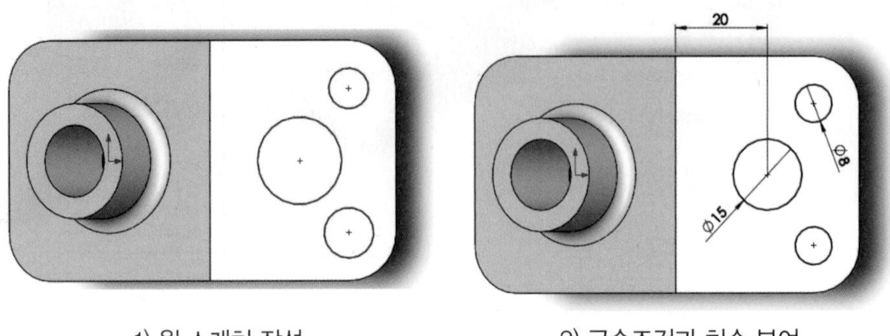

1) 원 스케치 작성 2) 구속조건과 치수 부여

⑰ 키보드 Ctrl + 7(등각보기)을 누른다.

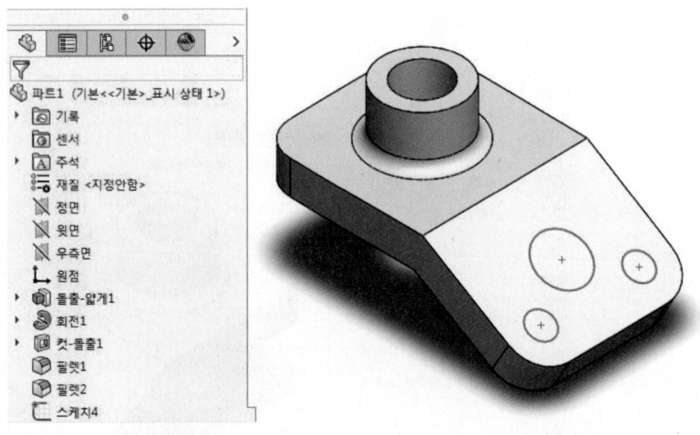

⑱ 피처(Features) 메뉴에서 돌출 컷(Extruded Cut)을 클릭하여 스케치를 선택하고 다음과 같이 설정한 후 확인을 클릭한다.

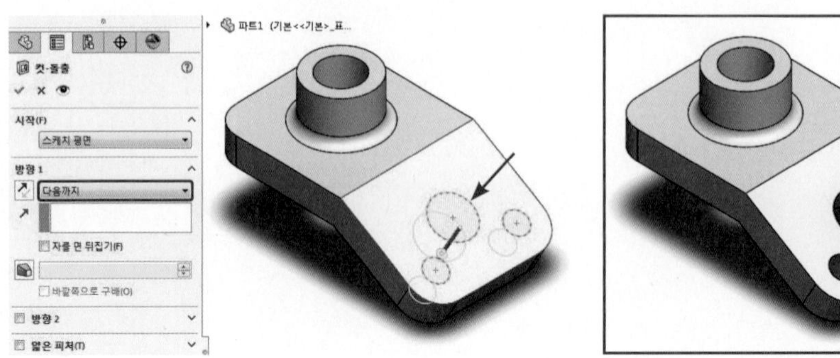

⑲ 스케치(Sketch)를 클릭하고 피처의 윗면을 스케치 평면으로 선택한 후 키보드 Ctrl + 8(면에 수직으로 보기)을 누른다.

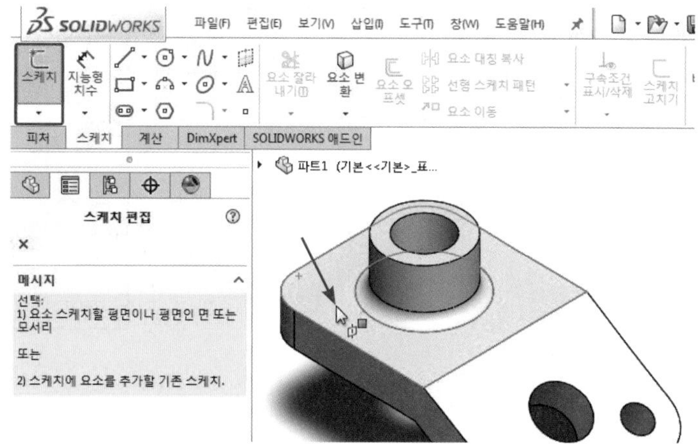

⑳ 원(Circle)을 이용하여 다음과 같이 스케치를 작성하고 구속조건과 치수를 부여한 후 스케치를 종료한다.

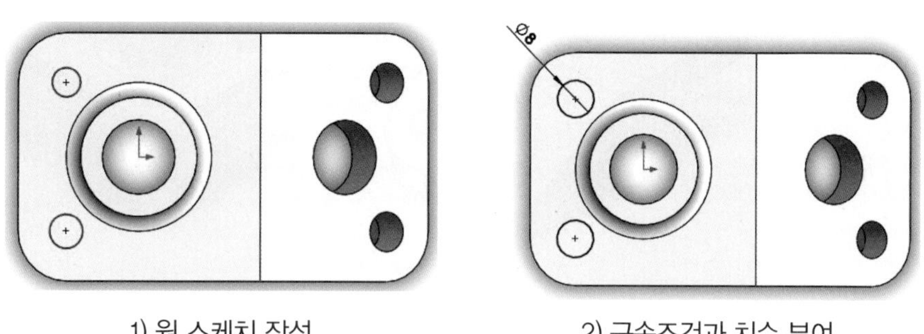

1) 원 스케치 작성　　　　2) 구속조건과 치수 부여

㉑ 키보드 Ctrl + 7(등각보기)을 누른다.

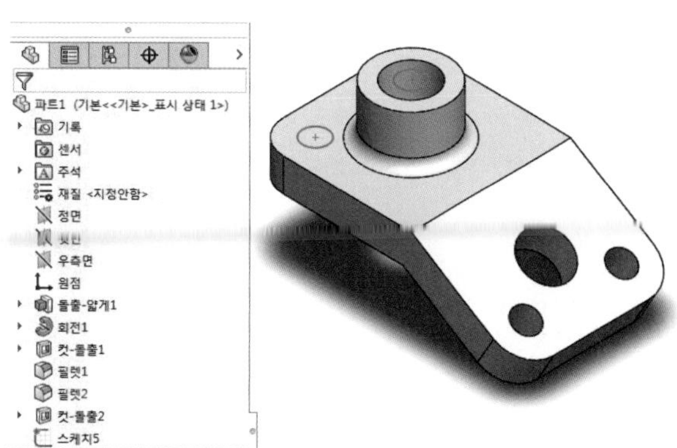

㉒ 피처(Features) 메뉴에서 돌출 컷(Extruded Cut)을 클릭하여 스케치를 선택하고 다음과 같이 설정한 후 확인을 클릭한다.

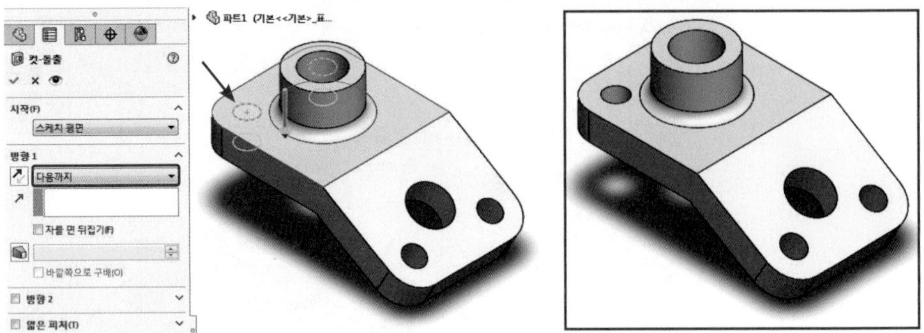

㉓ 파일(File) → 저장(Save)을 클릭하고 저장 위치와 파일 이름(File Name)을 지정한 후 저장(Save)을 클릭한다(파일 이름은 연습 예제5로 지정한다).

(6) 연습 예제6

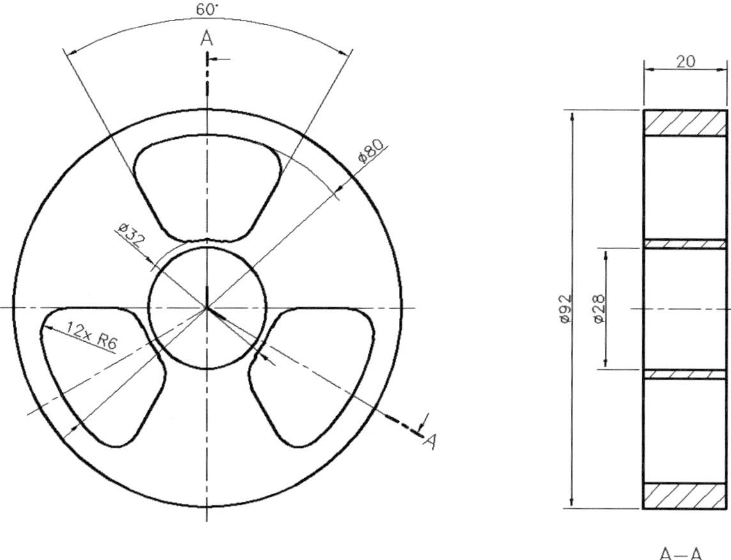

① 정면(Front)을 스케치 평면으로 선택하고 중심선(Center Line)을 이용하여 원점과 일치하는 수평 중심선을 작성한다.

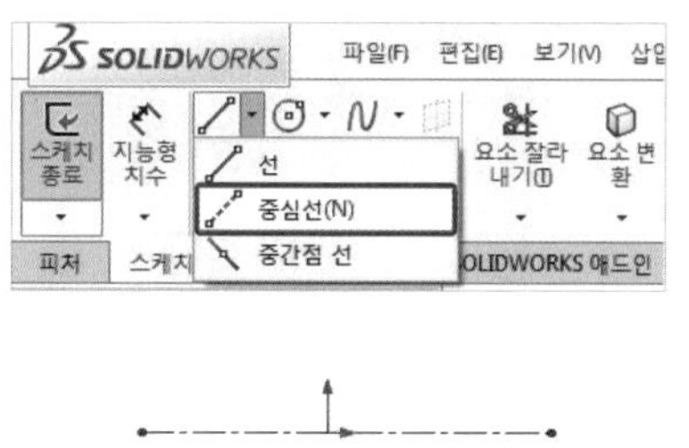

② 코너 사각형(Corner Rectangle)을 이용하여 다음과 같이 스케치를 작성하고 구속조건과 치수를 부여한 후 스케치를 종료한다.

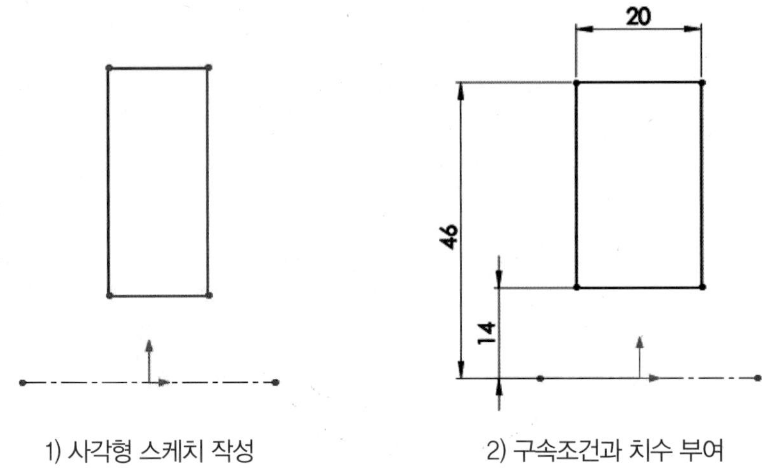

1) 사각형 스케치 작성 2) 구속조건과 치수 부여

③ 키보드 Ctrl + 7(등각보기)을 누른다.

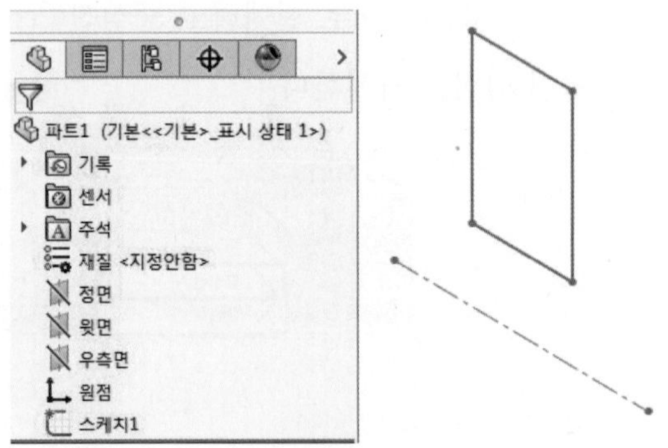

④ 피처(Features) 메뉴에서 회전 보스 / 베이스(Revolved Boss / Base)를 클릭하여 스케치를 선택하고 다음과 같이 설정한 후 확인을 클릭한다.

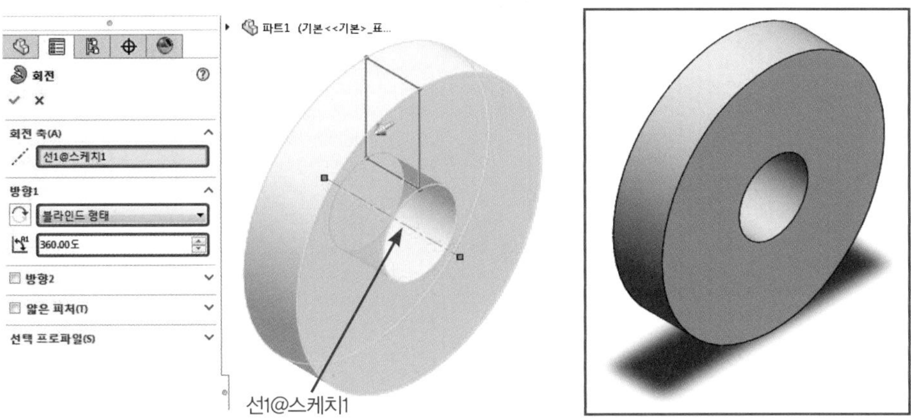

⑤ 스케치(Sketch)를 클릭하고 정면(Front)을 스케치 평면으로 선택한 후 키보드 Ctrl + 8(면에 수직으로 보기)을 누른다.

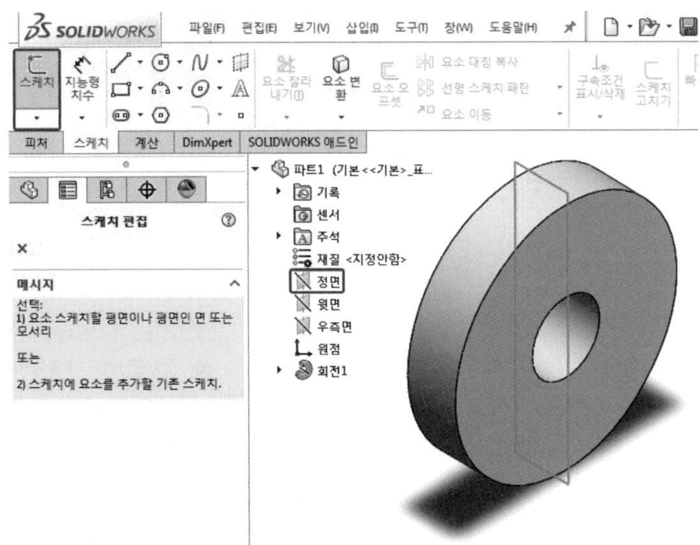

⑥ 다음과 같이 스케치를 작성하고 치수를 부여한 후 스케치를 종료한다.

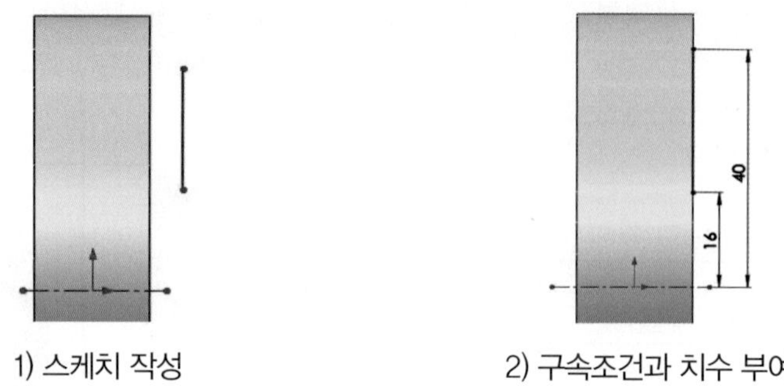

1) 스케치 작성   2) 구속조건과 치수 부여

⑦ 키보드 Ctrl + 7(등각보기)을 누른다.

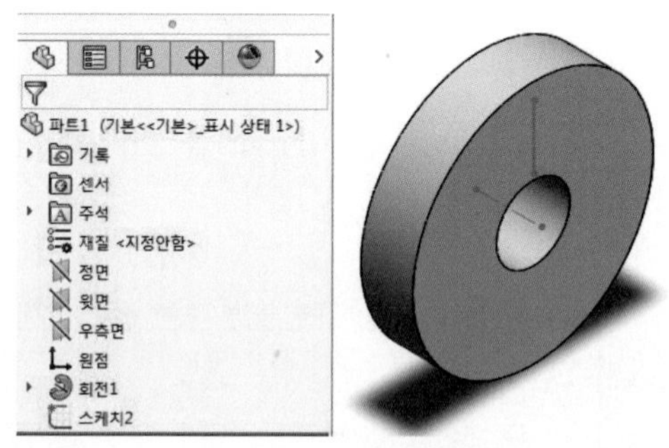

⑧ 피처(Features) 메뉴에서 회전 보스/베이스(Revolved Boss/Base)를 클릭하여 스케치를 선택하고 다음과 같이 설정한 후 확인을 클릭한다.

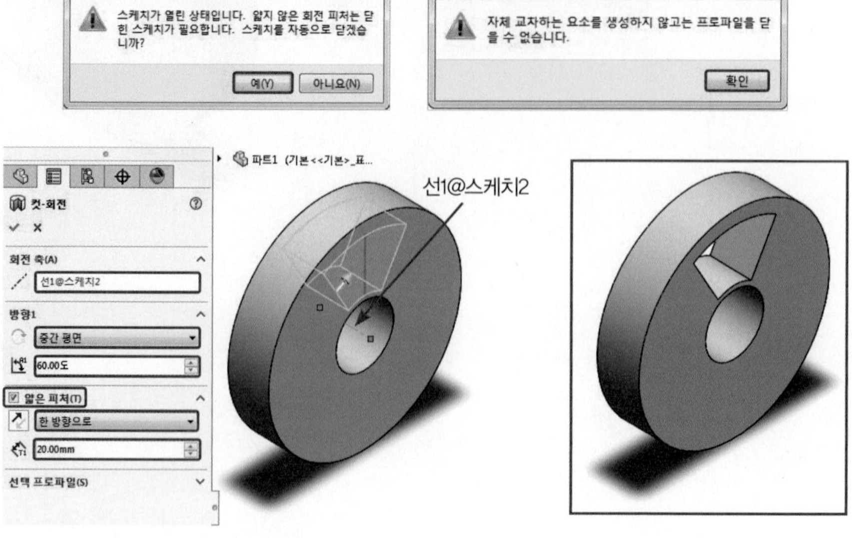

⑨ 피처(Features) 메뉴에서 필렛(Fillet)을 클릭하여 모서리를 선택하고 다음과 같이 설정한 후 확인을 클릭한다.

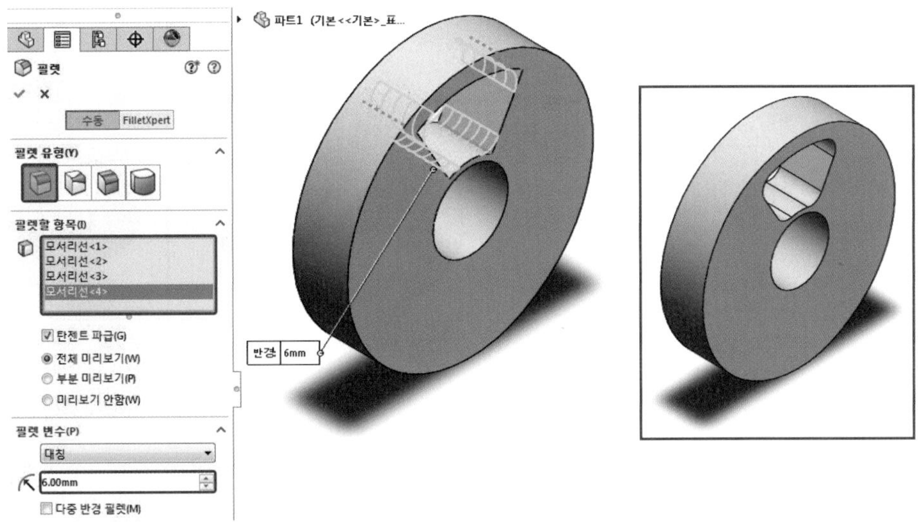

⑩ 보기(View) → 숨기기 / 보이기(Hide / Show) → 임시축(Temporary Axes)을 클릭하여 활성화 한다.

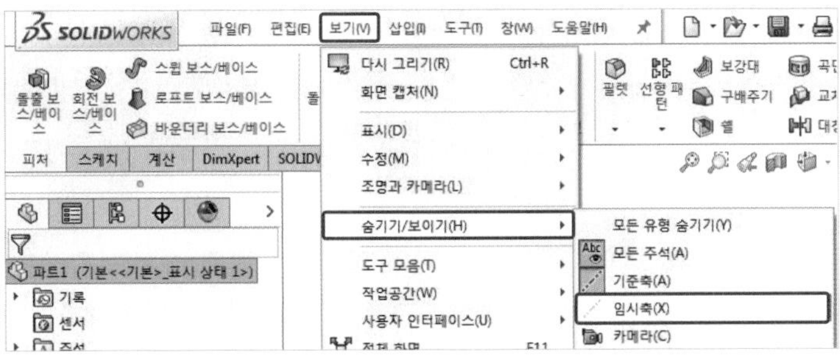

⑪ 피처(Features) 메뉴에서 원형 패턴(Circular Pattern)을 클릭한다.

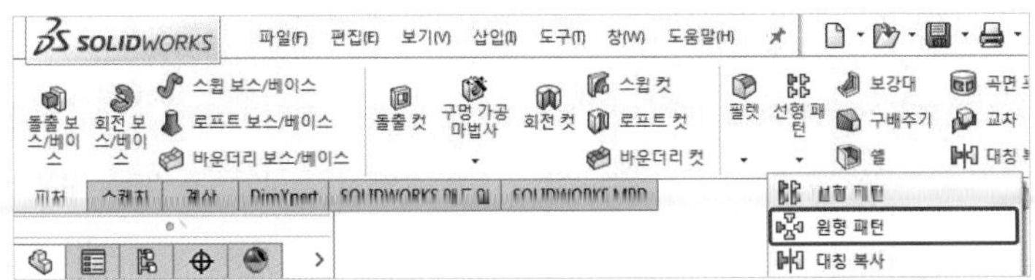

⑫ 패턴할 피처를 선택하고 다음과 같이 설정한 후 확인을 클릭한다.

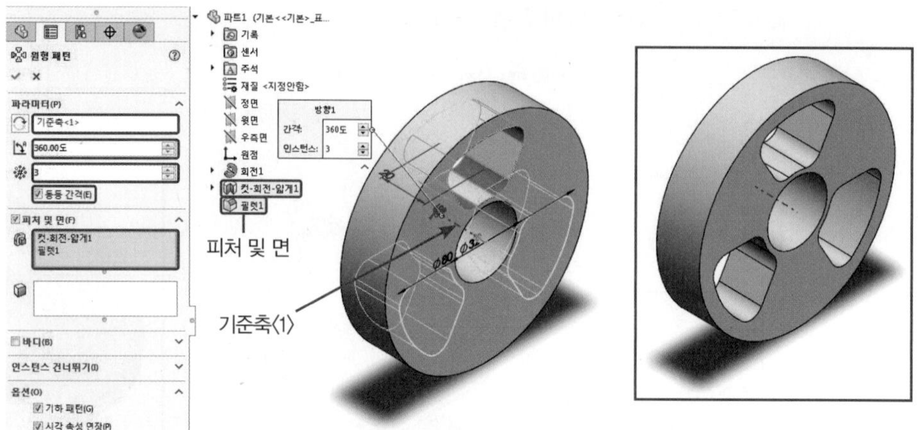

⑬ 파일(File) → 저장(Save)을 클릭하고 저장 위치와 파일 이름(File Name)을 지정한 후 저장(Save)을 클릭한다(파일 이름은 연습 예제6으로 지정한다).

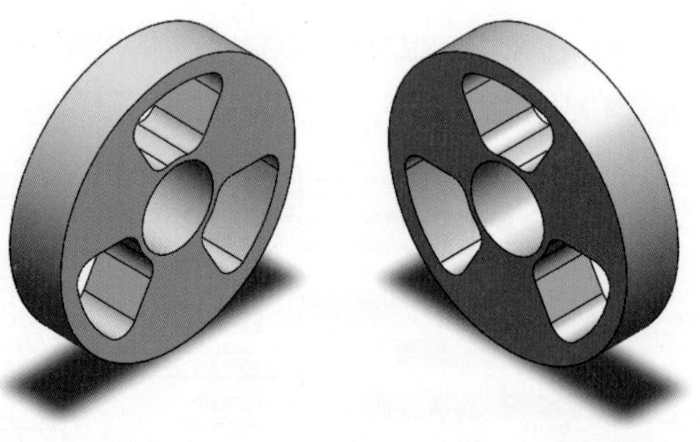

파트(Part)를 이용한 응용 모델링 작성

SolidWorks의 파트(Part) 작업환경에서 축, 스퍼기어 등 여러 가지 기계요소를 모델링한다.

01 동력전달장치 파트(Part) 모델링

다음 동력전달장치의 조립도에 도시되어 있는 각각의 파트(Part)에 관한 모델링을 진행한다.

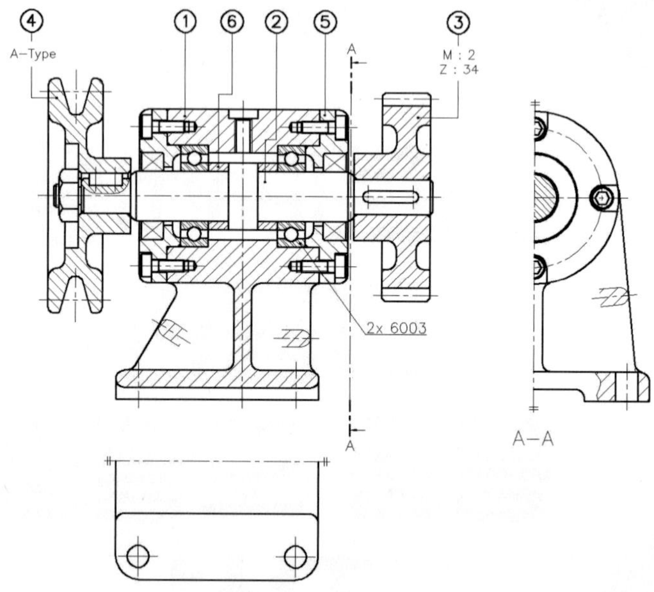

1 축(Shaft) 파트(Part) 모델링

SolidWorks의 명령들을 이용하여 축(Shaft)에 관한 파트(Part) 모델링을 작성한다.

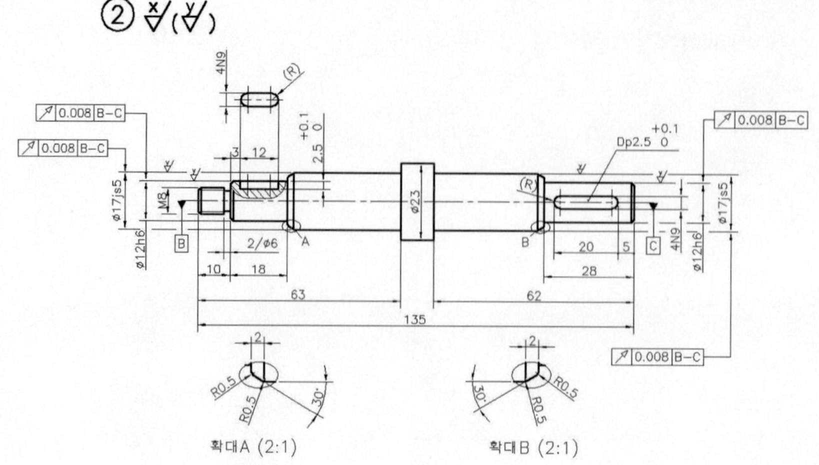

(1) 축 본체 작성

① 스케치(Sketch)를 클릭하고 정면(Front)을 스케치 평면으로 선택한다.

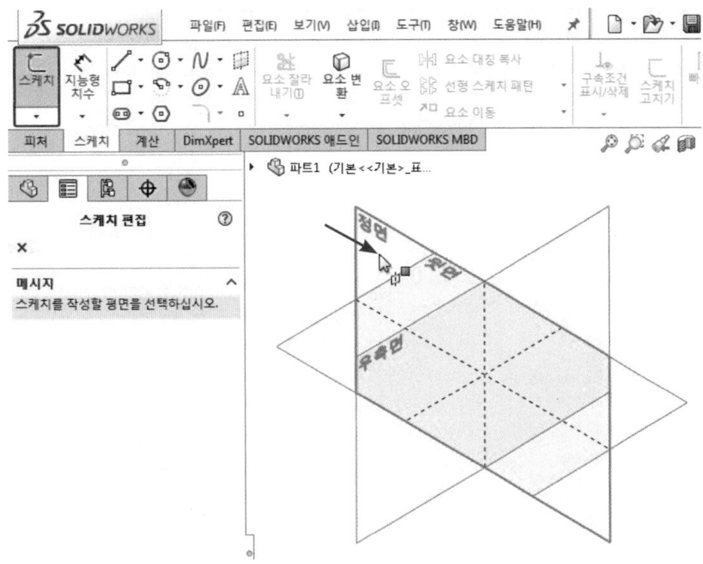

② 중심선(Center Line)을 이용하여 원점과 일치하는 수평 중심선을 작성한다.

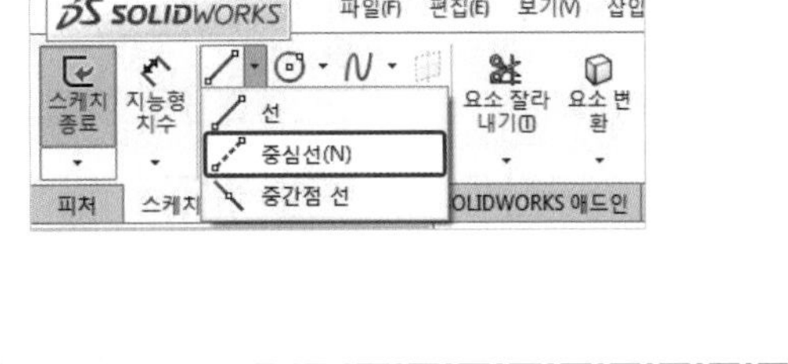

Tip 원점 숨기기 / 보이기

스케치 작성시 원점이 보이지 않는다면 보기(View) → 숨기기 / 보이기(Hide / Show) → 원점(Origins)을 클릭하여 활성화 한다.

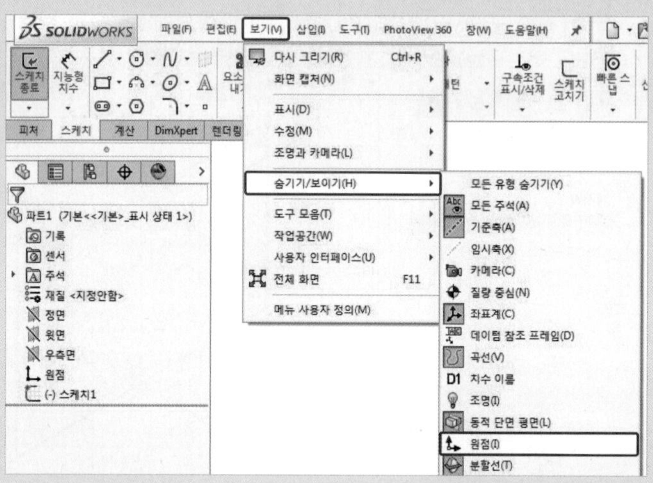

③ 다음과 같이 스케치를 작성하고 구속조건과 치수를 부여한 후 스케치를 종료한다.

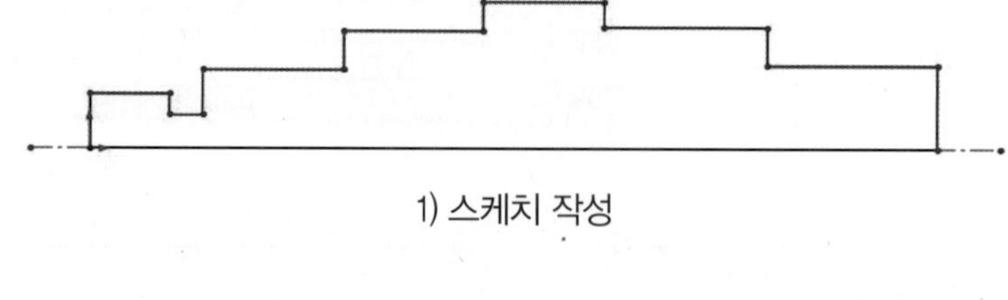

1) 스케치 작성

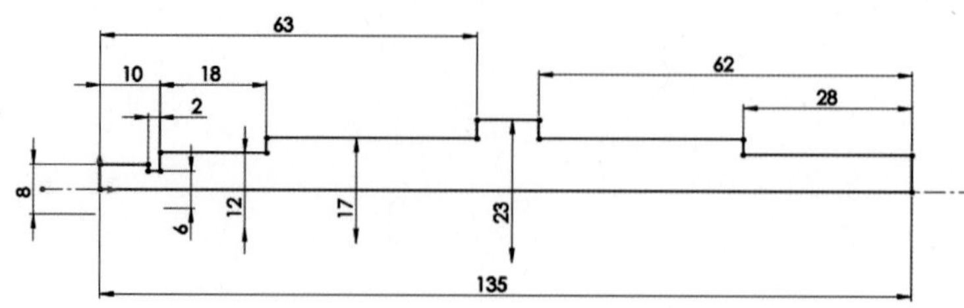

2) 구속조건과 치수 부여

Tip 대칭 / 직경 치수기입의 방법

다음과 같이 중심선을 이용하여 대칭 치수나 축의 지름 치수를 기입할 수 있다(실선으로 이루어진 요소와 중심선 사이에서만 가능하고 실선과 실선, 중심선과 중심선으로는 기입할 수 없다.).

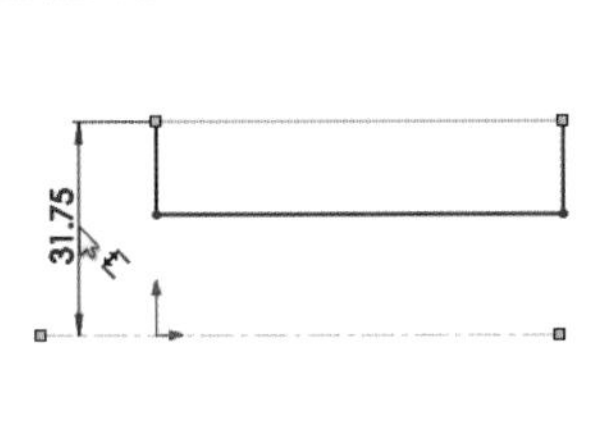

1) 치수 넣을 스케치 요소와 중심선을 선택한다.

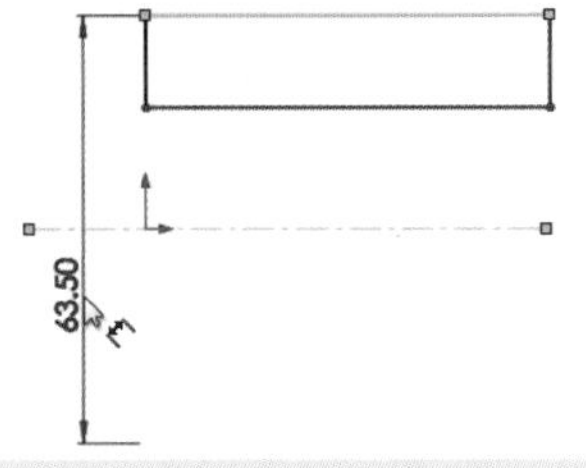

2) 마우스를 중심선 너머로 이동한다.

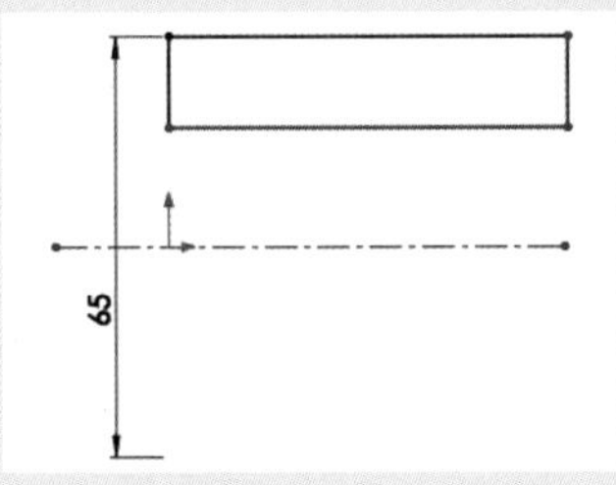

3) 치수를 배치하고 수치를 기입한다.

④ 피처(Features) 메뉴에서 회전 보스 / 베이스(Revolved Boss / Base)를 클릭한다.

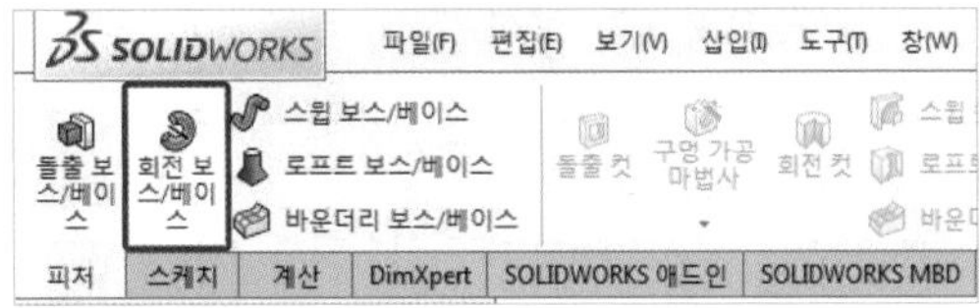

⑤ 스케치를 선택하고 다음과 같이 설정한 후 확인을 클릭한다.

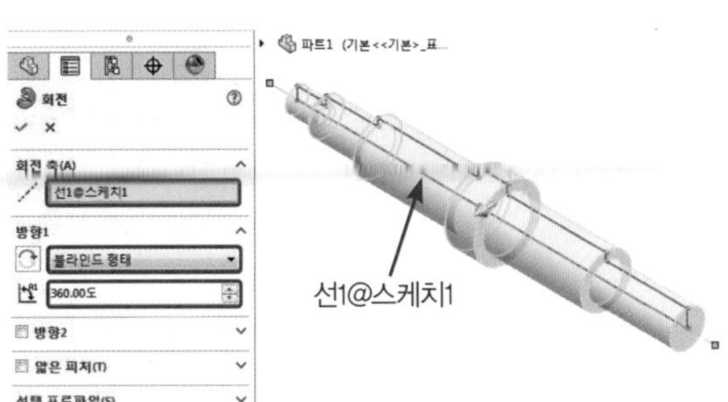

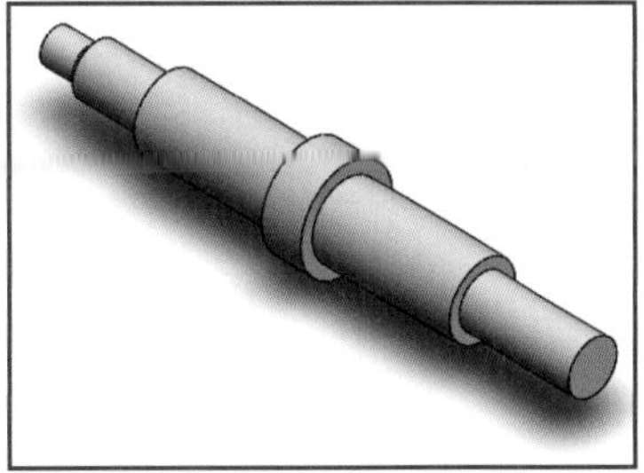

⑥ 피처(Features) 메뉴에서 모따기(Chamfer)를 클릭한다.

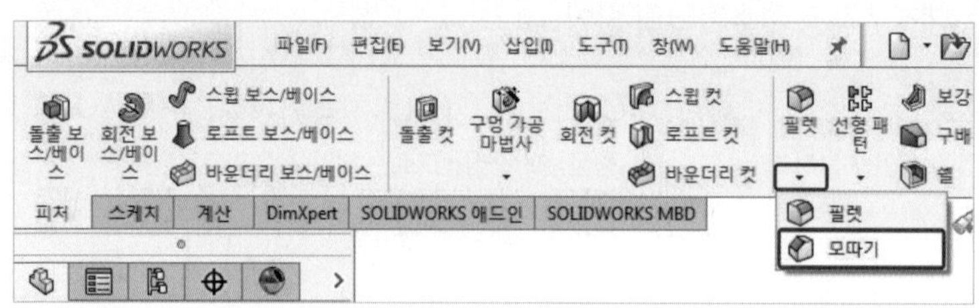

⑦ 모서리를 선택하고 다음과 같이 설정한 후 확인을 클릭한다.

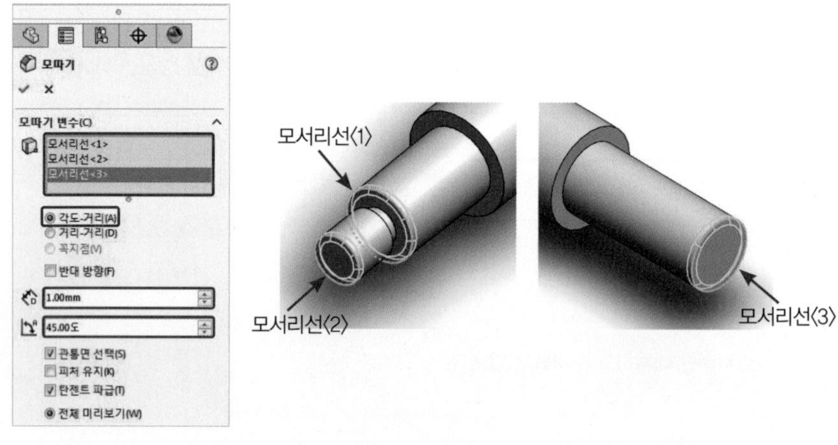

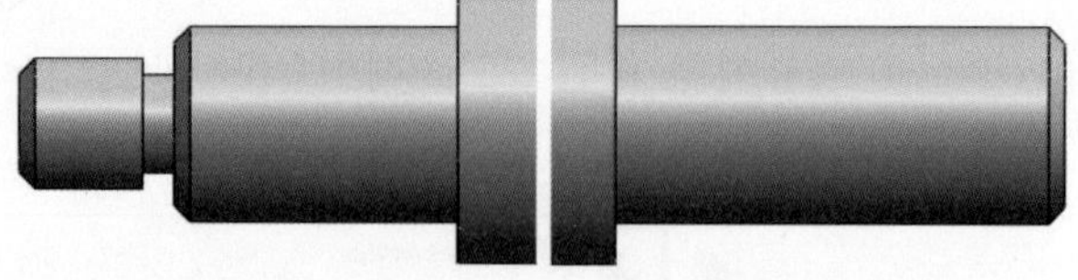

(2) 키 홈 작성

① 스케치(Sketch)를 클릭하고 윗면(Top)을 스케치 평면으로 선택한다.

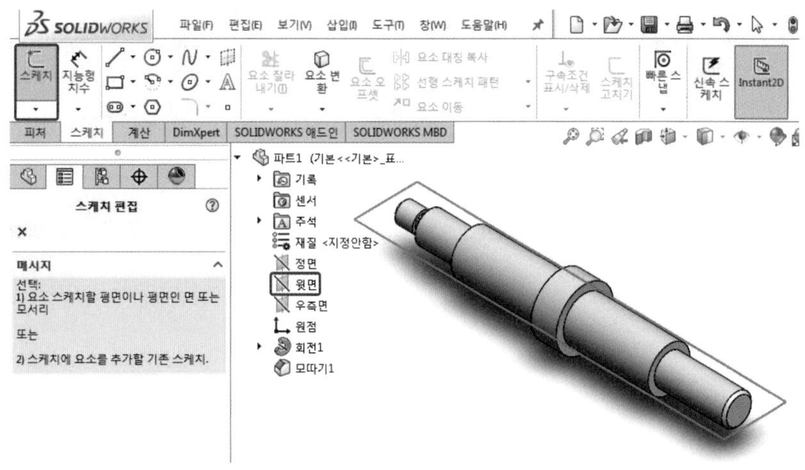

② 직선 홈(Straight Slot)을 이용하여 다음과 같이 스케치를 작성하고 구속조건과 치수를 부여한 후 스케치를 종료한다.

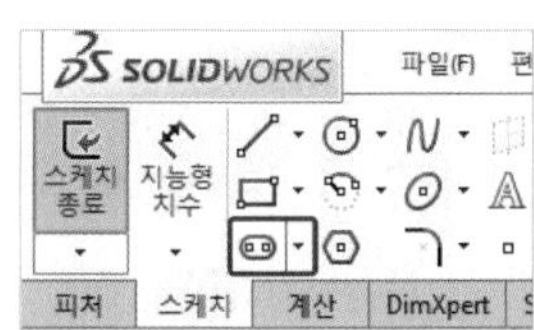

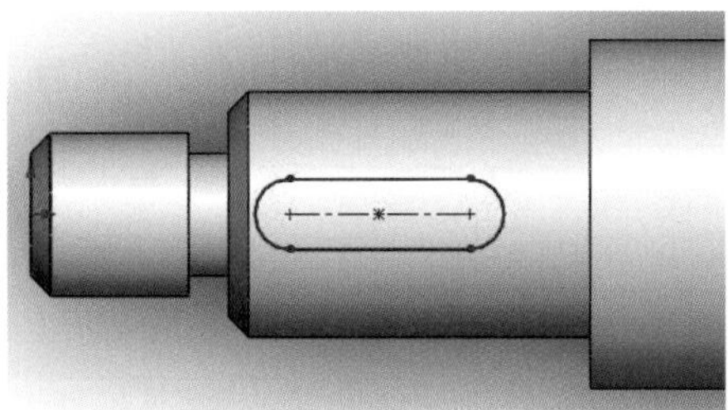

1) 직선 홈 스케치 작성

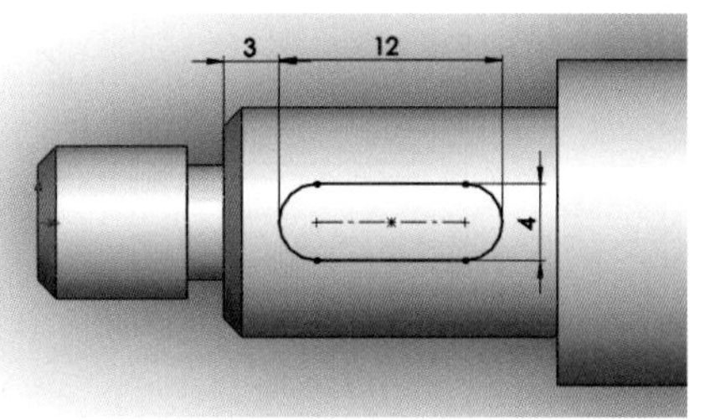

2) 구속조건과 치수 부여

Tip 치수기입 할 때 원주 선택 방법

SolidWorks 특성상 치수 기입 시 원주를 선택하면 원호의 중심이 자동으로 선택된다. 원주를 치수기입의 대상으로 선택하려면 Shift 를 누르면서 클릭한다.

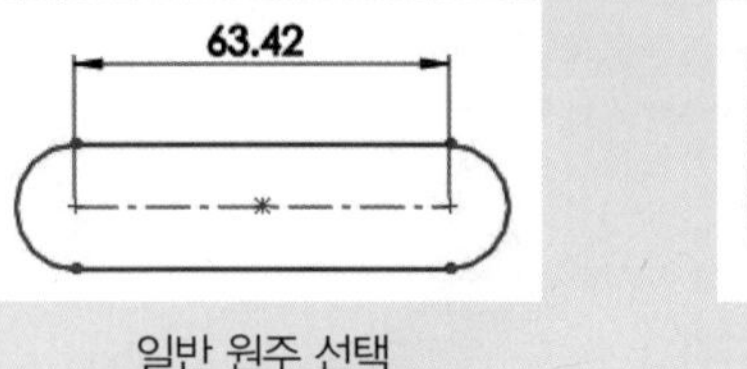

일반 원주 선택

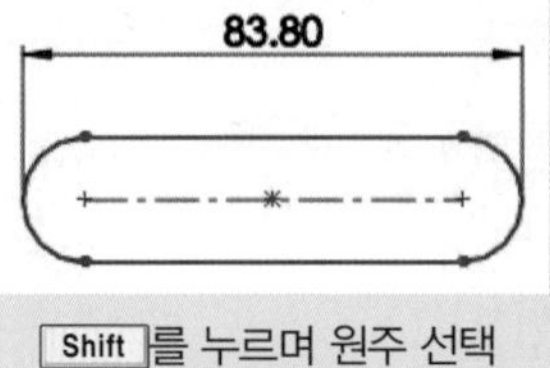

Shift 를 누르며 원주 선택

③ 피처(Features) 메뉴에서 돌출 컷(Extruded Cut)을 클릭한다.

④ 스케치를 선택하고 다음과 같이 설정한 후 확인을 클릭한다.

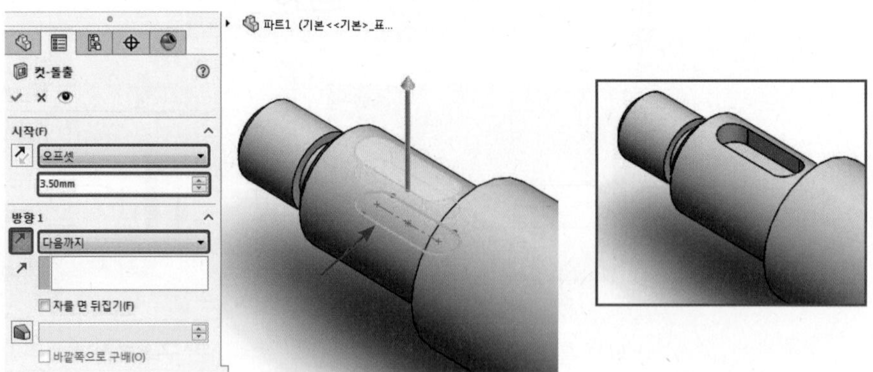

⑤ 스케치(Sketch)를 클릭하고 정면(Front)을 스케치 평면으로 선택한다.

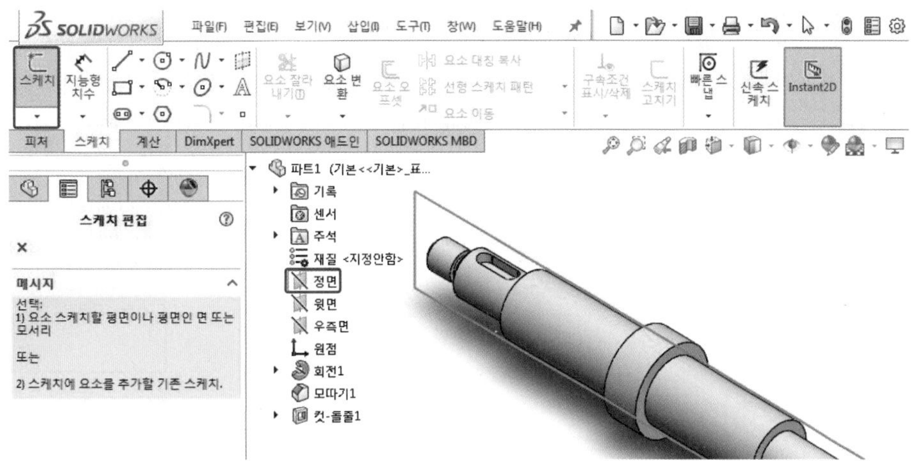

⑥ 직선 홈(Straight Slot)을 이용하여 다음과 같이 스케치를 작성하고 구속조건과 치수를 부여한 후 스케치를 종료한다.

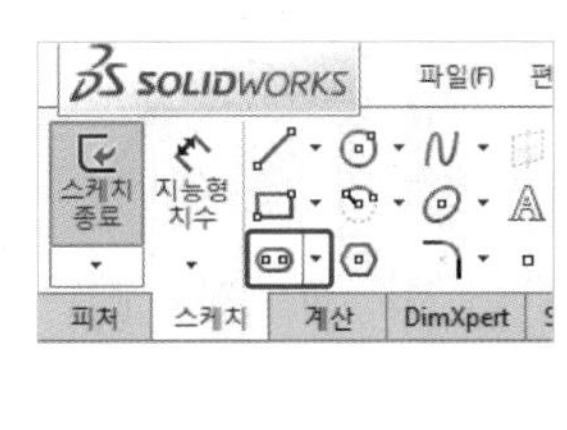

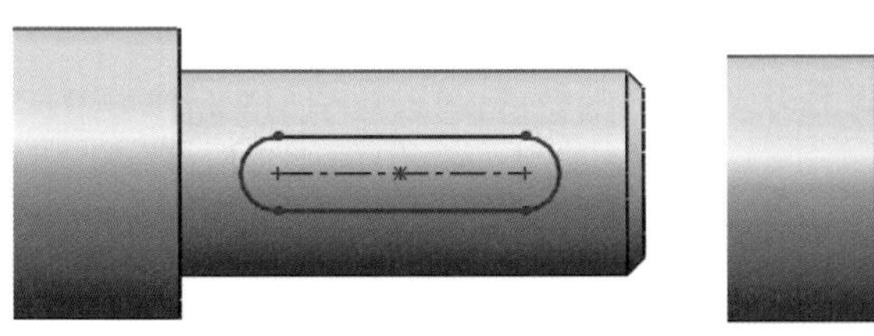

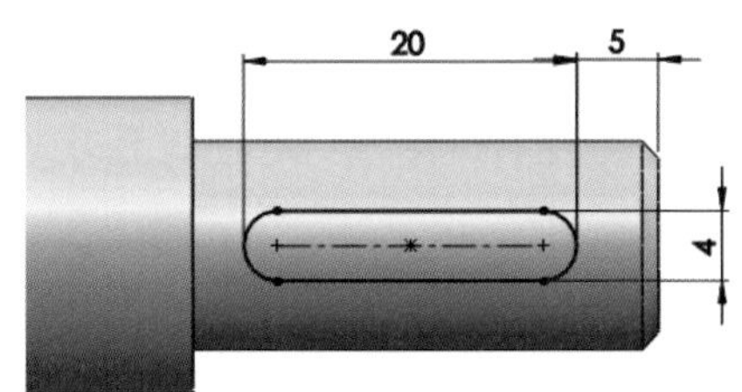

1) 직선 홈 스케치 작성

2) 구속조건과 치수 부여

⑦ 피처(Features) 메뉴에서 돌출 컷(Extruded Cut)을 클릭하여 스케치를 선택하고 다음과 같이 방향을 설정한 후 확인을 클릭한다.

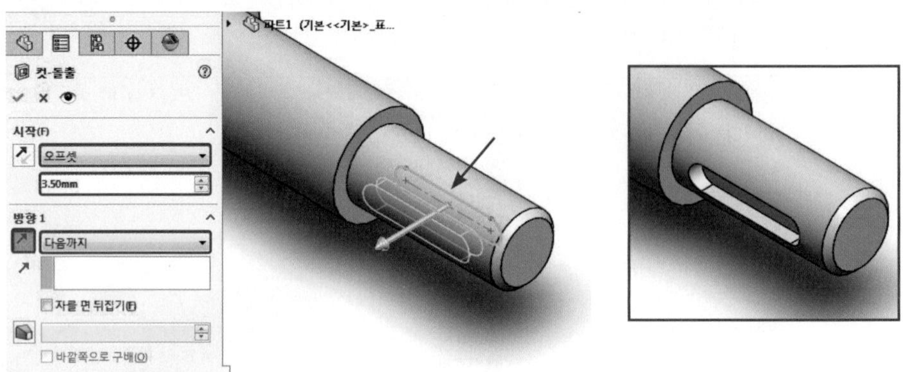

(3) 오일 실 부착 부 작성

① 피처(Features) 메뉴에서 모따기(Chamfer)를 클릭한다.

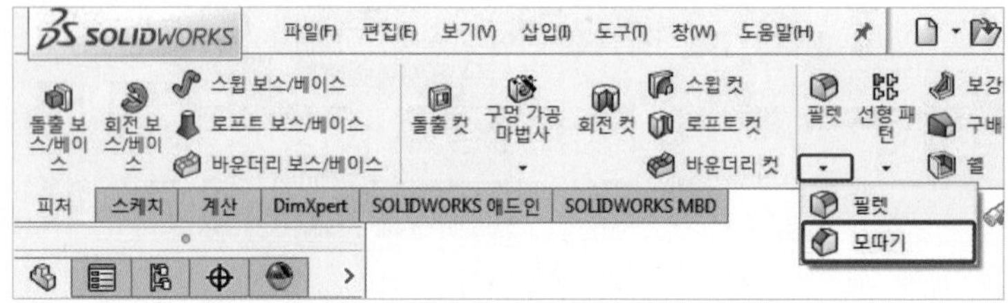

② 모서리를 선택하고 다음과 같이 설정한 후 확인을 클릭한다.

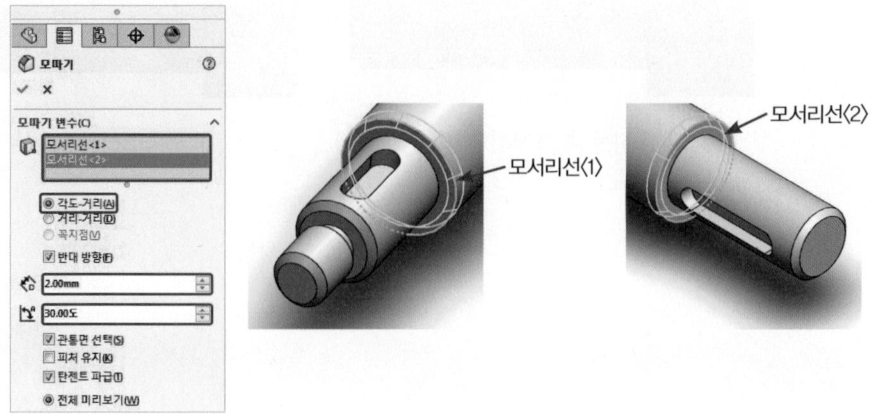

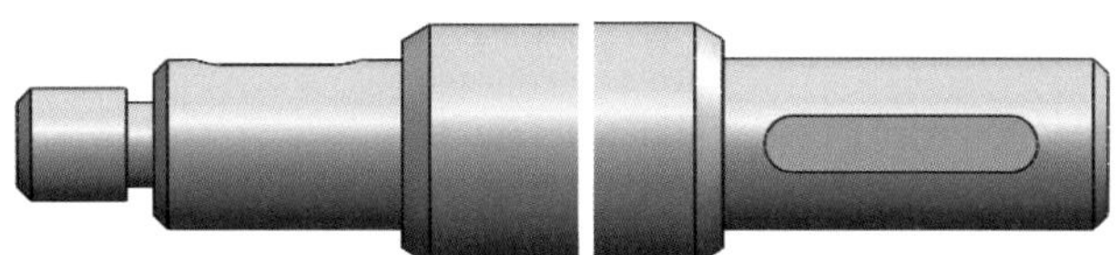

Tip 모따기(Chamfer) 의 방향 설정

위와 같이 45°이외의 각도가 설정된 모따기는 방향을 설정해야 한다. 이에 관한 설정은 반대방향의 체크 유무로 변경할 수 있다.

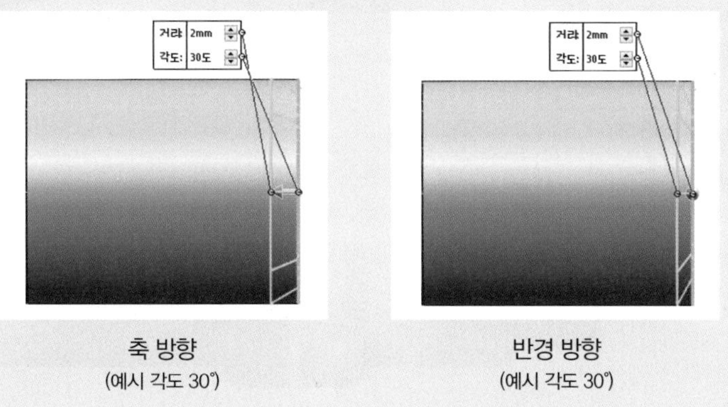

축 방향 (예시 각도 30°)

반경 방향 (예시 각도 30°)

※ 각 선택 모서리마다 반대방향을 체크하면서 서로 다른 방향으로 변화할 수 있다.

③ 피처(Features) 메뉴에서 필렛(Fillet)을 클릭한다.

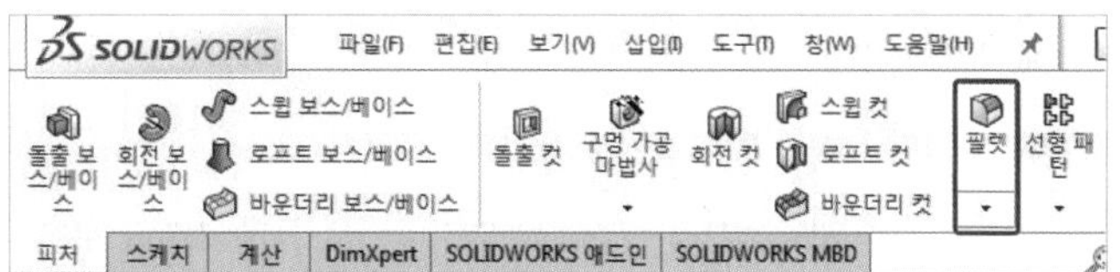

④ 모서리를 선택하고 다음과 같이 설정한 후 확인을 클릭한다.

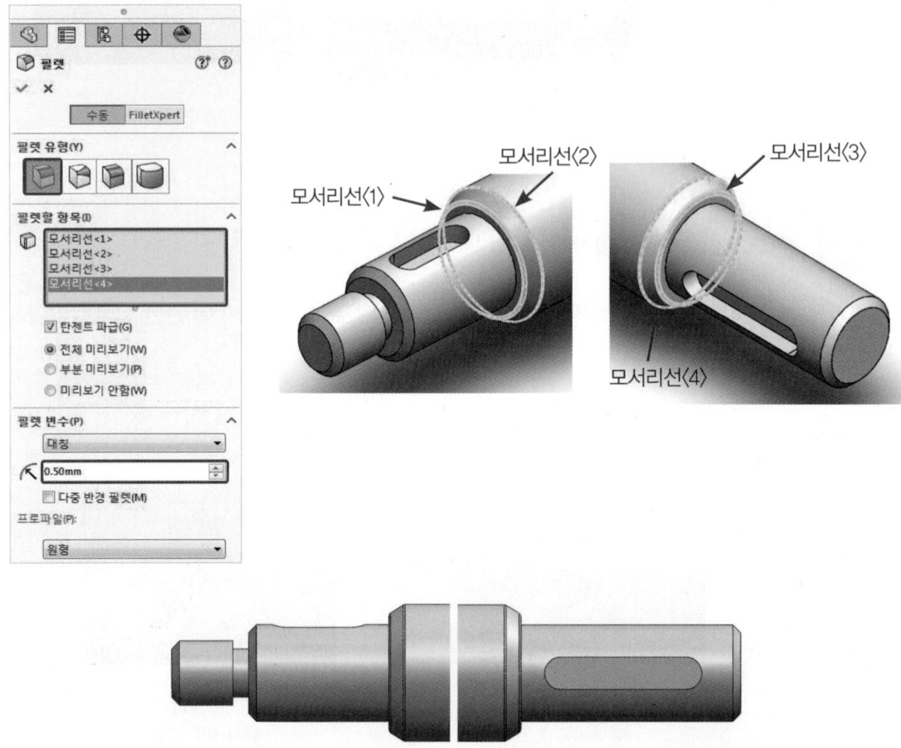

(4) 나사부 작성

● 스윕 컷(Swept Cut)을 이용한 방법

① 스케치(Sketch)를 클릭하고 다음과 같이 축의 옆면(나사산이 시작 될 평면)을 스케치 평면으로 선택한다.

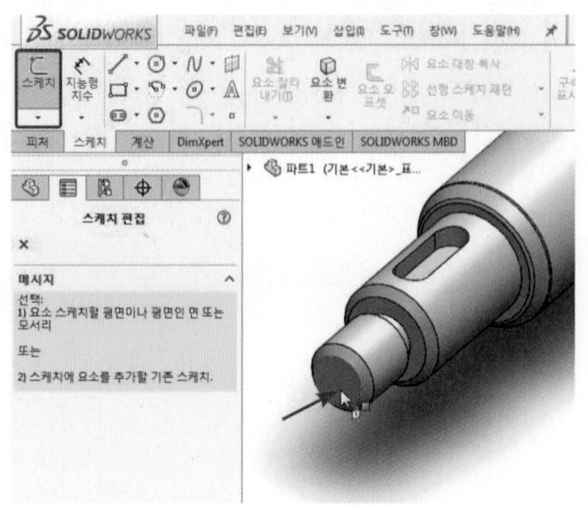

② 요소 변환(Convert Entities)을 이용하여 다음과 같이 모서리를 투영하고 스케치를 종료한다.

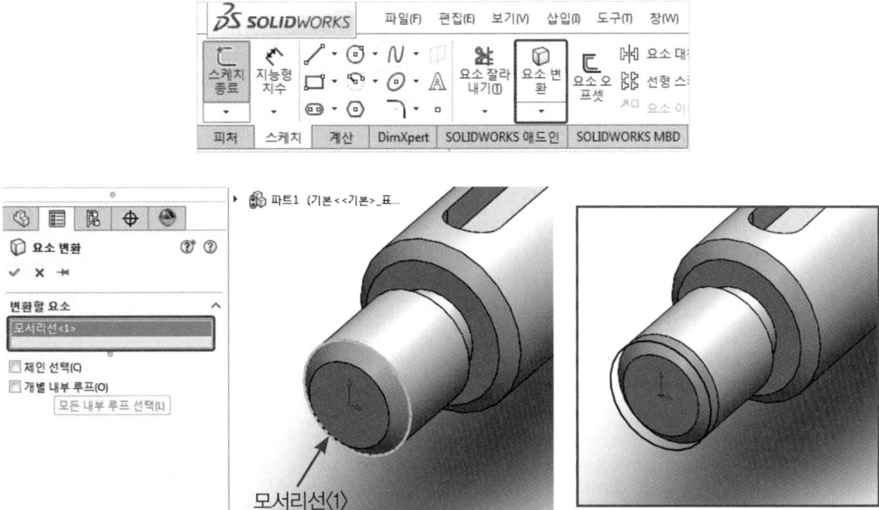

③ 피처(Features) 메뉴에서 곡선(Curve) → 나선형 곡선(Helix and Spiral)을 클릭한다.

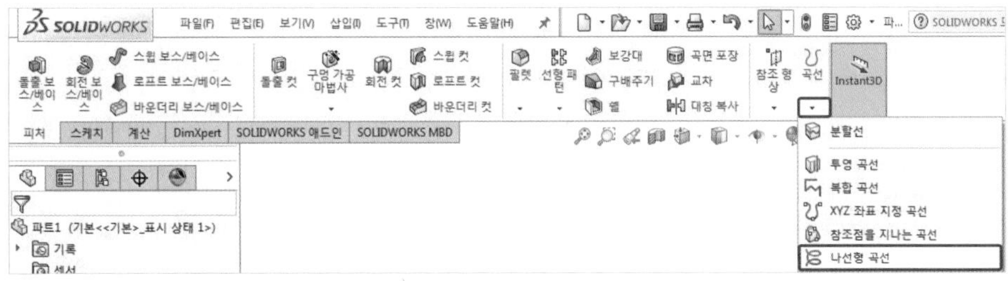

④ 스케치를 선택하고 다음과 같이 설정을 한 후 확인을 클릭한다.

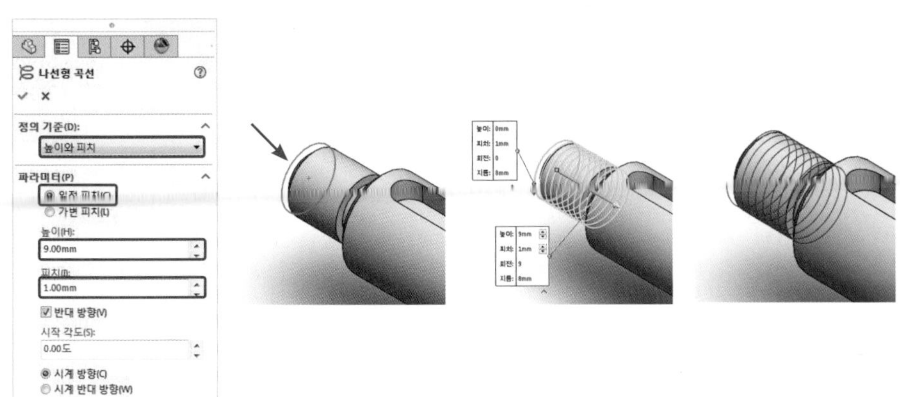

⑤ 보기(View) → 숨기기 / 보이기(Hide / Show) → 임시축(Temporary Axes)을 클릭하여 활성화 한다.

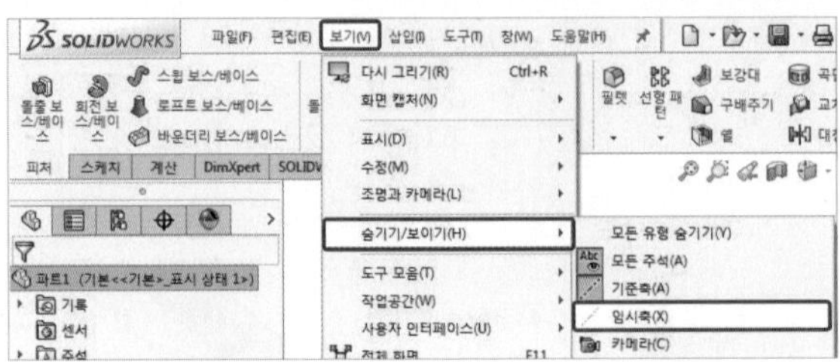

⑥ 피처(Features) 메뉴에서 참조 형상(Reference Geometry) → 기준면(Plane)을 클릭한다.

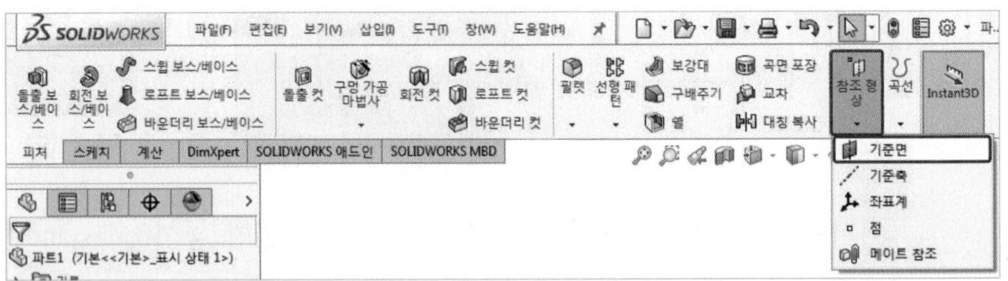

⑦ 다음과 같이 기준면에 적용할 참조들을 선택하고 확인을 클릭한다.

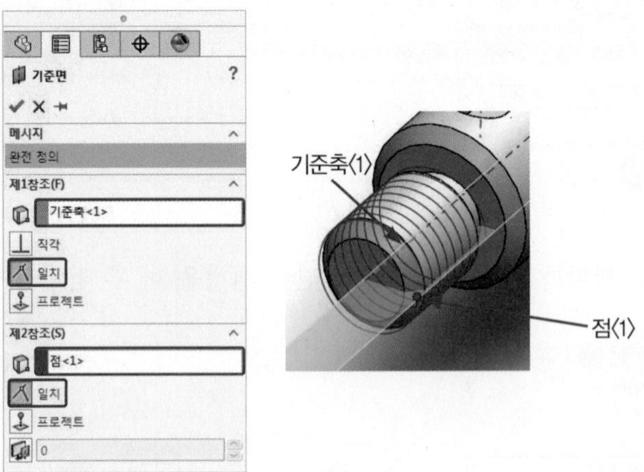

⑧ 스케치(Sketch)를 클릭하고 생성한 평면을 스케치 평면으로 선택한다.

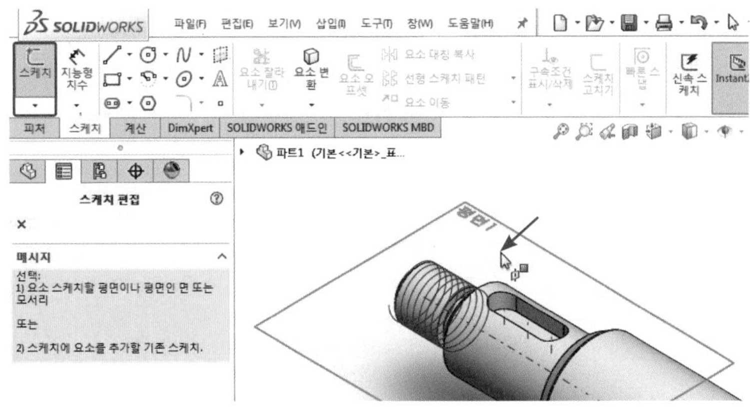

⑨ 다각형(Polygon)을 이용하여 다음과 같이 스케치를 작성하고 구속조건과 치수를 부여한 후 스케치를 종료한다.

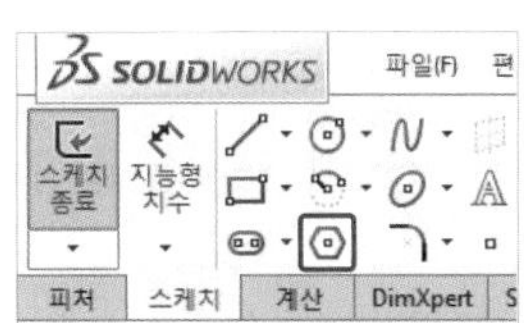

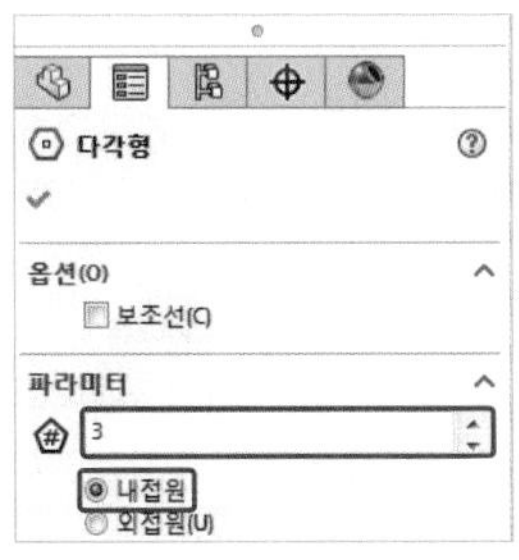

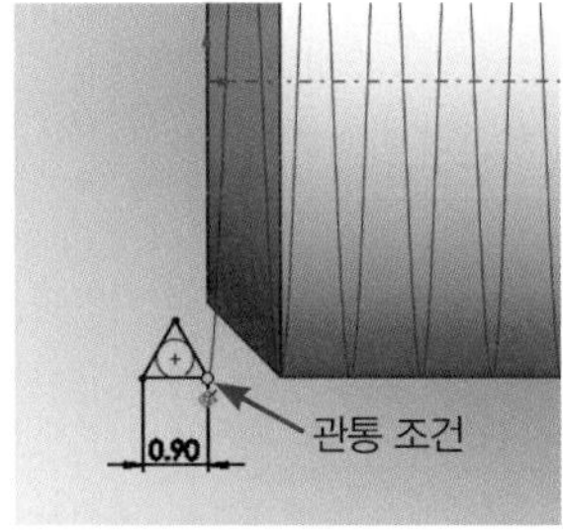

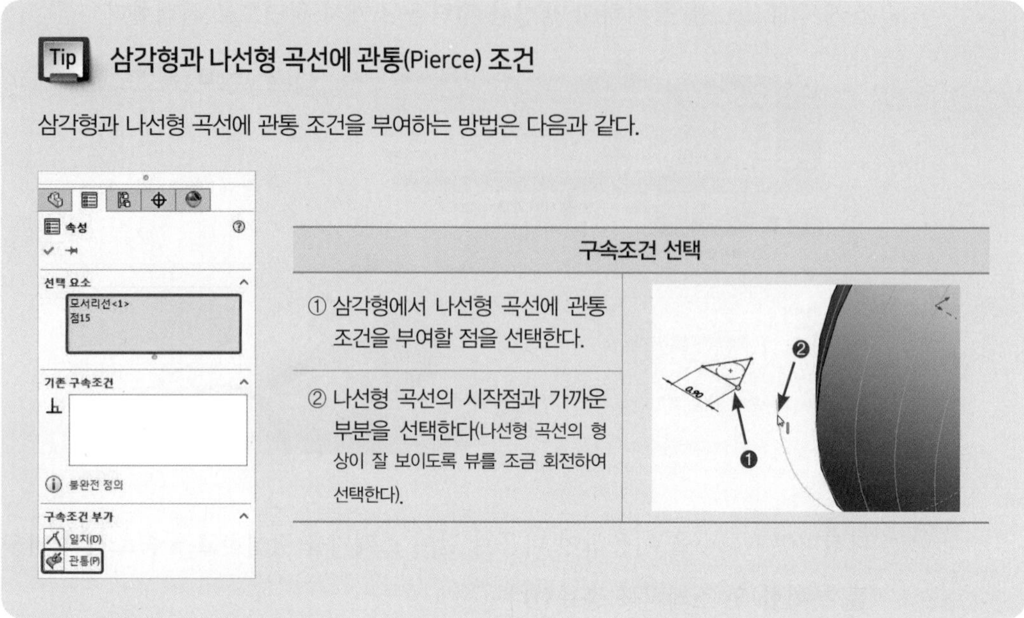

Tip 삼각형과 나선형 곡선에 관통(Pierce) 조건

삼각형과 나선형 곡선에 관통 조건을 부여하는 방법은 다음과 같다.

구속조건 선택	
① 삼각형에서 나선형 곡선에 관통 조건을 부여할 점을 선택한다.	
② 나선형 곡선의 시작점과 가까운 부분을 선택한다(나선형 곡선의 형상이 잘 보이도록 뷰를 조금 회전하여 선택한다).	

⑩ 생성 평면에서 마우스 MB3 버튼을 클릭하고 숨기기(Hide)를 클릭한다.

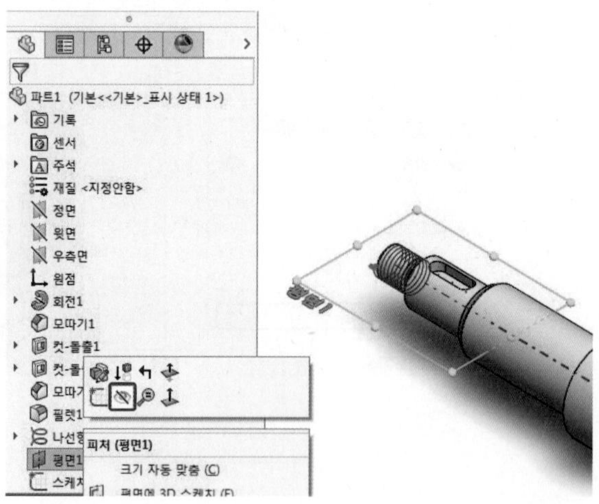

⑪ 피처(Features) 메뉴에서 스윕 컷(Swept Cut)을 클릭한다.

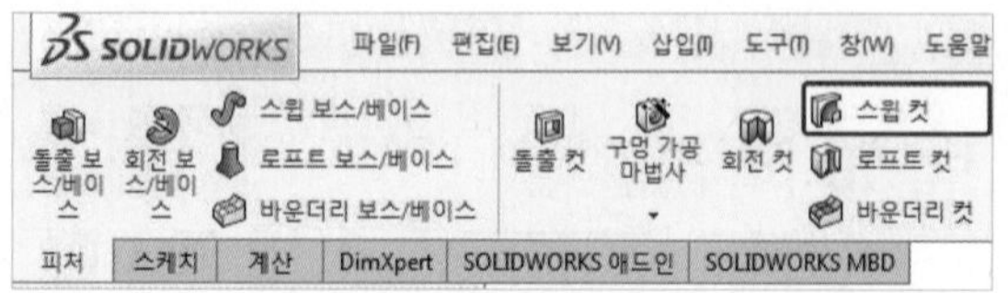

⑫ 다음과 같이 프로파일과 경로를 선택하고 확인을 클릭한다.

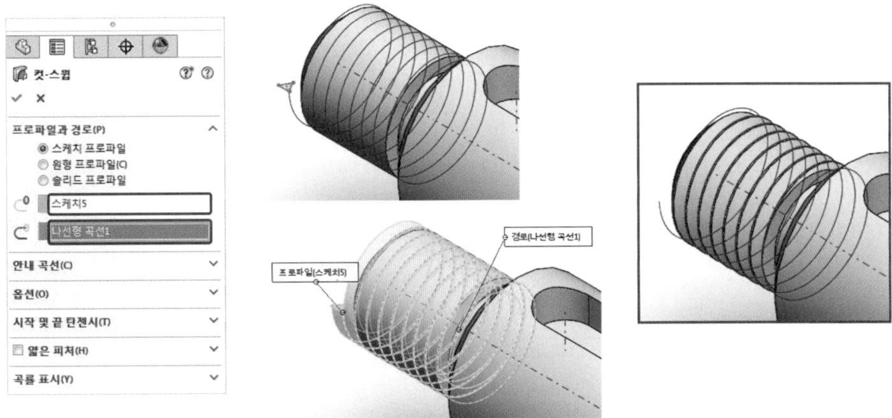

⑬ 나선형 곡선에서 마우스 MB3 버튼을 클릭하고 숨기기(Hide)를 클릭한다.

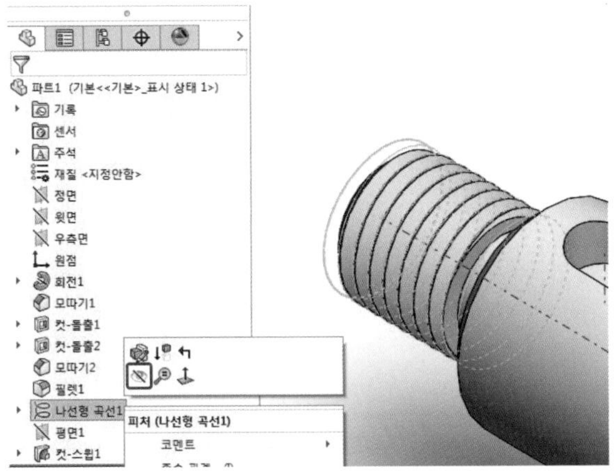

● 나사산(Thread) 피처 명령을 이용한 방법

① 삽입(Insert) → 피처(Features) → 나사산(Thread)을 클릭한다.

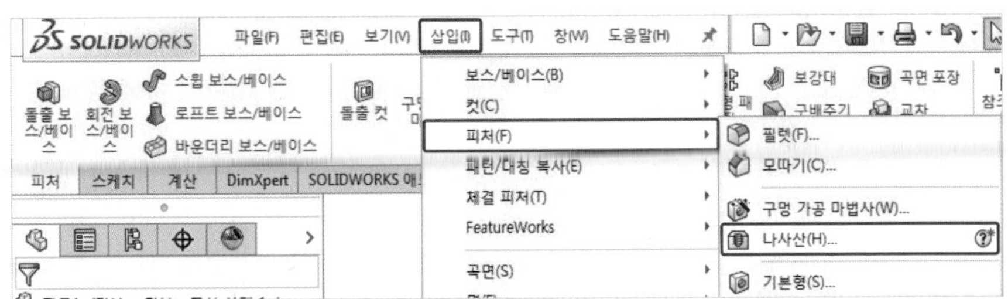

② 다음과 같이 나사산의 옵션을 설정하고 확인을 클릭한다.

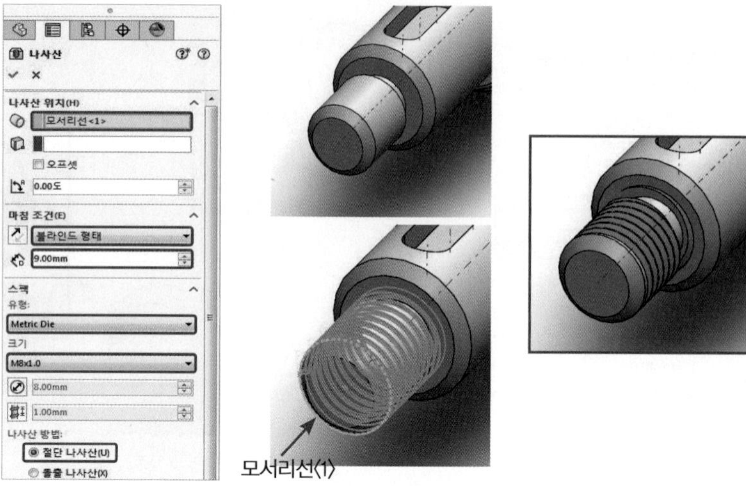

Tip 나사산(Thread)의 명령

나사산의 명령은 다음과 같다.

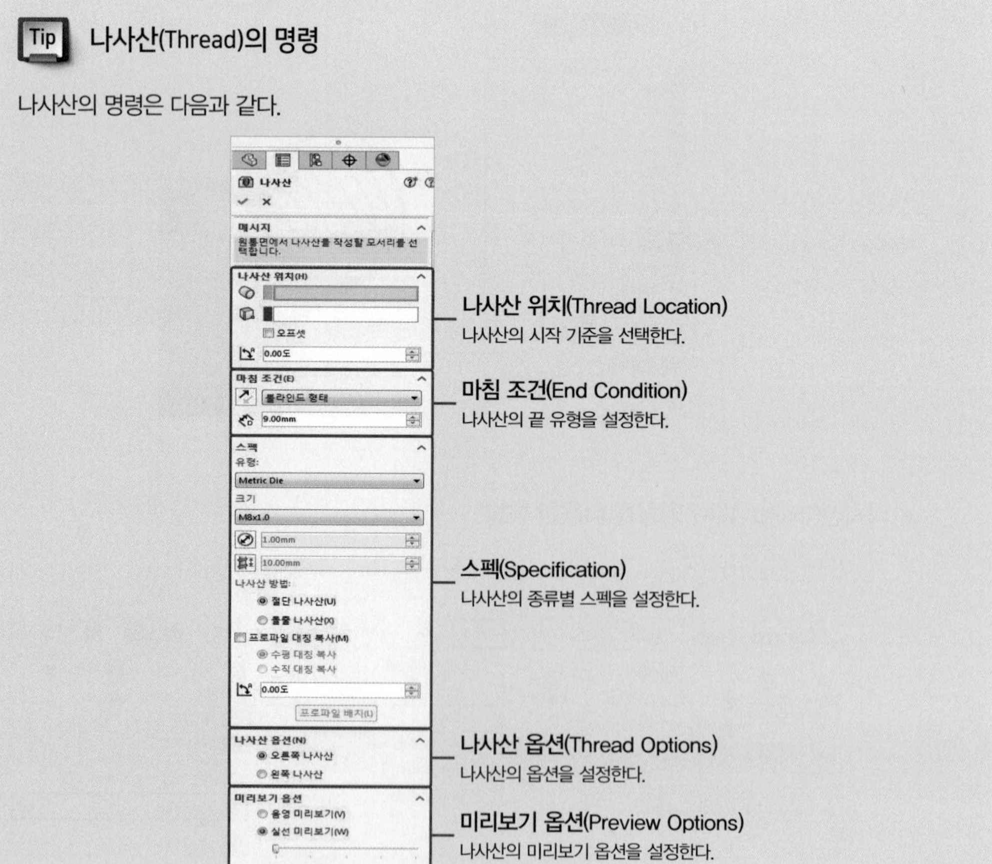

③ 파일(File) → 저장(Save)을 클릭하고 저장 위치와 파일 이름(File Name)을 지정한 후 저장(Save)을 클릭한다(파일 이름은 축으로 지정한다).

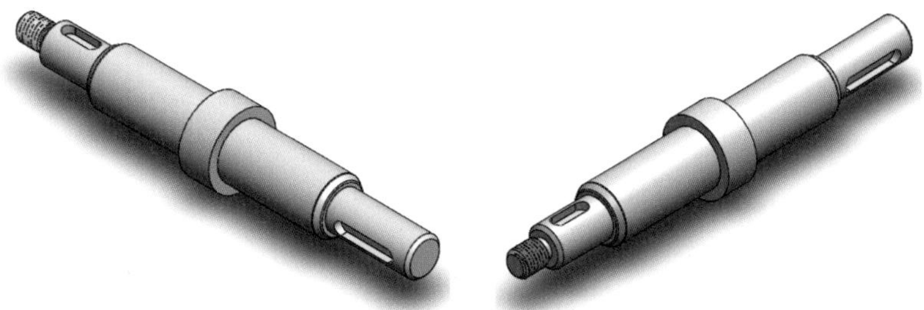

2 커버(Cover) 모델링

SolidWorks의 명령들을 이용하여 커버(Cover)에 관한 파트(Part) 모델링을 작성한다.

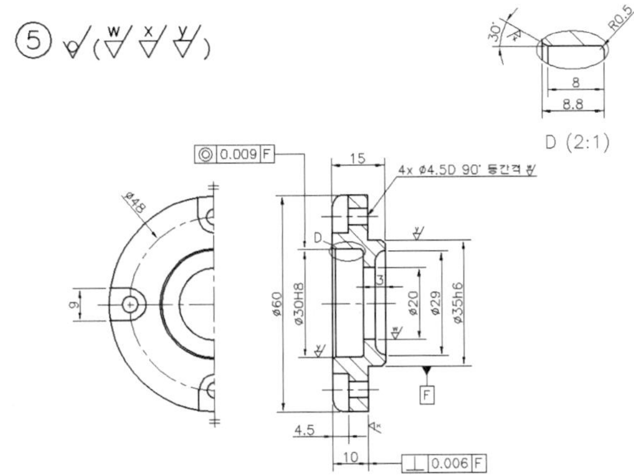

(1) 커버 본체 작성

① 정면(Front)을 스케치 평면으로 선택하고 중심선(Center Line)을 이용하여 원점과 일치하는 수평 중심선을 작성한다.

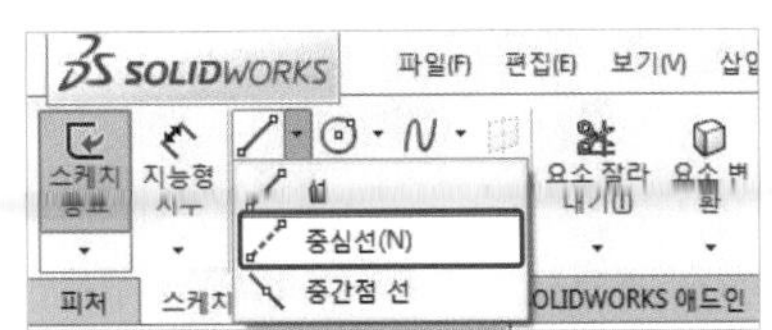

② 다음과 같이 스케치를 작성하고 구속조건과 치수를 부여한 후 스케치를 종료한다.

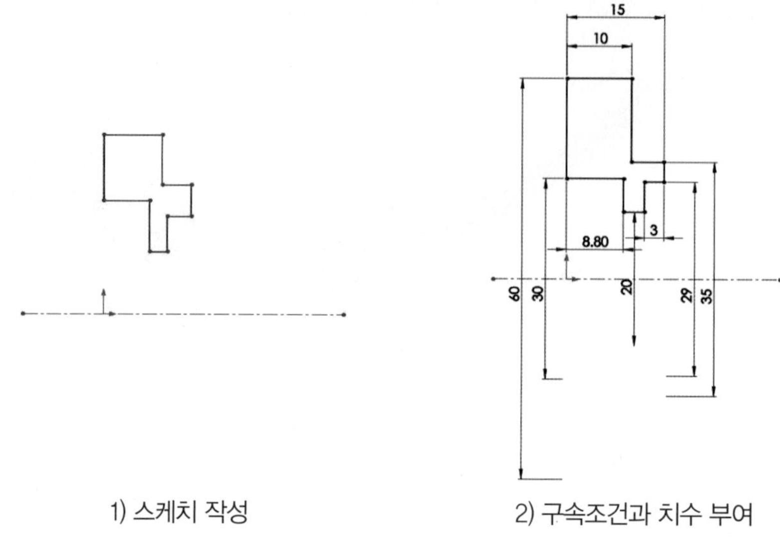

1) 스케치 작성 2) 구속조건과 치수 부여

③ 피처(Features) 메뉴에서 회전 보스/베이스(Revolved Boss/Base)를 클릭하여 스케치를 선택하고 다음과 같이 설정한 후 확인을 클릭한다.

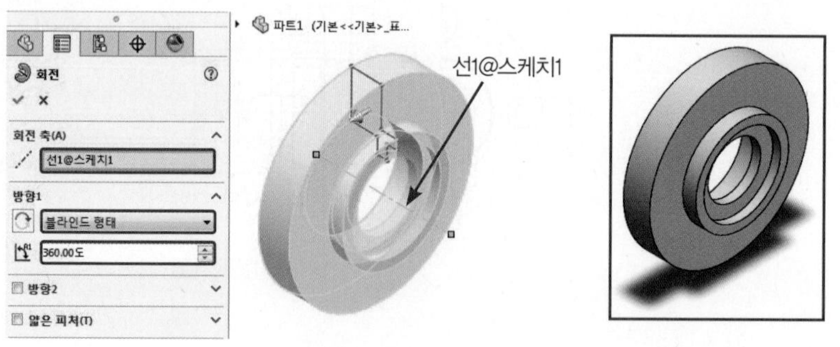

④ 피처(Features) 메뉴에서 필렛(Fillet)을 클릭한다.

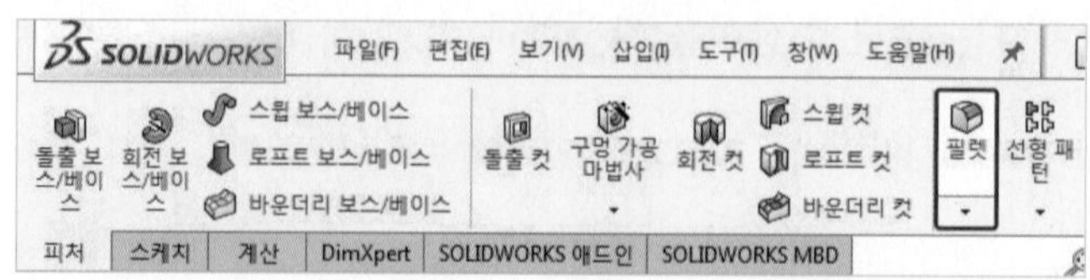

⑤ 모서리를 선택하고 다음과 같이 설정한 후 확인을 클릭한다.

⑥ 피처(Features) 메뉴에서 모따기(Chamfer)를 클릭한다.

⑦ 모서리를 선택하고 다음과 같이 설정한 후 확인을 클릭한다.

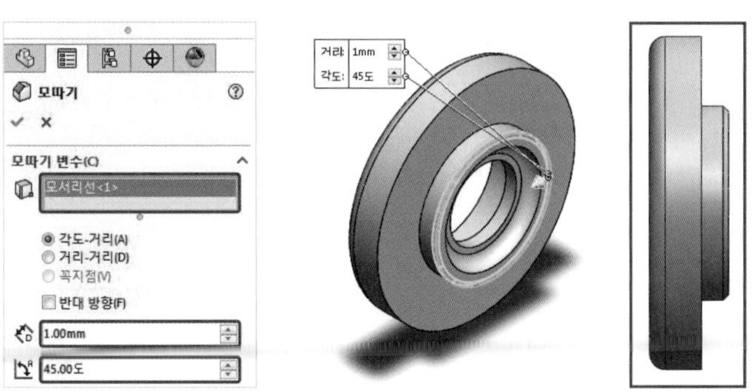

(2) 오일 실 부착 부 작성

① 피처(Features) 메뉴에서 모따기(Chamfer)를 클릭하여 모서리를 선택하고 다음과 같이 설정한 후 확인을 클릭한다.

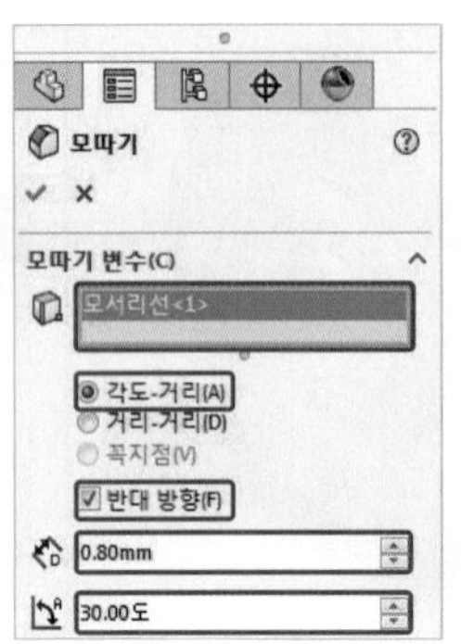

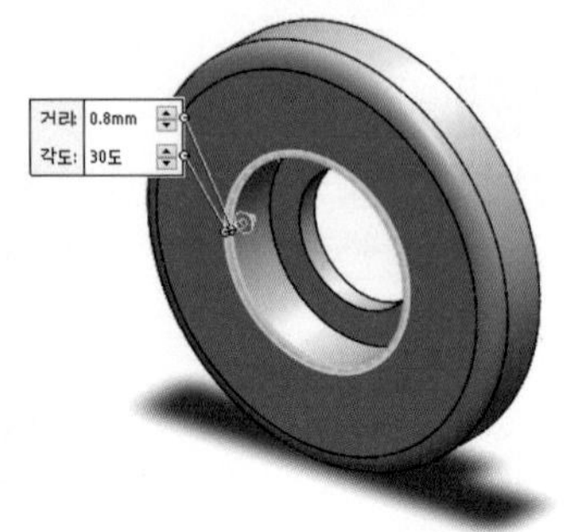

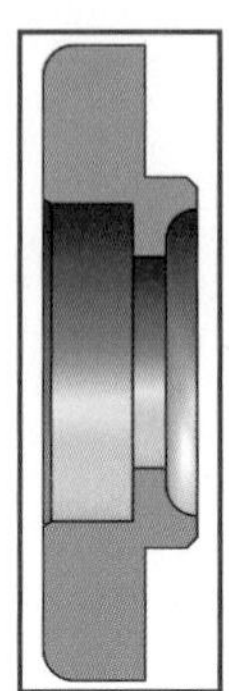

② 피처(Features) 메뉴에서 필렛(Fillet)을 클릭하여 모서리를 선택하고 다음과 같이 설정한 후 확인을 클릭한다.

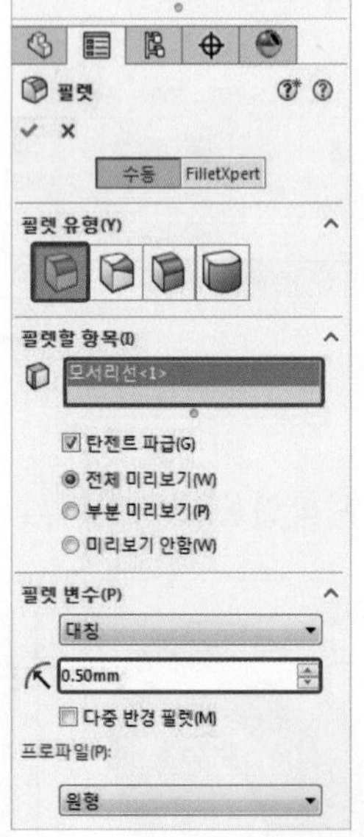

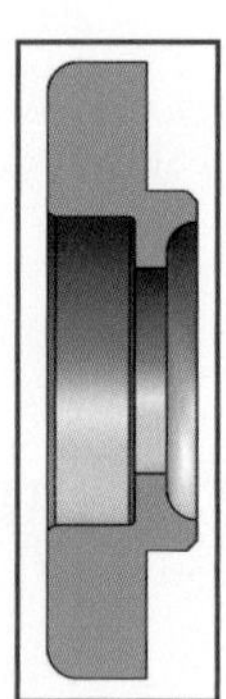

(3) 커버의 볼트 관통부 작성

① 스케치(Sketch)를 클릭하고 다음과 같이 커버의 앞면(볼트 관통부가 시작되는 면)을 스케치 평면으로 선택한다.

② 요소 변환(Convert Entities)을 이용하여 다음과 같이 모서리를 투영한다.

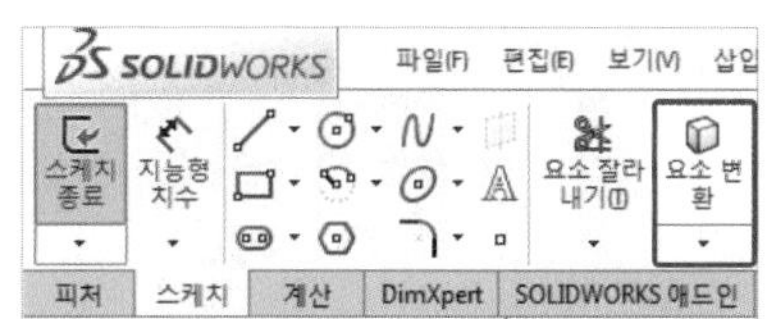

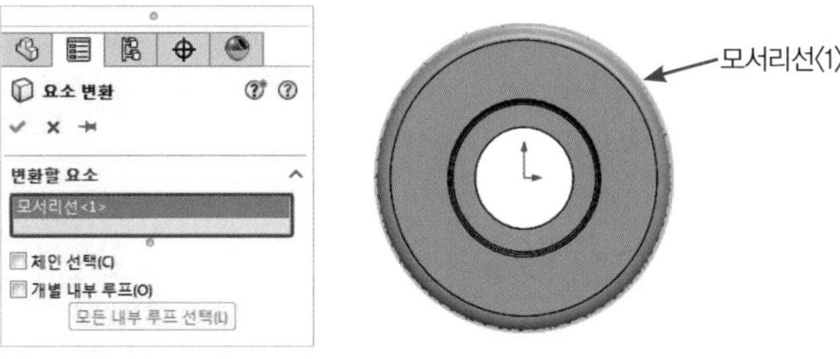

③ 다음과 같이 스케치를 작성하고 구속조건과 치수를 부여한 후 스케치를 종료한다.

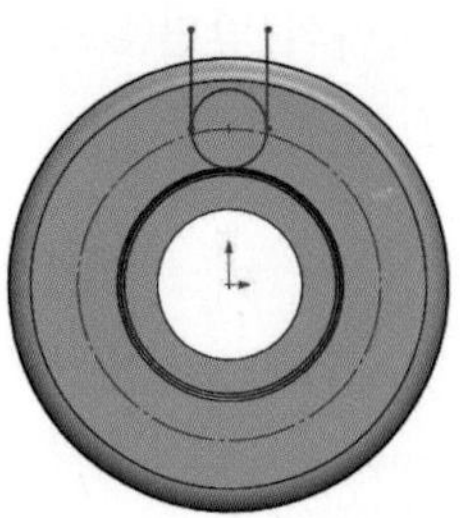

1) 스케치 작성

2) 요소 잘라내기

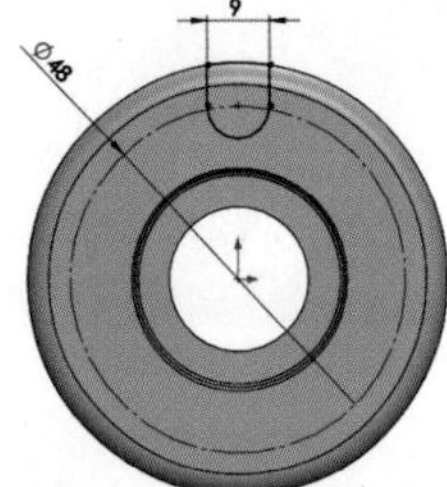

3) 스케치 결과 1

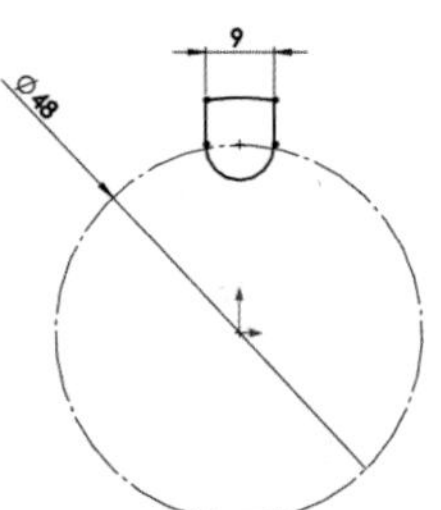

4) 스케치 결과 2
(피처 숨기기 상태)

Tip 보조선(Construction Geometry)으로 변환

다음과 같이 마우스 MB3 버튼을 클릭하여 실선을 중심선으로 바꿀 수 있다(중심선은 스케치에서 보조 역할만 하고 피처 명령에는 관계가 없다).

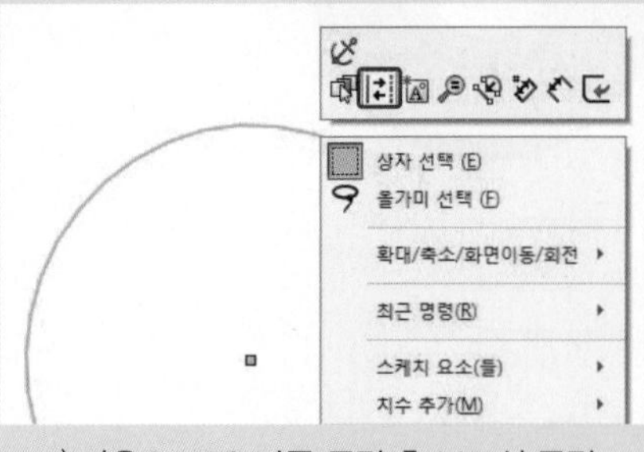

1) 마우스 MB3 버튼 클릭 후 보조선 클릭

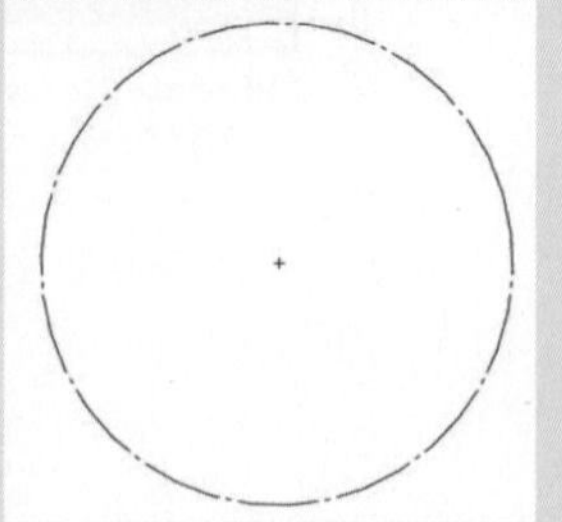

2) 보조선 적용 결과

※ 중심선에서 마우스 MB3 버튼을 클릭하고 보조선을 클릭하면 실선으로 변환된다.

④ 피처(Features) 메뉴에서 돌출 컷(Extruded Cut)을 클릭하여 스케치를 선택하고 다음과 같이 설정한 후 확인을 클릭한다.

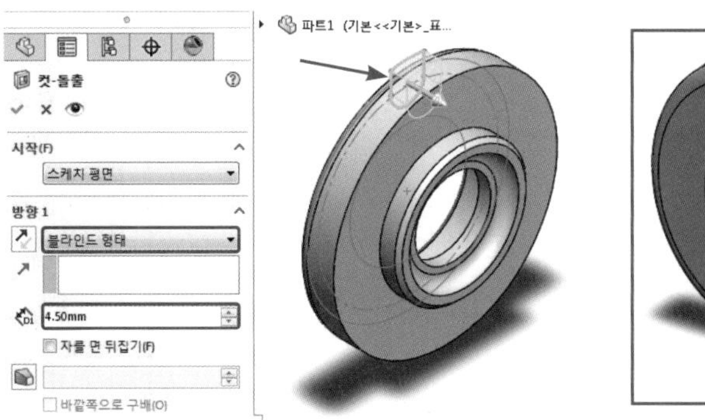

⑤ 스케치(Sketch)를 클릭하고 돌출 컷으로 작성한 부분의 안쪽 면을 스케치 평면으로 선택한다.

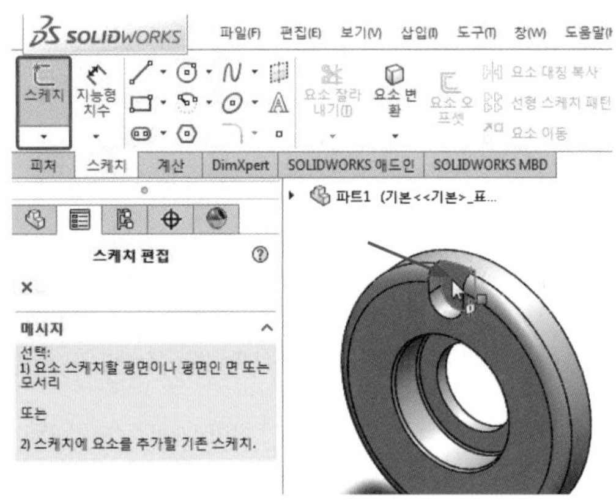

⑥ 원(Circle)을 이용하여 다음과 같이 스케치를 작성하고 구속조건과 치수를 부여한 후 스케치를 종료한다.

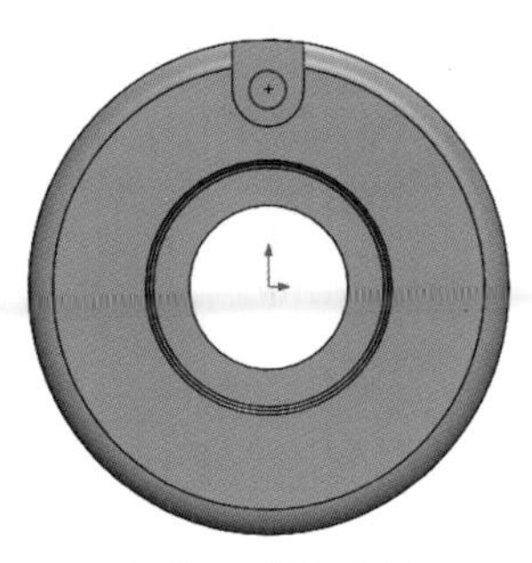
1) 원 스케치 작성

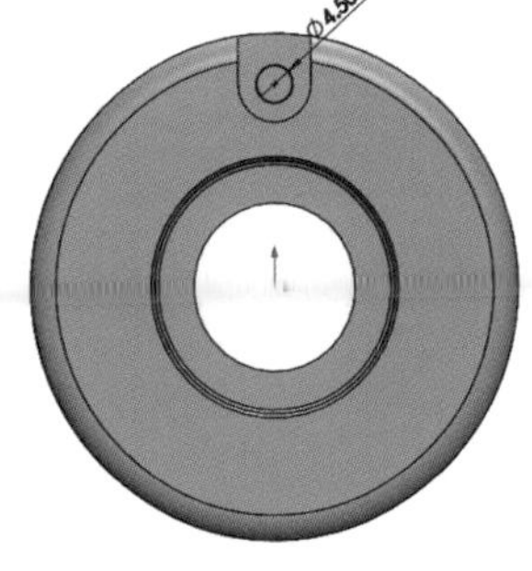
2) 구속조건과 치수 부여

⑦ 피처(Features) 메뉴에서 돌출 컷(Extruded Cut)을 클릭하여 스케치를 선택하고 다음과 같이 설정한 후 확인을 클릭한다.

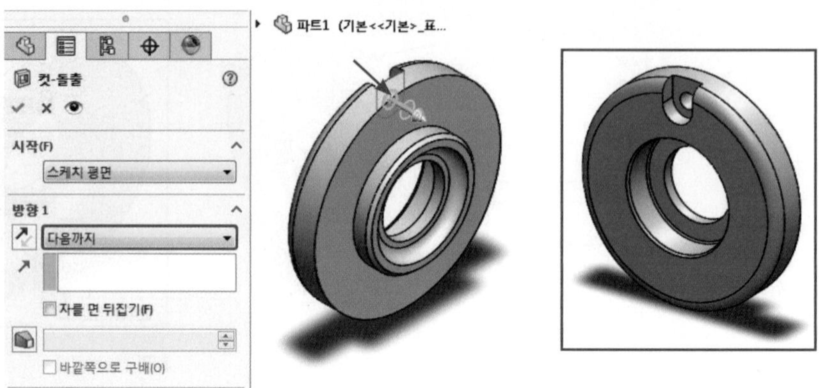

⑧ 피처(Features) 메뉴에서 원형 패턴(Circular Pattern)을 클릭한다.

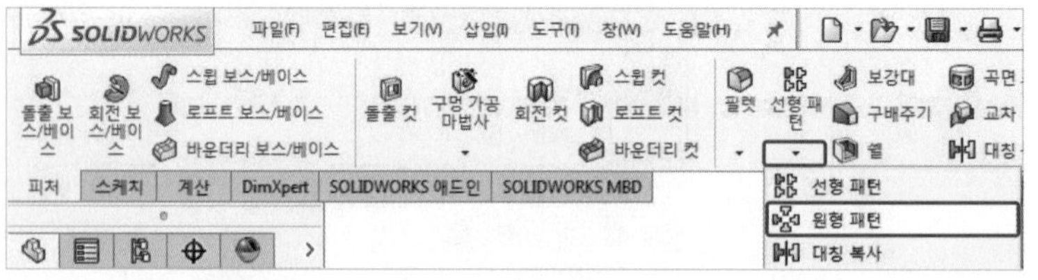

⑨ 패턴할 피처를 선택하고 다음과 같이 설정한 후 확인을 클릭한다(보기(View) → 숨기기 / 보이기(Hide / Show) → 임시축(Temporary Axes)을 클릭하여 활성화 한다).

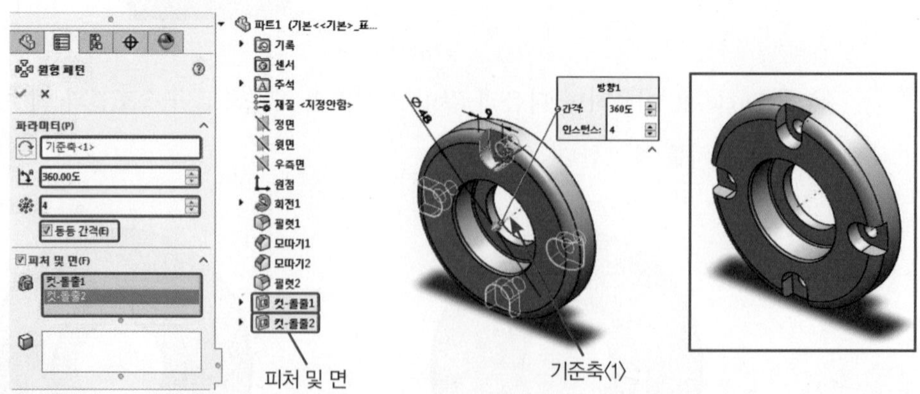

⑩ 파일(File) → 저장(Save)을 클릭하고 저장 위치와 파일 이름(File Name)을 지정한 후 저장(Save)을 클릭한다(파일 이름은 커버로 지정한다).

3 스퍼기어(Spur Gear) 모델링

SolidWorks의 명령들을 이용하여 스퍼기어(Spur Gear)에 관한 파트(Part) 모델링을 작성한다.

③ $\overset{x}{\forall}$($\overset{y}{\forall}$)

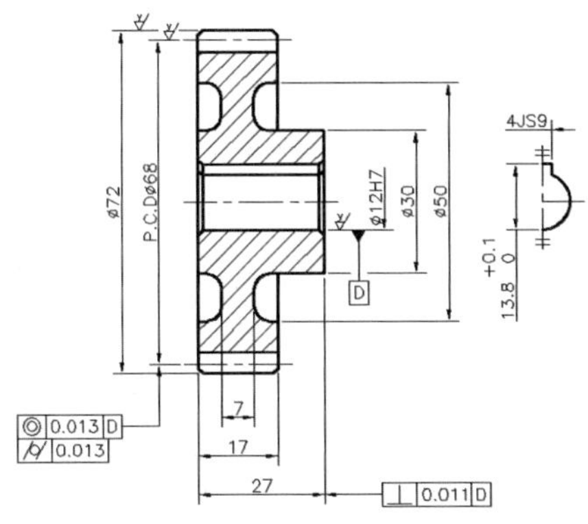

스퍼기어 요목표		
기어 치형		보통
공구	모듈	2
	치형	보통이
	압력각	20°
전체 이 높이		4.5
피치원 지름		ø68
잇 수		34
다듬질 방법		호브 절삭
정밀도		KS B ISO 1328-1, 4급

(1) 스퍼기어의 본체 작성

① 정면(Front)을 스케치 평면으로 선택하고 중심선(Center Line)을 이용하여 원점과 일치하는 수평 중심선을 작성한다.

② 다음과 같이 스케치를 작성하고 구속조건과 치수를 부여한 후 스케치를 종료한다.

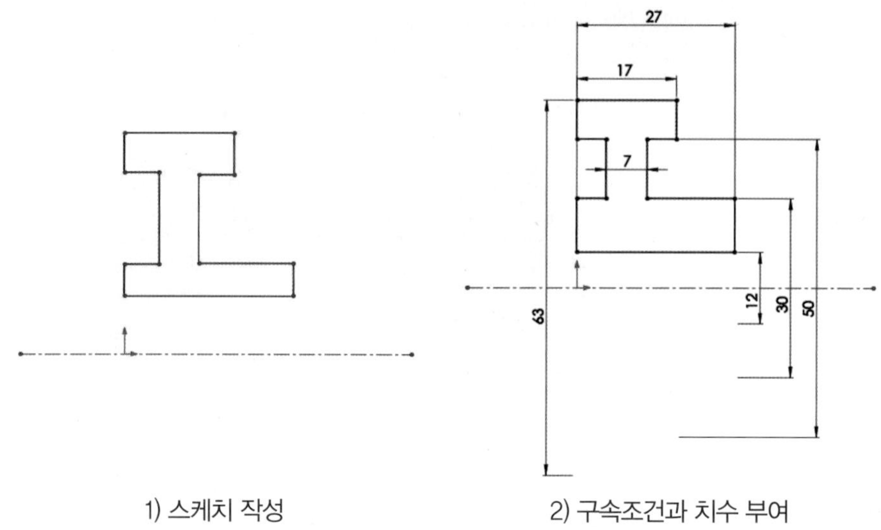

1) 스케치 작성 2) 구속조건과 치수 부여

③ 피처(Features) 메뉴에서 회전 보스 / 베이스(Revolved Boss / Base)를 클릭하여 스케치를 선택하고 다음과 같이 설정한 후 확인을 클릭한다.

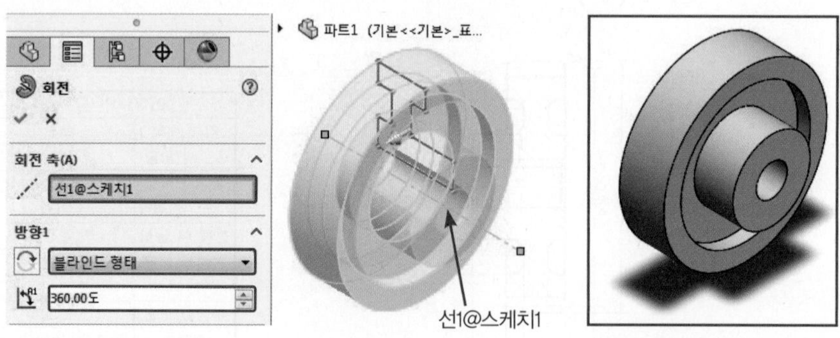

④ 피처(Features) 메뉴에서 필렛(Fillet)을 클릭하여 모서리를 선택하고 다음과 같이 설정한 후 확인을 클릭한다.

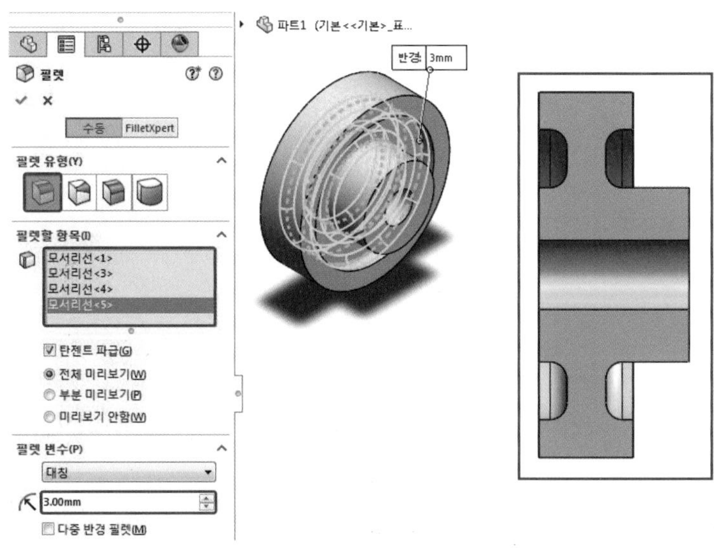

Tip 스퍼기어의 이끝원 / 피치원 / 이뿌리원 지름 계산공식

스퍼기어를 모델링하기 위해서는 다음과 같은 공식이 필요하다.

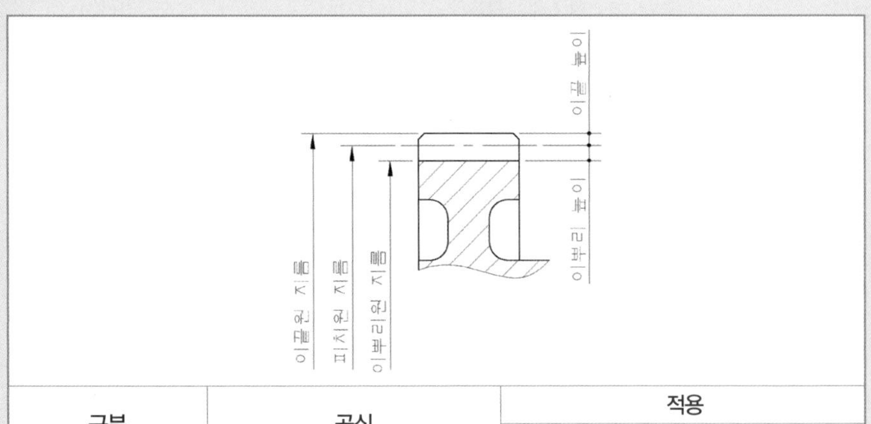

구분	공식	적용	
		공식	답
피치원 지름	모듈 x 잇 수	2 x 34	ø68
이끝 높이	모듈 x 1	2 x 1	2
이뿌리 높이	모듈 x 1.25	2 x 1.25	2.5
이끝원 지름	피치원 지름 + (이끝 높이 x 2)	68 + (2 x 2)	ø72
이뿌리원 지름	피치원 지름 – (이뿌리 높이 x 2)	68 – (2.5 x 2)	ø63

(2) 기어 치부 작성

① 스케치(Sketch)를 클릭하고 스퍼기어의 옆면을 스케치 평면으로 선택한다.

② 요소 변환(Convert Entities)을 이용하여 다음과 같이 모서리를 투영한다.

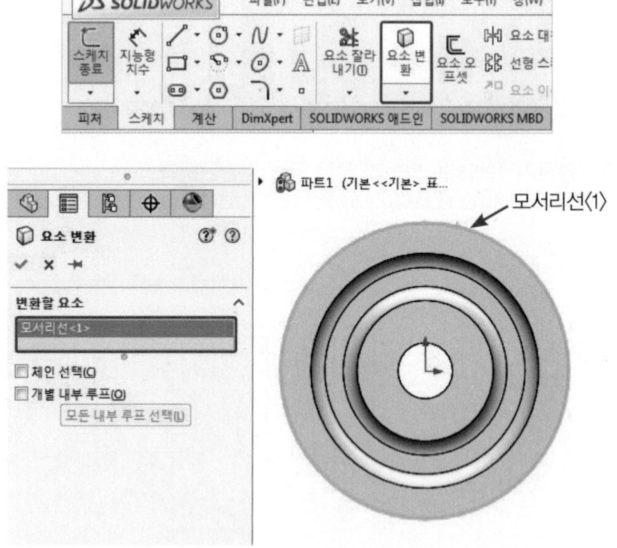

③ 요소 오프셋(Offset Entities)을 이용하여 다음과 같이 피치원과 이끝원을 작성한다.

(파란색 – 선택 스케치, 빨간색 – 오프셋 결과 미리보기)

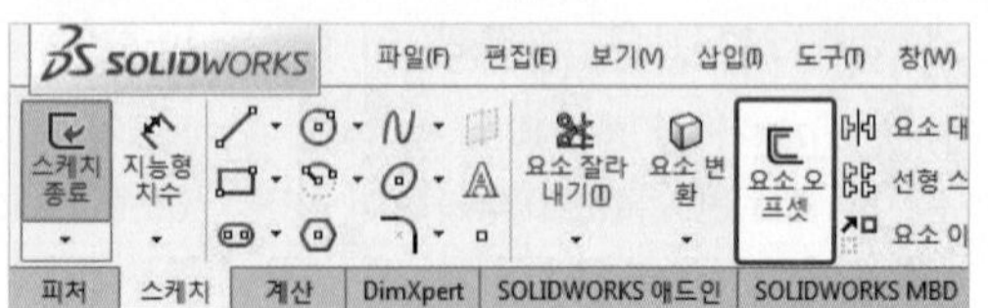

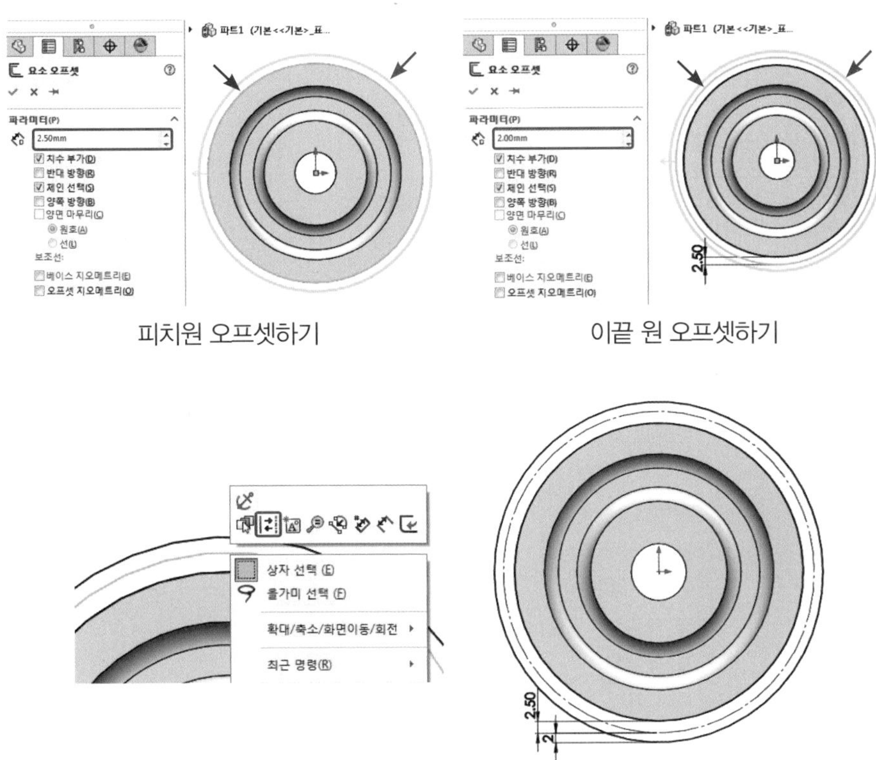

피치원 오프셋하기

이끝 원 오프셋하기

피치원을 보조선으로 변환하기

④ 중심선(Center Line)을 이용하여 다음과 같이 스케치를 작성하고 구속조건과 치수를 부여한다.

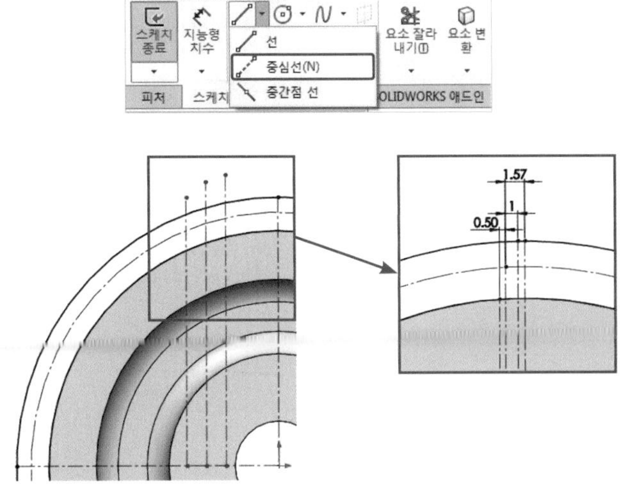

Tip 스퍼기어의 치부 포인트 스케치

다음과 같이 스퍼기어 치부의 포인트를 스케치한다.

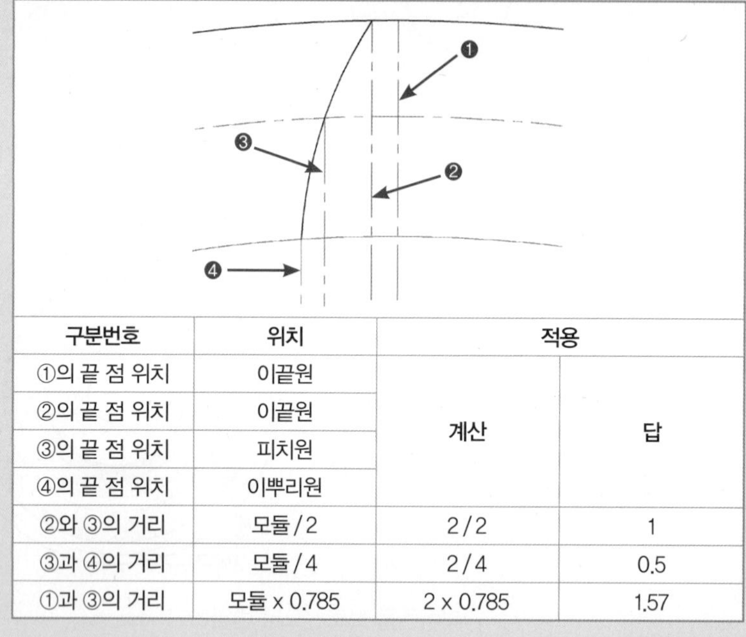

구분번호	위치	적용	
①의 끝 점 위치	이끝원	계산	답
②의 끝 점 위치	이끝원		
③의 끝 점 위치	피치원		
④의 끝 점 위치	이뿌리원		
②와 ③의 거리	모듈 / 2	2 / 2	1
③과 ④의 거리	모듈 / 4	2 / 4	0.5
①과 ③의 거리	모듈 x 0.785	2 x 0.785	1.57

⑤ 3점호(3Point Arc)를 이용하여 다음과 같이 스케치를 작성한다(원호의 시작점과 끝점은 선택이 가능하나 중간점은 선택이 불가능 하므로 점 근처에 클릭한 다음 원호와 점에 일치조건을 부여한다).

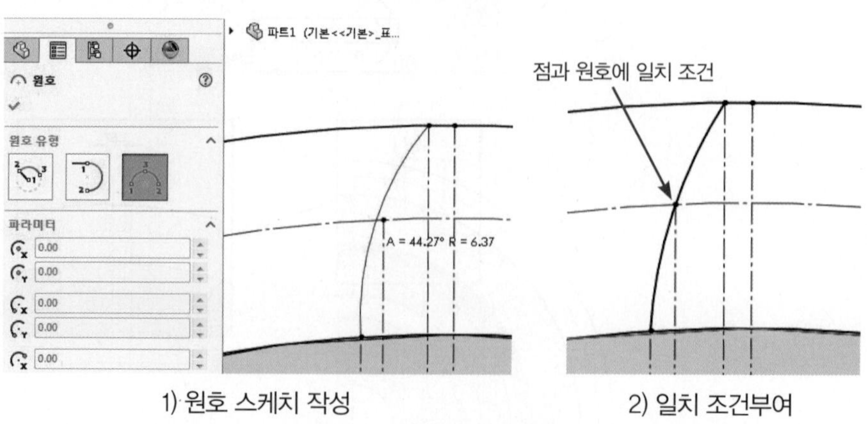

1) 원호 스케치 작성　　2) 일치 조건부여

⑥ 요소 대칭 복사(Mirror Entities)를 이용하여 가운데 중심선을 기준으로 대칭 복사한다.

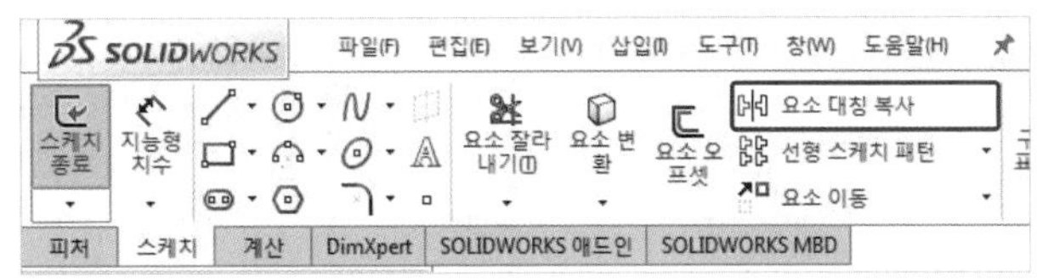

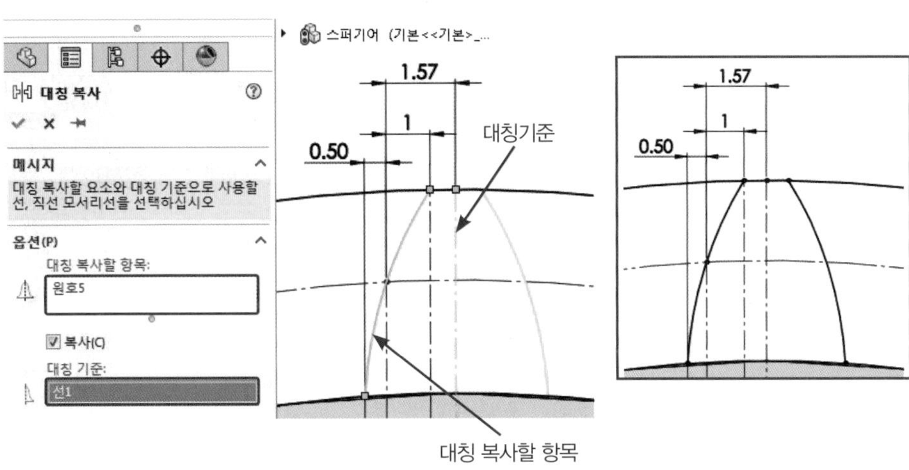

⑦ 요소 잘라내기(Trim Entities)를 이용하여 사용할 폐곡선을 제외하고 나머지를 잘라내기 한 후 스케치를 종료한다.

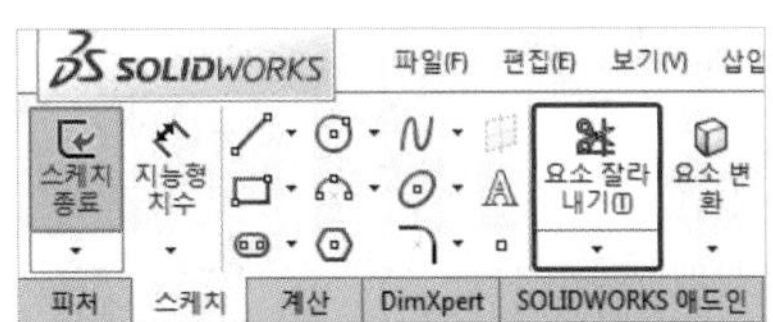

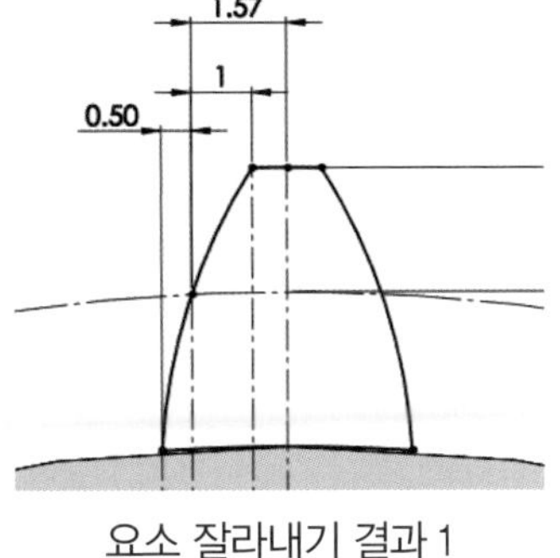

요소 잘라내기 결과 1

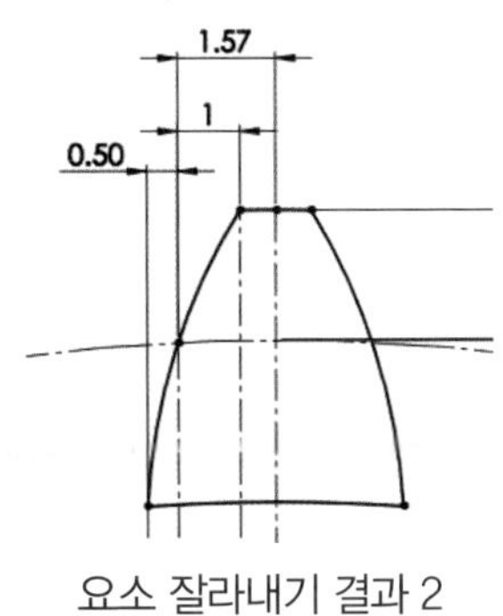

요소 잘라내기 결과 2
(피처 숨기기 상태)

⑧ 피처(Features) 메뉴에서 돌출 보스 / 베이스(Extruded Boss / Base)를 클릭하여 스케치를 선택하고 다음과 같이 설정한 후 확인을 클릭한다.

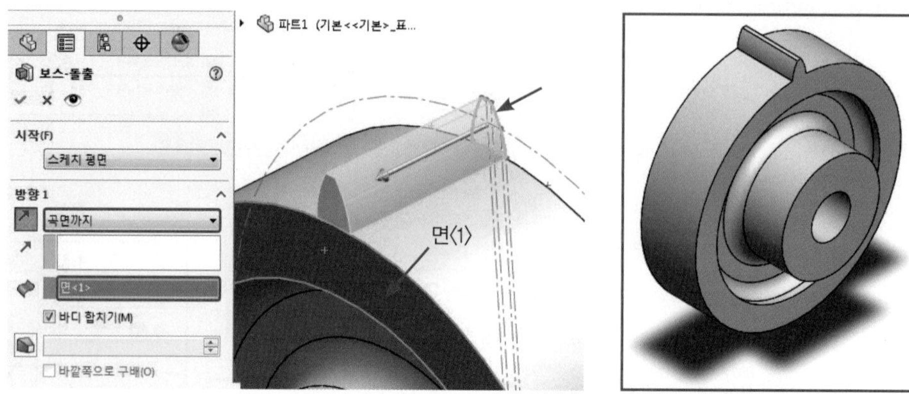

⑨ 피처(Features) 메뉴에서 모따기(Chamfer)를 클릭하여 모서리를 선택하고 다음과 같이 설정한 후 확인을 클릭한다.

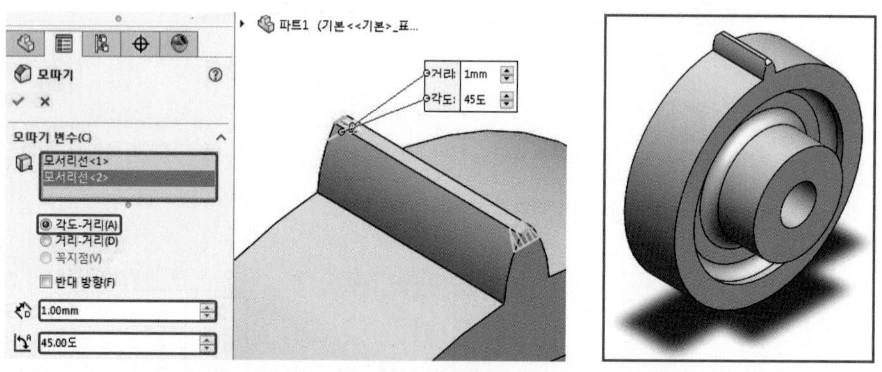

⑩ 피처(Features) 메뉴에서 원형 패턴(Circular Pattern)을 클릭한다.

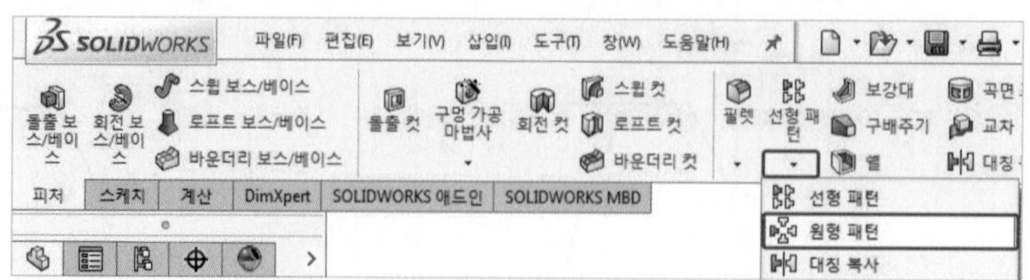

⑪ 패턴할 피처를 선택하고 다음과 같이 설정한 후 확인을 클릭한다(보기(View) → 숨기기 / 보이기(Hide / Show) → 임시축(Temporary Axes)을 클릭하여 활성화 한다).

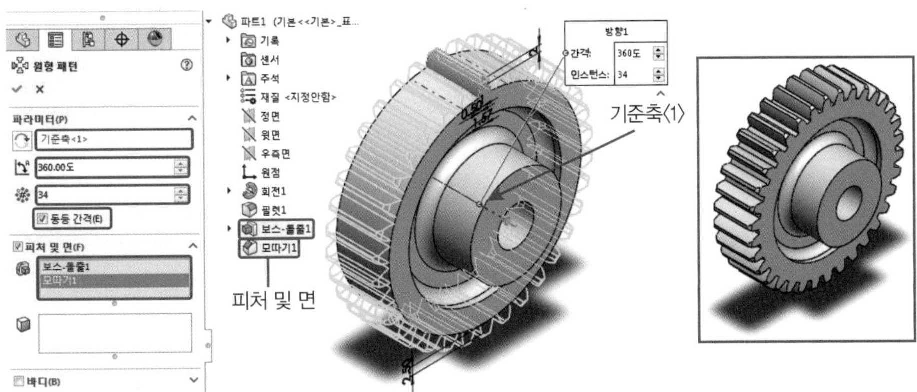

(3) 키 홈 작성

① 스케치(Sketch)를 클릭하고 스퍼기어 보스의 옆면을 스케치 평면으로 선택한다.

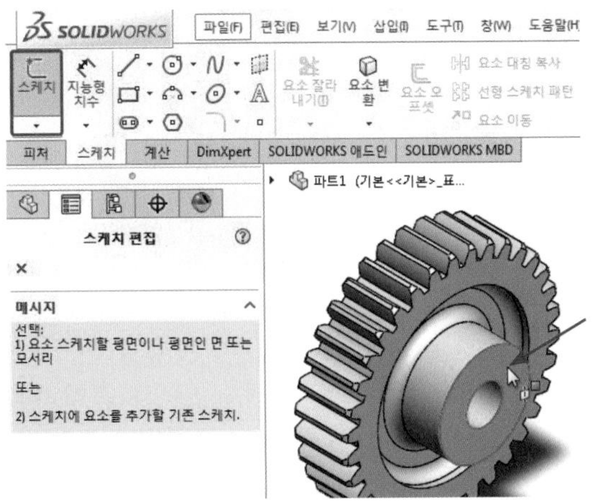

② 코너 사각형(Corner Rectangle)을 이용하여 다음과 같이 스케치를 작성하고 구속 조건과 치수를 부여한 후 스케치를 종료한다.

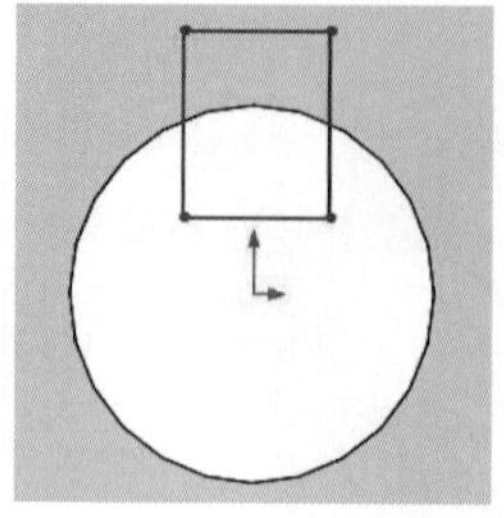

1) 사각형 스케치 작성

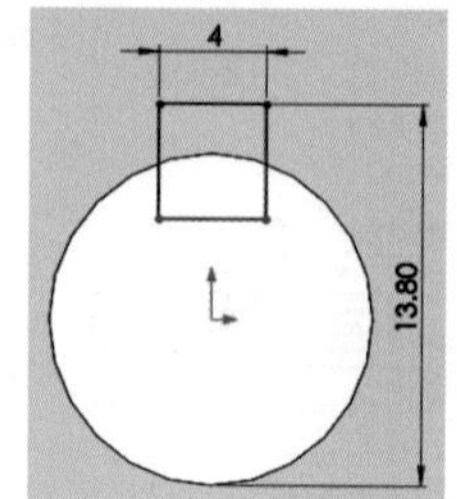

2) 구속조건과 치수 부여

③ 피처(Features) 메뉴에서 돌출 컷(Extruded Cut)을 클릭하여 스케치를 선택하고 다음과 같이 설정한 후 확인을 클릭한다.

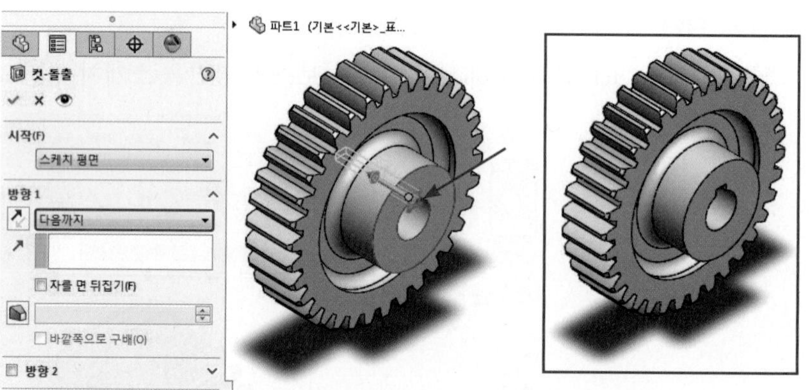

④ 피처(Features) 메뉴에서 모따기(Chamfer)를 클릭하여 모서리를 선택하고 다음과 같이 설정한 후 확인을 클릭한다.

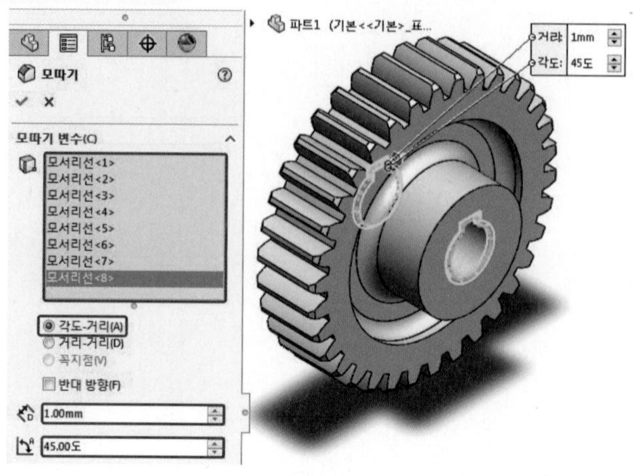

⑤ 파일(File) → 저장(Save)을 클릭하고 저장 위치와 파일 이름(File Name)을 지정한 후 저장(Save)을 클릭한다(파일 이름은 스퍼기어로 지정한다).

4 V-벨트 풀리(V-Belt Pulley) 모델링

SolidWorks의 명령들을 이용하여 V-벨트 풀리(V-Belt Pulley)에 관한 파트(Part) 모델링을 작성한다.

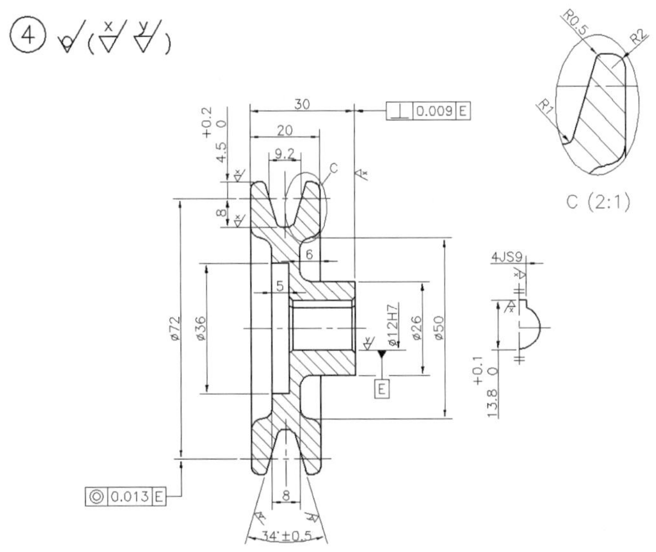

(1) V-벨트 풀리 본체 작성

① 정면(Front)을 스케치 평면으로 선택하고 중심선(Center Line)을 이용하여 원점과 일치하는 수평 중심선을 작성한다.

② 다음과 같이 스케치를 작성하고 구속조건과 치수를 부여한 후 스케치를 종료한다.

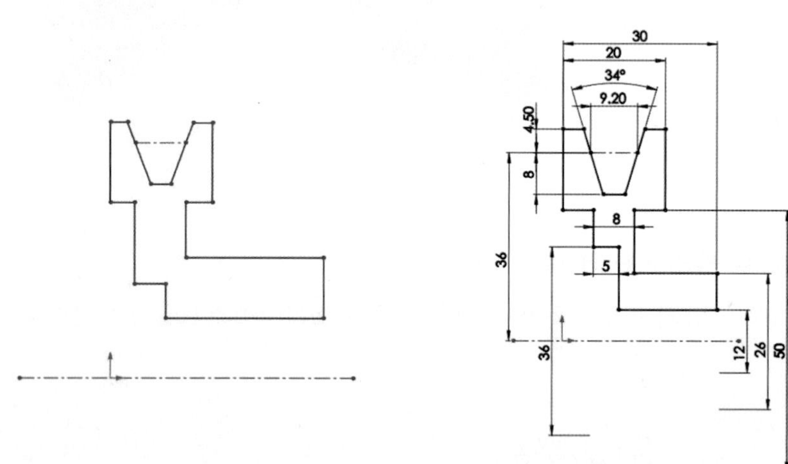

1) 스케치 작성 2) 구속조건과 치수 부여

③ 피처(Features) 메뉴에서 회전 보스/베이스(Revolved Boss/Base)를 클릭하여 스케치를 선택하고 다음과 같이 설정한 후 확인을 클릭한다.

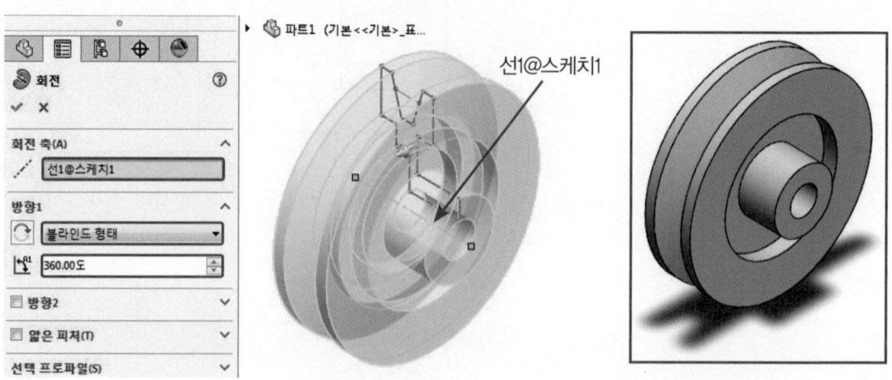

④ 피처(Features) 메뉴에서 필렛(Fillet)을 클릭하여 모서리를 선택하고 다음과 같이 설정한 후 확인을 클릭한다(다중 반경 필렛 기능을 사용해도 된다).

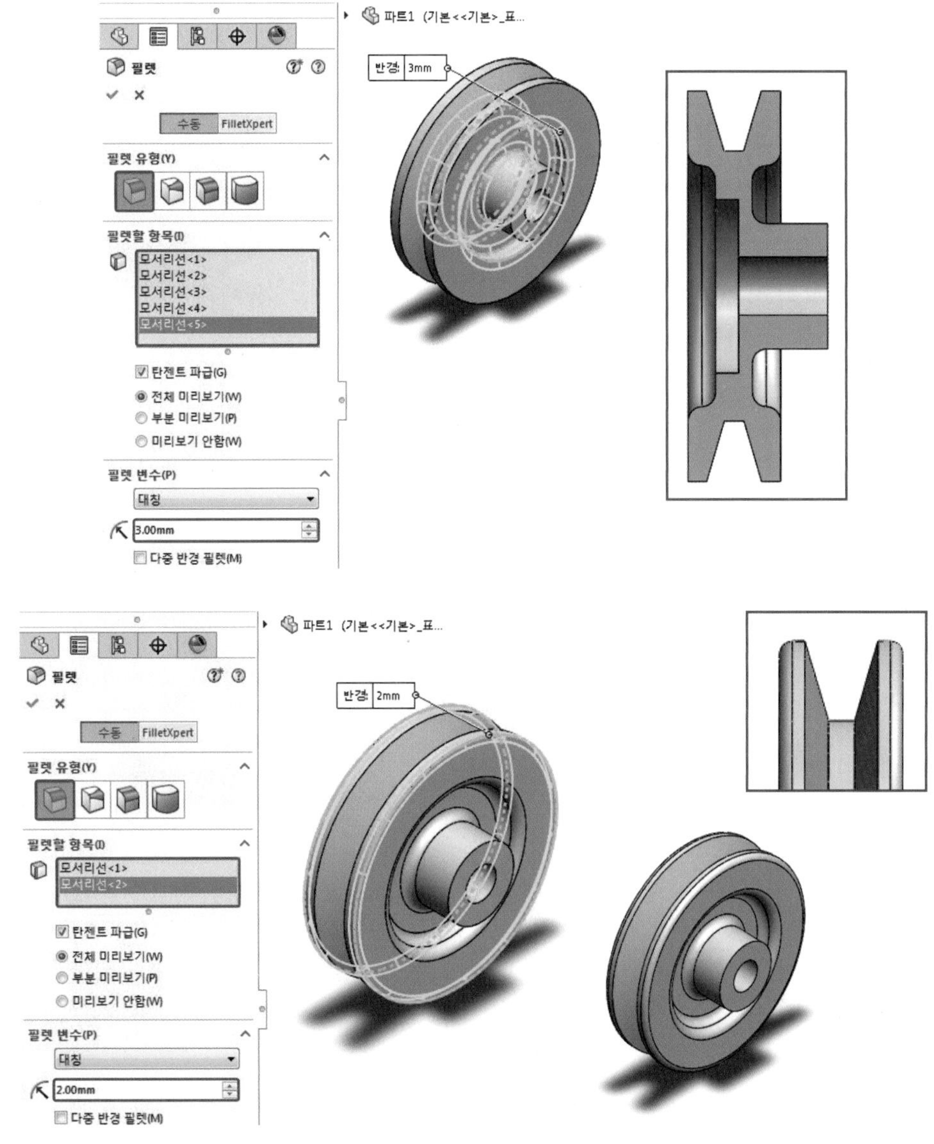

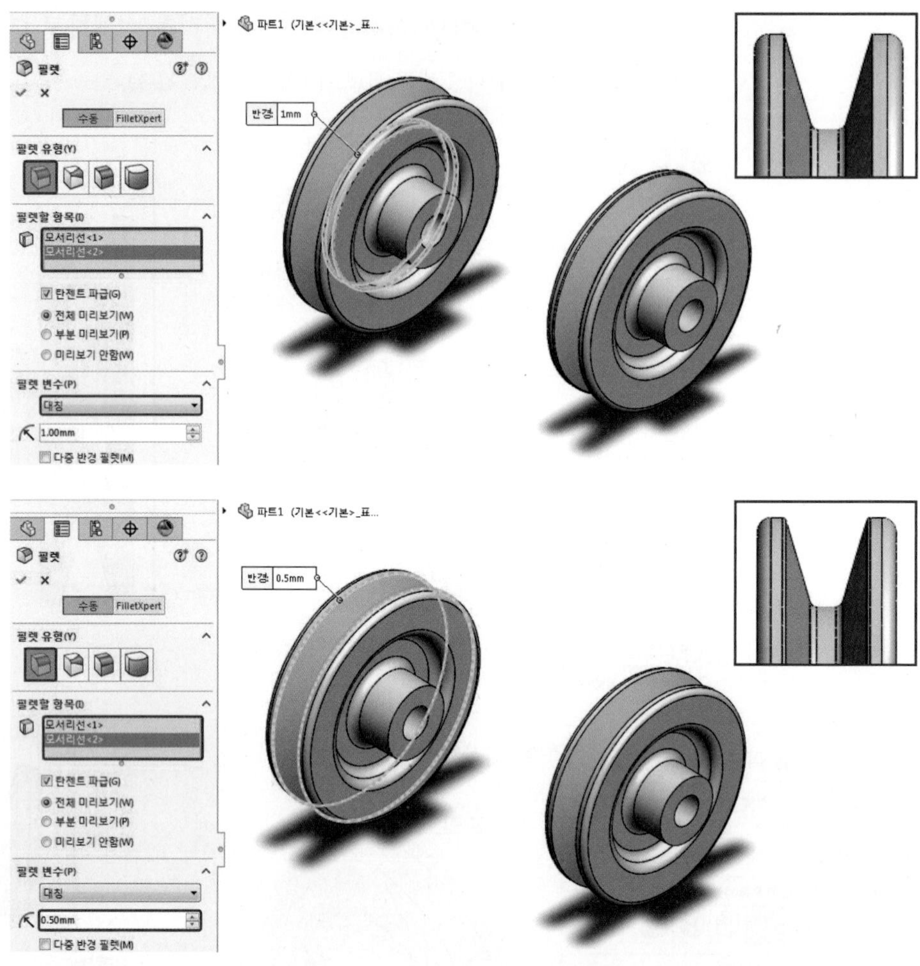

(2) 키 홈 작성

① 스케치(Sketch)를 클릭하고 V-벨트 풀리 보스의 옆면을 스케치 평면으로 선택한다.

② 코너 사각형(Corner Rectangle)을 이용하여 다음과 같이 스케치를 작성하고 구속 조건과 치수를 부여한 후 스케치를 종료한다.

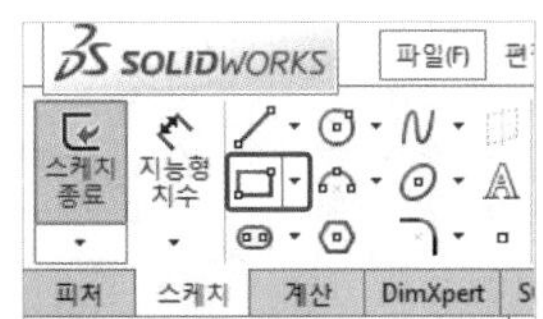

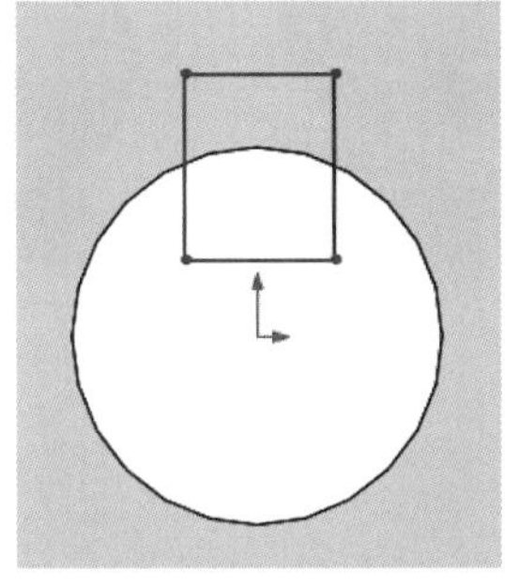

1) 사각형 스케치 작성

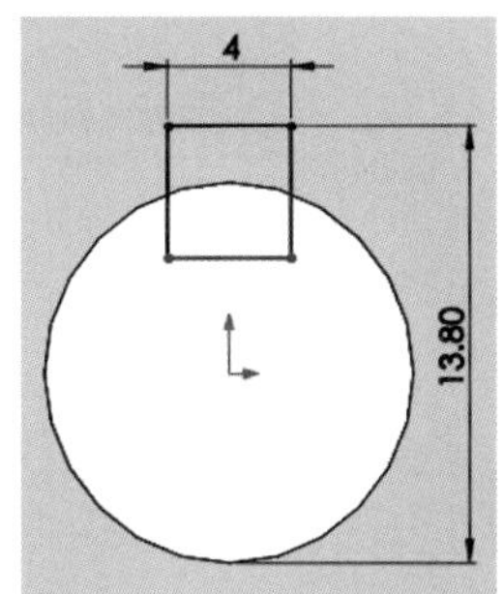

2) 구속조건과 치수 부여

③ 피처(Features) 메뉴에서 돌출 컷(Extruded Cut)을 클릭하여 스케치를 선택하고 다음과 같이 설정한 후 확인을 클릭한다.

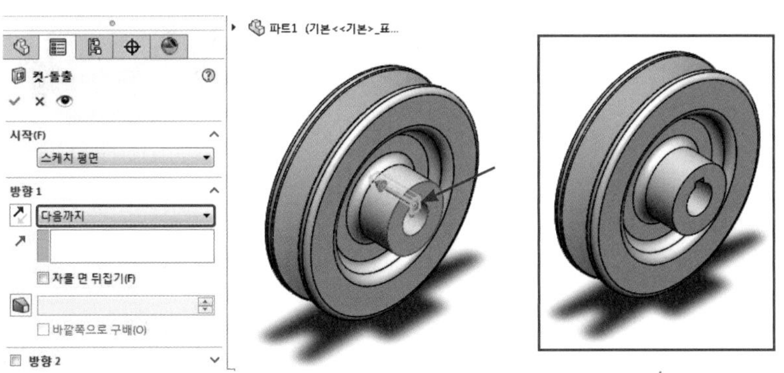

④ 피처(Features) 메뉴에서 모따기(Chamfer)를 클릭하여 모서리를 선택하고 다음과 같이 설정한 후 확인을 클릭한다.

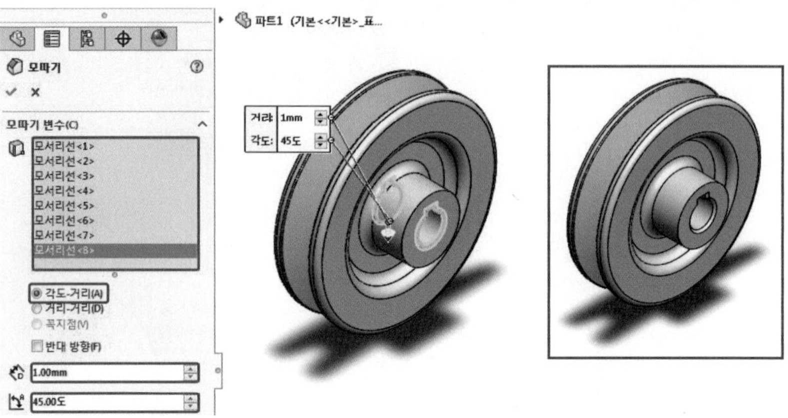

⑤ 파일(File) → 저장(Save)을 클릭하고 저장 위치와 파일 이름(File Name)을 지정한 후 저장(Save)을 클릭한다(파일 이름은 V-벨트 풀리로 지정한다).

5 몸체(Housing) 모델링

SolidWorks의 명령들을 이용하여 몸체(Housing)에 관한 파트(Part) 모델링을 작성한다.

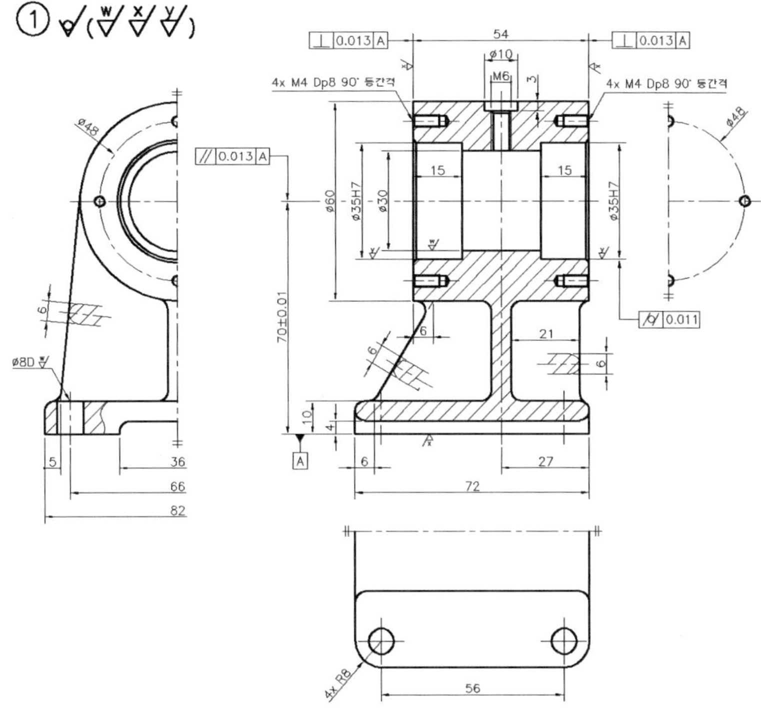

(1) 밑판 작성

① 정면(Front)을 스케치 평면으로 선택하여 다음과 같이 스케치를 작성하고 구속조건과 치수를 부여한 후 스케치를 종료한다.

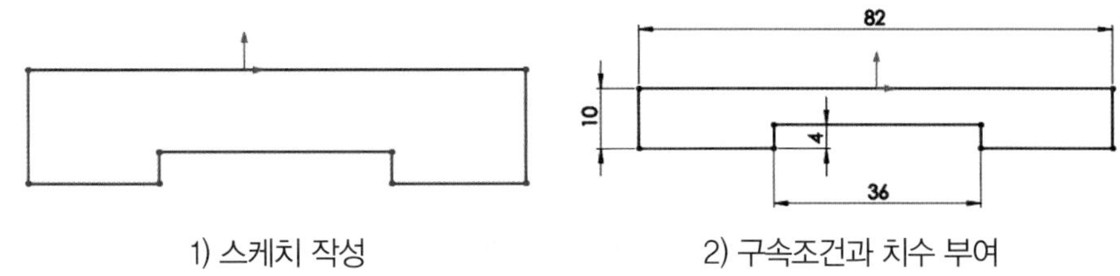

1) 스케치 작성　　　2) 구속조건과 치수 부여

② 피처(Features) 메뉴에서 돌출 보스 / 베이스(Extruded Boss / Base)를 클릭하여 스케치를 선택하고 다음과 같이 설정한 후 확인을 클릭한다.

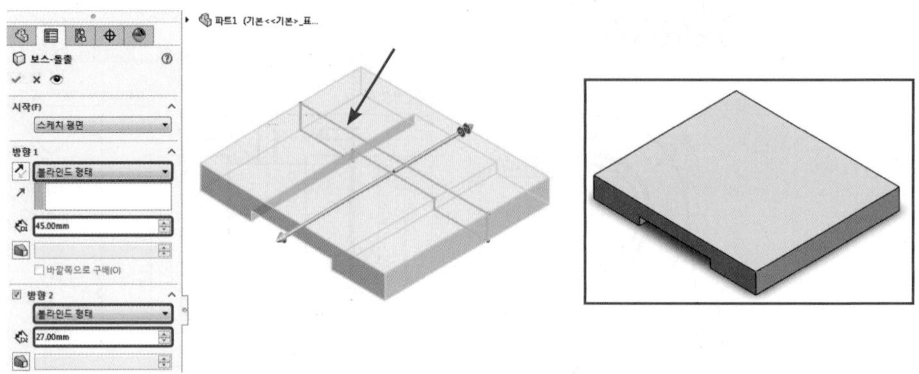

③ 피처(Features) 메뉴에서 필렛(Fillet)을 클릭하여 모서리를 선택하고 다음과 같이 설정한 후 확인을 클릭한다.

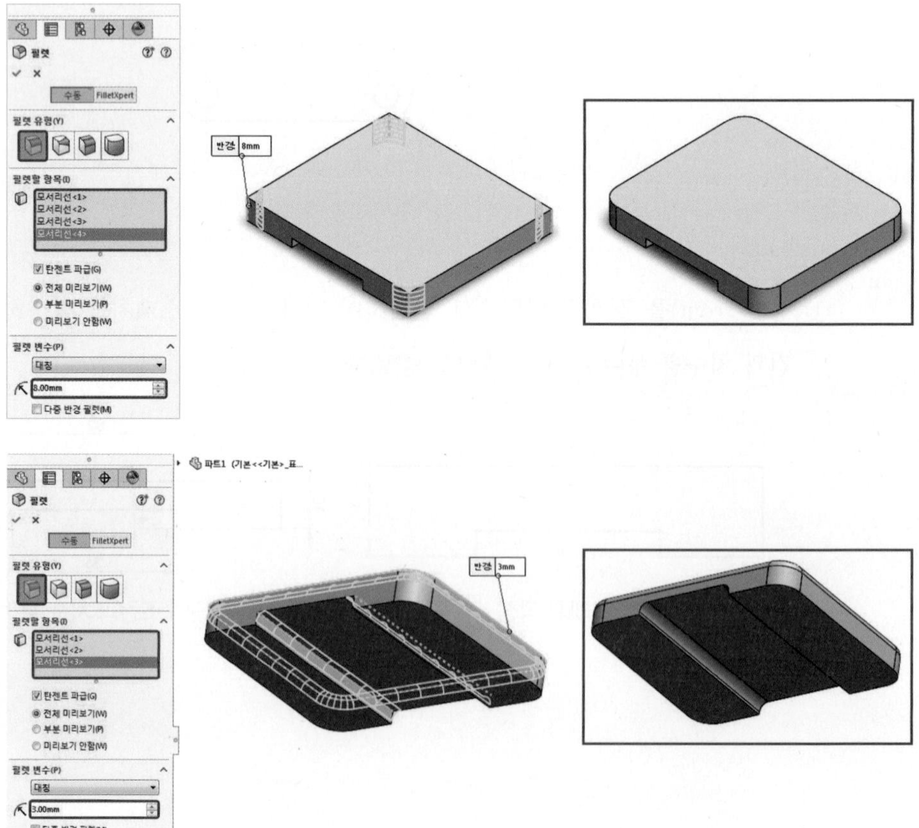

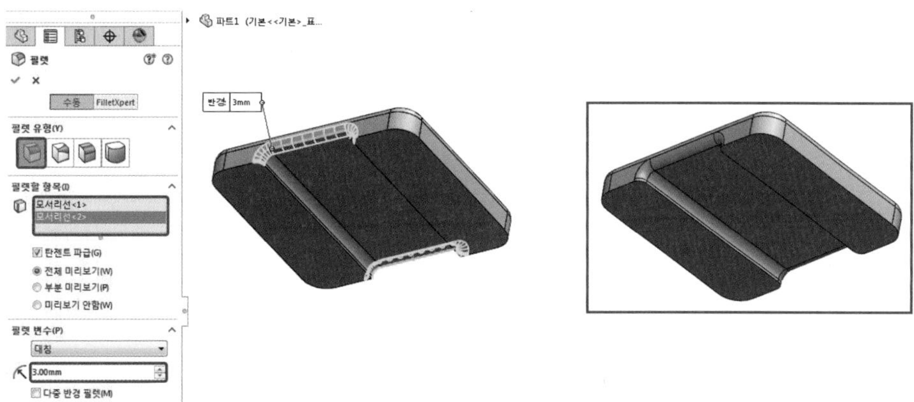

④ 스케치(Sketch)를 클릭하고 밑판의 윗면을 스케치 평면으로 선택한다.

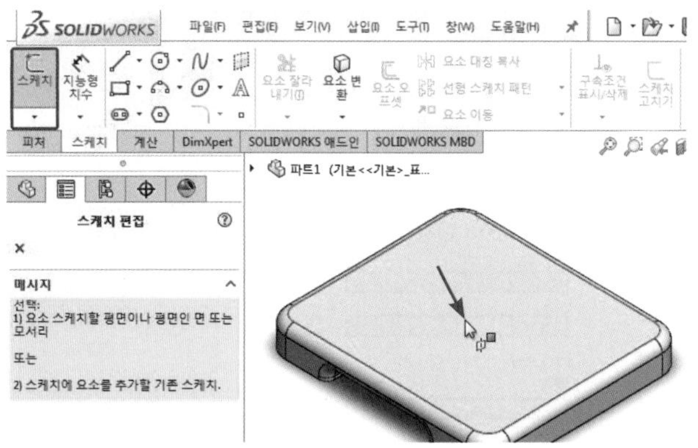

⑤ 점(Point)을 이용하여 다음과 같이 스케치를 작성하고 구속조건을 부여한 후 스케치를 종료한다.

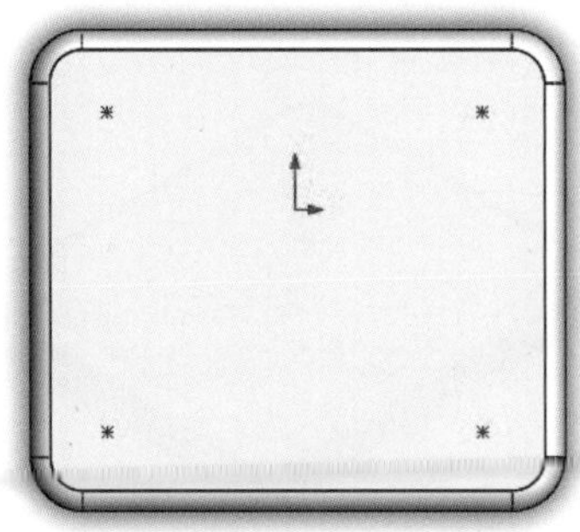

1) 점 스케치 작성

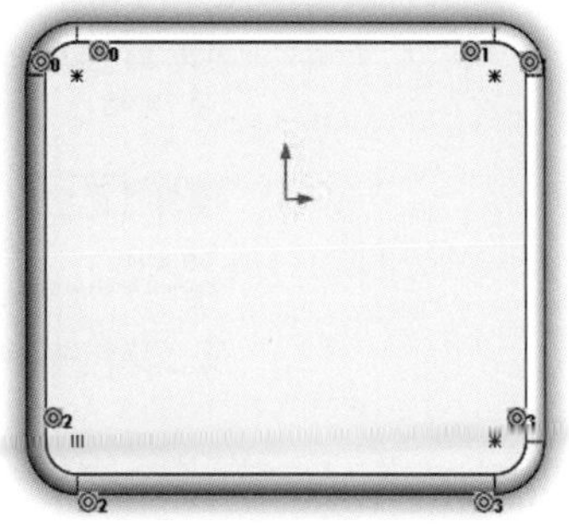

2) 동심 조건부여

⑥ 피처(Features) 메뉴에서 구멍 가공 마법사(Hole Wizard)를 클릭한다.

⑦ 다음과 같이 구멍의 유형(Type)을 설정한다.

⑧ 구멍의 위치(Positions)를 선택하고 확인을 클릭한다.

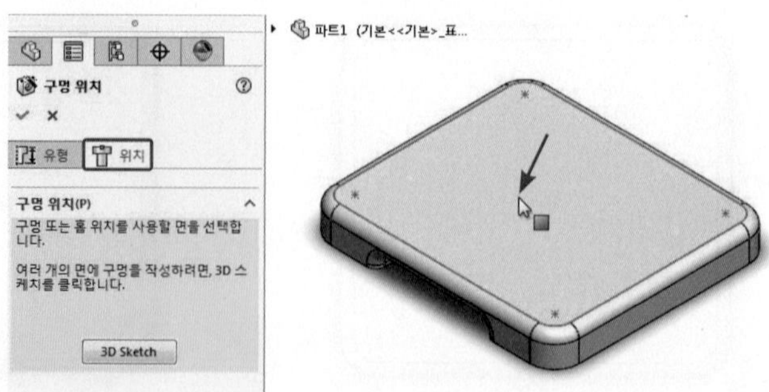

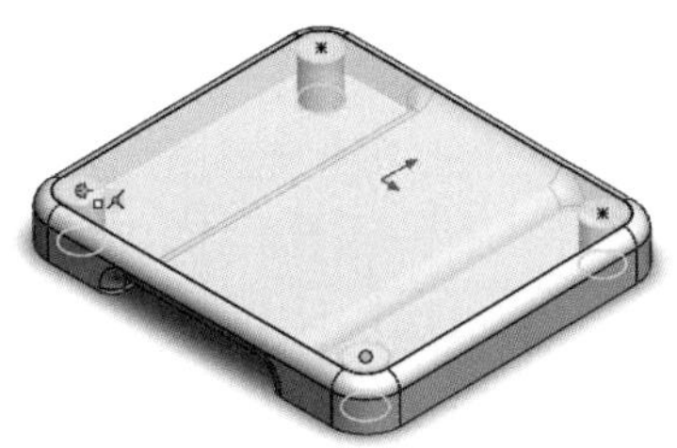

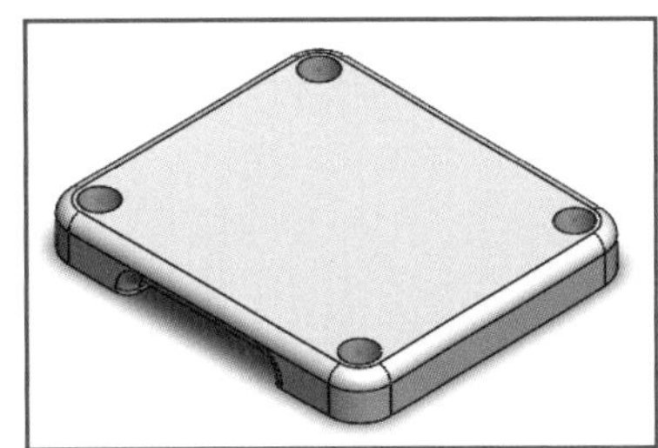

⑨ 구멍의 위치 역할을 하는 스케치에서 마우스 MB3 버튼을 클릭하고 숨기기(Hide)를 클릭한다.

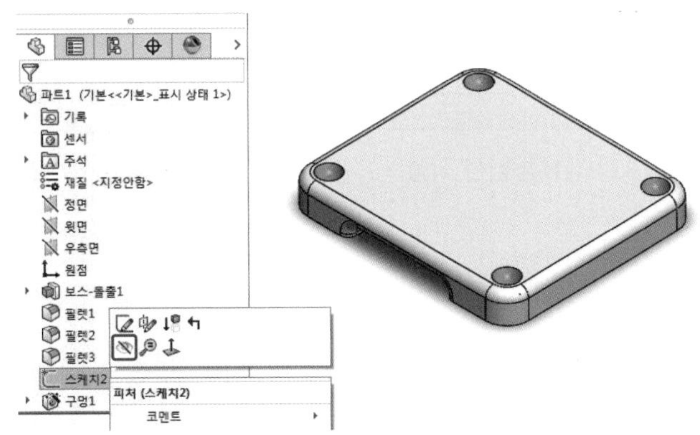

(2) 축 받침 부 작성

① 스케치(Sketch)를 클릭하고 우측면(Right)을 스케치 평면으로 선택한다.

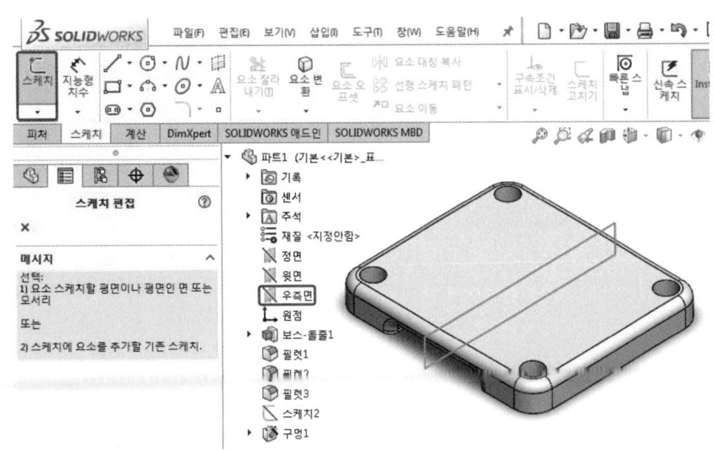

② 중심선(Center Line)을 이용하여 중심축의 위치를 작성하고 치수를 기입한다.

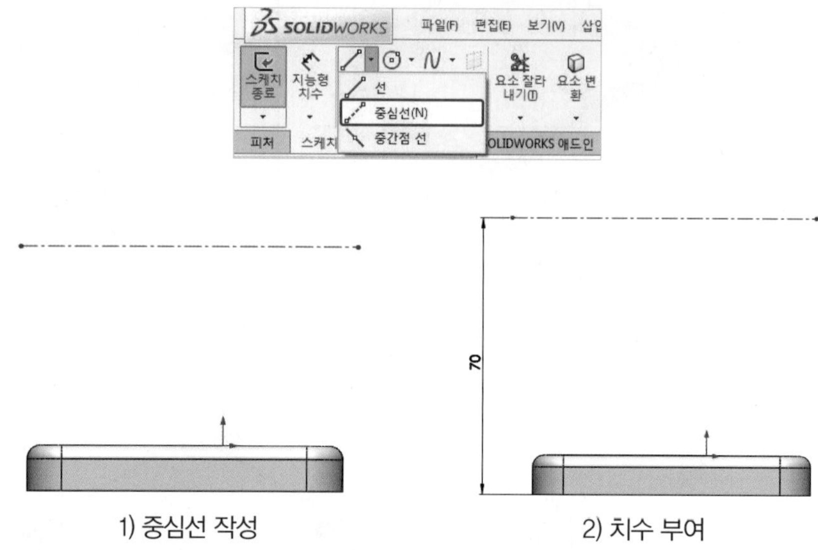

1) 중심선 작성

2) 치수 부여

③ 다음과 같이 스케치를 작성하고 구속조건과 치수를 부여한 후 스케치를 종료한다.

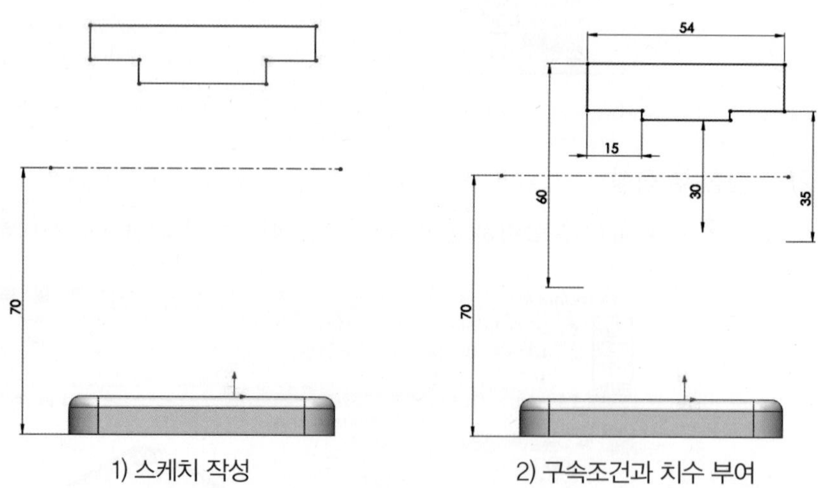

1) 스케치 작성

2) 구속조건과 치수 부여

④ 피처(Features) 메뉴에서 회전 보스 / 베이스(Revolved Boss / Base)를 클릭하여 스케치를 선택하고 다음과 같이 설정한 후 확인을 클릭한다.

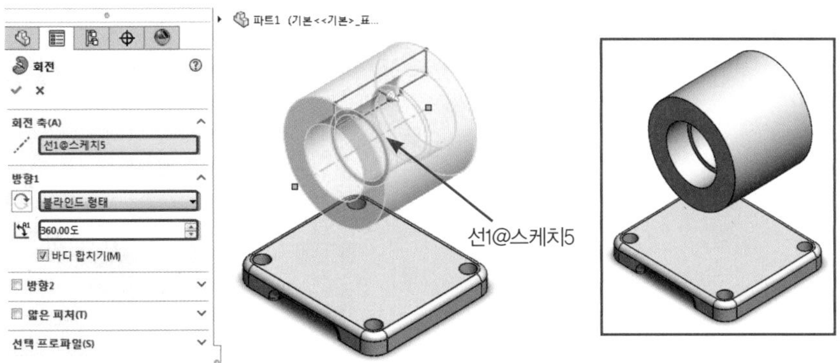

⑤ 피처(Features) 메뉴에서 모따기(Chamfer)를 클릭하여 모서리를 선택하고 다음과 같이 설정한 후 확인을 클릭한다.

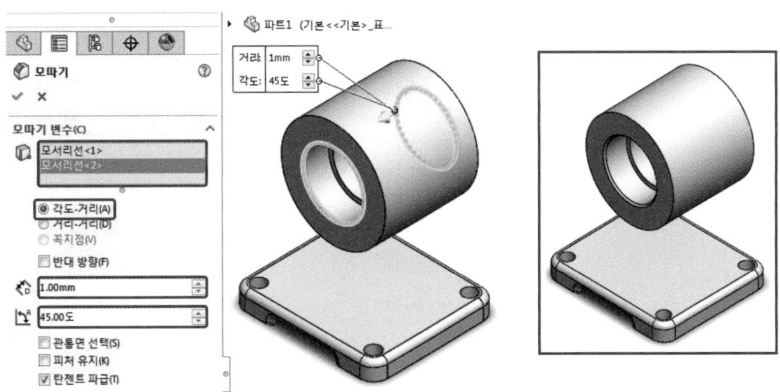

⑥ 스케치(Sketch)를 클릭하고 우측면(Right)을 스케치 평면으로 선택한다.

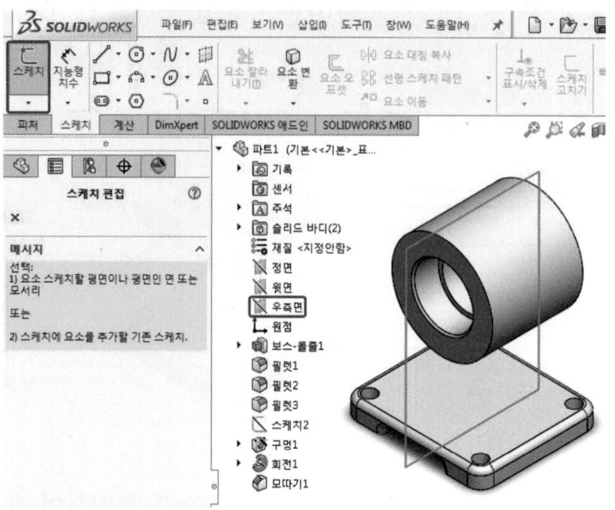

⑦ 빠른 보기 도구모음(Head-up View Toolbar)에서 표시유형(Display Style)을 실선 표시(Wireframe)로 바꾼다.

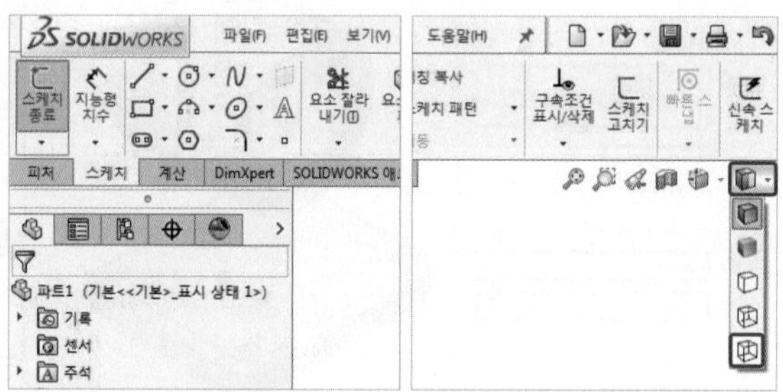

⑧ 다음과 같이 스케치를 작성하고 구속조건과 치수를 부여한 후 스케치를 종료한다.

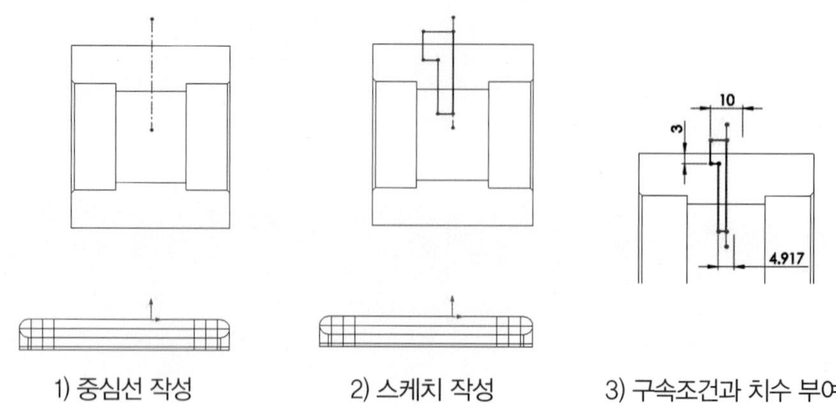

1) 중심선 작성 2) 스케치 작성 3) 구속조건과 치수 부여

Tip 나사의 호칭지름에 따른 구멍 크기

호칭지름(미터 보통 나사)	산 지름(나사의 호칭지름과 동일)	골 지름(암나사의 구멍 크기)
M3	3	2.459
M4	4	3.242
M5	5	4.134
M6	6	4.917
M8	8	6.647
M10	10	8.376

※ KS 기계제도 규격 참조

⑨ 빠른 보기 도구모음(Head-up View Toolbar)에서 표시유형(Display Style)을 모서리 표시 음영(Shaded With Edges)으로 바꾼다.

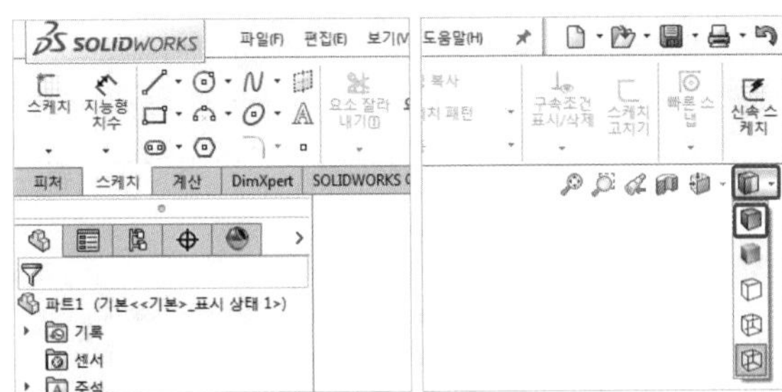

⑩ 피처(Features) 메뉴에서 회전 컷(Revolved Cut)을 클릭한다.

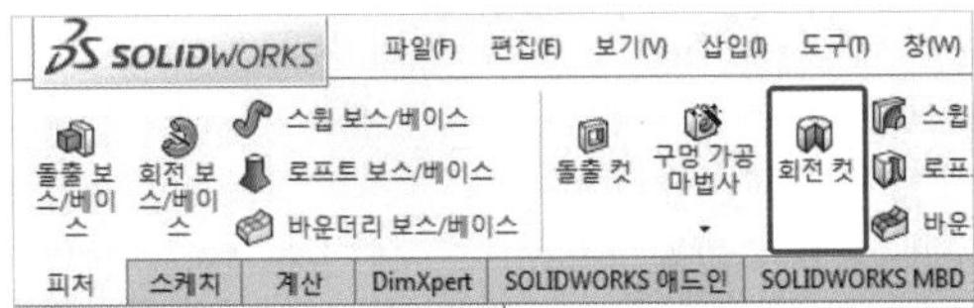

⑪ 스케치를 선택하고 다음과 같이 설정한 후 확인을 클릭한다.

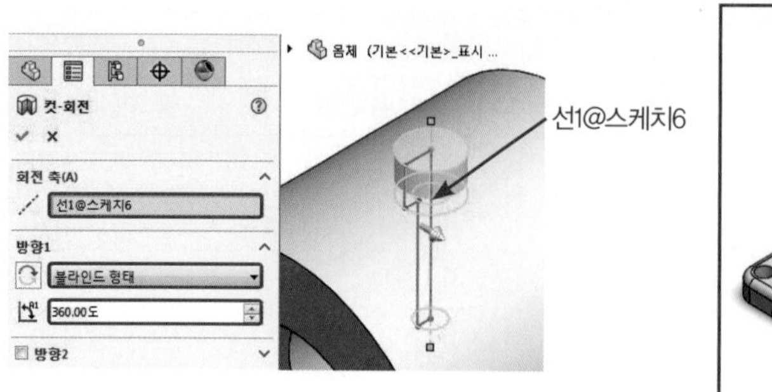

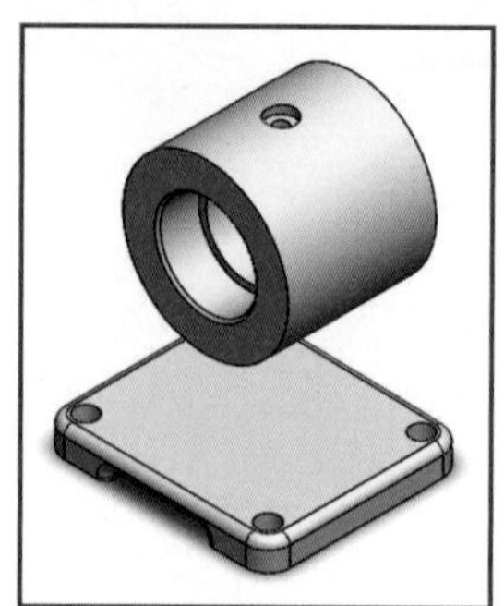

⑫ 삽입(Insert) → 피처(Features) → 나사산(Thread)을 클릭한다.

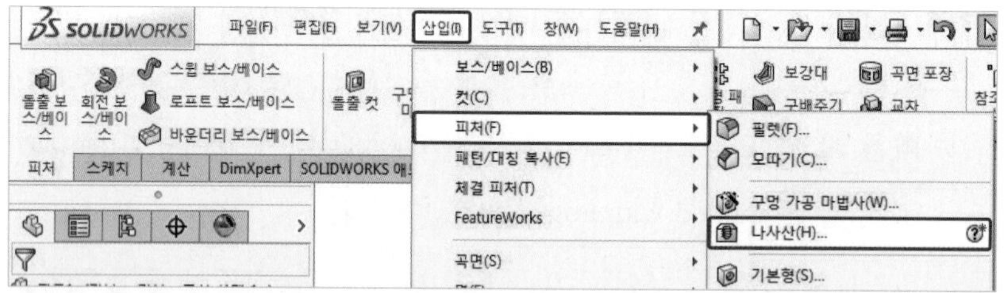

⑬ 구멍의 모서리를 선택하고 다음과 같이 설정한 후 확인을 클릭한다.

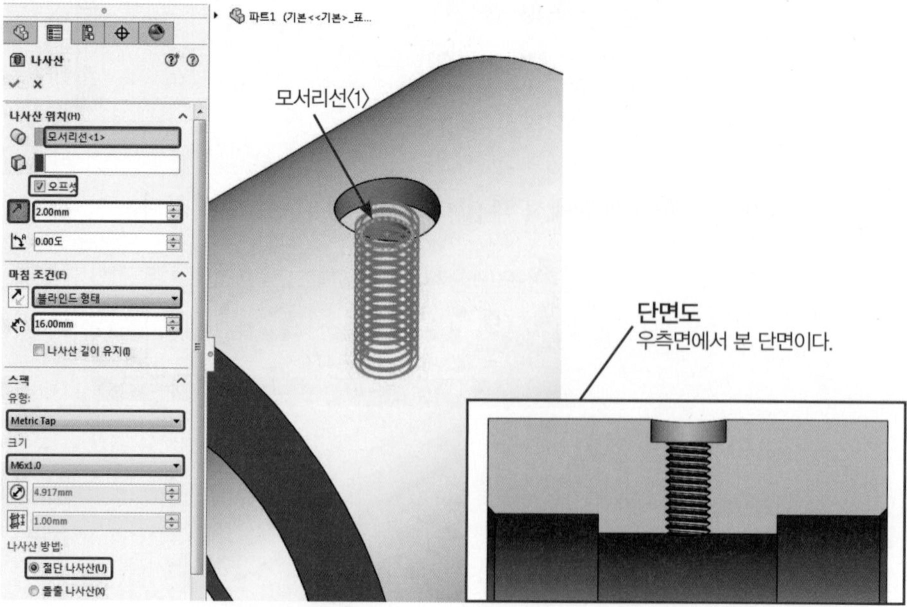

⑭ 스케치(Sketch)를 클릭하고 축 받침 부의 옆면을 스케치 평면으로 선택한다.

⑮ 중심선(Center Line)을 이용하여 다음과 같이 스케치를 작성하고 구속조건과 치수를 부여한 후 스케치 종료(Exit Sketch)를 클릭한다.

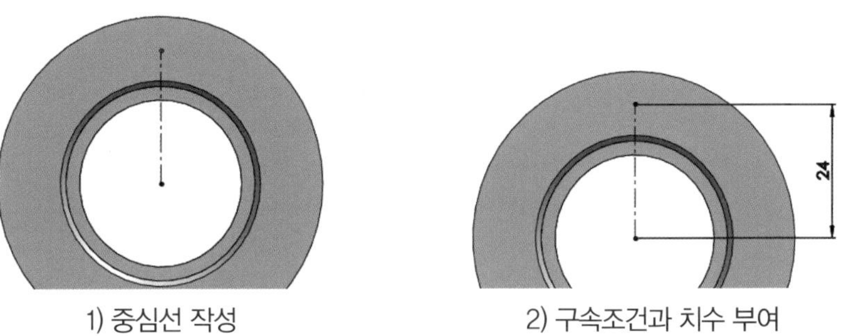

1) 중심선 작성

2) 구속조건과 치수 부여

⑯ 피처(Features) 메뉴에서 구멍 가공 마법사(Hole Wizard)를 클릭한다.

⑰ 다음과 같이 구멍의 유형(Type)을 설정한다.

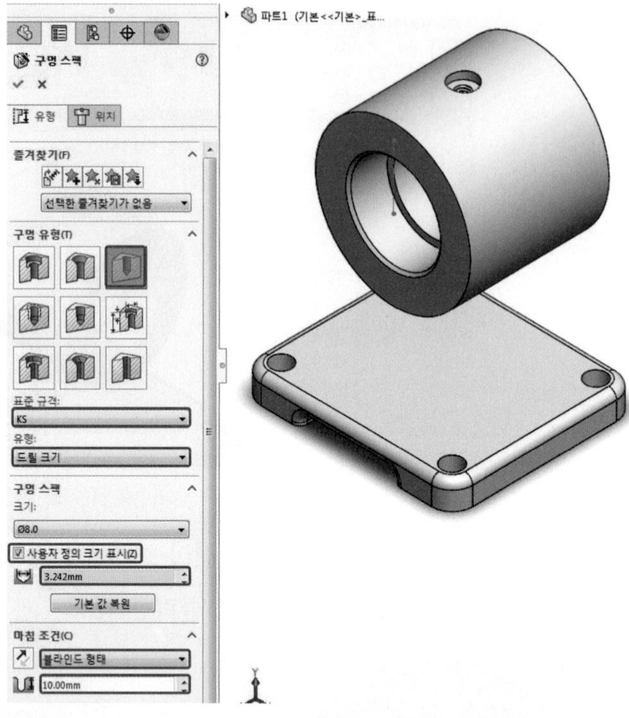

⑱ 구멍의 위치(Positions)를 선택하고 확인을 클릭한다.

⑲ 구멍의 위치 역할을 하는 스케치에서 마우스 MB3 버튼을 클릭하고 숨기기(Hide)를 클릭한다.

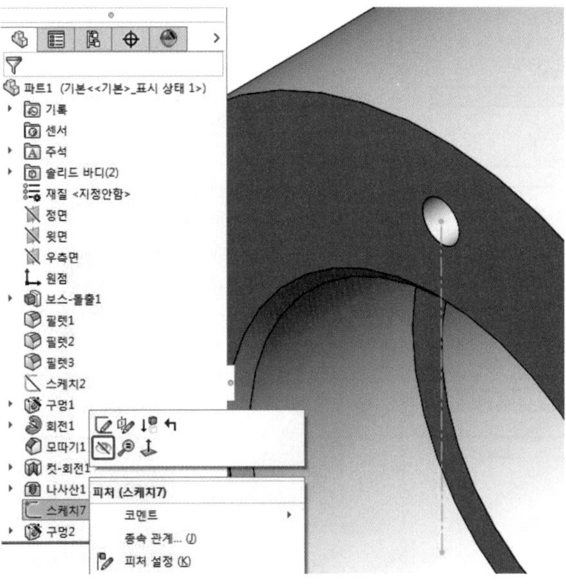

⑳ 삽입(Insert) → 피처(Features) → 나사산(Thread)을 클릭한다.

㉑ 구멍의 모서리를 선택하고 다음과 같이 설정한 후 확인을 클릭한다.

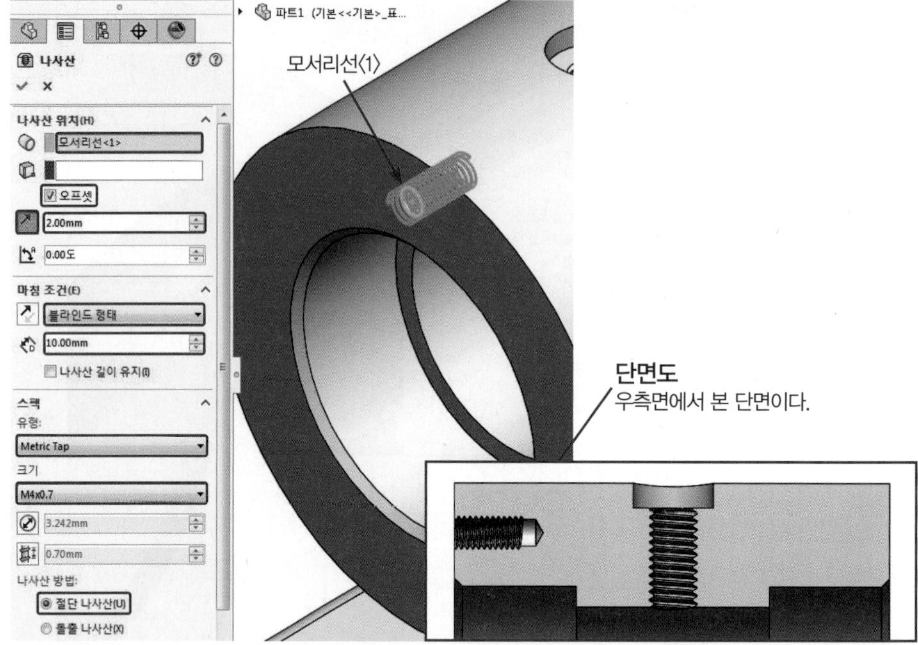

㉒ 피처(Features) 메뉴에서 원형 패턴(Circular Pattern)을 클릭한다.

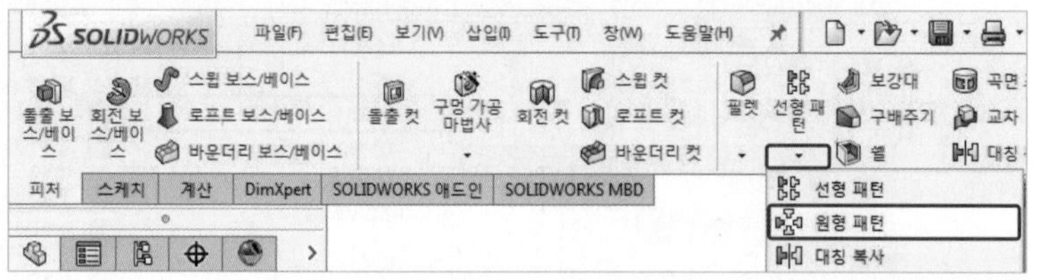

㉓ 패턴할 피처를 선택하고 다음과 같이 설정한 후 확인을 클릭한다(보기(View) → 숨기기 / 보이기(Hide / Show) → 임시축(Temporary Axes)을 클릭하여 활성화 한다).

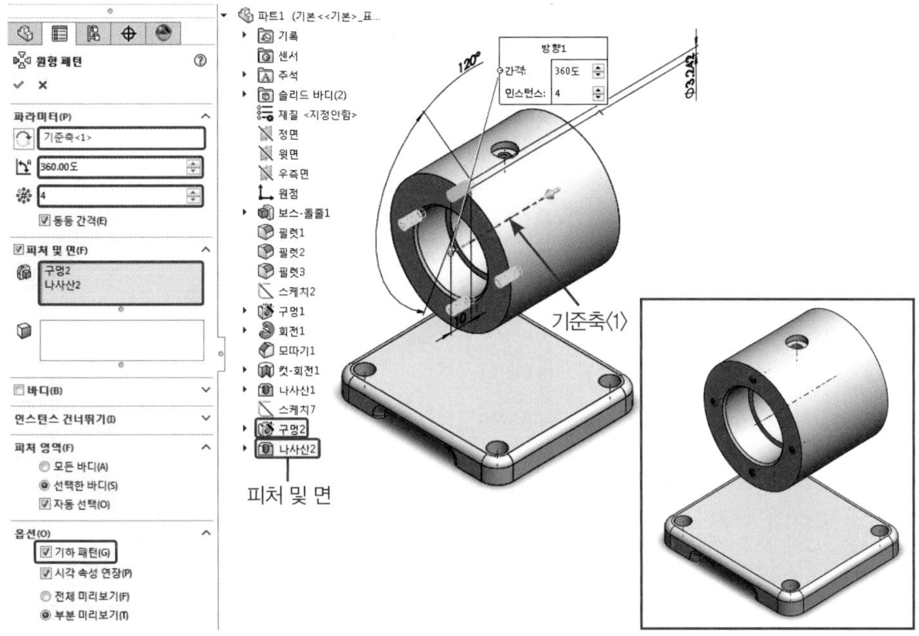

㉔ 피처(Features) 메뉴에서 대칭 복사(Mirror)를 클릭한다.

㉕ 대칭 복사할 피처를 선택하고 다음과 같이 설정한 후 확인을 클릭한다.

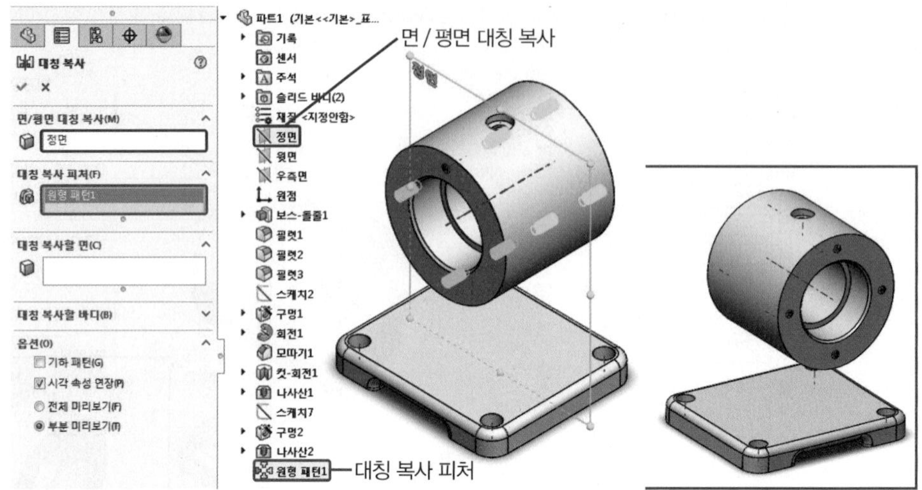

(3) 보강대 작성

① 스케치(Sketch)를 클릭하고 정면(Front)을 스케치 평면으로 선택한다.

② 중심선(Center Line)을 이용하여 다음과 같이 스케치를 작성한다.

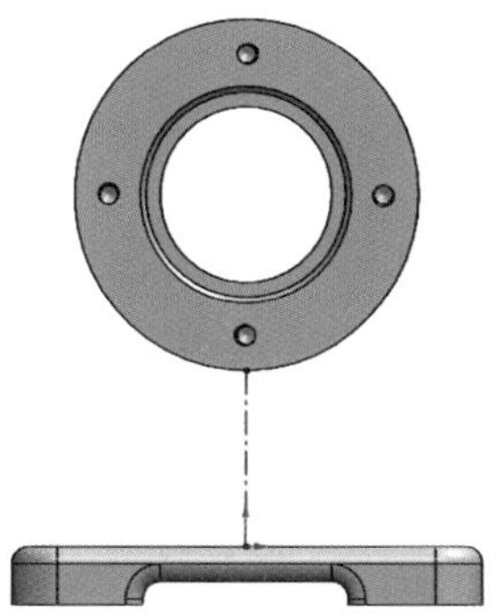

③ 요소 변환(Convert Entities)을 이용하여 다음과 같이 피처의 모서리를 투영한다.

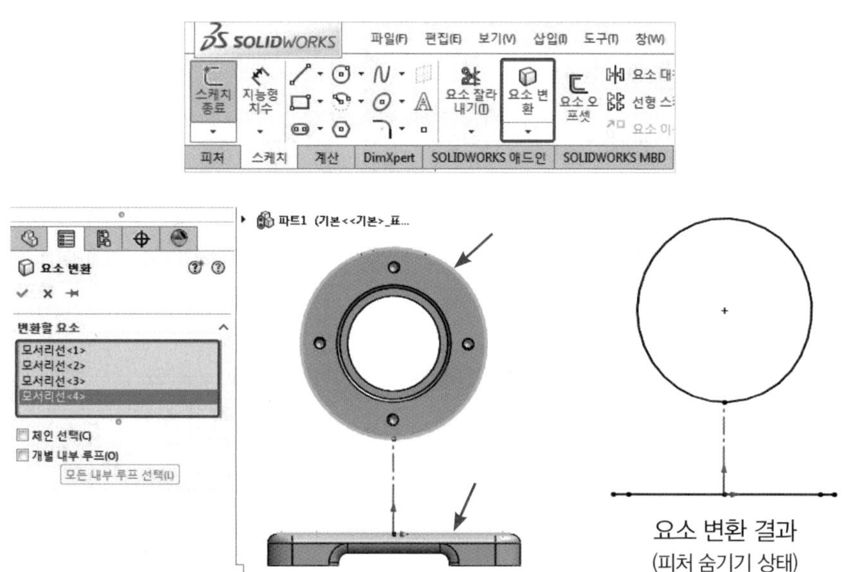

요소 변환 결과
(피처 숨기기 상태)

④ 선(Line)을 이용하여 다음과 같이 스케치를 작성하고 구속조건과 치수를 부여한다.

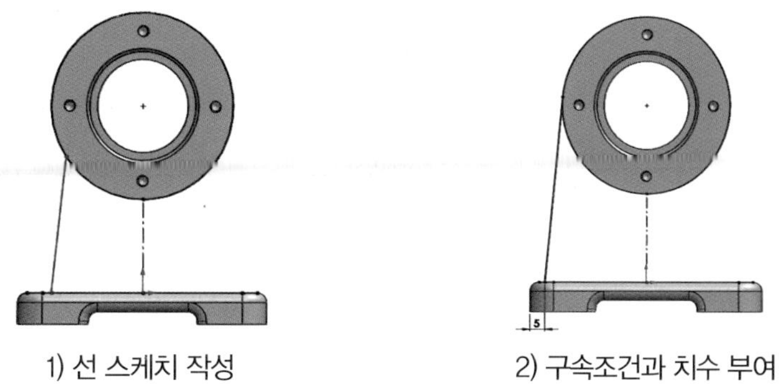

1) 선 스케치 작성

2) 구속조건과 치수 부여

⑤ 요소 대칭 복사(Mirror Entities)를 이용하여 가운데 중심선을 기준으로 대칭 복사한다.

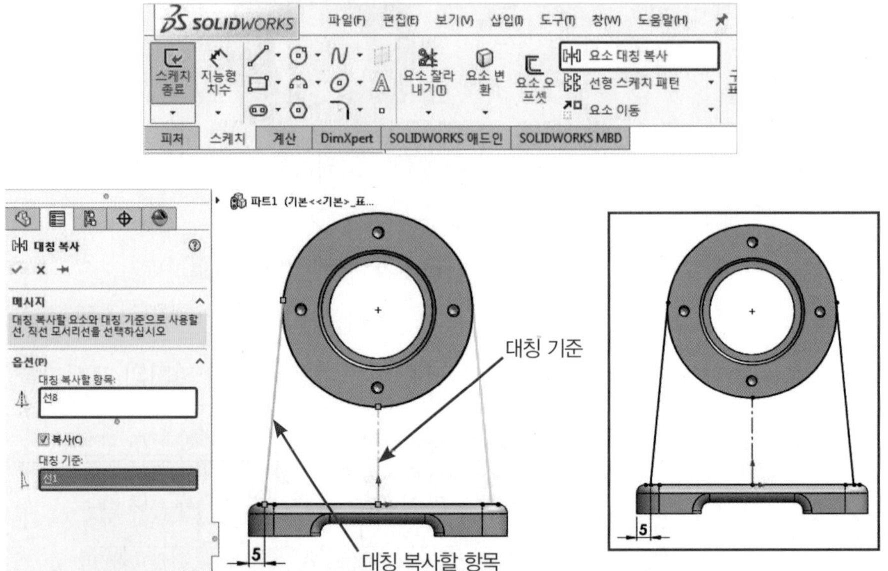

⑥ 요소 잘라내기(Trim Entities)를 이용하여 사용할 폐곡선을 제외하고 나머지를 잘라내기 한 후 스케치를 종료한다.

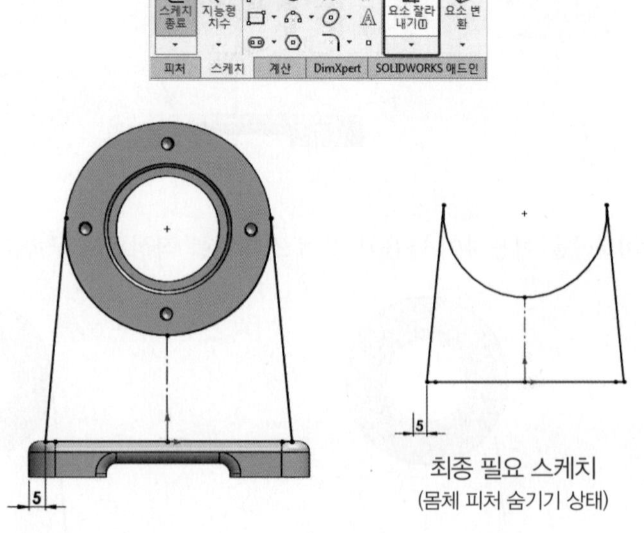

⑦ 피처(Features) 메뉴에서 돌출 보스 / 베이스(Extruded Boss / Base)를 클릭하여 스케치를 선택하고 다음과 같이 설정한 후 확인을 클릭한다.

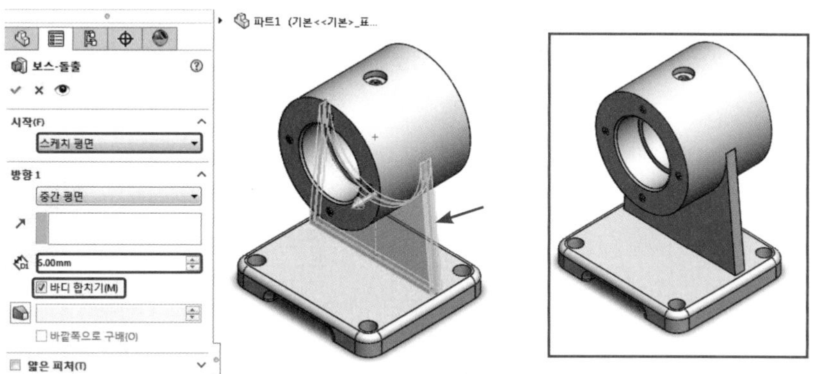

⑧ 스케치(Sketch)를 클릭하고 우측면(Right)을 스케치 평면으로 선택한다.

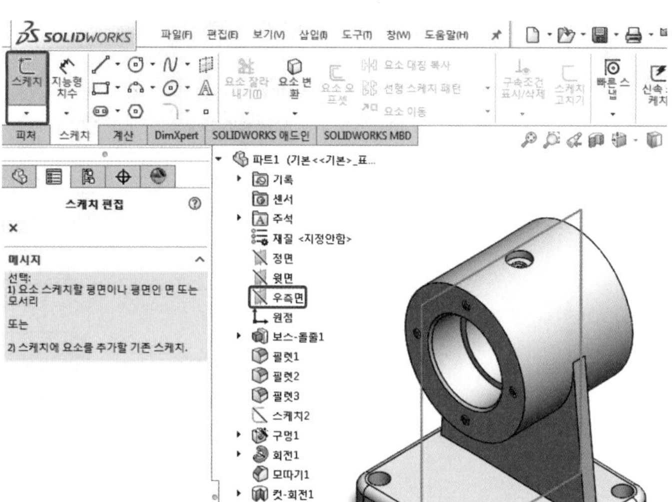

⑨ 선(Line)과 점(Point)을 이용하여 다음과 같이 스케치를 작성하고 구속조건과 치수를 부여한 후 스케치를 종료한다.

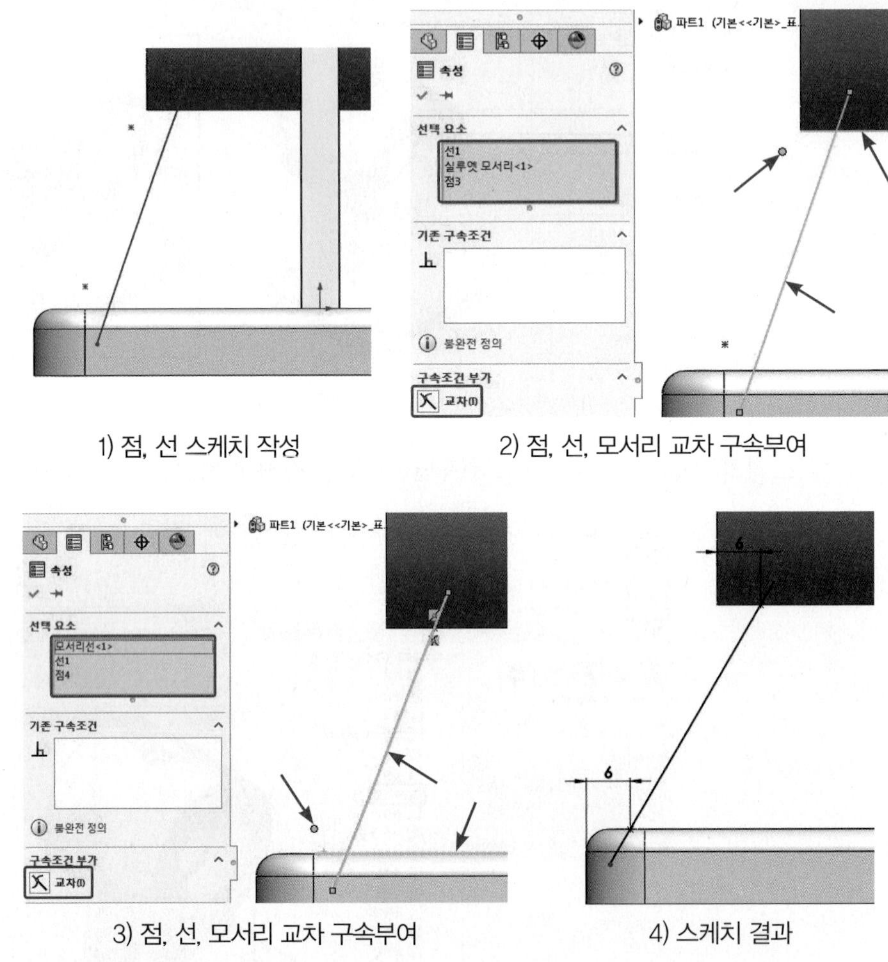

1) 점, 선 스케치 작성

2) 점, 선, 모서리 교차 구속부여

3) 점, 선, 모서리 교차 구속부여

4) 스케치 결과

⑩ 피처(Features) 메뉴에서 보강대(Rib)를 클릭한다.

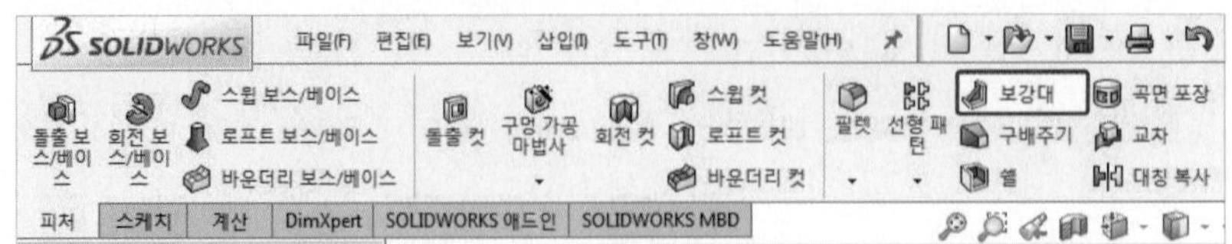

⑪ 스케치를 선택하고 다음과 같이 설정한 후 확인을 클릭한다.

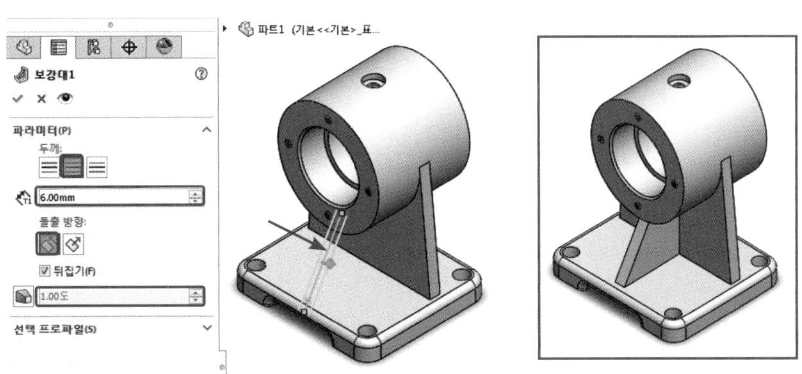

⑫ 스케치(Sketch)를 클릭하고 우측면(Right)을 스케치 평면으로 선택한다.

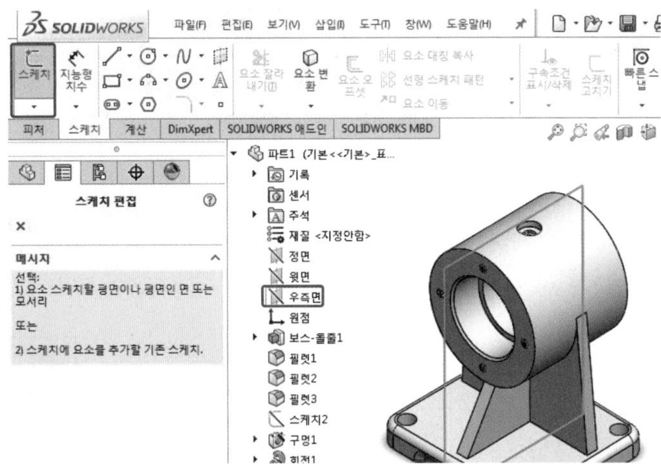

⑬ 선(Line)을 이용하여 다음과 같이 스케치를 작성하고 구속조건과 치수를 부여한 후 스케치를 종료한다.

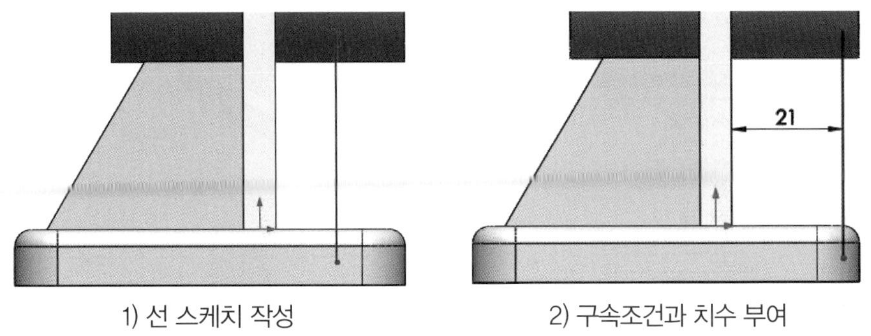

1) 선 스케치 작성

2) 구속조건과 치수 부여

⑭ 피처(Features) 메뉴에서 보강대(Rib)를 클릭한다.

⑮ 스케치를 선택하고 다음과 같이 설정한 후 확인을 클릭한다.

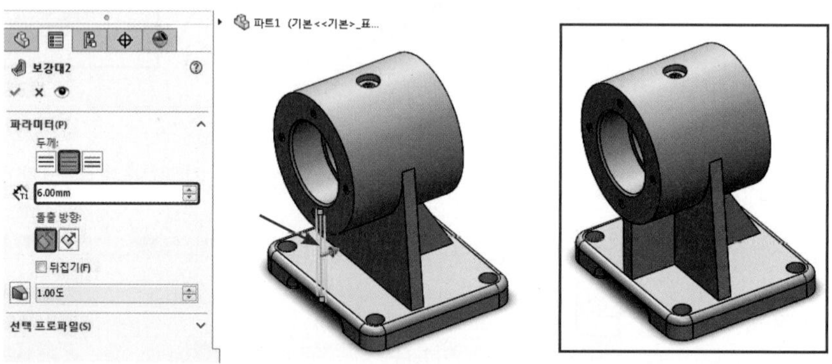

⑯ 피처(Features) 메뉴에서 필렛(Fillet)을 클릭하여 모서리를 선택하고 다음과 같이 설정한 후 확인을 클릭한다.

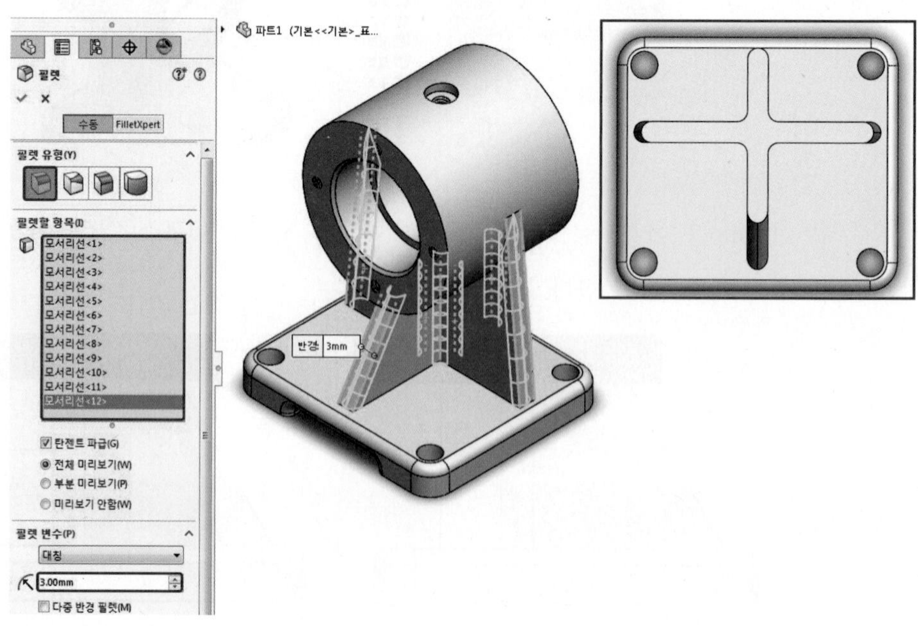

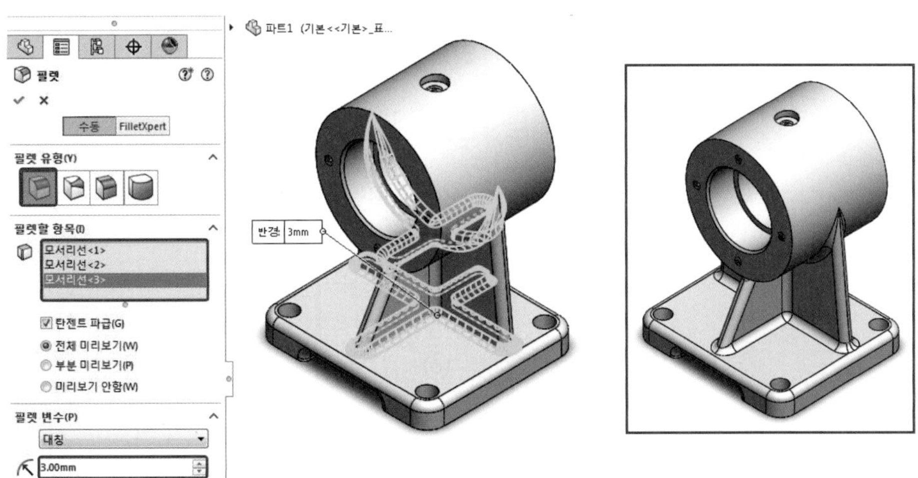

⑰ 파일(File) → 저장(Save)을 클릭하고 저장 위치와 파일 이름(File Name)을 지정한 후 저장(Save)을 클릭한다(파일 이름은 몸체로 지정한다).

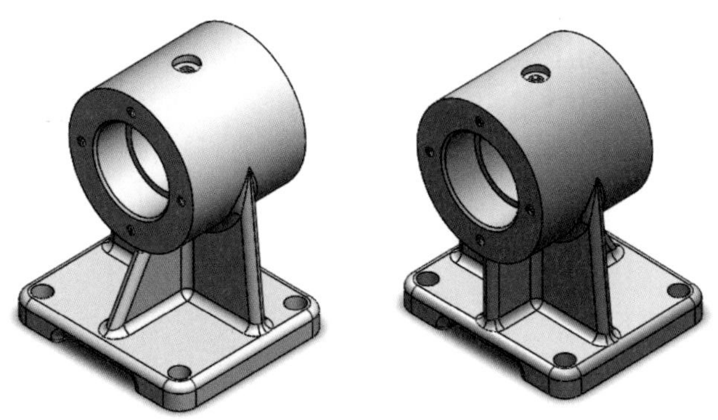

02 래크(Rack)와 피니언(Pinion Shaft)

다음 래크와 피니언의 조립도에 도시되어 있는 각각의 파트(Part)에 관한 모델링을 작성한다.

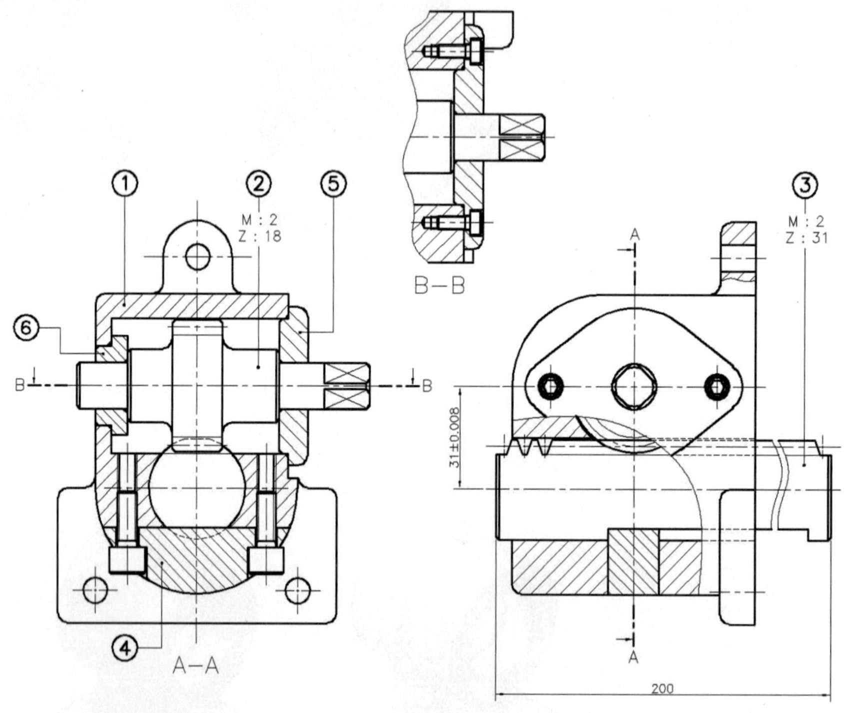

1 피니언 축(Pinion Shaft) 모델링

SolidWorks의 명령들을 이용하여 피니언 축(Pinion Shaft)에 관한 파트(Part) 모델링을 작성한다.

② $\overset{x}{\nabla}$($\overset{y}{\nabla}$)

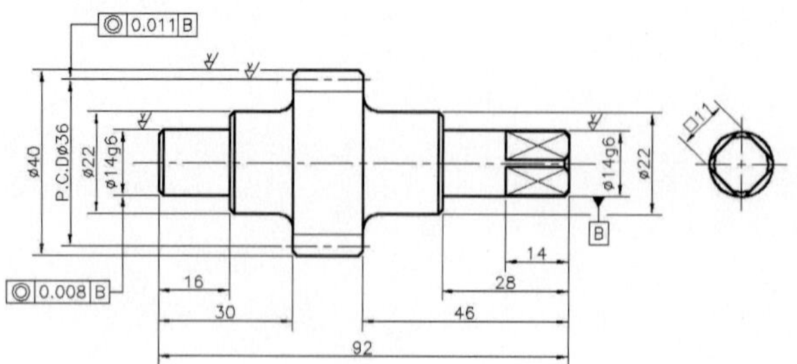

래크와 피니언 요목표			
구분 \ 품번		③	②
기어 치형		표준	
공구	모듈	2	
	치형	보통이	
	압력각	20°	
전체 이 높이		4.5	4.5
피치원 지름		–	ø36
잇 수		31	18
다듬질 방법		호브절삭	
정밀도		KS B ISO 1328-1, 4급	

(1) 피니언 축 본체 작성

① 정면(Front)을 스케치 평면으로 선택하고 중심선(Center Line)을 이용하여 원점과 일치하는 수평 중심선을 작성한다.

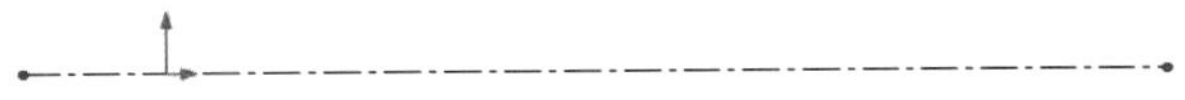

② 다음과 같이 스케치를 작성하고 구속조건과 치수를 부여한 후 스케치를 종료한다.

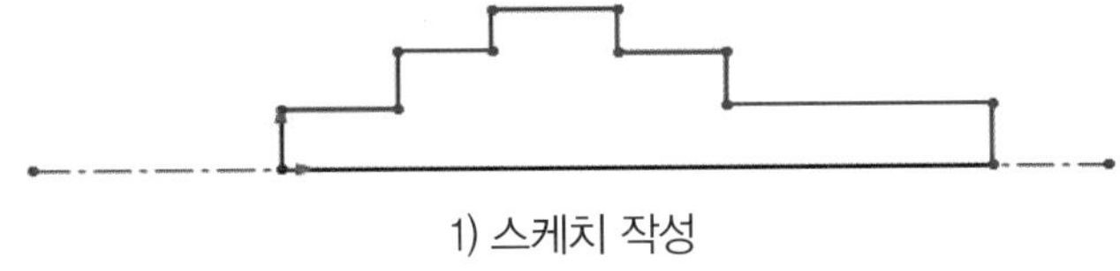

1) 스케치 작성

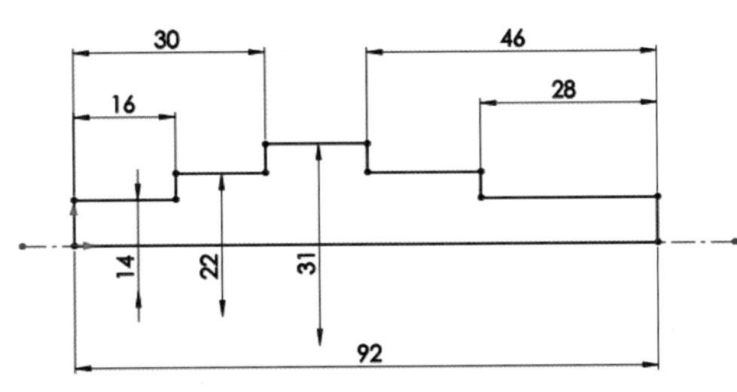

2) 구속조건과 치수 부여

③ 피처(Features) 메뉴에서 회전 보스/베이스(Revolved Boss/Base)를 클릭하여 스케치를 선택하고 다음과 같이 설정한 후 확인을 클릭한다.

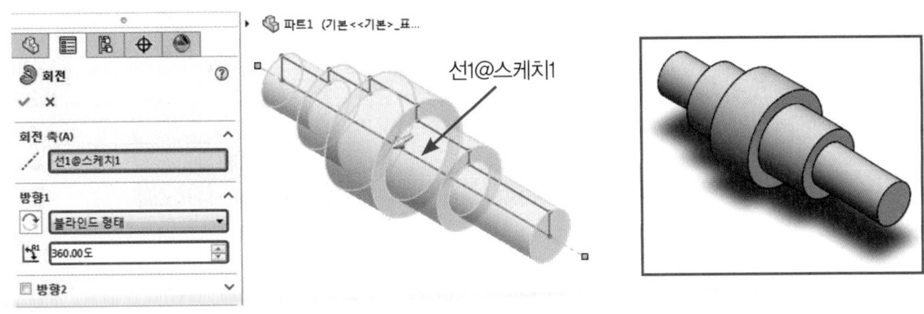

④ 피처(Features) 메뉴에서 필렛(Fillet)을 클릭하여 모서리를 선택하고 다음과 같이 설정한 후 확인을 클릭한다.

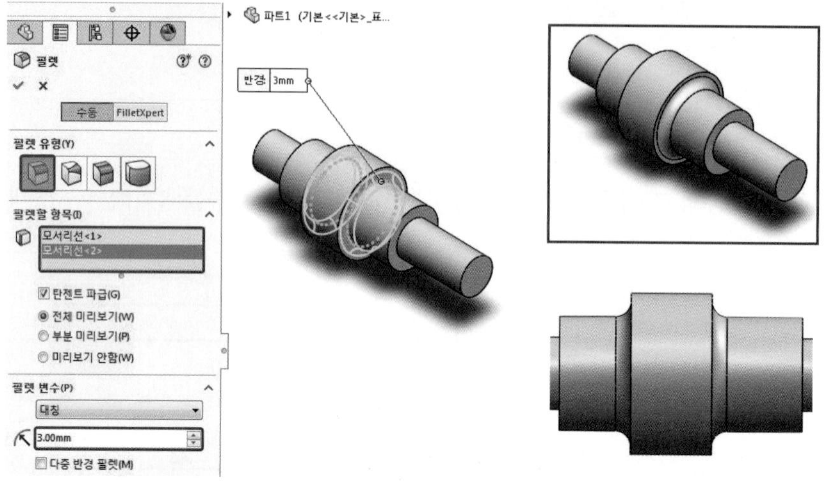

⑤ 피처(Features) 메뉴에서 모따기(Chamfer)를 클릭하여 모서리를 선택하고 다음과 같이 설정한 후 확인을 클릭한다.

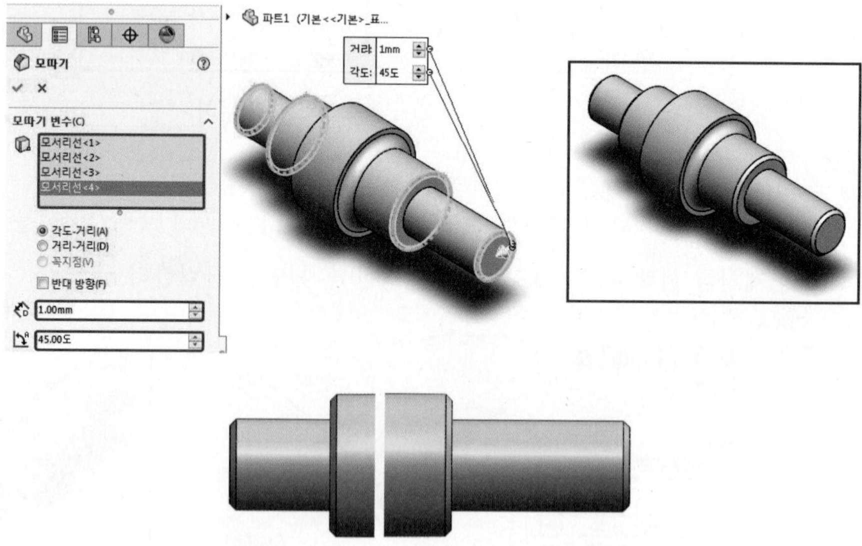

⑥ 스케치(Sketch)를 클릭하고 피니언 축의 끝 면을 스케치 평면으로 선택한다.

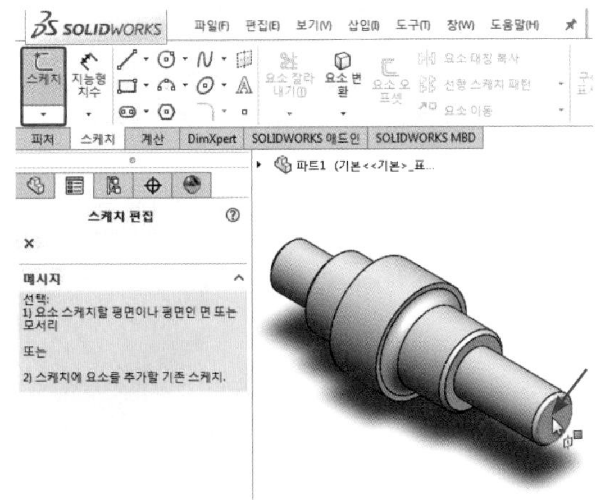

⑦ 다음과 같이 스케치를 작성하고 구속조건과 치수를 부여한 후 스케치를 종료한다.

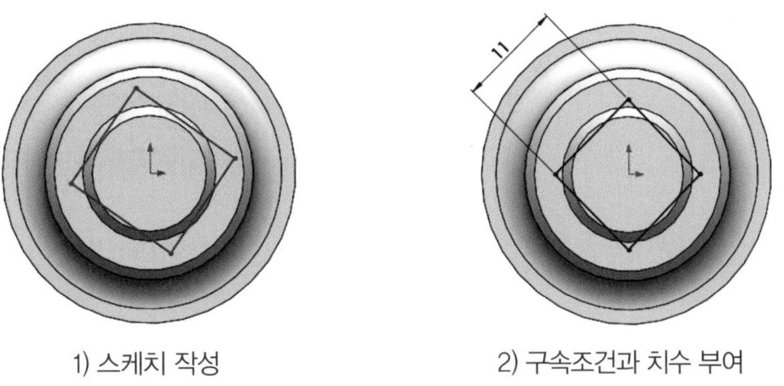

1) 스케치 작성 2) 구속조건과 치수 부여

⑧ 피처(Features) 메뉴에서 돌출 컷(Extruded Cut)을 클릭하여 스케치를 선택하고 다음과 같이 설정한 후 확인을 클릭한다.

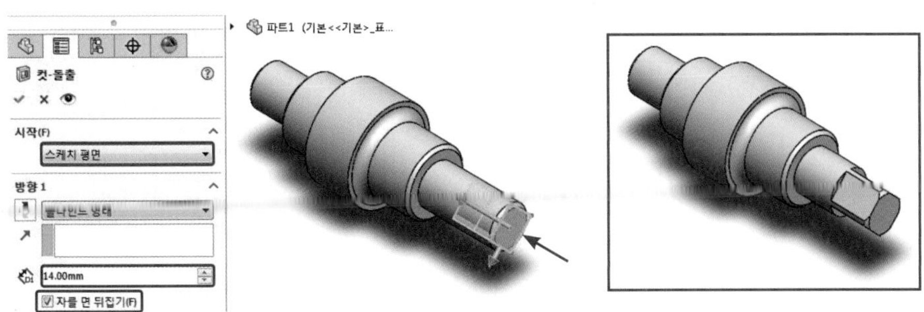

(2) 기어 치부 작성

① 스케치(Sketch)를 클릭하고 피니언 축의 기어 부 옆면을 스케치 평면으로 선택한다.

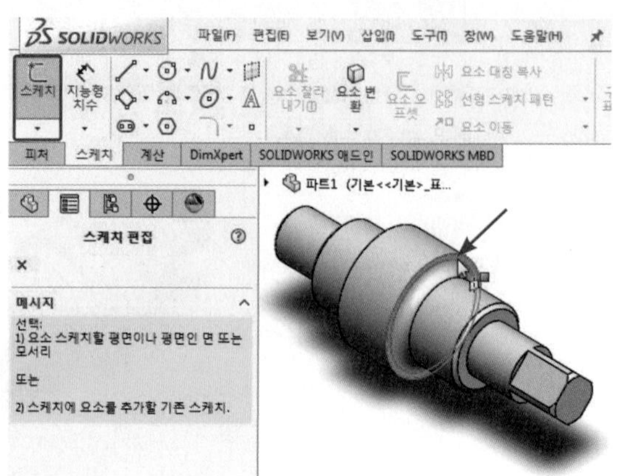

② 요소 변환(Convert Entities)을 이용하여 다음과 같이 모서리를 투영한다.

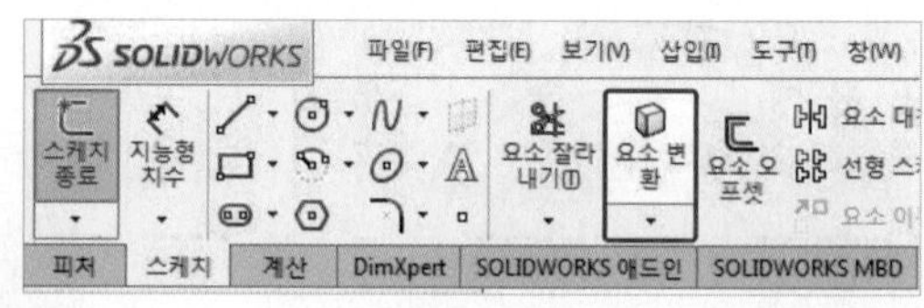

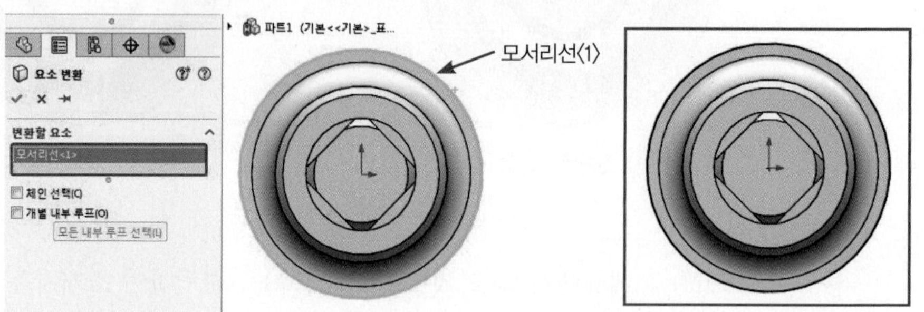

③ 요소 오프셋(Offset Entities)을 이용하여 다음과 같이 피치원과 이끝원을 작성한다.

(파란색 – 선택 스케치, 빨간색 – 오프셋 결과 미리보기)

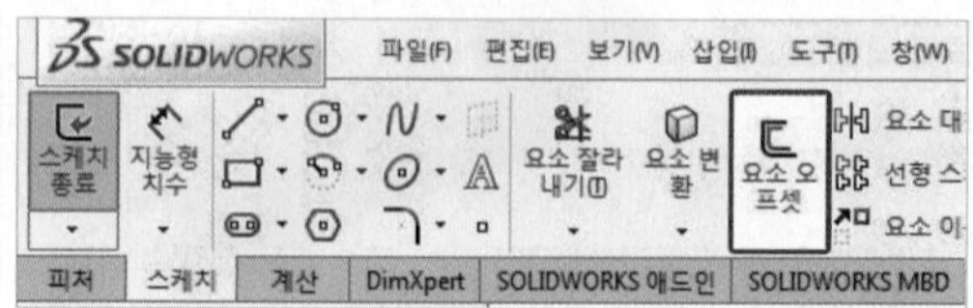

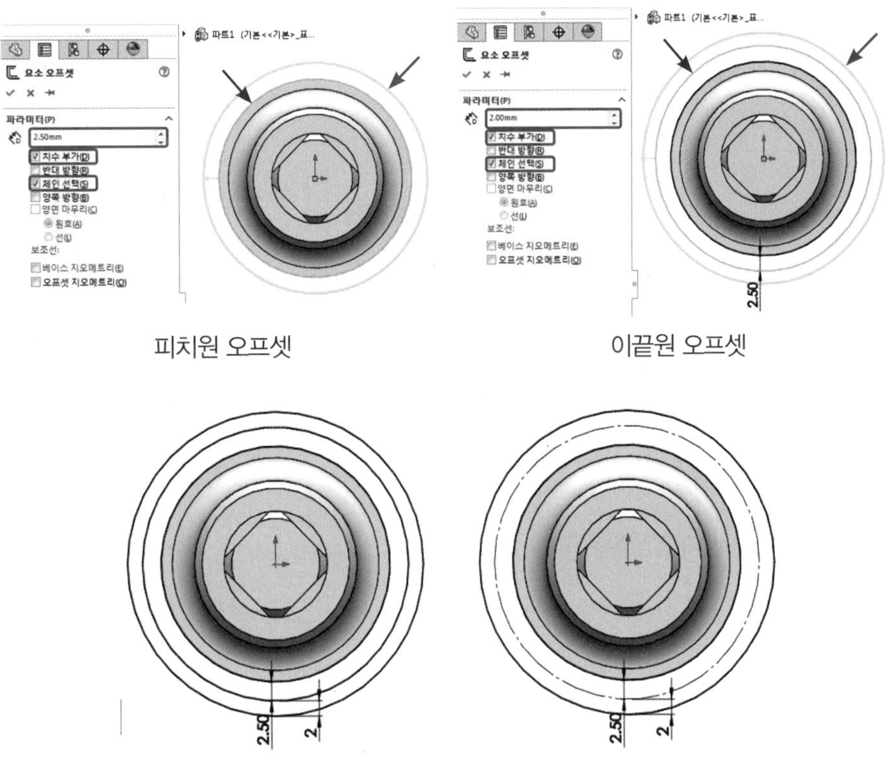

피치원 오프셋

이끝원 오프셋

피치원 보조선으로 변환

④ 중심선(Center Line)을 이용하여 다음과 같이 스케치를 작성하고 구속조건과 치수를 부여한다(치수 값은 스퍼기어의 치부 계산과 동일하다).

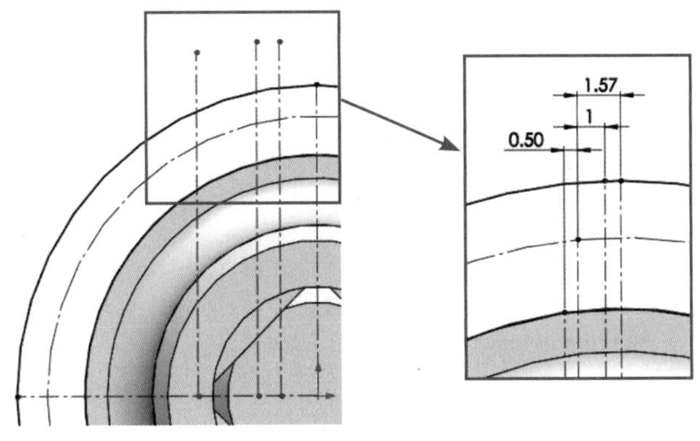

⑤ 3점호(3Point Arc)를 이용하여 다음과 같이 작성한다(원호의 시작점과 끝점은 선택이 가능하나 중간점은 선택이 불가능 하므로 점 근처에 클릭한 다음 원호와 점에 일치조건을 부여한다).

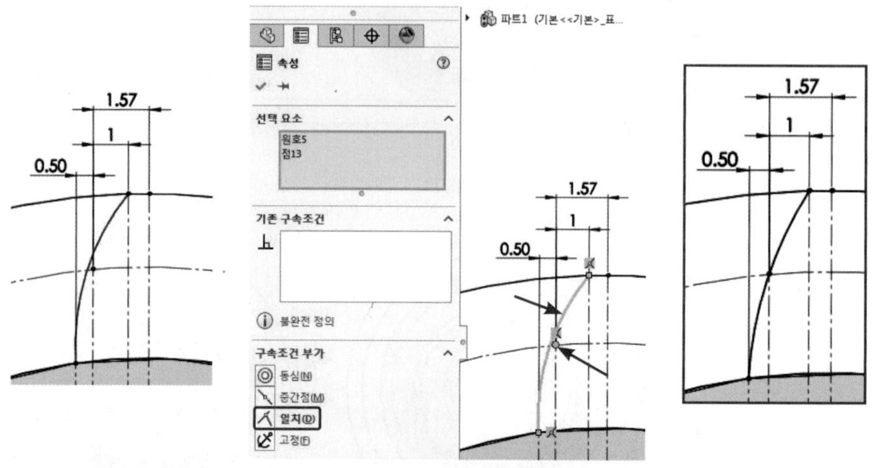

⑥ 요소 대칭 복사(Mirror Entities)를 이용하여 가운데 중심선을 기준으로 대칭 복사한다.

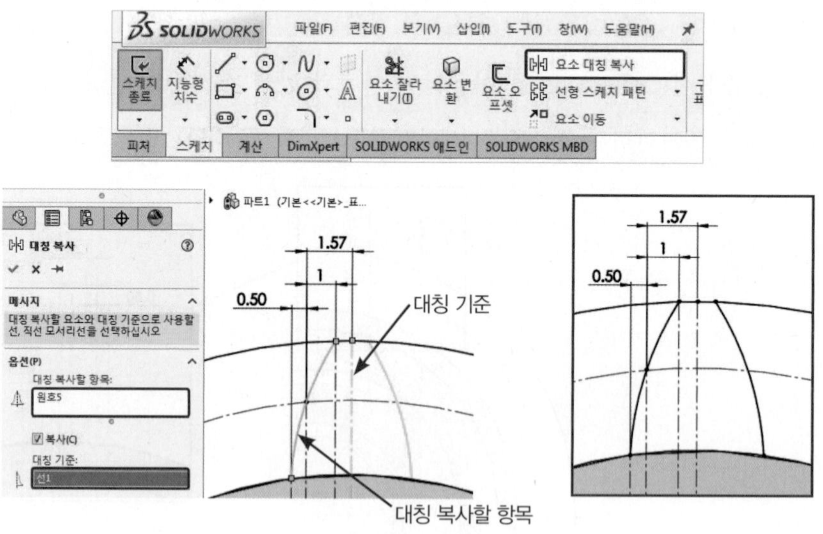

⑦ 요소 잘라내기(Trim Entities)를 이용하여 사용할 폐곡선을 제외하고 나머지를 잘라내기 한 후 스케치를 종료한다.

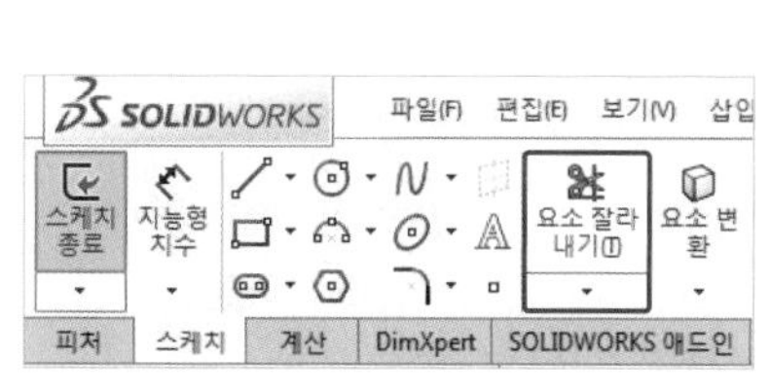

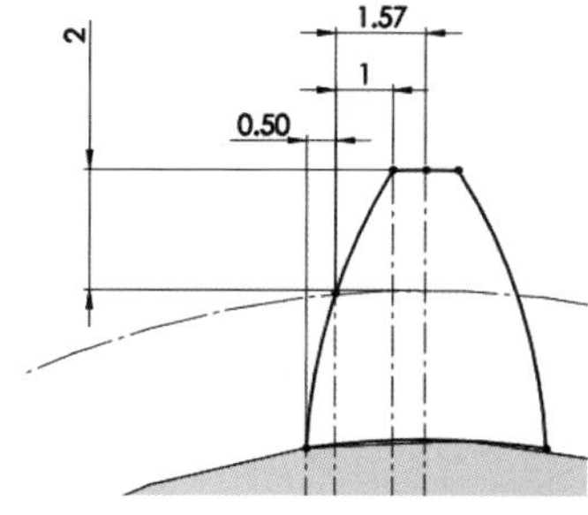

⑧ 피처(Features) 메뉴에서 돌출 보스/베이스(Extruded Boss/Base)를 클릭하여 스케치를 선택하고 다음과 같이 설정한 후 확인을 클릭한다.

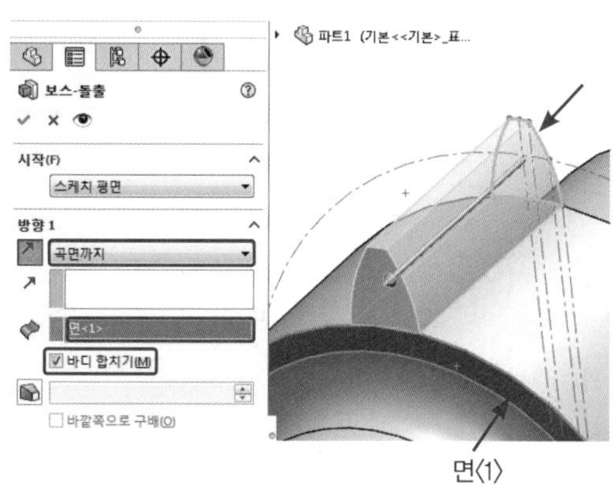

면<1>

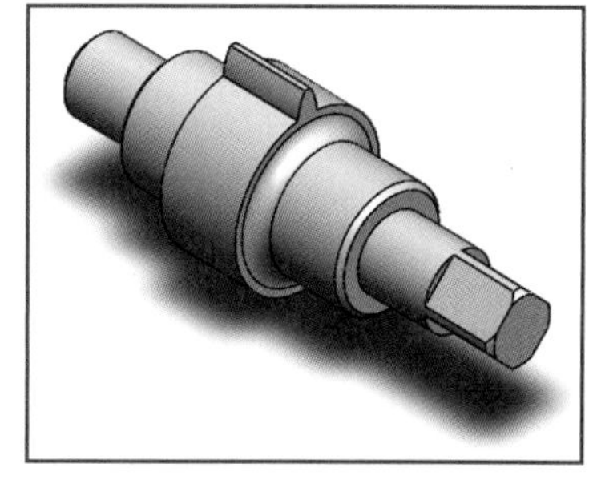

⑨ 피처(Features) 메뉴에서 모따기(Chamfer)를 클릭하여 모서리를 선택하고 다음과 같이 설정한 후 확인을 클릭한다.

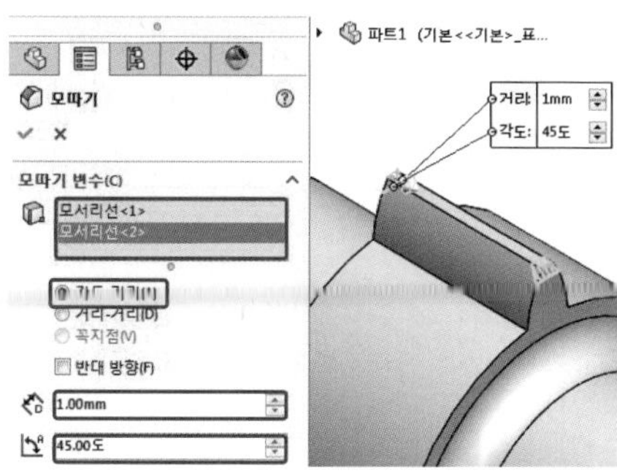

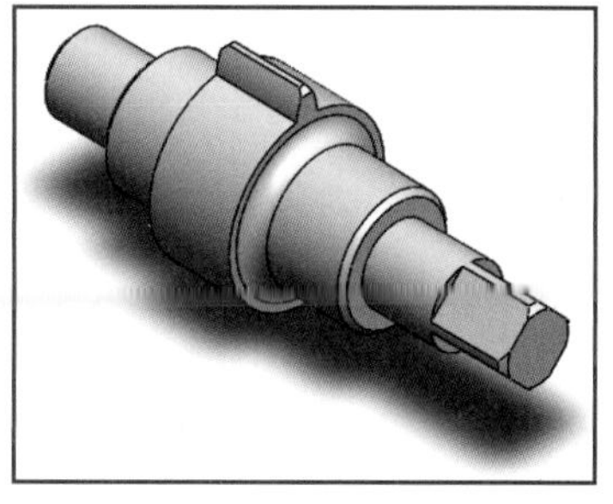

⑩ 보기(View) → 숨기기 / 보이기(Hide / Show) → 임시축(Temporary Axes)을 클릭하여 활성화하고 피처(Features) 메뉴에서 원형 패턴(Circular Pattern)을 클릭한다.

⑪ 패턴할 피처를 선택하고 다음과 같이 설정한 후 확인을 클릭한다.

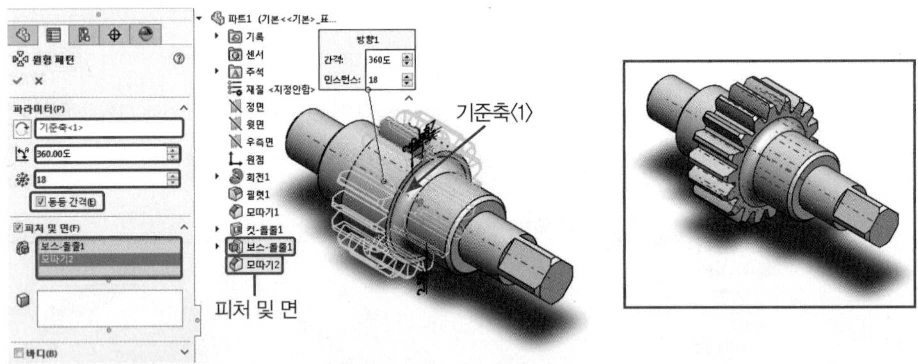

⑫ 파일(File) → 저장(Save)을 클릭하고 저장 위치와 파일 이름(File Name)을 지정한 후 저장(Save)을 클릭한다(파일 이름은 피니언 축으로 지정한다).

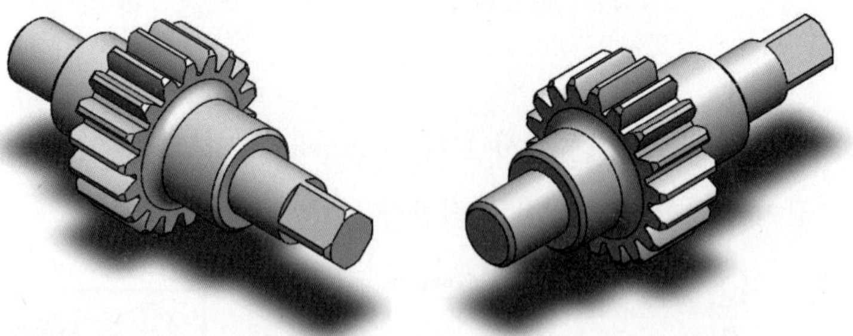

2 래크(Rack) 모델링

SolidWorks의 명령들을 이용하여 래크(Rack)에 관한 파트(Part) 모델링을 작성한다.

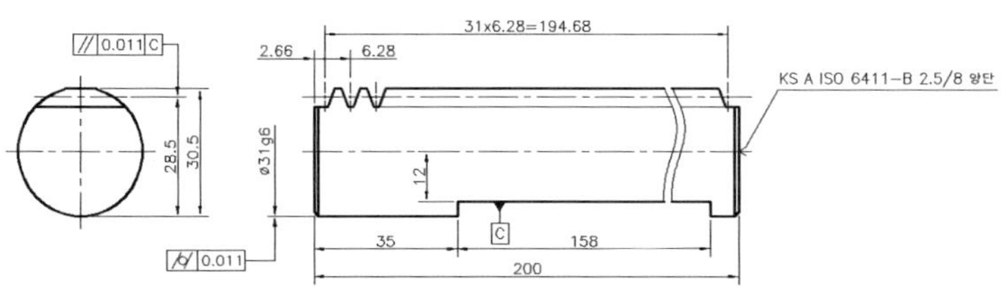

래크와 피니언 요목표			
구분 \ 품번		③	②
기어 치형		표준	
공구	모듈	2	
	치형	보통이	
	압력각	20˚	
전체 이 높이		4.5	4.5
피치원 지름		–	ø38
잇 수		31	19
다듬질 방법		호브절삭	
정밀도		KS B ISO 1328-1, 4급	

(1) 래크 본체 작성

① 스케치(Sketch)를 클릭하고 정면(Front)을 스케치 평면으로 선택하고 다음과 같이 스케치를 작성하여 구속조건과 치수를 부여한 후 스케치를 종료한다.

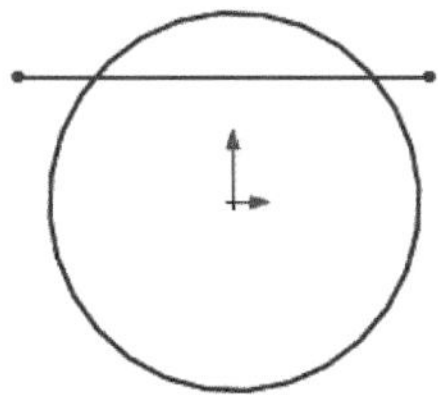

1) 원, 선 스케치 작성

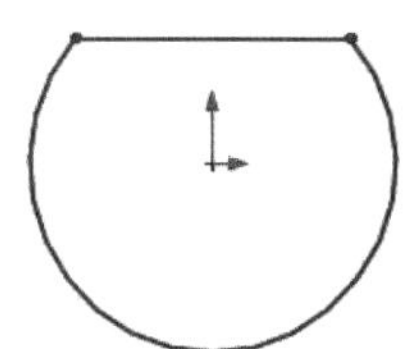

2) 요소 잘라내기

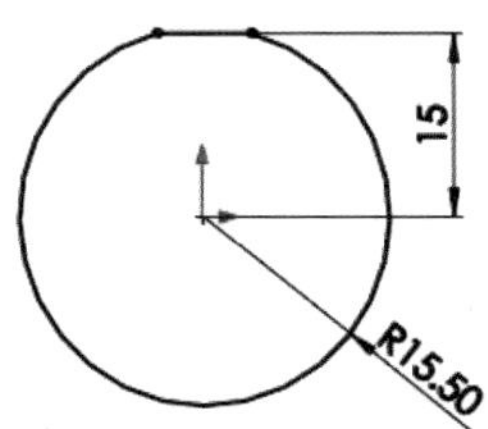

3) 구속조건과 치수 부여

Tip 래크(Rack)의 피치선의 위치를 구하는 방법과 이끝선 / 이뿌리선과의 관계

래크 관련 스케치(피치선, 이끝선, 이뿌리선)의 치수 계산식은 다음과 같다.

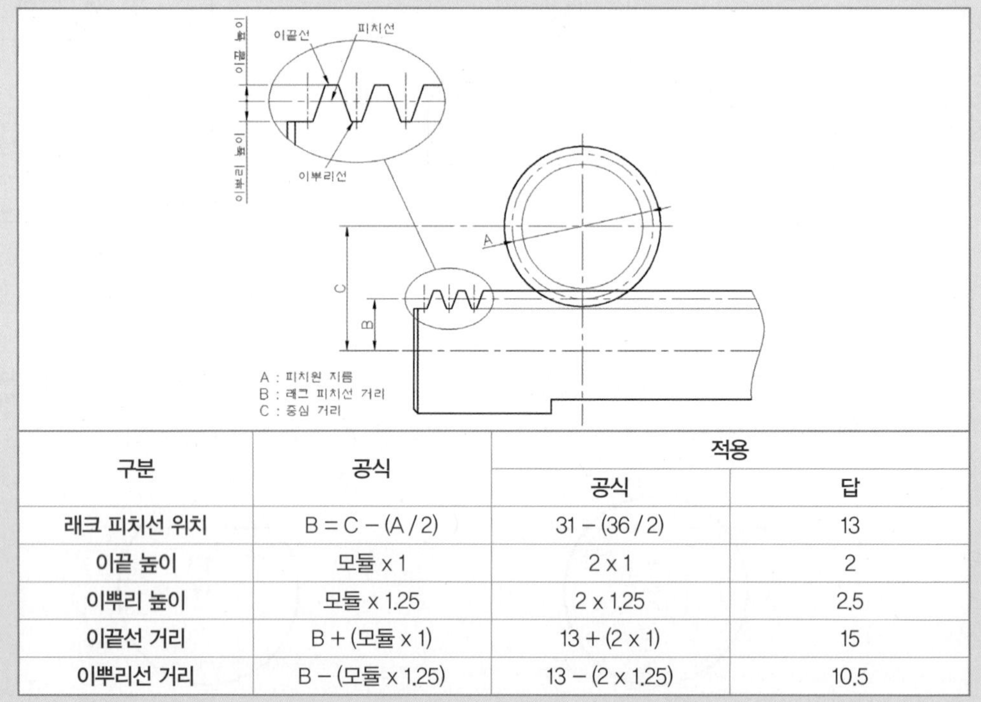

구분	공식	적용	
		공식	답
래크 피치선 위치	B = C − (A / 2)	31 − (36 / 2)	13
이끝 높이	모듈 x 1	2 x 1	2
이뿌리 높이	모듈 x 1.25	2 x 1.25	2.5
이끝선 거리	B + (모듈 x 1)	13 + (2 x 1)	15
이뿌리선 거리	B − (모듈 x 1.25)	13 − (2 x 1.25)	10.5

② 피처(Features) 메뉴에서 돌출 보스 / 베이스(Extruded Boss / Base)를 클릭하여 스케치를 선택하고 다음과 같이 설정한 후 확인을 클릭한다.

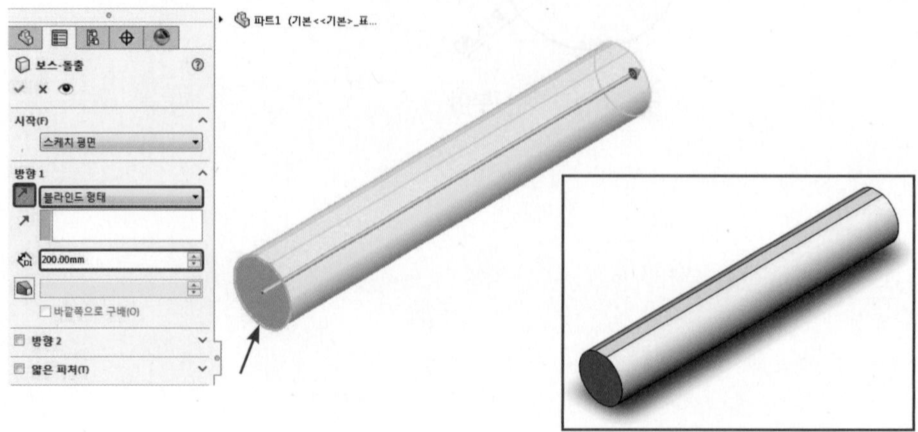

③ 피처(Features) 메뉴에서 모따기(Chamfer)를 클릭하여 모서리를 선택하고 다음과 같이 설정한 후 확인을 클릭한다.

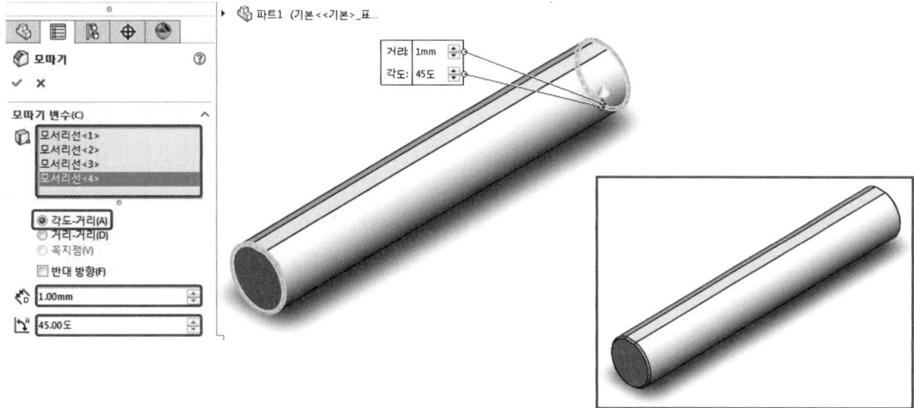

④ 스케치(Sketch)를 클릭하고 우측면(Right)을 스케치 평면으로 선택한다.

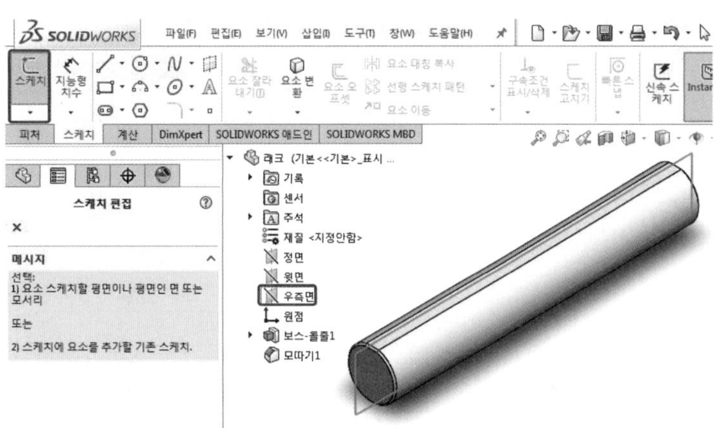

⑤ 코너 사각형(Corner Rectangle)을 이용하여 다음과 같이 스케치를 작성하고 구속 조건과 치수를 부여한 후 스케치를 종료한다.

1) 사각형 스케치 작성

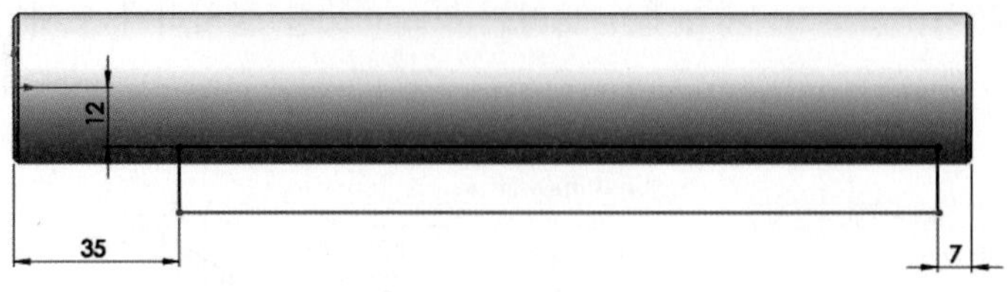

2) 구속조건과 치수 부여

⑥ 피처(Features) 메뉴에서 돌출 컷(Extruded Cut)을 클릭하여 스케치를 선택하고 다음과 같이 설정한 후 확인을 클릭한다.

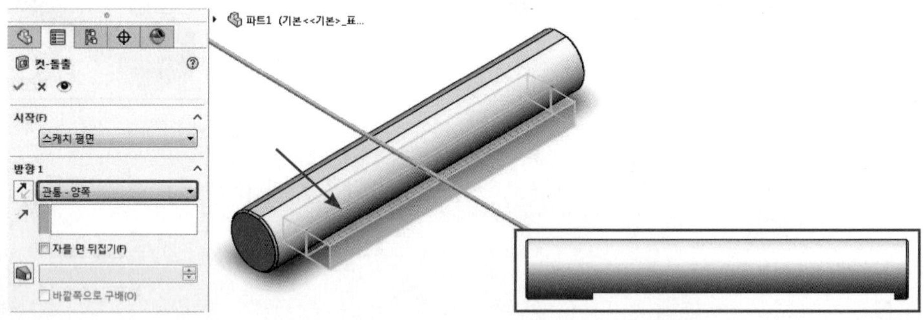

(2) 래크 치부 작성

① 스케치(Sketch)를 클릭하고 우측면(Right)을 스케치 평면으로 선택한다.

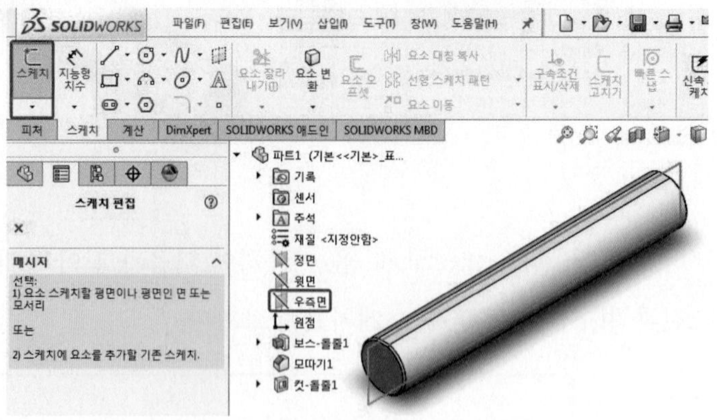

② 다음과 같이 스케치를 작성하고 구속조건과 치수를 부여한 후 스케치를 종료한다.

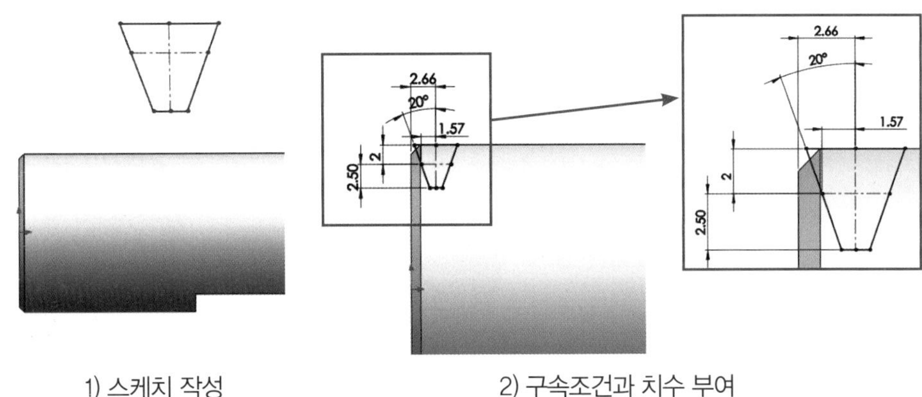

1) 스케치 작성 2) 구속조건과 치수 부여

Tip 래크(Rack)의 치부 작성

래크의 치부의 치수는 다음과 같이 계산한다.

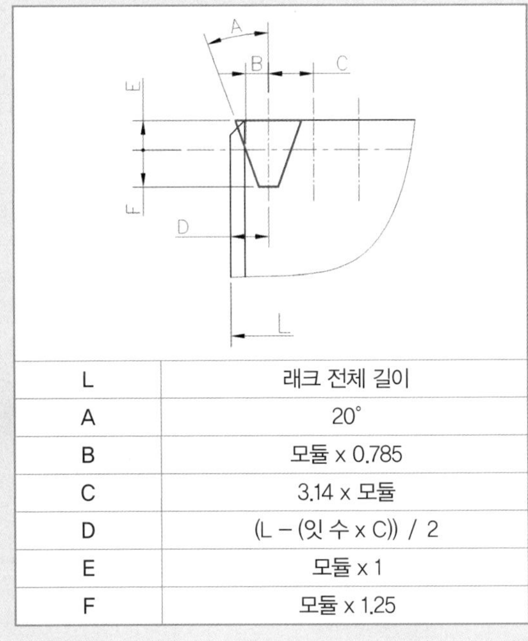

L	래크 전체 길이
A	20˚
B	모듈 x 0.785
C	3.14 x 모듈
D	(L – (잇 수 x C)) / 2
E	모듈 x 1
F	모듈 x 1.25

③ 피처(Features) 메뉴에서 돌출 컷(Extruded Cut)을 클릭하여 스케치를 선택하고 다음과 같이 설정한 후 확인을 클릭한다.

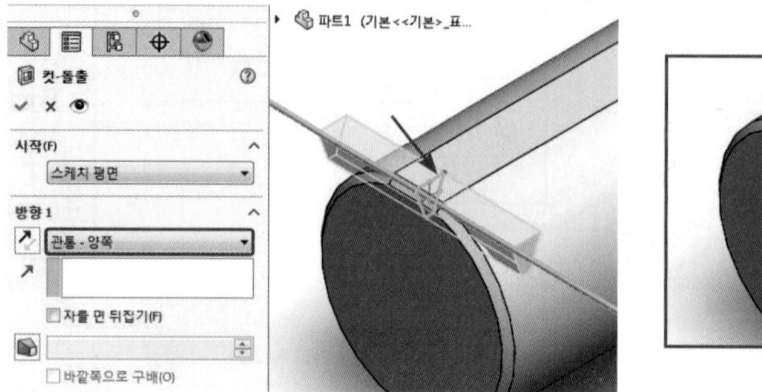

④ 피처(Features) 메뉴의 선형 패턴(Linear Pattern)을 클릭한다.

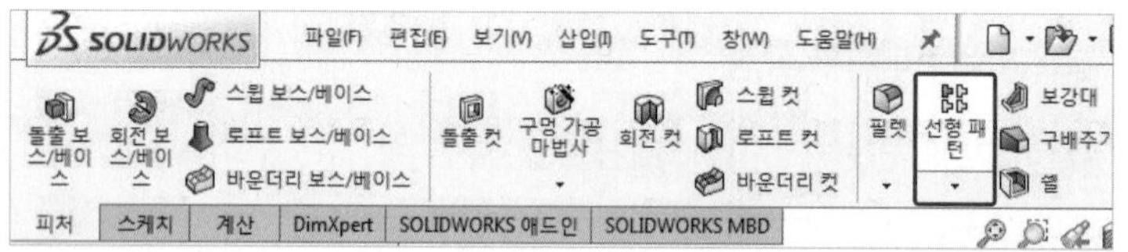

⑤ 패턴할 피처를 선택하고 다음과 같이 설정한 후 확인을 클릭한다(인스턴스 수는 잇수 + 1로 설정한다).

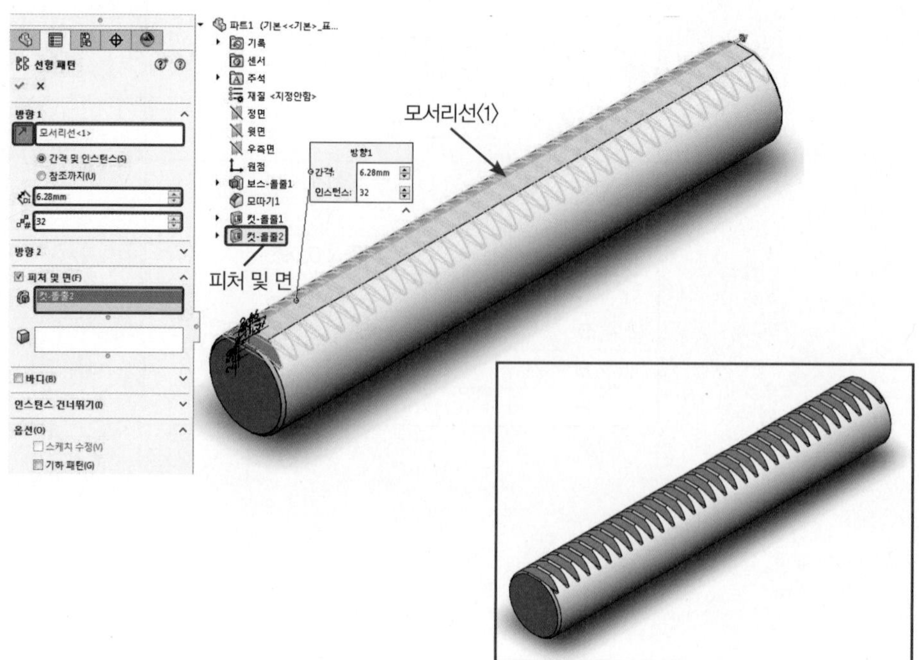

⑥ 스케치(Sketch)를 클릭하고 우측면(Right)을 스케치 평면으로 선택한다.

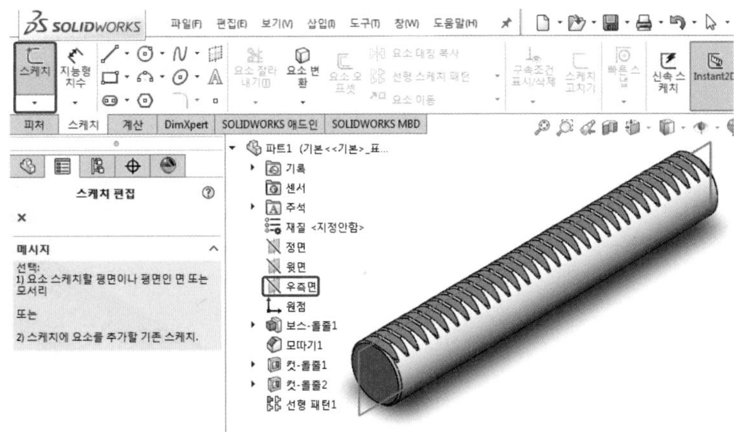

⑦ 다음과 같이 스케치를 작성하고 구속조건을 부여한 후 스케치를 종료한다.

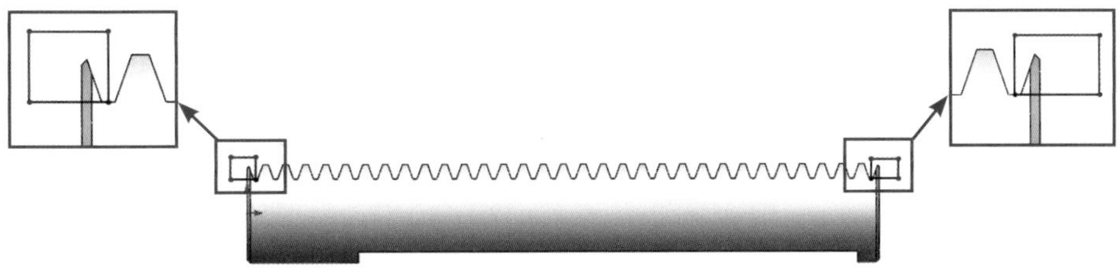

⑧ 피처(Features) 메뉴에서 돌출 컷(Extruded Cut)을 클릭하여 스케치를 선택하고 다음과 같이 설정한 후 확인을 클릭한다.

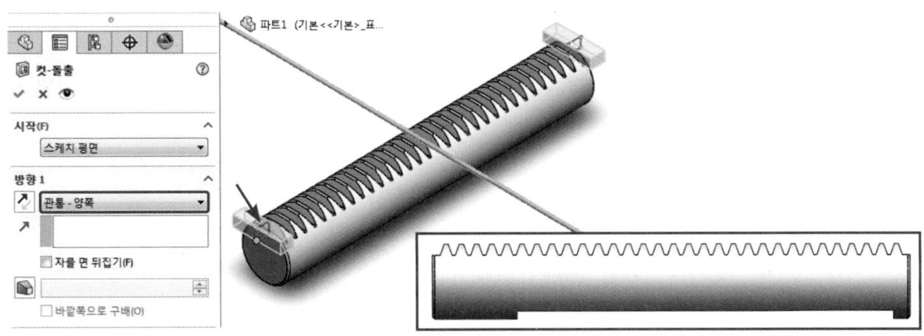

(3) 센터 구멍

① 스케치(Sketch)를 클릭하고 우측면(Right)을 스케치 평면으로 선택한다.

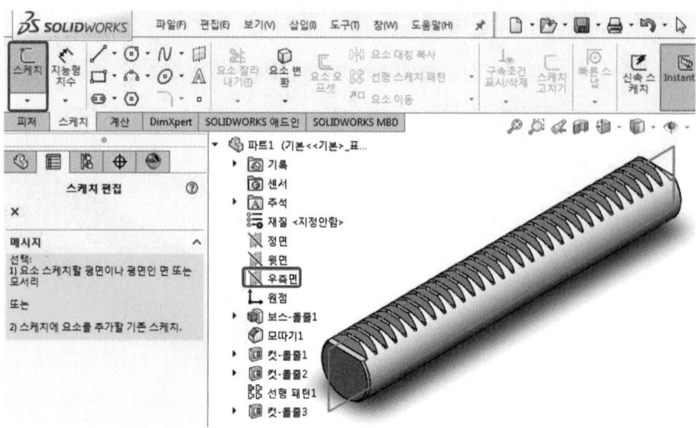

② 다음과 같이 스케치를 작성하고 구속조건과 치수를 부여한 후 스케치를 종료한다.

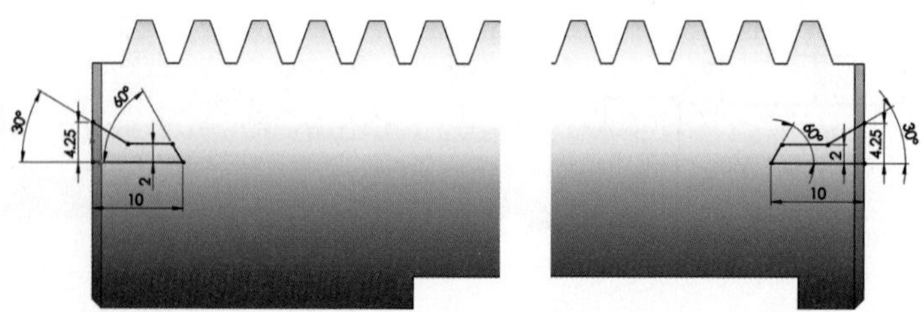

③ 피처(Features) 메뉴에서 회전 컷(Revolved Cut)을 클릭하여 스케치를 선택하고 다음과 같이 설정한 후 확인을 클릭한다.

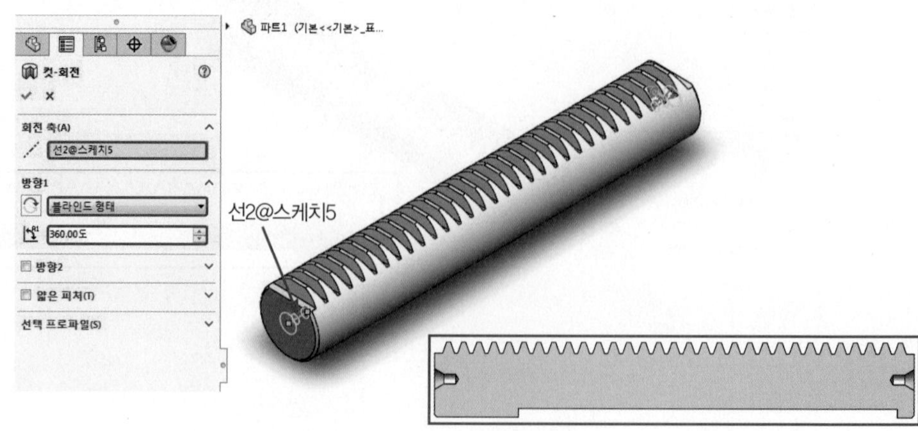

④ 파일(File) → 저장(Save)을 클릭하고 저장 위치와 파일 이름(File Name)을 지정한 후 저장(Save)을 클릭한다(파일 이름은 래크로 지정한다).

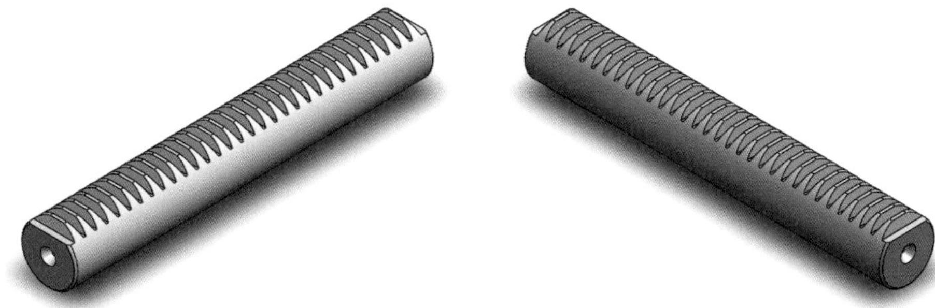

3 누름쇠 모델링

SolidWorks의 명령들을 이용하여 누름쇠에 관한 파트(Part) 모델링을 작성한다.

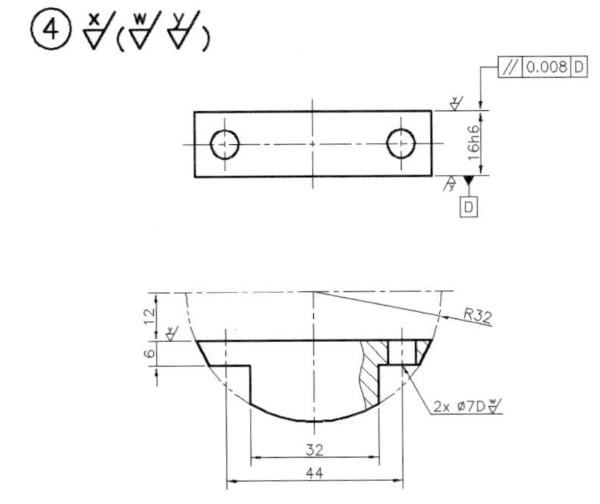

① 정면(Front)을 스케치 평면으로 선택하고 다음과 같이 스케치를 작성하여 구속조건과 치수를 부여한 후 스케치를 종료한다.

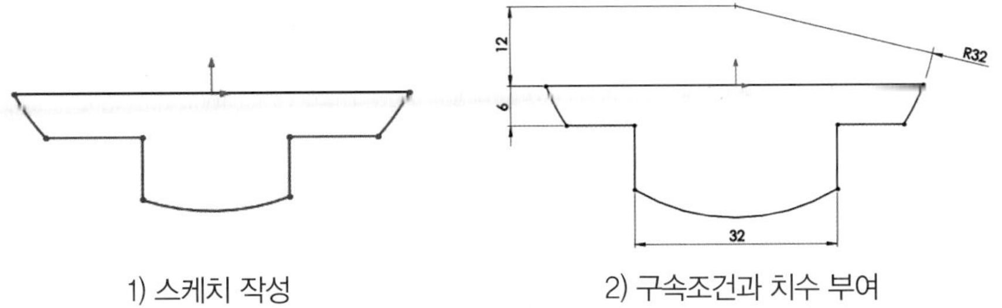

1) 스케치 작성　　2) 구속조건과 치수 부여

② 피처(Features) 메뉴에서 돌출 보스 / 베이스(Extruded Boss / Base)를 클릭하여 스케치를 선택하고 다음과 같이 설정한 후 확인을 클릭한다.

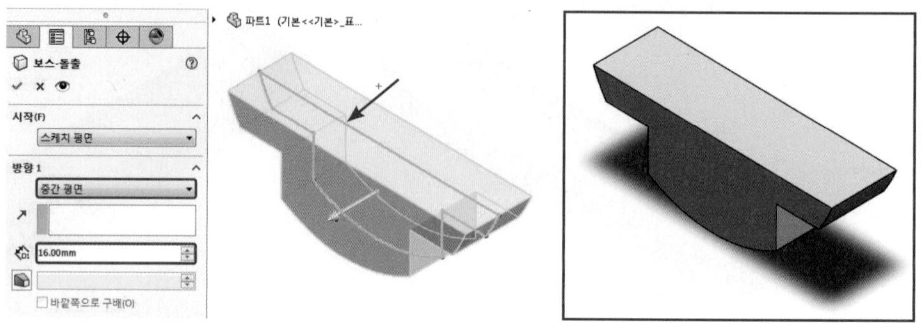

③ 피처(Features) 메뉴에서 구멍 가공 마법사(Hole Wizard)를 클릭한다.

④ 다음과 같이 구멍의 유형(Type)을 설정한다.

⑤ 구멍의 위치(Positions)를 선택하고 확인을 클릭한다.

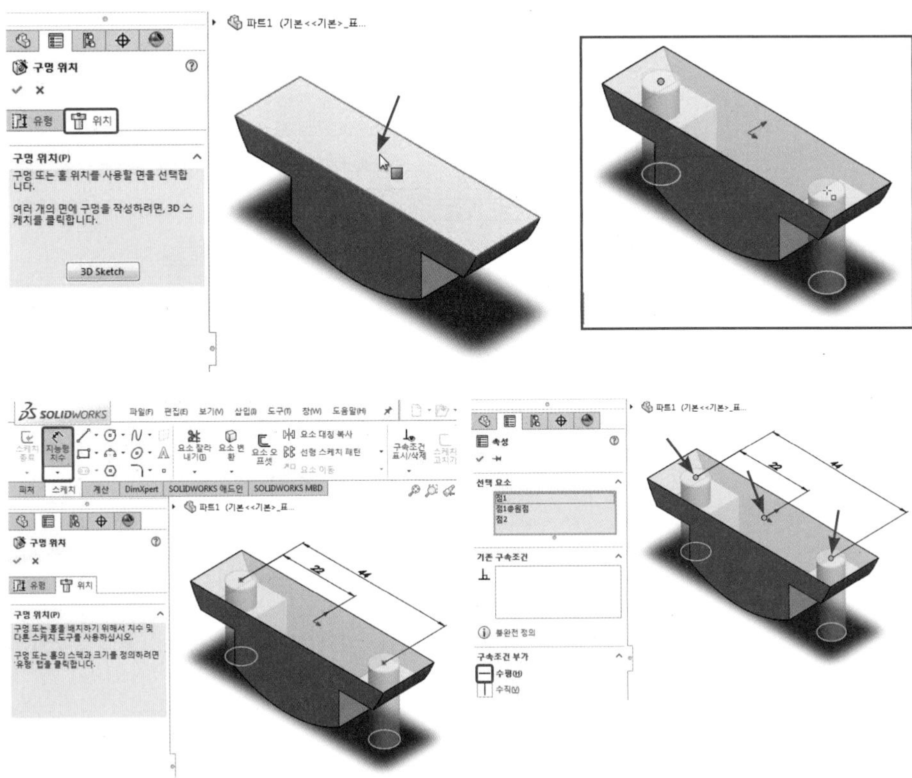

⑥ 파일(File) → 저장(Save)을 클릭하고 저장 위치와 파일 이름(File Name)을 지정한 후 저장(Save)을 클릭한다(파일 이름은 누름쇠로 지정한다).

4 커버(Cover) 모델링

SolidWorks의 명령들을 이용하여 커버(Cover)에 관한 파트(Part) 모델링을 작성한다.

⑤ ✓(w/ x/ y/)

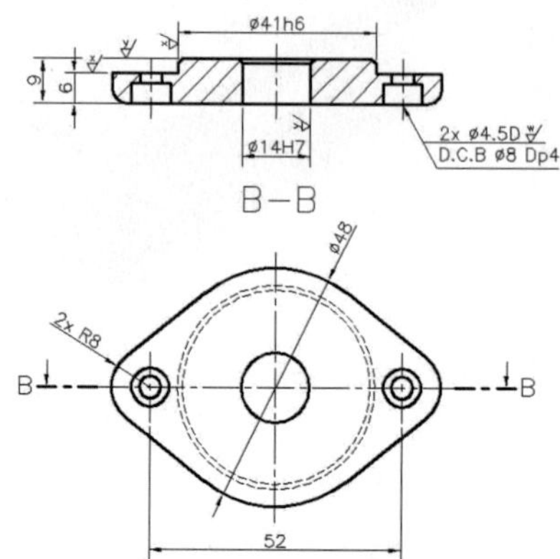

① 정면(Front)을 스케치 평면으로 선택하고 다음과 같이 스케치를 진행하여 구속조건과 치수를 부여한 후 스케치를 종료한다.

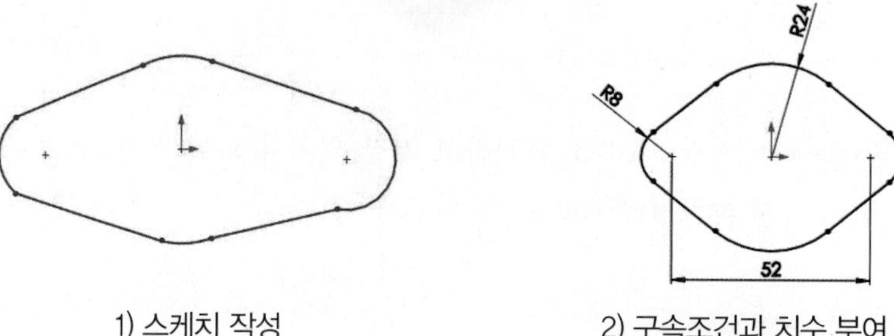

1) 스케치 작성 2) 구속조건과 치수 부여

② 피처(Features) 메뉴에서 돌출 보스 / 베이스(Extruded Boss / Base)를 클릭하여 스케치를 선택하고 다음과 같이 설정한 후 확인을 클릭한다.

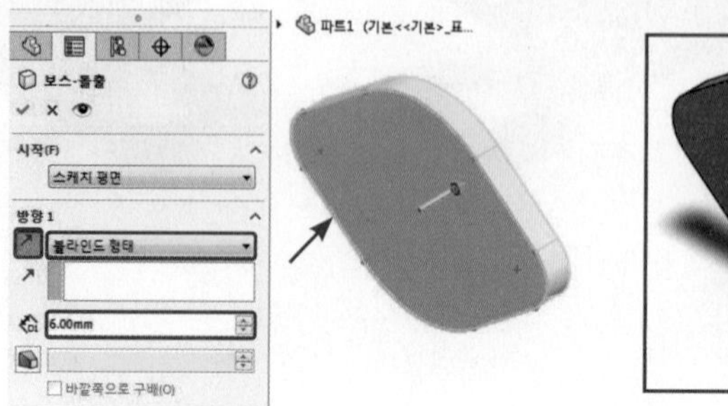

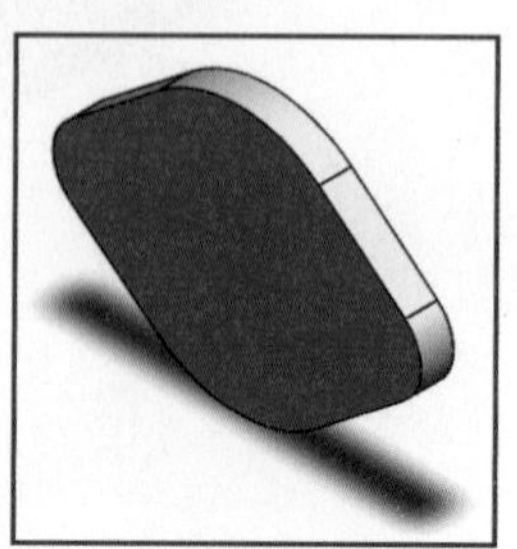

③ 스케치(Sketch)를 클릭하고 정면(Front)을 스케치 평면으로 선택한다.

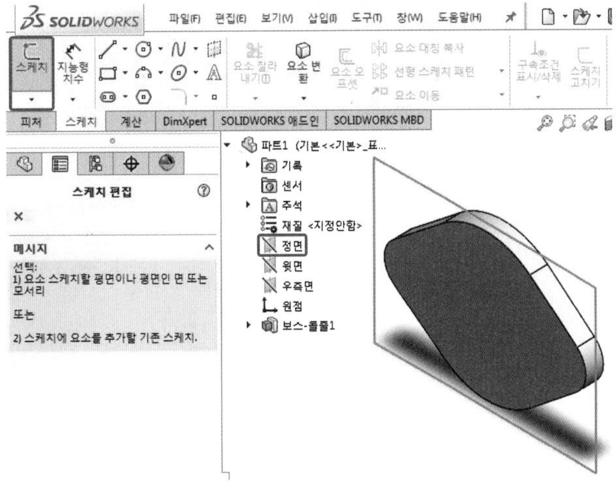

④ 원(Circle)을 이용하여 다음과 같이 스케치를 작성하고 치수를 부여한 후 스케치를 종료한다.

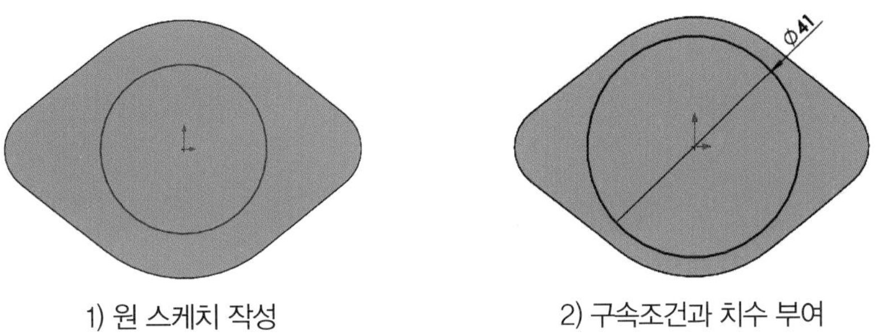

1) 원 스케치 작성

2) 구속조건과 치수 부여

⑤ 피처(Features) 메뉴에서 돌출 보스/베이스(Extruded Boss/Base)를 클릭하여 스케치를 선택하고 다음과 같이 설정한 후 확인을 클릭한다.

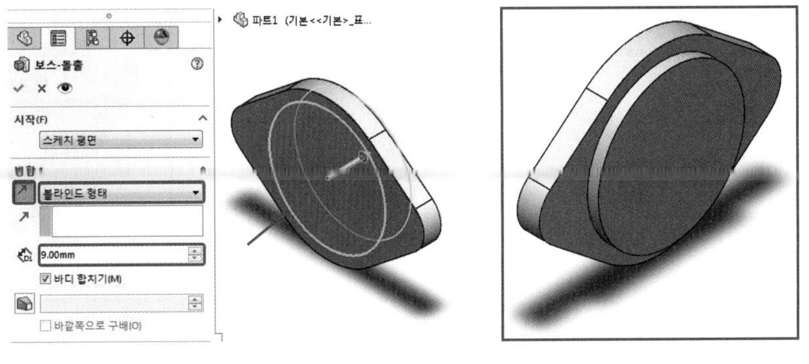

⑥ 스케치(Sketch)를 클릭하고 정면(Front)을 스케치 평면으로 선택한다.

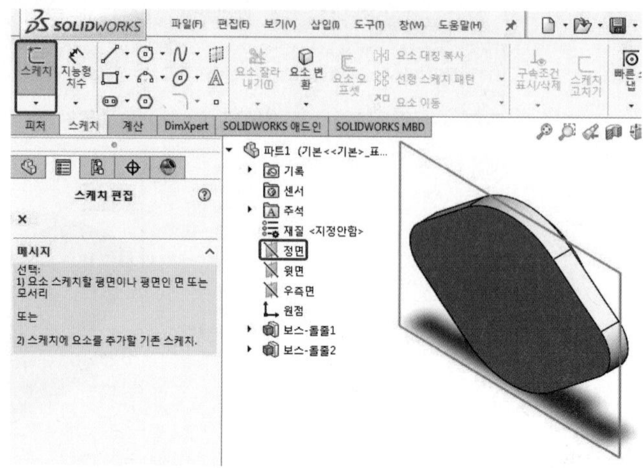

⑦ 원(Circle)을 이용하여 다음과 같이 스케치를 작성하고 치수를 부여한 후 스케치를 종료한다.

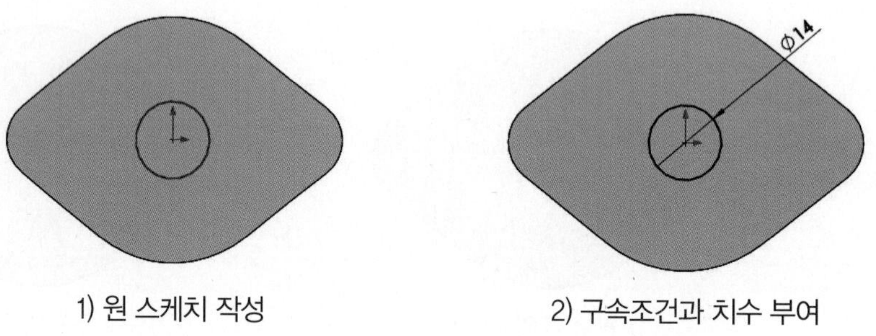

1) 원 스케치 작성 2) 구속조건과 치수 부여

⑧ 피처(Features) 메뉴에서 돌출 컷(Extruded Cut)을 클릭하여 스케치를 선택하고 다음과 같이 설정한 후 확인을 클릭한다.

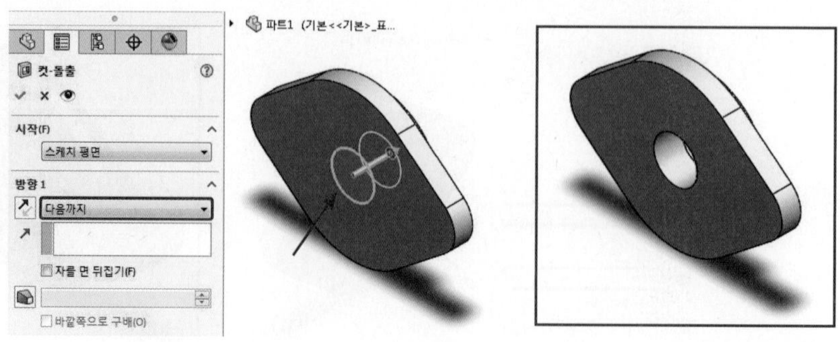

⑨ 피처(Features) 메뉴에서 구멍 가공 마법사(Hole Wizard)를 클릭한다.

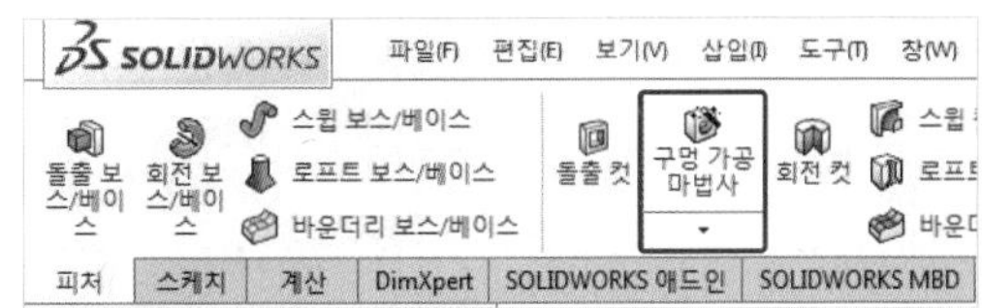

⑩ 다음과 같이 구멍의 유형(Type)을 설정한다.

⑪ 구멍의 위치(Positions)를 선택하고 확인을 클릭한다.

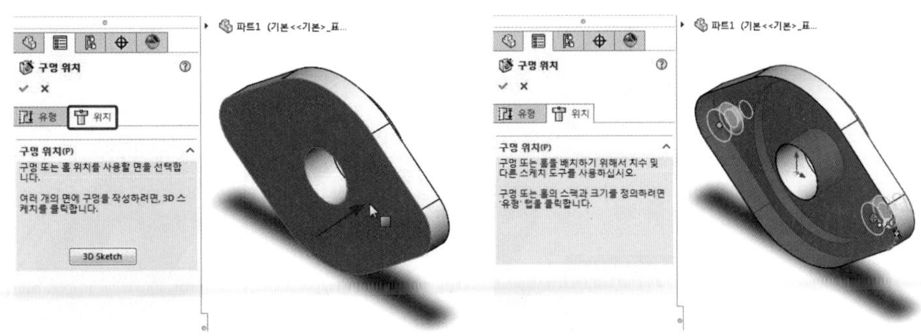

Tip 구멍 위치(Positions)의 동심 배치

축이나 라운드 등의 중심축이 있는 원형 형상에서는 따로 위치를 스케치 하거나 구속조건과 치수를 기입하지 않아도 바로 동심 위치를 선택할 수 있다.

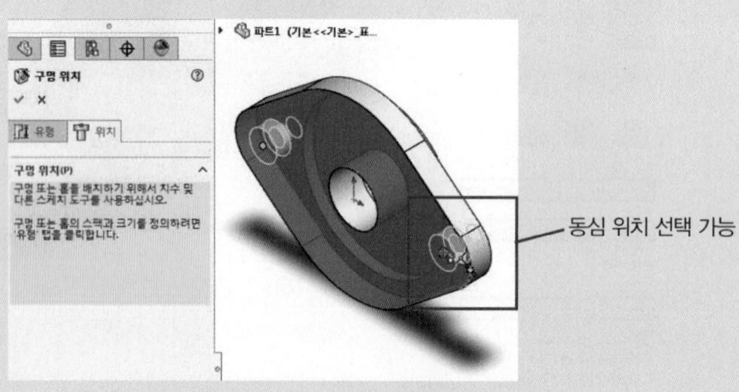

⑫ 피처(Features) 메뉴에서 필렛(Fillet)을 클릭하여 모서리를 선택하고 다음과 같이 설정한 후 확인을 클릭한다.

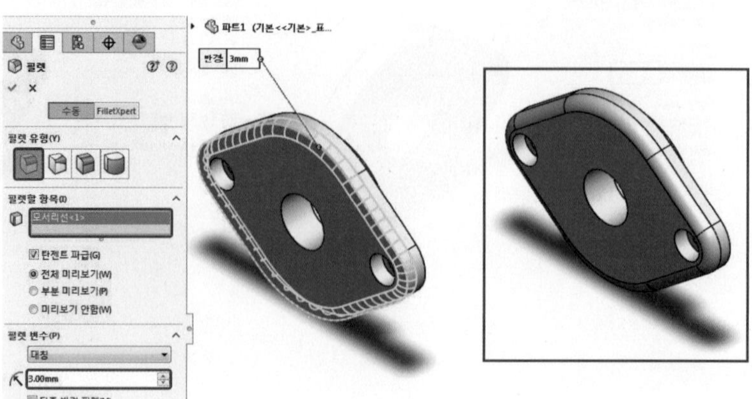

⑬ 피처(Features) 메뉴에서 모따기(Chamfer)를 클릭하여 모서리를 선택하고 다음과 같이 설정한 후 확인을 클릭한다.

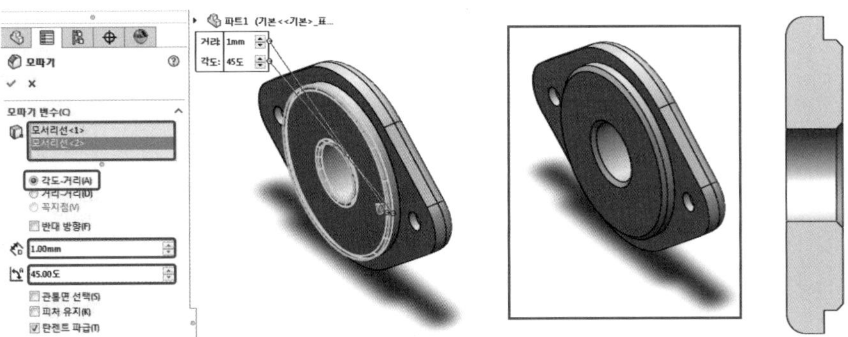

⑭ 파일(File) → 저장(Save)을 클릭하고 저장 위치와 파일 이름(File Name)을 지정한 후 저장(Save)을 클릭한다(파일 이름은 커버로 지정한다).

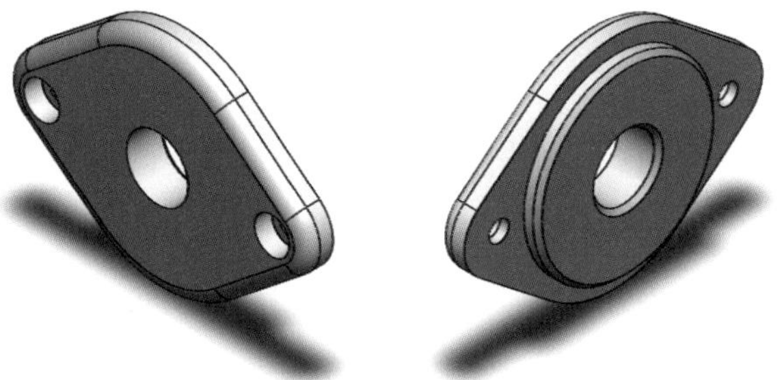

5 부시(Bush) 모델링

SolidWorks의 명령들을 이용하여 부시(Bush)에 관한 파트(Part) 모델링을 작성한다.

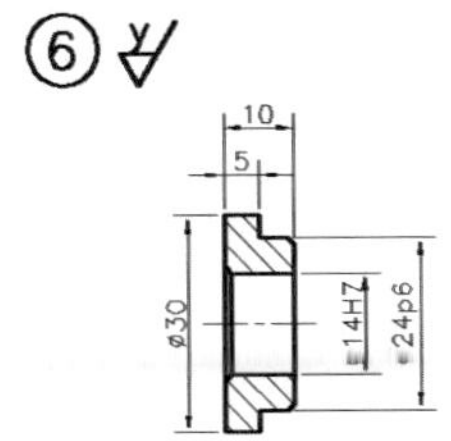

① 정면(Front)을 스케치 평면으로 선택하고 중심선(Center Line)을 이용하여 원점과 일치하는 수평 중심선을 작성한다.

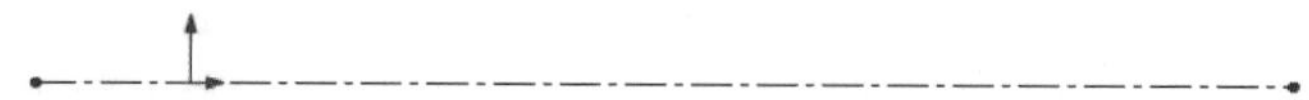

② 다음과 같이 스케치를 작성하고 구속조건과 치수를 부여한 후 스케치를 종료한다.

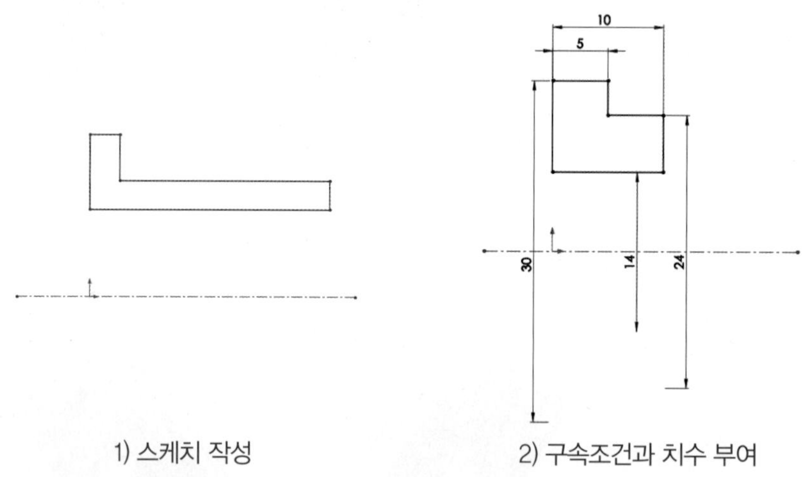

1) 스케치 작성　　2) 구속조건과 치수 부여

③ 피처(Features) 메뉴에서 회전 보스 / 베이스(Revolved Boss / Base)를 클릭하여 스케치를 선택하고 다음과 같이 설정한 후 확인을 클릭한다.

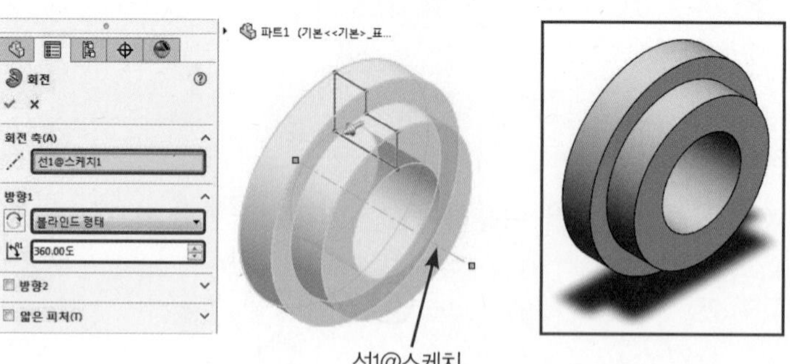

④ 피처(Features) 메뉴에서 모따기(Chamfer)를 클릭하여 모서리를 선택하고 다음과 같이 설정한 후 확인을 클릭한다.

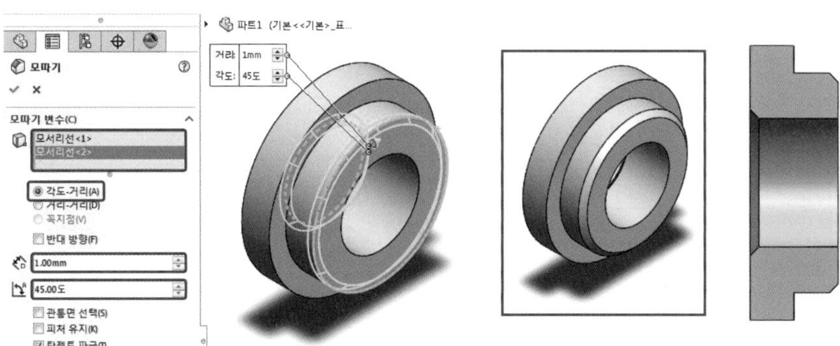

⑤ 파일(File) → 저장(Save)을 클릭하고 저장 위치와 파일 이름(File Name)을 지정한 후 저장(Save)을 클릭한다(파일 이름은 부시로 지정한다).

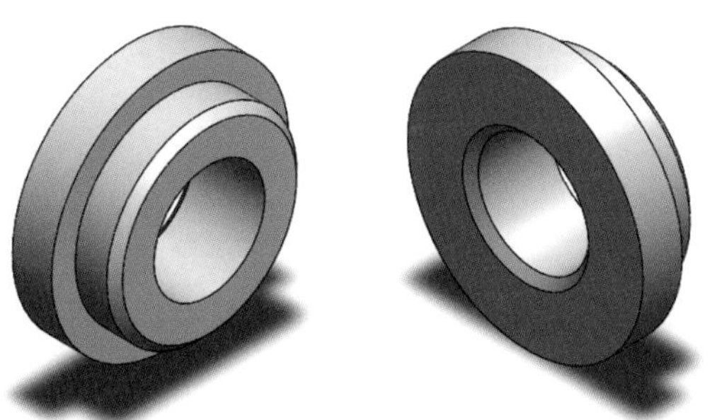

6 몸체(Housing) 모델링

SolidWorks의 명령들을 이용하여 몸체(Housing)에 관한 파트(Part) 모델링을 작성한다.

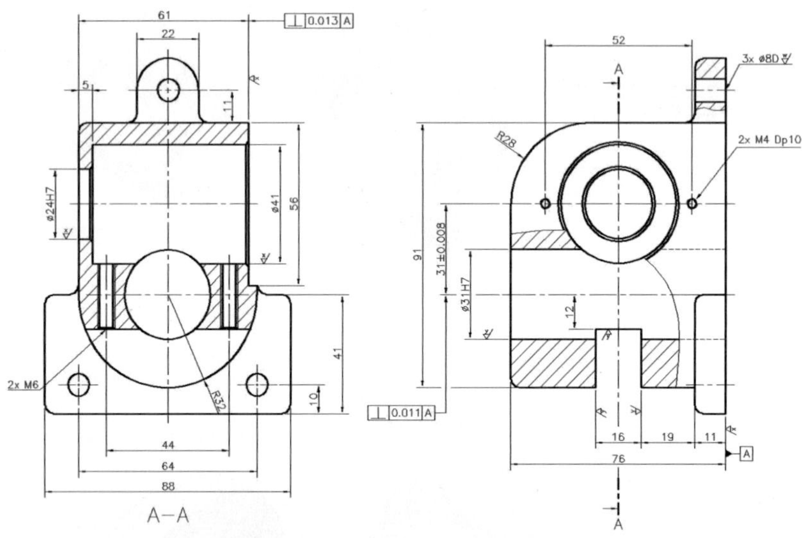

(1) 몸체 작성

① 정면(Front)을 스케치 평면으로 선택하고 다음과 같이 스케치를 작성하여 구속조건과 치수를 부여한 후 스케치를 종료한다.

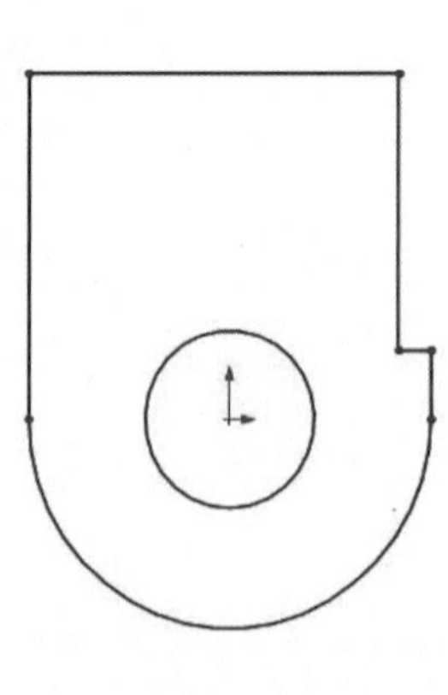

1) 스케치 작성

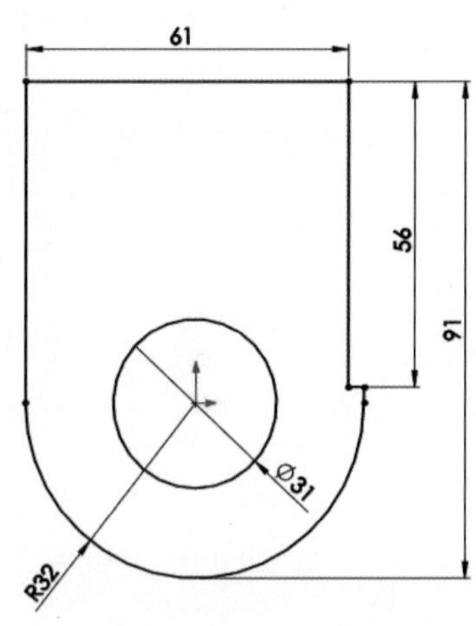

2) 구속조건과 치수 부여

② 피처(Features) 메뉴에서 돌출 보스 / 베이스(Extruded Boss / Base)를 클릭하여 스케치를 선택하고 다음과 같이 설정한 후 확인을 클릭한다.

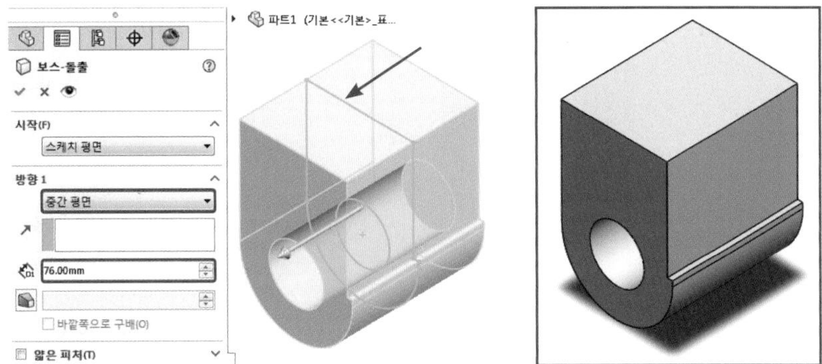

③ 스케치(Sketch)를 클릭하고 정면(Front)을 스케치 평면으로 선택한다.

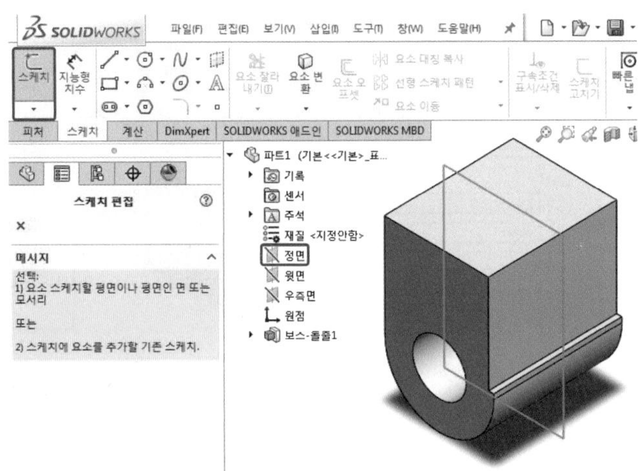

④ 중심선(Center Line)을 이용하여 다음과 같이 스케치를 작성하고 치수를 부여한다.

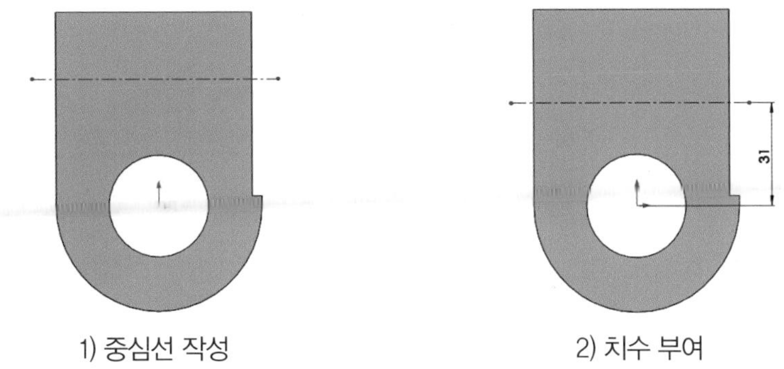

1) 중심선 작성 2) 치수 부여

⑤ 다음과 같이 스케치를 작성하고 구속조건과 치수를 부여한 후 스케치를 종료한다.

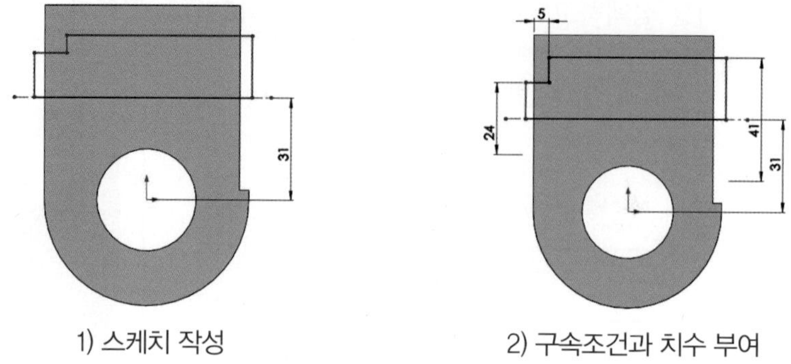

1) 스케치 작성 2) 구속조건과 치수 부여

⑥ 피처(Features) 메뉴에서 회전 컷(Revolved Cut)을 클릭하여 스케치를 선택하고 다음과 같이 설정한 후 확인을 클릭한다.

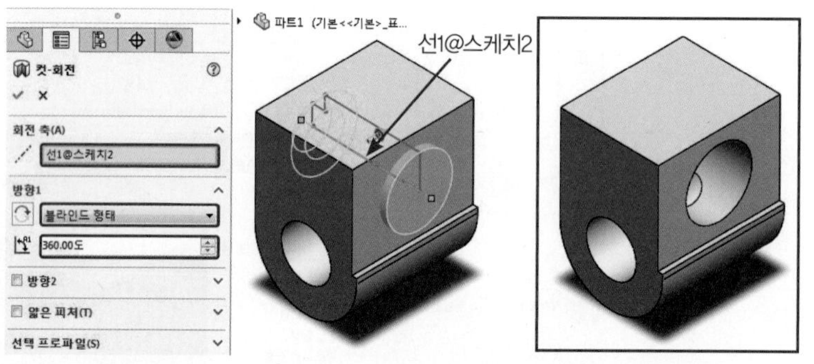

⑦ 스케치(Sketch)를 클릭하고 정면(Front)을 스케치 평면으로 선택한다.

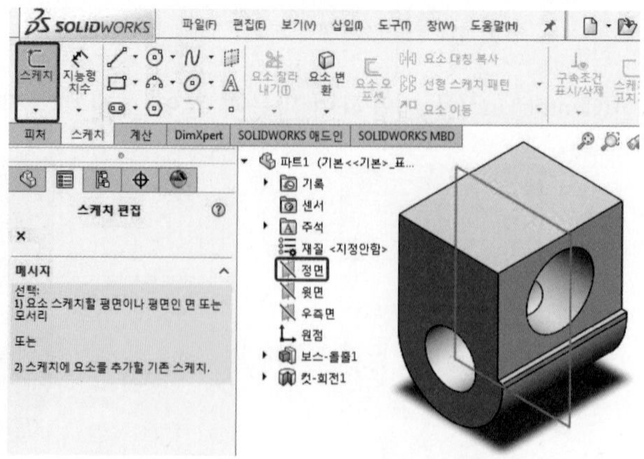

⑧ 코너 사각형(Corner Rectangle)을 이용하여 다음과 같이 스케치를 작성하고 치수를 부여한 후 스케치를 종료한다.

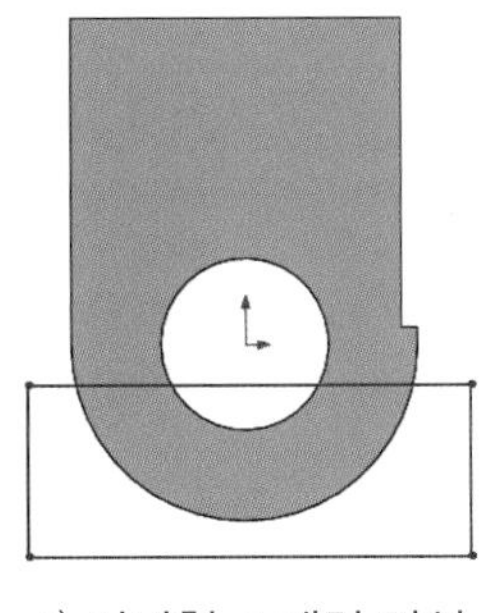

1) 사각형 스케치 작성

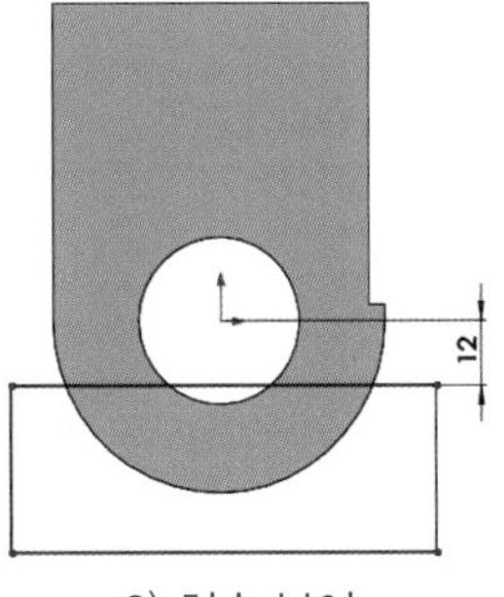

2) 치수 부여

⑨ 피처(Features) 메뉴에서 돌출 컷(Extruded Cut)을 클릭하여 스케치를 선택하고 다음과 같이 설정한 후 확인을 클릭한다.

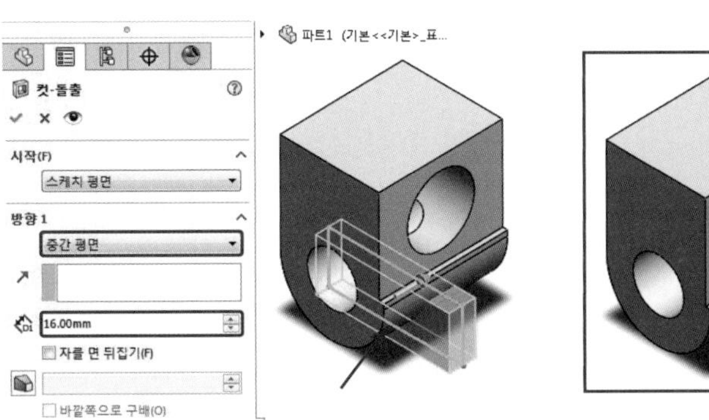

(2) 고정부와 필렛 작성

① 스케치(Sketch)를 클릭하고 몸체의 뒷면을 스케치 평면으로 선택한다.

② 키보드 Ctrl + 8(면에 수직으로 보기)을 누르고 한 번 더 누른다.

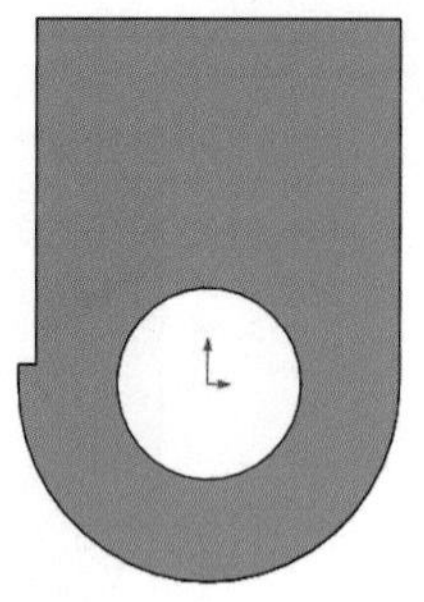

최초 Ctrl + 8(면에 수직으로 보기)

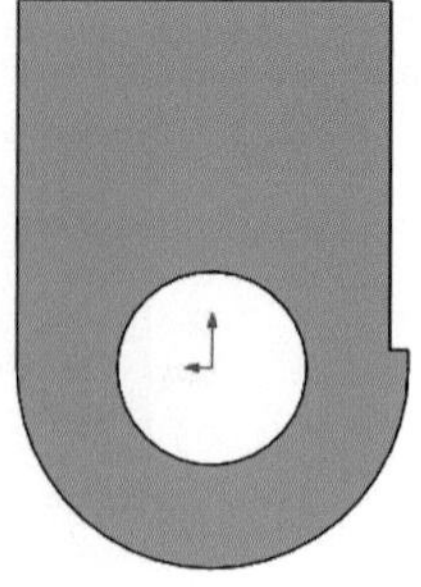

두 번째 Ctrl + 8(면에 수직으로 보기 뒷면)

Tip 면에 수직으로 보기의 방향

등각보기나 다른 보기 방향에서 Ctrl + 8(면에 수직으로 보기)을 누르면 선택 면에 수직으로 보기 방향이 돌아간다. 이 후 다시 한 번 연속해서 Ctrl + 8(면에 수직으로 보기)을 누르면 보기 방향이 수직으로 보는 방향에서 뒷면으로 돌아간다.

③ 요소 변환(Convert Entities)을 이용하여 다음과 같이 모서리를 투영한다.

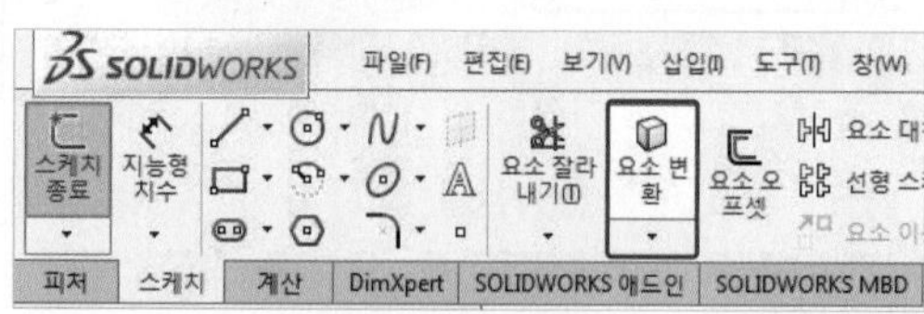

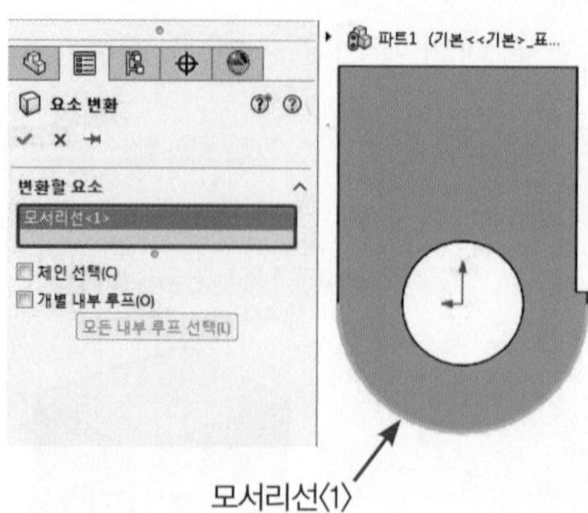

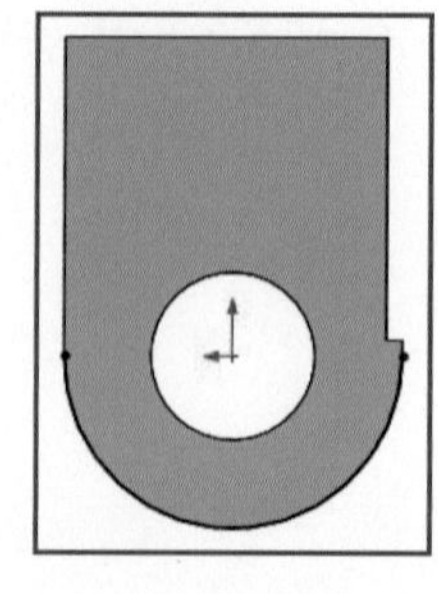

모서리선⟨1⟩

④ 다음과 같이 스케치를 작성하고 구속조건과 치수를 부여 한 후 스케치를 종료한다.

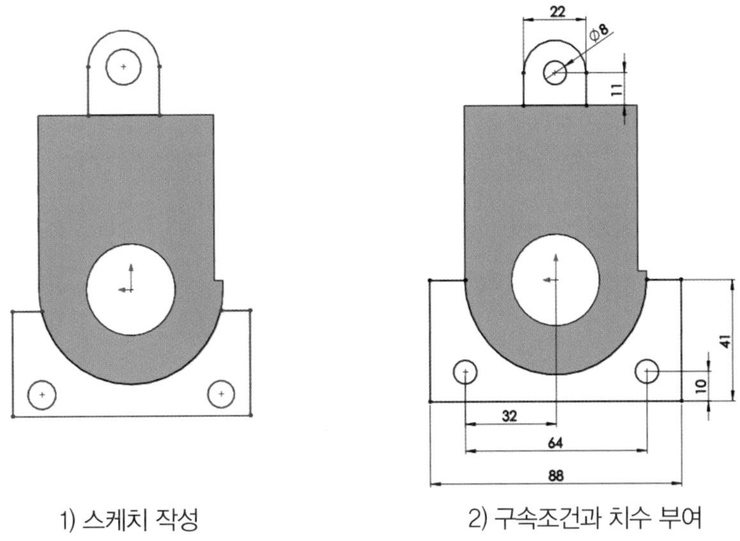

1) 스케치 작성 2) 구속조건과 치수 부여

⑤ 피처(Features) 메뉴에서 돌출 보스 / 베이스(Extruded Boss / Base)를 클릭하여 다음과 같이 스케치를 선택하고 설정한 후 확인을 클릭한다.

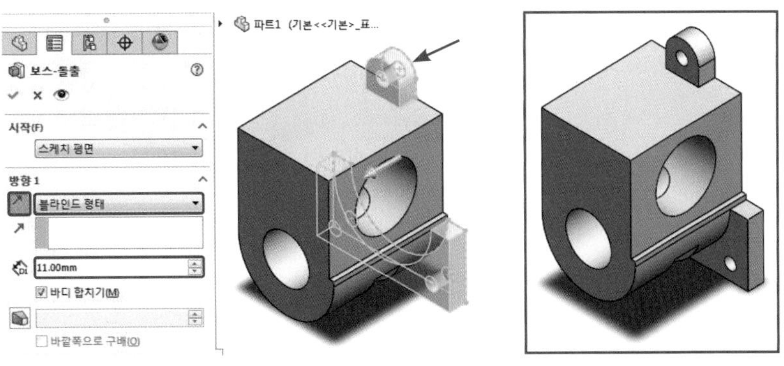

⑥ 피처(Features) 메뉴에서 필렛(Fillet)을 클릭하여 모서리를 선택하고 다음과 같이 설정한 후 확인을 클릭한다(필렛의 다중반경을 사용하여 동시에 작성해도 좋다).

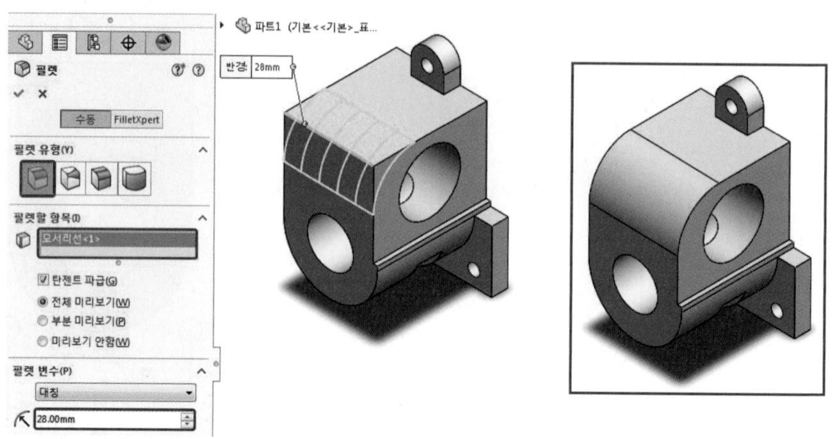

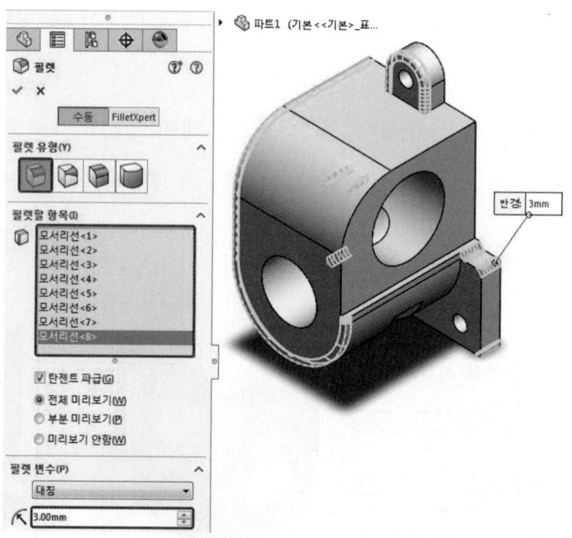

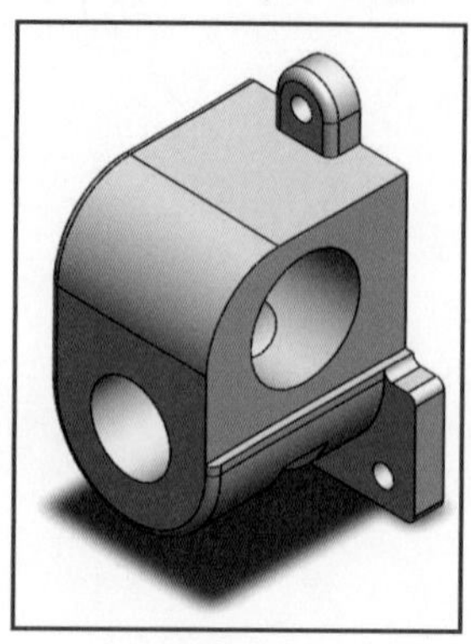

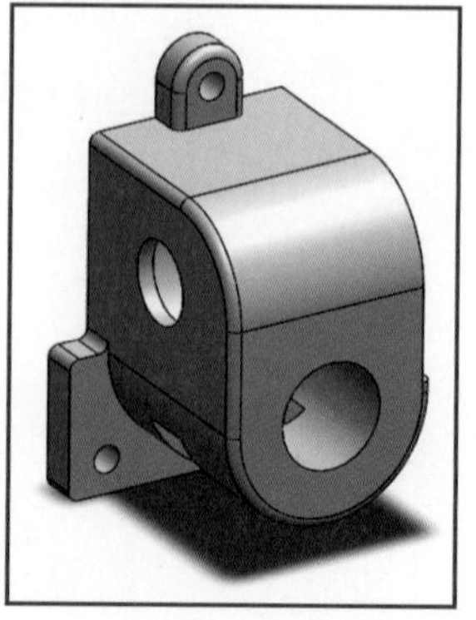

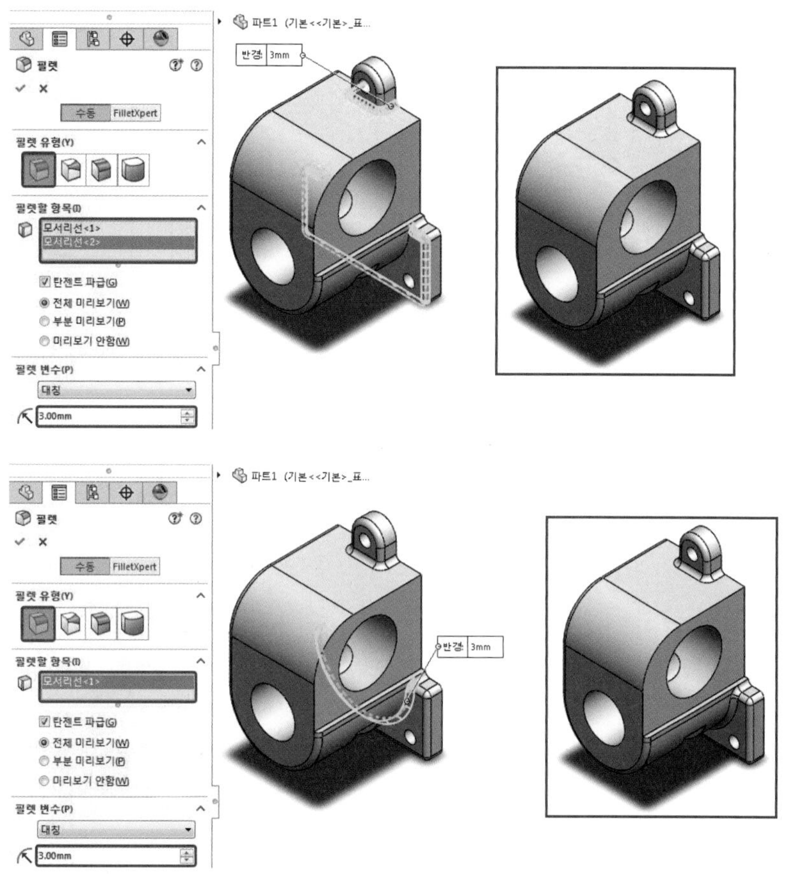

⑦ 피처(Features) 메뉴에서 모따기(Chamfer)를 클릭하여 모서리를 선택하고 다음과 같이 설정한 후 확인을 클릭한다.

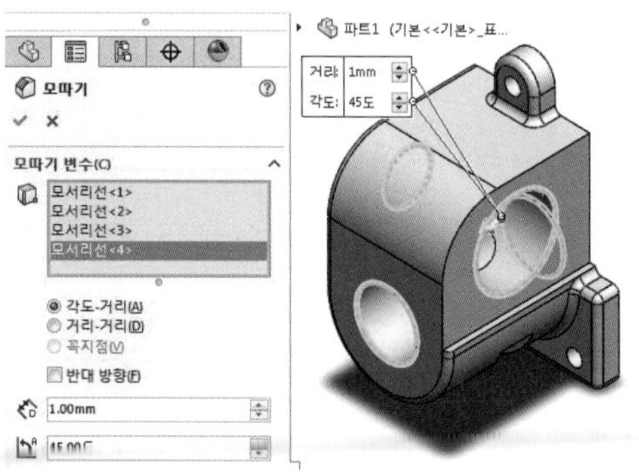

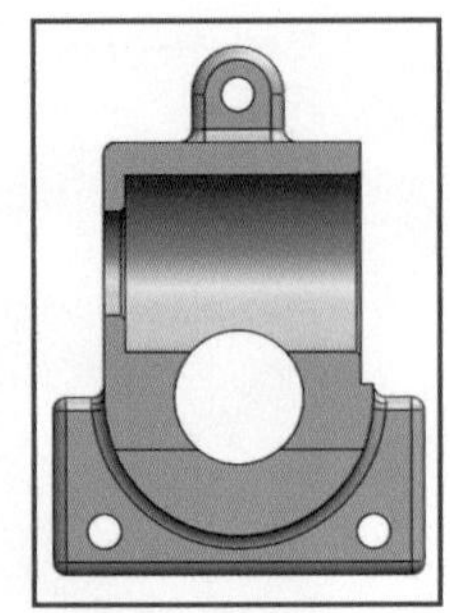

(3) 나사 구멍 작성

① 스케치(Sketch)를 클릭하고 몸체의 옆면을 스케치 평면으로 선택한다.

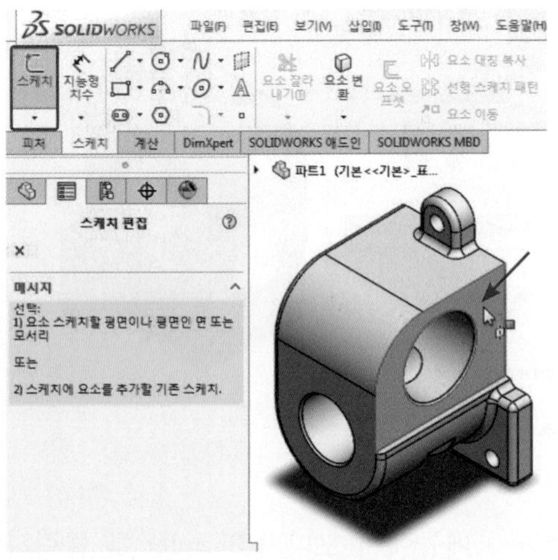

② 중심선(Center Line)을 이용하여 다음과 같이 스케치를 작성하고 구속조건과 치수를 부여한 후 스케치를 종료한다.

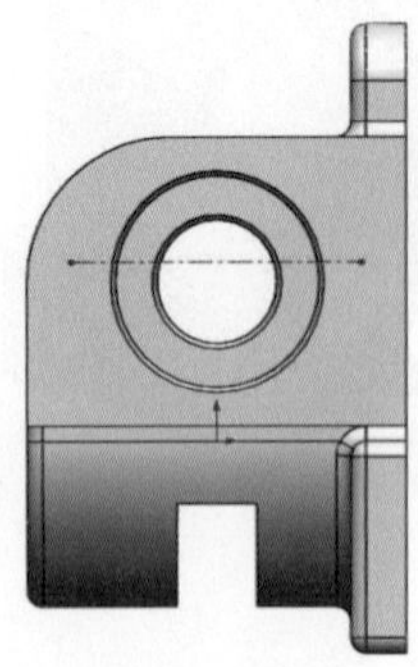

1) 중심선 작성

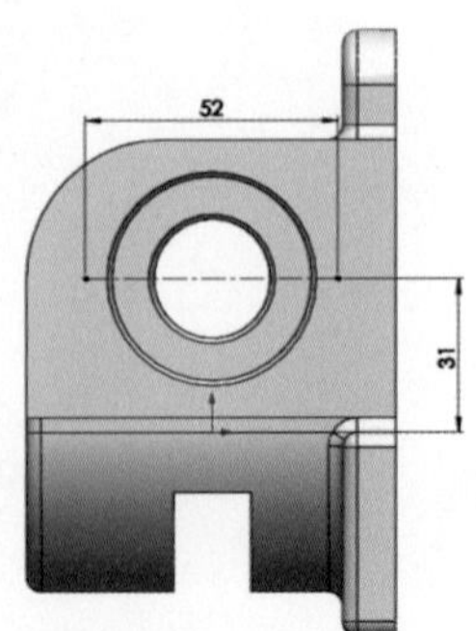

2) 구속조건과 치수 기입

③ 피처(Features) 메뉴에서 구멍 가공 마법사(Hole Wizard)를 클릭한다.

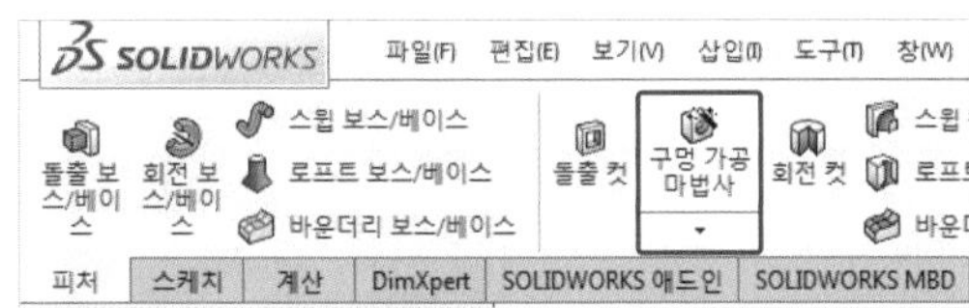

④ 다음과 같이 구멍의 유형(Type)을 설정한다.

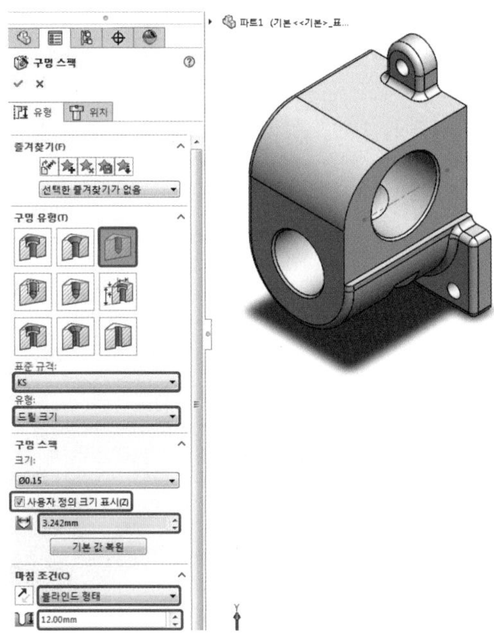

⑤ 구멍의 위치(Positions)를 선택하고 확인을 클릭한다.

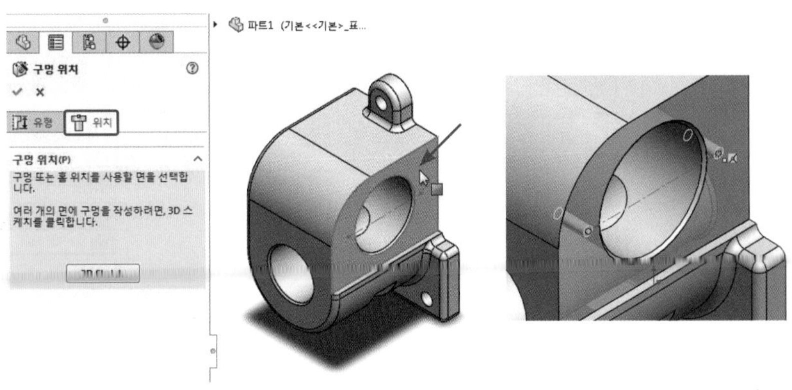

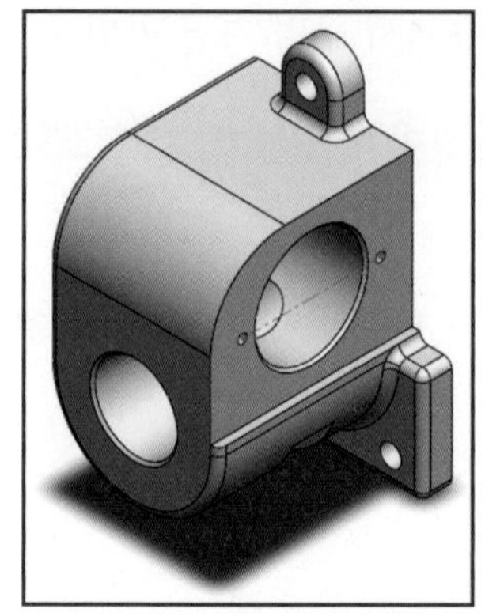

⑥ 구멍의 위치 역할을 하는 스케치에서 마우스 MB3 버튼을 클릭하고 숨기기(Hide)를 클릭한다.

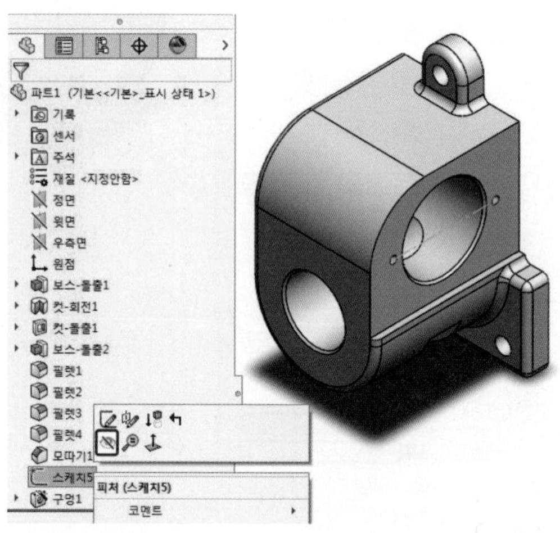

⑦ 삽입(Insert) → 피처(Features) → 나사산(Thread)을 클릭한다.

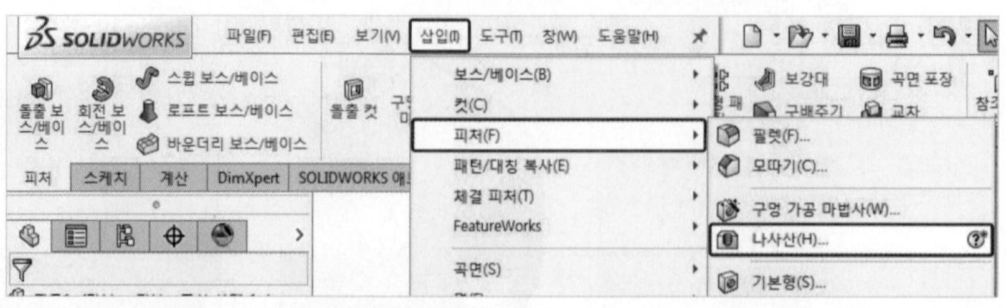

⑧ 다음과 같이 나사산의 옵션을 설정하고 확인을 클릭한다.

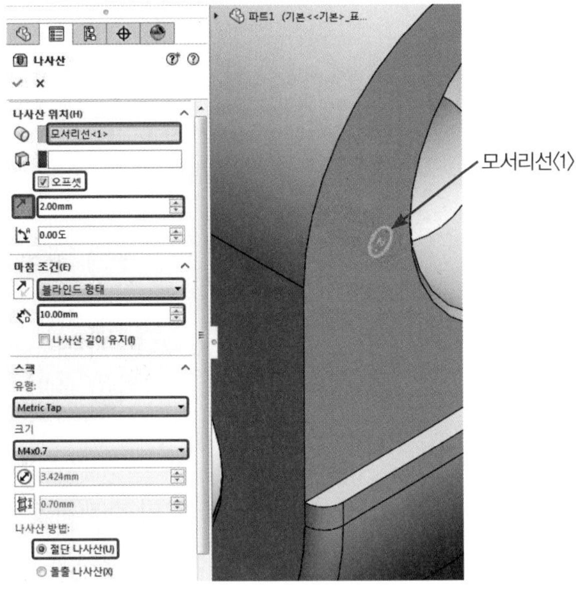

⑨ 삽입(Insert) → 피처(Features) → 나사산(Thread)을 클릭하고 다음과 같이 나사산의 옵션을 설정하고 확인을 클릭한다.

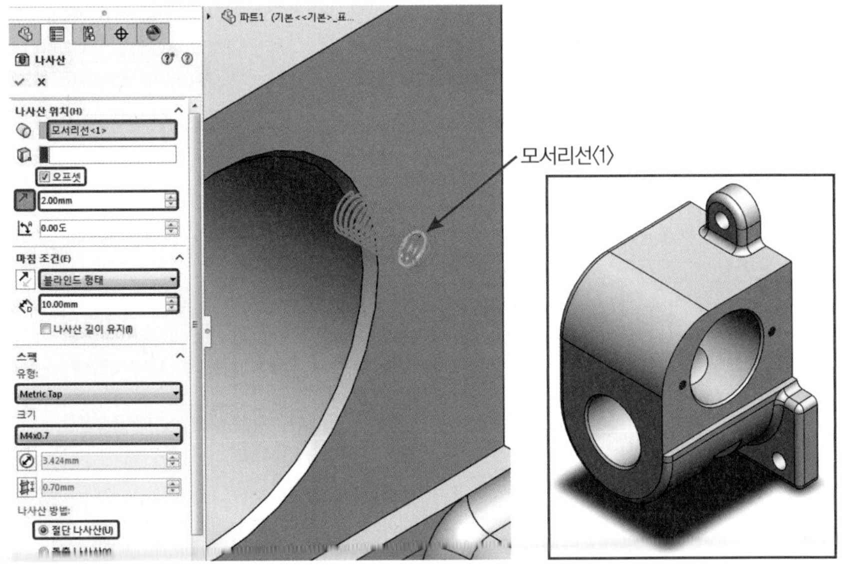

⑩ 스케치(Sketch)를 클릭하고 누름쇠가 끼워지는 부분의 아랫면을 스케치 평면으로 선택한다.

⑪ 중심선(Center Line)을 이용하여 다음과 같이 스케치를 작성하고 구속조건과 치수를 부여한 후 스케치를 종료한다.

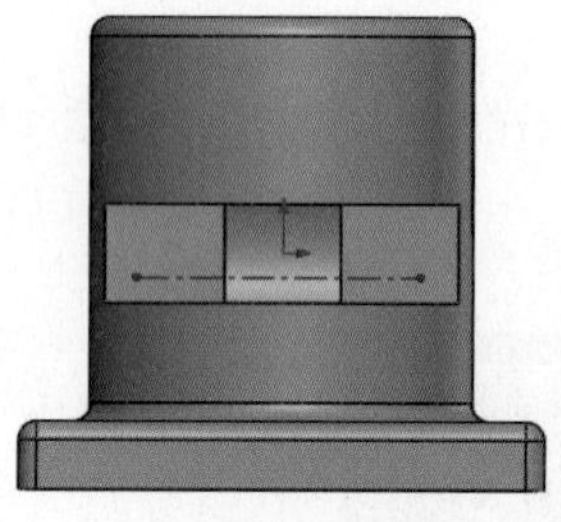
1) 중심선 작성

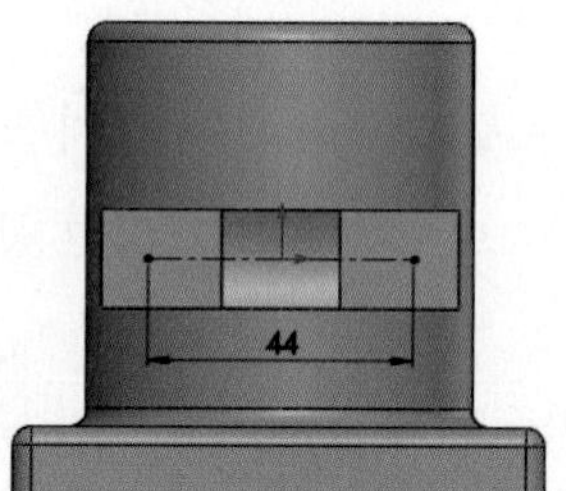

2) 구속조건과 치수 부여

⑫ 피처(Features) 메뉴에서 구멍 가공 마법사(Hole Wizard)를 클릭한다.

⑬ 다음과 같이 구멍의 유형(Type)을 설정한다.

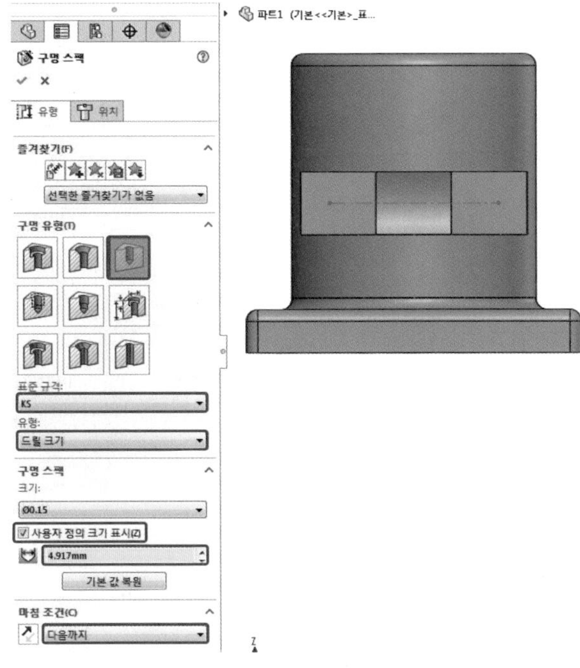

⑭ 구멍의 위치(Positions)를 선택하고 확인을 클릭한다.

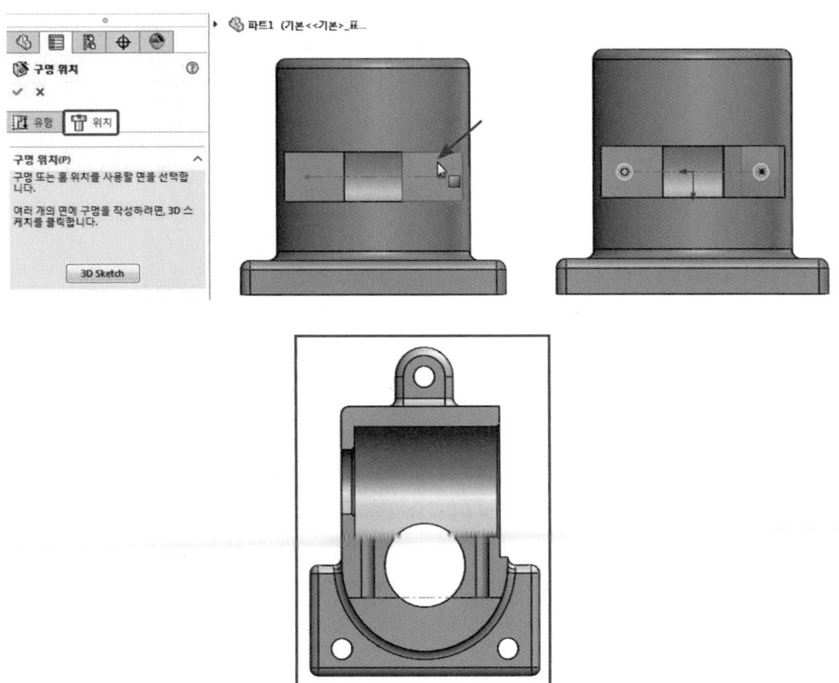

⑮ 구멍의 위치 역할을 하는 스케치에서 마우스 MB3 버튼을 클릭하고 숨기기(Hide)를 클릭한다.

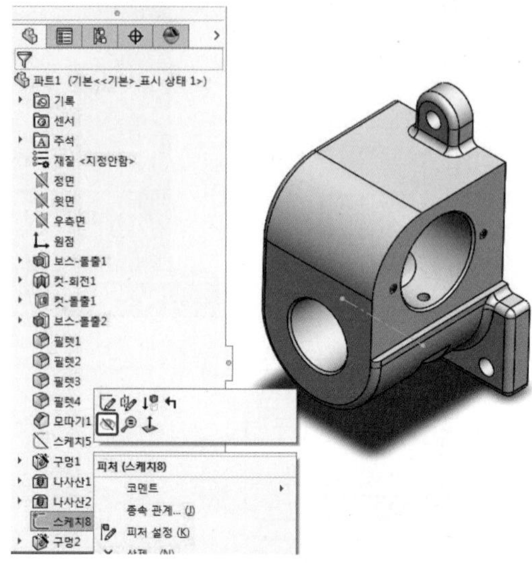

⑯ 삽입(Insert) → 피처(Features) → 나사산(Thread)을 클릭하여 다음과 같이 나사산의 옵션을 설정하고 확인을 클릭한다.

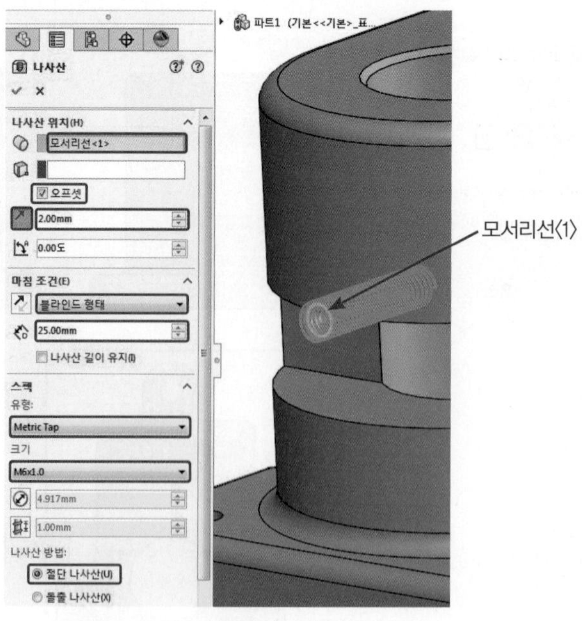

⑰ 삽입(Insert) → 피처(Features) → 나사산(Thread)을 클릭하여 다음과 같이 나사산의 옵션을 설정하고 확인을 클릭한다.

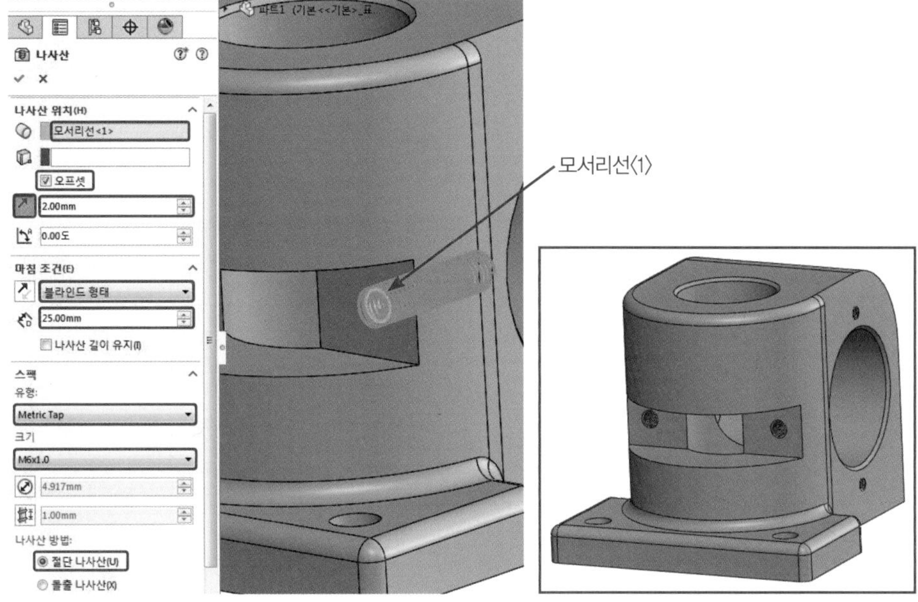

⑱ 파일(File) → 저장(Save)을 클릭하고 저장 위치와 파일 이름(File Name)을 지정한 후 저장(Save)을 클릭한다(파일 이름은 몸체로 지정한다).

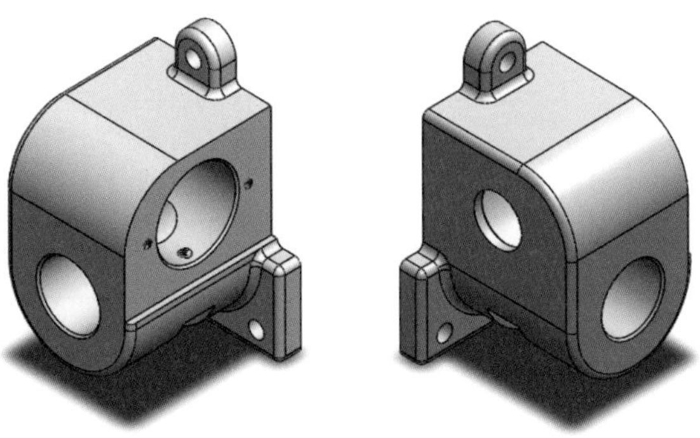

03 그 밖의 기계요소

웜과 웜 휠, 스프로킷, 래칫 휠을 모델링한다.

1 웜(Worm)

SolidWorks의 명령들을 이용하여 웜(Worm)에 관한 파트(Part) 모델링을 작성한다.

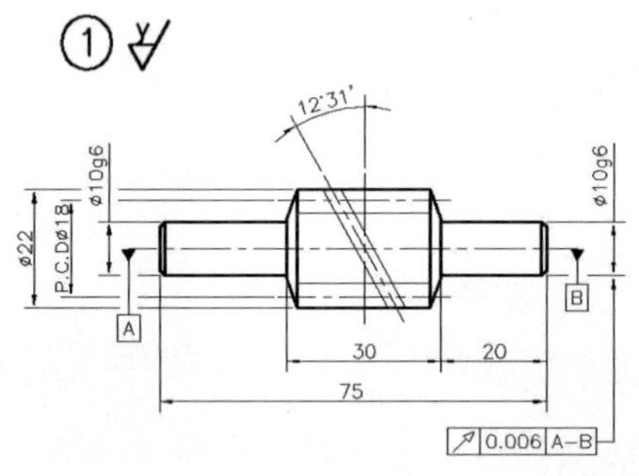

웜과 웜휠 요목표		
구분 \ 품번	①	②
원주 피치	–	6.28
리 드	2	–
피치원 지름	ø18	ø62
잇 수	–	31
치형 기준 단면	축직각	
줄 수, 방향	2줄, 우	
압력각	20°	
진행각	12° 13'	
모 듈	2	
다듬질 방법	호브절삭	연삭

① 정면(Front)을 스케치 평면으로 선택하고 중심선(Center Line)을 이용하여 원점과 일치하는 수평 중심선을 작성한다.

② 다음과 같이 스케치를 작성하고 구속조건과 치수를 부여한 후 스케치를 종료한다.

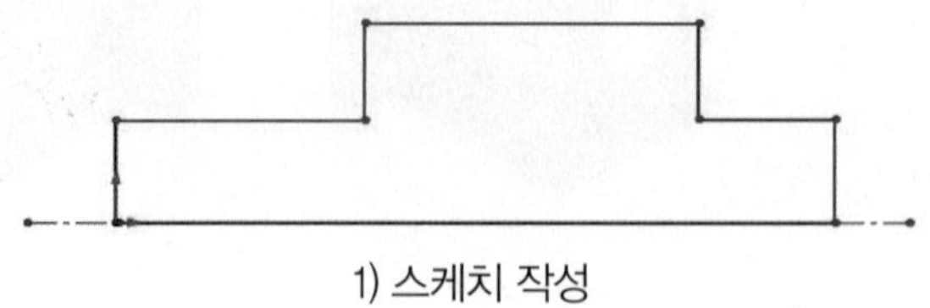

1) 스케치 작성

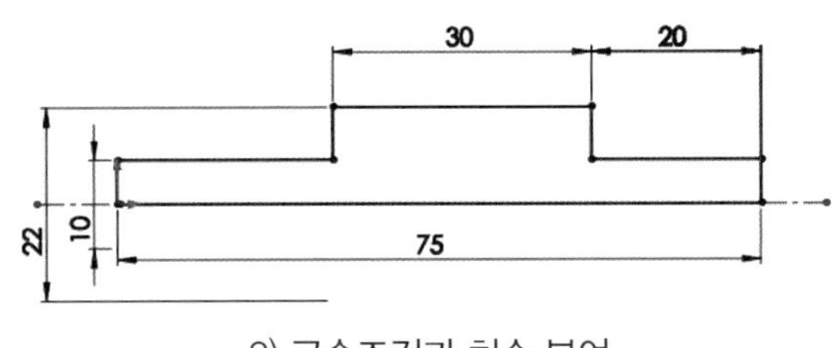

2) 구속조건과 치수 부여

③ 피처(Features) 메뉴에서 회전 보스 / 베이스(Revolved Boss / Base)를 클릭하여 스케치를 선택하고 다음과 같이 설정한 후 확인을 클릭한다.

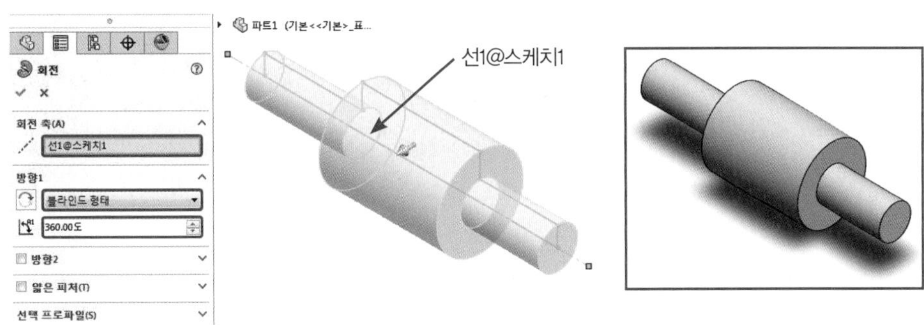

④ 피처(Features) 메뉴에서 모따기(Chamfer)를 클릭하여 모서리를 선택하고 다음과 같이 설정한 후 확인을 클릭한다.

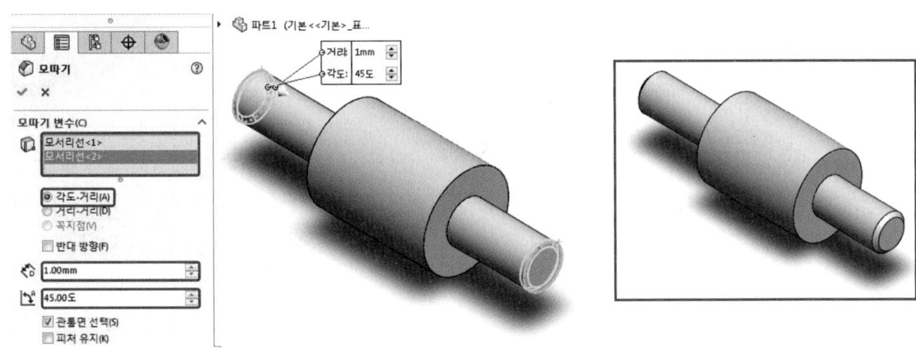

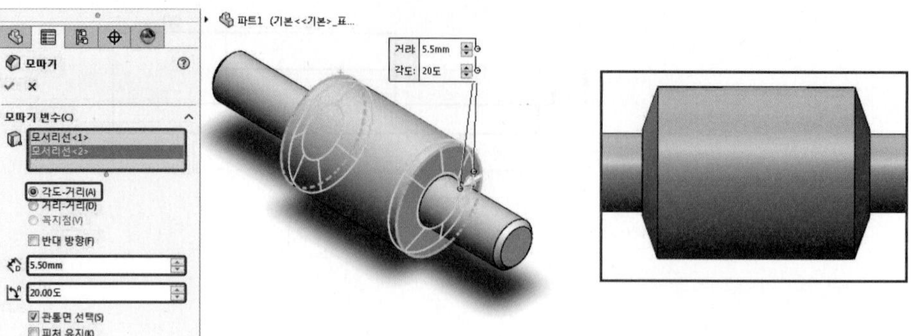

⑤ 피처(Features) 메뉴에서 참조 형상(Reference Geometry) → 기준면(Plane)을 클릭한다.

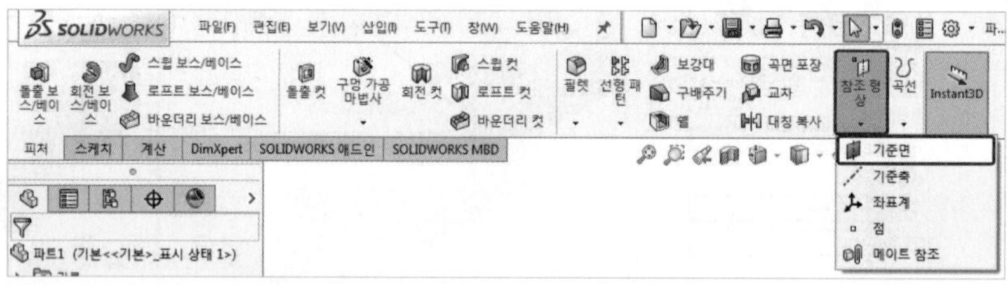

⑥ 다음과 같이 기준면에 적용할 참조를 선택하고 확인을 클릭한다.

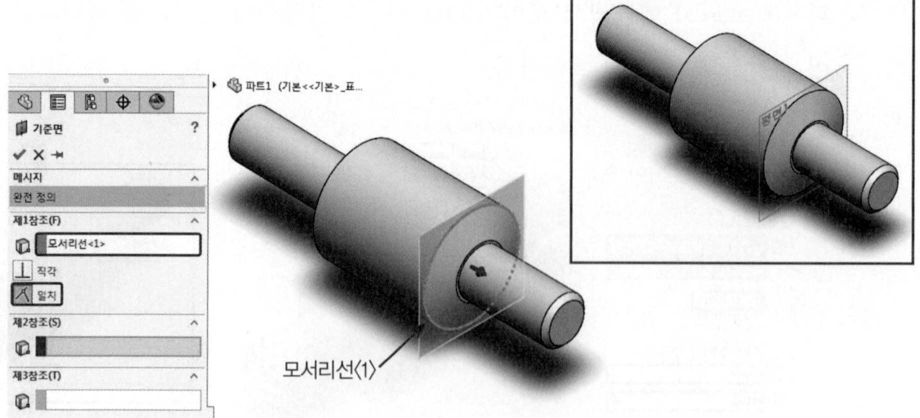

⑦ 스케치(Sketch)를 클릭하고 생성한 평면을 스케치 평면으로 선택한다.

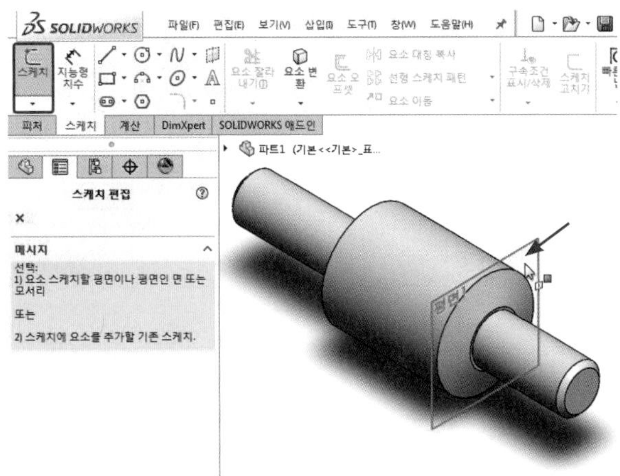

⑧ 요소 변환(Convert Entities)을 이용하여 다음과 같이 모서리를 투영하고 스케치를 종료한다.

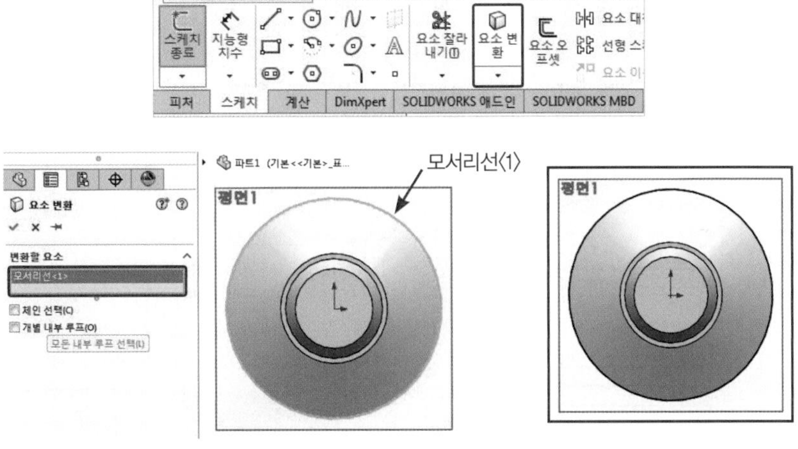

⑨ 생성 평면에서 마우스 MB3 버튼을 클릭하고 숨기기(Hide)를 클릭한다.

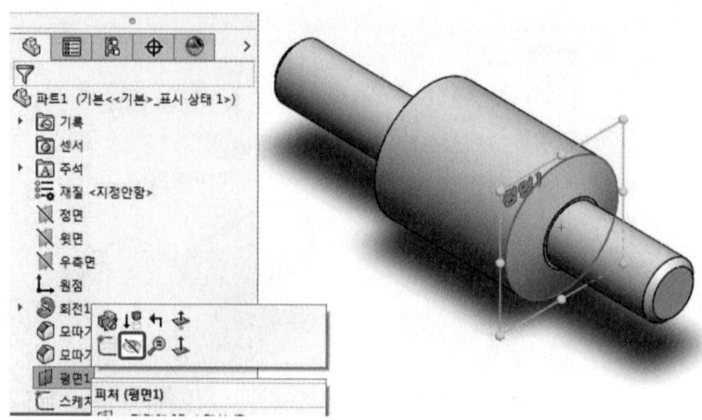

⑩ 피처(Features) 메뉴에서 곡선(Curve) → 나선형 곡선(Helix and Spiral)을 클릭한다.

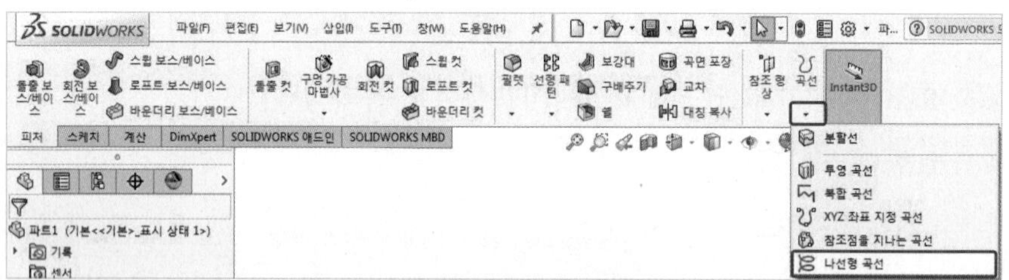

⑪ 스케치를 선택하고 다음과 같이 설정을 한 후 확인을 클릭한다.

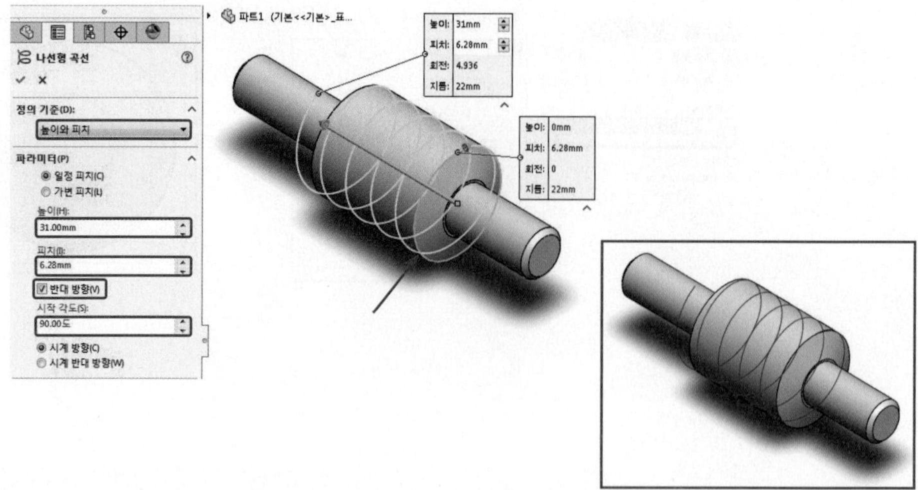

⑫ 스케치(Sketch)를 클릭하고 정면(Front)을 스케치 평면으로 선택한다.

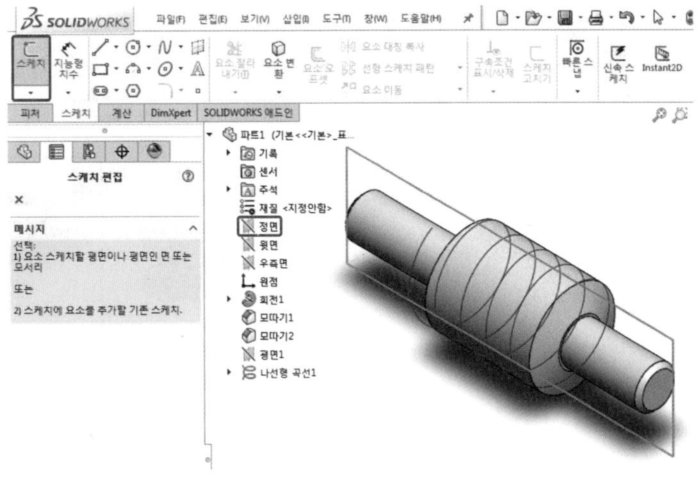

⑬ 다음과 같이 스케치를 작성하고 구속조건과 치수를 부여한 후 스케치를 종료한다.

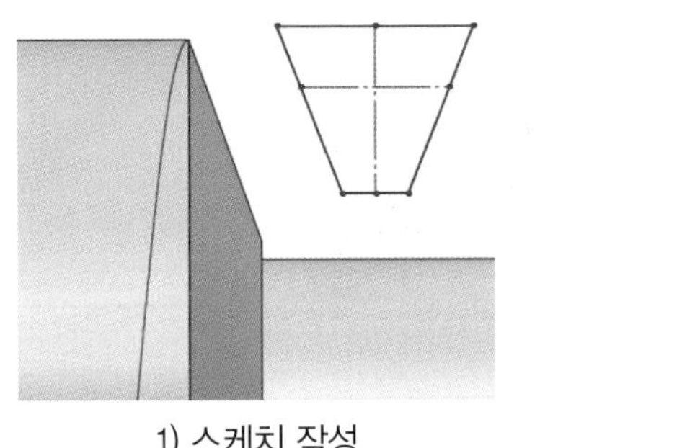

1) 스케치 작성

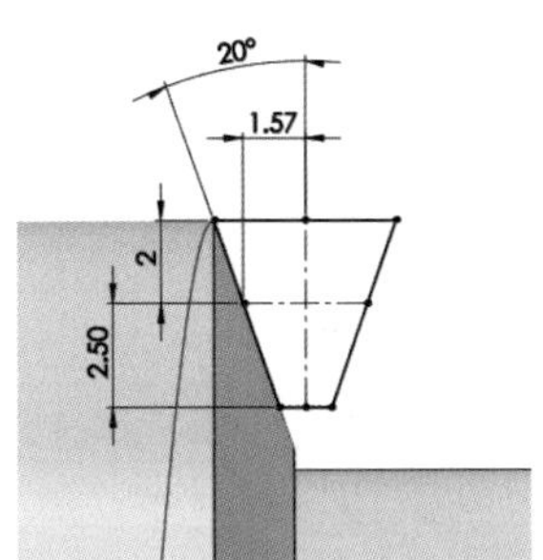

2) 구속조건과 치수 부여

⑭ 피처(Features) 메뉴에서 스윕 컷(Swept Cut)을 클릭한다.

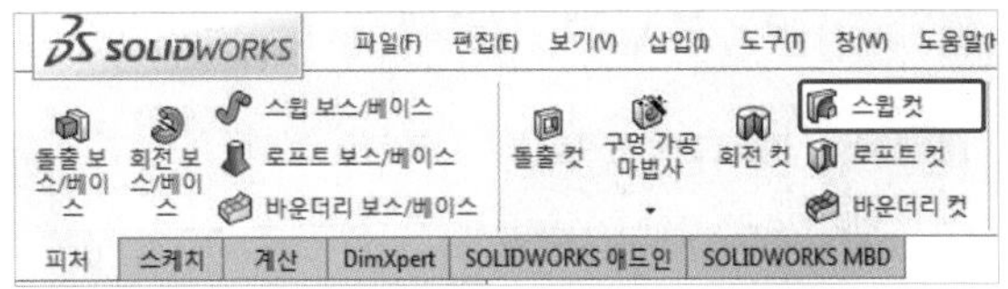

⑮ 다음과 같이 프로파일과 경로를 선택하고 확인을 클릭한다.

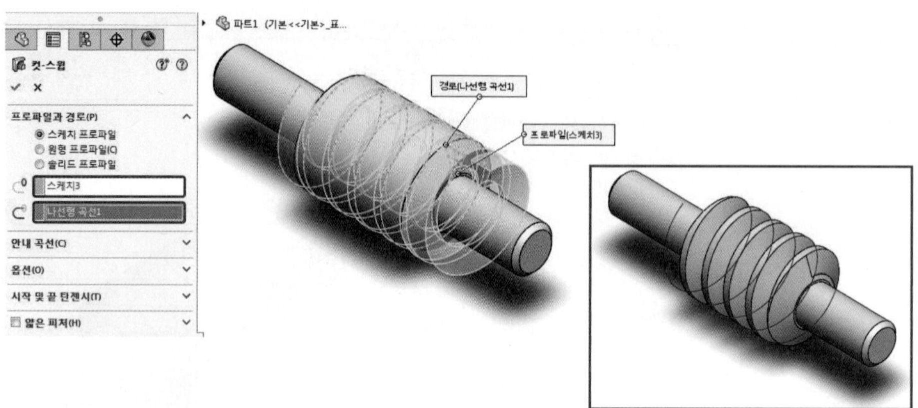

⑯ 나선형 곡선에서 마우스 MB3 버튼을 클릭하고 숨기기(Hide)를 클릭한다.

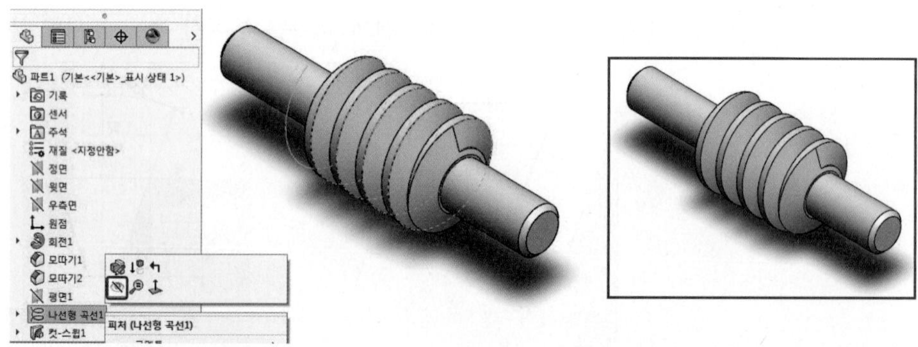

⑰ 파일(File) → 저장(Save)을 클릭하고 저장 위치와 파일 이름(File Name)을 지정한 후 저장(Save)을 클릭한다(파일 이름은 웜으로 지정한다).

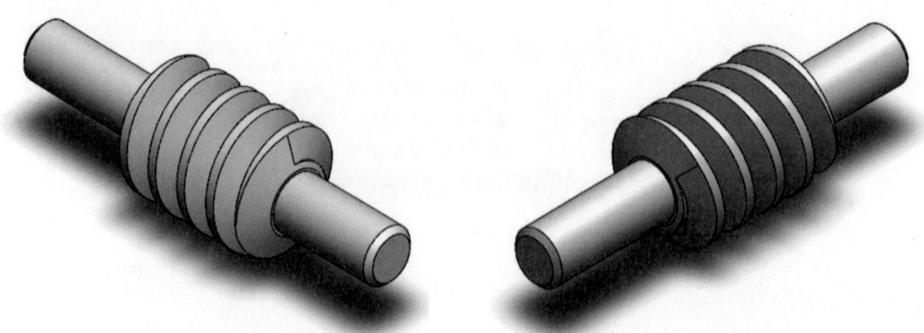

2 웜 휠(Worm Wheel)

SolidWorks의 명령들을 이용하여 웜 휠(Worm Wheel)에 관한 파트(Part) 모델링을 작성한다.

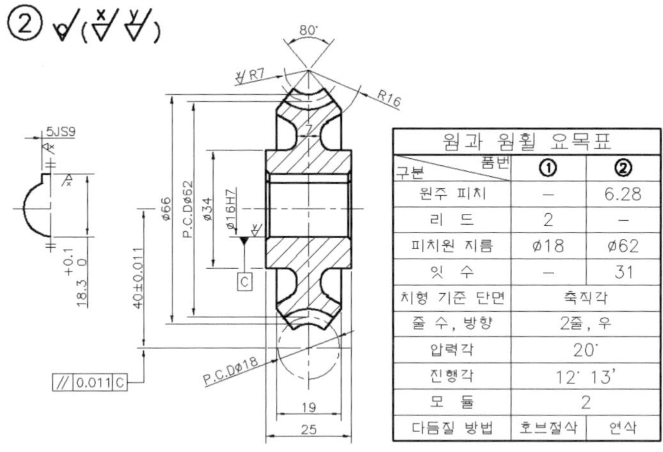

웜과 웜휠 요목표		
구분 \ 품번	①	②
원주 피치	–	6.28
리 드	2	–
피치원 지름	⌀18	⌀62
잇 수	–	31
치형 기준 단면	축직각	
줄 수, 방향	2줄, 우	
압력각	20°	
진행각	12° 13′	
모 듈	2	
다듬질 방법	호브절삭	연삭

① 정면(Front)을 스케치 평면으로 선택하고 중심선(Center Line)을 이용하여 원점과 일치하는 수평 중심선을 작성한다.

② 다음과 같이 스케치를 작성하고 구속조건과 치수를 부여한 후 스케치를 종료한다.

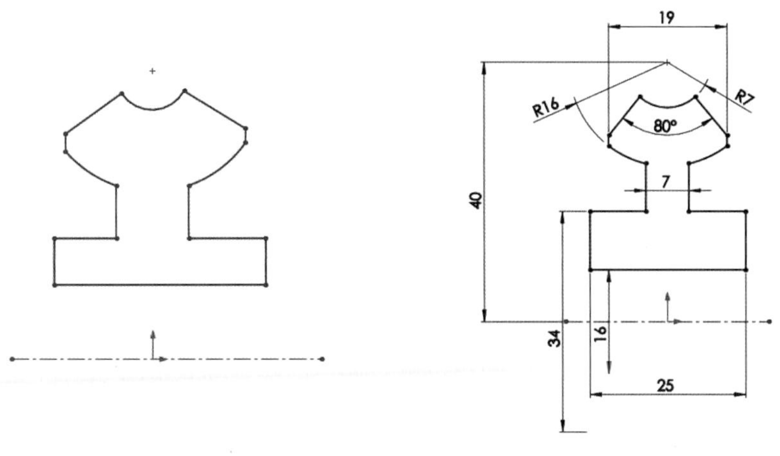

1) 스케치 작성 2) 구속조건과 치수 부여

③ 피처(Features) 메뉴에서 회전 보스 / 베이스(Revolved Boss / Base)를 클릭하여 스케치를 선택하고 다음과 같이 설정한 후 확인을 클릭한다.

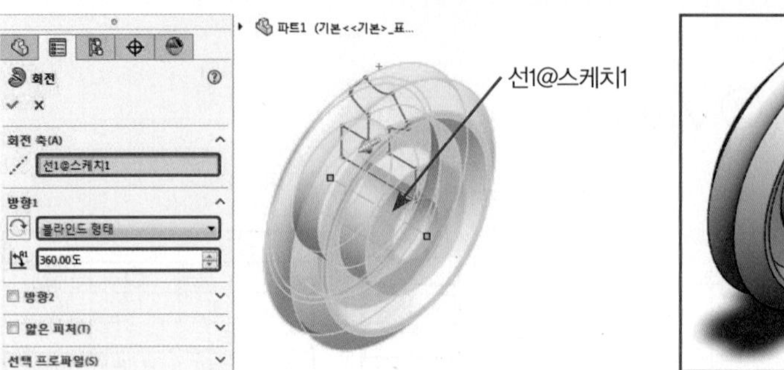

④ 피처(Features) 메뉴에서 필렛(Fillet)을 클릭하여 모서리를 선택하고 다음과 같이 설정한 후 확인을 클릭한다.

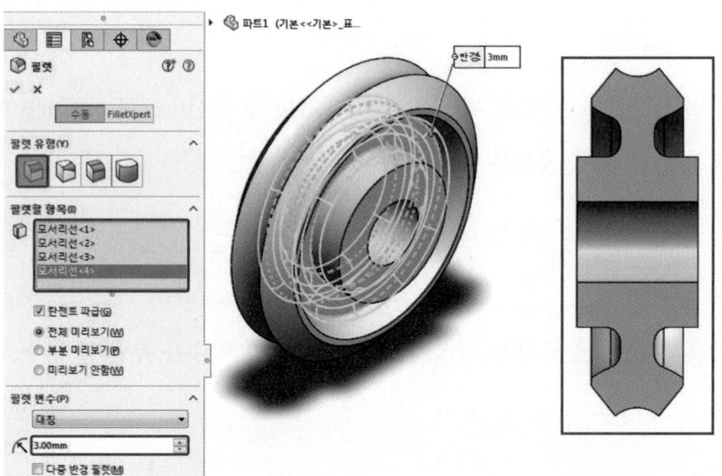

⑤ 스케치(Sketch)를 클릭하고 웜 휠 보스의 옆면을 스케치 평면으로 선택한다.

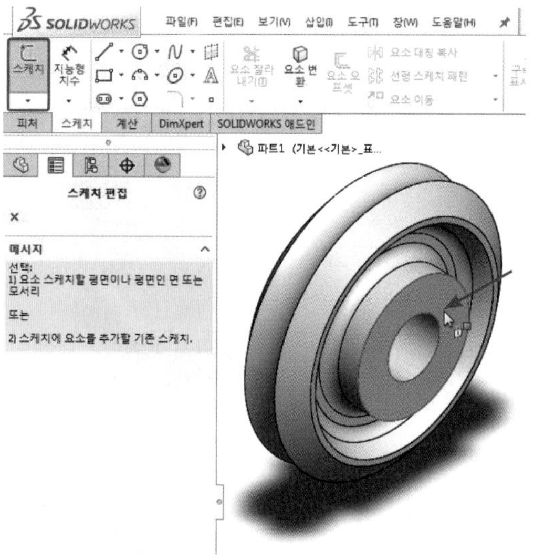

⑥ 코너 사각형(Corner Rectangle)을 이용하여 다음과 같이 스케치를 작성하고 구속조건과 치수를 부여한 후 스케치를 종료한다.

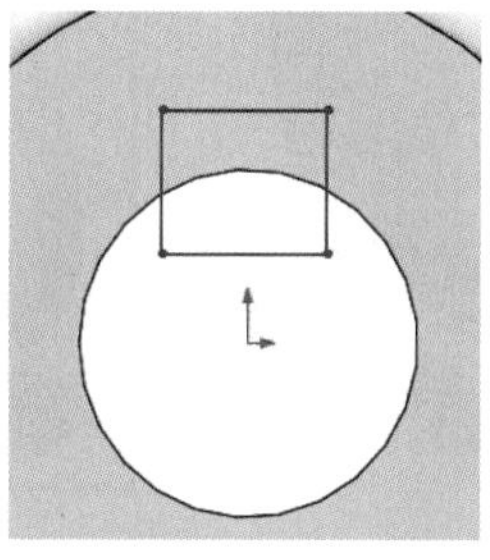

1) 사각형 스케치 작성

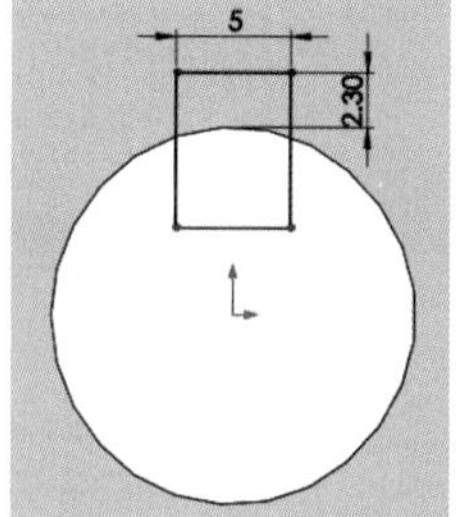

2) 구속조건과 치수 부여

⑦ 피처(Features) 메뉴에서 돌출 컷(Extruded Cut)을 클릭하여 스케치를 선택하고 다음과 같이 설정한 후 확인을 클릭한다.

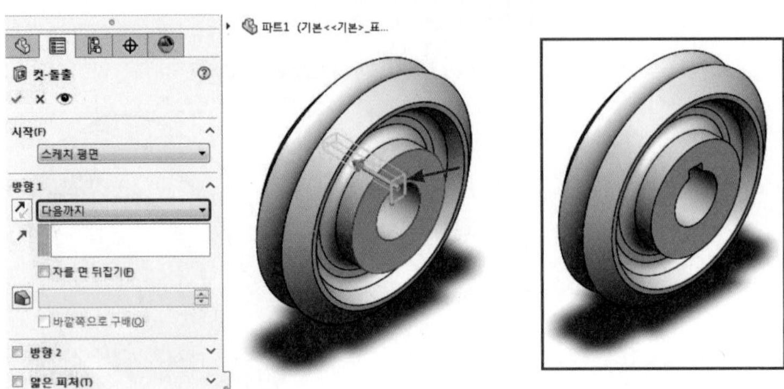

⑧ 피처(Features) 메뉴에서 모따기(Chamfer)를 클릭하여 모서리를 선택하고 다음과 같이 설정한 후 확인을 클릭한다.

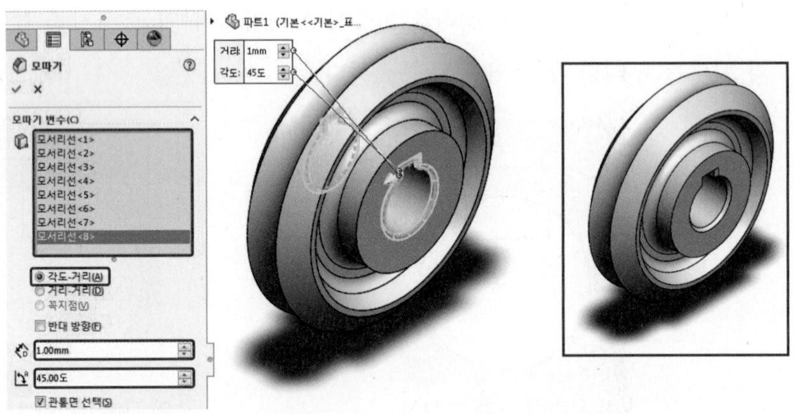

⑨ 피처(Features) 메뉴에서 참조 형상(Reference Geometry) → 기준면(Plane)을 클릭한다.

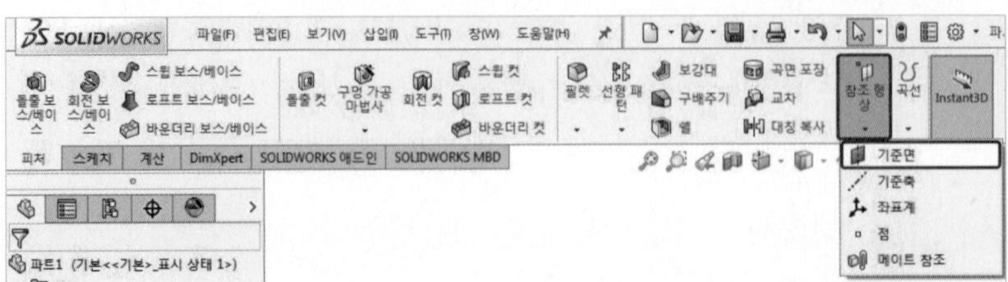

⑩ 다음과 같이 기준면에 적용할 참조들을 선택한다.

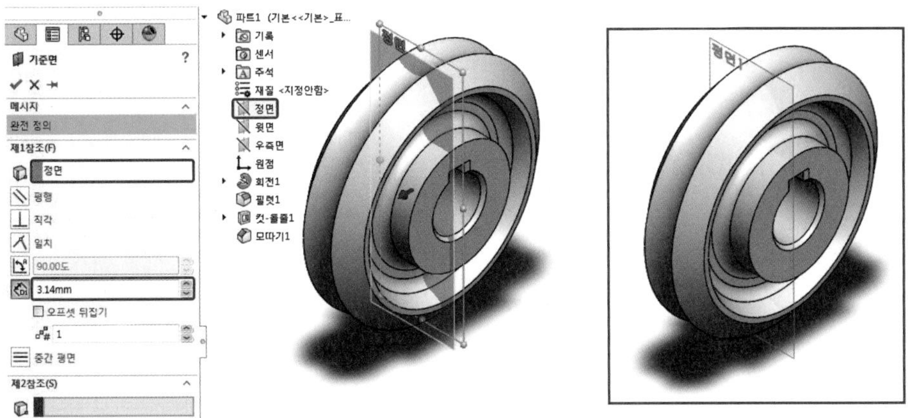

⑪ 스케치(Sketch)를 클릭하고 기준면으로 생성한 평면을 스케치 평면으로 선택한다.

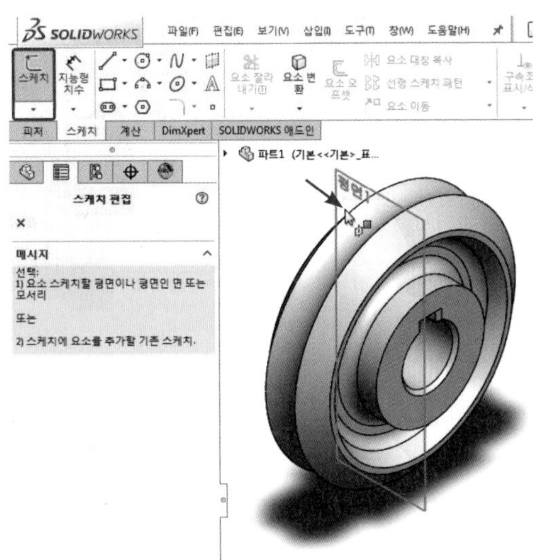

⑫ 원(Circle)을 이용하여 다음과 같이 스케치를 작성한 후 구속조건을 부여한 후 스케치를 종료한다.

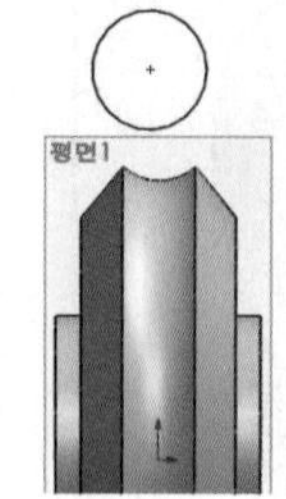

1) 원 스케치 작성

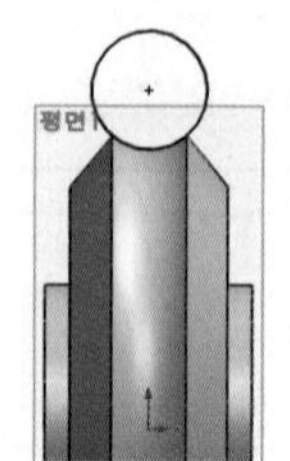

2) 동일원 조건부여

⑬ 생성 평면에서 마우스 MB3 버튼을 클릭하고 숨기기(Hide)를 클릭한다.

⑭ 피처(Features) 메뉴에서 곡선(Curve) → 나선형 곡선(Helix and Spiral)을 클릭한다.

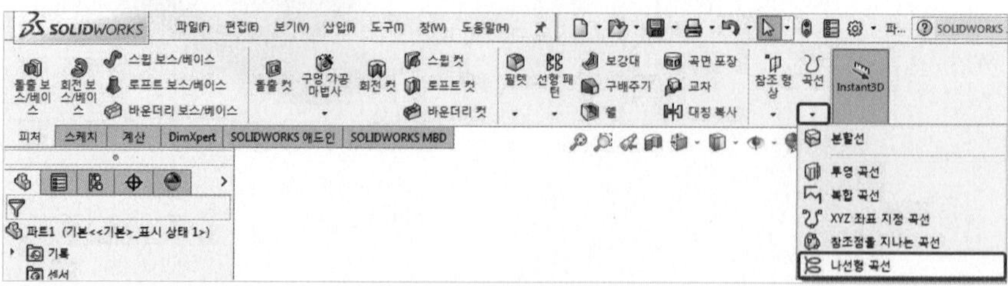

⑮ 스케치를 선택하고 다음과 같이 설정을 한 후 확인을 클릭한다.

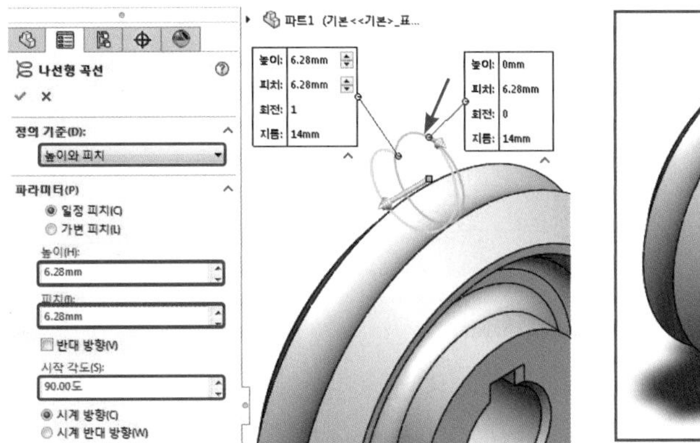

⑯ 스케치(Sketch)를 클릭하고 우측면(Right)을 스케치 평면으로 선택한다.

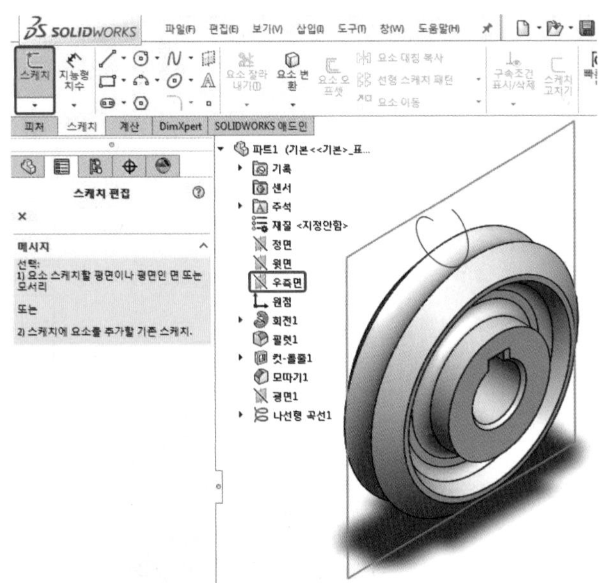

⑰ 다음과 같이 스케치를 작성하고 구속조건과 치수를 부여한 후 스케치를 종료한다.

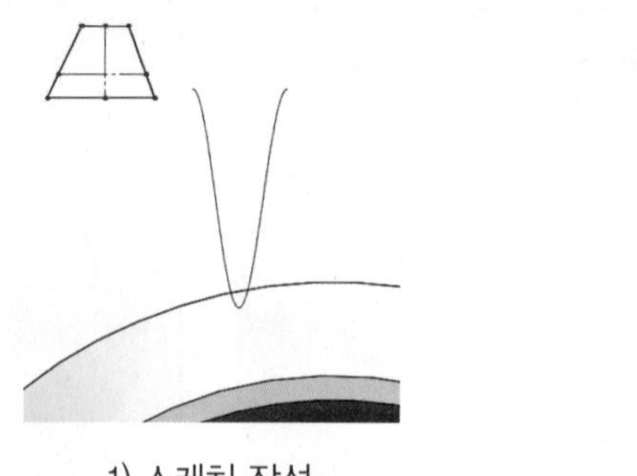

1) 스케치 작성

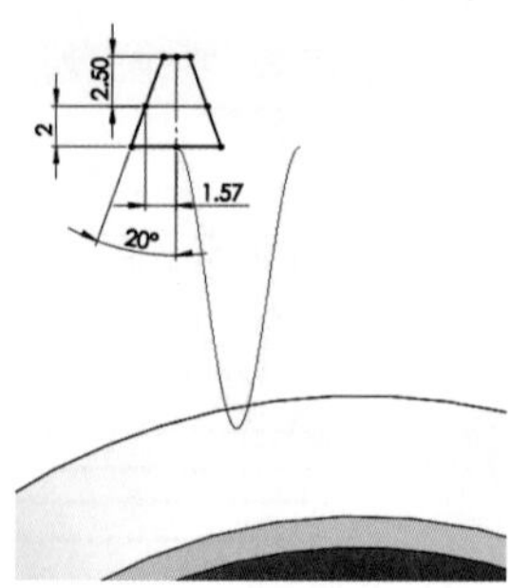

2) 구속조건과 치수 부여

⑱ 피처(Features) 메뉴에서 스윕 컷(Swept Cut)을 클릭한다.

⑲ 다음과 같이 프로파일과 경로를 선택하고 확인을 클릭한다.

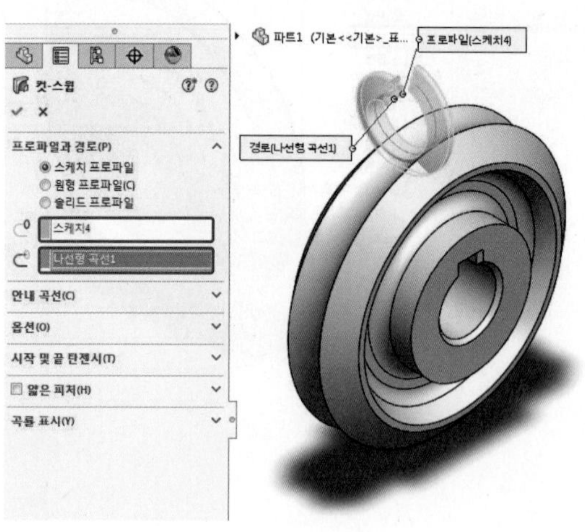

⑳ 나선형 곡선에서 마우스 MB3 버튼을 클릭하고 숨기기(Hide)를 클릭한다.

㉑ 보기(View) → 숨기기 / 보이기(Hide / Show) → 임시축(Temporary Axes)을 클릭하여 활성화 하고 피처(Features) 메뉴에서 원형 패턴(Circular Pattern)을 클릭한다.

㉒ 패턴할 피처를 선택하고 다음과 같이 설정한 후 확인을 클릭한다.

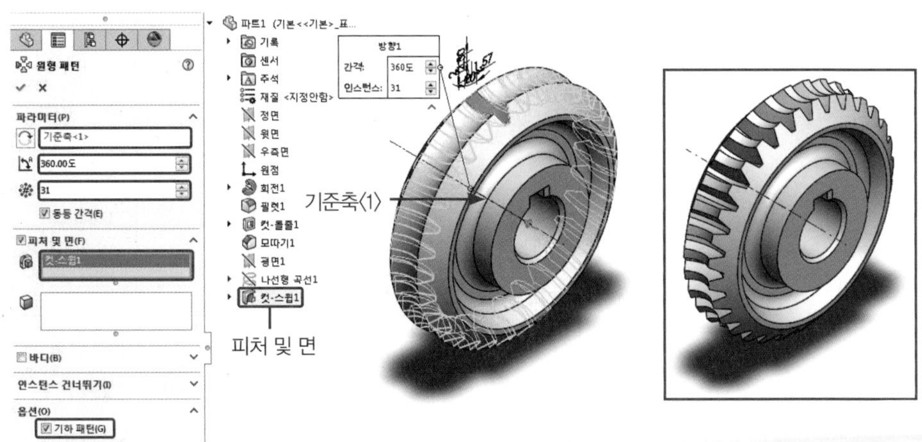

㉓ 파일(File) → 저장(Save)을 클릭하고 저장 위치와 파일 이름(File Name)을 지정한 후 저장(Save)을 클릭한다(파일 이름은 웜 휠로 지정한다).

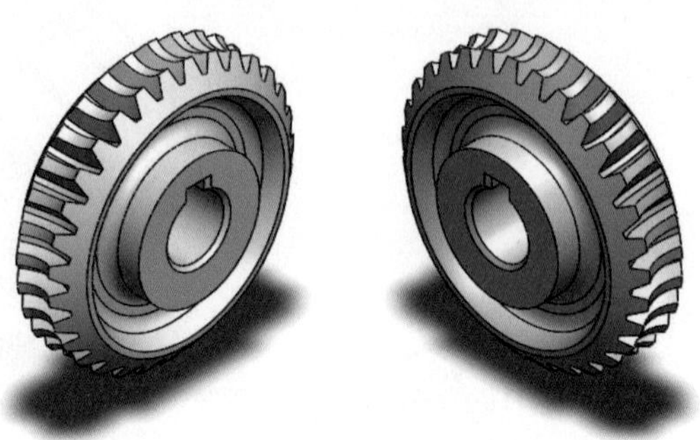

3 스프로킷 휠(Sprocket Wheel)

SolidWorks의 명령들을 이용하여 스프로킷 휠(Sprocket Wheel)에 관한 파트(Part) 모델링을 작성한다.

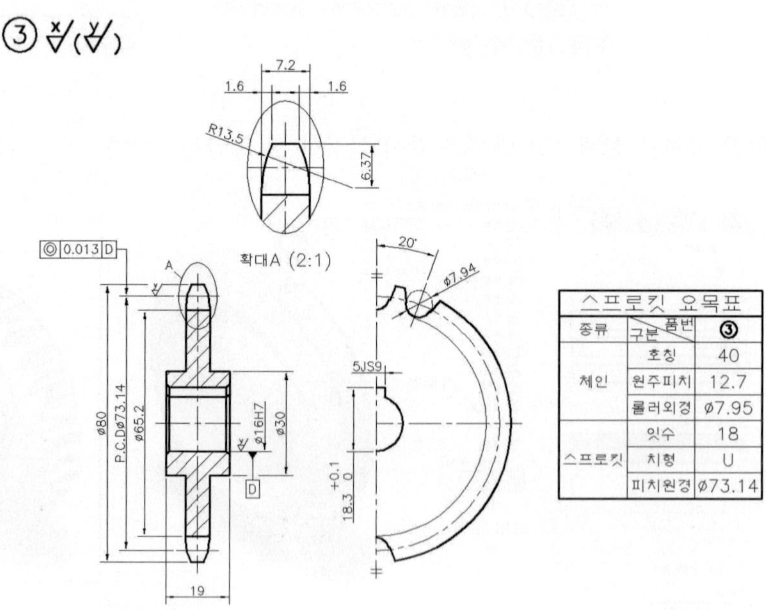

스프로킷 요목표

종류	구분 \ 품번	③
체인	호칭	40
	원주피치	12.7
	롤러외경	⌀7.95
스프로킷	잇수	18
	치형	U
	피치원경	⌀73.14

① 정면(Front)을 스케치 평면으로 선택하고 중심선(Center Line)을 이용하여 원점과 일치하는 수평 중심선을 작성한다.

② 다음과 같이 스케치를 작성하고 구속조건과 치수를 부여한 후 스케치를 종료한다.

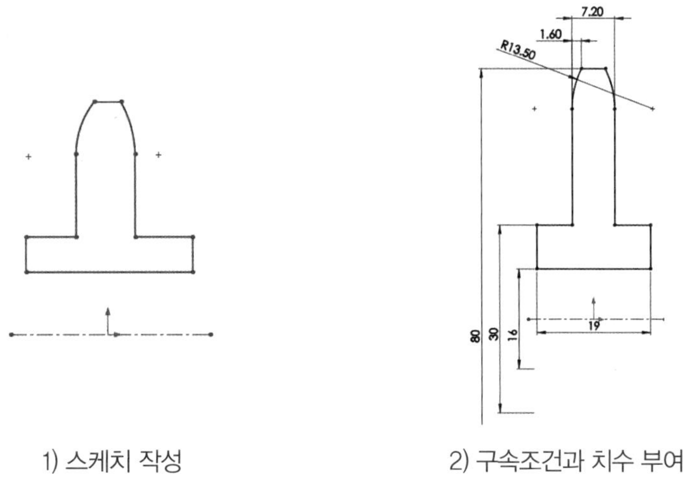

1) 스케치 작성　　　　2) 구속조건과 치수 부여

③ 피처(Features) 메뉴에서 회전 보스 / 베이스(Revolved Boss / Base)를 클릭하여 스케치를 선택하고 다음과 같이 설정한 후 확인을 클릭한다.

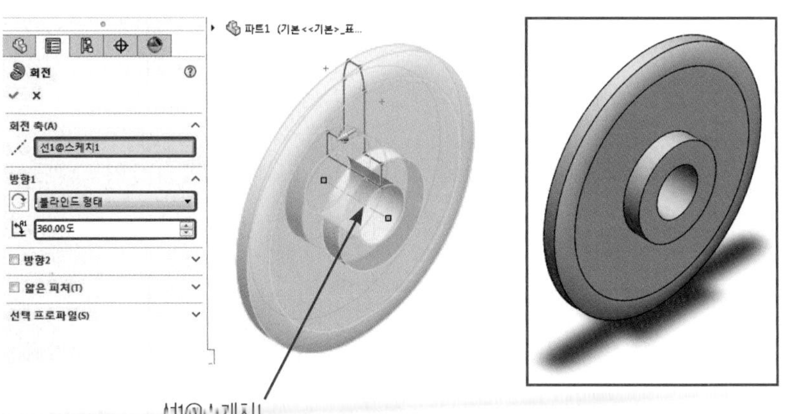

④ 스케치(Sketch)를 클릭하고 스프로킷 휠 보스의 옆면을 스케치 평면으로 선택한다.

⑤ 코너 사각형(Corner Rectangle)을 이용하여 다음과 같이 스케치를 작성하고 구속조건과 치수를 부여한 후 스케치를 종료한다.

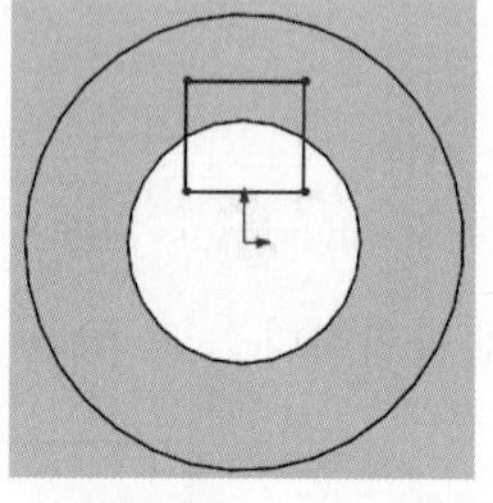

1) 사각형 스케치 작성

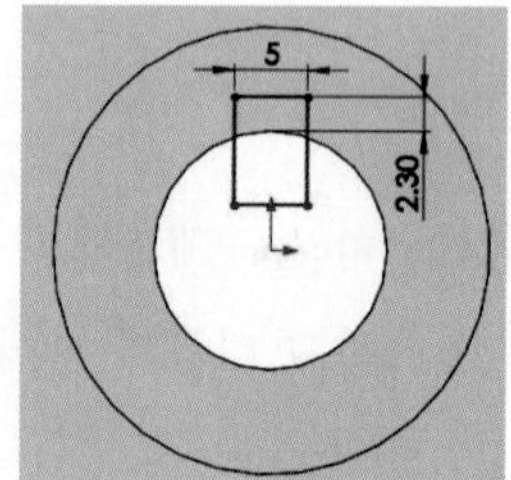

2) 구속조건과 치수 부여

⑥ 피처(Features) 메뉴에서 돌출 컷(Extruded Cut)을 클릭하여 스케치를 선택하고 다음과 같이 설정한 후 확인을 클릭한다.

⑦ 피처(Features) 메뉴에서 모따기(Chamfer)를 클릭하여 모서리를 선택하고 다음과 같이 설정한 후 확인을 클릭한다.

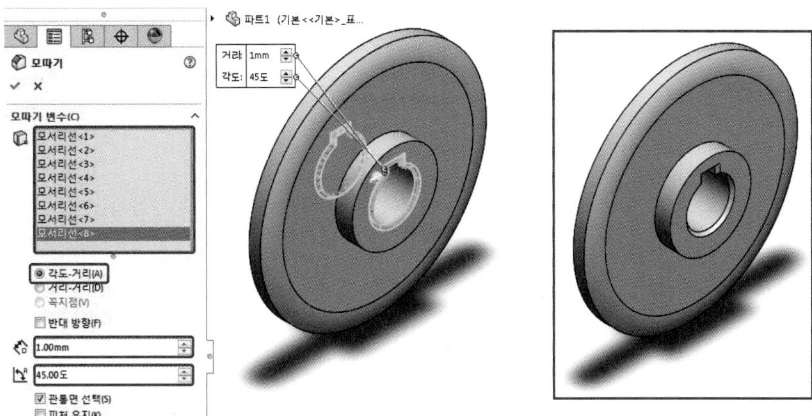

⑧ 스케치(Sketch)를 클릭하고 스프로킷 휠 옆면을 스케치 평면으로 선택한다.

⑨ 다음과 같이 스케치를 작성하고 구속조건과 치수를 부여한 후 스케치를 종료한다.

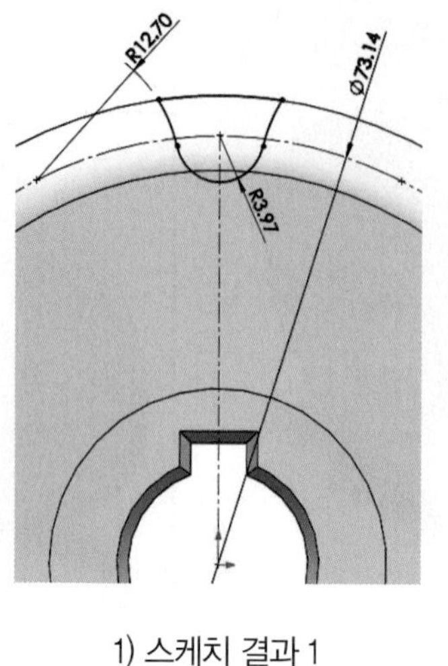

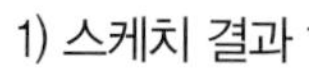
1) 스케치 결과 1

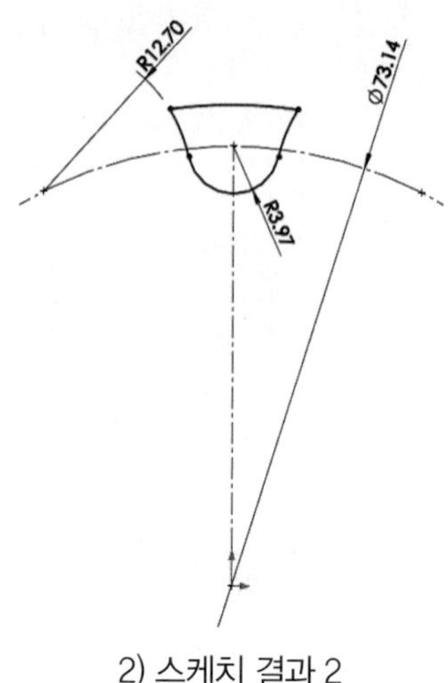

2) 스케치 결과 2
(피처 숨기기 상태)

⑩ 피처(Features) 메뉴에서 돌출 컷(Extruded Cut)을 클릭하여 스케치를 선택하고 다음과 같이 설정한 후 확인을 클릭한다.

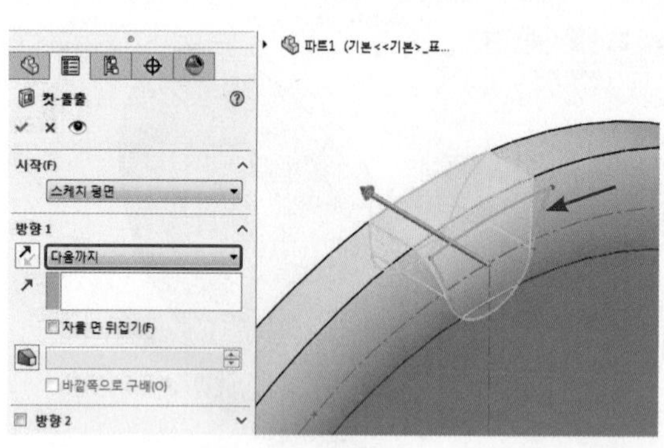

⑪ 보기(View) → 숨기기 / 보이기(Hide / Show) → 임시축(Temporary Axes)을 클릭하여 활성화하고 피처(Features) 메뉴에서 원형 패턴(Circular Pattern)을 클릭한다.

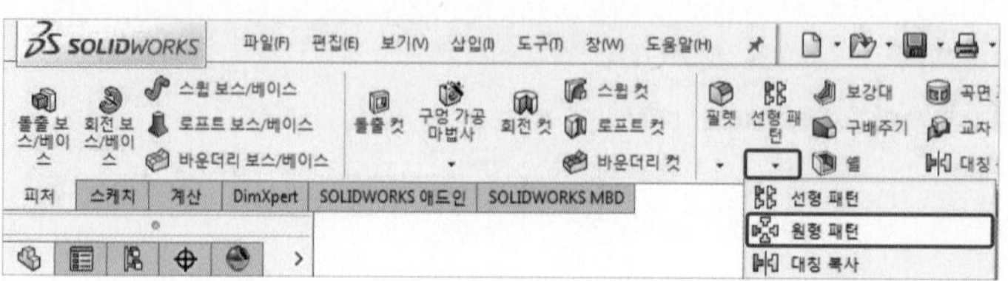

⑫ 패턴할 피처를 선택하고 다음과 같이 설정한 후 확인을 클릭한다.

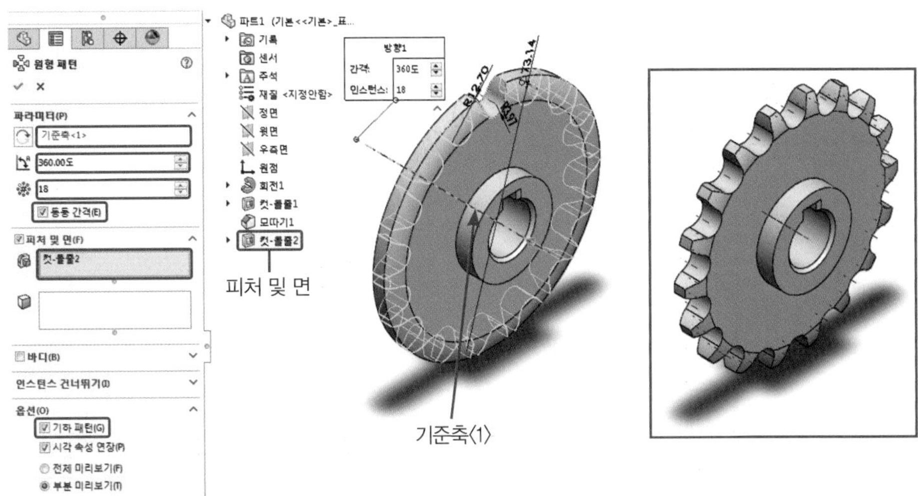

⑬ 파일(File) → 저장(Save)을 클릭하고 저장 위치와 파일 이름(File Name)을 지정한 후 저장(Save)을 클릭한다(파일 이름은 스프로킷 휠로 지정한다).

4 래칫 휠(Ratchet Wheel)

SolidWorks의 명령들을 이용하여 래칫 휠(Ratchet Wheel)에 관한 파트(Part) 모델링을 작성한다.

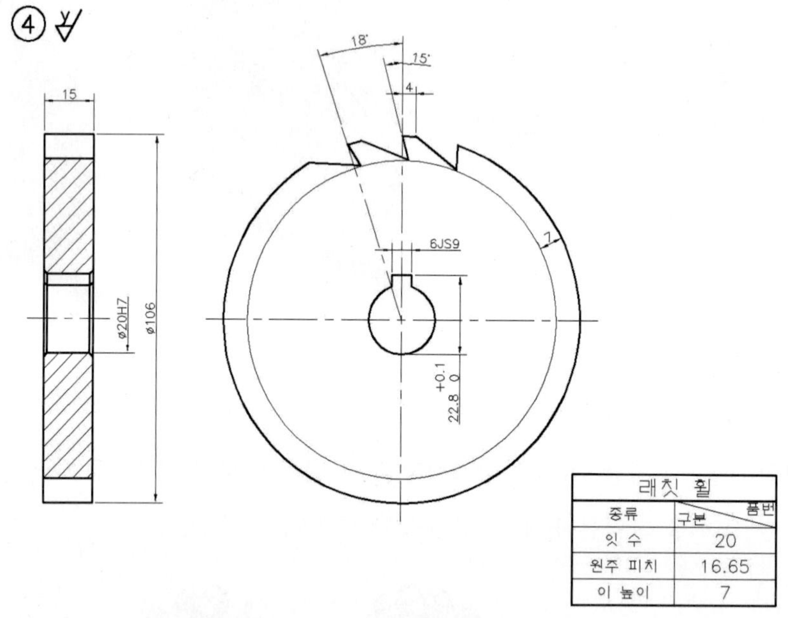

래칫 휠	
종류	구분 / 품번
잇 수	20
원주 피치	16.65
이 높이	7

① 정면(Front)을 스케치 평면으로 선택하고 중심선(Center Line)을 이용하여 원점과 일치하는 수평 중심선을 작성한다.

② 다음과 같이 스케치를 작성하고 구속조건과 치수를 부여한 후 스케치를 종료한다.

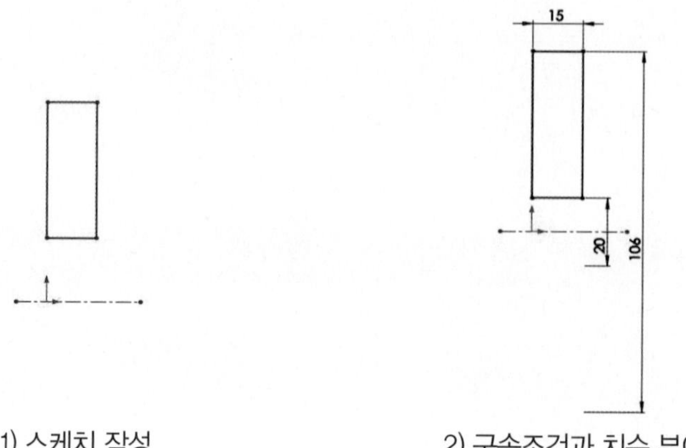

1) 스케치 작성　　　2) 구속조건과 치수 부여

③ 피처(Features) 메뉴에서 회전 보스 / 베이스(Revolved Boss / Base)를 클릭하여 스케치를 선택하고 다음과 같이 설정한 후 확인을 클릭한다.

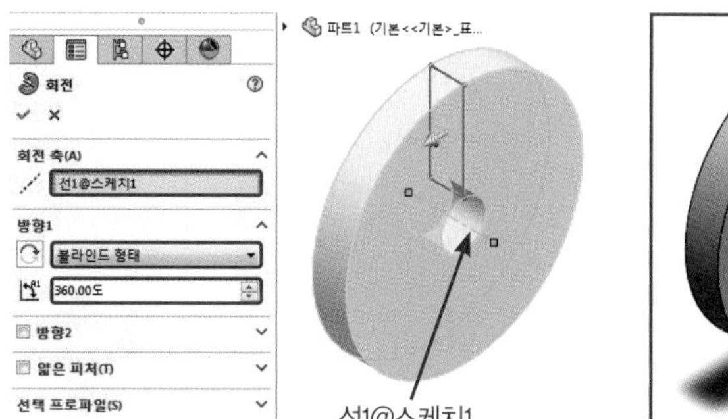

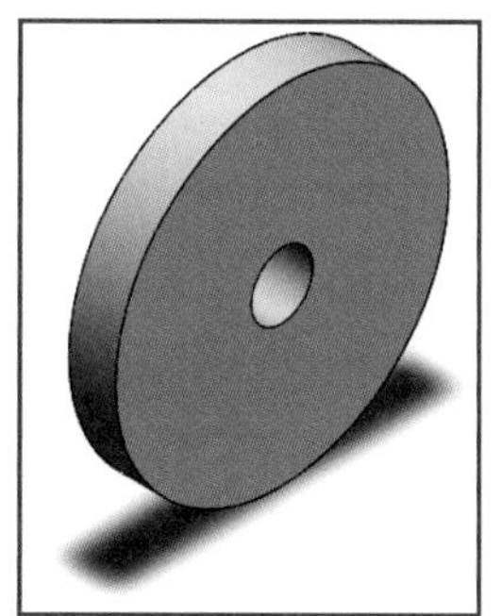

④ 스케치(Sketch)를 클릭하고 래칫 휠의 옆면을 스케치 평면으로 선택한다.

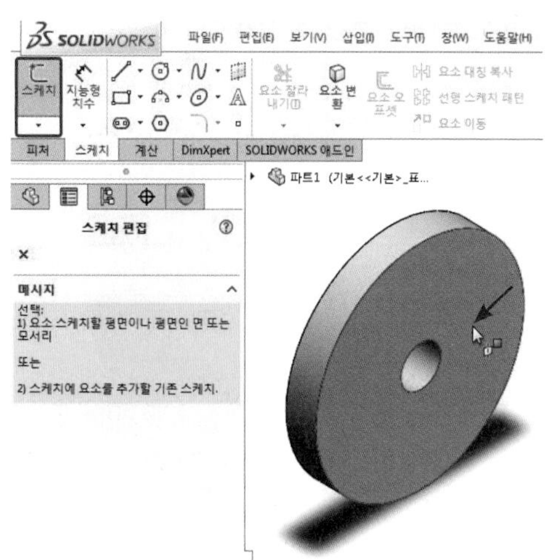

⑤ 코너 사각형(Corner Rectangle)을 이용하여 다음과 같이 스케치를 작성하고 구속조건과 치수를 부여한 후 스케치를 종료한다.

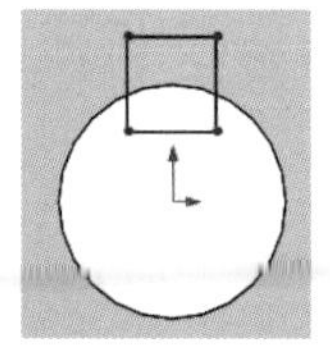

1) 사각형 스케치 작성

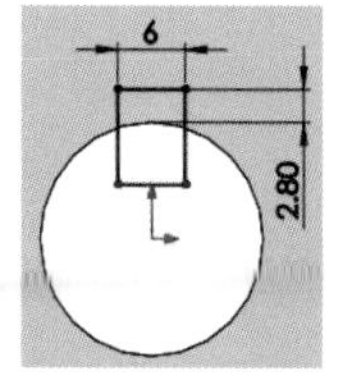

2) 구속조건과 치수 부여

⑥ 피처(Features) 메뉴에서 돌출 컷(Extruded Cut)을 클릭하여 스케치를 선택하고 다음과 같이 설정한 후 확인을 클릭한다.

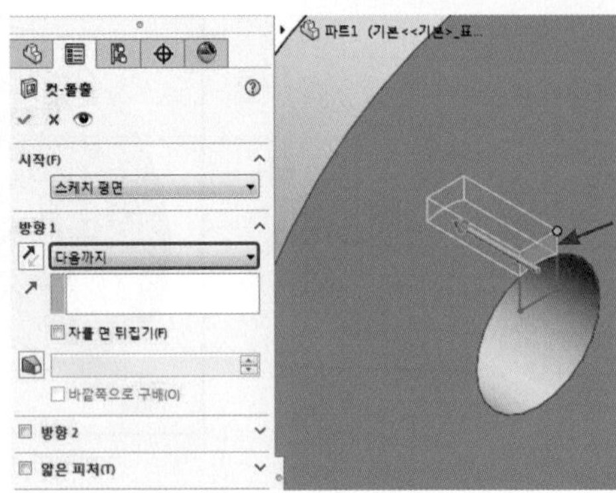

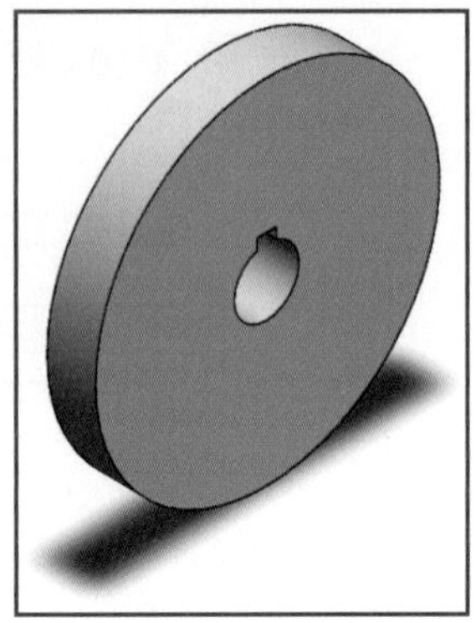

⑦ 피처(Features) 메뉴에서 모따기(Chamfer)를 클릭하여 모서리를 선택하고 다음과 같이 설정한 후 확인을 클릭한다.

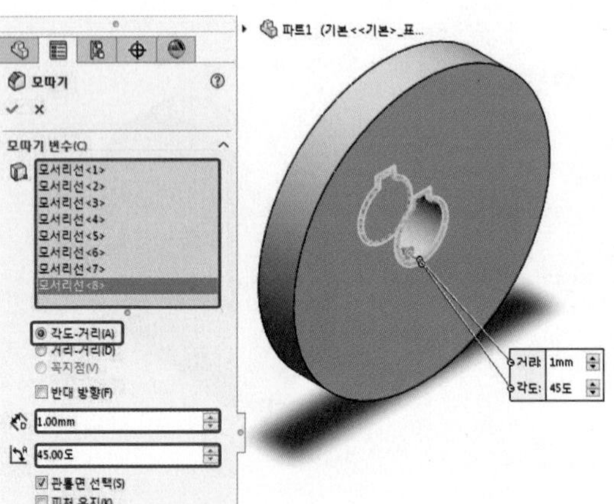

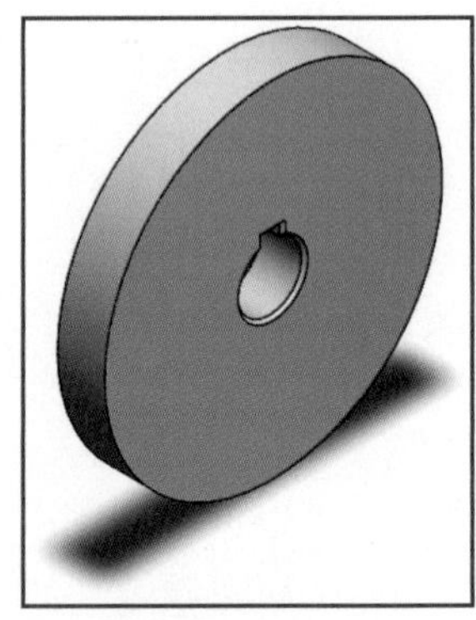

⑧ 스케치(Sketch)를 클릭하고 래칫 휠의 옆면을 스케치 평면으로 선택한다.

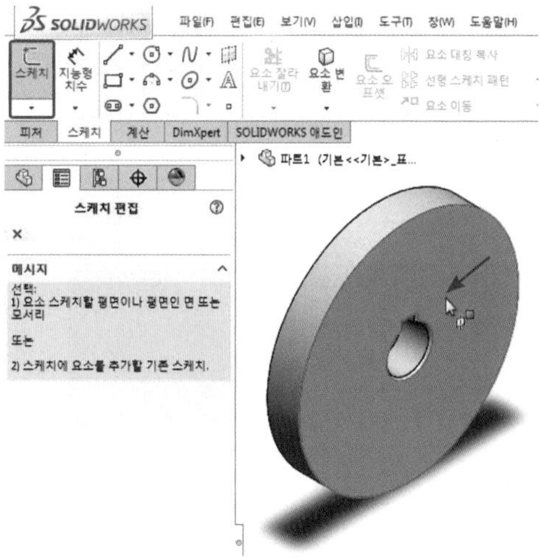

⑨ 다음과 같이 스케치를 작성하고 구속조건과 치수를 부여한 후 스케치를 종료한다.

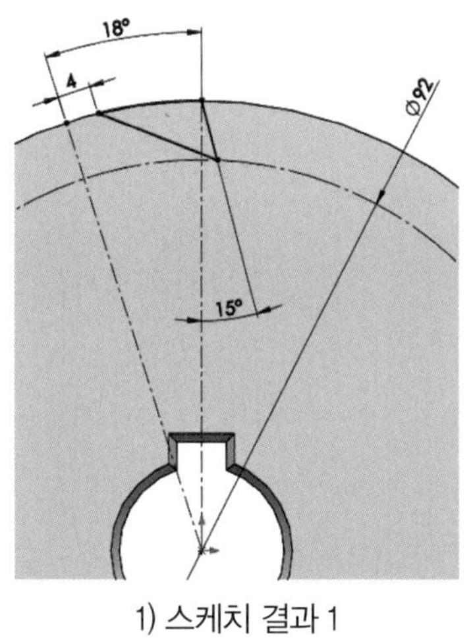

1) 스케치 결과 1

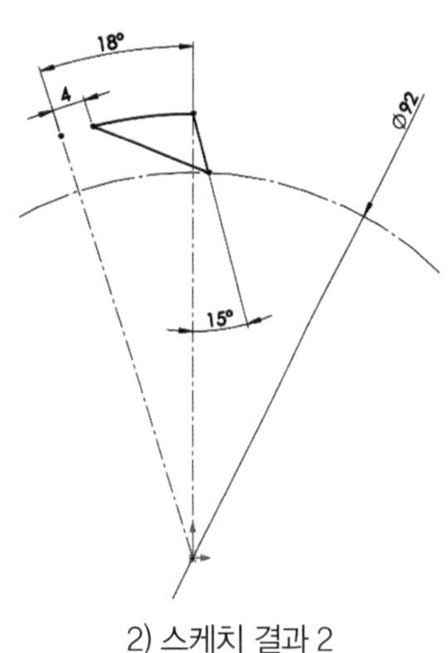

2) 스케치 결과 2
(피처 숨기기 상태)

⑩ 피처(Features) 메뉴에서 돌출 컷(Extruded Cut)을 클릭하여 스케치를 선택하고 다음과 같이 설정한 후 확인을 클릭한다.

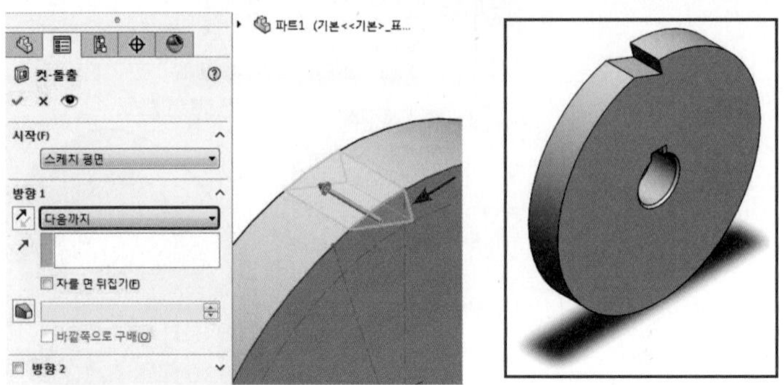

⑪ 보기(View) → 숨기기 / 보이기(Hide / Show) → 임시축(Temporary Axes)을 클릭하여 활성화하고 피처(Features) 메뉴에서 원형 패턴(Circular Pattern)을 클릭한다.

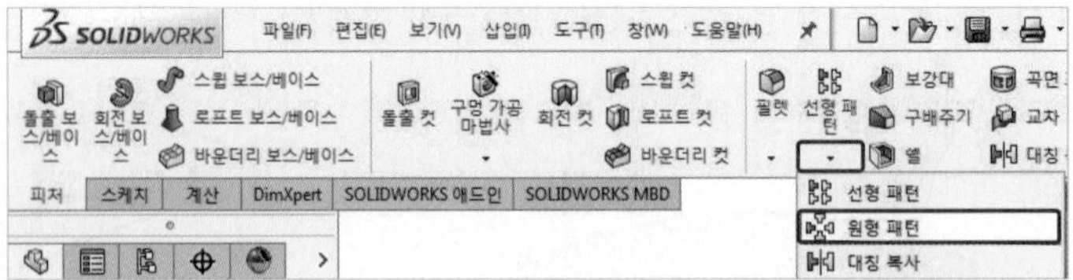

⑫ 패턴할 피처를 선택하고 다음과 같이 설정한 후 확인을 클릭한다.

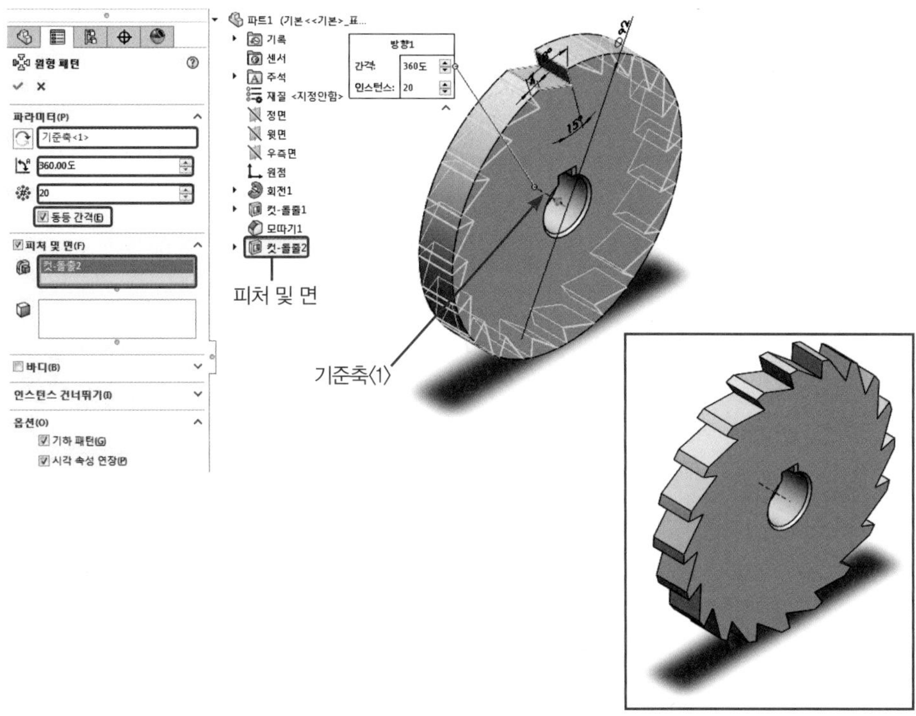

⑬ 파일(File) → 저장(Save)을 클릭하고 저장 위치와 파일 이름(File Name)을 지정한 후 저장(Save)을 클릭한다(파일 이름은 래칫 휠로 지정한다).

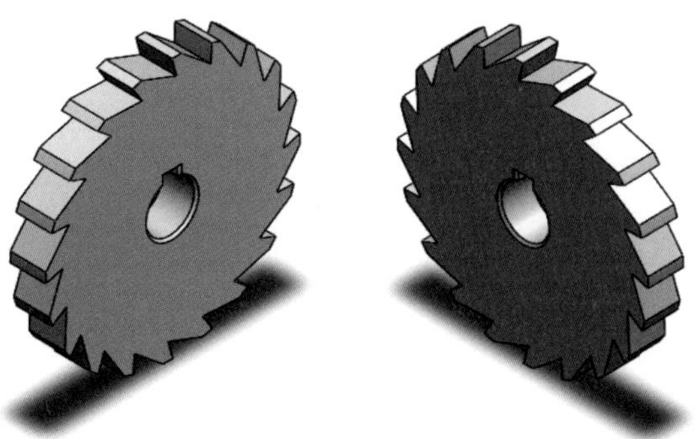

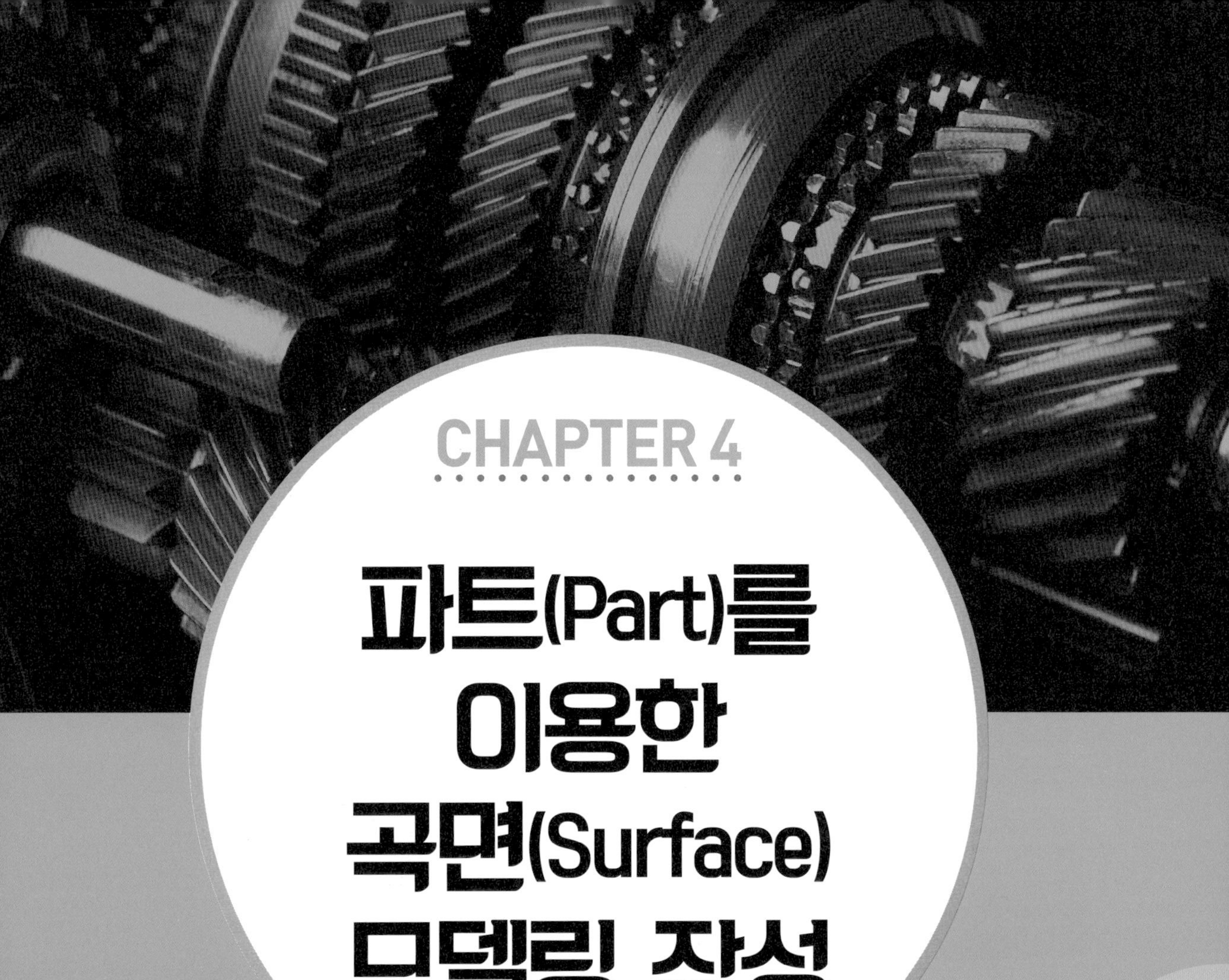

CHAPTER 4

파트(Part)를 이용한 곡면(Surface) 모델링 작성

SolidWorks의 파트(Part) 작업환경에서 곡면(Surface)을 활용한 모델링을 학습한다.

01 곡면(Surface) 모델링

불규칙적이고 복잡한 곡면을 표현하는 모델링이다. 곡면(Surface)에 관련된 명령이 주로 사용된다. 곡면(Surface) 모델링의 방법에는 크게 두 가지가 있다. 첫 번째로 Chapter 2.에서 소개한 스윕(Swept), 로프트(Lofted), 바운더리(Boundary)를 이용하여 곡면을 생성하는 방법, 두 번째는 아래와 같이 개곡선(Open Curve)으로 곡면을 생성하여 이 곡면을 이용해서 잘라내기(Cut) 하거나 두께(Thicken)를 부여하는 방법이다.

(1) 컷(Cut)을 이용한 곡면(Surface) 모델링

1) 파트(Part) 모델링 작성

2) 곡면(Suface) 작성

3) 곡면으로 자르기(With Surface Cut)

4) 곡면(Surface) 모델링

(2) 두께(Thicken)를 부여하는 방법

1) 곡면(Suface) 작성

2) 두께부여

02 곡면(Surface) 모델링 작성

1 곡면(Surface) 관련 명령

곡면(Surface)을 생성하는 명령으로 주로 개곡선(Open Curve)을 이용한다. 곡면에 관한 피처 명령은 다음과 같다.

※ 곡면에 관한 명령들은 삽입(Insert) → 곡면(Surface)에서 찾을 수 있다.

- 곡면 생성 명령

돌출(Extrude)

개곡선을 돌출하여 곡면을 생성한다.

- 돌출(Extrude)의 적용

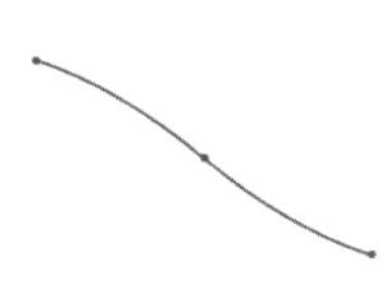

1) 개곡선 스케치

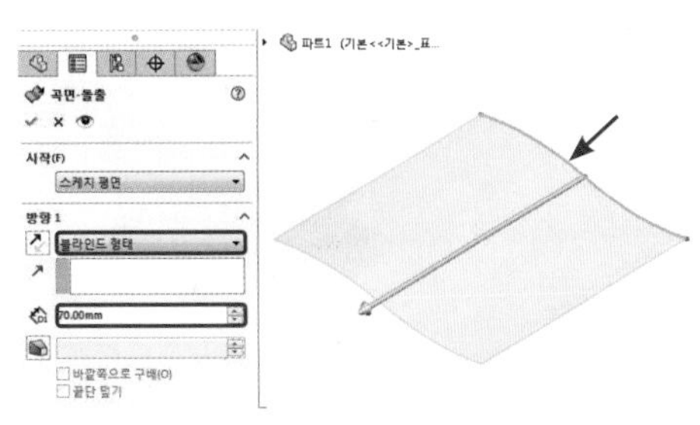

2) 곡면 돌출 적용
(끝 유형 – 블라인드 형태)

3) 곡면 돌출 결과

회전(Revolve)

개곡선을 회전하여 곡면을 생성한다.

● 회전(Revolve)의 적용

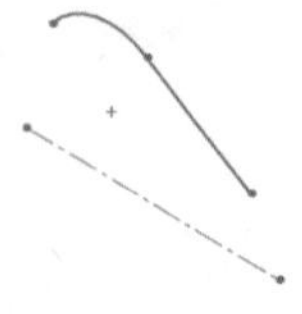

1) 개곡선 스케치
(중심선 포함)

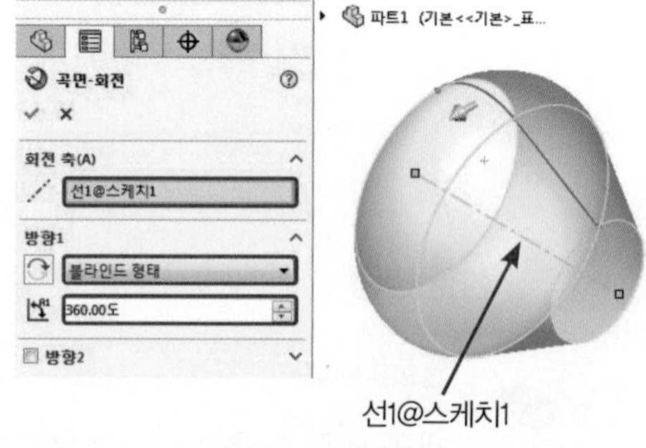

2) 곡면 회전 적용
(끝 유형－블라인드 형태)

3) 곡면 회전 결과

스윕(Sweep)

개곡선 프로파일과 경로를 이용하여 곡면을 생성한다.

- 스윕(Sweep)의 적용

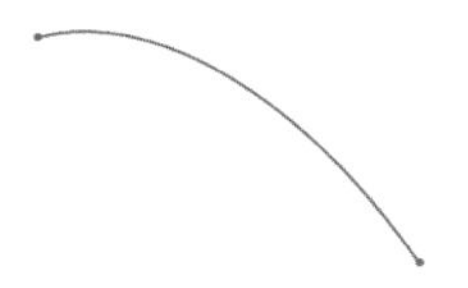

1) 경로 스케치

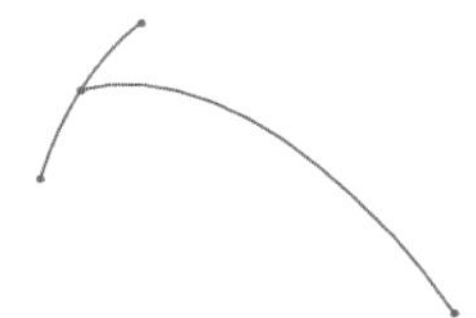

2) 개곡선 프로파일 스케치
(기준면을 이용하여 평면 생성)

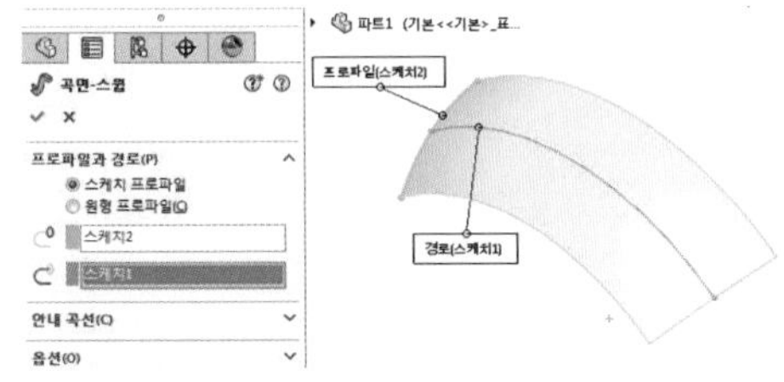

3) 곡면 스윕 적용

4) 곡면 스윕 결과

로프트(Loft)

두 개 이상의 개곡선을 부드럽게 연결하여 곡면을 생성한다.

- 로프트(Loft)의 적용

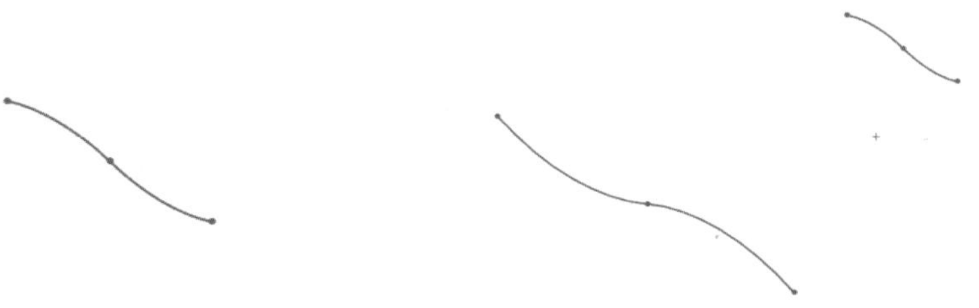

1) 개곡선 스케치 1

2) 개곡선 스케치 2
(기준면을 이용하여 평면 생성)

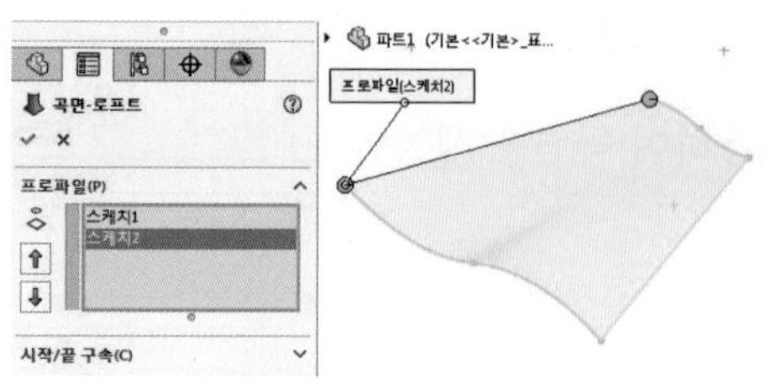

3) 곡면 로프트 적용

4) 곡면 로프트 결과

오프셋(Offset Surface)

기존에 생성된 피처의 면을 평행 복사하여 곡면을 생성한다.

● 오프셋(Offset Surface)의 적용

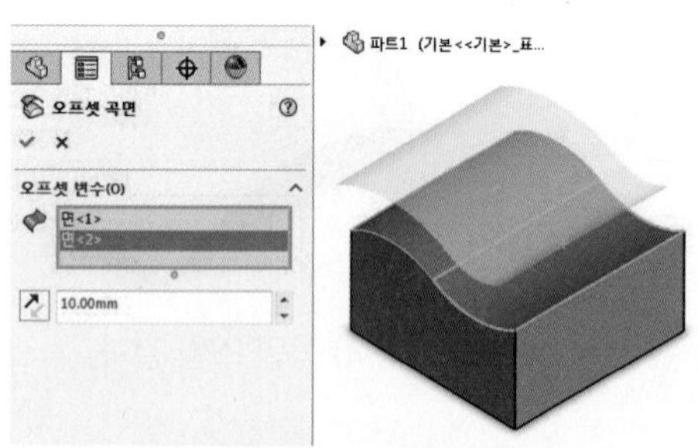

1) 피처의 면 선택

2) 곡면 오프셋 결과

● 곡면을 이용한 명령

곡면으로 자르기(With Surface Cut)

솔리드 모델링에 겹치는 곡면을 이용하여 잘라내기 한다.

● 곡면 자르기(With Surface Cut)의 위치

삽입(Insert) → 컷(Cut)에 위치하고 있다.

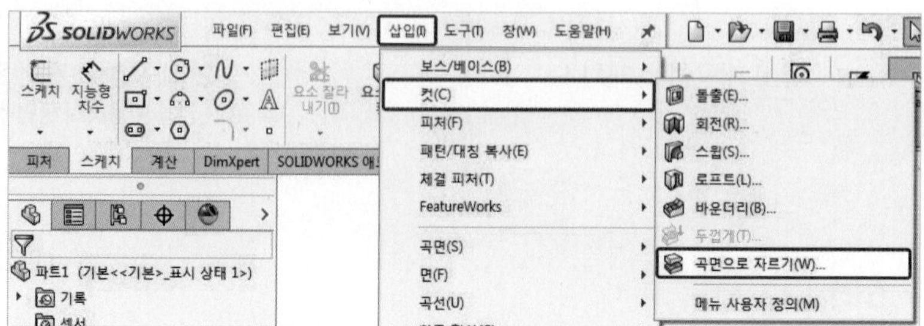

● 곡면 자르기(With Surface Cut)의 적용

1) 피처 작성

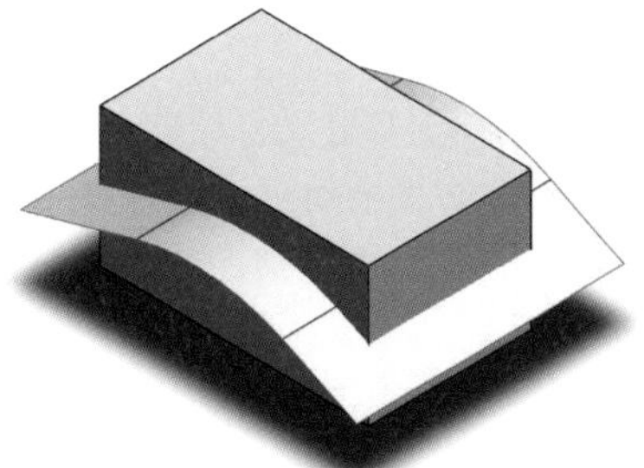
2) 곡면 작성
(이 때 곡면은 반드시 피처를 관통해야 한다.)

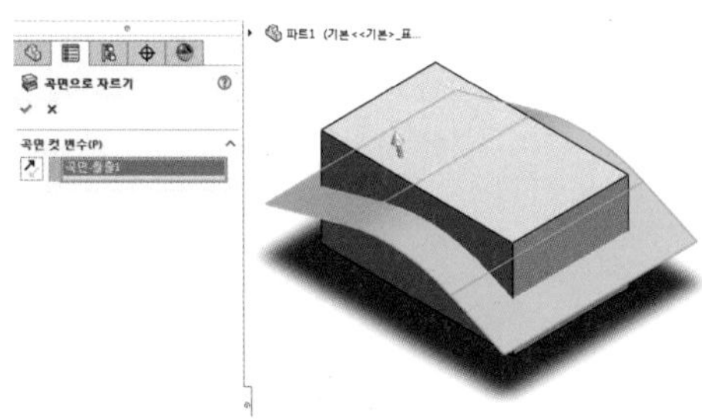
3) 곡면으로 자르기 적용

4) 곡면으로 자르기 결과

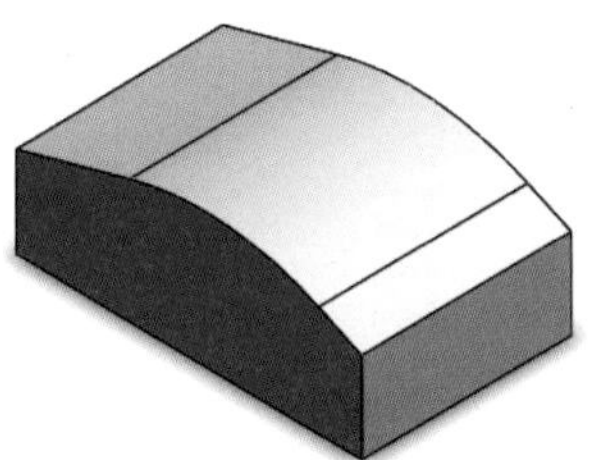
5) 곡면 숨기기

Tip 곡면으로 자르기의 방향

곡면으로 자르기 명령 사용 시 방향을 확인해야 한다. 다음과 같이 화살표 방향에 따라 결과가 달라진다(방향은 반대방향을 클릭하여 변경할 수 있다).

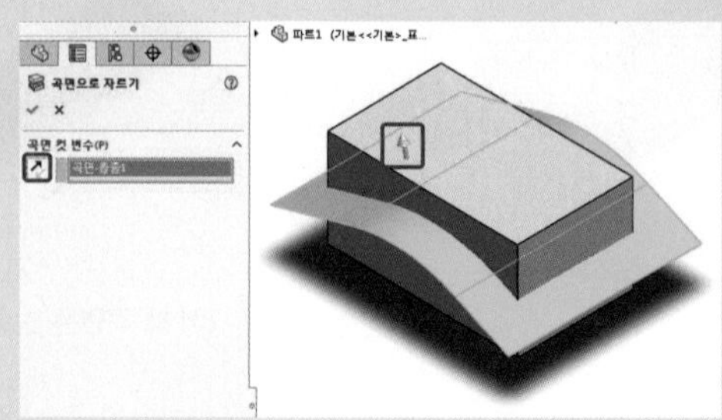

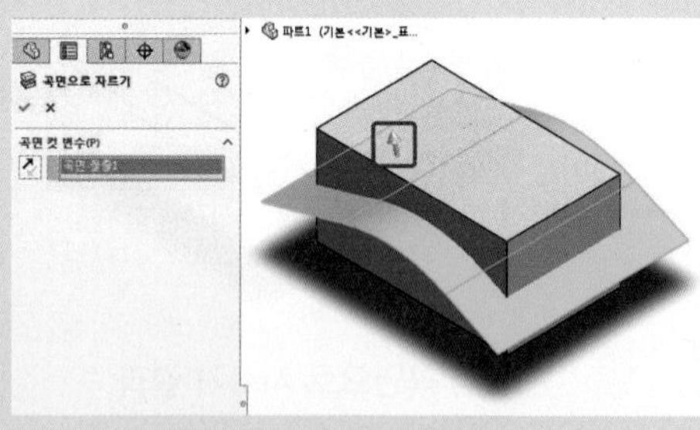

1) 곡면으로 자르기

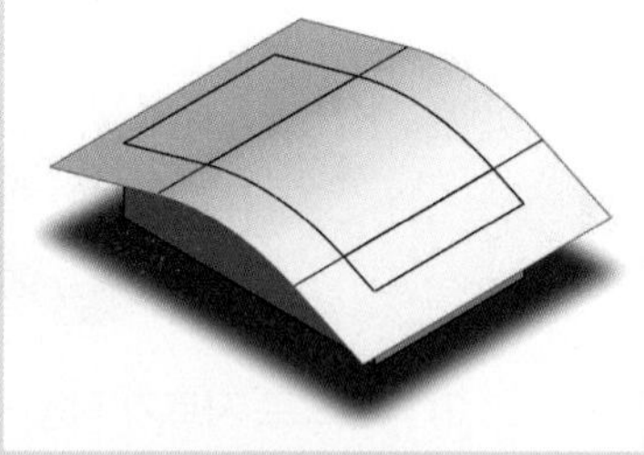

2) 결과

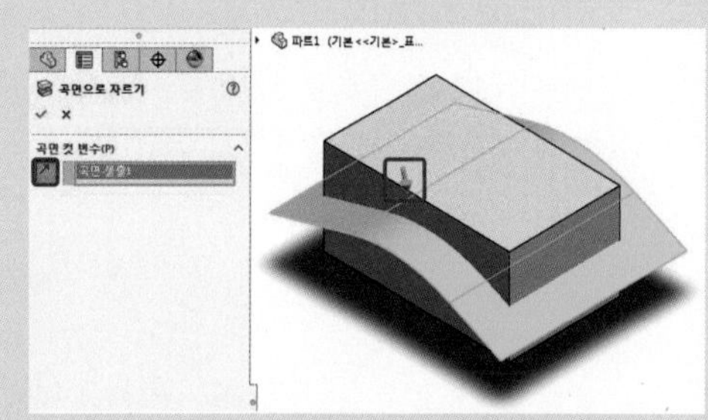

1) 반대방향 곡면으로 자르기

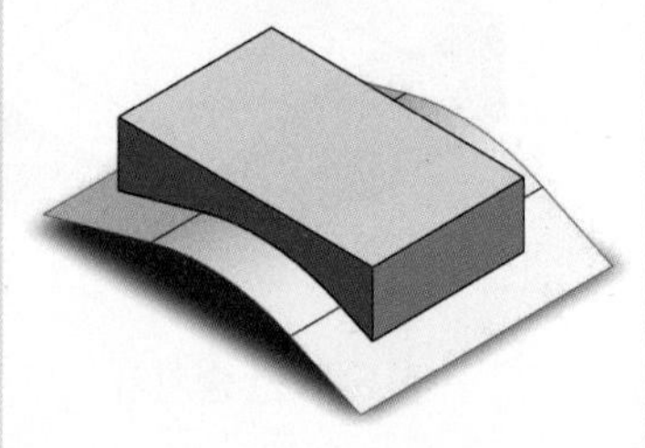

2) 결과

두껍게(Thicken)

생성한 곡면에 두께를 부여하여 솔리드 모델링을 변환한다.

● 두껍게(Thicken)의 위치

삽입(Insert) → 보스 / 베이스(Boss / Base)에 위치하고 있다.

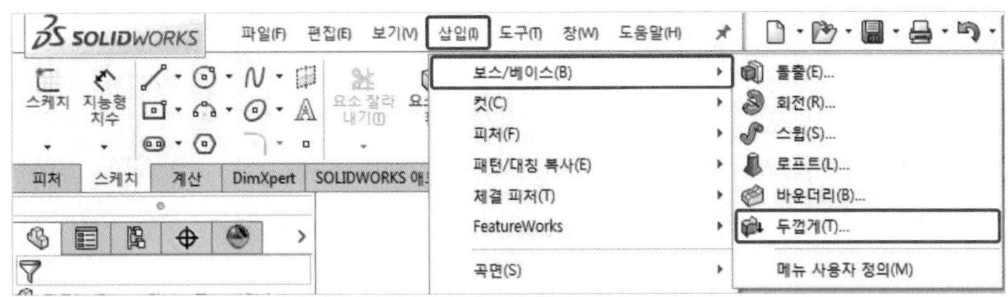

● 두껍게(Thicken)의 적용

1) 곡면 생성

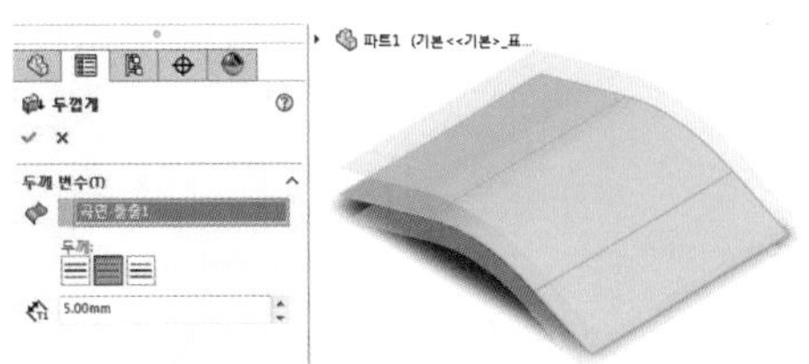

2) 두껍게 적용

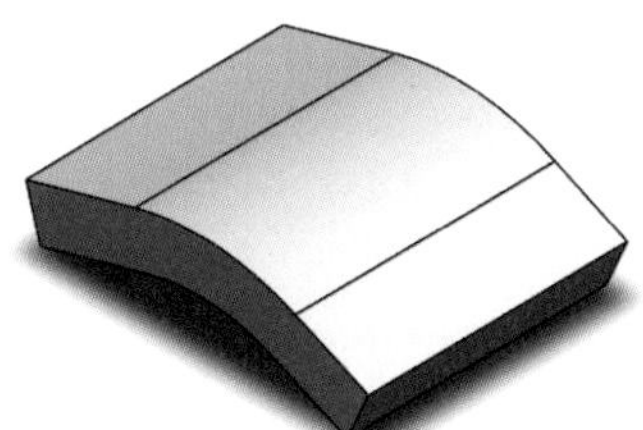

3) 두껍게 결과

생성 피처(Features) 명령으로 곡면(Surface) 모델링 작성 방법

돌출 보스 / 베이스(Extruded Boss / Base), 회전 보스 / 베이스(Revolved Boss / Base) 등과 같은 피처(Features) 생성 명령에 유형을 곡면까지(Up To Surface)로 지정한 후 곡면(Surface)을 선택하면 다음과 같이 곡면(Surface) 모델링을 생성할 수 있다.

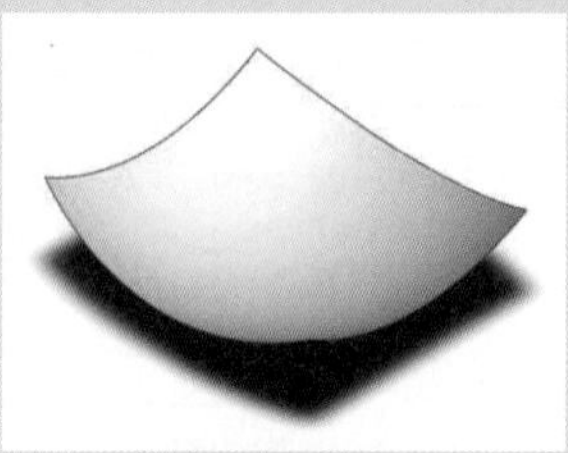

1) 곡면 생성

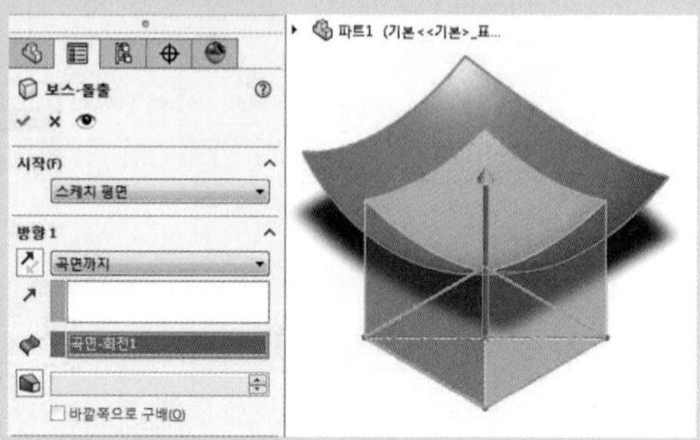

2) 피처 작성
(끝 유형 : 곡면까지)

3) 피처 생성 결과

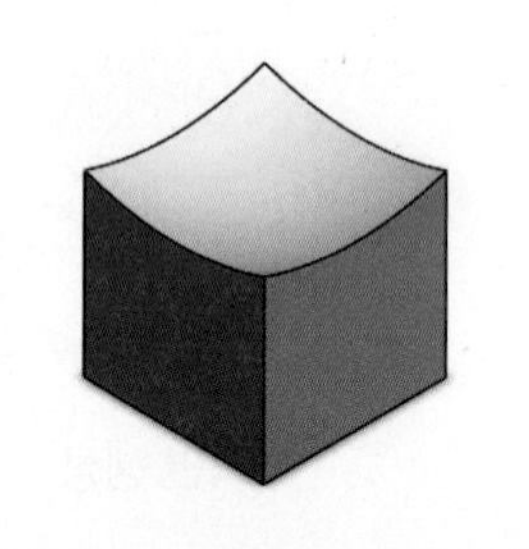

4) 곡면 숨기기

03 곡면(Surface) 모델링 종합 따라하기

곡면(Surface) 모델링에 관한 명령들을 종합적으로 활용하여 모델링을 작성한다.

(1) 자전거 안장

SolidWorks의 명령들을 이용하여 자전거 안장 모델링을 작성한다.

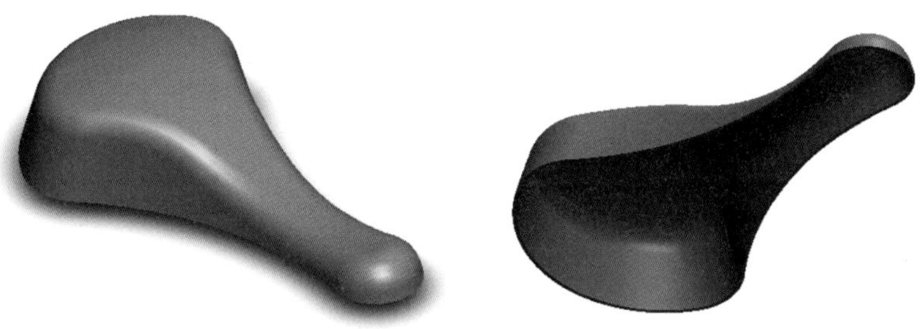

① 윗면(Top)을 스케치 평면으로 선택하고 다음과 같이 스케치를 작성하여 구속조건과 치수를 부여한 후 스케치를 종료한다.

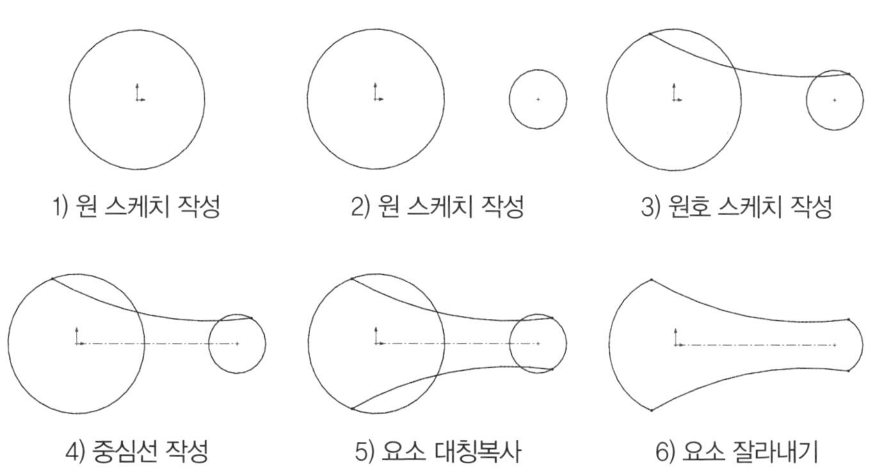

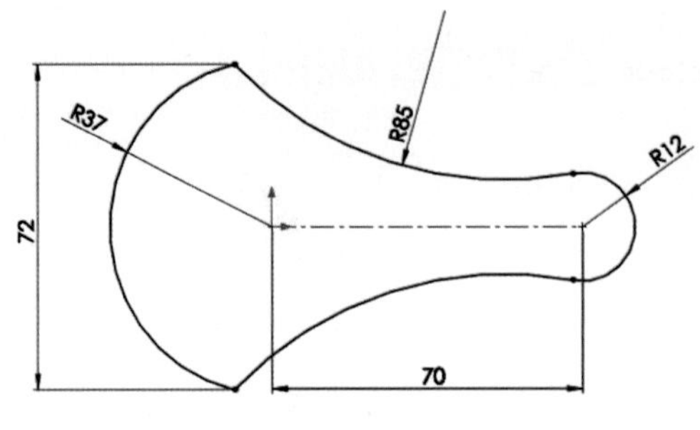

1) 구속조건과 치수 부여

② 피처(Features) 메뉴에서 돌출 보스 / 베이스(Extruded Boss / Base)을 클릭하여 스케치를 선택하고 다음과 같이 설정한 후 확인을 클릭한다.

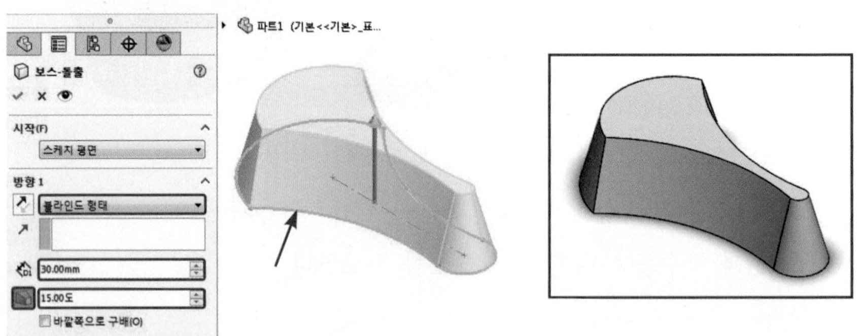

③ 스케치(Sketch)를 클릭하고 정면(Front)을 스케치 평면으로 선택한다.

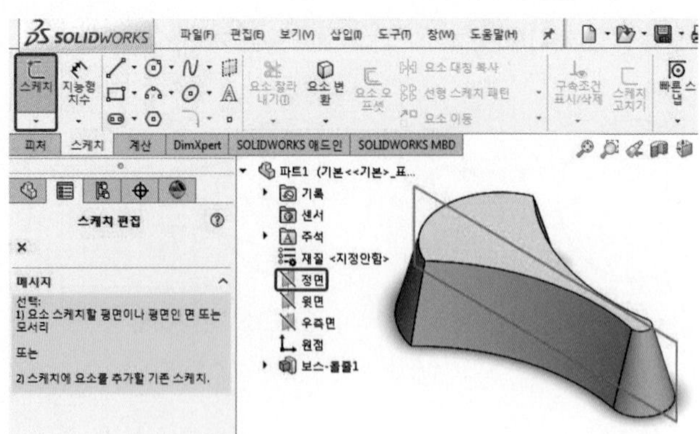

④ 다음과 같이 스케치를 작성하고 구속조건과 치수를 부여한 후 스케치를 종료한다.

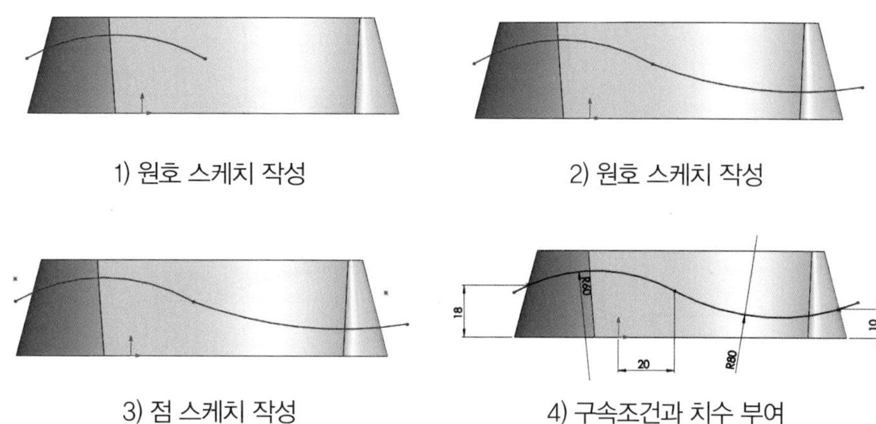

1) 원호 스케치 작성 2) 원호 스케치 작성

3) 점 스케치 작성 4) 구속조건과 치수 부여

⑤ 피처(Features) 메뉴에서 참조 형상(Reference Geometry) → 기준면(Plane)을 클릭한다.

⑥ 다음과 같이 기준면에 적용할 참조를 선택한다.

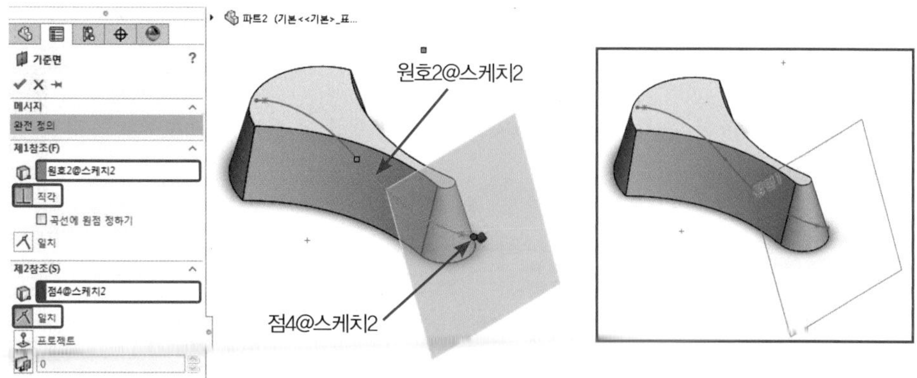

⑦ 스케치(Sketch)를 클릭하고 생성 평면을 스케치 평면으로 선택한다.

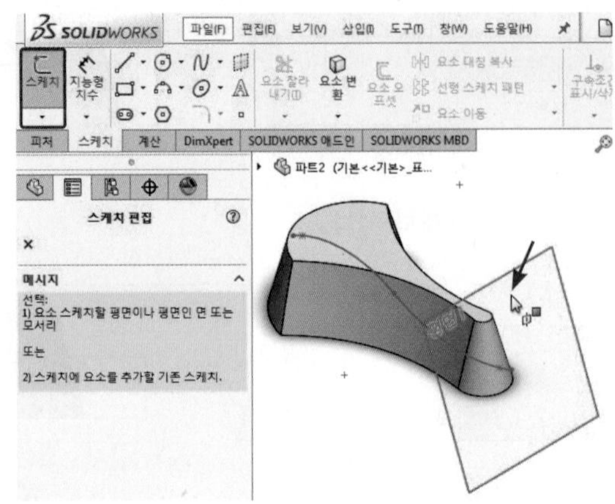

⑧ 다음과 같이 원호를 스케치하고 구속조건과 치수를 부여한 후 스케치 종료(Exit Sketch)를 클릭한다.

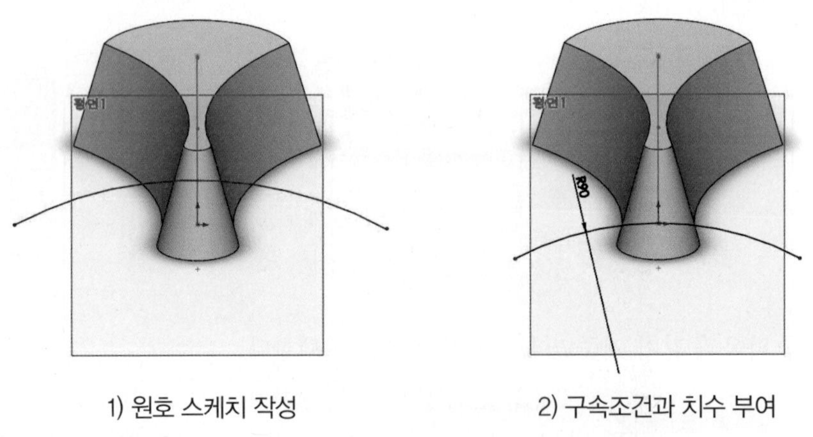

1) 원호 스케치 작성 2) 구속조건과 치수 부여

⑨ 생성 평면에서 마우스 MB3 버튼을 클릭하고 숨기기(Hide)를 클릭한다.

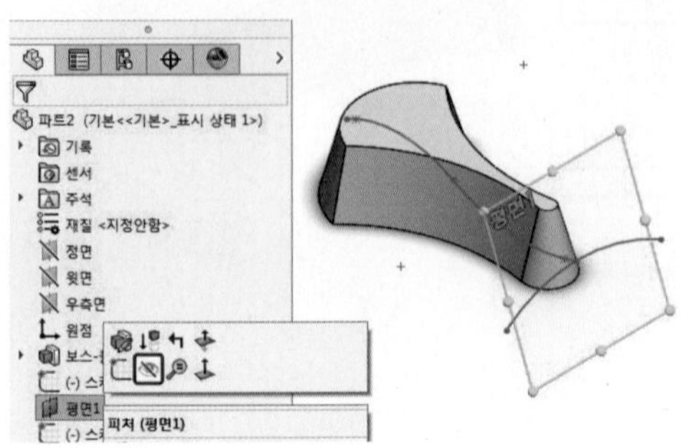

⑩ 삽입(Insert) → 곡면(Surface) → 스윕(Sweep)을 클릭한다.

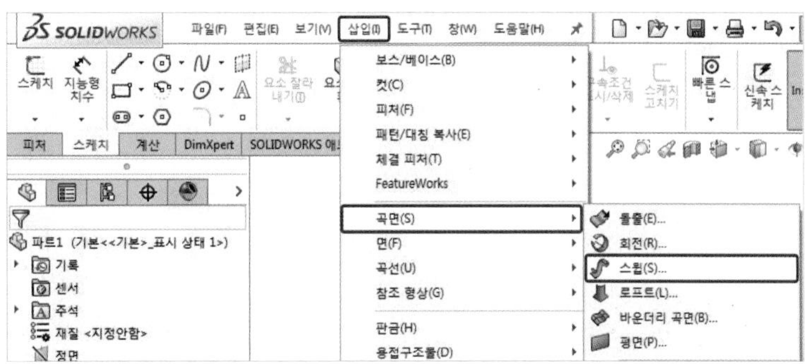

⑪ 다음과 같이 프로파일과 경로를 선택하고 확인을 클릭한다.

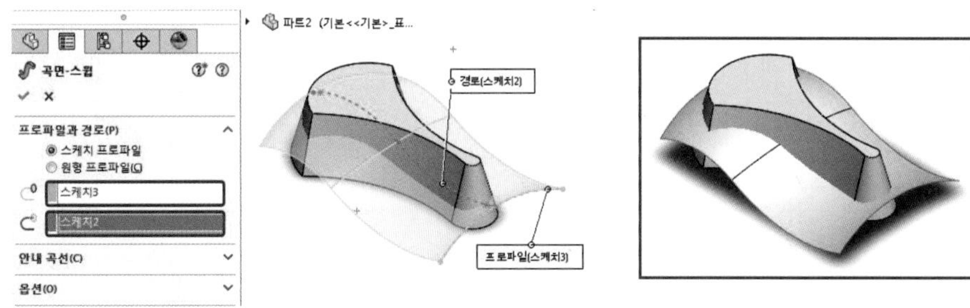

⑫ 삽입(Insert) → 컷(Cut) → 곡면으로 자르기(With Surface Cut)를 클릭한다.

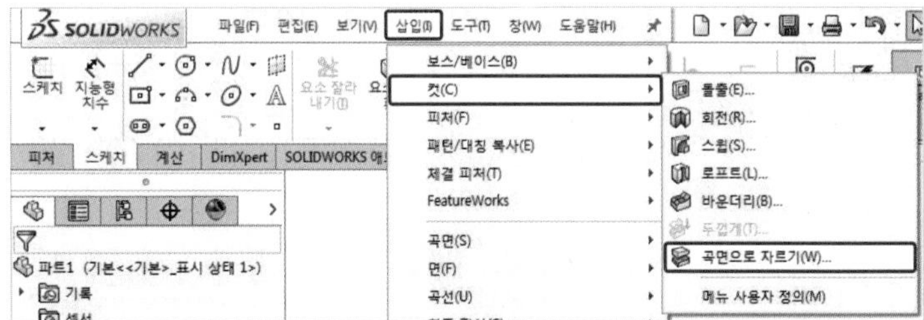

⑬ 곡면을 선택하고 다음과 같이 설정한 후 확인을 클릭한다.

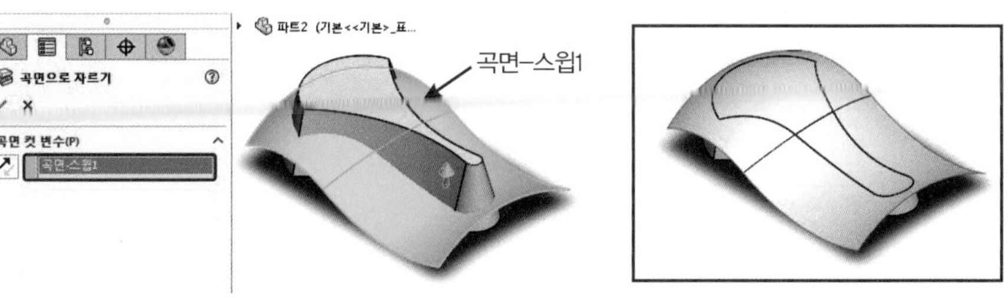

⑭ 스윕 곡면에서 마우스 MB3 버튼을 클릭하고 숨기기(Hide)를 클릭한다.

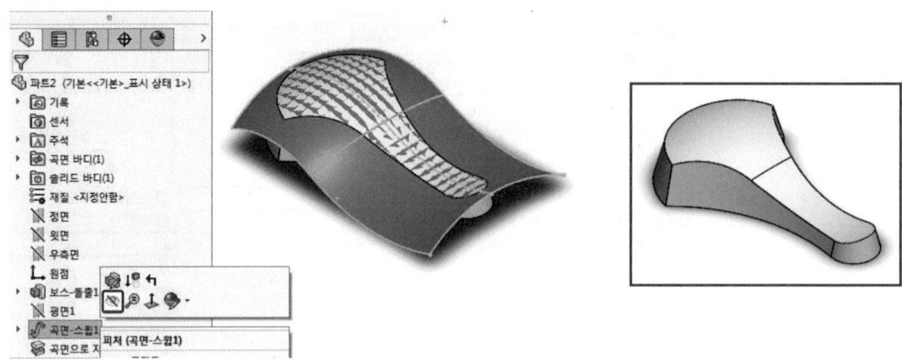

⑮ 피처(Features) 메뉴에서 필렛(Fillet)을 클릭하여 모서리를 선택하고 다음과 같이 설정한 후 확인을 클릭한다.

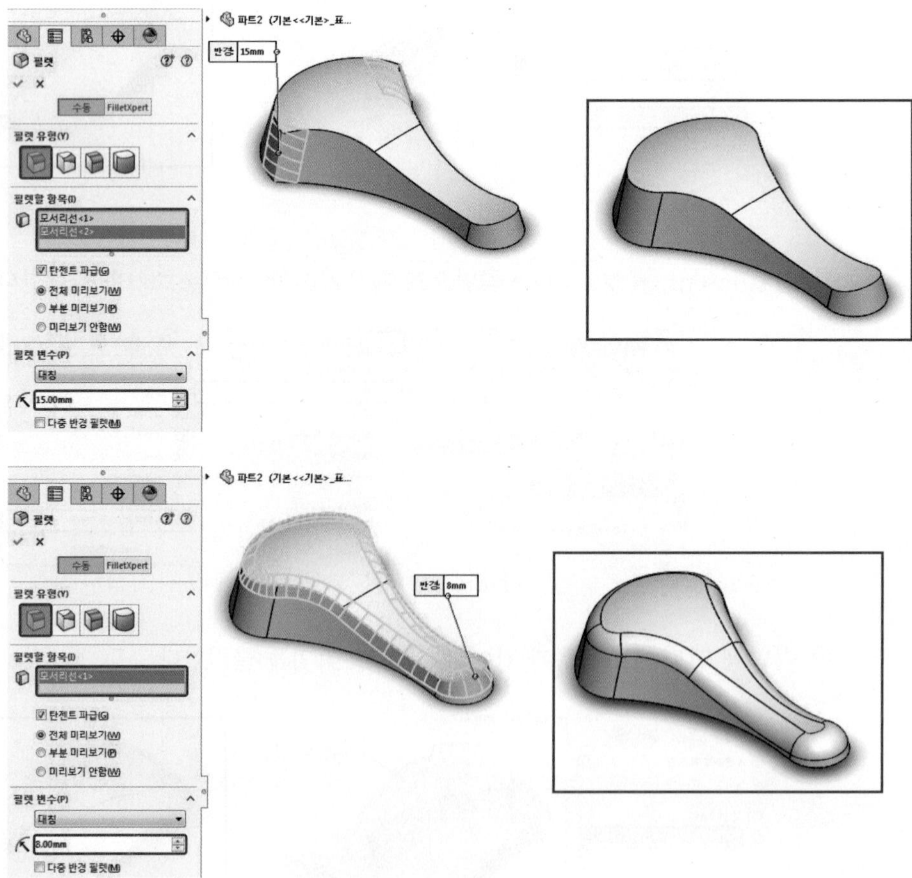

⑯ 피처(Features) 메뉴에서 쉘(Shell)을 클릭한다.

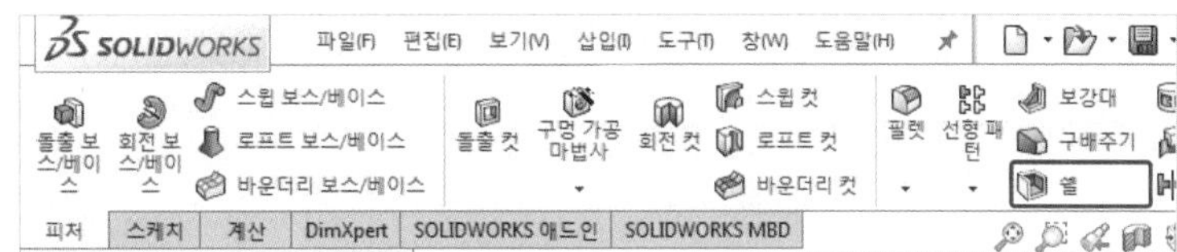

⑰ 면을 선택하고 다음과 같이 설정한 후 확인을 클릭한다.

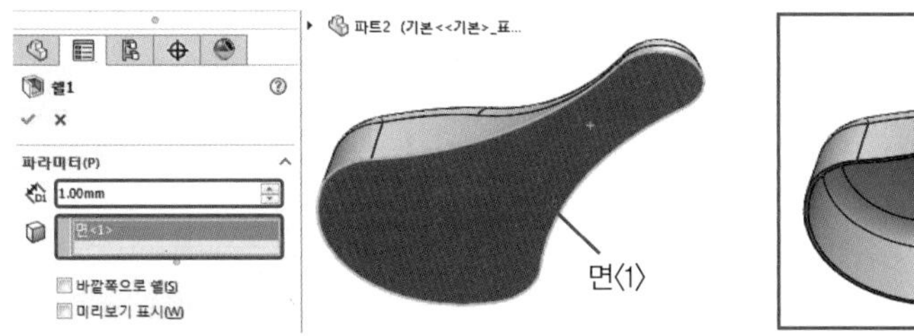

⑱ 파일(File) → 저장(Save)을 클릭하고 저장 위치와 파일 이름(File Name)을 지정한 후 저장(Save)을 클릭한다(파일 이름은 자전거 안장으로 지정한다).

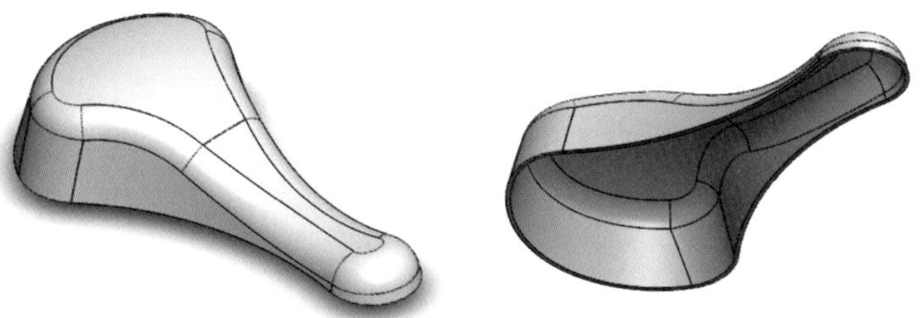

(2) 마우스 케이스

SolidWorks의 명령들을 이용하여 마우스 케이스 모델링을 작성한다.

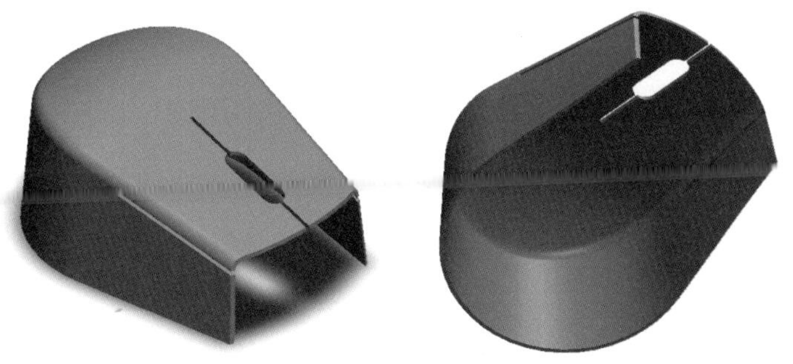

① 윗면(Top)을 스케치 평면으로 선택하고 다음과 같이 스케치를 진행하여 구속조건과 치수를 부여한 후 스케치를 종료한다.

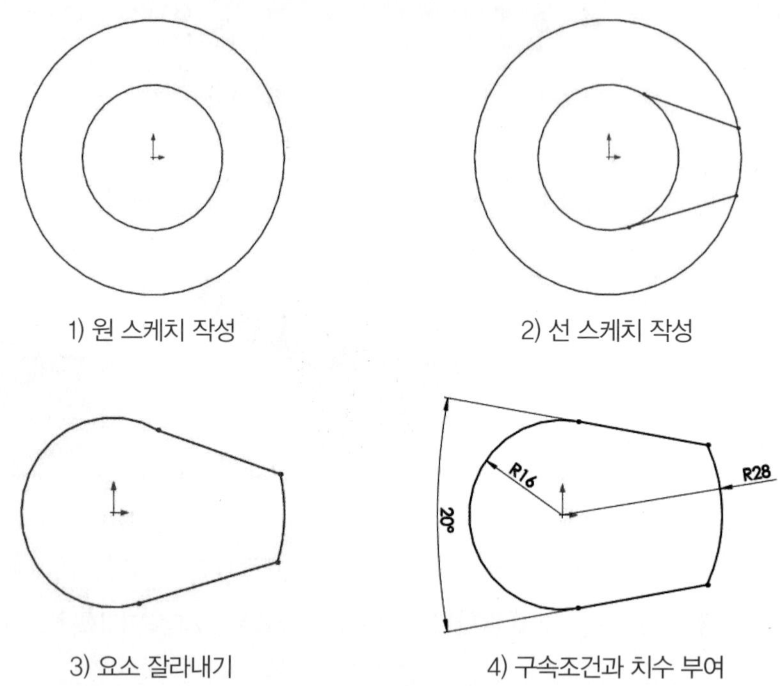

1) 원 스케치 작성
2) 선 스케치 작성
3) 요소 잘라내기
4) 구속조건과 치수 부여

② 피처(Features) 메뉴에서 돌출 보스/베이스(Extruded Boss/Base)를 클릭하여 스케치를 선택하고 다음과 같이 설정한 후 확인을 클릭한다.

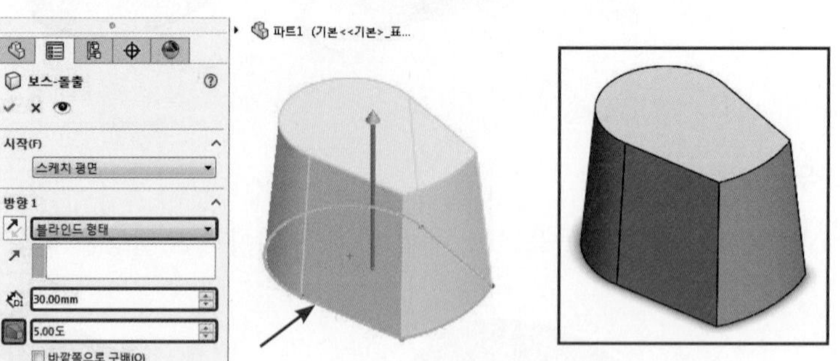

③ 스케치(Sketch)를 클릭하고 정면(Front)을 스케치 평면으로 선택한다.

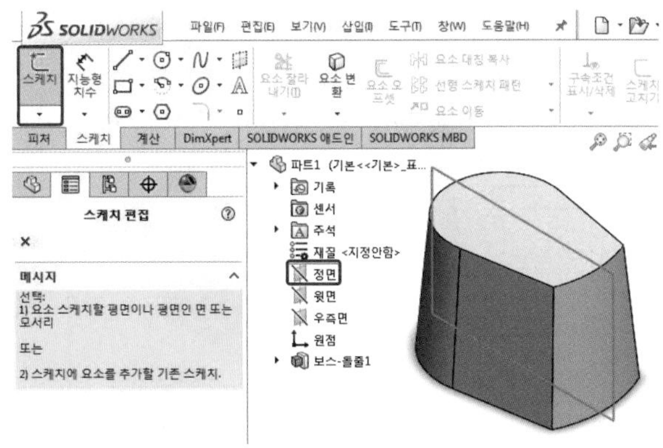

④ 다음과 같이 스케치를 작성하고 구속조건과 치수를 부여한 후 스케치를 종료한다.

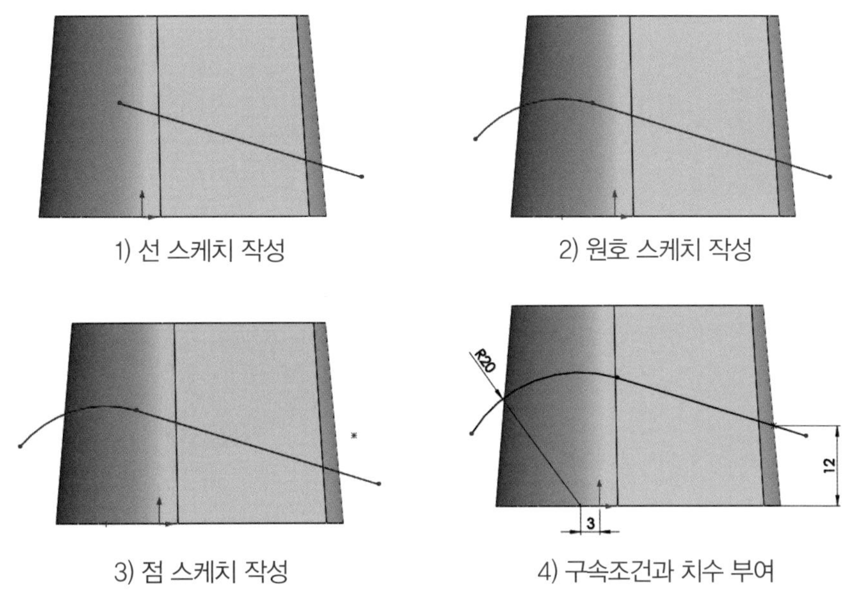

1) 선 스케치 작성

2) 원호 스케치 작성

3) 점 스케치 작성

4) 구속조건과 치수 부여

⑤ 피처(Features) 메뉴에서 참조 형상(Reference Geometry) → 기준면(Plane)을 클릭한다.

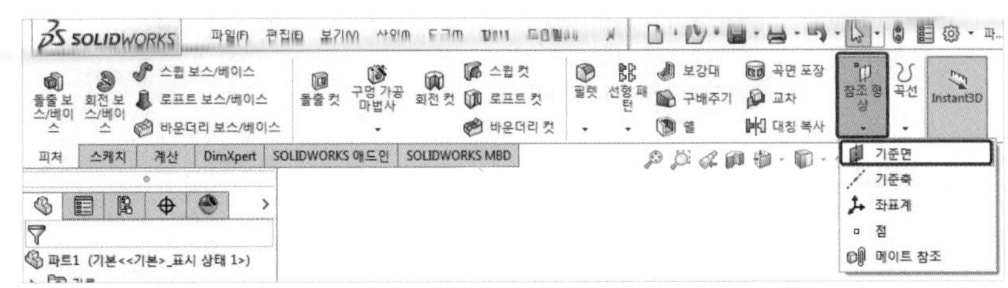

⑥ 다음과 같이 기준면에 적용할 참조들을 선택한다.

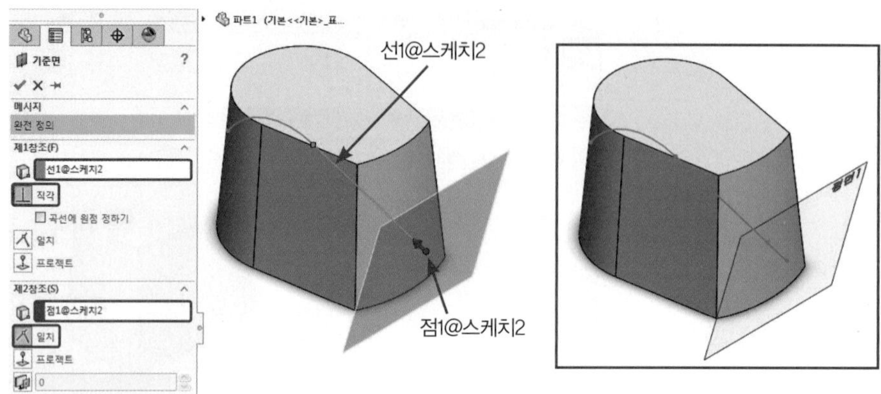

⑦ 스케치(Sketch)를 클릭하고 생성한 평면을 스케치 평면으로 선택한다.

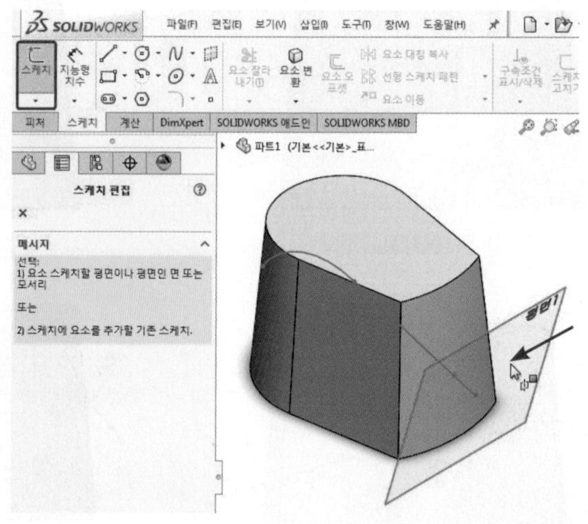

⑧ 다음과 같이 원호를 작성하고 구속조건과 치수를 부여한 후 스케치를 종료한다.

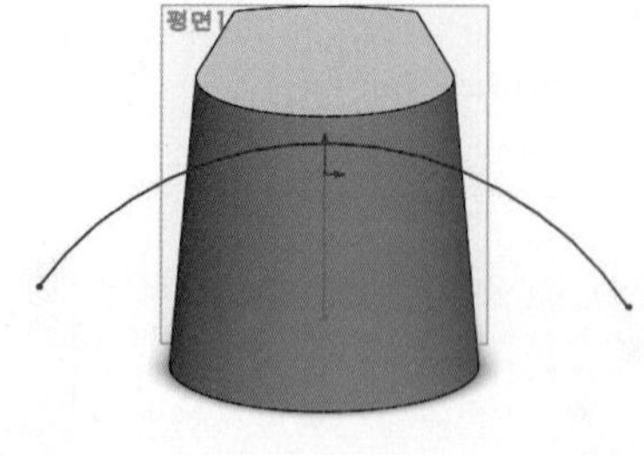

1) 원호 스케치 작성

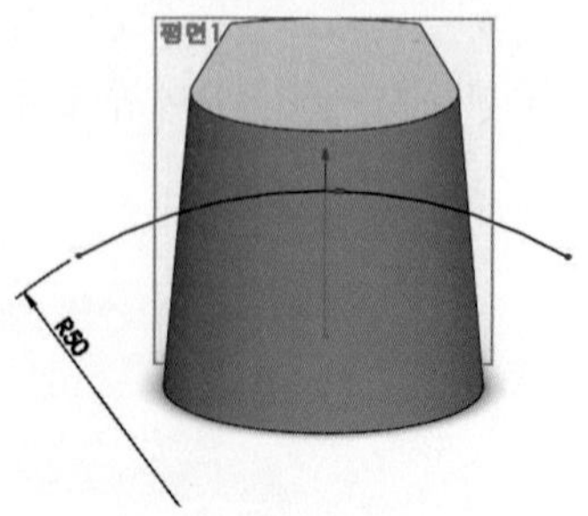

2) 구속조건과 치수 부여

⑨ 생성 평면에서 마우스 MB3 버튼을 클릭하고 숨기기(Hide)를 클릭한다.

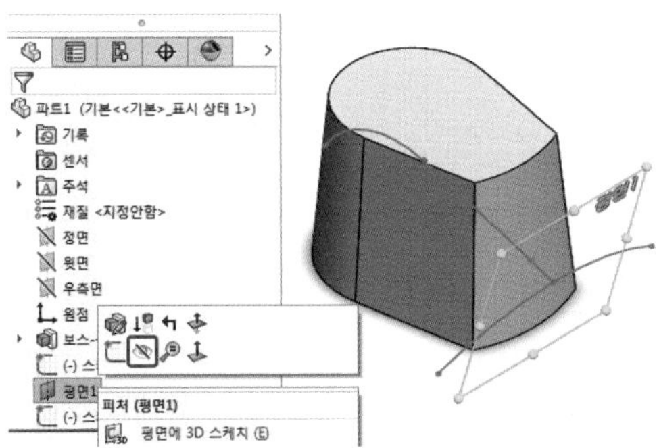

⑩ 삽입(Insert) → 곡면(Surface) → 스윕(Sweep)을 클릭한다.

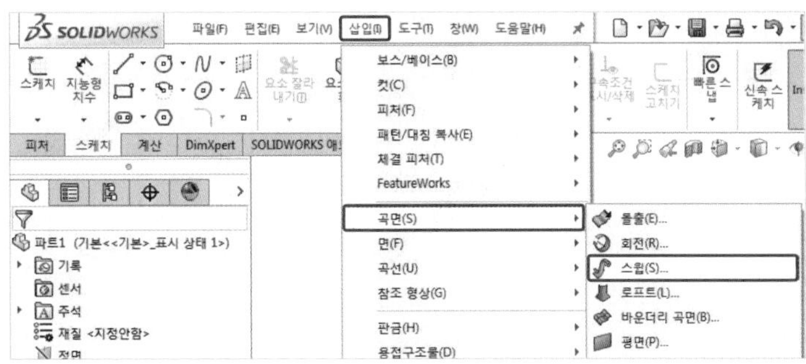

⑪ 다음과 같이 프로파일과 경로를 선택하고 확인을 클릭한다.

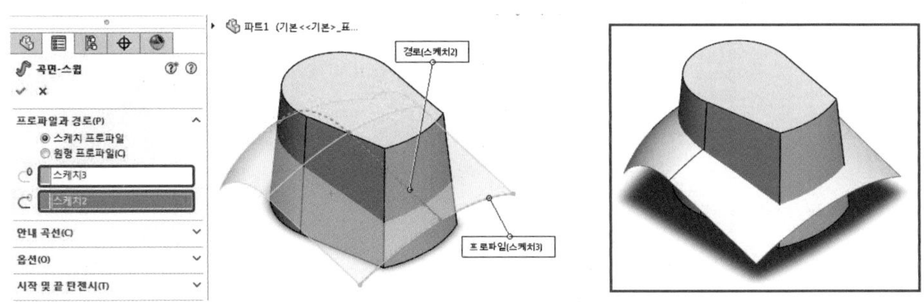

⑫ 삽입(Insert) → 컷(Cut) → 곡면으로 자르기(With Surface Cut)를 클릭한다.

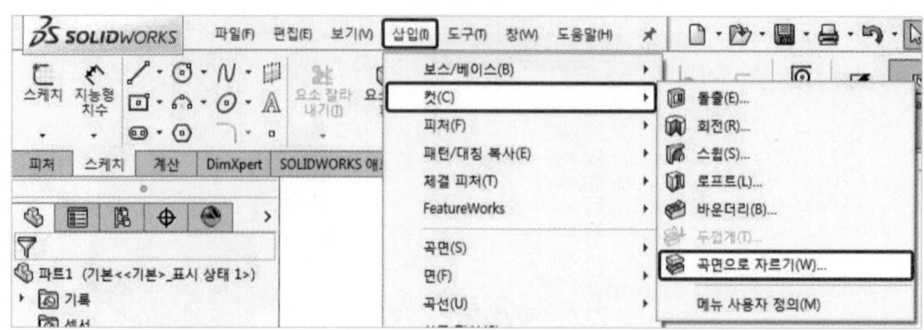

⑬ 곡면을 선택하고 다음과 같이 설정한 후 확인을 클릭한다.

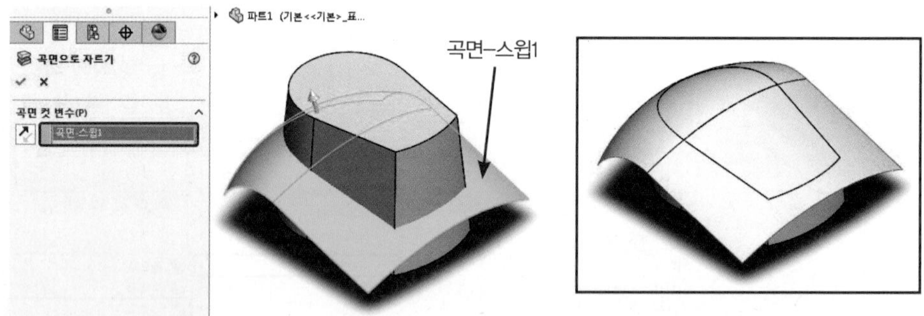

⑭ 스윕 곡면에서 마우스 MB3 버튼을 클릭하고 숨기기(Hide)를 클릭한다.

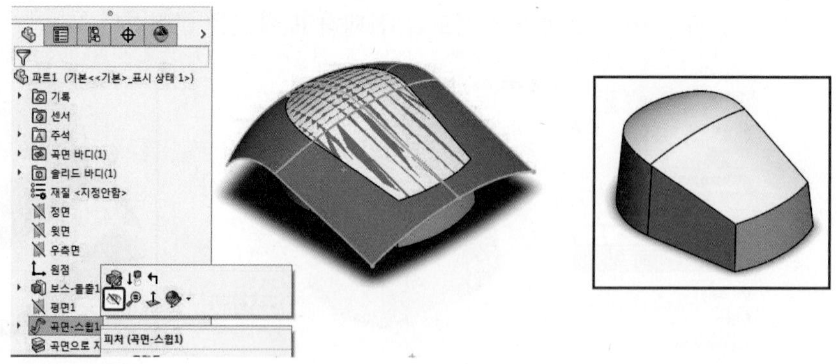

⑮ 피처(Features) 메뉴에서 필렛(Fillet)을 클릭하여 모서리를 선택하고 다음과 같이 설정한 후 확인을 클릭한다.

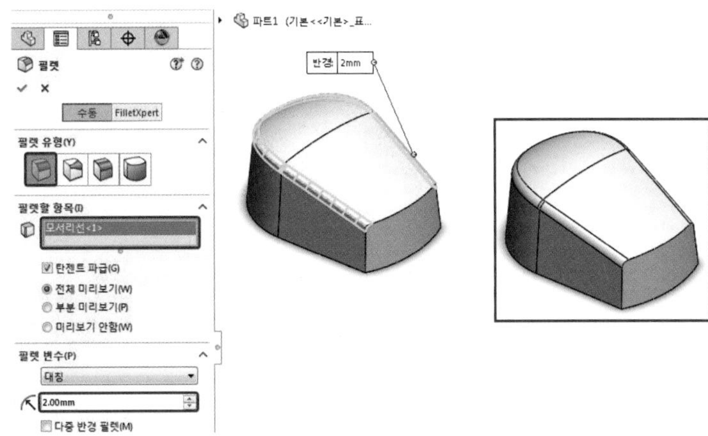

⑯ 피처(Features) 메뉴에서 쉘(Shell)을 클릭한다.

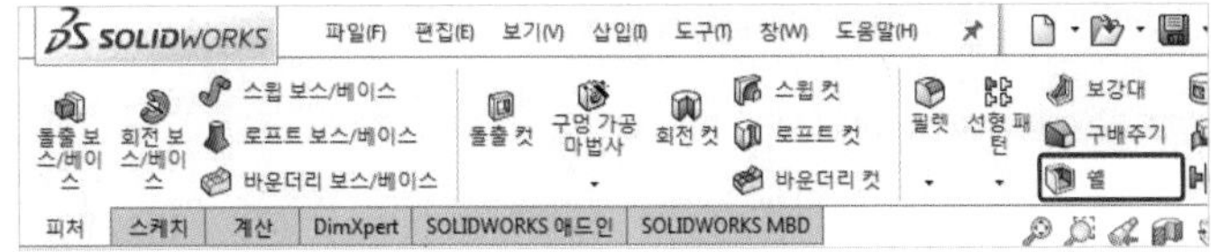

⑰ 면을 선택하고 다음과 같이 설정한 후 확인을 클릭한다.

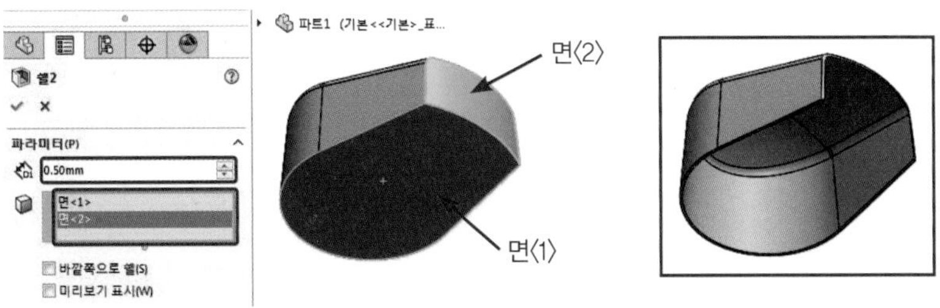

⑱ 스케치(Sketch)를 클릭하고 윗면(Top)을 스케치 평면으로 선택한다.

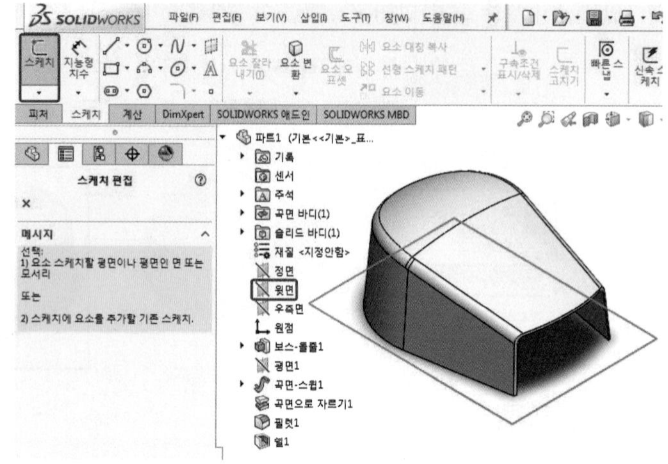

⑲ 다음과 같이 스케치를 작성하고 구속조건과 치수를 부여한 후 스케치를 종료한다.

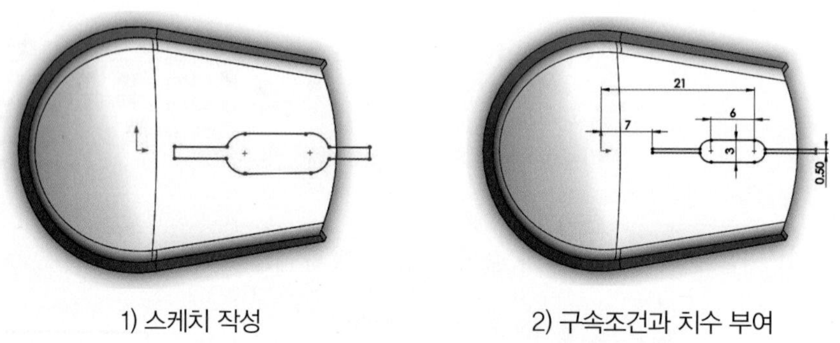

1) 스케치 작성 2) 구속조건과 치수 부여

⑳ 피처(Features) 메뉴에서 돌출 컷(Extruded Cut)을 클릭하여 스케치를 선택하고 다음과 같이 설정한 후 확인을 클릭한다.

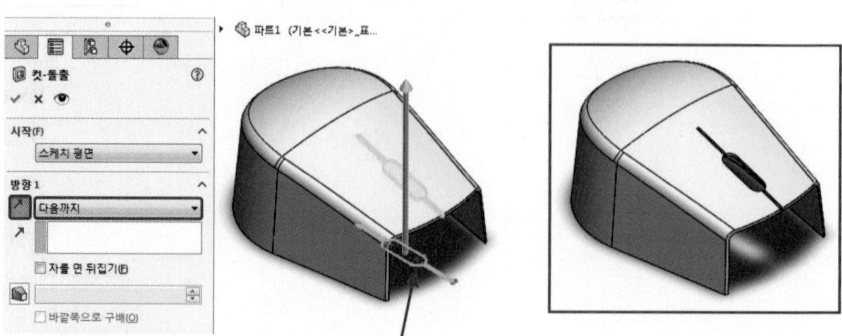

㉑ 스케치(Sketch)를 클릭하고 정면(Front)을 스케치 평면으로 선택한다.

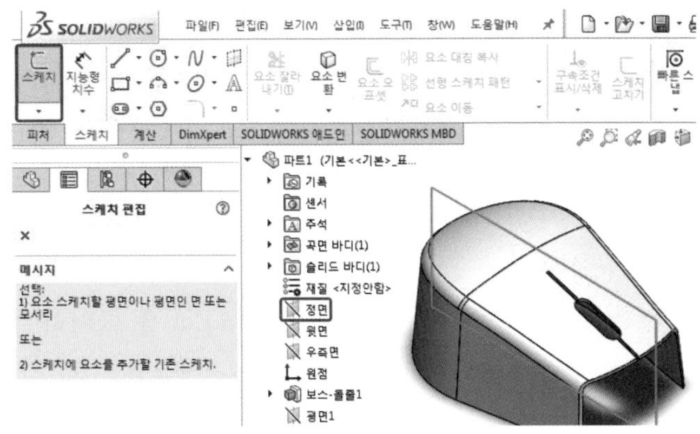

㉒ 요소 변환(Convert Entities)을 이용하여 다음과 같이 모서리를 투영한다.

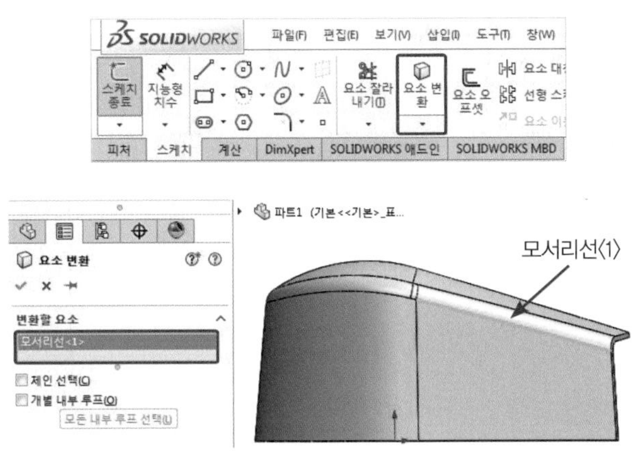

㉓ 중심선(Center Line), 요소 늘리기(Extend Entities), 요소 잘라내기(Trim Entities)를 이용하여 다음과 같이 스케치를 수정하고 스케치를 종료한다.

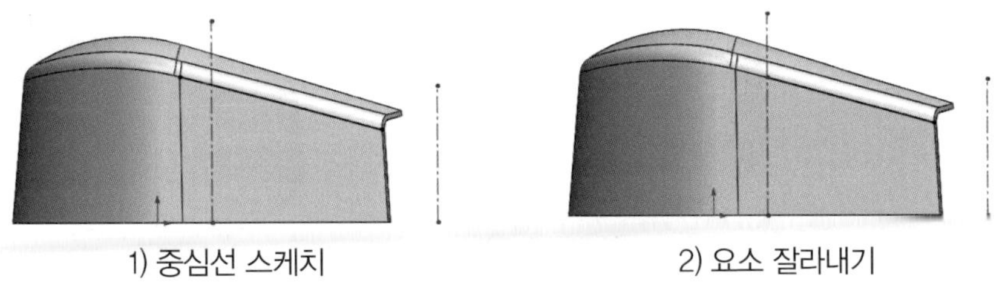

1) 중심선 스케치

2) 요소 잘라내기

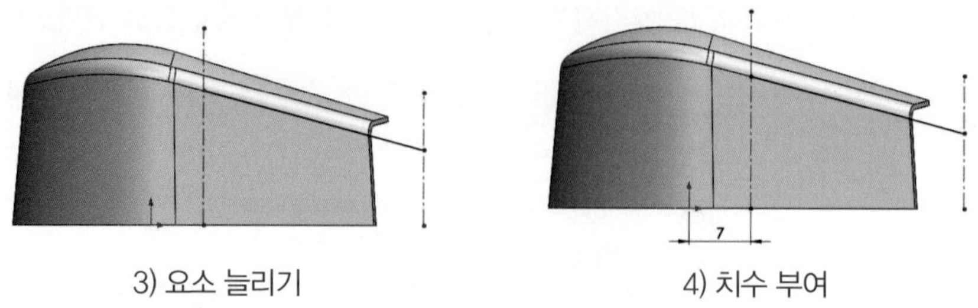

3) 요소 늘리기　　　　4) 치수 부여

㉔ 피처(Features) 메뉴에서 돌출 컷(Extruded Cut)을 클릭하여 스케치를 선택하고 다음과 같이 설정한 후 확인을 클릭한다(얇은 피처 사용).

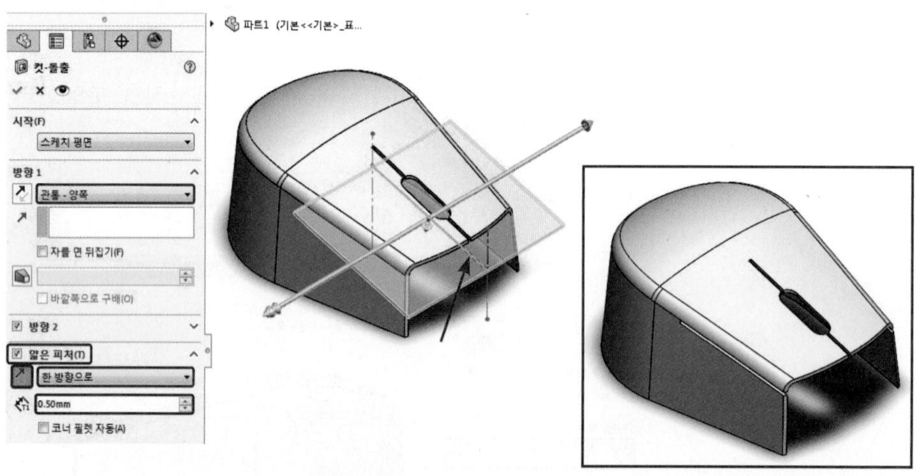

㉕ 파일(File) → 저장(Save)을 클릭하고 저장 위치와 파일 이름(File Name)을 지정한 후 저장(Save)을 클릭한다(파일 이름은 마우스 케이스로 지정한다).

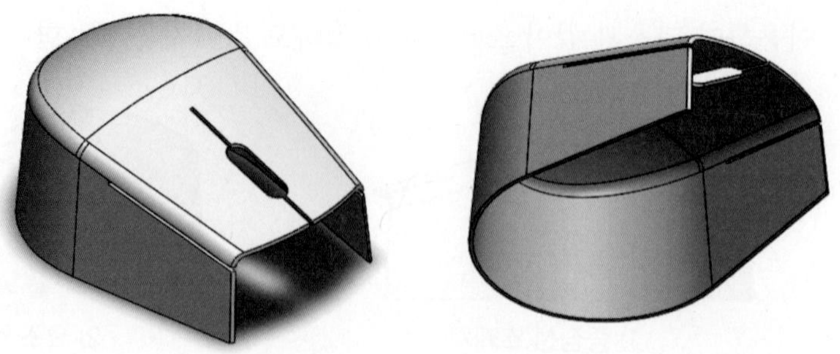

(3) 선풍기 날개

SolidWorks의 명령들을 이용하여 선풍기 날개 모델링을 작성한다.

① 정면(Front)을 스케치 평면으로 선택하고 다음과 같이 스케치를 작성하여 구속조건과 치수를 부여한 후 스케치를 종료한다.

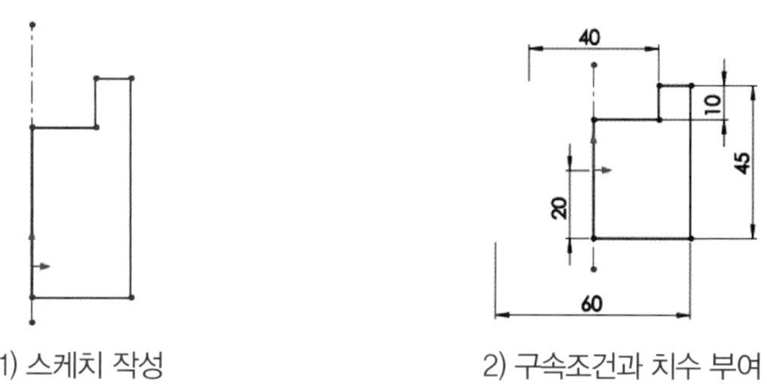

1) 스케치 작성　　　2) 구속조건과 치수 부여

② 피처(Features) 메뉴에서 회전 보스/베이스(Revolved Boss/Base)를 클릭하여 스케치를 선택하고 다음과 같이 설정한 후 확인을 클릭한다.

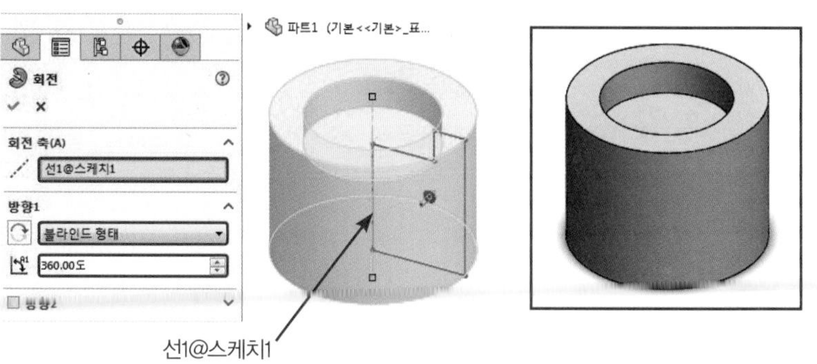

③ 스케치(Sketch)를 클릭하고 윗면(Top)을 스케치 평면으로 선택한다.

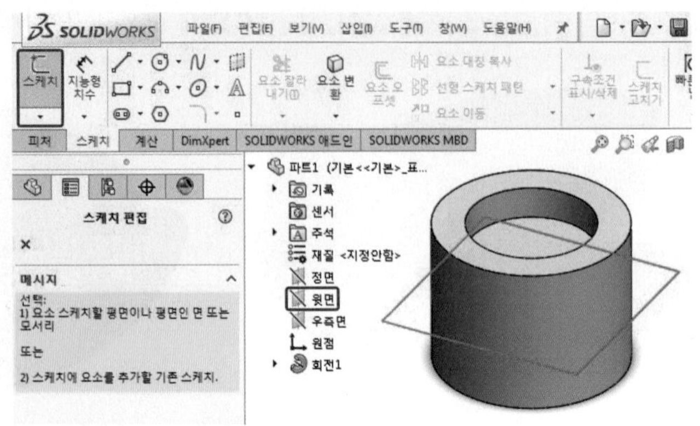

④ 원(Circle)을 이용하여 다음과 같이 스케치를 작성하고 구속조건과 치수를 부여한 후 스케치를 종료한다.

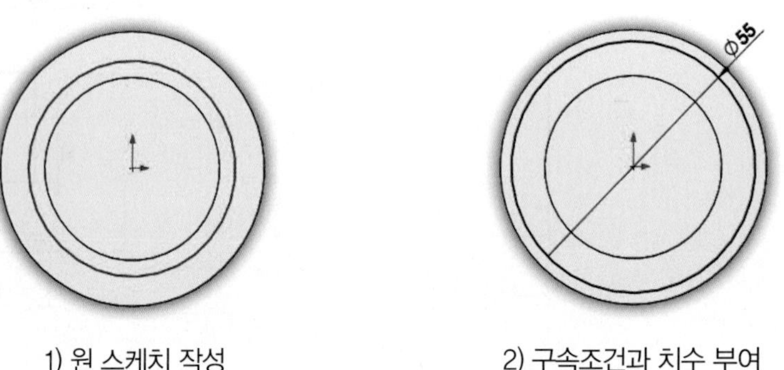

1) 원 스케치 작성　　　　2) 구속조건과 치수 부여

⑤ 피처(Features) 메뉴에서 곡선(Curve) → 나선형 곡선(Helix and Spiral)을 클릭한다.

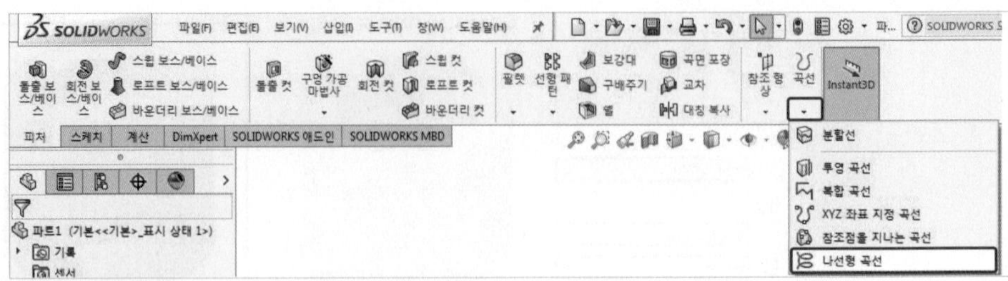

⑥ 스케치를 선택하고 다음과 같이 설정을 한 후 확인을 클릭한다.

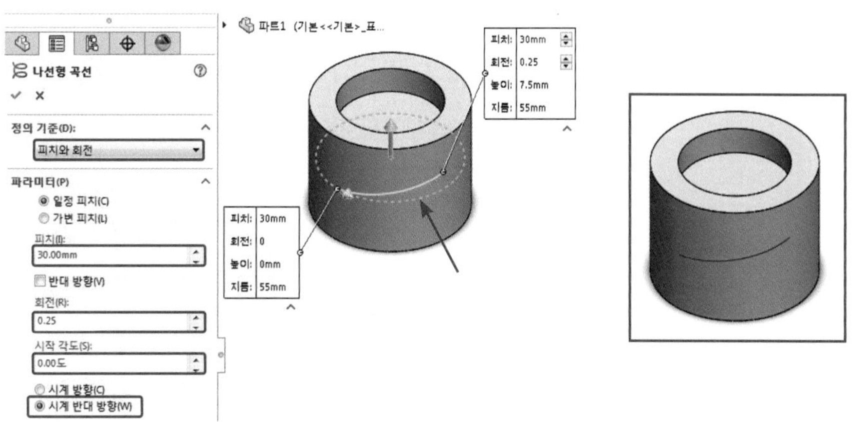

⑦ 피처(Features) 메뉴에서 참조 형상(Reference Geometry) → 기준면(Plane)을 클릭한다.

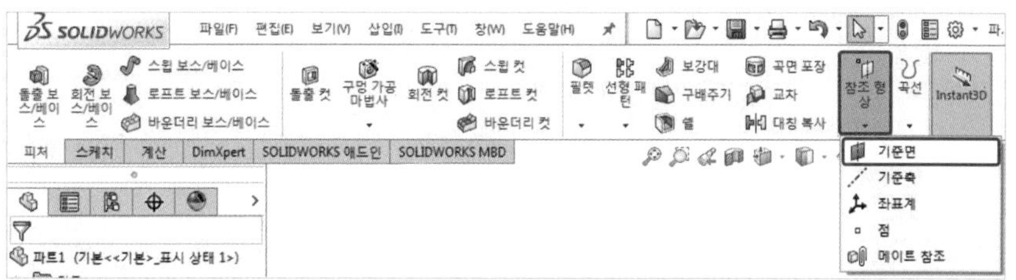

⑧ 다음과 같이 기준면에 적용할 참조들을 선택한다.

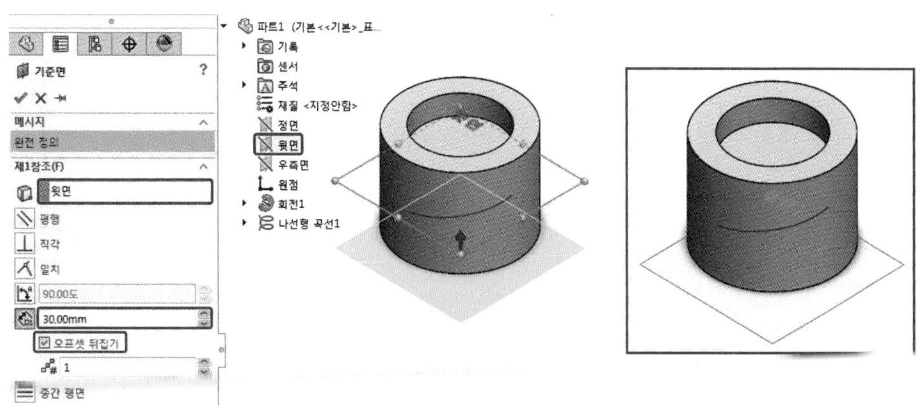

⑨ 스케치(Sketch)를 클릭하고 기준면으로 생성한 평면을 스케치 평면으로 선택한다.

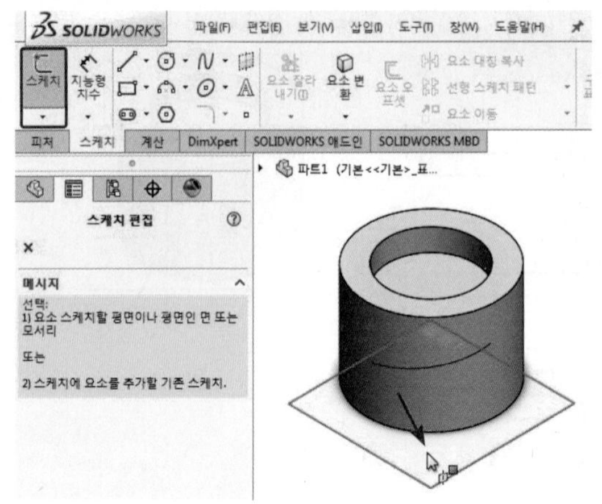

⑩ 원(Circle)을 이용하여 다음과 같이 스케치를 작성하고 구속조건과 치수를 부여한 후 스케치를 종료한다.

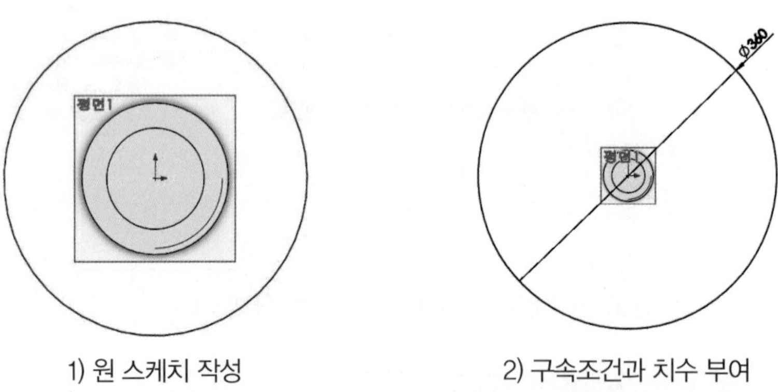

1) 원 스케치 작성

2) 구속조건과 치수 부여

⑪ 생성 평면에서 마우스 MB3 버튼을 클릭하고 숨기기(Hide)를 클릭한다.

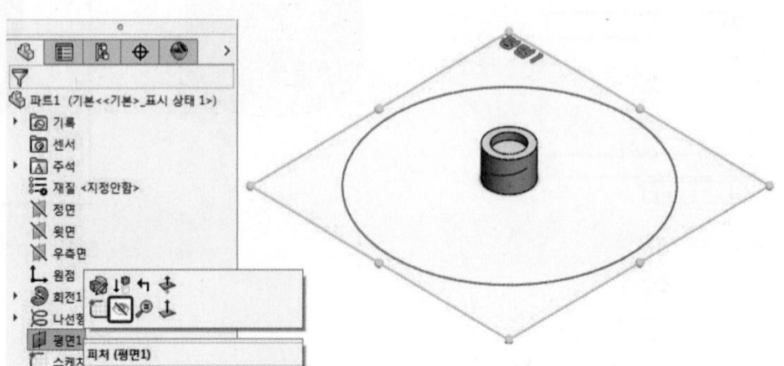

⑫ 피처(Features) 메뉴에서 곡선(Curve) → 나선형 곡선(Helix and Spiral)을 클릭한다.

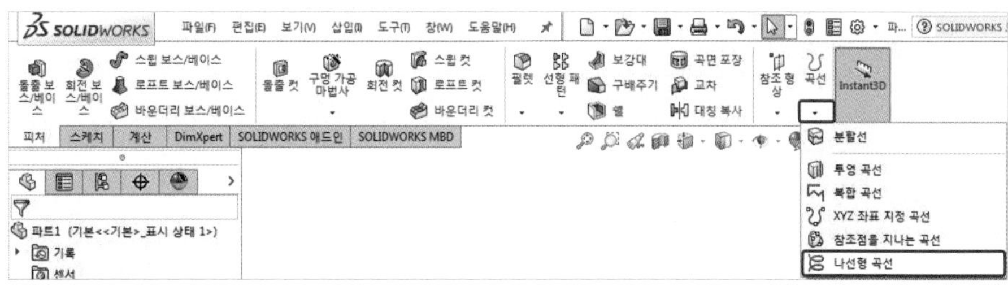

⑬ 스케치를 선택하고 다음과 같이 설정을 한 후 확인을 클릭한다.

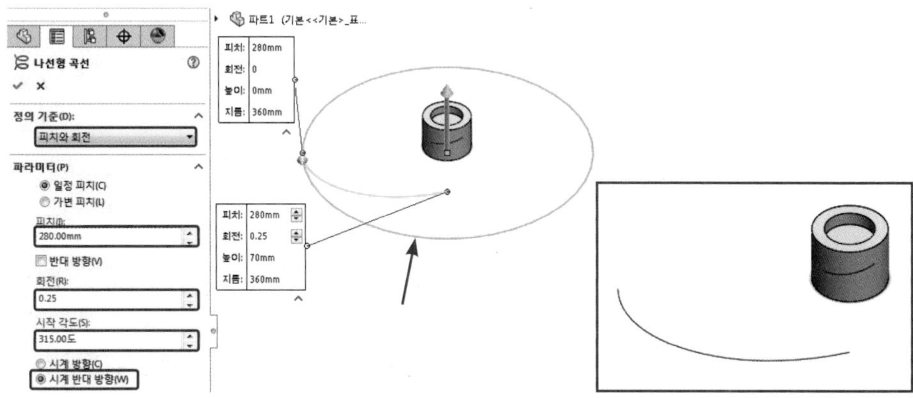

⑭ 삽입(Insert) → 곡면(Surface) → 로프트(Loft)를 클릭한다.

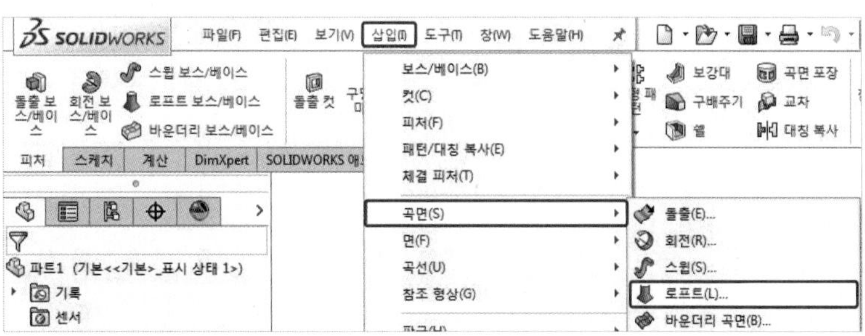

⑮ 다음과 같이 두 개의 프로파일을 선택하고 확인을 클릭한다.

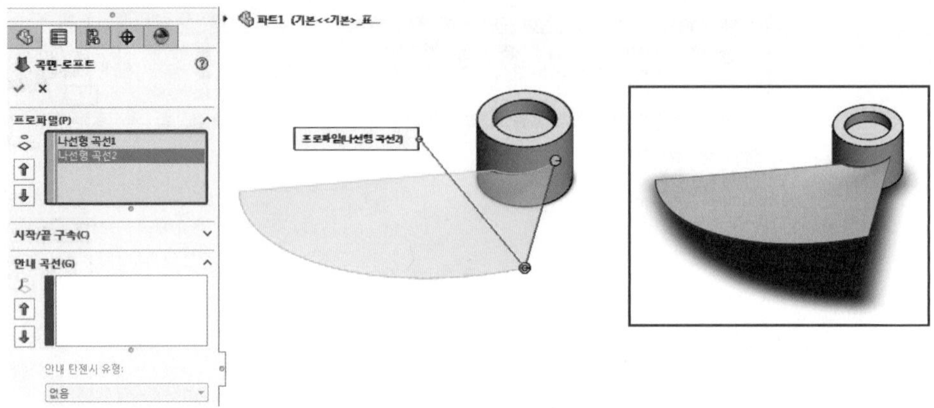

⑯ 나선형 곡선들을 선택하고 마우스 MB3 버튼을 클릭한 후 숨기기(Hide)를 클릭한다.

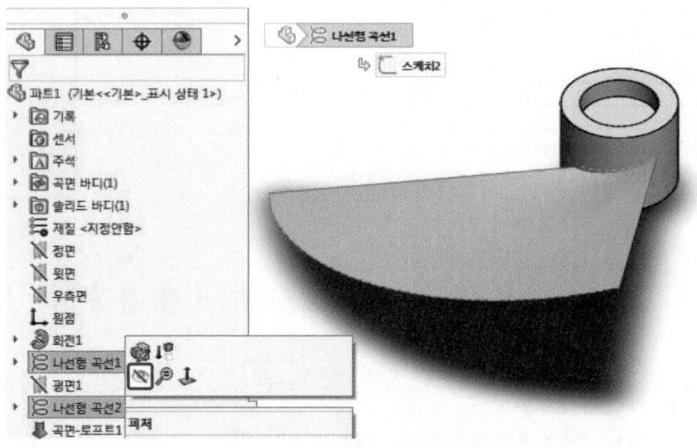

⑰ 삽입(Insert) → 보스 / 베이스(Boss / Base) → 두껍게(Thicken)를 클릭한다.

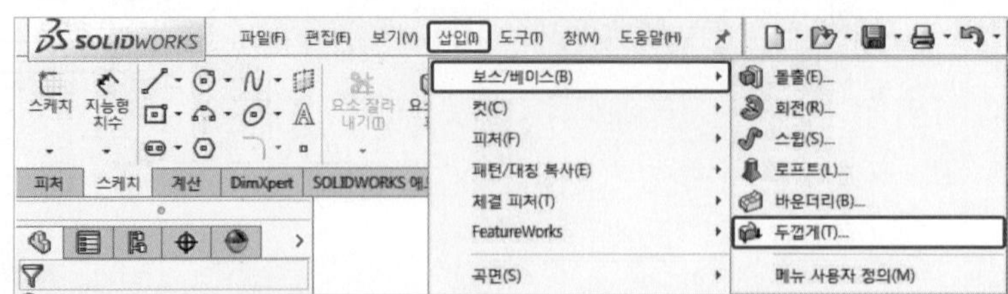

⑱ 곡면을 선택하고 다음과 같이 설정한 후 확인을 클릭한다.

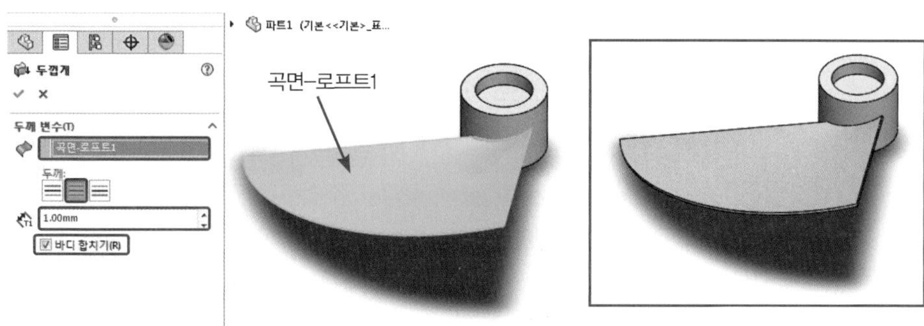

⑲ 피처(Features) 메뉴에서 필렛(Fillet)을 클릭하여 모서리를 선택하고 다음과 같이 설정한 후 확인을 클릭한다.

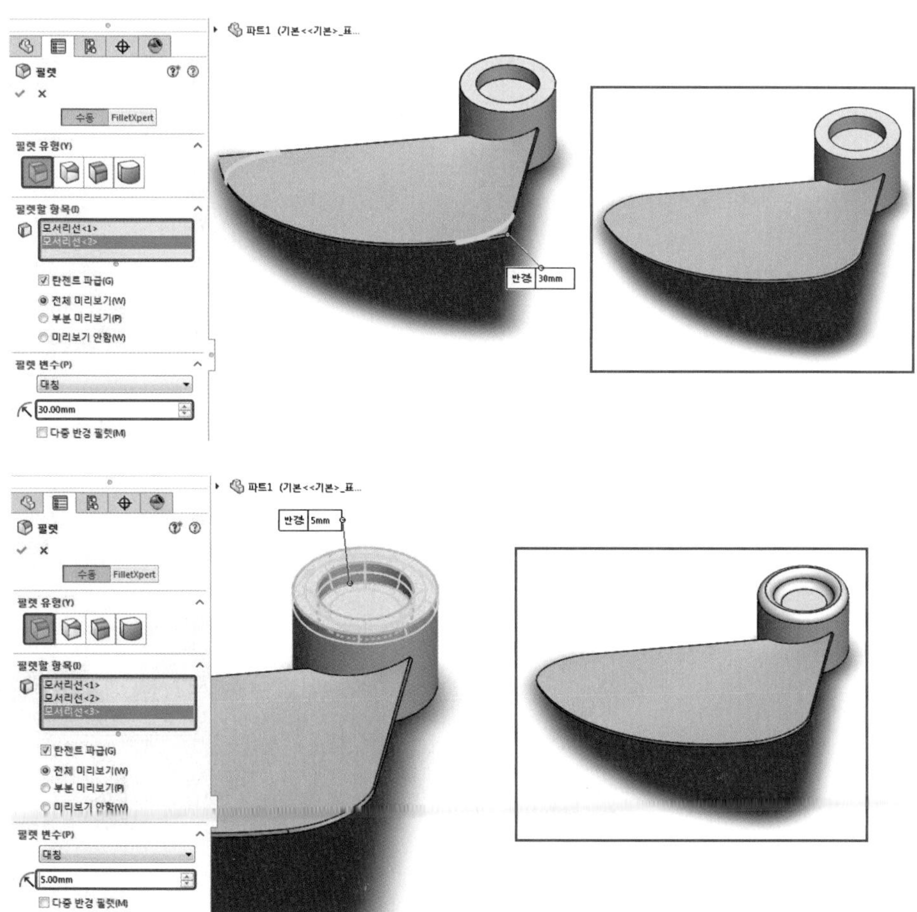

⑳ 보기(View) → 숨기기 / 보이기(Hide / Show) → 임시축(Temporary Axes)을 클릭하여 활성화하고 피처(Features) 메뉴에서 원형 패턴(Circular Pattern)을 클릭한다.

㉑ 패턴할 피처를 선택하고 다음과 같이 설정한 후 확인을 클릭한다.

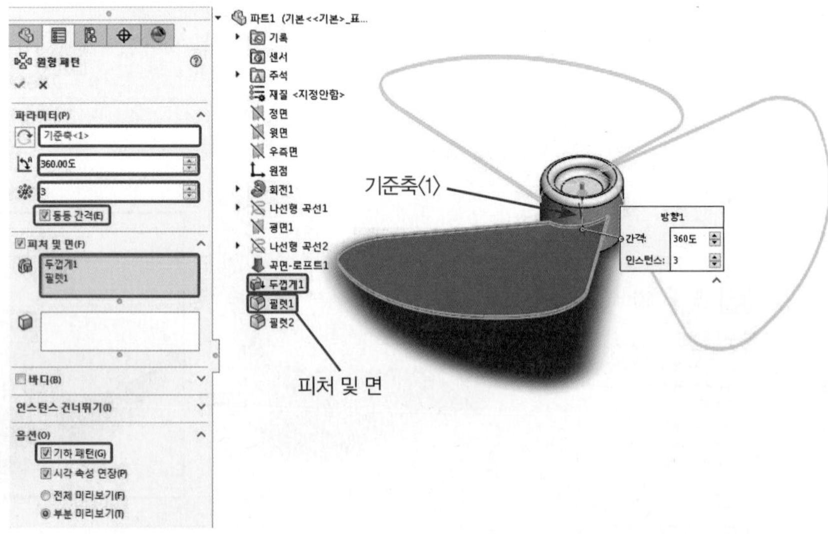

㉒ 파일(File) → 저장(Save)을 클릭하고 저장 위치와 파일 이름(File Name)을 지정한 후 저장(Save)을 클릭한다(파일 이름은 선풍기 날개로 지정한다).

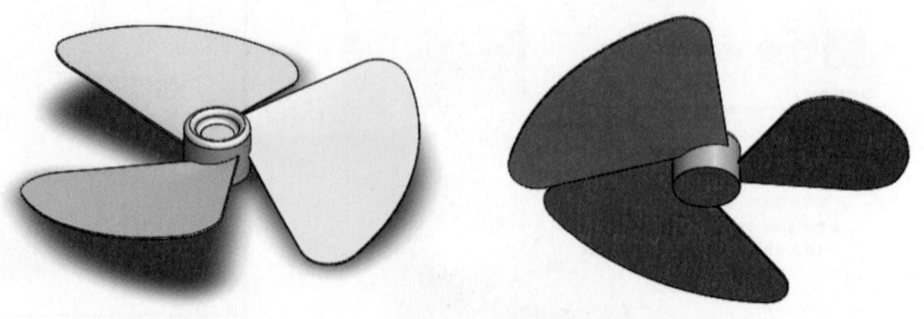

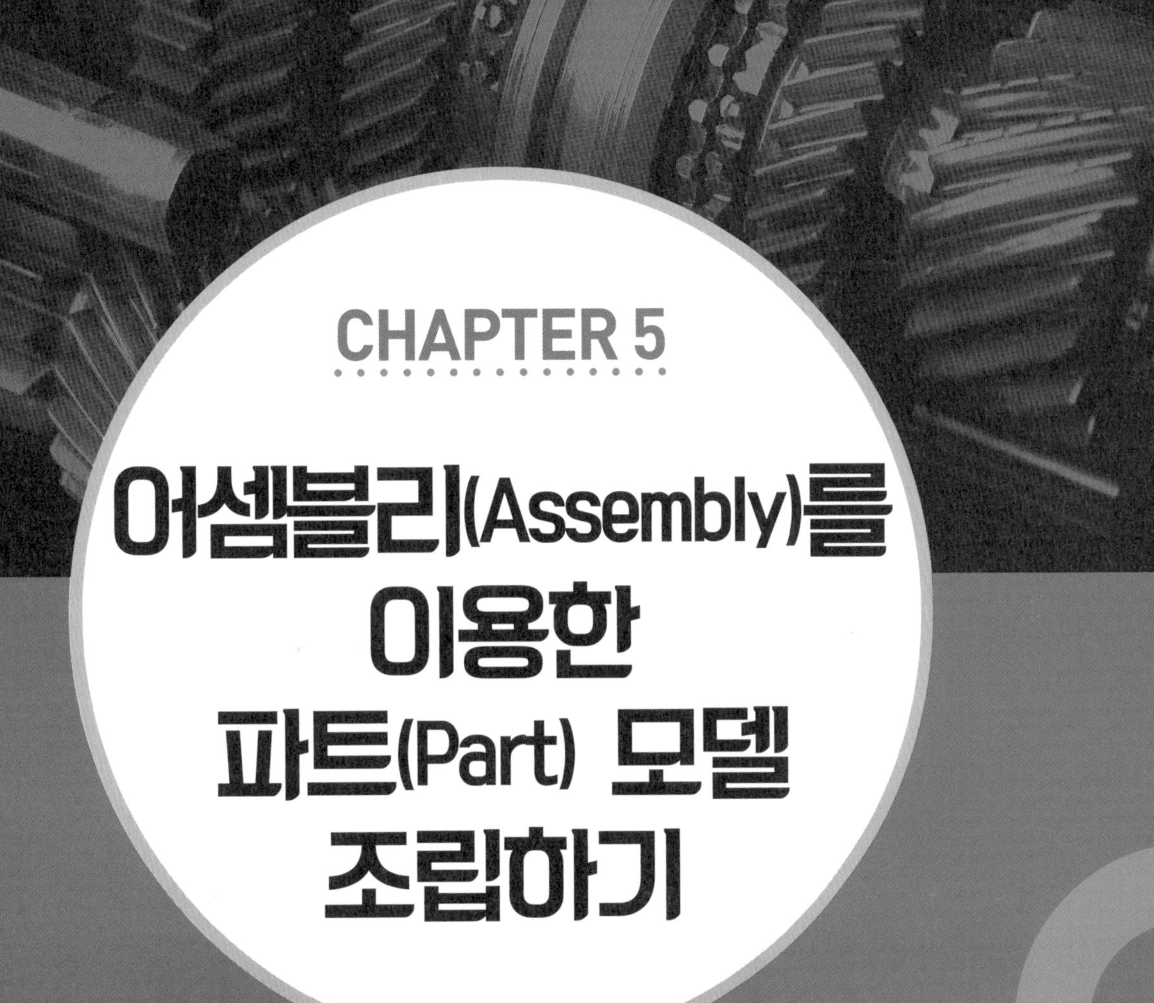

CHAPTER 5

어셈블리(Assembly)를 이용한 파트(Part) 모델 조립하기

기존에 작성된 모델에 메이트 조건을 부여하여 어셈블리(Assembly)하는 작업을 이해한다.

01 어셈블리(Assembly)란?

상대적으로 결합되는 각 부품들의 모델링 작성이 완료되면 어셈블리(Assembly) 작업을 이용하여 조립을 진행할 수 있다. 어셈블리를 한 상태에서 분해도나 구동영상 등을 작성할 수 있다. 어셈블리의 작업순서는 다음과 같다.

(1) 상향식 어셈블리(Bottom-up)

각 부품들을 파트 모델로 개별적으로 작성하고 이를 이용하여 조립하는 방식이다.

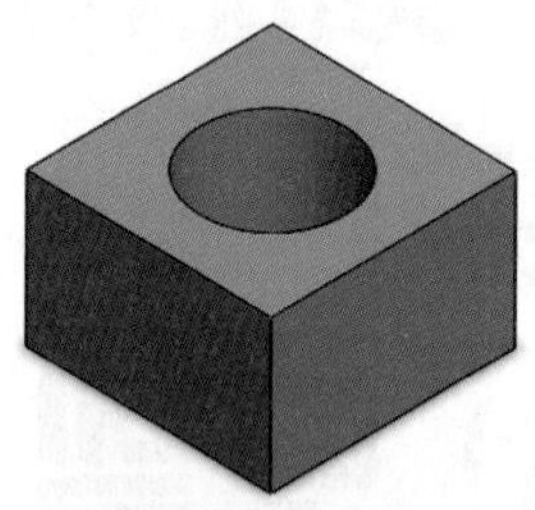

1) 기준 모델 불러오기

2) 조립 모델 불러오기

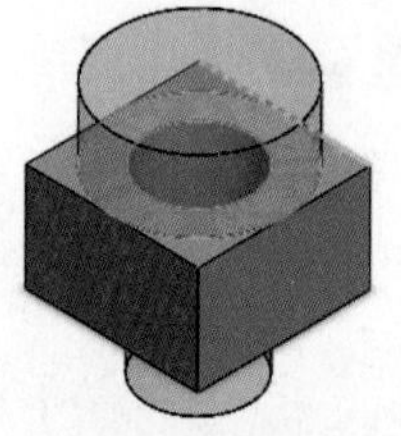

3) 메이트(Mate) 적용

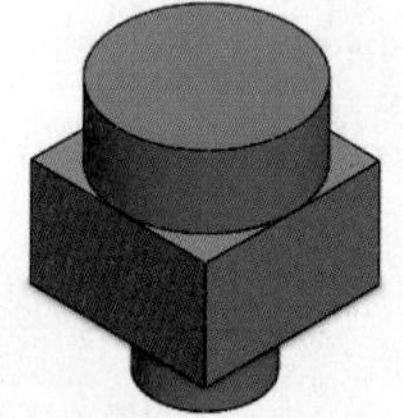

4) 어셈블리(Assembly) 결과

(2) 하향식 어셈블리(Top-Down)

상향식 어셈블리와 다르게 전체 어셈블리에서 파트 모델을 작성한다.

1) 레이아웃 방식 : 레이아웃에 해당되는 요소를 스케치에서 작성한다.

2) 수식을 이용한 방식 : SolidWorks의 매개변수를 제어하는 수식을 이용하여 작성한다.

3) 외부 참조를 이용한 방식 : 다른 부품들을 참조하여 작성한다.

4) 설정을 이용한 방식 : 설정의 고유 값을 이용하여 작성한다.

02 기본 어셈블리(Assembly) 작성

작성이 완료된 파트(Part)와 파트(Part)를 어셈블리(Assembly) 한다.

1 어셈블리(Assembly) 시작

어셈블리(Assembly) 작업의 시작은 다음과 같다.

(1) 어셈블리(Assembly) 시작하기

① 파일(File) → 새 파일(New)을 클릭하여 SolidWorks 새 문서(New SolidWorks Document) 창에서 어셈블리(Assembly)를 선택하고 확인을 클릭한다(어셈블리 아이콘을 더블 클릭해도 된다).

② 어셈블리 시작(Begin Assembly) 창에서 취소를 클릭한다.

(2) 부품 삽입(Insert Component)

① 보기(View) → 숨기기 / 보이기(Hide / Show) → 원점(Origins)을 클릭하여 활성화 한다(최초의 모델이 배치 될 기준점이다).

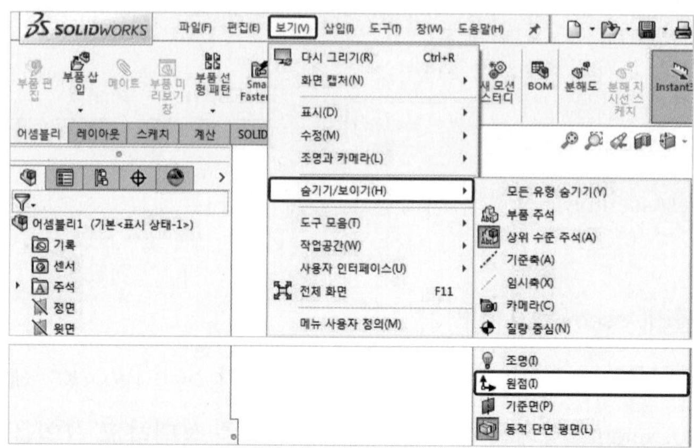

② 어셈블리(Assembly) 메뉴에서 부품 삽입(Insert Components)을 클릭한다.

Tip 파트 모델 불러오기

모델 파일이 열려있을 때와 닫혀 있을 때는 불러오기 방법이 달라진다.

- 모델이 열려 있을 때

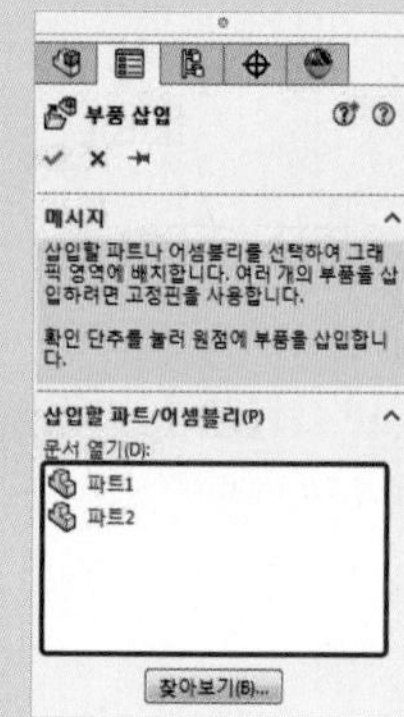

● 모델이 닫혀 있을 때

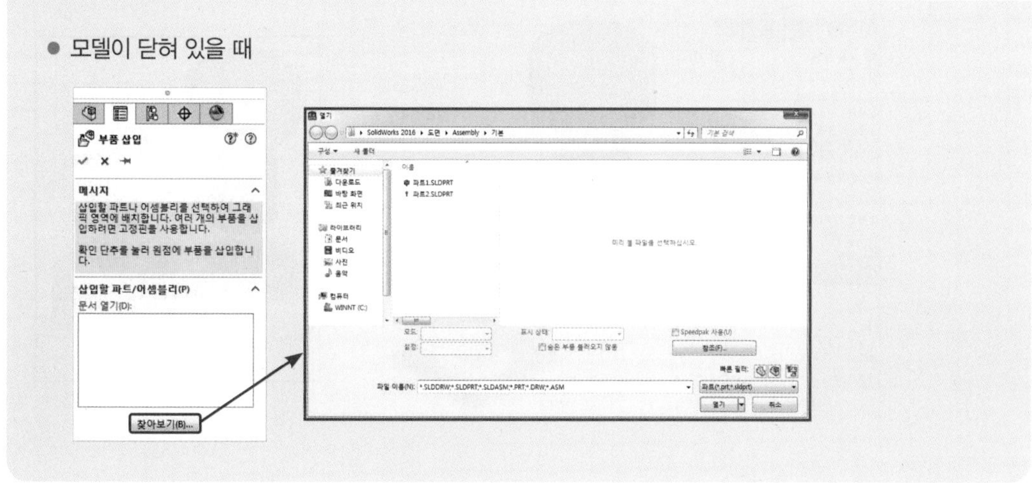

③ 기준 모델을 선택 한 후 그래픽 영역(Graphic Area)의 원점에 배치한다(최초의 모델 배치 이 후 원점의 활성화를 해제한다).

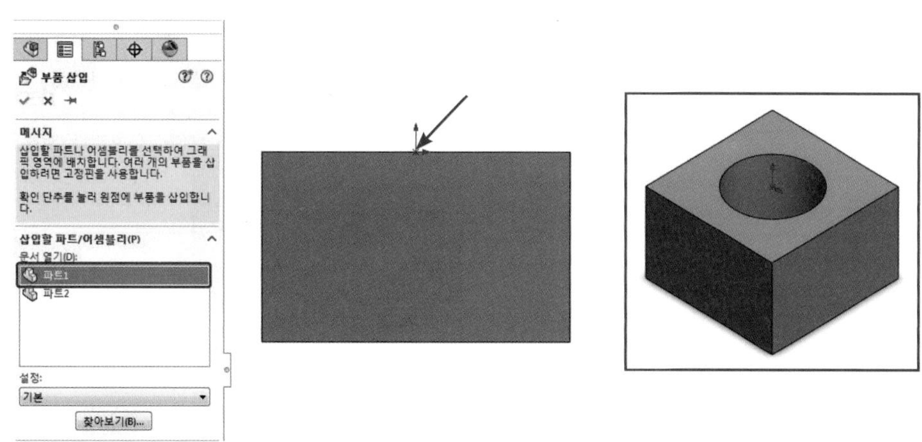

④ 어셈블리(Assembly) 메뉴에서 부품 삽입(Insert Components)을 클릭하고 조립 모델을 선택한 후 기준 그래픽 영역(Graphic Area)에 배치한다.

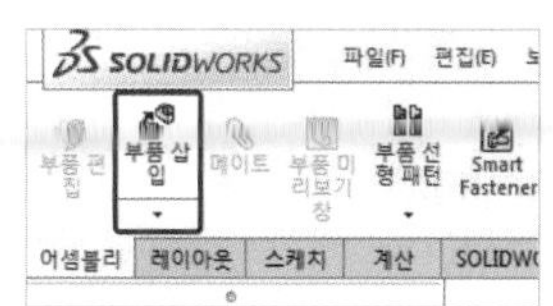

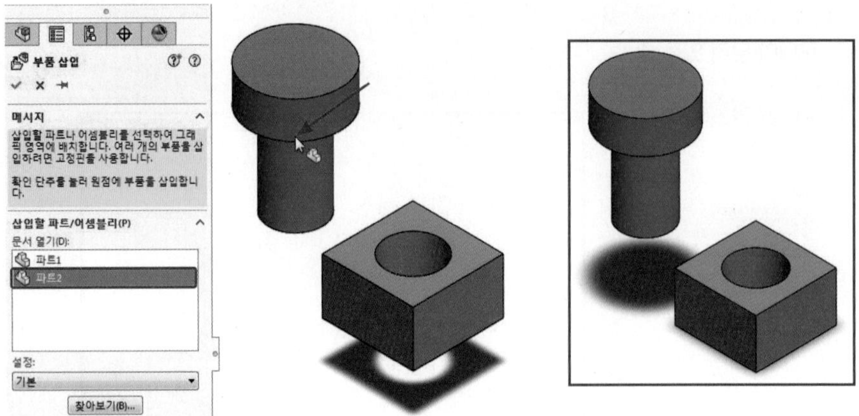

Tip 모델의 이동

부품 삽입(Insert Components)을 이용하여 불러온 모델은 드래그를 사용하여 이동이 가능하다(최초 원점을 클릭한 모델링은 불가능하다).

2 메이트(Mate)

상대적으로 조립되는 부품들에 대하여 공통적으로 연관이 있는 부분(접촉 면, 동심 축 등)에 조건을 부여하여 조립을 진행한다(메이트는 최소 두 가지 이상이 되어야 모델이 고정 된다).

(1) 메이트(Mate) 부여하기

① 어셈블리(Assembly) 메뉴에서 메이트(Mate)를 클릭한다.

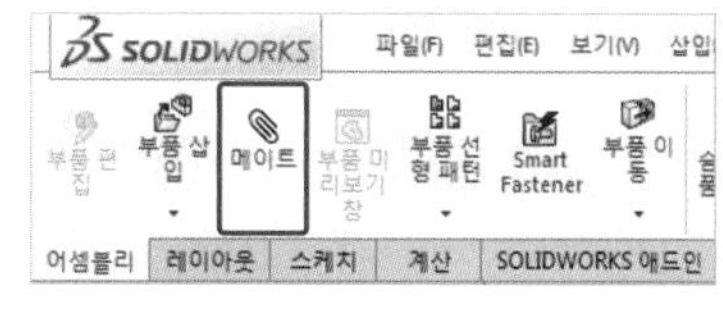

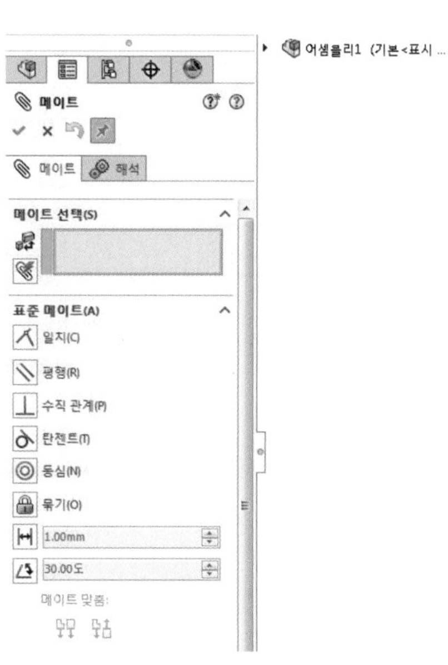

(2) 메이트(Mate)의 종류

● 일반 메이트(Mate Selections)

(※ 아래의 메이트 적용 예시는 해당 설명 메이트 조건을 제외한 나머지 메이트 조건들을 미리 적용한 상태로 작성되었다.)

일치(Coincident)

점, 모서리, 면들을 선택하여 일치 조건을 부여한다.

1) 기준 요소를 선택한다.

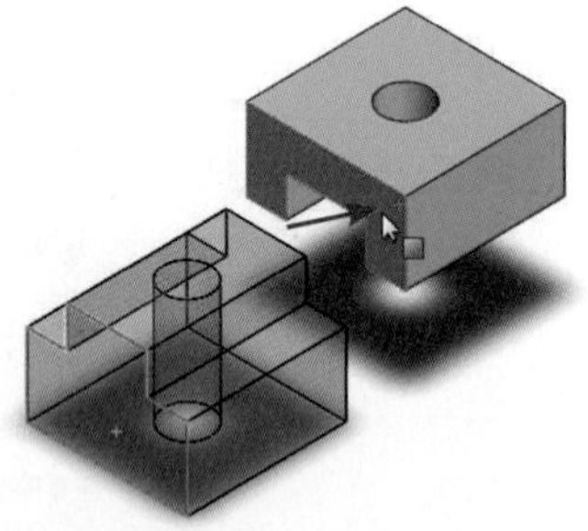

2) 일치 시킬 요소를 선택한다.

3) 일치 결과

평행(Parallel)

모서리, 면들을 선택하여 평행 조건을 부여한다.

1) 기준 요소를 선택한다.

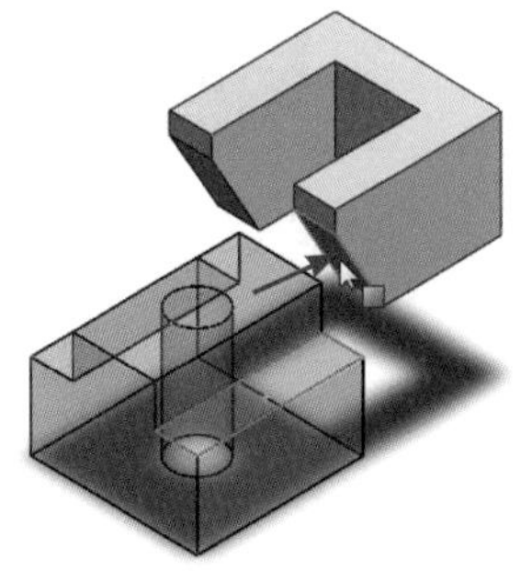

2) 평행 시킬 요소를 선택한다.

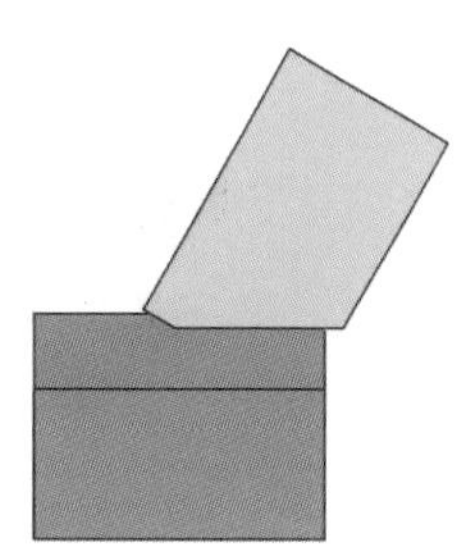

3) 평행 결과

수직 관계(Perpendicular)

모서리, 면들을 선택하여 수직 조건을 부여한다.

1) 기준 요소를 선택한다.

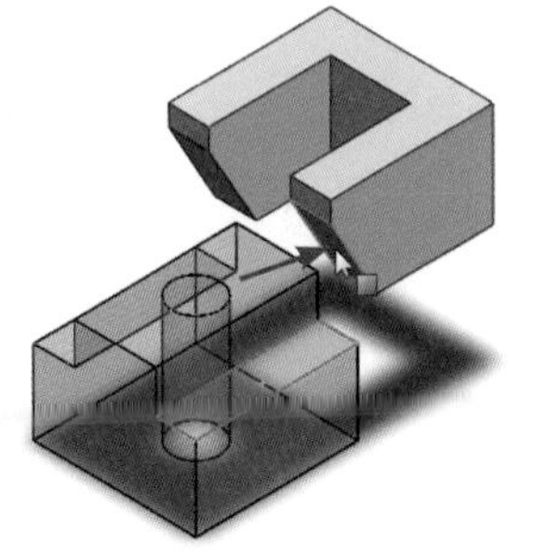

2) 수직 시킬 요소를 선택한다.

3) 수직 관계 결과

탄젠트(Tangent)

원통 면, 원형 모서리에 다른 모서리나 면들을 탄젠트 접촉 시킨다.

1) 기준 요소를 선택한다.

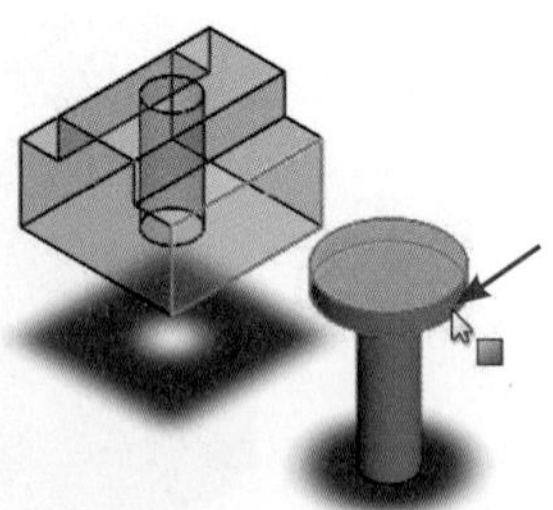

2) 탄젠트 시킬 요소를 선택한다.

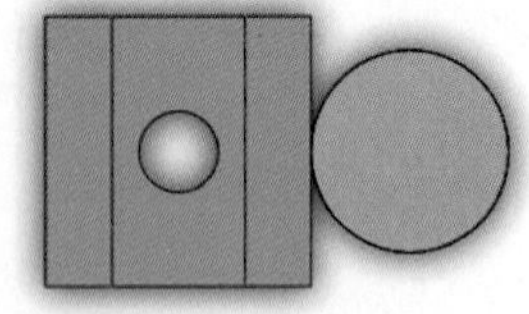

3) 탄젠트 결과

동심(Concentric)

원형 형상을 가진 모서리나 면에 동심 조건을 부여한다.

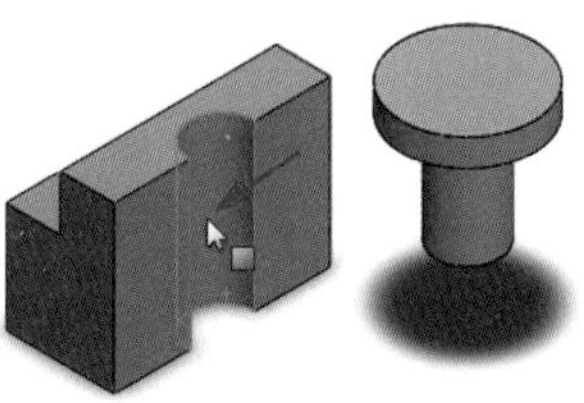

1) 기준 요소를 선택한다.

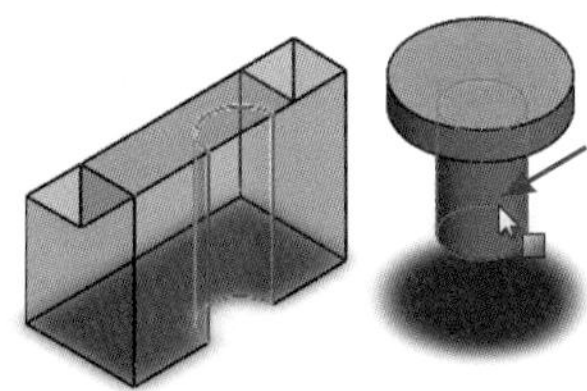

2) 동심 시킬 요소를 선택한다.

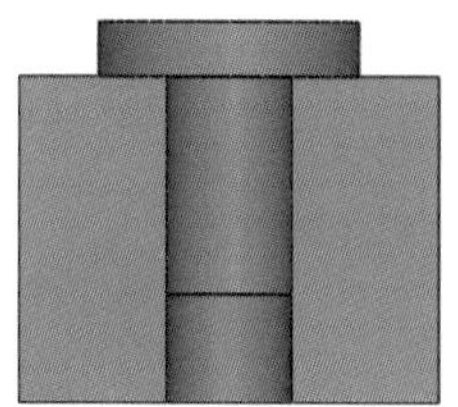

3) 동심 결과

묶기(Lock)

선택한 모델링들을 하나로 묶는다.

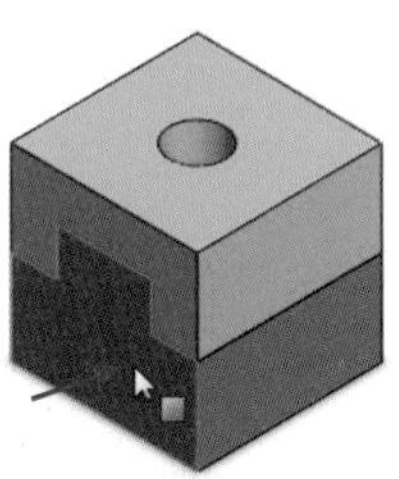

1) 기준 파트 모델링을 선택한다.

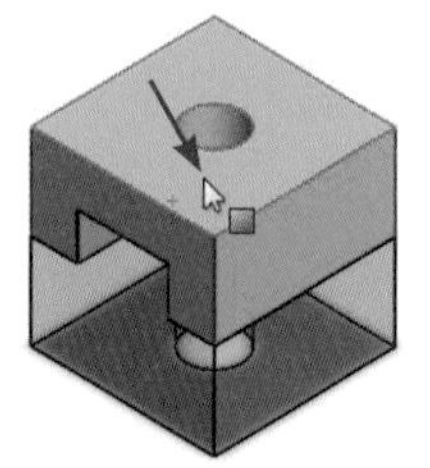

2) 묶을 파트 모델링을 선택한다.

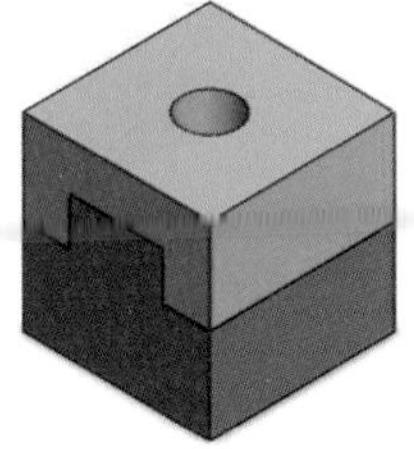

3) 묶기 결과
(변화가 없어 보이지만 두 파트는 묶여 있다.)

거리(Distance)

선택한 요소들에 거리 값을 부여한다.

1) 기준 요소를 선택한다.

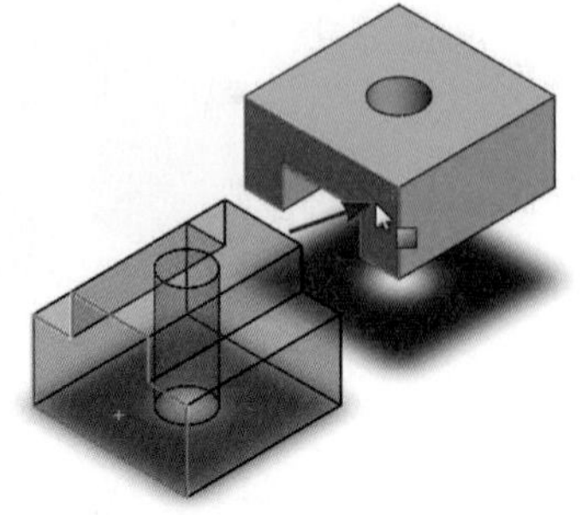

2) 거리 값을 부여할 요소를 선택한다.

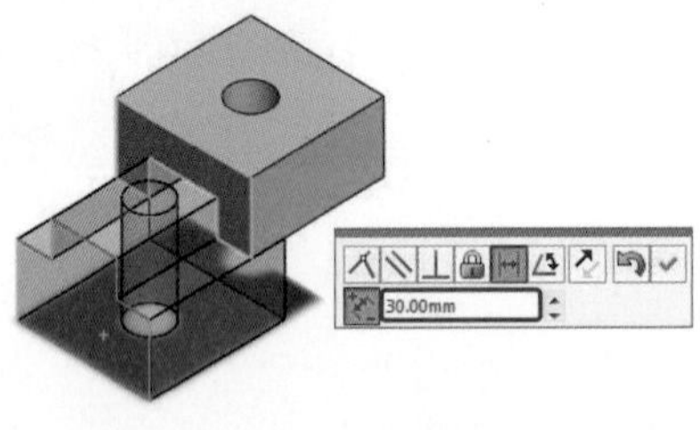

3) 거리 값 지정

4) 거리 결과

각도(Angle)

선택한 요소들에 각도 값을 부여한다.

1) 기준 요소를 선택한다.

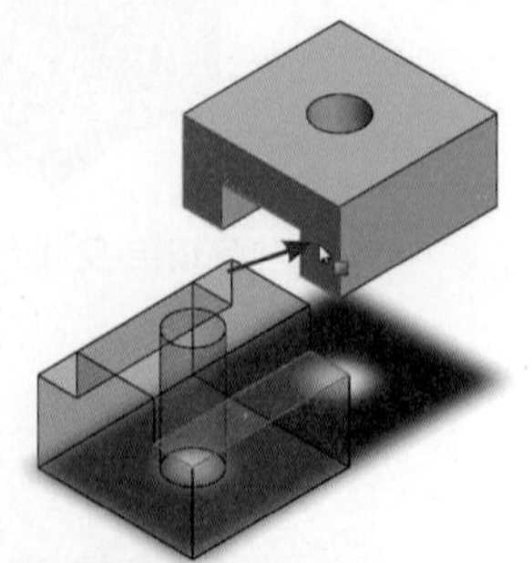

2) 각도 값을 부여할 요소를 선택한다.

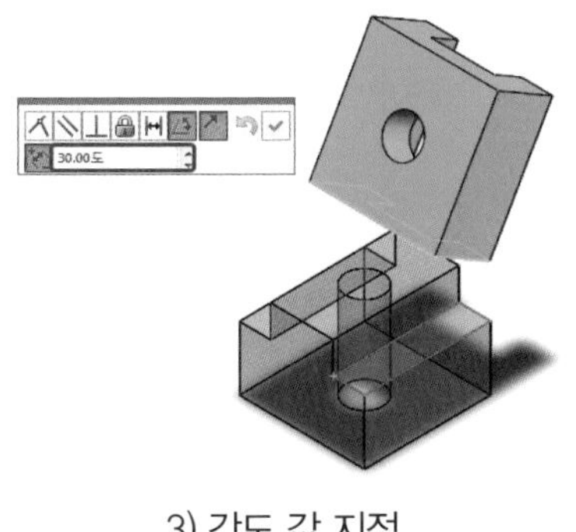

3) 각도 값 지정

4) 각도 결과

Tip 자동 메이트(Mate)

일반적으로 어셈블리(Assembly)를 작성할 모델의 요소(점, 모서리, 면 등)를 선택하면 지정 요소에 따라 메이트 조건이 자동으로 선택된다.

- 고급 메이트(Advanced Mates)

프로파일 중심(Profile Center)
부품의 모서리와 요소의 거리 값을 부여한다. 방향을 바꿀 수 있다.

대칭(Symmetric)
선택한 두 면의 기준으로 한 면을 가운데에 위치시킨다.

너비(Width)
평행한 두 면의 너비 기준으로 한 면을 설정에 따라 위치시킨다.

경로 메이트(Path Mate)
한 부품의 꼭지점을 다른 부품의 모서리에 일치 시킨다.

선형 / 선형 커플러(Linear / Linear Coupler)
적용시킨 연관 부품들이 비례적으로 동작할 수 있도록 조건을 부여한다.

거리(Distance)

두 부품사이에 최장거리와 최단거리를 지정하여 그 사이 값으로 이동할 수 있게 부여한다.

각도(Angle)

두 부품 사이에 최고 각도와 최저 각도를 설정하여 그사이에서 회전할 수 있게 부여한다.

- 기계 메이트(Mechanical Mates)

캠(Cam)

캠과 종동절 사이의 관계를 메이트 조건으로 부여한다.

홈(Slot)

홈과 홈을 따라가는 종동절에 관계를 메이트 조건으로 부여한다.

힌지(Hinge)

힌지에 관한 메이트 조건을 부여한다.

기어(Gear)

기어와 기어 사이에 회전 비를 지정하여 메이트 조건을 부여한다.

래크 피니언(Rack Pinion)

래크와 피니언에 회전수에 따른 이동거리를 지정하여 메이트 조건을 부여한다.

스크류(Screw)

암나사와 수나사에 회전수에 따른 이동거리를 지정하여 메이트 조건을 부여한다.

유니버셜 조인트(Universal Joint)

두 축이 평행이 아닌 유니버셜 조인트에 관한 메이트 조건을 부여한다.

(3) 메이트 수정과 삭제

① 피처 매니저 디자인 트리(Features Manager Design Tree)의 메이트를 확장시킨 후 해당 메이트 조건을 선택하고 Delete 를 눌러 삭제하거나 마우스 MB3 버튼을 클릭하여 수정이 가능하다.

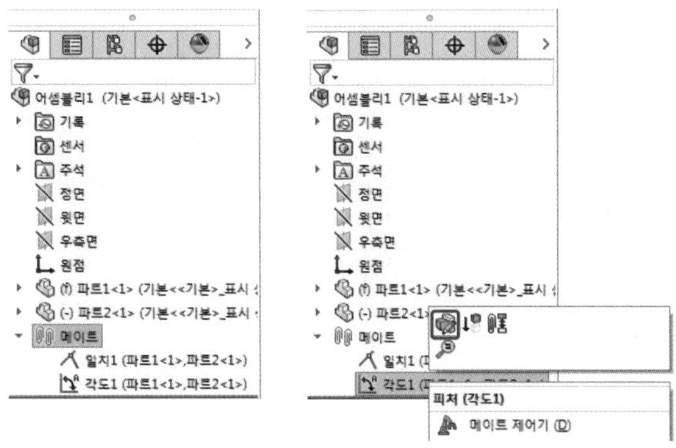

3 어셈블리(Assembly) 연습

(1) 일반 어셈블리(Assembly)

다음의 도면을 참조로 어셈블리(Assembly) 작업을 진행한다.

(도면 / 모델링 : Chapter 3. 01 동력전달장치 파트 모델링 참조)

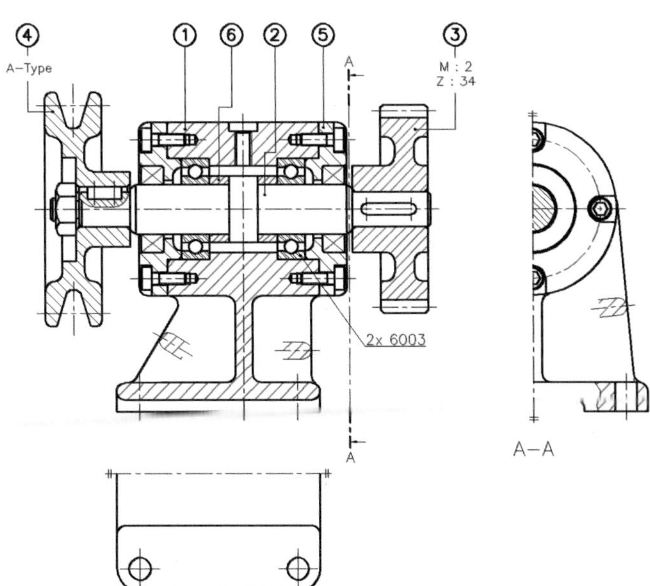

① 보기(View) → 숨기기 / 보이기(Hide / Show) → 원점(Origins)을 클릭하여 활성화 한다(최초의 모델링이 배치 될 기준점이다).

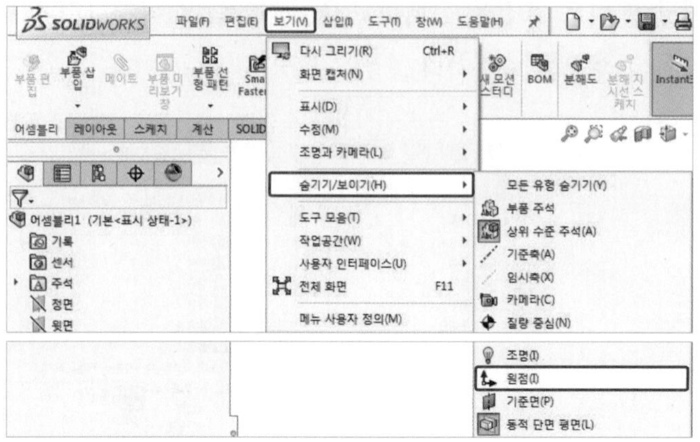

② 부품 삽입(Insert Components)을 클릭하고 몸체를 선택한 후 원점에 배치한다(몸체를 배치한 후 원점의 활성화를 해제한다).

③ 부품 삽입(Insert Components)을 클릭하고 축을 선택한 후 그래픽 영역(Graphic Area)에 배치한다.

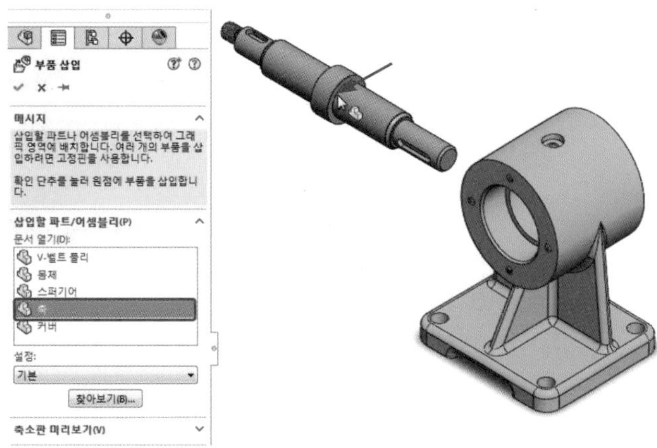

④ 메이트(Mate)를 클릭하고 다음과 같이 메이트 조건을 적용한다(모든 조건을 적용시키고 키보드 Esc를 누른다).

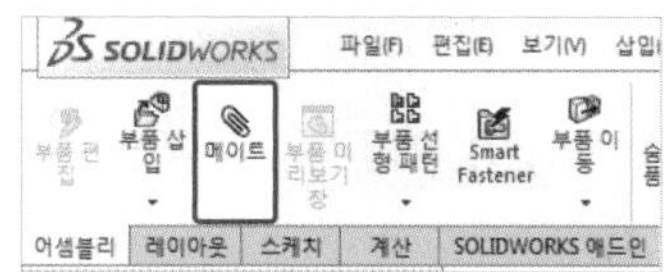

- 메이트 1

1) 몸체의 베어링 안착 부 선택

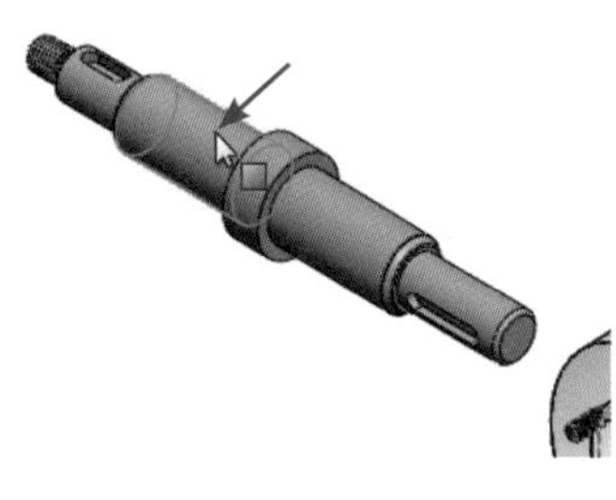

2) 축의 원통 면 선택

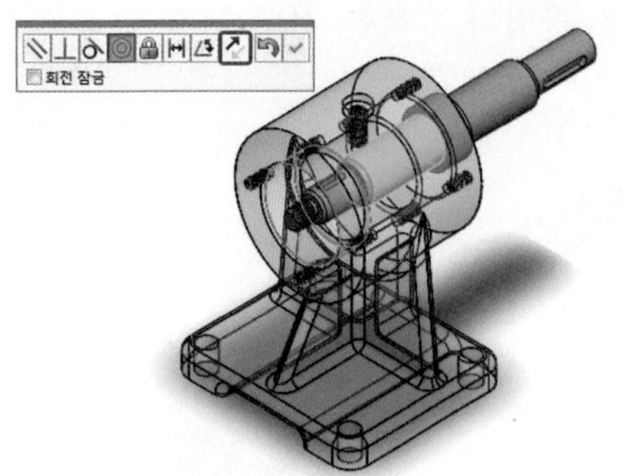

3) 메이트 맞춤 뒤집기 선택
(위 이미지는 뒤집기를 진행한 후이다.)

4) 메이트 결과

※ 자동으로 동심 조건이 부여된다.

- 메이트 2

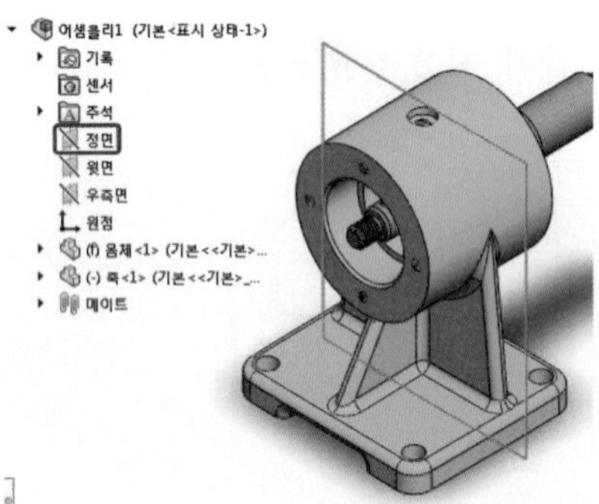

1) 어셈블리의 기본 정면 선택

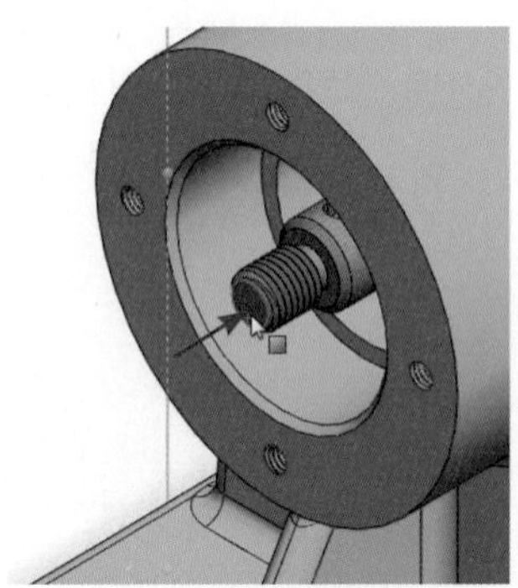

2) 축의 나사 부 옆 면 선택

Tip 어셈블리의 기본 세 평면

파트(Part) 작업환경과 마찬가지로 어셈블리(Assembly)에도 다음과 같이 기본 세 평면이 있다. 메이트 조건을 부여할 때 이 세 평면을 활용할 수도 있다.

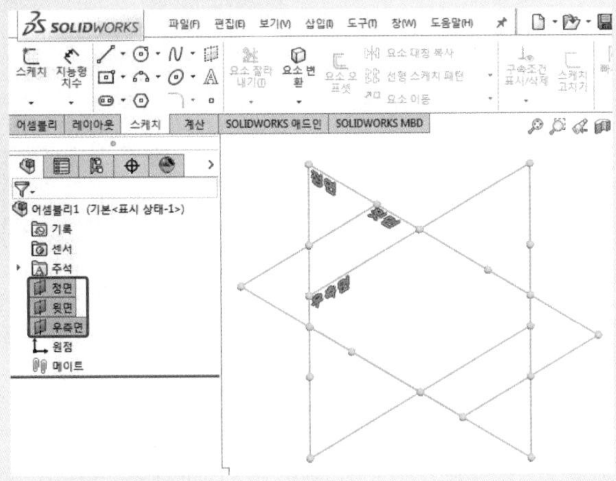

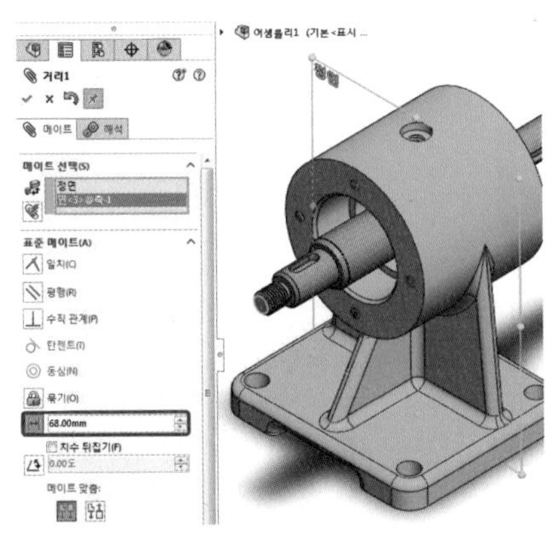

3) 거리 조건 부여

4) 메이트 결과

※ 거리 조건은 직접 선택해야 한다.

Tip 메이트(Mate) 명령의 연속

메이트(Mate) 명령은 취소 전까지 연속해서 진행이 가능하다.

⑤ 부품 삽입(Insert Components)을 클릭하고 커버를 선택한 후 그래픽 영역(Graphic Area)에 배치한다.

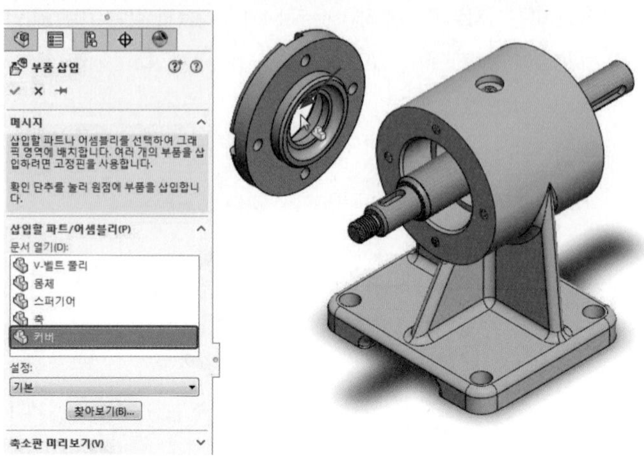

⑥ 메이트(Mate)를 클릭하고 다음과 같이 메이트 조건을 적용한다(보기(View) → 숨기기 / 보이기(Hide / Show) → 임시축(Temporary Axes)을 클릭하여 활성화 한다).

● 메이트 1

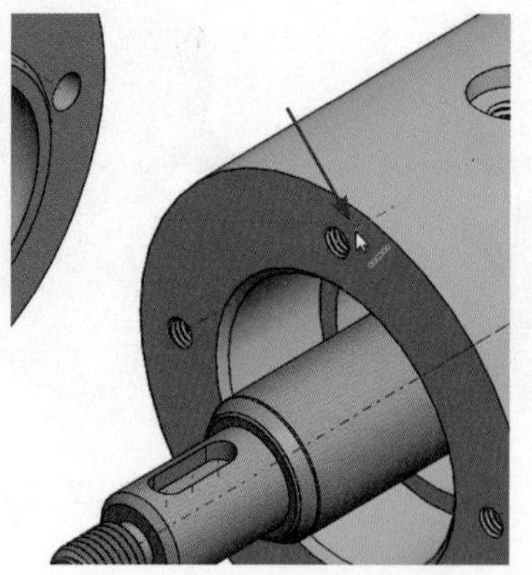

1) 몸체의 나사 구멍 중심축 선택

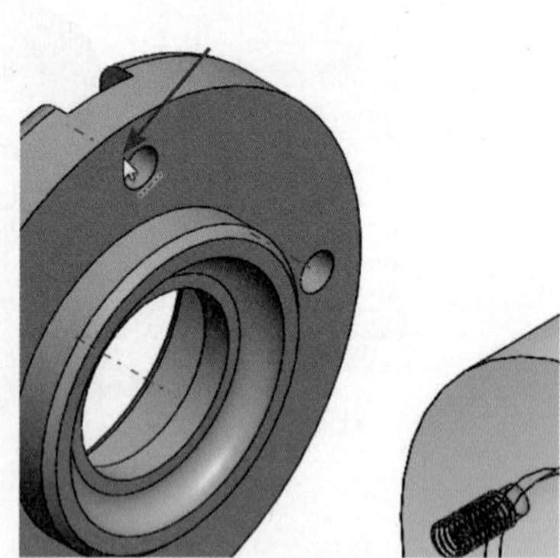

2) 커버의 구멍 중심축 선택

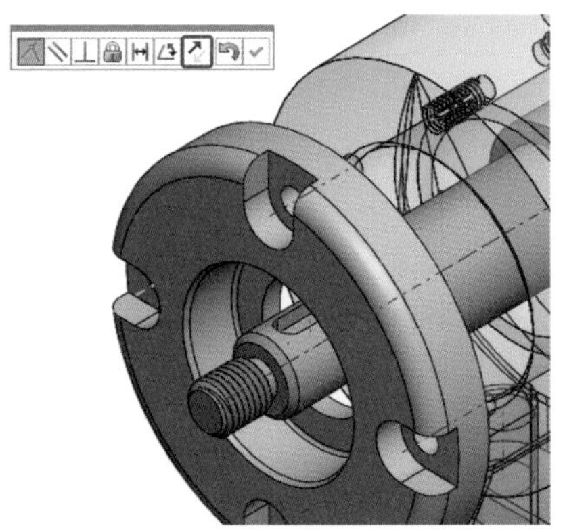

3) 메이트 맞춤 뒤집기 선택

(위 이미지는 뒤집기를 진행한 후이다.)

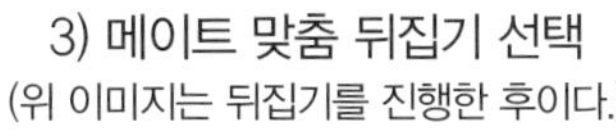

4) 메이트 결과

※ 자동으로 일치 조건이 부여된다.

● 메이트 2

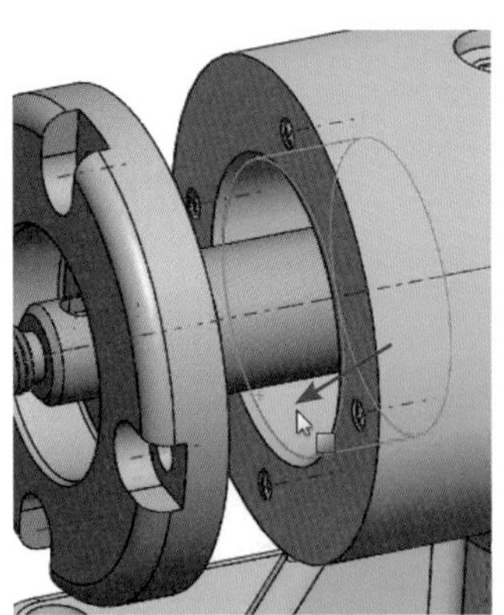

1) 몸체의 베어링 안착 부 선택

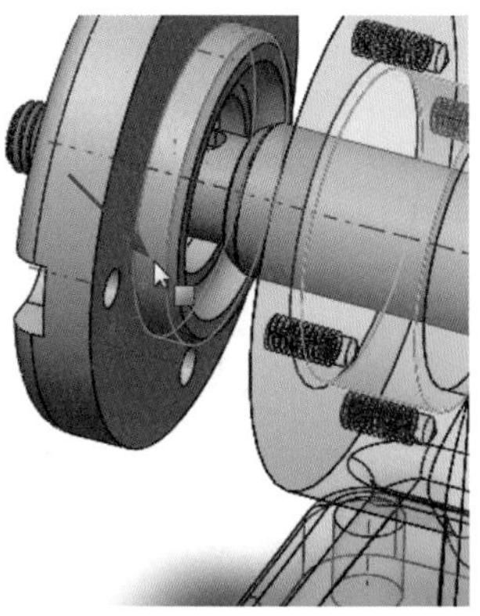

2) 커버의 결합 원통 면 선택

3) 메이트 결과

※ 자동으로 동심 조건이 부여된다.

● 메이트 3

1) 몸체의 옆면 선택

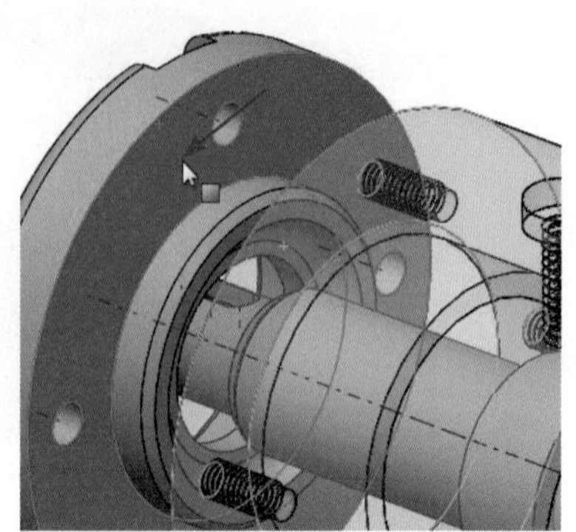

2) 커버의 옆면 선택

3) 메이트 결과

※ 자동으로 일치 조건이 부여된다.

⑦ Ctrl을 누르면서 커버를 드래그하여 복사한다.

모델링 복사하기

어셈블리(Assembly) 작업도중 중복 모델링이 필요한 경우 Ctrl을 누르면서 해당 모델을 드래그하면 복사가 된다.

⑧ 메이트(Mate)를 클릭하고 다음과 같이 메이트 조건을 적용한다(모든 조건을 적용시키고 키보드 Esc를 누른다).

- 메이트 1

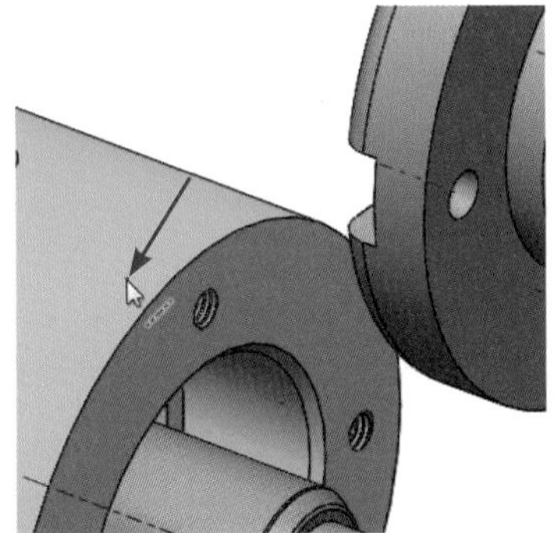

1) 몸체의 나사 구멍 중심축 선택

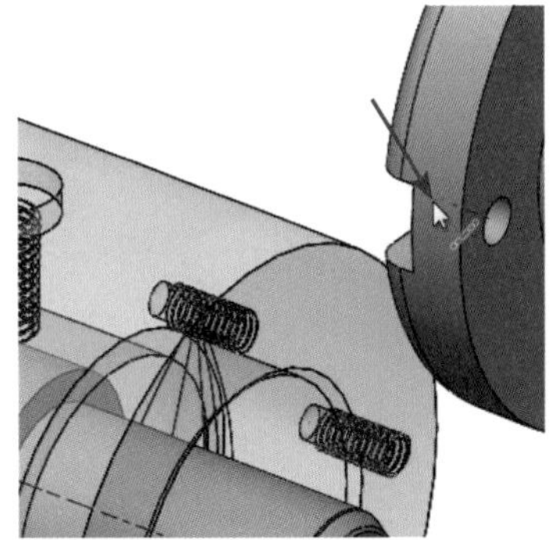

2) 커버의 구멍 중심축 선택

3) 메이트 맞춤 뒤집기 선택
(위 이미지는 뒤집기를 진행한 후이다.)

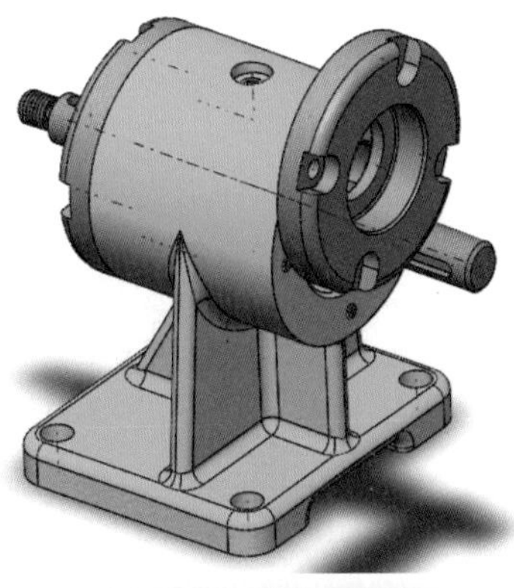

4) 메이트 결과

※ 자동으로 일치 조건이 부여된다.

● 메이트 2

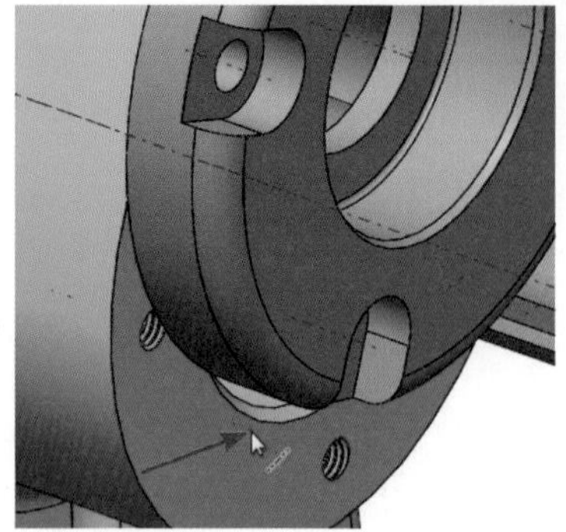

1) 몸체의 나사 구멍 중심축 선택

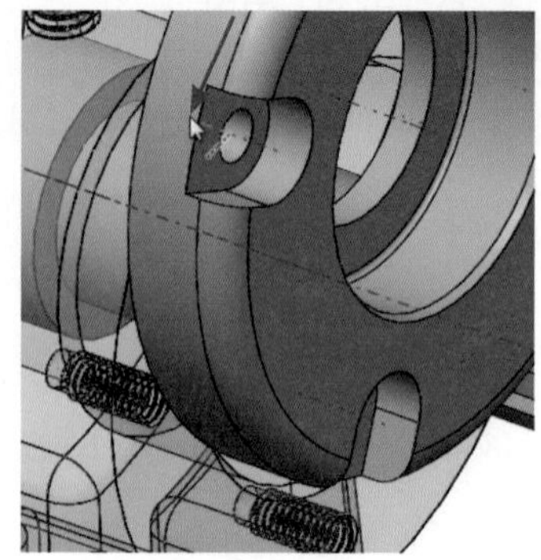

2) 커버의 구멍 중심축 선택

3) 메이트 결과

※ 자동으로 일치 조건이 부여된다.

● 메이트 3

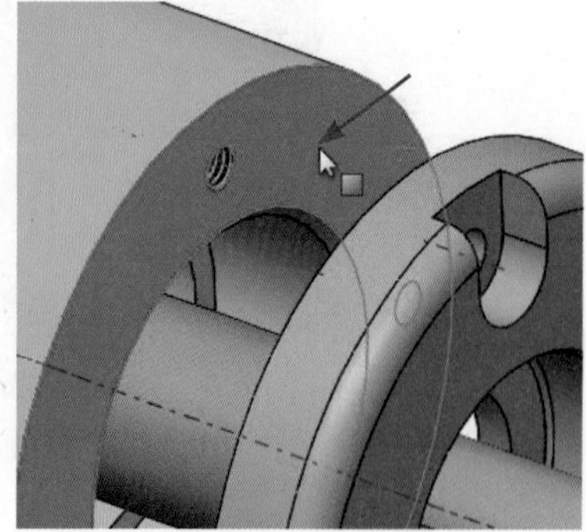

1) 몸체의 옆면 선택

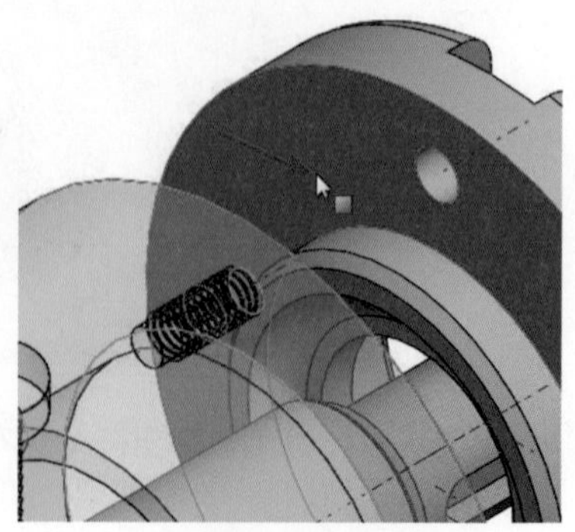

2) 커버의 옆면 선택

3) 메이트 결과

※ 자동으로 일치 조건이 부여된다.

⑨ 부품 삽입(Insert Components)을 클릭하고 스퍼기어를 선택한 후 그래픽 영역(Graphic Area)에 배치한다(임시축을 비활성화 한다).

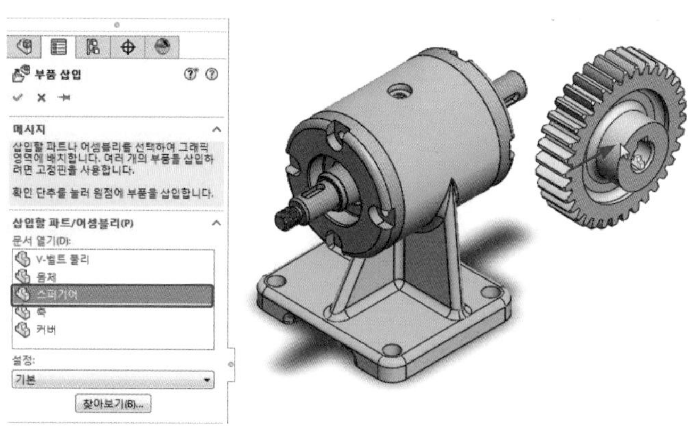

⑩ 메이트(Mate)를 클릭하고 다음과 같이 메이트 조건을 적용한다(모든 조건을 적용시키고 키보드 Esc를 누른다).

● 메이트 1

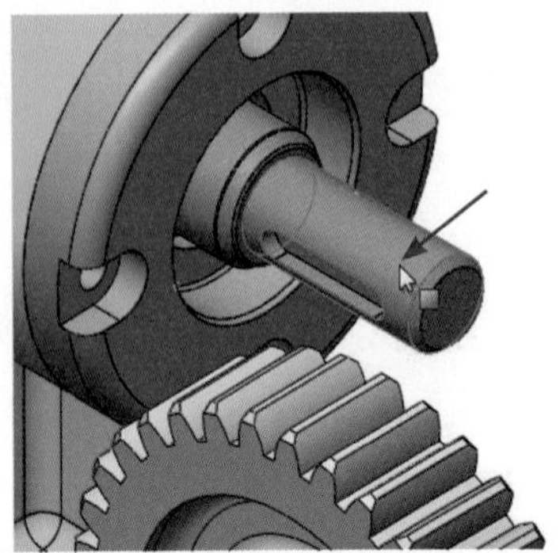

1) 축의 원통 면 선택

2) 스퍼기어의 구멍 원통면 선택

3) 메이트 결과

※ 자동으로 동심 조건이 부여된다.

● 메이트 2

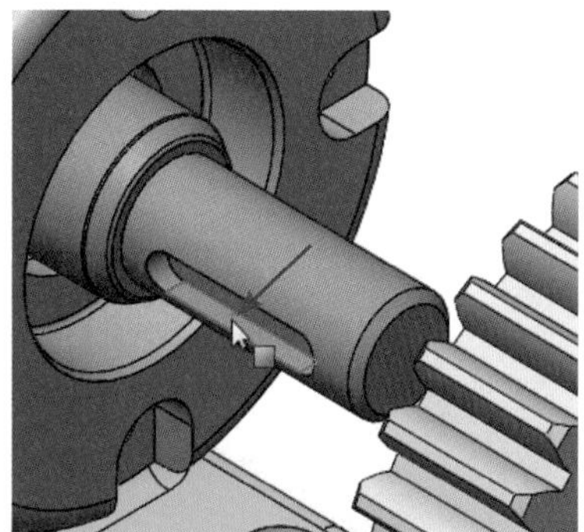
1) 축의 키 홈 옆면 선택

2) 스퍼기어의 키 홈 옆면 선택

3) 메이트 결과

※ 자동으로 일치 조건이 부여된다.

● 메이트 3

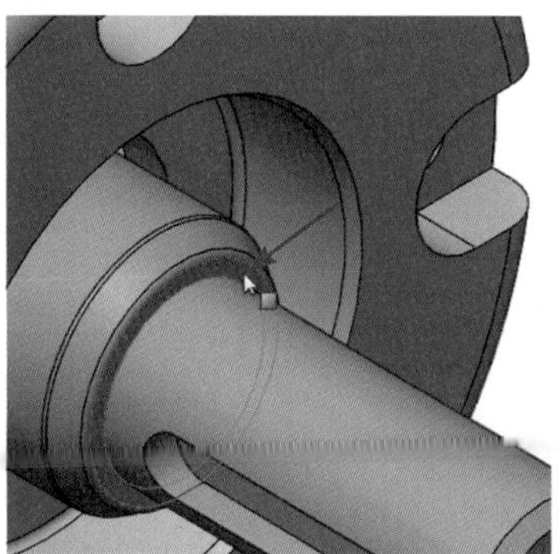
1) 축의 옆면 선택

2) 스퍼기어의 보스 옆면 선택

3) 메이트 결과

※ 자동으로 일치 조건이 부여된다.

⑪ 부품 삽입(Insert Components)을 클릭하고 V-벨트 풀리를 선택한 후 그래픽 영역(Graphic Area)에 배치한다.

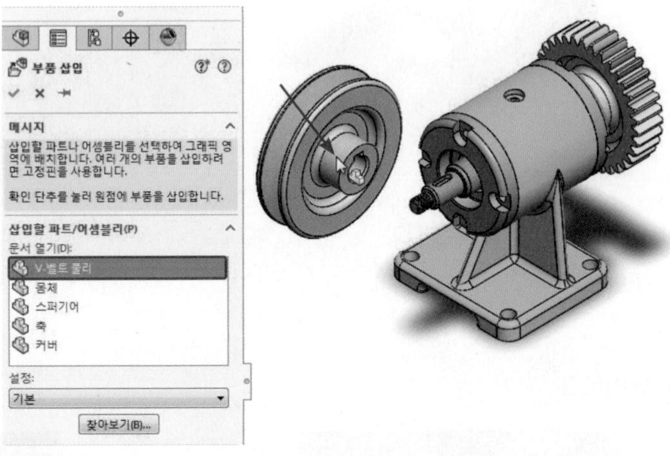

⑫ 메이트(Mate)를 클릭하고 다음과 같이 메이트 조건을 적용한다(모든 조건을 적용시키고 키보드 Esc를 누른다).

● 메이트 1

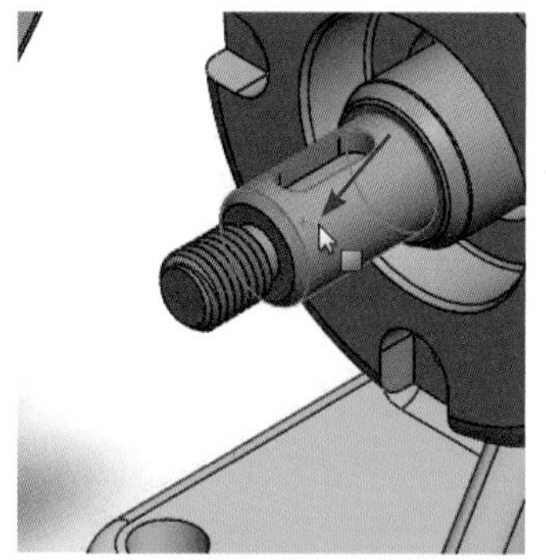

1) 축의 원통 면 선택

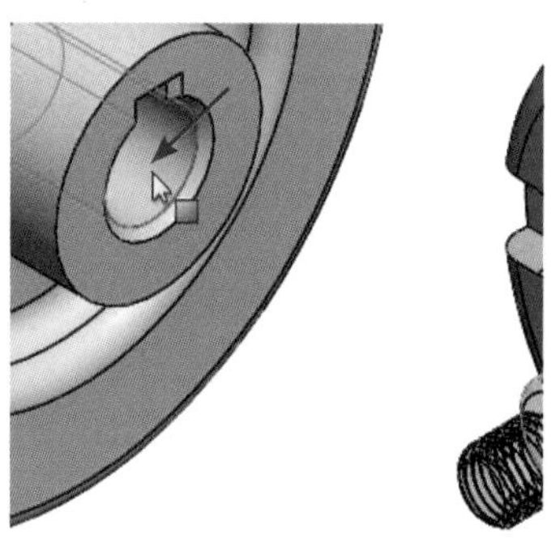

2) V-벨트 풀리의 구멍 원통 면 선택

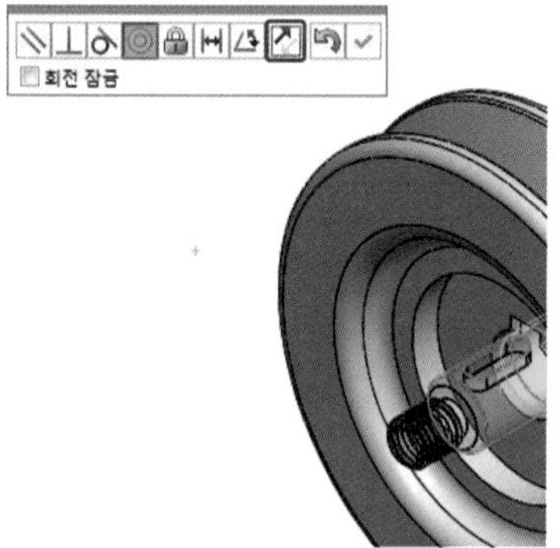

3) 메이트 맞춤 뒤집기 선택
(위 이미지는 뒤집기를 진행한 후이다.)

4) 메이트 결과
(메이트 종료 후 위치 이동)

※ 자동으로 동심 조건이 부여된다.

● 메이트 2

1) 축의 키 홈 옆면 선택

2) V-벨트 풀리의 키 홈 옆면 선택

3) 메이트 결과

※ 자동으로 일치 조건이 부여된다.

● 메이트 3

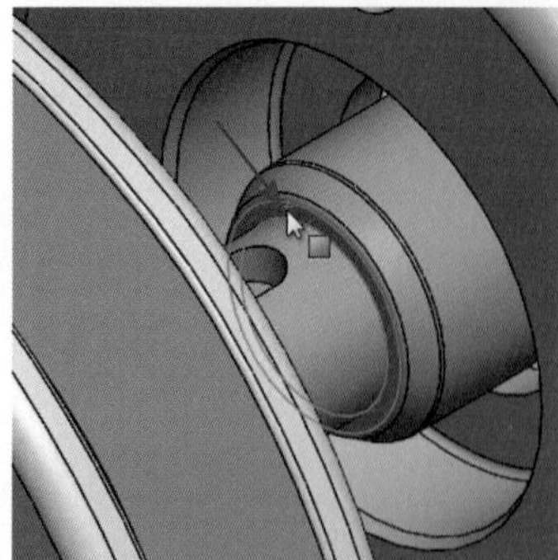

1) 축의 옆면 선택

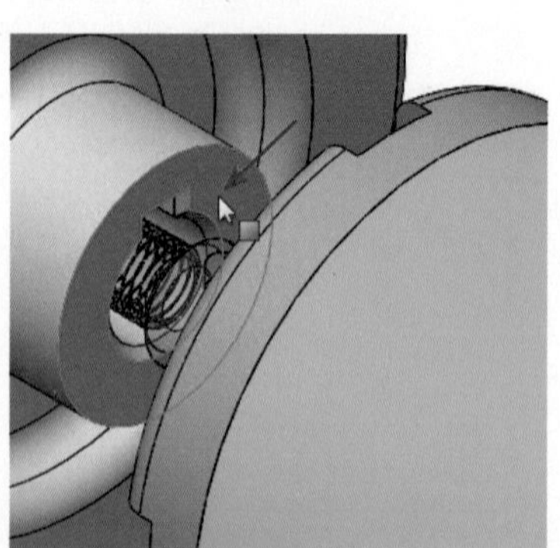

2) V-벨트 풀리의 보스 옆면 선택

3) 메이트 결과

※ 자동으로 일치 조건이 부여된다.

⑬ 파일(File) → 저장(Save)을 클릭하고 저장 위치와 파일 이름(File Name)을 지정한 후 저장(Save)을 클릭한다(파일 이름은 동력전달장치_Assy로 지정한다).

(2) 파트(Part) 모델링의 보기

메이트 작업도중 다른 모델링에 의하여 요소 선택이 어려울 때가 있다. 이 때 다음과 같이 작업을 진행한다.

- 부품 숨기기(Hide Components)

  V-벨트 풀리에서 마우스 MB3 버튼을 클릭하고 부품 숨기기(Hide Components)를 클릭한다.

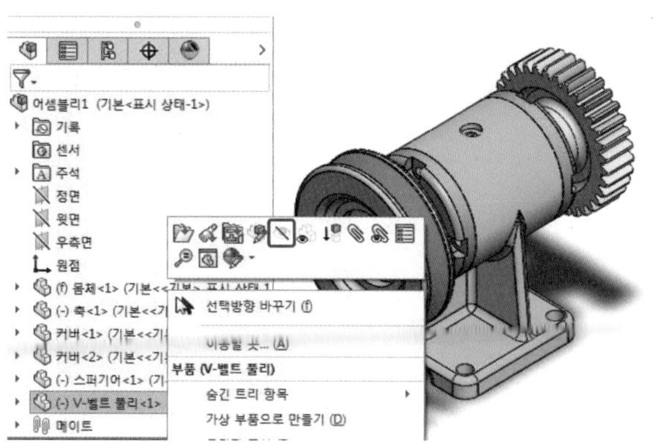

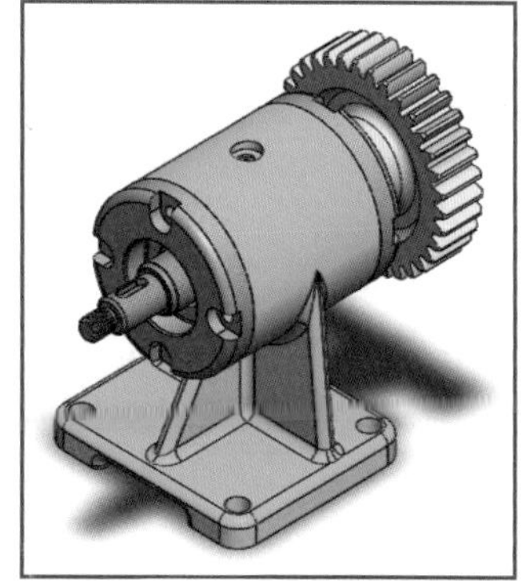

- 투명도 변경(Change Transparency)

몸체에서 마우스 MB3 버튼을 클릭하고 투명도 변경(Change Transparency)을 클릭한다.

- 단면도(Section View)

빠른 보기 도구모음에서 단면도(Section View)를 클릭한다.

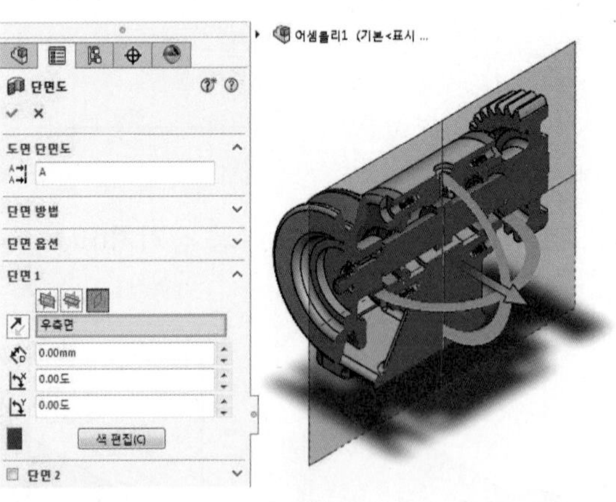

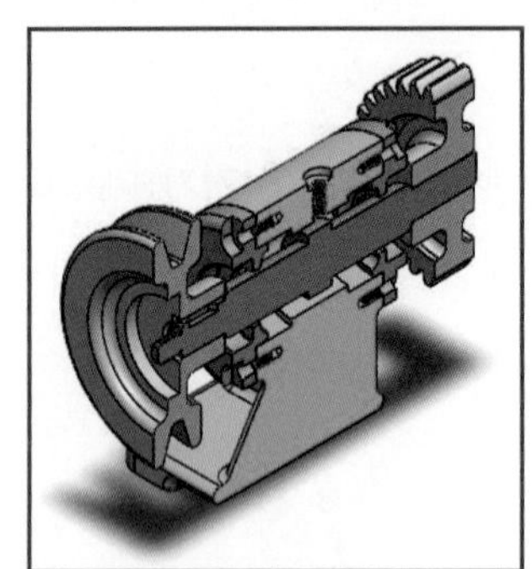

(3) 파트(Part) 모델의 수정

어셈블리(Assembly) 작업 진행 중 잘못 작성된 파트(Part) 모델 발견, 설계 변경에 의한 치수 수정이 발생 시 아래와 같이 수정한다.

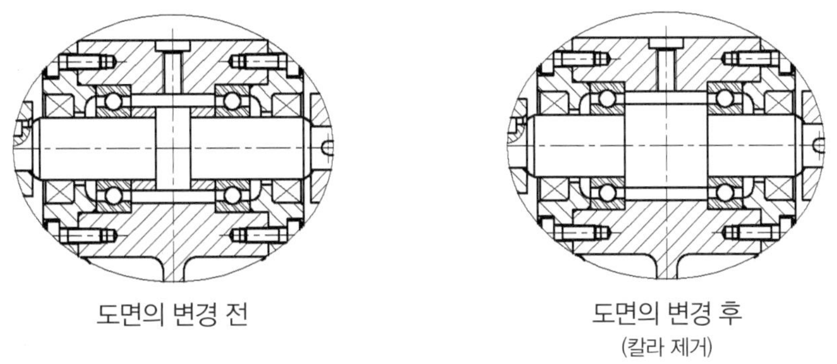

도면의 변경 전

도면의 변경 후
(칼라 제거)

① 축에서 마우스 MB3 버튼을 클릭하고 파트 열기(Open Part)를 클릭한다.

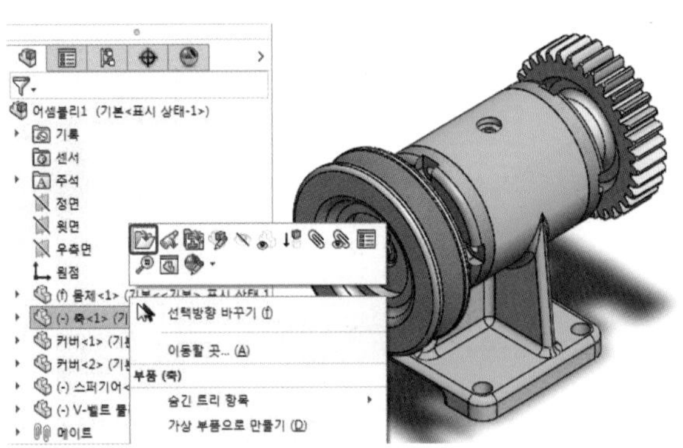

– 다음과 같이 해당 파트(Part) 모델이 열린다.

② 다음과 같이 파트(Part) 모델을 수정한다.

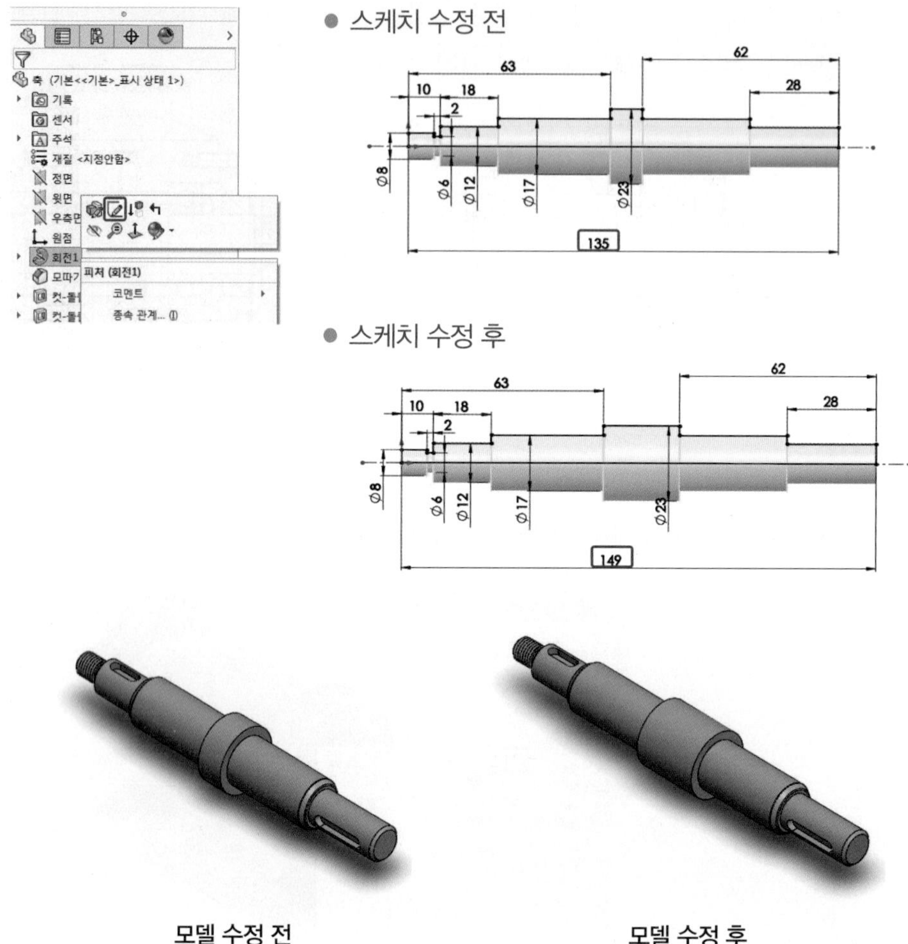

③ 수정 완료 후 파일(File) → 저장(Save)을 클릭하고 창(Window) → 동력전달장치.SLDASM을 클릭한다.

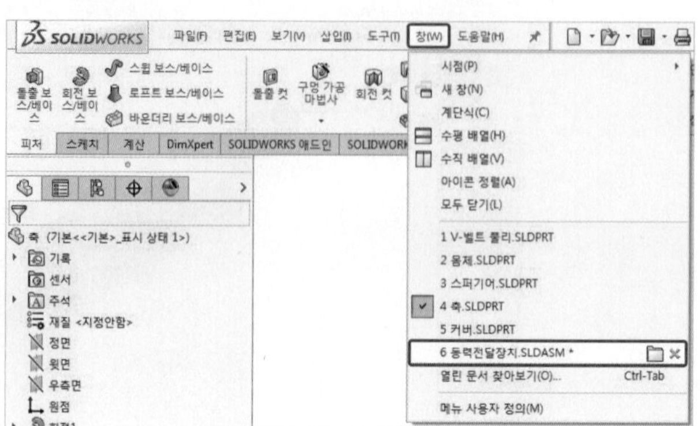

④ 다음과 같이 나타나면 예를 클릭한다.

⑤ 축과 몸체와 관계된 메이트 조건을 수정한다.

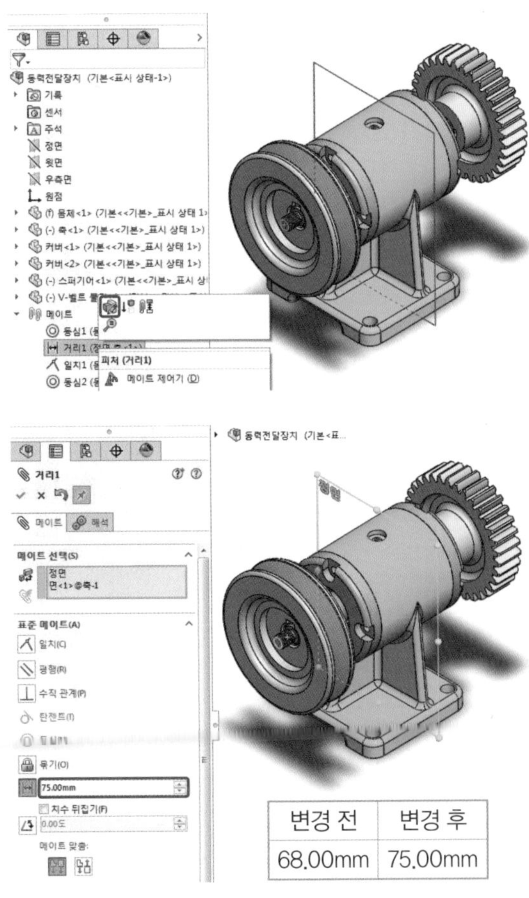

변경 전	변경 후
68.00mm	75.00mm

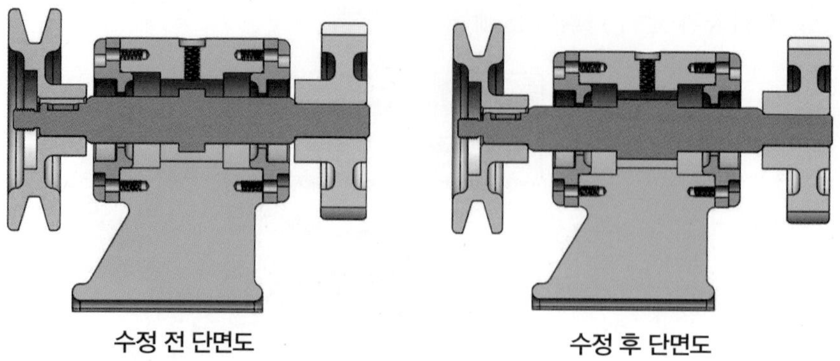
수정 전 단면도 수정 후 단면도

(4) 간섭 확인

① 계산(Evaluate) 메뉴에서 간섭 탐지(Interference Detection)를 클릭한다.

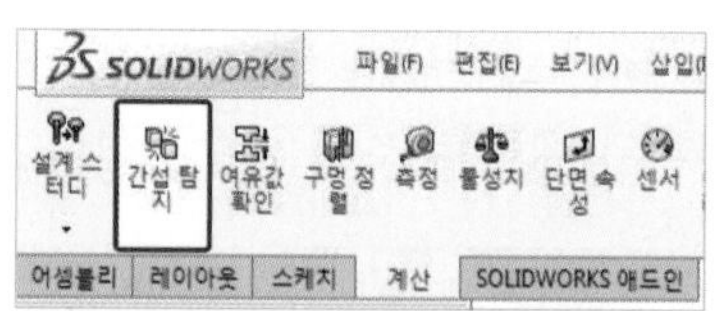

② 다음과 같이 설정하고 계산(Calculate)을 클릭한다.

– 이상이 있을 경우 어셈블리나 모델의 수정을 진행하면 된다.

(5) 어셈블리 작업 중 오류

어셈블리(Assembly) 작업 진행 시 오류 발생의 원인은 다음과 같다.

- 잘못된 메이트 조건

1) 다음과 같이 다른 메이트 조건과 전혀 연관성 없는 메이트 조건을 적용하면 오류가 발생한다.

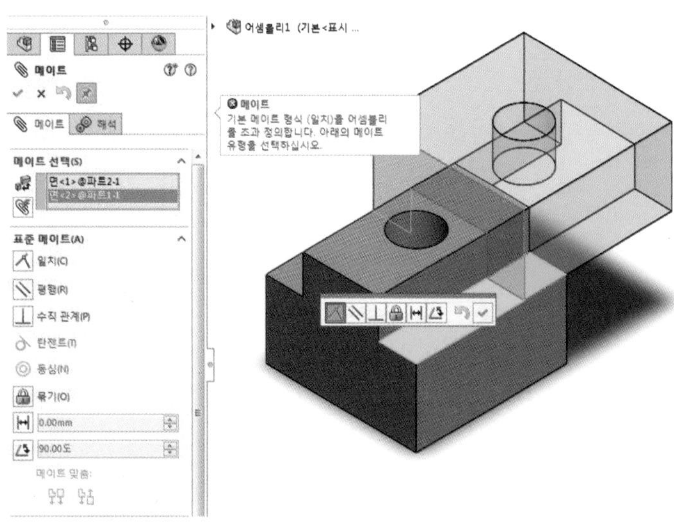

- 파트(Part) 모델링의 수정(메이트의 선택 요소가 사라진 경우)

1) 메이트 부여

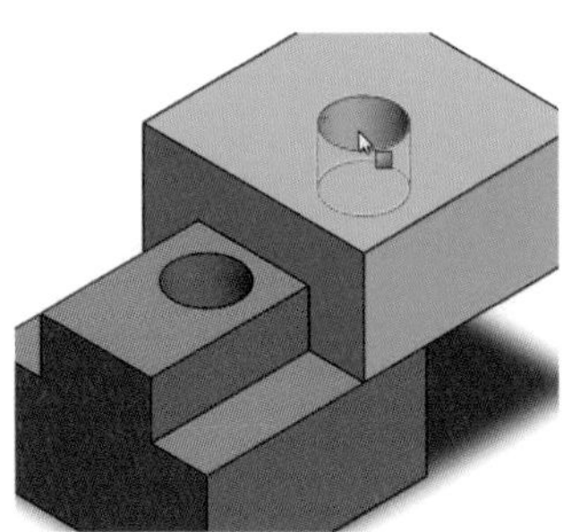
기준 모델의 구멍을 선택

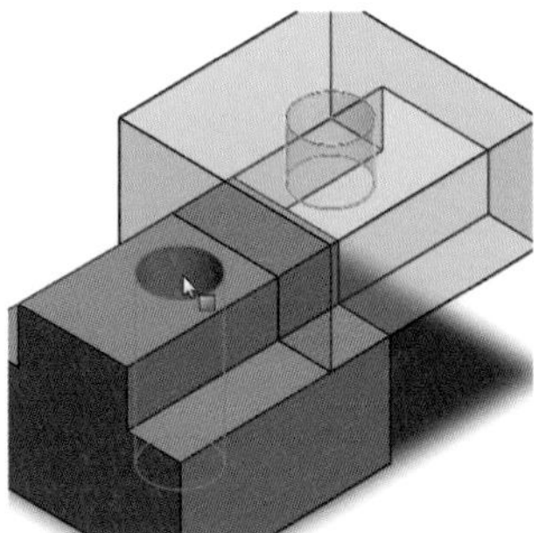
동심 적용 모델의 구멍 선택

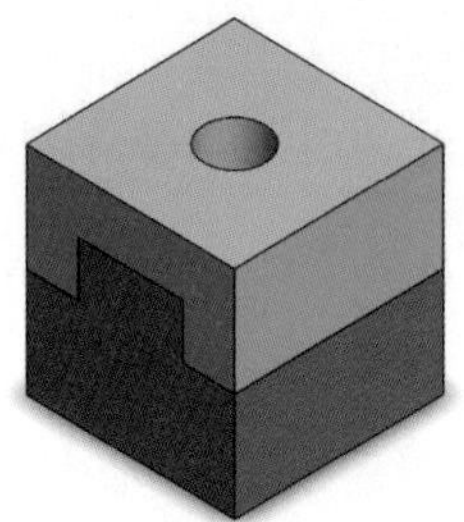

메이트 결과

2) 모델 수정

기준 부품의 구멍을 삭제하였다.

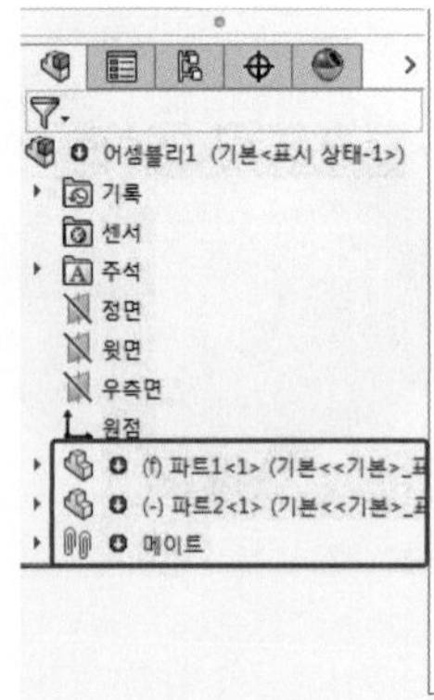

03 Toolbox를 이용한 어셈블리(Assembly)

SolidWorks의 Toolbox 기능을 이용하여 일반적으로 규격화가 된 기계요소 부품들의 파트(Part) 모델을 불러와서 어셈블리에 적용할 수 있다.

1 Toolbox 시작

Toolbox를 이용하여 어셈블리(Assembly) 작업을 추가한다.

① SolidWorks 리소스(SolidWorks Resources) → 설계 라이브러리(Design Library) → Toolbox를 클릭한다.

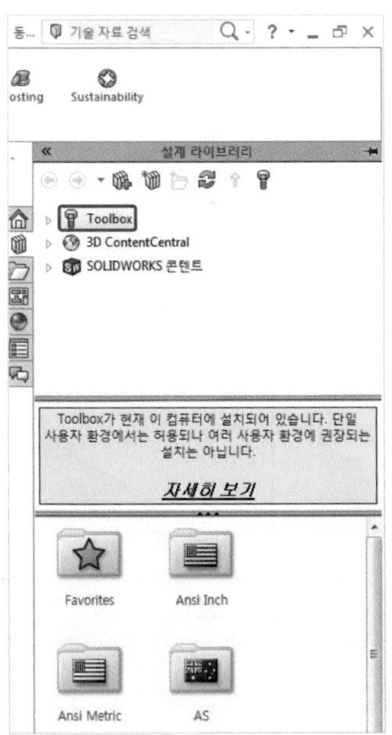

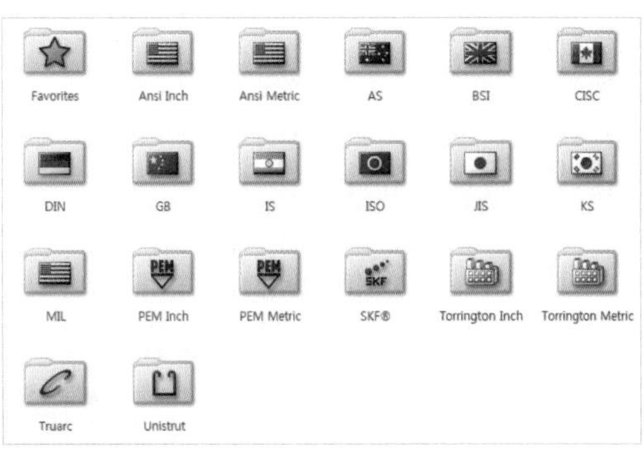

2 Toolbox 부품 삽입

다음의 도면을 참조로 Toolbox의 규격품들을 적용한다.

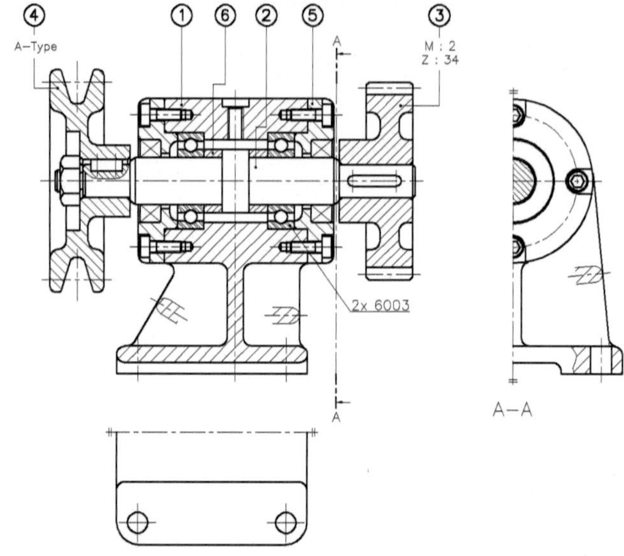

(1) 베어링 삽입

① V-벨트 풀리와 커버를 선택하고 마우스 MB3 버튼을 클릭한 후 부품 숨기기(Hide Components)를 클릭한다.

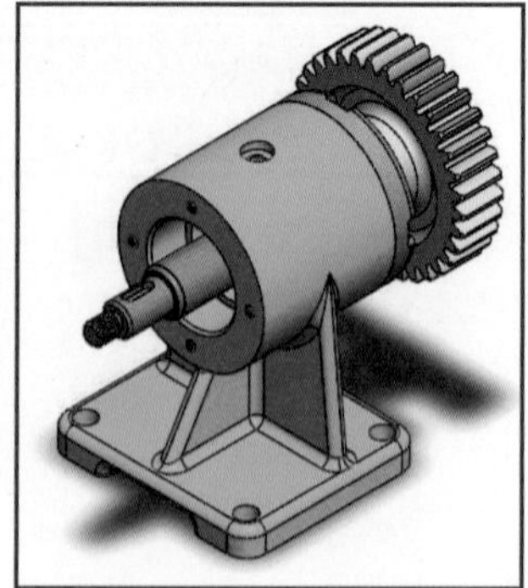

② SolidWorks 리소스(SolidWorks Resources) → 설계 라이브러리(Design Library) → Toolbox → KS → 베어링(Bearings) → 볼 베어링(Ball Bearings)을 더블 클릭한다.

③ 깊은 홈 볼베어링(60계열) KS B 2023을 그래픽 영역(Graphic Area)으로 드래그하고 세부 규격을 선택한 후 확인을 클릭한다.

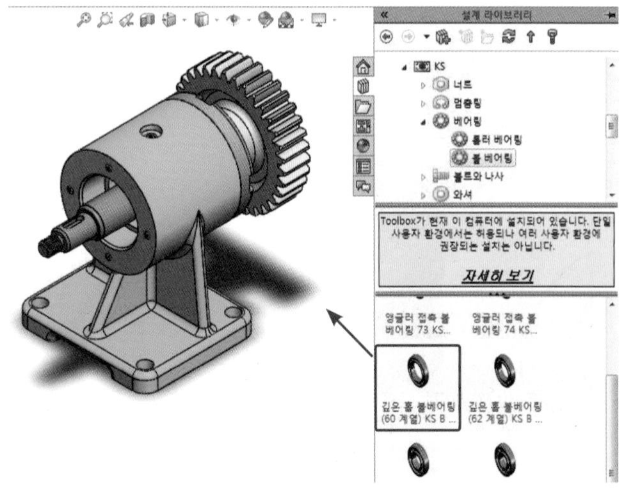

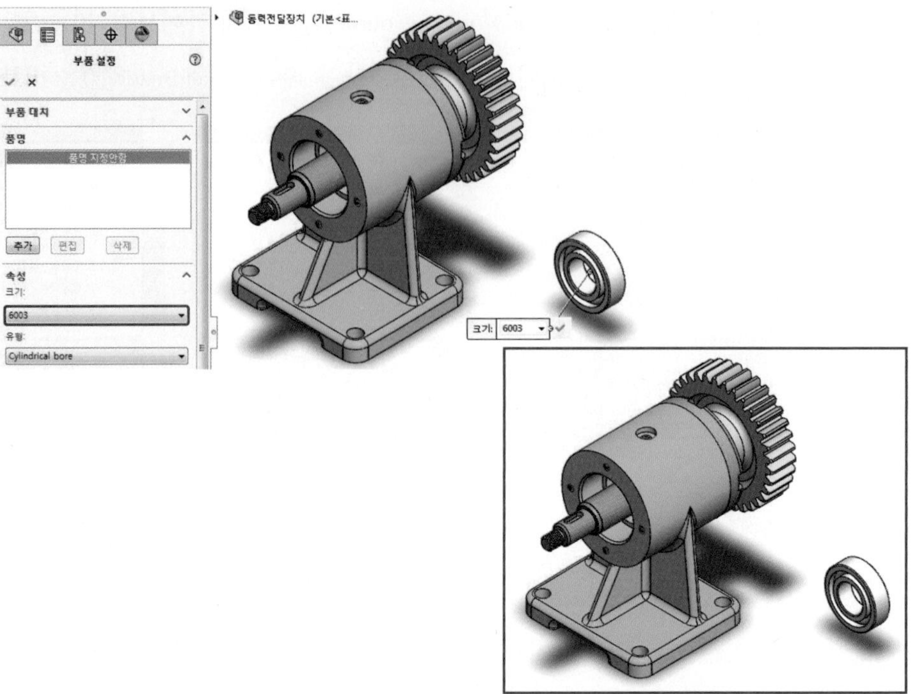

④ 메이트(Mate)를 클릭하고 다음과 같이 메이트 조건을 적용한다(모든 조건을 적용시키고 키보드 Esc를 누른다).

- 메이트 1

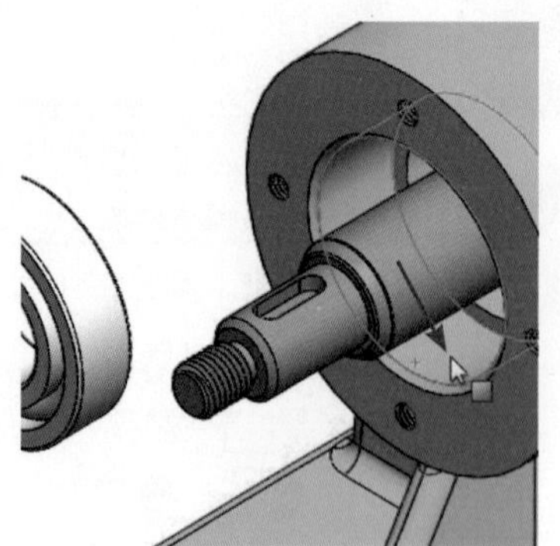

1) 몸체의 베어링 안착 부 선택

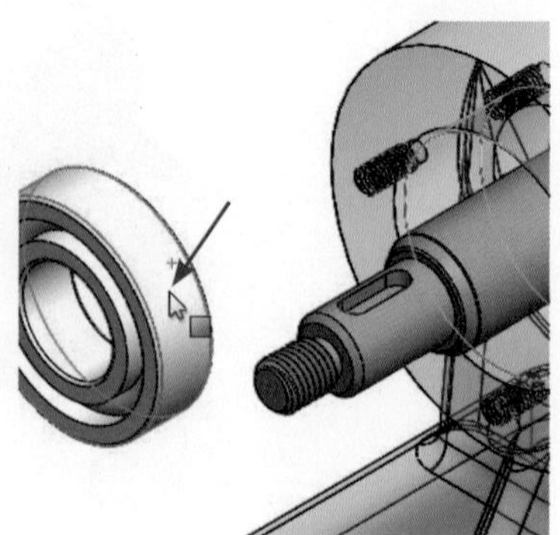

2) 베어링의 원통 면 선택

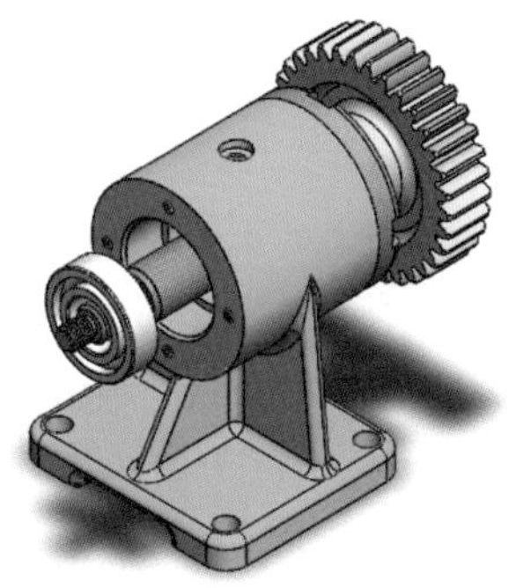

3) 메이트 결과

※ 자동으로 동심 조건이 부여된다.

- 메이트 2

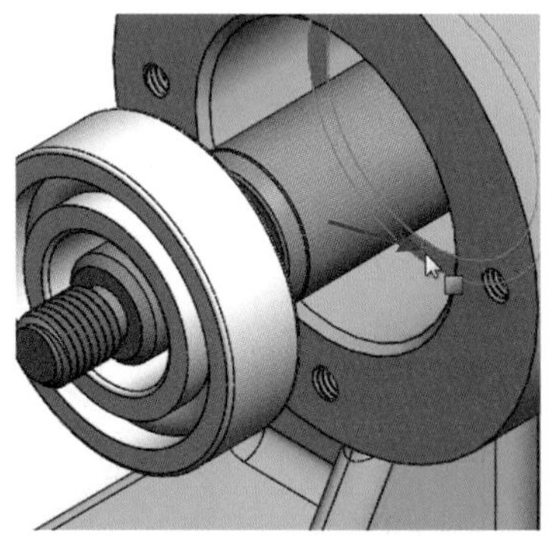

1) 몸체의 베어링 안착 부 옆면 선택

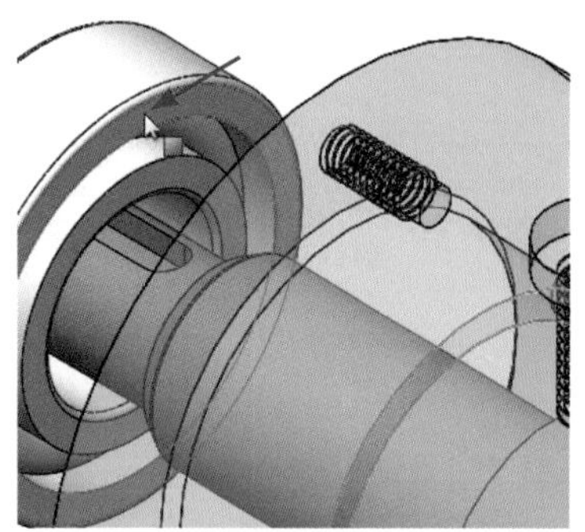

2) 베어링의 옆면 선택

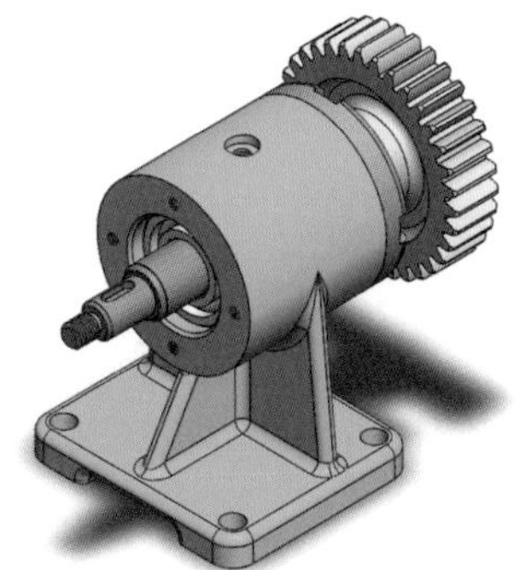

3) 메이트 결과

※ 자동으로 일치 조건이 부여된다.

⑤ V-벨트 풀리와 커버를 선택하고 마우스 MB3 버튼을 클릭한 후 부품 표시(Show Components)를 클릭한다.

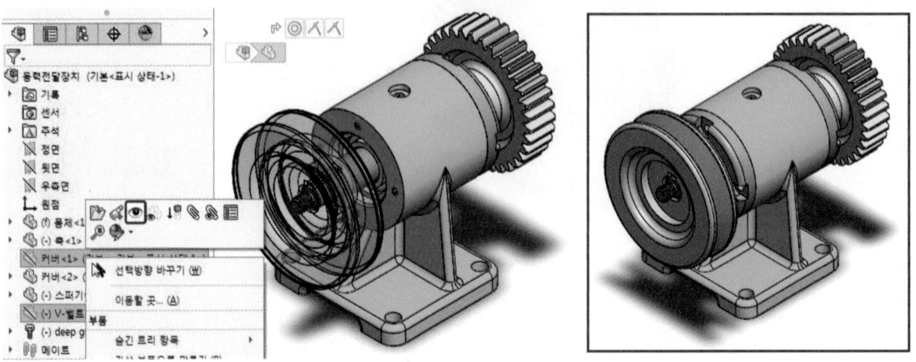

⑥ 표준 도구막대에서 단면도(Section View)를 클릭하고 다음과 같이 설정한다.

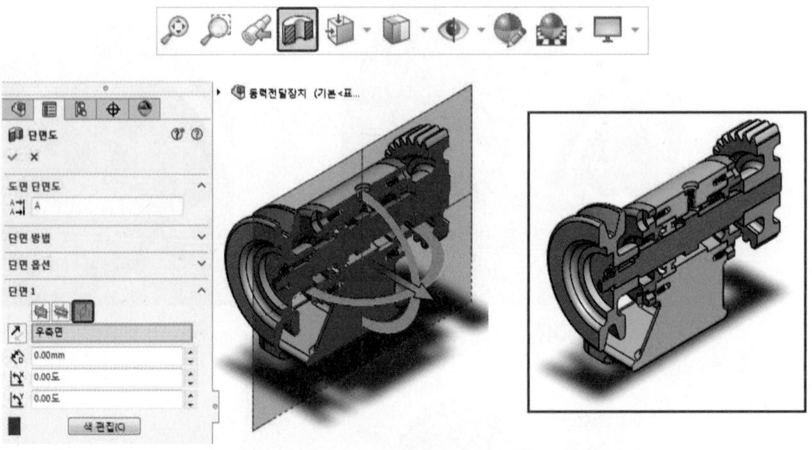

⑦ 어셈블리(Assembly) 메뉴에서 부품 선형 패턴(Linear Component Pattern)을 클릭하고 다음과 같이 설정한 후 확인을 클릭한다(보기(View) → 숨기기 / 보이기(Hide / Show) → 임시축(Temporary Axes)을 클릭하여 활성화 한다).

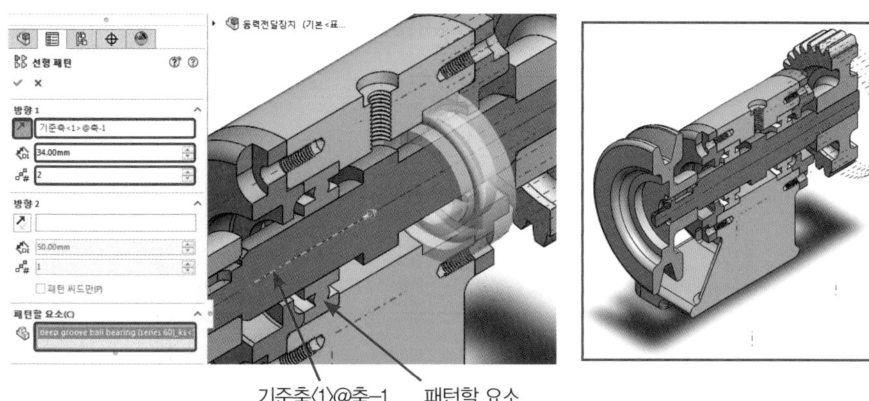

⑧ 단면도(Section View)와 임시축(Temporary Axes)의 활성화를 해제한다.

(2) 육각 홈 붙이 나사 삽입

① V-벨트 풀리에서 마우스 MB3 버튼을 클릭하고 부품 숨기기(Hide Components)를 클릭한다.

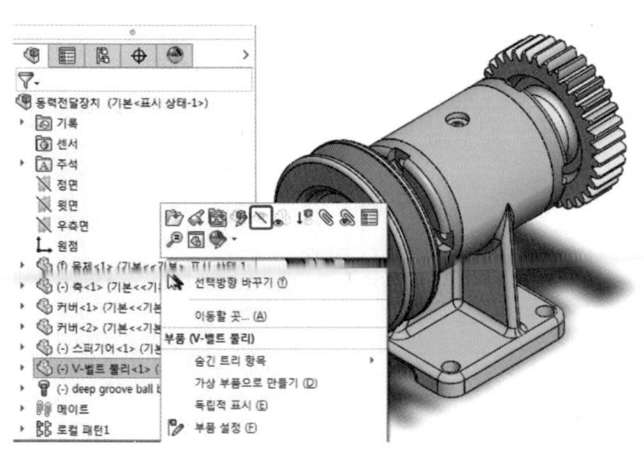

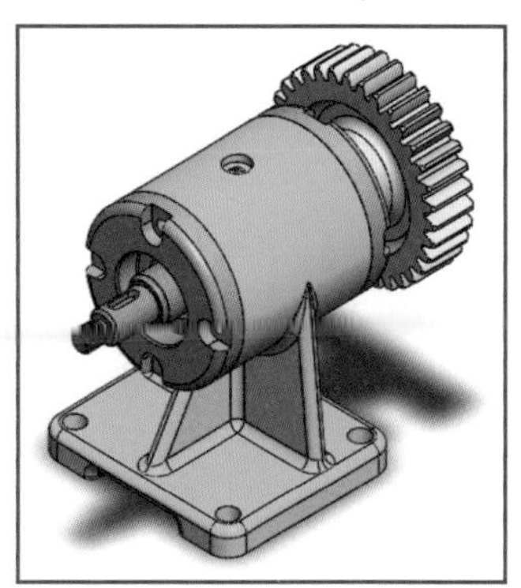

② SolidWorks 리소스(SolidWorks Resources) → 설계 라이브러리(Design Library) → Toolbox → KS → 볼트와 나사(Bolts and Screws) → 소켓 머리 나사(Socket Head Screws)를 더블 클릭한다.

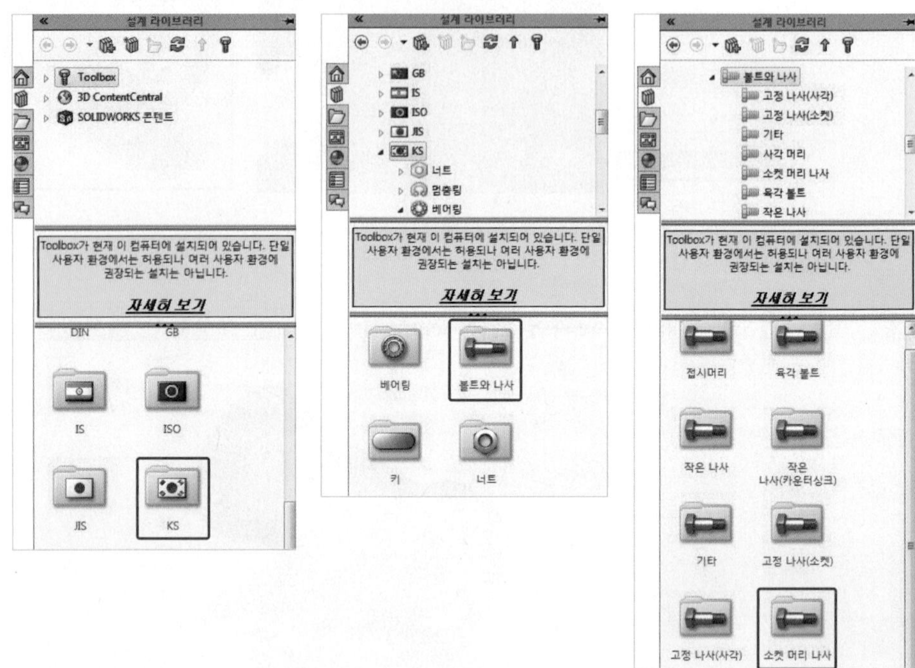

③ 구멍붙이 볼트 KS B 1003을 그래픽 영역(Graphic Area)으로 드래그하고 세부 규격을 선택한 후 확인을 클릭한다.

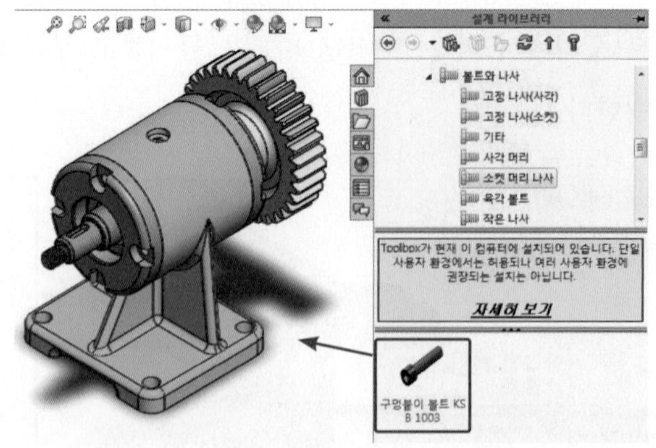

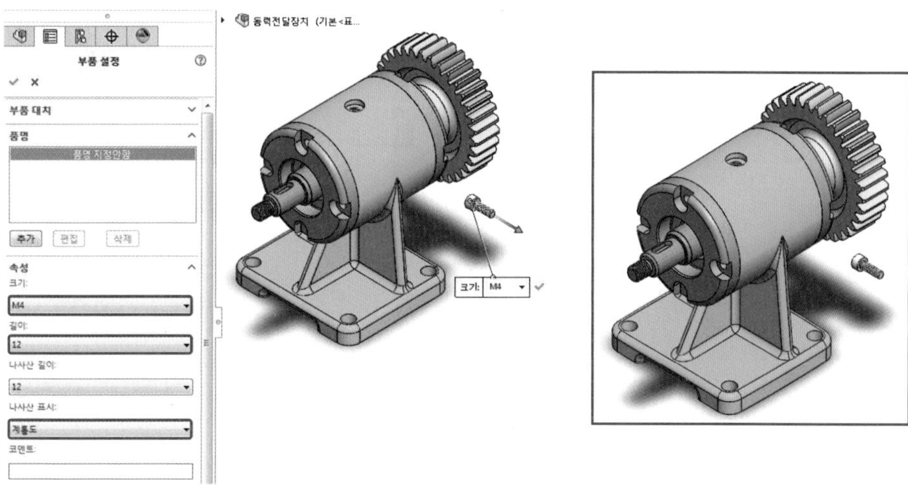

④ 메이트(Mate)를 클릭하고 다음과 같이 메이트 조건을 적용한다(모든 조건을 적용시키고 키보드 Esc를 누른다).

● 메이트 1

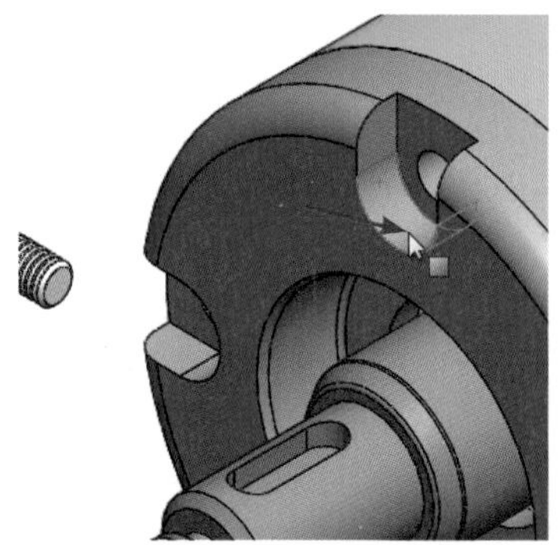

1) 커버의 볼트 관통 부 원통 면 선택

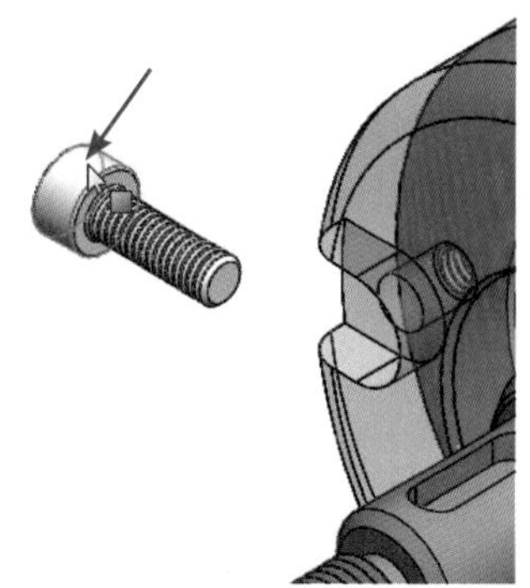

2) 나사의 볼트머리 원통 면 선택

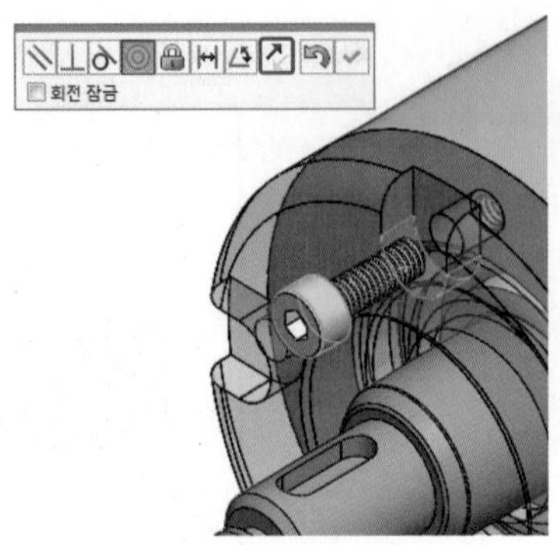

3) 메이트 맞춤 뒤집기 선택
(위 이미지는 뒤집기를 진행한 후이다.)

4) 메이트 결과

※ 자동으로 동심 조건이 부여된다.

● 메이트 2

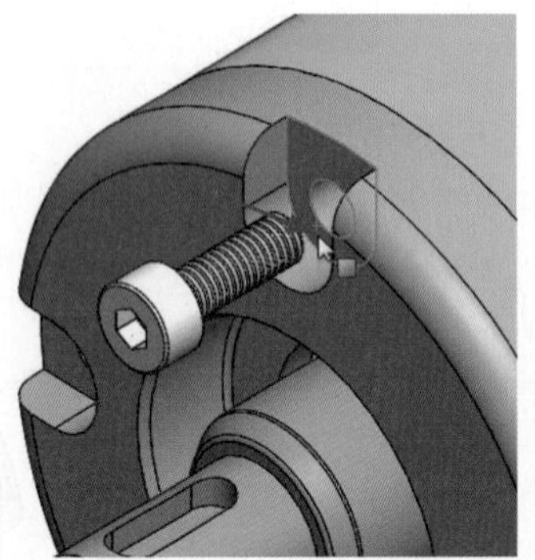

1) 커버의 볼트 관통 부 원통 면 선택

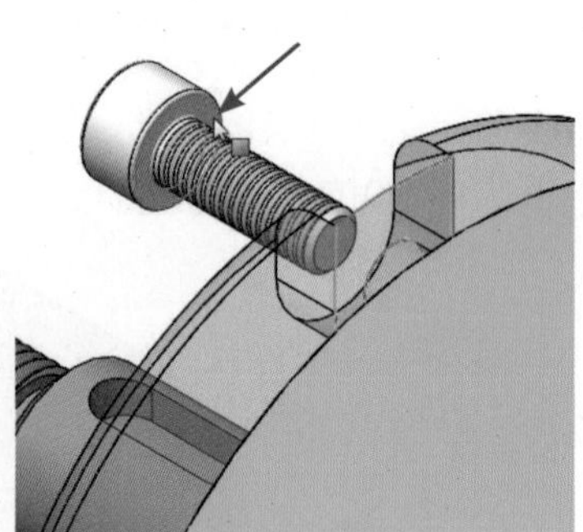

2) 나사의 볼트머리 원통 면 선택

3) 메이트 결과

※ 자동으로 일치 조건이 부여된다.

⑤ 어셈블리(Assembly) 메뉴에서 부품 원형 패턴(Circular Component Pattern)을 클릭하고 다음과 같이 설정한 후 확인을 클릭한다(보기(View) → 숨기기 / 보이기(Hide / Show) → 임시축(Temporary Axes)을 클릭하여 활성화 한다).

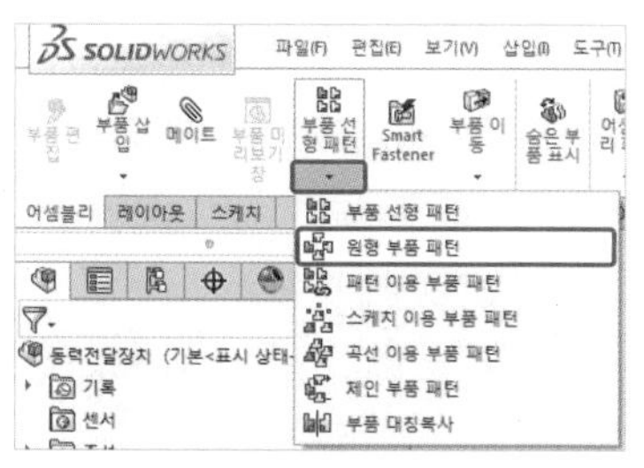

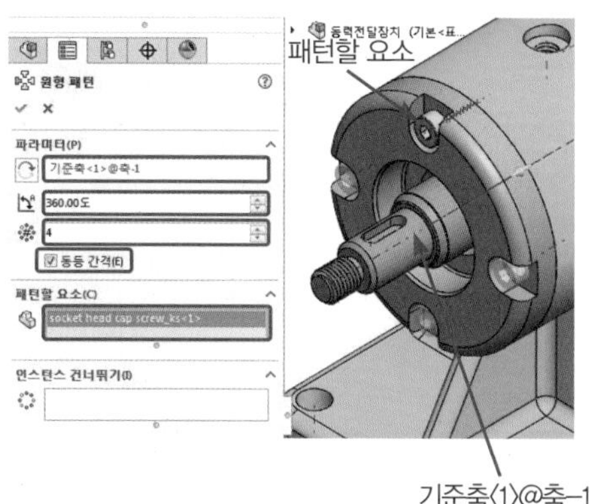

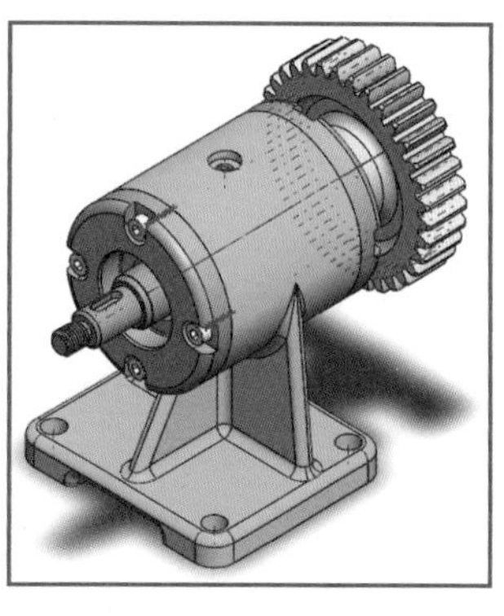

⑥ V-벨트 풀리를 부품 표시(Show Components)하고 임시축(Temporary Axes)의 활성화를 해제한다.

⑦ 어셈블리(Assembly) 메뉴에서 부품 대칭 복사(Mirror Components)를 클릭하고 다음과 같이 설정한 후 확인을 클릭한다.

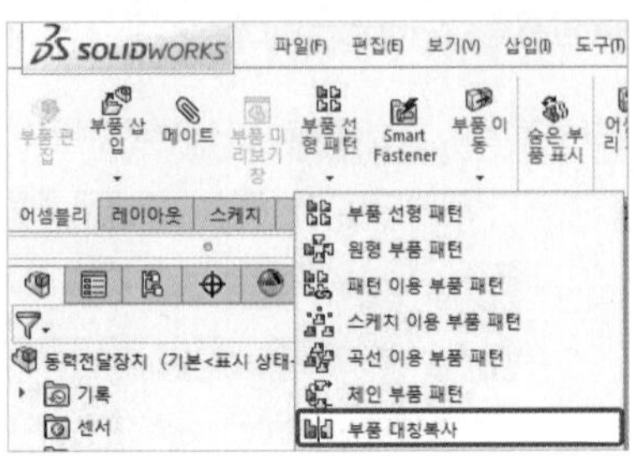

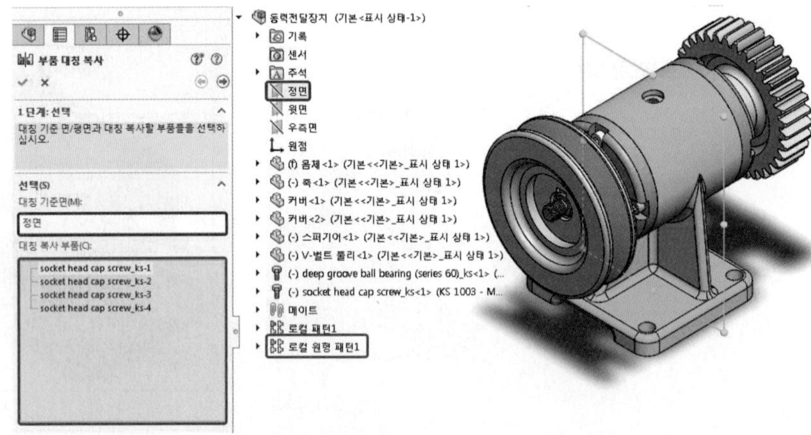

(3) 키 삽입

① V-벨트 풀리와 스퍼기어를 선택하고 마우스 MB3 버튼을 클릭한 후 부품 숨기기(Hide Components)를 클릭한다.

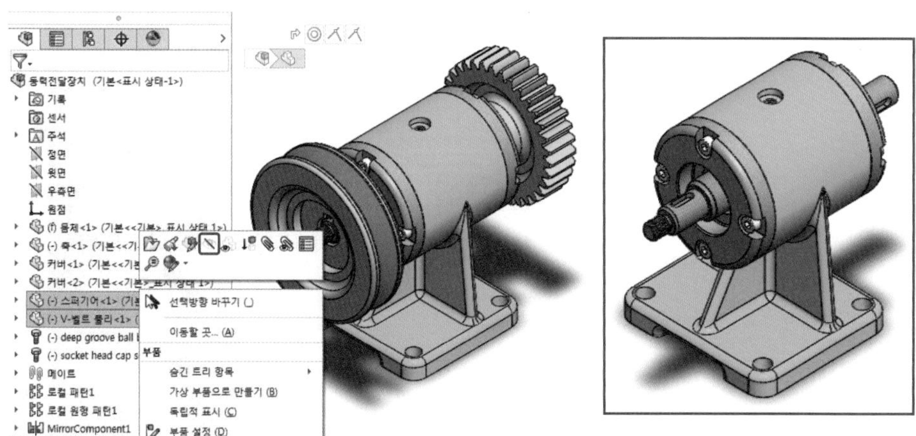

② SolidWorks 리소스(SolidWorks Resources) → 설계 라이브러리(Design Library) → Toolbox → KS → 키(Keys) → 모든 키(All Keys)를 더블 클릭한다.

③ 평행 키 KS B 1311을 그래픽 영역(Graphic Area)으로 드래그하고 세부 규격을 선택한 후 확인을 클릭한다.

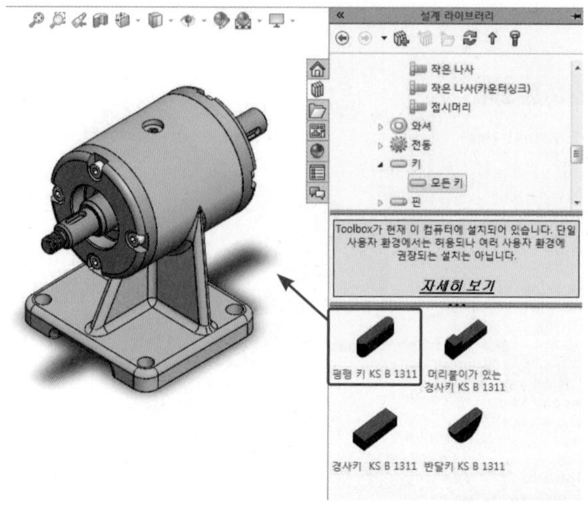

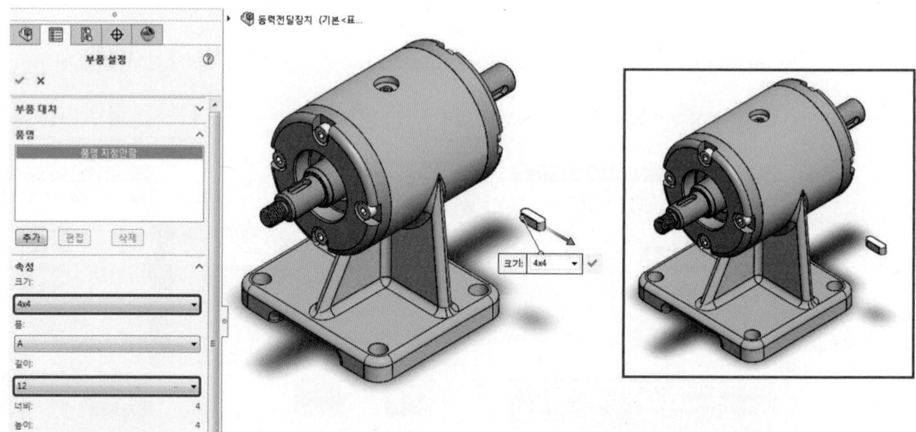

④ 메이트(Mate)를 클릭하고 다음과 같이 메이트 조건을 적용한다(모든 조건을 적용시키고 키보드 Esc를 누른다).

● 메이트 1

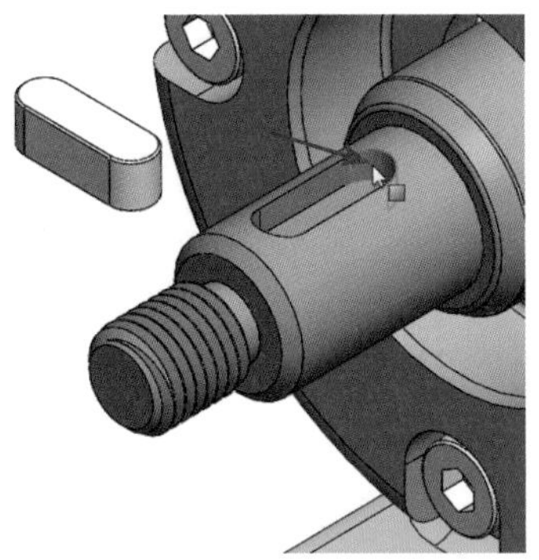

1) 축의 키 홈 둥근 면 선택

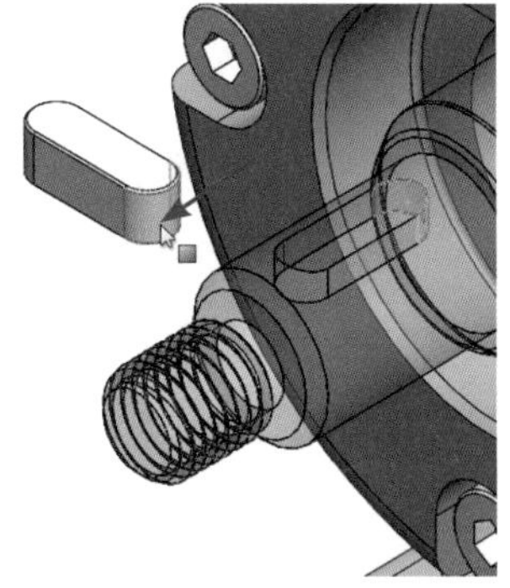

2) 키의 둥근 면 선택

3) 메이트 결과

※ 자동으로 동심 조건이 부여된다.

● 메이트 2

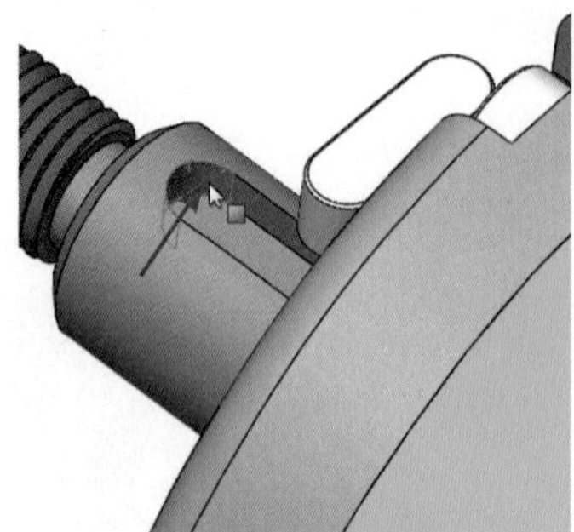

1) 축의 키 홈 반대 둥근 면 선택

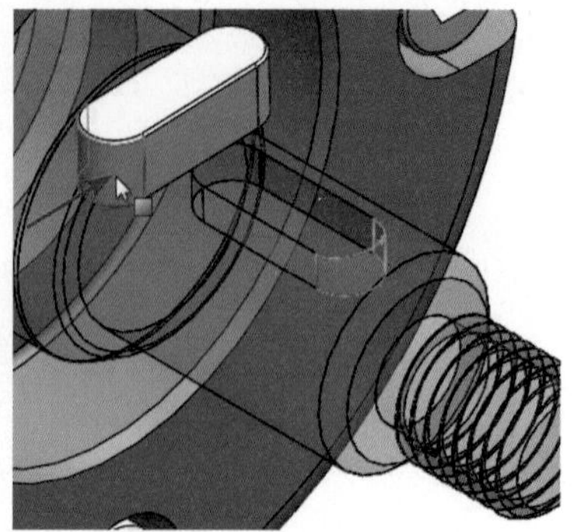

2) 키의 반대 둥근 면 선택

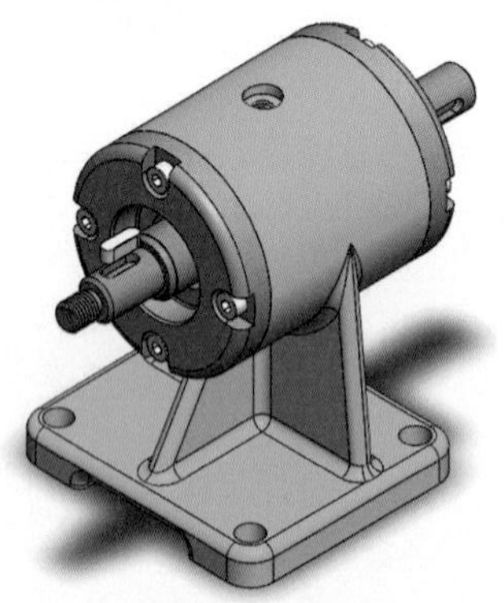

3) 메이트 결과

※ 자동으로 동심 조건이 부여된다.

● 메이트 3

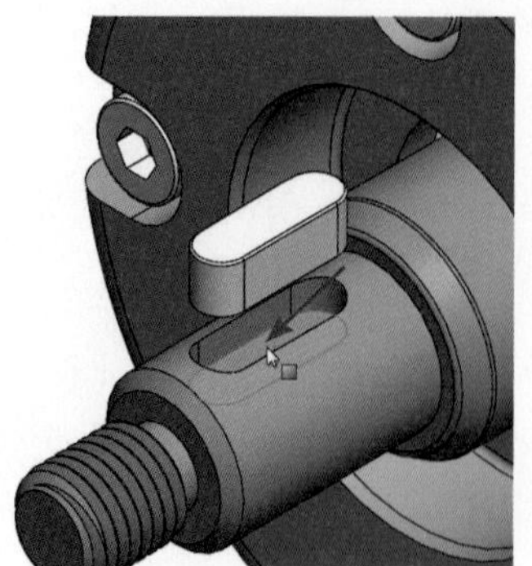

1) 축의 키 홈 바닥면 선택

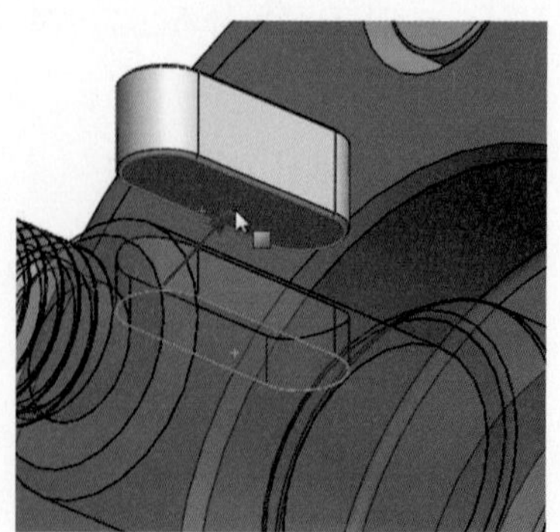

2) 키의 바닥면 선택

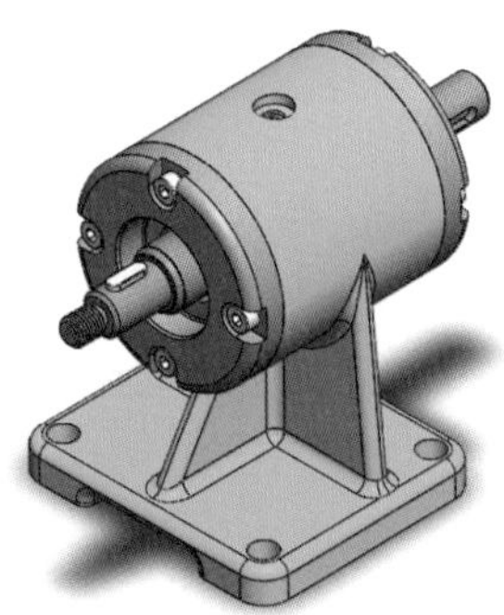

3) 메이트 결과

※ 자동으로 일치 조건이 부여된다.

⑤ Ctrl을 누르면서 키를 드래그하여 복사한다.

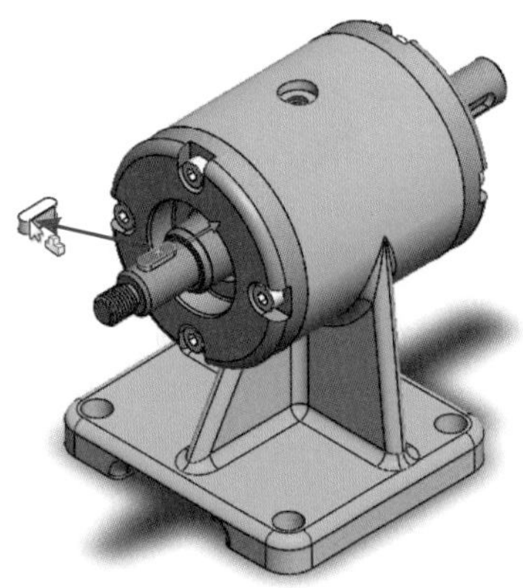

⑥ 복사한 키 모델링에서 마우스 MB3 버튼을 클릭하여 Toolbox 부품 편집(Edit Toolbox Components)을 클릭한다.

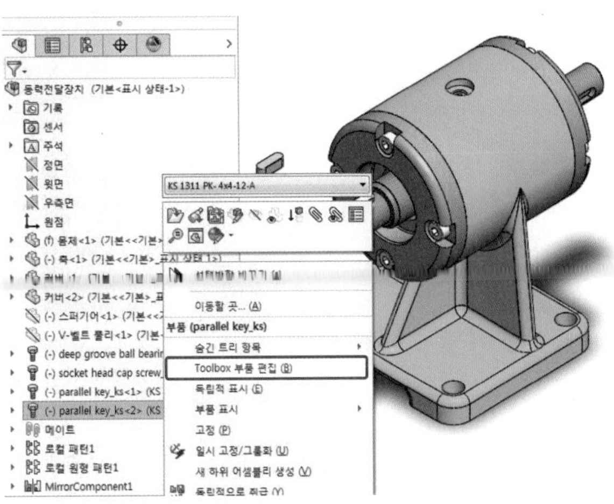

 Toolbox 부품 편집(Edit Toolbox Components)

마우스 MB3 버튼을 클릭하여 Toolbox에서 생성한 부품의 규격 편집을 할 수 있다.

⑦ 다음과 같이 키의 규격을 수정한다.

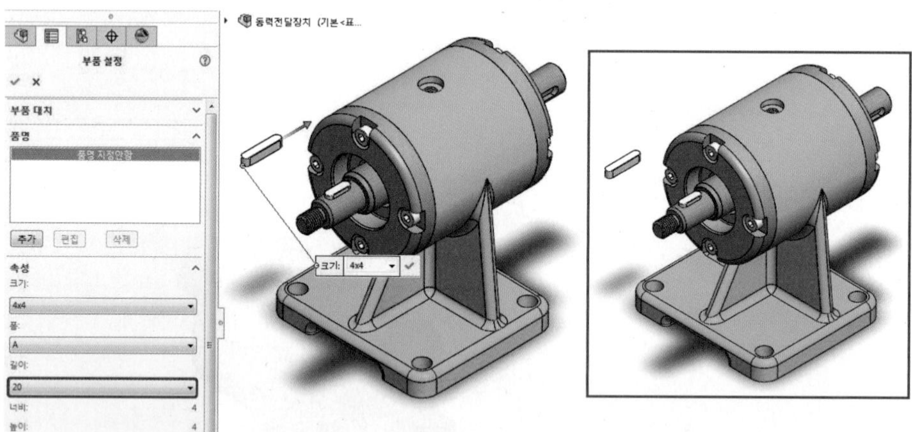

⑧ 메이트(Mate)를 클릭하고 다음과 같이 메이트 조건을 적용한다(모든 조건을 적용시키고 키보드 Esc를 누른다).

- 메이트 1

1) 축의 키 홈 둥근 면 선택

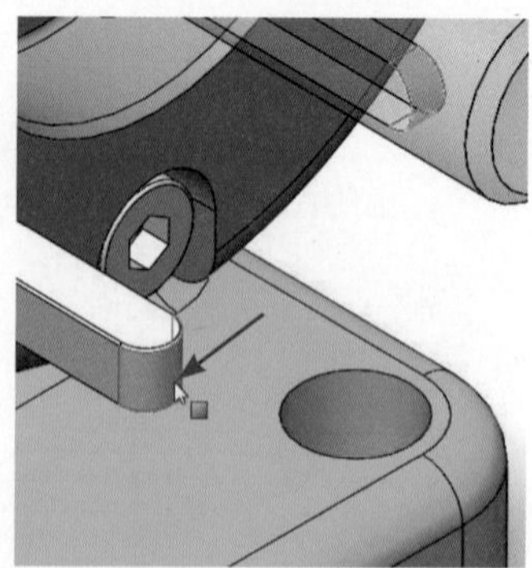

2) 키의 둥근 면 선택

3) 메이트 결과

※ 자동으로 동심 조건이 부여된다.

● 메이트 2

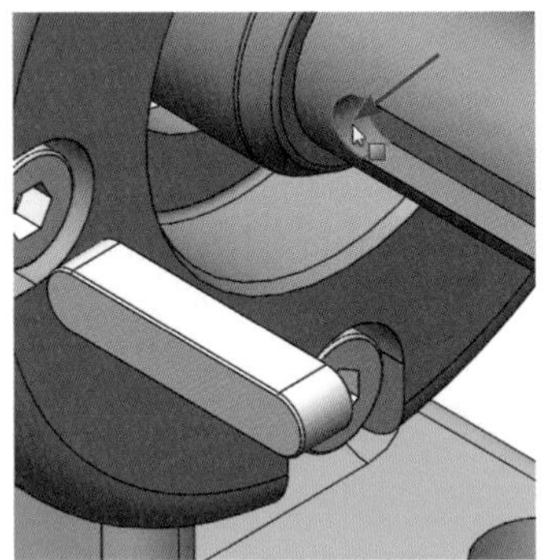

1) 축의 키 홈 반대 둥근 면 선택

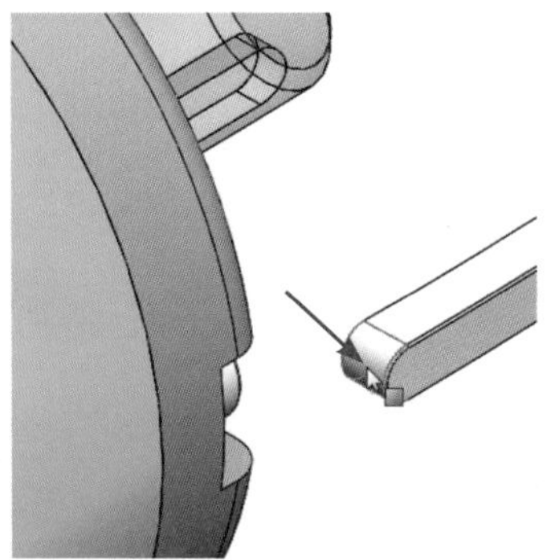

2) 키의 반대 둥근 면 선택

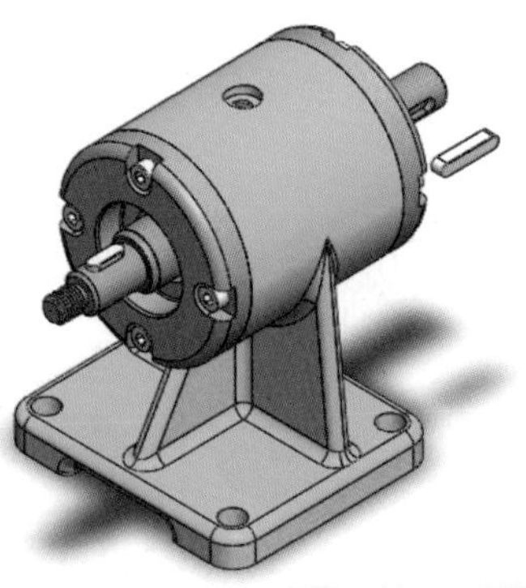

3) 메이트 결과

※ 자동으로 동심 조건이 부여된다.

● 메이트 3

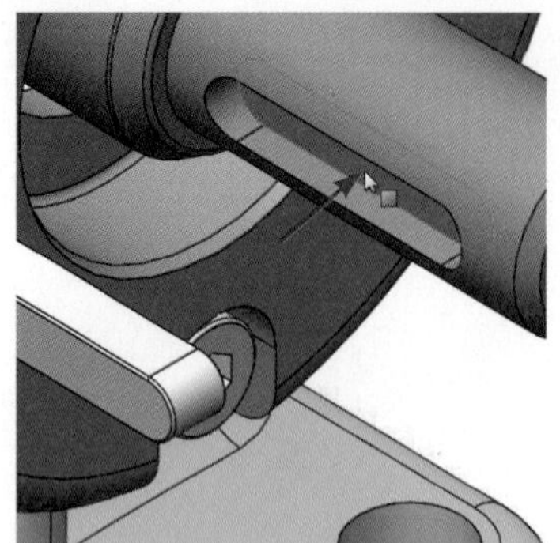

1) 축의 키 홈 바닥면 선택

2) 키의 바닥면 선택

3) 메이트 결과

※ 자동으로 일치 조건이 부여된다.

⑨ V-벨트 풀리와 커버를 선택하고 마우스 MB3 버튼을 클릭한 후 부품 표시(Show Components)를 클릭한다.

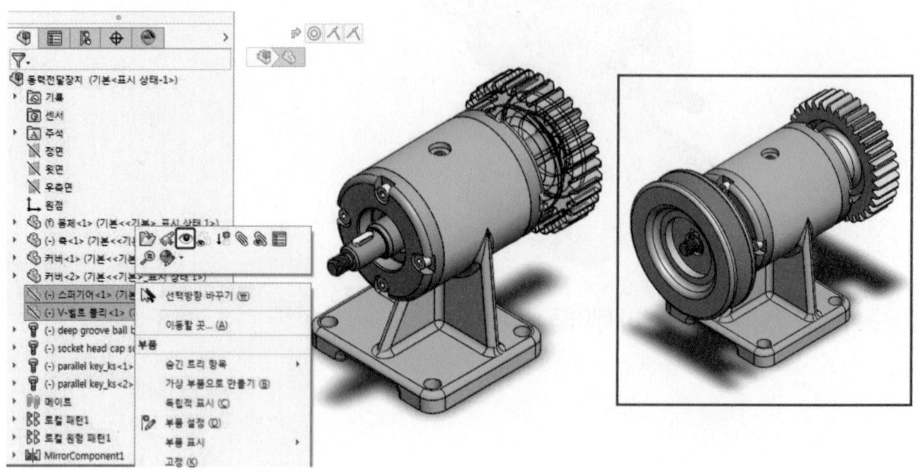

(4) 너트 삽입

① SolidWorks 리소스(SolidWorks Resources) → 설계 라이브러리(Design Library) → Toolbox → KS → 너트(Nuts) → (Hex Nuts)를 더블 클릭한다.

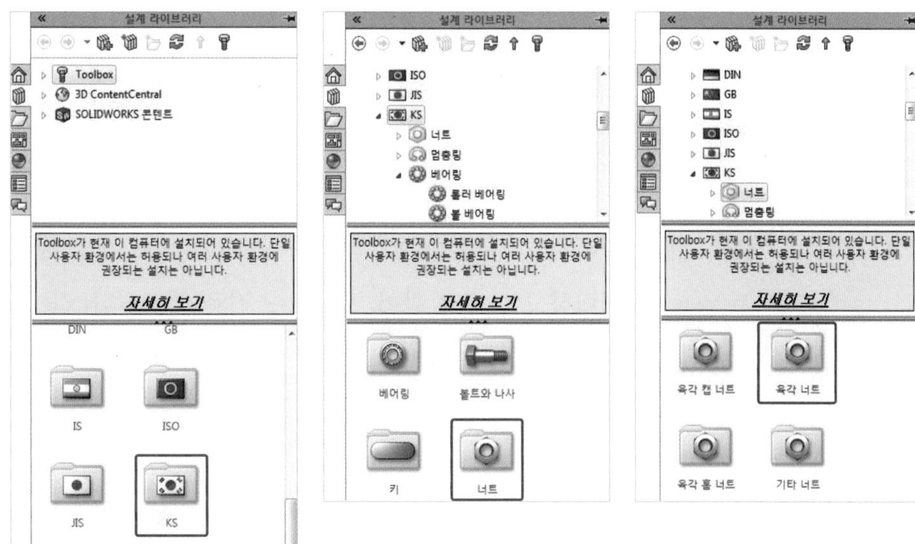

② 육각 너트 등급 C KS B 1012를 그래픽 영역(Graphic Area)으로 드래그하고 세부 규격을 선택한 후 확인을 클릭한다.

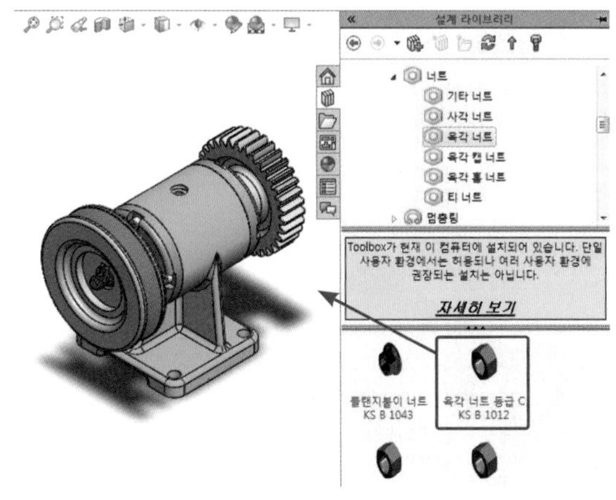

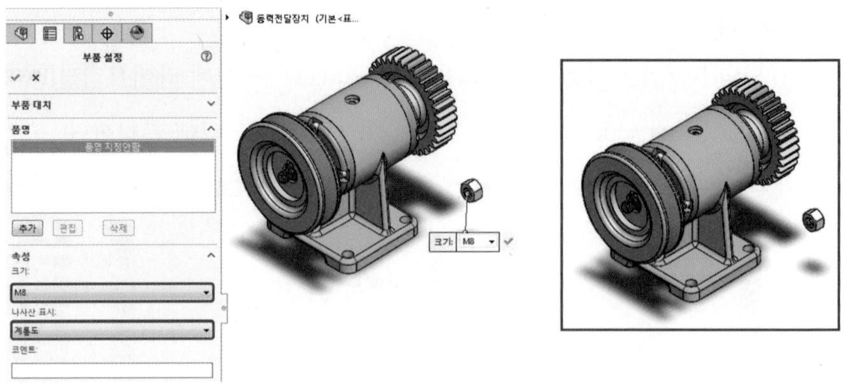

③ 메이트(Mate)를 클릭하고 다음과 같이 메이트 조건을 적용한다(모든 조건을 적용시키고 키보드 Esc를 누른다).

● 메이트 1

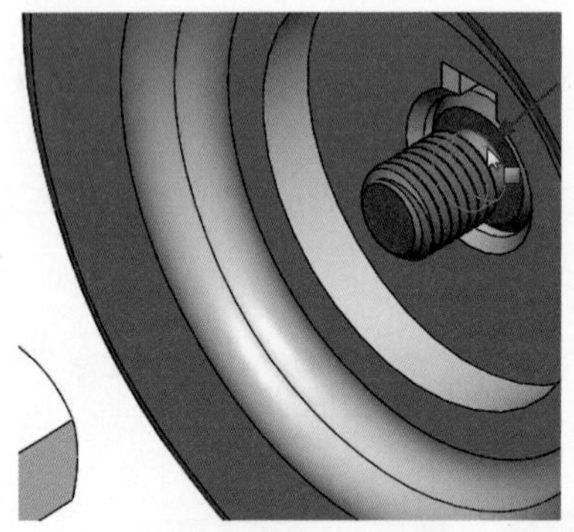

1) 축의 원통 면 선택

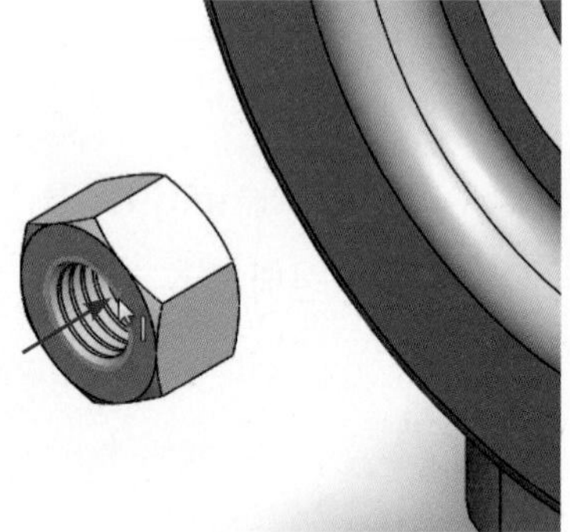

2) 너트의 원형 모서리 선택

3) 메이트 결과

※ 자동으로 동심 조건이 부여된다.

● 메이트 2

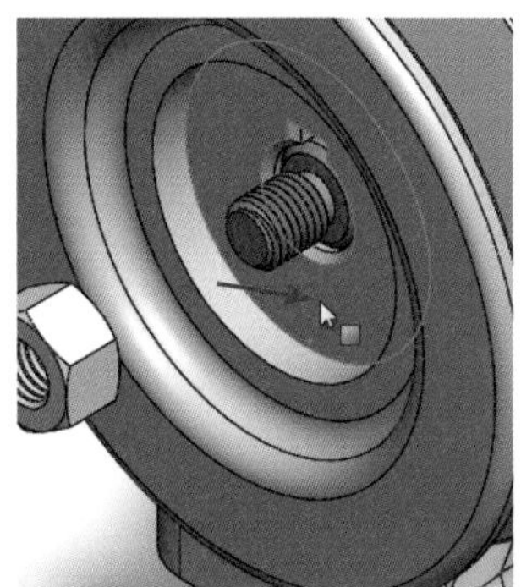
1) V-벨트 풀리의 옆면 선택

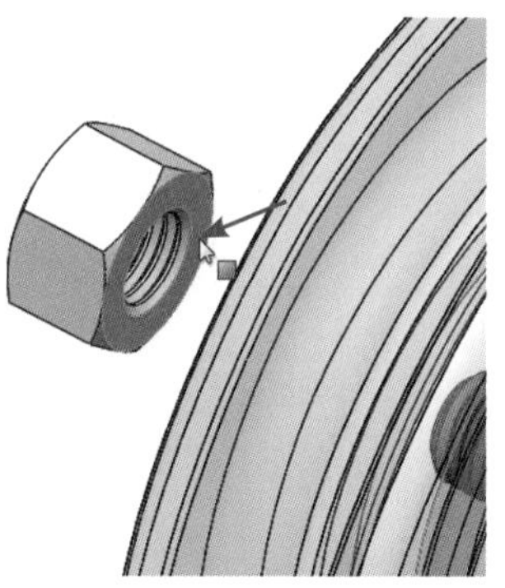
2) 너트의 옆면 선택

3) 메이트 결과

※ 자동으로 일치 조건이 부여된다.

● 메이트 3

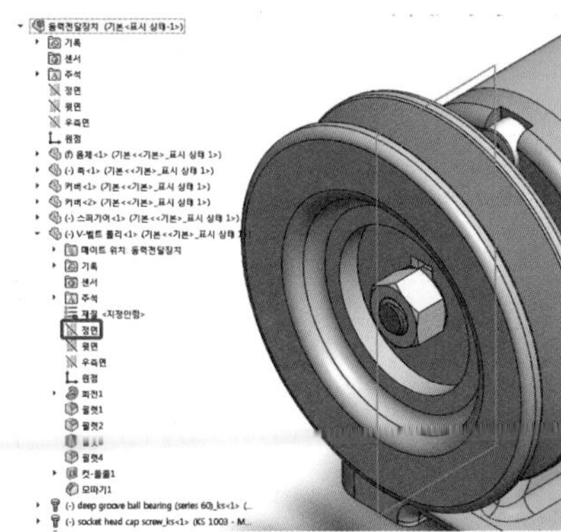
1) V-벨트 풀리의 정면 선택

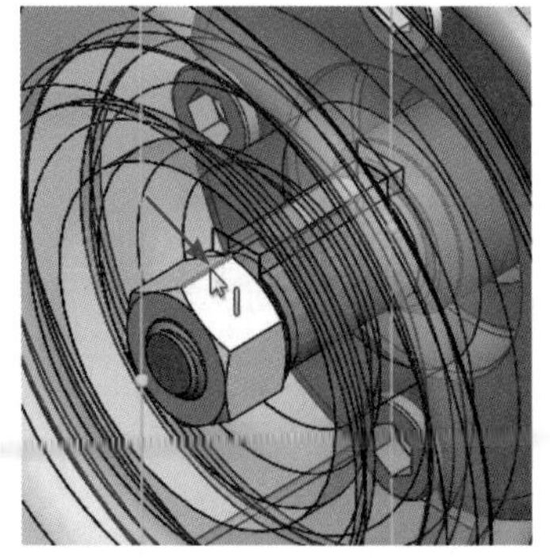
2) 너트의 모서리 선택

3) 메이트 결과

※ 자동으로 일치 조건이 부여된다.

04 Top-Down 모델링 작성

어셈블리(Assembly) 작업도중 이미 작성된 어셈블리의 데이터 값을 참조하여 파트(Part) 모델을 작성한다.

1 Top-Dowm 모델링 시작

① 축, 베어링(부품 선형 패턴 포함)을 제외하고 전부 부품 숨기기를 적용한다.

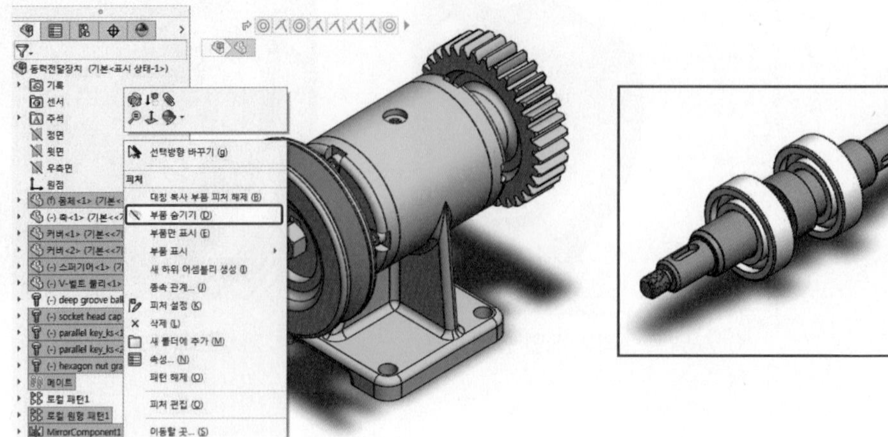

② 보기(View) → 숨기기 / 보이기(Hide / Show) → 임시축(Temporary Axes)을 클릭하여 활성화 한다.

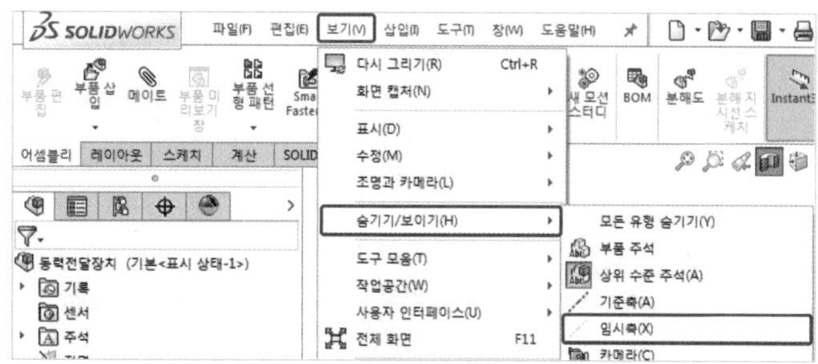

③ 어셈블리(Assembly) 메뉴에서 새 파트(New Part)를 클릭한다.

④ 피처 매니저 디자인 트리(Features Manager Design Tree)에서 우측면을 선택한다.

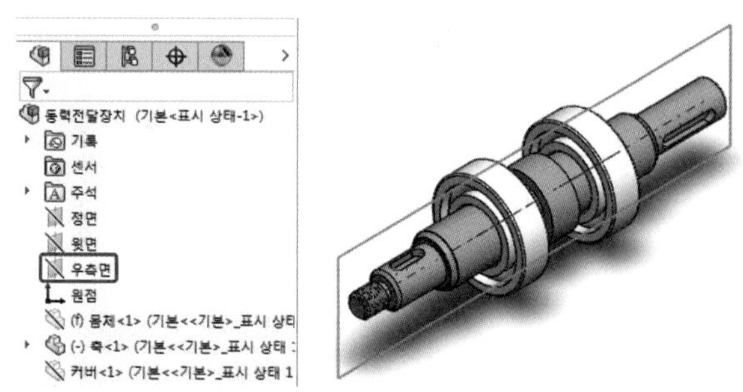

– 다음과 같이 스케치 작업환경으로 변화한다.

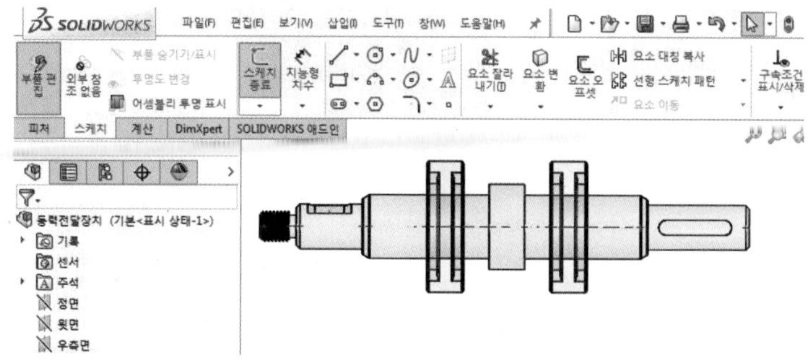

⑤ 다음과 같이 스케치를 작성하고 구속조건을 부여한 후 스케치 종료(Exit Sketch)를 클릭한다.

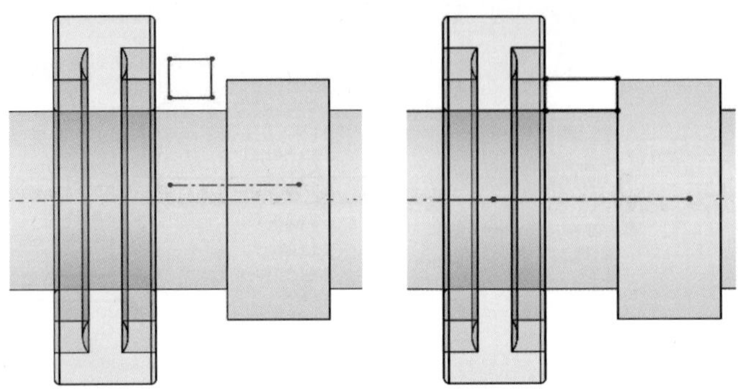

⑥ 피처(Features) 메뉴에서 회전 보스 / 베이스(Revolved Boss / Base)를 클릭한다.

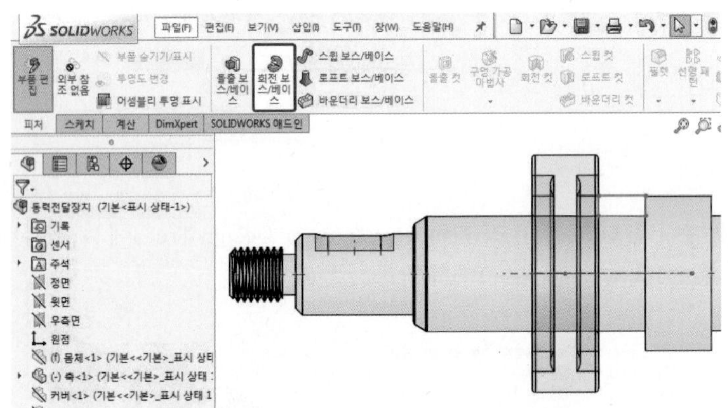

⑦ 작성된 스케치를 선택하고 다음과 같이 설정한 후 확인을 클릭한다.

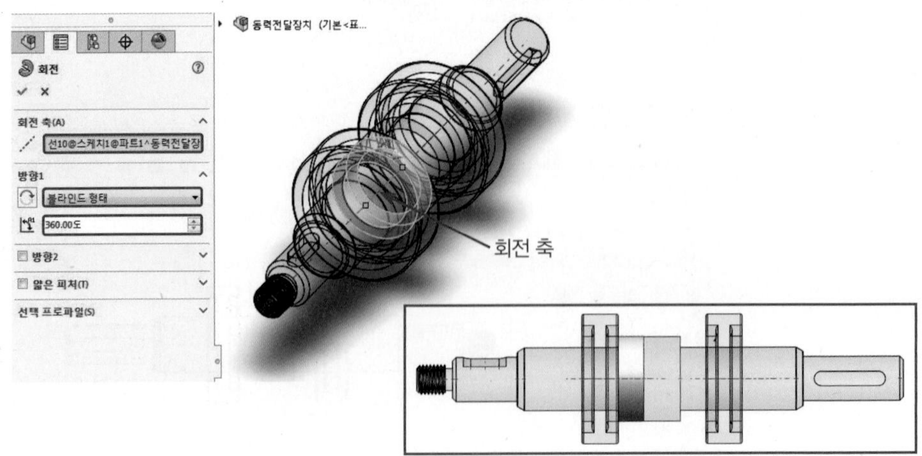

– 다음과 같이 어셈블리 항목에 새로 생성된 파트(Part) 모델이 나타난다.

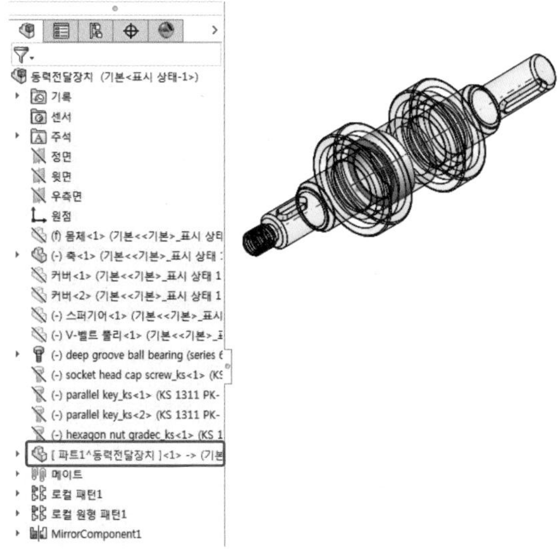

⑧ 피처(Features) 메뉴에서 부품 편집을 클릭한다.

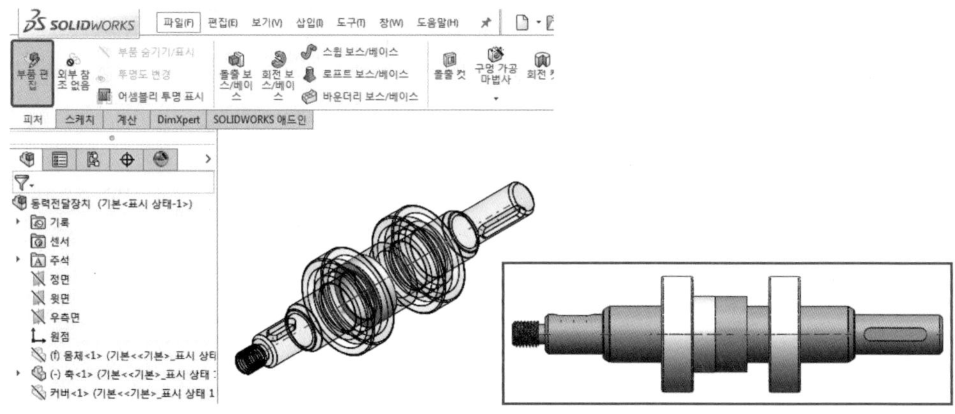

⑨ 피처 매니저 디자인 트리(Features Manager Design Tree)에서 파트 이름을 수정한다(생성 파트를 클릭하고 F2를 누르면 이름 수정이 가능하다).

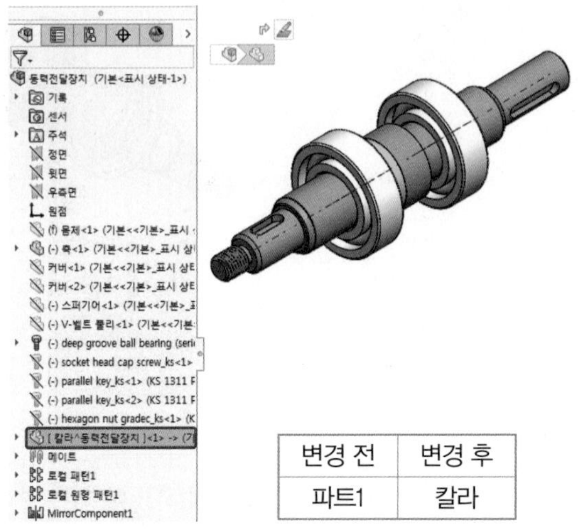

변경 전	변경 후
파트1	칼라

⑩ 파일(File) → 저장(Save)을 클릭한다.

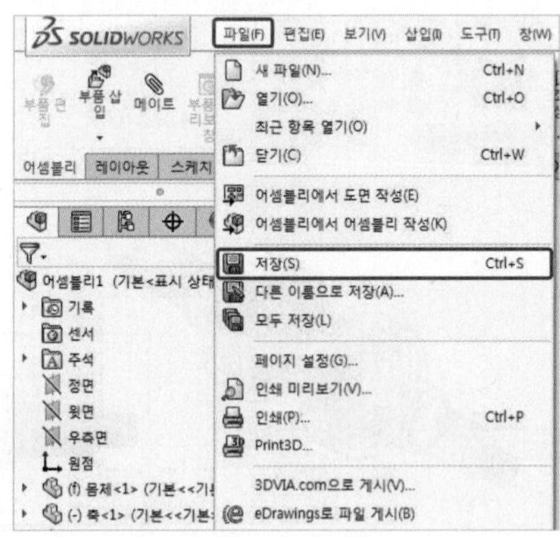

⑪ 수정된 문서 저장하기 창에서 모두 저장을 클릭한다.

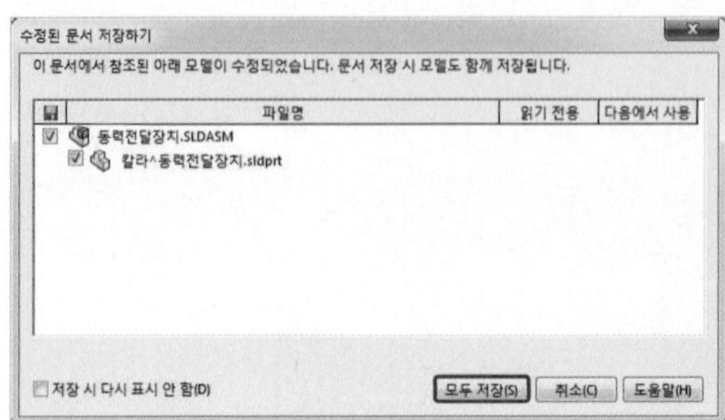

⑫ 다른 이름으로 저장 창에서 다음과 같이 설정하고 확인을 클릭한다.

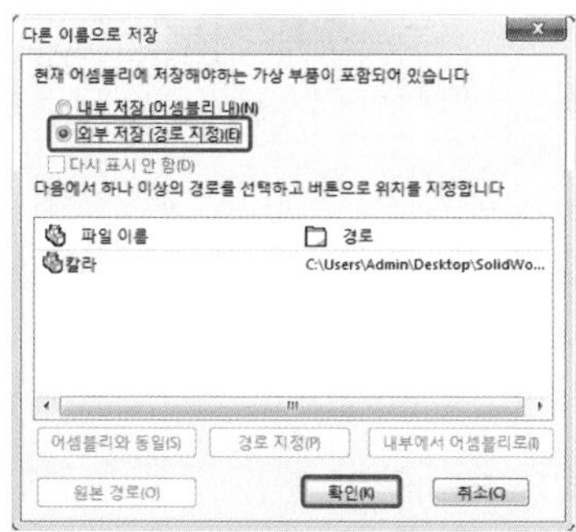

⑬ 어셈블리(Assembly) 메뉴에서 부품 선형 패턴(Linear Components Pattern)을 클릭하고 다음과 같이 설정한 후 확인을 클릭한다.

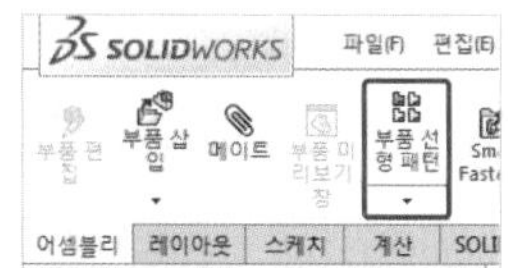

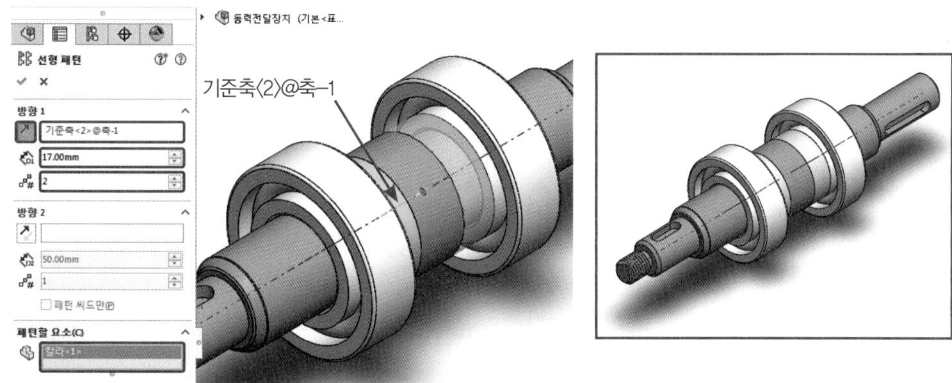

⑭ 임시축의 활성화를 해제하고 다른 부품들을 표시한다.

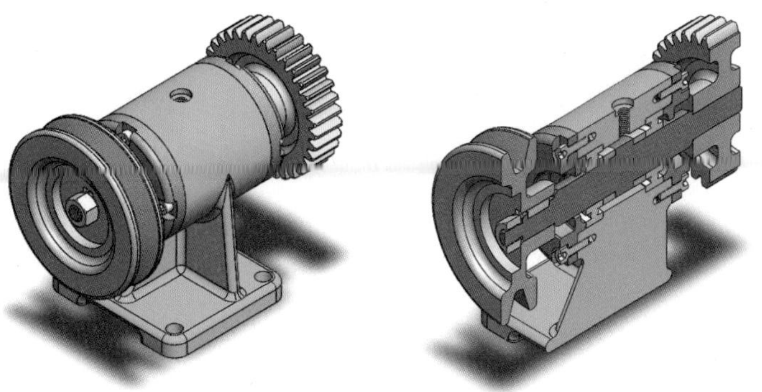

05 분해도와 분해 지시선 작성

어셈블리 작업이 완성되고 이를 이용하여 각 파트별로 분해하여 나열한다.

1 분해도

분해도를 작성하여 조립도의 내부의 부품 형상과 결합 방향을 표시한다.

(1) 분해도 시작

① 어셈블리(Assembly) 메뉴에서 분해도(Exploded View)를 클릭한다.

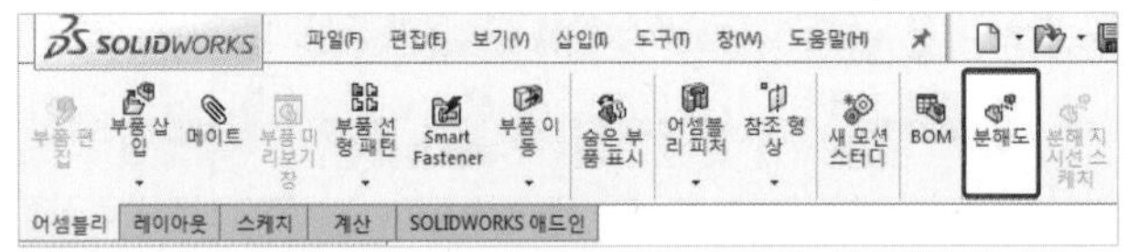

② 다음과 같이 요소를 선택하고 해당 이동 축을 드래그하여 위치를 변경한다.

- 분해 단계1

설정 사항	
이동 축	Z축
분해 요소	너트

● 분해 단계2

설정 사항	
이동 축	Z축
분해 요소	너트, V-벨트 풀리

● 분해 단계3

설정 사항	
이동 축	Z축
분해 요소	스퍼기어

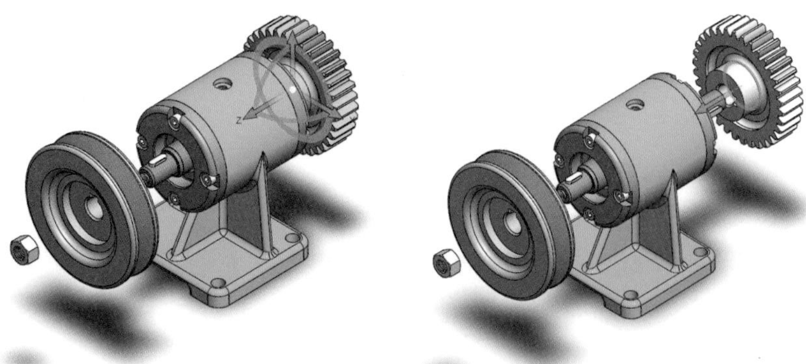

- 분해 단계4

설정 사항	
이동 축	Z축
분해 요소	너트, V-벨트 풀리, 볼트(4개)

- 분해 단계5

설정 사항	
이동 축	Z축
분해 요소	스퍼기어, 볼트(4개)

③ 나머지 부품들도 위와 같은 작업을 반복한다.

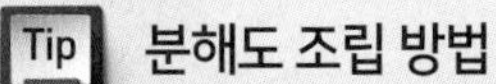

분해도 조립 방법

다음과 같이 Configuration Manager 메뉴에서 분해도를 조정할 수 있다.

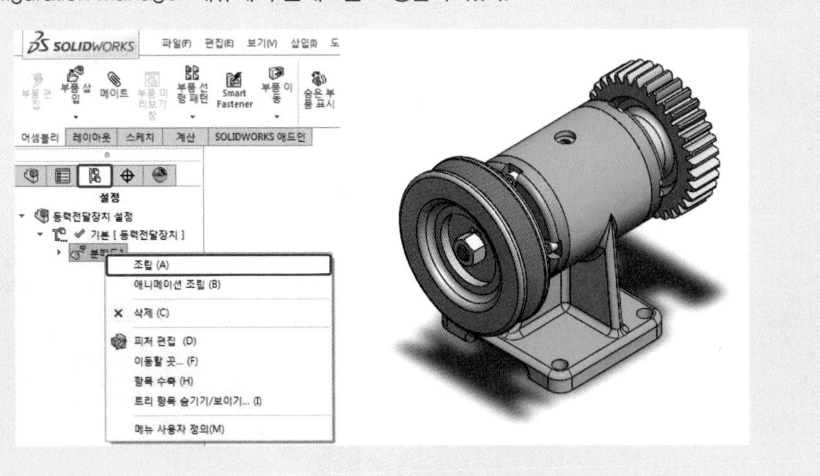

(2) 분해 지시선(Explode Line Sketch)

① 어셈블리(Asssembly) 메뉴에서 분해 지시선 스케치(Explode Line Sketch)를 클릭한다.

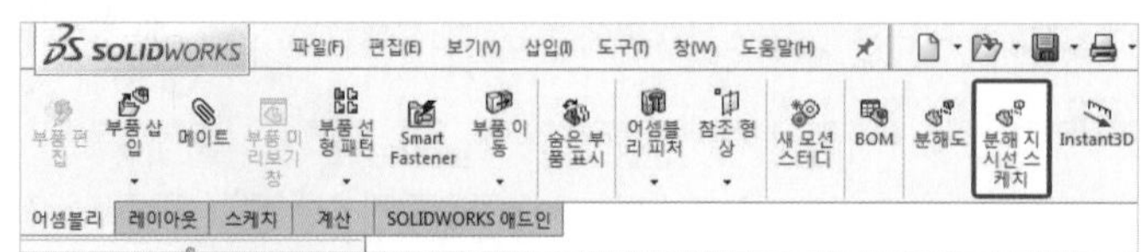

② 다음과 같이 경로에 해당하는 요소들을 선택한다.

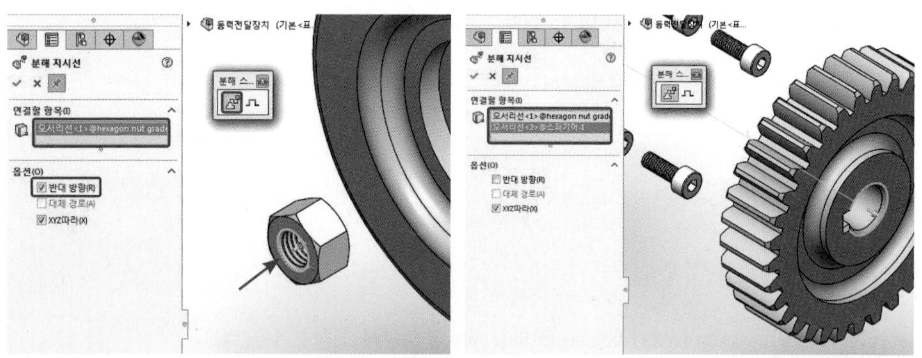

③ 스케치 종료(Exit Sketch)를 클릭한다.

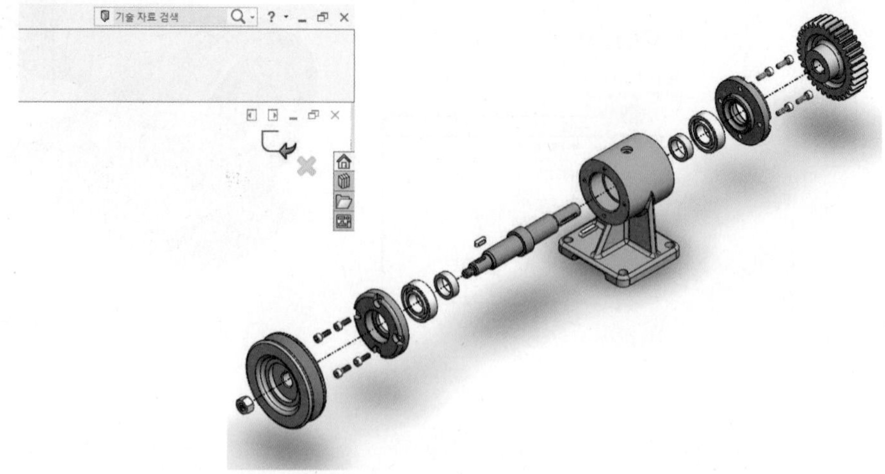

Tip 분해 지시선 작성 시 주의점

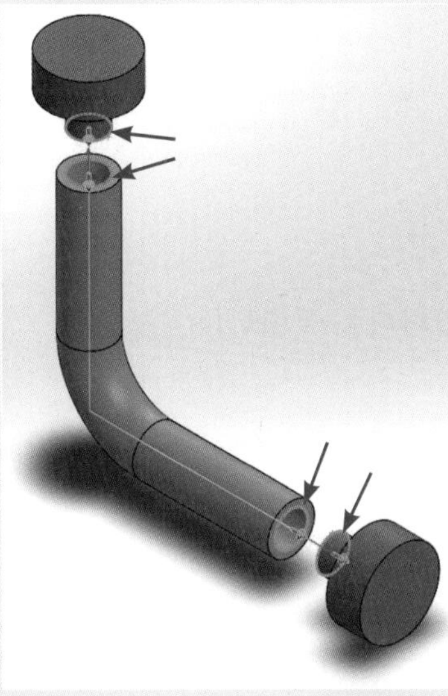

1) 지나가는 요소들의 모서리는 전부선택 해야 한다 (분해 지시선이 꺾기는 부분 해당).

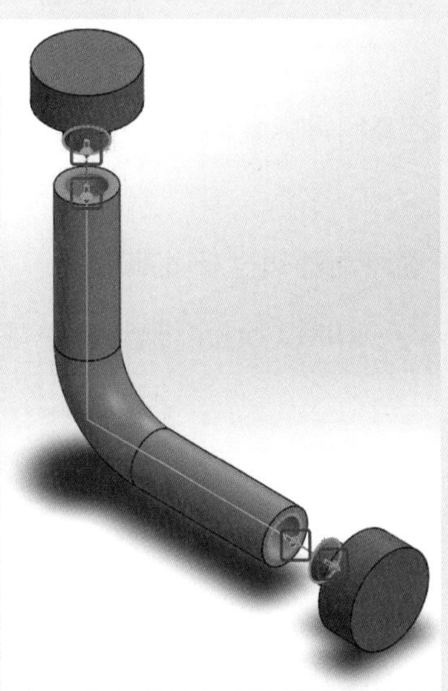

2) 선은 방향이 있으므로 이 방향은 전부 같은 방향으로 향해야 한다.

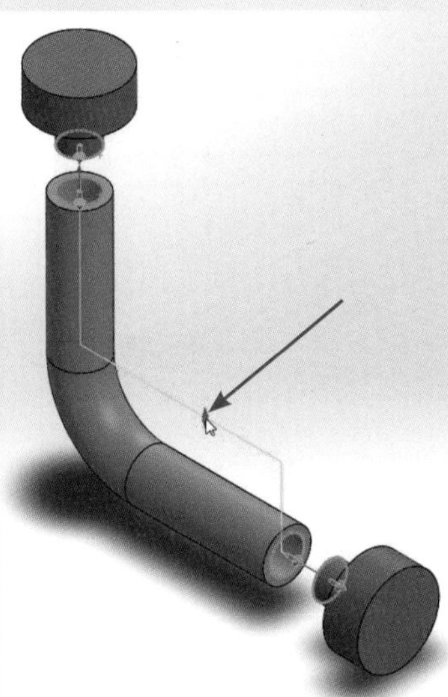

3) 지시선의 위치는 마우스 MB1 버튼 드래그를 이용하여 조절이 가능하다.

06 애니메이션 작성

완성된 어셈블리(Assembly)를 이용하여 작동하는 구동영상을 작성한다.

(1) 모션 스터디(Motion Study)

- 전체 화면 회전 애니메이션

① SolidWorks 화면 왼쪽 하단에 모션 스터디를 클릭한다.

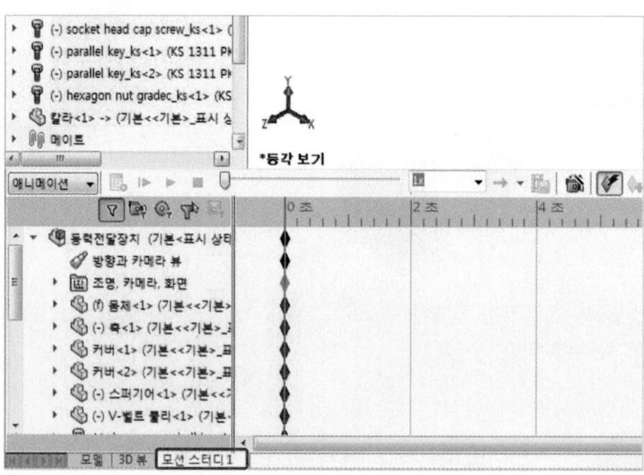

② 애니메이션 마법사(Anymation Wizard)를 클릭한다.

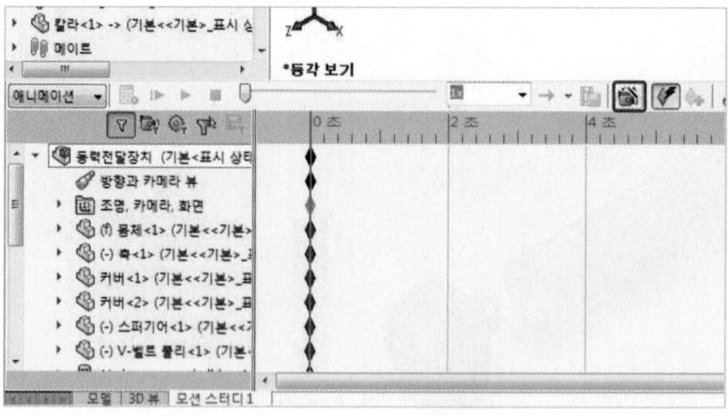

③ 애니메이션 유형 선택(Select an Animation Type) 창에서 다음과 같이 설정한다.

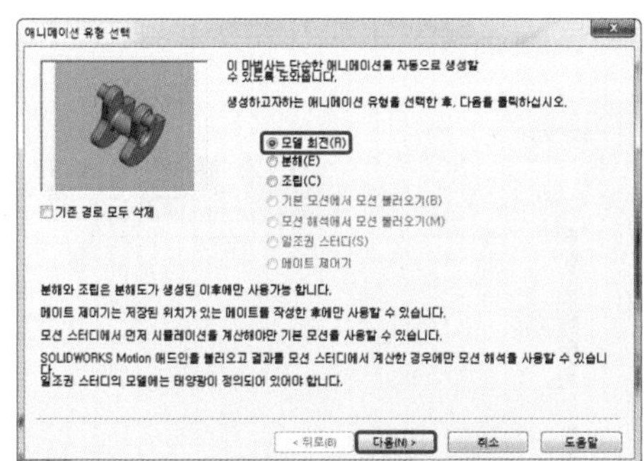
애니메이션 유형 선택

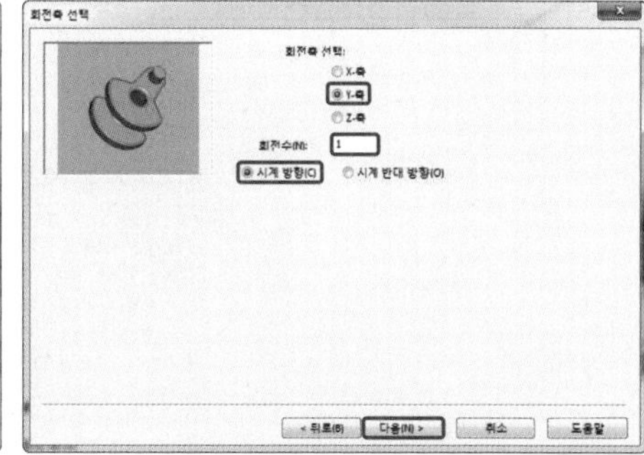
애니메이션 설정

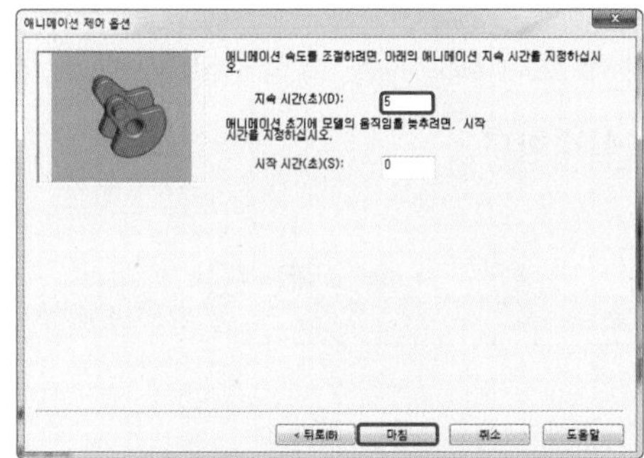
애니메이션 시간 설정

④ 모션 스터디(Motion Study)에서 재생(Play)을 클릭한다.

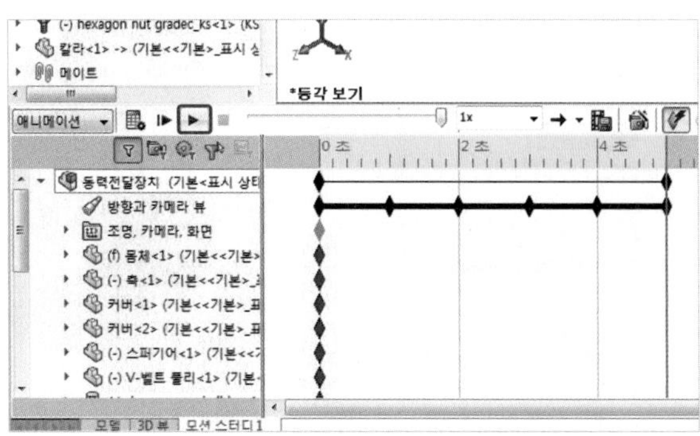

● 구동 애니메이션

① 키 속성(Key Properties)을 작성할 애니메이션 시간까지 드래그한다.

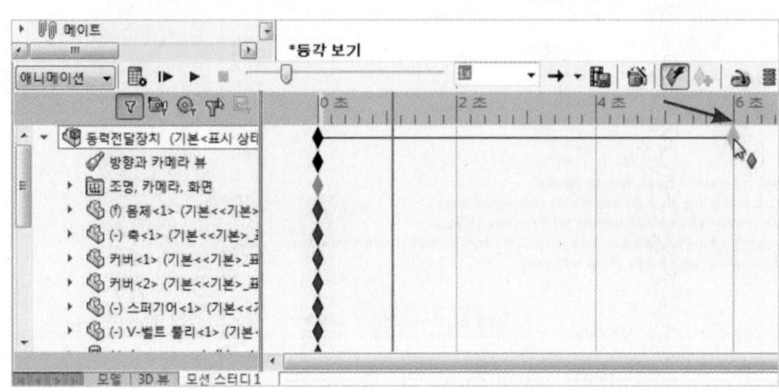

② 모션 스터디(Motion Study)에서 모터(Motor)를 클릭하고 V-벨트 풀리의 원통 면을 클릭한 후 다음과 같이 설정한다.

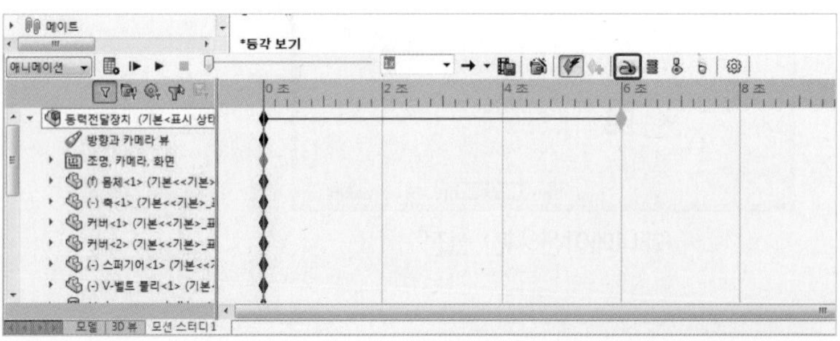

③ 모션 스터디(Motion Study)에서 재생(Play)을 클릭한다.

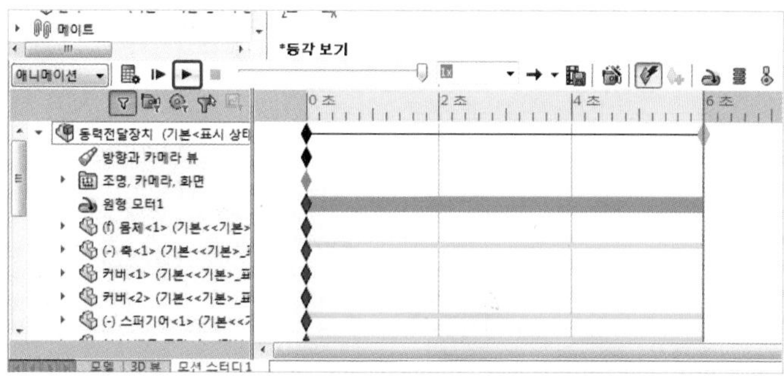

(2) 애니메이션 분해(Animate Explode)

이 작업은 분해도(Exploded View) 작업을 진행해야 작성이 가능하다.

① Configuration Manager 메뉴에서 분해도에 마우스 MB3 버튼을 클릭하고 조립(Collapse)을 클릭한다.

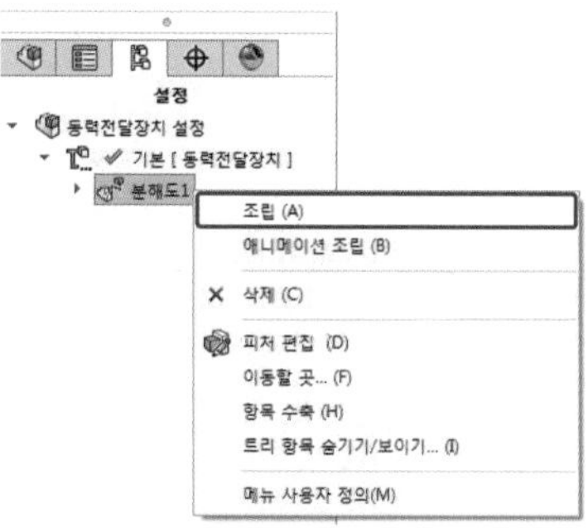

② Configuration Manager 메뉴에서 분해도에 마우스 MB3 버튼을 클릭하고 애니메이션 분해(Animate Explode)를 클릭한다(애니메이션 제어기로 제어가 가능하다).

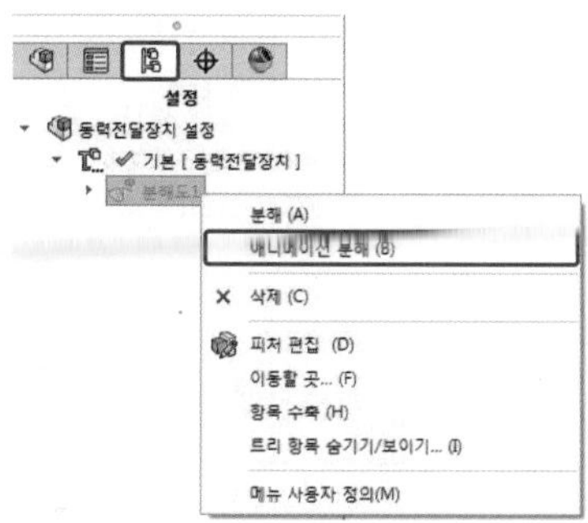

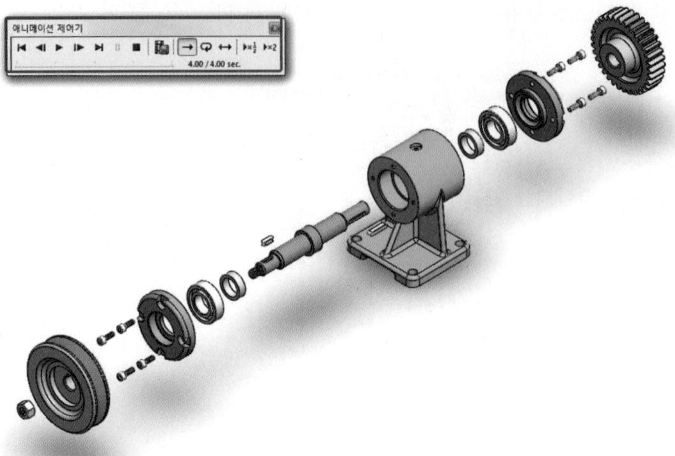

Tip 애니메이션 제어기 사용법

명령	아이콘	설명
시작	⏮	애니메이션의 시작점으로 이동한다.
되감기	◀‖	애니메이션을 되감기 한다.
재생	▶	애니메이션을 재생한다.
빨리감기	‖▶	애니메이션을 빨리감기 한다.
끝	⏭	애니메이션의 끝점으로 이동한다.
일시정지	‖	애니메이션을 일시정지 한다.
중지	■	애니메이션을 중지한다.
애니메이션 저장	🎞	애니메이션을 저장한다.
재생모드 표준	→	애니메이션을 1회 재생한다.
재생모드 루프	↻	애니메이션을 반복 재생한다.
재생모드 왕복	↔	애니메이션을 왕복 재생한다.
느린재생	▶×½	애니메이션을 느리게 재생한다.
빠른재생	▶×2	애니메이션을 빠르게 재생한다.

CHAPTER 6

도면(Drawing)을 이용한 2D도면 작성하기

파트(Part) 모델과 어셈블리(Assembly)를 이용하여 부품도와 조립도를 작성하고 치수와 공차 등을 부여하는 도면화 작업을 학습한다.

01 도면(Drawing)이란?

도면의 템플릿(Template)과 기존에 작성이 완료된 파트(Part) 모델, 어셈블리(Assembly)를 이용하여 2D부품도, 조립도를 작성하고 치수기입과 공차, 표면 거칠기를 기입할 수 있다.

- 부품도 작성

1) 파트 모델링 작성

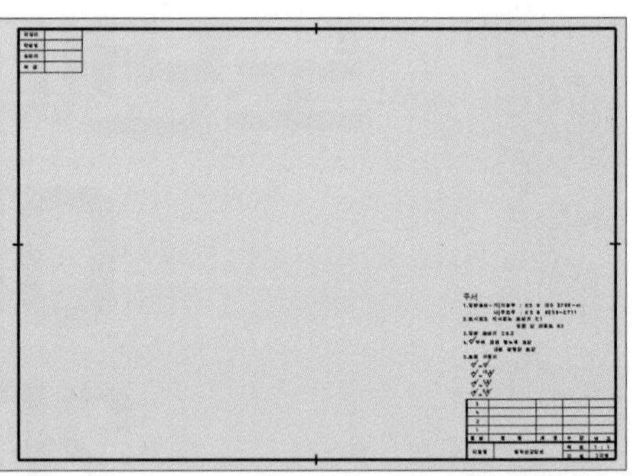

2) 도면 템플릿 작성

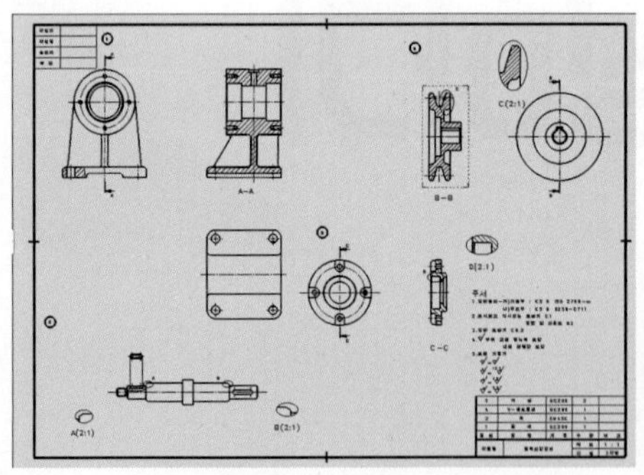

3) 도면화 작업

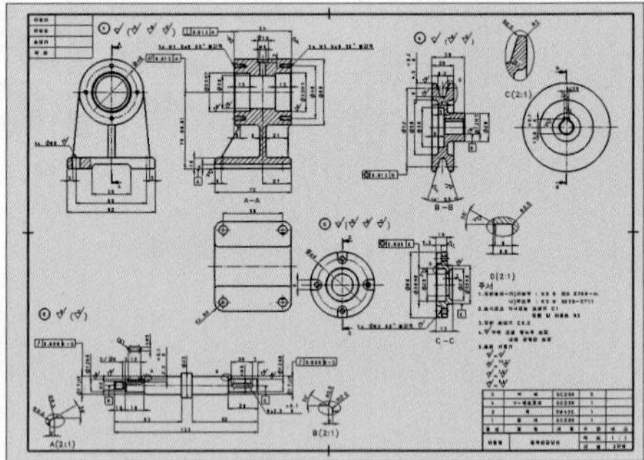

4) 치수와 공차 기입

02 도면(Drawing) 작성

파트(Part) 모델이나 어셈블리(Assembly)를 이용하여 도면을 작성한다.

1 도면(Drawing) 작업의 시작

① 파일(File) → 새 파일(New)을 클릭한다.

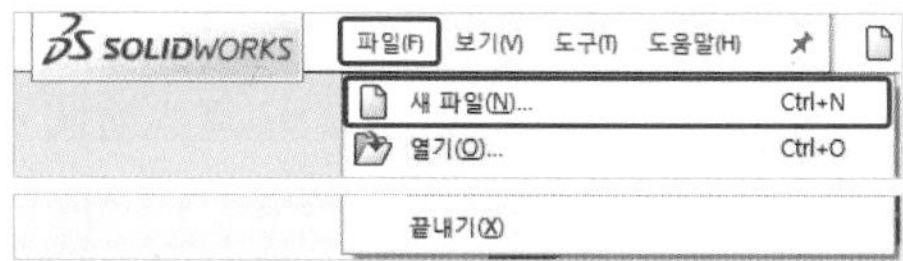

② SolidWorks 새 문서(New SolidWorks Document) 창에서 도면(Drawing)을 선택하고 확인을 클릭한다(도면 아이콘을 더블 클릭해도 된다).

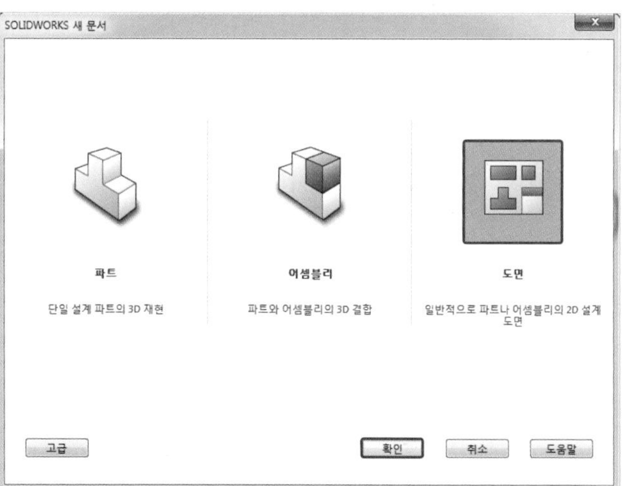

③ 시트 형식 / 크기(Sheet Format / Size) 창에서 도면용지 크기를 설정하고 확인을 클릭한다.

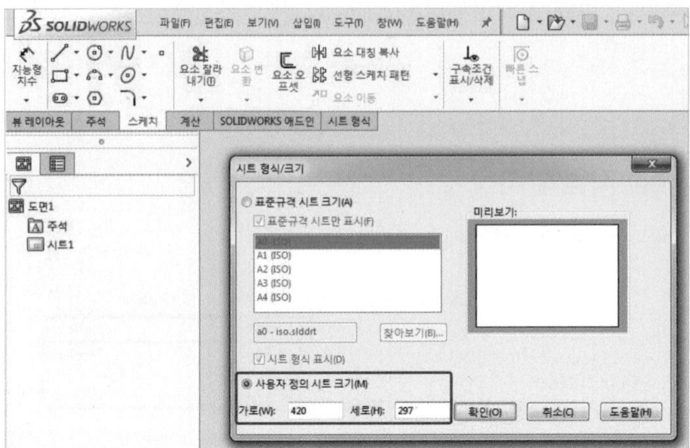

④ 모델 뷰(Model View) 창에서 취소를 클릭하여 닫는다.

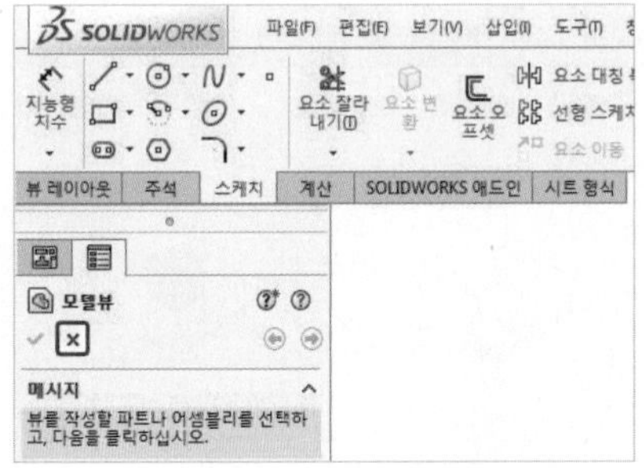

2 도면 기본 설정

(1) 도면 속성 확인

① 시트 1에서 마우스 MB3 버튼을 클릭하고 속성을 클릭한다(설정 값을 확인하고 변경 사항이 있을 시 수정하고 확인을 클릭한다).

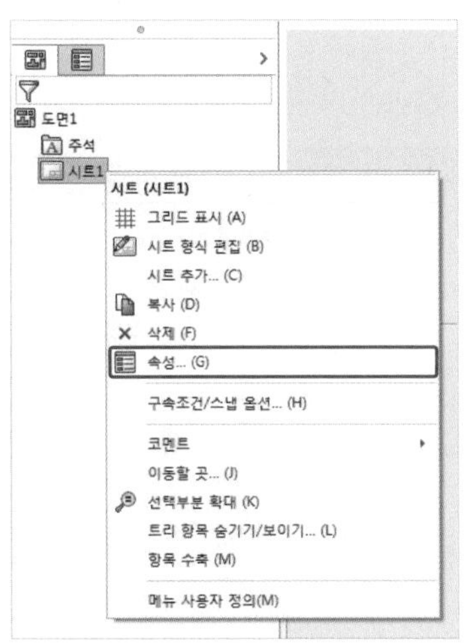

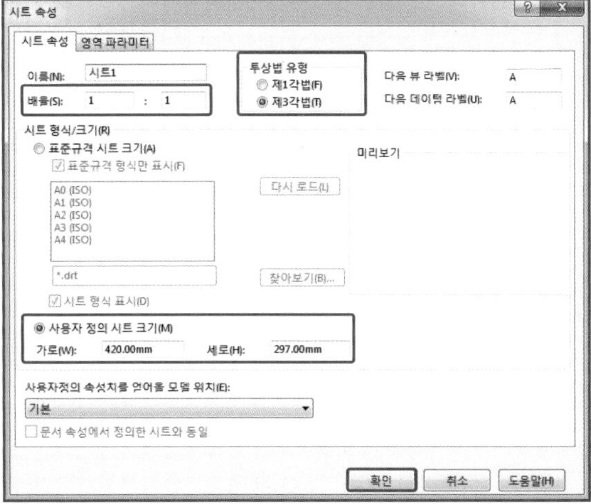

(2) 레이어(Layer) 작성

① 커맨드 매니저(Command Manager)의 빈 공간에서 마우스 MB3 버튼을 클릭하고 레이어(Layer)를 클릭한다(레이어 창의 위치는 마우스 MB1 버튼 드래그로 이동할 수 있다).

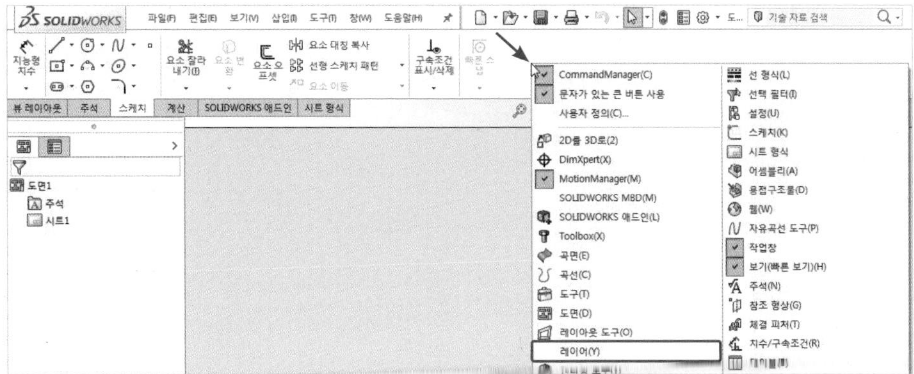

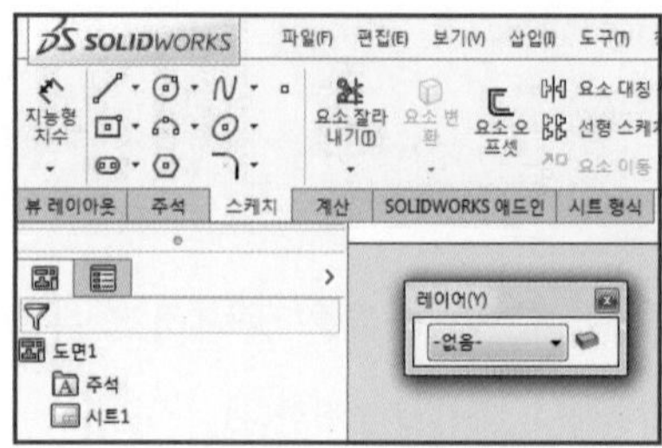

② 레이어(Layer) 메뉴에서 레이어 속성(Layer Properties)을 클릭한다.

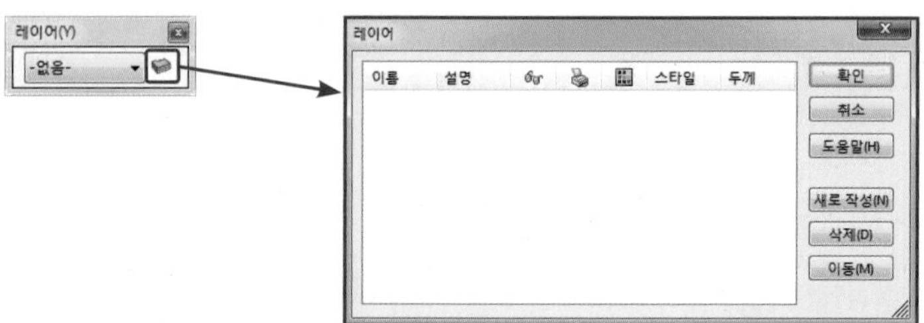

③ 레이어(Layer) 창에서 새로 작성(New)을 클릭하고 다음과 같이 레이어를 생성한 후 확인을 클릭한다.

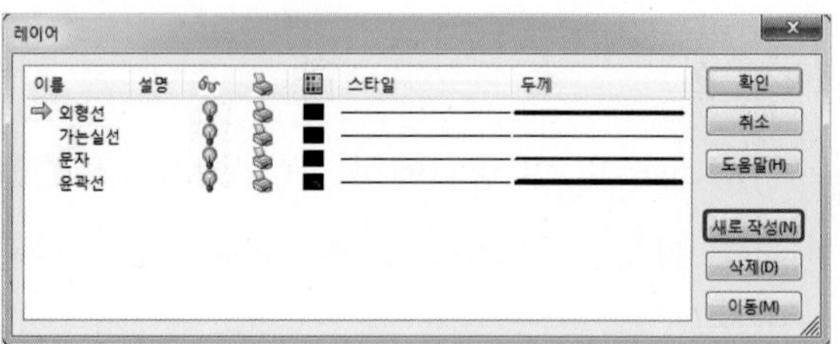

레이어 설정		
이름	스타일	두께
외형선	실선	0.35
가는 실선		0.18
문자		0.25
윤곽선		0.5

3 도면 템플릿 작성

하나의 도면을 완성하기 위해서는 도면의 기본 정보를 가지고 있는 도면 템플릿(도면 유형)을 작성해야 한다.

(1) 윤곽선과 중심마크 작성

① 시트 1에서 MB3 버튼을 클릭하고 시트 형식 편집(Edit Sheet Format)을 클릭한다.

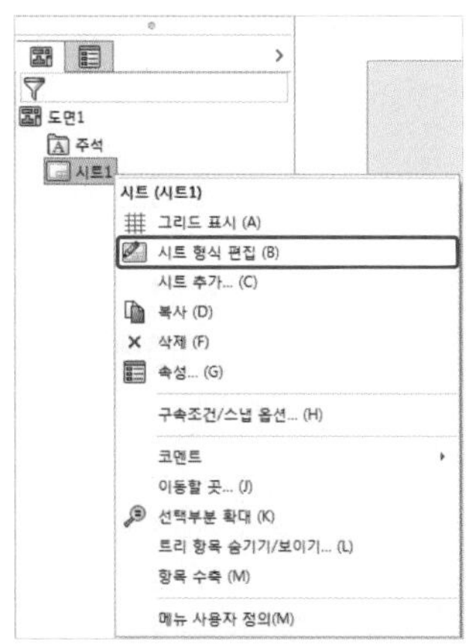

② 레이어를 윤곽선으로 변경하고 스케치(Sketch) 메뉴에서 코너 사각형(Corner Rectangle)을 클릭하여 다음과 같이 도면 영역에 스케치를 작성한다.

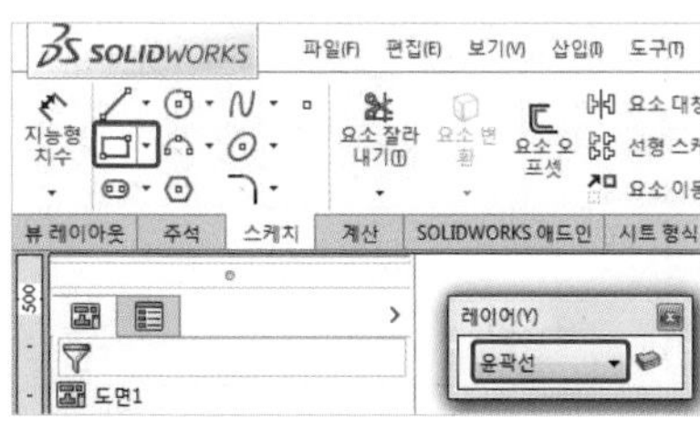

③ 피처 매니저 디자인 트리(Features Manager Design Tree)에서 사각형의 모서리를 다음과 같이 설정한다(파라미터를 먼저 수정하고 고정구속을 클릭한다).

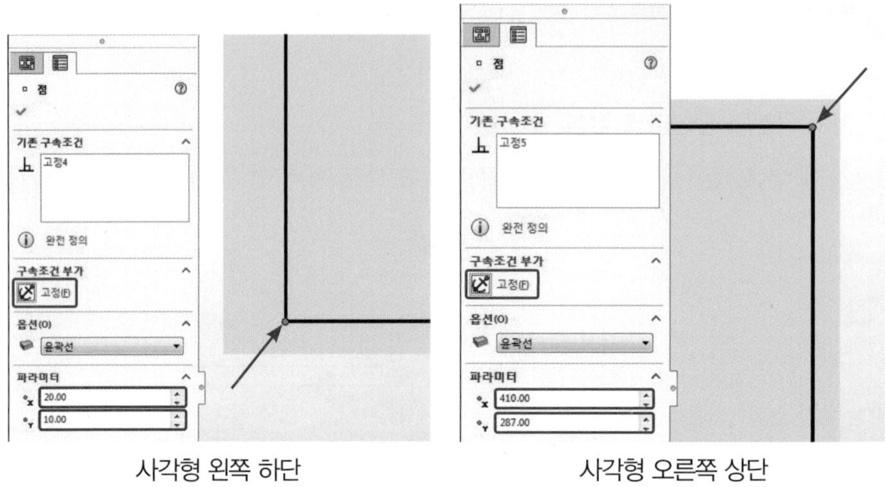

사각형 왼쪽 하단 사각형 오른쪽 상단

④ 레이어를 외형선으로 변경하고 스케치(Sketch) 메뉴에서 선(Line)을 이용하여 다음과 같이 도면 영역에 스케치를 작성한다.

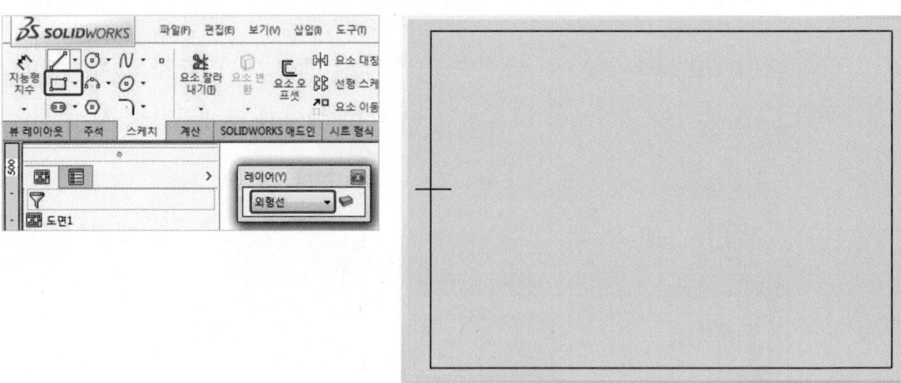

⑤ 구속조건과 치수를 부여하고 치수들을 마우스 MB3 버튼으로 클릭하여 숨기기(Hide)를 클릭한다.

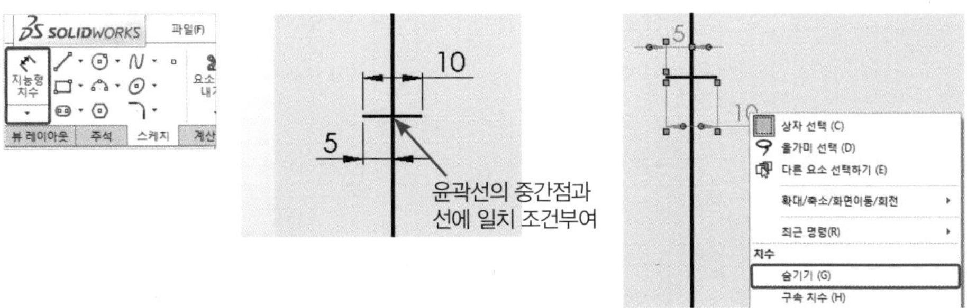

⑥ 윤곽선의 4방향을 위와 동일한 방법으로 작성한다.

(2) 표제란과 부품란 작성

① 스케치(Sketch) 메뉴에서 스케치 명령들을 이용하여 오른쪽 하단에 다음과 같이 스케치를 진행하고 구속조건과 치수를 부여한다(스케치의 방법은 파트(Part) 모델링 작성 시 스케치 작성과 동일하다).

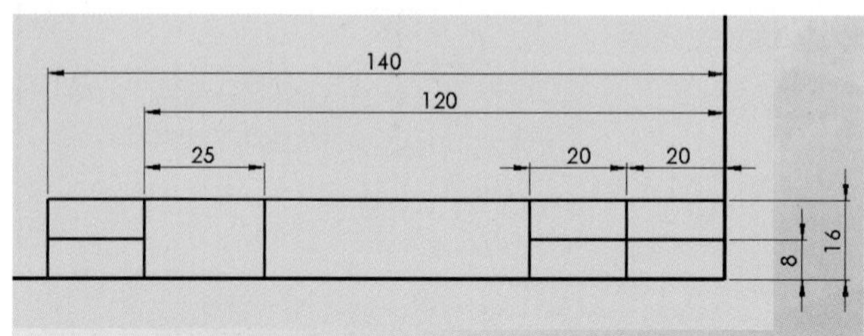

② 다음과 같이 치수들을 선택하고 마우스 MB3 버튼을 클릭하여 숨기기(Hide)를 클릭한다.

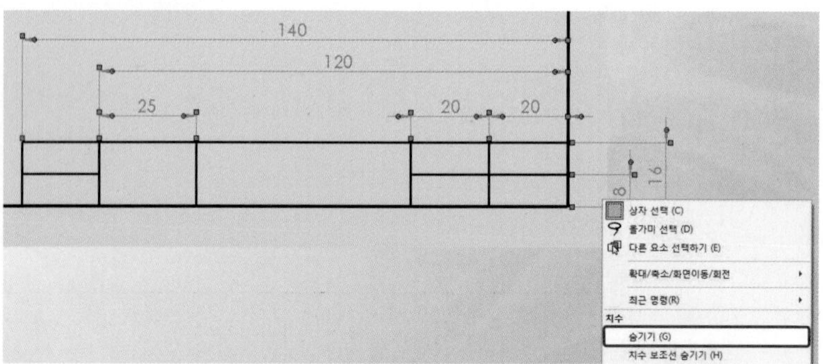

③ 다음과 같이 스케치 선들을 선택하고 피처 매니저 디자인 트리(Features Manager Design Tree)의 옵션(Options)에서 가는실선으로 변경한다(다음 이미지에서 하늘색으로 나타난 선들이 선택한 선들이다).

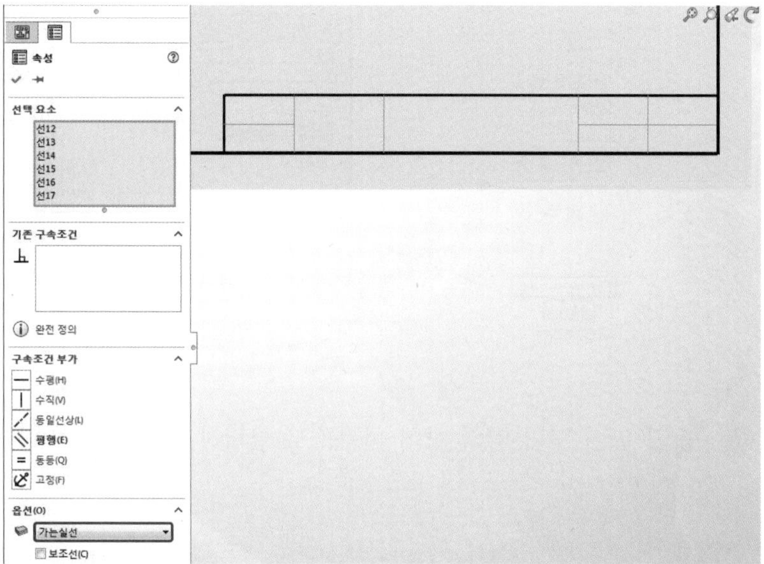

④ 레이어를 문자로 변경하고 주석(Annotation) 메뉴에서 노트(Note)를 클릭한다.

⑤ 문서 글꼴 사용(Use Document Font)에 체크를 해제하고 글꼴(Font)을 클릭한 후 다음과 같이 설정한다.

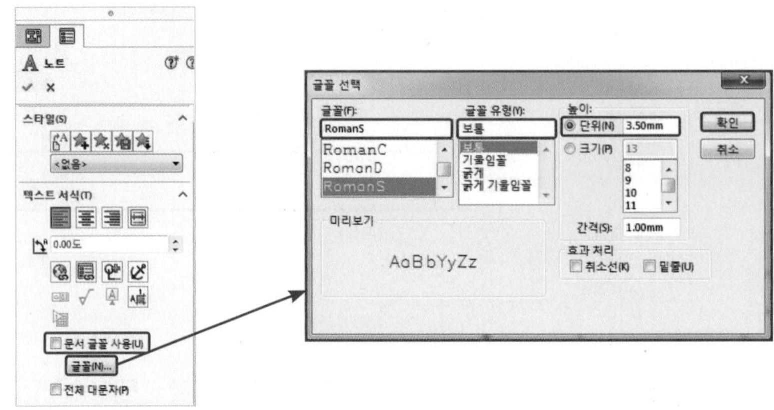

⑥ 다음과 같이 도면 영역 상에 마우스로 클릭하고 내용을 작성한 후 확인을 클릭한다.

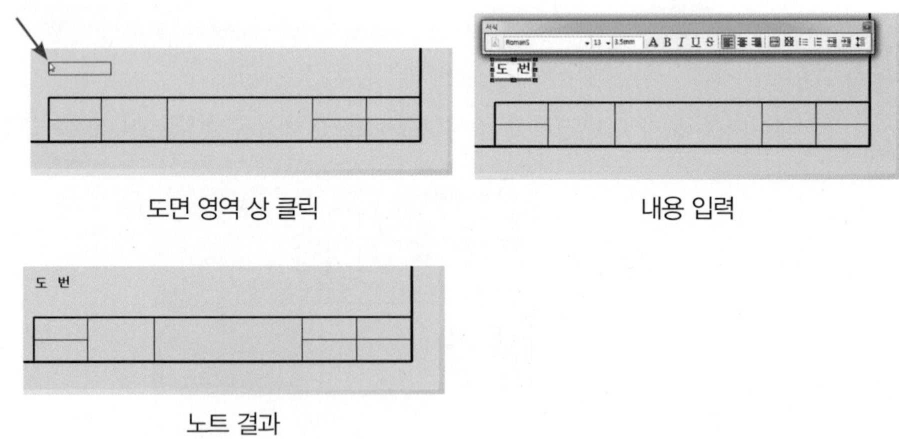

도면 영역 상 클릭

내용 입력

노트 결과

⑦ 작성한 노트를 드래그하여 배치한다.

Tip 노트 배치

노트를 배치할 때 근처에 있는 요소로부터 간섭을 받게 된다. 이를 잘 이용하면 배치를 쉽게 할 수 있지만 간혹 불편할 때도 있다. 이 때는 Alt를 누르면서 드래그하면 간섭을 받지 않는다.

⑧ Ctrl을 누르면서 작성한 노트를 드래그한다(작성한 노트가 복사된다).

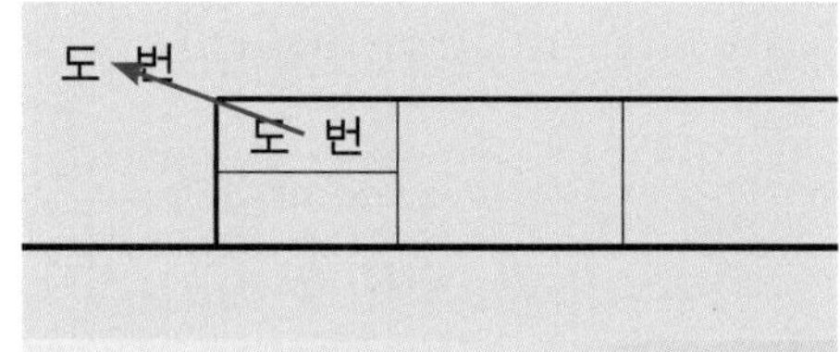

⑨ 노트를 더블 클릭하여 내용을 수정하고 확인을 클릭한다.

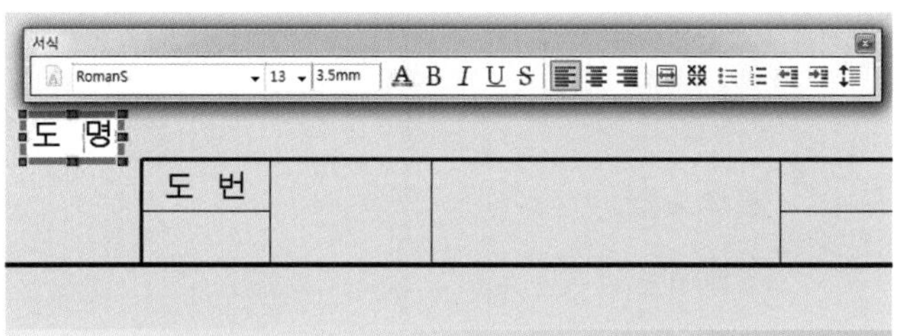

⑩ 수정한 노트를 드래그하여 배치한다.

⑪ 같은 방법을 이용하여 다음과 같이 작성한다.

도 번	도 명	연습예제	척 도	1:1
1			각 법	3rd

(3) 주서 작성

① 주석(Annotation) 메뉴에서 노트(Note)를 클릭하고 글꼴을 설정한 후 다음과 같은 내용으로 작성한다(레이어는 문자로 변경한다).

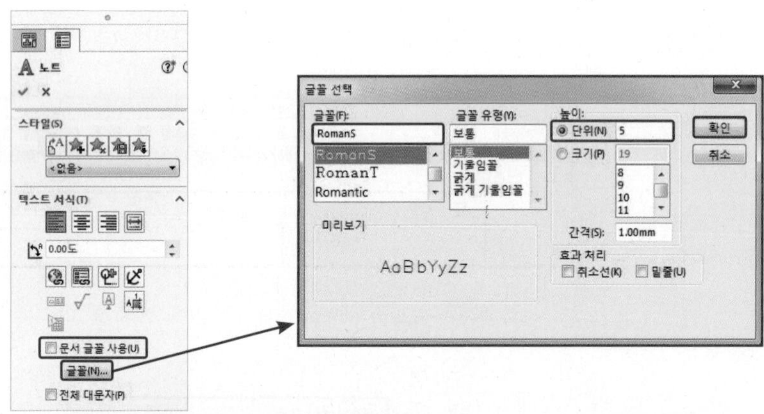

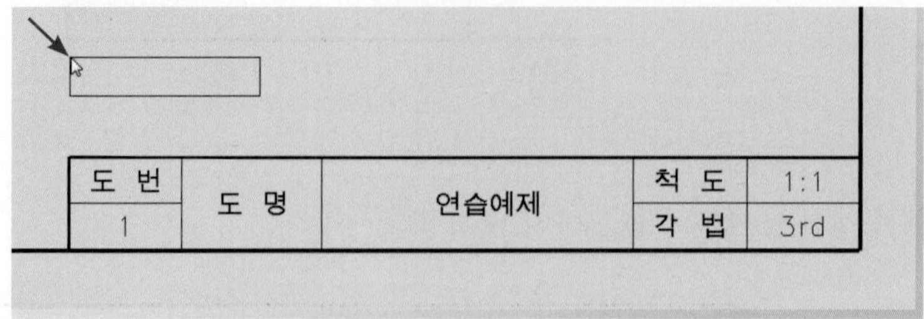

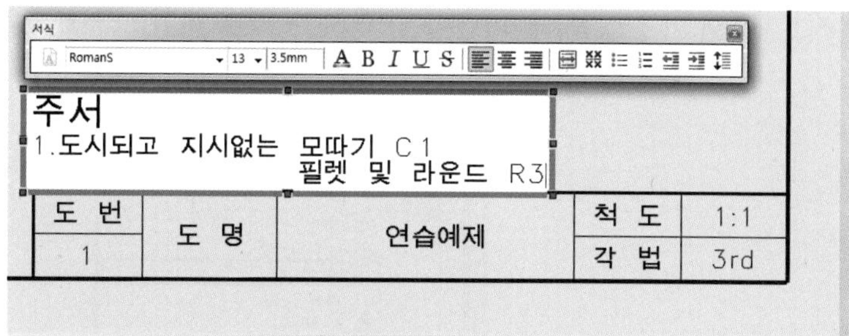

내용	글꼴 높이
주서	5mm
주서 내용	3.5mm

Tip 글꼴 높이 변경

노트 작성 중 글꼴의 높이 변경은 노트의 서식(Formatting) 창에서 높이를 수정한 후 작성하면 가능한다.

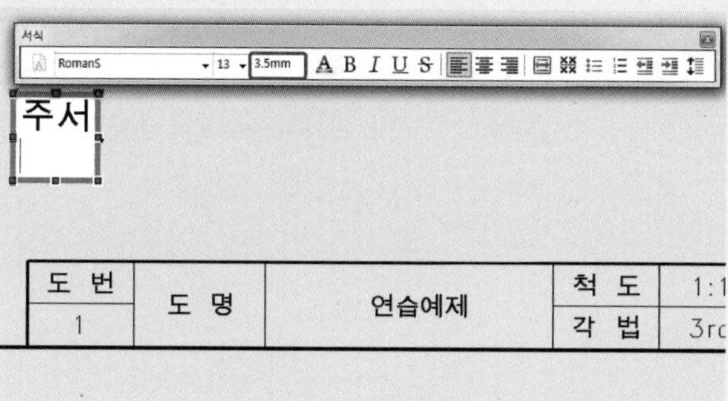

② 작성한 주서를 드래그하여 위치를 조정한다.

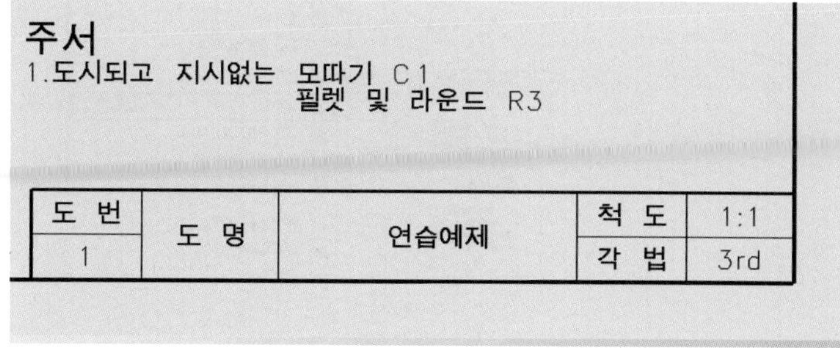

③ 시트1에서 마우스 MB3 버튼을 클릭하고 시트 편집(Edit Sheet)을 클릭한다.

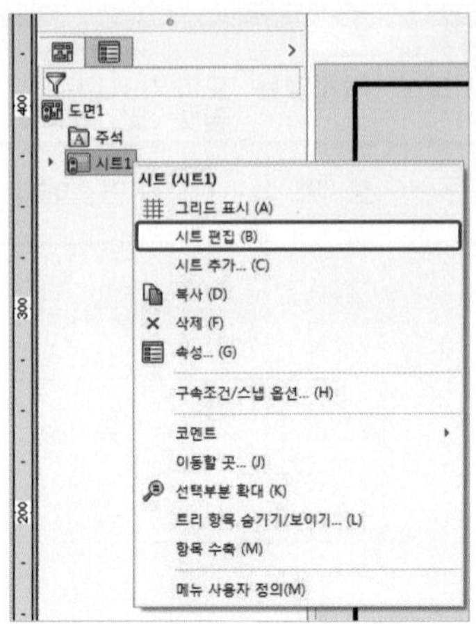

Tip 시트 편집(Edit Sheet)과 시트 형식 편집(Edit Sheet Format)의 차이

시트 편집(Edit Sheet)에서 할 수 있는 작업과 시트 형식 편집(Edit Sheet Format)에서 할 수 있는 작업은 다르다. 시트 편집에서는 도면의 배치 치수기입과 같은 파트(Part) 모델과 관계가 있는 작업을 할 수 있고 시트 형식 편집에서는 도면 템플릿 작업을 한다. 각각의 작업에 대해서는 해당 작업 내용만 수정이 가능하다.

(4) 템플릿 저장과 적용하기

- 저장하기

1) 파일(File) → 저장(Save)을 클릭한다.

2) 저장 위치와 파일 이름(File Name)을 지정하고 저장(Save)을 클릭한다(파일 형식을 도면 템플릿(*.drwdot)으로 변경한다).

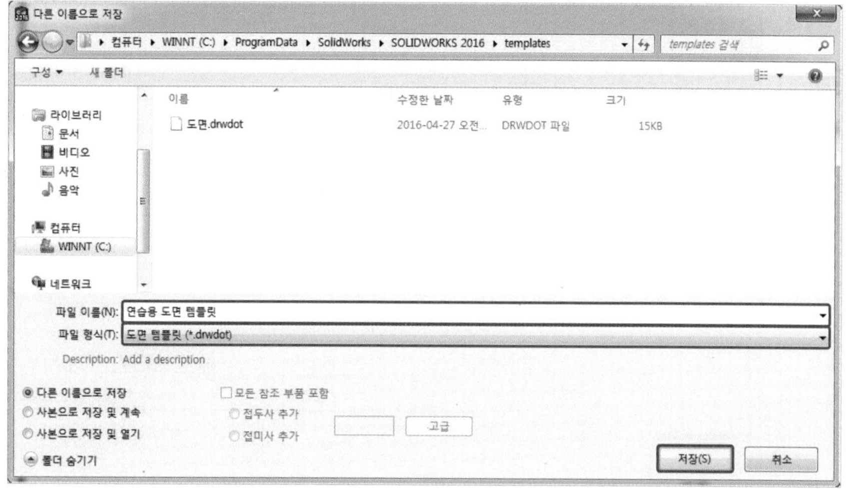

● 불러오기

1) 파일(File) → 새 파일(New) → 고급(Advanced)을 클릭하고 저장했던 템플릿을 선택한 후 확인을 클릭한다.

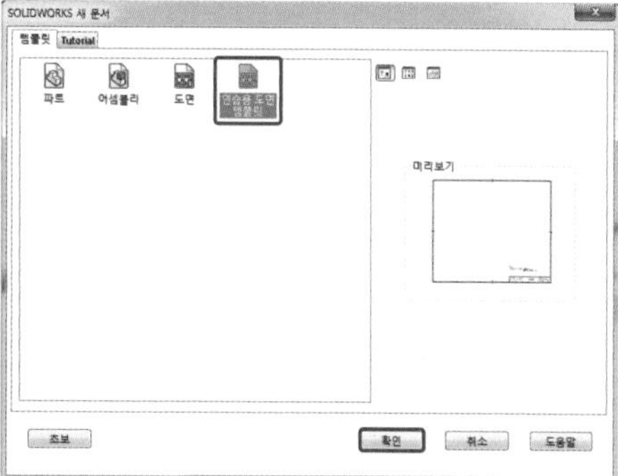

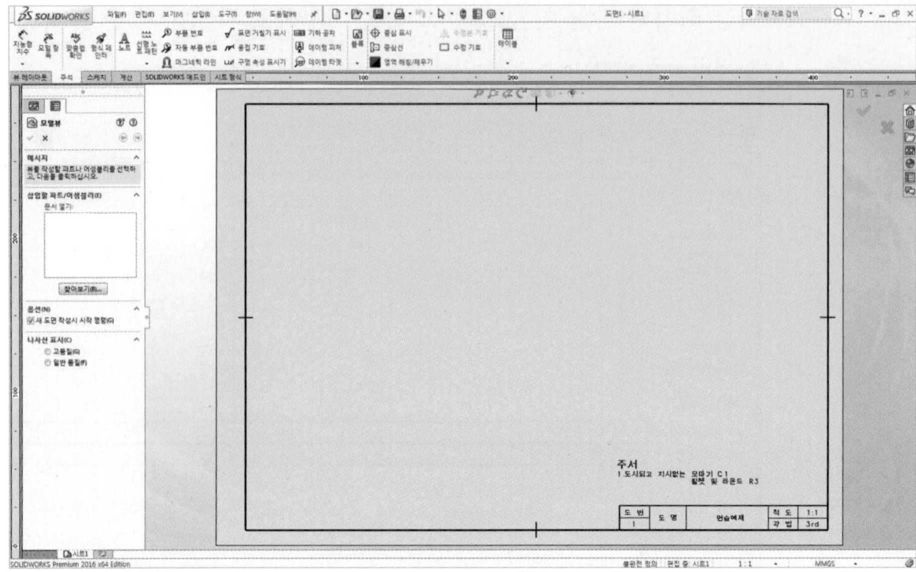

03 투상도와 단면도 작성

1 투상도 작성

(1) 일반 투상도와 표현 명령

● 최초 투상도 생성

① 삽입(Insert) → 도면뷰(Drawing View) → 모델(Model)을 클릭한다.

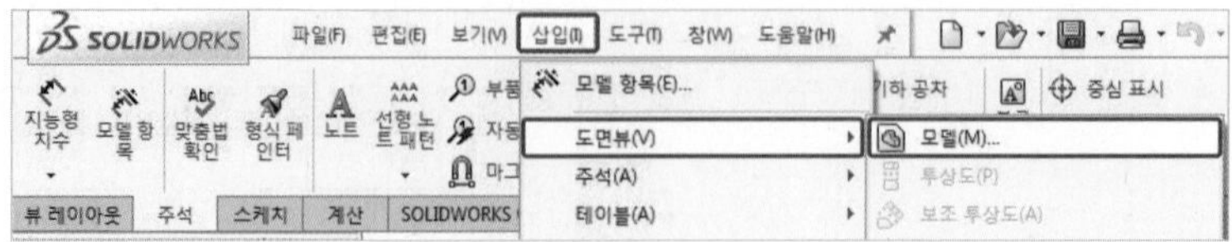

② 모델을 더블 클릭하고 다음과 같이 설정한 후 도면 영역에 클릭하여 배치한다 (Chapter 2. 연습 예제 5의 모델 참조).

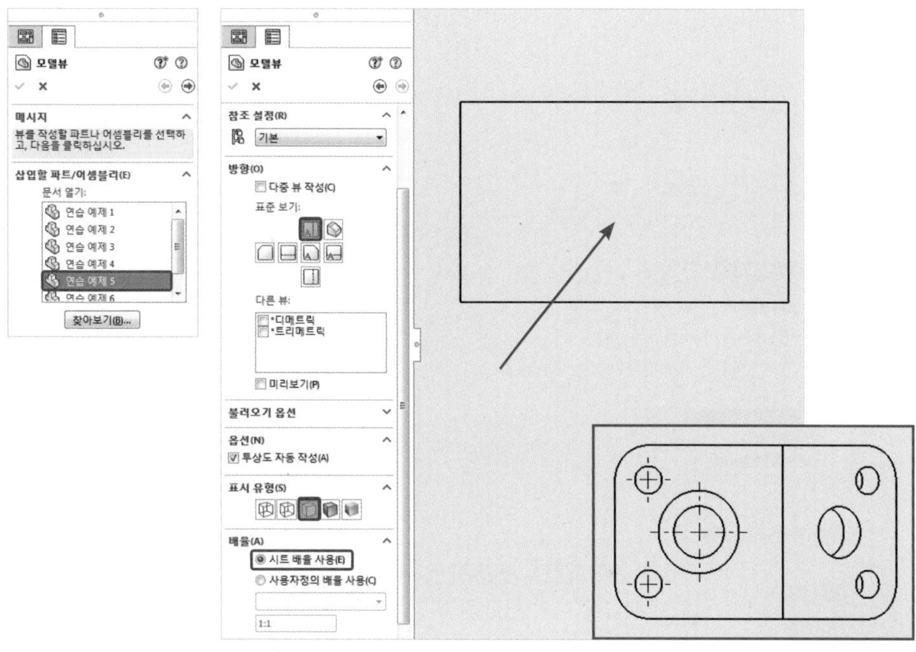

– 최초 도면 배치 후 확인을 클릭하지 않고 마우스를 이용하여 이웃하는 투상을 배치할 수 있다.

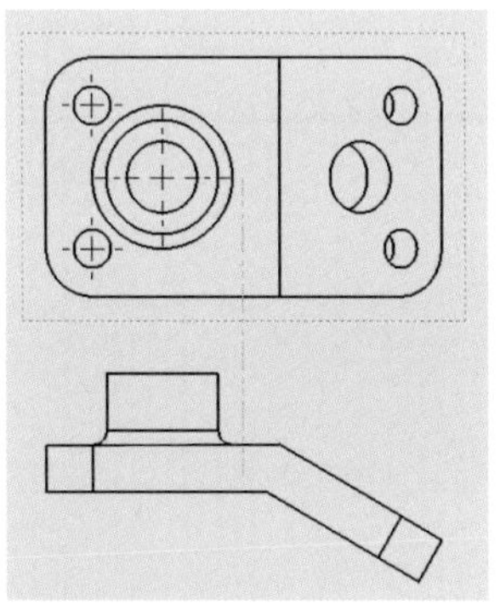

마우스를 아래로 위치했을 때

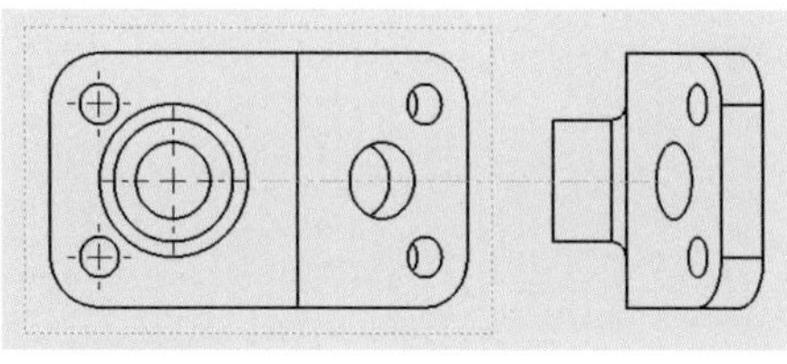

마우스를 오른쪽으로 위치했을 때

Tip 파트 모델 불러오기

모델 파일이 열려있을 때와 닫혀 있을 때는 불러오기 방법이 달라진다.

- 모델이 열려 있을 때

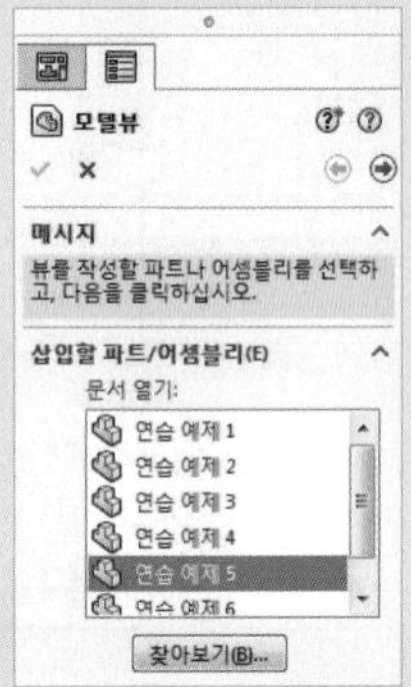

- 모델이 닫혀 있을 때

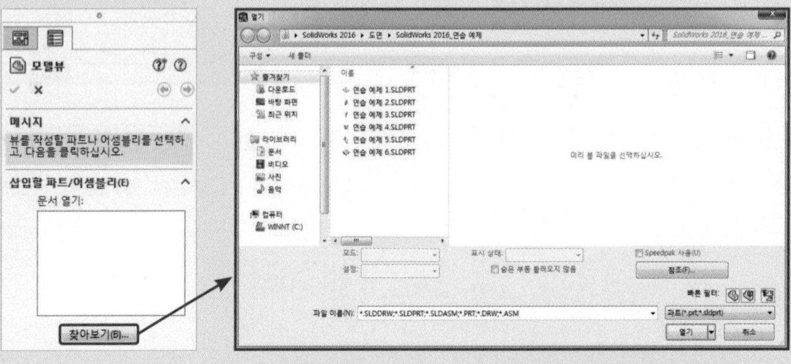

Tip 모델뷰의 기능

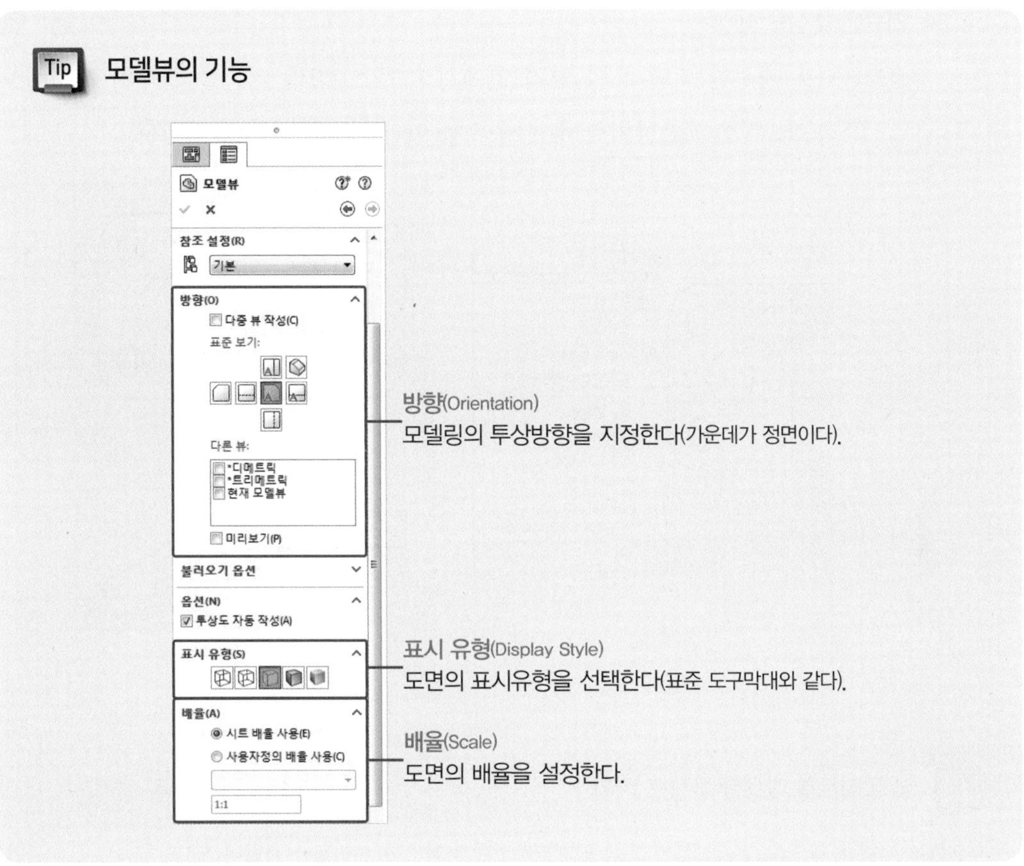

③ 생성한 도면 뷰의 영역 안에서 마우스 MB3 버튼을 클릭하고 접선(Tangent Edge) → 접선 숨기기(Tangent Edges Removed)를 클릭한다(도면 뷰에 마우스를 가까이 하면 영역이 나타난다).

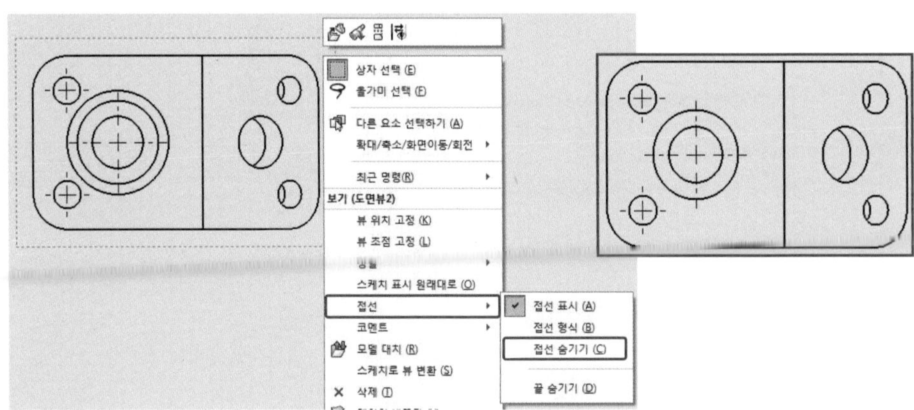

● 연관된 투상도 생성

① 최초로 생성한 도면 뷰의 영역 안에서 마우스 MB3 버튼을 클릭하고 투상도 (Projected View)를 클릭한 후 마우스를 아래로 이동하여 클릭한다.

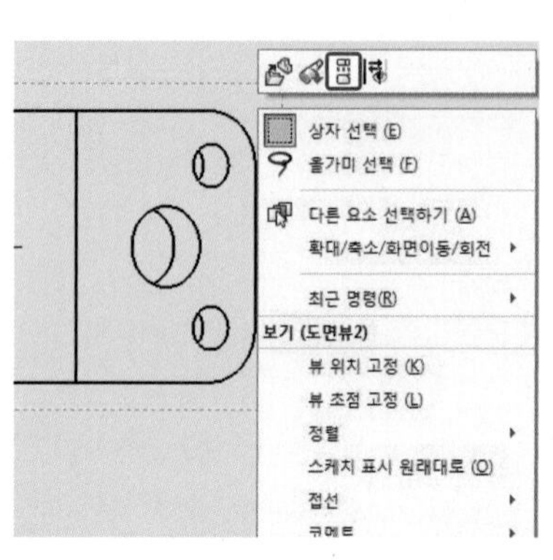

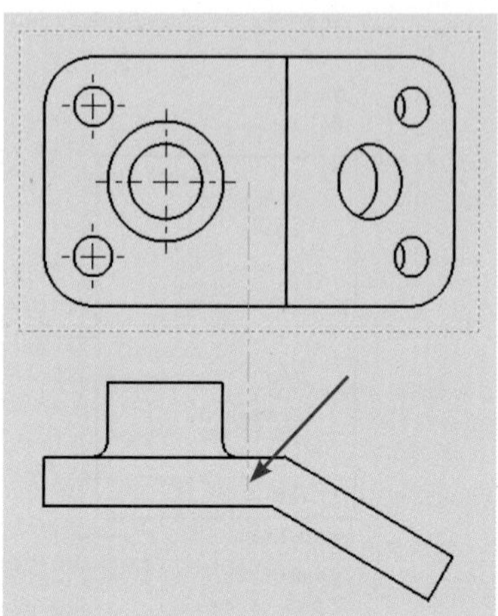

Tip 뷰 팔레트를 이용한 투상도 배치

도면을 배치할 때 SolidWorks 리소스의 뷰 팔레트를 이용하여 쉽게 도면을 작성할 수 있다.

① 다음과 같이 뷰 팔레트에서 도면을 작성할 파트 모델을 선택한다.

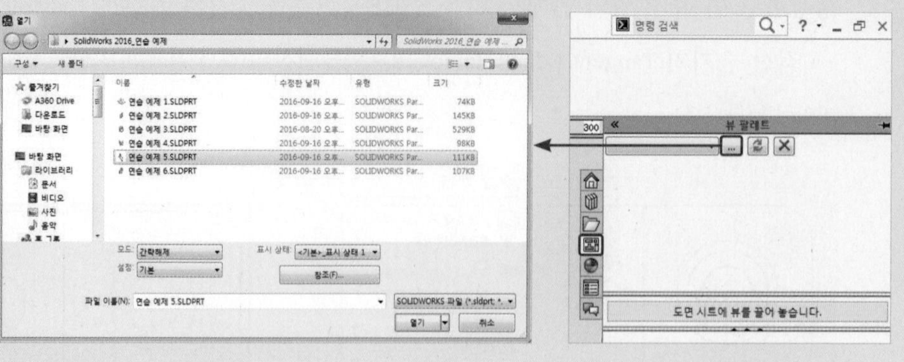

② 기본 베이스 투상도를 선택하여 도면 영역으로 드래그한다.

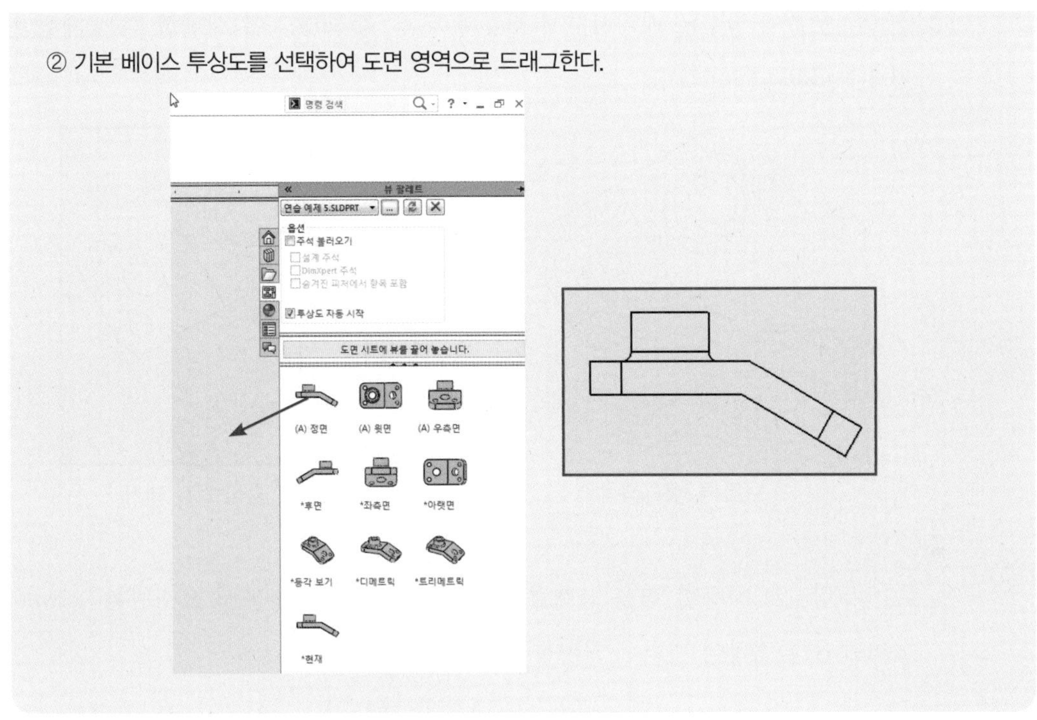

(2) 보조 투상도

① 보조 투상도를 작성할 부분의 모서리에서 마우스 MB3 버튼을 클릭하고 도면뷰(Drawing Views) → 보조 투상도(Auxiliary View)를 클릭한다.

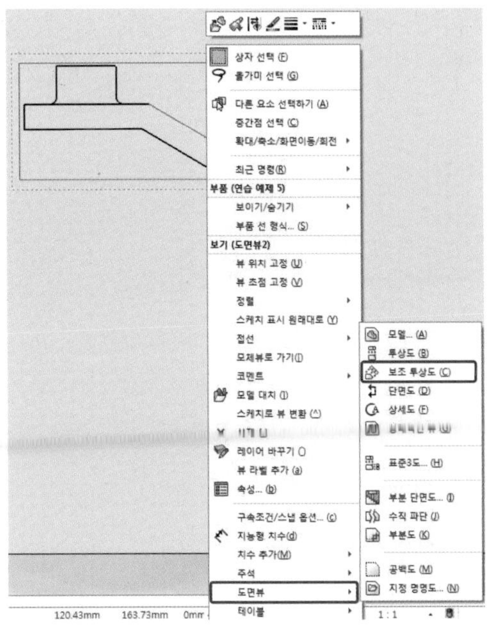

② 생성된 보조 투상도를 배치하고 화살표와 문자, 중심 표시를 선택한 후 삭제한다 (선택 후 Delete 를 누른다).

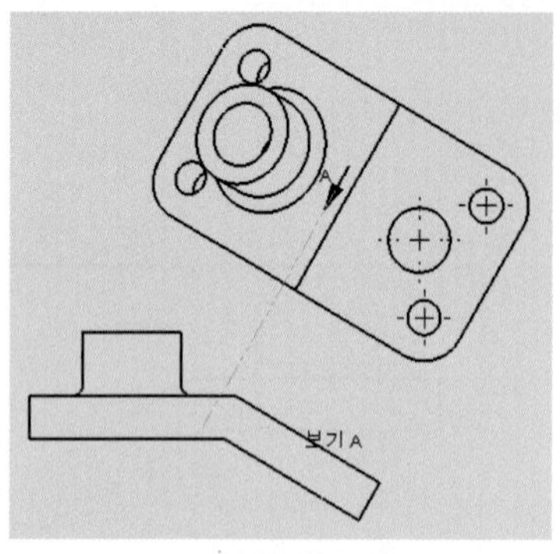

1) 보조 투상도 생성

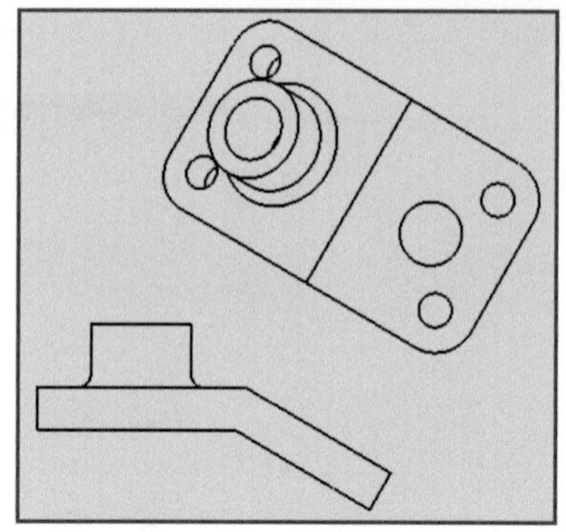

2) 문자, 중심 표시 제거

③ 보조 투상도로 사용할 면을 선택하고 스케치(Sketch) 메뉴에서 요소변환(Convert Entities)을 클릭하여 면의 스케치를 투영한다.

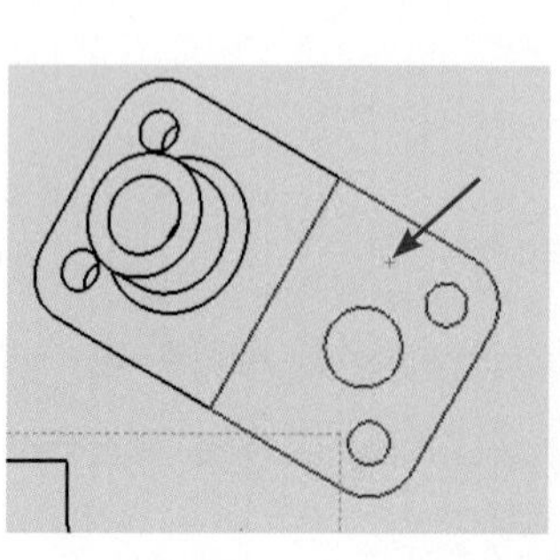

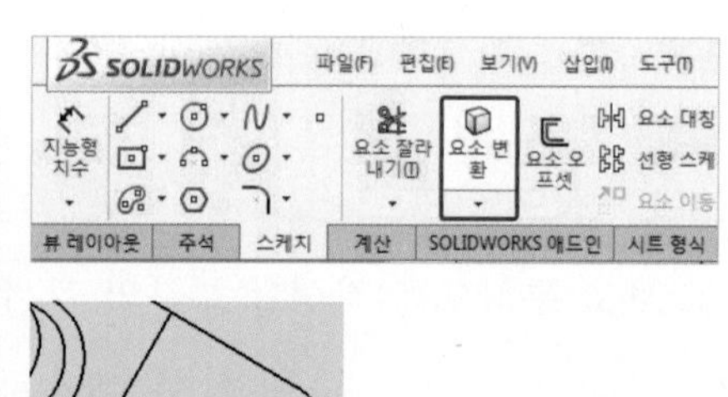

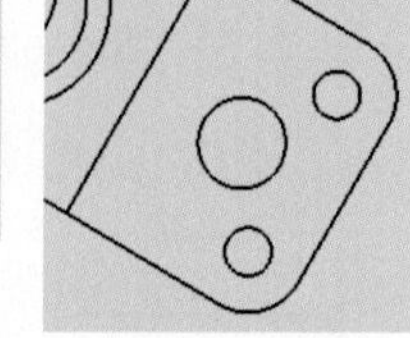

④ 투영한 면의 스케치의 일부에서 마우스 MB3 버튼을 클릭하고 도면뷰(Drawing Views) → 부분도(Crop View)를 클릭한다.

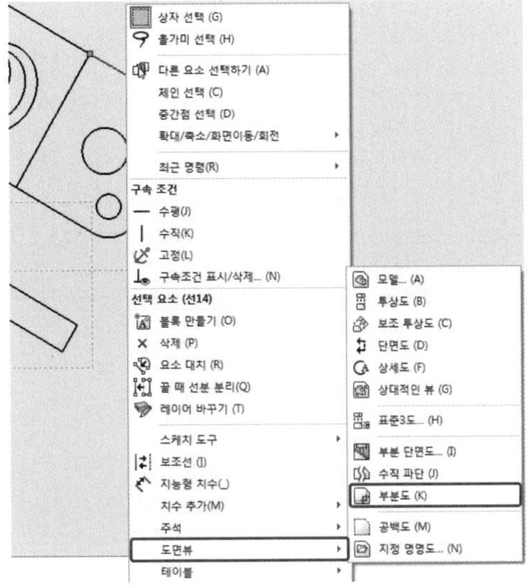

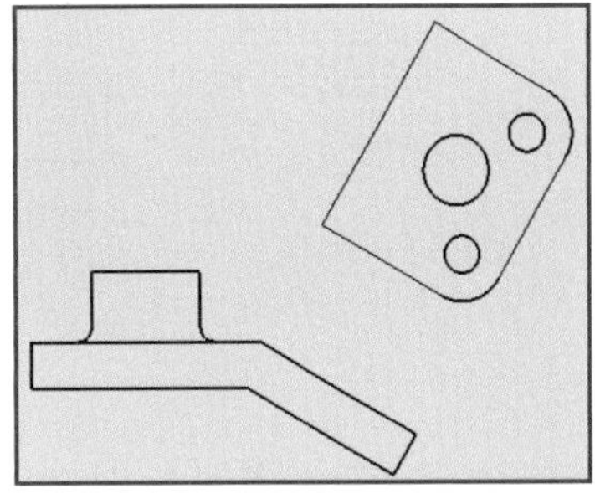

⑤ 레이어를 외형선으로 변경하고 생성된 보조 투상도의 영역에서 마우스 MB3 버튼을 클릭하고 스케치 뷰 변환(Convert View to Sketch)을 클릭한다.

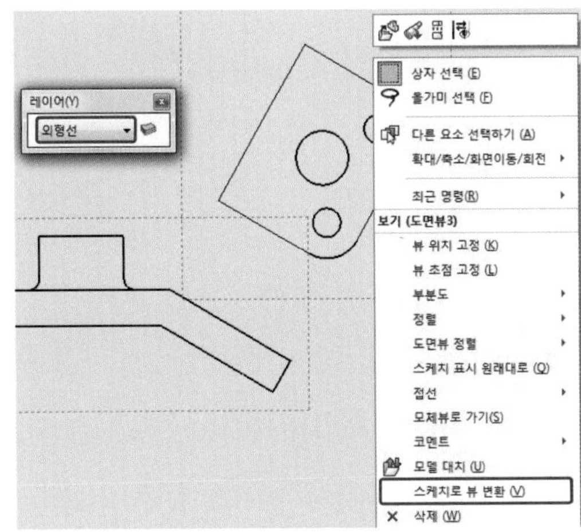

⑥ 다음과 같이 설정하고 확인을 클릭한다.

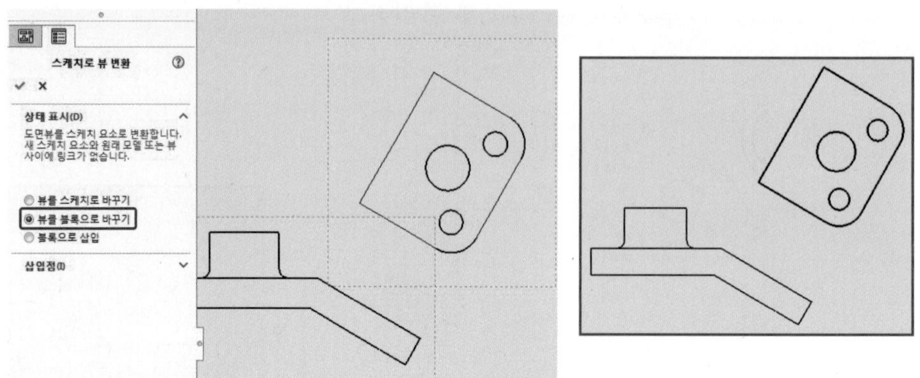

⑦ 일치하는 부분을 선택 후 구속조건을 부여한다.

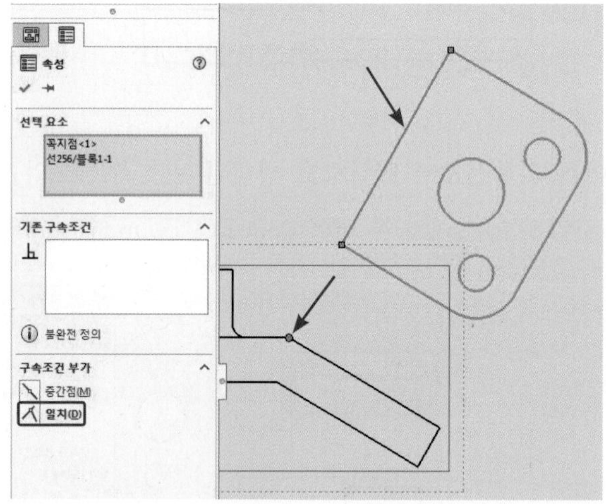

(3) 중심 표시와 중심선

● 중심 표시(Center Mark)

1) 주석(Annotation) 메뉴에서 중심 표시(Center Mark)를 클릭한다.

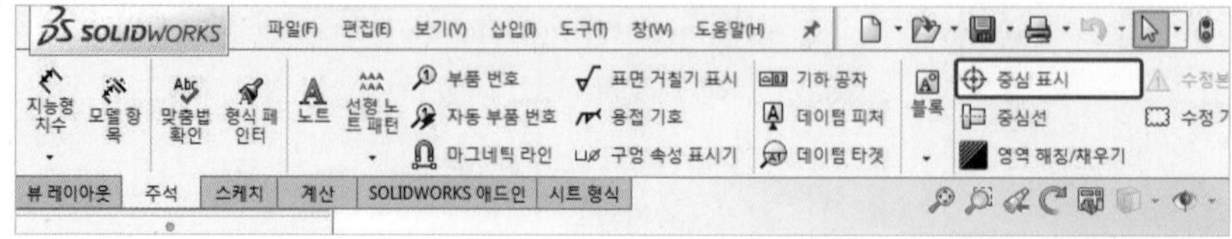

2) 중심 표시를 적용할 원들을 선택하고 다음과 같이 설정한 후 확인을 클릭한다.

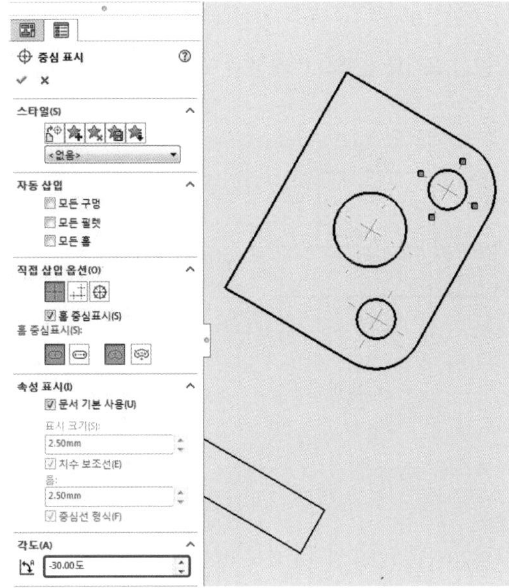

● 중심선(Centerline)

1) 주석(Annotation) 메뉴에서 중심선(Centerline)을 클릭한다.

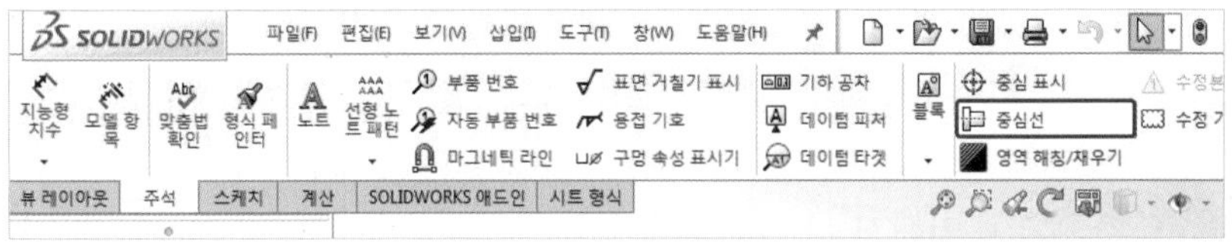

2) 평행한 두 선을 선택한다.

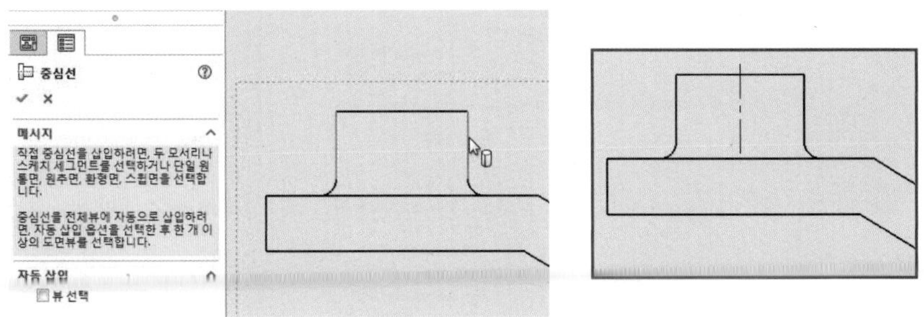

Tip 중심 표시와 중심선의 길이 조절

다음과 같이 중심선, 중심 표시를 선택하고 끝점을 드래그하면 길이 조정이 가능하다.

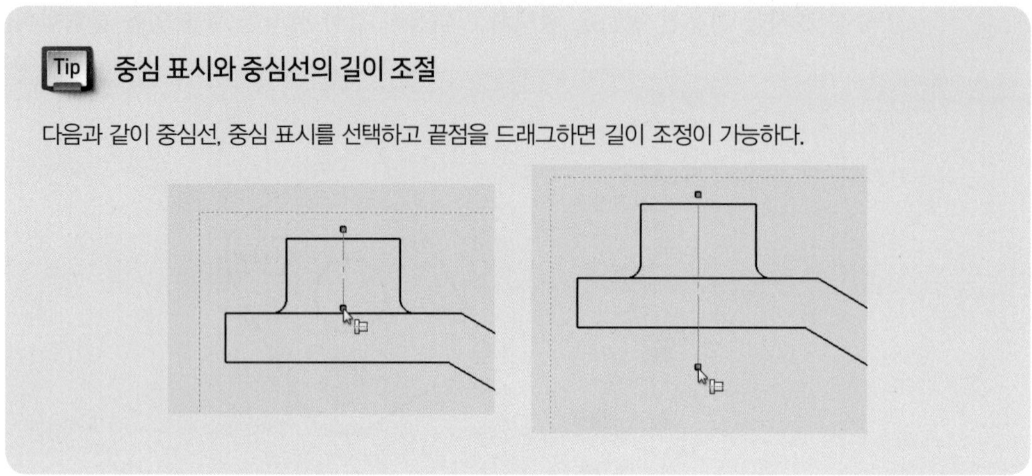

(4) 부분 확대도

① 스케치(Sketch) 메뉴에서 타원(Ellipse)을 클릭하여 도면 뷰의 영역 안에 스케치를 작성한다(부분 확대도를 적용시킬 영역이 내부에 들어가도록 스케치를 작성한다).

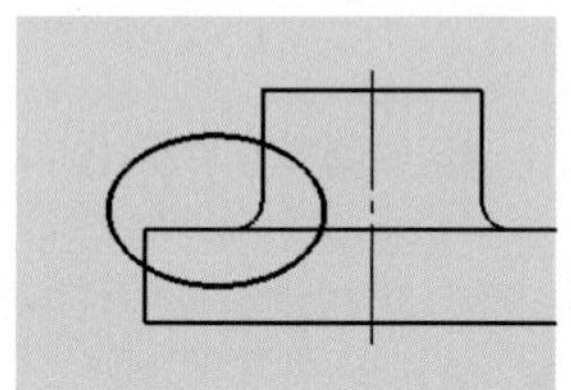

② 작성된 타원에서 마우스 MB3 버튼을 클릭하고 도면뷰(Drawing Views) → 상세도(Detail View)를 클릭한다.

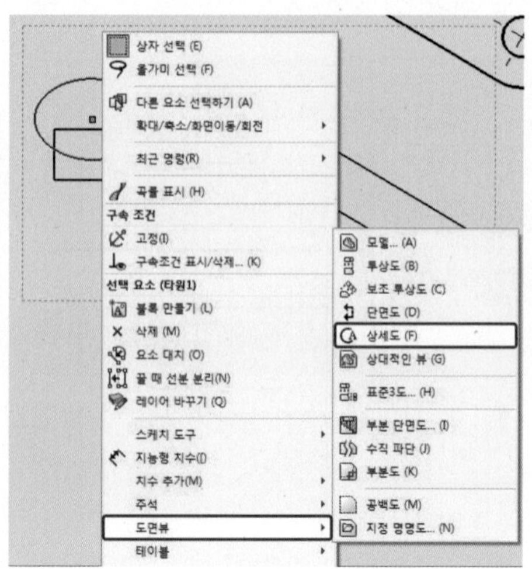

③ 다음과 같이 설정을 하고 상세도를 배치한다.

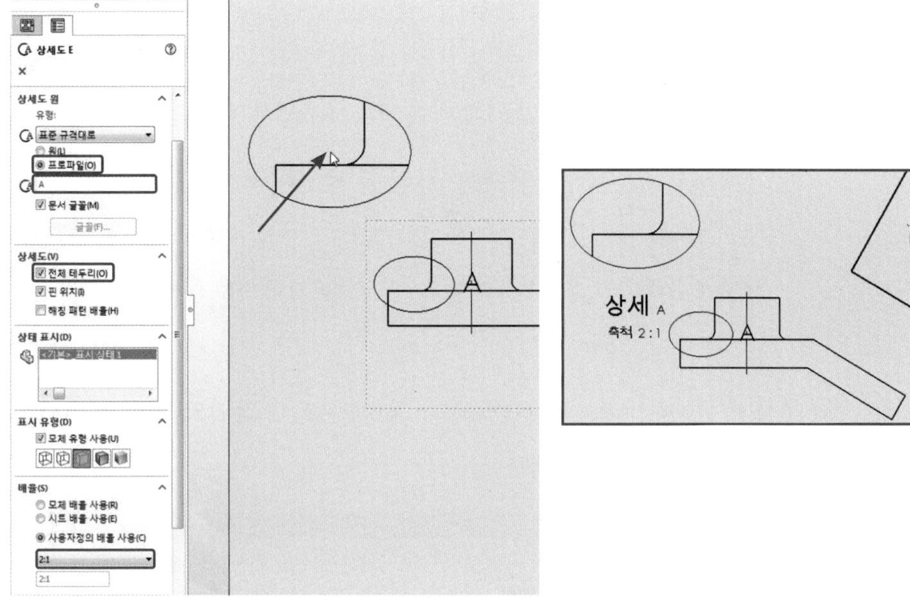

④ 상세도의 문자와 이름의 위치를 다음과 같이 수정한다.

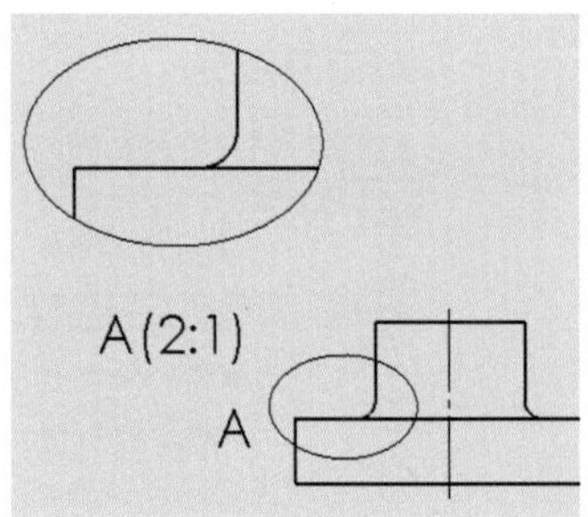

2 단면도 작성

(1) 단면도 설정

① 메인 메뉴 바(Main Menu Bar)에서 옵션(Options)을 클릭하다.

② 문서 속성(Document Properties) → 뷰(Views) → 단면도(Section)에서 다음과 같이 설정하고 확인을 클릭한다.

구분	글꼴	문자 높이
단면 화살표 텍스트	RomanS	3.50mm
라벨		5.00mm

(2) 온 단면도

① 스케치(Sketch) 메뉴에서 선(Line)을 클릭하고 도면 뷰의 영역 안에 스케치를 작성한 후 구속 조건을 부여한다(보기(View) → 숨기기 / 보이기(Hide / Show) → 원점(Origines)을 클릭하여 활성화 한다).

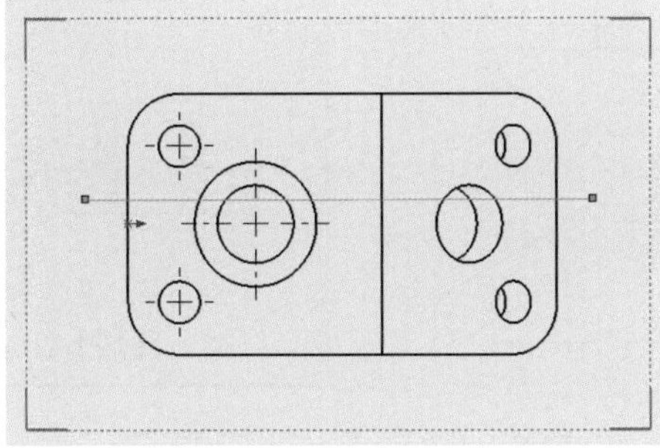

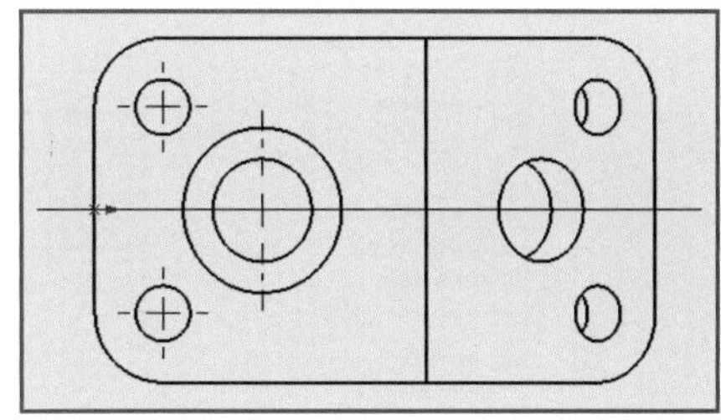

② 작성된 선에 마우스 MB3 버튼을 클릭하고 도면뷰(Drawing Views) → 단면도(Section View)를 클릭한다.

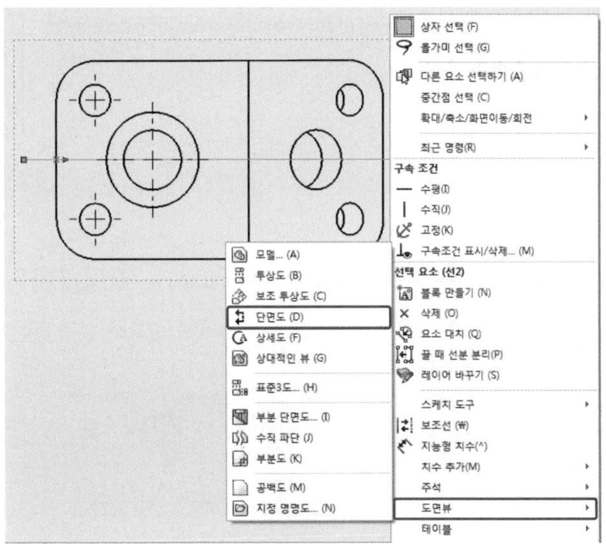

③ 다음과 같이 설정하고 도면 영역에 배치한다.

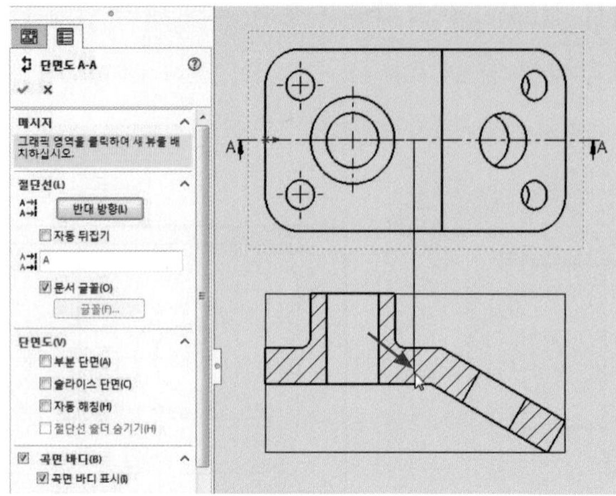

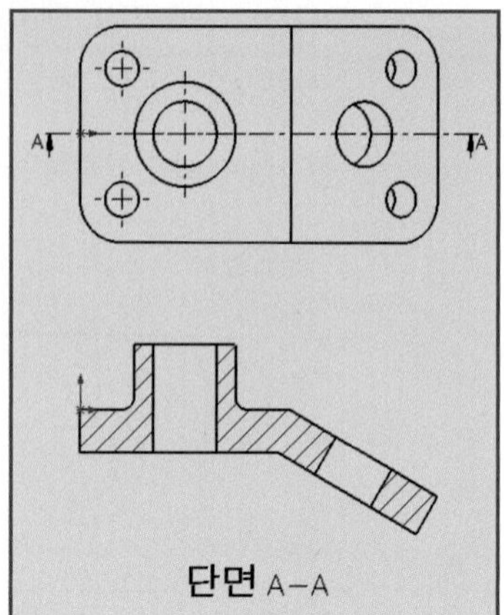

④ 문자를 다음과 같이 수정한다.

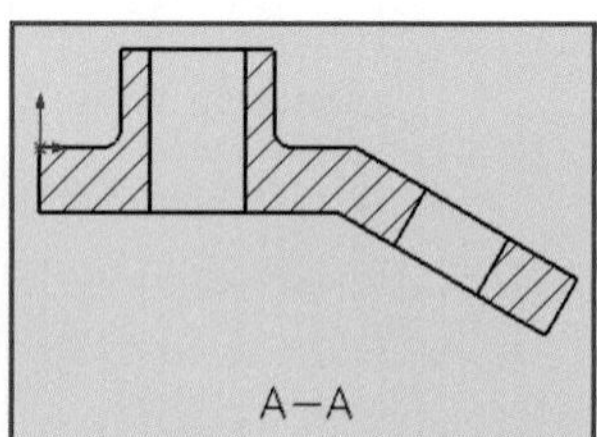

(3) 부분 단면도

① 스케치(Sketch) 메뉴에서 자유 곡선(Spline)을 클릭하여 도면 뷰의 영역 안에 스케치를 작성한다(부분 단면도를 적용시킬 영역이 내부에 들어가도록 스케치를 작성한다).

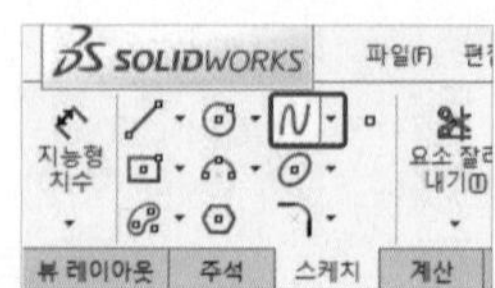

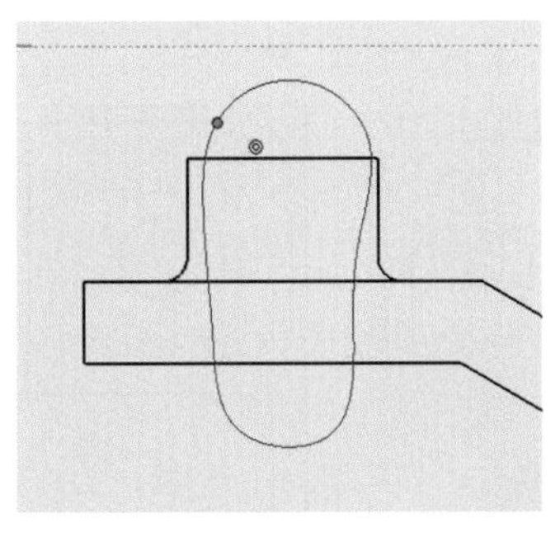

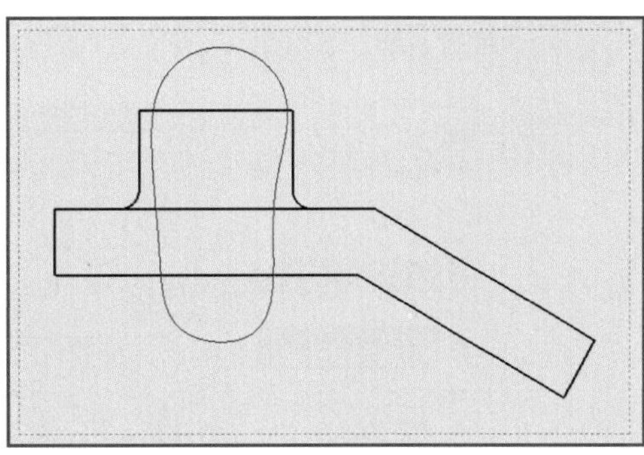

– 이 때 자유곡선의 끝점은 시작점을 클릭하여 폐곡선으로 스케치를 작성한다.

② 작성된 자유 곡선에 마우스 MB3 버튼을 클릭하고 도면뷰(Drawing Views) → 부분 단면도(Broken-Out Section)를 클릭한다.

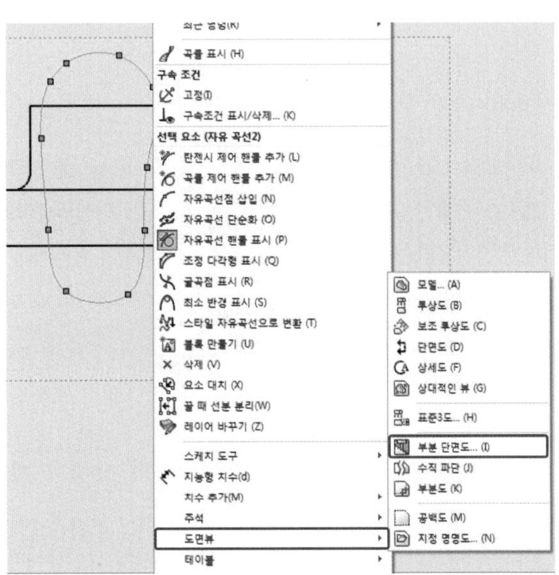

③ 다음과 같이 설정하고 확인을 클릭한다.

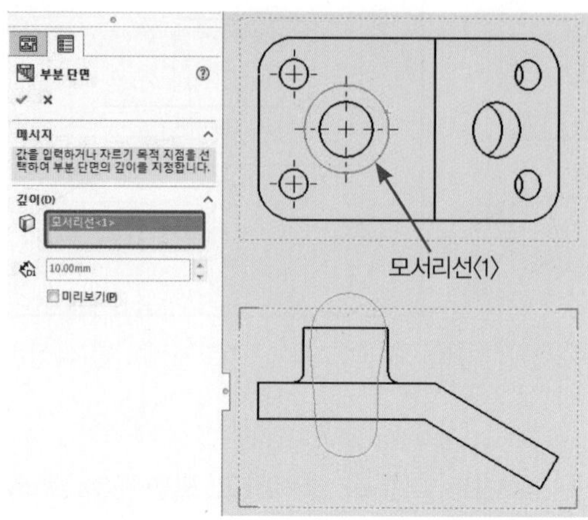

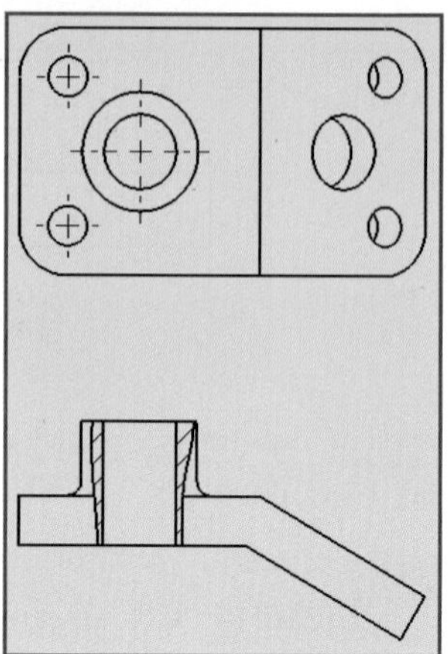

Tip 부분 단면도(Broken-Out Section) 거리 값 지정

부분 단면도(Broken-Out Section)를 작성할 때는 거리 값 또는 모서리를 선택하여야 한다. 거리 값을 입력할 때는 자유 곡선을 스케치 한 위치에서 단면을 적용시킬 요소까지의 거리를 입력하면 된다. 이때 자유 곡선이 스케치 되는 평면의 기준은 보기뷰 방향에서 모델링의 가장 앞쪽이다.

(4) 조합에 의한 단면도1

① 다음과 같이 도면뷰를 생성하고 도면뷰 영역 상에 스케치(Sketch) 메뉴의 점(Point)과 선(Line)을 이용하여 스케치를 작성한 후 구속조건을 부여한다(Chapter 2. 연습예제 1의 모델 참조).

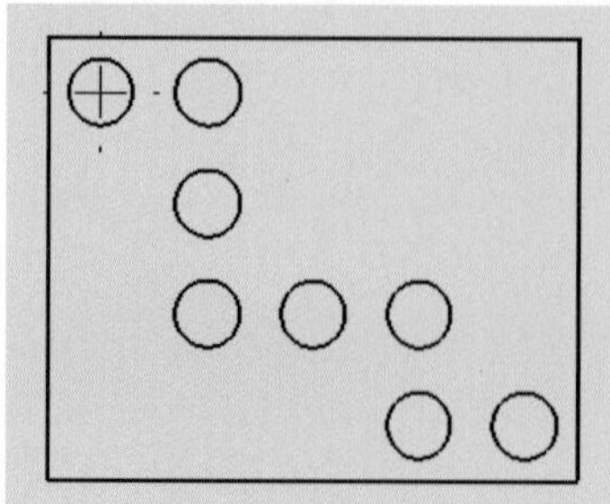

1) 도면뷰 생성

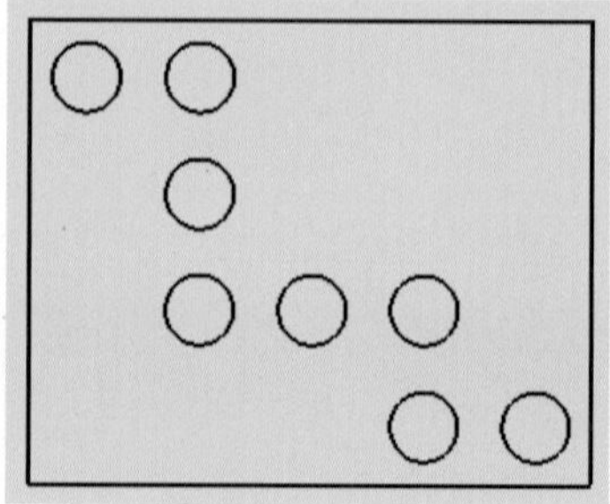

2) 중심 표시 제거

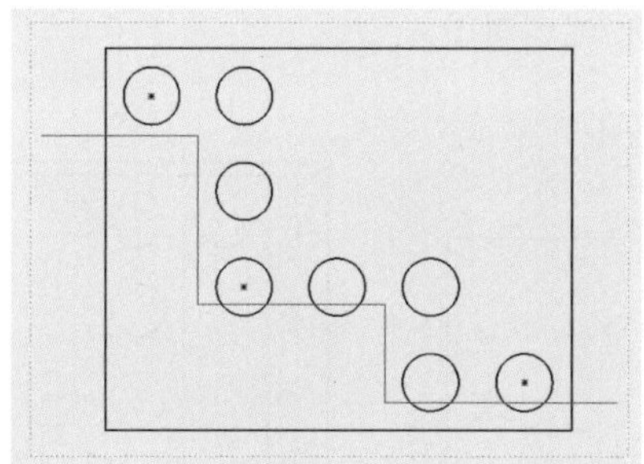

3) 점, 선 스케치

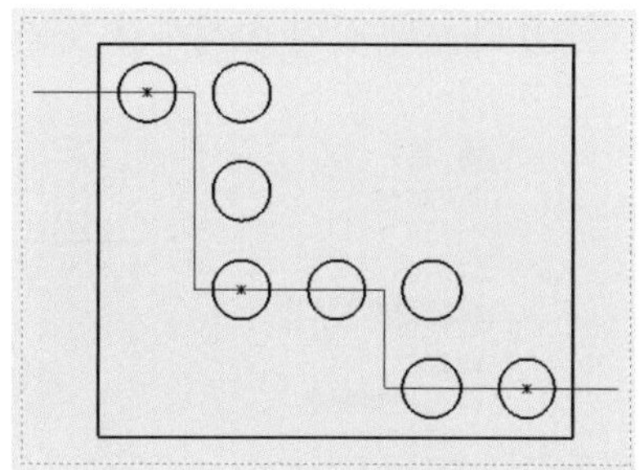
4) 구속조건 부여

② 작성된 일부 선에 마우스 MB3 버튼을 클릭하고 도면뷰(Drawing Views) → 단면도(Section View)를 클릭한다(SolidWorks 창에서 기존 축소 [기존 축소 단면도를 작성합니다.]를 클릭한다).

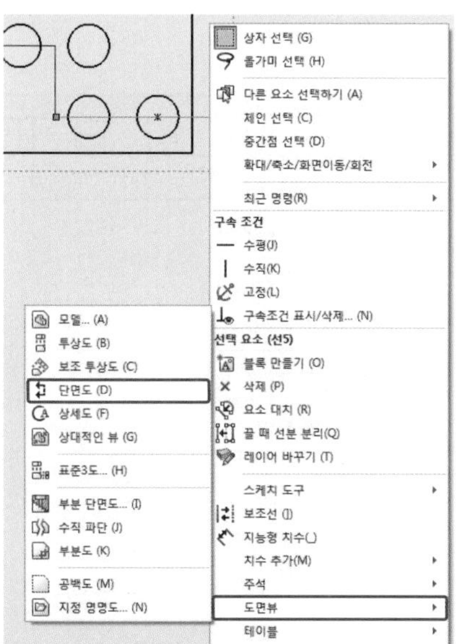

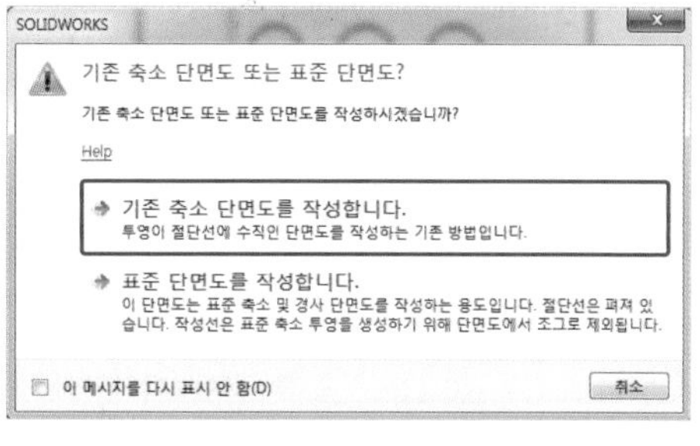

③ 다음과 같이 설정하고 도면 영역에 배치한다.

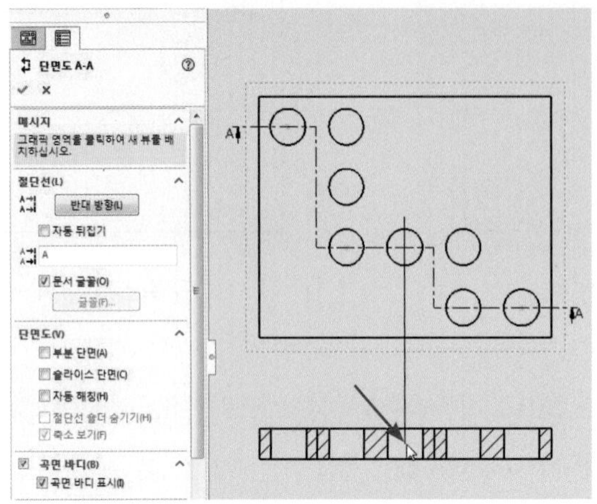

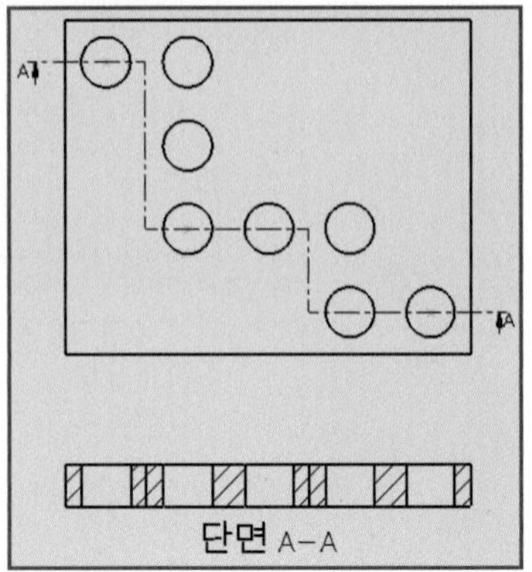

④ 문자를 다음과 같이 수정한다.

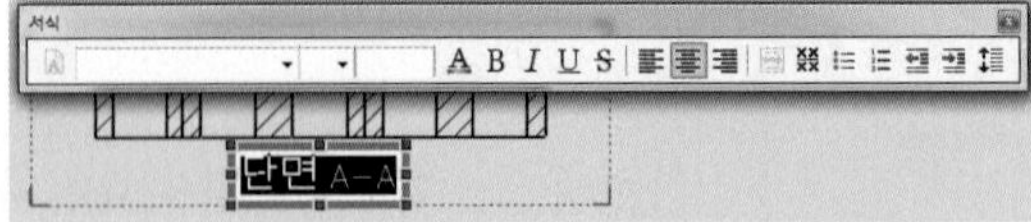

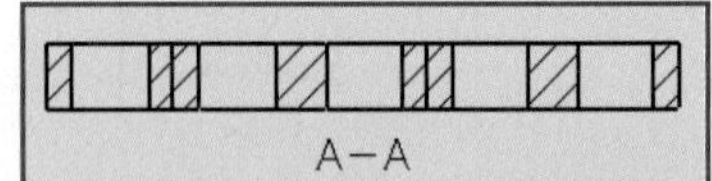

(5) 조합에 의한 단면도2

① 다음과 같이 도면뷰를 생성하고 도면뷰 영역 상에 스케치(Sketch) 메뉴의 점(Point)과 선(Line)을 이용하여 스케치를 작성한 후 구속조건을 부여한다(Chapter 2. 연습예제 2의 모델 참조).

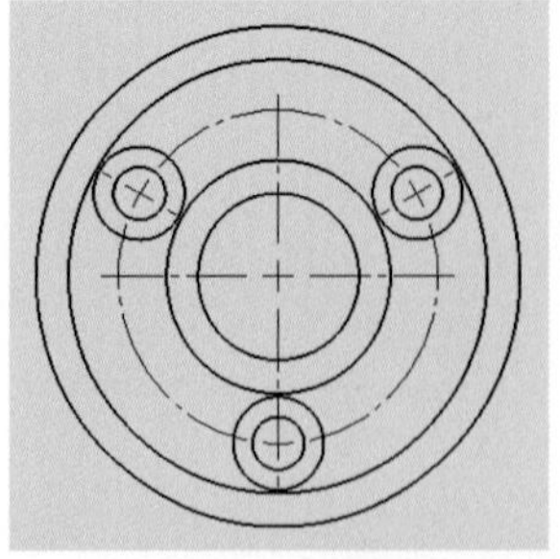

1) 도면뷰 생성

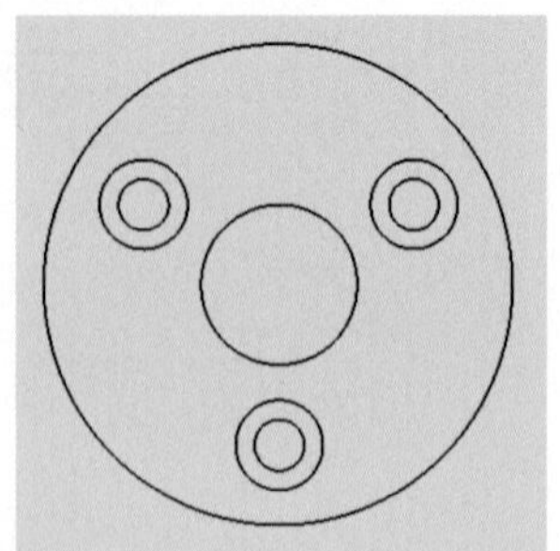

2) 접선 숨기기와 중심 표시 제거

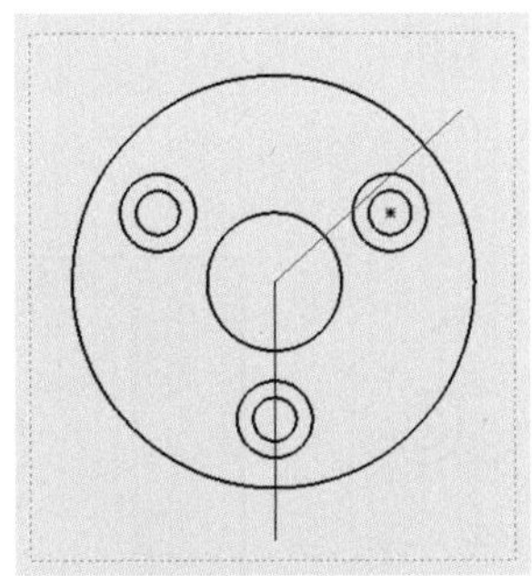

3) 점, 선 스케치 작성

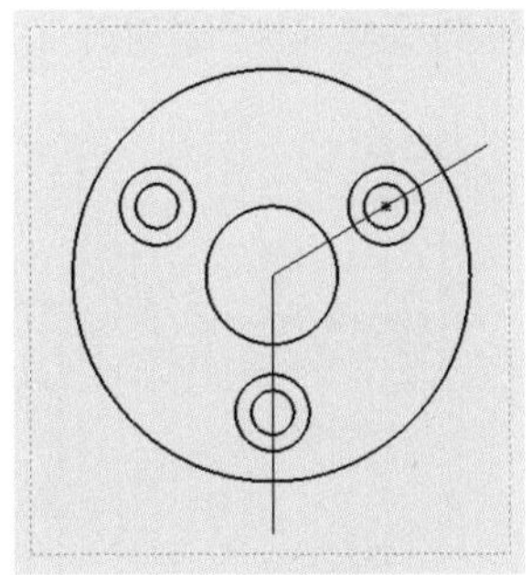

4) 구속조건 부여

② 작성된 일부 선에 마우스 MB3 버튼을 클릭하고 도면뷰(Drawing Views) → 단면도(Section View)를 클릭한다.

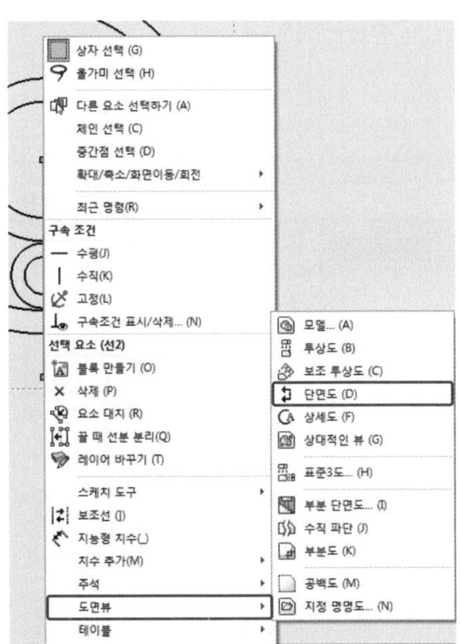

③ 다음과 같이 설정하고 도면 영역에 배치한다.

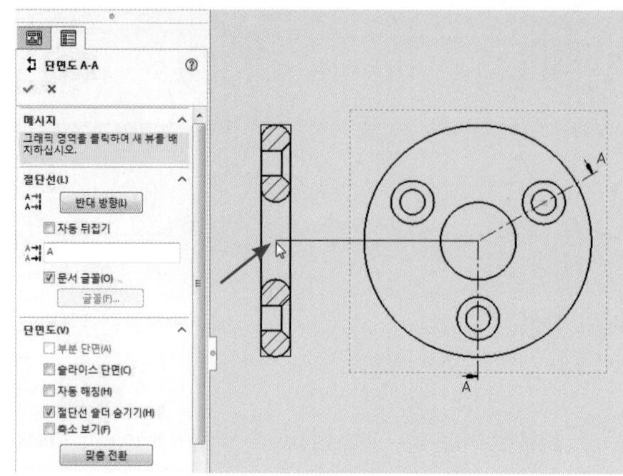

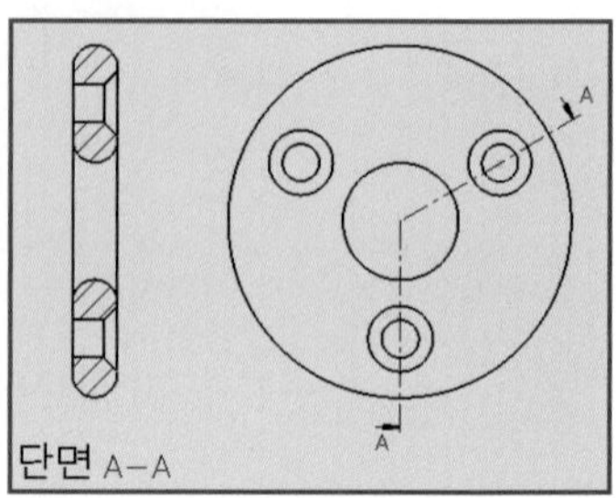

④ 문자를 다음과 같이 수정한다.

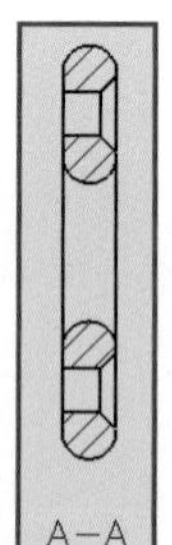

04 치수기입과 공차기입

투상도와 단면도의 작업이 완성되면 그 다음은 치수기입과 공차기입 등을 해야 한다.

1 치수기입과 지시선

(1) 치수 설정

① 메인 메뉴 바(Main Menu Bar)에서 옵션(Options)을 클릭한다.

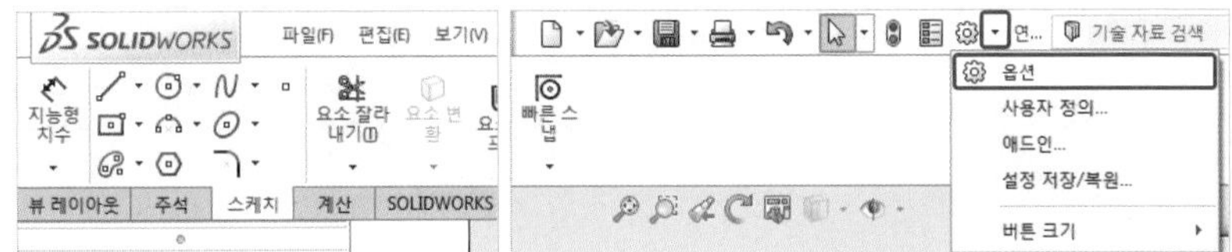

② 문서 속성(Document Properties) → 치수(Dimensions)에서 다음과 같이 설정하고 확인을 클릭한다.

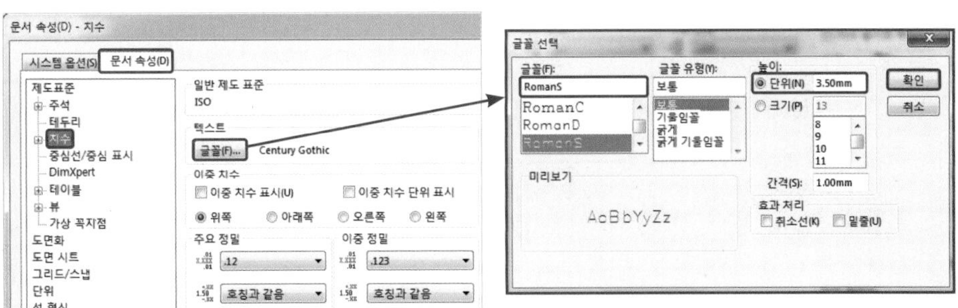

(2) 일반 치수 기입하기

다음 도면에 일반 치수를 기입한다(Chapter 6. 03 투상도와 단면도 작성 참조).

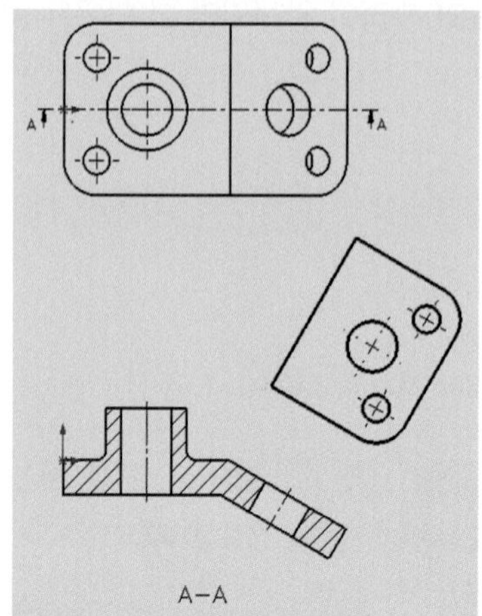

① 스케치(Sketch) 메뉴에서 지능형 치수(Smart Dimension)를 클릭하여 치수를 기입할 요소를 선택하고 치수를 배치한다(파트(Part) 작업의 스케치 작성 시에 치수기입 방법과 동일하다).

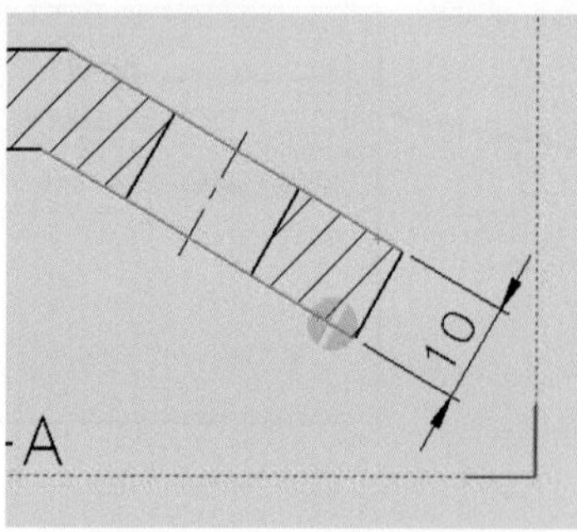

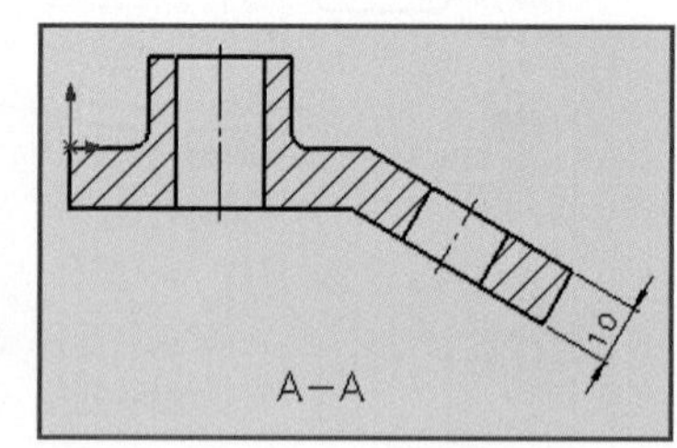

② 같은 방법으로 다음과 같이 작성한다.

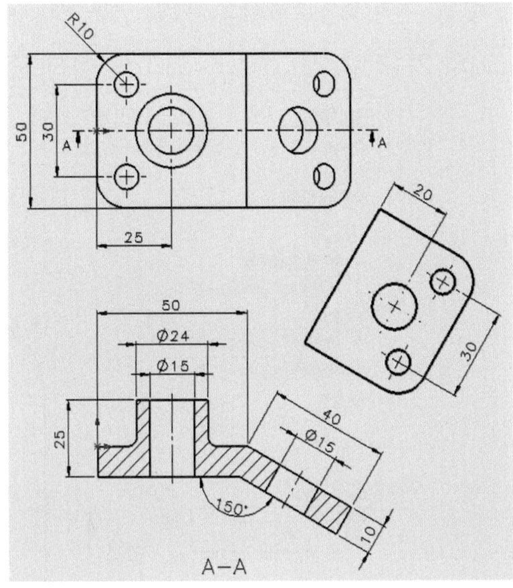

Tip 치수 가운데 맞춤(Center Dimension)

치수를 선택한 후 마우스 MB3 버튼을 클릭하여 표시 옵션(Display Options) → 치수 가운데 맞춤(Center Dimension)을 클릭하면 치수를 치수선의 가운데로 위치시킬 수 있다.

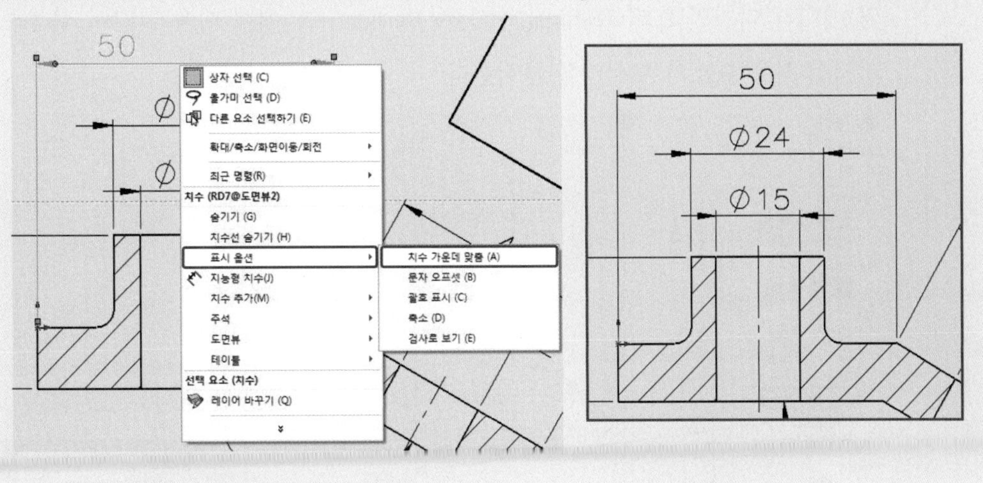

(3) 치수 문자 수정

① 문자를 수정할 치수를 선택하고 피처 매니저 디자인 트리(Features Manager Design Tree)의 치수 텍스트(Dimension Text)에서 문자를 수정한다.

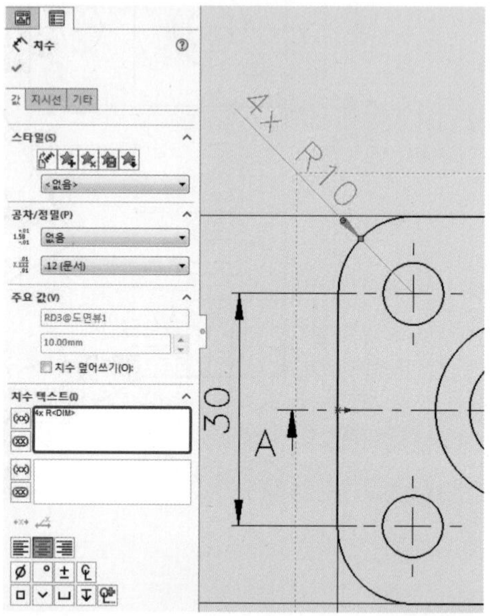

(4) 지시선 기입

① 레이어를 문자로 변경하고 주석(Annotation) 메뉴에서 노트(Note)를 클릭하여 피처 매니저 디자인 트리(Features Manager Design Tree)에서 다음과 같이 설정하고 지시선 적용 요소의 모서리를 클릭한다.

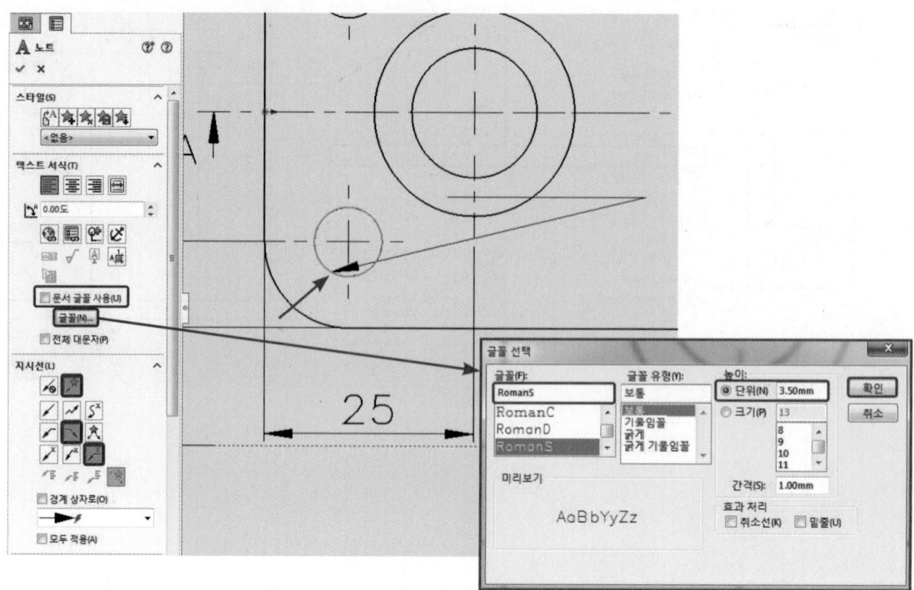

② 지시선의 위치를 선택하여 클릭하고 다음과 같이 내용을 입력한다.

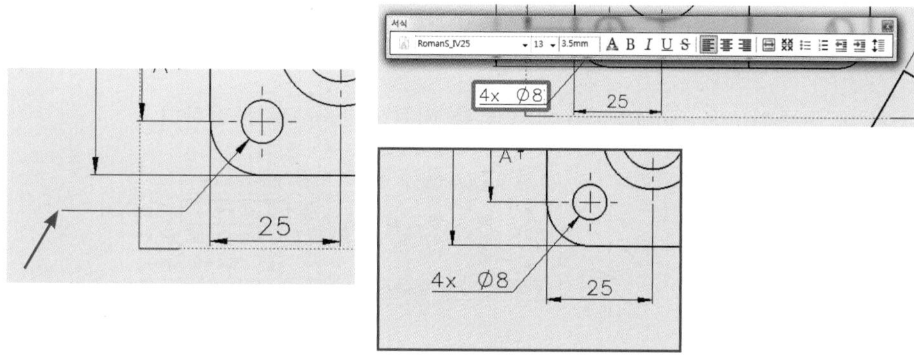

Tip 노트 작성과 치수 수정 중 기호 입력하기

노트(Note) 작성, 치수기입 중 기호 추가를 클릭하여 특수기호를 입력할 수 있다.

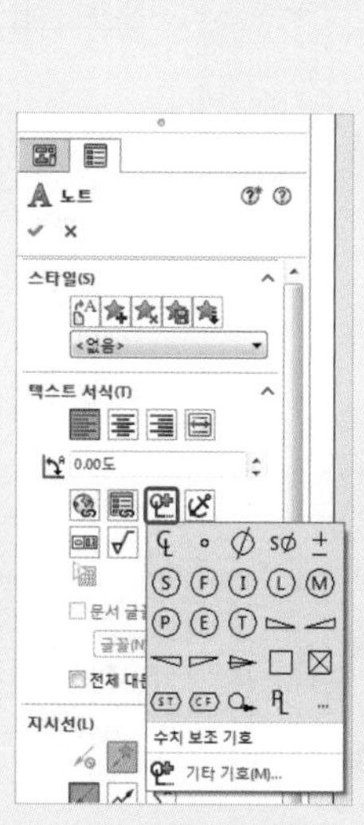

노트 작성 중 기호 추가

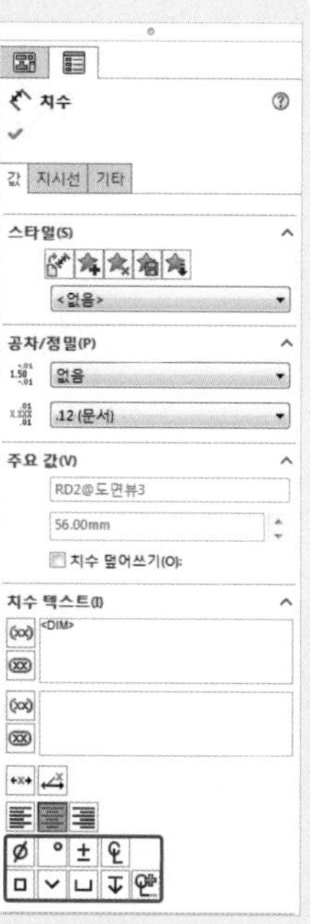

치수 기입 중 기호 추가

2 품번 및 표면 거칠기 기입

(1) 품번 기입

① 주석(Annotation) 메뉴에서 부품 번호(Balloon)를 클릭한다.

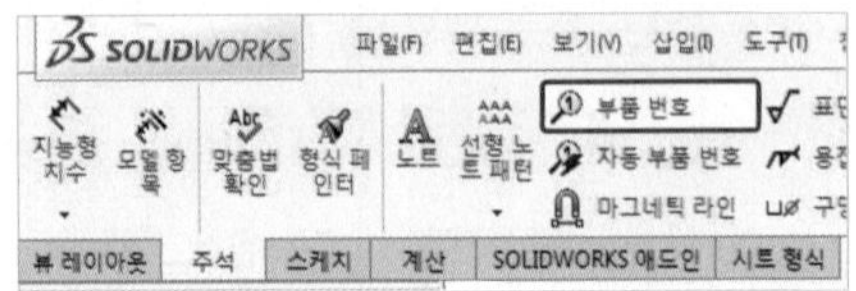

② 다음과 같이 설정하고 품번을 배치한다.

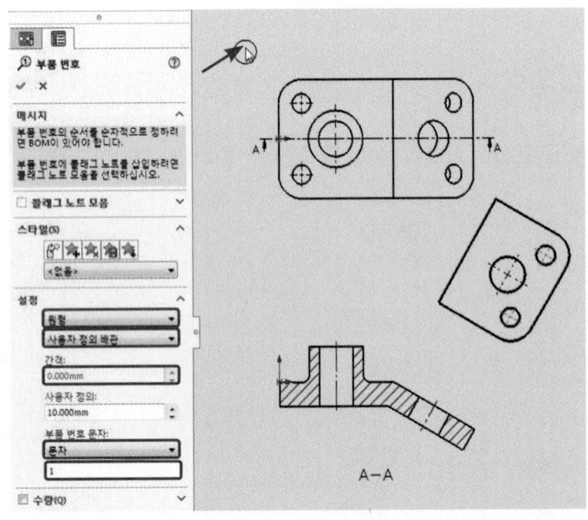

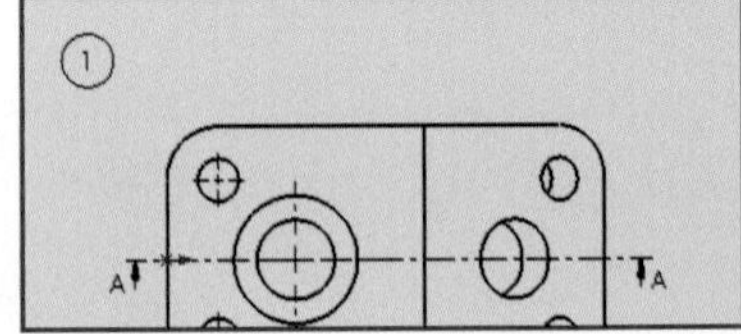

(2) 표면 거칠기 기입

① 주석(Annotation) 메뉴에서 표면 거칠기 표시(Surface Finish)를 클릭한다.

② 다음과 같이 설정하고 치수의 치수 보조선을 클릭한 후 배치한다.

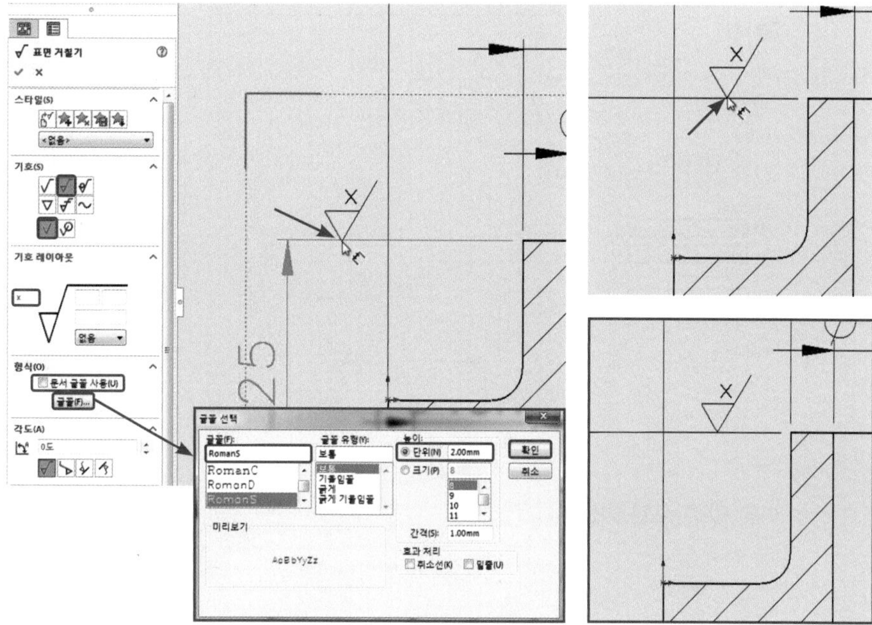

3 일반공차 기입하기

① 치수를 선택하고 피처 매니저 디자인 트리(Features Manager Design Tree)의 공차/정밀(Tolerance/Precision)에서 다음과 같이 설정한다.

- 위/아래 치수 공차 기입

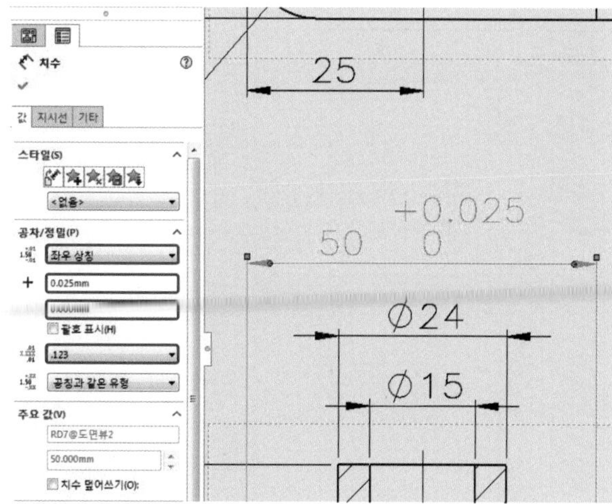

설정	
공차/정밀	좌우 대칭
위 치수 공차	0.025mm
아래 치수 공차	0.000mm
소수점 자리	.123

● ±치수 공차 기입

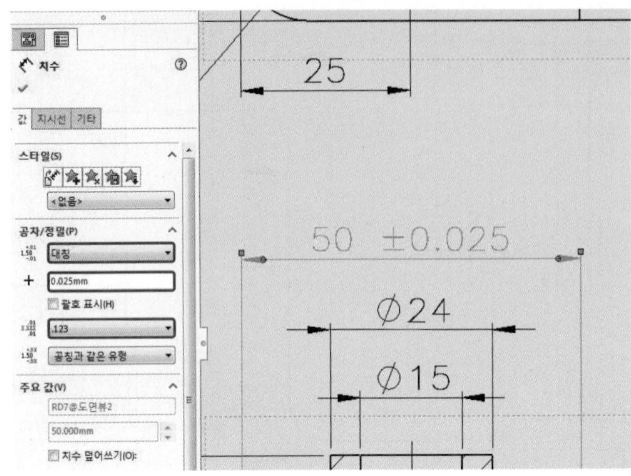

설정	
공차 / 정밀	대칭
공차	0.025mm
소수점 자리	.123

● 끼워 맞춤 공차 기입

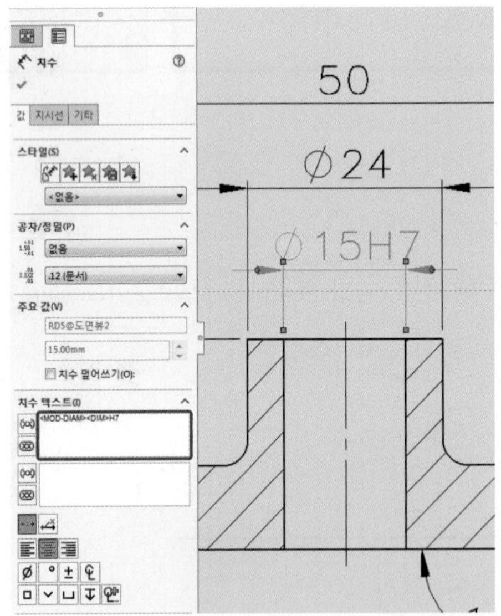

설정	
치수 텍스트	H7

※ 텍스트를 수정한다.

4 기하 공차 기입

(1) 데이텀 및 기하 공차 설정

① 메인 메뉴 바(Main Menu Bar)에서 옵션(Options)을 클릭하고 문서 속성(Document Properties) → 주석(Annotations)에서 다음과 같이 설정하고 확인을 클릭한다.

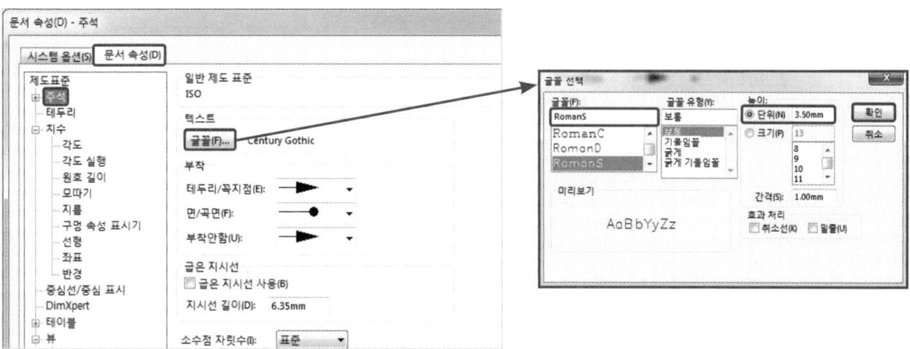

(2) 데이텀 기입

① 주석(Annotation) 메뉴에서 데이텀 피처(Datum Feature)를 클릭한다.

② 다음과 같이 설정하고 치수의 치수 보조선을 클릭한 후 길이 조절과 배치를 진행한다.

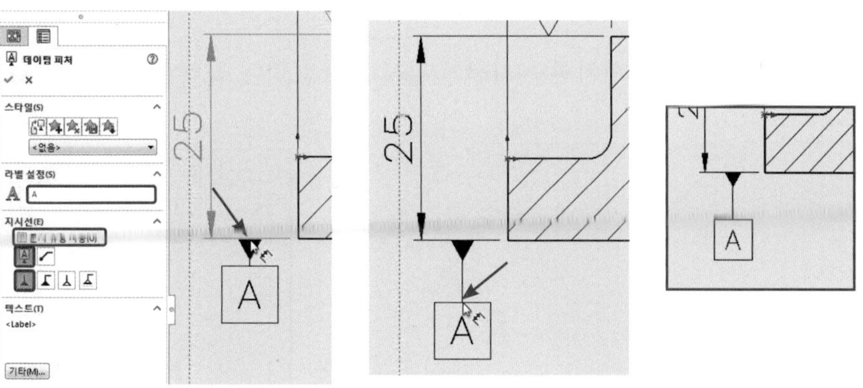

(2) 기하 공차 기입

① 주석(Annotation) 메뉴에서 기하 공차(Geometric Tolerance)를 클릭한다.

② 다음과 같이 속성(Properties) 창에서 기하 공차의 데이터를 설정하고 피처 매니저 디자인 트리(Features Manager Design Tree)에서 지시선의 유형을 설정한 후 치수 보조선에 배치한다.

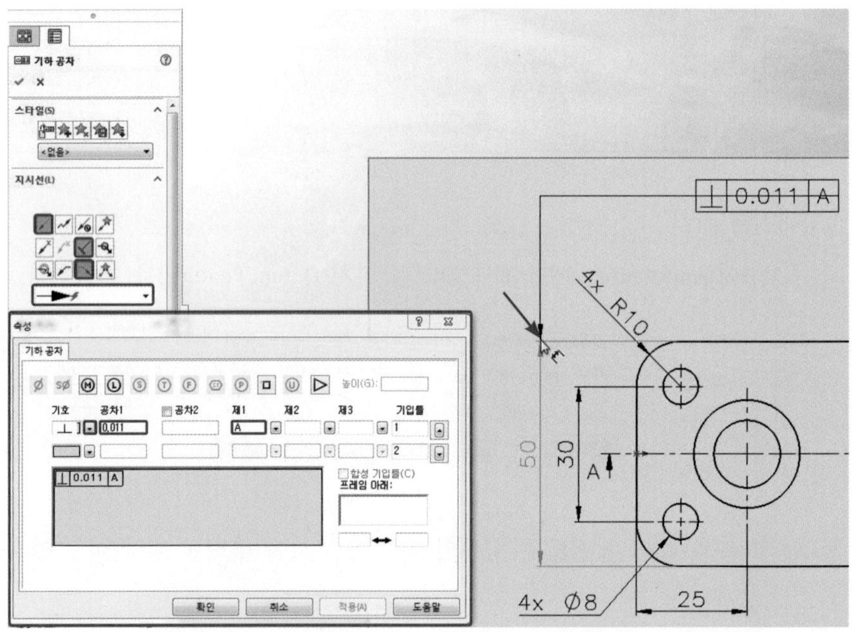

③ 기하 공차의 위치와 지시선의 길이 조절을 하여 클릭한다.

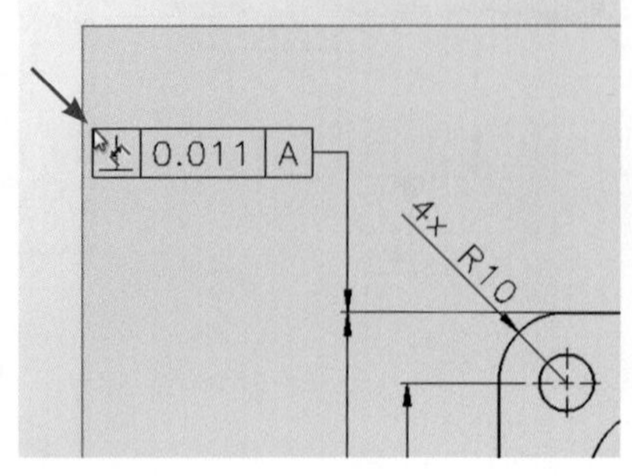

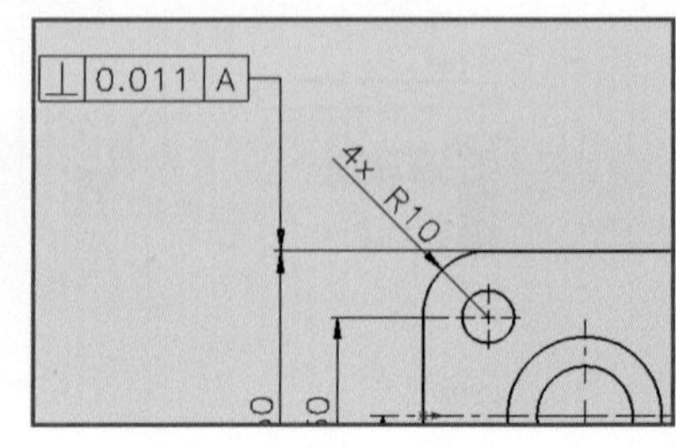

05 도면작성 종합예제

1 동력전달장치 도면 작성 준비

동력전달장치에 관한 도면을 작성한다(Chapter 3. 01 동력전달장치 파트 모델링 참조).

(1) 도면 설정

① 시트 형식 / 크기(Sheet Format / Size) 창에서 도면 영역 크기를 지정한다(A2 크기로 지정한다).

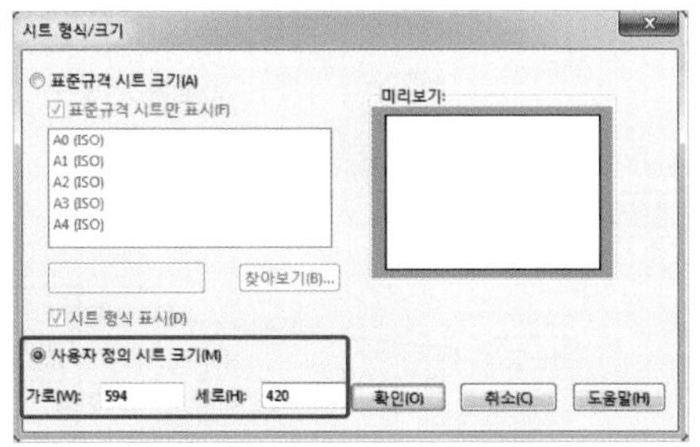

② 메인 메뉴 바(Main Menu Bar)에서 옵션(Options)을 클릭하여 다음과 같이 설정하고 확인을 클릭한다.

- 주석 설정

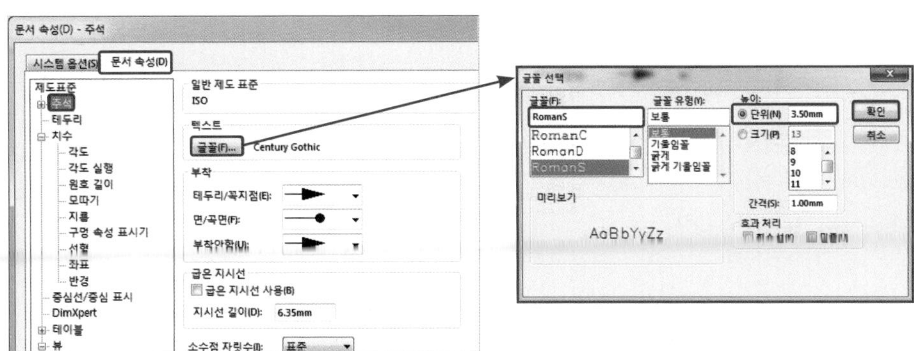

● 부품 번호 설정

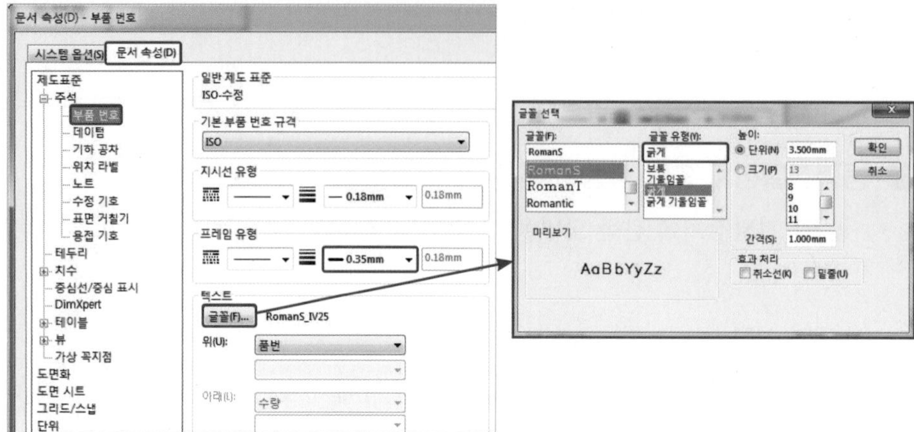

● 치수 설정

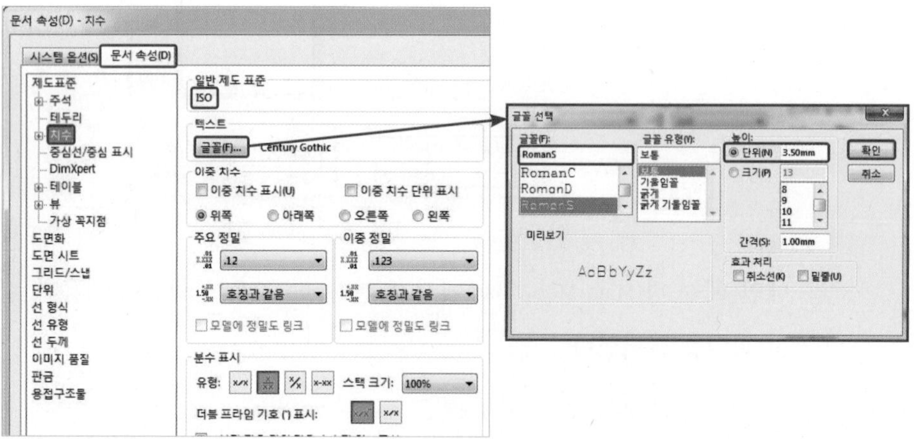

● 상세도 설정

구분	글꼴	문자 높이
상세도 원 텍스트	RomanS	3.50mm
라벨		5.00mm

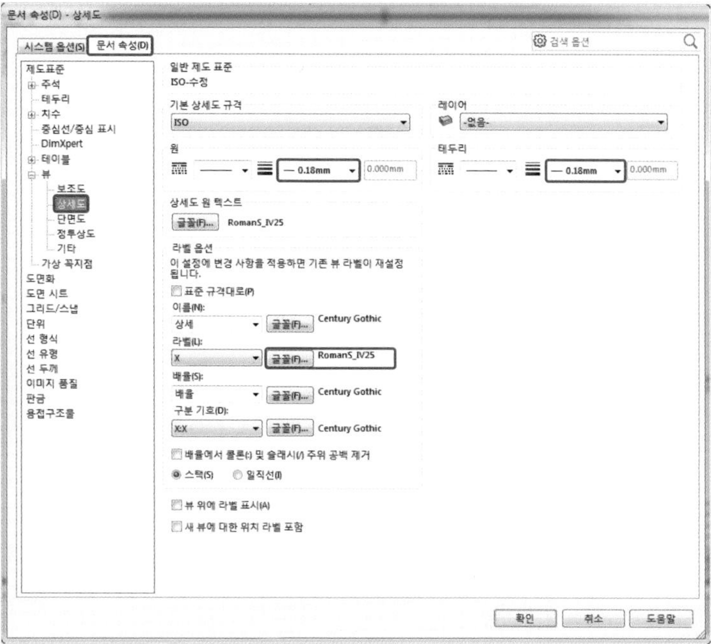

● 단면도 설정

구분	글꼴	문자 높이
단면 화살표 텍스트	RomanS	3.50mm
라벨		5.00mm

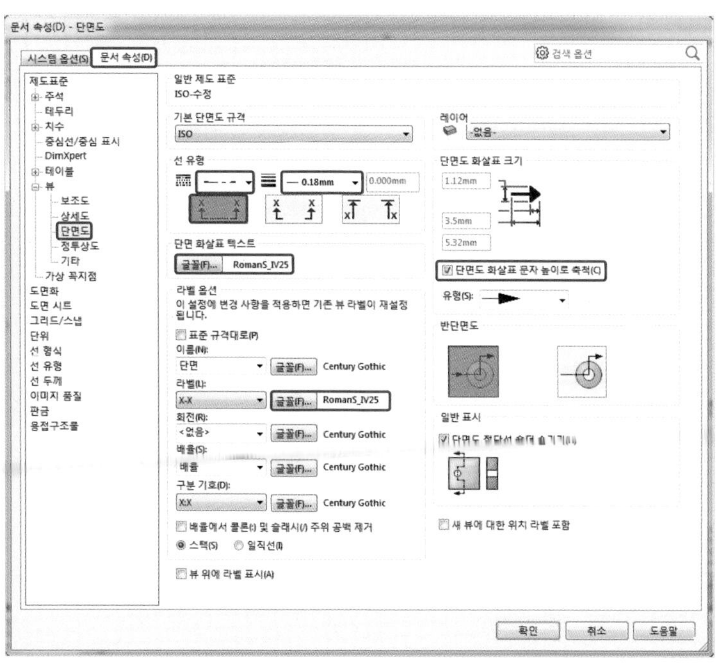

● 모델뷰의 선 두께 설정

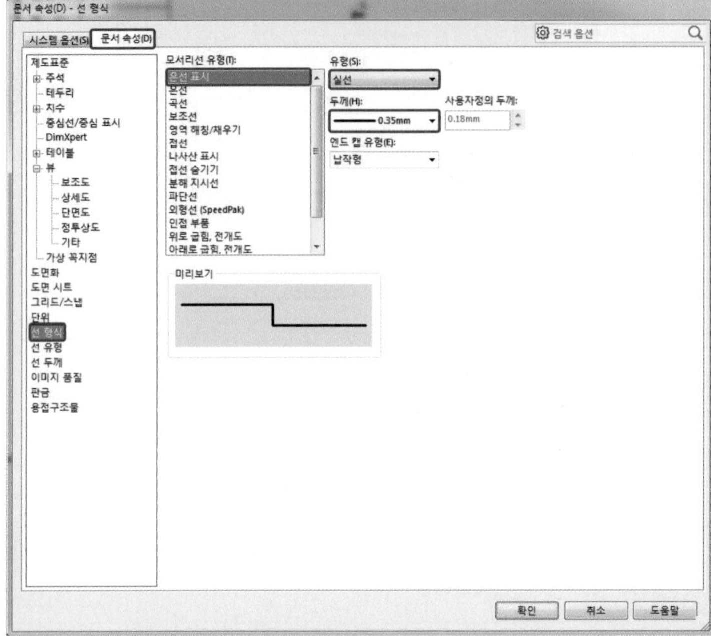

② 시트 1에서 MB3 버튼을 클릭하고 속성을 클릭하여 다음과 같이 설정한다.

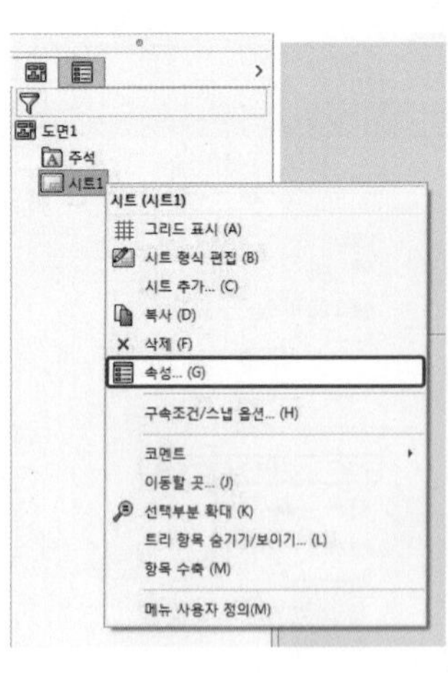

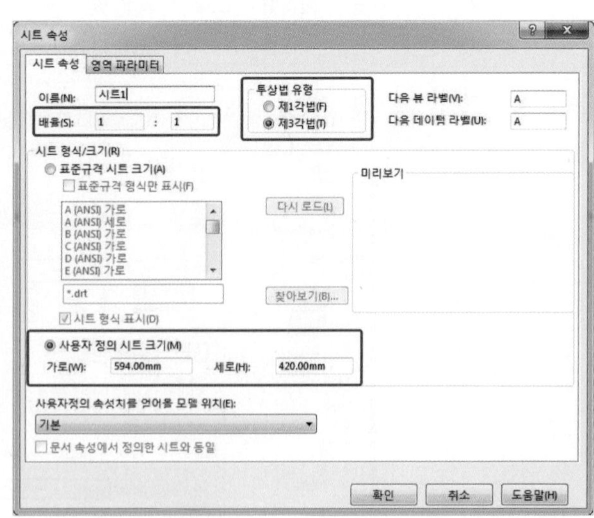

(2) 레이어 작성

① 레이어(Layer) 메뉴에서 레이어 속성(Layer Properties)을 클릭한다.

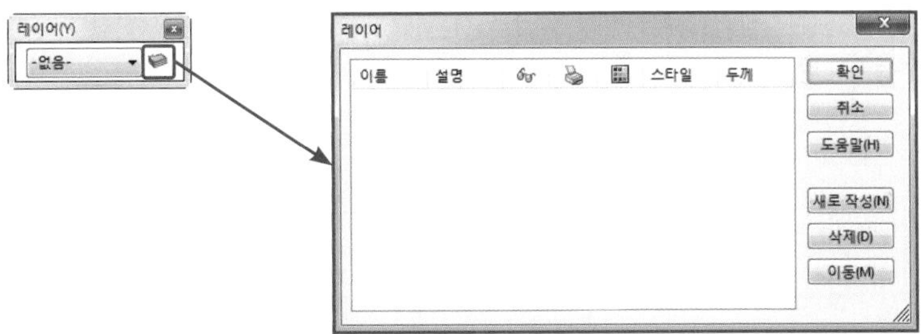

② 레이어(Layer) 창에서 새로 작성(New)을 클릭하고 다음과 같이 레이어를 생성한 후 확인을 클릭한다.

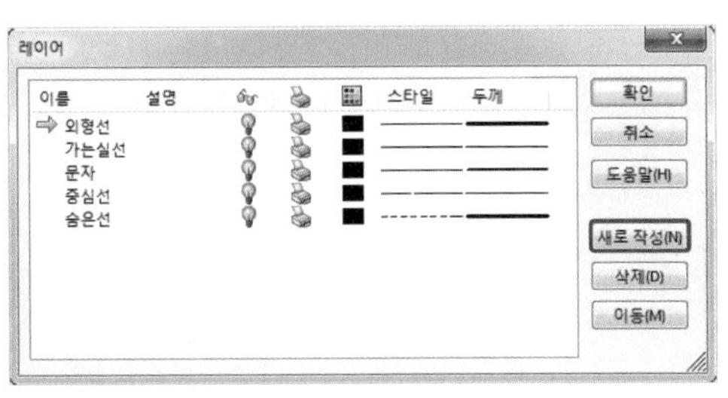

레이어 설정		
이름	스타일	두께
외형선	실선	0.35mm
가는실선	실선	0.18mm
문자	실선	0.25mm
중심선	일점쇄선	0.18mm
숨은선	점선	0.25mm
윤곽선	실선	0.5mm

(3) 도면 템플릿 작성

① 시트 1에서 MB3 버튼을 클릭하고 시트 형식 편집(Edit Sheet Format)을 클릭한다.

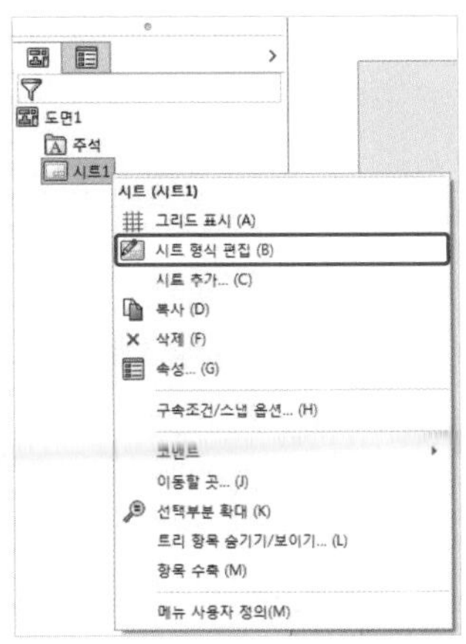

② 레이어를 윤곽선으로 변경하고 스케치(Sketch) 메뉴에서 코너 사각형(Corner Rectangle)으로 다음과 같이 도면 영역에 스케치를 작성한다.

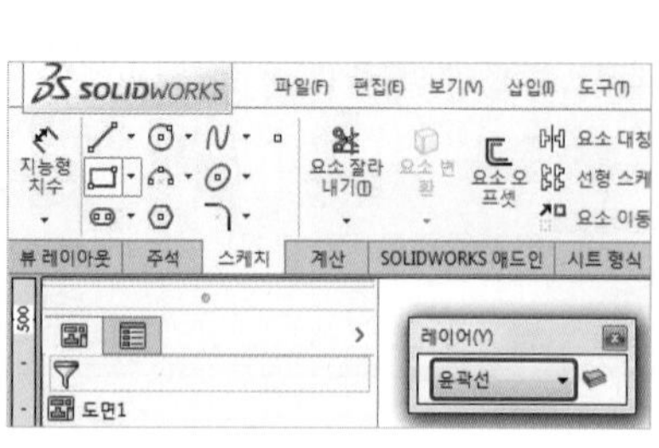

③ 피처 매니저 디자인 트리(Features Manager Design Tree)에서 사각형의 모서리를 다음과 같이 설정한다(파라미터를 먼저 수정하고 고정구속을 클릭한다).

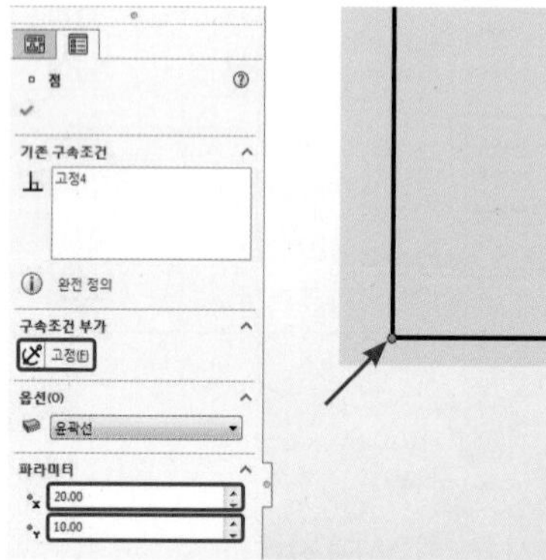

사각형 왼쪽 하단

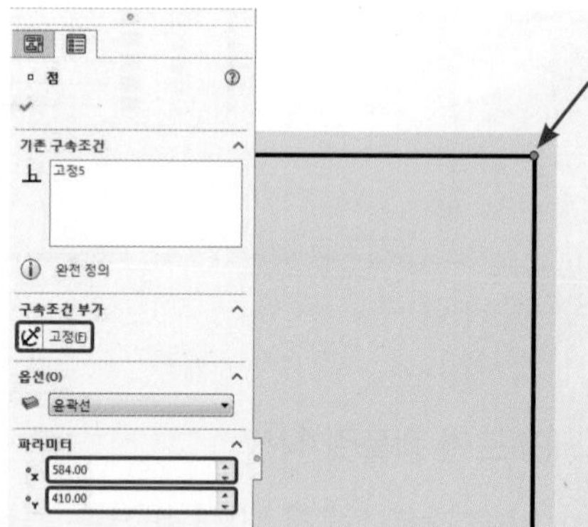

사각형 오른쪽 상단

④ 레이어를 외형선으로 변경하고 스케치(Sketch) 메뉴에서 선(Line)을 클릭하고 다음과 같이 도면 영역에 스케치를 작성한다.

⑤ 구속조건과 치수를 부여하고 치수들을 마우스 MB3 버튼을 클릭하고 숨기기(Hide)를 클릭한다.

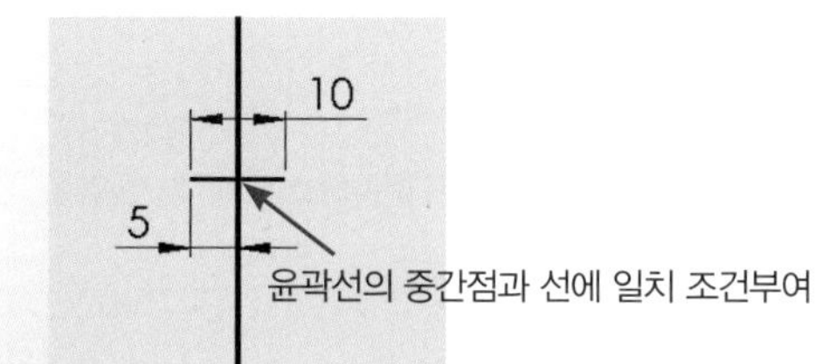

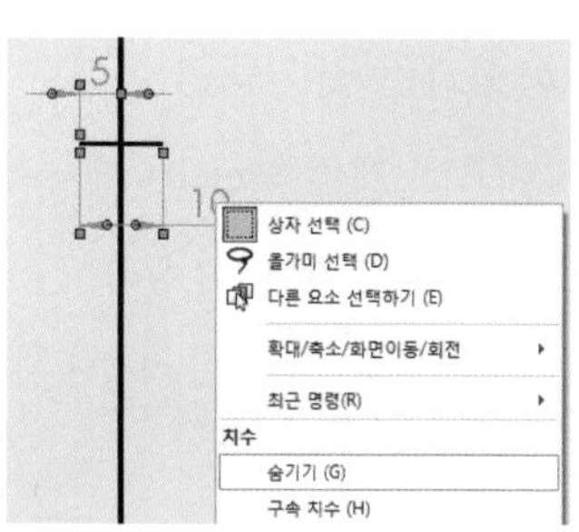

⑥ 윤곽선의 4방향을 위와 같은 방법으로 작성한다.

(4) 표제란 및 부품란 작성

① 스케치(Sketch) 메뉴에서 스케치 명령들을 이용하여 오른쪽 하단에 다음과 같이 스케치를 진행하고 구속조건과 치수를 부여한다(스케치의 방법은 파트(Part) 모델링 작성 시 스케치 작성과 동일하다).

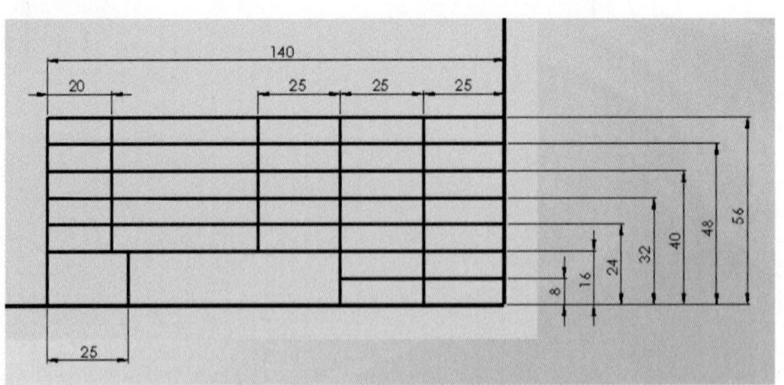

② 다음과 같이 치수들을 선택하고 마우스 MB3 버튼을 클릭한 후 숨기기(Hide)를 클릭한다.

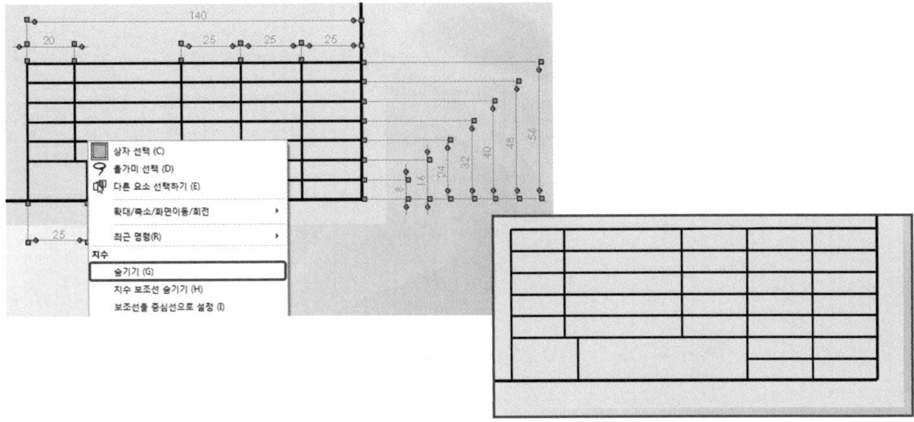

③ 다음과 같이 스케치 선들을 선택하고 피처 매니저 디자인 트리(Features Manager Design Tree)의 옵션(Option)에서 가는실선으로 변경한다(다음 이미지에서 하늘색으로 나타난 선들이 선택한 선들이다).

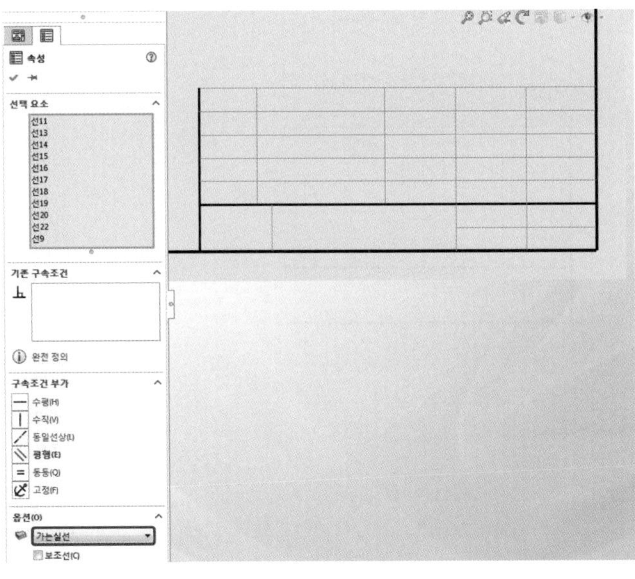

④ 레이어를 문자로 변경하고 주석(Annotation) 메뉴에서 노트(Note)를 클릭한다.

⑤ 다음과 같이 도면 영역 상에 마우스로 클릭하고 내용을 작성한 후 확인을 클릭한다.

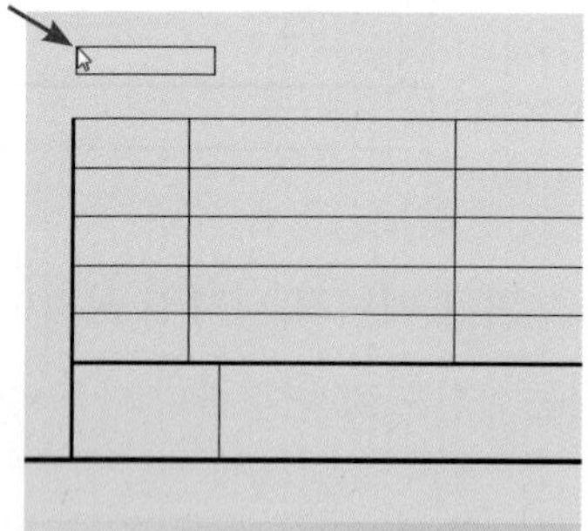

1) 도면 영역 상 클릭

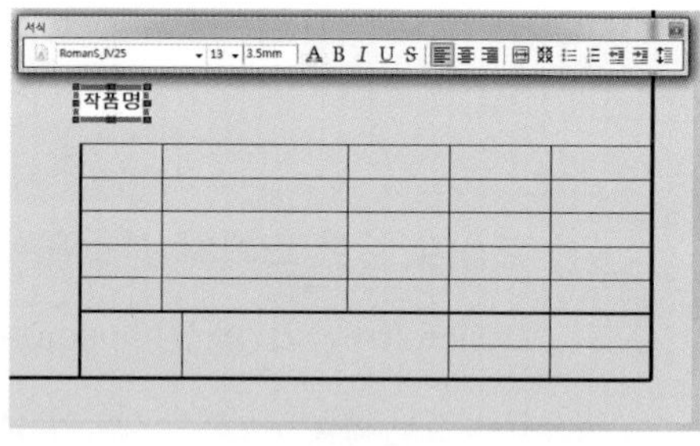

2) 내용 입력

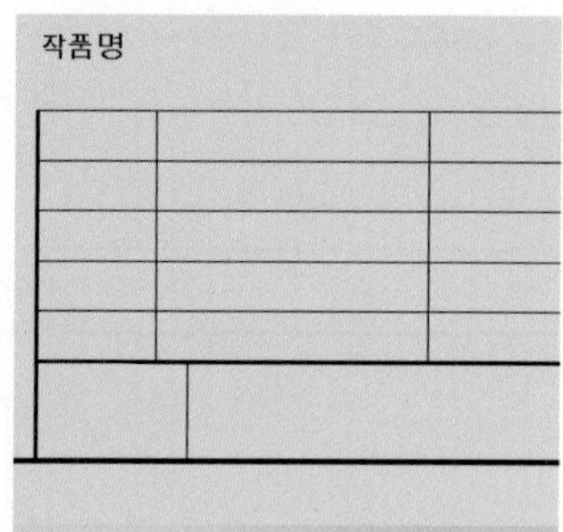

3) 노트 결과

※ Tip. 노트(Note)의 글꼴과 높이 설정

앞서 옵션(Options) → 문서 속성(Document Properties) → 주석(Annotations)에서 글꼴과 높이를 지정했기 때문에 글꼴 설정을 따로 하지 않아도 된다.

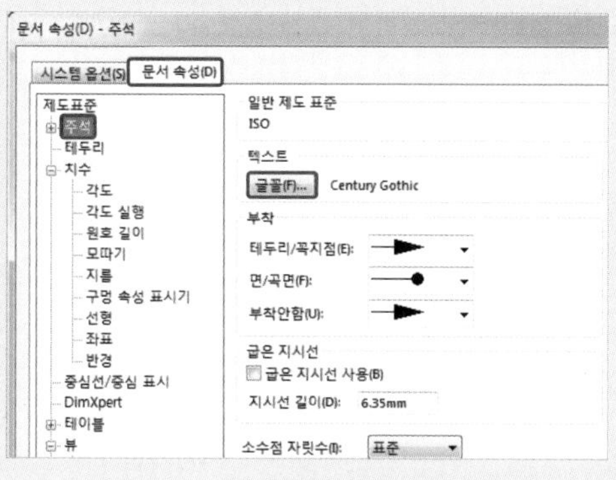

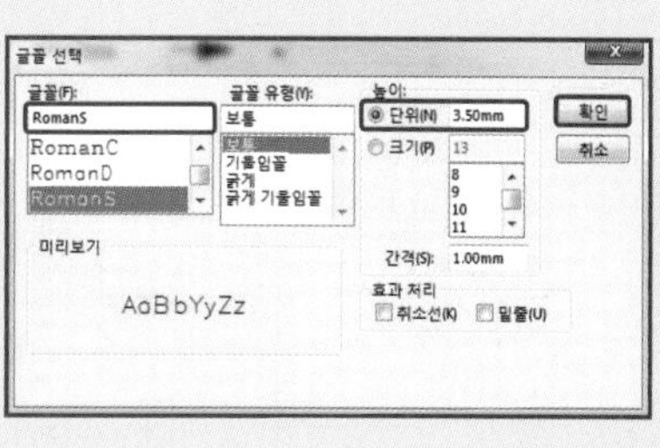

⑥ 작성한 노트를 드래그하여 배치한다.

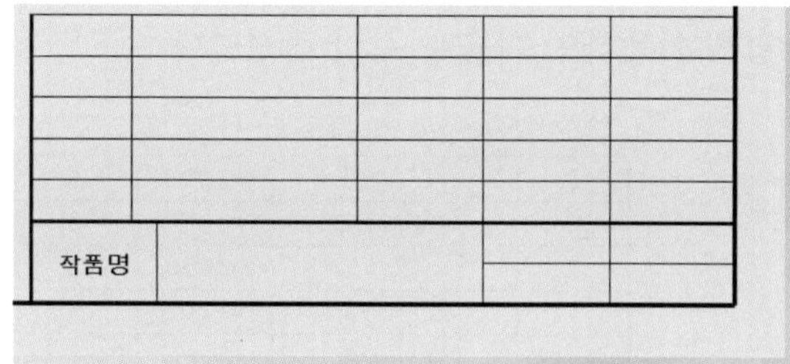

⑦ Ctrl을 누르면서 작성한 노트를 드래그한다(작성한 노트를 복사한다).

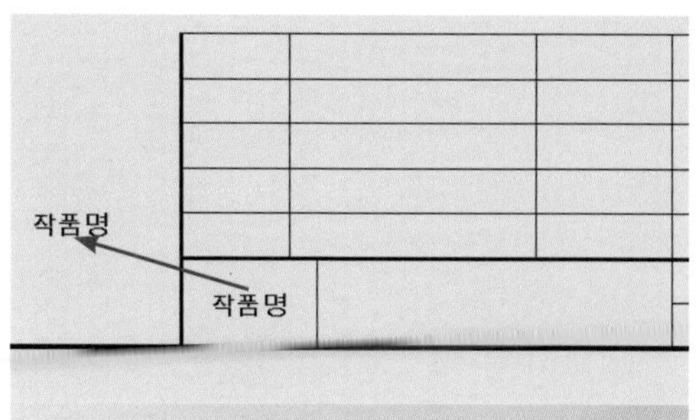

⑧ 노트를 더블 클릭하여 내용을 수정하고 확인을 클릭한다.

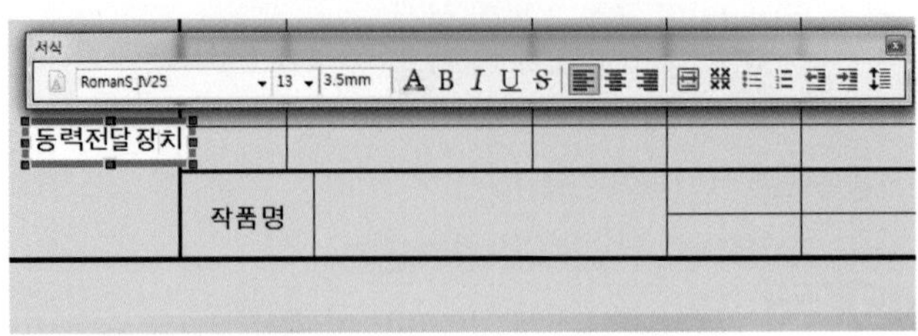

⑨ 수정한 노트를 드래그하여 배치한다.

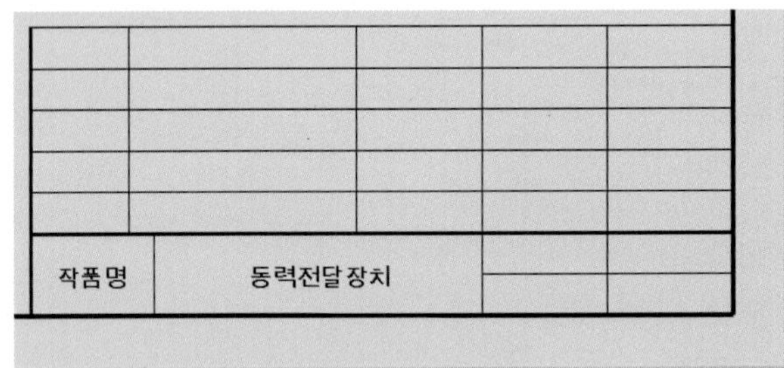

⑩ 같은 방법을 이용하여 다음과 같이 작성한다.

5	커 버	GC200	2	
4	V-벨트풀리	GC200	1	
2	축	SM45C	1	
1	몸 체	GC200	1	
품 번	품 명	재 질	수 량	비 고
작품명	동력전달장치		척 도	1 : 1
			각 법	3각법

⑪ 레이어를 가는실선으로 변경하고 스케치(Sketch) 메뉴에서 선(Line)을 이용하여 왼쪽 상단에 다음과 같이 스케치를 진행하고 구속조건과 치수를 부여한다.

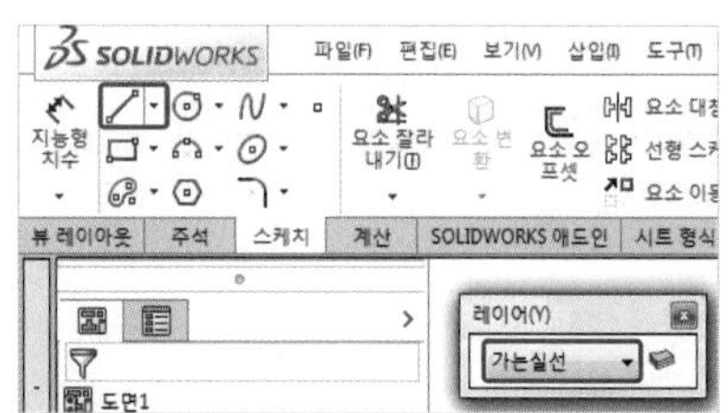

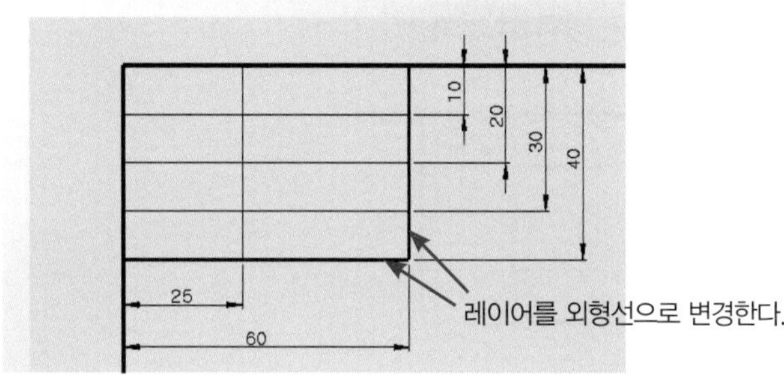

⑫ 다음과 같이 치수들을 선택하고 마우스 MB3 버튼을 클릭한 후 숨기기(Hide)를 클릭한다.

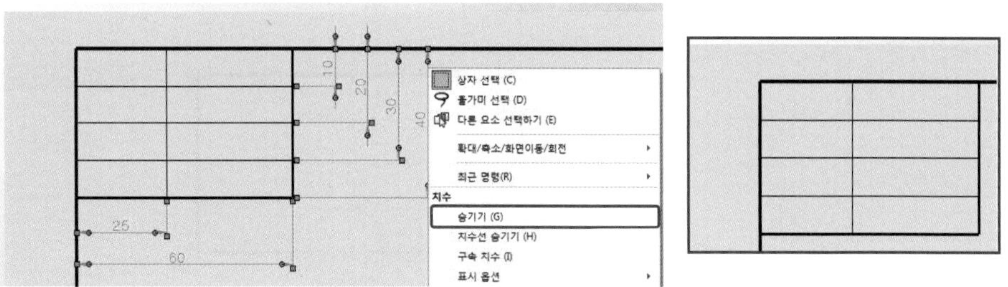

⑬ 레이어를 문자로 변경하고 주석(Annotation) 메뉴에서 노트(Note)를 클릭한다.

⑭ 다음과 같이 도면 영역 상에 마우스로 클릭하고 내용을 작성한 후 확인을 클릭한다.

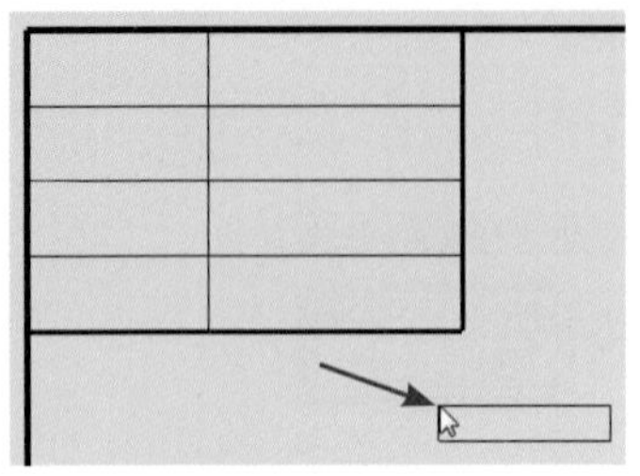

도면 영역 상 클릭

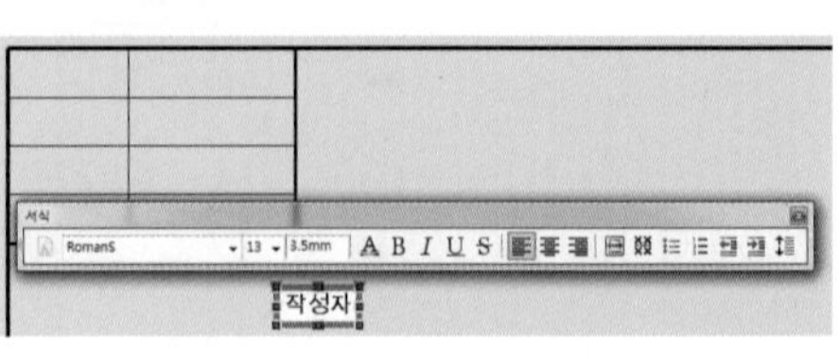

내용 입력

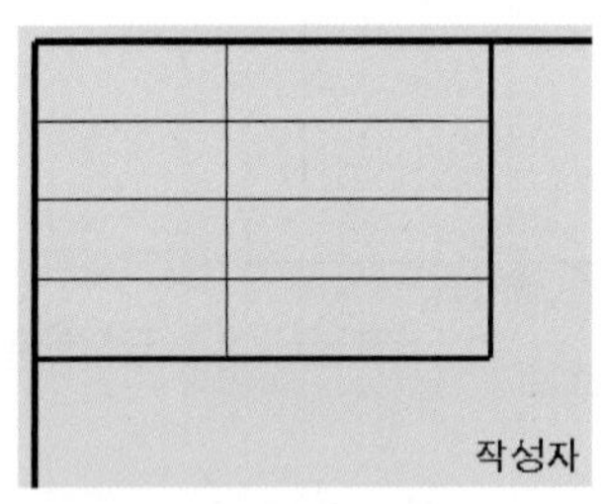

노트 결과

⑮ 작성한 노트를 드래그하여 배치한다.

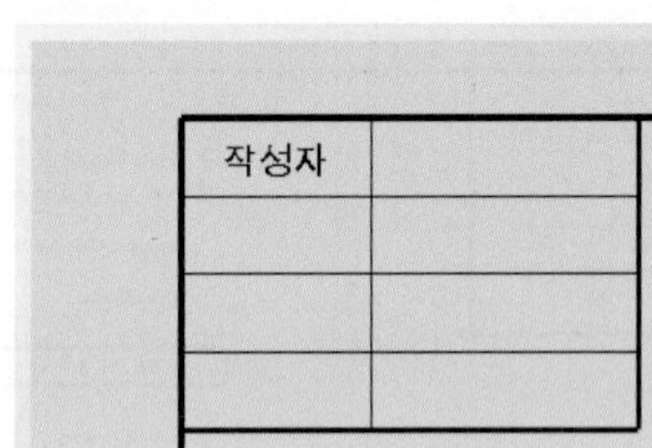

⑯ Ctrl을 누르면서 작성한 노트를 드래그한다(작성한 노트를 복사한다).

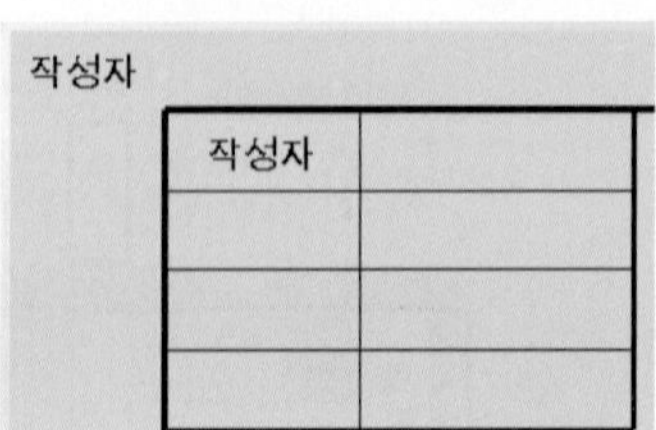

⑰ 노트를 더블 클릭하여 내용을 수정하고 확인을 클릭한다.

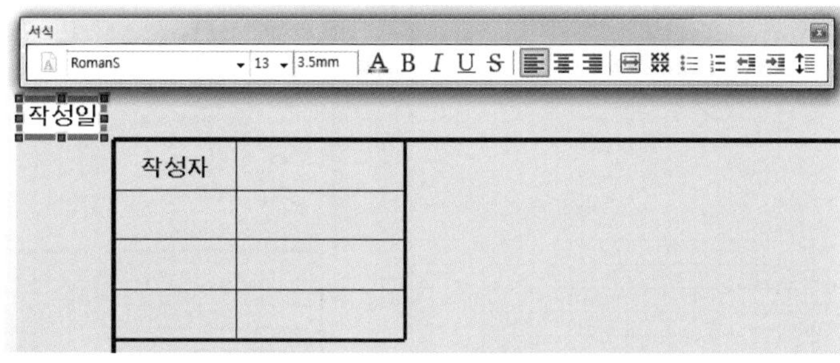

⑱ 수정한 노트를 드래그하여 배치한다.

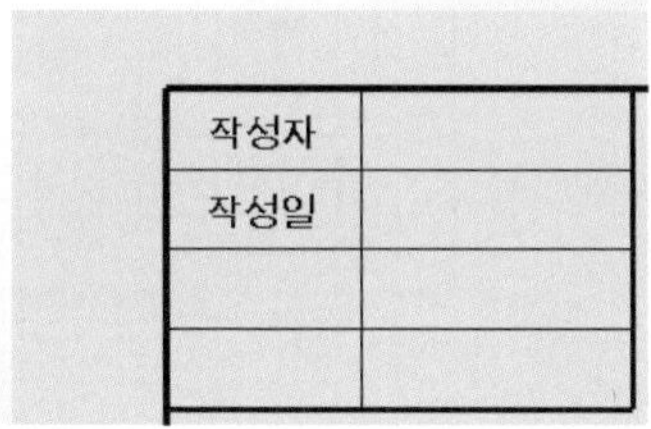

⑲ 같은 방법을 이용하여 다음과 같이 작성한다.

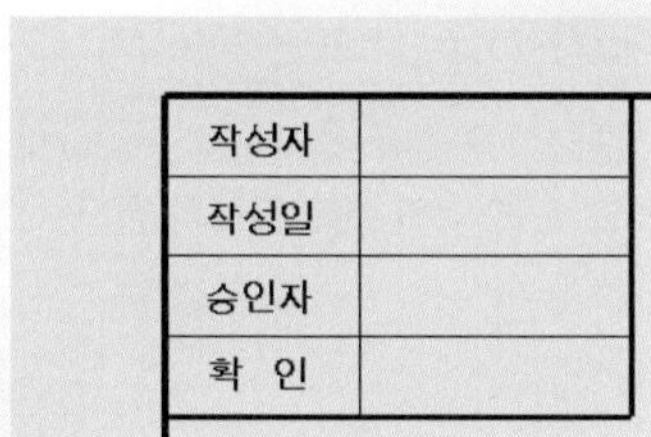

(5) 주서 작성

① 주석(Annotation) 메뉴에서 노트(Note)를 클릭하고 글꼴을 설정한 후 다음과 같은 내용으로 작성한다(레이어는 문자로 변경한다).

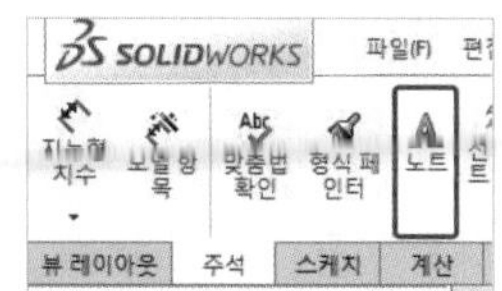

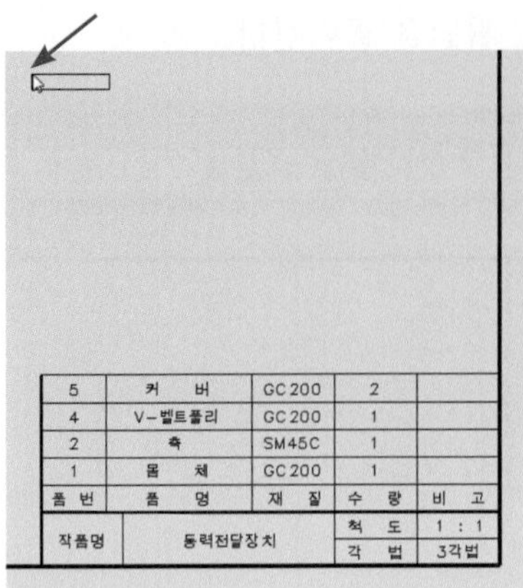
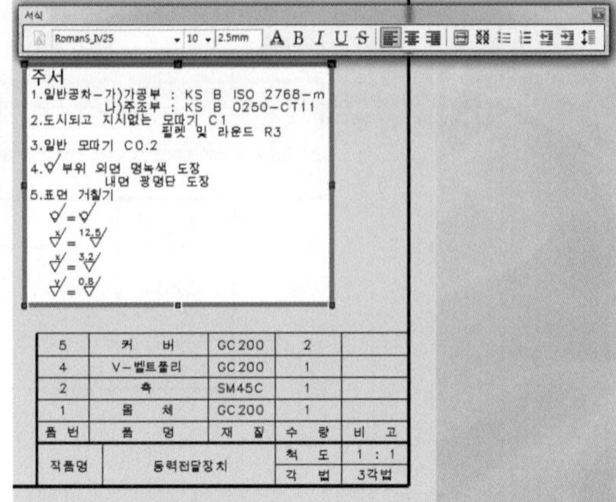

내용	글꼴 높이
주서	5mm
주서 내용	3.5mm
표면 거칠기	2.5mm

Tip 노트 작성 중 표면 거칠기 기호 기입

노트 작업 중 표면 거칠기를 입력한다. 이 때 표면 거칠기의 크기는 문자 높이를 수정하여 조절한다.

1) 노트(Note)의 글꼴을 설정하고 도면 영역 상에 클릭을 한다.

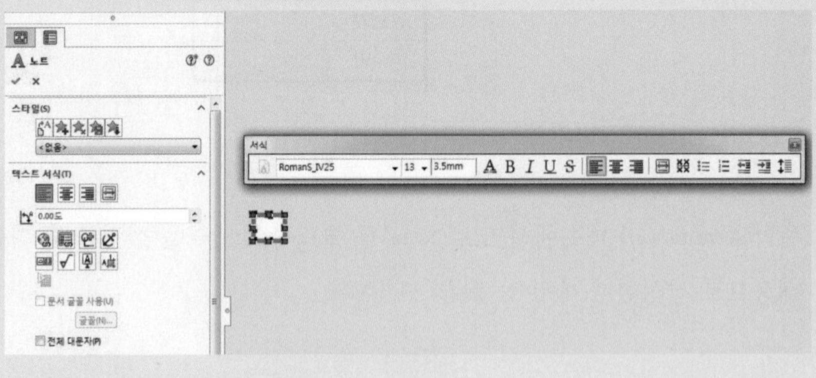

2) 피처 매니저 디자인 트리(Features Manager Design Tree)에서 표면 거칠기 표시 삽입(Insert Surface Finish Symbol)을 클릭한다.

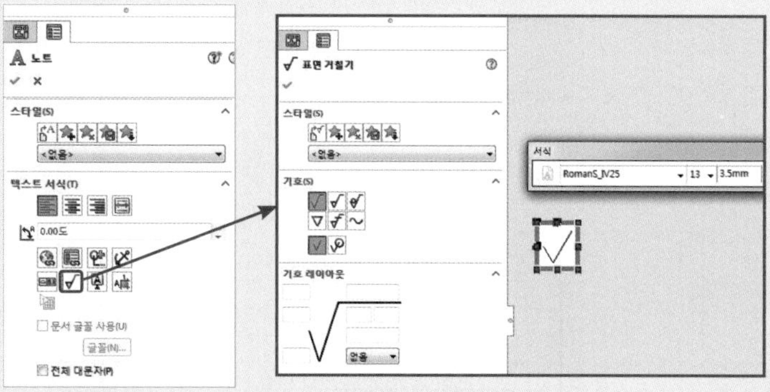

● 상황에 따라 수정한다.

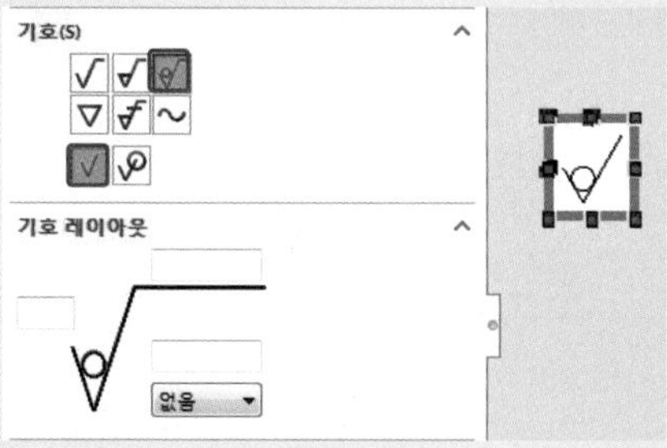

주조 기호 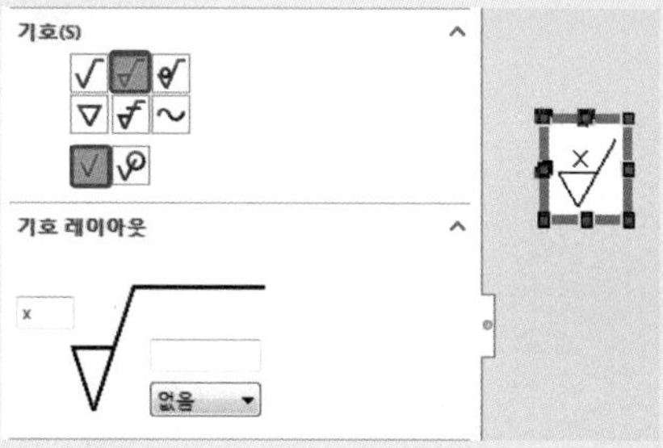　　　　가공 기호

● 높이 조절

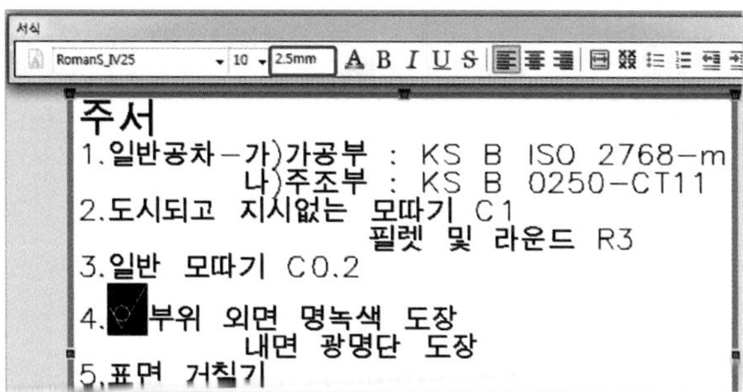

② 작성한 주서를 드래그하여 위치를 조정한다.

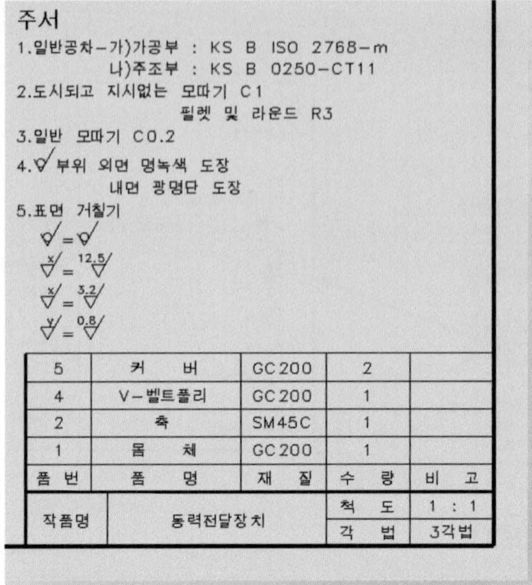

③ 시트1에서 마우스 MB3 버튼을 클릭하고 시트 편집(Edit Sheet)을 클릭한다.

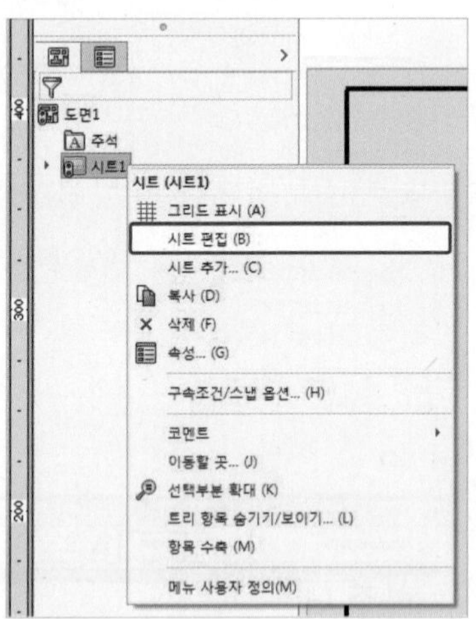

2 동력전달장치 도면 작성

(1) 몸체

① 창(Window) → 몸체.SLDPRT를 클릭하여 이동한다(파트 모델들을 미리 실행해야 한다).

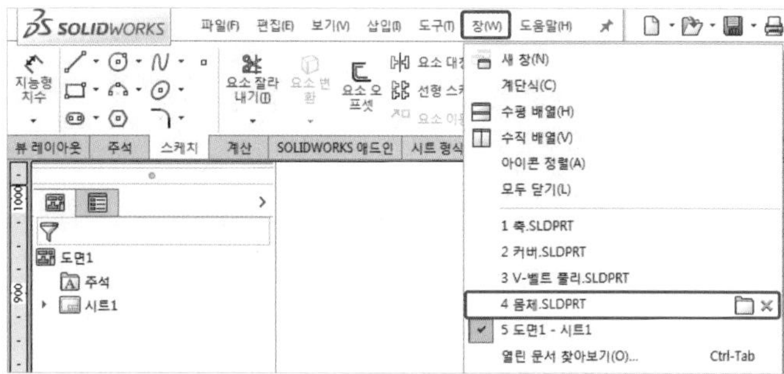

② 다음과 같이 모델을 수정한다.

- 나사산 기능 억제

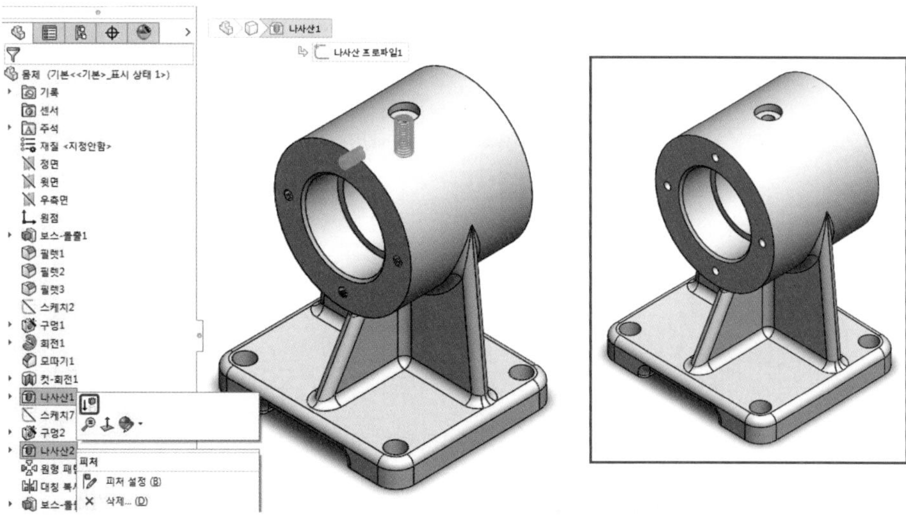

● 구멍 유형 수정

③ 창(Window) → 도면1 - 시트1을 클릭한다.

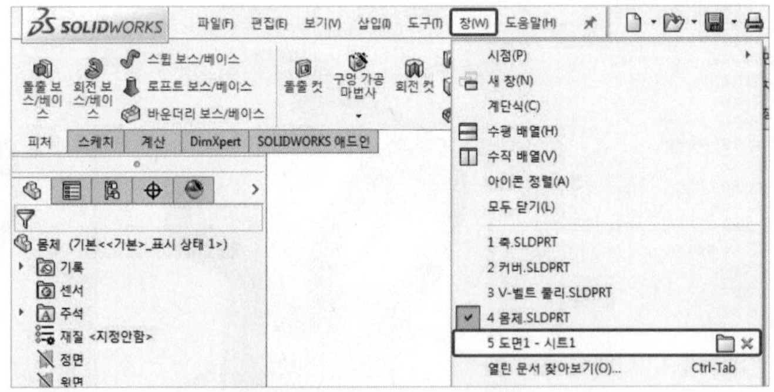

④ 삽입(Insert) → 도면뷰(Drawing View) → 모델(Model)을 클릭한다.

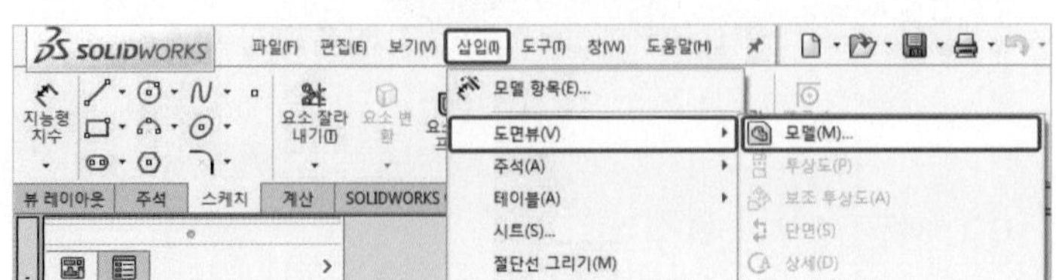

⑤ 몸체를 더블 클릭하고 다음과 같이 설정한 후 도면 영역에 배치한다(배치 후 Esc를 누른다).

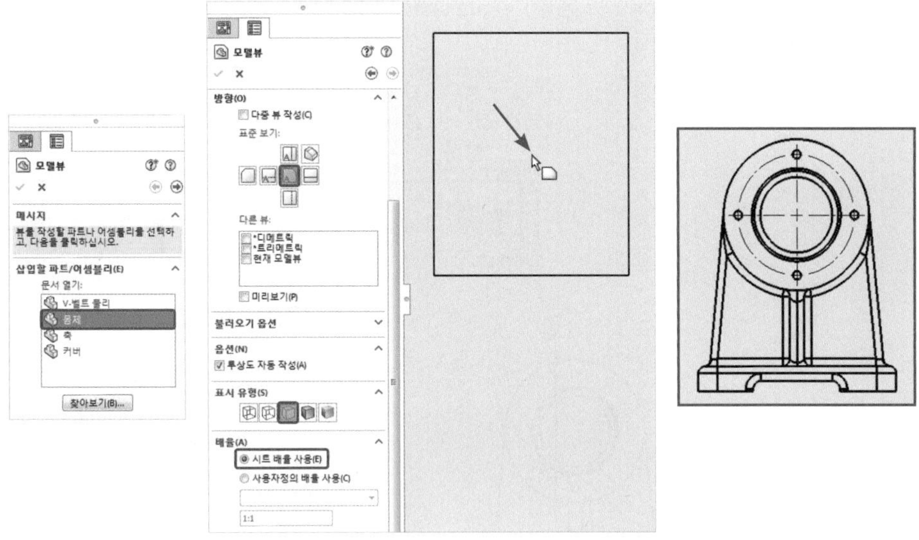

⑥ 몸체 정면에서 마우스 MB3 버튼을 클릭하고 접선(Tangent Edge) → 접선 숨기기(Tangent Edges Removed)를 클릭한 후 중심 표시를 지운다.

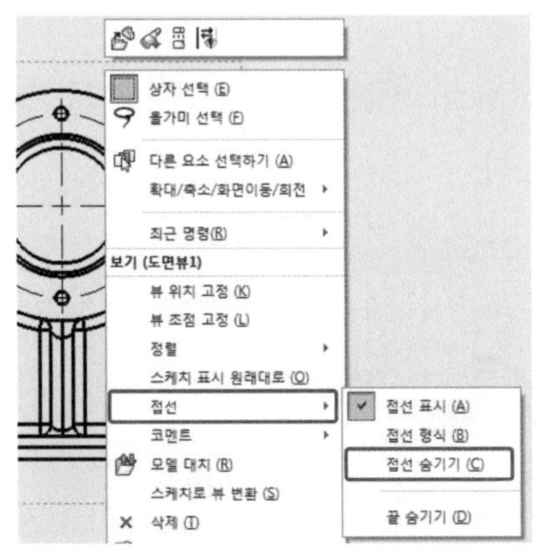

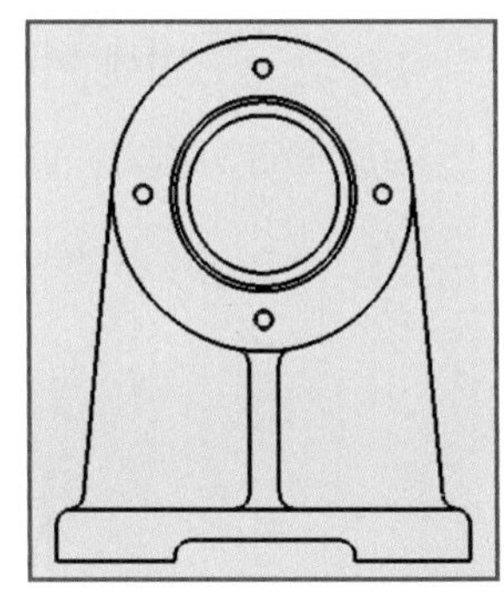

⑦ 레이어를 외형선으로 변경하고 스케치(Sketch) 메뉴에서 선(Line)을 클릭하여 도면뷰 영역 안에 스케치를 작성한 후 구속조건을 부여한다(보기(View) → 숨기기 / 보이기(Hide / Show) → 원점(Origines)을 클릭하여 활성화 한다).

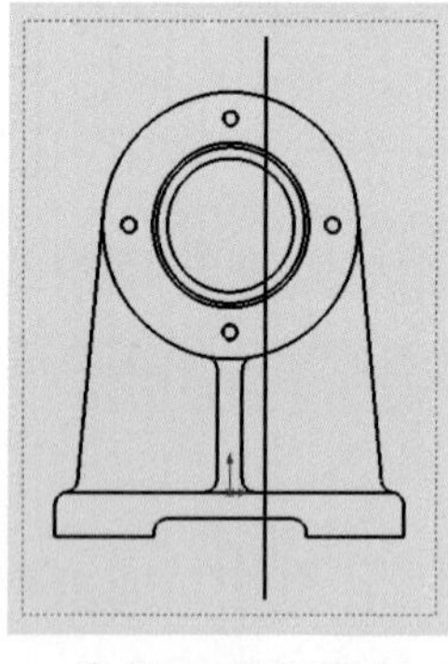

1) 선 스케치 작성

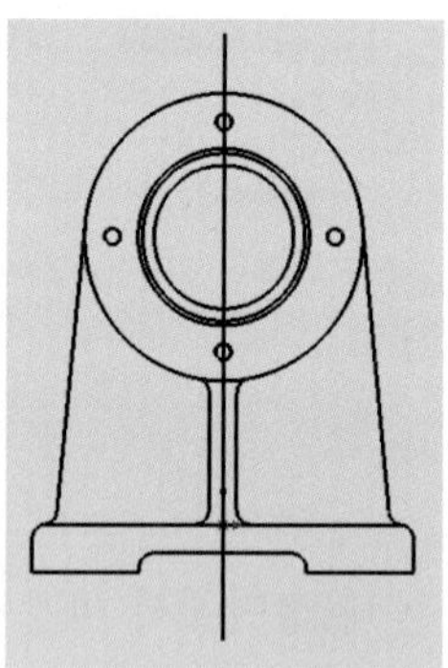

2) 구속조건 부여

⑧ 작성된 선 스케치에 마우스 MB3 버튼을 클릭하고 도면뷰(Drawing Views) → 단면도(Section View)를 클릭한다.

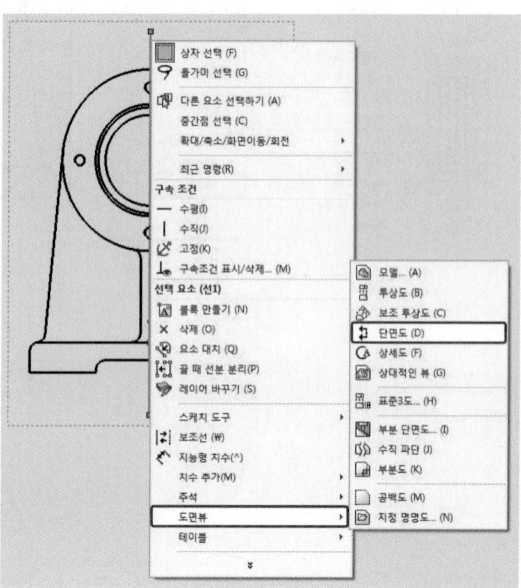

⑨ 단면도(Section View) 창에서 확인을 클릭하고 다음과 같이 설정한 후 단면도를 배치한다.

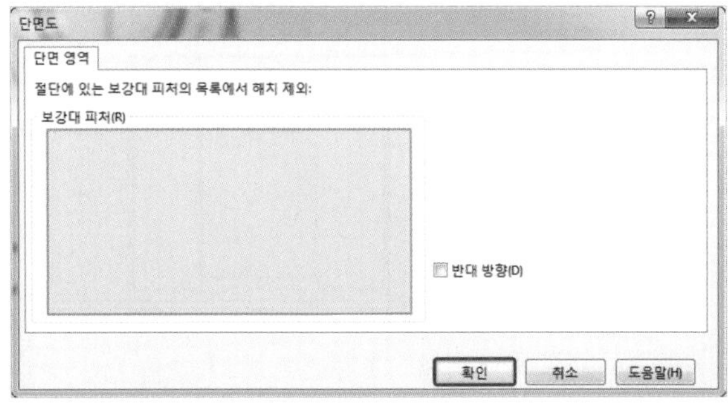

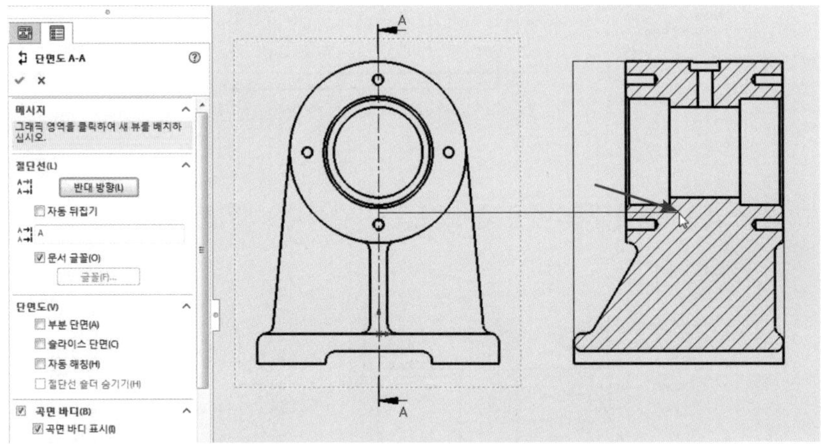

⑩ 단면도의 문자를 다음과 같이 수정한다.

1) 문자를 더블클릭 한다.

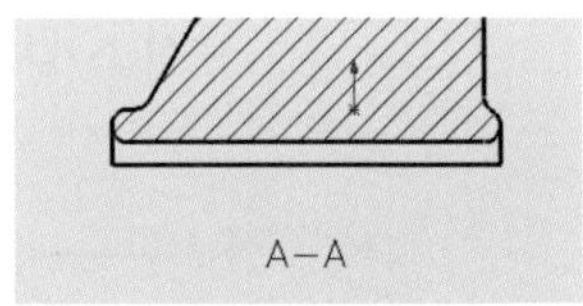

2) 수정 결과

⑪ 단면도에서 해칭을 선택하고 피처 매니저 디자인 트리(Features Manager Design Tree)에서 다음과 같이 설정한다.

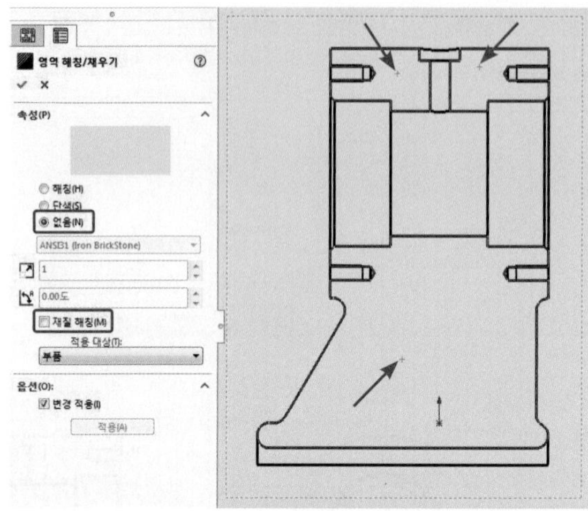

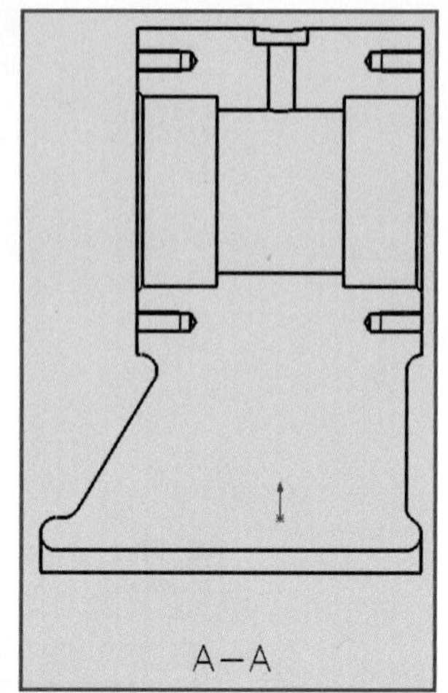

⑫ 스케치 명령들을 이용하여 다음과 같이 스케치를 작성한 후 구속조건과 치수를 부여한다.

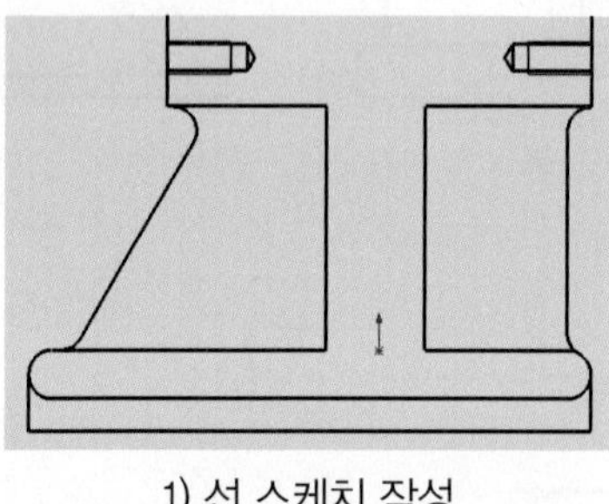

1) 선 스케치 작성

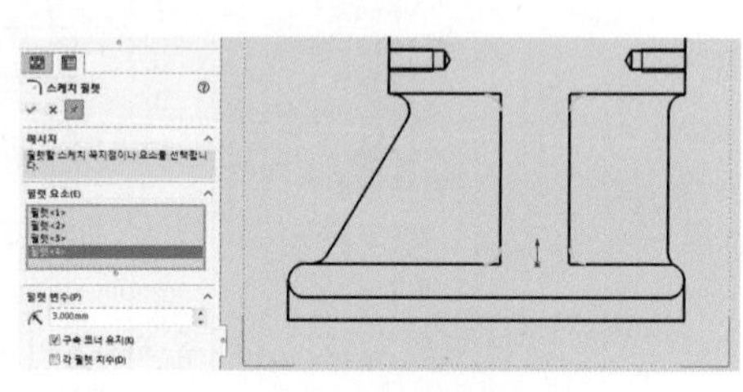

2) 스케치 필렛 작성
(반지름 : R3)

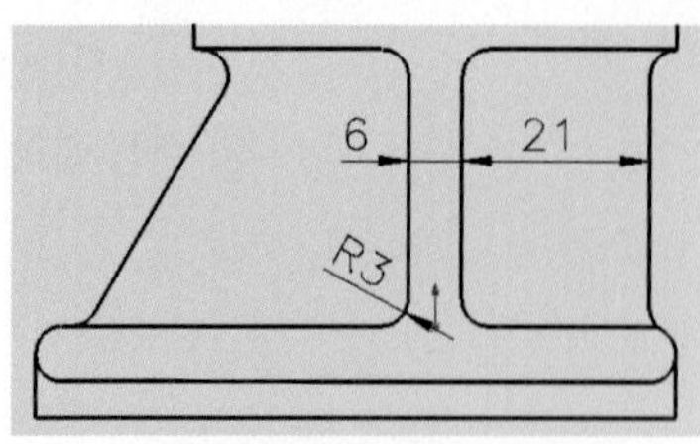

3) 구속조건과 치수 부여

⑬ 반지름 치수에서 마우스 MB3 버튼을 클릭하고 숨기기(Hide)를 클릭한다.

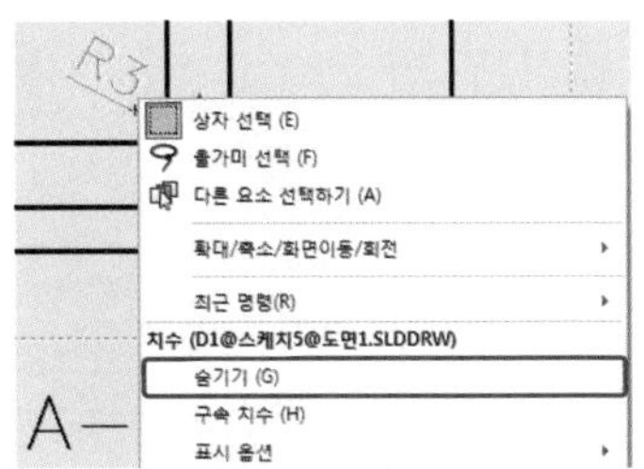

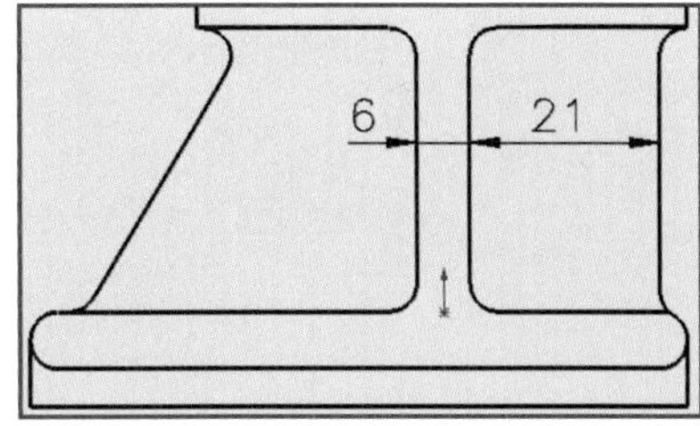

⑭ 단면도 A-A에서 마우스 MB3 버튼을 클릭하고 투상도(Projected View)를 클릭한 후 다음과 같이 투상도를 배치한다.

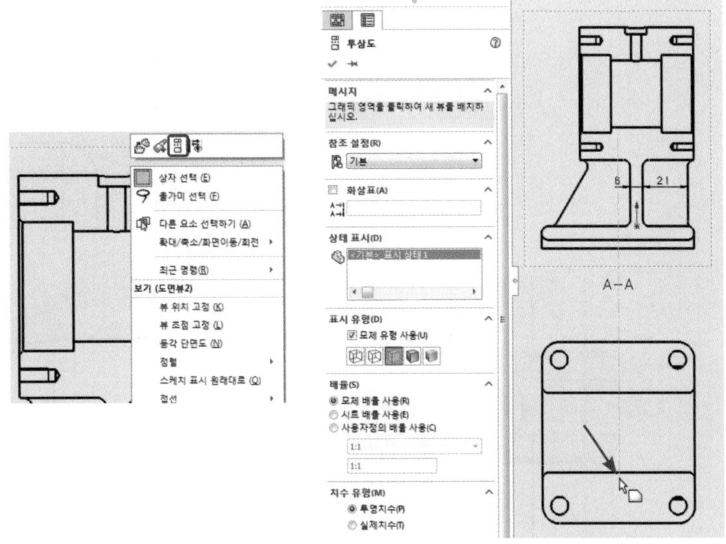

⑮ 작성한 아랫면을 선택하고 표시 유형(Display Style)을 실선 표시(Wireframe)로 변경한다.

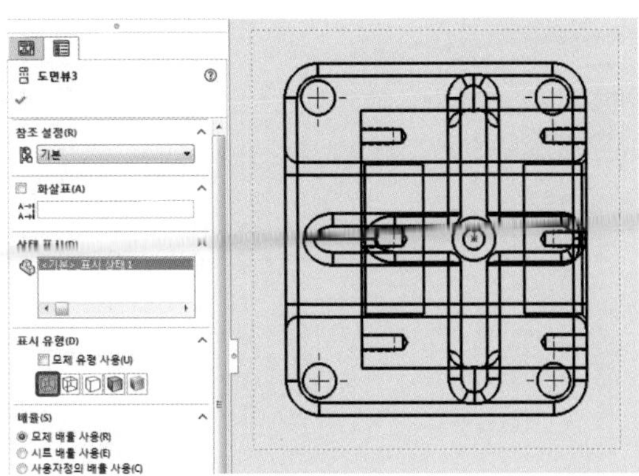

⑯ 삽입(Insert) → 주석(Annotations) → 나사산 표시(Cosmetic Thread)를 클릭한다.

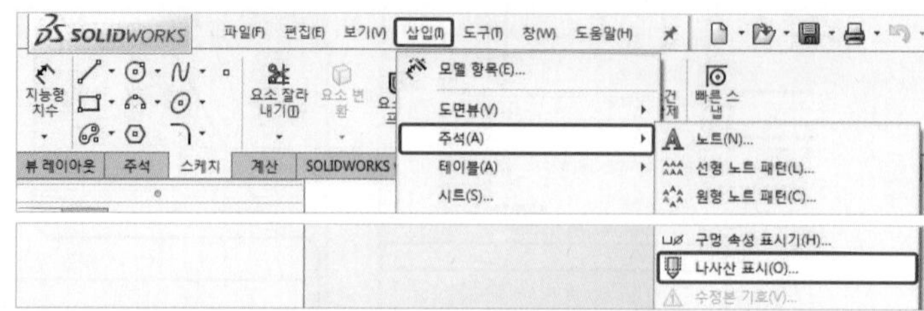

⑰ 원형 모서리를 선택하고 다음과 같이 설정한 후 확인을 클릭한다.

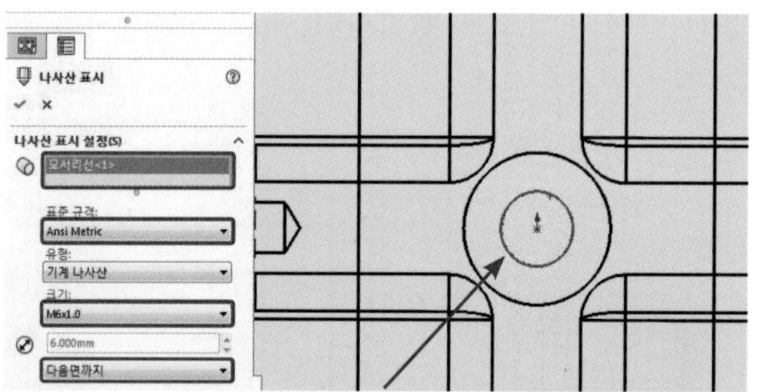

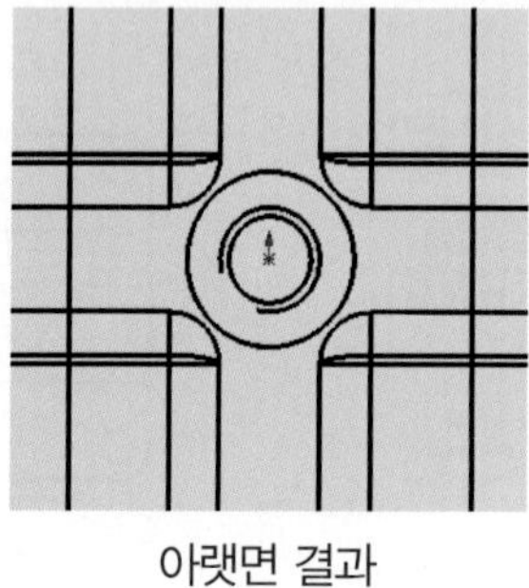

아랫면 결과

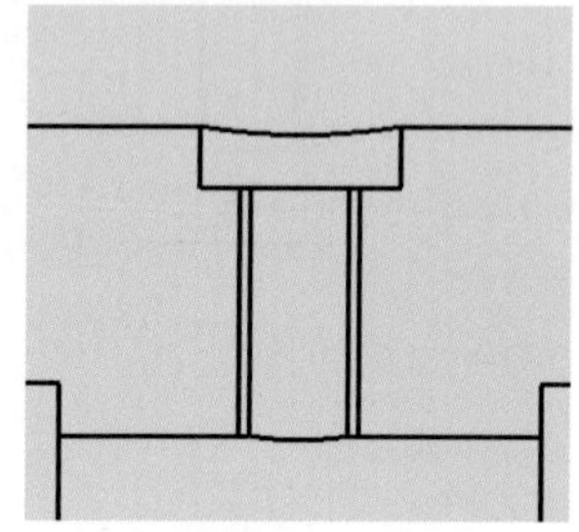

단면도 A–A 결과

⑱ 아랫면을 선택하고 표시 유형(Display Style)을 은선 제거(Hidden Lines Removed)로 변경한다.

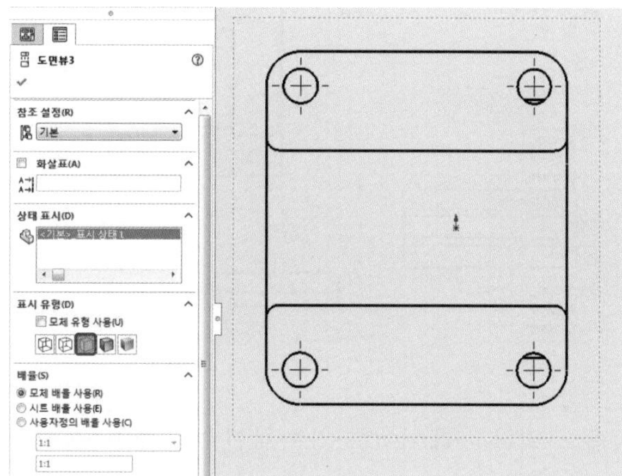

⑲ 단면도 A-A에 도시된 나사산의 레이어를 가는실선으로 변경한다.

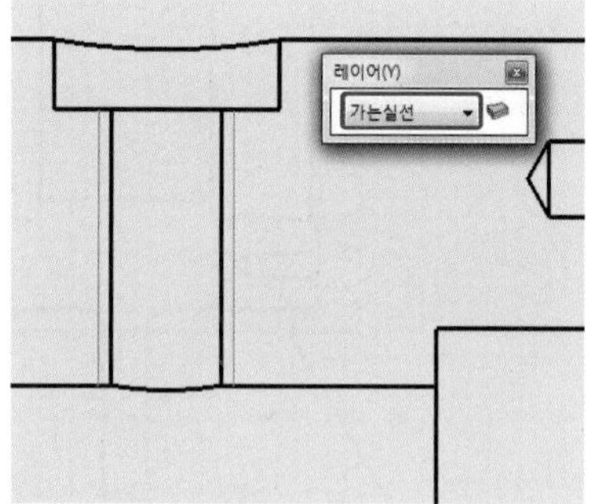

⑳ 주석(Annotation) 메뉴에서 영역 해칭 / 채우기(Area Hatch / Fill)를 클릭한다.

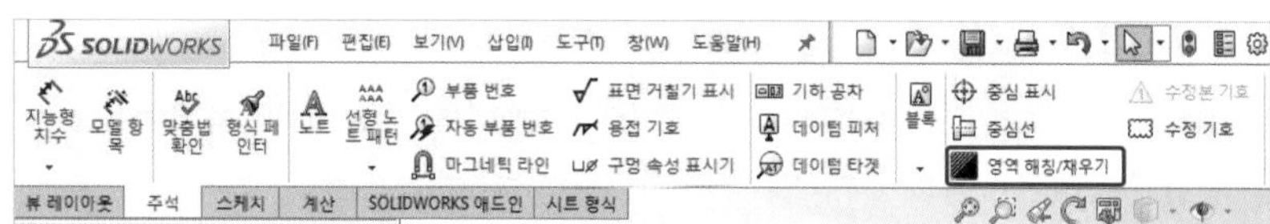

㉑ 단면도에서 해칭영역을 선택하고 다음과 같이 설정한 후 확인을 클릭한다.

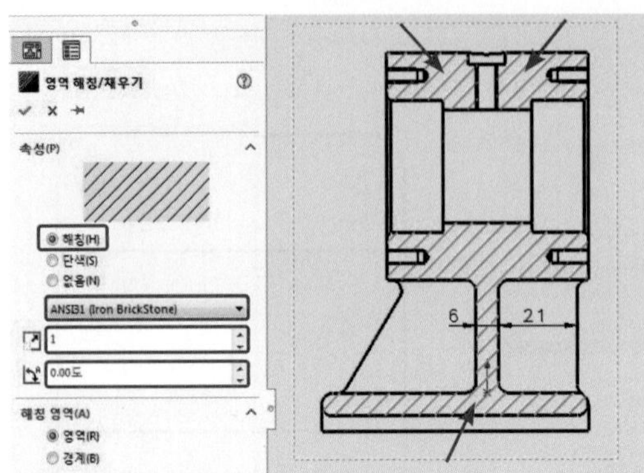
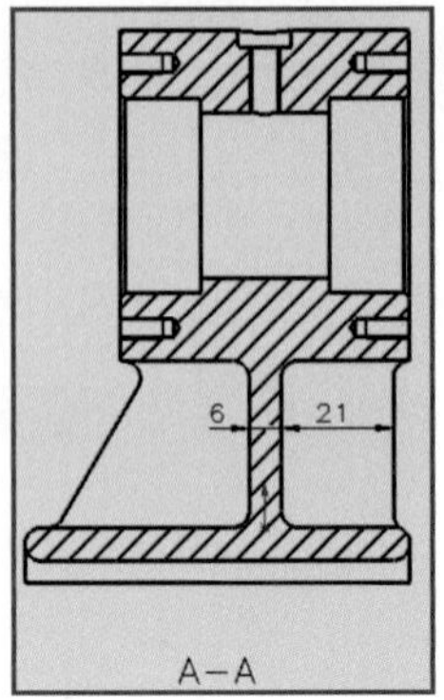

㉒ 해칭들을 선택하고 레이어를 가는실선으로 변경한다.

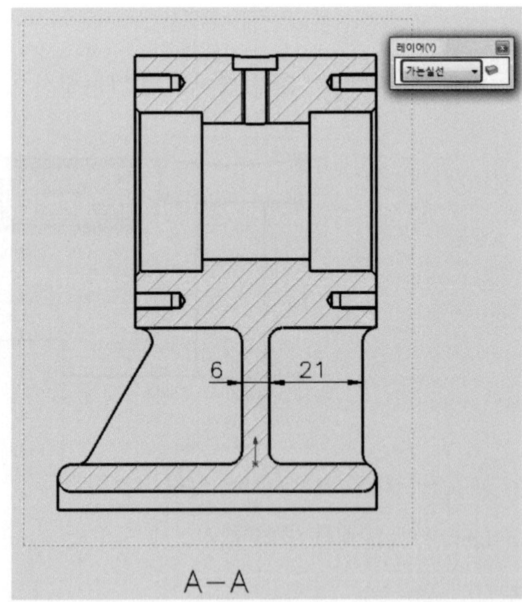

㉓ 주석(Annotation) 메뉴에서 중심선(Centerline)을 클릭하고 다음과 같이 작성한 후 일부 중심선의 길이를 조정한다.

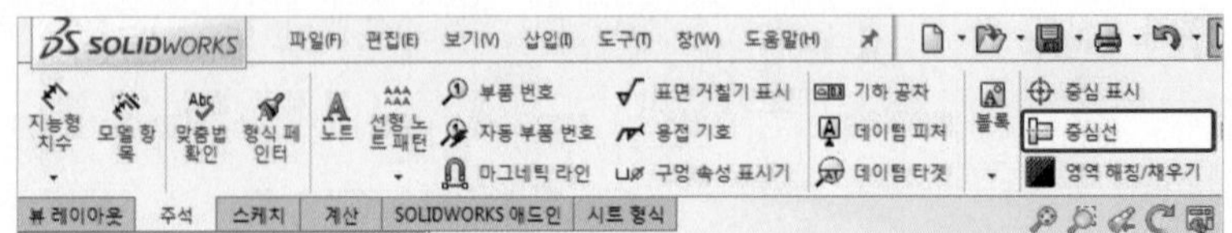

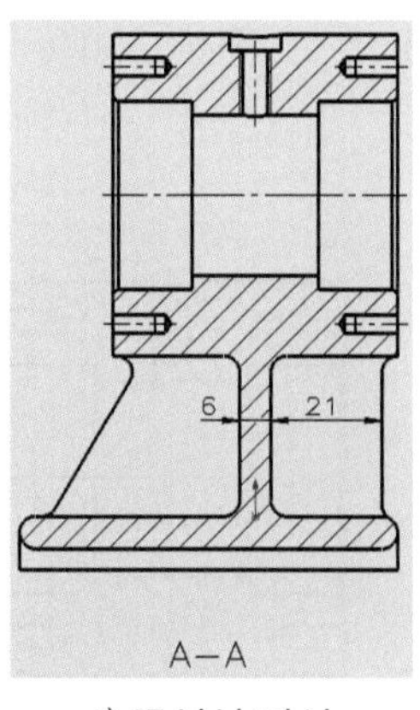

1) 중심선 작성

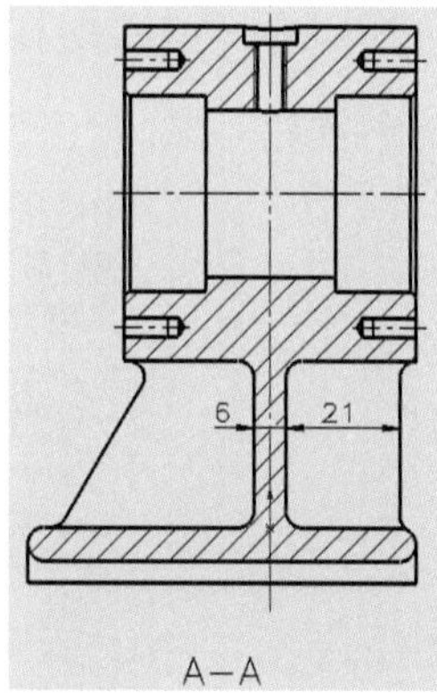

2) 중심선 조정

㉔ 단면도 A-A의 표시 유형(Display Style)을 은선 표시(Hidden Lines Visible)로 변경한다.

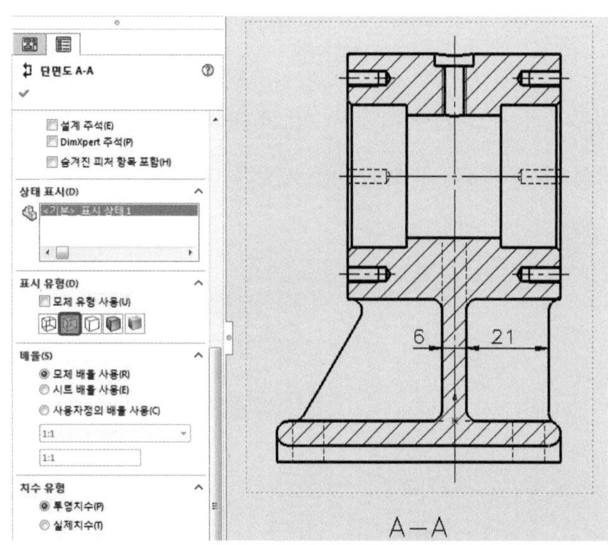

㉕ 주석(Annotation) 메뉴에서 중심선(Centerline)을 클릭하고 다음과 같이 작성한다.

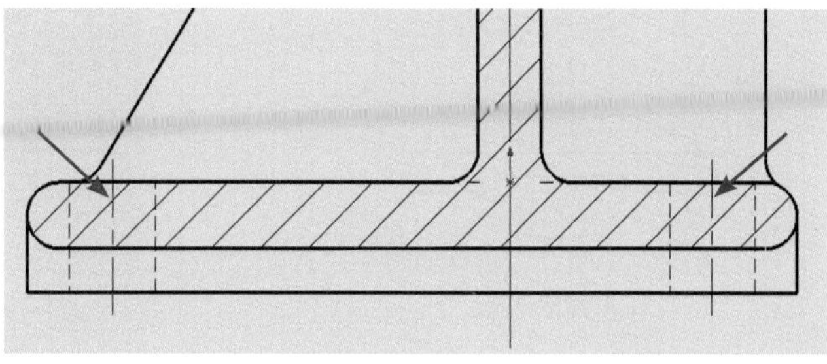

㉖ 단면도 A-A의 표시 유형(Display Style)을 은선 제거(Hidden Lines Removed)로 변경한다.

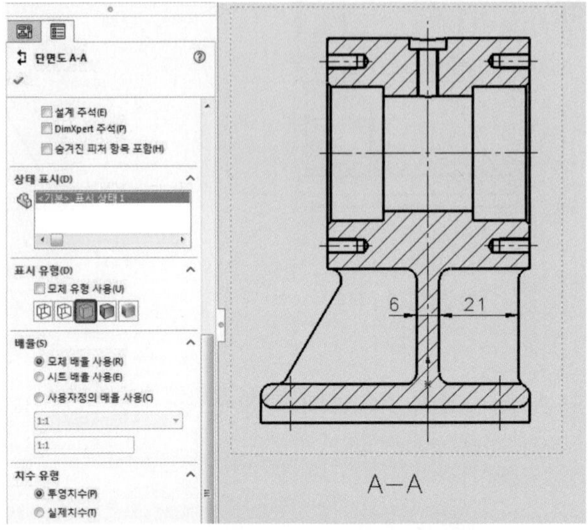

㉗ 좌측면에 스케치(Sketch) 메뉴의 선(Line)과 원(Circle)을 이용하여 다음과 같이 스케치를 작성한 후 구속조건을 부여한다(작성이 완료된 스케치 요소는 중심선 레이어로 변경한다).

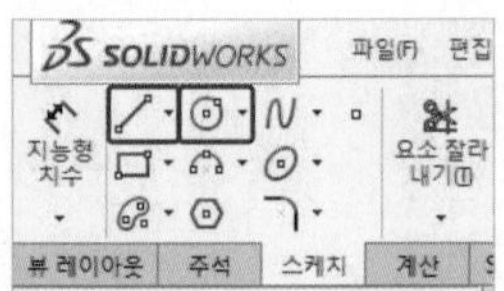

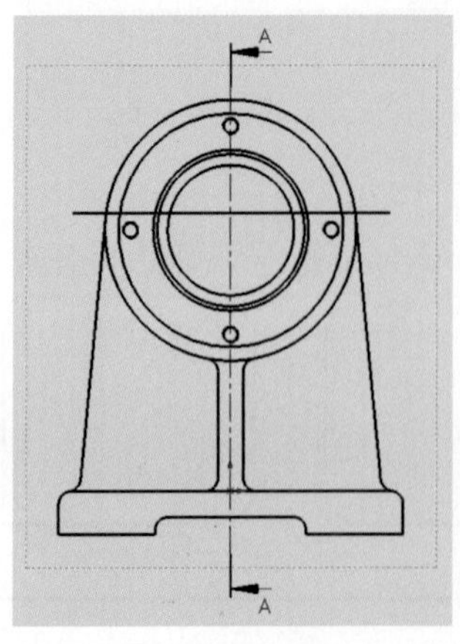

1) 스케치 작성

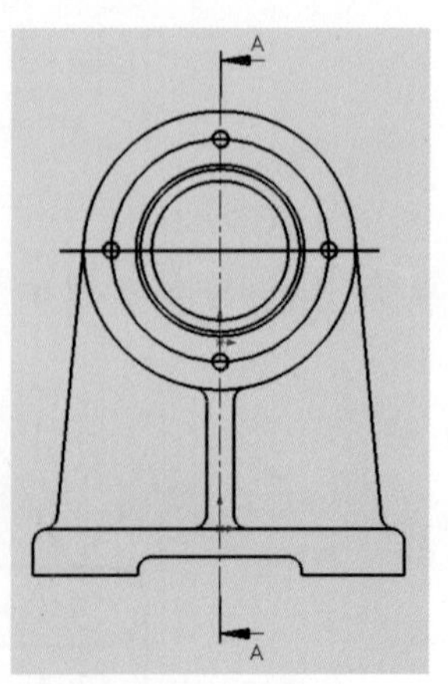

2) 구속조건 부여

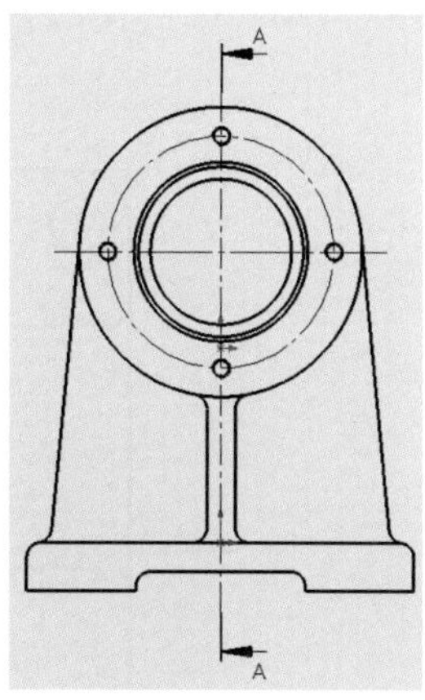

3) 레이어 변경

㉘ 좌측면에 스케치(Sketch) 메뉴의 자유 곡선(Spline)을 이용하여 다음과 같이 스케치를 작성한다.

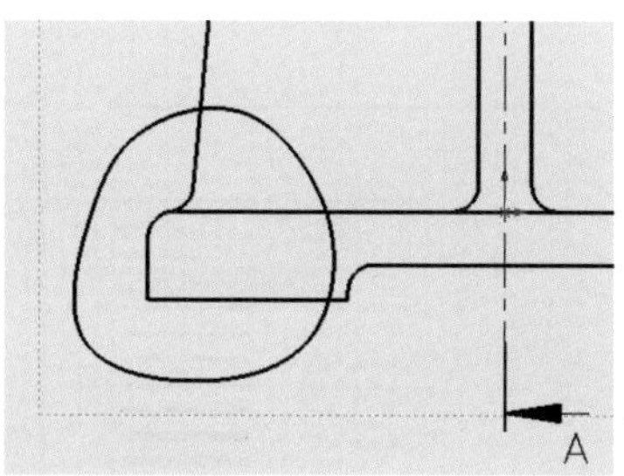

㉙ 자유 곡선에서 마우스 MB3 버튼을 클릭하고 도면뷰(Drawing Views) → 부분 단면도(Broken-Out Section)를 클릭한다.

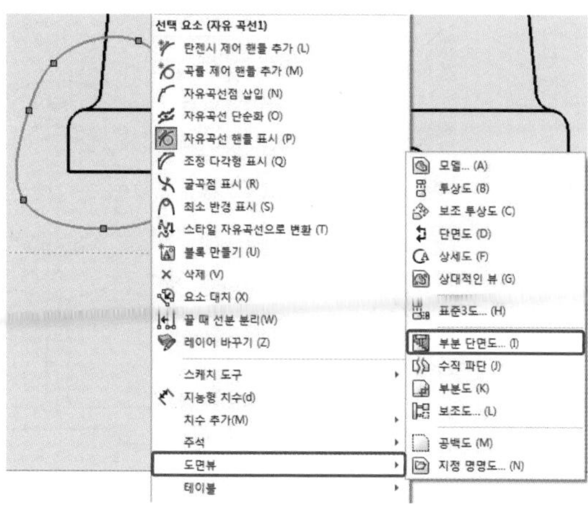

㉚ 다음과 같이 설정하고 확인을 클릭한다.

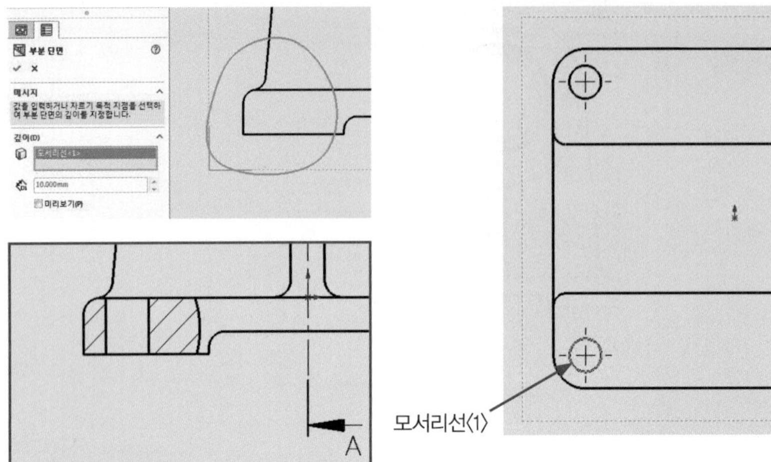

㉛ 부분 단면도의 파단선을 선택하고 마우스 MB3 버튼을 클릭한 후 선 두께를 다음과 같이 변경한다.

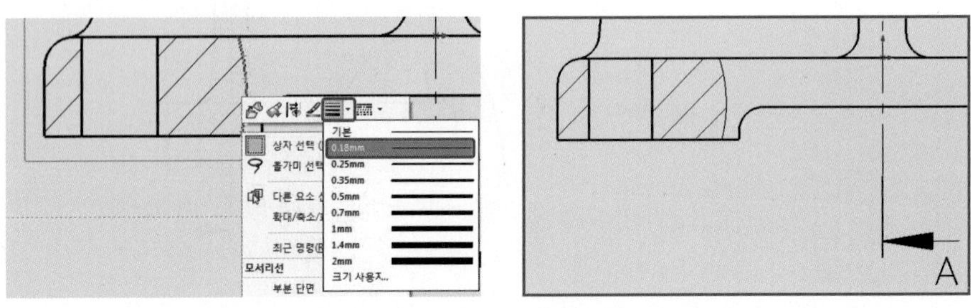

㉜ 좌측면을 선택하여 표시 유형(Display Style)을 은선 표시(Hidden Lines Visible)로 변경한다.

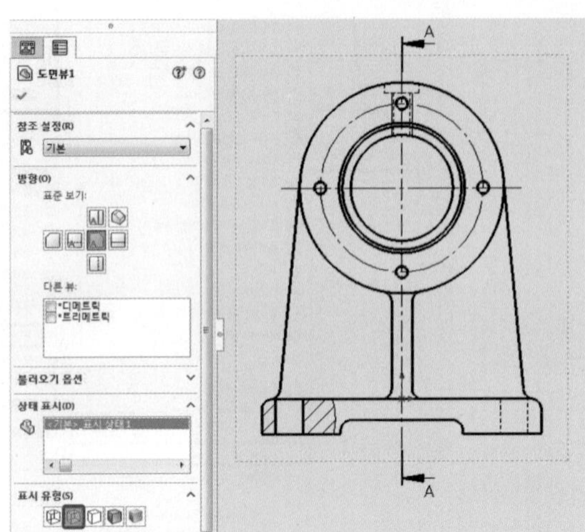

㉝ 주석(Annotation) 메뉴에서 중심선(Centerline)을 클릭하고 다음과 같이 작성한다.

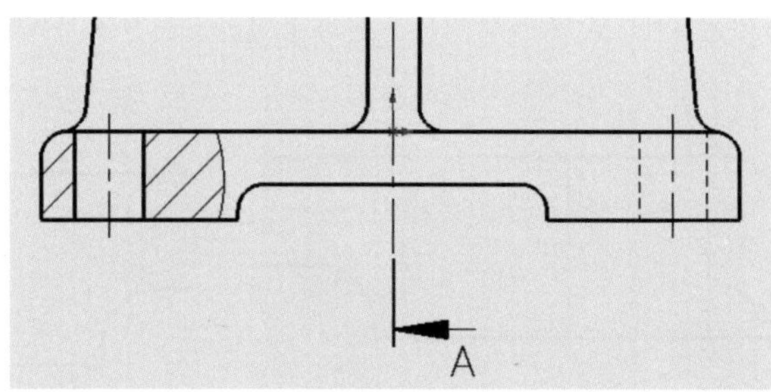

㉞ 좌측면의 표시 유형(Display Style)을 은선 제거(Hidden Lines Removed)로 변경한다.

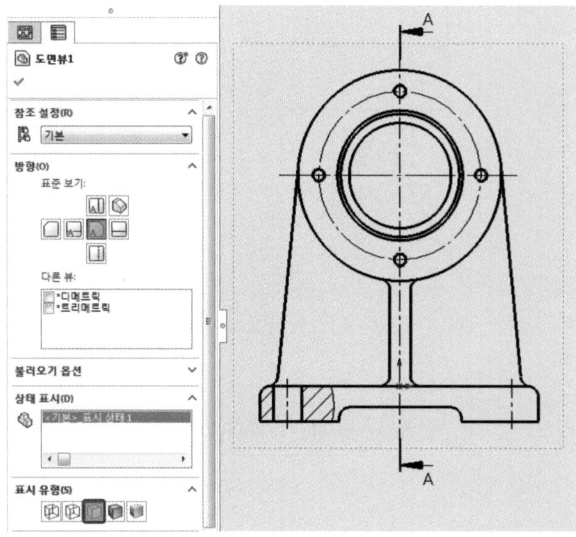

㉟ 아랫면에 다음과 같이 중심선을 작성하고 길이를 조정한다.

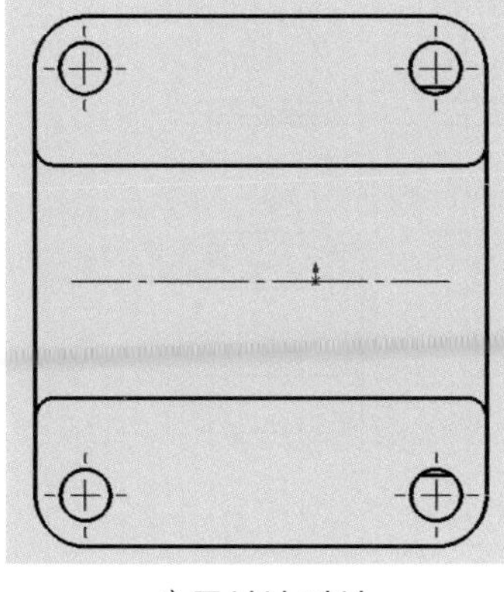

1) 중심선 작성

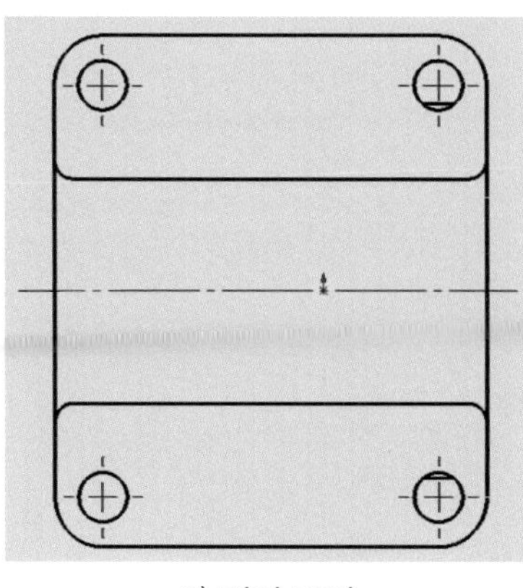

2) 길이 조정

㊱ 스케치(Sketch) 메뉴에서 선(Line)을 클릭하고 다음과 같이 작성한다(작성한 선의 레이어는 가는실선으로 하고 각 경사진 선과 동일선상 조건을 부여한다).

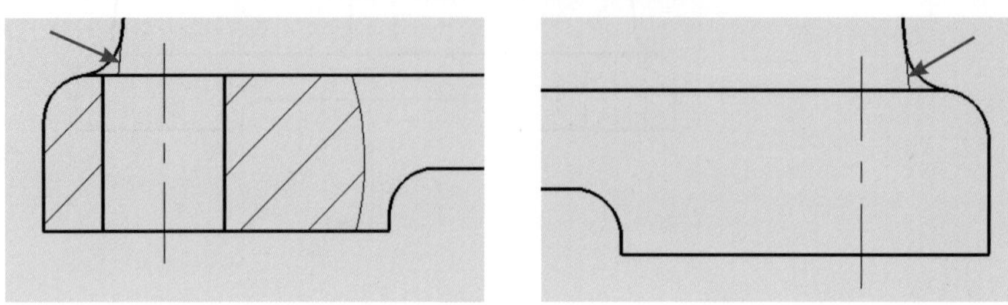

좌측면 하단

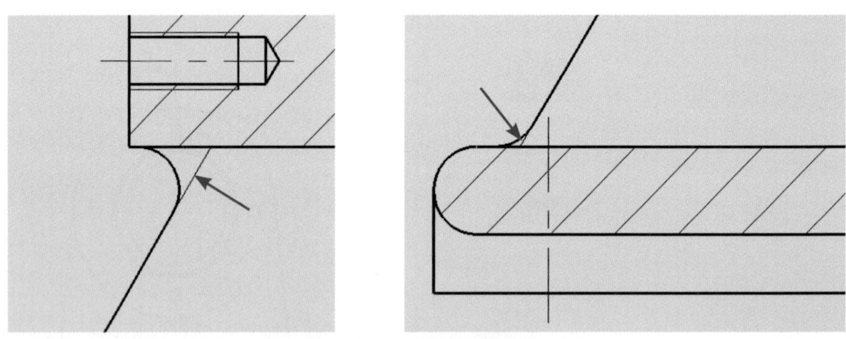

단면도 A-A 보강대 좌측

㊲ 몸체의 도면 왼쪽 상단부에 주석(Annotation) 메뉴의 노트(Note)와 부품 번호(Balloon)를 이용하여 다음과 같이 작성한다.

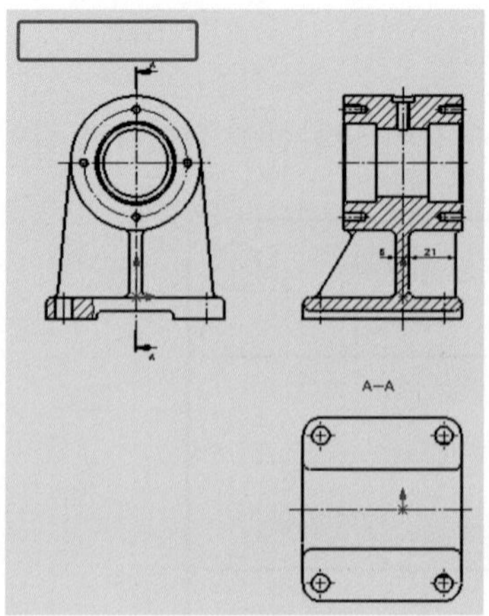

● 부품 번호(Balloon) 작성

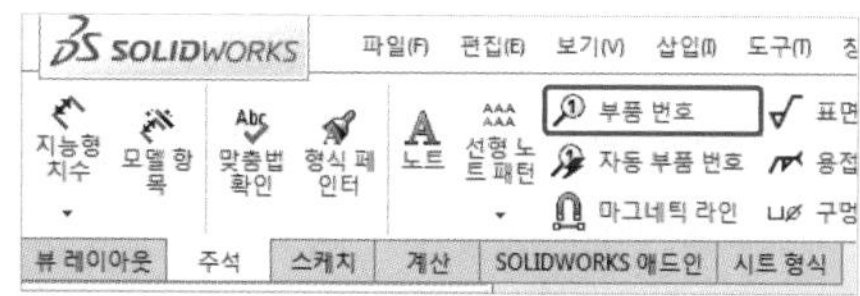

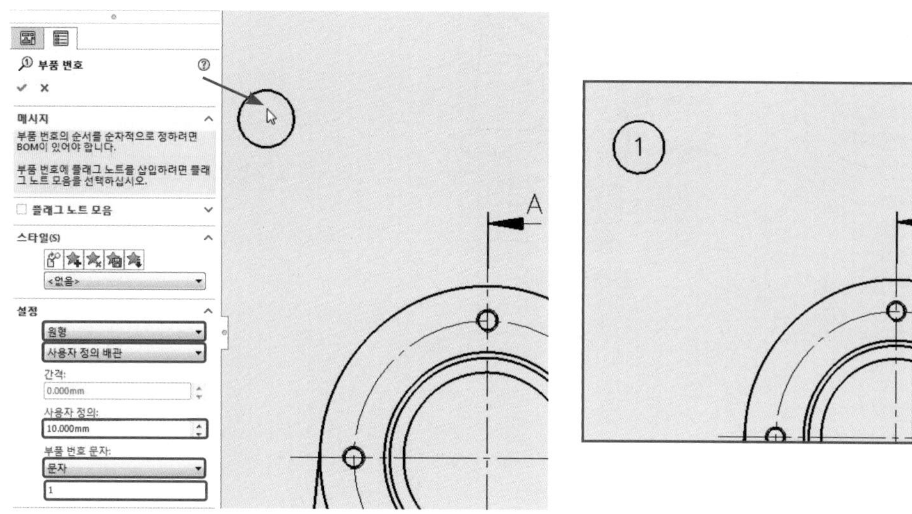

● 표면 거칠기 작성

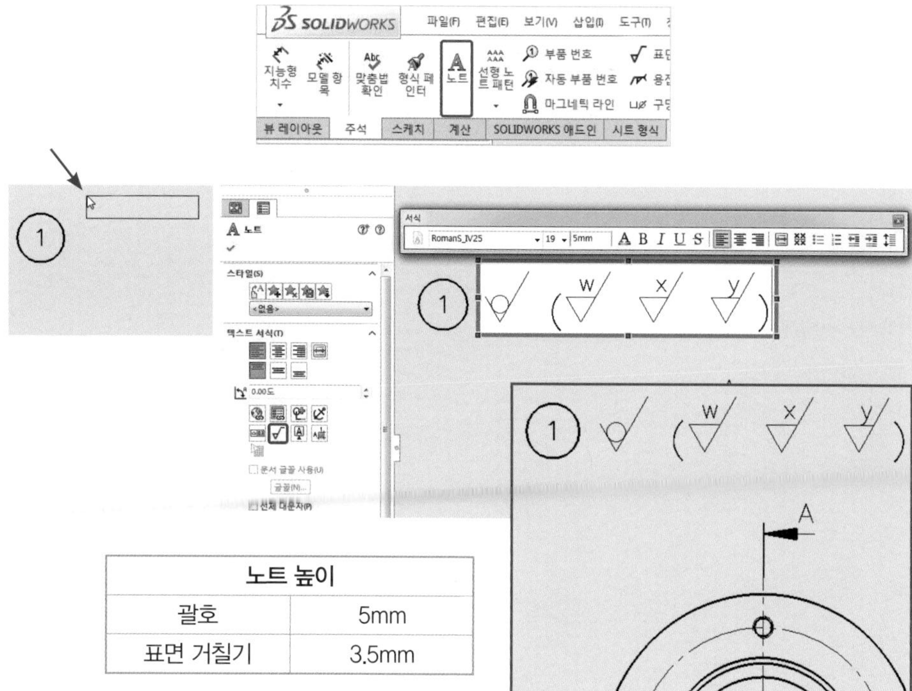

노트 높이	
괄호	5mm
표면 거칠기	3.5mm

㊳ 스케치(Sketch) 메뉴의 지능형 치수(Smart Dimension)와 주석(Annotation) 메뉴의 노트(Note)를 이용하여 다음과 같이 치수와 공차를 기입한다.

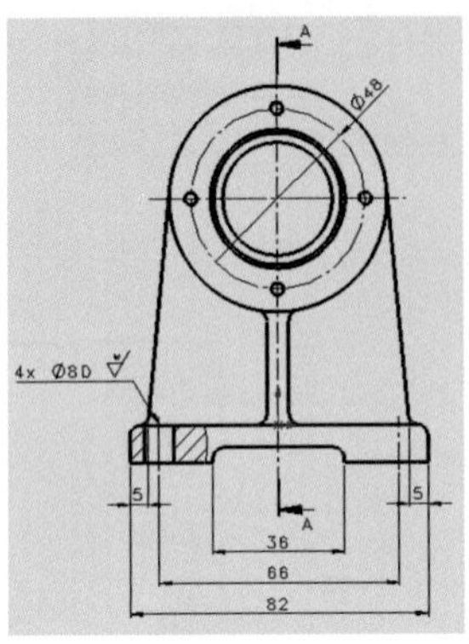

좌측면 치수

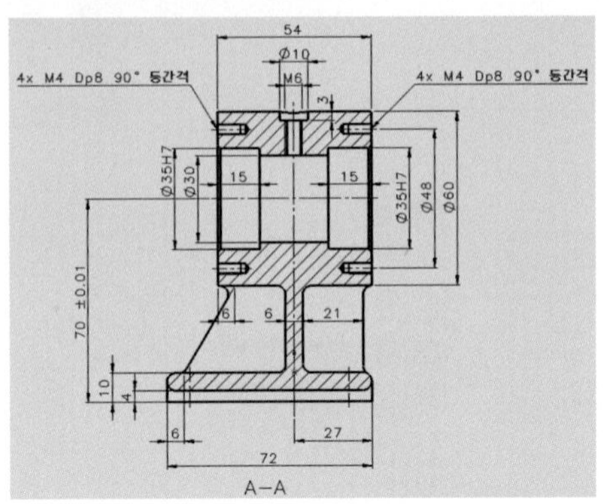

단면도 A–A 치수

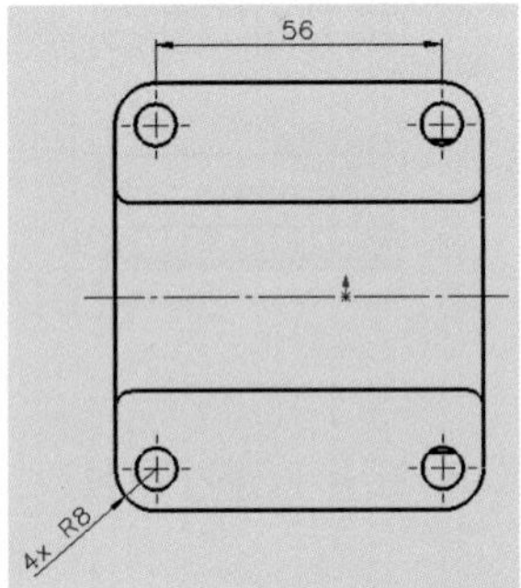

아랫면 치수

Tip 지시선 작성 중 표면 거칠기 입력

다음과 같이 지시선 작성 중 표면 거칠기를 작성한다.

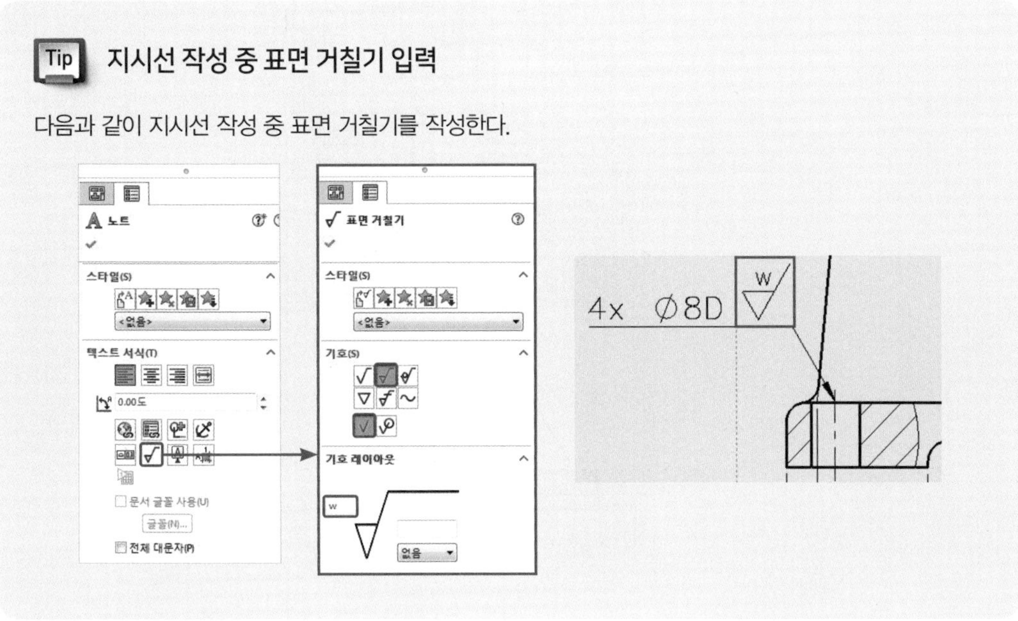

㊴ 주석(Annotation) 메뉴에서 표면 거칠기 표시(Surface Finish)를 클릭하고 설정한 후 다음과 같이 작성한다.

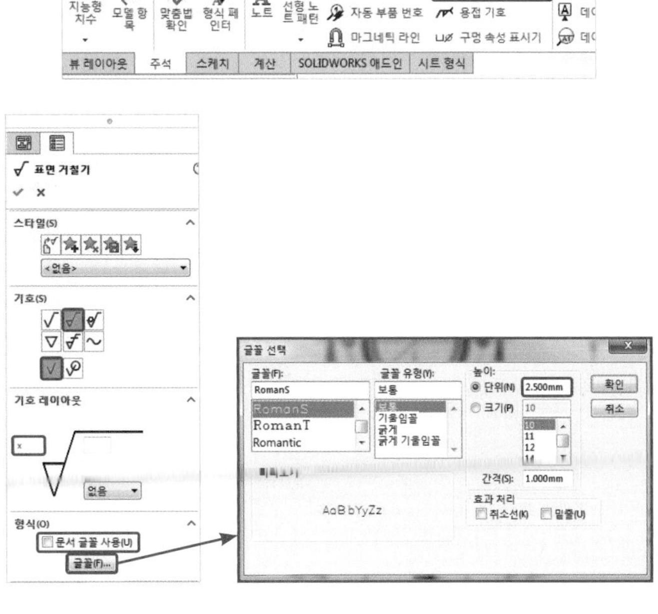

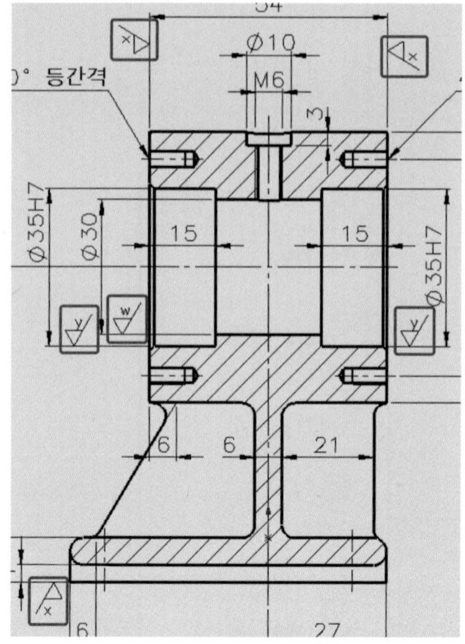

㊵ 주석(Annotation) 메뉴에서 데이텀 피처(Datum Feature)를 클릭하고 다음과 같이 작성한다.

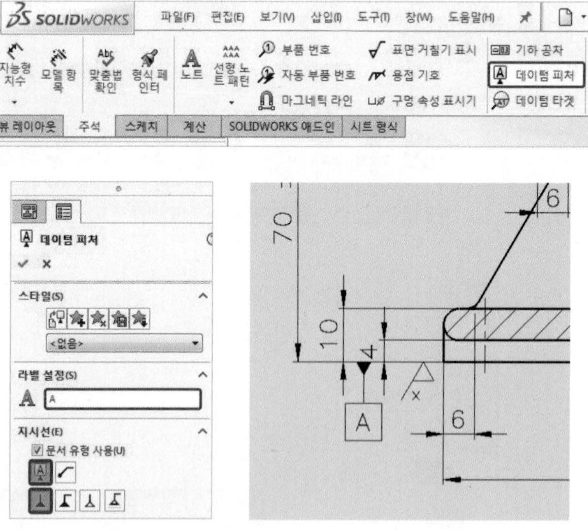

㊶ 주석(Annotation) 메뉴에서 기하 공차(Geometric Tolerance)를 클릭하고 다음과 같이 작성한다.

● 기하 공차 1

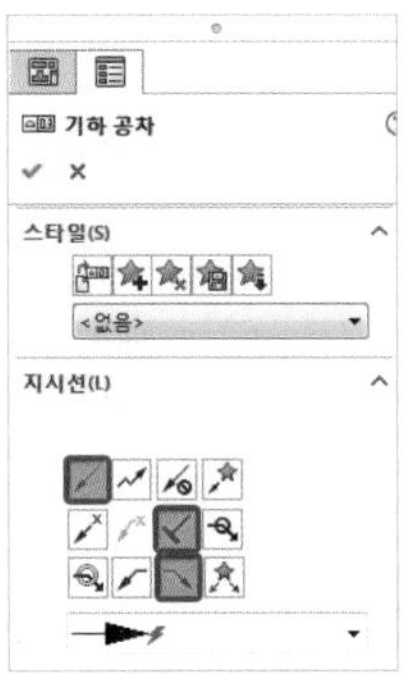
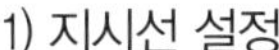

1) 지시선 설정

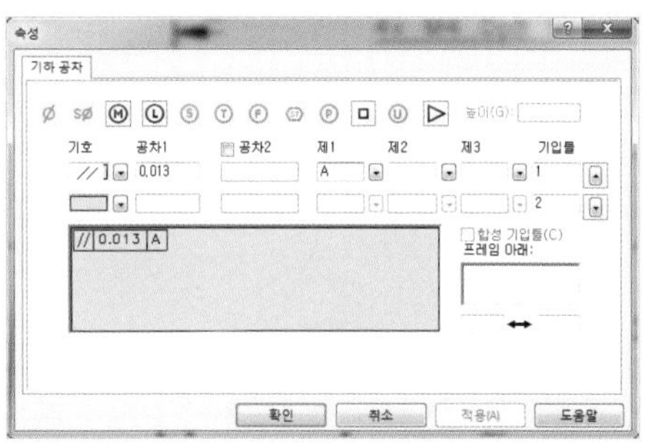

2) 기하 공차 설정

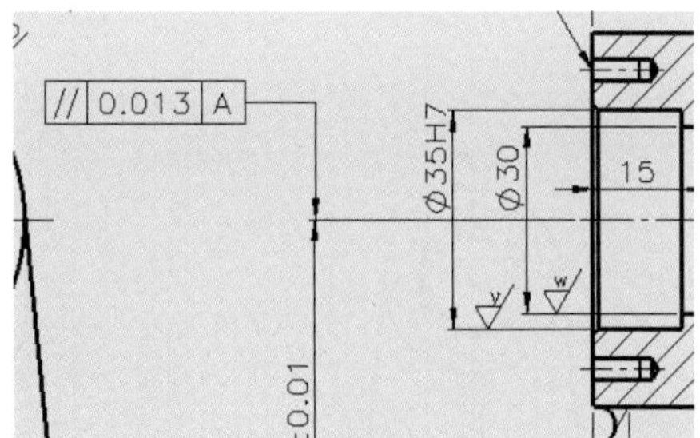

기하 공차 결과

● 기하 공차 2

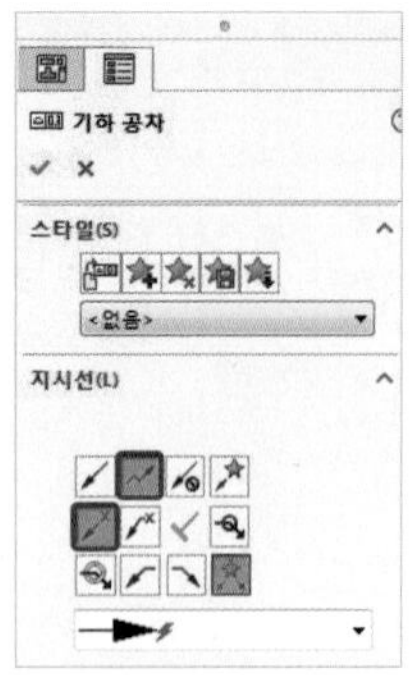

1) 지시선 설정

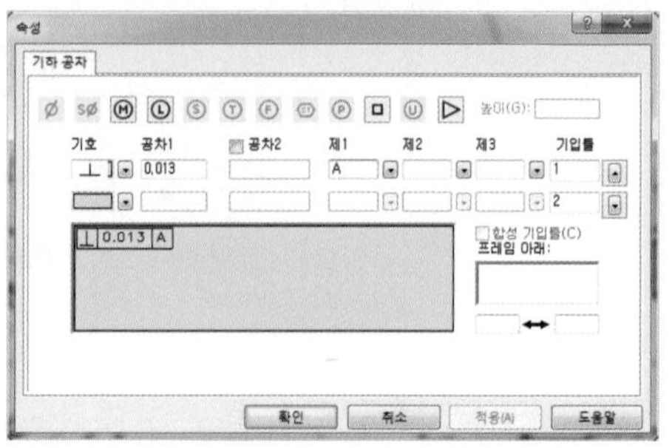

2) 기하 공차 설정

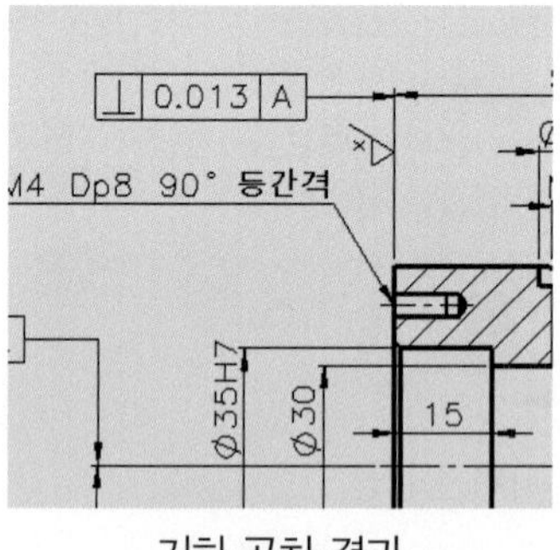

기하 공차 결과

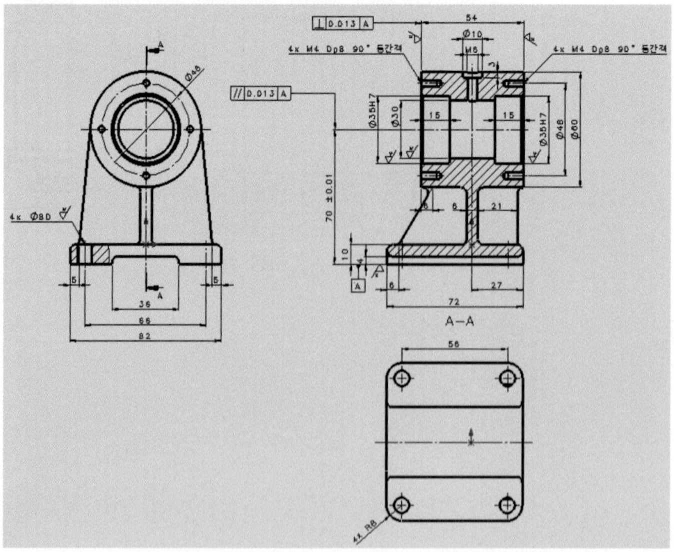

(2) 축

① 창(Window) → 축.SLDPRT를 클릭하여 이동한다.

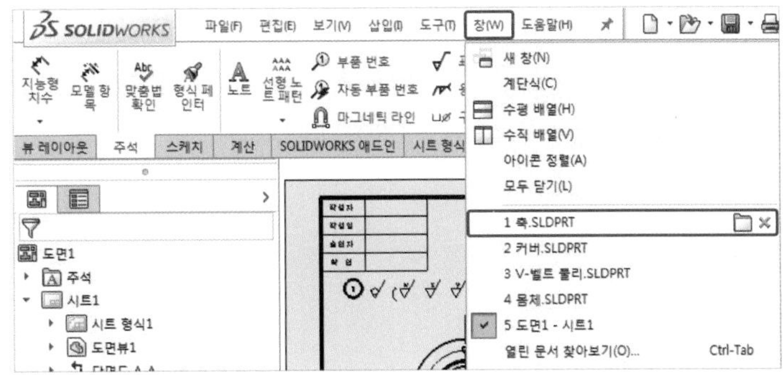

② 컷-스윕에서 마우스 MB3 버튼을 클릭하고 기능 억제(Suppress)를 클릭한다.

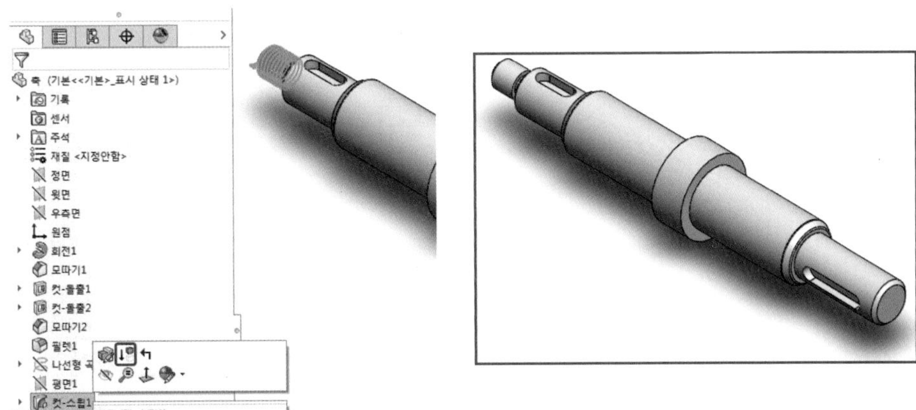

③ 창(Window) → 도면1 - 시트1을 클릭한다.

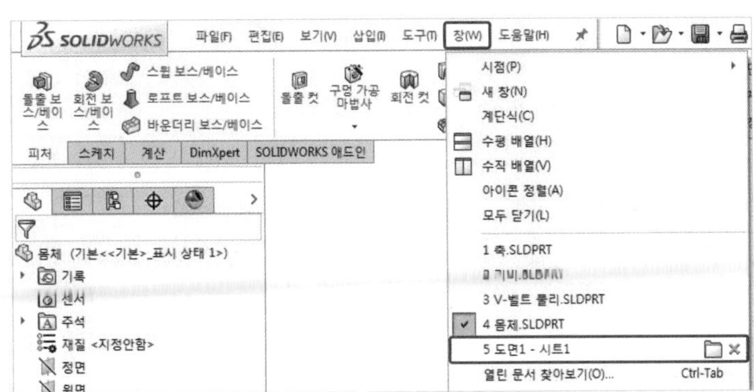

④ 삽입(Insert) → 도면뷰(Drawing View) → 모델(Model)을 클릭한다.

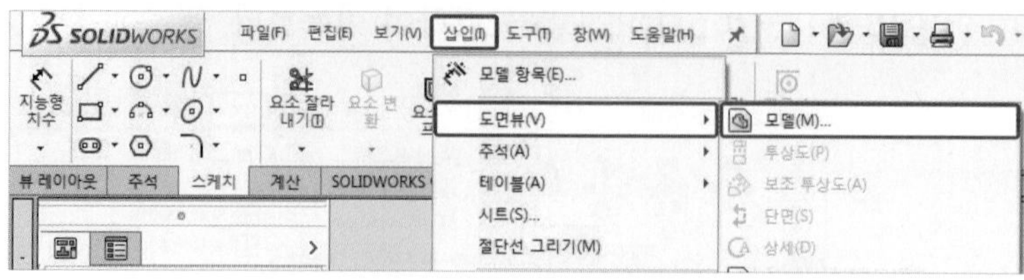

⑤ 축을 더블 클릭하고 다음과 같이 설정한 후 도면 영역에 배치한다(배치 후 Esc를 누른다).

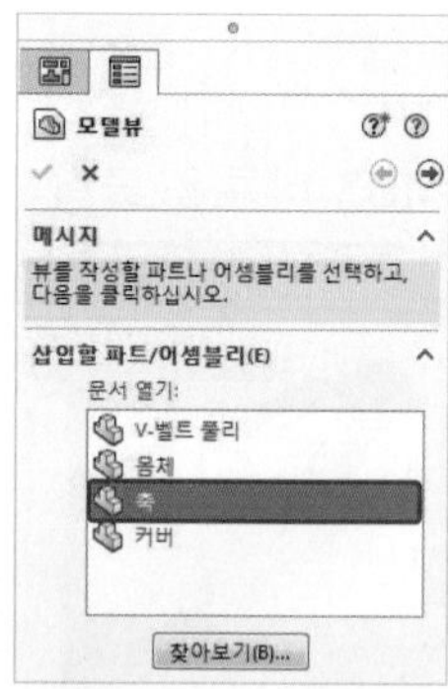

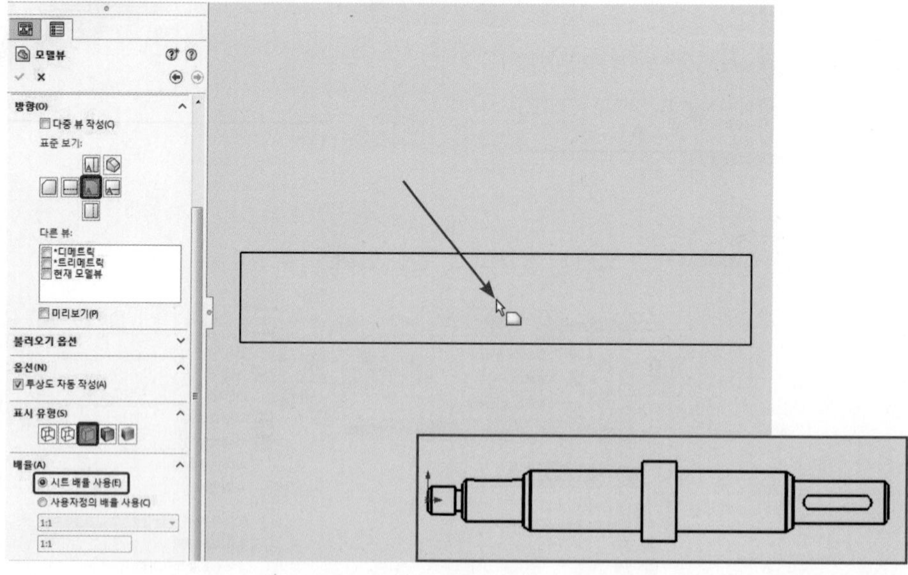

⑥ 축의 정면에서 마우스 MB3 버튼을 클릭하고 접선(Tangent Edge) → 접선 숨기기(Tangent Edges Removed)를 클릭한다.

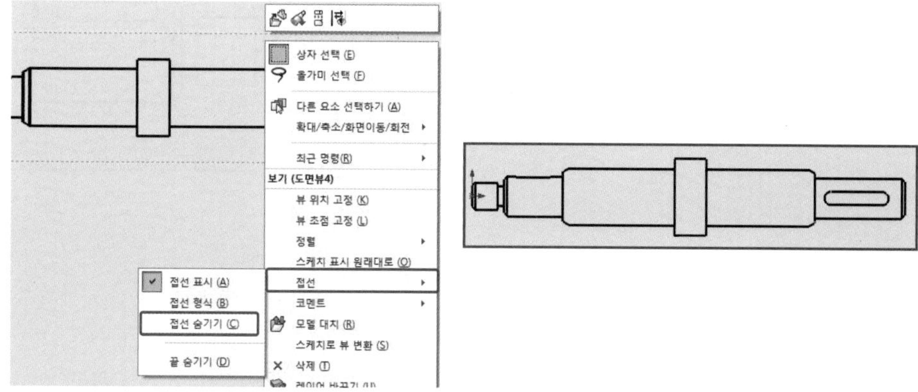

⑦ 정면에 스케치(Sketch) 메뉴의 자유 곡선(Spline)을 이용하여 다음과 같이 스케치를 작성한다.

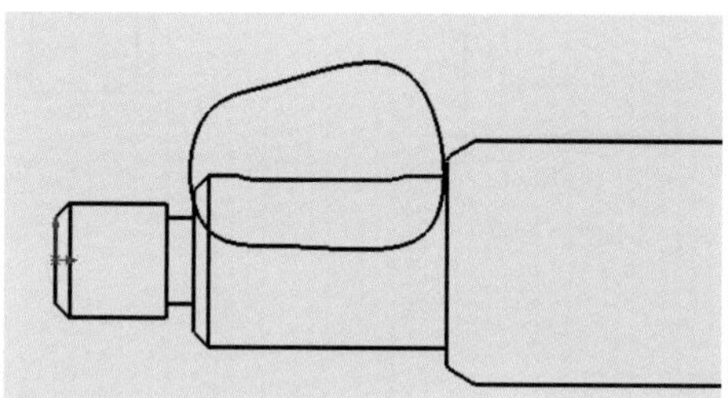

⑧ 자유 곡선에서 마우스 MB3 버튼을 클릭하고 도면뷰(Drawing Views) → 부분 단면도(Broken-Out Section)를 클릭한다.

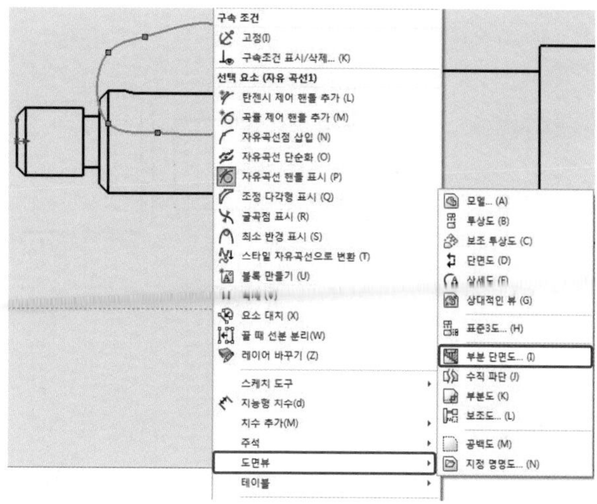

⑨ 다음과 같이 설정하고 확인을 클릭한다.

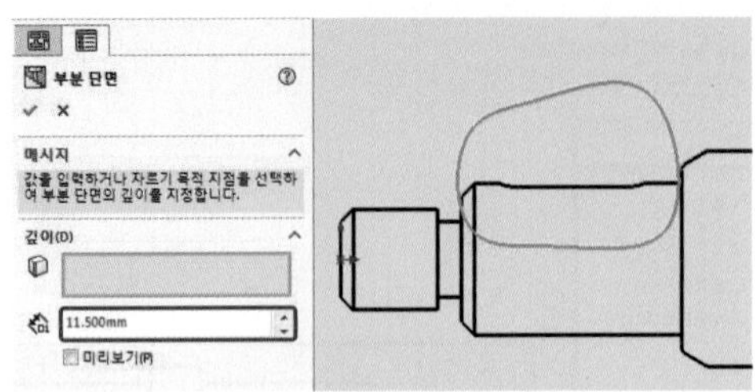

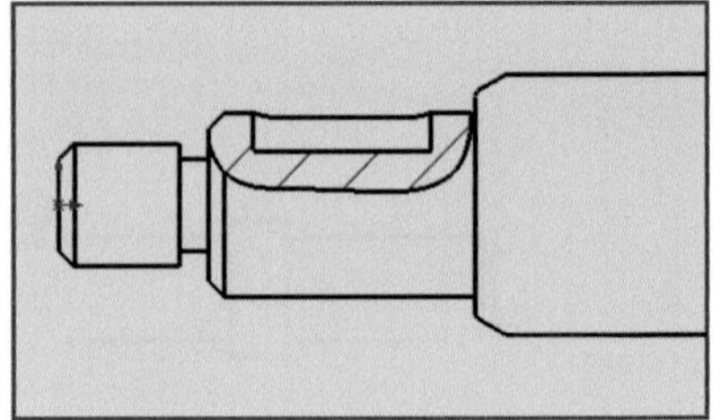

Tip 부분 단면도의 자유 곡선 스케치

부분 단면도의 자유 곡선을 스케치할 때 자유 곡선 영역 안에 표현될 요소들이 전부 들어와야 한다. 이를 쉽게 하기 위해서는 다음과 같이 진행한다.

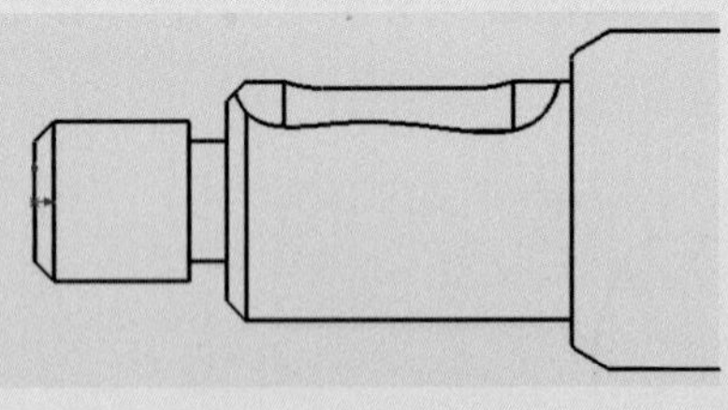
잘못된 부분 단면도 적용

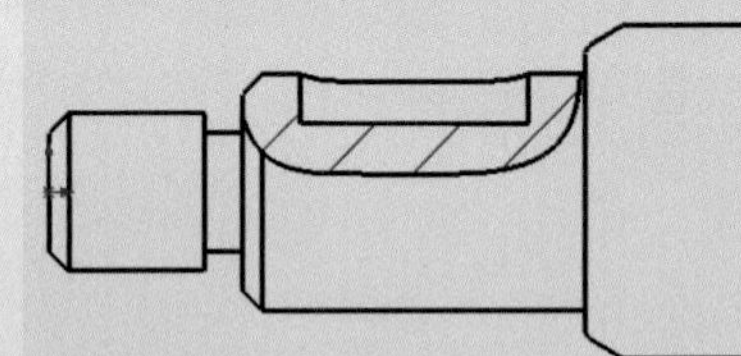
잘된 부분 단면도 적용

- 자유 곡선 스케치 방법

1) 도면의 표시 유형(Display Style)을 은선 표시(Hidden Lines Visible)로 변경한다.

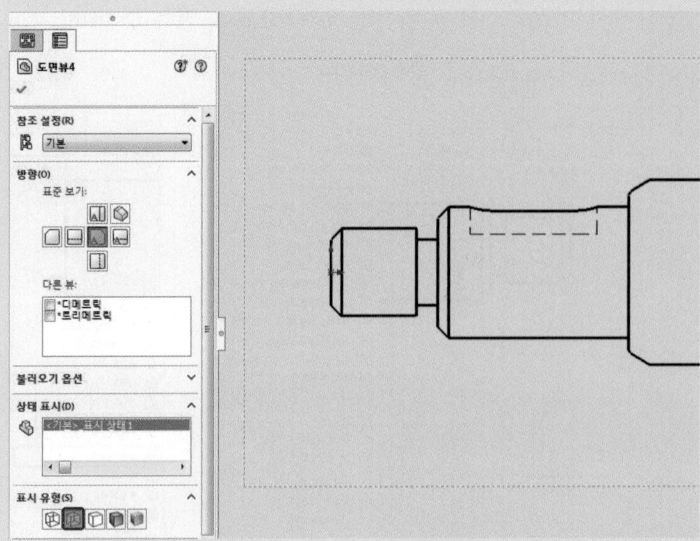

2) 도시된 은선을 지나서 자유 곡선을 작성한다.

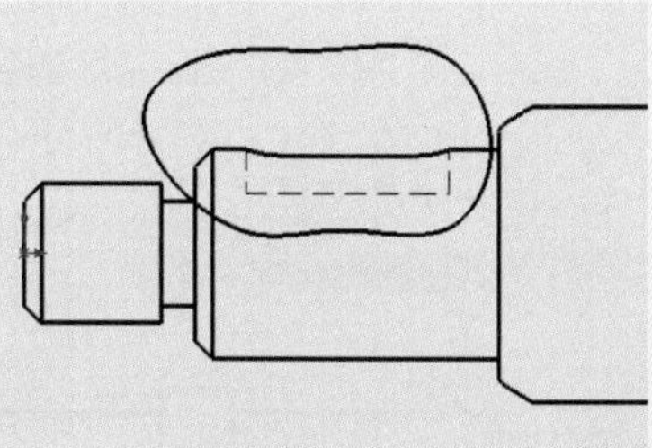

⑩ 부분 단면도의 파단선을 선택하고 마우스 MB3 버튼을 클릭한 후 선 두께를 다음과 같이 변경한다.

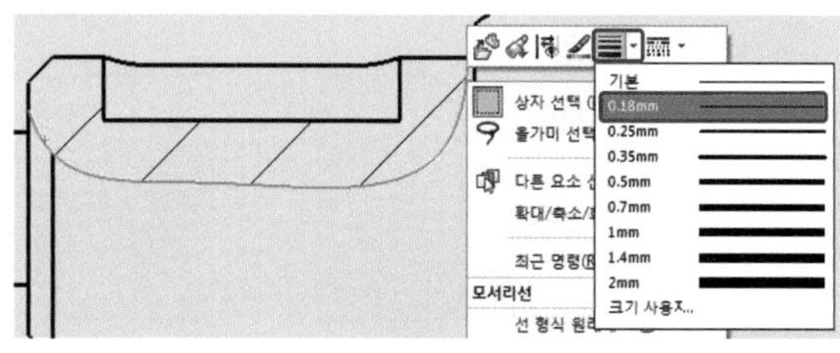

⑪ 부분 단면도의 해칭을 선택한 후 다음과 같이 수정한다.

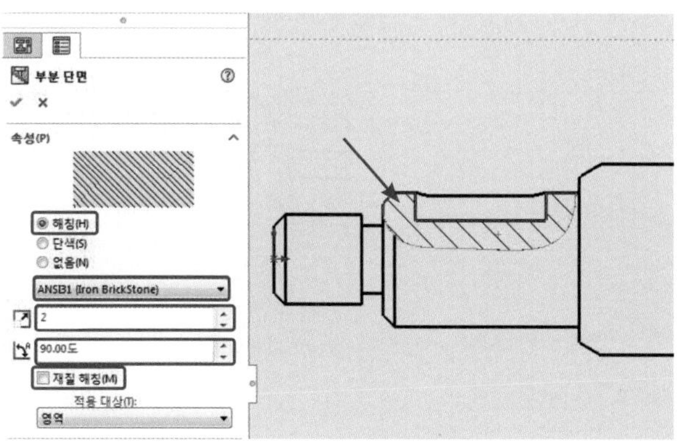

⑫ 주석(Annotation) 메뉴에서 중심선(Centerline)을 클릭하고 다음과 같이 작성하고 길이를 조정한다.

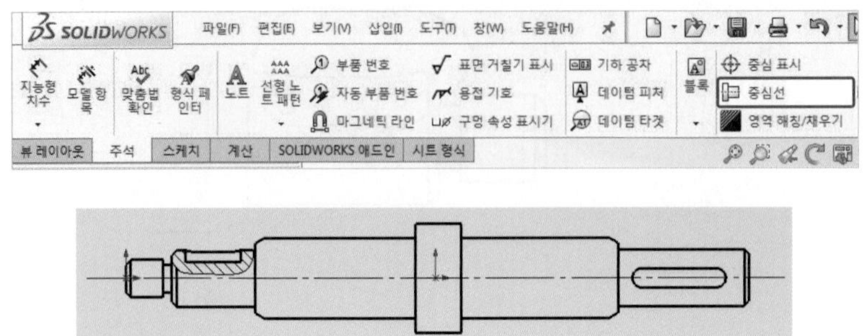

⑬ 스케치(Sketch) 메뉴의 선(Line)을 이용하여 다음과 같이 작성하고 구속조건을 부여한다(선의 레이어를 중심선으로 변경한다).

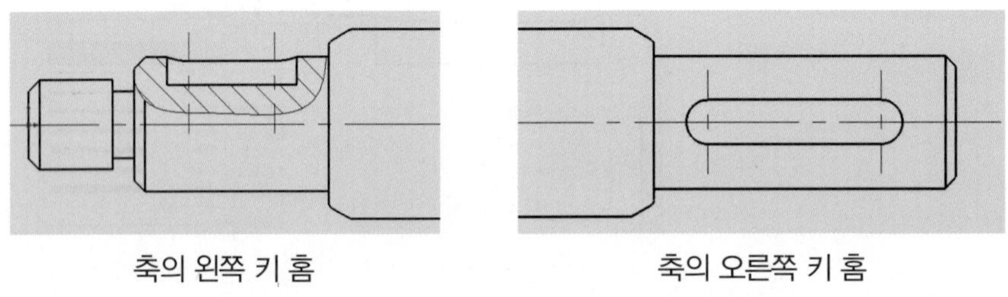

축의 왼쪽 키 홈 　　　　 축의 오른쪽 키 홈

⑭ 스케치(Sketch) 메뉴에서 타원(Ellipse)을 클릭하여 다음과 같이 작성한다.

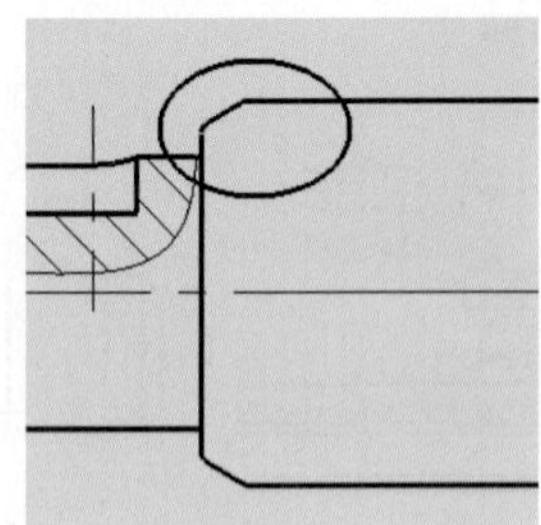

⑮ 타원에서 마우스 MB3 버튼을 클릭하고 도면뷰(Drawing Views) → 상세도(Detail View)를 클릭한다.

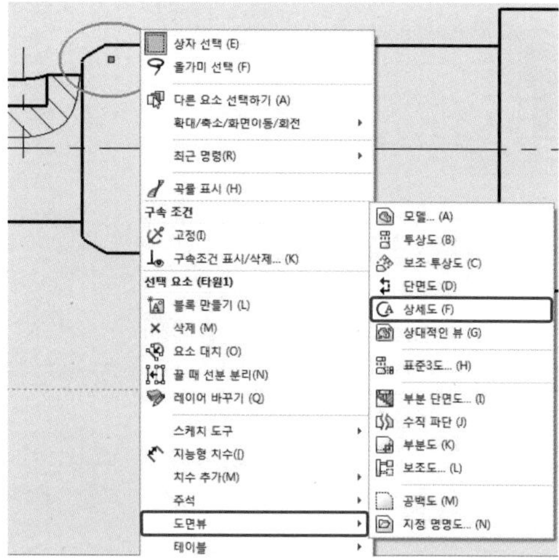

⑯ 다음과 같이 설정한 후 상세도를 배치한다.

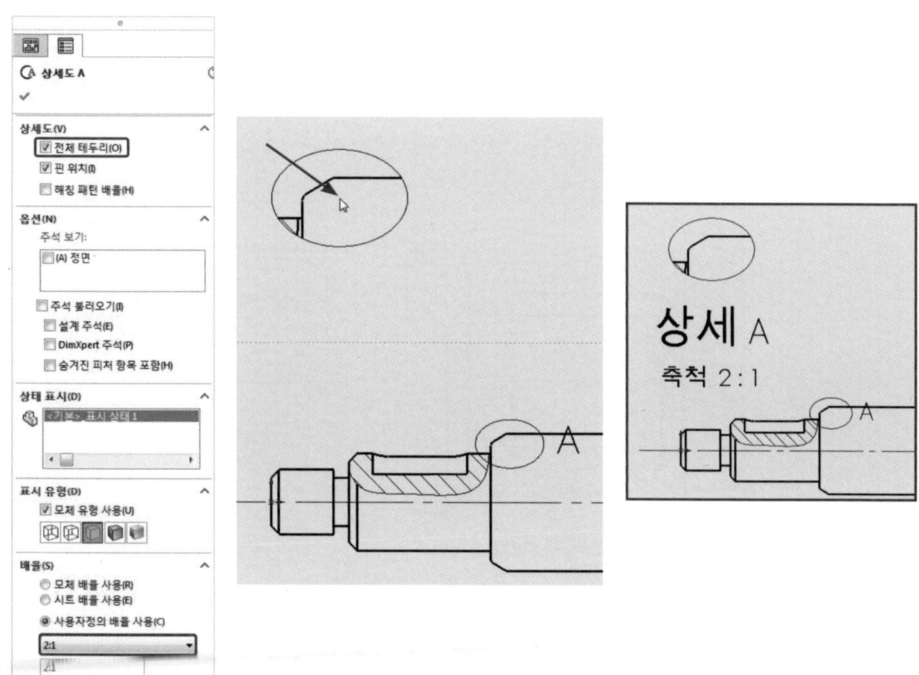

⑰ 상세도에 관한 텍스트들을 다음과 같이 수정한다.

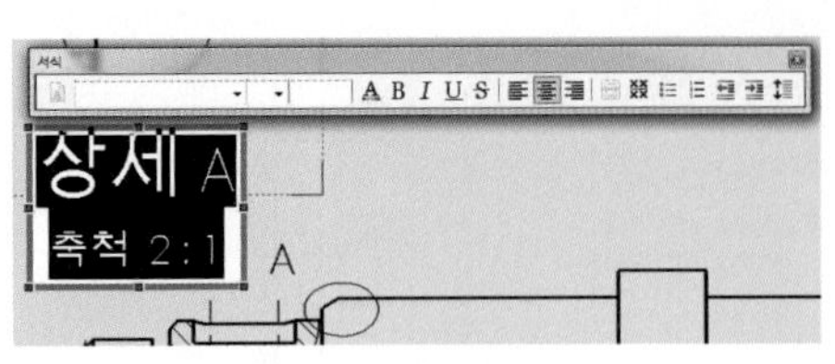

1) 문자를 더블클릭 한다.

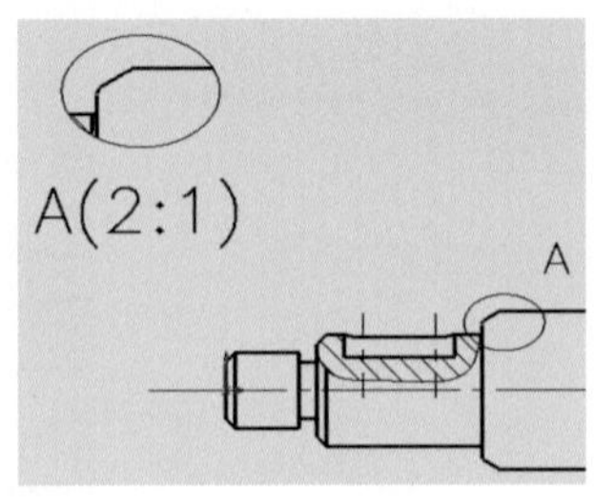

2) 수정 결과

⑱ 같은 방법으로 오른쪽의 오일 실 부착부의 상세도를 작성한다.

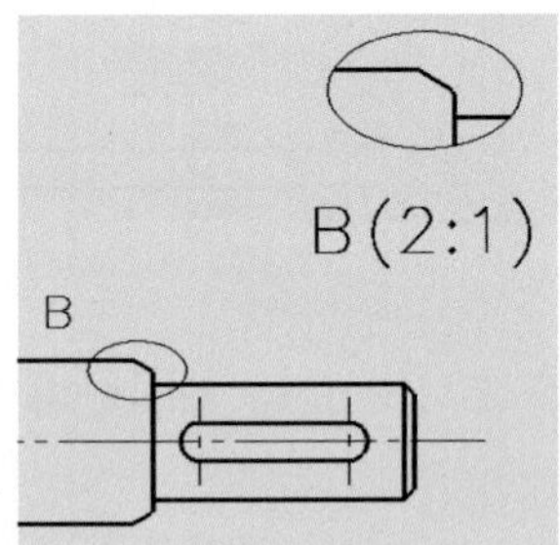

⑲ 스케치(Sketch) 메뉴에서 선(Line)을 클릭하여 다음과 같이 작성한다(선의 레이어는 가는실선으로 변경한다).

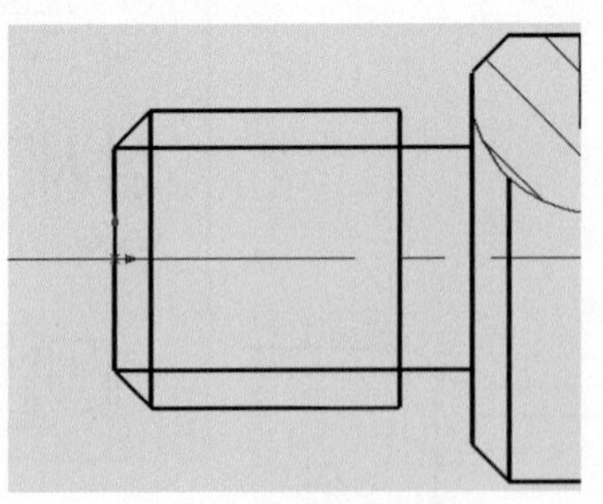

1) 선 스케치 작성

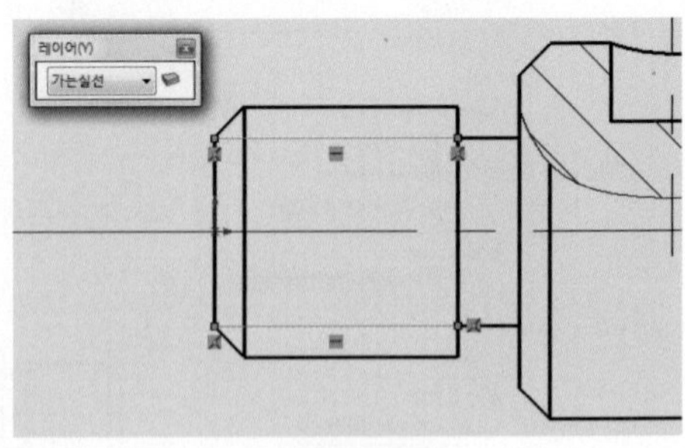

2) 레이어 변경

⑳ 스케치 명령들을 이용하여 정면 영역 상에 다음과 같이 스케치를 작성하고 구속 조건을 부여한다.

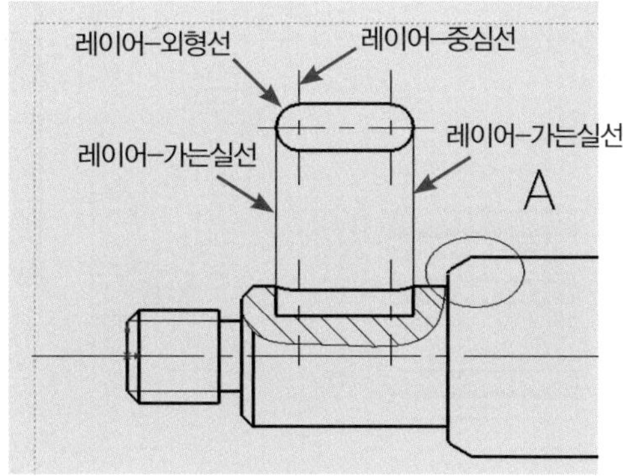

㉑ 축의 도면 왼쪽 상단부에 주석(Annotation) 메뉴의 노트(Note)와 부품 번호(Balloon)를 이용하여 다음과 같이 작성한다.

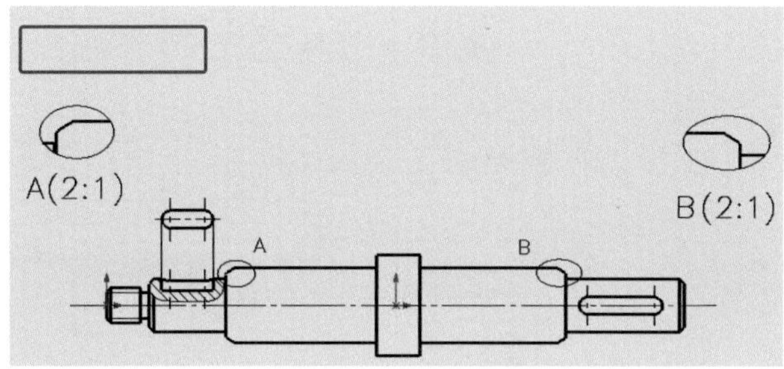

● 부품 번호(Balloon) 작성

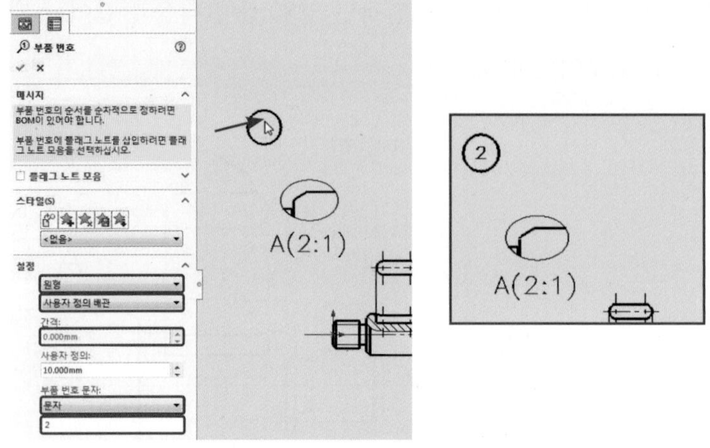

● 표면 거칠기 작성

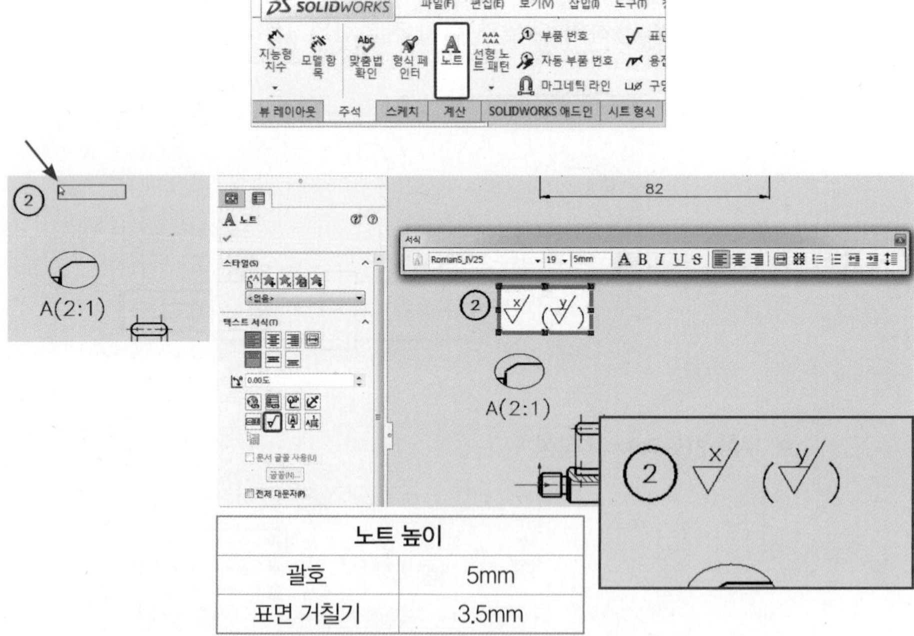

노트 높이	
괄호	5mm
표면 거칠기	3.5mm

㉒ 스케치(Sketch) 메뉴의 지능형 치수(Smart Dimension)와 주석(Annotation) 메뉴의 노트(Note)를 이용하여 다음과 같이 치수와 공차를 기입한다.

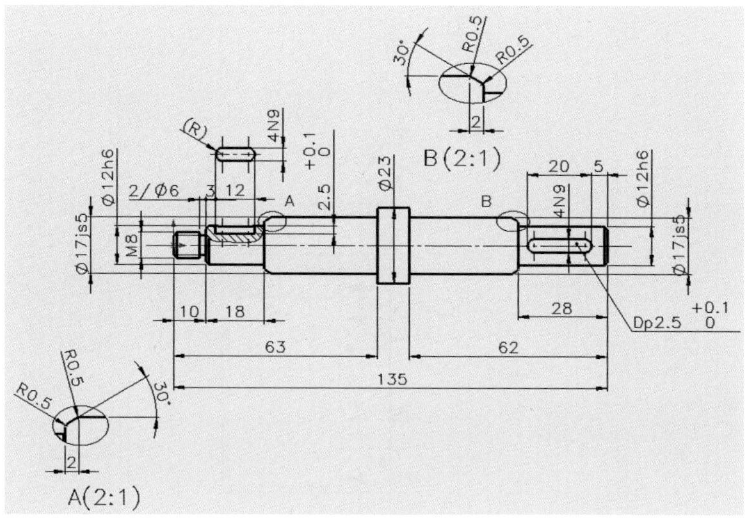

치수기입

Tip 치수선 화살표 및 지시선 화살표 바꾸기

다음과 같이 치수선과 지시선의 화살표 모양을 변경할 수 있다.

- 치수선 화살표 변경

  치수를 선택하고 변경할 화살표 쪽의 점에서 마우스 MB3 버튼을 클릭한다.

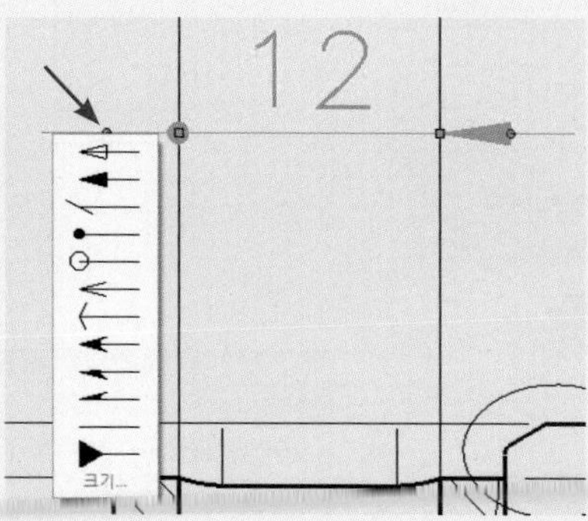

- 지시선 화살표 변경

피처 매니저 디자인 트리(Features Manager Design Tree)에서 화살표 모양을 변경한다.

㉓ 주석(Annotation) 메뉴에서 표면 거칠기 표시(Surface Finish)를 클릭하고 다음과 같이 설정한 후 작성한다.

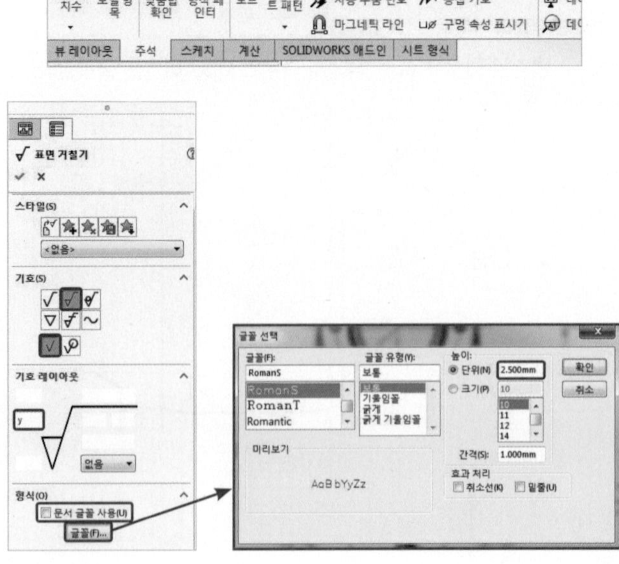

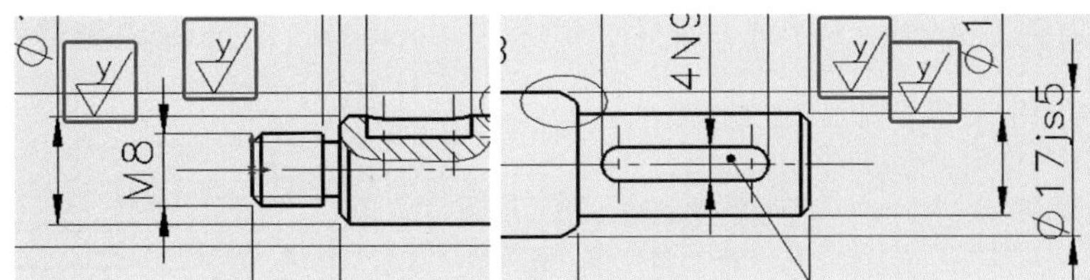

㉔ 주석(Annotation) 메뉴에서 데이텀 피처(Datum Feature)를 클릭하고 다음과 같이 작성한다.

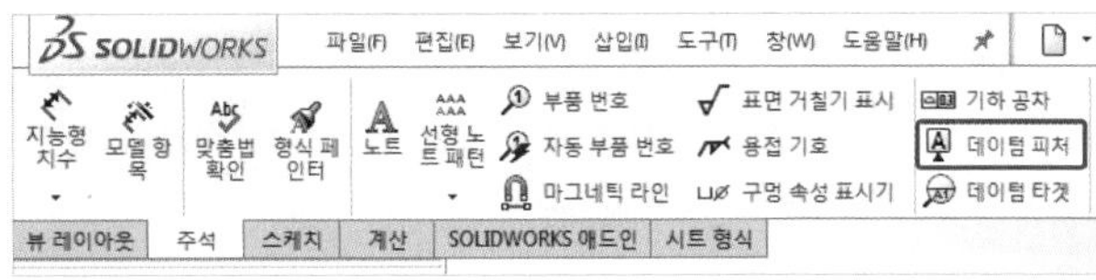

- 데이텀 1

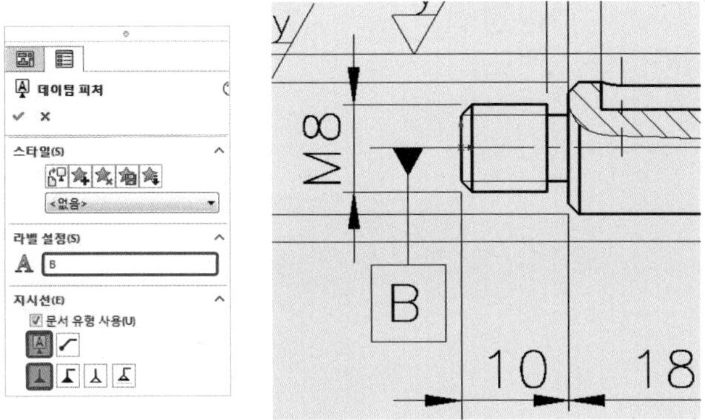

- 데이텀 2

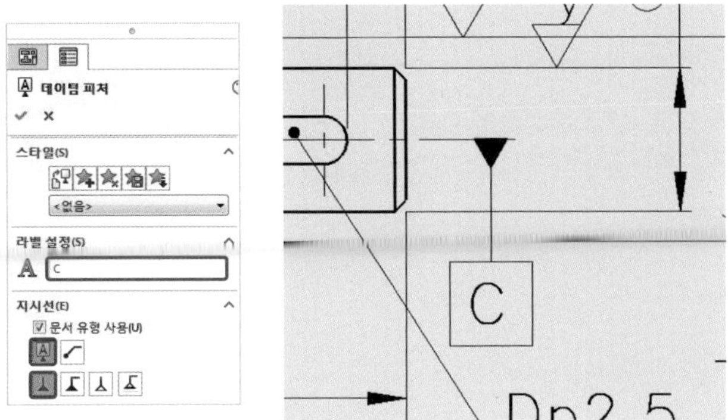

㉕ 주석(Annotation) 메뉴에서 기하 공차(Geometric Tolerance)를 클릭하고 다음과 같이 작성한다.

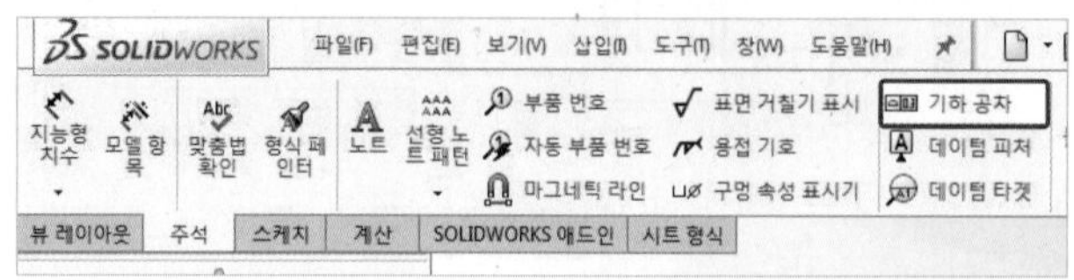

- 기하 공차 1

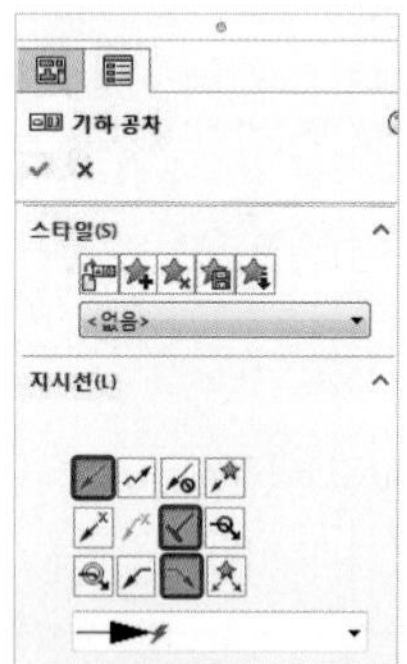

1) 지시선 설정

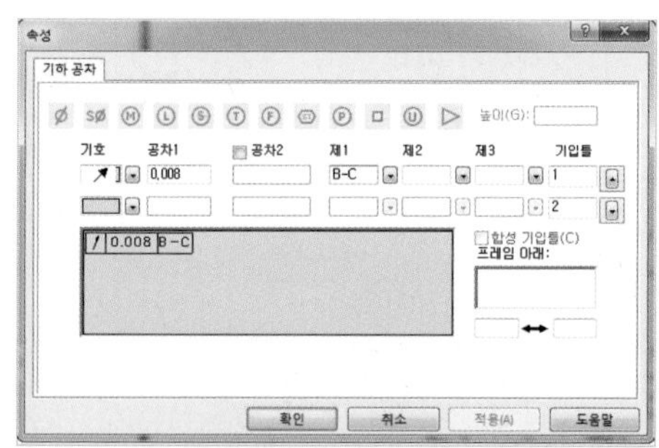

2) 기하 공차 설정

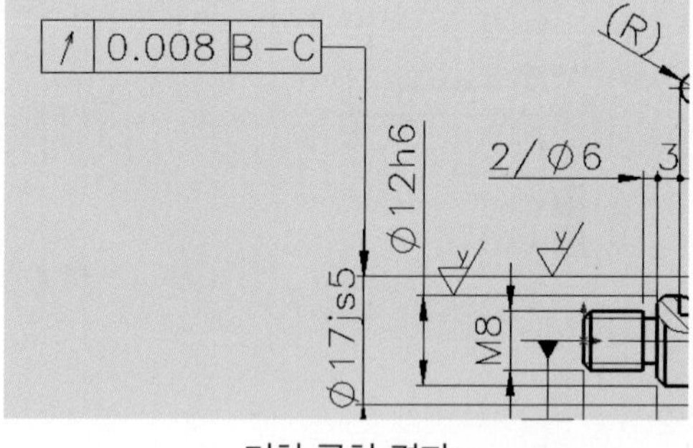

기하 공차 결과

● 기하 공차 2

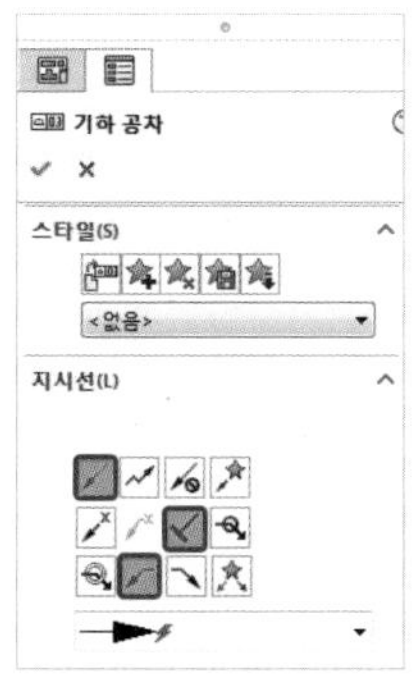

1) 지시선 설정

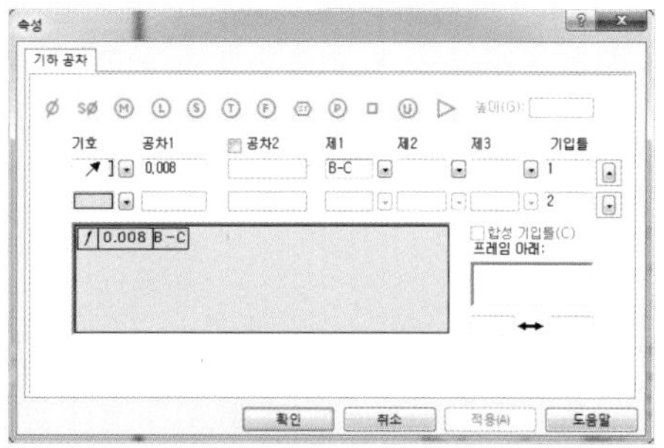

2) 기하 공차 설정

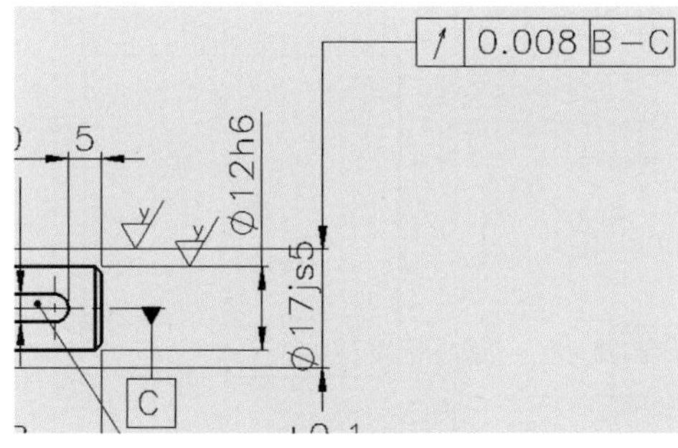

기하 공차 결과

(3) V-벨트 풀리

① 삽입(Insert) → 도면뷰(Drawing View) → 모델(Model)을 클릭한다.

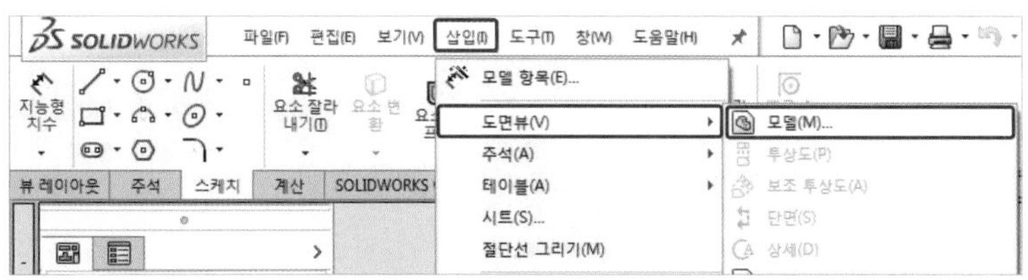

② V-벨트 풀리를 더블 클릭하고 다음과 같이 설정한 후 도면 영역에 배치한다(배치 후 Esc를 누른다).

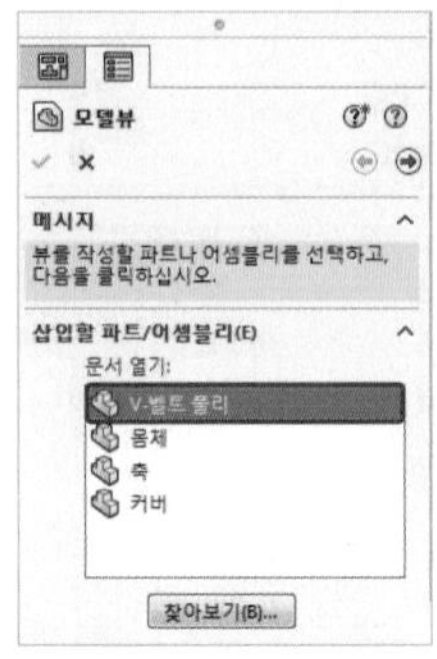

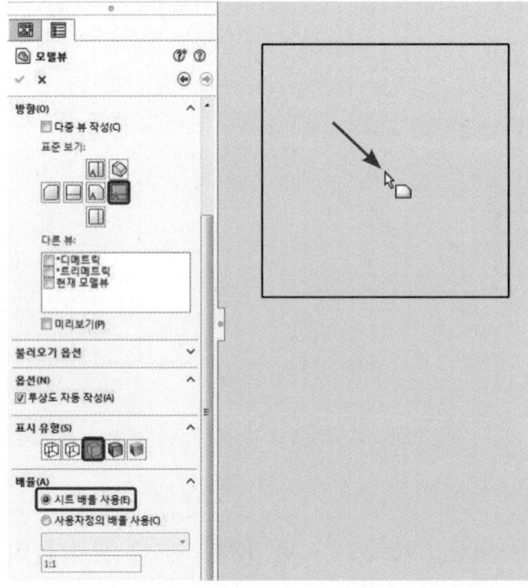

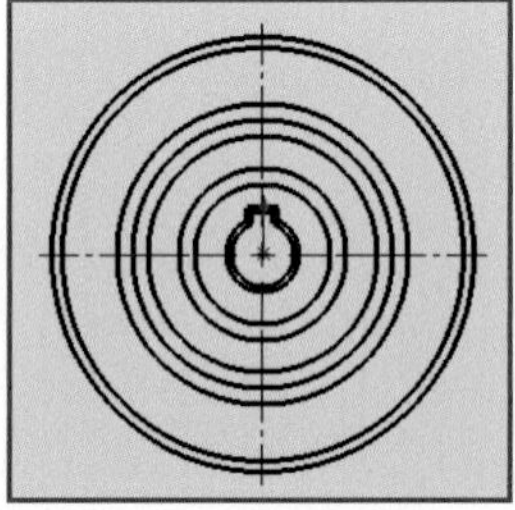

③ V-벨트 풀리 우측면에서 마우스 MB3 버튼을 클릭하고 접선(Tangent Edge) → 접선 숨기기(Tangent Edges Removed)를 클릭한 후 중심 표시를 지운다.

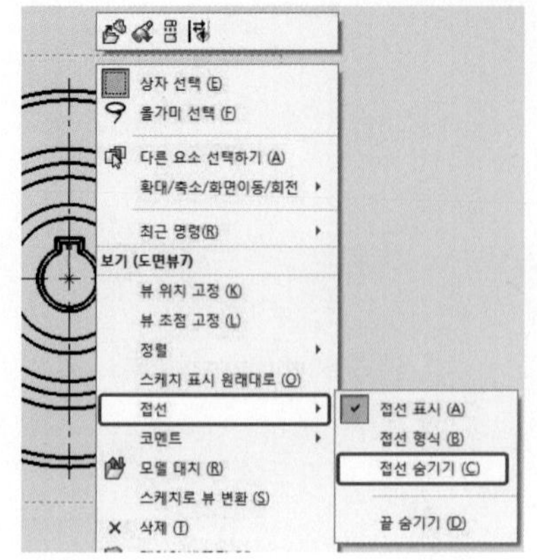

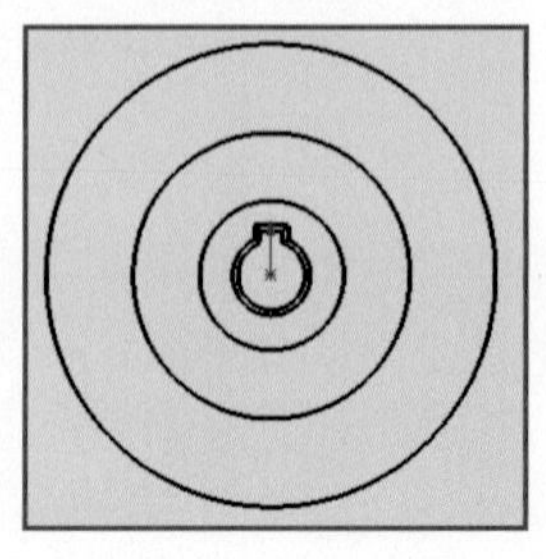

④ 스케치(Sketch) 메뉴에서 선(Line)을 클릭하여 도면뷰 영역 안에 스케치를 작성한 후 구속조건을 부여한다.

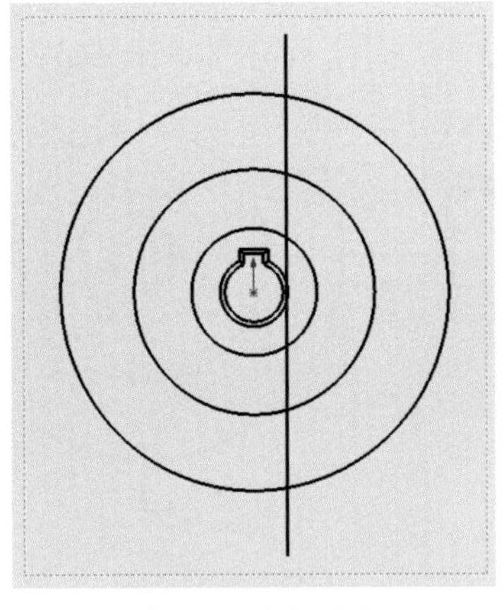

1) 선 스케치 작성

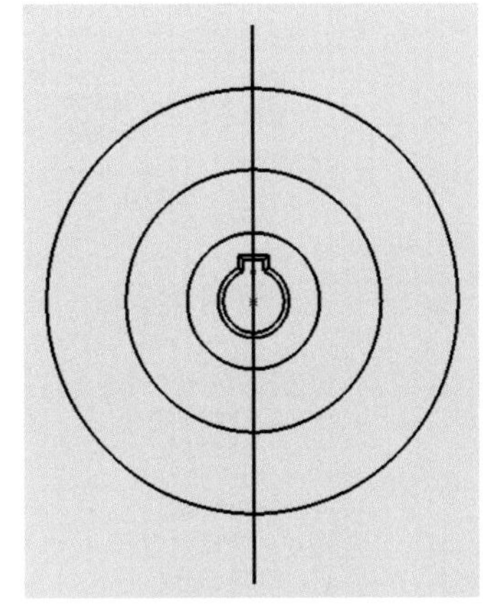

2) 구속조건 부여

⑤ 작성된 선 스케치에서 마우스 MB3 버튼을 클릭하고 도면뷰(Drawing Views) → 단면도(Section View)를 클릭한다.

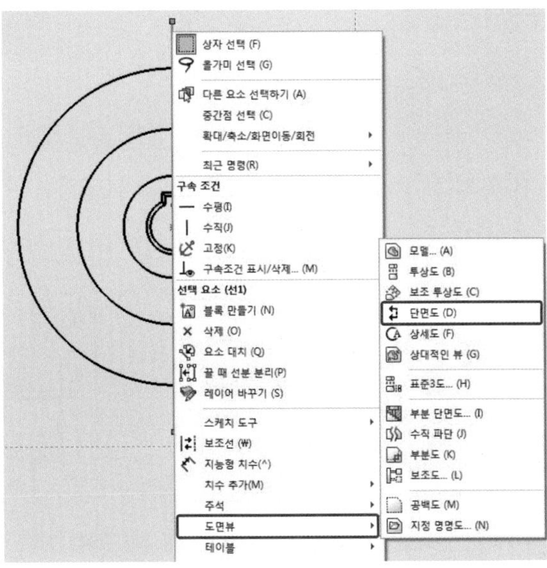

⑥ 다음과 같이 설정한 후 단면도를 배치한다.

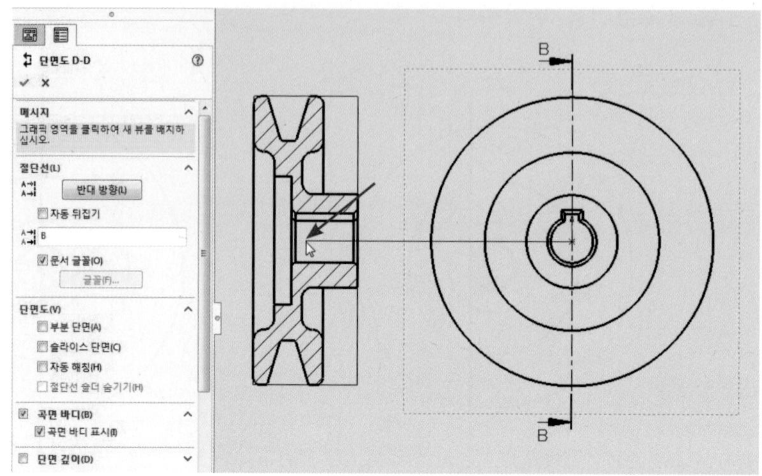

⑦ 단면도의 문자를 다음과 같이 수정한다.

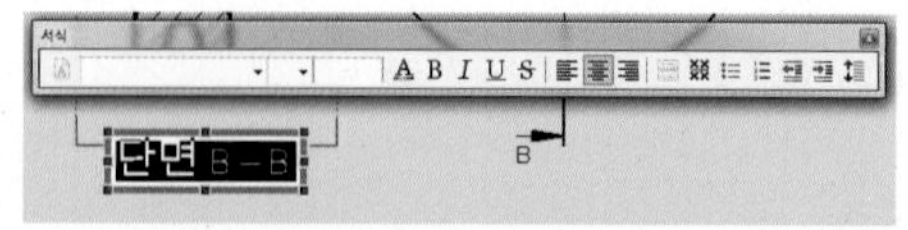

1) 문자를 더블클릭 한다.

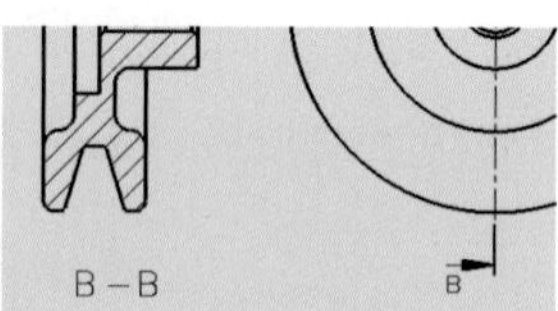

2) 수정 결과

⑧ 단면도 B-B의 해칭을 선택하고 다음과 같이 설정을 수정한다.

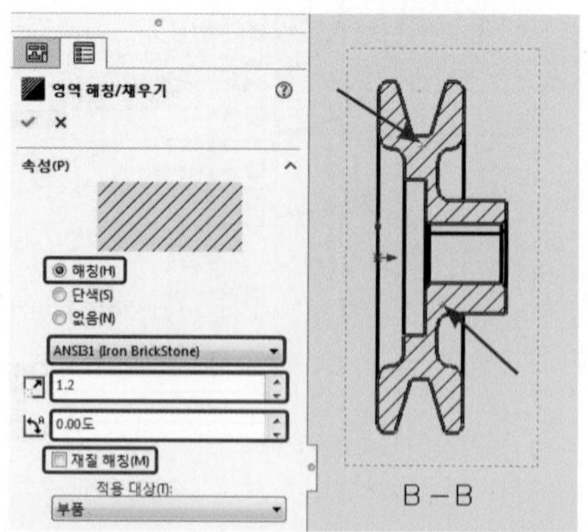

⑨ 주석(Annotation) 메뉴에서 중심선(Centerline)을 클릭하고 다음과 같이 작성한다 (대칭하는 대각선을 선택 시 대칭기준 가운데에 생성된다).

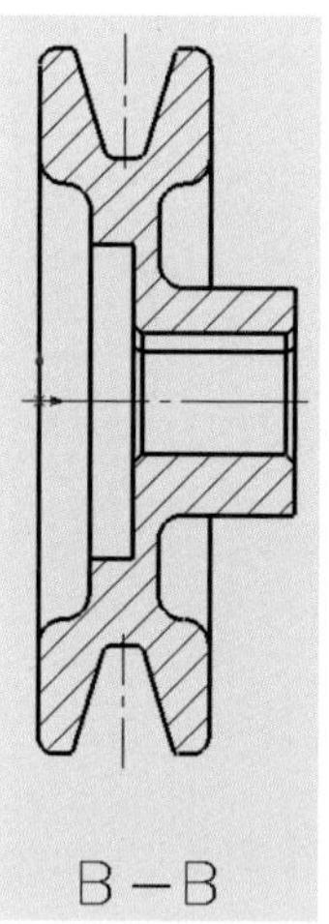

⑩ 스케치(Sketch) 메뉴의 점(Point)과 선(Line)을 이용하여 다음과 같이 작성하고 구속조건과 치수를 부여한다(선의 레이어를 중심선으로 변경한다).

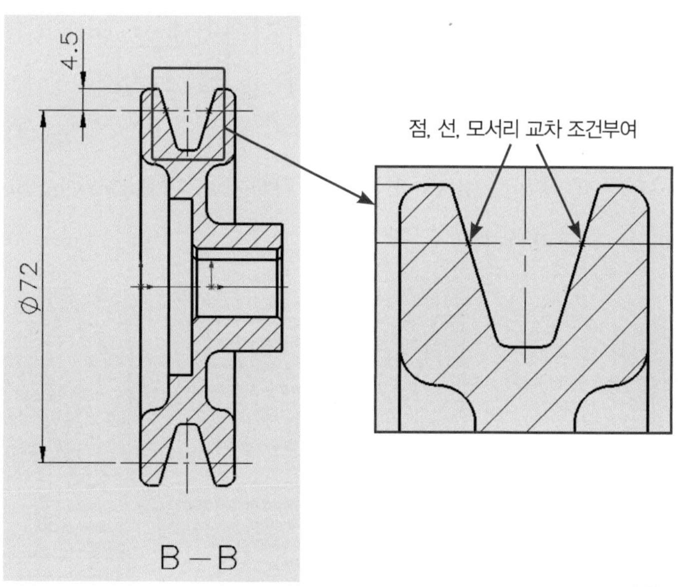

⑪ 스케치(Sketch) 메뉴의 선(Line)을 이용하여 다음과 같이 작성하고 구속조건을 부여한다(선의 레이어를 중심선으로 변경한다).

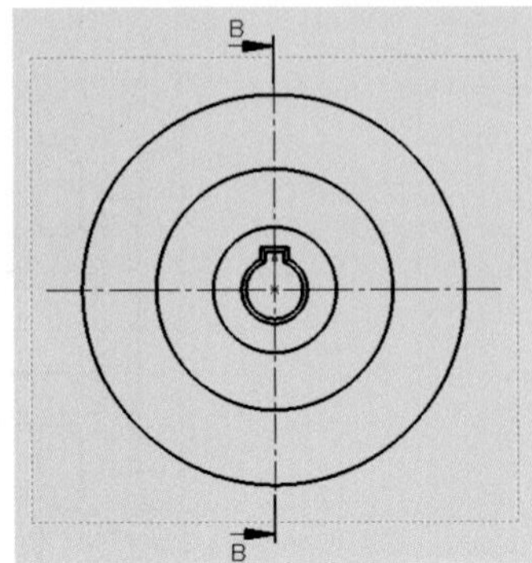

⑫ 스케치(Sketch) 메뉴에서 타원(Ellipse)을 클릭하여 다음과 같이 작성한다.

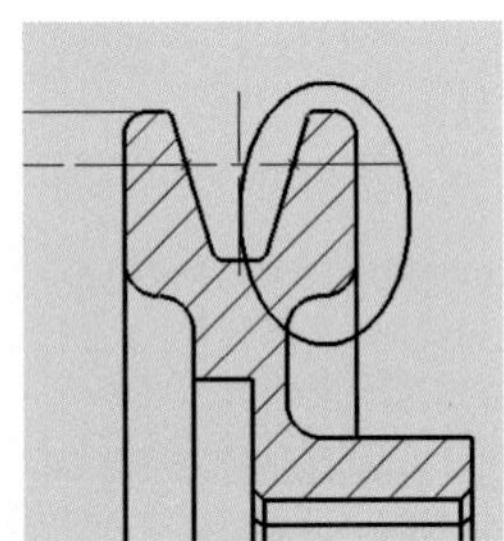

⑬ 타원에서 마우스 MB3 버튼을 클릭하고 도면뷰(Drawing Views) → 상세도(Detail View)를 클릭한다.

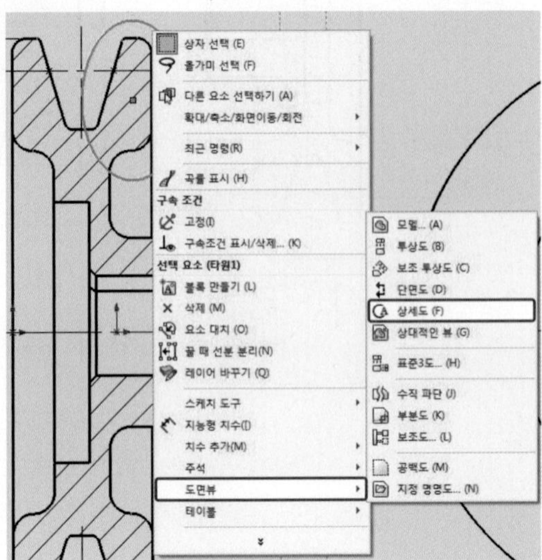

⑭ 다음과 같이 설정한 후 상세도를 배치한다.

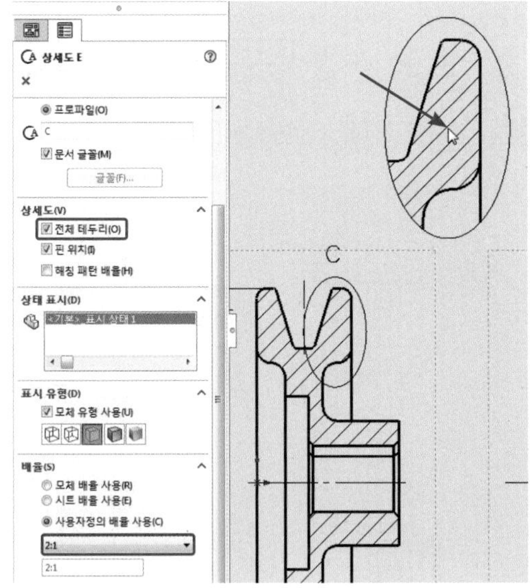

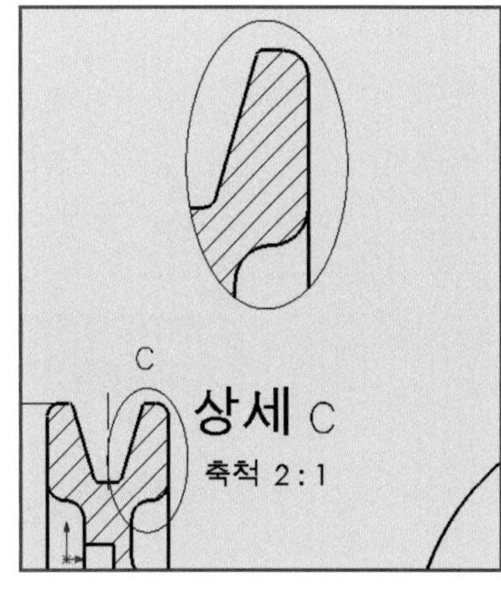

⑮ 상세도에 관한 텍스트들을 다음과 같이 수정한다.

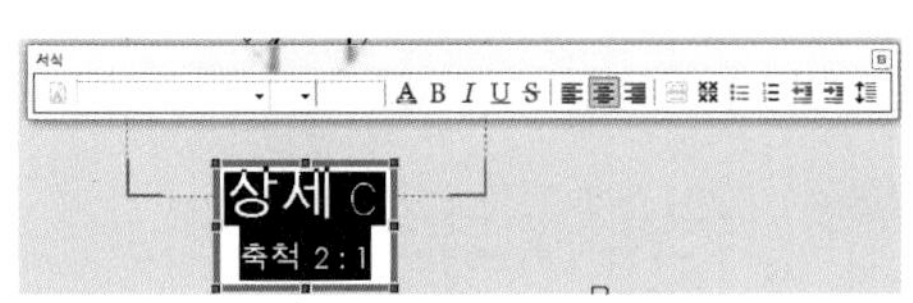

1) 문자를 더블클릭 한다.

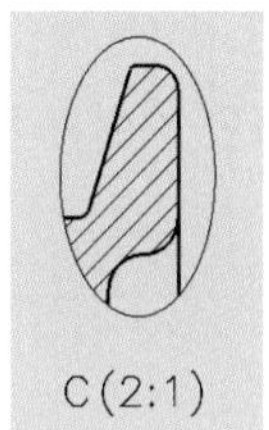

2) 수정 결과

⑯ V-벨트 풀리의 도면 왼쪽 상단부에 주석(Annotation) 메뉴의 노트(Note)와 부품 번호(Balloon)를 이용하여 다음과 같이 작성한다.

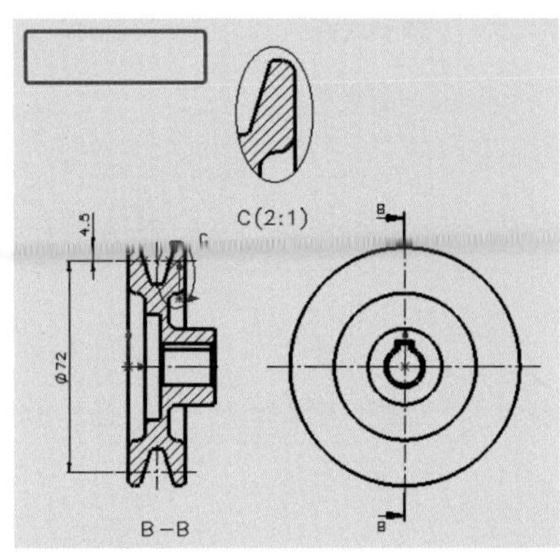

● 부품 번호(Balloon) 작성

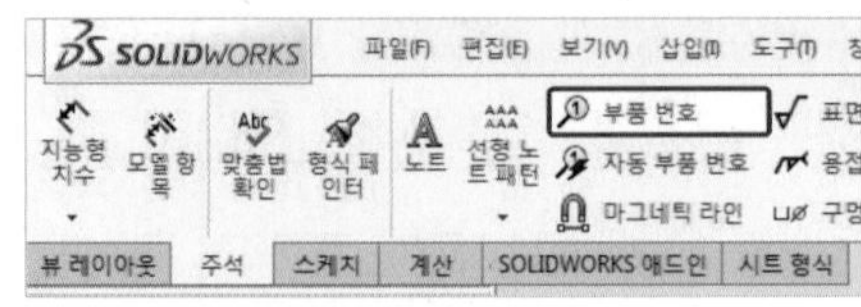

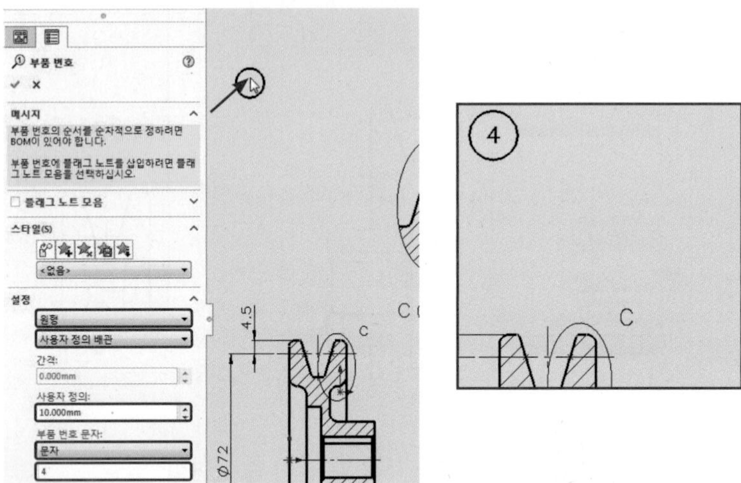

● 표면 거칠기 작성

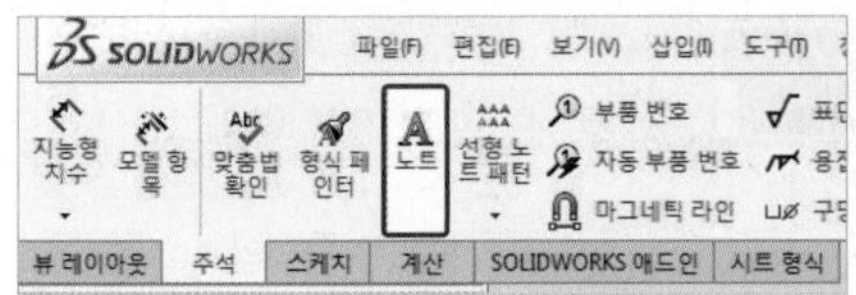

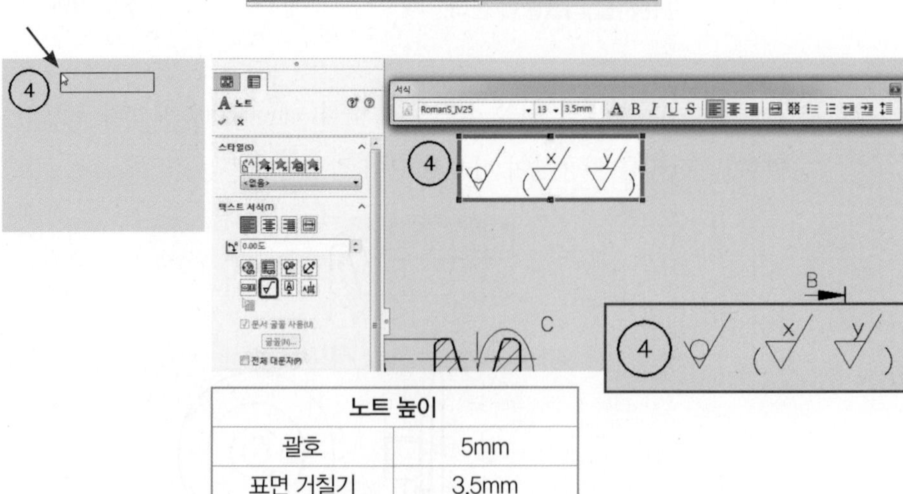

노트 높이	
괄호	5mm
표면 거칠기	3.5mm

⑰ 스케치(Sketch) 메뉴의 지능형 치수(Smart Dimension)와 주석(Annotation) 메뉴의 노트(Note)를 이용하여 다음과 같이 치수와 공차를 기입한다.

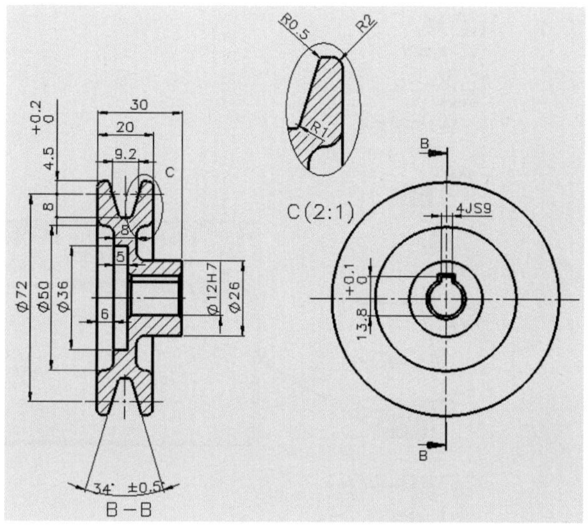

Tip 치수 반 생략

다음과 같이 치수의 반을 생략할 수 있다.

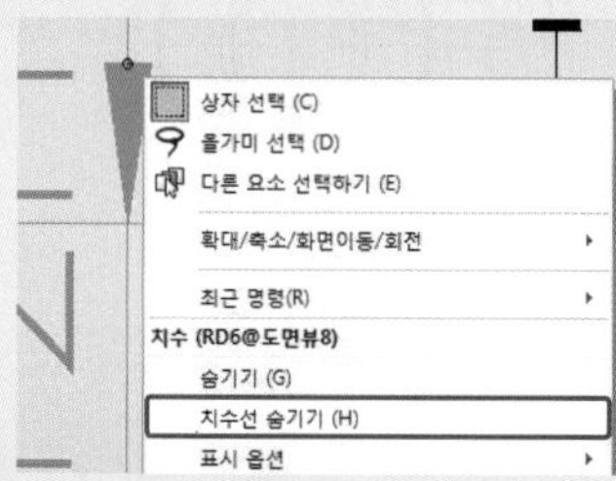

1) 치수선 숨기기(Hide Dimension Line)
(MB3 버튼 클릭 요소 : 치수 화살표)

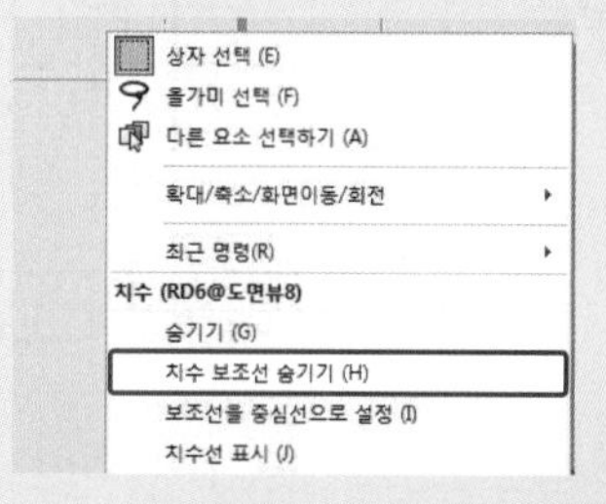

2) 치수 보조선 숨기기(Hide Extension Line)를 클릭
(MB3 버튼 클릭 요소 : 치수 보조선)

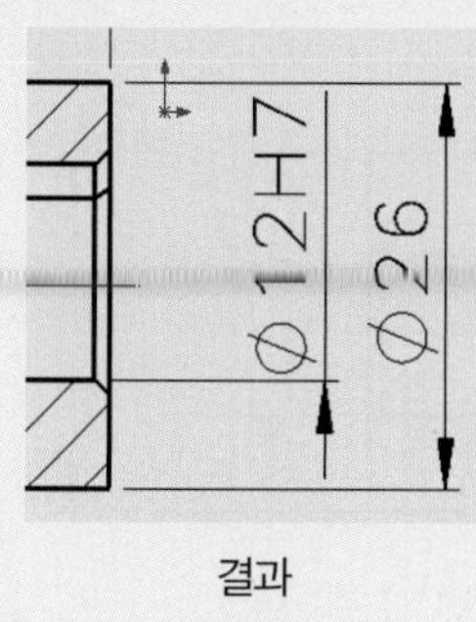

결과

⑱ 주석(Annotation) 메뉴에서 표면 거칠기 표시(Surface Finish)를 클릭하고 설정한 후 다음과 같이 작성한다.

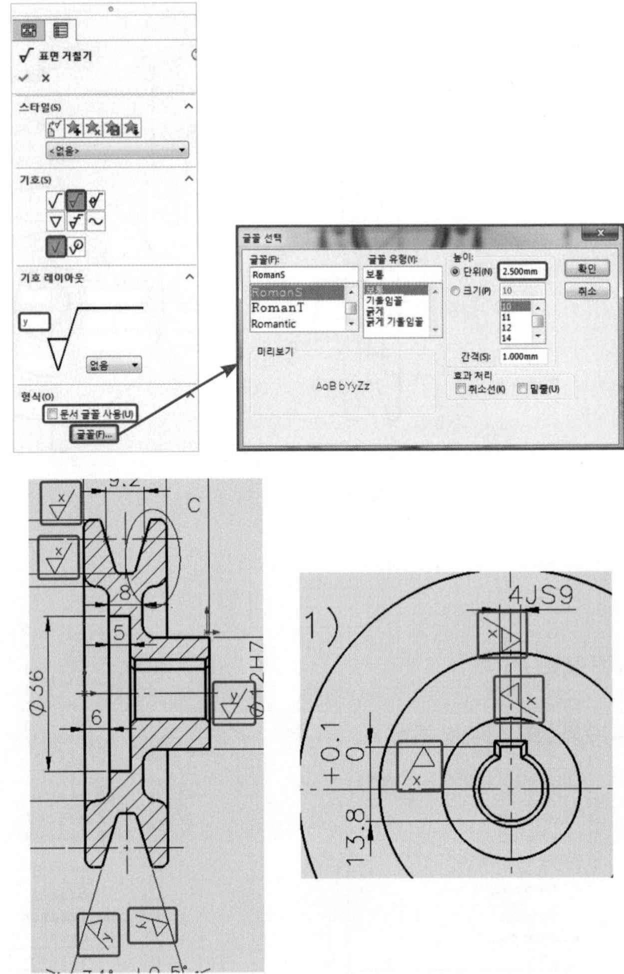

⑲ 주석(Annotation) 메뉴에서 데이텀 피처(Datum Feature)를 클릭하고 다음과 같이 작성한다.

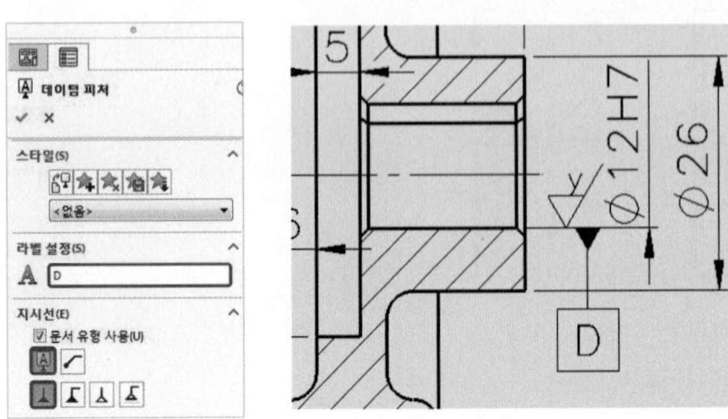

⑳ 주석(Annotation) 메뉴에서 기하 공차(Geometric Tolerance)를 클릭하고 다음과 같이 작성한다.

- 기하 공차 1

1) 지시선 설정

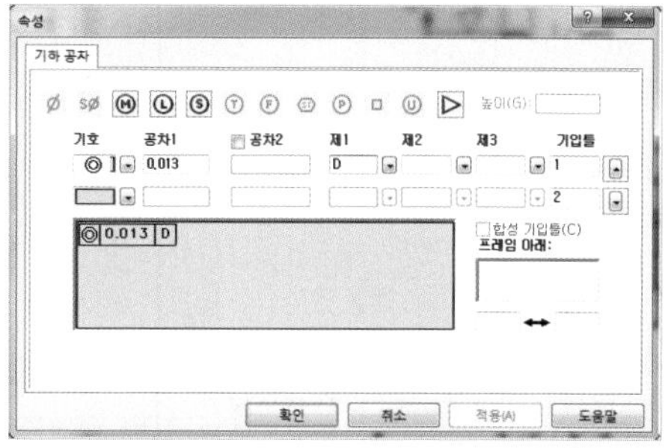

2) 기하 공차 설정

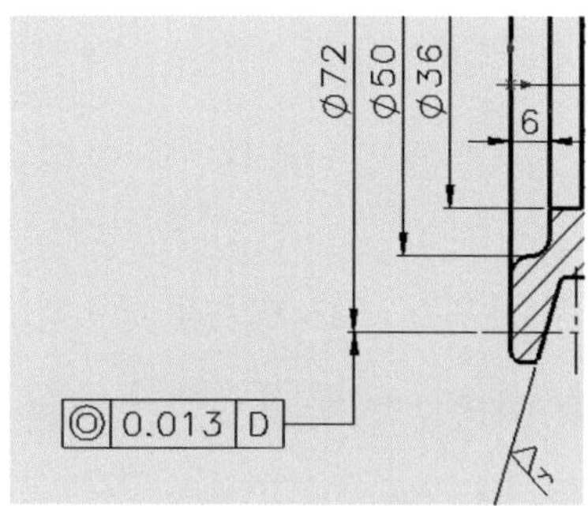

기하 공차 결과

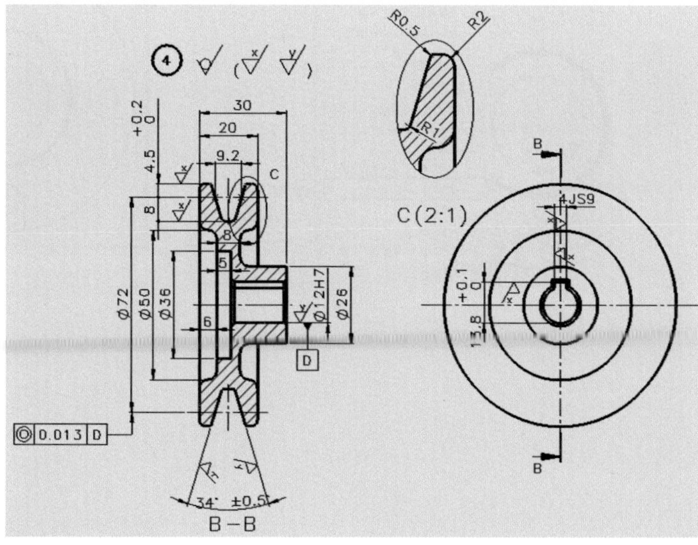

(4) 커버

① 삽입(Insert) → 도면뷰(Drawing View) → 모델(Model)을 클릭하여 커버를 더블 클릭하고 다음과 같이 설정한 후 도면 영역에 배치한다(배치 후 Esc를 누른다).

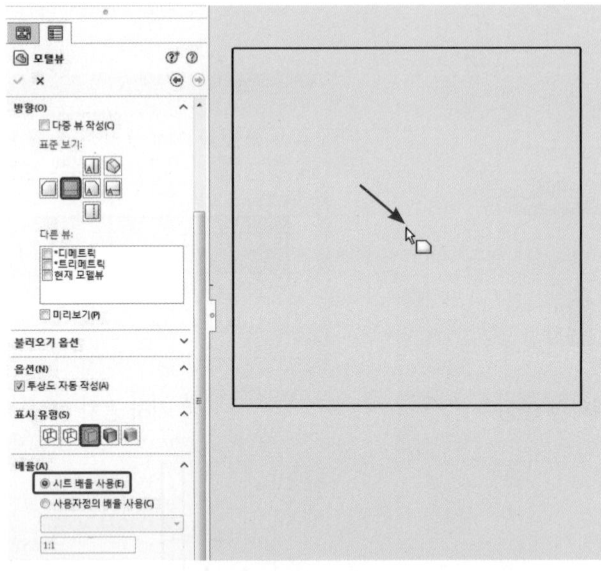

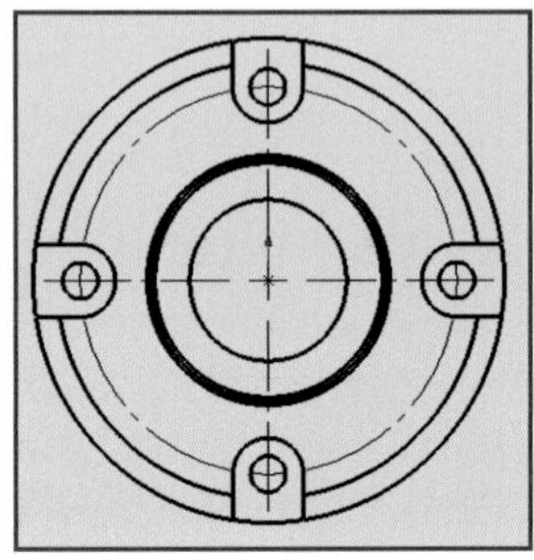

② 커버 좌측면에서 마우스 MB3 버튼을 클릭하고 접선(Tangent Edge) → 접선 숨기기(Tangent Edges Removed)를 클릭한 후 중심 표시를 지운다.

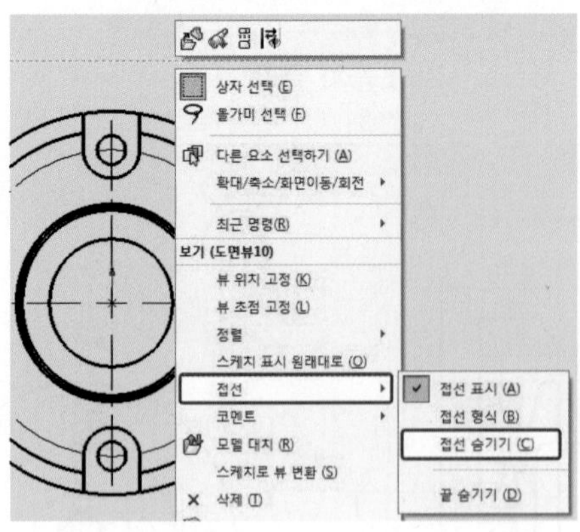

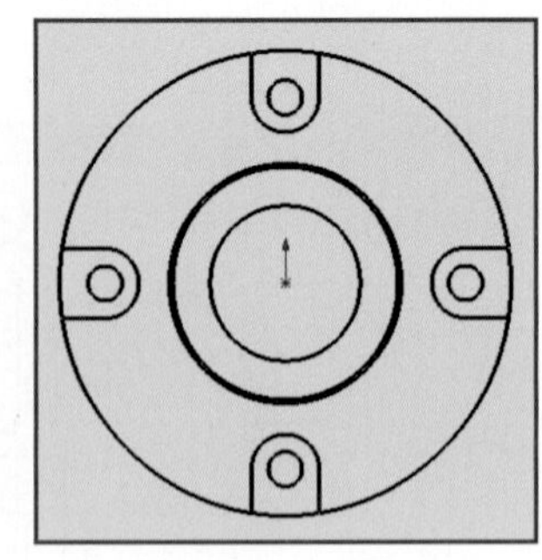

③ 스케치(Sketch) 메뉴에서 선(Line)을 클릭하여 도면뷰 영역 안에 스케치를 작성한 후 구속조건을 부여한다.

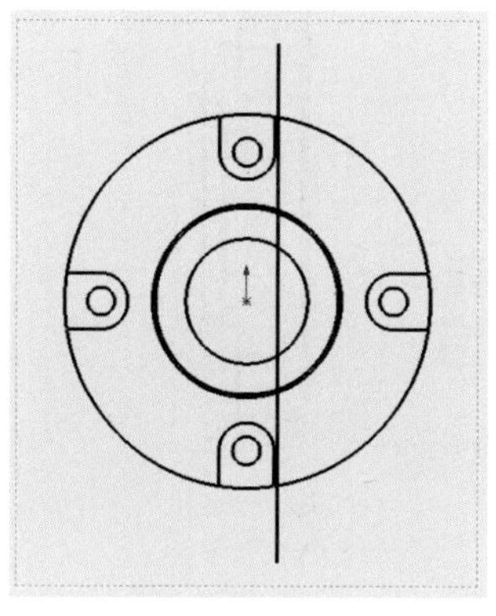

1) 선 스케치 작성

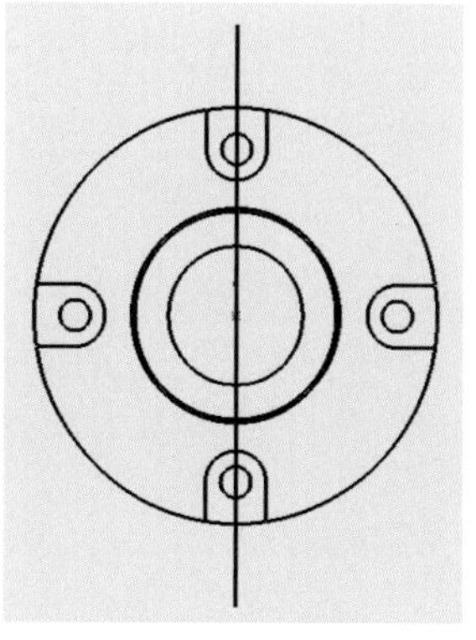

2) 구속조건 부여

④ 작성된 선 스케치에서 마우스 MB3 버튼을 클릭하고 도면뷰(Drawing Views) → 단면도(Section View)를 클릭하여 다음과 같이 설정한 후 단면도를 배치한다.

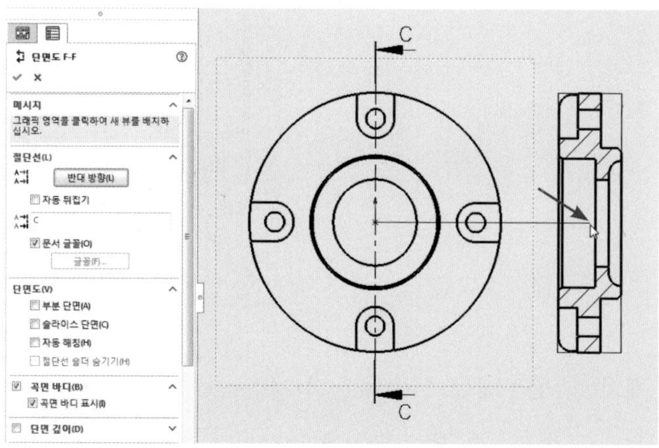

⑤ 단면도의 문자를 다음과 같이 수정한다.

1) 문자를 더블클릭 한다.

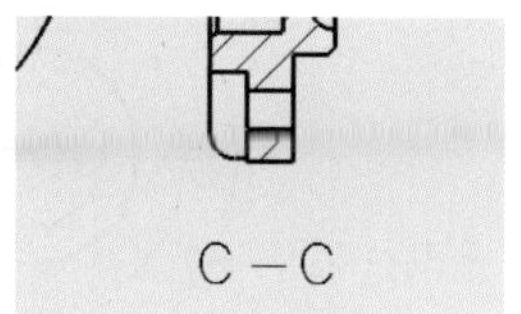

2) 수정 결과

⑥ 단면도 C-C의 해칭을 선택하고 다음과 같이 설정을 수정한다.

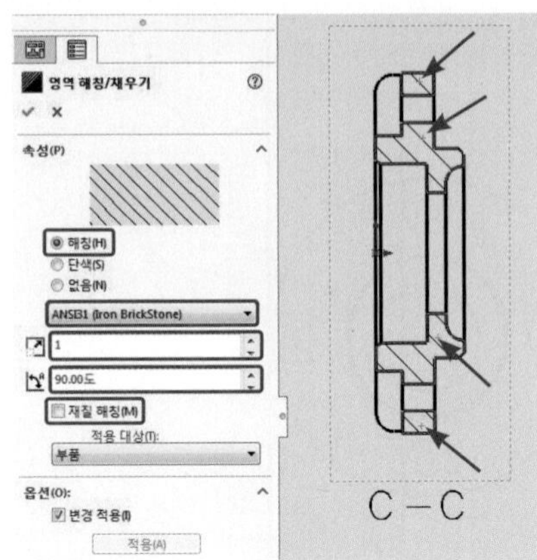

⑦ 주석(Annotation) 메뉴에서 중심선(Centerline)을 클릭하고 다음과 같이 작성한다.

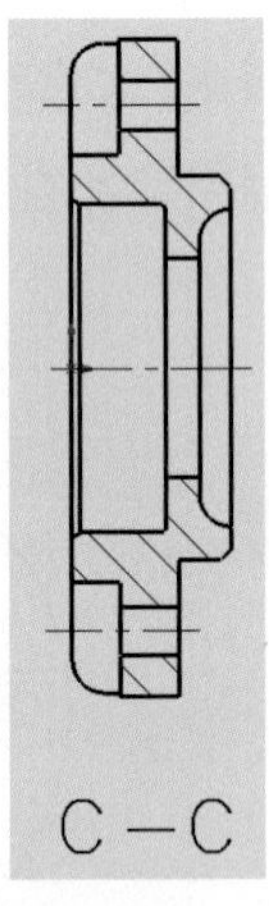

⑧ 스케치(Sketch) 메뉴의 선(Line)과 점(Point), 원(Circle)을 이용하여 다음과 같이 작성하고 구속조건을 부여한다(선의 레이어를 중심선으로 변경한다).

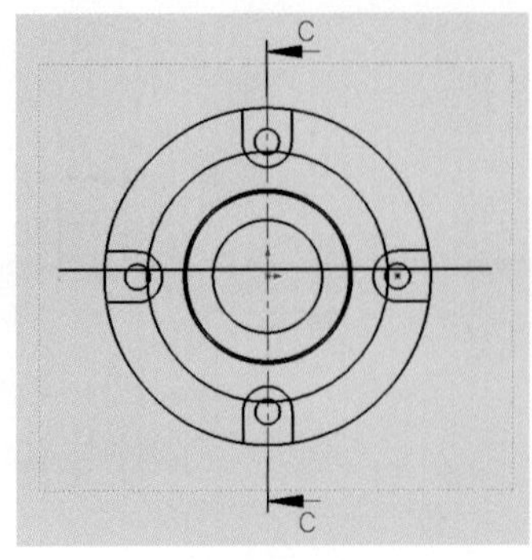

1) 스케치 작성

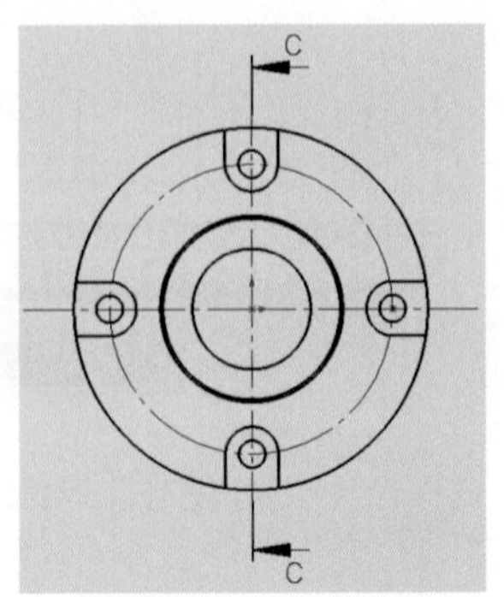

2) 구속조건 부여

⑨ 스케치(Sketch) 메뉴에서 타원(Ellipse)을 클릭하여 다음과 같이 작성한다.

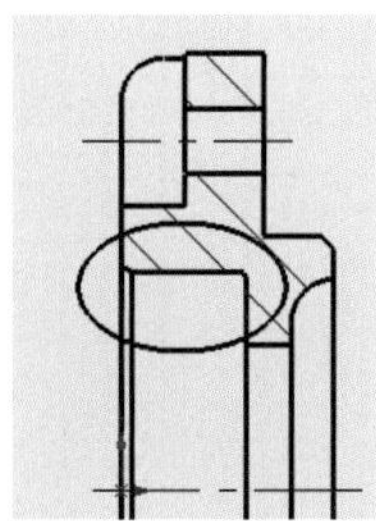

⑩ 타원에서 마우스 MB3 버튼을 클릭하고 도면뷰(Drawing Views) → 상세도(Detail View)를 클릭한다.

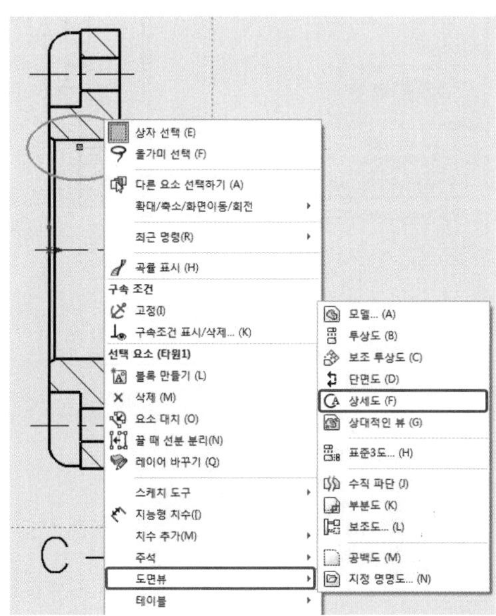

⑪ 다음과 같이 설정한 후 상세도를 배치한다.

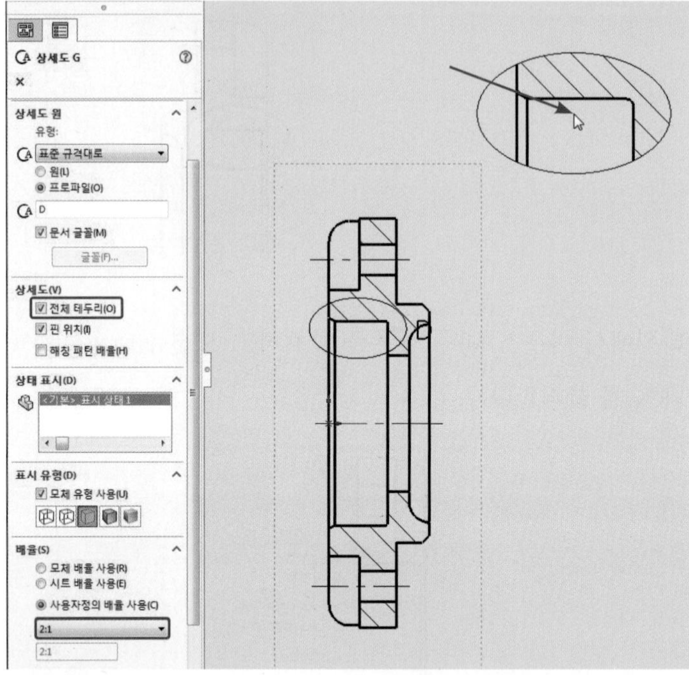

⑫ 상세도에 관한 텍스트들을 다음과 같이 수정한다.

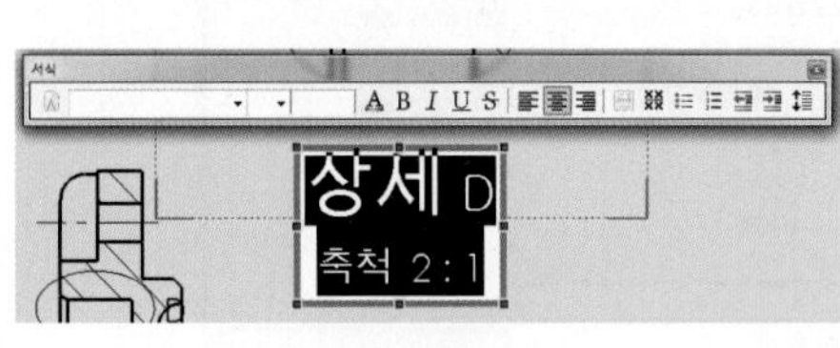

1) 문자를 더블클릭 한다.

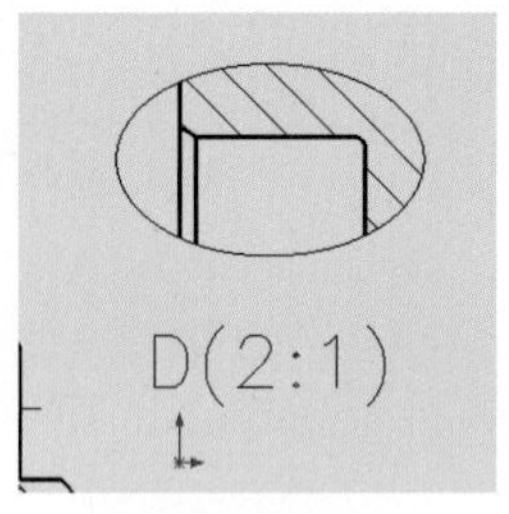

2) 수정 결과

⑬ 커버의 도면 왼쪽 상단부에 주석(Annotation) 메뉴의 노트(Note)와 부품 번호(Balloon)를 이용하여 다음과 같이 작성한다.

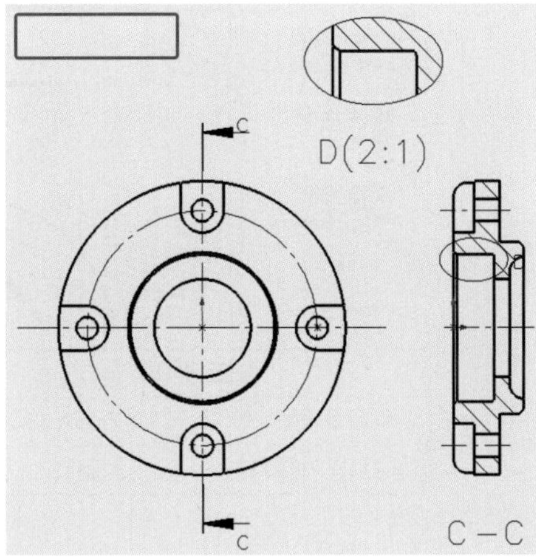

● 부품 번호(Balloon) 작성

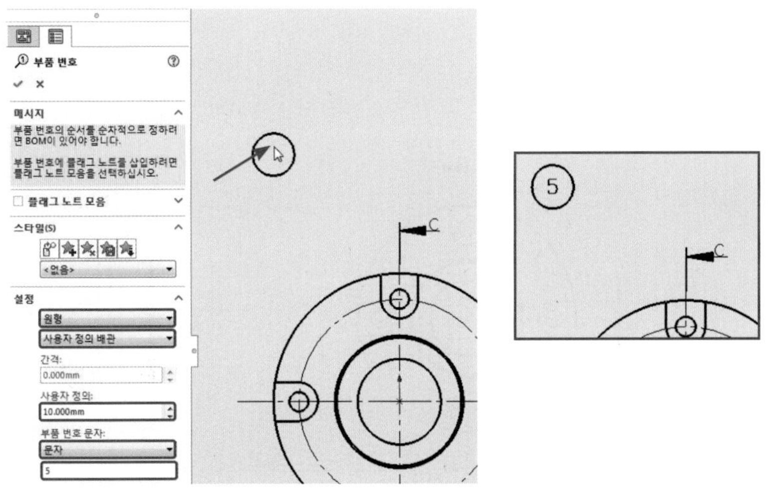

● 표면 거칠기 작성

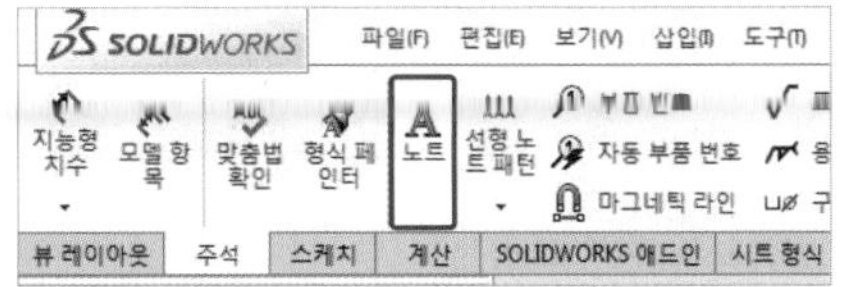

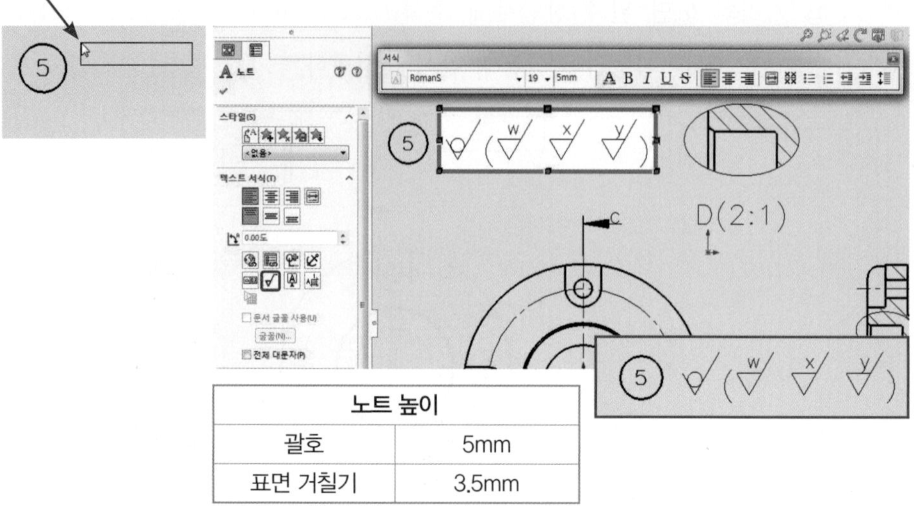

노트 높이	
괄호	5mm
표면 거칠기	3.5mm

⑭ 스케치(Sketch) 메뉴의 지능형 치수(Smart Dimension)와 주석(Annotation) 메뉴의 노트(Note)를 이용하여 다음과 같이 치수와 공차를 기입한다.

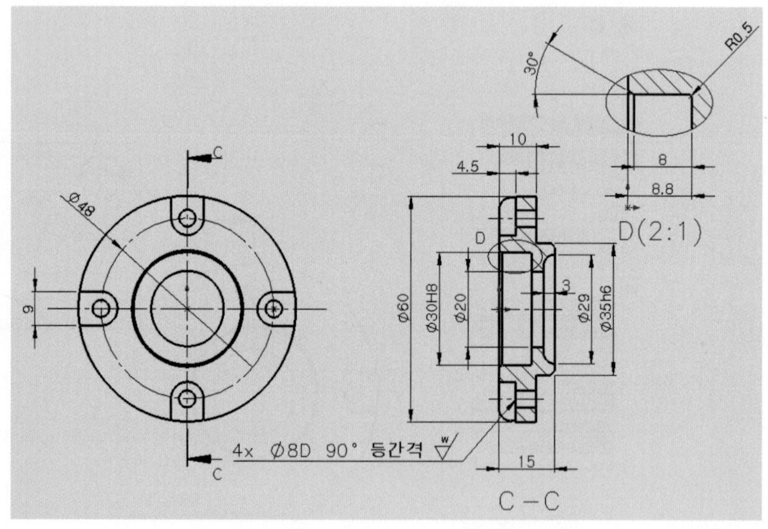

⑮ 주석(Annotation) 메뉴에서 표면 거칠기 표시(Surface Finish)를 클릭하고 다음과 같이 설정한 후 작성한다.

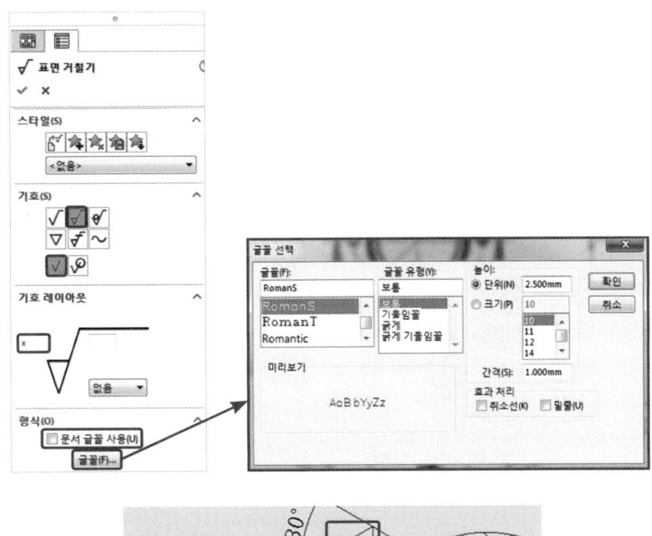

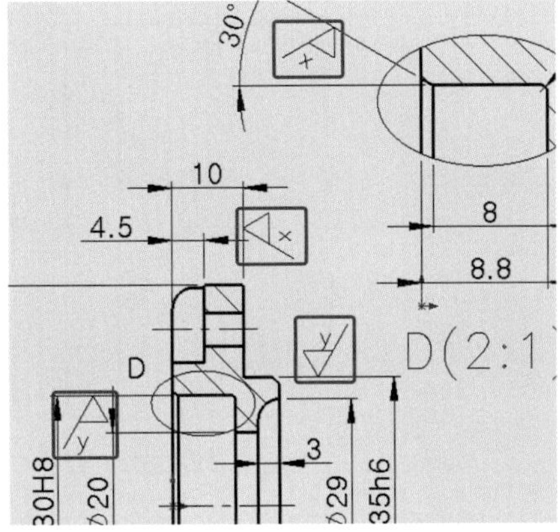

⑯ 주석(Annotation) 메뉴에서 데이텀 피처(Datum Feature)를 클릭하고 다음과 같이 작성한다.

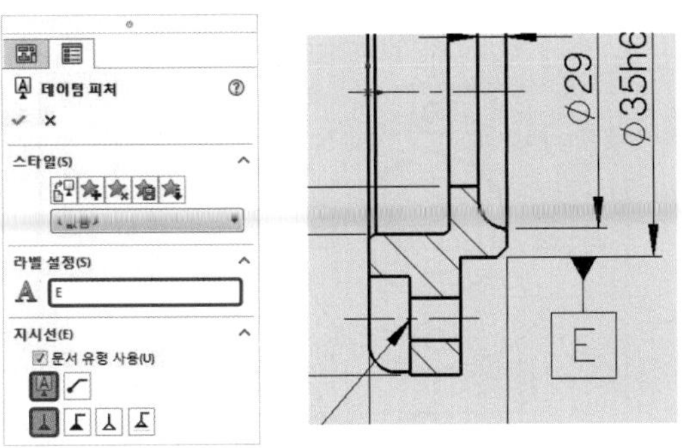

⑰ 주석(Annotation) 메뉴에서 기하 공차(Geometric Tolerance)를 클릭하고 다음과 같이 작성한다.

- 기하 공차 1

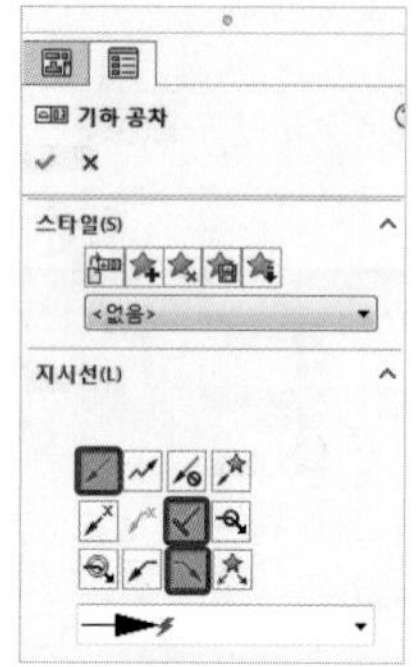

1) 지시선 설정

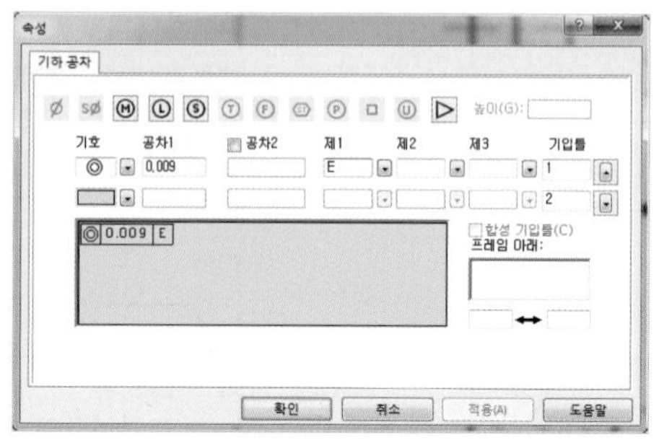

2) 기하 공차 설정

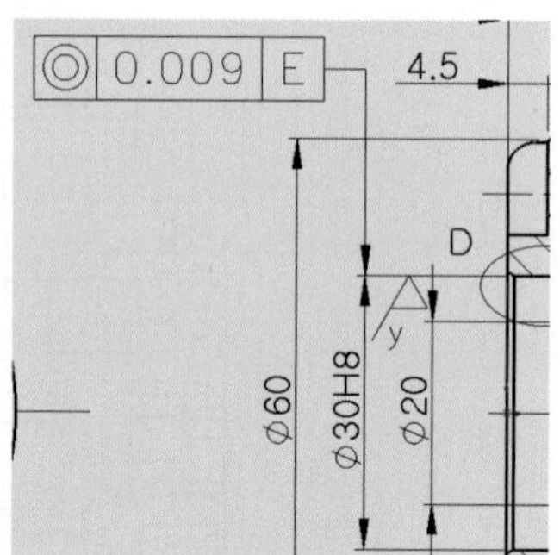

기하 공차 결과

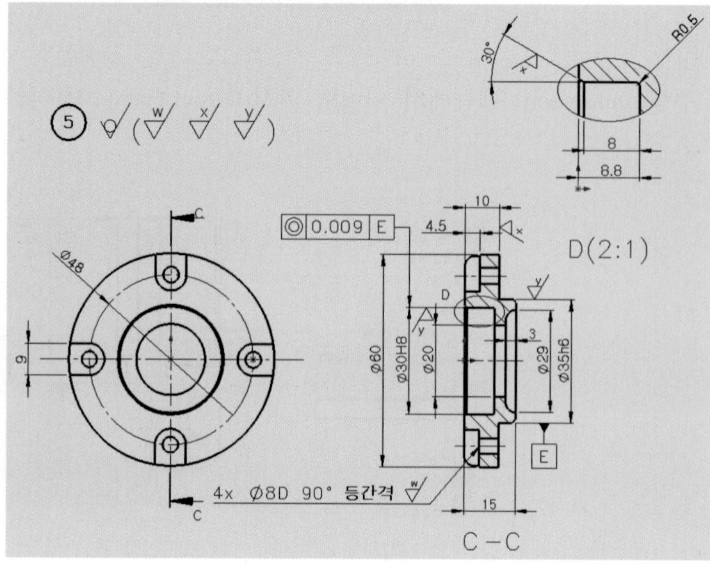

(5) 배치와 저장하기

① 도면들의 뷰들을 드래그하여 자리를 배치한다(원점의 활성화를 해제한다.)

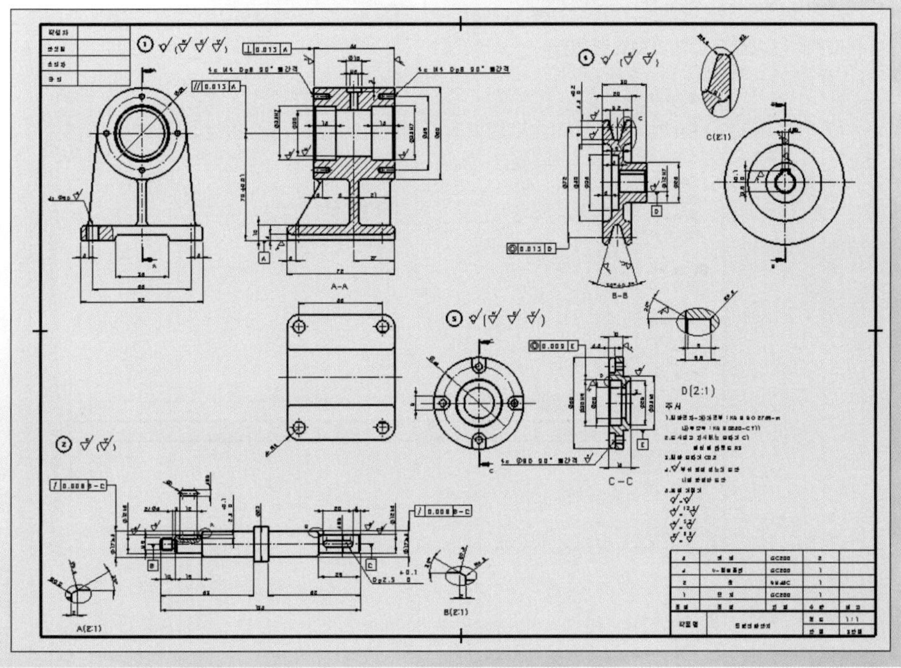

② 파일(File) → 저장(Save)을 클릭하고 저장 위치와 파일 이름(File Name)을 지정한 후 저장(Save)을 클릭한다(파일 이름은 동력전달장치로 지정한다).

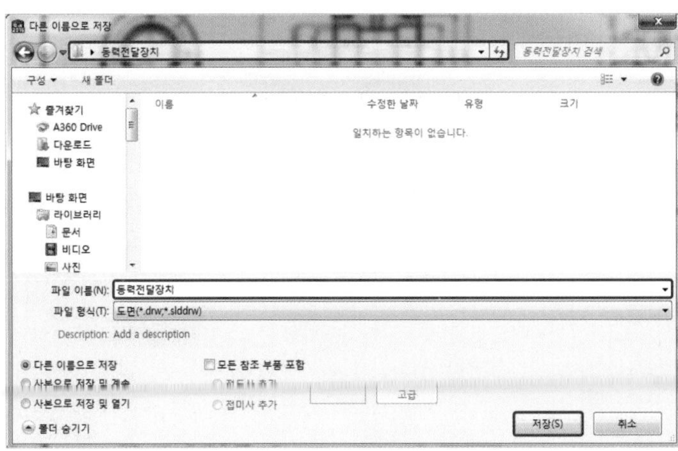

Tip 도면 파일 확장자 변환

다음과 같이 파일 형식에서 도면 파일의 확장자를 변경하여 저장하면 다른 소프트웨어에서도 실행이 가능하다(예시 : AutoCAD의 *DWG로 변환).

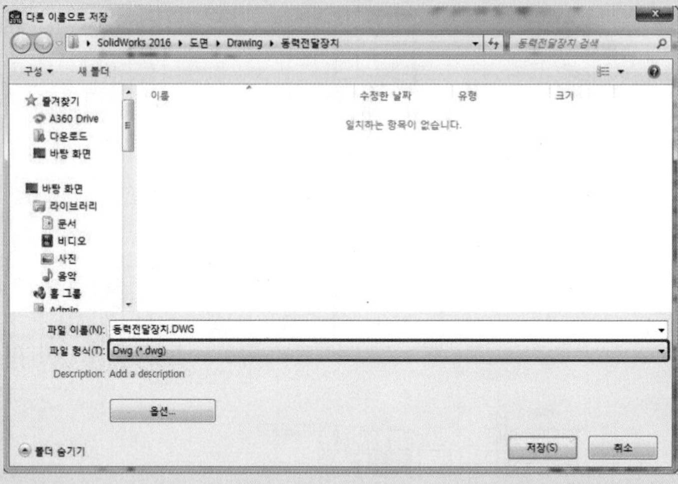

(6) 인쇄하기

① 파일(File) → 인쇄(Print)를 클릭한다.

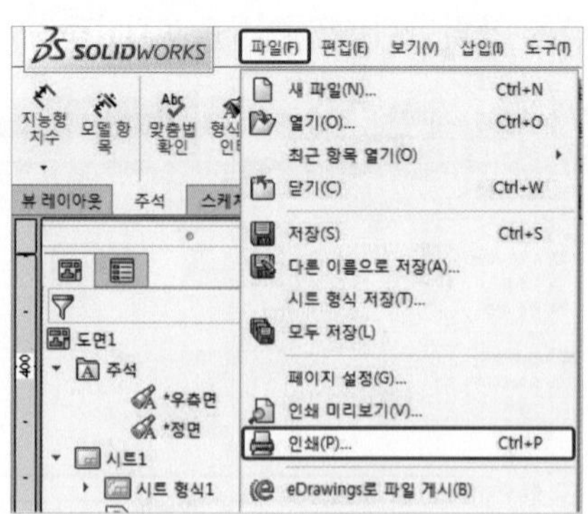

② 인쇄(Print) 창에서 프린터 장치를 선택하고 페이지 설정(Page Setup)을 클릭하여 다음과 같이 설정하고 미리보기를 클릭한다.

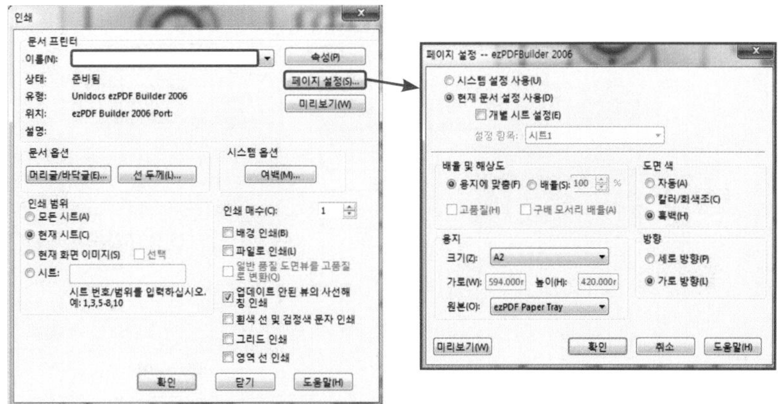

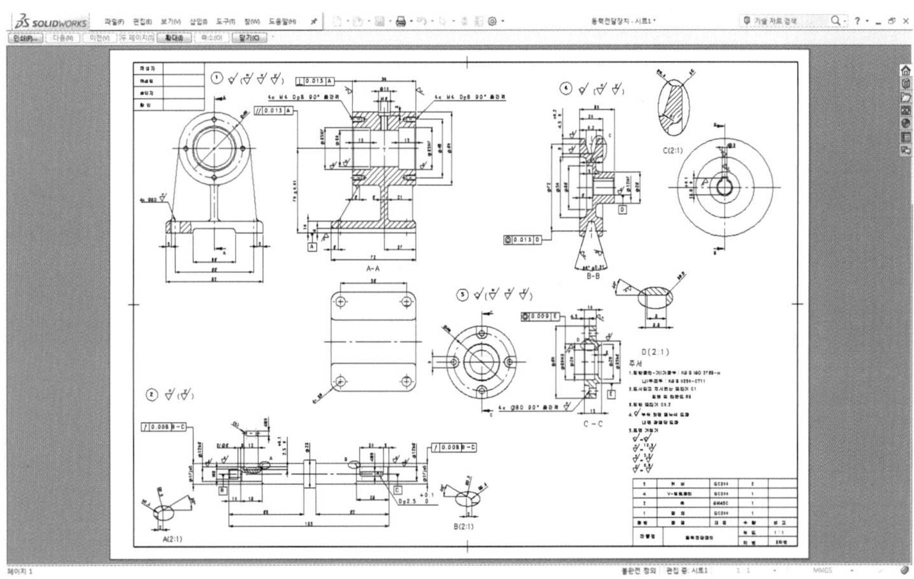

③ 왼쪽 상단에 인쇄를 클릭하고 인쇄(Print) 창에서 확인을 클릭한다.

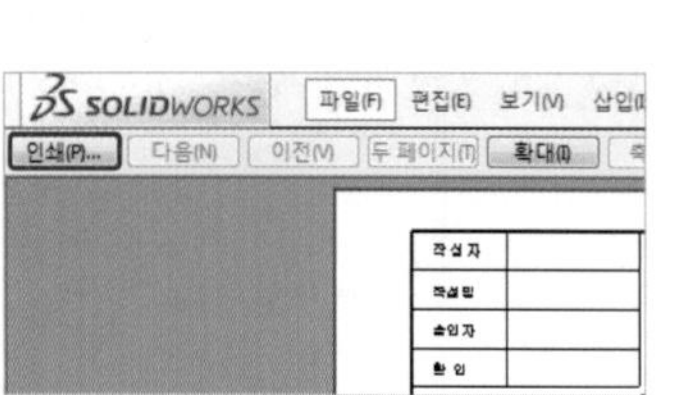

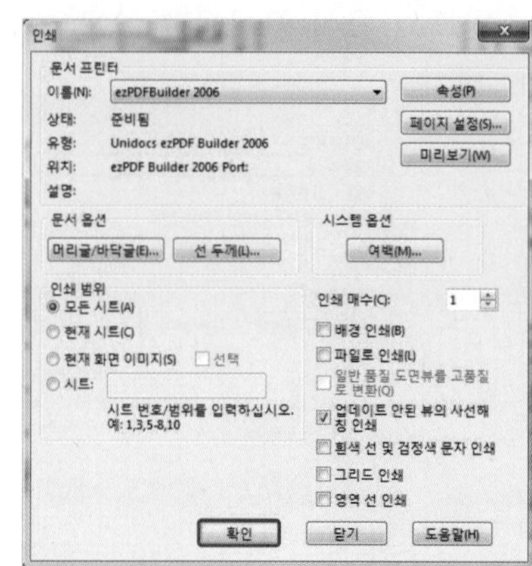

3 3D 조립도 작성

(1) 조립도 작성

① 부품도가 작성된 시트1에서 키보드 Ctrl+C(복사)를 누르고 Ctrl+V(붙여넣기)를 누른다(붙여넣기 삽입(Insert Paste) 창에서 끝으로 이동(Move to end)에 체크를 하고 확인을 클릭한다).

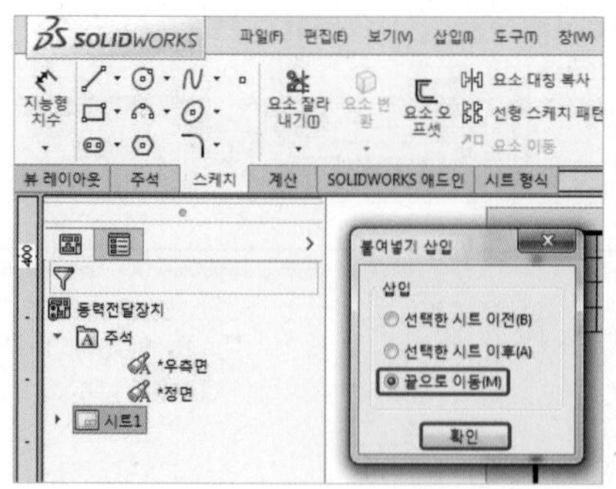

② 복사된 시트1(2)의 시트 이름을 변경하고 도면들을 전부 선택하여 제거한다.

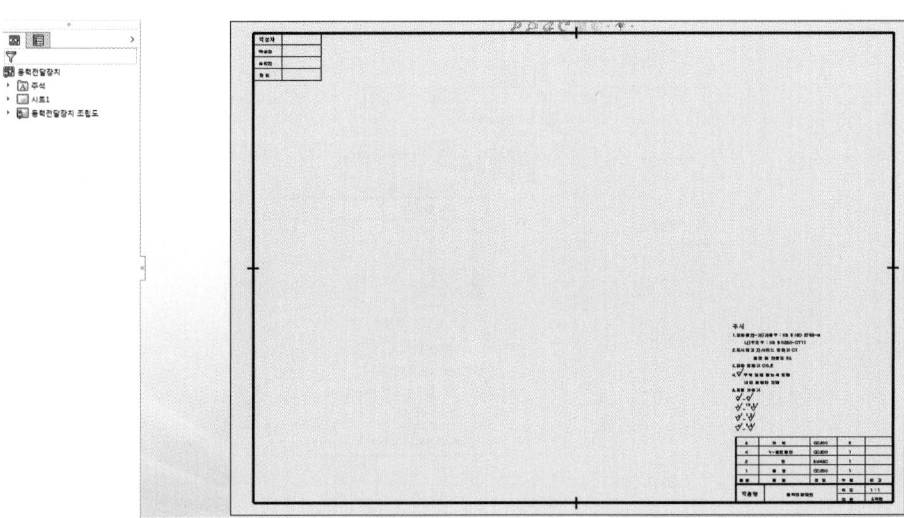

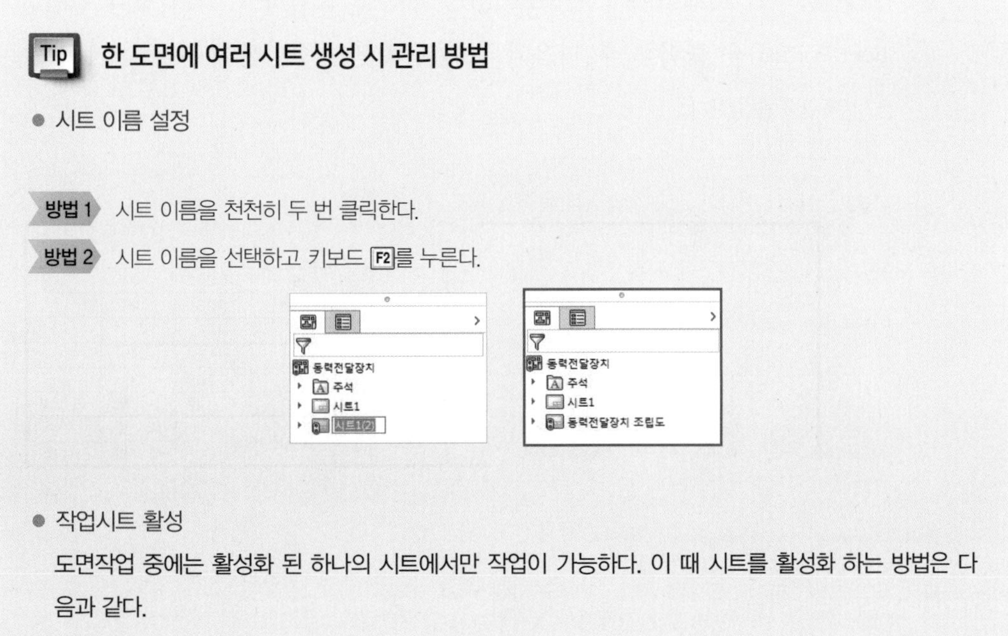

Tip 한 도면에 여러 시트 생성 시 관리 방법

- 시트 이름 설정

방법 1 시트 이름을 천천히 두 번 클릭한다.

방법 2 시트 이름을 선택하고 키보드 F2를 누른다.

- 작업시트 활성

도면작업 중에는 활성화 된 하나의 시트에서만 작업이 가능하다. 이 때 시트를 활성화 하는 방법은 다음과 같다.

1) 활성화 할 시트에서 마우스 MB3 버튼을 클릭하고 시트 활성(Activate)을 클릭한다.

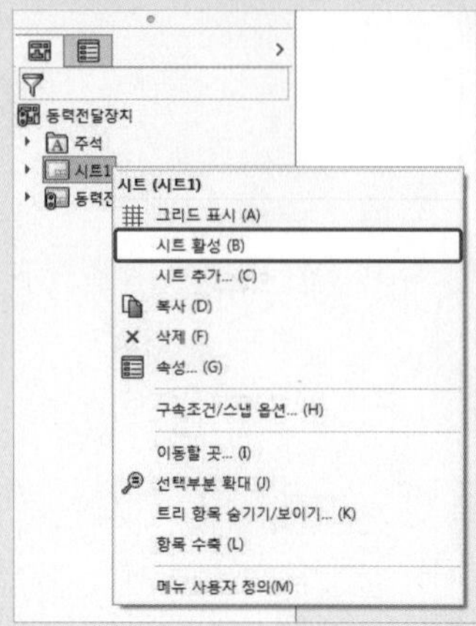

③ 동력전달장치 조립도에서 마우스 MB3 버튼을 클릭하고 시트 형식 편집(Edit Sheet Format)을 클릭한 후 다음과 같이 템플릿을 수정한다(주서를 제거하고 표제란/부품란을 수정한다).

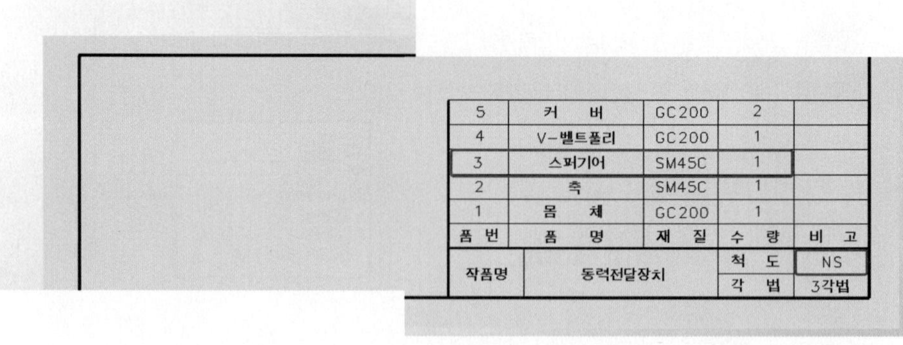

5	커 버	GC200	2	
4	V-벨트풀리	GC200	1	
3	스퍼기어	SM45C	1	
2	축	SM45C	1	
1	몸 체	GC200	1	
품 번	품 명	재 질	수 량	비 고
작품명	동력전달장치		척 도	NS
			각 법	3각법

④ 동력전달장치 조립도에서 마우스 MB3 버튼을 클릭하고 시트 편집(Edit Sheet)을 클릭한다.

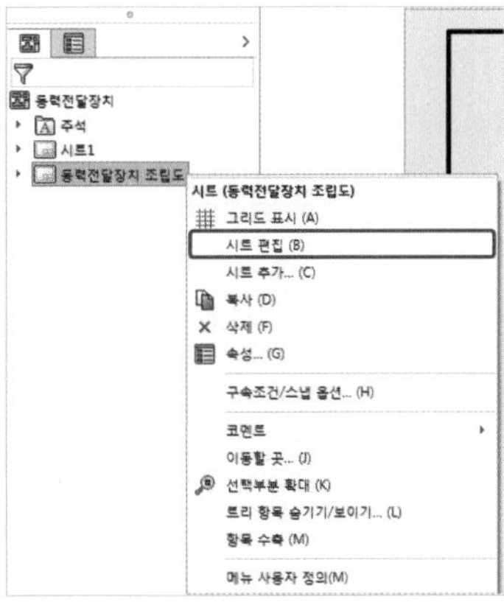

⑤ 삽입(Insert) → 도면뷰(Drawing View) → 모델(Model)을 클릭한다.

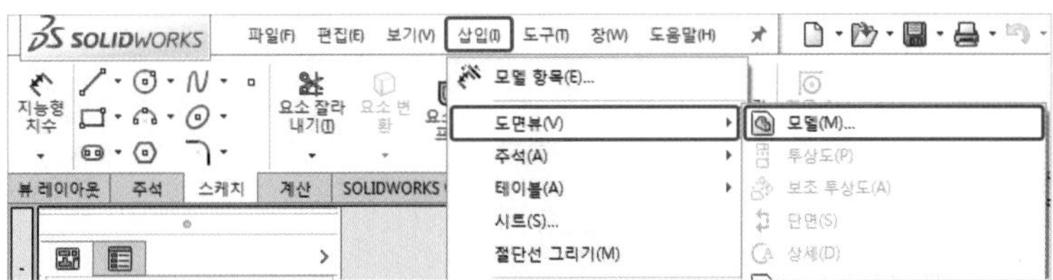

⑥ 찾아보기(Browse)를 클릭하여 동력전달장치.SLDASM의 위치를 찾아 클릭하고 열기(Open)를 클릭한다(파일 형식을 어셈블리(*.asm, *sldasm)으로 변경한다).

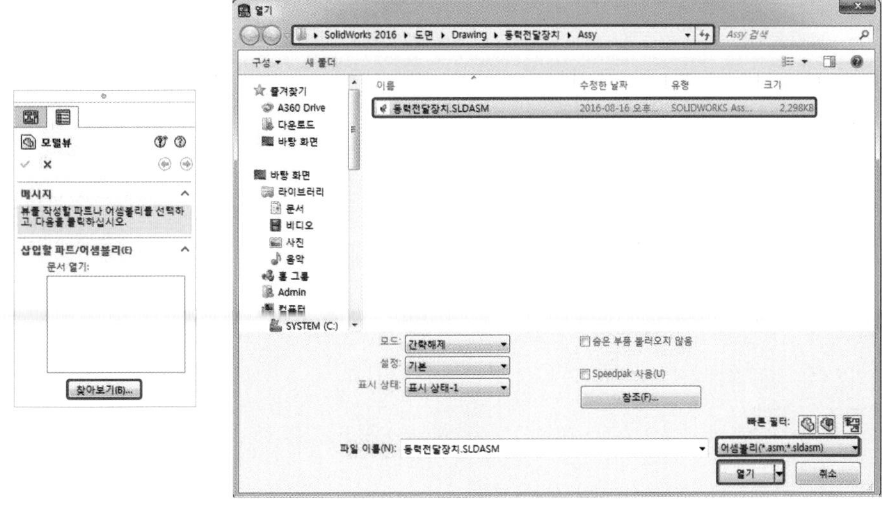

⑦ 다음과 같이 설정한 후 도면 영역에 배치한다(배치 후 Esc를 누른다).

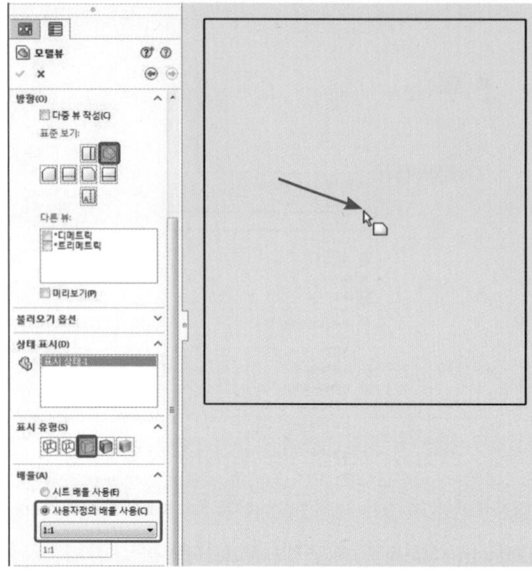

(2) 분해도 작성

① 동력전달장치를 더블 클릭하고 다음과 같이 설정한 후 도면 영역에 배치한다(배치 후 Esc를 누른다).

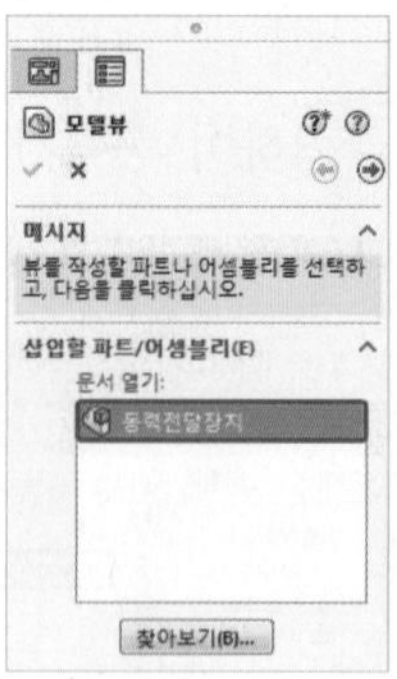

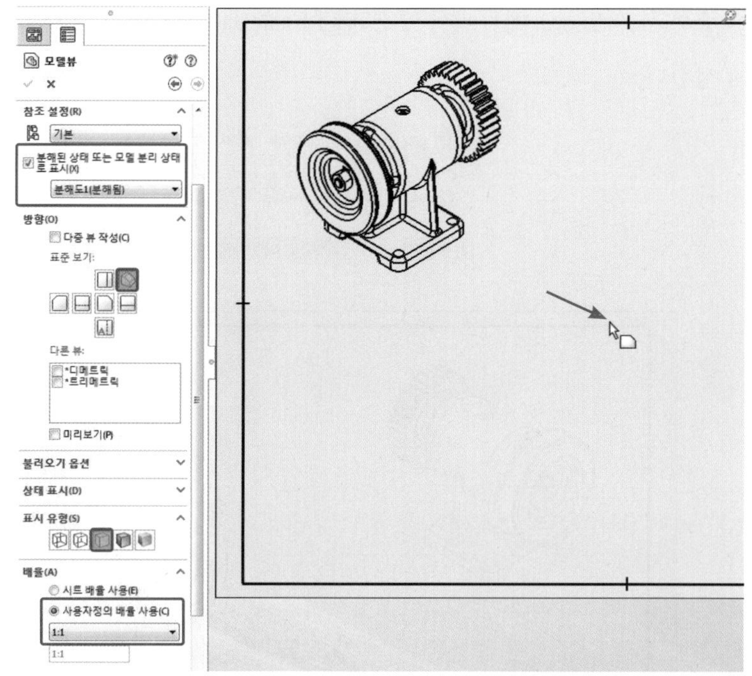
모델뷰
참조 설정(R)
기본
분해된 상태 또는 모델 분리 상태로 표시(X)
분해도1(분해됨)
방향(O)
다중 뷰 작성(C)
표준 보기:
다른 뷰:
*디메트릭
*트리메트릭
미리보기(P)
불러오기 옵션
상태 표시(D)
표시 유형(S)
배율(A)
시트 배율 사용(E)
사용자정의 배율 사용(C)
1:1

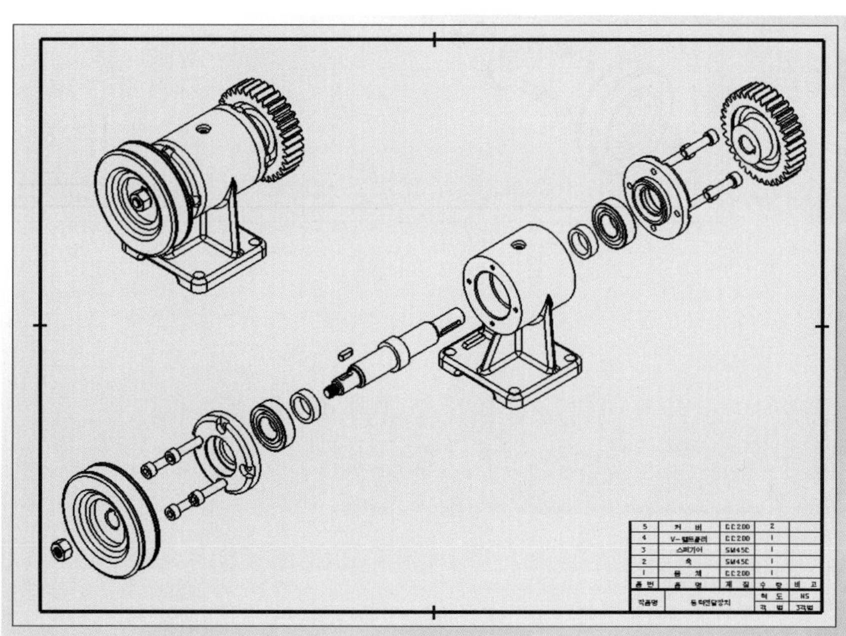

② 주석(Annotation) 메뉴에서 부품 번호(Balloon)를 클릭하여 다음과 같이 품번을 작성한다.

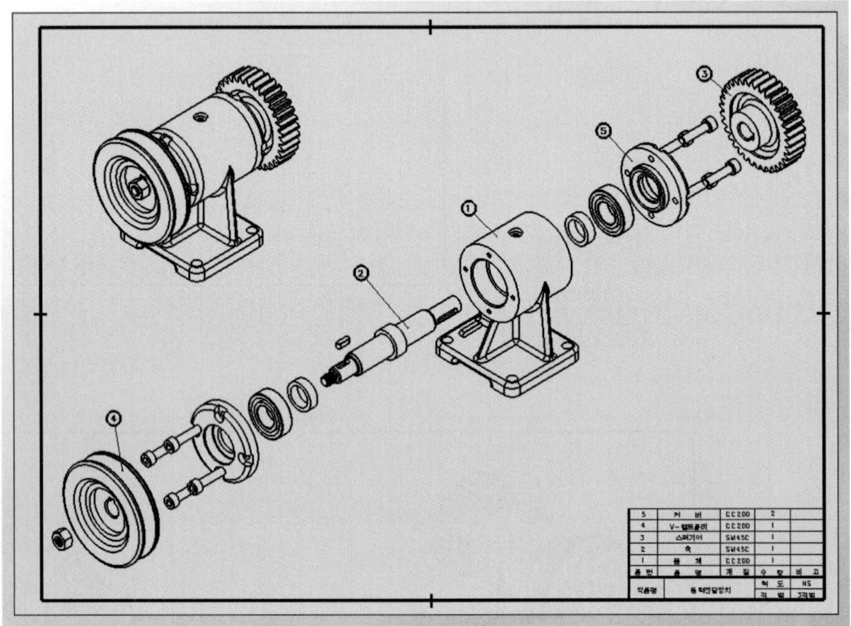

Tip 부품 번호 노트 설정 바꾸기

부품 번호 작성 중 노트에 관한 설정 변경 시 기타 속성(More Properties)을 클릭한다.

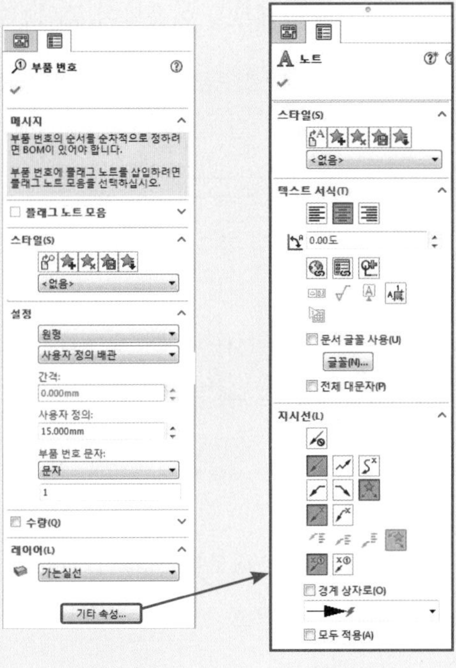

4 Bom을 이용한 3D 조립도 작성

(1) 뷰 팔레트를 이용한 조립도 배치

① SolidWorks 리소스에서 뷰 팔레트를 이용하여 동력전달장치를 불러온다.

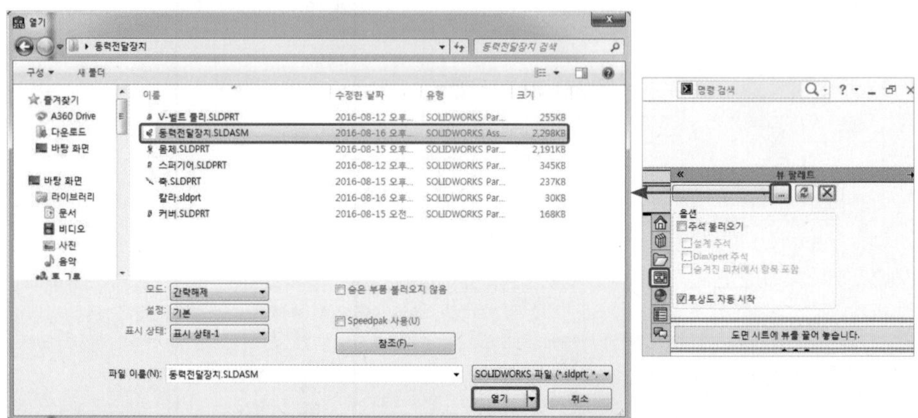

② 동력전달장치 조립도의 등각 분해도를 드래그하여 배치한다(템플릿은 Chapter 6. 02 도면 작성의 3 도면 템플릿 작성 참조).

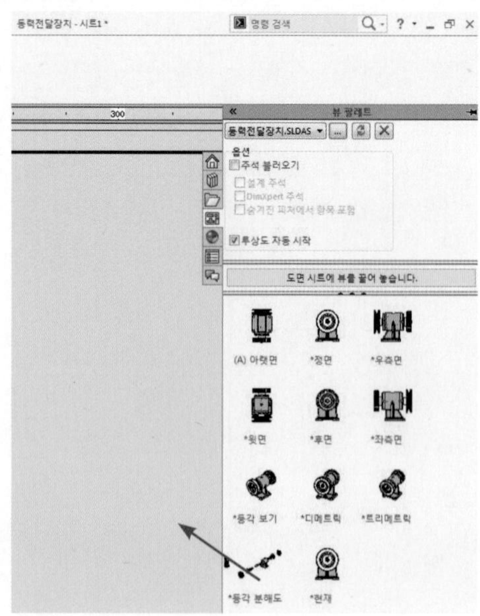

③ 동력전달장치 조립도의 등각보기를 드래그하여 배치한다.

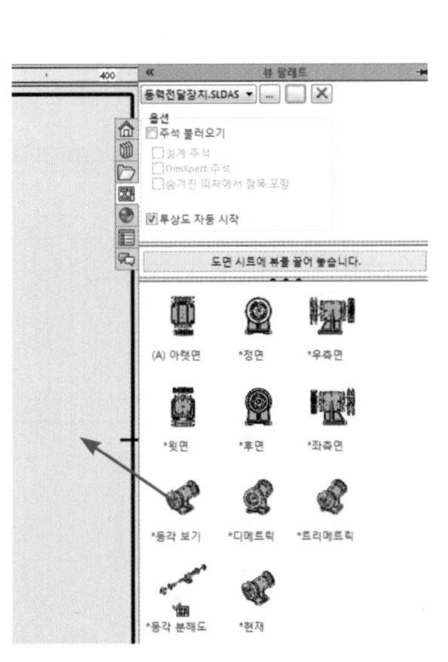

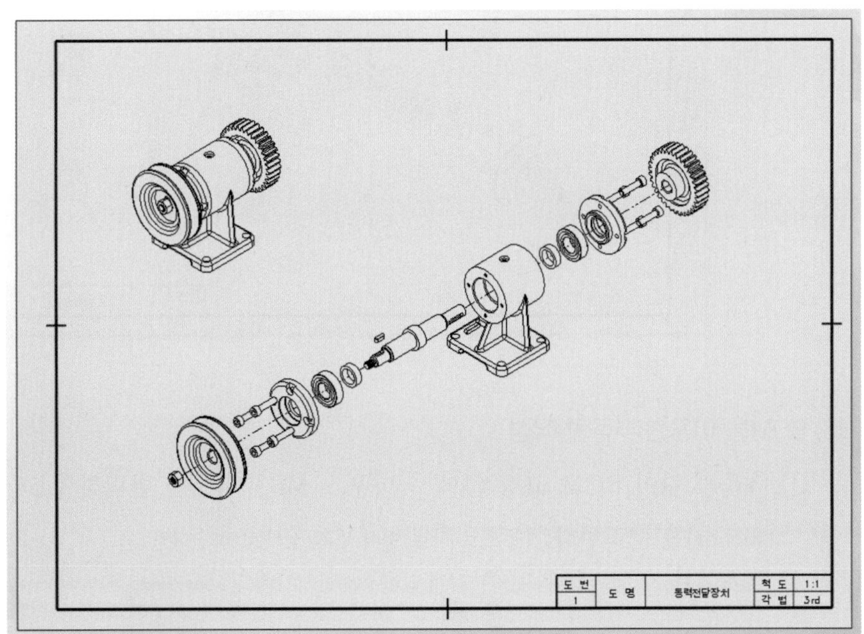

(2) 자동 부품번호 부여

① 등각 분해도를 선택하고 주석(Annotation) → 자동 부품 번호(Auto Balloon)를 클릭한다.

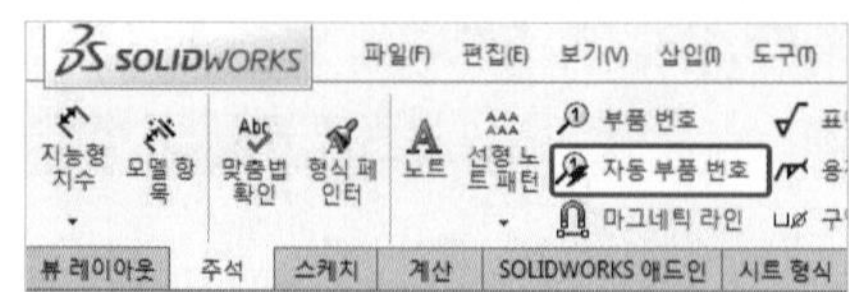

② 다음과 같이 품번들을 수정한다(필요한 품번을 제외한 나머지 품번은 모두 삭제하고 드래그하여 자리 배치를 한다).

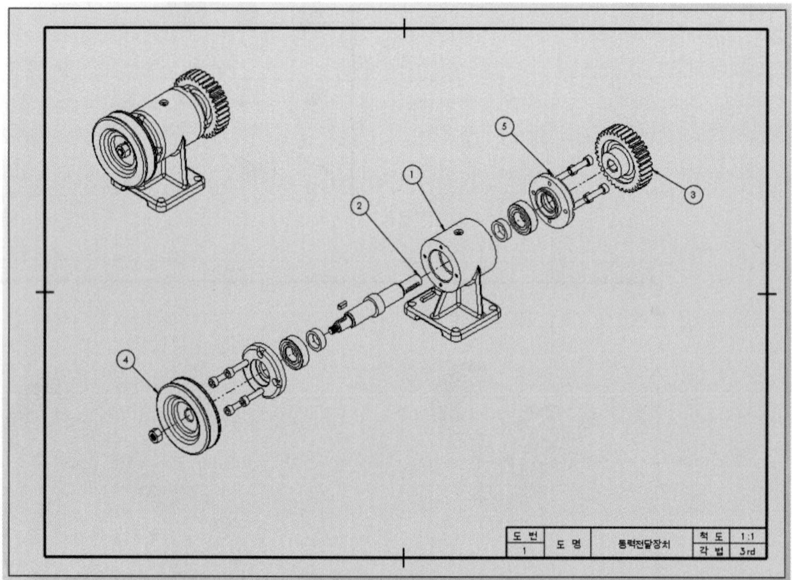

(3) BOM을 이용한 부품란 작성

① 다음과 같이 BOM 고정점1에서 마우스 MB3 버튼을 클릭하여 고정점 설정(Set Anchor)을 클릭한다(자동으로 시트 형식 편집 상태로 바뀐다).

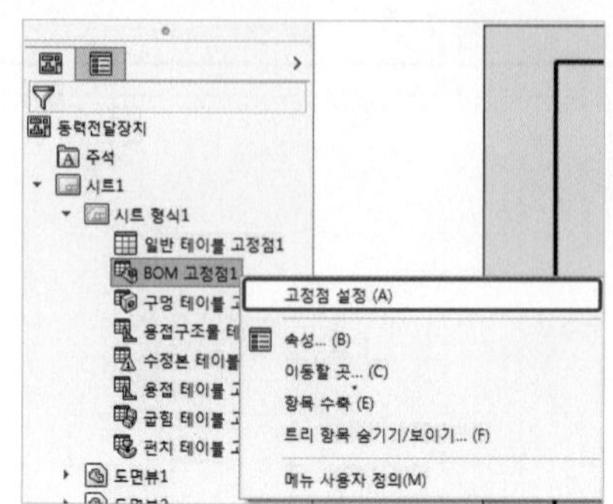

② 다음과 같이 표제란 위의 끝 점을 선택한다(자동으로 시트 편집 상태로 돌아온다).

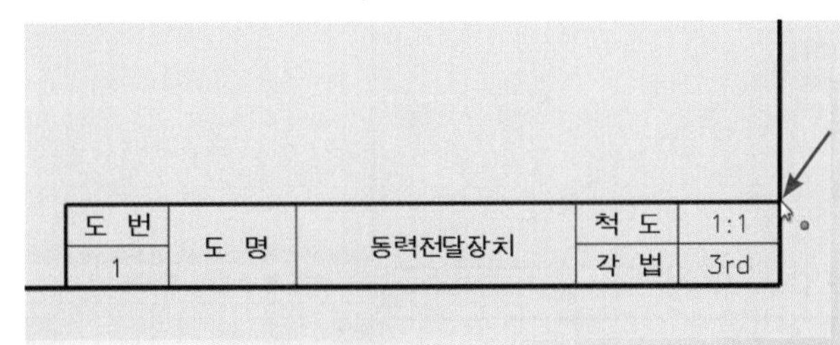

③ 주석(Annotation) → 테이블(Tables) → BOM(Bill Of Materials)을 클릭하고 등각 분해도를 선택한다.

④ 다음과 같이 설정하고 확인을 클릭한다.

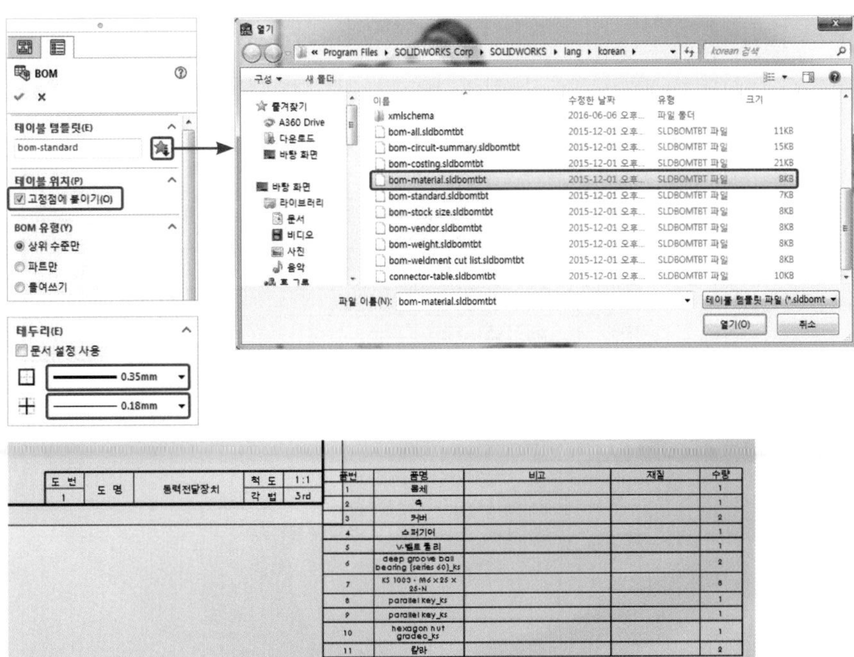

⑤ 다음과 같이 설정하고 드래그하여 위치를 변경한다.

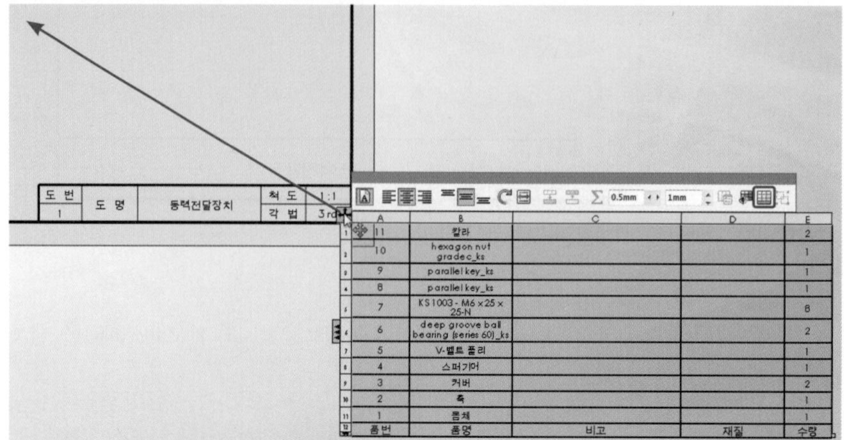

11	칼라			2
10	hexagon nut gradec_ks			1
9	parallel key_ks			1
8	parallel key_ks			1
7	KS 1003 - M6 x 25 x 25-N			8
6	deep groove ball bearing (series 60)_ks			2
5	V-벨트 풀리			1
4	스퍼기어			1
3	커버			2
2	축			1
1	몸체			1
품번	품명	비고	재질	수량

도 번	도 명	동력전달장치	척 도	1:1
1			각 법	3rd

⑥ 작성된 BOM의 셀을 드래그하여 다음과 같이 위치를 바꾼다.

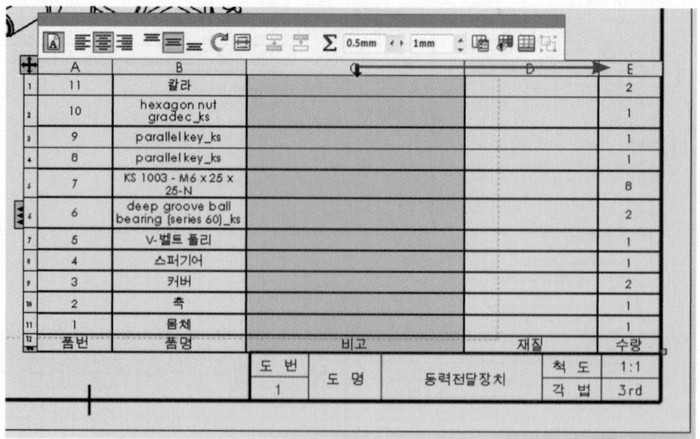

⑦ 작성된 BOM를 드래그하여 다음과 같이 크기를 바꾼다.

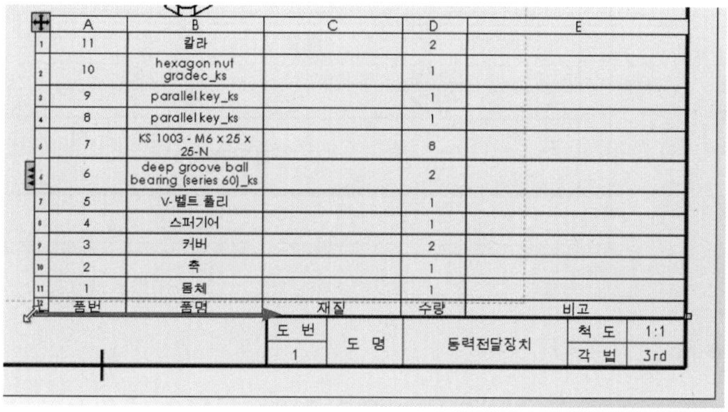

A	B	C	D	E
11	칼라		2	
10	hexagon nut gradec_ks		1	
9	parallel key_ks		1	
8	parallel key_ks		1	
7	KS 1003 - M6 x 25 x 25-N		8	
6	deep groove ball bearing (series 60)_ks		2	
5	V-벨트 풀리		1	
4	스퍼기어		1	
3	커버		2	
2	축		1	
1	몸체		1	
품번	품명	재질	수량	비고

도 번	도 명	동력전달장치	척 도	1:1
1			각 법	3rd

⑧ 마우스 MB3 버튼을 이용하여 다음과 같이 BOM을 정리한다.

- 삭제

하늘색의 행의 셀에서 마우스 MB3 버튼을 클릭하고 삭제(Delete) → 행(Column)을 클릭한다.

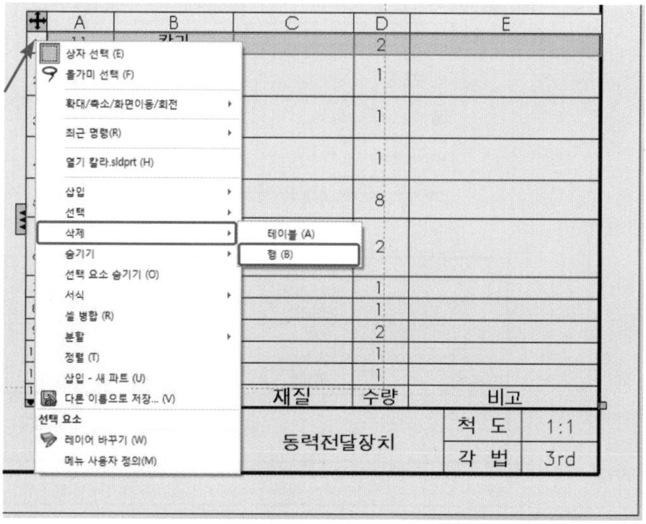

상자 선택 (E)
올가미 선택 (F)
확대/축소/화면이동/회전
최근 명령(R)
열기 칼라.sldprt (H)
삽입
선택
삭제
숨기기
선택 요소 숨기기 (O)
서식
셀 병합 (R)
분할
정렬 (T)
삽입 - 새 파트 (U)
다른 이름으로 저장... (V)
선택 요소
레이어 바꾸기 (W)
메뉴 사용자 정의(M)

테이블 (A)
행 (B)

5	V-벨트 풀리		1	
4	스퍼기어		1	
3	커버		2	
2	축		1	
1	몸체		1	
품번	품명	재질	수량	비고

도 번	도 명	동력전달장치	척 도	1:1
1			각 법	3rd

● 열 크기 조절

하늘색의 열의 셀에서 마우스 MB3 버튼을 클릭하고 서식(Formatting) → 열 너비(Column Width)를 클릭한다.

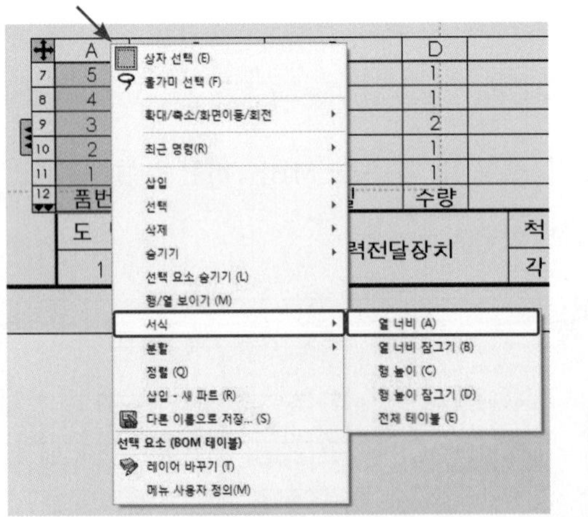

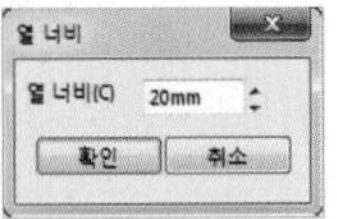

5	V-벨트 풀리		1	
4	스퍼기어		1	
3	커버		2	
2	축		1	
1	몸체		1	
품번	품명	재질	수량	비고

도 번	도 명	동력전달장치	척 도	1:1
1			각 법	3rd

⑨ 재질의 공란을 더블클릭하고 다음과 같이 재질을 입력한다.

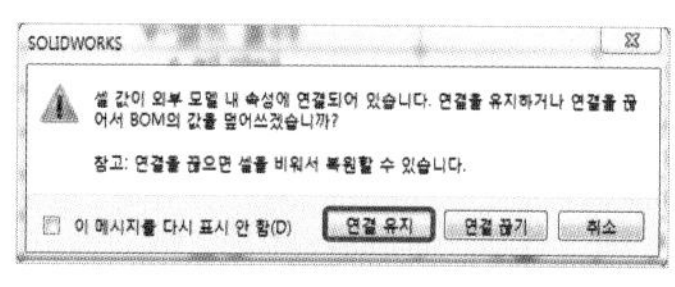

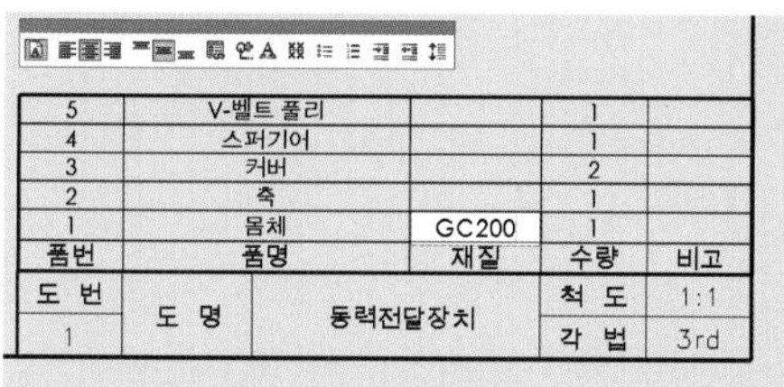

5	V-벨트 풀리		1	
4	스퍼기어		1	
3	커버		2	
2	축		1	
1	몸체	GC200	1	
품번	품명	재질	수량	비고

CHAPTER 7

연습 예제 도면

파트(Part) 모델 관련 연습예제를 수록하였다. 파트모델링을 완성 시키고 이를 이용하여 어셈블리(Assembly), 도면(Drawing) 작업을 연습한다.

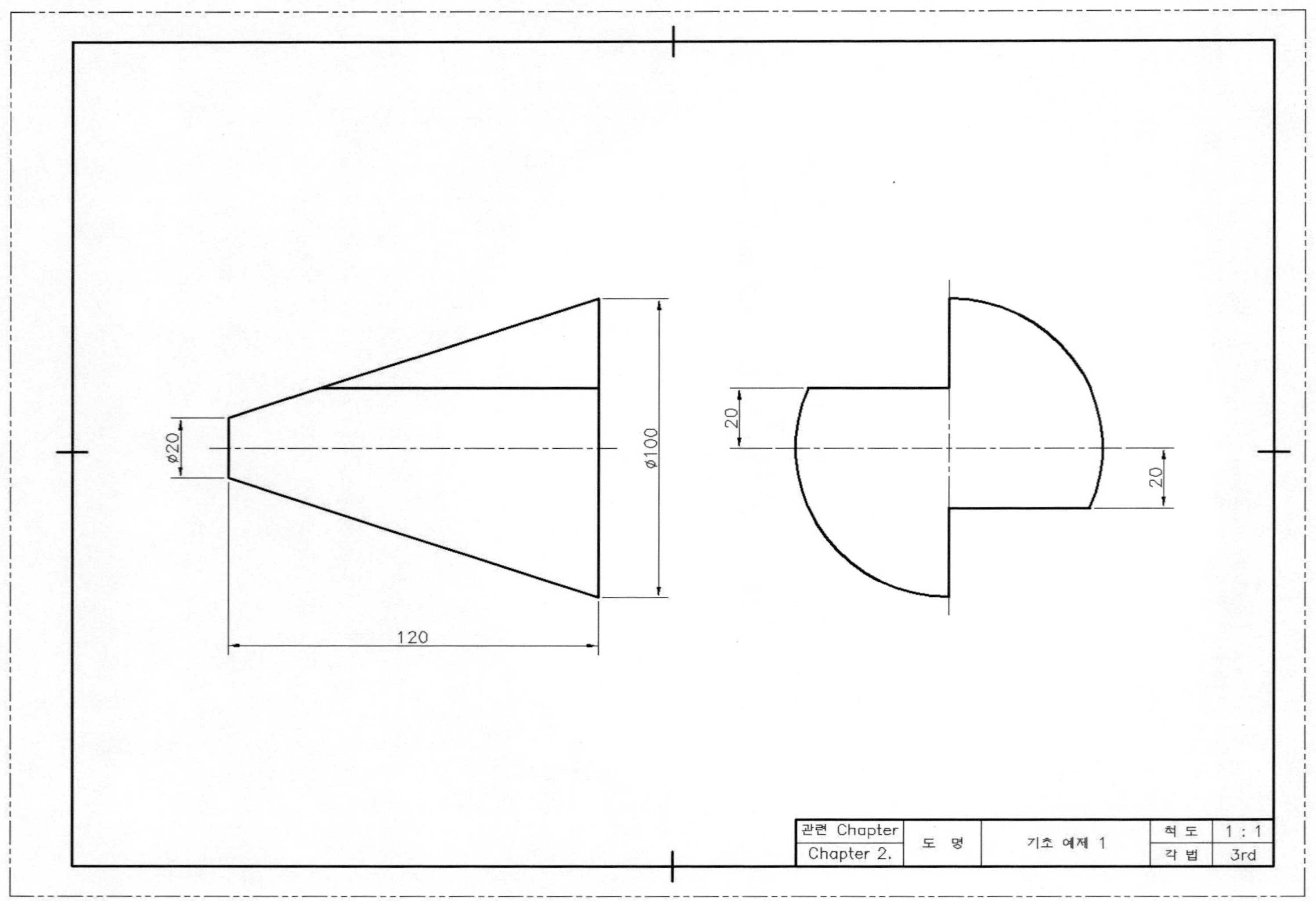
ø20
ø100
120
20
20
관련 Chapter
Chapter 2.
도 명
기초 예제 1
척 도
1 : 1
각 법
3rd

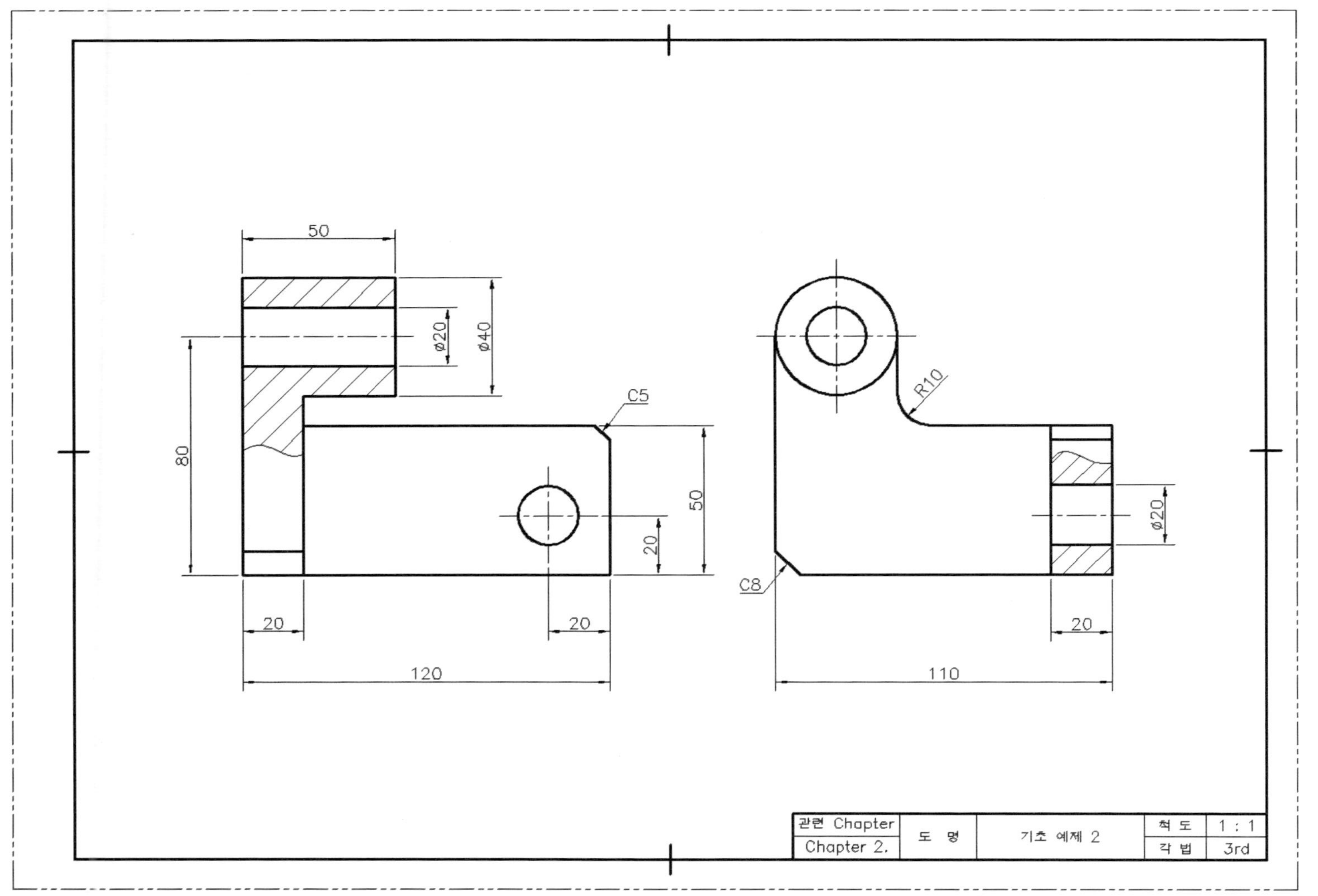

50
ø20
ø40
80
C5
50
20
20
20
120
R10
ø20
C8
20
110
관련 Chapter
Chapter 2.
도 명
기초 예제 2
척 도
1 : 1
각 법
3rd

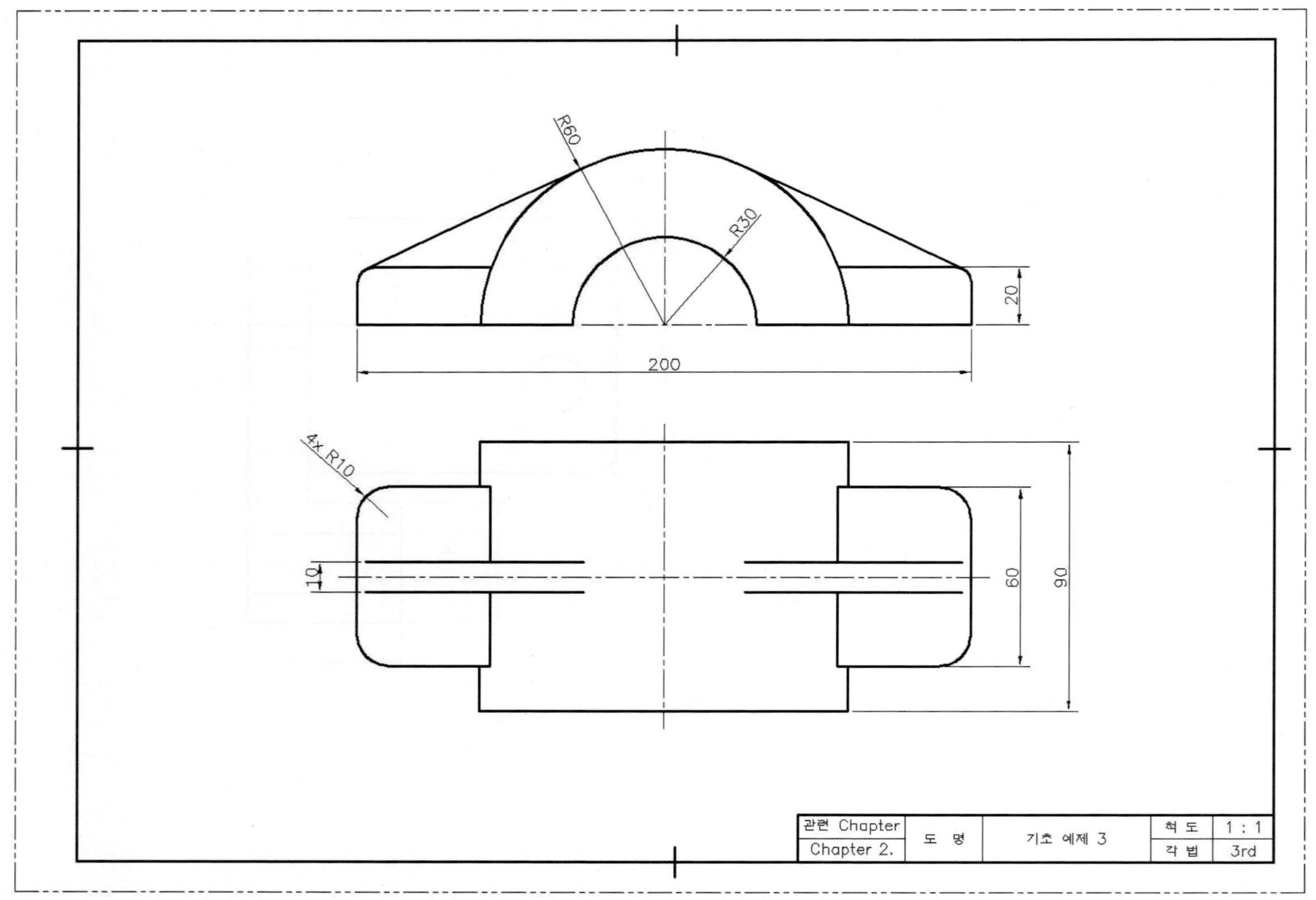
R60
R30
20
200
4x R10
10
60
90
관련 Chapter
Chapter 2.
도 명
기초 예제 3
척 도
1 : 1
각 법
3rd

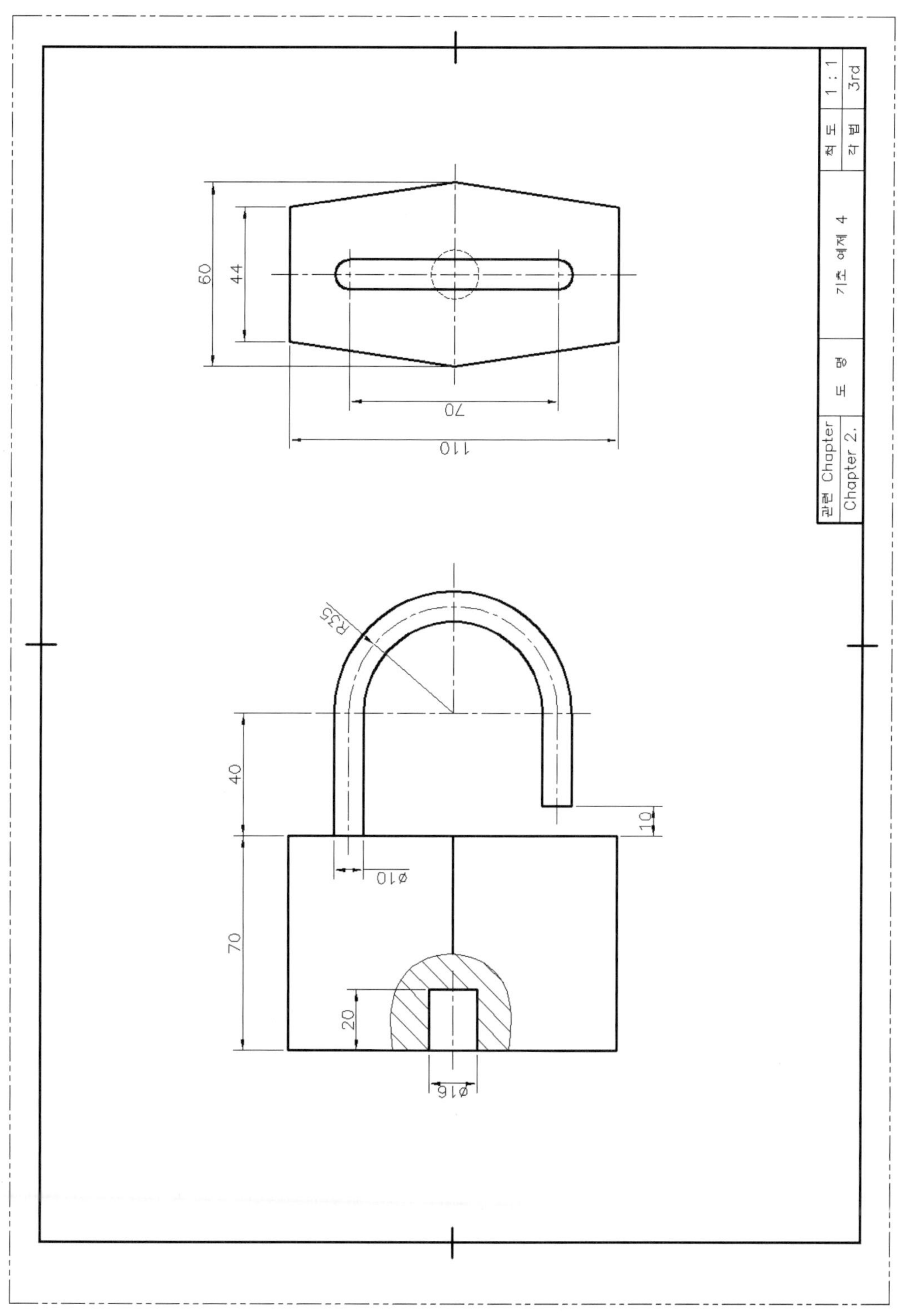

척도
1 : 1
각법
3rd
도명
기초 예제 4
관련 Chapter
Chapter 2.
60
44
70
110
R35
40
10
ø10
70
20
ø16

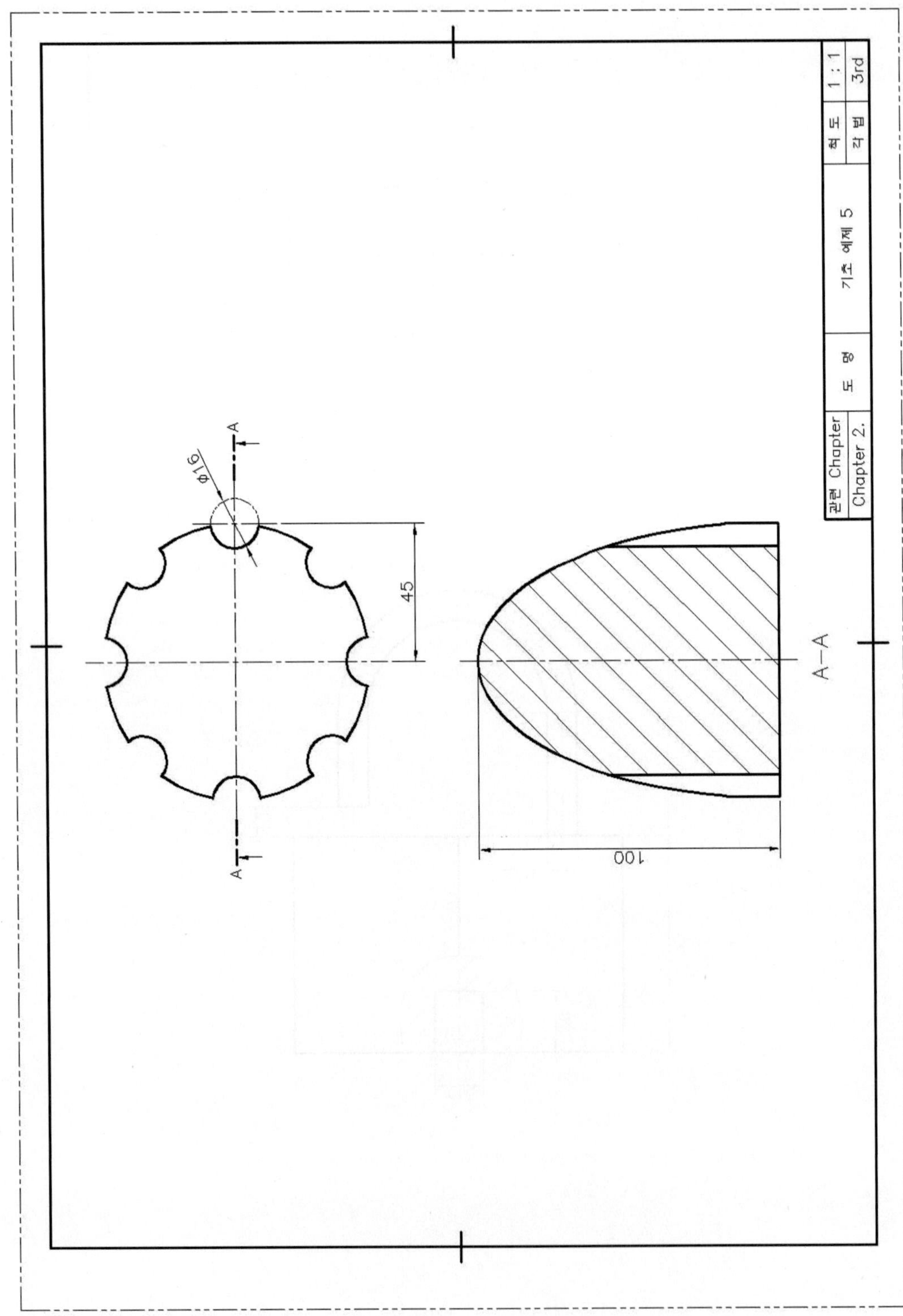

관련 Chapter
Chapter 2.
도 명
기초 예제 5
척 도
1 : 1
각 법
3rd
ϕ16
45
A
A
A-A
100

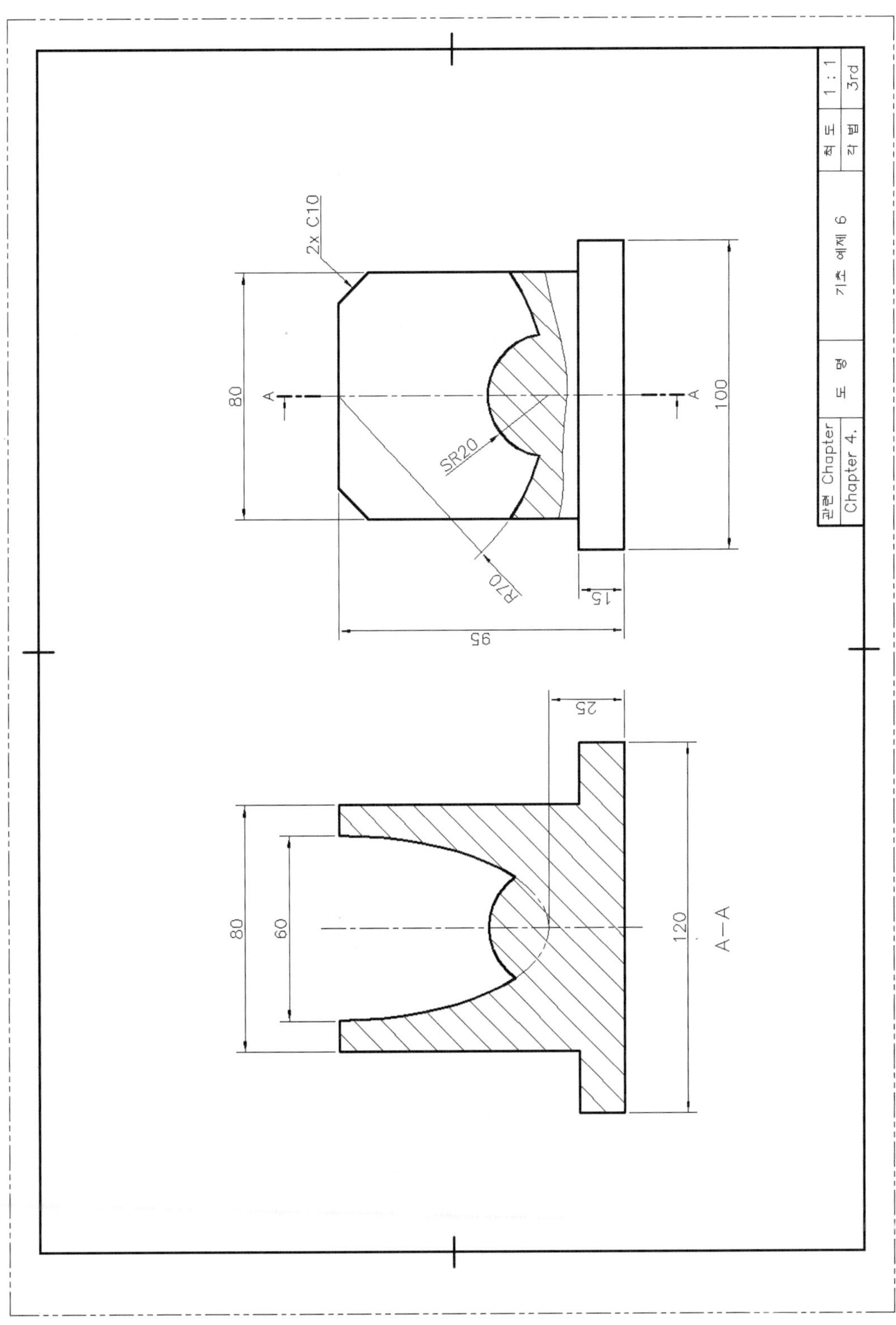
2x C10
80
A
SR20
R70
100
15
95
25
80
60
120
A—A
관련 Chapter
Chapter 4.
도 명
기초 예제 6
척 도
1 : 1
각 법
3rd

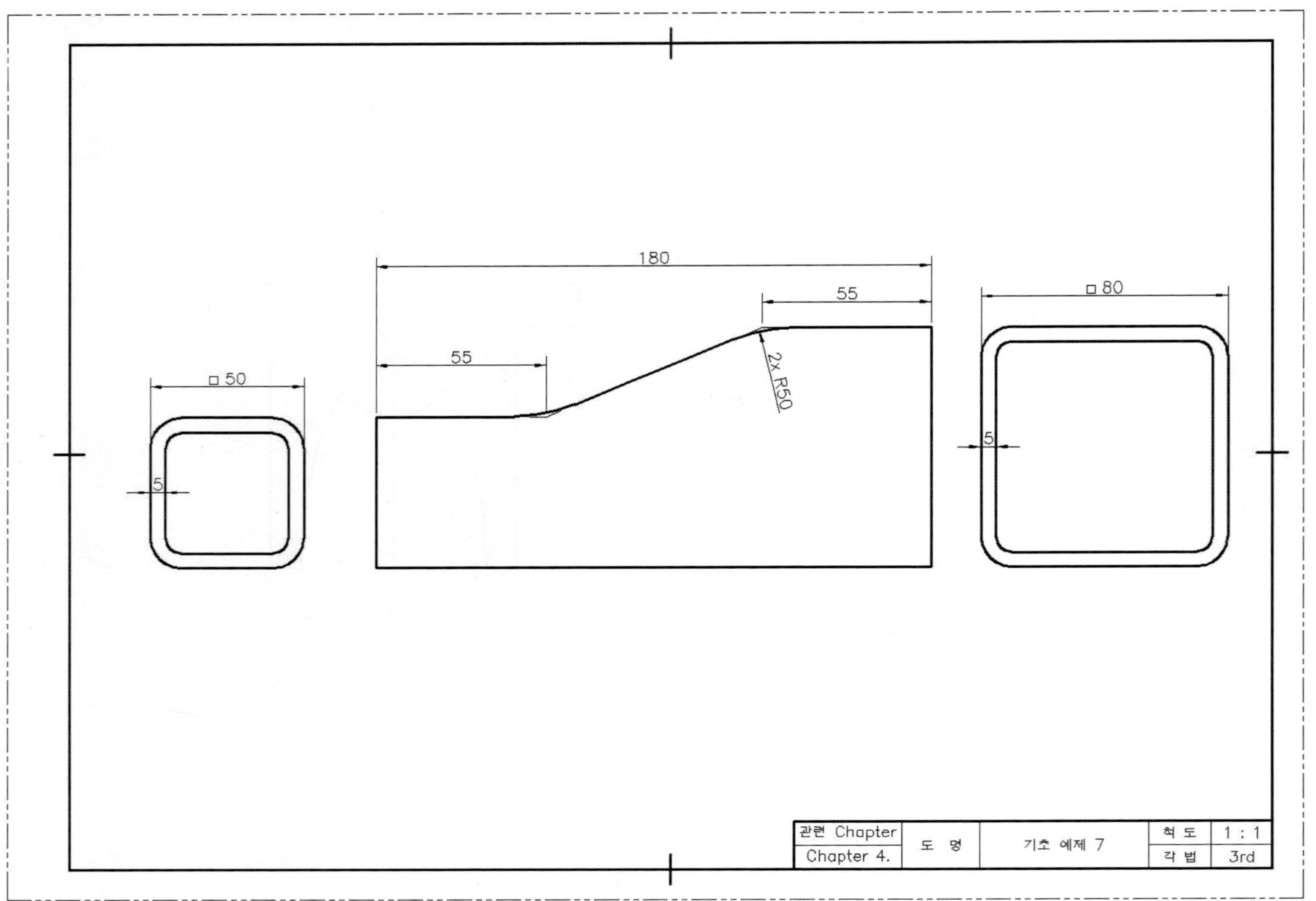
□50
5
180
55
55
2x R50
□80
5
관련 Chapter
Chapter 4.
도 명
기초 예제 7
척 도
1 : 1
각 법
3rd

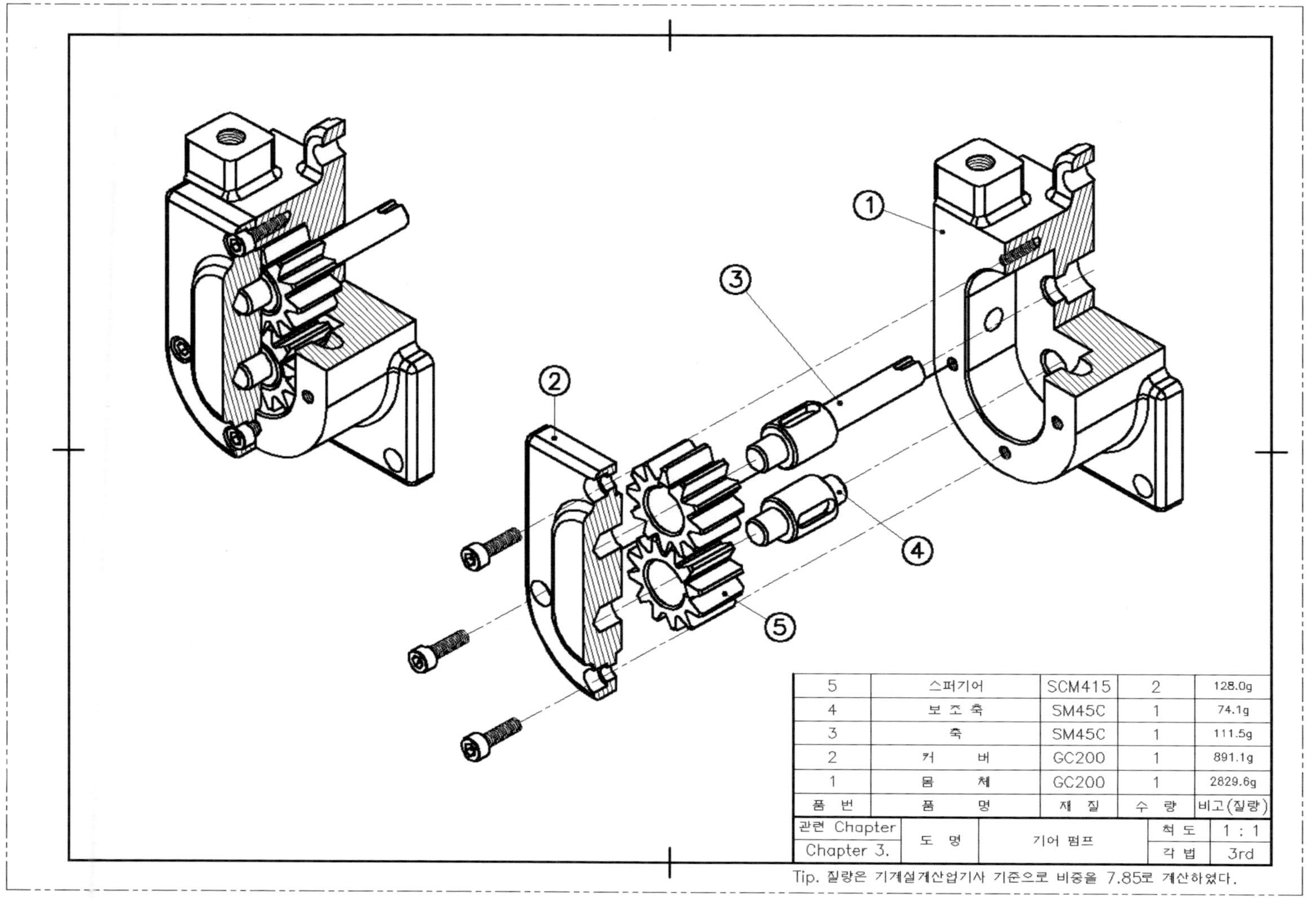

품번	품명	재질	수량	비고(질량)
5	스퍼기어	SCM415	2	128.0g
4	보조축	SM45C	1	74.1g
3	축	SM45C	1	111.5g
2	커버	GC200	1	891.1g
1	몸체	GC200	1	2829.6g

관련 Chapter	도명	기어 펌프	척도	1 : 1
Chapter 3.			각법	3rd

Tip. 질량은 기계설계산업기사 기준으로 비중을 7.85로 계산하였다.

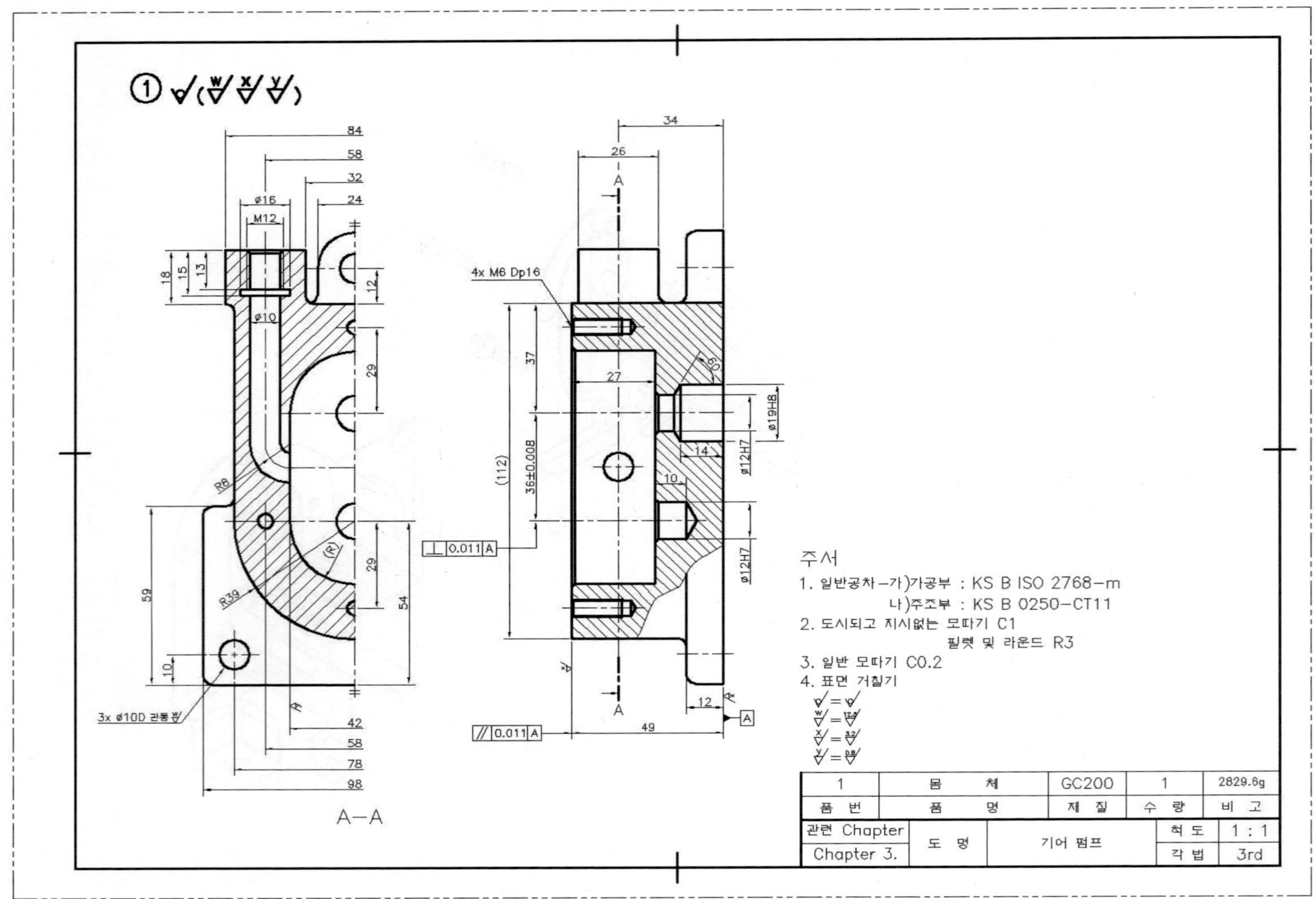

1	몸체	GC200	1	2829.6g
품번	품명	재질	수량	비고
관련 Chapter Chapter 3.	도명	기어 펌프	척도	1 : 1
			각법	3rd

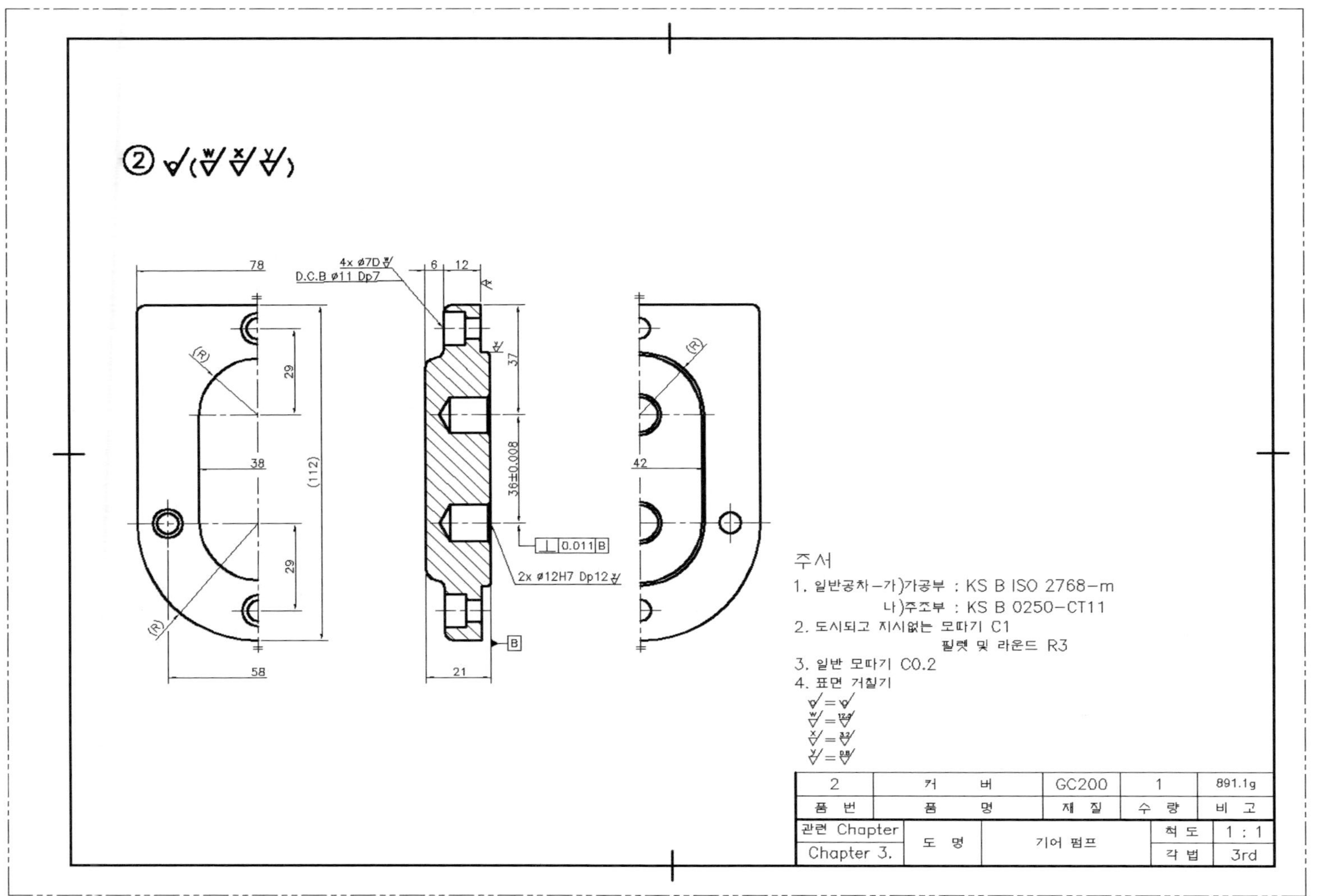
②
78
4x ⌀7D
D.C.B ⌀11 Dp7
6
12
29
38
(112)
29
58
37
36±0.008
0.011 B
2x ⌀12H7 Dp12
21
B
42
주서
1. 일반공차-가)가공부 : KS B ISO 2768-m
나)주조부 : KS B 0250-CT11
2. 도시되고 지시없는 모따기 C1
필렛 및 라운드 R3
3. 일반 모따기 C0.2
4. 표면 거칠기
2
커버
GC200
1
891.1g
품번
품명
재질
수량
비고
관련 Chapter
Chapter 3.
도명
기어 펌프
척도
1 : 1
각법
3rd

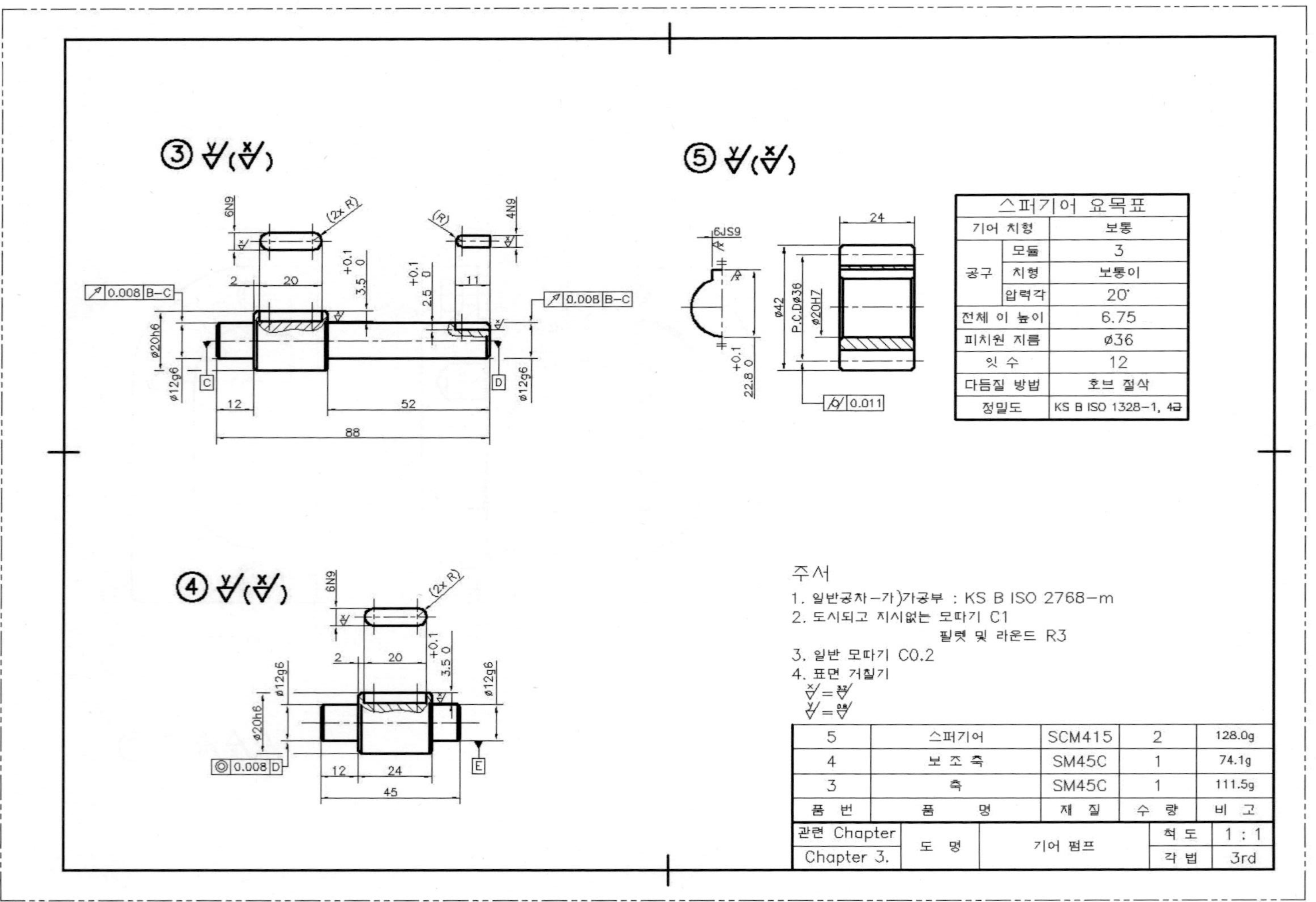
③
⑤
④
스퍼기어 요목표
기어 치형 | 보통
공구 모듈 | 3
치형 | 보통이
압력각 | 20°
전체 이 높이 | 6.75
피치원 지름 | ø36
잇 수 | 12
다듬질 방법 | 호브 절삭
정밀도 | KS B ISO 1328-1, 4급
주서
1. 일반공차-가)가공부 : KS B ISO 2768-m
2. 도시되고 지시없는 모따기 C1
필렛 및 라운드 R3
3. 일반 모따기 C0.2
4. 표면 거칠기
5 | 스퍼기어 | SCM415 | 2 | 128.0g
4 | 보조축 | SM45C | 1 | 74.1g
3 | 축 | SM45C | 1 | 111.5g
품번 | 품명 | 재질 | 수량 | 비고
관련 Chapter | Chapter 3.
도명 | 기어 펌프
척도 | 1 : 1
각법 | 3rd

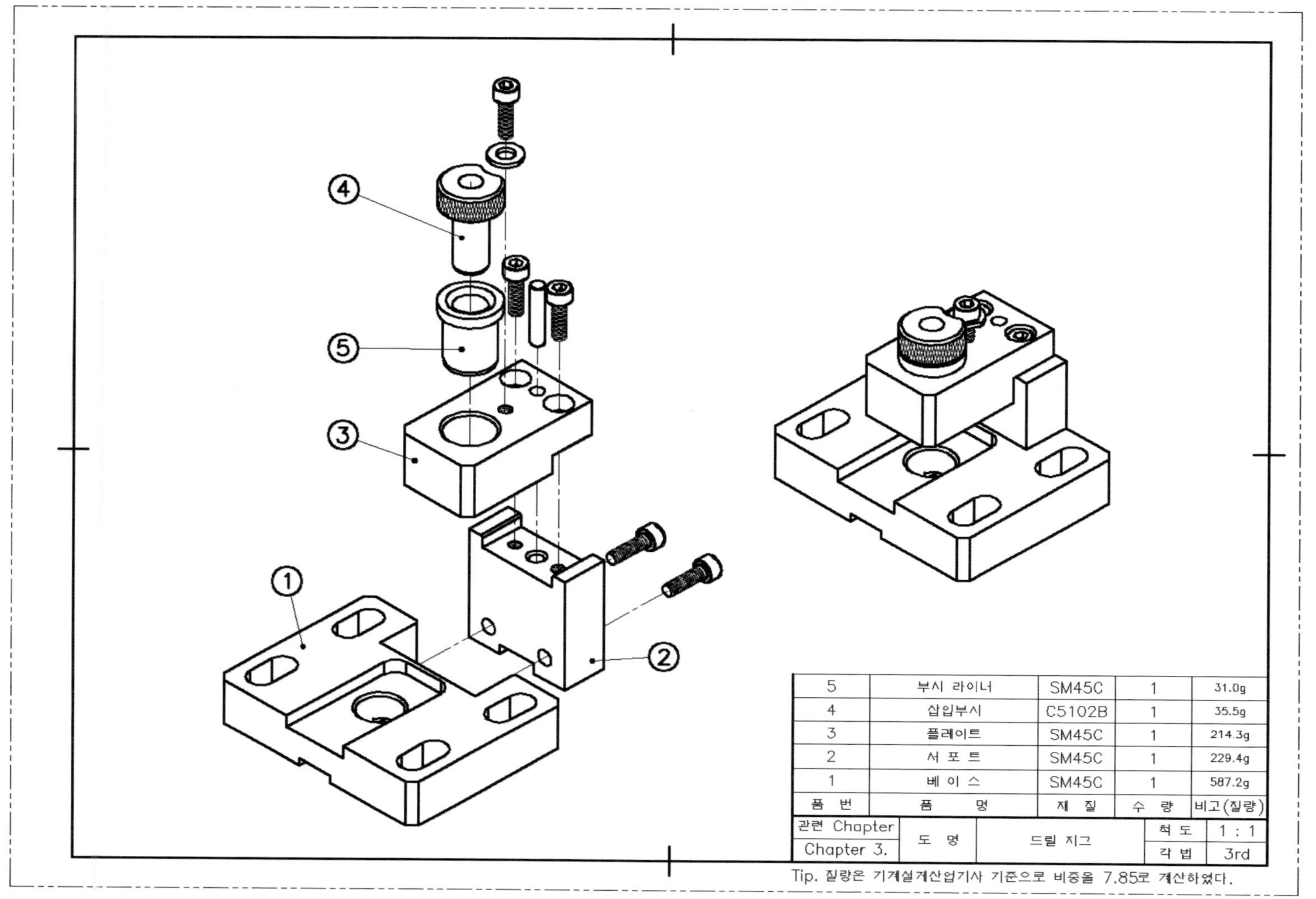

품 번	품 명	재 질	수 량	비고(질량)
5	부시 라이너	SM45C	1	31.0g
4	삽입부시	C5102B	1	35.5g
3	플레이트	SM45C	1	214.3g
2	서 포 트	SM45C	1	229.4g
1	베 이 스	SM45C	1	587.2g
관련 Chapter	도 명	드릴 지그	척 도	1 : 1
Chapter 3.			각 법	3rd

Tip. 질량은 기계설계산업기사 기준으로 비중을 7.85로 계산하였다.

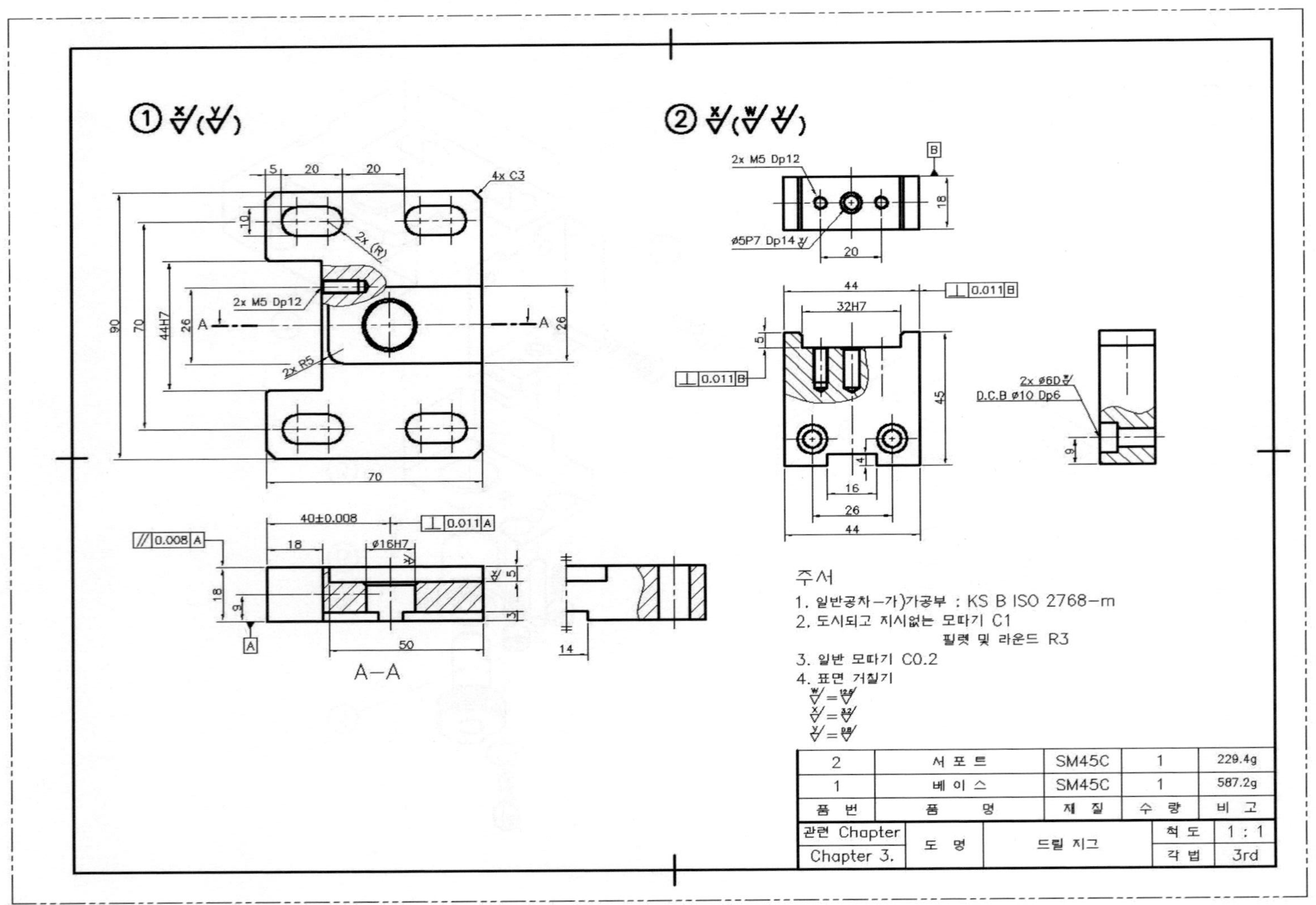

①
②
2x M5 Dp12
4x C3
2x (R)
2x R5
A
A
A-A
40±0.008
0.011 A
0.008 A
ø16H7
44H7
ø5P7 Dp14
0.011 B
32H7
2x ø6D
D.C.B ø10 Dp6
주서
1. 일반공차-가)가공부 : KS B ISO 2768-m
2. 도시되고 지시없는 모따기 C1
필렛 및 라운드 R3
3. 일반 모따기 C0.2
4. 표면 거칠기
2 | 서 포 트 | SM45C | 1 | 229.4g
1 | 베 이 스 | SM45C | 1 | 587.2g
품 번 | 품 명 | 재 질 | 수 량 | 비 고
관련 Chapter
Chapter 3.
도 명
드릴 지그
척 도 | 1 : 1
각 법 | 3rd

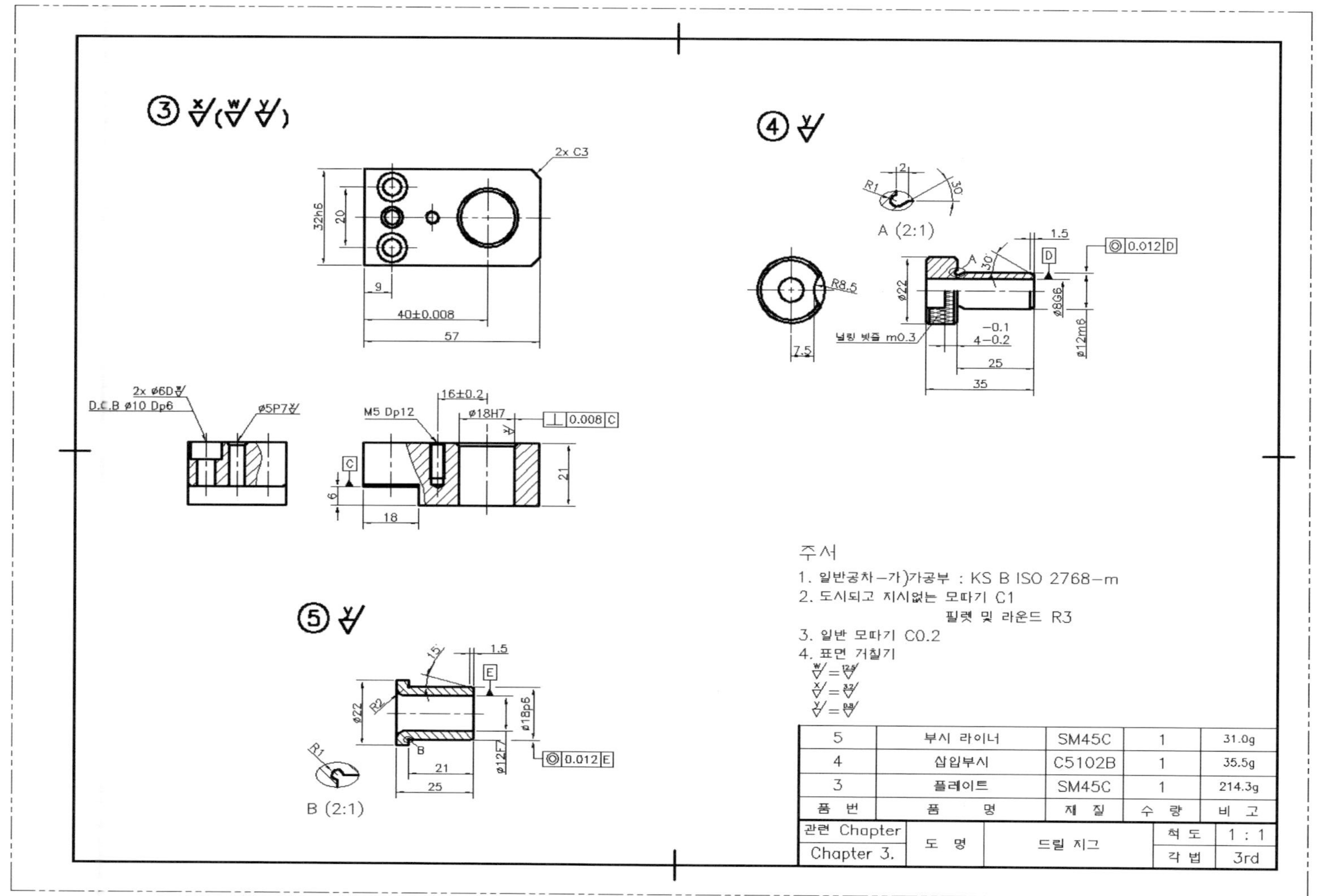
주서
1. 일반공차 -가)가공부 : KS B ISO 2768-m
2. 도시되고 지시없는 모따기 C1
필렛 및 라운드 R3
3. 일반 모따기 C0.2
4. 표면 거칠기
5 부시 라이너 SM45C 1 31.0g
4 삽입부시 C5102B 1 35.5g
3 플레이트 SM45C 1 214.3g
품번 품명 재질 수량 비고
관련 Chapter
Chapter 3.
도명 드릴 지그
척도 1 : 1
각법 3rd
A (2:1)
B (2:1)
M5 Dp12
2x ø6D
D.C.B ø10 Dp6
ø5P7
ø18H7
ø12m6
ø8G6
ø22
ø18p6
ø12F7
32h6
40±0.008
16±0.2
2x C3
R8.5
널링 빗줄 m0.3

Index

ㄹ

ㅁ

ㅂ

ㅅ

ㅇ

ㅈ

ㅊ

ㅋ

ㅌ

ㅍ

ㅎ